现代食品科学学术著作丛书

劳瑞肉品科学

（第八版）

[西] 菲德尔·托尔德拉（Fidel Toldrá）| 主编　　李春保 | 主译　　周光宏 | 主审校

LAWRIE'S MEAT SCIENCE

(EIGHTH EDITION)

图书在版编目(CIP)数据

劳瑞肉品科学：第八版/（西）菲德尔·托尔德拉主编；李春保主译. —北京：中国轻工业出版社，2023. 10
ISBN 978-7-5184-3335-3

Ⅰ. ①劳… Ⅱ. ①菲… ②李… Ⅲ. ①肉制品—食品加工 Ⅳ. ①TS251. 5

中国版本图书馆 CIP 数据核字(2020)第 259012 号

责任编辑：贾　磊　　责任终审：白　洁　　整体设计：锋尚设计
策划编辑：贾　磊　　责任校对：朱燕春　　责任监印：张　可

出版发行：中国轻工业出版社（北京东长安街 6 号，邮编：100740）
印　　刷：三河市万龙印装有限公司
经　　销：各地新华书店
版　　次：2023 年 10 月第 1 版第 1 次印刷
开　　本：787×1092　1/16　印张：35. 25
字　　数：850 千字
书　　号：ISBN 978-7-5184-3335-3　定价：240. 00 元
邮购电话：010-65241695
发行电话：010-85119835　传真：85113293
网　　址：http://www. chlip. com. cn
Email:club@ chlip. com. cn
如发现图书残缺请与我社邮购联系调换
180350K1X101ZYW

本书编者、译者和审校人员

章节	编者	译者	审校人员
1 绪论	Jeffrey W. Savell	李春保	周光宏
2 肉用动物生长发育的影响因素	Aidan P. Moloney, Mark McGee	周光宏	李春保
3 肌肉结构与生长	Peter P. Purslow	张万刚	李春保
4 肌肉的化学和生化组成	Clemente Lopez-Bote	李春保	周光宏
5 肌肉向可食肉的转化	Sulaiman K. Matarneh, Eric M. England, Tracy L. Scheffler, David E. Gerrard	周光宏	李春保
6 肉品微生物及腐败	Monique Zagorec, Marie-Christine Champomier-Vergès	李春保	周光宏
7 肉的贮藏与保鲜：Ⅰ. 热加工技术	Youling L. Xiong	徐幸莲	李春保
8 肉的贮藏与保鲜：Ⅱ. 非热技术	Dong U. Ahn, Aubrey F. Mendonça, Xi Feng	王冲	李春保
9 肉的贮藏与保鲜：Ⅲ. 肉品加工	Fidel Toldrá	邢路娟	李春保
10 肉的贮藏与保鲜：Ⅳ. 贮藏与包装	Joe P. Kerry, Andrey A. Tyuftin	周光宏	李春保
11 肉的食用品质：Ⅰ. 肉色	Cameron Faustman, Surendranath P. Suman	徐幸莲	李春保
12 肉的食用品质：Ⅱ. 嫩度	David L. Hopkins	周光宏	李春保
13 肉的食用品质：Ⅲ. 风味	Mónica Flores	徐幸莲	李春保
14 肉的食用品质：Ⅳ. 保水性和多汁性	Robyn D. Warner	李春保	周光宏
15 肉的食用品质：Ⅴ. 肉的感官评定	Rhonda K. Miller	张万刚	李春保
16 动物及其肉的表型：低功率超声波、近红外光谱、拉曼光谱和高光谱成像的应用	Donato Andueza, Benoît-Pierre Mourot, Jean-François Hocquette, Jacques Mourot	张万刚	李春保
17 肉类安全：Ⅰ. 食源性致病菌及其他生物性因素	Alexandra Lianou, Efstathios Z. Panagou, George-John E. Nychas	黄明	李春保
18 肉类安全：Ⅱ. 残留物与污染物	Marilena E. Dasenaki, Nikolaos S. Thomaidis	黄明	李春保
19 肉的真实性和可追溯性	Luca Fontanesi	丁世杰	李春保

20 肉的组成和营养价值	Jeffrey D. Wood	周光宏	李春保

章节	编者	译者	审校人员
21 肉品和健康	Kerri B. Gehring	张淼	李春保
22 可食性副产物	Herbert W. Ockerman, Lopa Basu, Fidel Toldrá	赵雪	李春保

全书由李春保主译、周光宏主审校。

《劳瑞肉品科学》(第八版) 撰稿人

Dong U. Ahn, Iowa State University, Ames, IA, United States

Donato Andueza, INRA, UMR1213 Herbivores, Saint-Genès-Champanelle, France; Clermont Université, VetAgro Sup, UMR1213 Herbivores, Clermont-Ferrand, France

Lopa Basu, University of Kentucky, Lexington, KY, United States

Marie-Christine Champomier-Vergès, UMR1319, MICALIS, INRA, Université Paris-Saclay, Jouy-en-Josas, France

Marilena E. Dasenaki, University of Athens, Athens, Greece

Eric M. England, The Ohio State University, Columbus, OH, United States

Cameron Faustman, University of Connecticut, Storrs, CT, United States

Xi Feng, Iowa State University, Ames, IA, United States

Mónica Flores, Instituto de Agroquímica y Tecnología de Alimentos (CSIC), Valencia, Spain

Luca Fontanesi, University of Bologna, Bologna, Italy

Kerri B. Gehring, Texas A&M University, College Station, TX, United States; International HACCP Alliance, College Station, TX, United States

David E. Gerrard, Virginia Polytechnic Institute and State University, Blacksburg, VA, United States

Jean-François Hocquette, INRA, UMR1213 Herbivores, Saint-Genès-Champanelle, France; Clermont Université, VetAgro Sup, UMR1213 Herbivores, Clermont-Ferrand, France

David L. Hopkins, Centre for Red Meat and Sheep Development, Cowra, NSW, Australia

Joe P. Kerry, University College Cork, Cork City, Ireland

Alexandra Lianou, Agricultural University of Athens, Athens, Greece

Clemente López-Bote, Universidad Complutense de Madrid, Madrid, Spain

Sulaiman K. Matarneh, Virginia Polytechnic Institute and State University, Blacksburg, VA, United States

Mark McGee, Teagasc, Grange, Dunsany, Co. Meath, Ireland

Aubrey F. Mendonça, Iowa State University, Ames, IA, United States

Rhonda K. Miller, Texas A&M University, College Station, TX, United States

Aidan P. Moloney, Teagasc, Grange, Dunsany, Co. Meath, Ireland

Benoît-Pierre Mourot, INRA, UMR1213 Herbivores, Saint-Genès-Champanelle, France; Clermont Université, VetAgro Sup, UMR1213 Herbivores, Clermont-Ferrand, France; Valorex, Combourtillé, France

Jacques Mourot, INRA, UMR 1348 PEGASE, St-Gilles, France; Agrocampus Ouest, UMR1348 PEGASE, Rennes, France

George-John E. Nychas, Agricultural University of Athens, Athens, Greece

Herbert W. Ockerman, Ohio State University, Columbus, OH, United States

Efstathios Z. Panagou, Agricultural University of Athens, Athens, Greece

Peter P. Purslow, National University of Central Buenos Aires Province, Tandil, Argentina

Jeffrey W. Savell, Texas A&M University, College Station, TX, United States

Tracy L. Scheffler, University of Florida, Gainesville, FL, United States

Surendranath P. Suman, University of Kentucky, Lexington, KY, United States

Nikolaos S. Thomaidis, University of Athens, Athens, Greece

Fidel Toldrá, Instituto de Agroquímica y Tecnología de Alimentos (CSIC), Valencia, Spain

Andrey A. Tyuftin, University College Cork, Cork City, Ireland

Robyn D. Warner, Melbourne University, Parkville, VIC, Australia

Jeffrey D. Wood, University of Bristol, Bristol, United Kingdom

Youling L. Xiong, University of Kentucky, Lexington, KY, United States

Monique Zagorec, UMR1014 SECALIM, INRA, Oniris, Nantes, France

作者序

当出版社联系编写该书第八版时，第一感觉是责任重大。在与许多同事交谈后，我认为全世界大多数肉类科学家都学过 *Lawrie's Meat Science* 的所有之前版本，这是科学家必备的图书。我自己从之前的版本中学习到很多肉类科学知识。这就是为什么我如此感激 Ralston Lawrie 教授倡议编写这本书，并在 1966 年出版了第一版和之后几版，也感谢 Dave Ledward 教授更新和扩大这本书的最近几个版本。

编写本书的主要目的是为读者提供一种全面的资源，涵盖肉类科学的各个领域，包括动物生产、肌肉结构、肌肉向可食肉的转化、不同的保鲜技术、肉的食用品质、营养品质和安全，贯穿肉的加工、配送和消费终端。

本书介绍的前沿技术（如纳米技术、新的保鲜技术）和方法（如蛋白质组学、基因组学、代谢组学）不仅与肉类品质、营养、安全等方面相关，也与肉品追溯和真伪鉴别相关。针对近年来发生在欧洲和其他地区的肉类掺假丑闻，亟须建立“从农场到餐桌”全产业链的肉品追溯和真伪鉴别系统。

该书第一版出版至今已经 50 多年了，很多肉品科学技术都发生了很大的变化。因此，与以前的版本相比，第八版很多内容都发生了相当大的变化。读者会注意到每章节都是由多个作者完成的，这些作者都是本领域的知名科学家，在各自领域有很深的造诣，他们对原有内容进行了重写或做了许多更新。另一方面是章节内容变化很大，有些章节虽然保留了原有的标题，但在内容上进行了大幅修订和更新，如绪论、肉用动物生长发育的影响因素、肌肉结构与生长、肌肉的化学和生化组成、肌肉向可食肉的转化、肉类微生物及腐败、肉的组成和营养价值；其他章节已经完全改变了，如肉的贮藏与保鲜分成四个章节——热加工技术、非热技术、肉品加工、贮藏与包装，肉的食用品质分为六个章节——肉色、嫩度、风味、保水性和多汁性、肉的感官评定、肉品品质评价新技术（如低功率超声波、近红外光谱、拉曼光谱和高光谱成像的应用）；增加了两个肉类安全的新章节——食源性致病菌及其他生物性因素、残留物与污染物；最后，还增加了当前为热点的章节，如肉的真实性和可追溯性、可食性副产物、肉品和健康。

真诚地希望本书能给读者带来兴趣，并提供有用的信息。要感谢所有参编人员为各自负责的章节所付出的辛勤劳动，使本书得以成稿和出版。还要感谢 Woodhead 出版社，特别是编辑 Karen Miller 夫人，高级项目经理 Lisa Jones 和策划编辑 Robert Sykes 先生，感谢他们在章节的编写、排版和出版过程中付出的努力。

主编　Fidel Toldrá

译者序

《劳瑞肉品科学》由国际肉品科学界的创始人 Ralston Lawrie 教授于 1966 年发起出版，至今已是第八版。该书每一版均由本领域全球知名科学家编写完成，内容汇聚了肉品科学研究的重要进展及相关的重大发现，涵盖了肉品科学的各个领域，包括动物生产、肌肉结构、宰后肌肉生物化学变化与肉品品质形成机理、保鲜技术、食用品质评定、肉品安全与控制、营养与健康等，贯穿肉的加工、配送和消费终端，成为肉品科技工作者的必读书籍。

《劳瑞肉品科学》在全世界被广泛翻译成不同语言，如 1967 年西班牙语版出版、1969 年德语版出版、1971 年日语版出版、1973 年俄语版出版、1983 年意大利语版出版、2005 年巴西语出版、2009 年中文版出版，得到了肉品科技工作者的好评。

20 世纪 90 年代以来，中国肉类科学研究水平逐步提升，从事肉类科学研究的人员数量不断增加，相关方向研究的系统性和深度已达到国际同期先进水平，得到国际同行的广泛关注，部分研究论文在《劳瑞肉品科学》（第八版）的相关章节中被引用。这在很大程度上得益于我国政府、行业的支持和广大肉类科研工作者执着的科研精神。对于肉类科研工作者，尤其是对硕士和博士研究生、入行不久的青年科技工作者而言，本书可为他们快速、系统地了解肉品科学基础和前沿提供便捷的途径。

与早期版本相比，《劳瑞肉品科学》（第八版）在内容和体例上都有了较大的更新和变化。如绪论、肉用动物生长发育的影响因素、肌肉结构与生长、肌肉的化学和生化组成、肌肉向可食肉的转化、肉品微生物及腐败、肉的组成和营养价值等章节的内容有更新；肉的贮藏与保鲜由原来的一个章节拆分成四个章节，分别是热加工技术、非热技术、肉品加工、贮藏与包装；肉的食用品质由原来的一个章节拆分成六个章节，分别是肉色、嫩度、风味、保水性和多汁性、肉的感官评定、肉品品质评价新技术等；新增了五个章节，分别是食源性致病菌及其他生物性因素、残留物与污染物、肉的真实性和可追溯性、肉品和健康、可食性副产物。这些内容变化充分体现了肉类科学领域各个方向的发展趋势。

在本书翻译过程中，得到南京农业大学国家肉品质量安全控制工程技术研究中心诸多师生的支持，在此表示诚挚的谢意。此外，书中难免有错漏之处，恳请读者批评指正。

主译　李春保

目录

22 可食性副产物

1 绪论

Jeffrey W. Savell

Texas A&M University, College Station, TX, United States

肉类科学是一门全面介绍宰前和宰后因素对肉品品质影响的学科。本书的后续章节将更深入地探讨这些因素，本章概述与肉类生产相关的背景和热点问题。

1.1 肉和肌肉

肉的基本定义是用作食物的动物肌肉组织。在大多数地区和国家中，肉类主要来自家畜，如牛、猪和羊。骨骼肌占肉类生产和消费比重最大，但在有些国家，可食性的副产物也是重要的肉类食品，肉类供过于求的国家都会出口到其他国家。

美国农业部对肉的定义如下（USDA，2016a）：肉是指来自牛、绵羊、猪或山羊的骨骼肌、舌、膈肌、心或食管，带或不带脂肪。对于部分产品，骨（含骨的产品如T骨或美式T骨牛排）、皮、筋腱、神经和血管等通常附着在肌肉组织中。对于马肉来说，其定义基本相似。

（1）肉不包括唇、鼻或耳。

（2）肉不包括大块的骨，尤其是硬骨和相关成分，如骨髓；也不包括脑、三叉神经、脊髓或背神经。

政府管理机构必须对肉有明确的定义，以确保正确标签，防止掺假。不同的国家对“肉”有不同的定义。自20世纪80年代中期发生疯牛病以来，美国对“肉”进行了重新定义，即“不应含有特定风险的物质”（USDA，2016b）。

1.2 其他动物来源的肉

在世界各地，还有其他动物来源的肉可供食用。在许多亚洲国家，水牛（*Bubalus bubalis*）是重要的生产力，也是牛奶、肉类和皮革的来源，印度、中国、巴基斯坦和尼泊尔等国家水牛的存栏量最多（Nanda和Nakao，2003）。沙漠骆驼（*Camelus dromedarius*）具有耐旱和适应极度干旱和半干旱的能力，过去主要用作运输工具，现在非洲（Kurtu，2004；Yousif和Babiker，1989）和中东地区（Elgasim等，1992；Kadim等，2006）也把骆驼肉作为肉类食物的重要来源。

山羊（*Capra aegagrus hircus*）对农村发展作出了巨大贡献（Dubeuf等，2004），历史上一直是肉类、奶、纤维和毛皮的重要来源。Dubeuf等（2004）指出，所有大陆都有山羊，数量最多的是亚洲（特别是中国和印度），其次是非洲（特别是尼日利亚和埃塞俄比亚）、欧洲（特别是希腊和西班牙）和美洲（特别是墨西哥和巴西）。对于部分山羊品种，主要是用于羊奶和羊毛生产，肉用价值不高。

在有些国家，马（*Equus ferus caballus*）肉是人类食物的重要来源，马肉的生产、进出口主要在亚洲或西欧地区（Gill，2005），意大利、比利时、法国和荷兰是马肉生产、进出口的主要国家。法国人曾经不吃马肉，但由于一度的粮食短缺危机，使法国人开始转变态度，接受马肉作为肉类的重要来源。

在美国，高价值的马肉销往西欧，而价值较低的马肉则用作宠物饲料和动物园野兽的食物。2005 年，美国国会通过法案，阻止用联邦资金支付马屠宰场的检验员工资，以禁止马肉生产，但在 2014 年国会又取消禁令，允许联邦资金用于马肉检验员的工资。在加拿大和墨西哥有许多马匹屠宰设施设备，屠宰来自北美地区的马匹。

2013 年，爱尔兰和英国的部分地区发现加工牛肉掺假马肉的事件，引起国际社会的广泛关注（Abbots 和 Coles，2013）。后续调查发现，马肉风波主要有三个方面的因素（Regan 等，2015）：①食品行业蓄意造假；②食品供应链复杂；③消费者喜欢廉价食品。误贴标签或误用品牌，特别是以次充好，给监管带来很大麻烦，最重要的是导致消费者对肉类行业的不信任。

兔（*Oryctolagus cuniculus*）肉消费主要集中在地中海沿岸国家，与当地历史、经济和社会变革有关（Dalle Zotte，2002）。兔胴体小（1.0~1.8kg），脂肪含量低（3%~6%），肉品品质好，有很大的市场需求（Dalle Zotte，2002）。兔肉被认为是一种营养、健康的功能性食品（Dalle Zotte 等，2011），主要是因为兔肉中脂肪酸组成比较合理，维生素含量较高。

在有些国家也食用野生动物肉。这些国家有丰富的野生动物，可捕猎一部分作为肉用；有些也采用先进的繁殖技术、饲养技术以及屠宰和分割技术，生产大量的野生动物肉用于满足市场需求。Hoffman 和 Cawthorn（2013）对几种野生动物肉（主要是背腰最长肌）的粗成分进行分析，发现跳羚（*Antidorcas marsupialis*）、大羚羊（*Damaliscus dorcas phillipsi*）、条纹羚（*Tragelaphus strepsiceros*）、黑斑羚（*Aepyceros melampus*）、马鹿（*Cervus elaphus*）、黇鹿（*Dama dama*）、狍（*Capreolus capreolus*）、驯鹿（*Rangifer tarandus*）等动物肉中蛋白质含量为 19.3%~23.6%（以湿重计），脂肪含量为 1.7%~4.6%。Hoffman 和 Wiklund（2006）指出南非出口大量的野味肉和鹿肉到欧洲地区和美国，主要是这些动物的生产方式（野生、自由放牧或集约化生产）、屠宰、营养品质和可追溯备受消费者青睐。

1.3 牲畜的驯养

随着线粒体 DNA 和细胞核 DNA 技术的发展，人们可以更清楚地了解家畜驯养的历史（Bruford 等，2003）。家畜驯养主要起源于三个地方：①位于西南亚的印度河流域；②中国和南亚国家；③南美洲安第斯山脉。牛、绵羊、山羊、猪和水牛等物种都是在东亚和南亚地区驯养的，而美洲驼和羊驼都是在南美洲被驯养。大多数研究表明一万年前就已出现家畜驯养。

关于动物最早被驯养的时间，目前主要聚焦驯养动物体型开始变小的时间节点。Zeder（2008）认为动物体型变小的原因是打猎者为了收获更多，将体型大的动物都捕杀了，而牧民只杀老弱的母畜和青壮年的公畜。根据对不同亚群动物的长骨考古学研究，可以推测动物年龄和性别，有助于理解早期打猎者和牧民的捕猎策略是不同的。

1.3.1 牛

野牛（*Bos primigenius*）是现代牛的祖先，在西南亚发生了两种不同的驯化过程，产生了普通牛（*Bos taurus*）和泽布林牛（*Bos indicus*）（Loftus 等，1994）。Ajmone-Marsan 等（2010）指出普通牛的母系起源于中东新月沃地，可能是南欧野牛种群的一部分，而泽布林牛则起源于印度河流域。这两种驯化过程使普通牛和泽布林牛适应各种环境生长，几千年来为人类提供肉、牛奶、皮革和劳动力。

许多线粒体 DNA 基因型研究表明，现在非洲和欧洲的肉牛品种都是从最初驯化地点逐渐迁徙过去的（Achilli 等，2008；Ajmone-Marsan 等，2010；Beja-Pereira 等，2006）。Achilli 等（2008）研究表明北欧或中欧的欧洲原牛（现已灭绝）通过杂交等方式使普通牛的基因型发生改变，产生 T 单倍型肉牛品种；而另一些位于阿尔卑斯山以南的欧洲原牛通过杂交等方式产生了 Q 单倍型肉牛品种。

在欧洲、非洲和亚洲，肉牛业的发展有几千年历史，在美洲则是欧洲人发现新大陆之后才开始发展肉牛业（Ajmone-Marsan 等，2010），并使北美和南美洲在过去 500 年成为牛肉主产区。欧洲的普通牛品种和西南亚的 *B. indicus* 品种在不同的时间引进到美洲大陆，之后通过杂交选育产生了新的品种［如圣热特鲁迪斯牛（Santa Gertrudis）、布兰格斯牛（Brangus）、比弗麦牛（Beefmaster）］。世界各地有数百个肉牛品种，有些为纯种肉牛，有些为杂交肉牛，每个品种在生长性能、肉品品质和胴体组成等方面各有特色，可以满足不同的市场需求。

1.3.2 猪

Larson 等（2010）利用遗传和考古证据表明，猪最早在东亚被驯养。目前在东亚国家、澳大利亚、欧洲和美国的猪品种最早来源于中国的华中地区，在 18 世纪，亚洲猪被引进到欧洲用于改良当地品种。这些猪品种通过人类迁移或自然迁移，传播到欧洲各国。

在野猪驯化过程中，有两个欧洲野猪品系扮演着重要角色，而其他野猪品系也发挥重要作用（Larson 等，2005）。一部分欧亚地区家猪的祖先已经灭绝，或者谱系不清，但现存的野猪分布可帮助我们厘清家猪的起源。

关于猪是如何从亚洲进入欧洲的问题，至少有两条线路：一条是沿着多瑙河和莱茵河流域的多瑙河走廊，另一条是沿着地中海北部区域（Larson 等，2005）。Larson 等（2007）

对东南亚岛屿新石器时代猪的化石 DNA 进行研究，发现有两个品系的野猪在人类活动过程中从亚洲扩散到太平洋周边国家，第三个野猪品系被带到沃尔加莱（婆罗洲、新几内亚和澳大利亚之间的岛屿）。这些猪很可能起源于东亚，在人类迁移过程中被带到这些地区。

当前，根据肉类市场需求培育出很多个不同的生猪品种或基因型。在一些大型农场，猪的繁育、配种和育肥相配套，确保有足够数量生猪可以上市销售。有一些保护品种（如曼加利察猪、红肉髯猪、格洛斯特郡斑点猪）经过保种和扩繁后，群体数量已大幅增加。

1.3.3 绵羊

与牛和猪相比，绵羊（*Ovis aries*）的驯化比较容易，因为它们体型较小且耐粗饲。据 Chessa 等（2009）报道，绵羊是最早被驯养的物种，主要是用于羊毛生产，可追溯到 5000 年前的西南亚、4000 年前的欧洲。目前绵羊饲养主要是为了肉类生产。

Hiendleder 等（1998）通过对来自欧洲、非洲和亚洲的绵羊以及欧洲盘羊（*Ovis musimon*）的线粒体 DNA 进行分析，鉴定出两种主要的家养绵羊线粒体 DNA 谱系，即欧洲谱系和亚洲谱系，以及含有欧洲盘羊的分支（*O. musimon*）。牛（*B. taurus* 和 *B. indicus*）和猪（*Sus vittatus* 和 *S. scrofa*）也都各有两个谱系，绵羊有两个不同谱系也在情理之中。这些作者推测一些现代家养绵羊和欧洲盘羊可能来自同一个祖先，有待进一步研究，但不是来自东方盘羊和原羊。

Chessa 等（2009）利用逆转录病毒整合技术研究绵羊驯化史发现，在西南亚以外的地区，家养绵羊的数量出现过一次爆发式增长，这一发现对了解农牧社会发展史和绵羊产业发展史具有重要参考价值。

有关绵羊的驯化次数还存在一些分歧，Pedrosa 等（2005）发现，绵羊中有三个母系血统，这意味着绵羊经历过三次驯养，而不是之前所述的两次（Hiendleder 等，1998、2002）。

绵羊进出口贸易曾经很发达，是一些国家肉、羊绒和奶的重要来源，在经济发展中发挥了重要的作用。有些是肉用品种，有些则是毛皮用品种。在过去的半个世纪里，由于合成纤维的发展，以及羊肉的膻味问题，导致绵羊的需求量有所下降，但绵羊产业仍然是许多国家的重要经济来源。

1.4 发展趋势

本节内容包括肉类生产、动物福利、可持续性、犹太洁食和清真食品四个方面。

1.4.1 肉类生产

不同国家生产的肉类种类存在一定差异。美国、巴西、欧盟、中国和印度的牛肉和小牛肉产量排名世界前五位（表 1.1）。中国、欧盟和美国的猪肉产量排名世界前三位（表 1.2），其中中国的猪肉产量占世界猪肉供应量的一半。

表 1.1　　2015 年部分国家的牛肉和小牛肉生产概况　　单位：千吨

国家和地区	肉类产量（以胴体重计）	国家和地区	肉类产量（以胴体重计）
美国	10861	墨西哥	1845
巴西	9425	巴基斯坦	1725
欧盟	7540	俄罗斯	1355
中国	6750	加拿大	1025
印度	4200	其他	8427
阿根廷	2740	总计	58443
澳大利亚	2550		

（资料来源：美国农业部，海外农业服务局，2015. 畜牧业和禽业：世界市场和交易。http://apps. fas. usda. gov/psdonline/circulars/livestock_poultry. pdf. ）

表 1.2　　2015 年部分国家的猪肉生产概况　　单位：千吨

国家和地区	肉类产量（以胴体重计）	国家和地区	肉类产量（以胴体重计）
中国	56375	菲律宾	1370
欧盟	23000	墨西哥	1335
美国	11158	日本	1270
巴西	3451	韩国	1210
俄罗斯	2630	其他	5369
越南	2450	总计	111458
加拿大	1840		

（资料来源：美国农业部，海外农业服务局，2015. 畜牧业和禽业：世界市场和交易。http://apps. fas. usda. gov/psdonline/circulars/livestock_poultry. pdf. ）

进出口对每个国家的经济活力起着重要的作用。进口是确保一个国家肉类供应充足，而出口则是为了改善贸易平衡，增加畜牧生产者收入。美国、日本、俄罗斯和中国的牛肉和小牛肉进口量排名位居世界前四位，而印度、澳大利亚、巴西和美国的出口量排名位居世界前四位（表 1.3）。日本、墨西哥和中国是猪肉进口量排名世界前三位的国家（表 1.4），而欧盟、美国和加拿大是出口量排名世界前三位的国家和地区。

表 1.3　　2015 年部分国家和地区的牛肉、小牛肉进出口概况　　单位：千吨

国家和地区	进口量（以胴体重计）	国家和地区	出口量（以胴体重计）
美国	1559	印度	2000
日本	740	澳大利亚	1815
俄罗斯	700	巴西	1625

续表

国家和地区	进口量（以胴体重计）	国家和地区	出口量（以胴体重计）
中国	600	美国	1035
中国香港	450	新西兰	590
韩国	400	巴拉圭	400
欧盟	370	加拿大	375
加拿大	290	乌拉圭	360
埃及	270	欧盟	300
马来西亚	235	墨西哥	245
智利	200	阿根廷	230
其他	1745	其他	626
总计	7559	总计	9601

（资料来源：美国农业部，海外农业服务局，2015. 畜牧业和禽业：世界市场和交易。http://apps. fas. usda. gov/psdonline/circulars/livestock_poultry. pdf. ）

表 1.4　　2015 年部分国家和地区的猪肉进出口概况　　单位：千吨

国家和地区	进口量（以胴体重计）	国家和地区	出口量（以胴体重计）
日本	1270	欧盟	2350
墨西哥	920	美国	2268
中国	845	加拿大	1210
韩国	600	巴西	565
美国	502	中国	250
中国香港	380	智利	185
俄罗斯	300	墨西哥	130
澳大利亚	230	塞尔维亚	40
加拿大	220	越南	40
菲律宾	210	澳大利亚	38
新加坡	130	南非	12
其他	831	其他	57
总计	6438	总计	7145

（资料来源：美国农业部，海外农业服务局，2015. 畜牧业和禽业：世界市场和交易。http://apps. fas. usda. gov/psdonline/circulars/livestock_poultry. pdf. ）

根据 Colby（2015）发布的数据，2013 年羊肉的主要生产国有中国（24%）、澳大利亚（8%）、新西兰（5%）、苏丹（4%）、土耳其（4%）和英国（3%），主要消费国有中国（27%）、苏丹（4%）、英国（3%）、土耳其（3%）、阿尔及利亚（3%）、澳大利亚（3%）和印度（3%），主要出口国有澳大利亚（34%）、新西兰（34%）和英国（9%）。

1.4.2 动物福利

在21世纪初期，动物福利备受关注。主要是因为集约化饲养造成动物密度过高，宰前运输距离过长。高密度饲养造成的动物福利和生长环境较差引起了许多动物福利组织的关注。一些虐待动物的视频被曝光，给食品从业者带来巨大压力。各种社交媒体也宣传动物福利方面的负面图片和新闻。大多数零售商和食品服务企业都要求每年至少一次动物福利审查，以确保宰前管理和击晕措施得当。

肉用动物福利是一个涉及科学、伦理和经济因素的复杂问题（Webster，2001）。确保动物福利，应当做到“五项自由”（Farm Animal Welfare Council，2009）：

①免于饥饿和口渴，可随时获得干净水和食物，确保体力和机体健康；

②提供舒适的环境，保证良好的休息；

③通过预防或快速诊断和治疗，免于疼痛、伤害或疾病；

④通过提供足够的空间、适当的设施和群体放置，使其正常活动；

⑤避免恐惧和痛苦的环境。

动物管理和福利方面的研究对牲畜生产和肉类工业的指导作用越来越重要。只有了解动物行为，才能更好地设计出运输和处理牲畜的车辆和设施。这对猪等物种尤为重要，因为这些动物在出栏前会被混群饲养。Stoier等（2016）发现采用“分群管理”，即在运输、待宰、击晕过程中同一来源的放在一起，可减少混群造成的攻击和打斗。他们还发现在卸货、入待宰圈和入击晕机或致昏室过程中，15头一组比45头一组的猪更容易驱赶，猪肉品质也会都得到很大改善。良好的动物管理，不仅会提升动物福利水平，也会显著改善肉的品质。

Botreau等（2007）根据“五项自由”制定了一套评价动物福利水平的标准（表1.5）。作为标准，应尽可能客观，这样才能保证第三方审查员或相关人员对动物福利水平进行科学评估。

表1.5　动物福利质量标准

标准	次级标准	标准	次级标准
良好的饲养	1. 没有长期饥饿		7. 没有疾病
	2. 没有长期口渴		8. 没有管理不当造成的痛苦
良好的畜舍	3. 足够的休息场所	适宜的行为	9. 社会行为的表达
	4. 温度适中		10. 其他行为的表达
	5. 能自由走动		11. 人和动物关系良好
良好的健康状态	6. 没有伤害		12. 没有恐惧感

[资料来源：Botreau, R., Veissier, I., Butterworth, A., Bracke, M. B. M., Keeling, L. J., 2007. Definition of criteria for overall assessment of animal welfare. Animal Welfare, 16(2), 225-228.]

北美有专业动物审查员认证组织 PAACO，为畜牧业提供审查培训方案。该组织为审查员提供统一的最低标准，通过教育和培训，审查并依据最佳方案制定程序，向动物科学和兽医专业人员提供审查过程的具体评估标准。在美国，大型肉类加工企业中处理牲畜的雇员在任职前通常都需要通过 PAACO 认证。

合适的动物福利是生产高品质肉的重要基础，但有些动物保护组织人员对畜牧生产者提出过分要求，为畜牧生产带来很大压力。因此，畜牧生产各环节人员应充分了解动物福利的重要性。

1.4.3 可持续性

肉类生产可持续发展是一个热门话题，但如何界定、衡量或提高可持续性，没有一个很好的答案。关于可持续性发展，问题主要集中在：到 2050 年，世界人口将达到 90 亿，如何养活这么多人，畜牧业生产在尽可能不破坏环境的条件下，应尽可能增加肉类供应，以满足人类需要。

衡量可持续性的指标主要有三个（Capper，2013）：经济可行性、环境承载力和社会责任。美国国内和跨国公司在他们的年度报告中都会强调这些指标，以回应社会对他们的质疑。

联合国粮农组织发布的《牲畜的长期阴影：环境问题和选择》报告中就牲畜生产和环境评估之间的关系进行了系统论述（Steinfeld 等，2006）。以下内容摘自该报告：

无论从地方还是全球范围看，畜牧业是造成环境问题的最主要因素之一。本报告的研究结果发现，在处理土地退化、气候变化和空气污染、水短缺和水污染以及丧失生物可利用性等问题时，应将其作为政策重点。

肉牛产业对环境的影响并非想象的那么糟糕。Capper（2011）比较了 1977 年和 2007 年美国牛肉生产情况，发现 2007 年的生产体系比 1977 年需要更少的资源，生产 10 亿 kg 牛肉只需要原来 69.9%的动物、81.4%的饲料、87.9%的水和 67%的土地（Capper，2011），产生的粪便只有原来的 81.9%，甲烷和二氧化氮也分别只有原来的 82.3%与 88%，碳排放减少了 16.3%。畜牧业工作者必须不断努力提升效率、减少浪费，从而消除社会上一些人对畜牧业生产的质疑。

1.4.4 犹太洁食和清真食品

犹太人和穆斯林的饮食法对畜禽屠宰、肉类加工和消费有很大的影响。根据 Regenstein 等（2003）报道，犹太洁食法规定了哪些食品适合犹太人食用，其依据是《圣经》和《摩西五经》。而清真食品法也规定了哪些食物适合穆斯林，其依据来自《古兰经》和“伊斯兰教教规”（Regenstein 等，2003）。

犹太法律主要关注三个问题：哪些动物能被食用、血液不能食用和肉乳不能混用（Regenstein 等，2003）。能被用来食用的动物主要有偶蹄反刍动物、传统家禽、有鳍或鳞片的鱼。而猪、野生鸟类、鲨鱼、角鲨、鲇鱼、扁鲨（或类似的鱼）、甲壳类和贝类软体生物不能食用。此外，动物宰杀时放血应彻底，通常由阿訇采用大抹脖方式切断三管（血管、食管和气管）。之后还有多个步骤，如采用浸泡和腌制去除肉中血液。肉、乳不能混用主要是为了防止不法分子滥用获利。犹太认证机构会仔细审查制造工艺，以确保产品是肉类产品，乳制品或其他产品，这样犹太消费者就可以避免混食肉类和奶制品。

清真饮食法将食品定义为“清真食品”（允许的）或“哈拉姆食品”（禁止的），并明确规定：①哪些动物不能被食用；②禁止食用血液；③屠宰和祷告方法；④禁止腐肉；⑤禁止饮酒（Regenstein 等，2003）。除禁止食用猪肉外，还禁止食用狮子、老虎、猎豹、猫、狗和狼等的肉，以及鹰、猎鹰、鱼鹰、鸢和秃鹫等猛禽的肉。允许食用的动物肉包括牛、绵羊、山羊、骆驼和水牛等反刍动物，鸡、火鸡、鸭、鹅、鸽、鹧鸪、鹌鹑、麻雀、鸸鹋和鸵鸟等禽类动物。禁止食用放血不净的动物肉。特殊的屠宰规定包括：①只能屠宰上述规定的动物；②必须由成人穆斯林屠宰；③在屠宰时必须提念真主之名；④屠宰时必须切断动物的喉咙，以迅速、彻底出血和快速死亡。

Farouk 等（2016）提出，伊斯兰教教导在整个清真肉生产过程中，虐待动物的行为不能容忍，屠宰操作必须遵循先知穆罕默德提出的做法。如何保障清真肉屠宰与动物福利，需要做到四点：①动物福利方法要科学；②要符合伦理；③要符合伊斯兰饮食法律；④符合伊斯兰伦理。Farouk 等（2016）还总结了动物福利在清真肉类生产中的重要性：①有关屠宰的宗教和监管方面的从业人员培训；②入职前对申请者同情心的评估；③在栏圈和屠宰场周围安装闭路电视摄像机，以监测工人的活动；④尽可能减少同情疲劳的后续培训；⑤将动物福利要求纳入清真认证；⑥让领拜人进行动物福利有关的伊斯兰教的布道；⑦加入移动的人道屠宰单元，以协助地方/邻里和小规模的清真屠宰。

在大型肉类加工厂中执行犹太屠宰或清真屠宰是一种挑战，因为这些生产线速度和生产量都很高。犹太屠宰是不允许击晕的，但有些犹太认证项目允许在动物喉咙被切断和放血前立即对牛进行机械击晕。这种宰前击晕是为了减少动物的无意识反应，以减少工人在最初的束缚和下降动物步骤中受伤的可能性。对于清真屠宰，倾向于不让动物被击晕，但是替代的击晕方式（如电击晕）被广泛应用（Farouk 等，2014）。采用头部击晕和颈部放血可能会造成血液飞溅和瘀斑，这是犹太和清真屠宰可能存在的肉品质量问题。

1.5 结论和展望

肉类生产是世界经济的重要组成部分，对地方、国家和国际贸易有着重要的贡献。发达国家消费者的购买力不断增加，对肉类的需求也将大幅提升，要求市场上有更多的产品可供选择（如有机食品、散养动物食品、人道屠宰食品、可持续饲养产品），或动物出生、饲养和屠宰方式和地点优于传统方式的产品。肉类作为一种营养和美味的食品在今后将继续受到欢迎，但在近期和可预见的未来，肉类如何生产及其对世界环境的影响将面临越来越大的挑战。

参考文献

Abbots, E. -J. , Coles, B. , 2013. Horsemeat-gate. Food, Culture & Society 16(4), 535-550.

Achilli, A. , Bonfiglio, S. , Olivieri, A. , Malusa, A. , Pala, M. , Hooshiar Kashani, B. , Perego, U. A. , Ajmone-Marsan, P. , Liotta, L. , Semino, O. , Bandelt, H. J. , Ferretti, L. , Torroni, A. , 2009. The multifaceted origin of taurine cattle reflected by the mitochondrial genome. PLoS One 4(6), e5753.

Achilli, A. , Olivieri, A. , Pellecchia, M. , Uboldi, C. , Colli, L. , Al-Zahery, N. , Accetturo, M. , Pala, M. , Hooshiar Kashani, B. , Perego, U. A. , Battaglia, V. , Fornarino, S. , Kalamati, J. , Houshmand, M. , Negrini, R. , Semino, O. , Richards, M. , Macaulay, V. , Ferretti, L. , Bandelt, H. J. , Ajmone-Marsan, P. , Torroni, A. , 2008. Mitochondrial genomes of extinct aurochs survive in domestic cattle. Current Biology 18(4), R157-R158.

Ajmone-Marsan, P. , Garcia, J. F. , Lenstra, J. A. , 2010. On the origin of cattle: how aurochs became cattle and colonized the world. Evolutionary Anthropology: Issues, News, and Reviews 19(4), 148-157.

Beja-Pereira, A. , Caramelli, D. , Lalueza-Fox, C. , Vernesi, C. , Ferrand, N. , Casoli, A. , Goyache, F. , Royo, L. J. , Conti, S. , Lari, M. , Martini, A. , Ouragh, L. , Magid, A. , Atash, A. , Zsolnai, A. , Boscato, P. , Triantaphylidis, C. , Ploumi, K. , Sineo, L. , Mallegni, F. , Taberlet, P. , Erhardt, G. , Sampietro, L. , Bertranpetit, J. , Barbujani, G. , Luikart, G. , Bertorelle, G. , 2006. The origin of European cattle: evidence from modern and ancient DNA. Proceedings of the National Academy of Sciences 103(21), 8113-8118.

Botreau, R. , Veissier, I. , Butterworth, A. , Bracke, M. B. M. , Keeling, L. J. , 2007. Definition of criteria for overall assessment of animal welfare. Animal Welfare 16(2), 225-228.

Bruford, M. W. , Bradley, D. G. , Luikart, G. , 2003. DNA markers reveal the complexity of livestock domestication. Nature Reviews Genetics 4(11), 900-910.

Capper, J. L. , 2011. The environmental impact of beef production in the United States: 1977 compared with 2007. Journal of Animal Science 89(12), 4249-4261.

Capper, J. L. , 2013. Should we reject animal source foods to save the planet? A review of the sustainability of global livestock production. South African Journal of Animal Science 43(3), 233-246.

Chessa, B. , Pereira, F. , Arnaud, F. , Amorim, A. , Goyache, F. , Mainland, I. , Kao, R. R. , Pemberton, J. M. , Beraldi, D. , Stear, M. J. , Alberti, A. , Pittau, M. , Iannuzzi, L. , Banabazi, M. H. , Kazwala, R. R. , Zhang, Y. -p. , Arranz, J. J. , Ali, B. A. , Wang, Z. , Uzun, M. , Dione, M. M. , Olsaker, I. , Holm, L. -E. , Saarma, U. , Ahmad, S. , Marzanov, N. , Eythorsdottir, E. , Holland, M. J. , Ajmone-Marsan, P. , Bruford, M. W. , Kantanen, J. , Spencer, T. E. , Palmarini, M. , 2009. Revealing the history of sheep domestication using retrovirus integrations. Science 324(5926), 532-536.

Colby, L. , 2015. World Sheep Meat Market to 2025. AHDB Beef & Lamb and the International Meat Secretariat. Available from: http://www.meat-ims.org/wp-content/uploads/2016/01/World-sheep-meat-market-to-2025.pdf.

Dalle Zotte, A. , Szendro, Z. , 2011. The role of rabbit meat as functional food. Meat Science 88(3), 319-331.

Dalle Zotte, A. , 2002. Perception of rabbit meat quality and major factors influencing the rabbit carcass and meat quality. Livestock Production Science 75(1),11-32.

Dubeuf,J. P. ,Morand-Fehr,P. ,Rubino,R. ,2004. Situation,changes and future of goat industry around the world. Small Ruminant Research 51(2),165-173.

Elgasim,E. A. ,Alkanhal,M. A. ,1992. Proximate composition,amino acids and inorganic mineral content of Arabian Camel meat: comparative study. Food Chemistry 45(1),1-4.

Farm Animal Welfare Council,2009. Farm Animal Welfare in Great Britain: Past,Present and Future. Available from: https://www.gov.uk/government/uploads/system/uploads/attachment_data/file/319292/Farm_Animal_Welfare_in_Great_Britain_-_Past_Present_and_Future.pdf.

Farouk,M. M. ,Al-Mazeedi,H. M. ,Sabow,A. B. ,Bekhit,A. E. ,Adeyemi,K. D. ,Sazili,A. Q. ,Ghani,A. ,2014. Halal and kosher slaughter methods and meat quality: a review. Meat Science 98(3),505-519.

Farouk,M. M. ,Pufpaff,K. M. ,Amir,M. ,2016. Industrial halal meat production and animal welfare: a review. Meat Science 120,60-70.

Gade,D. W. ,1976. Horsemeat as human food in France. Ecology of Food and Nutrition 5(1),1-11.

Gill,C. O. ,2005. Safety and storage stability of horse meat for human consumption. Meat Science 71(3),506-513.

Hiendleder,S. ,Kaupe,B. ,Wassmuth,R. ,Janke,A. ,2002. Molecular analysis of wild and domestic sheep questions current nomenclature and provides evidence for domestication from two different subspecies. Proceedings of the Royal Society London Series B-Biological Sciences 269(1494),893-904.

Hiendleder,S. ,Mainz,K. ,Plante,Y. ,Lewalski,H. ,1998. Analysis of mitochondrial DNA indicates that domestic sheep are derived from two different ancestral maternal sources: no evidence for contributions from urial and argali sheep. Journal of Heredity 89(2),113-120.

Hoffman,L. C. ,Cawthorn,D. ,2013. Exotic protein sources to meet all needs. Meat Science 95(4),764-771.

Hoffman,L. C. ,Wiklund,E. ,2006. Game and venison—meat for the modern consumer. Meat Science 74(1),197-208.

Kadim,I. T. ,Mahgoub,O. ,Al-Marzooqi,W. ,Al-Zadjali,S. ,Annamalai,K. ,Mansour,M. H. ,2006. Effects of age on composition and quality of muscle *Longissimus thoracis* of the Omani Arabian camel (*Camelus dromedaries*). Meat Science 73(4),619-625.

Kurtu,M. Y. ,2004. An assessment of the productivity for meat and the carcase yield of camels(*Camelus dromedarius*) and of the consumption of camel meat in the eastern region of Ethiopia. Tropical Animal Health and Production 36(1),65-76.

Larson,G. ,Cucchi,T. ,Fujita,M. ,Matisoo-Smith,E. ,Robins,J. ,Anderson,A. ,Rolett,B. ,Spriggs,M. ,Dolman,G. ,Kim,T. -H. ,Thuy,N. T. D. ,Randi,E. ,Doherty,M. ,Due,R. A. ,Bollt,R. ,Djubiantono,T. ,Griffin,B. ,Intoh,M. ,Keane,E. ,Kirch,P. ,Li,K. -T. ,Morwood,M. ,Pedriña,L. M. ,Piper,P. J. ,Rabett,R. J. ,Shooter,P. ,Van den Bergh,G. ,West,E. ,Wickler,S. ,Yuan,J. ,Cooper,A. ,Dobney,K. ,2007. Phylogeny and ancient DNA of *Sus* provides insights into neolithic expansion in Island Southeast Asia and Oceania. Proceedings of the National Academy of Sciences 104(12),4834-4839.

Larson,G. ,Dobney,K. ,Albarella,U. ,Fang,M. ,Matisoo-Smith,E. ,Robins,J. ,Lowden,S. ,Finlayson,H. ,Brand,T. ,Willerslev,E. ,Rowley-Conwy,P. ,Andersson,L. ,Cooper,A. ,2005. Worldwide phylogeography of wild boar reveals multiple centers of pig domestication. Science 307(5715),1618-1621.

Larson,G. ,Liu,R. ,Zhao,X. ,Yuan,J. ,Fuller,D. ,Barton,L. ,Dobney,K. ,Fan,Q. ,Gu,Z. ,Liu,X. -H. ,Luo,Y. ,Lv,P. ,Andersson,L. ,Li,N. ,2010. Patterns of East Asian pig domestication,migration,and turnover revealed by modern and ancient DNA. Proceedings of the National Academy of Sciences 107(17),7686-7691.

Loftus,R. T. ,MacHugh,D. E. ,Bradley,D. G. ,Sharp,P. M. ,Cunningham,P. ,1994. Evidence for two independent domestications of cattle. Proceedings of the National Academy of Sciences 91(7),2757-2761.

Nanda, A. S., Nakao, T., 2003. Role of buffalo in the socioeconomic development of rural Asia: current status and future prospectus. Animal Science Journal 74(6), 443-455.

Pedrosa, S., Uzun, M., Arranz, J. J., Gutierrez-Gil, B., San Primitivo, F., Bayon, Y., 2005. Evidence of three maternal lineages in near eastern sheep supporting multiple domestication events. Proceedings of the Royal Society 272(1577), 2211-2217.

Regan, Á., Marcu, A., Shan, L. C., Wall, P., Barnett, J., McConnon, Á., 2015. Conceptualising responsibility in the aftermath of the horsemeat adulteration incident: an online study with Irish and UK consumers. Health, Risk & Society 17(2), 149-167.

Regenstein, J. M., Chaudry, M. M., Regenstein, C. E., 2003. The kosher and halal food laws. Comprehensive Reviews in Food Science and Food Safety 2(3), 111-127.

Steinfeld, H., Gerber, P., Wassenaar, T., Castel, V., Rosales, M., de Haan, C., 2006. Livestock's Long Shadow: Environmental Issue and Options. United Nations Food and Agriculture Organization. Available from: http://www.fao.org/docrep/010/a0701e/a0701e00.htm.

Støier, S., Larsen, H. D., Aaslyng, M. D., Lykke, L., 2016. Improved animal welfare, the right technology and increased business. Meat Science 120, 71-77.

U. S. Department of Agriculture, Food Safety and Inspection Service, 2016a. 9 CFR, Chapter III, Subchapter A, Sec. 301. 2. Terminology: Adulteration and Misbranding. Available from: https://www.gpo.gov/fdsys/pkg/CFR-2006-title9-vol2/pdf/CFR-2006-title9-vol2-part301.pdf.

U. S. Department of Agriculture, Food Safety and Inspection Service, 2016b. 9 CFR, Chapter III, Subchapter A, Sec. 301. 22. Specified Risk Materials from Cattle and Their Handling and Disposition. Available from: https://www.gpo.gov/fdsys/pkg/CFR-2016-title9-vol2/pdf/CFR-2016-title9-vol2-sec310-22.pdf.

Webster, A. J., 2001. Farm animal welfare: the five freedoms and the free market. Veterinary Journal 161(3), 229-237.

Yousif, O. K., Babiker, S. A., 1989. The desert camel as a meat animal. Meat Science 26(4), 245-254.

Zeder, M. A., 2008. Domestication and early agriculture in the Mediterranean Basin: origins, diffusion, and impact. Proceedings of the National Academy of Sciences 105(33), 11597-11604.

2 肉用动物生长发育的影响因素

Aidan P. Moloney, Mark McGee

Teagasc, Grange, Dunsany, Co. Meath, Ireland

2.1 引言

动物生长过程就是组织重量增加，或者说是蛋白、脂肪和骨骼增长的过程，反映了各种组织器官大小、发育及结构变化的过程（Owens 等，1995；Murdoch 等，2005）。动物生长发育是一个持续的过程，从受精卵开始一直持续到成年体重不再变化（Arango 和 Van Vleck，2002）。虽然怀孕早期重要器官和组织已经开始分化生长，但牛、羊胚胎的发育主要发生在孕期的后三分之一，而猪的胚胎则是 70d 后开始生长（Greenwood 等，2009）。产后早期发育的特征是各组织器官的发育成型，在到达成年体重前，骨骼和肌肉以线性方式持续生长，脂肪组织则以加速度进行生长（见第 3 章）。因此，动物出生后，身体中肌肉和骨骼的比例下降，脂肪比例增加。

骨骼的生长发育一直持续到生长发育阶段的后期，骨骼达到成年尺寸后。肌肉的生长发育过程是肌肉卫星细胞核的融合、肌肉蛋白不断累积、肌细胞不断增长，直到肌肉组织发育完全的过程（Novakofski 等，2001）。出生后，脂肪组织的生长发育过程是先以脂肪细胞增长为主，直至到最大尺寸，之后脂肪细胞增生（Mersmann 等，2005）。当身体能量供给超过需求时，脂肪细胞增大增生，造成脂肪沉积（Mersmann 等，2005）。

当饲料和环境条件都比较理想的条件下，动物体重随动物年龄呈“S 形”曲线增长（Black，1988；Murdoch 等，2005）。对大多数动物物种来说，加速生长与减速生长的拐点发生在性成熟期，并且从胚胎期到成熟期，动物相对生长速率（单位时间内体重的增加量占原有体重的比值）呈现下降趋势（Robelin 等，1992）。生长曲线已成为评估动物生长的标准［如 Arango 等，2002（牛）；Kebreab 等，2010（猪）］。生长预测模型已发展成为更动态化的生长和身体成分模型（Hoch 等，2004）。

2.2 生长性能和胴体组成的测定

动物体重可采用特定的仪器进行准确测量。但是，由于动物胃肠道中的食物和水含量不同，可能会导致动物的活重存在很大差异。特别是放牧的反刍动物，活重存在日内和日间的差异（即“肠道填充效应”），与吃草、饮水、排尿和排便有关，以及牧草种类和供应波动有关，尤其是在轮牧期间。

准确测量体重或胴体组成，对于肉用动物的性能测定、分级、基因选育或肉用动物的价值都非常重要。可通过视觉观察对活体动物的胴体组成进行估测，但由于是主观评判，会存在一定的偏差。可采用触摸法估测动物皮下脂肪含量，进一步估测动物瘦肉率和体型评分，这一方法尤其适合于成年动物、奶牛和母羊（McGee 等，2005a；McGee 等，2007）。

动物机体评价可采用卷尺或卡尺测量背长、肩高、骨盆的高度和宽度、胸宽、胸围和胸深、胴体长度、胴体宽度、腿长度和宽度等（McGee 等，2007）。胴体形状评价具有重要的商业价值，如活体动物“肌肉发达或饱满”可以转化为特定的胴体评分分值。肉牛的宰前视觉肌肉评分与胴体瘦肉率呈正相关（r=0.5~0.7），与骨骼含量（r=-0.9~-0.7）和脂肪含量（r=-0.4~-0.1）呈负相关（Conroy 等，2010a）。

不同地方的牛和羊胴体评价方法不同（Allen，2007）。欧洲牛羊胴体分级采用欧盟牛胴体分级标准，体型分为 E、U、R、O、P 五个等级，其中 E 最佳，还有个 S 级，主要适用于优质双肌胴体（S）EUROP；肥度分为 1~5 级，其中 5 级脂肪含量最高（Allen，2007）。这种分级主要是基于视觉方法。有些国家又对每个级别进行细分，最终得到 15 个级别（Conroy 等，2010b）。Kempste 等（1982）认为，胴体体型评分不适合用来预测相同品种的牛羊胴体组成或瘦肉率，但可用来比较不同品种之间的胴体差异。Conroy 等（2010a）对荷斯坦弗里斯牛及其与肉牛的杂交品种、晚熟型大陆肉牛杂交品种进行胴体评分（15 分制），发现瘦肉率、优质分割肉产量与胴体评分之间呈显著的相关性，相关系数分别达到 0.66~0.78 和 0.29~0.50。15 分制的 EUROP 评分体系可解释 55%~75%肉牛胴体瘦肉率的差异，但其与优质切块（眼肉、外脊和里脊）产量的相关性较低（R^2=0.28~0.57）（Craigie 等，2012）。视觉图像技术可代替普通的视觉评分技术（欧盟已使用），并能够更准确地预测可售肉的比例（Allen，2007；Craigie 等，2012）。

测量胴体组成最直接的方法是将整个动物躯体完全解剖分成内脏、皮肤、骨骼、肌肉和脂肪组织。但精细分割工作量太大，所以普遍的方法是将胴体按部位分成大块以估算瘦肉率。如肉牛胴体可整体分割（McGee 等，2008），半胴体分体分割（Conroy 等，2010a）和对后腿、六分体分割（McGee 等，2005c）来“预测”胴体组成。最近，基于电子和计算机的无损检测技术也被用于胴体组成的预测（McGee 等，2005c）。每种方法的准确性、可靠性、成本、便携性、检测速度、现场操作方便性、安全性以及是否需要对动物进行固定等方面，都各有优缺点（Simeonova 等，2012；Scholz 等，2015）。Simeonova 等（2012）报道，用于活体动物（尤其是猪）中蛋白质含量的测定方法中，超声波（B 超；R^2=0.36~0.38）、生物电阻抗（R^2=0.81）和重水稀释法是最常用、经济、便携的方法。而核磁共振成像技术（MRI）（间接，R^2=0.89~0.97；直接，R^2=0.62）、电子计算机断层扫描（CT）成像技术（R^2=0.92~0.98）、全身电磁传导（R^2=0.94）和同位素 K^{40} 测量法等方法更加准确，但成本太高。Scholz 等（2015）发现，对于家畜，CT 是测定牛、羊、猪等活体动物蛋白质最准确的方法，其次是核磁共振技术和双倍能量 X 射线吸光测定法。超声波技术适合于在野外环境下测定各种大小体型的活体动物。如用超声波测量获得的牛背最长肌肌肉和脂肪厚度，与胴体评分（r=0.80~0.83）、脂肪评分（r=0.54~0.63）、胴体肉含量（r=0.52~0.63）和脂肪含量（r=0.53~0.59）显著相关（Conroy 等，2010a）。其他用于评价体组成的方法有脂肪细胞的大小（McGee 等，2005a）、氮平衡（Moloney 等，1995）、代谢组（Fitzsimons 等，2014）。

2.3 影响家畜生长发育的因素

不同种类、同一种类不同品种或个体动物个体之间，其体型大小、生长速度、机体组成和新陈代谢方面都存在较大差异（Black，1988）。动物生长发育和体成熟大小由遗传和非遗传因素决定。生长发育速度取决于不同个体基因组合包括决定生长的叠加和非叠加基因（Arango 和 Van Vleck，2002）。这些基因组合与内在因素（如性别、年龄、生理状态）和外在因素（环境、气候、营养、管理、母体效应）共同作用，决定了生长发育速度和动物表型（Arango 等，2002）。

2.3.1 生理年龄

同一物种或品种的不同动物之间，其生长、发育和成熟情况会存在一定差异。体重增加与各组织器官生长发育的模式有关；大多数的内脏器官发育成熟早，即在机体达到质量恒定之前，这些器官已经接近质量恒定（Black，1988）。其他组织发育成熟的先后顺序是骨骼、肌肉和脂肪。在机体生长发育的最后阶段，只有脂肪组织的生长率比机体增重速率快。动物种类、品种、性别及其他外在因素对器官的生长发育有影响。器官和组织的生长发育关系通常用异速生长方程来表示 $Y=a \cdot x^b$，即身体某一部分生长变化率与整体生长变化率的关系（McGee 等，2005c）。随着肉牛屠宰体重的上升，非胴体部分、后四分体、骨骼、肌肉以及优质切块的比例降低，内脏及下水、脂肪、前四分体、大理石花纹的含量增加。动物年龄小、体重轻的动物，其骨骼含量比肌肉和脂肪含量高，也高于年龄大、体重大的动物的骨骼含量，但它因品种而异（Keane，2011a）。当动物达到成年体重时，蛋白质含量不再增加，而脂肪含量会持续增长（Owens 等，1995）。同样，羊在生长发育成熟过程中，其活重、胴体重、骨骼重量、肌肉重量都增加，但以胴体质量为基准，脂肪含量上升，肌肉和骨骼的比例下降（Nsoso 等，1999）。对于猪来说，随着体重的增加，瘦肉日增重与脂肪日增重的比值下降。

2.3.2 遗传因素

2.3.2.1 品种

不同家畜品种的生长发育和胴体组成不同。对于肉牛来说，普通牛（Cundiff 等，2004；Alberti 等，2008；Clarke 等，2009b）和瘤牛（Thrift 等，2010）之间就存在很大差异。欧洲肉牛品种中，大型晚熟型品种（如夏洛来牛、比利时蓝牛）的体重要比小型晚熟品种（如利木赞牛、皮埃蒙特牛）、早熟品种（如海福特牛、安格斯牛）、奶牛品种（如荷斯坦牛）的体重大。在相同的年龄条件下，奶牛品种与早熟品种的生长和屠宰性状差异很小，但早熟品种的采食量更低，胴体评分更高（Keane，2011b；表2.1）。晚熟品种同样拥有较低的采食量和较高的胴体评分，并且它还具有较高的生长速度、屠宰率和瘦肉率（Keane，2011b）。但是在遗传选择过程中，这些性状差异可能会发生改变。如在美国的种质评估项目中，英国品种和欧洲大陆品种之间断奶后的生长差异程度随着时间的推移而显著下降（Cundiff等，2004）。体脂分布存在品种差异，奶牛品种较肉牛品种肌间脂肪比例较高，皮下脂肪比例较低（McGee等，2005c）。品种类型之间屠宰率的差异主要与消化道内容物（采食量不同的结果）、胃肠道和代谢器官差异、皮重比例和内脏脂肪的差异有关（McGee等，2007；Keane，2011a）。

表2.1 在相似日龄下，荷斯坦-弗里斯牛（HF=100）和荷斯坦-弗里斯杂交品种的采食量、生长速度、屠宰性状、肌肉重量和背最长肌横截面积比较

公畜品种	HF①	HE	LM	PM	RO	BL	SM	BB	CH
采食量/(g/kg 活重)	18.2	98	96	94	92	96	98	97	97
屠宰日增重/g	803	103	98	95	101	102	106	104	107
屠宰率/（g/kg）	527	102	105	105	104	105	104	105	104
日增长胴体体重/g	425	105	103	100	104	107	109	109	111
胴体评分②	2.19	133	136	139	139	132	136	138	143
胴体脂肪评分③	3.52	125	103	86	97	91	103	95	90
日沉积肌肉/（g/d）	256	102	109	113	115	116	116	119	117
背最长肌面积④	22.3	103	117	118	117	110	108	112	114
肌肉与骨头的比例	3.22	105	117	115	114	115	109	117	116
优质切块占全部肌肉质量比例/（g/kg）	446	100	102	103	103	101	102	102	102

注：BB，比利时蓝牛；BL，布隆地丹地奴牛；CH，夏洛来牛；HE，海福特牛；LM，利木赞牛；PM，皮埃蒙特牛；RO，罗曼哥拉牛；SM，西门塔尔牛。

①HF的实际值，相对于HF值表示的其他基因型的值=100，欧盟牛肉胴体分类计划量表；②1(P=差)至5(E=优)；③1(最瘦)至5(最肥)；④cm^2/100kg胴体重。

（资料来源：Keane，M. G.，2011. Relative Tissue Growth Patterns and Carcass Composition in Beef Cattle. Teagasc，Occasional Series No. 7. Grange Beef Research Centre. 23 p.）

由于不同品种动物的成熟速率和平均成熟体重不同，品种之间的比较必须在屠宰时进行。在相同屠宰年龄条件下，晚熟品种更瘦；而在相同脂肪含量条件下屠宰，晚熟品种体重更大。因此，在相同成熟阶段条件下测定胴体重及组成，要比在相同年龄或体重下测定结果的变异更小。

在动物选育过程中，通常主要依据青年公畜的生长性状和肌肉发达程度，这样可以提高胴体的商品价值。双肌动物是肌肉发育比较极端的例子，如比利时蓝牛、皮埃蒙特牛、夏洛来牛、特赛尔羊、比尔特克斯羊等（Fiems，2012）。这是因为基因突变使肌肉抑制基

因失活，从而导致肌肉肥大。在肉牛中，这使得其拥有更好的胴体体型评分，提高了屠宰率、胴体瘦肉率，减少了骨骼和脂肪的含量。但过高的胴体率会是很多尺寸变小、动物体质下降。

与肉牛类似，不同品种绵羊的生长发育和胴体性状也存在差异（Marquez 等，2012）。低成熟体重公畜品种的后代通常在较晚的年龄达到特定的体重，但与那些高成熟体重公畜品种的后代相比，其体重更轻，并在较早的时候达到相似的脂肪覆盖率。然而，脂肪含量恒定时屠宰，两个公畜品种之间的差异相对较小（Hanrahan，1999；表 2.2）。

表 2.2　恒定脂肪含量时不同羊品种的指标对比（以萨福克羊为标准，即 100）

公畜品种	断奶重	出售日龄	胴体重量	胴体体型	屠宰率
萨福克羊	100	100	100	100	100
特赛尔羊	96	104	102	100	102
夏洛来羊	97	102	101	100	102
比尔特克斯	96	106	98	106	102
道赛特羊	99	100	100	91	100
法兰西岛羊	95	108	101	103	103
杜泊羊	92	107	99	96	100
罗杰奎斯特羊	95	105	100	98	100
喜乐蒂羊	94	106	100	98	101

（资料来源：Hanrahan J. P.，1999. Genetic and Non-genetic Factors Affecting Lamb Growth and Carcass Quality. End of Project Reports：Sheep Series No. 8. Project No. 2551. 35 p. ISBN：1-84170-062-2.）

很多研究集中于公畜品种间的比较研究，而母代对后代断奶前的生长发育也有重要影响（McGee 等，2005b）。值得注意的是，尽管许多普通家畜品种在各种环境和管理条件下都能很好地生长发育，但极端的营养状况或环境条件都会对动物生产性状造成很大影响，产生基因型与环境的互作（Rauw 等，2015）。

2.3.2.2　杂交

动物品种多样性主要通过品种替代、杂交或复合育种等方式来实现。杂交育种可利用不同品种或种群来获得杂种优势和互补性。例如，在温带气候中普通杂交牛品种断奶后体重可增加大约 5%、胴体脂肪增加 3%~4%、瘦肉增加 2%；当普通牛和瘤牛在热带气候中杂交时，这些性状的差异要大得多（Renand 等，1992）。杂种优势也体现在胴体重量上，英国牛×英国牛、英国牛×大陆牛、大陆牛×大陆牛、英国牛×瘤牛、大陆牛×瘤牛的杂交品种胴体重分别增加 10.3kg、13.1kg、16.4kg、42.0kg 和 24.6kg（Williams 等，2010）。同样，牛或羊的混合育种也是一种替代繁育方案，可更好地利用品种杂交优势且更容易管理。

2.3.2.3 品种内差异

除品种之间差异外，品种内的生长发育和胴体性状也存在许多遗传差异。选育时基因效率取决于选育的强度、遗传价值（育种值）的准确性，动物之间的遗传差异以及世代间隔等。不同种类家畜的世代间隔存在很大差异，牛的最大，其次是羊和猪。

遗传力是指某个表型特征的差异与遗传特征差异的比值。肉牛的生长性状（出生、断奶、断奶后和成年体重）的平均遗传力估计值在0.13~0.50，一般随着年龄的增长而增加（Koots等，1994）。肉牛的胴体重、背膘厚、背最长肌面积和大理石花纹评分（以年龄、体重或脂肪厚度作为屠宰终点进行调整）的平均遗传力估计值相似，分别为0.40、0.36、0.40和0.37（Rios-Utrera和Van Vleck，2004）。羊的生长性状平均遗传力估计值在0.12~0.57，随着年龄的增长而增加，其胴体重、脂肪厚和背最长肌横截面积的平均遗传力估计值分别为0.20、0.30~0.32和0.29~0.41（Safari等，2005）。猪的生长和胴体性状遗传力估计值也有研究（Safari等，2005）。动物育种非常成功，主要得益于遗传力估计的准确性高、生产性状的可靠性高和生产记录育种数据库的应用（Rauw等，1998）。

尽管遗传选育可以在很大程度上提高家畜的产能，但是有证据表明，高产的动物可能出现行为、生理和免疫方面的问题，导致家畜出现代谢紊乱、繁殖和健康问题（Rauw等，1998）。遗传选育与肉的品质也有关系。综合遗传改良计划中需要重点考虑的是性状和性状之间的遗传效应是否相关，尤其是遗传性状间的拮抗作用（Crews，2005）。所以，在进行遗传改良时不应侧重于单一性状，应综合考虑后代的预期收益，再权衡经济性、多性状遗传选择指数（Clarke等，2009a；Marquez等，2012）。目前，遗传指数的评定也纳入了很多与动物健壮程度相关的指标（Gomez-Raya，2015），综合应用现代生殖技术、可靠表型数据以及基因组学等，推进了肉用动物基因选育（Rauw等，1998；Meuwissen等，2016）。

2.3.2.4 生长效率

人类可持续性发展需要有足够的动物源食品或优质蛋白质。因此，人们致力于提高反刍动物（Basarab等，2013）和单胃动物（Patience等，2015）生产中的饲料转化利用率。在家畜遗传学和营养学研究中，生长速率和饲料转化率［饲料转化率（FCR）或者饲料转化效率（FCE）］已经成为评估其成长发育的标准指标。由于饲料转化率与生长速率和机体组成有关，因此通过改善营养或遗传选育提高生长速率和机体组成（瘦肉多、脂肪少），获得更高的饲料转化率。在评估不同品种间饲料转化率的差异时，必须校正成相同屠宰条件，因为品种等级评价随屠宰日龄不同而变化。不同品种牛单位能量消耗所带来活重增加指数与维持生长的天数成反比（Cundiff等，2004）。在相同年龄下，肉牛及其杂交品种的饲料转化率比奶牛（弗里赛奶牛和荷斯坦奶牛）及其杂交品种更高。对于同一肉牛品种，晚熟品种比早熟品种的饲料效率，特别是肌肉产量更高（Clarke 等，2009b；Crowley 等，2010；Keane，2011b）。在相同脂肪沉积条件下，英国品种阉公牛比欧洲大陆品种公牛的饲料转化率更高，因为它们在更短的时间内沉积预期含量的脂肪；但如果为了获得相同的瘦肉含量，上述品种的饲料转化率正好相反（Cundiff 等，2004）。水、蛋白质和脂肪沉积率在影响饲料转化率和体重增加效率方面的差异主要是因为脂肪比蛋白质或水的能量密度更高（Owens 等，1995）。虽然脂肪沉积比蛋白质消耗更多能量，但蛋白质的维持需要更多的能量。

近来，剩余采食量（RFI）被用作评价牛（Crews，2005）、羊（Knott 等，2008）和猪（Dekkers 等，2010）饲料利用率的替代指标。剩余采食量的定义是实际采食量（干物质或能量）与基于维持（体重）和生长预期采食量的差值，是一种合适的遗传性状。剩余采食量虽然在遗传学角度不一定具有独立性，但与饲料转化率和饲料转化效率不同，它在表型上可独立用于评估生产性状。因此，增加动物屠宰重，可以减少拮抗反应。给动物提供能明显增强食欲的饲料，可改变饲料效率。处于生长期肉牛的剩余采食量不同所带来的表型差异可达到 20%以上，也就是说即具有相同质量和性能的个体动物比对照组消耗的饲料少 20%以上（Crowley 等，2010；Fitzsimons 等，2014）。同时，剩余采食量特征也存在显著的遗传差异（Crowley 等，2010）。因此，饲料转化效率受许多生物过程的影响，是一个复杂的性状。

2.3.3 性别

性别差异显著影响动物的生长速度和机体组成，主要与固醇类激素有关。公牛、公羊和公猪的生长速率更快，饲料转化率更高，经济价值更高，比阉公畜拥有更少的脂肪和更多的肌肉（Seideman 等，1982）。正常公牛要比阉公牛的体增重、胴体重和产肉率高，增幅分别为 0.08~0.20、0.09~0.14 和 0.20；具有更高胴体评分和更少的脂肪（0.27~0.35）（O'Riordant 等，2011）。在较高饲料能量水平和屠宰体重条件下，公牛的优势更明显；公牛通常给予精料，而阉牛主要饲喂草料（McGee 等，2005c）。公羔羊相比阉羔羊的生长速度快（0.10~0.15），具有更高的胴体瘦肉率（0.07~0.12）；生长速度也比母羔羊快（断奶前：0.08；断奶后：0.17）（Hanrahan，1999）。Seideman 等（1982）发现，阉割对猪生长速度的影响（0.01）比牛和羊的影响小，但是公猪胴体背膘率明显低于阉猪（0.21）。不同研究显示的公猪生长速度结果不一致，可能与日粮中蛋白质和氨基酸含量、阉割年龄、屠宰体重和宰前管理等有关。不同性别家畜的饲料转化率也存在差异，如公牛的饲料转化率比阉牛高 0.14~0.17，比小母牛高 0.20，公猪比阉猪高 0.05（Seideman 等，1982）。

2.4 其他因素对家畜生长发育的影响

2.4.1 营养供应

在家畜生产体系中，最经济的饲料转化率受营养物质供应量及其平衡影响，评价指标主要是胴体重和胴体组成。有关家畜达到特定屠宰要求所需的营养还在不断的研究中，已有人开发出“配方系统”来指导生产。能量和蛋白质是最重要的影响因素，因此后面会进行简要介绍。以下会对反刍动物进行重点介绍，因为反刍动物胃肠道消化的是经过反刍发酵和消化后的饲料，其营养价值需要用特殊的方式来评估。

2.4.1.1 能量供给系统

Tedeschi 等（2005）回顾了世界各地用于反刍动物的五种主要饲喂系统，即英国和澳大利亚的代谢能（ME）系统和法国、北美地区的美国国家研究理事会（NRC）和康奈尔净碳水化合物与蛋白质体（CNCPS）系统，以及净能（NE）系统。这些系统在原理上没有区别，都包含两个组成部分：

①饲料中能量密度的评估，即所消耗的饲料中的能量；

②计算动物生长活动中所需要的能量。

对于饲料评估，所有系统都使用代谢能浓度作为饲料成分的基本能量项。可以使用消化率试验和量热计精确测量饲料中的代谢能浓度，通过测量能量总摄入量并对比排泄物（粪便、尿液）和气体中输出能量，但缺点是耗时长且成本高。饲料中的净能量浓度无法测量，而是使用其代谢能量浓度乘以能量效率来估算。能量转化效率随着动物生长活动不同而变化，即利用代谢能进行维持（k_m）、哺乳（k_l）、增重（k_g）和受孕（k_f）。在净能量系统中，来自饲料的能量供应主要是根据净能量项计算的，因此同一饲料可具有不同的净能量浓度，这取决于动物生产模式和阶段。在代谢能系统中，一种饲料只赋予一个代谢能值，因为能量效率仅用于计算动物生产活动中的可分解能量需求。

在计算能量需要时，所有系统中所述的肉牛和绵羊的净能需要（NE_r）包括机体维持的能量需要（ME_m）、产奶的能量需要（NE_l）、机体增重的能量需要（NE_g）、羊毛生长的能量需要（NE_w）以及胎儿生长的能量需要（NE_f）。

2.4.1.2 蛋白质供给系统

Tedeschi 等（2015）回顾了全球用于反刍动物的主要蛋白质供给系统，包括英国、北美地区、法国、澳大利亚、荷兰、德国和北欧地区系统。在过去，反刍动物的蛋白质配给是基于可消化粗蛋白（DCP）。该系统简单地测量了饲料粗蛋白（CP）摄入量和粪便中的排出量，并且假定剩余的蛋白质可用于动物生产。可消化粗蛋白的主要缺点是未认识到瘤胃发酵对饲料蛋白质的可用性或瘤胃中产生的微生物蛋白质对动物整体蛋白质利用率的影响。从 1990 年开始大多数模型采用代谢蛋白质（MP）系统。所有系统都采用相同的原理，即用于动物生产的可用膳食蛋白质包括来自饲料（可消化不会降解的蛋白质）和瘤胃微生物（易消化的微生物蛋白质）的可消化蛋白质。可消化不可降解的膳食蛋白质和可消化的微生物蛋白质总和称为代谢蛋白质。

在计算蛋白质需要量时，所有系统中所述的肉牛和绵羊的总蛋白质需要量（NE_r）包括机体维持的蛋白质需要量（ME_m）、产奶的蛋白质需要（NE_l）、机体增重的蛋白质需要（NE_g）、羊毛生长的蛋白质需要（NE_w）以及胎儿生长的蛋白质需要（NE_f）。在饲料评价时，可降解的膳食蛋白质由总粗蛋白乘以蛋白质可降解率计算获得。蛋白质可降解率的测定方法是用涤纶或尼龙袋在牛和羊的体内进行在体分析，也可采用体外蛋白酶消化实验进行分析。在所有系统中，不可降解的膳食蛋白质通过总粗蛋白摄入量与瘤胃中降解的蛋白质之间的差值计算获得。由于瘤胃微生物分泌的酶可以把蛋白质降解成氨，然后氨可以被瘤胃微生物用作氮源。微生物蛋白质的产生取决于可降解粗蛋白的可用性以及能量的可用性。从理论上讲，可降解粗蛋白和可发酵代谢能（ME）/可降解有机物（OM）的同步供应为瘤胃微生物的生长提供了有利环境。然而，没有被利用的氨被排出体外，因此蛋白质可能因为饮食中蛋白质含量高造成浪费。另一方面，当饲料中蛋白质含量较低时，非蛋白氮（如尿素）可以转化为蛋白质。所有系统都提供了两种估算微生物蛋白质产量的方法。如果可降解蛋白质不足，可从瘤胃可降解蛋白质供应量计算微生物蛋白质产量。反之，如果可降解蛋白质供应过量，则从可发酵的代谢能/可降解的有机物估计微生物蛋白质产量。随着研究的深入，未来的蛋白质喂养系统将基于单独的氨基酸供应而不是蛋白质本身。

对于现在使用的系统，生产者可根据特定家畜的生长速率需要配制最经济的饲料。

2.4.1.3 其他营养

几乎所有的动物新陈代谢及生产活动都需要矿物质和维生素的参与。某些矿物质和维生素的摄入不足或过量都会导致家畜健康状况不佳和生产力下降。Spears 和 Weiss（2014）对磷、铬、钴、铜、锰、锌、维生素 A、维生素 D、维生素 E 和维生素 B_{12} 以及生物素、胆碱、烟酸和硫胺素的研究进行了总结。

和反刍动物一样，也有人汇编了相应的猪营养需求指南，如《猪营养需要》（NRC，2012）。

2.4.2 外源性物质

这些物质包括类固醇激素、β_2 兴奋剂、生长激素、免疫治疗物质和肠道活性物质。使用这些产品需要获得有关监管部门的批准，并且不同国家、不同种类的动物有不同的使用规定。例如，美国、加拿大、澳大利亚、南非和一些南美国家规定，在肉牛生产中可使用促生长激素和特定 β_2 兴奋剂。但欧盟不允许使用激素和 β_2 兴奋剂，也不允许进口使用这些技术（见第18章和第21章）生产的肉类。美国和欧盟的不同规定导致了两个司法管辖区之间持续不断的贸易争端。

2.4.2.1 类固醇激素

如第2.3.3节所述，阉割动物的生长速度慢。通过注射雄性激素或雌激素可提高体内性激素水平，进而提高生长速度。这种给药方式较为便捷。合成代谢类激素包括天然的类固醇激素（如睾酮和17β-雌二醇）、人工合成的类固醇激素（如赤霉烯酮、醋酸美仑孕酮和醋酸去甲雄三烯醇酮）。雌激素产品在阉牛中是有效的，雄激素产品在小母牛中是有效的，并且组合产品同样有效。虽然促生长激素增加了5%~10%采食量，但它们减少了维持所需的能量，可用于生长的能量增多，从而将饲料效率提高了5%~15%。当在饲喂牛所用的高浓缩饲料中使用强制植入方法给药时，每日增重可提高多达25%（Greenwood等，2009）。Hunter（2009）以及Johnson等（2014）分别对澳大利亚和美国牛肉行业中促生长激素的使用和效果进行了综述。与反刍动物不同，这些合成激素似乎对猪的生长性能和胴体品质影响不大，因此没有用于猪肉生产。

2.4.2.2 β_2-兴奋剂

根据受体结合方式及引起的反应可将儿茶酚胺受体分为三类，分别是α、β_1和β_2肾上腺素。β_2-兴奋剂通过与β_2受体结合促进机体的新陈代谢，是家畜常用的激素。在生长期的牛或猪的日粮中添加β_2-兴奋剂（如马特罗、克伦特罗、莱克多巴胺和齐帕特罗）时，可增强脂肪分解，促进肌肉合成，导致肌肉与脂肪的比例变化，提高动物瘦肉率（Beermann等，2005）。大量研究证明，在使用β-兴奋剂期间蛋白质沉积增加，但对脂肪沉积的影响尚无定论。β_2-兴奋剂通过增加脂肪分解和减少脂肪生成以及减少蛋白质分解来起作用。使用效果受β_2-兴奋剂类型、剂量、使用时间和动物种类的影响。例如，β-兴奋剂似乎不会减少猪的脂肪沉积（Dunshea等，2003），而它们对反刍动物的脂肪沉积具有显著影响（Moloney等，1996）。用β-兴奋剂（特别是莱克多巴胺）能够使猪的平均日增重增加10%，采食量减少3%~5%，胴体瘦肉率增加约50%（Beermann等，2005）。β-兴奋剂可使肉牛生长速度提高0.15~0.19kg/d，采食量减少0~0.12kg/d，胴体质量增加6.2~15kg，大理石花纹分数减少5~23个单位，背最长肌的横切面积增大2~8cm^2（Lean等，2014）。

2.4.2.3 生长激素

生长激素（Somatotropin，ST）是一种天然存在的蛋白质激素，由垂体前叶腺产生，继而参与到循环反应中。生长激素对于调控哺乳动物体内脂质、蛋白质和矿物质代谢十分重要。血浆生长激素的升高加速了家畜肌肉和骨骼的生长，减缓了脂肪组织生长（Beermann等，2005）。外源性猪的生长激素（pST）治疗（常规注射）能够持续提高平均日增重、饲料转化效率、蛋白质沉积并减少脂肪沉积，但效果受剂量的影响。在所有动物物种中，为了实现生长激素收益最大化，需要使动物尽可能多吃饲料（Beermann 等，2005）。

2.4.2.4 免疫法

过去，阉割技术是畜牧生产中的一个重要手段，但近年来，消费者抵制对家畜进行手术阉割促进了其他抑制性腺发育的方法研究。减少雄性激素的分泌在一定程度上可以控制公畜的攻击行为和生育能力（以及公猪异味的产生），同时保证有足够的雄激素和雌激素参与体内循环代谢。一种替代方法是免疫去势，这涉及主动免疫动物对抗促性腺激素释放激素（GnRH）。GnRH 抗体可阻止下丘脑释放促性腺激素，使睾丸不再合成睾酮。Improvac 是一种商业疫苗，主要用于减少粪臭素和雄甾烯酮的浓度至很低水平，进而降低“公猪味”的产生，同时提高生长速度和采食量（Dunshea 等，2001）。Bopriva 是一种专门用于牛的抗促性腺激素释放激素疫苗，可用于小母牛和公牛，注射了 Bopriva 的公牛，其睾酮浓度有所抑制，但其生长没有受到影响（Amatayakul-Chantler 等，2012）。

脂肪细胞膜也是用于促进家畜生长或改善机体组成的免疫靶标。使用抗脂肪细胞膜抗体能成功减少羔羊和猪的皮下脂肪（Moloney，1995）。

2.4.2.5 肠道活性化合物

有一些添加剂主要用于改变反刍动物瘤胃中发酵的性质，但其中大多数是针对单胃动物或在瘤胃发育前的年轻反刍动物。

（1）反刍动物　离子载体和非离子载体被用作肉牛饲料添加剂的抗生素生长促进剂（AGP）。这些化合物中，离子载体抗生素、莫能菌素和拉沙里菌素的资料都是公开的。离子载体通常选择性地抑制瘤胃中的革兰氏阳性细菌，从而促进丙酸的生成，改善瘤胃氮代谢。在牛日粮中加入莫能菌素可使生长速度提高 29g/d，饲料消耗量减少 268g/d，饲料增重比提高 0.53kg/kg（Duffield 等，2012）。使用拉沙里菌素相应值为 40.0g/d 和 0.41kg/kg（Golder 等，2016）。

人类担忧在牲畜饲养中使用抗生素可能导致细菌产生抗生素耐药性，从而对人类健康构成威胁，所以欧盟在 2006 年就禁止使用 AGP。禁令的颁布以及消费者更加青睐不使用抗生素生产出的产品，使得研究和开发能够替代抗生素的“天然”产品备受青睐，如活（死）酵母、酵母培养基、细菌、精油和纤维素酶。其中，细菌的研究最多，也有研究霉菌和酵母的，如酿酒酵母、霉菌黑曲霉和米曲霉等。Wilson 等（2012）认为，尽管干物质摄入可能不一致，但饲料中添加活菌可让牛生长效率提高 2.5%~5.0%，饲料转化率提高 2.0%（另见 Buntyn 等，2016）。目前，有许多关于反刍动物饲料中添加抗生素替代品的研究，其中精油和纤维素酶具有良好的应用前景。反刍动物被认为是全球温室气体排放的源头之一，因此开发减少瘤胃中甲烷产量的添加剂也成为研究热点（Cottle 等，2011）。

（2）单胃动物　对于单胃动物，抗生素主要用于改善动物健康，同时也能增加体重和提高饲料转化率。与前面提到的瘤胃动物饲料添加剂一样，目前已经开发出了一些单胃动物的抗生素替代品（表 2.3），包括能直接喂饲的微生物（Buntyn 等，2016），还包括益生菌、益生元、酶、酸化剂、植物提取物、精油、沸石、黏土矿物质和功能性添加剂（如铜和锌）。生猪生产中的抗生素替代品相关资料可参阅 Thacker（2013）的研究。

表 2.3　抗生素潜在替代品

肠道修复体和稳定剂	
抗菌药	单一有机或无机化学品，如二甲硝咪唑、硫酸铜、氧化锌、硝酸盐
益生菌	经冷冻干燥后的有益菌培养物，如乳杆菌、酵母及酵母提取物
化学益生素	特定的糖，如甘露糖或甘露聚糖，它们会干扰病原体与肠壁的附着
有机酸	为乳酸杆菌生长提供有利的环境，如乳酸、富马酸
保健品	具有防腐、抗酵母或抗真菌特性的植物天然产物；通常是精油的混合物，如牛至油
益生元	有利于细菌生长，可发酵底物，如果聚糖、甘露聚糖、半纤维素
营养素改良剂	
酶	通常针对复合多糖分解凝胶和抗营养因子使其失活，如 β- 葡聚糖酶；也可以靶向有机膳食磷酸盐复合物（植酸盐），如植酸酶
沸石和黏土矿物	可吸收（隔离）有毒分子，如氨和酰胺
表面活性剂	卵磷脂、皂角苷
生理调节剂	
兴奋剂	咖啡因
镇静剂	阿司匹林

（资料来源：Lawrence，T. L. J.，Fowler，V. R.，Novakofski，J. E.，2012. Growth of Farm Animals. CABI.）

2.4.3　环境

其他影响牲畜生长发育和生产力的重要因素主要有牲畜自身健康状况和气候条件。Pastorelli 等（2012）和 Larson（2005）分别对猪感染疾病后的生长情况进行了荟萃分析。动物都有相对恒定的体温以维持正常的生理活动。低温或高温环境都可能会导致动物发育迟缓。例如，当奶牛遇到热应激或冷应激时，牛犊的体重会降低，这与热应激情况下奶牛采食量下降有关（Greenwood 等，2009）。动物为了适应不同的气候条件，会产生不同的表型。与生长在温带地区的肉牛相比，生长在热带地区的肉牛的牛角更大，四肢更健壮，垂肉更多（即喉与胸之间悬挂的皮肤褶皱），毛色浅而短。生长在热带地区的肉牛具有较强的耐热能力，主要是因为它们的皮下脂肪层较薄，易于散热。动物都有特定的冷热环境耐受范围，在此环境温度范围内动物体感舒适。牛的耐受范围很宽（约 20℃），而猪的耐受范围要窄得多。过高的环境温度对羊（Marai 等，2007）和猪（Renaudeau 等，2011）的生理都有明显的影响。

2.5 动物和非动物因素对家畜生长发育的影响

从胚胎期到成年期的一般生长模式已在第2.1节中简要概括（Lawrence等，2012）。最新的研究数据表明，胚胎期的生长主要受到母体营养的影响，出生后的生长发育可能会受到胚胎发育期的影响，出生前后两个阶段还可能存在交互作用。这里重点讨论营养对生长发育的影响。

2.5.1 胚胎期

2.5.1.1 胚胎编程

胚胎期和早期胎儿期是大多数器官和组织发育的重要阶段。控制胚胎生长、发育和出生体重的因素包括胎盘大小和营养转移能力，胎次，年龄和母畜的大小，母本、父本和胚胎基因型以及产仔数（Robinson等，2013）。胚胎编程是"在关键的发育时间窗口期对哺乳动物生物体特定挑战的响应，其定性和（或）定量地改变发育轨迹并产生持久效应"（Du等，2015）。

一些研究人员最近对牛（Greenwood等，2009；Robinson等，2013）、羊（Kenyon和Blair，2014）、猪（Oksbjerg等，2013）的胚胎编程/母体营养对生产力的影响进行研究。总体来看，对牛和羊的研究表明，怀孕早期的营养水平不太可能影响胎儿生长和后代出生体重，除非持续性的营养不良。此外，母体营养过剩似乎对出生体重影响有限。Greenwood等（2009）以及Robinson等（2013）综述了澳大利亚大规模肉牛研究结果，发现在放牧饲养条件下，长期母体营养不良会导致胎儿出生体重减轻和生长迟缓。发育迟缓的后代体重增加缓慢，直到30月龄屠宰时其断奶后补偿性增长依然不明显。出生时体重相差1kg，30月龄屠宰时体重相差4.4kg。胎儿发育迟缓，导致低出生体重，可能会限制骨骼和肌肉的生长潜力，并可能导致成熟后瘦肉率减小［羊（Kenyon等，2014）、牛（Moloney等，2006）、猪（Oksbjerg等，2013）］。由于体积较小，维持能量需求可能较少，并且在生长期体型小的动物，特定组织器官的异速生长期提前，导致蛋白质功能增加。这些因素不是胚胎编程的特异性影响，但可能与编程因素相互作用，如由于产前生长限制导致体型偏小（Robinson等，2013）。对于生猪而言，同窝中出生体重小的猪，屠宰体重也较小，无补偿性生长（Oksbjerg等，2013）。越来越多的研究旨在解决胚胎宫内发育迟缓和猪窝内胚胎生长变异的情况，并改善胚胎发育（Wu等，2006）。

2.5.1.2 表观遗传学

表观遗传学被定义为“染色质结构改变而不是DNA序列改变引起的基因表达的可遗传变化”（Funston等，2013）。基因组的表观遗传变化是由DNA甲基化，组蛋白修饰和（或）非编码小RNA引起的。表观遗传修饰由内部和外部因素诱导产生的，因此胚胎中的基因表达与环境刺激相配合效果最佳。表观遗传学的一个典型例子来自人类流行病学研究。第二次世界大战期间，荷兰西部地区食物严重缺乏，导致该地区的妇女在怀孕的最后三个月营养不良，生下的婴儿出生体重不足。在没有任何饮食限制的情况下，这些婴儿的下一代出生体重也不足（Susser和Stein，1994）。越来越多的证据表明，母体饮食诱导的“编程”可以在家畜中传代。例如，给母羊饲喂其营养需求的150%饲料时，母羊出现肥胖，但出生体重没有差异。与非肥胖母羊所生的羔羊相比，肥胖母羊所生的羔羊在出生时更可能出现内脏肥胖（Long等，2010）。雌性后代恢复到相似的体重和脂肪含量时，妊娠期间按照正常怀孕要求喂养，繁育出的公羊与第一代后代一样，肥胖祖母或非肥胖祖母的羔羊出生体重没有差异。然而，与非肥胖母亲的第一代后代所生的第二代羔羊相比，肥胖母亲的第一代后代所生的第二代羔羊更可能出现内脏肥胖，即有明显的跨代效应（Shasa等，2015）。

2.5.2 出生后生长

2.5.2.1 营养水平

不同营养水平的动物，即使它们具有相同的品种和体重，在外形和组成上也会有很大差异（Lawrence等，2012）。影响动物对营养素吸收利用和动物机体组成的因素很多，包括动物年龄、饲料营养水平、蛋白质吸收、饲料中蛋白质与能量的平衡、出生前母体营养水平（可能导致补偿性生长，影响增重）、气候条件（可能限制生长速度和脂肪合成）。具有相同基因型的动物，在一定的年龄和体重下，快速生长的动物比慢速生长的动物具有更低的瘦肉率和更高的脂肪率，即相对于蛋白质沉积，脂肪沉积更快（Owens等，1995）。高营养水平饲料会导致动物快速生长、肥育期提前，但饲料的组成也是重要的生长调节因子，如饲料中能量和蛋白质浓度会影响脂肪沉积。对于生猪而言，饲喂低能量（低脂肪和/或高纤维）、蛋白质含量适中的饲料，可减少胴体脂肪沉积。如果饲料中蛋白质含量高，即过量必需氨基酸，将导致胴体中瘦肉增加。相反，如果饲料中蛋白质供应不足，但能量充足，将会增加脂肪沉积。有关反刍动物的能量和氨基酸营养需求的研究不多，但相对于枯萎青贮饲料/干草或无青贮饲料，未枯萎并充分发酵的青贮饲草更容易导致肥胖（Greathead等，2006）。

2.5.2.2 补偿性生长

在现有的动物生产体系中，经济效益最大化是关键，通过出生后的能量供给使动物快速生长的代价较高。温带气候下肉牛生产体系中经常出现这种情况，在澳大利亚和美国，冬季肉牛放在室内饲养，成本高昂且生长缓慢，因此在此之前肉牛通常饲养在成本较低的牧场，并饲喂高能量饲料（Greenwood 等，2009）。在这种情况下，生产者都在试图利用补偿性生长来提高生产效率。补偿性生长是动物在限制喂养或营养不良后不受限制地获取高质量饲料后能够加速生长的能力（Hornick 等，2000）。猪和家禽也有这种能力（c. Lawrence 等，2012）。当动物到达性成熟后，饮食限制期短（牛只有 3 个月）且不过分严格时，恢复期间饲料营养与限制期不同，补偿性生长会获得更好的效果（Hornick 等，2000）。Tudor 等（1980）研究了饲料类型对恢复期的影响。产后立即给牛犊饲喂高、低营养水平的日粮，直到 200 日龄断奶。然后，对牛犊进行圈养或牧场散养并喂食浓缩饲料，直至屠宰体重达到 400kg。结果显示，给营养限制的圈养牛犊饲喂营养恢复料后，脂肪沉积更快。相比之下，受限制和营养良好的牛犊在牧场中进行散养营养恢复后，机体组成没有差异（表 2.4）。

表 2.4　　恢复性营养对限饲牛犊生长和胴体组成的影响

性状	断奶前的营养水平*	
	低	高
断奶体重/kg	39.3[a]	165.7[b]
屠宰年龄/月		
圈养恢复	21.1[a]	15.2[b]
放养恢复	30.1[a]	25.3[b]
胴体重/kg		
圈养恢复	212.9	213.7
放养恢复	213.6	214.4
脂肪/%，占胴体重比例		
圈养恢复	34.1[a]	22.9[b]
放养恢复	23.6	23.8
蛋白质/%，占胴体重比例		
圈养恢复	14.0[a]	15.3[b]
放养恢复	16.5	16.4

注：* 同一行数据中，不同上标字母表示平均值不同（$P<0.05$）。

（资料来源：Tudor G. D.，Utting D. W.，O'Rourke P. K.，1980. The effect of pre- and post-natal nutrition on the growth of beef cattle. III. The effect of severe restriction in early postnatal life on the development of the body components and chemical composition. Australian Journal of Agricultural Research 31，191-204.）

2.5.2.3 产前和产后因素的交互作用

关于在胚胎期生长迟缓的动物是否可以在出生后表现出代偿性体重增长尚无文献记载。母体营养不良导致胚胎出生体重下降，随后的恢复期可能对生长发育和胴体脂肪含量有影响，进而导致屠宰体重下降。哺乳期/产后早期的营养可能会改善或加剧胚胎期间营养不同造成的生长性能差异。在以牧场饲养为基础的澳大利亚牛肉生产体系中，以怀孕和哺乳 7 个月的母牛为基础饲喂普通日粮（19 个月）与饲喂高能日粮（4 个月）对幼畜几乎没有任何影响。在生长发育阶段，经历营养限制的后代相比于正常后代需要更长的时间达到目标屠宰体重（Robinson 等，2013）。Tudor 等（1980）发现，母牛在怀孕的最后三个月，限制其饮食不会降低出生体重，并且产前和产后相互之间几乎没有相互作用。同样，Stalker 等（2006）的研究表明，胚胎期和哺乳期的营养对断奶后生长、采食量、饲料效率和胴体特征的影响并不明显。Nissen 和 Oksbjerg（2011）发现，在猪的生长过程中，出生体重与断奶后日粮的蛋白质浓度没有互作关系。在断奶和屠宰的时间间隔很短的生产体系中，例如饲养周期较短的公牛（>16 个月），母体营养和断奶后日粮组成对生长和发育的影响还需要研究。

2.6 展望

20 世纪中期提出的动物和组织生长发育理论在今天依然适用。本章介绍的大部分研究都涉及动物和非动物因素对组织生长发育的影响。家畜生产的本质是优化饲养成本以及发展可持续生产方式，以满足消费者对产品组成和品质的要求。在动物生长发育过程中，细胞和组织水平上研究的技术已经取得了快速发展。此外，功能基因组学、快速获取大量的表型数据、生物信息学等方面的进步将加速对家畜生长发育和生长效率的研究，从而快速选择基因组特征，选育符合特定生产系统特征的动物（Meuwissen 等，2016）。个性化营养或营养基因组学在人体营养学中将受到更多关注。通过对动物营养学的研究使动物的生产更加“精确/智能”，这也将降低相同喂饲条件下相同种类、品种动物之间的差异。

社会问题方面，如细菌抗生素耐药性、欧盟禁用外源性生长促进剂、动物福利、动物源食品生产造成的资源枯竭和气候变化等，为全球家畜生产和研究提出了新的挑战。畜牧生产活动中产生的温室气体成为近年来研究的热点。因此，我们必须更全面地看待可持续的、高效的畜牧业生产。未来研究的热点和重点是研发新的生产体系，可更好地保障肉类生产和供应。

参考文献

Akanno, E. C. , Schenkel, F. S. , Quinton, V. M. , Friendship, R. M. , Robinson, J. A. B. , 2013. Meta-analysis of genetic parameter estimates for reproduction, growth and carcass traits of pigs in the tropics. Livestock Science 152, 101-113.

Alberti, P. , Panea, B. , Sanudo, C. , Olleta, J. L. , Rpoll, G. , Ertbjerg, P. , Christensen, M. , Gigle, S. , Failla, S. , Concetti, S. , Hocquette, J. F. , Jailler, R. , Rudel, S. , Renand, G. , Nute, G. R. , Richardson, R. I. , Williams, J. L. , 2008. Live weight, body size and carcass characteristics of young bulls of fifteen European breeds. Livestock Science 114, 19-30.

Allen, P. , 2007. New methods for grading beef and sheep carcasses. EAAP publication no. 123. In: Lazzaroni, C. , Gigli, S. , Gabina, D. (Eds.), Evaluation of Carcass and Meat Quality in Cattle and Sheep. Wageningen Academic Publishers, Wageningen, The Netherlands, pp. 39-47.

Amatayakul-Chantler, S. , Jackson, J. A. , Stegner, J. , King, V. , Rubio, L. M. S. , Howard, R. , Lopez, E. , Walker, J. , 2012. Immunocastration of *Bos indicus* × brown Swiss bulls in feedlot with gonadotropin-releasing hormone vaccine Bopriva provides improved performance and meat quality. Journal of Animal Science 90, 3718-3728.

Arango, J. A. , Van Vleck, L. D. , 2002. Size of beef cows: early ideas, new developments. Genetics Molecular Research 31, 51-63.

Basarab, J. A. , Beauchemin, K. A. , Baron, V. S. , Ominski, K. H. , Guan, L. L. , Miller, S. P. , Crowley, J. J. , 2013. Reducing GHG emissions through genetic improvement for feed efficiency: effects on economically important traits and enteric methane production. Animal 7, 303-315.

Beermann, D. H. , Dunshea, F. R. , 2005. Animal Agriculture's Future through Biotechnology Part 3. Metabolic Modifiers for Use in Animal Production. Issue Paper 30. Council for Agricultural Science and Technology, Iowa.

Black, J. L. , 1988. Animal growth and its regulation. Journal of Animal Science 66, 1-22.

Buntyn, J. O. , Schmidt, T. B. , Nisbet, D. J. , Callaway, T. R. , 2016. The role of direct-fed microbials in conventional livestock production. The Annual Review of Animal Biosciences 4, 335-355.

Clarke, A. M. , Drennan, M. J. , McGee, M. , Kenny, D. A. , Evans, R. D. , Berry, D. P. , 2009a. Intake, growth and carcass traits in male progeny of sires differing in genetic merit for beef production. Animal 3, 791-801.

Clarke, A. M. , Drennan, M. J. , McGee, M. , Kenny, D. A. , Evans, R. D. , Berry, D. P. , 2009b. Intake, live animal scores/measurements and carcass composition and value of late-maturing beef and dairy breeds. Livestock Science 126, 57-68.

Conroy, S. , Drennan, M. J. , Kenny, D. A. , McGee, M. , 2010a. The relationship of various muscular and skeletal scores and ultrasound measurements in the live animal, and carcass classification scores with carcass composition and value of bulls. Livestock Science 127, 11-21.

Conroy, S. , Drennan, M. J. , Mc Gee, M. , Keane, M. G. , Kenny, D. A. , Berry, D. P. , 2010b. Predicting beef carcass meat, fat and bone proportions from carcass conformation and fat scores or hindquarter dissection. Animal 4, 234-241.

Cottle, D. J. , Nolan, J. V. , Wiedemann, S. G. , 2011. Ruminant enteric methane mitigation: a review. Animal Production Science 51, 491-514.

Craigie, C. R. , Navajas, E. A. , Purchas, R. W. , Maltin, C. A. , Bunger, L. , Hoskin, S. O. , Ross, D. W. ,

Morris,S. T. ,Roehe,R. ,2012. A review of the development and use of video image analysis (VIA) for beef carcass evaluation as an alternative to the current EUROP system and other subjective systems. Meat Science 92,307-318.

Crews Jr. ,D. H. ,2005. Genetics of efficient feed utilization and national cattle evaluation: a review. Genetics Molecular Research 4,152-165.

Crowley,J. J. ,Mc Gee,M. ,Kenny,D. A. ,Crews Jr. ,D. H. ,Evans,R. D. ,Berry,D. P. ,2010. Phenotypic and genetic parameters for different measures of feed efficiency in different breeds of Irish performance tested beef bulls. Journal of Animal Science 88,885-894.

Cundiff, L. V. , Wheeler, T. L. , Gregory, K. E. , Shackelford, S. D. , Koohmaraie, M. , Thallman, R. M. , Snowder,G. D. ,Van Vleck,L. D. ,2004. Preliminary Results from Cycle VII of the Cattle Germplasm Evaluation Program at the Roman L. Hruska U. S. Meat Animal Research Center. Germplasm Evaluation Program Progress Report No. 22. 16 p.

Dekkers,J. ,Gilbert,H. ,2010. Genetic and biological aspect of residual feed intake in pigs. In:Proceedings of Nineth World Congress on Genetics Applied to Livestock Production,Leipzig,8 p.

Du,M. ,Wang,B. ,Fu,X. ,Yang,O. ,Zhu,M. J. ,2015. Fetal programming in meat production. Meat Science 109,40-47.

Duffield,T. F. ,Merrill,J. K. ,Bagg,R. N. ,2012. Meta-analysis of the effects of monensin in beef cattle on feed efficiency,body weight gain,and dry matter intake. Journal of Animal Science 90,4583-4592.

Dunshea,F. R. ,D'Souza,D. N. ,2003. Fat deposition in the pig. In: Paterson,J. A. (Ed.),Manipulating Pig Production,vol. IX. Australasian Pig Science Association,Werribee,pp. 127-150.

Dunshea,F. R. ,Colantoni,C. ,Howard,K. ,McCauley,I. ,Jackson,P. ,Long,K. A. ,Lopaticki,S. ,Nugent,E. A. ,Simons,J. A. ,Walker,J. ,Hennessy,D. P. ,2001. Vaccination of boars with a GnRH vaccine (Improvac) eliminates boar taint and increases growth performance. Journal of Animal Science 79,2524-2535.

Fiems,L. O. ,2012. Double muscling in cattle: genes,husbandry,carcasses and meat. Animals 2,472-506.

Fitzsimons,C. ,Kenny,D. A. ,McGee,M. ,2014. Visceral organ weights,digestion and carcass characteristics of beef bulls differing in residual feed intake offered a high concentrate diet. Animal 8,949-959.

Funston,R. N. ,Summers,A. F. ,2013. Epigenetics: setting up lifetime production of beef cows by managing nutrition. Annual Review of Animal Biosciences 1,339-363.

Golder,H. M. ,Lean,I. J. ,2016. A meta-analysis of lasalocid effects on rumen measures,beef and dairy performance,and carcass traits in cattle. Journal of Animal Science 94,306-326.

Greathead,H. M. ,Dawson,J. M. ,Craigon,J. ,Sessions,V. A. ,Scollan,N. D. ,Buttery,P. J. ,2006. Fat and protein metabolism in growing steers fed either grass silage or dried grass. British Journal of Nutrition 95,27-39.

Greenwood,P. L. ,Dunshea,F. R. ,2009. Biology and regulation of carcass composition. In: Kerry,J. P. ,Ledward,D. (Eds.),Improving the Sensory and Nutritional Quality of Fresh Meat. Woodhead Publishing Ltd. ,Cambridge.

Hanrahan,J. P. ,1999. Genetic and Non-genetic Factors Affecting Lamb Growth and Carcass Quality. End of Project Reports: Sheep Series No. 8. Project No. 2551,ISBN 1-84170-062-2,35 p.

Hoch,T. ,Agabriel,J. ,2004. A mechanistic dynamic model to estimate beef cattle growth and body composition: 1. Model description. Agricultural Systems 81,1-15.

Hornick,J. L. ,Van Eenaeme,C. ,Gérard,O. ,Dufrasne,I. ,Istasse,L. ,2000. Mechanisms of reduced and compensatory growth. Domestic Animal Endocrinology 19,121-132.

Hunter,R. A. ,2010. Hormonal growth promotant use in the Australian beef industry. Animal Production Science 50,637-659.

Johnson,B. ,Beckett,J. ,2014. Application of Growth Enhancing Compounds in Modern Beef Production:

Executive Summary. American Meat Association Reference Paper, 15 p.

Keane, M. G. , March 2011a. Ranking of Sire Breeds and Beef Cross Breeding of Dairy and Beef Cows. Teagasc, Occasional Series No. 9. Grange Beef Research Centre.

Keane, M. G. , March 2011b. Relative Tissue Growth Patterns and Carcass Composition in Beef Cattle. Teagasc, Occasional Series No. 7. Grange Beef Research Centre, 23 p.

Kebreab, E. , Strathe, A. B. , Nyachoti, C. M. , Dijkstra, J. , Lopez, S. , 2010. Modelling the profile of growth in monogastric animals. In: Sauvant, D. , et al. (Eds.), Modelling Nutrient Digestion and Utilization in Farm Animals, pp. 388-395.

Kempster, A. J. , Cuthberston, A. , Harrington, G. , 1982. The relationship between conformation and the yield and distribution of lean meat in the carcasses of British pigs, cattle and sheep: a review. Meat Science 6, 37-53.

Kenyon, P. R. , Blair, H. T. , 2014. Foetal programming in sheep -effects on production. Small Ruminant Research 118, 16-30.

Knott, S. A. , Cummins, L. J. , Dunshea, F. R. , Leury, B. J. , 2008. The use of different models for the estimation of residual feed intake (RFI) as a measure of feed efficiency in meat sheep. Animal Feed Science and Technology 143, 242-255.

Koots, K. R. , Gibson, J. P. , Smith, C. , Wilton, J. W. , 1994. Analyses of published genetic parameter estimates for beef production traits. I. Heritability. Animal Breeding Abstracts 62, 309-338.

Larson, R. L. , 2005. Effect of cattle disease on carcass traits. Journal of Animal Science 83 (E suppl.), E37-E43.

Lawrence, T. L. J. , Fowler, V. R. , Novakofski, J. E. , 2012. Growth of Farm Animals. CABI.

Lean, I. J. , Thompson, J. M. , Dunshea, F. R. , 2014. A meta-analysis of zilpaterol and ractopamine effects on feedlot performance, carcass traits and shear strength of meat in cattle. PLo S One 9, e115904.

Long, N. M. , George, L. A. , Uthlaut, A. B. , Smith, D. T. , Nijland, S. M. , Nathanielsz, P. W. , Ford, S. P. , 2010. Maternal obesity and increased nutrient intake before and during gestation in the ewe results in altered growth, adiposity, and glucose tolerance in adult offspring. Journal of Animal Science 88, 3546-3553.

Marai, I. F. M. , El-Darawany, A. A. , Fadiel, A. , Abdel-Hafez, M. A. M. , 2007. Physiological traits as affected by heat stress in sheep a review. Small Ruminant Research 71, 1-12.

Marquez, G. C. , Haresign, W. , Davies, M. H. , Emmans, G. C. , Roehe, R. , Bünger, L. , Simm, G. , Lewis, R. M. , 2012. Index selection in terminal sires improves early lamb growth. Journal of Animal Science 90, 142-151.

McGee, M. , Drennan, M. J. , Caffrey, P. J. , 2005a. Effect of suckler cow genotype on energy requirements and performance in winter and subsequently at pasture. Irish Journal of Agricultural and Food Research 44, 157-171.

McGee, M. , Drennan, M. J. , Caffrey, P. J. , 2005b. Effect of suckler cow genotype on milk yield and pre-weaning calf performance. Irish Journal of Agricultural and Food Research 44, 185-194.

McGee, M. , Keane, M. G. , Neilan, R. , Moloney, A. P. , Caffrey, P. J. , 2005c. Production and carcass traits of high dairy genetic merit Holstein, standard dairy genetic merit Friesian and Charolais×Holstein-Friesian male cattle. Irish Journal of Agricultural and Food Research 44, 215-231.

McGee, M. , Keane, M. G. , Neilan, R. , Moloney, A. P. , Caffrey, P. J. , 2007. Body and carcass measurements, carcass conformation and tissue distribution of high dairy genetic merit Holstein, standard dairy genetic merit Friesian and Charolais × Holstein-Friesian male cattle. Irish Journal of Agricultural and Food Research 46, 129-147.

Mc Gee, M. , Keane, M. G. , Neilan, R. , Moloney, A. P. , Caffrey, P. J. , 2008. Non-carcass parts and carcass composition of high dairy genetic merit Holstein, standard dairy genetic merit Friesian and Charolais× Holstein-

Friesian steers. Irish Journal of Agricultural and Food Research 47,41-51.

Meersmann,H. J. ,Smith,S. B. ,2005. Development of white adipose tissue lipid metabolism. In: Burrin, D. G. ,Mersmann,H. H. (Eds.),Biology and Metabolism of Growing Animals. Elsevier Science BV,Amsterdam,pp. 275-302.

Meuwissen,T. ,Hayes,B. ,Goddard,M. ,2016. Genomic selection: a paradigm shift in animal breeding. Animal Frontiers 6,6-14.

Miar,Y. ,Salehi,A. ,Kolbehdari,D. ,Ahmad Aleyasin,S. ,2014. Application of myostatin in sheep breeding programs: a review. Molecular Biology Research Communications 3,33-43.

Moloney,A. P. ,1995. Immunomodulation of fat deposition. Livestock Production Science 42,239-245.

Moloney,A. P. ,Beermann,D. H. ,1996. Mechanisms by which β-adrenergic agonists alter growth and body composition in ruminants. In: Enne,G. ,Kuiper,H. A. ,Valentini,A. (Eds.),Residues of Veterinary Drugs and Mycotoxins in Animal Products. Pers,Wageningen,pp. 124-136.

Moloney,A. P. ,Drennan,M. J. ,2006. The influence of calf birthweight on selected beef quality characteristics. Archiv fur Tierzucht 49,68-71. Dummerstorf.

Moloney,A. P. ,O' Kiely,P. ,1995. Growth,digestibility and nitrogen retention in finishing continental steers offered concentrates ad libitum. Irish Journal of Agricultural and Food Research 34,115-121.

Murdoch,G. K. ,Okine,E. K. ,Dixon,W. T. ,Nkrumah,J. D. ,Basarab,J. A. ,Christopherson,R. J. , 2005. Growth. In: Dijkstra,J. ,Forbes,J. M. ,France,J. (Eds.),Quantitative Aspects of Ruminant Digestion and Metabolism,second ed. CAB International Publishing.

National Research Council (NRC),2012. Nutrient Requirements of Swine,eleventh rev. ed. Natl. Acad. Press,Washington,DC.

Nissen,P. M. ,Oksbjerg,N. ,2011. Birth weight and postnatal dietary protein level affect performance,muscle metabolism and meat quality in pigs. Animal 5,1382-1389.

Novakofski,J. E. ,Mc Cusker,R. H. ,2001. Skeletal and muscular systems. In: Pond,W. G. ,Mersmann, H. J. (Eds.),Biology of the Domestic Pig. Cornell University Press,Ithaca,pp. 454-501.

Nsoso,S. J. ,Young,M. J. ,Beatson,P. R. ,1999. The genetic control and manipulation of lean tissue growth and body composition in sheep. Animal Breeding Abstracts 67,433-444.

Oksbjerg,N. ,Nissen,P. M. ,Therkildsen,M. ,Møller,H. S. ,Larsen,L. B. ,Andersen,M. ,Young,J. F. , 2013. In utero nutrition related to fetal development,postnatal performance,and meat quality of pork. Journal of Animal Science 91,1443-1453.

O' Riordan,E. G. ,Crosson,P. ,Mc Gee,M. ,2011. Finishing male cattle from the beef suckler herd. Irish Grassland Association Journal 45,p131-146.

Owens,F. N. ,Gill,D. R. ,Secrist,D. S. ,Coleman,S. W. ,1995. Review of some aspects of growth and development of feedlot cattle. Journal of Animal Science 73,3152-3172.

Pastorelli,H. ,van Milgen,J. ,Lovatto,P. ,Montagne,L. ,2012. Meta-analysis of feed intake and growth responses of growing pigs after a sanitary challenge. Animal 6,952-961.

Patience,J. F. ,Rossoni-Serão,M. C. ,Gutiérrez,N. A. ,2015. A review of feed efficiency in swine: biology and application. Journal of Animal Science and Biotechnology 6,33.

Rauw,W. M. ,Kanis,E. ,Noordhuizen-Stassen,E. N. ,Grommers,F. J. ,1998. Undesirable side effects of selection for high production efficiency in farm animals: a review. Livestock Production Science 56,15-33.

Rauw,W. M. ,Gomez-Raya,L. ,2015. Genotype by environment interaction and breeding for robustness in livestock. Frontiers in Genetics 6,310.

Renand,G. ,Plasse,D. ,Andersen,B. B. ,1992. Genetic improvement of cattle growth and carcass traits. In: Jarrige,R. ,Béranger,C. (Eds.),Beef Cattle Production. Elsevier,Amsterdam,pp. 87-110.

Renaudeau,D. ,Gourdine,J. L. ,St-Pierre,N. R. ,2011. A meta-analysis of the effects of high ambient temperature on growth performance of growing-finishing pigs. Veterinary Parasitology 181,316-320.

Rios-Utrera,A. ,Van Vleck,L. D. ,2004. Heritability estimates for carcass traits of cattle. A review. Genetics Molecular Research 3,380-394.

Robelin,J. ,Tulloh,N. M. ,1992. Patterns of growth in cattle. In: Jarrige,R. ,Beranger,C. (Eds.),Beef Cattle Production,World Animal Science C5. Elsevier,Amsterdam,pp. 111-129.

Robinson, D. L. , Cafe, L. M. , Greenwood, P. L. , 2013. Developmental programming in cattle: consequences for growth, efficiency, carcass, muscle and beef quality characteristics. Journal of Animal Science 91,1428-1442.

Safari,E. ,Fogarty,N. M. ,Gilmour,A. R. ,2005. A review of genetic parameter estimates for wool,growth, meat and reproduction traits in sheep. Livestock Production Science 92,271-289.

Scholz,A. M. ,Bunger,L. ,Kongsro,J. ,Baulain,U. ,Mitchell,A. D. ,2015. Non-invasive methods for the determination of body and carcass composition in livestock: dual-energy X-ray absorptiometry,computed tomography,magnetic resonance imaging and ultrasound: invited review. Animal 9,1250-1264.

Seideman,S. C. ,Cross,H. R. ,Oltjen,R. R. ,Schanbacher,B. D. ,1982. Utilisation of the intact male for red meat production: a review. Journal of Animal Science 55,826-840.

Shasa, D. R. , Odhiambo, J. F. , Long, N. M. , Tuersunjiang, N. , Nathanielsz, P. W. , Ford, S. P. , 2015. Multigenerational impact of maternal overnutrition/obesity in the sheep on the neonatal leptin surge in granddaughters. International Journal of Obesity 39,695-701.

Simeonova, M. L. , Todorov, N. A. , Schinckel, A. P. , 2012. Review of in vivo-methods for quantitative measurement of protein deposition rate in animals with emphasize on swine. Bulgarian Journal of Agricultural Science 18,455-481.

Spears,J. W. ,Weiss,W. P. ,2014. Invited Review: mineral and vitamin nutrition in ruminants. The Professional Animal Scientist 30,180-191.

Stalker,L. A. ,Adams,D. C. ,Klopfenstein,T. J. ,Feuz,D. M. ,Funston,R. N. ,2006. Effects of pre- and postpartum nutrition on reproduction in spring calving cows and calf feedlot performance. Journal of Animal Science 84,2582-2589.

Susser,M. ,Stein,Z. ,1994. Timing in postnatal nutrition: a reprise of the Dutch Famine Study. Nutrition Reviews 52,84-94.

Tedeschi,L. O. ,Fox,D. G. ,Sainz,R. D. ,Barioni,L. G. ,de Medeiros,S. R. ,Boin,C. ,2005. Mathematical models in ruminant nutrition. Scientia Agricola 62,76-91.

Tedeschi,L. O. ,Fox,D. G. ,Fonseca,M. A. ,Lima Cavalcanti,L. F. ,2015. Models of protein and amino acid requirements for cattle. Revista Brasileira de Zootecnia 44,109-132.

Thacker,P. A. ,2013. Alternatives to antibiotics as growth promoters for use in swine production: a review. Journal of Animal Science and Biotechnology 4,35.

Thrift,F. A. ,Sanders,J. O. ,Brown,M. A. ,Brown Jr. ,A. H. ,Herring,A. D. ,Riley,D. G. ,De Rouen, S. M. ,Holloway,J. W. ,Wyatt,W. E. ,Vann,R. C. ,Chase Jr. ,C. C. ,Franke,D. E. ,Cundiff,L. V. ,Baker, J. F. ,2010. Review: preweaning,postweaning,and carcass trait comparisons for progeny sired by subtropically adapted beef sire breeds at various US locations. The Professional Animal Scientist 26,451-473.

Tudor,G. D. ,Utting,D. W. ,O' Rourke,P. K. ,1980. The effect of pre- and post-natal nutrition on the growth of beef cattle. III. The effect of severe restriction in early postnatal life on the development of the body components and chemical composition. Australian Journal of Agricultural Research 31,191-204.

Williams,J. L. ,Aguilar,I. ,Rekaya,R. ,Bertrand,J. K. ,2010. Estimation of breed and heterosis effects for growth and carcass traits in cattle using published crossbreeding studies. Journal of Animal Science 88,460-466.

Wilson,B. K. ,Krehbiel,C. R. ,2012. Current and future status of practical applications: beef cattle. In:

Callaway, T. R., Ricke, S. C. (Eds.), Direct-Fed Microbials and Prebiotics for Animals: Science and Mechanisms of Action. Springer Science+Business Media, pp. 137-152.

Wu, G., Bazer, F. W., Wallace, J. M., Spencer, T. E., 2006. Board invited review: intrauterine growth retardation: implications for the animal sciences. Journal of Animal Science 84, 2316-2337.

3 肌肉结构与生长

Peter P. Purslow

National University of Central Buenos Aires Province, Tandil, Argentina

3.1 引言

本章主要介绍肌肉的结构和组成、发育和生长的基本知识及最新进展，重点介绍这些因素与肉品品质的关系。引用的文献覆盖了关键的知识点，可以为以后研究提供进一步的指导。

动物是由骨骼、肌肉、肌腱和神经组成，受基因表达控制。目前已开展了牛的全基因组（已完成91%；Zimin 等，2009）、猪的全基因组（已完成98%；Humphray 等，2017）、绵羊全基因组（Jiang 等，2014）、鸡的全基因组（已完成91%；Wallis 等，2004）和山羊全基因组（Dong 等，2013）研究。其中，牛基因组包含了22000多个基因和30亿个碱基对的核苷酸。另一项研究（Gibbs 等，2009）从19个地区和品种的497头牛中鉴定出37470个单核苷酸多态性片段（SNPs）。截至2014年，市面上出现了6种高通量SNP芯片（Nicolazzi 等，2014），这些SNP芯片主要用来研究不同动物品种和亚群之间的遗传多样性，以及生产性状和基因功能之间的关联性。RNA 测序，也称为“全转录组鸟枪测序”，将取代基因芯片作为研究基因表达谱的新方法。与牛一样，绵羊和猪也有基因多态性，造成品种和亚种群之间的表型差异。因此，在过去的5~10年中，人们对基因型对动物生长和发育的影响有了很多新的认识。

肉用动物的基因表达是可变的，与营养、激素、生长因子、感染和其他生理应激（如运动和心理压力）等有关。在脊椎动物的胚胎发育过程中，至少有7000个基因的表达呈现出良好的时序特征（Bozinovic 等，2011）。营养（特别是哺乳动物的母体营养）影响肌肉组织的发育过程（Greenwood 等，1999）。此外，在动物胚胎形成和发育过程中，肌肉和骨骼系统的基因表达存在部位差异。

肉作为食物的一部分，通常所见到的肉包括了肌肉组织、脂肪组织以及附着于其中的结缔组织。大量研究表明，动物出生后，肌肉组织、结缔组织和脂肪组织对外界刺激的反应是不同的，导致基因关联研究非常复杂，如当前研究热点——基因表型与功能就与肌肉类型有关。

3.2 肌肉组织

从组织学角度进行分类，肌肉组织可分为心肌、平滑肌和骨骼肌三类。这里我们只讨论骨骼肌。

据估计，人体由800多块独立的肌肉组成，牛、绵羊、山羊和猪等由300多块肌肉组成。每个肌肉都是基因表达而成，但由于功能不同，肌肉的大小、形状、结构、组成也各不相同。骨骼肌是运动系统的动力部分，产生力量和运动。在解剖学上，骨骼肌分为六种类型：①带状长肌（如腰肌和胸肌），沿其纵向具有相对稳定的直径；②梭形肌（如肱二头肌），肌肉中部凸起，呈纺锤形，肌肉的起点和终点都是骨骼；③扇形肌（如胸肌），一端起于带状腱膜区域，另一端汇集一处；④单羽状肌，肌纤维倾斜排列在连接肌纤维的起点与插入点的肌腱上（如趾伸长肌）；⑤双羽状肌，其中两组肌纤维从中央肌腱向相反方向倾斜（如冈下肌）；⑥多羽状肌，其中有多组纤维从中央肌腱的多个分支相对倾斜（如三角肌）。羽状肌中的斜肌纤维终止于覆盖肌肉表面的宽而扁平的肌腱，有时被称为腱膜。在骨骼肌中，肌纤维聚集成束，称为肌束。在羽状肌中，肌束与肌肉长轴呈一定的角度倾斜；在非羽状肌中，肌束横跨肌肉的起点和终点。通常认为，每个肌纤维都横跨整个肌束，肌纤维的两端都与肌腱相连，形成一个高度凹陷的连接区，用于传导力量（Trotter，1993；Cabvet 等，2012）。但是，这种情况似乎只存在于人类和猴中，对于其他哺乳动物、鸟类、爬行动物和两栖动物来说，情况并非如此，其肌纤维在末端逐渐变细，与肌腱并不相连，具有这些束内纤维的肌肉被称为串联纤维状肌，因为每一根纤维仅在短纤维束上存在，在猪、兔、马、山羊和牛中也发现了此种串联纤维状肌。63 种鸟类（包括鸡、鸽、鹌鹑、火鸡）的胸肌为纤维状（Gaunt 等，1993）。Swatland（1994）认为，串联纤维化肌肉的发生率被严重低估，且没有得到系统的研究。猪的腓长肌、山羊的半腱肌和牛的半膜肌和胸肌群都存在串联纤维状肌（Gans 等，1989；Swatland 等，1971；Purslow 等，1994）。现有证据表明，串联纤维状肌的肥大机制可能与连续纤维状肌不同（Paul 等，2002）。

3.3 骨骼肌结构

图 3.1 所示为骨骼肌的一般结构（Listrat 等，2016）。骨骼肌呈分层的纤维结构，其中最高层级的完整肌肉，由结缔组织层（肌外膜）包裹。在肌肉内部，肌纤维聚集形成肌束，外包一层结缔组织鞘膜，称为肌束膜。这样形成的肌束称为初级肌束。初级肌束由许多较小的（次级）肌束组成，由较薄的次级肌束膜分开。肌束的直径为 1~5mm，在肌肉的横切面上肉眼可见，这就是所谓的肌肉纹理。随着动物年龄的增长，肌肉如背最长肌的肌束会增粗。美国农业部的牛肉质量分级系统中，肌肉纹理的粗细被用作动物成熟度的一个指标。肌束又是由直径 20~80μm 的肌纤维组成，肌纤维的大小与动物种类有关。肌纤维是一类多核细胞，由两层膜包裹，里层是细胞质膜，主要由双磷脂层组成；外层是基底膜，是一层细胞外基质（ECM）（或结缔组织）结构，但与肌内膜又不同，后者位于相邻肌细胞的基底膜之间。

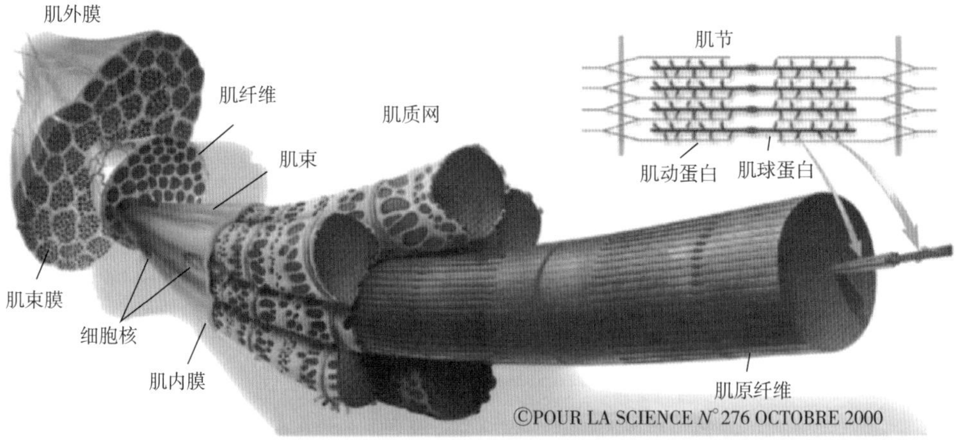

图 3.1 骨骼肌的一般结构

（资料来源：Listrat, A., Lebret, B., Louveau, I., et al., 2016. How muscle structure and composition influence meat and flesh quality. Scientific World Journal. http://doi.org/10.1155/2016/3182746.）

3.4 肌纤维的一般结构

与其他细胞相比，肌纤维要大得多。通常，大多数真核细胞直径只有 10~30μm，而肌纤维直径可达 100μm。最长的肌纤维（来自人股四头肌）长达 34cm。肉用动物肌肉的肌纤维直径为几厘米。肌纤维这一特性赋予了肌细胞特殊特征，即肌纤维是多核细胞。在单核细胞中，细胞核与细胞质的体积比（N/C）通常在 1∶1~4∶1，而在肌纤维中，需要大量的细胞核控制细胞质。通常细胞核位于肌纤维的外周，紧贴肌纤维膜。每个肌纤维通常被特定神经末梢（运动终板）支配一次，运动终板位于肌纤维的中间三分之一处。当运动终板发生去极化时，会引起钙离子的释放和肌肉收缩。对于发生系列纤维化的肌肉进行染色，会发现运动终板呈散发式存在，而不是只有一处，因此常用这种染色方法来判定肌肉是否为系列纤维化（Gans 等，1989）。

肌原纤维是肌纤维内的主要细胞器。肌原纤维的直径约为 1μm，每个细胞内含有 1000 多个并行排列的肌原纤维，约占肌浆体积的 80%。肌原纤维被肌质网松散地包裹，肌质网的功能主要是储存和释放钙离子。肌浆从细胞表面延伸到细胞中心以接触到肌质网形成 T-管。细胞的能量由线粒体提供。每种肌纤维中线粒体的数量不同，氧化型纤维中的线粒体多，糖酵解型纤维中的线粒体少。肌纤维中还含有许多可溶性蛋白质（肌浆蛋白质），其主要是负责细胞代谢的酶。

3.4.1 肌纤维内的结构

图 3.2 所示为肌纤维内的结构。长的肌原纤维由在生理条件下不溶的蛋白质组成。它们由纵向重复单位肌节组成，肌节被认为是细胞的最小收缩单位，位于两个 Z-线之间。在光学显微镜下，肌原纤维呈现条纹状，这是由于 I-带（在偏振光中各向同性）和 A-带（在偏振光中各向异性）的不同光学性质所导致的。两组肌丝纵向排列在肌节中：细丝主要由肌动蛋白、原肌球蛋白和肌钙蛋白这两种调节蛋白组成，而粗丝主要由肌球蛋白组成。这些细丝插入粗丝间一定距离，并且在两种微丝交错穿插的区域，横截面可以看到每一根粗丝周围有 6 条细丝，呈六角形包绕，其中细的肌动蛋白丝与它们自己的六边形阵列上的每个粗细丝等距离。A-带是粗丝的长度，并且在肌肉中保持恒定的长度。I-带是肌节中一

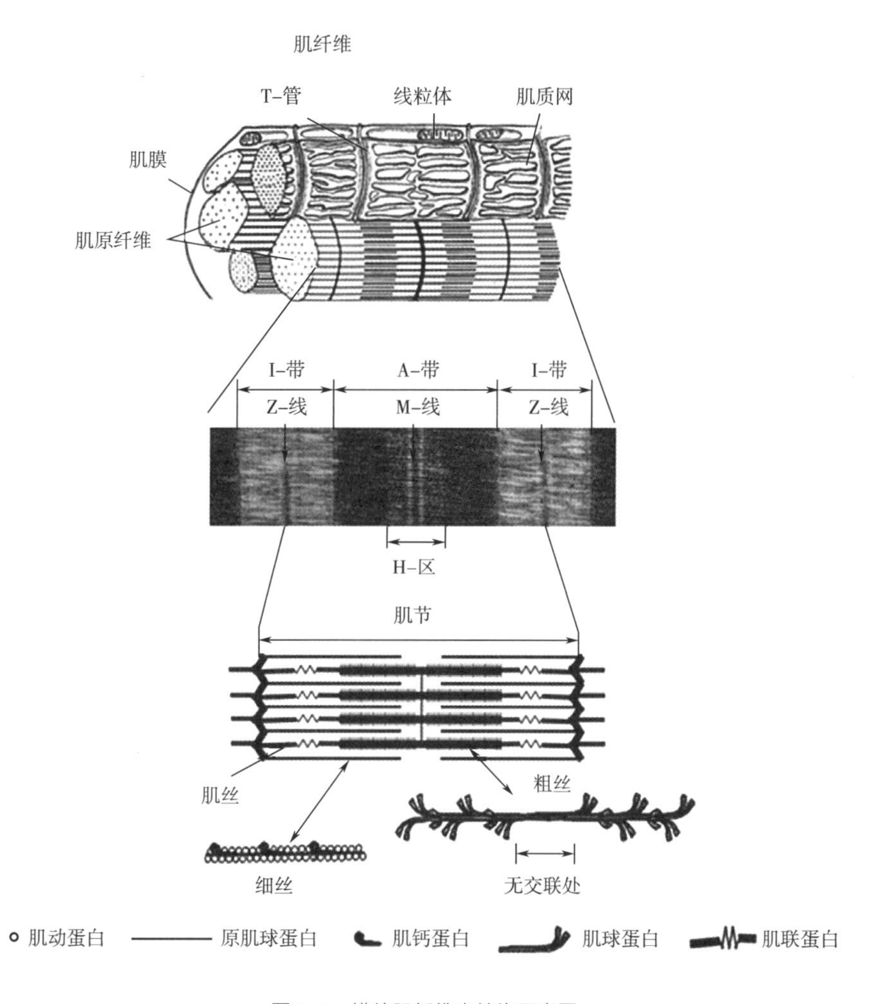

图 3.2　横纹肌纤维内结构示意图

［资料来源：Gou，W.，Greaser，M.L.，March 31，2017. Muscle structure，proteins，and meat quality. In：Purslow，P.P.（Ed.），New Aspects of Meat Quality From Genes to Ethics. Woodhead Publishing. ISBN：9780081005934（Chapter 2），pp. 13-32.］

半细丝重叠点之间的距离，通过Z-线与另一个肌节的细丝连接。I-带的长度随肌肉收缩和舒张而发生变化。H-区是A-带的较疏松的区域，细丝不与粗丝重叠，并且随着肌肉伸长或收缩，该区域的长度也发生变化。在A-带的中间，有一个横跨肌节的结构，即M-线，它起着稳定粗丝的作用。

在过去半个世纪里，大多数生物化学和生理学教科书已深入介绍了肌肉收缩的机制，这里不做过多阐述。肌球蛋白丝与肌动蛋白丝的附着和分离就是肌肉收缩和舒张的过程，在此过程中ATP被分解成ADP+P以满足肌球蛋白头部滑动需要的能量。ADP的释放过程如图3.3所示。收缩的过程是由动作电位进入运动终板，释放乙酰胆碱，乙酰胆碱与肌纤维膜中的受体结合，导致电压门控通道中的钠流入和钾流出，从而动作电位波沿着肌纤维传播。激发收缩耦合动作，通过动作电位沿着肌纤维表面运行，并通过T-管深入肌纤维，从而通过门控钙通道（兰尼碱受体和二氢吡啶受体）从肌质网释放钙。通过钙泵将钙送回肌质网来实现肌肉收缩的终止。编码兰尼碱受体的*RyR*基因的突变已被证明是导致PSE猪肉的原因（Otsu等，1991）。

3.4.2 肌原纤维蛋白

几乎所有真核细胞都含有某种形式的肌球蛋白，目前已知的肌球蛋白有18种。负责骨骼肌收缩的肌球蛋白是Ⅱ型肌球蛋白。Ⅱ型肌球蛋白分子包含两条重链（MyHC）和四条轻链（MyLC）。每条重链在N端具有球形头部，其含有肌动蛋白结合位点和ATP结合位点。肌球蛋白头部具有ATP酶活性，能将ATP分解成ADP+Pi。重链的其余部分是α-螺旋“尾部”，两条重链的尾部以α螺旋相互缠绕。两条肌球蛋白轻链与每条重链相关。它们在重链的“颈部”区域周围形成环，其中头部合并到尾部。相对分子质量约为20的肌球蛋白轻链（MyLC20）也称为调节轻链，相对分子质量约为17的肌球蛋白轻链（MyLC17）也称为必需轻链。每个MyHC链由单个*MYH*基因编码，MyLCs是*MYL*基因的产物。轻链和重链存在多种亚型，在哺乳动物中，有11种基因编码肌球蛋白重链的不同亚型，并且每种轻链有4种亚型（Schiaffino等，2011）。不同亚型蛋白的功能不完全相同。肌球蛋白重链的不同亚型作为ATP酶具有不同的特征，关于MYH基因的研究相对较多。有关这方面的内容在肌纤维类型一节中有更详细的介绍。

细丝中的肌动蛋白是球状蛋白质（G-肌动蛋白），其聚合成丝状肌动蛋白（F-肌动蛋白）。每个球状肌动蛋白分子都是ACTA1基因的产物，其相对分子质量约为42，直径为4~7nm。在F-肌动蛋白中，球状单元形成扭曲的双链，每圈具有2.17个肌动蛋白单位，与这些链包裹在一起（图3.2）调节蛋白原肌球蛋白和肌钙蛋白复合物［包含肌钙蛋白T（TnT），其结合原肌球蛋白；肌钙蛋白I（TnI），其结合肌钙蛋白T和C以及肌动蛋白；肌钙蛋白C（TnC）］。由于激发收缩偶联而从肌质网释放的钙与TnC结合，使TnC与TnI的相互作用增强，TnI与TnT的相互作用减弱。这些构象的改变使原肌球蛋白分子偏离一边，

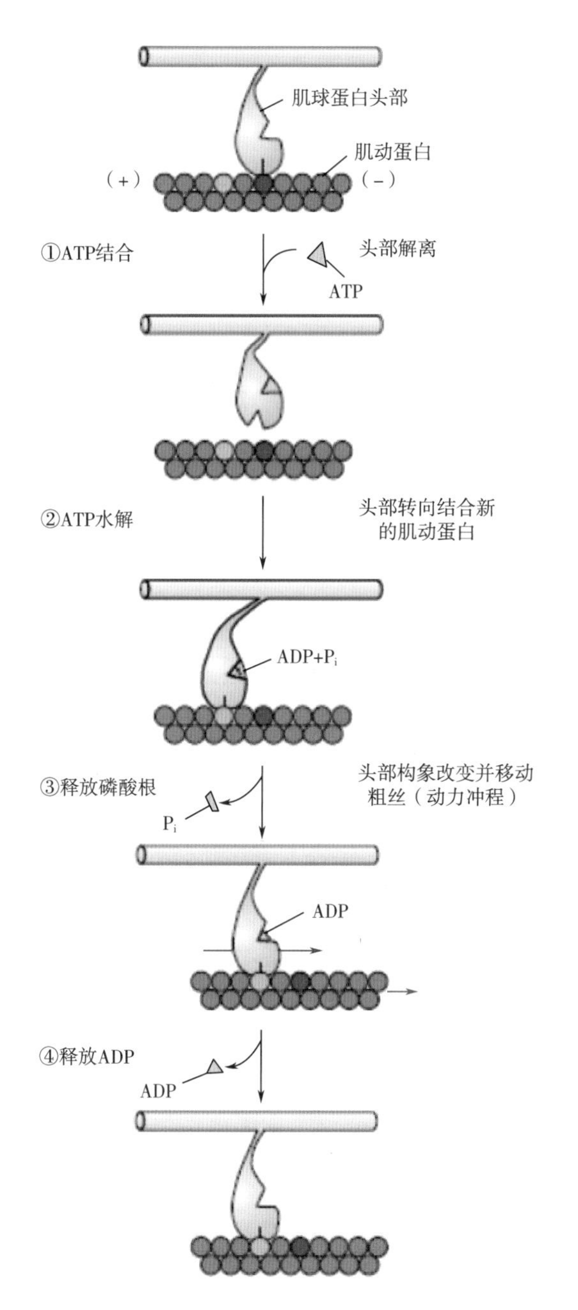

图 3.3　肌肉收缩的分子机制

(资料来源：Lodish，H.，BeDrk，A.，Zipursky，S. L.，et al. Molecular Cell Biology，fourth edition，New York；Freeman，W. H.，2000. Section18. 3，Myosin：The Actin Motor Protein. Available from：http：//www. ncbi. nlm. nih. gov/books/NBK21724/.)

(1) 结合肌球蛋白头部 ATP，使肌球蛋白和肌动蛋白分离。

(2) ATP 水解成 ADP，肌球蛋白头部转到左边，使肌肉放松，肌球蛋白头部与 ADP 结合，原肌球蛋白–肌钙蛋白复合体阻止肌动蛋白与肌球蛋白结合，从肌质网释放出来的钙离子与肌钙蛋白结合，与原肌球蛋白结合形成复合体，使肌球蛋白头部和肌动蛋白结合。

(3) 肌球蛋白头部的结合促进无机磷酸的释放，导致肌球蛋白头部的构象发生改变，促进粗丝向细丝移动 10nm 左右。

(4) ADP 被释放，当 ATP 很多时，肌球蛋白头部与 ATP 结合，导致肌球蛋白从肌动蛋白移开。当钙离子被泵入肌质网时，形成肌钙蛋白–原肌球蛋白复合体，阻止肌球蛋白与肌动蛋白结合，收缩停止。在宰后肌肉中， ATP 含量低，ATP 依赖性的钙泵功能失常，而钙离子含量高，肌球蛋白和肌动蛋白之间的交联不会再松开。

以暴露肌动蛋白与肌球蛋白的结合位点；当去除钙离子时，这一过程被逆转，使肌动蛋白上与肌球蛋白结合的位点隐藏起来，使肌肉收缩停止并恢复到放松状态。对牛肉的研究表明，肌钙蛋白的亚型与 MyHC 亚型有关（Oe 等，2016）。

3.4.3 肌节内细胞骨架蛋白结构

除了组成粗丝和细丝的主要蛋白外，Wang（1985）还在肌纤维中发现了许多纵向或横向排列的其他纤丝，将其分为肌节内细胞骨架和肌节外细胞骨架（图 3.4），这些蛋白形成一个连续的网状结构连接肌纤维膜、肌原纤维和细胞核，调节肌原纤维与细胞膜和细胞之间的机械性联系。

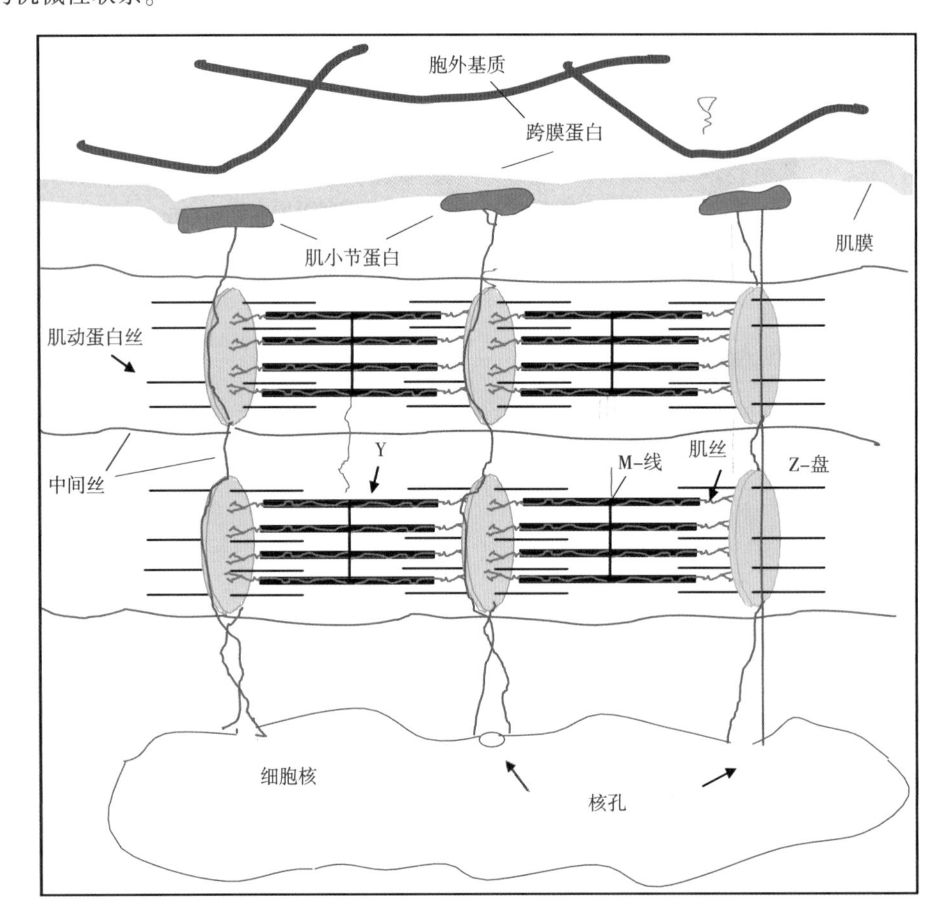

图 3.4 肌原纤维骨架模型

［资料来源：Thornell，L.，Price，M. G.，1991. The cytoskeleton in muscle cells in relation to function Purkinje fibres as a model system for studies on structure and function of the cytoskeleton. Biochemical Society Transactions，19（4），1116-1120. http：//doi. org/10. 1042/bst0191116.］

在肌节中，肌联蛋白从 Z-盘到 M-线的长度相当于半个肌节长度。在 I-带中，分子的特定区域可以发生弹性变形。蛋白质的氨基末端插入到 Z-盘并与下一个肌节中移动的肌联蛋白的氨基末端相互作用。过去研究表明，zeugmatin 与 Z-盘上 α 肌动蛋白相连；目前已清楚 zeugmatin 就是肌联蛋白分子穿越 Z-盘的一部分。zeugmatin 的羧基端在 M-线处，与另一个肌联蛋白分子的羧基端重叠，直到下一条 Z-线。因此，肌联蛋白形成了一个连续纵向连接肌原纤维，有助于使肌节中的粗丝收缩，使肌纤维充满弹性。肌肉中还有另一种大蛋白质是伴肌动蛋白，它横跨细丝长轴，末端被原肌球调节蛋白所覆盖。因为肌联蛋白和伴肌动蛋白是很长的蛋白质分子，被称作“蛋白质标尺”，引导肌动蛋白聚合成细丝，肌球蛋白形成粗丝，肌联蛋白决定粗丝的长度，伴肌动蛋白决定细丝的长度（Trinick，1994）。但是，伴肌动蛋白不能横跨细丝和肌动蛋白聚合物“帽子”原肌球调节蛋白，因此伴肌动蛋白可被定义为最小的细丝长度，但肌节长度和肌联蛋白异构体能更好地反映细丝的长度（Castillo 等，2009）。

肌节的横向骨架由 Z-盘和 M-线组成，可固定细丝和粗丝。Z-盘的主要成分是 α 辅肌动蛋白，属于膜收缩蛋白（spectrin）家族，该蛋白家族包括膜收缩蛋白和肌萎缩蛋白（dystrophin）。α 辅肌动蛋白是一种短的杆状二聚体，两端都有肌动蛋白结合域，形成致密的晶格结构，既稳定了细丝又稳定了肌联蛋白纤维丝（Sjoblom 等，2008）。M-线由肌间蛋白（myomesin）和 M-线蛋白组成。M-线蛋白只存在于快收缩肌纤维中，而肌间蛋白在快肌纤维和慢肌纤维中都存在。在小鼠胚胎中，肌间蛋白与肌联蛋白同时存在，而 M-线蛋白的表达略有延迟（van derVen 等，1997）。这表明肌间蛋白可能作为肌联蛋白的锚点发挥着更重要的作用。

3.4.4 肌节外细胞骨架结构

在肌小节（costamere）中，膜收缩蛋白、锚蛋白（ankyrin）、纽蛋白（vinculin）和踝蛋白（talin）与肌萎缩蛋白-糖蛋白（DAG）复合物的胞内部分聚在一起。肌小节位于肌膜的内表面，邻近最外围肌原纤维的 Z-盘。中间丝（直径约 10nm）横向从肌小节到 Z-盘，并将相邻肌原纤维连接在一起。还有一组纵向移动的中间丝可以连接到肌原纤维的外周围，横跨相邻的两个 Z-盘。这些肌节外的中间纤丝形成三维细胞骨架，连接和协调肌原纤维，实现细胞内外的力量传递。在成年肌肉中，肌间线蛋白是主要的中间丝蛋白，其相对分子质量为 53.5，由 470 个氨基酸组成，呈 α 螺旋杆状，但末端为非螺旋结构，允许分子相互作用并在中间丝中形成联结。肌间线蛋白基因敲除小鼠的肌肉具有肌原纤维排列不齐和肌无力现象（Li 等，1997）。

细胞骨架蛋白是钙激活蛋白酶的主要靶点，宰后肌肉中，肌间线蛋白、纽蛋白和伴肌动蛋白会迅速被降解（Huff-Lonergan 等，1996）。μ 钙激活蛋白酶有效降解肌间线蛋白，使中间丝发生解聚（Baron 等，2004）。

3.5 肌纤维类型

一百多年前，人们就发现慢收缩肌肉比快收缩肌肉颜色深。生理学研究表明，每种纤维的收缩速度和收缩力变化范围很大。慢收缩的红肌含更多慢肌纤维，而白肌有较大比例的快肌纤维。人们根据这些组分的差异对肌纤维进行分类。在肌肉收缩过程中，ATP 被肌球蛋白头部降解，因此肌球蛋白具有 ATP 酶活性。

采用肌肉横切面 ATP 酶活性染色方法，Brooke 等（1970）将纤维分为具有低 ATP 酶活性的Ⅰ型纤维和具有高 ATP 酶活性的Ⅱ型纤维。他们根据抑制 ATP 酶活性所需的 pH 范围进一步划分Ⅱ型，产生Ⅱa、Ⅱb 型和稀有Ⅱc 型，完全抑制 ATP 酶活性的 pH 分别为 4.5、4.3 和 3.9。Ⅰ型纤维中抑制的最低 pH 与Ⅱc 型的相同。Peter 等（1972）使用组织化学染色来鉴定三羧酸循环中用于产生 ATP（主要是乳酸脱氢酶和琥珀酸脱氢酶）的酶活性的变化，以将纤维分类为慢抽搐氧化（SO）、快速抽搐糖酵解（FG）或快速抽搐氧化糖酵解（FOG）。他们还将这些类型的比例与肌肉中的肌红蛋白含量相关联；具有较高 SO 的红色肌肉含有更多的肌红蛋白作为氧载体。Peter 等（1972）将他们自己的分类方法与其他方法对比，发现 SO 对应于Ⅰ型肌纤维，FOG 对应于Ⅱa 型，FG 对应于Ⅱb 型。Nemeth 等（1981）使用琥珀酸脱氢酶（SDH）组织化学和肌球蛋白 ATP 酶活性来分类肌纤维。他们发现，ATP 酶Ⅰ型和Ⅱa 型纤维的 SDH 活性很高，对应于 SO 和 FOG，但在 ATP 酶Ⅱb 型纤维中，SDH 活性存在很大的变异性。这些组织化学研究证明了两点：第一，肌纤维之间的代谢因素存在差异，可能与其他因素无关，因此组织化学分类方法之间没有完全重叠；第二，主观分为“高”“低”和“中间”三种属性，但实际上Ⅱ型纤维中酶活性是连续的，很难判定。图 3.5 显示了来自两种猪肌肉切片的 ATP 酶染色。在两种深染色的Ⅰ型纤维被Ⅱ型纤维包围，在菱形肌中Ⅰ型纤维的尺寸明显大于最长肌中的Ⅰ型纤维。

Schiaffino 等（1989）重新审视了基于 ATP 酶的 Brooke-Kaiser 分类方法，Ⅰ型、Ⅱa 型和Ⅱb 型肌纤维含有不同肌球蛋白重链异构体，并鉴定出第四种异构体Ⅱx。每一种肌球蛋白重链异构体都是由不同基因表达的。表 3.1 所示为在骨骼肌中发现的基因和蛋白异构体。

表 3.1　　哺乳动物骨骼肌中肌球蛋白的异构体类型

基因	肌球蛋白重链的类型	部位
MYH1	MyHC-2X	快收缩Ⅱx 型肌纤维
MYH2	MyHC-2A	快收缩Ⅱa 型肌纤维
MYH3	MyHC-emb	发育的肌肉
MYH4	MyHC-2B	快收缩Ⅱb 型肌纤维

续表

基因	肌球蛋白重链的类型	部位
MYH7	MyHC-1(Slow)*	慢收缩Ⅰ型肌纤维
MYH8	MyHC-neo	发育的肌肉

注：* 在心肌中也称为 MyHC-β 。

［资料来源：Data from Schiaffino, S. , Reggiani, C. , 2011. Fiber type sinmammalian skeletal muscles. Physiological Reviews, 91(4), 1447-1531. http://doi. org/10. 1152/physrev. 00031. 2010. ］

值得注意的是，目前肌纤维分类的研究主要集中于人类和模型鼠类动物，在肉用动物中几种纤维类型的丰度可能不同。如果考虑产热和运动两个功能，体型大小是决定肌纤维类型的主要因素。小型哺乳动物的肌肉体热功能（待物体重代谢能）比大的哺乳动物高（Kleiber 定律指出，静息代谢率可以达到体重的 3/4）。每单位质量的最大代谢率也会随着体型的增加而下降。因此，小型哺乳动物肌纤维中含有更多的线粒体，其周边的毛细血管也更多。Ⅱb 和Ⅱx 型肌纤维在小型哺乳动物中很常见，但在大动物（牛、羊、马）和人的骨骼肌中几乎不存在。做相同强度的运动，小动物的肌肉收缩要比大动物快。Schiaffino 和 Reggiani（2011）发现，不同动物的比目鱼肌（通常被认为是“慢”肌肉）中快肌球蛋白类型的丰度存在很大差异，地鼠为 100%、小鼠为 60%、大鼠为 20%，而兔子几乎没有。屠宰体重为 100kg 的大白猪的某些肌肉中含有较多的Ⅱb 型肌纤维。

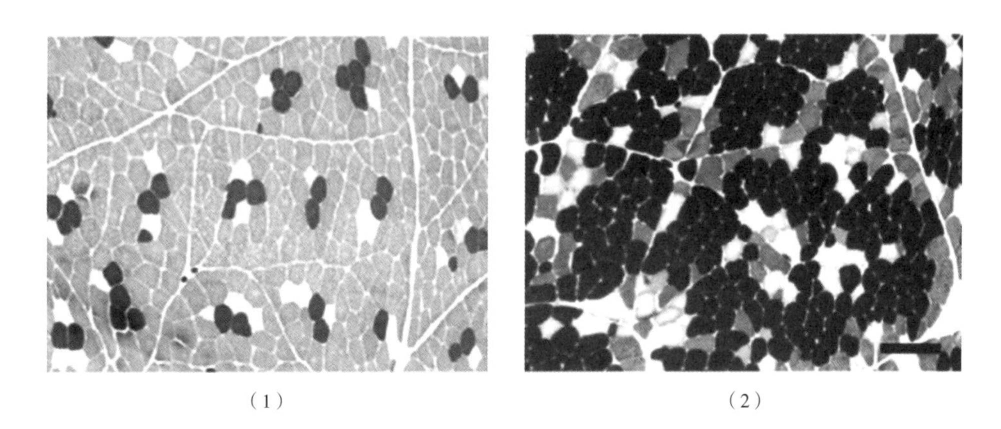

（1）　　　　　　　　（2）

图 3. 5　在屠宰体重为 100kg 时，大白猪的背最长肌和腰背肌（1）和菱形肌肉（2）在 pH4. 35 孵育后的 ATP 酶组织化学

（黑色Ⅰ型肌纤维被未染色的 IIA 型和灰色 IIB 型纤维包围比例尺 200μm）

［资料来源：Lefaucheur, L. , Ecolan, P. , Plantard, L. , Gueguen, N. , 2002. Newinsightsinto muscle fiber types in the pig. The Journal of Histochemistry and Cytochemistry, 50（5）, 719-730, withpermission. ］

图 3. 6 显示的是猪背最长肌中使用特定肌球蛋白异构体的单克隆抗体标记的肌纤维类型，与图 3. 5 中 ATP 酶标记的有很大相似性。

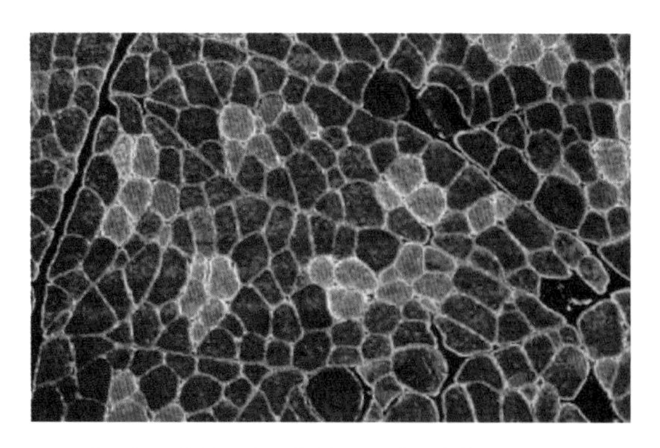

图 3.6　用肌球蛋白重链 Ⅰ 和 Ⅱa 抗体标记（红色）的猪背最长肌冷冻切片
（绿色是被免疫标记的肌间线蛋白）

［资料来源：Morrison，E. H.，Mielche，M. M.，Purslow，P. P.，1998. Immunolocalisation of intermediate filament proteins in porcine meat. Fibre type and muscle – specific variations during conditioning. Meat Science 50（1），91-104.］

3.6　肌内结缔组织的结构

通常肌肉由肌束组成，肌束由肌束膜包裹肌纤维组成。这给人一个错误的印象：结缔组织只是发挥网格包裹功能。我们建议将肌内膜与肌纤维作为一个整体，把肌束膜与肌肉作为一个整体来看待。

如图 3.7 所示，当用氢氧化钠消化的除去肌纤维后的横切面，肌内结缔组织（IMCT）中胶原蛋白呈纤维网络状排列。在高放大倍数下［图 3.7（2）］，肌内膜呈连续网络状结构。肌内膜是由纵横交错的胶原纤维组成，随着肌肉长度的变化，胶原蛋白的结构会发生重新排列。图 3.7（2）中空的位置是肌纤维。

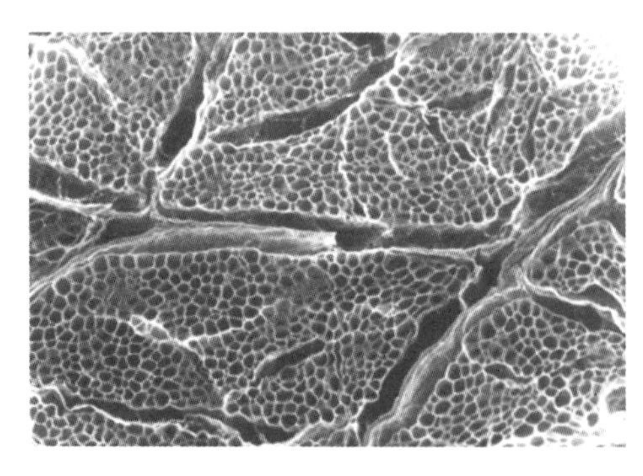

（1）低倍扫描电镜，显示肌内膜的连续网络结构，也能看到肌束膜结构

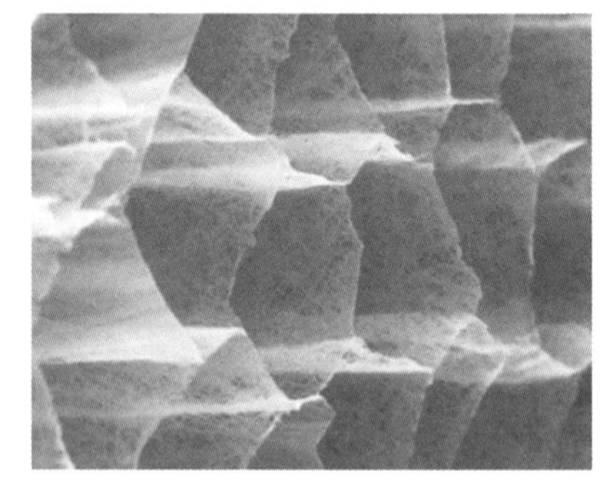

（2）高倍放大的肌束。由纵横交错的胶原纤维组成肌内膜

图 3.7　用 NaOH 处理的牛颌下肌的横截面，以显示肌内胶原网络
其中，（2）中的空白区域代表肌肉纤维占据的空间

［资料来源：Purslow，P. P.，Trotter，J. A.，1994. The morphology and mechanical properties of endomysium in series-fibred muscles：variations with muscle length. Journal of Muscle Research and Cell Motility 15，299-308. http：//doi. org/10. 1007/BF00123482，withpermission.］

肌内膜是一个横跨肌束的连续结构，将肌束中的所有肌纤维整合在一起。如图 3.7（1）所示，低倍放大的肌肉横切面显示肌束被肌束膜网络包裹。同样，肌束膜也是一个连续的三维网络，将所有肌束整合成一块肌肉。肌束膜中的胶原纤维呈波浪形、相互交错（Rowe，1981），胶原纤维的直径大于肌内膜中胶原纤维，每层中的纤维彼此平行，但与肌纤维轴成一定角度（静息的肌肉中通常为+54 度）。与肌内膜一样，肌肉的收缩和放松应导致肌束膜中胶原蛋白纤维网络的改变（Purslow，1989）。肌束膜向外延伸并融合到肌外膜上。在许多肌肉（如牛颌下肌）的肌外膜中，胶原纤维也呈交叉双层排列。但羽状肌（如腓肠肌）或参与向邻近肌肉转移荷载的肌肉（如牛半腱肌）中，胶原纤维排列更紧密，且呈纵向排列。在肌肉的两端，肌内膜、肌束膜和肌外膜融合形成肌腱，肌腱是纵向排列的胶原纤维束的大聚集体，并由腱鞘包围。

自 20 世纪 90 年代以来，越来越多的研究表明，肌纤维产生的力不会全部通过肌纤维末端的结缔组织传递到肌腱，但肌肉内部收缩力的传递可以通过这种连续性胶原纤维来实现。肌肉内的结缔组织结构或筋膜网络，现在被称为外皮肌动力传输（Huijing，2009）。这与肌肉纤维化有关，其中部分短纤维两端与肌腱没有结合，它们与外界的唯一连接实际上是肌内膜-肌束膜结构。

3.7 不同肌肉之间的肌内结缔组织差异

每一块肌肉都能协调一致发挥不同的功能，这与肌内结缔组织的组成和空间分布（以及肌纤维的代谢特征）有很大关系。我们都知道肌内结缔组织含量的不同是导致肉的硬度差异的重要因素。Bendall（1967）就报道，以无脂干重计，31 种牛肉的胶原蛋白含量在 1%~15%，而弹性蛋白含量在 0.05%~2%。Purslow（2005）对已有研究总结发现，14 种牛肌肉的肌束膜中胶原蛋白的含量是肌内膜的 2.5 倍，一些肌肉中肌束膜的厚度是其他肌肉的 2.5 倍。肌束的大小和形状在不同肌肉间存在明显差异，与肌束膜的网格结构有关，如牛胸肌的肌束比颌下肌大很多。

3.8 肌内结缔组织的组成

肌外膜、肌束膜和肌内膜的组成和形态明显不同，将在后面讨论。但它们都是结缔组织，由糖蛋白和蛋白多糖组成的无定形基质和纤维蛋白组成。在这些纤维蛋白质中，胶原蛋白含量最高。

3.9 肌肉中的胶原蛋白

肌内结缔组织中含量最高的蛋白质是胶原蛋白。Birk 等（2011）对肌肉中胶原蛋白有详细的介绍，这里进行引用和概述。胶原蛋白分子是由若干个 α 链组成。每个胶原蛋白分子都由螺旋结构和非螺旋端肽结构组成。中心区域中的 α 链各自盘绕成不含氢键的左螺旋，三条链组成的超螺旋是胶原蛋白的特征。胶原蛋白含有 20 种氨基酸中的 18 种，其中甘氨酸、脯氨酸和羟脯氨酸含量高；蛋氨酸、半胱氨酸和酪氨酸含量低；几乎不含色氨酸。三条 α 链可紧密缠绕在一起的原因是甘氨酸的大量存在，胶原蛋白肽链中每隔 2 个氨基酸残基就有一个甘氨酸残基，其侧链小，在氢键作用下朝向螺旋中心，使结构相对稳定。在一些胶原蛋白类型中，这种 Gly-X-Y 重复序列不连续，没有形成稳定的螺旋结构，这些就是间断性的三股螺旋胶原蛋白，其相对分子质量相对较小，也干扰了胶原蛋白分子的进一步组装。

现已发现编码 28 种不同类型胶原的基因。胶原蛋白类型按照发现的时间顺序用Ⅰ和XⅧ进行编码。实际上已知有 54 种基因可编码胶原蛋白的 α 链。胶原蛋白的典型特征是三个 α 链组成 1 个分子。相同胶原类型的不同 α 链，按它们被发现的顺序用阿拉伯数字（α1、α2 等）表示（见表 3.1 中的示例）。每种胶原蛋白中的 α 链彼此不同，并由不同的基因编码，因此Ⅰ型胶原蛋白中的 1［α1（Ⅰ）］由 COL1A1 基因编码，而Ⅲ型中 α1 编码胶原蛋白［α1（Ⅲ）］是一种不同的多肽，由 COL3A1 基因编码。

大多数胶原蛋白类型具有三条相同的链（同源三聚体），如Ⅲ型胶原蛋白由三条相同的 α（Ⅲ）链组成。但也有一些类型的胶原蛋白由不同的链组成，如肌内结缔组织中最常见的Ⅰ型胶原蛋白由两条 α1（Ⅰ）链和一条 α2（Ⅰ）链组成（由 COL1A2 基因编码）。Ⅳ型和Ⅴ型胶原蛋白具有不同的亚型，即在相同胶原蛋白类型的不同亚型中存在 α 链的不同组合。Ⅳ型胶原存在于基底膜中，不形成纤维，而是网状结构。

在肉用动物的肌内结缔组织中胶原蛋白至少有七种类型（Purslow 等，1990；Listrat 等，1999、2000）。这些胶原蛋白的特征见表 3.2，但尚未对所有类型的胶原蛋白进行系统的研究。已经发现含有Ⅶ型胶原的薄锚固丝将基底膜与肌内膜链接在一起（Sakai 等，1986；McCormick，1994）。Wetzels 等（1991）研究表明，Ⅶ型胶原蛋白分布于不同的组织器官中，但成年骨骼肌并不含有与基底膜相连的Ⅶ型胶原蛋白。

表 3.2 肌内结缔组织中胶原蛋白类型和特征

类型	基因	分子结构	分类	存在位置
Ⅰ	COL1A1, COL1A2	α1(Ⅰ)$_2$、α2(Ⅰ)	形成纤维	肌束膜和肌内膜
Ⅲ	COL3A1	α1(Ⅲ)$_3$	形成纤维	肌束膜和肌内膜
Ⅳ	COL4A1,COL4A2COL4A3, COL4A4 COL4A5, COL4A6	α1(Ⅳ)$_2$、α2(Ⅳ)、α3(Ⅳ)、α4(Ⅳ) α5(Ⅳ)$_2$、α5(Ⅳ)$_2$、α6(Ⅳ)	基底膜	基底膜外侧

续表

类型	基因	分子结构	分类	存在位置
Ⅴ	COL5A1,COL5A2, COL5A3	α1(Ⅴ)$_2$、α2(Ⅴ)、α1(Ⅴ)$_3$	形成纤维	肌束膜和肌内膜
		α1(Ⅴ)、α2(Ⅴ)、α3(Ⅴ)		
Ⅵ	COL6A1, COL6A2	α1(Ⅵ)、α2(Ⅵ)、α3(Ⅵ)	形成珠状纤丝	
	COL6A3, COL6A4	α1(Ⅵ)、α2(Ⅵ)、α4(Ⅵ)		
	COL6A5, COL6A6	α1(Ⅵ)、α2(Ⅵ)、α5(Ⅵ)		
		α1(Ⅵ)、α2(Ⅵ)、α6(Ⅵ)		
Ⅻ	COL12A1	α1(Ⅻ)$_3$	间断性三股螺旋	
XIV	COL14A1	α1(XIV)$_3$	间断性三股螺旋	

形成纤维的胶原蛋白（Ⅰ型和Ⅲ型，Ⅴ型少见于肌内结缔组织）以四分之一交错的重叠排列，如图3.8（6）所示，这种排列使分子结构稳定，使Ⅰ型胶原蛋白的变性温度从溶液状态下的37℃升高到结缔组织中的65~67℃。

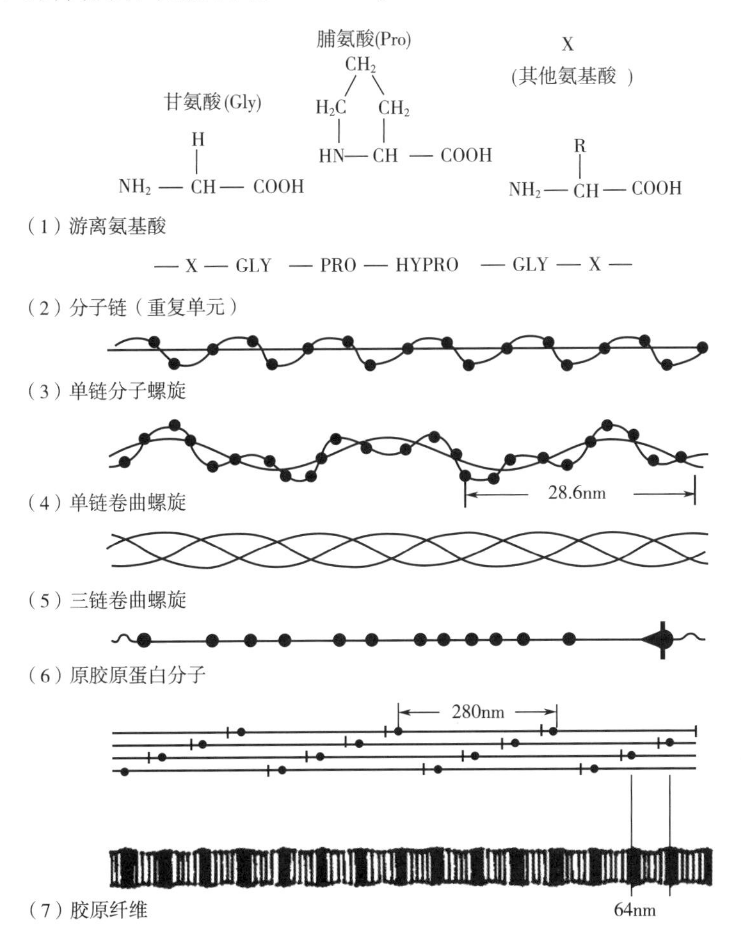

图3.8 胶原蛋白、元胶原蛋白和胶原纤维的氨基酸序列（1）和分子结构（2）概念放大（3）（4）（5） ×17500000；（6） ×330000；（7） ×120000

（资料来源：美国科学公司版权所有，1961年5月。）

3.10 胶原蛋白的交联

胶原蛋白翻译后主要修饰的是分子内（同一分子的 α 链之间）和分子间交联的形成（Eyre 和 Wu，2005）。这是胶原蛋白（也包括非纤维Ⅳ型胶原蛋白）具有高机械强度所必需的。这些交联是共价的，有三种形式：二硫键，仅限于Ⅲ型和Ⅳ型，因为它们含有半胱氨酸；从 α 链之间的赖氨酸或羟赖氨酸醛中形成的二价键，在体外可还原；更复杂的键，连接两个以上的 α 链，这在胶原蛋白（成熟的交联键）老化过程中很常见。

在交错排列的 α 链和端肽中，赖氨酸和羟赖氨酸残基之间或两个羟基赖氨酸残基之间在赖氨酰氧化酶（其中铜和抗坏血酸是辅助因子）作用下形成二价交联。缺少赖氨酸和羟赖氨酸都会导致胶原蛋白功能失常。

除了这些生理作用形成的交联，随着年龄增加，还会产生其他类型的交联，包括葡萄糖（非酶糖基化或糖基化）和脂质氧化等都会促进胶原蛋白交联的形成。由于胶原蛋白在体内的停留时间较其他蛋白质长，这些交联会逐渐积累。赖氨酸氧化酶是否参与催化二价交联变成三价交联（成熟型），目前还存在争议。

图 3.9 和 3.10 分别总结了赖氨酸氧化酶催化羟赖氨酸-羟赖氨酸残基和赖氨酸-羟赖氨酸残基形成交联的过程（未成熟的二价交联的和成熟的三价交联）。

随着动物年龄的增长，肌肉中胶原蛋白的热稳定交联增加，导致肉的硬度增加。但年龄相近的动物的肌肉硬度差异可能与热稳定性交联的含量没有关系。研究表明，年龄相似的不同猪的腰最长肌硬度与肌束膜中未成熟交联（羟赖氨酸、二羟赖氨酸）和成熟交联（羟吡啶啉、组氨酰-羟赖氨酸正亮氨酸）含量没有相关性（Avery 等，1996）。

3.11 微丝和弹性蛋白

结缔组织中弹性纤维由弹性蛋白和附着的微丝组成。与胶原蛋白相比，弹性蛋白在肌内结缔组织中的占比很小，占肌肉脱脂干重的 1%以下。而半膜肌、半腱肌和背阔肌中弹性蛋白含量相对较高，分别占肌肉脱脂干重的 1.13%、1.82%和 2.0%（Bendall，1967）。而胸背最长肌中弹性蛋白仅为干重的 0.07%。Bendall（1967）发现，除半腱肌外，牛后腿分割肉中弹性蛋白都不高于肌肉干重的 0.2%，在肌内结缔组织中占比不足 5%。在哺乳动物中，弹性蛋白的前体——原弹性蛋白是由单个基因（ELN）编码的。在不同物种中发现的弹性蛋白具有高度的同源性。原弹性蛋白含有富含非极性氨基酸（如甘氨酸、缬氨酸、脯氨酸和丙氨酸）组成的疏水结构域和由富含赖氨酸和丙氨酸的亲水结构域。疏水结构域和亲水结构域是由独立的、交替的外显子编码的。交替剪接形成了不同物种（包括牛和鸡）不同亚型的弹性蛋白（Vrhovski 等，1998）。分泌到细胞外间隙后，疏水区域间相互作用使

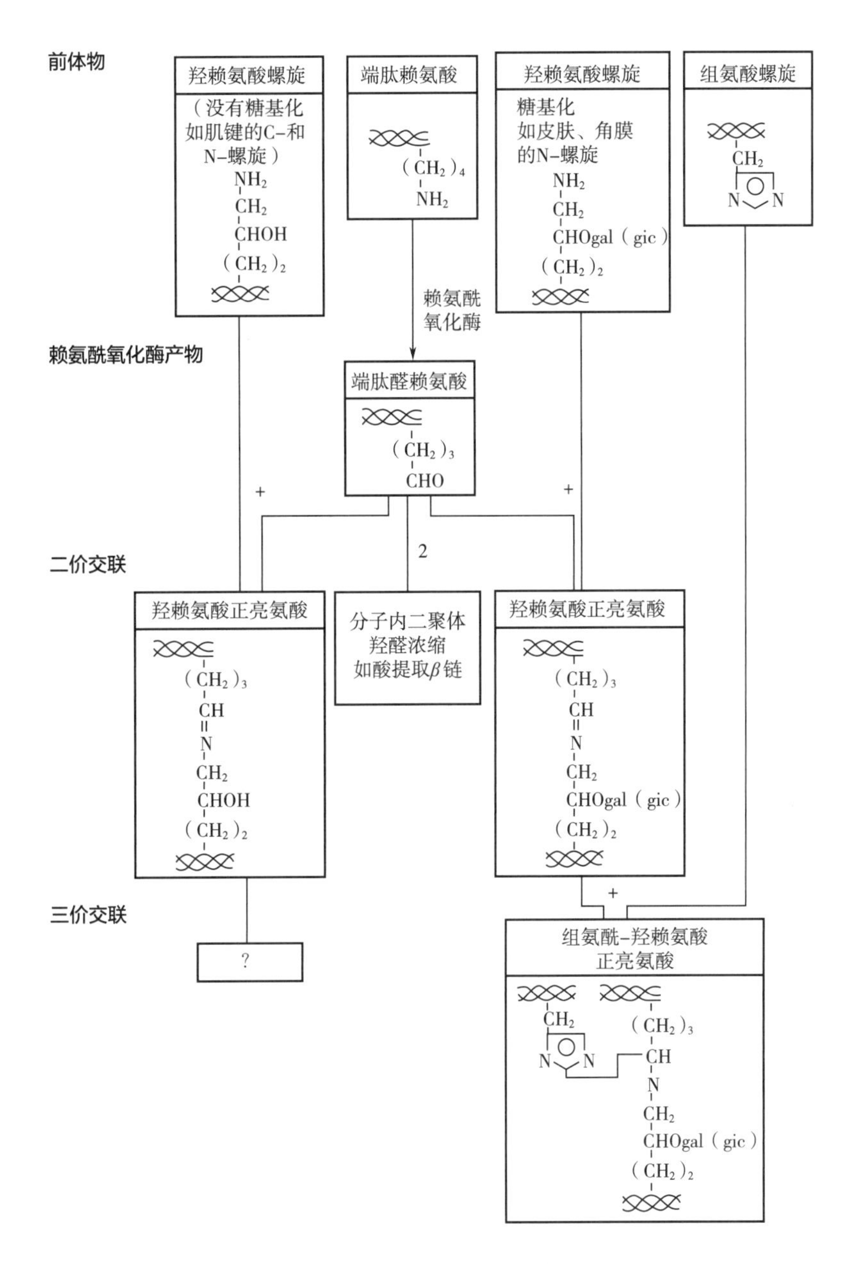

图 3.9 羟醛赖氨酸的交联途径

注：羟赖氨酸残基是赖氨酸氧化酶在分子间交联反应中形成的醛的来源，成熟交联是三价吡啶诺林类化合物。

（资料来源：Eyre，D. R.，Wu，J. J.，2005. Collagencross-links. Topics in Current Chemistry 247，207-229 mission.）

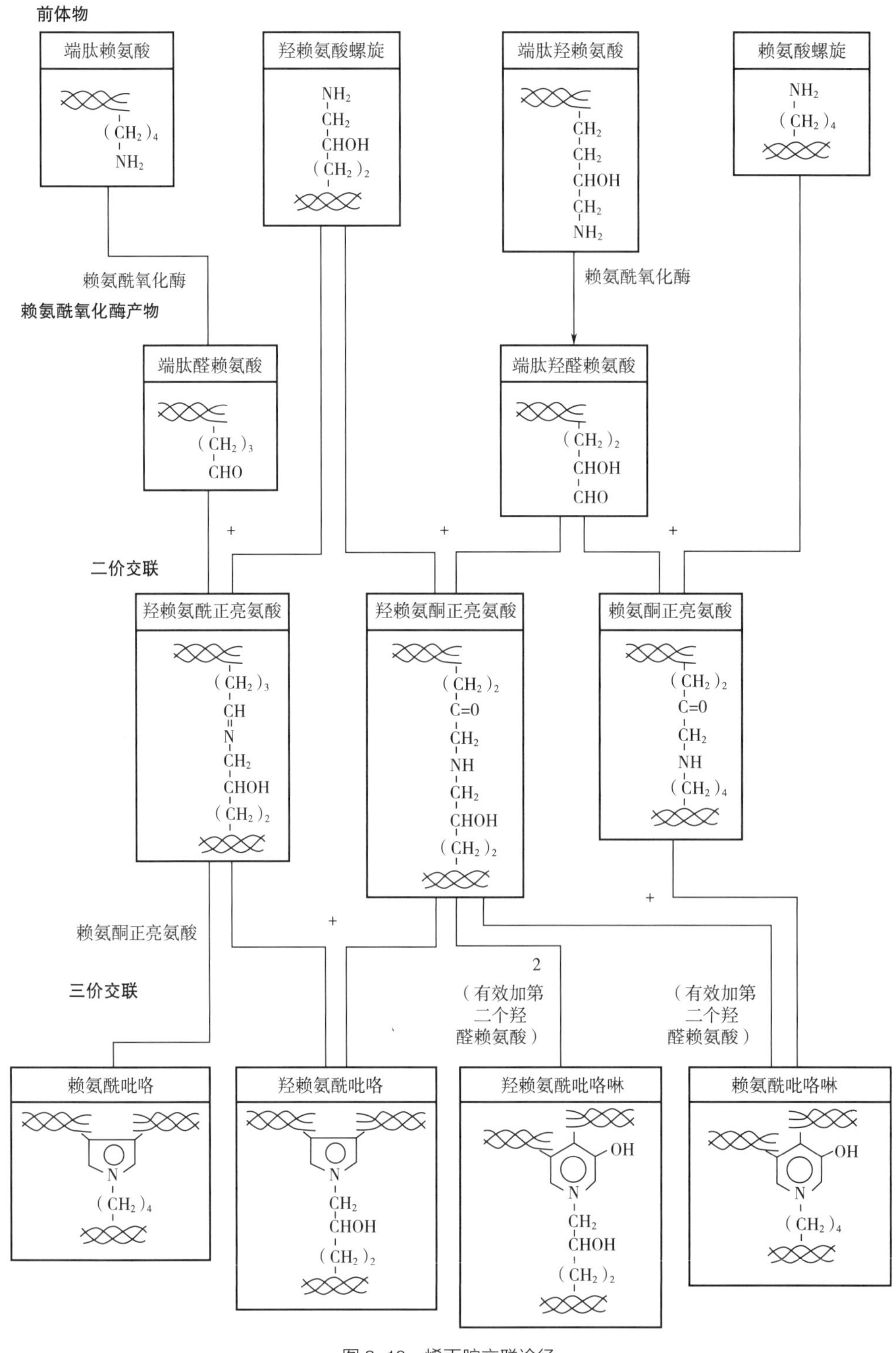

图 3.10 烯丙胺交联途径

注：赖氨酸残基是赖氨酰氧化酶形成的醛的来源，用于分子间交联反应。组氨酸可以参与成熟的交联形成，尤其是皮肤胶原蛋白。

原弹性蛋白聚集的过程称为凝聚，形成交联而不溶性的弹性纤维。赖氨酸氧化酶氧化脱氨基形成醛赖氨酸；赖氨酸和醛赖氨酸残基形成交联，最终形成弹性蛋白特有的交联——锁链赖氨素和异锁链赖氨素（Vrhovski 等，1998）。这两种交联非常稳定，导致弹性蛋白的热稳定性很高，因此弹性蛋白含量虽然低，但这种稳定的交联对熟肉质地的影响比较大。

弹性微丝的主要成分是原纤维蛋白，属于一种可拉伸、珠状的糖蛋白家族。肌肉中有原纤维蛋白 1 和原纤维蛋白 2 两种（Sakai 等，1986），最近在肌束膜中发现了原纤维蛋白-3（Sabatier 等，2011）。在胚胎发生和早期发育过程中，原纤维蛋白-2 和原纤维蛋白-3 的表达高，而原纤维蛋白-1 的表达则持续到动物生命的后期。原纤维蛋白在所有结缔组织中普遍存在，形成初始弹性微丝网络。在一些结缔组织中，原纤维蛋白-1 组成较厚的弹性纤维。肉用动物肌肉中原纤维蛋白的分布及其在肌内结缔组织中的作用尚未被广泛研究。

3.12 糖蛋白和蛋白聚糖

这些分子含蛋白质和糖链，在不同组分中两者的含量不一样。糖蛋白中蛋白质和短链多糖含量高，没有重复单元。糖链对维持蛋白质稳定性具有重要作用。糖蛋白通常是跨膜蛋白，参与细胞通信和信号传递。蛋白聚糖中含更多的糖链，链接在蛋白质骨架上。多糖是直链，含有重复的双糖单元。多糖长链通常是带电的，可以稳定大量的水。蛋白聚糖存在于肌内结缔组织中，具有凝胶状的结构，在纤维蛋白之间形成物理联系。蛋白聚糖可以根据其所含的多糖类型进行分类，包括硫酸软骨素、硫酸皮肤素、硫酸肝素和硫酸角质素。实际上，蛋白聚糖是一类特殊的糖蛋白。两者都在肌肉发育中都发挥一定的作用。图 3.11 所示为糖链中的重复单元。

核心蛋白聚糖是一种富含亮氨酸的蛋白多糖（SLRP），侧链由硫酸软骨素单元或硫酸皮肤素重复单元组成。与其他 SLRPs 一样，核心蛋白聚糖存在于肌细胞表面或附近，并与其他糖蛋白相互作用，包括层连蛋白（laminin）和纤维蛋白。SLRPs 是细胞信号分子，影响胶原纤维组成，以及生长因子对肌肉细胞的作用。基因敲除研究表明，核心蛋白聚糖基因敲除的小鼠皮肤脆弱，主要是因为胶原纤维表达异常（Iozzo 等，2011）。在肌细胞的基底膜中也含有核心蛋白聚糖和硫酸肝素的蛋白多糖，而肌束膜中含有较多的硫酸软骨素和硫酸皮肤素作为配基蛋白聚糖。肌肉中有两种主要的膜相连的硫酸肝素蛋白聚糖：多配体聚糖和磷脂酰肌醇聚糖。多配体聚糖有一个插入肌纤维膜的核心蛋白链（它是一种跨膜蛋白），而磷脂酰肌醇聚糖通过一种糖基磷脂酰肌醇锚定附着在细胞表面。肌肉中已发现四种多配体聚糖和一种磷脂酰肌醇聚糖（磷脂酰肌醇聚糖 1）。多配体聚糖和磷脂酰肌醇聚糖 1 影响成纤维细胞生长因子 2（FGF-2）在肌肉中的信号传递。FGF-2 可以使成肌细胞保持增殖，进而影响细胞数量。在火鸡胸肌的早期发育阶段，含有大量硫酸软骨素的蛋白聚糖，而含有蛋白质聚糖的硫酸肝素在后期阶段占主导地位（Velleman，2012）。

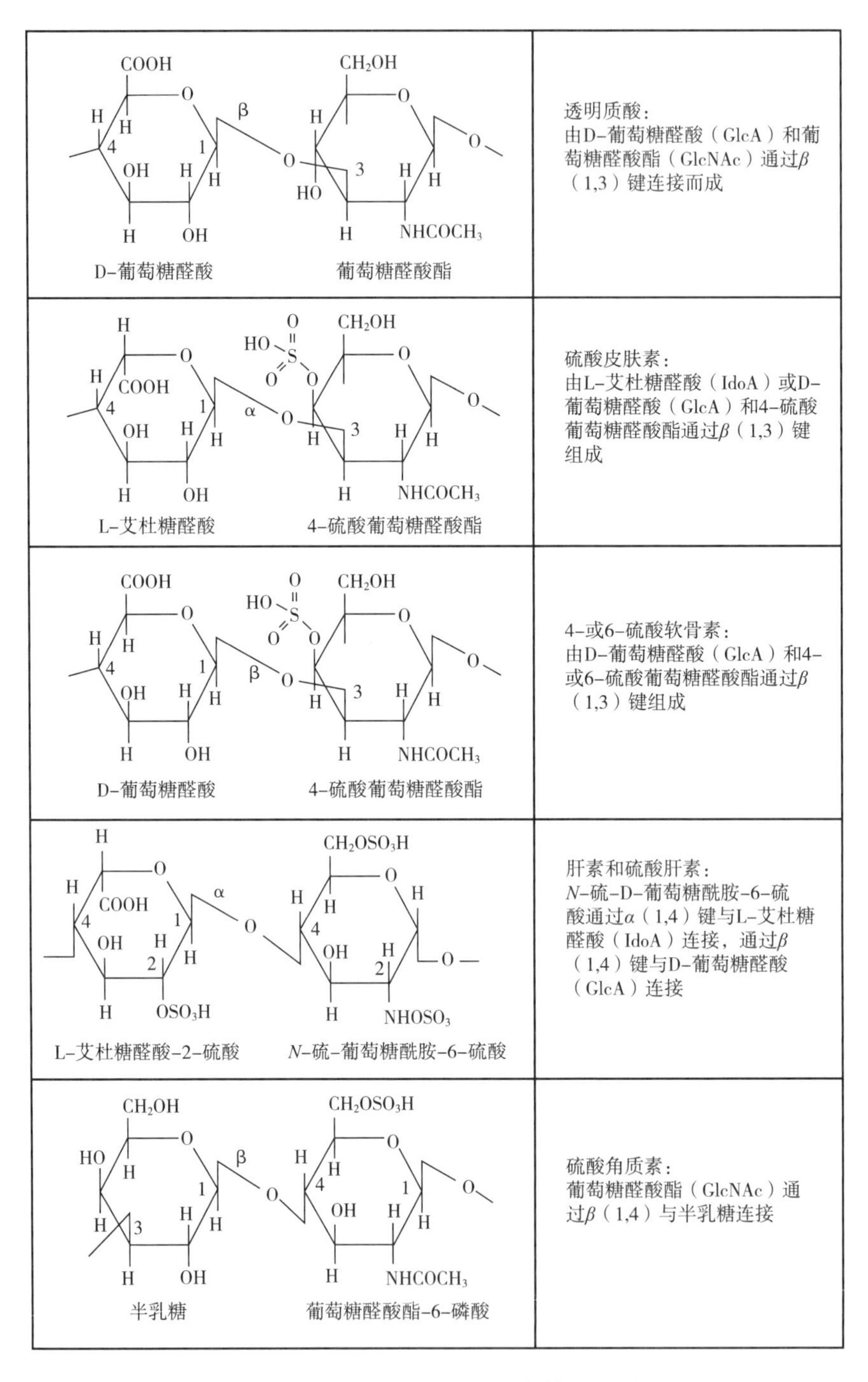

图 3.11　各类蛋白多糖中侧链重复单元的结构

（资料来源：http：//themedicalbiochemistrypage. org/glycans. php. ）

3.13 细胞-基质连接子：层连蛋白和纤连蛋白，抗肌萎缩蛋白和整联蛋白

为了保证肌细胞的运动效率，肌细胞基底膜与肌内膜中的Ⅰ型和Ⅲ型胶原纤维网络之间有良好的物理联系，这些纤维形成网状层，与相邻细胞之间保持良好的链接。此外，肌肉（生长/萎缩）为了适应运动，需要将机械信号通过胞外基质传递到肌细胞中。因此，提供肌细胞与结缔组织之间的连接分子具有重要的功能。

纤连蛋白（Fibronectin）是糖蛋白二聚体，由两条高相对分子质量链（每条链 240k）通过 C-末端共价连接而成。在每一条链中存在三种类型的重复序列，形成不同类型的功能结构域。原纤维蛋白包含与其他原纤维蛋白分子结合、与胶原结合，与硫酸乙酰肝素结合的结构域、与细胞表面结合的整联蛋白的结构域。虽然一些早期研究报道了纤连蛋白存在于肌膜周围，但现有研究表明，纤连蛋白是链接骨骼肌细胞基底膜和肌内膜的关键成分（Purslow 和 Duance，1990）。

层连蛋白（Laminin）是在基底膜中发现的另一种大分子糖蛋白，含有许多结构域，连接其他胞外基质组分和跨膜细胞表面分子。层连蛋白由三种不同的多肽链（α-、β-和 γ-链）组成，包括五个 α 链、四个 β 链和三个 γ 链异构体，可以形成至少 15 种不同的异源三聚体分子。层连蛋白分子呈十字形、棒形或 Y 形，具体形状取决于链的类型。一些结构域与肌细胞基底膜上的 α 抗肌萎缩蛋白多糖和整联蛋白连接，而另一个结构域与胞外基质相连。图 3.12 简单描述了层连蛋白与整联蛋白和抗肌萎缩蛋白多糖的连接（Holmberg 等，2013）。

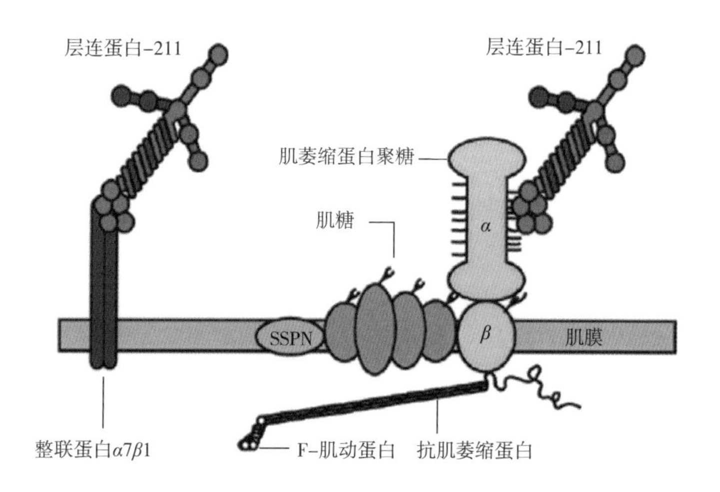

图 3.12 层连蛋白（211 型）与骨骼肌中的两种主要受体，整联蛋白 $\alpha7\beta1$ 和肌萎缩蛋白聚糖结合的示意图

整联蛋白（Integrins）是一类跨基底膜的糖蛋白家族。它们由 α 和 β 两个亚基组成。在哺乳动物中存在 18 个 α 亚基和 8 个 β 亚基（Takada 等，2007）。α 链结构都相似，具有同源性；β 链也具有同源性，但与 α 亚基结构不同。每个整联蛋白分子是 $\alpha\beta$ 异二聚体。α 亚基和 β 亚基的不同组合可产生 24 种 $\alpha\beta$ 异二聚体（24 种整联蛋白）。两个整联蛋白亚基都具有大的细胞外结构域，跨膜结构域和细胞质“尾部”，其中细胞质“尾部”很短，通常少于 75 个氨基酸（$\beta 4$ 除外，其长度为 1008 个氨基酸）。

在肌细胞内部，整联蛋白连接微丝状肌动蛋白，踝蛋白和纽蛋白以及其他细胞骨架蛋白。每个整联蛋白对一种或多种胞外基质分子具有亲和力。“精氨酸-甘氨酸-天冬氨酸”序列是最早被发现的纤连蛋白与整联蛋白结合基序。许多胞外基质分子都含有这个结构，除此之外，每个胞外基质分子还含有一些特异的其他结合位点。整联蛋白与特定胞外基质分子的亲和力与胞内相互连接的细胞骨架蛋白有关（Takada 等，2007）。一般来说，$\alpha 1\beta 1$、$\alpha 2\beta 1$、$\alpha 3\beta 1$、$\alpha 6\beta 1$、$\alpha 7\beta 1$ 和 $\alpha 6\beta 4$ 的整联蛋白都能连接层连蛋白，而 $\alpha 1\beta 1$、$\alpha 2\beta 1$、$\alpha 3\beta 1$、$\alpha 10\beta 1$、$\alpha 11\beta 1$ 可连接胶原蛋白。

整联蛋白有两个主要功能：连接细胞和胞外基质；将信号从胞外基质传输到细胞内。虽然有几种细胞信号分子可以与整联蛋白结合，但是肌细胞中通过整联蛋白进行的大多数由内向外和由外向内的信号传递都是机械性的。整联蛋白通过跨膜途径是将肌细胞中产生的力传递到胞外基质；外力作用传递到细胞中也会影响细胞表达和行为。如 Kjaer（2004）所述，细胞与基质之间的机械作用是肌肉生长或萎缩的重要调节因子。

与抗肌萎缩蛋白相连的糖蛋白复合物。整联蛋白在动物机体所有细胞中都很常见，但在骨骼肌细胞中还具有跨膜结构，将细胞内的细胞骨架与胞外基质相连。抗肌萎缩蛋白是一种相对分子质量 427 大小的棒状蛋白质，位于肌细胞内，是肌小节的一部分。编码抗肌萎缩蛋白的基因是已知最大的。肌小节由抗肌萎缩蛋白、α-肌养蛋白、微管卷曲蛋白、联丝蛋白、肌聚糖和肌长蛋白组成，这些蛋白与基底膜内表面相连，形成最外周肌原纤维的 Z-线。α 和 β 抗肌萎缩蛋白聚糖在胞内的抗肌萎缩蛋白和胞外的层连蛋白之间形成跨膜连接。这种抗肌萎缩蛋白相连的糖蛋白复合物负责胞外基质和细胞之间的信号传递。如果胚胎中缺少 α 和 β 抗肌萎缩蛋白聚糖基因，将不能形成肌细胞的基底膜，会有致命危险。虽然抗肌萎缩蛋白仅占总肌肉蛋白 0.002%，但这个蛋白基因的突变或缺失可导致肌病（肌营养不良），其在杜氏肌营养不良病中，情况非常严重，表现为肌纤维无力和坏死。显然，与抗肌萎缩蛋白相连的糖蛋白复合物在肌细胞中的细胞基质信号传导中是重要的。

3.14 脂肪组织的结构

脂质以甘油三酯的形式储存在脂肪细胞或脂肪组织中。成熟的脂肪细胞直径可达

100μm，其含有很少的细胞器和细胞质，细胞内的绝大部分空间被甘油三酯球占据。脂肪细胞通过薄的胶原网结合在一起形成脂肪细胞。脂肪组织由毛细血管供应营养成分，排列成叶状。大的脂肪组织被称为脂肪贮库。脂肪组织主要功能是储存能量，还具有内分泌功能（Rontietal，2006）。脂肪组织分泌脂肪因子（生物活性肽），其对食欲、脂质代谢、胰岛素敏感性和血压等具有旁分泌和内分泌作用。

脂肪组织有两种类型：白色脂肪和棕色脂肪。棕色脂肪产热，在冷适应动物中被发现。在肉用动物中，棕色脂肪仅存在于胚胎动物，这里不再进一步讨论。白色脂肪是主要的能量储存组织，在肉用动物中主要以四种形式存在：①皮下脂肪；②内脏脂肪（肠道和内脏周围）；③肌间脂肪，位于不同肌肉之间；④肌内脂肪，或称为大理石花纹，通常位于肌束之间（Swatland，1994）。具体见图 3.13。

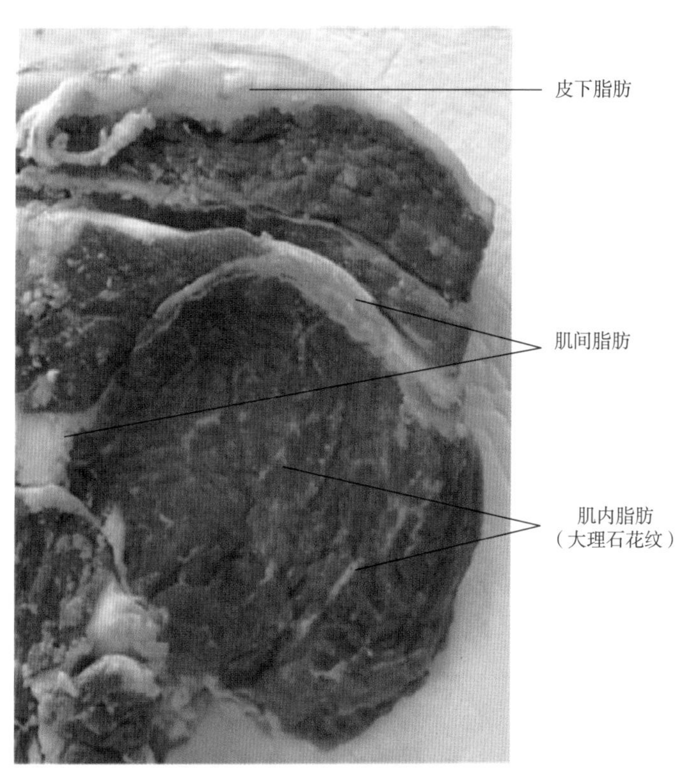

图 3.13　牛腰背最长肌横截面中脂肪的分布

遗传影响内脏与皮下白色脂肪组织的沉积，雌性动物和雄性动物这两个部位的脂肪沉积差别较大，可能与激素有关（Dodson 等，2010；Berry 等，2013）。反刍动物（牛、山羊、绵羊）和单胃动物（猪、家禽）之间的脂肪组织发育和脂质代谢模式之间也存在差异。在反刍动物和单胃动物中，脂肪组织中脂肪酸的组成影响脂肪的硬度和熔点，这些属性影响肉质的感官和加工特性（Wood 等，2008）。特定部位的脂肪沉积具有很高的遗传性［如猪的皮下脂肪的遗传性高达 50%（Swatland，1994）］，牛皮下脂肪发育相关的定量特征位点（QTL）与肌内脂肪、心周脂肪、肾周脂肪和骨盆脂肪相关 QTL 是不同的（Dodson 等，

2010）。肉用动物体内脂肪沉积带来的经济效益是不一样的。内脏脂肪沉积会降低动物的瘦肉率，经济效益差。而牛肉中肌内脂肪（大理石花纹）沉积会使产品具有良好的食用品质，产品的商品价值高。

3.15 肌肉发育和生长

肌肉发育与生长可分为三个阶段：①肌肉及其相关组织的胚胎形成；②胎儿肌肉发育；③出生后的生长。一般来说，产前阶段①和②决定每个肌肉中的肌纤维数量，阶段③主要是肌纤维体积增大（肥大）的过程，但有些情况下也会出现肌纤维数量增加的情况。胎儿发育时肌纤维数量决定了后期动物生长潜力，而母体营养决定了胎儿肌纤维数量。子宫营养不良对猪胎儿发育的影响很大，会导致出生后仔猪的生长潜力低于母体营养正常的仔猪。

3.16 胚胎时期和胎儿时期的肌肉发育

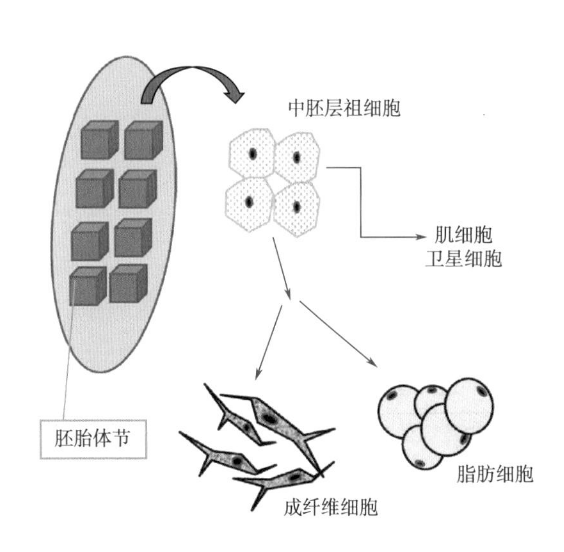

图 3.14 胚胎体节中中胚层细胞肌肉中主要细胞类型的形成

（资料来源：Christensen，S.，Purslow，P. P.，2016. The role of matrix metalloproteinases in muscle and adipose tissue development and meat quality：a review. Meat Science. http：//doi. org/10. 1016/j. meatsci. 2016. 04. 025.）

肌肉胚胎发育的一般过程如图 3.14 所示。在胚胎发育早期，中胚层祖细胞分裂成体节。舌头、四肢躯干和横膈肌从这些体节发育而来，而头部的肌肉则来自脊索前未分段的近轴中胚层（Francetic 等，2011）。肌肉细胞、脂肪组织和肌内结缔组织都来自这些体节。肢体肌肉的发育调节过程与躯干肌肉发育调节过程略有不同（Braun 等，2011），但发展的基本阶段是相同的。

肌生成（myogenesis）是指胚胎发育期间肌纤维的形成过程，而脂肪生成（adipogenesis）和纤维发生（fibrogenesis）分别指脂肪细胞和成纤维细胞的形成过程。在本节中，我们只介绍肌内脂肪细胞的形成。成纤维细胞是负责结缔组织合成的细胞，我们将关注合成肌内结缔组织成分的肌内成纤维细胞。

肌生成过程中，中胚层祖细胞发育成肌原细胞系，继而形成肌细胞和卫星细胞。成肌细胞（肌细胞的前体细胞）在生长因子的作用下增殖，随后分化并融合形成多核肌管。然后，受胞外基质因子的影响，这些前体肌纤维并行排列。肌生成过程受许多肌原性调节因子（MRFs）精准调控。MRFs都是些螺旋-环-螺旋结构的蛋白，可以结合特定的DNA序列并通过促进或阻止RNA聚合酶的结合来调节基因表达，RNA聚合酶是促进DNA复制到信使RNA的酶。所有骨骼肌中，肌生成的不同阶段受MRFs家族中的肌源性因子5（Myf5）、成肌细胞决定蛋白（MyoD）、肌细胞生成素（MyoG）和肌肉特异性调节因子4（MRF4）的严格调控。Myf5是最早在胚胎发生中表达的转录因子，与MyoD一起促进成肌细胞的定型和增殖，肌细胞生成素和MRF4（也有时混淆地称为Myf6）促进肌管分化及肌纤维的生成（Francetic等，2011；Braun等，2011；Bentzinger等，2012）。这些因子相互协作发挥作用，同时又受到其他转录因子的影响。在肢体肌肉中，SIX蛋白调控配对盒蛋白3（PAX3），而PAX3作用于下游的MRFs级联反应。在躯干肌肉中，PAX3作用于下游MyoD，MyoD与Myf5和MRF4在肌原素激活中起作用（Braun等，2011）。

肌生成发生在两个阶段：第一阶段发生在胚胎期（妊娠早期），在这一阶段形成的初级肌纤维仍然很小，在出生后这类纤维变得更小；第二阶段是妊娠期后期，这些初级肌纤维增殖形成更多的次级肌纤维，这些次级肌纤维继续生长形成更大的肌肉。表3.3来自Oksbjerg等（2017），所示为典型肉用动物妊娠中这两个阶段的时间。在绵羊和猪的妊娠晚期，还出现一小部分三级肌的生成（Berard等，2011）。

表3.3 不同肉用动物肌生成时间表

动物种类	初级纤维形成/d	次级纤维形成/d	妊娠期时长/d
猪	25~50	50~80	113
绵羊	32~38	38~80/125	145
牛	20~100	75~225	280
鸡	4~7	8~16	21
火鸡	5~8	8~16	28

[资料来源：Oksbjerg, N., Therkildsen, M., March 31, 2017. Myogenesis and muscle growth and meat quality. In: Purslow, P. P. (Ed.), New Aspects of Meat Quality e From Genes to Ethics. Woodhead Publishing. ISBN: 9780081005934 (Chapter 3), pp. 33e62.]

3.17 脂肪和原纤维的生成

如前所述，肌内脂肪细胞与肌细胞来自同一祖细胞。脂肪细胞的分化比肌细胞晚，脂肪细胞首先在皮下和肌间形成，在牛妊娠180d左右时在肌肉中检测到脂肪细胞。Du等

（2012）研究表明，由于肌肉内脂肪细胞的起源和行为不同，肌内脂肪细胞的发育和生长可以独立于其他脂肪细胞。与肌细胞的生成一样，祖细胞向脂肪细胞的分化同样受转录因子的调节；在脂肪生成过程中，过氧化物酶体增殖激活受体 γ（PPARγ）与 CCAAT/增强子结合蛋白（C/EBP）家族（与胞嘧啶-胞嘧啶-腺苷-腺苷-胸苷盒基序相互作用）成员协同作用调控脂肪合成。C/EBPβ 和 C/EBPδ 在胚胎早期表达并触发 PPARγ 的表达，而 C/EBP 家族其他成员的表达要晚些。Lefterova 等（2008）研究表明，参与脂肪生成的大多数基因都被 PPARγ 和 C/EBPα 或 C/EBPβ 结合，因此这些转录因子协同作用以确定脂肪组织的生物学特性。

其他祖细胞分化成纤维母细胞，纤维母细胞与胞外基质和胶原纤维，形成原纤维。原纤维与结缔组织成分接触并与成纤维细胞直接接触促进了肌管的形成，在成熟肌肉结缔组织中调控受损肌纤维的再生（Purslow，2002；Rao 等，2013）。成纤维细胞的分化在整个发育和生长过程中持续存在，是转化生长因子 β（TGFβ）信号通路调控的过程之一。许多细胞（包括巨噬细胞）均可分泌 TGFβ，该细胞因子与细胞表面受体结合，触发受体调节的 SMAD（R-SMAD）的磷酸化。他们与其他 SMADs 结合形成转录因子，与特定 DNA 区域结合并控制基因转录。除了 TGFb-SMAD 信号通路起主要作用外，Miao 等（2015）还列出了其他 11 个上调或下调纤维生成的转录因子。肌肉中脂肪细胞和成纤维细胞均来自中胚层祖细胞，所以说纤维的生成和脂肪的形成是竞争关系。因此，增强肌内脂肪的生成可以减少肌内结缔组织的形成，反之亦然（Du 等，2012；Miao 等，2015）。

3.18 胎儿发育

在妊娠的后期阶段，新肌纤维的形成减慢，并且从那时起肌肉生长主要是通过肥大（即肌纤维直径和长度增加）而不是添加新纤维来实现的。大多数专家认为，任何肌肉中的纤维总数在出生时是固定的，尽管这个数量可能因遗传和母体营养而异。但是，有证据表明猪肌肉中的纤维总数可以在出生后 28d 内通过三级肌生成而增加（Berard 等，2011）。

最初，在肌生成期间形成的所有肌管都含有胎儿型的肌球蛋白（Albrecht 等，2013），但在妊娠过程中逐渐被成年型的快肌型和慢肌型肌球蛋白取代。在肌生成第一阶段形成的肌纤维中包含成年型的慢肌Ⅰ型肌球蛋白，而在第二阶段形成的肌纤维中包含Ⅰ型或任何Ⅱ型肌球蛋白重链（Gagniere 等，不详）。

由于结缔组织含量和胶原蛋白类型的比例在不同肌肉中是存在差别的，导致肌肉发育模式也不同。在牛妊娠的前 6 个月内，肌纤维聚集成束形成肌束（Albrecht 等，2013）。但不同牛肉中成纤维细胞存在一定的差异（Archile-Contreras 等，2010），但不清楚这种差异形成于哪个阶段。不同类型的胶原蛋白在发育早期均有出现，并且肌肉中胶原蛋白的绝对含量在发育阶段是不断变化的，而在所有牛肌肉中，Ⅰ型和Ⅲ型胶原蛋白的量在初级肌纤维生成期间增加，之后逐渐降低（Listrat 等，1999）。肌纤维肥大是肌原纤维蛋白质相对结缔组织的比例增加，但在出生时，胎儿肌肉中结缔组织含量（以单位重量计）比成年动物肌肉中高。发育到第 10 天（即大约在卵内发育的 21d）的鸡胚中，股四头肌中Ⅰ型和Ⅲ型胶原的含量高于胸肌，这种差异一直存在于孵化全程（Lawson 等，2001）。

3.19 出生后肌肉生长

在现代饲养条件下，肉用动物的生长速度很快。集约化饲养条件下猪和牛的日增重分别可高达 1kg/d 和 1.5kg/d。鸡在 6~8 周内从雏鸡生长到 2kg。尽管这种生长速度不都属于肌肉组织的生长，但是肉用动物的肌肉生长速度还是很快的。

除前述的猪在出生后 28d 仍有肌纤维数量的增加外，其他肉用动物的肌纤维数量在出生时都是固定的，并且肌肉的生长主要是肌纤维的肥大过程。肌纤维直径的增加主要涉及肌原纤维横向连接的分离和新肌原纤维的合成。肌纤维长度的增加主要涉及新肌节的生成，肌节的增加通过肌原纤维内和相邻肌原纤维之间结构的破坏来实现的。肌细胞外的肌束膜和肌内膜网络会重塑以适应增大的肌纤维和肌束的变化。因此，肌肉生长是新蛋白质合成和蛋白质降解之间的平衡，生长阶段蛋白质合成的速率快于降解速率。在食物供应不足、疾病、寄生虫病、环境应激大、动物变老等条件下，生长减缓，蛋白质合成和降解之间的平衡被打破，可能导致肌肉萎缩，蛋白质降解超过蛋白质合成。不同的蛋白合成速率是不同的。Oddy 等（2001）认为，在营养缺乏情况下（如散养条件下饲草质量差），补饲能促进代偿性生长。通过周期性的促生长和限饲，可导致结缔组织退化，使其对肉的硬度的影响下降。但在代偿性生长中，肌肉中合成新的结缔组织，对肉质的影响会增加。肌原纤维对肉的质地的影响不同于结缔组织，因为在宰后成熟过程中肌原纤维蛋白水解起主要作用。

影响肌肉生长速度的主要因素是遗传效应、营养水平、肌肉活动、应激激素（皮质类固醇，如皮质醇、肾上腺素）和生长促进剂［如生长激素、人工合成促生长剂（如 β-肾上腺素能激动剂）］。

随着全基因组技术的应用，已有许多研究挖掘出与生长速率相关的 QTLs（Gutierrez-Gil 等，2009；Saatchi 等，2014）。同一个动物品种的转录组差别很大，要找到不同品种牛的生长速率相关的 QTLs 簇困难更大。因此，从牛肌肉中鉴定出的同一 QTLs 与许多动物性状有关，就不足为怪了。

控制肌肉生长的主要信号通路如图 3.15 所示。更多信息参阅 Schiaffino 等（2013）、Bonaldo 等（2013）。

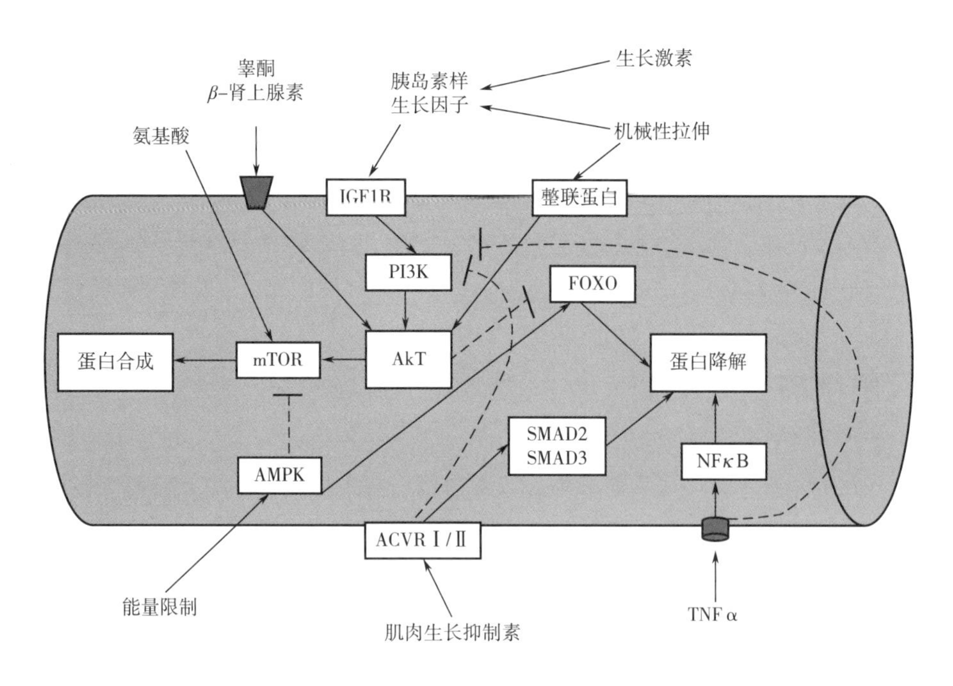

图 3.15 调节肌纤维生长的主要途径示意图

生长激素从垂体释放，在许多组织（尤其是肝脏）中与外部细胞受体结合，引发胰岛素样生长因子-1（IGF1）分泌，IGF1 为自分泌和内分泌信号分子；它可以结合到分泌它的相同组织/细胞，或通过血液循环进入其他组织发挥作用。IGF1 可以与胰岛素受体结合，也与肌纤维表面的 IGF1 受体结合，通过磷酸化激活涉及磷酸肌醇 3-激酶（PI3K）、蛋白激酶 B（PKB，通常称为 AkT）及雷帕霉素（mTOR）的信号通路。PI3K/AkT/mTOR 途径是细胞中蛋白质合成的主要信号传导途径。许多其他信号传导过程也涉及 AkT。AkT 通过抑制促进蛋白质降解的 FOXO 信号传导途径来抑制蛋白质的降解，FOXO 是 Forkhead 转录因子家族的成员，其名称的第一部分来自保守的 DNA 结合域，即“叉头盒”（FOX），“O”表示 FOX 家族成员被 PI3K / AkT 信号传导抑制。性激素（睾酮）和 β-激动剂结合不同类别的细胞受体，但也通过上调 AkT/mTOR 信号传导促进蛋白质合成。由于生长中的动物肌肉受到来自运动、机体支撑等力量时，通过整联蛋白的机械信号传导也通过上调 AkT/mTOR 信号传导促进蛋白质合成。平衡 IGF1 促进生长的主要信号传导途径是刺激蛋白质降解的肌肉生长抑制素途径。肌肉生长抑制素（也称为生长分化因子 8）由 MSTN 基因编码是肌肉细胞分泌的自分泌蛋白，它是 TGFβ 家族的成员。在比利时蓝和皮埃蒙特品种的牛中，MSTN 基因中存在各种突变，导致非功能性肌肉生长抑制素的分泌。这些“双肌肉”动物的肌纤维数量增加，肌肉组织比正常肌肉增加约 40%。用卵泡抑素（卵泡刺激激素抑制蛋白）治疗动物也通过阻断肌肉纤维表面上的肌生成抑制素受体，活化素 A 受体（ACVR Ⅰ型或 ACVR Ⅱ型）来增加肌肉质量。肌肉生长抑制素与 ACVR 受体的结合触发了涉及 SMAD 信号传导的途径，其上调蛋白质变性，并且还抑制 PI3K，从而减少蛋白质合成。

AMP 活化蛋白激酶（AMPK）是一种对细胞能量代谢至关重要的酶，它调节肌肉中的糖酵解和脂质代谢。任何降低肌肉细胞中 ATP 水平的压力（包括运动、缺乏食物、缺氧、氧化应激、激素应激）都会导致蛋白激酶级联反应，从而导致葡萄糖和脂质代谢增加，同时通过对 mTOR 的抑制作用抑制蛋白质合成。

肿瘤坏死因子 α（TNFα）是一种在涉及炎症或肌肉损伤的疾病中全身升高的细胞因子。它与涉及肌肉萎缩的病理状况有关，但在损伤后的肌肉再生中也有活性。TNFα 通过活化 B 细胞（NFκB）途径的核因子 κ-轻链增强子诱导蛋白质降解。NFκB 是一种转录因子，通过凋亡途径上调蛋白质降解。

肌肉组织中活跃的蛋白质的降解也是肌肉不断生长重塑的一部分，其中涉及几种蛋白水解系统。肌肉细胞内的主要蛋白水解系统是钙蛋白酶、泛素蛋白体系、组织蛋白酶和细胞凋亡（细胞死亡）过程的半胱天冬酶。在肌细胞外部，降解肌内结缔组织的主要蛋白酶家族是金属蛋白酶，包括基质金属蛋白酶（MMP）、解整合素和金属蛋白酶（ADAM）家族。基质金属蛋白酶的主要功能是降解胞外基质组分，但它们也具有细胞信号传导作用，并在控制脂肪生成中起一定作用（Christensen 等，2016）。ADAM 是“信号剪刀”：这些膜结合的蛋白酶通过切割受体（包括胰岛素样生长受体和整合素）的方式关闭它们的信号传导作用。除了处理核糖体中产生的异常蛋白质和短寿命正常蛋白质（调节蛋白和限速蛋白）外，蛋白酶体系统还可以促进长寿收缩蛋白质的降解（Mitch 等，1966）。禁食条件下的肌肉在胰岛素缺乏的情况下，糖皮质激素（如皮质醇）可激活泛素蛋白酶体途径，胰岛素通常用于抑制蛋白水解。皮质醇的作用是增加血液中的葡萄糖水平。钙激活的钙蛋白酶以其在死后蛋白水解中的作用而闻名，导致肉质嫩度的发展。Oddy 等（2001）认为钙蛋白酶（特别是钙蛋白酶-1）参与宰后嫩化（表 3.1）。在活体肌肉中，这些蛋白酶分解细胞骨架蛋白并使大部分肌丝不稳定，然后通过泛素蛋白酶体系统或细胞凋亡酶级联分解。钙蛋白酶抑制剂（钙蛋白酶抑制剂）的单点核苷酸突变（SNP）存在于猪和牛中，并且由于抑制的蛋白水解而与增加的肌肉产量相关。牛肌肉中也存在基质金属蛋白酶的单点核苷酸突变，主要作用是调控脂肪组织的发育。

3.20 卫星细胞引发的肌细胞增长

如上所述，肌细胞肥大的过程需要将许多细胞核引入生长的肌细胞，以使核/细胞质体积比（N/C）保持在合理的范围内。细胞核肌纤维不具有有丝分裂活性，并且通过将卫星细胞结合到肌纤维中来获得新细胞核。卫星细胞位于肌肉群基底膜和肌膜之间（Dumont 等，2015）。这些正常静止的细胞的特征在于它们的配对盒蛋白 Pax7 的表达，当调节基因表达的转录因子 Pax7 被激活时，卫星细胞可以迅速繁殖。如图 3. 16 所示，卫星细胞群可以通过两种方式增殖，用于补充多能干细胞样祖细胞的数量，或产生与肌细胞融合的卫星细胞。与静息细胞相比，卫星细胞致力于肌原性祖细胞中表达 Myf5/MyoD（Kuang 等，2007；Dumont 等，2015；Cossu 等，2007）。

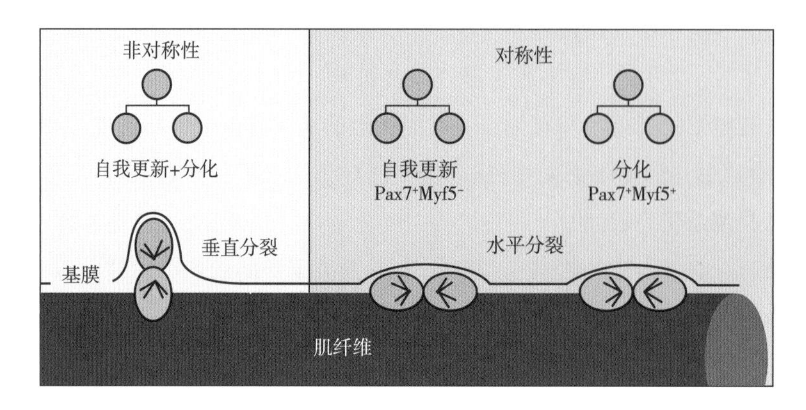

图 3. 16 卫星细胞增殖

注：干细胞分裂会产生两个自我更新的细胞，即 $Pax7^+$/ $Myf5^-$（蓝色）或两个细胞是 $Pax7^+$/ $Myf5^+$（粉红色）。在成体骨骼肌中，对称分裂（其中有丝分裂纺锤体平行于肌纤维轴取向）产生两个相同的（干细胞或祖细胞）子细胞，它们都接触基底层和质膜。不对称分裂（其中有丝分裂纺锤体垂直于纤维轴取向）产生其中一种细胞。

[资料来源：Cossu，G.，Tajbakhsh，S.，2007. Oriented cell divisions and muscle satellite cell heterogeneity. Cell，129（5），859e861. http：//doi. org/10. 1016/j. cell. 2007. 05. 029.]

3. 21 动物生长过程中脂肪和肌肉的分布

在动物生长过程中，动物活重不断增加。对于肉用动物而言，具有较高经济价值的部位肉增重是生产的主要目标。去除胃肠道、皮、血液和头之后的胴体重与活重相关。屠宰率等于热胴体重量除以活重。猪屠宰率最高可达到 70%～74%，牛屠宰率为 58%～63%，绵羊屠宰率为 50%～54%，山羊屠宰率更低。

胴体的组成是指骨骼、肌肉和脂肪的比例。对于刚出生的动物，肌肉与骨骼的比例约为 2∶1 且脂肪很少。随着动物的生长，肌肉比骨骼生长得更快，因此肌肉与骨骼的比例略有增加。脂肪组织发育晚，但增长速度快，因此胴体中脂肪含量在生长后期显著增加（Berg 等，1976）。脂肪沉积的顺序是腹部脂肪、肌间脂肪、皮下脂肪和肌内脂肪（大理石花纹）（Pethick 等，2004）。图 3. 17 总结了牛在育肥过程中脂肪的变化，可以发现脂肪的沉积速度很快。

综上所述，胴体的组成取决于屠宰时动物的年龄或活重。Berg 和 Butterfield（1976）发现，不同牛品种的脂肪、骨骼、肌肉的比例存在很大差异，肉牛品种和奶牛品种之间也存在显著差异。饲养方式也会导致胴体组成的差异，牧草饲养的牛或谷物饲养的牛的肌内脂肪含量存在显著差异（图3.18）。Lawrence 等（2012）曾列举了八个欧洲品种牛在三种屠宰体重下肌肉、骨骼和脂肪比。当牛活重为 280kg 时，肌肉、骨骼、脂肪百分比组成范围分别为 60%~68%、18%~20%、12%~20%；活重为 340kg 时，三者组成范围分别为 57%~69%、17%~18%、16%~25%；而活重为 400kg 时，肌肉含量为 53%~65%，骨骼含量为 15%~17%，脂肪含量为 19%~30%。尽管品种之间存在很大差异，但脂肪量与体重变化的关系更加密切，随着体重增加，骨骼和肌肉比下降。一项关于巴西牛的研究表明，公牛和阉牛之间的胴体组分存在微小差异，并且与三种浓缩料的成分有关，肌肉含量为 63%~67%，脂肪含量为 18%~22%，骨骼含量相当稳定，为 15%左右（Do Prado 等，2015）。他们还研究了胴体中主要切块的重量分布情况。

猪胴体的组成也与品种、饲料和屠宰体重有关。由于猪是单胃动物，脂肪的组成（就不同脂肪酸的比例而言）受饲料影响大（Wood 等，2008）。Fortin（1982）报道，体重在 85~112kg 屠宰的约克夏猪胴体中，肌肉含量为 51%~53%，脂肪含量为 23%~28%，骨骼含量为 14%~17%。在活重为 107~125kg 的杜鲁克、大白猪和约克夏三元杂交猪实验中，Correa 等（2006）发现胴体中肌肉含量为 42%~48%，脂肪含量为 19%~24%，骨骼含量为 7.7%~

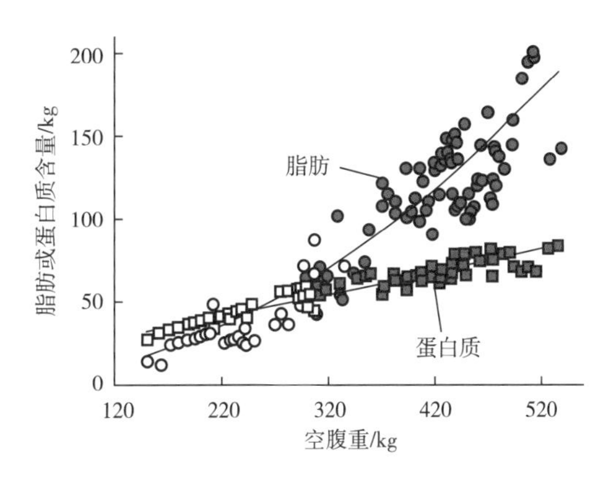

图 3.17 饲养开始前（空腹）和结束时（饱腹）不同牛胴体重（活体重量减去血液和肠道内容物）的脂肪含量（圆圈）和蛋白质含量（正方形）

［资料来源：Owens, F. N., Gill, D. R., Secrist, D. S., Coleman, S. W., 1995. Review of some aspects of growth anddevelopment of feedlot cattle. Journal of Animal Science 73（10），3152e3172. http：//doi. org//1995. 73103152x, with permission.］

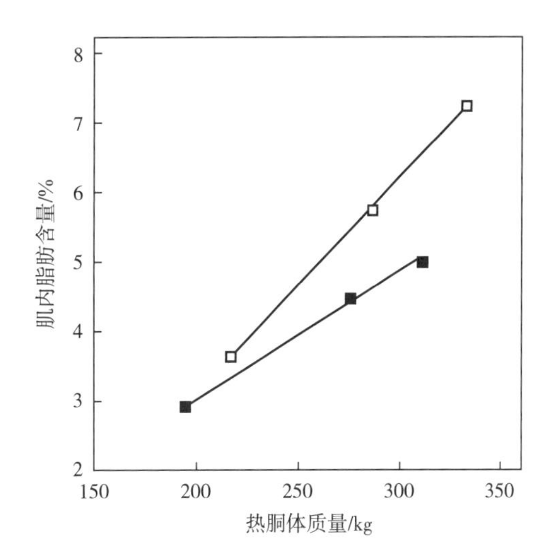

图 3.18 牧饲（实心方块）和谷饲（空心方块）条件下安格斯牛、短脚牛、Murray 灰牛和海福特牛的肌内脂肪占热胴体重量的百分比

［资料来源：Pethick, D. W., Harper, G. S., Oddy, V. H., 2004. Growth, development and nutritional manipulation of marbling in cattle：areview. Australian Journal of Experimental Agriculture 44（7），705e715. http：//doi. org/10. 1071/EA02165, with permission.］

8.6%。此外，生长速度快的猪瘦肉率比生猪速度慢的猪高，而阉公猪的瘦肉率与小母猪高。表3.4列出了饲料和品种对四个猪品种胴体组成的影响（Wood等，2004），其中波克夏和塔姆沃思为传统品种，杜洛克和大白猪为现代品种。可以看出，生长速度快的杜洛克和大白猪瘦肉率高，脂肪含量低。低蛋白饲料导致胴体重低、脂肪含量高、瘦肉率低。

表3.4 品种和日粮对猪胴体组成的影响

指标	传统日粮				低蛋白日粮			
	波克夏	杜洛克	大白猪	塔姆沃思	波克夏	杜洛克	大白猪	塔姆沃思
活重/kg	64.3	85.2	86.8	66.5	61.0	74.4	72.3	60.6
瘦肉率/%	47.2	62.9	67.5	50.6	42.9	57.7	58.9	45.9
皮下脂肪含量/%	32.1	13.0	12.0	25.9	35.3	17.7	17.5	29.4
肌内脂肪含量/%	7.6	5.7	3.8	7.4	9.0	6.5	5.8	7.8
骨骼含量/%	13.0	14.5	16.8	16.1	12.8	18.2	17.8	16.9

[资料来源：Berk, Berkshire; Large W, Large white; Tamwth, Tamworth. Data based on dissection of the foreloin (5e13 ribs). Data taken from Wood, J. D., Nute, G. R., Richardson, R. I., Whittington, F. M., Southwood, O., Plastow, G., Chang, K. C., 2004. Effects of breed, diet and muscle on fat deposition and eating quality in pigs. Meat Science 67 (4), 651e667. http://doi.org/10.1016/j.meatsci.2004.01.007.]

3.22 肌肉分割

在屠宰过程中胴体被劈成两半，之后进行冷却，胴体被分割成大块分割肉（批发分割肉），再进一步分切成零售分割肉。牛胴体中主要肌肉分布如图3.19所示。不同国家胴体分割方式不一样。Swatland（2004）列举了不同国家牛分割肉产品及其所含肌肉。联合国欧洲经济委员会制定UNECE肉类标准，对分割肉的名称有具体描述，旨在为肉类国际公平贸易提供通用语言（UNECE，2007）。联合国粮农组织（FAO）也有牛肉、猪肉和羊胴体分割指南（FAO，2016）。

3.23 结论和未来趋势

目前骨骼肌组织的基本结构和组成已很清楚，但还有很多值得研究的地方，特别是与肌肉功能有关的机制研究仍在不断探索中（Knight，2016）。先进的基因组学和转录组学研究为改进动物生产方式、提高生产效率和优质肉的产量提供了重要信息。应用转录组学

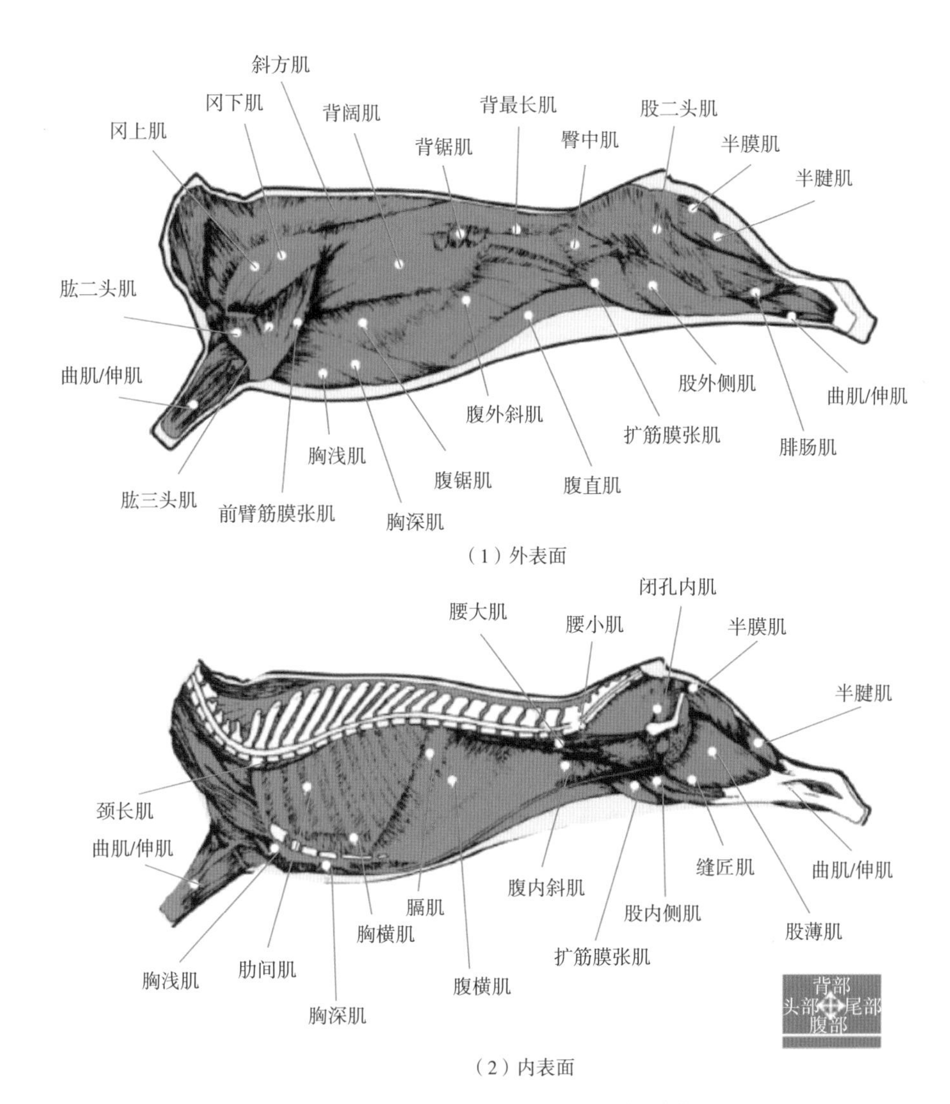

（1）外表面

（2）内表面

图 3. 19　牛半胴体从外表面和内表面侧视图

（资料来源：UNECE Standard Bovine Meat Carcases and Cuts EC/Trade/326，Geneva，ISBN：92-1-116885-6.）

（Gou 等，2017）、蛋白质组学（Picard 等，2017）和代谢组学（Bertram，2017）让我们更好地了解了肉类食用品质差异的真正原因，但也使肉类食用品质的影响因素变得更加复杂。以一种肉质特征为例，Picard 等（2017）鉴定了 47 个与嫩度客观指标（剪切力）和感官指标相关的蛋白质分子。这些分子标记涵盖整个细胞间蛋白质谱，从热休克蛋白和能量代谢酶再到结构蛋白。但要验证这些关系还有大量的工作要做。

在肌肉发育和生长调控方面，通过胎儿编程最大化动物的遗传潜力（Du 等，2015）是一个有前途的方向。在不损害肌肉功能和动物福利的情况下，如何提高动物生产效率仍是一个挑战。在家禽生产方面，我们是否已达到极限（Dransfield 等，1999；Dawkins 等，2012），以及与生长有关的肌病对肌肉品质的影响存在争议（Petracci 等，2012）。最近，有人提倡在体外培养肌肉组织，满足人类对肉类消费量的需求，这种方式不受动物的功能需求或动物福利问题的限制。Post 等（2017）讨论了这种体外方法的优点和问题。

参考文献

Albrecht, E., Lembcke, C., Wegner, J., Maak, S., 2013. Prenatal muscle fiber development and bundle structure in beef and dairy cattle. Journal of Animal Science 91(8), 3666-3673. http:// doi. org/10. 2527/jas. 2013-6258.

Archile-Contreras, A. C., Mandell, I. B., Purslow, P. P., 2010. Phenotypic differences in matrix metalloproteinase 2 activity between fibroblasts from 3 bovine muscles. Journal of Animal Science 88 (12), 4006-4015. http://doi. org/10. 2527/jas. 2010-3060.

Avery, N. C., Sims, T. J., Warkup, C., Bailey, A. J., March 1, 1996. Collagen cross-linking in porcine *M. longissimus lumborum*: absence of a relationship with variation in texture at pork weight. Meat Science 42 (3), 355-369.

Baron, C. P., Jacobsen, S., Purslow, P. P., 2004. Cleavage of desmin by cysteine proteases: calpains and cathepsin B. Meat Science. http://doi. org/10. 1016/j. meatsci. 2004. 03. 019.

Bendall, J. R., 1967. The elastin content of various muscles of beef animals. Journal of the Science of Food and Agriculture 18, 553-558.

Bentzinger, C. F., Wang, Y. X., Rudnicki, M. A., 2012. Building muscle: molecular regulation of myogenesis building. http://doi. org/10. 1101/cshperspect. a008342.

Bérard, J., Kalbe, C., Lösel, D., Tuchscherer, A., Rehfeldt, C., 2011. Potential sources of earlypostnatal increase in myofibre number in pig skeletal muscle. Histochemistry and Cell Biology 136(2), 217-225. http://doi. org/10. 1007/s00418-011-0833-z.

Berg, R. T., Butterfiled, R., 1976. New Concepts of Cattle Growth. Sydney University Press, Sydney.

Berry, D. C., Stenesen, D., Zeve, D., Graff, J. M., 2013. The developmental origins of adipose tissue. Development(Cambridge, England) 140, 3939-3949. http://doi. org/10. 1242/dev. 080549.

Bertram, H. C., 2017. NMR spectroscopy and NMR metabolomics in relation to meat quality. In: Purslow, P. P. (Ed.), New Aspects of Meat Quality-from Genes to Ethics, first ed. Woodhead Publishing(Elsevier), Cambridge, UK, ISBN 9780081005934.

Birk, D. E., Bruckner, P., 2011. Collagens, suprastructures and fibril assembly. In: Meacham, R. P. (Ed.), The Extracellular Matrix: An Overview. Springer, Heidelberg, pp. 77-115. http://doi. org/10. 1007/978-3-642-16555-9.

Bonaldo, P., Sandri, M., 2013. Cellular and molecular mechanisms of muscle atrophy. Disease Models & Mechanisms 6(1), 25-39. http://doi. org/10. 1242/dmm. 010389.

Bozinovic, G., Sit, T. L., Hinton, D. E., Oleksiak, M. F., 2011. Gene expression throughout a vertebrate's embryogenesis. BMC Genomics 12(1), 132. http://doi. org/10. 1186/1471-2164-12-132.

Braun, T., Gautel, M., 2011. Transcriptional mechanisms regulating skeletal muscle differentiation, growth and homeostasis. Nature Reviews Molecular Cell Biology 12(6), 349-361. http://doi. org/10. 1038/nrm3118.

Brooke, M. H., Kaiser, K. K., 1970. Muscle fiber types: how many and what kind? Archives of Neurology 23(4), 369-379. http://doi. org/10. 1001/archneur. 1970. 00480280083010.

Castillo, A., Nowak, R., Littlefield, K. P., Fowler, V. M., Littlefield, R. S., 2009. A nebulin ruler does not dictate thin filament lengths. Biophysical Journal 96(5), 1856-1865. http://doi. org/10. 1016/j. bpj. 2008. 10. 053.

Charvet, B., Ruggiero, F., Le Guellec, D., 2012. The development of the myotendinous junction. Areview. Muscles, Ligaments and Tendons Journal 2(2), 53-63. Retrieved from: http://www.ncbi.nlm.nih.gov/pmc/articles/PMC3666507/pdf/mltj_2-2012_pag_53-63_defin.pdf.

Christensen, S., Purslow, P. P., 2016. The role of matrix metalloproteinases in muscle and adipose tissue development and meat quality: a review. Meat Science. http://doi.org/10.1016/j.meatsci.2016.04.025.

Correa, J. A., Faucitano, L., Laforest, J. P., Rivest, J., Marcoux, M., Gariépy, C., 2006. Effects of slaughter weight on carcass composition and meat quality in pigs of two different growth rates. Meat Science 72(1), 91-99. http://doi.org/10.1016/j.meatsci.2005.06.006.

Cossu, G., Tajbakhsh, S., 2007. Oriented cell divisions and muscle satellite cell heterogeneity. Cell 129(5), 859-861. http://doi.org/10.1016/j.cell.2007.05.029.

Dawkins, M. S., Layton, R., 2012. Breeding for better welfare: genetic goals for broiler chickens and their parents. Animal Welfare 21(2), 147-155. http://doi.org/10.7120/09627286.21.2.147.

Do Prado, I. N., Passetti, R. A. C., Rivaroli, D. C., Ornaghi, M. G., De Souza, K. A., Carvalho, C. B., Moletta, J. L., 2015. Carcass composition and cuts of bulls and steers fed with three concentrate levels in the diets. Asian-Australasian Journal of Animal Sciences 28(9), 1309-1316. http://doi.org/10.5713/ajas.15.0021.

Dodson, M. V., Hausman, G. J., Guan, L., Du, M., Rasmussen, T. P., 2010. Lipid metabolism, adipocyte depot physiology and utilization of meat animals as experimental models for metabolic research, 6(7), 691-699. Retrieved from: http://lib.dr.iastate.edu/ans_pubs.

Dong, Y., Xie, M., Jiang, Y., Xiao, N., Du, X., Zhang, W., Wang, W., 2013. Sequencing and automated whole-genome optical mapping of the genome of a domestic goat(*Capra hircus*). Nature Biotechnology 31(2), 135-141. http://doi.org/10.1038/nbt.2478.

Dransfield, E., Sosnicki, A. A., 1999. Relationship between muscle growth and poultry meat quality. Poultry Science 78, 743-746.

Du, M., Huang, Y., Das, A., 2012. Manipulating mesenchymal progenitor cell differentiation to optimize performance and carcass value of beef cattle. Journal of Animal 1, 1419-1427. http://doi.org/10.2527/jas2012-5670.

Du, M., Wang, B., Fu, X., Yang, Q., Zhu, M. J., 2015. Fetal programming in meat production. Meat Science 109, 40-47. http://doi.org/10.1016/j.meatsci.2015.04.010.

Dumont, N. A., Wang, Y. X., Rudnicki, M. A., 2015. Intrinsic and extrinsic mechanisms regulating satellite cell function. Development (Cambridge, England) 142(9), 1572-1581. http://doi.org/10.1242/dev.114223.

Eyre, D. R., Wu, J. J., 2005. Collagen cross-links. Topics in Current Chemistry 247, 207-229. http://doi.org/10.1007/b103828.

FAO, 2016. Guidelines for slaughtering, meat cutting and further processing. Food and Agriculture Organisation of the United Nations Document Depository. Available at: http://www.fao.org/docrep/004/t0279e/t0279e05.htm.

Fortin, A., 1982. Carcass composition of Yorkshire barrows and gilts slaughtered between 85 and 112 kg body weight. Canadian Journal of Animal Science 76(988), 69-76.

Francetic, T., Li, Q., 2011. Skeletal myogenesis and Myf5 activation. Transcription 2(3), 109-114. http://doi.org/10.4161/trns.2.3.15829.

Gagnière, H., Picard, B., Geay, Y., n. d. Contractile differentiation of foetal cattle muscles: intermuscular variability. Reproduction, Nutrition, Development 39(5-6) 637-655. Retrievedfrom: http://www.ncbi.nlm.nih.gov/pubmed/10619171.

Gans, C., Loeb, G. E., Vree, F. D., 1989. Architecture and consequent physiological properties of the semitendinosus muscle in domestic goats. Journal of Morphology 199 (3), 287-297. http://doi. org/10. 1002/jmor. 1051990305.

Gaunt, A. S. , Gans, C. , 1993. Variations in the distribution of motor end-plates in the avian pectoralis. Journal of Morphology 215(1) ,65e88. http://doi. org/10. 1002/jmor. 1052150105.

Gibbs, R. A. , Taylor, J F. , VanTassell, C. P. , Barendse, W. , Eversole, K. A. , Gill, C. A. , Dodds, K. G. , 2009. Genome-wide survey of SNP variation uncovers the genetic structure of cattle breeds. Science 324(5926) , 528-532. http://doi. org/10. 1126/science. 1167936.

Gou, B. , Dalrymple, B. P. , 2017. Transcriptomics of meat quality. In: Purslow, P. P. (Ed.), New Aspects of Meat Quality-from Genes to Ethics, first ed. Woodhead Publishing (Elsevier), Cambridge, UK, ISBN 9780081005934.

Greenwood, P. L. , Slepetis, R. M. , Hermanson, J. W. , Bell, A. W. , 1999. Intrauterine growth retardation is associated with reduced cell cycle activity, but not myofibre number, in ovine fetal muscle. Reproduction, Fertility, and Development 11(4-5) ,281-291. http://doi. org/10. 1071/RD99054.

Gutierrez-Gil, B. , Williams, J. L. , Homer, D. , Burton, D. , Haley, C. S. , Weiner, P. , 2009. Search for quantitative trait loci affecting growth and carcass traits in a cross population of beef and dairy cattle. Journal of Animal Science 24-36.

Holmberg, J. , Durbeej, M. , 2013. Laminin-211 in skeletal muscle function. Cell Adhesion & Migration 7 (1) ,111-121. http://doi. org/10. 4161/cam. 22618.

Huff-Lonergan, E. , Mitsushahi, T. , Beekman, D. D. , Parrish Jr. , F. C. , Olson, G. , Robson, R. M. , 1996. Proteolysis of specific muscle structural proteins by calpains at low pH and temperature is similar to degradation in post mortem bovine muscle. Journal of Animal Science 74,993-1008.

Huijing, P. A. , 2009. Epimuscular myofascial force transmission: a historical review and implications for new research. International society of biomechanics Muybridge award lecture, Taipei, 2007. Journal of Biomechanics 42(1) ,9-21. http://doi. org/10. 1016/j. jbiomech. 2008. 09. 027.

Humphray, S. J. , Scott, C. E. , Clark, R. , Marron, B. , Bender, C. , Camm, N. , Rogers, J. , 2007. A highutility integrated map of the pig genome. Genome Biology 8(7) ,R139. http://doi. org/10. 1186/gb-2007-8-7-r139.

Iozzo, R. V. , Goldoni, S. , Berendsen, A. D. , Young, M. F. , 2011. Small leucine-rich proteoglycans. In: Mecham, R. P. (Ed.), The Extracellular Matrix: An Overview. Springer, Heidelberg, pp. 197-231. http://doi. org/10. 1007/978-3-642-16555-9.

Jiang, Y. , Xie, M. , Chen, W. , Talbot, R. , Maddox, J. F. , Faraut, T. , Wu, C. , Muzny, D. M. , Li, Y. , Zhang, W. , Stanton, J. A. , 2014. The sheep genome illuminates biology of the rumen and lipid metabolism. Science 344(6188) ,1168-1173.

Kjaer, M. , 2004. Role of extracellular matrix in adaptation of tendon and skeletal muscle to mechanical loading. Physiological Reviews 84(2) ,649-698. http://doi. org/10. 1152/physrev. 00031. 2003.

Knight, K. , 2016. Muscle revisited. Journal of Experimental Biology 219 (2), 129-133. http://doi. org/10. 1242/jeb. 136226.

Kuang, S. , Kuroda, K. , Le Grand, F. , Rudnicki, M. A. , 2007. Asymmetric self-renewal and commitment of satellite stem cells in muscle. Cell 129(5) ,999-1010. http://doi. org/10. 1016/j. cell. 2007. 03. 044.

Lawrence, T. L. J. , Fowler, V. R. , Novakofski, J. E. , 2012. Growth of Farm Animals, second ed. CABI. Lawson, M. A. , Purslow, P. P. , 2001. Development of components of the extracellular matrix, basall amina and sarcomere in chick quadriceps and pectoralis muscles. British Poultry Science 42,315-320. http://doi. org/10. 1080/00071660120055269.

Lefaucheur, L. , Ecolan, P. , Plantard, L. , Gueguen, N. , 2002. New insights into muscle fiber types in the pig. The Journal of Histochemistry and Cytochemistry 50(5) ,719-730.

Lefterova, M. I. , Zhang, Y. , Steger, D. J. , Schupp, M. , Schug, J. , Cristancho, A. , Lazar, M. A. ,

2008. PPARγ and C/EBP factors orchestrate adipocyte biology via adjacent binding on a genomewide scale. Genes and Development 22(21),2941-2952. http://doi. org/10. 1101/gad. 1709008.

Li, Z., Mericskay, M., Agbulut, O., Butler-Browne, G., Carlsson, L., Thornell, L. E., Paulin, D., 1997. Desmin is essential for the tensile strength and integrity of myofibrils but not for myogenic commitment, differentiation, and fusion of skeletal muscle. Journal of Cell Biology 139 (1), 129-144. http://doi. org/10. 1083/jcb. 139. 1. 129.

Listrat, A., Picard, B., Geay, Y., 1999. Age-related changes and location of type I, III, IV, V and VI collagens during development of four foetal skeletal muscles of double-muscled and normal bovine animals. Tissue & Cell 31(1),17-27. http://doi. org/10. 1054/tice. 1998. 0015.

Listrat, A., Lethias, C., Hocquette, J. F., Renand, G., Menissier, F., Geay, Y., Picard, B., 2000. Agerelated changes and location of types I, III, XII and XIV collagen during development of skeletal muscles from genetically different animals. Histochemical Journal 32 (6), 349-356. http://doi. org/10. 1023/A:1004013613793.

Listrat, A., Lebret, B., Louveau, I., Astruc, T., Bonnet, M., Lefaucheur, L., Bugeon, J., 2016. How muscle structure and composition influence meat and flesh quality. Scientific World Journal 2016. http://doi. org/10. 1155/2016/3182746.

McCormick, R. J., 1994. The flexibility of the collagen compartment of muscle. Meat Science 36(1-2),79-91. http://doi. org/10. 1016/0309-1740(94)90035-3.

Miao, Z. G., Zhang, L. P., Fu, X., Yang, Q. Y., Zhu, M. J., Dodson, M. V., Du, M., 2015. Invited review: mesenchymal progenitor cells in intramuscular connective tissue development. Animal: An International Journal of Animal Bioscience, (September 1-7. http://doi. org/10. 1017/ S1751731115001834.

Mitch, W. E., Goldberg, A. L., 1966. Mechanisms of muscle wasting. Mechanisms of Disease 325 (5), 1897-1905.

Morrison, E. H., Mielche, M. M., Purslow, P. P., 1998. Immunolocalisation of intermediate filament proteins in porcine meat. Fibre type and muscle-specific variations during conditioning. Meat Science 50 (1), 91-104.

Nemeth, P., Pette, D., 1981. Succinate dehydrogenase activity in fibres classified by myosin ATPase in three hind limb muscles of rat. The Journal of Physiology 320,73-80.

Nicolazzi, E. L., Picciolini, M., Strozzi, F., Schnabel, R. D., Lawley, C., Pirani, A., Stella, A., 2014. SNPchiMp: a database to disentangle the SNPchip jungle in bovine livestock. BMC Genomics 15 (123). http://doi. org/10. 1186/1471-2164-15-123.

Oddy, V. H., Harper, G. S., Greenwood, P. L., McDonagh, M. B., 2001. Nutritional and developmental effects on the intrinsic properties of muscles as they relate to the eating quality of beef. Australian Journal of Experimental Agriculture 41(7),921-942. http://doi. org/10. 1071/EA00029.

Oe, M., Ojima, K., Nakajima, I., Chikuni, K., Shibata, M., Muroya, S., 2016. Distribution of tropomyosin isoforms in different types of single fibers isolated from bovine skeletal muscles. Meat Science 118,129-132.

Oksbjerg, N., Therkildsen, M., 2017. Myogenesis and muscle growth and meat quality. In: Purslow, P. P. (Ed.), New Aspects of Meat Quality; from Genes to Ethics. Woodhead(Elsevier), pp. 33-62.

Otsu, K., Khanna, V. K., Archibald, A. L., MacLennan, D. H., 1991. Cosegregation of porcine malignant hypothermia and a probable causal mutation in the skeletal muscle ryanodine receptor gene in backcross families. Genomics 11(3),744-750. http://doi. org/doi:10. 1016/0888-7543(91)90083-Q.

Owens, F. N., Gill, D. R., Secrist, D. S., Coleman, S. W., 1995. Review of some aspects of growth and development of feedlot cattle. Journal of Animal Science 73(10),3152-3172. http://doi. org//1995. 73103152x.

Paul, A. C., Rosenthal, N., 2002. Different modes of hypertrophy in skeletal muscle fibers. Journal of Cell Biology 156(4),751-760. http://doi. org/10. 1083/jcb. 200105147.

Peter, J. B., Barnard, R. J., Edgerton, V. R., Gillespie, C. A., Stempel, K. E., 1972. Metabolic profiles of three fiber types of skeletal muscle in Guinea pigs and rabbits. Biochemistry 11(14), 2627-2633.

Pethick, D. W., Harper, G. S., Oddy, V. H., 2004. Growth, development and nutritional manipulation of marbling in cattle: a review. Australian Journal of Experimental Agriculture 44(7), 705-715. http://doi.org/10.1071/EA02165.

Petracci, M., Cavani, C., 2012. Muscle growth and poultry meat quality issues. Nutrients 4, 1-12. http://doi.org/10.3390/nu4010001.

Picard, B., Gagaoua, M., Hollung, K., 2017. Proteomics as a tool to explain/predict meat and fish quality. In: Purslow, P. P. (Ed.), New Aspects of Meat Quality -from Genes to Ethics, first ed. Woodhead Publishing (Elsevier), Cambridge, UK, ISBN 9780081005934.

Post, M. J., Hocquette, J. F., 2017. New sources of animal proteins; in vitro meat. In: Purslow, P. P. (Ed.), New Aspects of Meat Quality-from Genes to Ethics, first ed. Woodhead Publishing (Elsevier), Cambridge, UK, ISBN 9780081005934.

Purslow, P. P., Duance, V. C., 1990. The structure and function of intramuscular connective tissue. In: Hukins, D. W. L. (Ed.), Connective Tissue Matrix, vol. 2. Macmillan, pp. 127-166.

Purslow, P. P., Trotter, J. A., 1994. The morphology and mechanical properties of endomysium in series-fibred muscles: variations with muscle length. Journal of Muscle Research and Cell Motility 15, 299-308. http://doi.org/10.1007/BF00123482.

Purslow, P. P., 1989. Strain-induced reorientation of an intramuscular connective tissue network: implications for passive muscle elasticity. Journal of Biomechanics. http://dx.doi.org/10.1016/0021-9290(89)90181-4.

Purslow, P. P., 2002. The structure and functional significance of variations in the connective tissue within muscle. Comparative Biochemistry and Physiology. Part A, Molecular & Integrative Physiology 133(4), 947-966. Retrieved from: http://www.ncbi.nlm.nih.gov/pubmed/12485685.

Purslow, P. P., 2005. Intramuscular connective tissue and its role in meat quality. Meat Science. http://doi.org/10.1016/j.meatsci.2004.06.028.

Rao, N., Evans, S., Stewart, D., S, K. H., Sheikh, F., Hui, E. E., Christman, K. L., 2013. Fibroblasts influence muscle progenitor differentiation and alignment in contact independent and dependent manners in organized co-culture devices. Biomed Microdevices 15(1), 161-169. http://doi.org/10.1007/s10544-012-9709-9.

Ronti, T., Lupattelli, G., Mannarino, E., 2006. The endocrine function of adipose tissue: an update. Clinical Endocrinology 64(4), 355-365. http://doi.org/10.1111/j.1365-2265.2006.02474.x.

Rowe, R. W. D., 1981. Morphology of perimysial and endomysial connective tissue in skeletal muscle. Tissue and Cell 13(4), 681-690.

Saatchi, M., Beever, J. E., Decker, J. E., Faulkner, D. B., Freetly, H. C., Hansen, S. L., Taylor, J. F., 2014. QTLs associated with dry matter intake, metabolic mid-test weight, growth and feed efficiency have little overlap across 4 beef cattle studies. BMC Genomics 15(1), 1-14. http://doi.org/10.1186/1471-2164-15-1004.

Sabatier, L., Miosge, N., Hubmacher, D., Lin, G., Davis, E. C., Reinhardt, D. P., 2011. Fibrillin-3 expression in human development. Matrix Biology 30(1), 43-52. http://doi.org/10.1016/j.matbio.2010.10.003.

Sakai, L. Y., Keene, D. R., Engvall, E., 1986. Fibrillin, a new 350-kD glycoprotein, is a component of extracellular microfibrils, 103(6), 2499-2509.

Schiaffino, S., Reggiani, C., 2011. Fiber types in mammalian skeletal muscles. Physiological Reviews 91(4), 1447-1531. http://doi.org/10.1152/physrev.00031.2010.

Schiaffino, S., Gorza, L., Sartore, S., Saggin, L., Ausoni, S., Vianello, M., Lømo, T., 1989. Threemyosin heavy chain isoforms in type 2 skeletal muscle fibres. Journal of Muscle Research and Cell Motility 10, 197-

205. http://doi. org/10. 1007/BF01739810.

Schiaffino, S. , Dyar, K. A. , Ciciliot, S. , Blaauw, B. , Sandri, M. , 2013. Mechanisms regulatingskeletal muscle growth and atrophy. FEBS Journal 280(17), 4294-4314. http://doi. org/10. 1111/febs. 12253.

Sjoblom, B. , Saalmazo, A. , Djinovic-Carugo, K. , 2008. Alpha-actinin structure and regulation. Cellular Molecular Life Sciences 65(17), 2688-2701. http://doi. org/10. 1007/s00018-008-8080-8.

Swatland, H. J. , Cassens, R. G. , 1971. Innervation of porcine and bovine muscle. Journal of Animal Science 33(4), 750-758.

Swatland, H. J. , 1994. Structure and Development of Meat Animals and Poultry. CRC Press.

Swatland, H. J. , 2004. Meat Cuts and Muscle Foods: An International Glossary, second ed. Nottingham University Press, Nottingham, UK.

Takada, Y. , Ye, X. , Simon, S. , 2007. Theintegrins. Genome Biology 8(5), 215. http://doi. org/10. 1186/gb-2007-8-5-215.

Thornell, L. , Price, M. G. , 1991. The cytoskeleton in muscle cells in relation to function Purkinje fibres as a model system for studies on structure and function of the cytoskeleton. Biochemical Society Transactions 19(4), 1116-1120. http://doi. org/10. 1042/bst0191116.

Trinick, J. , 1994. Titin and nebulin: protein rulers in muscle? Trends in Biochemical Sciences 19(10), 405-409.

Trotter, J. A. , 1993. Functional morphology of force transmission in skeletal muscle. Acta Anatomica 146, 205-222. http://doi. org/10. 1017/CBO9781107415324. 004.

UNECE, 2007. UNECE Standard Bovine Meat Carcases and Cuts EC/Trade/326, ISBN 92-1-116885-6. Geneva.

van der Ven, P. F. M. , Fiirst, D. O. , 1997. Assembly of titin, myomesin and M-protein into the sarcomeric M band in differentiating human skeletal muscle cells in vitro. Cell Structure and Function 171, 163-171.

Velleman, S. G. , 2012. Meat science and muscle biology symposium: extracellular matrix regulation of skeletal muscle formation. Journal of Animal Science 90(3), 936-941. http://doi. org/10. 2527/jas. 2011-4497.

Vrhovski, B. , Weiss, A. S. , 1998. Biochemistry of tropoelastin. European Journal of Biochemistry 18.

Wallis, Aerts, J. , Groenen, M. A. M. , Crooijmans, R. P. M. A. , Layman, D. , Graves, T. A. , Scheer, D. E. , Kremitzki1, C. , Fedele1, M. J. , Mudd, N. K. , Cardenas, M. , Higginbotham, J. , Carter, J. , McGrane, R. , Gaige, T. , Wilson, R. K. , Warren, W. C. , December 2004. A physical map of the chicken genome. Nature 432, 761-764. http://doi. org/10. 1038/nature03132. 1.

Wang, K. , 1985. Sarcomere-associatedcytoskeletal lattices in striated muscle. In: Cell and Muscle Motility. Springer, US, pp. 315-369.

Wetzels, R. H. , Robben, H. C. , Leigh, I. M. , Schaafsma, H. E. , Vooijs, G. P. , Ramaekers, F. C. , 1991. Distribution patterns of type VII collagen in normal and malignant human tissues. The American Journal of Pathology 139(2), 451-459.

Wood, J. D. , Nute, G. R. , Richardson, R. I. , Whittington, F. M. , Southwood, O. , Plastow, G. , Chang, K. C. , 2004. Effects of breed, diet and muscle on fat deposition and eating quality in pigs. Meat Science 67(4), 651-667. http://doi. org/10. 1016/j. meatsci. 2004. 01. 007.

Wood, J. D. , Enser, M. , Fisher, A. V. , Nute, G. R. , Sheard, P. R. , Richardson, R. I. , Whittington, F. M. , 2008. Fat deposition, fatty acid composition and meat quality: a review. Meat Science 78(4), 343-358. http://doi. org/10. 1016/j. meatsci. 2007. 07. 019.

Zimin, A. V. , Delcher, A. L. , Florea, L. , Kelley, D. R. , Schatz, M. C. , Puiu, D. , Salzberg, S. L. , 2009. A whole-genome assembly of the domestic cow, *Bos taurus*. Genome Biology 10(4), R42. http://doi. org/10. 1186/gb-2009-10-4-r42.

4 肌肉的化学和生化组成

Clemente Lopez-Bote

Universidad Complutense de Madrid, Madrid, Spain

4.1 基本化学组成

肉是指动物宰后动物肌肉经过复杂变化形成的生物组织，它是由特定的收缩纤维通过结缔组织网格束缚在一起，并在两端融合形成肌腱，直接或间接地与骨骼相连（见第3章）。从广义上来说，肉由75%水、19%蛋白质、3.5%可溶性非蛋白类物质（包括无机化合物）及2.5%脂肪组成（表4.1）。

表4.1　　典型成年哺乳动物肌肉在僵直后降解前的化学组成

序号	组分		含水量/%	质量分数/%
1	水			75.0
2	蛋白质			19.0
	（1）肌原纤维蛋白		11.5	
	肌球蛋白*（重酶解肌球蛋白、轻酶解肌球蛋白、肌球蛋白轻链）	5.5		
	肌动蛋白*	2.5		
	连接蛋白（肌联蛋白）	0.9		
	伴肌动蛋白	0.3		
	原肌球蛋白	0.6		
	肌钙蛋白（C、I、T）	0.6		
	α、β、γ辅肌动蛋白	0.5		
	肌间蛋白、（M-线蛋白）、C-蛋白	0.2		
	肌间线蛋白、细丝蛋白、F和I蛋白、纽蛋白、踝蛋白，等	0.4		
	（2）肌浆蛋白		5.5	
	磷酸甘油醛脱氢酶	1.2		
	醛缩酶	0.6		
	肌酸激酶	0.5		
	其他糖原酵解酶类（尤其是磷酸化酶）	2.2		
	肌红蛋白	0.2		
	血红蛋白和其他胞外来源蛋白	0.6		
	（3）结缔组织蛋白、细胞器蛋白		2.0	
	胶原蛋白	1.0		
	弹性蛋白	0.05		
	线粒体蛋白（包括细胞色素c和不溶性酶）	0.95		
3	脂类			2.5
	中性脂肪、磷脂、脂肪酸、脂溶性物质		2.5	
4	碳水化合物			1.2
	乳酸	0.90		
	葡萄糖-6-磷酸	0.15		

续表

序号	组分		含水量/%	质量分数/%
	糖原	0.10		
	葡萄糖、少量糖酵解代谢中间产物	0.05		
5	其他可溶性非蛋白物质			2.3
	（1）含氮化合物		1.65	
	肌酸酐	0.55		
	一磷酸肌苷	0.30		
	核苷酸二磷酸吡啶、核苷酸三磷酸吡啶	0.10		
	氨基酸	0.35		
	肌肽、鹅肌肽	0.35		
	（2）无机物		0.65	
	可溶性总磷	0.20		
	钾	0.35		
	钠	0.05		
	镁	0.02		
	钙、锌、痕量金属元素	0.03		
6	维生素			
	各种脂溶性、水溶性维生素			

注：* 肌动蛋白和肌球蛋白结合在一起，僵直后肌肉为肌动球蛋白。

［资料来源：Greaser, M., Wang, S. M., Lemanski, L. F., 1981. Proceedings 34th annual reciprocal. Meat Conference 34, 12 and Lawrie's Meat Science, seventh ed.（2006）.］

4.1.1　肌肉中的蛋白质

肌肉中的蛋白质（表 4.1）可粗略地分为可溶于水或稀盐溶液的蛋白质（肌浆蛋白）、可溶于浓盐溶液的蛋白质（肌纤维蛋白）及不溶于浓盐溶液，至少是在低温条件下不溶的蛋白质（结缔组织蛋白和其他结构蛋白）。

4.1.1.1　肌原纤维蛋白

肌原纤维蛋白是一类长纤维状蛋白，具有重复的肌节，其中粗丝（肌球蛋白）和细丝（肌动蛋白）相向滑动时即产生肌肉收缩。

肌球蛋白是肌原纤维蛋白中含量最高的蛋白质，相对分子质量为 50 万，分子长度和直径比为 100∶1。由于其分子中谷氨酸、天冬氨酸、赖氨酸和精氨酸含量高，肌球蛋白带有很多电荷且对钙和镁离子具有一定的亲和力。肌球蛋白是由 2 条重链和 4 条轻链组成的不对称分子，水解产生重酶解肌球蛋白（HMM）和轻酶解肌球蛋白（LMM）。

轻酶解肌球蛋白包含了一部分重酶解肌球蛋白，重酶解肌球蛋白包含了 2 条重链和

4 条轻链的一部分。重酶解肌球蛋白位于肌球蛋白纤丝的外围，具有 ATP 酶活性及与肌动蛋白结合的特性，其活性的大小与巯基含量有关（Bailey，1954）。原肌球蛋白由 Bailey（1946）首次发现，在高离子强度下，原肌球蛋白可从肌肉中分离获得，之后可溶于低离子强度的盐溶液中。原肌球蛋白的氨基酸组成与肌球蛋白相似（Bailey，1954），存在少量的游离氨基。原肌球蛋白以环肽（一条氨基酸链形成的环状结构）形式存在。肌动蛋白纤丝在 Z-线处被原肌球蛋白束缚，而原肌球蛋白沿着螺旋状的肌动蛋白纤丝一直向前延伸。肌动蛋白丝通过纽蛋白（一种脂质结合蛋白）被束缚在 Z-线和基底膜内侧。在非特异的位点，细胞蛋白被整合蛋白束缚在细胞膜上（Lawson，2004）。

肌动蛋白是另一种主要的肌原纤维蛋白，有 G-肌动蛋白和 F-肌动蛋白两种存在形式。G-肌动蛋白是由小的球状亚基组成，相对分子质量约为 42000，F-肌动蛋白是由小的球状亚基头尾相连形成的一个双链结构。在盐和少量 ATP 存在的条件下，G-肌动蛋白聚合成 F-肌动蛋白。F-肌动蛋白可以和肌球蛋白结合成肌动球蛋白，活体状态或宰后僵直前，肌动球蛋白具有收缩功能，而僵直后，肌动球蛋白不具有伸展性。肌动蛋白、肌球蛋白和 ATP 的关系很复杂（Bailey，1954），在此不做深入的探讨。

从肌原纤维中还分离到少量的其他蛋白质，部分功能特性与这些蛋白质相关。如肌钙蛋白促进了原肌球蛋白的聚集，吸附钙离子，阻止肌动球蛋白的形成；α-辅肌动蛋白能促进 F-肌动蛋白的形成；而β-和 γ-辅肌动蛋白抑制 G-肌动蛋白的聚合。原肌球蛋白 B 是原肌球蛋白在脱掉肌钙蛋白后剩下的部分。原肌球蛋白 B 中含有大量的 α-螺旋，对维持肌丝的机械稳定性具有重要作用。M-线蛋白至少包括两类分子，其中一类是肌间蛋白，能促进 L-酶解肌球蛋白的侧向聚合，但不能促进 H-酶解肌球蛋白的侧向聚合。它只有一个亚基，相对分子质量为 16500，将肌酸激酶结合在 M-线上（Mani 和 Kay，1978）。在半个肌节中，M-线蛋白主要调控肌球蛋白分子的极性。

肌球蛋白分子有 2 个轴（轻酶解肌球蛋白）和 2 个头部（重酶解肌球蛋白）。轻链分子分别和肌球蛋白分子的 2 个头部相连。其中一条轻链的相对分子质量约为 18000，称为 DT-NB 轻链［肌球蛋白经 5,5-二硫键（2-硝基苯甲酸）处理后获得］；另一条是碱性轻链（肌球蛋白经过碱处理后获得），有两种存在形式，一条相对分子质量为 25000（碱性轻链 1），另一条相对分子质量为 16000（碱性轻链 2），但对于特定的肌球蛋白分子，只有一种存在形式。在已知的肌球蛋白中，50%的分子中含有 2 个碱性轻链 1，另外 50%的分子中含有 2 个碱性轻链 2，但所有的肌球蛋白分子中都含 2 条 DTNB 轻链。所以，在进行电泳分离肌球蛋白分子时，出现 3 个轻链条带（Holt 等，1972）。

相对分子质量为 18000 的轻链是肌球蛋白轻链激酶的底物，也称为 P 轻链（Frearson 和 Perry，1975）。肌球蛋白轻链磷酸酶（Morgan 等，1976）可特异性地将轻链上的磷酸基团脱去。而当肌肉的生理状态发生变化时，P 轻链被磷酸化。肌球蛋白轻链激酶的相对分子质量为 80000。在等摩尔浓度酸性蛋白质-钙调蛋白存在的情况下，肌球蛋白轻链激酶方可被激活。钙调蛋白和肌钙蛋白 C 相似，都可和 Ca^{2+} 结合，但肌钙蛋白 C 被激活后才能起作用。

肌钙蛋白有 3 种主要成分：肌钙蛋白 C、肌钙蛋白 T 和肌钙蛋白 I，都参与肌肉的收缩。现已测定出每种肌钙蛋白的氨基酸序列。肌钙蛋白 C 的相对分子质量为 18000，由 159 个氨基酸残基组成，有 4 个 Ca^{2+} 结合部位，和肌钙蛋白 I 等物质的量浓度结合；它不能被 3,5-cAMP 依赖的蛋白激酶和磷酸化酶 b 激酶磷酸化。肌钙蛋白 I 的相对分子质量为 21000，由 179 个氨基酸残基组成，主要抑制肌动球蛋白 ATP 酶；它可被上述两种激酶磷酸化，其活性位点分别为丝氨酸和苏氨酸残基（Cole 等，1975）。肌钙蛋白 T 的相对分子质量为 30000，由 259 个氨基酸残基组成，与原肌球蛋白和肌钙蛋白 C 结合，只能被磷酸化酶 b 激酶磷酸化。

除了肌间线蛋白，从骨骼肌还分离出少量的其他蛋白质，参与 Z-线晶格的形成，这些蛋白质包括 eu-辅肌动蛋白、肌丝蛋白、融合蛋白和黄素蛋白。其他的肌原纤维蛋白包括 F-蛋白（和肌球蛋白结合，可被 C-蛋白分离）（Miyahara 等，1980）；I 蛋白（在无 Ca^{2+} 存在时，可抑制 Mg^{2+} 激活的肌动球蛋白 ATP 酶）（Maruyama 等，1977）和对-原肌球蛋白（活体状态下，位于 A/I 结合处，而宰后由于细胞 Ca^{2+} 浓度增加，移至肌动蛋白纤丝上）（Hattori 等，1988）。

连接蛋白（也称为间隙纤丝、T-纤丝或者肌联蛋白和伴肌动蛋白的混合物），伴肌动蛋白和肌间线蛋白形成肌纤维骨架，它们分布于肌节中，其与肌球蛋白、C-蛋白的关系已做详述。肌联蛋白和伴肌动蛋白的相对分子质量特别大，使得它们极易被电离辐射破坏；在 5~10kGy 剂量的辐射下，肌节的完整性遭到破坏（Horowits 等，1986）。这些研究表明，大分子蛋白质在细胞骨架中发挥着重要作用。

肌肉中不溶于高浓度盐溶液的成分主要有线粒体蛋白（含有参与呼吸和氧化磷酸化的酶类）、肌膜中的有形成分及结缔组织中的胶原蛋白、网硬蛋白和弹性蛋白。

4.1.1.2 **肌浆蛋白**

肌浆蛋白由几百种分子组成（Bendixen，2005；图 4.1）。其中有几种肌浆蛋白为糖原酵解酶，以不同形式（同工酶）存在（Li 等，2015）。糖原酵解酶与肌原纤维蛋白-肌动蛋白结合在一起，这将有助于定位和控制肌肉中的酶促反应（Trinick 等，1982；Li 等，2015）。部分糖原酵解酶不是直接和 F-肌动蛋白结合，而是和已与 F-肌动蛋白结合的酶结合。如磷酸丙糖异构酶就是与醛缩酶和磷酸丙糖脱氢酶结合的，而后两者与 F-肌动蛋白结合。值得注意的是，这些酶在糖酵解途径中以正确的顺序在空间上排列，各酶促反应产生的代谢产物通过代谢通道输送给其他酶利用（Castellana 等，2014）。

在肌细胞中，糖原酵解酶除了和 F-肌动蛋白结合，还有别的结合位点，如肌膜、肌质网、细胞核膜和线粒体。肌肉中的一磷酸腺苷（AMP）脱氨酶的活性位点位于肌球蛋白纤丝的末端-A/I 连接处（Trinick 等，1982）。磷酸化酶 b 位点在 Z-线和 M-线处（Maruyama 等，1985），M-线也是肌酸激酶的位点。

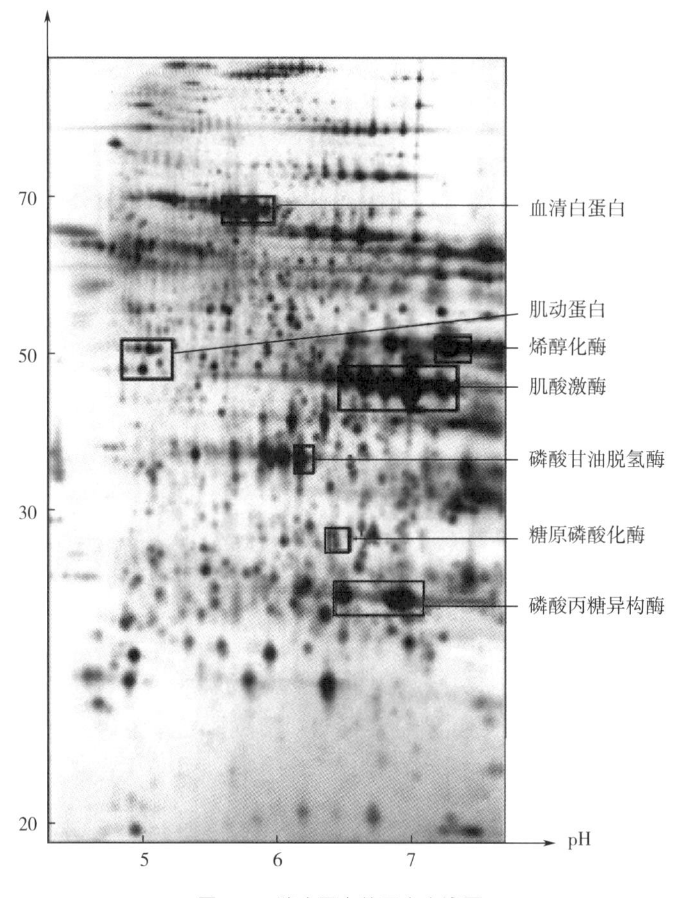

图 4.1 猪肉蛋白的双向电泳图

（资料来源：Reproduced from Bendixen，E.，2005. The use of proteomics in meat science. Meat Science，71，138-149 with permission from Elsevier.）

4.1.1.3 **结缔组织蛋白**

肌内结缔组织是细胞外蛋白质的复杂网络，其维持肌肉结构并将收缩力传递到肌腱和骨骼中（见第 3 章）。除了其结构作用外，肌内结缔组织还通过直接的细胞信号传导和调节生长因子来调节肌细胞生长（Nishimura，2015；图 4.2）。

肌内结缔组织与肌纤维同步发育，并通过生长和肌内脂肪沉积进行适应（Nishimura 等，2009；图 4.3）。肌内结缔组织分几层，肌外膜包围整个肌肉，由厚厚的胶原纤维组成；肌束膜将肌纤维网格成束，含有胶原纤维；肌纤维被肌内膜包裹，由胶原纤维网络组成（Nishimura 等，2009；Nishimura，2015；图 4.3）。最后，基底膜将结缔组织与肌细胞膜连接起来，肌膜中含有胶原蛋白（40%）和复合多糖。肌外膜、肌束膜和肌内膜会聚形成结

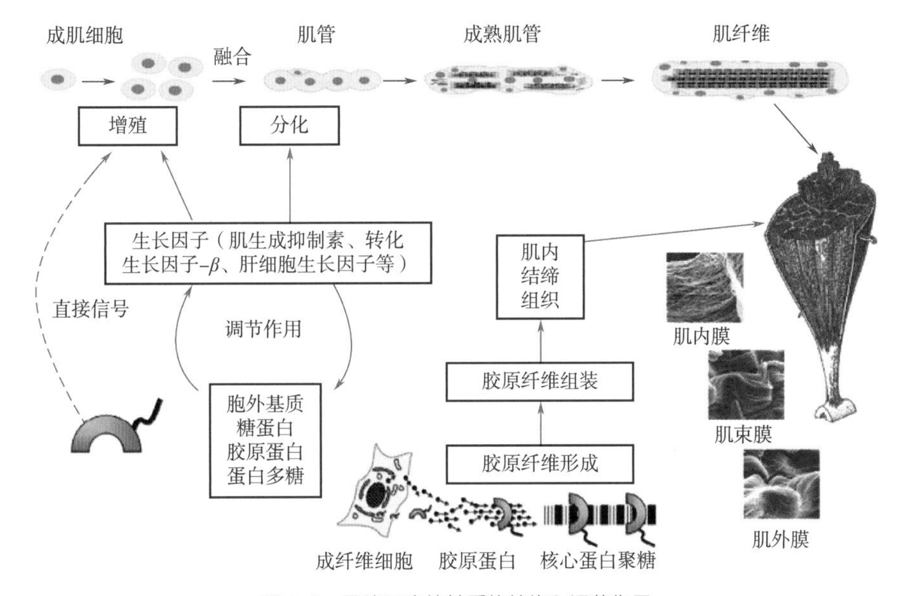

图 4.2　骨骼肌胞外基质的结构和调节作用

（资料来源：Nishimura，T.，2015. Role of extracellular matrix in development of skeletal muscle andpostmortem aging of meat. Meat Science 109，48-55.）

缔组织聚集体，称为肌腱，附着在骨骼上并传递力。据估计，超过 90% 的肌内胶原蛋白存在于肌束膜中（McCorninck，1994）。结缔组织主要由胶原蛋白、弹性蛋白、蛋白多糖和糖蛋白组成。后两种蛋白质带有大量负电荷，排斥作用很强，使结构具有延伸性，具有较好的保水性。胶原蛋白具有规律的氨基酸序列，甘氨酸、脯氨酸和羟脯氨酸含量很高，营养价值不高。这种特殊的排列和分子间的交联共同作用，使分子结构相当稳定，导致肉的质地坚硬、胶原蛋白的消化率很低。肌束膜和肌内膜中胶原蛋白含量及胶原纤维直径，以及肌外膜、肌束膜和肌内膜中热稳定与热不稳定交联的比例均与肉的硬度呈正相关。肌束膜对肉的质地影响最大（Light 等，1985）。肌内脂肪沉积主要位于肌纤维之间，会导致肌束膜结构重排，使肉变嫩（图 4.3）。

4.1.2　水

肌肉中水分含量很高（表 4.1）。由于水是偶极分子，可与蛋白质和其他带电分子发生相互作用。肉中水分为结合水和非结合水，其又可以固定在细胞结构中或以游离形式存在。

肉中蛋白质约为 20%，水与蛋白质结合量相当于蛋白质重量的 50%、水分重量的 13%（Lopez-Bote 等，1989）。结合水与蛋白质紧密结合，不易移动，甚至使用冷冻干燥也是如此。蛋白质变性影响带电基团的外部暴露并导致它们结合水的能力下降。肌原纤维和肌浆成分在宰后均有不同程度的变性，这主要取决于 pH 和温度下降速度及蛋白氧化等（Honikel 等，1983；Lopez-Bote 等，1989）。在宰后成熟过程中，蛋白水解增加了带电基团的数量，使肉的保水能力有所增加。

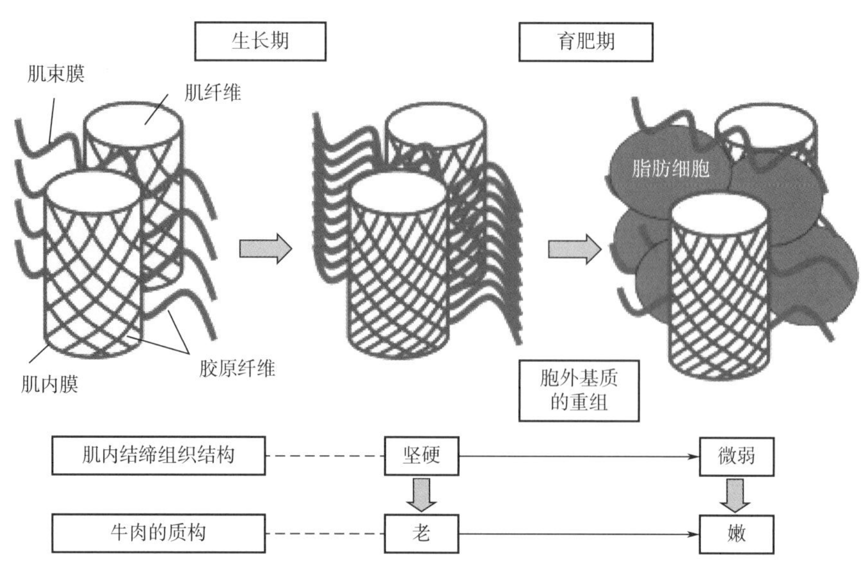

图 4.3　肌肉脂肪沉积对生长和肥育期间肌内结缔组织结构的影响

（资料来源：Nishimura, T., 2015. Role ofextracellular matrix in development of skeletal muscle and postmortem aging of meat. MeatScience 109, 48-55.）

85%的水分存在于蛋白质密集的肌原纤维网格中，通常被称为不易流动水。这类水通过毛细管作用存在于粗丝和细丝之间（Offer 等，1983）。不易流动水的稳定性受肉极限 pH 的影响。当肉的 pH 接近蛋白质等电点（5.5），不易流动水含量最低，在较高 pH 下肉的保水性显著增加。剩余的水位于细胞核、细胞器、肌浆、肌纤维之间和肌束之间，通常被称为自由水，很容易丢失（Huff-Lonergan 等，2005）。水可以在磁场下通过射频脉冲改变（取决于其自由度），在两个平面中给出不同的弛豫。因此，核磁共振弛豫测量法可以研究三种不同水相的行为（Pearce 等，2011）。P21 代表不易流动水，占 80%~95%；而 P22 代表自由水，占 5%~15%；第三种水分弛豫时间最短，可能与大分子相连（Bertram 等，2004；图 4.4）。

水是活体肌肉中的动态成分，肌肉收缩时会导致肌原纤维内体积减小，导致水移位到肌原纤维外，在那里它暂时保留在细胞结构中，直到肌肉松弛时才恢复原始位置（Kristensen 和 Purslow，2001；图 4.5）。

宰后早期肌原纤维收缩会导致水从细胞内流向细胞外，这部分水可能会被膜结构保留或流失（见第 14 章）。细胞膜结构发生改变时，也会导致水流出细胞（Bertram 等，2001），磷脂成分和抗氧化状态对保持宰后膜结构的完整性具有重要作用（Monahan 等，1994）。此外，宰后早期细胞骨架蛋白的水解破坏细胞膜外与肌原纤维之间的连接，导致结构松散，提高保水能力（Kristensen 等，2001）。如果肌原纤维发生收缩没有脱离细胞膜，细胞收缩就会产生明显的水分渗出（Kristensen 等，2001）。也有研究表明，猪肉的持水能力随着宰后成熟而增加（Joo 等，1999；Kristensen 等，2001；图 4.5）。

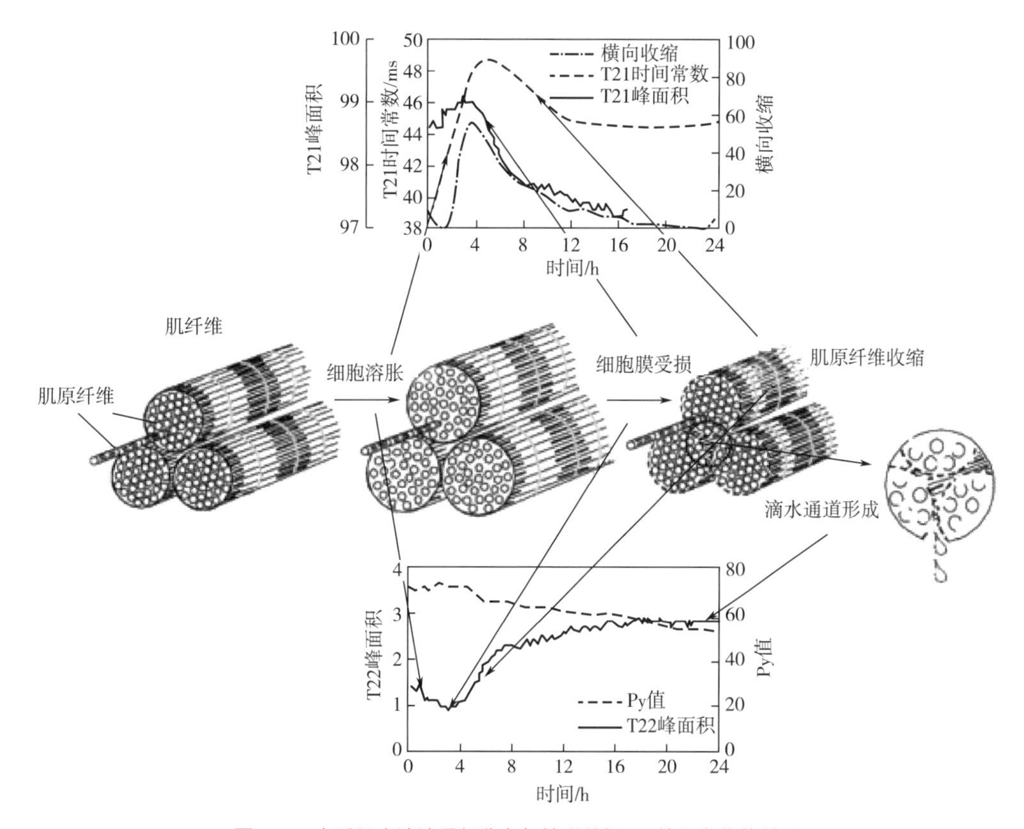

图 4.4　宰后肌肉汁液重新分布与核磁共振 T2 特征变化的关系

（资料来源：Bertram，H. C.，Schafer，A.，Rosenvold，K.，Andersen，H. J.，2004. Physical changes of significancefor early post mortem water distribution in porcine M. Longissimus. Meat Science 66，915-924.）

因此，肉的保水能力取决于尸僵和蛋白水解，受 pH 下降速率、极限 pHu 与抗氧化状态等影响。

4.1.3　碳水化合物

肉中碳水化合物的含量非常低（0.2%~0.4%，质量比）。但在活体肌肉中糖原作为供能的主要物质，相当于 60~150mmol 葡萄糖/ kg 肉重（占比 1%~2.7%），在应激、运动或禁食等条件下糖原水解提供能量。糖原是葡萄糖的支链聚合物，与植物中的淀粉相似。虽然结构相似，但具有很多支链，因此有更高的水合作用（每份葡萄糖结合 3~4 份水）和代谢利用率。糖原的合成由一种蛋白质（糖原生成蛋白）引发，其分子与 8 个葡萄糖分子结合形成糖基蛋白并构成糖原合成的引物。研究表明限制肌肉中糖原储存的主要因素可能是糖原生成蛋白的可利用度（Alonso 等，1995）。每个线性葡萄糖链含有 13 个单位，通过 α-1,4-糖苷键结合在一起。在每条链的第四和第八个葡萄糖基单元中，存在 1,6-键，这产生了 13 个单元的新线性糖链（Pösö 等，2005；图 4.6）。糖原以颗粒的形式存在于细胞液中（10~40nm）。糖原有两种形式，即前糖原（M_W 4×10^5）和巨糖原（M_W 10^7）。它们的代谢差

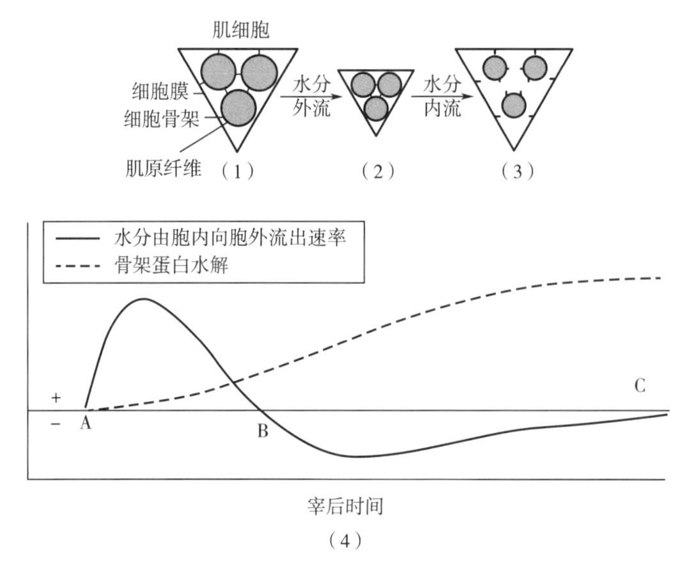

图 4.5 肌肉中水分分布的变化

（1）简化的僵直前肌细胞，肌原纤维通过细胞骨架彼此连接并与细胞膜连接；（2）肌原纤维收缩导致整个肌细胞的收缩，使水从细胞内流出细胞外；（3）细胞骨架蛋白的水解除去细胞膜上的肌原纤维连接，导致肌原纤维外水流入肌原纤维内；（4）水流速、宰后时间和细胞骨架蛋白水解之间的关系

（资料来源：Kristensen，L.，Purslow，P.，2001. The effect of ageing on the water-holding capacity of pork：role of cytoskeletalproteins. Meat Science 58，17-23.）

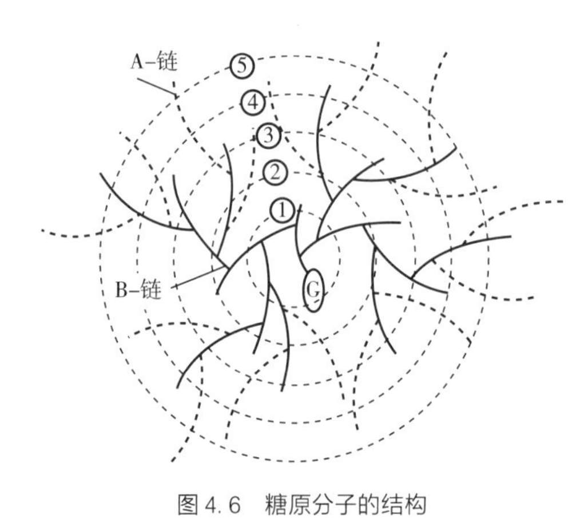

图 4.6 糖原分子的结构

（资料来源：Poso，A. R.，Puolanne，E.，2005. Carbohydrate metabolism in meat animals. A review. Meat Science 70，423-434.）

异和影响仍不完全清楚（James 等，2008）。虽然浓度低，但肉类中碳水化合物却十分重要，因为它可能显著影响肉质代谢特征，对肉品品质至关重要。因此，人们一直致力于探究和控制肝脏和肌肉中糖原含量。如第 4.3 节所述，肌糖原含量受物种（马>牛和猪）和纤维类型（Ⅱb 型>Ⅰ型）（Pösö 等，2005）以及许多外在因素的影响。

4.1.4 肌内脂肪

肌内脂肪由极性（磷脂）和中性（主要是甘油三酯）脂质组成。

细胞膜由约 5nm 厚的磷脂双分子层结构构成，是细胞的屏障。磷脂包括磷酸甘油酯，缩醛磷脂和鞘磷脂。在磷酸甘油酯中，甘油的三个羟基中的一个与胆碱、乙醇胺、丝氨酸、肌醇或葡萄糖结合。在缩醛磷脂中，甘油的第二个羟基被长链脂肪醛酯化。鞘磷脂中氨肌鞘氨醇通过酰胺键与脂肪酸相连并且通过酯键与磷酸胆碱结合。糖脂质复合物（糖脂）中也存在于肌肉组织中。膜在活细胞中起着重要的结构功能和调节作用。由于磷脂的亲水和疏水特性，磷脂可以形成两个疏水脂肪酸在内而亲水磷脂在外的结构。

膜结构在所有活细胞中都是必需的，极性脂质的量非常恒定，约为肌肉重量的 0.8%（Warren 等，2008；图 4.7）。膜脂中含有超过 30%的必需多不饱和脂肪酸（PUFA），包括长链 PUFA（≥20 个碳原子），见表 4.2，它们是类二十烷酸的前体，如前列腺素、血栓素等。并在细胞间通信和其他调控方面中也发挥重要作用。调节膜磷脂的脂肪酸组成以保持不同类别的脂肪酸以一定比例存在（饱和脂肪酸，n-6 和 n-3 脂肪酸），这保障了足够的结构支撑和调节功能。日粮和其他外在因素可能改变脂肪酸的组成（Cava 等，1997）。

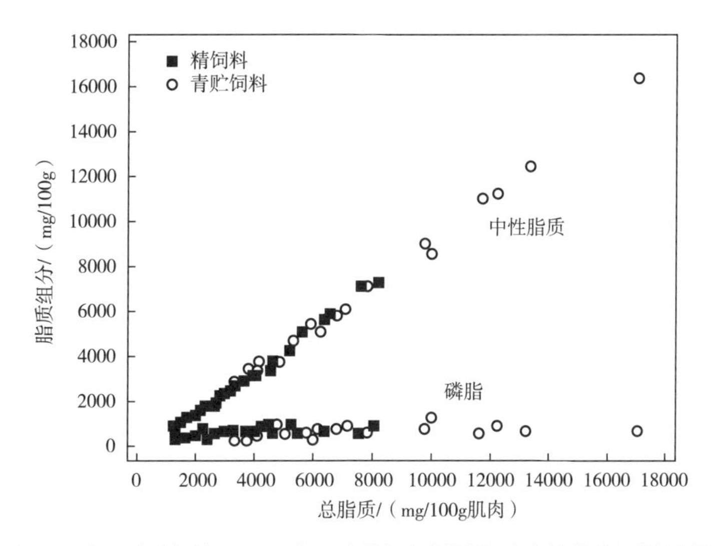

图 4.7 饲喂青贮饲料 14、19 或 24 个月阉牛背最长肌中中性脂质和磷脂含量

（资料来源：Warren，H. E.，Scollan，N. D.，Enser，M.，Hughes，S. I.，Richardson，R. I.，Wood，J. D.，2008. Effects of breed and a concentrate or grasssilage diet on beef quality in cattle of 3 ages. I：Animal performance，carcass quality and musclefatty acid composition. Meat Science 78，256-269.）

表 4.2 绵羊和牛背最长肌中甘油三酯和磷脂中脂肪酸组成 单位：%

脂肪酸	中性脂质			磷脂		
	猪	绵羊	肉牛	猪	绵羊	肉牛
14:0	1.6	3.0	2.7	0.3	0.4	0.2
16:0	23.8	25.6	27.4	16.6	15.0	14.6
16:1 *cis*	2.6	2.2	3.5	0.8	1.5	0.8
18:0	15.6	13.6	15.5	12.1	10.4	11.0
18:1 *cis*-9	36.2	43.8	35.2	9.4	22.1	15.8
18:2 n-6	12.0	1.5	2.3	31.4	12.4	22.0
18:3 n-3	1.0	1.2	0.3	0.6	4.6	0.7

续表

脂肪酸	中性脂质			磷脂		
	猪	绵羊	肉牛	猪	绵羊	肉牛
20 : 4 *n*−6	0.2	nd	nd	10.5	5.9	10.0
20 : 5 *n*−3	nd	nd	nd	1.0	4.1	0.8

（资料来源：After Wood, J. D. , Richardson, R. I. , Nute, G. R. , Fisher, A. V. , Campo, M. M. , Kasapidou, E. , Sheard, P. R. , Enser, M. , 2003. Effect of fatty acids on meat quality: a review. Meat Science 66, 21−32; Demirel, G. , Wachira, A. M. , Sinclair, L. A. , Wilkinson, R. G. , Wood, J. D. , Enser, M. , 2004. Effects ofdietary n−3 polyunsaturated fatty acids, breed and dietary vitamin E on the fatty acids of lamb muscle, liver and adipose tissue. British Journal of Nutrition 91, 551−565; and Warren, H. E. , Scollan, N. D. , Enser, M. , Hughes, S. I. , Richardson, R. I. , Wood, J. D. , 2008. Effects of breed and a concentrate orgrass silage diet on beef quality in cattle of 3 ages. I: Animal performance, carcass quality and musclefatty acid composition. Meat Science 78, 256−269. Wood, J. D. , Enser, M. , Fisher, A. V. , Nute, G. R. , Sheard, P. R. , Richardson, R. I. , Hughes, S. I. , Whittington, F. M. , 2008. Fat deposition, fatty acid composition and meat quality: a review. Meat Science 78, 343e358.）

另一方面，脂肪细胞通过积累脂肪酸转化成酰基甘油而专门储存能量。酰基甘油是一种含有三种脂肪酸而不带任何电荷的高分子（非极性或中性脂质），这使其具有高度疏水性。因此，脂肪细胞中的脂滴不含水。

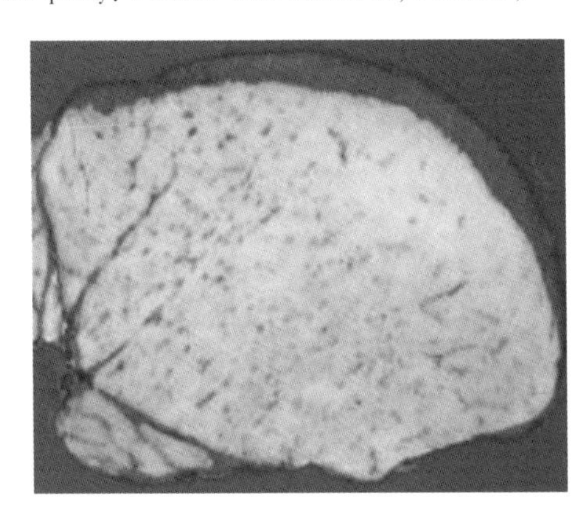

图 4.8　猪背最长肌中的肌内脂肪分布

（资料来源：Faucitano, F. , Huff, P. , Teuscher, F. , Gariepy, C. , Wenger, J. , 2005. Application of computerizedimage analysis to measure pork marbling characteristics. Meat Science 69, 537−543.）

肌内脂肪细胞存在于毛细血管和结缔组织基质中（Harper 等，2004），从血液中获得脂肪酸或其前体（见第 3 章）。大理石花纹是指一组脂肪细胞形成可见的白色斑点或沿肌肉不规则分布的条纹，在毛细血管附近含量较多（Faucitano 等，2005；图 4.8）。骨骼肌纤维的细胞间信号传导、血管生成、细胞外基质的形成和肌内脂肪细胞的发育之间存在一定的关系。脂肪细胞总数受物种、性别、品种、遗传、表观遗传因素以及日粮的影响（Hocquette 等，2010）。脂肪细胞的发育最终取决于动物的营养状态，只有摄取的能量超过维持和生长需求时，才会转化为脂肪沉积。

中性脂质的主要脂肪酸有油酸和棕榈酸，占总脂肪酸的 75%～80%。与极性脂质相比，单胃动物中中性脂质含量变化很大（图 4.9）。

在动物体内，碳水化合物、挥发性脂肪酸或蛋白质都可以转化成脂肪，吸收的脂肪酸也可以转化为脂肪（见第 2 章）。因此，中性脂质中的脂肪酸组成取决于内源性（从头合成）或从消化系统（直接沉积）吸收的脂肪酸的比例（Duran-Monge 等，2010）。一些研究表明，内源合成的脂肪酸组成相对恒定，饱和脂肪酸占 45%，单不饱和脂肪酸占 55%（Brooks，1971；Mitchaothai 等，2008）。

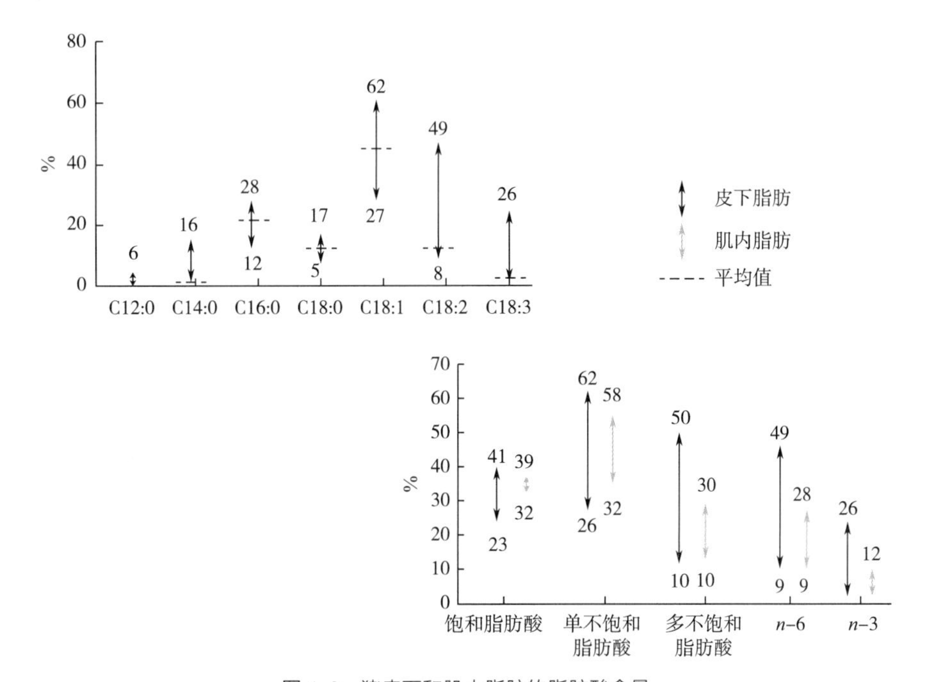

图 4.9 猪皮下和肌内脂肪的脂肪酸含量

（资料来源：Lopez-Bote，原始数据。）

日粮中脂肪酸的沉积过程包括消化、吸收和转运。在反刍动物中，脂肪酸的瘤胃氢化减少了不饱和脂肪酸的比例并产生饱和脂肪酸和一些衍生物，如共轭亚油酸（CLA）（Kamihiro 等，2015）。此外，支链脂肪酸也可以通过微生物产生并被吸收（Bozzolo 等，1999；Lopez-Bote 等，1997）。因此，在反刍动物中，摄入和吸收的脂肪酸可能存在差异。而在大多数单胃动物中，摄取和吸收的脂肪酸之间存在密切关系，使肌内脂肪中脂肪组成与日粮中的脂肪酸组成具有一定的相似性。大多数饲料（谷物、大豆、向日葵）中含有很高比例（接近 50%）的亚油酸（C18：2，*n*-6），导致中性脂质中亚油酸含量也较高（>15%）（Lopez-Bote 等，1999）。

内源合成和来自饲料直接积累的脂肪酸的相对重要性很大程度上取决于能量平衡和日粮中脂肪含量。在实际生产中，肉用动物处于正平衡状态，吸收的脂肪酸优先在脂肪细胞中积累而不是代谢以获得能量。据报道，猪从非脂肪营养素中摄取的能量足以维持生长需要，大多数沉积的脂肪几乎没有被消耗（Chwalibog 等，1995）。当碳水化合物、挥发性脂肪酸和蛋白质提供的能量超过动物的需要时，内源性脂质合成启动，产生饱和和单不饱和脂肪酸。

脂肪酸的组成影响脂肪组织的熔点和流变性质，进而影响肉的加工特性，如盐分布和水迁移等。在饱和脂肪酸中，所有碳键均为顺式构型，并且交替取向以产生线性结构。当存在双键时，两个顺式键以相同的方式连续取向以产生弯曲结构，而不是排列成类结晶结构。因此，随着不饱和度的增加，脂肪解体（融化）所需的能量降低。三硬脂酰甘油酯（C18：0）的熔点为70℃，而三亚油酰甘油酯（C18：2）的熔点则低于0℃。18碳脂肪酸甘油三酯中的双键数（x）与其熔点间的关系可用公式表达：熔点$=-3.8x^3+29.5x^2-80.7x+69$。

所有脂肪酸的熔点和双键数之间的关系均遵循这个规律。在自然环境下，甘油三酯由多种脂肪酸形成。因此，动物脂肪没有单一的熔点。不同甘油三酯的熔点差别很大。当脂肪在肉品流通和加工温度下为液态，说明其熔点低，应该称为油。肌内脂肪中固态甘油三酯显著影响瘦肉的硬度，导致不同物种（反刍动物比猪或鸡含有更多的饱和脂肪酸）和个体之间的差异。

猪肉中硬脂酸（C18：0）和亚油酸（C18：2）与脂肪稠度呈正相关和负相关（Wood等，2008）。在一些极端情况下，多不饱和脂肪酸含量高时，即使在0℃以下，脂肪仍可熔化（Lopez-Bote等，1999）。

脂肪酸的熔点也影响脂肪颜色：固体脂肪呈白色，融化的脂肪呈褐色，可能是因为液态脂肪透明，可见的毛细管和结缔组织反射或折射所致（Zhou等，1993）。

肉用动物的脂肪酸组成与消费者健康有关，格外受到关注。人们正致力于如何降低肉中饱和脂肪酸的含量，提高单不饱和脂肪酸和n-3脂肪酸和n-6/n-3的比例（Lopez-Bote等，2002；Hoz等，2003）。存在于反刍动物脂肪中的共轭亚油酸对健康有益，使我们对肉的营养有新的认识（Park等，2009）。控制脂肪酸组成的方法参见第4.3节，主要是通过日粮短期或长期调控。

脂肪酸在动物脂肪中不是随机排列的。在牛肉脂肪的甘油三酯中，饱和脂肪酸优先分布于Sn-1和Sn-3位置，而不饱和脂肪酸分布在Sn-2位置（Savary等，1959）。在植物油中也有类似的分布，饱和脂肪酸优先位于外部位置。在猪脂肪中，大多数棕榈酸存在于Sn-2位置（Segura等，2015a、b）。通常认为膳食中棕榈酸会升高胆固醇含量。有证据表明，棕榈油中含有44%的棕榈酸，食用棕榈油时并不会提高胆固醇水平。这种现象可能与棕榈油甘油三酯中棕榈酸的位置有关（约10%的棕榈酸分布于Sn-2位置）。因此，从营养学角度看，猪肉脂肪是不受欢迎的（Innis等，1997）。可能的解释是位于甘油内部位置的饱和脂肪酸的消化率相当高。当然，还有大量工作需要研究。

甘油三酯中脂肪酸的分布也影响脂肪的物理性质，位于外部的脂肪酸分子（Sn-1和Sn-3）对稠度和熔点影响较大，而Sn-2位置的脂肪酸影响黏附性（Segura等，2015a）。此外，日粮干预可能改变甘油三酯外部（Sn-1和Sn-3）和内部（Sn-2）脂肪酸比例（King等，2004），但对猪来说，日粮干预对改变Sn-2脂肪酸几乎没有效果（Segura等，2015b）。

甘油三酯中还溶有少量的脂溶性物质，如维生素A、维生素D、维生素E和维生素K以及胆固醇衍生物等。

4.2 生物化学方面

肌肉代谢是一种动态的适应过程，可能导致肌肉成分和代谢特征的显著差异。内在和外在因素都可能导致肉的成分和品质特性的差异。

下面介绍肌肉收缩的特征，这些变化与肌肉代谢有关（见第 4.2.1 节）。这里也将重点介绍与肉品品质相关的活体肌肉中碳水化合物、蛋白质和脂质代谢，尤其是氧化状态。宰前处理、应激、营养、日粮成分和其他生产环境都可能会对肌肉成分和新陈代谢产生不同的影响，如改变屠宰时酶的含量或活性，这些酶的活性在宰后会维持很长时间。这些内容将在宰后部分进行阐述（见第 4.2.2 节）。

4.2.1 活体肌肉功能

粗丝主要由肌球蛋白和肌动蛋白组成。肌动蛋白穿过 Z-线，但没有横穿肌节的 H-带；肌球蛋白只穿过 A-带。这种排列的三维结构特性在第 3 章中已有介绍。如图 4.10 所示，在每个肌球蛋白丝的侧面纵向排列六个细丝，这些细丝对称排列，成六边形。图中展示的分别是在静息状态、拉伸状态、收缩状态下肌节的横截面。为了展示粗丝肌球蛋白，六个肌动蛋白细丝中，仅上下两个相连的展示出来，可以更清楚地看到肌球蛋白头部与肌动蛋

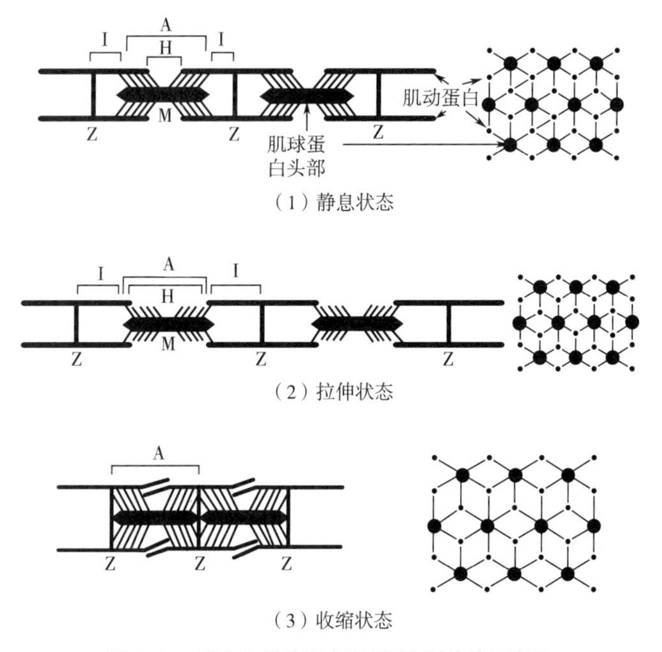

图 4.10　纵向和横截面中牛肌精细结构的示意图

[资料来源：Lawrie's Meat Science，seventh ed.（2006）.]

白之间的连接。

图4.10还展示了不同排列方式的横截面所对应的肌节长度。可以看出，当肌肉拉伸超过静止长度时，它变得更窄，且肌球蛋白和肌动蛋白的六边形阵列变得更紧凑。相反，当肌肉收缩时，横截面积、肌球蛋白和肌动蛋白之间的距离都增加。在活体动物处于静息状态的肌肉中（或宰后僵直前的肌肉中），通过三磷酸腺苷-镁复合物（$MgATP^{2-}$）提供能量防止球状肌动蛋白与肌球蛋白的突起结合。

在肌原纤维中，肌球蛋白与肌钙蛋白C、肌钙蛋白T和肌钙蛋白I、原肌球蛋白相连形成复合体。这个复合体对Ca^{2+}敏感，后者激活肌球蛋白ATP酶活性，促进$MgATP^{2-}$的水解。

肌肉收缩可能始于神经刺激，导致肌膜表面反向极化，使肌膜对钾、钠离子的通透性增加，肌质网中Ca^{2+}与集钙蛋白解离，释放到肌浆中。肌浆中Ca^{2+}浓度从0.10μmol/L升高到10μmol/L。Ca^{2+}与肌钙蛋白C结合，使蛋白构象发生变化，使肌钙蛋白I不再阻止肌动蛋白与位于肌球蛋白分子的H-酶解肌球蛋白头部的$MgATP^{2-}$相互作用。肌球蛋白头部的ATP酶被激活，迅速将$MgATP^{2-}$分裂成$MgADP^{-}$，并为肌动蛋白细丝向肌节中间滑动提供能量，引起肌原纤维收缩。肌动蛋白和肌球蛋白之间的连接同时断裂，但肌肉张力仍存在，每毫升肌肉有5.4×10^{16}交联；在收缩肌肉中这些交联承载张力作用。肌球蛋白上的$MgADP^{-}$可以通过交换作用重新获得高能磷酸转变成$MgATP^{2-}$，获得高能磷酸的方式有直接与细胞质ATP交换、通过ATP-肌酸磷酸转移酶或ATP-AMP磷酸转移酶作用。

该过程将重复进行，当有过量的Ca^{2+}存在时，肌钙蛋白C和肌球蛋白与激动蛋白的结合位点就会通过交流形成交错连接。

$MgATP^{2-}$通过多肽链与H-酶解肌球蛋白交联。在静息状态下，该蛋白螺旋通过其一端的$MgATP^{2-}$上的负电荷和另一端的负电荷之间的排斥作用呈伸展状态，其中多肽与H-酶解肌球蛋白结合。在刺激的状态下，Ca^{2+}与$MgATP^{2-}$的负电荷结合，消除了原有的排斥效应，并形成46个氢键，肌球蛋白与肌动蛋白连接，使肌球蛋白α螺旋构象发生改变，肌动蛋白向内滑动，到达肌动蛋白和肌球蛋白结合位点。当$MgADP^{-}$重新获得能量转变成$MgATP^{2-}$时，多肽重新伸展到肌动蛋白的下一个肌球蛋白结合位点。

当引起收缩的刺激停止时，肌浆中Ca^{2+}恢复静息状态时的浓度（约0.10μmol/L），其余的Ca^{2+}被泵入肌质网和肌管系统中，这个过程需要ATP提供能量。而维持肌膜两侧的钠离子浓度差也需要ATP，这将为神经刺激提供了动作电位。促发动作电位所需要的能量只有肌肉收缩所需能量的1‰，钙泵作用所需能量的10%（Bendall，1973）。

当Ca^{2+}浓度很低时，肌钙蛋白C和肌钙蛋白I恢复到静息状态时的构象，阻止肌球蛋白和肌动蛋白的相互作用。具有一定弹性的间隙长丝将肌动蛋白细丝从肌球蛋白粗丝的结合处向外拉伸，使肌节恢复到静息时的长度。Rowe（1986）也发现肌外膜和肌束膜中的细弹性纤维与胶原纤维的平行排列，这样在肌肉拉伸或收缩时节省能量，从而有助于肌肉恢复到静息时的长度。当肌浆中 Ca^{2+} 浓度升高时，不仅调节肌动蛋白和肌球蛋白间的相互作用和肌肉收缩，而且也激活了肌球蛋白轻链激酶（使肌球蛋白轻链发生磷酸化）和磷酸化酶激酶（使肌钙蛋白 T 和肌钙蛋白 I 发生磷酸化）。纯化的肌钙蛋白需要加入原肌球蛋白，才可以抑制肌动球蛋白 ATP 酶的活性。已经证明，肌肉收缩时，肌束膜结缔组织的晶格角和胶原纤维的卷曲长度发生变化，对收缩也发挥一定的作用（Rowe，1974）。

肌肉收缩中，能量的充足供应也很重要。最有效的 ATP 合成途径是 ADP 和磷酸肌酸在肌酸激酶催化下生成肌酸和 ATP。在厌氧条件下，肌肉持续收缩会导致磷酸肌酸含量迅速下降。当磷酸肌酸耗竭后，ATP 降到初始水平，需要用 ADP 再合成。如前所述，骨骼肌中糖原是能量供应的主要来源，在维持体内 ATP 平衡中起着关键作用，糖原降解再通过氧化磷酸化来产生 ATP。除此之外，其他代谢物，如乙酸、非酯化脂肪酸和酮体也可被氧化。据估计，在静息状态下，葡萄糖对氧化功能的贡献达到 50%，但在运动条件下，只有 25%~30%（Hocquette 等，1998），但实际消耗的葡萄糖随运动而增加。当有氧呼吸链产生的 ATP 无法满足需要时，就会启动无氧酵解途径来产生 ATP，同时会产生乳酸。无氧酵解并不是一种高效的能量生成方式，由于乳酸积累会导致肌肉 pH 的下降。肌肉中肌红蛋白能短期储存氧气，因此肌红蛋白含量高的肌肉能够维持更长时间的有氧代谢。

糖类物质的可利用度是决定肌肉代谢的另一个关键因素。在大型动物中，糖类物质的获取受到严格调控，因为中枢神经系统需要连续的葡萄糖供应，以满足能量需求。这是碳水化合物代谢调控需要优先保障的。

葡萄糖通过跨细胞膜的载体蛋白（GLUT）进行主动转运。已经发现了几种转运蛋白亚型。GLUT1（存在于中枢神经系统中）不受胰岛素调控，其活性稳定（Olsson 等，1996）。肌肉中 GLUT1 以连续、少量的方式将葡萄糖转运至细胞中。为了保障中枢神经系统葡萄糖的供应，血液中葡萄糖浓度应严格控制在一定范围内，反刍动物为 2. 5~5mmol，单胃动物为 4. 7~8. 6mmol（Aiello 等，2016）。

葡萄糖的动态调控主要在肝脏进行，餐后食物中的葡萄糖经门静脉进入血液循环，在肝脏中转化成为肝糖原储存起来。当血液中葡萄糖浓度较低时，肝糖原将会被动用。在肝脏中，蛋白质或挥发性脂肪酸（主要是丙酸）也可转化合成葡萄糖，在反刍动物中，丙酸合成葡萄糖更常见。静脉液中葡萄糖进入肝脏主要依赖 GLUT2 转运，而 GLUT2 转运也不受胰岛素调节。当摄入过多葡萄糖时，静脉液中葡萄糖在短时间内累积过多，超过肝脏 GLUT2 转运能力，导致葡萄糖进入外周血液中，使外周血液中葡萄糖浓度超出最佳范围的上限。这种情况经常发生在单胃动物中。血液葡萄糖浓度过高会引发胰岛素分泌和 GLUT4 活化。GLUT4 存在于肌肉和脂肪组织中，位于细胞内时无活性，但体内胰岛素水平发生变化时，GLUT4 易位至细胞膜上，从而增加葡萄糖的转运能力（Bryant 等，2002）。这使血液中葡萄糖恢复到正常水平，在肌细胞中葡萄糖转化为糖原，在脂肪细胞中葡萄糖转化为脂肪贮存能量。

糖原合成酶增加糖原浓度，而糖原磷酸化酶降低肌糖原浓度，这些过程受到严格的调控。糖原磷酸化酶的磷酸化形式具有活性，可以降解糖原；糖原合成酶发生磷酸化是不具有活性的，非磷酸化形式才具有活性。因此，磷酸化是调控这两个酶活性的重要反应。

磷酸化酶只水解糖原中的直链部分，因此糖原分解还需要糖原脱支酶去除分支，从而使磷酸化酶发挥作用（Pösö 和 Puolanne，2005）。脱支酶活性受温度影响（Kyla-Puhju 等，2005；图 4. 11）。屠宰过程中控制温度非常关键。

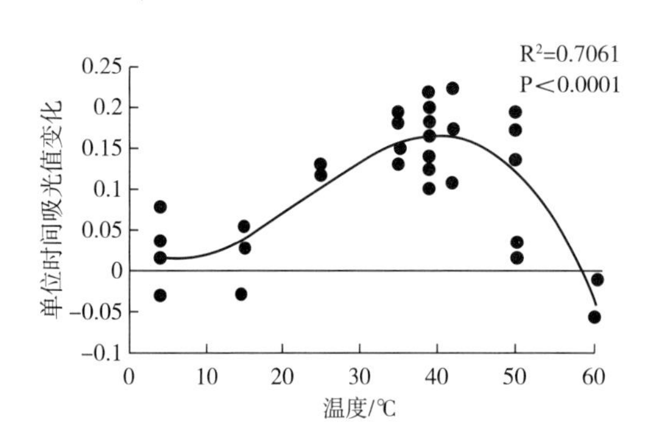

图 4. 11　温度对来自猪背最长肌的糖原脱支酶活性的影响

（资料来源：Kyla-Puhju，M.，Ruusunen，M.，Puolanne，E.，2005. Activityof porcine muscle glycogen debranching enzyme in relation to pH and temperature. Meat Science69，143-149.）

最后，通过糖原分解产生的葡萄糖-1-磷酸需要磷酸葡萄糖变位酶的作用下进入糖酵解。不同类型的肌纤维中糖原合成酶和磷酸化酶的表达存在一定的差异（见第 4. 3. 1 节），并可能受到外在因素（如运动）的影响。

呼吸链中消耗氧的酶，特别是细胞色素系统，以及催化丙酮酸转化为二氧化碳和水并形成 ATP 的酶，位于线粒体中。大多数糖酵解和呼吸链酶需要辅助因子，如维生素或稀有金属。

处于生长期的肉用动物大部分时间处于合成代谢状态，这意味着合成代谢优先于分解代谢，但并不是说分解代谢是多余的。除了碳水化合物，蛋白质也在内源蛋白酶的作用下发生降解。据估计，在猪的生长过程中，70%的合成蛋白被水解后产生能量或重新合成蛋白质（Rivera Ferre 等，2005）。在肌肉组织中，存在四种蛋白水解系统：钙激活蛋白酶、组织蛋白酶、蛋白酶体和细胞凋亡酶。虽然肌浆蛋白分解代谢与大多数细胞相似，但高度特异化的肌原纤维蛋白需要特定的蛋白水解酶系统。

肌肉中蛋白水解很复杂，人们对之了解还很少，但有一些推测性的假设（Koohmaraie 等，2002）。第一步是将肌原纤维分解成肌丝。只有钙激活蛋白酶能够特异性水解肌丝。然后溶酶体组织蛋白酶、与膜或蛋白酶体复合物连接的肽酶进一步将蛋白质降解为氨基酸（Goll 等，2003）。

钙激活蛋白酶系统由钙依赖性半胱氨酸蛋白酶（钙激活蛋白酶）及其特异性抑制剂钙蛋白酶抑制剂（Goll 等，2003）组成。在活体状态下，钙激活蛋白酶是一种调节蛋白酶，可以调控信号转导和细胞形态变化等功能。其活性的变化规律尚不完全清楚。钙激活蛋白酶可以识别其底物（蛋白激酶、磷酸酶、磷脂酶、细胞骨架蛋白、膜蛋白、细胞因子和钙调蛋白等）的三维结构（Tompa 等，2004）。肌肉中有三种形式的钙蛋白酶：

m-钙激活蛋白酶，μ-钙激活蛋白酶和P68。这些酶都在中性pH附近具有最佳活性（Lonergan等，2010）。m-钙激活蛋白酶和μ-钙激活蛋白酶降解肌间线蛋白、联丝蛋白、踝蛋白、纽蛋白、肌联蛋白、伴肌动蛋白和细胞骨架蛋白（Geesink等，1999），但不能降解肌动蛋白和肌球蛋白。这些酶主要位于Z-线。它们达到最大活性一半时所需钙离子浓度是不同的，μ-钙激活蛋白酶为5～65μmol/L，而m-钙激活蛋白酶为300～1000μmol/L（Goll等，1992）。在宰后，肌肉中最大钙浓度为210～230μmol/L，不足以激活m-钙激活蛋白酶，而对μ-钙激活蛋白酶是最佳的（Ji等，2006）。由于宰后pH下降，离子强度增加，蛋白酶的活性会突然降低（Geesink等，1999）。

钙蛋白酶抑制剂需要先与钙离子结合后再结合钙激活蛋白酶，但达到其最大活性一半所需的浓度低于非自溶性的钙激活蛋白酶（Cong等，1989）。钙激活蛋白酶抑制剂抑制钙激活蛋白酶与其底物分子结合的反应是可逆的，当Ca^{2+}浓度很低时，将与钙激活蛋白酶解离（Otsuka等，1987）。

肌肉中存在许多具有内肽酶活性的组织蛋白酶（B、D、E、F、H、K、L和S），它们位于溶酶体中并且是半胱氨酸、天冬氨酸或丝氨酸蛋白酶，在低pH（3.0～6.5）下具有活性。它们的活性受组织蛋白酶原和半胱氨酸蛋白酶抑制剂的比例调控（Toldrá和Reig，2015）。组织蛋白酶被认为可以完全降解溶酶体中的蛋白质，但它们也可能通过激活细胞凋亡酶调控细胞凋亡和损伤后组织再生（Duguez等，2003）。但是由于溶酶体膜的阻隔作用，组织蛋白酶对宰后肉的嫩化作用是有限的（Toldrá等，1993）。

细胞凋亡酶属于半胱氨酸天冬氨酸特异性蛋白酶家族，负责细胞凋亡，即细胞程序性死亡。一般认为，宰后细胞处于缺氧和缺血状态，促使它们参与程序性细胞死亡。细胞凋亡酶家族中，一些酶参与炎症反应，另一些酶参与凋亡（Hotchkiss等，2006）。细胞凋亡酶是在胞质中合成，以酶原形式存在，不具有活性。

蛋白酶体，也称为多催化蛋白酶复合物，是苏氨酸蛋白酶。它在活体肌肉的降解中起重要作用，参与修复肌原纤维的损伤。当ATP激活泛素蛋白后，泛素蛋白与靶蛋白的氨基末端的赖氨酸残基结合，形成多聚泛蛋白链，与蛋白酶体结合，目标蛋白质被降解并释放泛素蛋白链（Nandi等，2006）。

肉用动物的脂质沉积主要来源于育肥晚期的直接沉积或合成，脂质一般不会被动用。仅在某些特定情况下，才会通过脂解作用发生脂质的动用，从甘油三酯和磷脂中释放游离脂肪酸。这个情况常发生于宰前禁食过程（Nielsen等，2011）。运动也可以增强肌肉中酯酶和脂肪酶的活性（Daza等，2009）。屠宰时的肌肉脂肪酶活性影响宰后脂肪分解，并且对肉品品质和加工特性产生影响（Gandemer，2002）。

另一方面，肌肉是一个复杂的基质，在抗氧化和促氧化因子之间形成一种平衡，在活体中这种平衡很容易被破坏。在好氧细胞中存在酶促β-氧化体系以获得能量。但是，在氧气和过渡金属存在时，脂肪酸（如PUFA）发生过氧化产生自由基，自由基促发自动氧化产生过氧化物，这种反应很难控制。蛋白质、DNA、血红素、脂肪酸和很多有机分子都会被过氧化物攻击，导致酶活和膜功能丧失、DNA 突变、自由基聚集，对生物体造成伤害（Berardo 等，2015）。当活性氧发生酶和非酶抗氧化反应时，使机体恢复到正常的氧化还原平衡。但在某些情况下，严重的氧化应激可能导致永久性 DNA 损伤和蛋白质脂质氧化，进而导致功能丧失。食物或饲料可以提供许多外源性的水溶性和脂溶性抗氧化剂，因此动物营养状况影响活体和宰后肌肉中的脂质氧化。

磷脂是肉类食品中脂质氧化的主要底物。磷脂很容易被氧化的原因在于长链多不饱和脂肪酸含量高，磷脂是细胞膜的主要成分，极易与细胞质中的氧化剂接触（Reis 和 Spickett，2012）。蛋白质分子也可能被氧化，导致其天然结构的分子间作用力和分子内作用力不平衡，影响蛋白质的三级和四级结构。

4.2.2 宰后肌肉功能

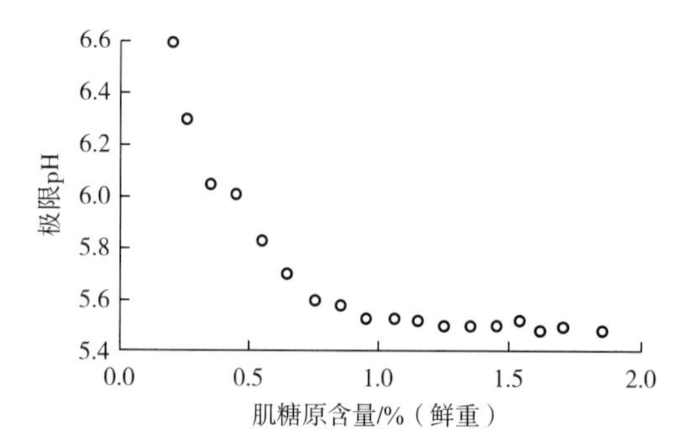

图 4.12 牛背最长肌中极限 pH 与糖原含量的关系

（资料来源：Warriss P. D.，1990. The handling of cattle pre-slaughter and its effect on carcass and meat quality. Applied Animal Behaviour Science 28，171－186.）

宰后早期肌肉仍具有活体肌肉的基本生理特征，但宰后循环系统被终止（见第5章），氧气供应永久性中断，导致了不可逆的无氧酵解。宰后糖原酵解转化为乳酸的反应与活体中暂时缺氧时的反应相似。除非宰前剧烈运动导致糖原消耗过多，否则糖原转化为乳酸，使 pH 降至极限（5.4～5.5），进而导致酶失活（Bate－Smith，1948）。当肌糖原含量低于 0.8% 时，影响极限 pHu，但当肌糖原含量超过 0.8% 时，极限 pH 不受影响（Warriss，1990；图 4.12）。极限 pH 过高，形成 DFD 肉（切面颜色深、质地坚硬、干燥），会促进微生物生长，加速肉的腐败变质。极限 pH 与这些品质特征之间存在一定的关系，大多数肉的颜色和汁液渗出处于中等水平，属于正常肉。但 pH 高于 6 是不可接受的。因此，应采取措施控制宰前糖原的消耗。有证据表明，肉中残留的糖原可以提高烹饪时肉的持水能力和嫩度（Immonen 等，2000）。

乳酸生成是导致宰后糖酵解 pH 下降的唯一原因（Lundberg 等，1986）。许多肌肉中肌原纤维蛋白的等电点是 5.5。在正常极限 pH 时，肌肉的电阻抗很低，而处于高极限 pH 时，肌肉的电阻抗值也高，这与肌纤维的机械阻力有关（Lepetit 等，2002）。

宰后糖原酵解使肌肉失去延展性：这种现象被称为宰后僵直。宰后僵直的形成与肌肉中 ATP 耗尽有关：当 ATP 耗尽时，肌动蛋白和肌球蛋白结合形成刚性的肌动球蛋白链

(Bendall, 1973)。宰后僵直分为三个阶段：一开始肌动球蛋白形成速度慢（滞后期），接着是急速形成期，之后僵直保持一段时间（维持期）。进入尸僵的快速形成期的时间主要直接取决于 ATP 含量。屠宰应激会降低初始 pH，缩短急速形成期的时间，ATP 水平会受到肌球蛋白 ATP 酶活性的影响。肌球蛋白 ATP 酶活性对维持肌细胞结构的完整性具有重要作用。

ADP 和磷酸肌酸的反应生成 ATP，可以使 ATP 含量维持一段时间。当磷酸肌酸耗尽时，再启动糖原酵解生成 ATP；但糖原酵解反应效率低下，ATP 总水平仍不断下降。宰前应激会降低初始 pH，并缩短进入快速僵直期的时间。饥饿、胰岛素诱导的抽搐也会导致糖原耗竭。

当 pH 降至 6.0 时，肌肉开始发生僵直（Hannula 等，2004），肌肉的延展性丧失（Bendall，1973；Honikel 等，1983）。肌肉收缩早于宰后僵直的发生，这是因为 ATP 下降和钙离子浓度增加，就会促发肌原纤维蛋白收缩（Honikel 等，1983）。

不同物种和个体的 pH 下降速率存在很大的差异（图 4.13）。许多内在和外在因素对 pH 下降速率有影响。其中，肌纤维的类型尤为重要，氧化型红肌纤维比酵解型肌纤维含有更多的肌红蛋白，可使有氧条件维持更长时间，pH 下降速度更慢。因此，猪背最长肌在宰后 2~6h 内 pH 降到 6，而羊和牛肉需要 8~10h 才能降到 6。

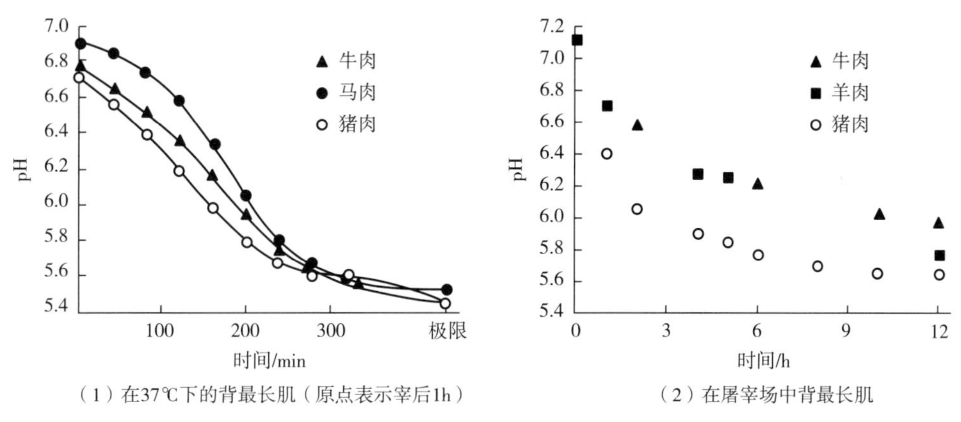

（1）在37℃下的背最长肌（原点表示宰后1h）　（2）在屠宰场中背最长肌

图 4.13　物种对宰后 pH 下降速率的影响

[资料来源：（1）Lawrie's Meat Science, seventh ed.（2006）with permission from Elsevier.（2）原始数据。]

宰后胴体能量代谢和 pH 下降因肌肉类型和部位差别很大（图 4.14）。在猪胴体中，有些情况能量代谢速度非常快，导致在肌肉温度还非常高的情况下，宰后 45min 的 pH（pH_{45}）迅速下降至 6 以下，引起蛋白质变性，产生 PSE 肉（肉色发白、质地松软、汁液渗出）（Lawrie 等，1963）。在宰后猪肉中钙离子浓度快速升高（Cheah 等，1994），激活肌动球蛋白的 ATP 酶，加速宰后糖原酵解的速率。PSE 猪肉发生率在 10%~30%，有时甚至达到 60%，如何控制 PSE 猪肉，已引起肉类行业的高度关注（Lee 等，1999）。在猪隐性纯合子（nn）兰尼碱受体 1 基因上的 1843 位碱基变异时，会导致猪出现应激综合征，表现为呼吸困难、肌肉僵直、变酸甚至死亡（Jovanovic 等，2005）。这种猪对氟烷和宰前应激敏感。因此，对氟烷敏感的猪容易产生 PSE 肉（Rosenvold 等，2003）。

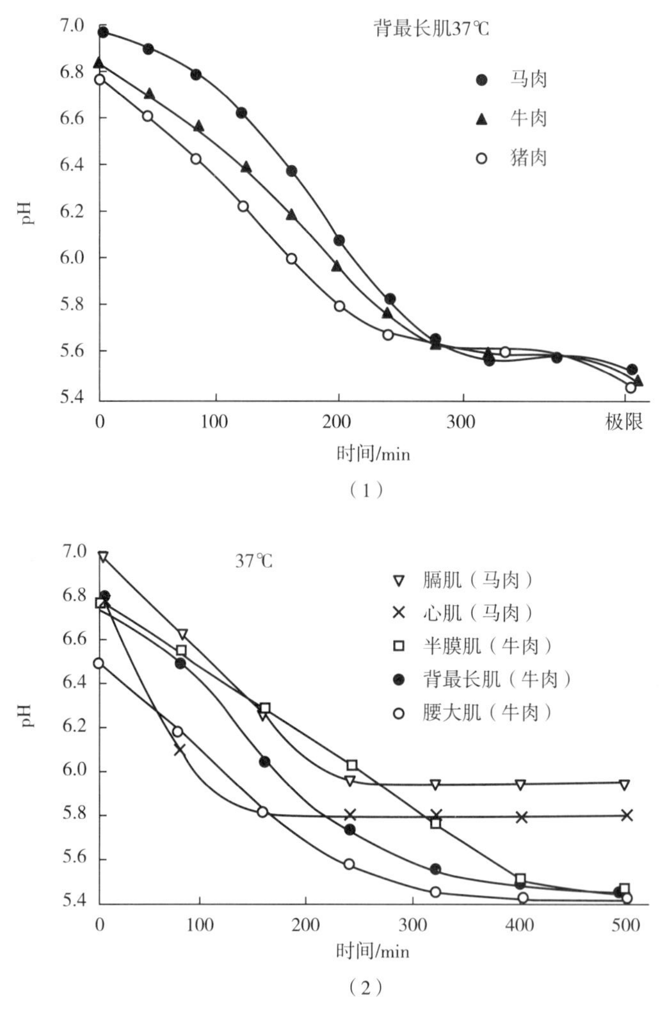

图 4.14 物种（1）和肌肉类型（2）对宰后肌肉 pH 下降速度的影响（原点为宰后 1h）

［资料来源：Lawrie's Meat Science，seventh ed.（2006）.］

PSE 肉不仅出现于氟烷敏感的猪，也会出现在其他品种猪（Lee 和 Choi，1999）、肉鸡（Petracci 等，2015）、火鸡（Malia 等，2013）、兔（Kowalska 等，2011）和牛（Hunt 等，1977）中。

在判定 PSE 发生率时，以 $pH_{45\,min}$<6 作为标准进行定性判断，还要结合其他指标（Rybarczyk 等，2012）。在美国，有 40% 的胴体呈现鲜红色、质地松软、有汁液渗出等问题（Kauffmann 等，1993）。与正常肉相比，这种肉中磷酸酶的溶解度低（Joo 等，1999）。当高温和低 pH 同时出现时，肌原纤维蛋白和肌浆蛋白会发生变性，且在肌肉 pH 降到 6 以下时，蛋白变性呈指数增加（Kim 等，2014）。据 Bendall 等（1962）报道，如果宰后猪肉在 37℃

下进入僵直状态，就会导致 PSE 肉的发生。因此，对于控制蛋白质变性来说，pH<6 时的肌肉温度比宰后时间（$pH_{45\,min}$）更为重要。Warner 等（2014）建议，为了尽可能减少蛋白质变性，肌肉的 pH 应在肌肉温度降至 30~35℃时才达到 6。图 4.15 显示的是不同温度条件下，牛肉 pH 降至 6 时 PSE 肉和 DFD 肉的发生率。

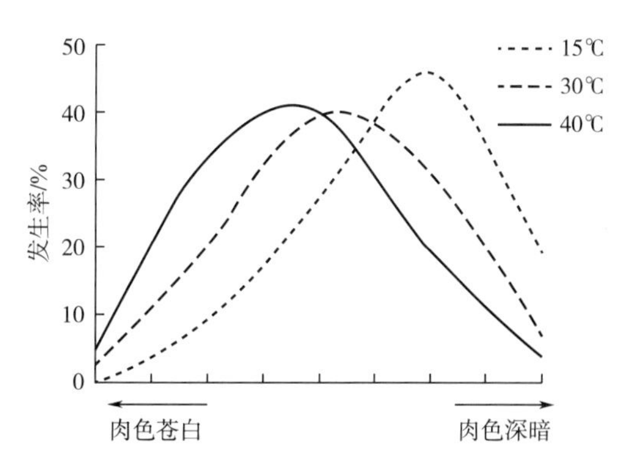

图 4.15 在 pH6 时不同温度下 PSE 肉和 DFD 肉发生率

（资料来源：Hughes，J. M.，Kearney，G.，Warner，R. D.，2014. Improving beef meat colour scores at carcass grading. Animal production Science 54，422-429.）

由于肌肉温度很大程度上影响着能量代谢过程，因此宰后肌肉 pH 与温度的关系比蛋白质变性更为重要。Marsh（1954）发现到宰后糖原酵解的速率会随着肌肉温度的升高而增加（图 4.16）。Kyla-Puhju 等（2005）发现在温度低于 30℃时，肌糖原脱支酶的活性显著下降（图 4.11）。需要注意的是，宰后血液循环不复存在，因此无法像活体那样移除热量，但此时能量代谢仍会持续几个小时。因此，只能依赖于环境温度和水分蒸发的方式除去热量。在屠宰的刚开始的几步操作中（放血、热烫、去皮、去除内脏），无法进行冷却操作，此时肉用动物胴体中不同肌肉的散热效果相差很大，与是否靠近表面以及胴体的隔热效果有关。冷却速率慢的肉，宰后糖原酵解和 pH 下降速率都相对快。因此，温度的下降速率是一个非常关键的因素，尤其是那些有脂肪覆盖、较厚的肌肉块，如猪后腿及臀肉在宰后 20min 内温度超过 40~41℃。

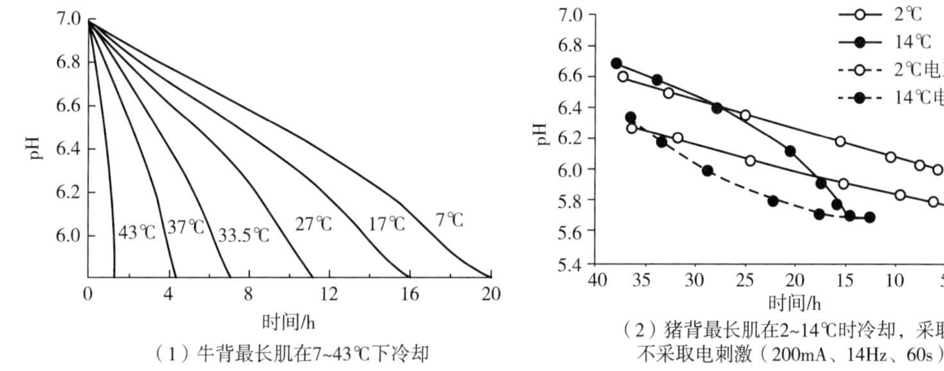

（1）牛背最长肌在7~43℃下冷却

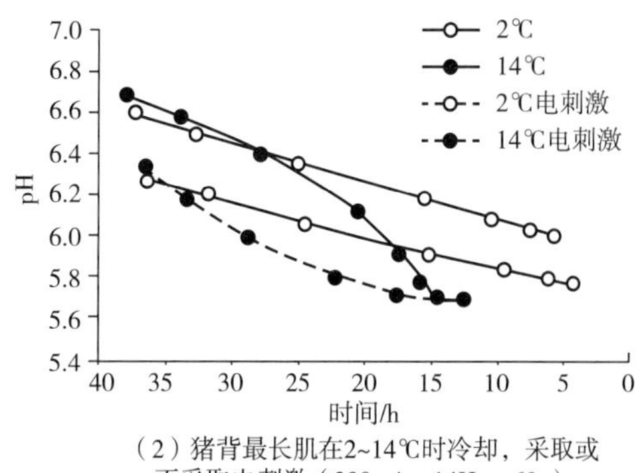

（2）猪背最长肌在2~14℃时冷却，采取或不采取电刺激（200mA、14Hz、60s）

图 4.16 环境温度对 pH 下降速率的影响

（资料来源：Rees，M. P.，Trout，G. R.，Warner，R. D.，2003. The influence of the rate of pH decline on the rate of ageing for pork. Ⅱ：Interaction with chilling temperature. Meat Science 65，805-818.）

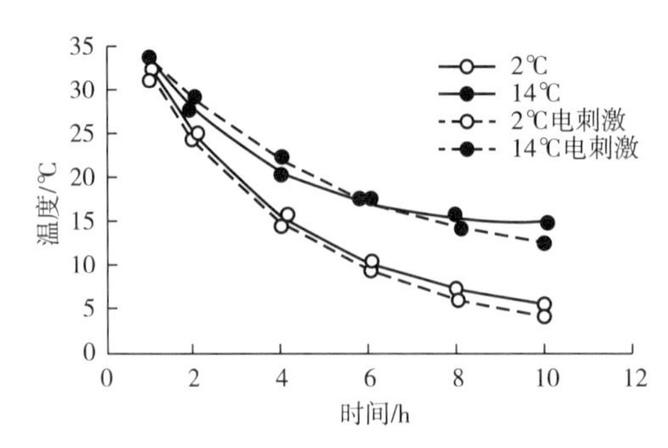

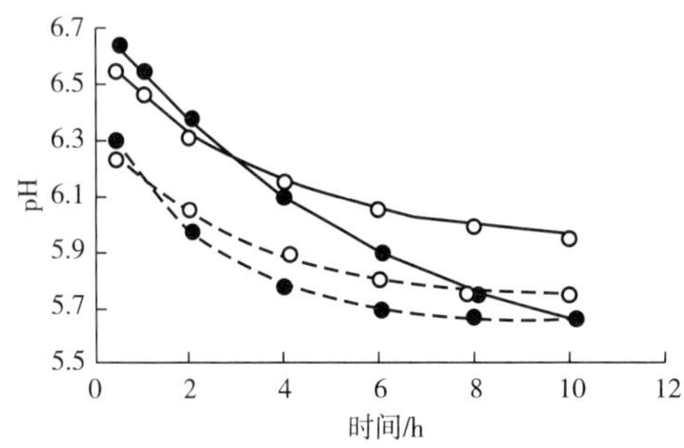

图 4.17 在 2 ~14℃下冷却，有或无电刺激（200mA、14Hz、60s）时猪背最长肌的温度和 pH 下降速率

（资料来源：Rees，M. P.，Trout，G. R.，Warner，R. D.，2003. The influence of the rate of pH decline on the rate of ageing for pork. Ⅱ：Interaction with chilling temperature. Meat Science 65，805-818.）

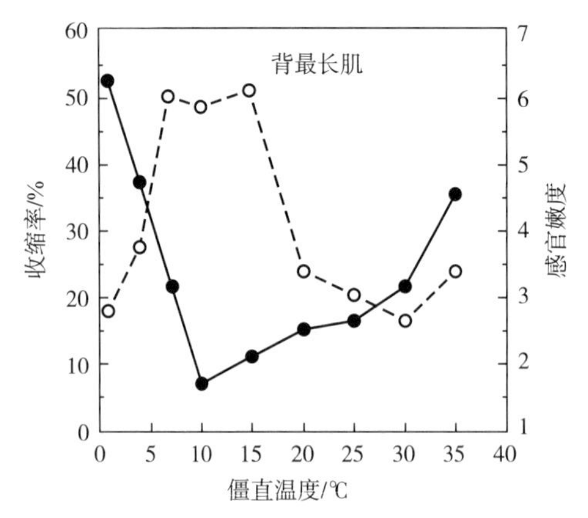

图 4.18 肌肉收缩（○）和感官嫩度（●）（14d）随僵直程度的变化

（资料来源：Tornberg，1996. Meat Science 43，S175-S191.）

宰后冷却或能有效地用于减少代谢过程和降低 pH 下降速率（图 4.17）。然而，因过快的冷却速度可能导致肌节缩短和质量损失，所以在僵直出现前应谨慎使用冷却方法。

Ca^{2+}能刺激肌肉收缩，但当有 ATP 存在时，肌质网就会泵入 Ca^{2+}，肌动球蛋白交联解开，出现暂时性的解僵现象，直到新的 Ca^{2+}进入肌浆中。这一过程重复发生，所以在“正常”僵直时，肌肉收缩是有限的，通常为 20%～25%（Jeacoke，1984）。但在有些情况下，也会出现强烈的肌肉收缩，表现为肌节很短、肌纤维直径很大，这种情况下出现肌肉很硬、汁液渗出（Honikel 等，1983）。

在低温下肌质网捕获 Ca^{2+}的能力减弱，在 15～20℃ 时肌肉收缩程度最小（图 4.18），而宰后早期肌肉暴露在 10～15℃以下的温度环境时会出现冷收缩。另外，如果在僵直前将肉冻结，此时肉中 ATP 含量较高，在解冻时会出现 ATP 快速分解和肌肉僵直，这一现象称为解冻僵直。肌肉的长度可能会收缩至其初始长度的 50%且有大量汁液渗出。有观点认为，通常情况下肌动球蛋白 ATPase 不会引起 ATP 分解，但在肌肉冷冻和解冻时被激活（Bendall，1973）。肌肉的冷收缩程度因种类而异，红肉比白肉的收缩程度更大（Bendall，1973）。

因此依据胴体特性（肌肉类型、解剖学位置和脂肪覆盖情况）来进行精准地温度控制，从而使 pH 下降速率得到合理控制，进而改善肉品品质和加工性能。

电刺激可加速生化过程，加快 pH 下降

速率，使僵直时间缩短，避免冷收缩发生（Olsson 等，1994；图 4.15）。胴体吊挂也有助于减少肌节收缩（Liu 等，2016）。

所有这些证据表明，pH6 时的温度是关键点。若温度太低，会发生冷收缩，肉品品质差，但温度过高可能引起蛋白质变性严重和品质下降。澳大利亚科学家提出牛胴体“pH-温度窗口”的概念，指出牛肉应在 12~30℃时 pH 降至 6 左右（Webster 等，1999）。

宰后 pH 下降的速度和程度受物种、肌纤维类型、肌肉类型、解剖学部位、胴体肥瘦和动物个体差异等内在因素的影响；同时也受饲养方式、宰前管理、宰前用药、盐或活性物质和环境温度等外在因素的影响。因此，应从整体角度优化动物生产方式和屠宰技术，以保障肉的品质最佳（见第 4.3 节）。

在宰后早期，钙激活蛋白酶、组织蛋白酶类、细胞凋亡酶和多催化蛋白酶复合体共同催化细胞骨蛋白的降解，导致僵直逐渐消除。这一变化在屠宰结束时就发生了一直持续到蛋白完全降解，但这种降解的速率存在很大差异。影响蛋白水解的程度与速度的因素有温度、蛋白水解酶的活性和含量、氧化状态和 pH。

传统观念认为，宰后成熟过程中，结缔组织蛋白比肌原纤维蛋白更加稳定，因为水溶性羟脯氨酸含量没有增加（Nishimura 等，2009）。但结缔组织的剪切力明显下降，其机理尚不清楚，但一些可降解结缔组织的酶，如溶酶体酶和金属蛋白酶，在体外具有一定的活性（Bailey 等，1989）。蛋白多糖的种类和含量决定了胶原蛋白是否容易被上述酶水解。肌膜和肌束膜中的蛋白多糖在成熟过程中被水解。

另一方面，宰后从细胞层面控制脂肪氧化是不可能的，会发生脂肪过氧化。脂肪自动氧化的初级产物是氢过氧化物，氢过氧化物进一步分解形成烷烃、醛、酮、醇、酯和羧酸等多种挥发性物质。肉类食品中挥发性化合物的种类和含量取决于很多因素，其中原料肉中脂肪酸组成是关键因素之一。

肌间线蛋白连接着肌原纤维和基底膜，当这种蛋白质被降解后会导致肌纤维结构受到破坏。能分解肌间线蛋白的钙激活蛋白酶易被氧化而失去活性，这是宰后蛋白水解应关心的问题（Melody 等，2004）。因此肌肉的 pH、温度和氧化状态在宰后早期共同影响肉的品质。

4.3 肉品品质的影响因素

4.3.1 纤维类型、肌肉类型和解剖部位

骨骼肌由一个有着明显形态学和新陈代谢特征的杂合细胞群组成。Schiaffino 等（1996）鉴定出四种肌纤维：Ⅰ型或慢氧化、ⅡA 型或快氧化-糖酵解型、快速糖酵解ⅡB 型和ⅡX 型（见第 3 章）。Ⅰ型肌纤维与ⅡB 型肌纤维相比，直径更小、肌红蛋白和线粒体

含量高，毛细血管更密集。这使得他们能依靠有氧代谢来产生能量并在无乳酸积累的情况下进行持续性运动。红肌中含有更多细长的、肌红蛋白含量高的肌纤维，而白肌中含有更多粗大的、肌红蛋白含量低的肌纤维。

肌纤维源于可融合成肌管的成肌细胞。在发育过程中，肌管形成发生在两个阶段：胚胎发育期和胎儿发育期。一般认为，胚胎发育期主要产生Ⅰ型肌纤维（初级肌纤维），而在胎儿发育期生成ⅡB型肌纤维（次级肌纤维）。初级肌纤维的数量受基因控制，而次级肌纤维的数量可能受表观遗传因子的调控。母体日粮的能量水平影响着胎儿骨骼肌纤维的分化和成熟（Zhao等，2004）。妊娠母猪营养不良，或高产母猪仔猪数低，可能与次级肌纤维的数量少有关（Bayol等，2004）。牛、羊、猪或人等大型动物的妊娠中晚期，还可能形成第三种类型的肌纤维（Picard等，2002）。

另一个决定不同肌纤维比例的因素是神经分布。早在1948年巴赫就发现，如果兔子的“红”比目鱼肌被移植到肌腱上时，比目鱼肌会失去肌红蛋白转变成收缩快的“白”肌。Dhoot等（1981）发现，在术后的15~20周内，90%的原“红”比目鱼肌纤维中肌钙蛋白C、肌钙蛋白T和肌钙蛋白I具备快肌的特点，而90%的原“白”胫骨肌中含有的肌钙蛋白具备慢肌的特点。

颜色深的肌肉中以氧化Ⅰ型和氧化/糖原酵解ⅡA型肌纤维为主，肌红蛋白含量高，而颜色浅的肌肉中以糖原酵解ⅡB型肌纤维为主，肌红蛋白含量低（Morita等，1970）。

肌纤维比例受物种/品种（Ryu等，2008）、性别（Ozawa等，2000）、日粮（Zhao等，2016）和肌肉部位等因素的影响。与野猪相比，家猪肌肉中含有更多的ⅡB型肌纤维和更少的ⅡA型肌纤维（Essen-Gustavsson等，1984）。当前畜牧业的品种选育方向是以生长快、产肉率高为主要目标，这也导致肌纤维类型受到很大影响，ⅡB型肌纤维含量高（Ruusunen等，2004）。而在野猪中，各种类型肌纤维的数量基本上是一样的。

肌纤维的比例不仅决定了收缩特性也决定了代谢特征。作为肌肉缓冲剂的肌肽和鹅肌肽，其浓度可能与呼吸活动成反比。

在评价肉用动物解剖学上不同肌肉差异对肉品品质的影响时，无论是批发肉还是零售肉，都是大块的，是各种解剖学结构的集合体，难以界定某一肌肉的作用。近年来，中央厨房式的集中分割和预包装使肉块分割更加精细，面向消费者的产品可能来源于单一肌肉或其一部分。例如，大块猪肉常用于腌制等加工，这些肉的特殊组成很值得研究。

牛前腿肉中胶原蛋白含量高于后腿肉，腱子肉中胶原蛋白含量最高。猪肉中，猪前腿肉中胶原蛋白含量也很高（表4.3）。Bailey等（1989）发现不同肌肉中不仅结缔组织含量不同，而且胶原蛋白类型和含量，尤其是热稳定型（氧络亚氨基）与热不稳定型（醛亚胺）的比值也不同。

表 4.3　　牛肉中胶原蛋白总量和其组织学分布

肌肉	胶原蛋白总量/%(干重)	肌外膜中的占比	肌束膜中的占比	肌内膜中的占比
腰大肌	2.24	15	79	24
背最长肌	2.76	13	80	34
胸深肌	4.96	22	98	42
半腱肌	4.75	29	54	41

（资料来源：Bailey, A. J., Light N. D., 1989. Connection Tissue in Meat and Meat Products. Elsevier Science Publishers Ltd. London, PP. 335.）

Nakamura 等（2003）应用扫描电镜研究发现，猪胸深肌中胶原蛋白含量比腰背长肌高，其中胸深肌中肌束膜结构更加复杂，包含相互交错排列的纵向、环形以及斜向。而腰背长肌的肌束膜的结构要简单得多（图 4.19）。

肌肉中脂肪不饱和度存在一定的差异，可能与对应的肌肉温度有关，温度越高则脂肪饱和度也越高，反之亦然。

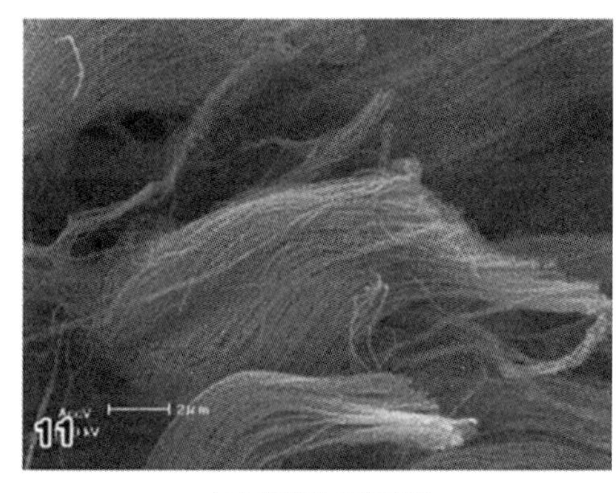

（1）猪腰长肌肌束膜　　（2）猪胸深肌肌束膜

图 4.19　猪腰长肌和猪胸深肌的肌束膜的高倍扫描电镜照片（比例尺 =2μm）

（资料来源：Nishimura, Tabaka, 2003. Meat Science 64, 43-40.）

根据羟脯氨酸的含量来判断，大部分猪肉中的结缔组织含量比牛肌肉高，但猪肉更嫩，这主要是因为结缔组织的组成更为关键。

有研究表明，不同肌肉中中性脂质和磷脂中脂肪酸组成差别很大。如猪和牛横膈肌中磷脂含量以及总脂中 C18~C16 脂肪酸的比例比背最长肌和腰大肌高很多（Allen 等，1976）。

红肌中 n-3 脂肪酸含量比白肌高（Enser 等，1998）。不同解剖部位肉中线粒体含量差别很大，磷脂、总脂和中性脂中脂肪酸组成差别更大。磷脂酰乙醇胺的含量随着肌红蛋白含量的增加而增加，换言之，有氧代谢型或红肌中总脂质、甘油三酯、胆固醇以及多不饱和脂肪酸含量要低于糖原酵解型的白肌（Alasnier 等，1996）。

在特定的物种和年龄下，肌肉间的蛋白质组成也有很大差别。牛背最长肌和腰大肌中的蛋白质对冻害的敏感性差异较大。不同肌肉中的肌红蛋白在冷藏或冻藏过程中对氧化的敏感性也不同（Ledward，1971）。

除了纯粹的化学差别外，不同肌肉中酶的组成也不同（表4.4）。牛咬肌的呼吸代谢能力强，糖原酵解酶含量低（Talmant等，1986）。对比研究18个不同部位肌肉发现，咬肌中细胞色素氧化酶活力最高，极限pHu也最高；而半膜肌中酶活力最低，但其缓冲能力最强，ATP酶和磷酸化酶活力最高。咬肌的氧化能力比横膈肌高。

能够更好地反映“红”肌能量代谢特征的指标肌糖原含量更低，极限pHu偏高，缓冲能力更低。以“红”肌纤维为主的肌肉中，极限pHu更高，但对酸的缓冲能力较低，而白肌的缓冲能力更高，可能是因为白肌中无机磷酸和肌肽含量高。“红”肌和“白”肌中的其他化学物质含量也并不相同。“红”肌（咬肌）中的牛磺酸和辅酶Q10含量是“白”肌（半腱肌）的10倍和3倍（Reig等，2015）。

表4.4　不同动物咬肌、斜方肌、股二头肌和背最长肌中苹果酸脱氢酶（MDH）和乳酸脱氢酶（LDH）活性

动物种类	肌肉类型	LDH/（U/g）	MDH/（U/g）	MDH/LDH比值
猪	咀嚼肌	$150^{a}\pm20$	$390^{a}\pm50$	2.6
	斜方肌	$590^{b}\pm75$	$240^{b}\pm20$	0.4
	背最长肌	$970^{c}\pm85$	$100^{c}\pm10$	0.1
	股二头肌	$720^{b}\pm90$	$120^{c}\pm15$	0.2
羊	咀嚼肌	$130^{a}\pm10$	$380^{a}\pm45$	2.9
	背最长肌	$630^{b}\pm75$	$290^{b}\pm30$	0.5
	股二头肌	$300^{c}\pm25$	$220^{b}\pm35$	0.7
兔	咀嚼肌	$140^{a}\pm15$	$510^{a}\pm60$	3.6
	背最长肌	$1010^{b}\pm90$	$150^{b}\pm20$	0.1
	股二头肌	$760^{c}\pm95$	$80^{c}\pm10$	0.1
牛	咀嚼肌	$70^{a}\pm5$	$310^{a}\pm35$	4.4
	背最长肌	$890^{b}\pm95$	$230^{b}\pm25$	0.3
	股二头肌	$840^{b}\pm85$	$200^{b}\pm25$	0.2

注：^{a,b,c}在一个给定的动物中同一列中的不同字母表示了统计学上的显著性差异（$P<0.05$）。

［资料来源：Reig, M., Toldrá, F., 2015. Sources of variability in the analysis of meat nutrient coenzyme Q(10), for food composition database. Food Control 48, 151-154.］

“红”肌和“白”肌间的糖原代谢存在差异，“红”肌中糖原分解为葡萄糖的酶活高。“红”肌中6-磷酸葡萄糖脱氢酶、6-磷酸葡萄糖酸脱氢酶和糖原合成酶的活性更高。而“白”肌中参与糖原转变成乳酸的酶活性更高。糖原脱支酶的活性由于温度的急剧下降而减弱，宰后糖原酵解速率也随之下降（Kyla-Puhju等，2005）。“红”肌中参与脂肪和碳水化合物氧化的酶更高，如β-羟基酰基辅酶A脱氢酶、柠檬酸合酶、异柠檬酸脱氢酶、苹

果酸脱氢酶、琥珀酸脱氢酶和细胞色素氧化酶。在饲养过程中，日粮中添加抗氧化剂可以显著改善宰后肉中的抗氧化状态。

红肌的嫩化效果不及白肌，可能是因为红肌中蛋白水解酶如钙激活蛋白酶的含量更低。不同肌肉间蛋白质水解能力的差异较为复杂。在肌肉中钙激活蛋白酶系统包括钙激活蛋白酶Ⅰ和钙蛋白酶Ⅱ（也被称作μ-钙激活蛋白酶和m-钙激活蛋白酶），以及钙激活蛋白酶抑制剂。μ-钙激活蛋白酶和m-钙激活蛋白酶分别由微摩尔级和毫摩尔级的钙离子激活。白肌中钙蛋白酶Ⅱ/钙蛋白酶抑制素的比值比红肉高，因此白肌时在宰后成熟过程中变化更加明显。红肉中钙激活蛋白酶Ⅱ和钙激活蛋白酶抑制剂的水平都很高，导致成熟过程中的水解作用相对较弱（Ouali 等，1990）。

即便是同一个肌肉，其组成和构造上也存在系统性的差异。Lawrie 等（1962）观察到大白猪和长白猪背最长肌的极限 pHu 和色素蛋白含量有着明显差异；Lundstom 等（1985）也发现瑞典长白猪与约克夏猪的杂交猪肌肉的光散射和持水能力存在显著差异。Rees 等（2002）发现宰后糖原酵解速率在背最长肌的尾端最大。在猪半膜肌内，仅有 19cm 区域表现出 PSE 肉现象（肉色苍白、汁液渗出，pHu 为 4.9），而其他区域表现正常（粉红、干燥，pHu 为 5.6）。

宰前应激会消耗肌纤维中的糖原。混合应激对快肌纤维（ⅡA 和ⅡB 型）中糖原消耗比慢肌纤维（Ⅰ型）大，但注射肾上腺素引起的糖原消耗在慢肌纤维中更为严重（Lacourt 等，1985）。在严寒条件下，红肌颤抖消耗的糖原比白肌多。因此，黑切肉的形成与肌肉中肌纤维的类型有关。

PSE 猪肉和其他异质肉问题引起了行业对猪胴体中不同肌肉易感性的调查。Warner 等（1993）比较研究了腰背最长肌、胸背最长肌、后腿肉和肩肉的品质特性，发现当腰背最长肌色暗且无渗出液时，其他肌肉也会发暗且极限 pHu 较高。当腰背最长肌发白且有汁液渗出时，仅后腿肉（除股直肌外）有类似问题。

Young 等（1984）发现阉公牛肉中的ⅡB 型纤维含量比公牛高，而公牛中ⅡA 型肌纤维含量高。这表明雄激素在肌肉生长中发挥了重要作用。野猪比家猪含有更多的氧化ⅡA 型肌纤维（糖原酵解型），但肌红蛋白含量低，Ⅰ、ⅡA 和ⅡB 型肌纤维的横切面肌相似。在家猪中ⅡB 型肌纤维的横切面积比Ⅰ和ⅡA 型肌大得多（Ruusunen 等，2004）。

4.3.2 物种、品种和谱系

物种是影响肌肉组成的因素中最容易鉴别的；但其影响受许多已提及的内在和外在因素同时调控（见第 2 章）。因此在进行物种间比较时较为期望在这些可变因素中选择明确的数值。

在一项肉用动物（猪、牛、羊、兔、野牛）的比较中，发现肉中水分、总氮、总可溶磷的含量相似，但其他指标存在明显差别。兔肉和猪肉中肌红蛋白含量较低，因此看上去肉色发白。猪肌肉中的肌红蛋白组成也与野牛肉不同。鲜切背最长肌发现，猪肉中肌红蛋白的氧合速率更快、羊肉居中，牛肉最慢（Haas 等，1965）。

如前所述，在活的肌肉中初始 pH 为 7~7.2，但牛肉、羊肉及猪背腰肉的极限 pH 通常接近 5.5。宰后 pH 的下降速率有着显著的区别。猪背最长肌的 pH 下降快，在宰后 2h 内下降了 1.1 个单位，接近6；而羊肉和牛肉的 pH 下降相对较慢，宰后 2h 分别下降 0.85 和 0.7 个单位，并在宰后 8 到 12h 才达到 6.0（图 4.13）。pH 下降受季节、日粮、宰前管理、脂肪覆盖、宰后温度等多种因素的影响，但不同物种的肌肉生理行为显著影响到了宰后的工艺流程。为了尽可能地减少肌肉收缩和蛋白质变性，可采取优化的加工工艺，背最长肌的 pH 应在胴体温度处于 18~25℃ 达到 6（Thompson 等，2005）。因此，对于不同种类的肉，采取冷却的方式各不相同。

尽管对这些物种间差异的认识仍不够透彻，但它们与宰后肉的质地和感官品质关系密切。在受控制的条件下，肌肉开始僵直的时间不同，初始和极限 pH、初始和残余糖原含量、在有氧和无氧条件下 pH 下降速率、高能磷酸键含量（ATP 和 CP）、ATP 合成能力以及肌浆网吸收钙离子的能力（表 4.5）都存在很大差别。在胴体或分割肉中，每个肌肉所处的环境不同。尽管环境温度会影响到宰后糖原酵解的速率，但对温度进行校正后，肌肉间依然存在显著差异。

在 37℃ 无氧条件下进入快速僵直阶段的时间与高能磷酸化合物、糖原的初始含量有关。背最长肌具有“白”肌特征，有着短时爆发的能力。这可归因于相对较高的高能磷酸键含量和较低的磷酸根有氧再合成能力。为了实现快速僵直，对牛羊等反刍动物胴体进行电刺激处理。对于猪肉来说，应该要降低 pH 的下降速率，主要措施包括优化宰前处理、饲料干预以及尽早使用冷却工艺。使用冷却工艺最主要的目的是降低蛋白变性，减少 PSE 肉的产生。但对于氟烷敏感性的猪，冷却工艺也无法降低 PSE 肉的发生。

对于反刍动物来说，饲料中的脂肪对沉积的脂肪没有影响，这是因为饲料中的脂肪酸会被瘤胃微生物氢化（并且导致脂肪酸链长的改变）。反刍动物的肌肉中多不饱和脂肪酸与饱和脂肪酸的比值较低，但它却含有各种对人体有益的 n-6 和 n-3 系列的 C_{20} 和 C_{22} 多不饱和脂肪酸。Enser 等（1998）发现喂饲草的阉公牛肉中 n-3 多不饱和脂肪酸的百分含量比喂饲精料公牛肉高；但公牛肉中 n-6 多不饱和脂肪酸含量更高。

表 4.5　37℃下不同物种的背最长肌进入尸僵快速进展阶段所需的时间和 pH

	进入快速僵直所需时间/min	初始 pH	僵直开始的 pH	极限 pH
马	238	6.95	5.97	5.51
牛	163	6.74	6.07	5.50
猪	50	6.74	6.51	5.57
羊	60	6.95	6.54	5.60

[资料来源：Lawrie's Meat Science, seventh ed(2006).]

共轭亚油酸对人类健康的潜在益处，尤其是顺-9、反-10 亚油酸和反-10、顺-12 亚油酸，近年来被广泛关注。瘤胃微生物可氢化来自饲料的亚油酸，将其转变成硬脂酸，共轭亚油酸是这一反应的中间产物。在反刍动物的饲料中添加富含 C18：2 n-6 的脂肪，会增加肉中顺-9、反-10 亚油酸含量（Noci 等，2005）。反刍动物沉积脂肪的不饱和度会随着季节而变化，可能是牧草中十八碳三烯酸含量不同造成的；且在物种间也显著不同。牛通过硬脂酸和十六碳烯酸间的互相转化来调节脂肪的不饱和度，但猪是通过硬脂酸和十八烯酸间的转化来调节的。对于猪来说 n-3 与 n-6 多不饱和脂肪酸的比值可以很容易地通过日粮来改变；并且日粮的影响比遗传因素大。猪肉的营养价值可通过添加亚麻籽来提升，对猪肉的食用品质没有影响（Hoz 等，2003）。

兔子比其他草食动物（如马）更容易积累多不饱和脂肪酸。与其他家养动物相比，兔肉中含有更多的棕榈酸、亚油酸和肉豆蔻酸，更少的硬脂酸（Cambero 等，1991）。

除了物种，品种对肌肉的生化特性和组成也有很大的影响。不同品种马之间的生化特性差异非常明显。良种马的背最长肌中肌红蛋白含量比役马相同肌肉高很多。这使得良种马在奔跑中能更有效地使用背力。但腰大肌没有这样的差异。

通过对比研究氟烷基因阴性的长白猪和杜洛克猪，Cameron 等（1991）发现这两个品种猪的应激易感性没有差异，但背最长肌中肌内脂肪的含量存在显著差异。与长白猪相比，杜洛克猪肌内脂肪中饱和脂肪酸和单不饱和脂肪酸含量更高，多不饱和脂肪酸含量更低，但杜洛克猪肉中脂肪含量更高。通过对 11 个品种猪背膘的研究，Warris（1990）发现背膘硬度很大程度上取决于猪的肥胖程度，与品种因素无关。在一项猪背最长肌脂肪酸组成的研究中，Wood 等（2003）发现不同品种猪的中性脂质和磷脂中亚油酸和亚麻酸的含量差异明显（表 4.6）。

表 4.6　不同品种猪背最长肌中性脂质和磷脂中脂肪酸组成

脂肪酸	波克夏	杜洛克	大白	塔姆沃思
中性脂质脂肪酸				
重量（在肌肉中的百分数）	2.29	1.98	0.94	0.91
亚油酸	6.78	10.14	10.49	8.09
亚麻酸	0.58	0.87	0.78	0.67
磷脂脂肪酸				
重量（在肌肉中的百分数）	0.45	0.45	0.39	0.40
亚油酸	29.10	30.10	29.35	31.40
亚麻酸	0.70	0.67	0.61	0.75

（资料来源：Wood, J. D., Richardson, R. J., Nute, G. R., Fisher, A. V., Campo, M. M., Kasapidou, E., Sheard, P. R., Enser, M., 2003. Effect of fatty acids on meat quality: a review. Meat Science 66, 21-32.）

出于对 PSE 猪肉的兴趣，猪品种对肌肉组成的影响已被研究。从第五胸椎到第六腰椎的背最长肌中，大白猪与长白猪中含更多的肌红蛋白，极限 pHu 更高（Lawire 等，1962）。

基因选择也会引起肌肉组成和能量代谢的差异（Claeys 等，2001）（表 4.7）。

表 4.7 两个猪品系的横腹肌（宰后 3h）中的酶活力[①]

品系	瘦肉型（n=16）	生长型（n=16）	P
脂肪增重 20～80kg/（g/d）	46（4）	105（5）	0.01
瘦肉增重 20～80kg/（g/d）	592（36）	628（44）	0.01
屠宰年龄/d	190（10.8）	176（14.7）	0.005
胴体重量/kg	78.9（7.7）	83.7（8.7）	0.142
胴体瘦肉率/%	63.2（2.8）	55.4（4.6）	0.000
胴体增重/（g/d）	411（41）	471（56）	0.001
胴体瘦肉增重/（g/d）	259（26）	260（35）	0.961
胸背最长肌			
宰后 1h 的 pH	5.71（0.32）	6.32（0.26）	0.000
横腹肌			
宰后 1h pH	6.06（0.32）	6.43（0.21）	0.001
干物质含量/%	26.1（0.89）	26.7（0.89）	0.016
肌内脂肪含量/%	2.75（1.03）	3.27（1.03）	0.078
μ-钙激活蛋白酶[②]	2.4（4.6）	8.6（7.2）	0.013
m-钙激活蛋白酶[②]	33.4（7.2）	42.3（5.7）	0.001
钙激活蛋白酶抑制素[②]	848（89）	894（173）	0.247
组织蛋白酶（B+L）[③]	2.23（0.51）	2.34（0.74）	0.721
组织蛋白酶 D[④]	46.1（5.2）	45.3（4.1）	0.728
二肽酶Ⅳ[③]	1.67（0.37）	1.87（0.30）	0.130
焦谷氨酰胺肽酶Ⅰ[③]	3.38（1.36）	4.92（1.13）	0.002
酸性脂肪酶[⑤]	3.80（0.80）	4.61（0.77）	0.015
酸性磷脂酶[⑤]	1.19（0.28）	1.35（0.16）	0.116
中性磷脂酶[⑤]	121（15）	149（25）	0.000

注：①平均值（标准差）；②每分钟每克肌肉中酪蛋白量；③每分钟每克肌肉中释放 4-氨基-7-甲基香豆素的量；④每分钟每克肌肉中血红素被水解的量（μg）；⑤每分钟每克肌肉中甲基伞形酮的释放量（μg）。

（资料来源：Claeys, et al., 2001. Meat Science 57, 257-263.）

4.3.3 性别

一般而言，雄性比雌性动物含有更少的肌内脂肪，但阉割后的动物含有更多的肌内脂肪和更高的饱和脂肪酸（Wood 等，2008）。

在一项英国的研究中，公猪背最长肌中血色素蛋白（肌红蛋白+血红蛋白）比阉公猪含量高（Warris，1990）。成年未阉割公猪具有难闻的气味（公猪味），因此公猪肉的检测方法非常重要。

4.3.4 年龄

除了种类、品种和性别外，年龄也会影响肌肉中的组分，但不同肌肉的增长方式是不完全一样的。不同组分在不同的时间达到成年个体应有的数值。在牛背最长肌中，那些代表肌原纤维蛋白和肌浆蛋白的含氮物含量在出生时就达到成年时的70%~80%，五个月龄时达到最大值；非蛋白含氮物在12月龄时达到最大值；肌红蛋白浓度在24月龄达到最大值；肌内脂肪含量一直增长到40月龄时，而水分含量一直下降。基于无脂计算，24月龄后含水量基本保持不变。随着年龄增长，肌内脂肪和肌红蛋白含量增长得越快，总氮和肌浆中氮的含量增长越少，水分和结缔组织反而下降。猪越重，肌内脂肪的饱和度增加，主要是由中性脂组分中C18~C18.1脂肪酸的比例增加引起的（Allen等，1967）。在猪肌内脂肪的磷脂组分中奇数碳脂肪酸（C11、C13、C15和C17）非常常见。牛脂肪组织中脂肪的不饱和度随着动物年龄和肥胖程度的增加而减少（Wood等，2008），亚油酸对硬脂酸的比值和脂肪的柔软度增加。这可能与支链脂肪酸随着年龄的变化有关，主要得益于瘤胃微生物的作用，瘤胃微生物可以氢化饲料来源的不饱和脂肪酸。牛犊能够直接沉积饲粮中的脂肪（Bozzolo，1999）。

肌红蛋白含量的增长分两个阶段，第一个阶段增长较快，第二阶段的增长速度相对缓慢。对于猪、马和牛来说，肌红蛋白含量快速增长持续的时间分别为1年、2年和3年。肌红蛋白随年龄的变化也伴随着能量代谢酶活性的变化。这些变化与肌肉中线粒体膜的摄氧速率有关，这些变化是相对的，与肌肉中的绝对值成正比。

年龄小的动物肌肉中结缔组织的含量比大龄动物高。胶原蛋白和弹性蛋白的含量受溶解度的影响，随着年龄的增加而下降。在生长旺盛的肌肉中“盐溶”胶原蛋白（不溶胶原蛋白的前体物质）含量相对更高。胶原蛋白中多肽链的分子内和分子间交联度会随着动物年龄的增长而增长（Nishimura，2015）。Bailey和他同事的研究表明腱、肌肉和其他组织中的胶原蛋白随年龄变化的规律。发现在幼年动物中，大部分交联是不耐热不耐酸的，容易被破坏；交联数量会持续增长到2岁，在那之后不耐热交联被热稳定性的交联取代（Bailey和Light，1989）。在幼年动物肌外膜中主要是热不稳定交联，随着年龄增加，成熟度最大；而此时肌内膜中已存在热稳定性交联（Bailey，1989）。在成年动物中，胶原蛋白也会发生显著的变化，其速率则因胶原蛋白的性质不同而不同。Ⅲ型胶原蛋白前体比Ⅰ型胶原蛋白前体变化速率慢（Bailey，1989）。在快速生长的猪中胶原蛋白变化速度快，对胶原蛋白强度产生不利影响，会导致活猪跛足症，在鲜肉中脂肪和瘦肉分层，导致“花纹”培根。

4.3.5 训练与运动

对于一个特定的肌肉，其组成在活泼动物与不活泼动物、年幼与年长动物、“红”肌与“白”肌之间都存在显著差异，换言之就是用进废退的概念。与宰前疲劳运动相比，系统性的训练会导致肌肉组成的变化。最明显的变化是系统训练会增加肌红蛋白的含量，因为肌红蛋白能短时储存氧气，有助于产生更大力量。同时，也会伴随着呼吸酶活性的增加。在跑步机上训练和自发性活动都会降低猪肌肉中乳酸脱氢酶的水平，表明有氧代谢能力增强（Petersen 等，1997）。训练运动会导致肌肉中糖原储备增加，也会导致宰后极限 pHu 更低（Bate-smith，1948），增加肌肉中酯酶和脂肪酶活力的活性（Daza 等，2009）。

4.3.6 饲料、营养水平和禁食

饲料和饲喂方式会影响肉的组成和肌肉的代谢特性，从而影响肉品品质。这是研究的热门领域，主要研究方向包括改变主要营养素、微量元素调控代谢、特殊营养素的富集等，特别注重动物的生产力和生产效率（见第 2 章）。饲料成本是动物生产的主要支出，改变饲料配方的目的是降低生产成本。因此，需要优化宰前管理来提供生产效率（Apple，2007）。有时候几分钟就很有效。这里简要介绍一些有效的做法。

大量的研究都集中在改变碳水化合物组成、宰后代谢和肉品品质，最主要的是优化 pH 下降速率。在饲料或饮水中添加糖或其他易被消化的碳水化合物，能增加糖原储量并降低 pH。而在高脂高蛋白饲料中添加难消化的碳水化合物，可降低糖原含量，进而调节 pH 下降（Rosenvold 等，2001；图 4.20）。在这个情况下，虽然极限 pHu 相似，但增加了持水能力。减少运动可以减少糖原消耗，增加磷酸肌酸的含量，降低宰后早期 pH 下降速率，进而提高肉的保水性（Young 等，2005）。铬作为葡萄糖代谢的调节剂，若在猪的饲料中添加极

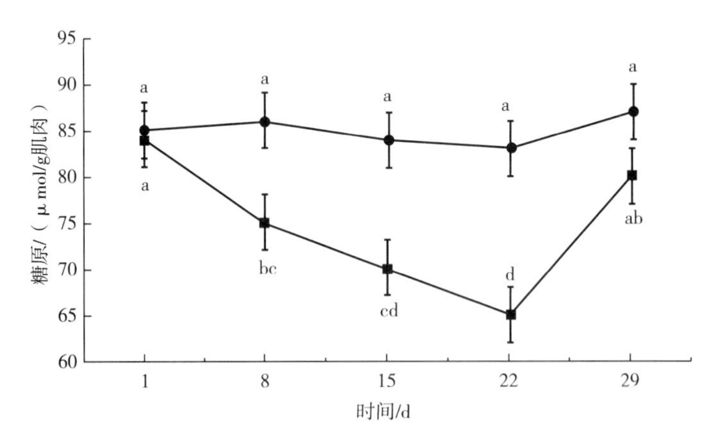

图 4.20 喂饲对照组饲料（●）或含有低水平的易消化碳水化合物和高含量脂肪饲料（■）对猪肌糖原含量的影响

（资料来源：Rosenvold，K.，Petersen，J. S.，Laerke，H. N.，Jensen，S. K.，Therkildsen，M.，Karlsson，A. H.，Moller，H. S.，Andersen，H. J.，2001. Muscle glycogen stores and meat quality as affected by strategic finishing feeding of slaughter pigs. Journal of Animal Science 79，382-391.）

低浓度的铬（200ppb），就可使提高极限 pHu 和保水性（Matthews 等，2005）。饲料中补充维生素 E，也可调控肌糖原的含量（Lauridsen 等，1999）。有些饲料成分能减少肉用动物的应激，影响肉品品质。镁能降低儿茶酚胺含量并改善持水能力和肉品品质（D'Souza 等，1998）。色氨酸是 5-羟色胺的前体物质，在饲料中添加色氨酸，则会减少应激反应和攻击行为（Shen 等，2015）。此外，宰前禁食会减少糖原含量，提高极限 pHu，延迟钙激活蛋白酶的活性，加速溶酶体酶的释放（Wang 等，2013；图 4.21）。

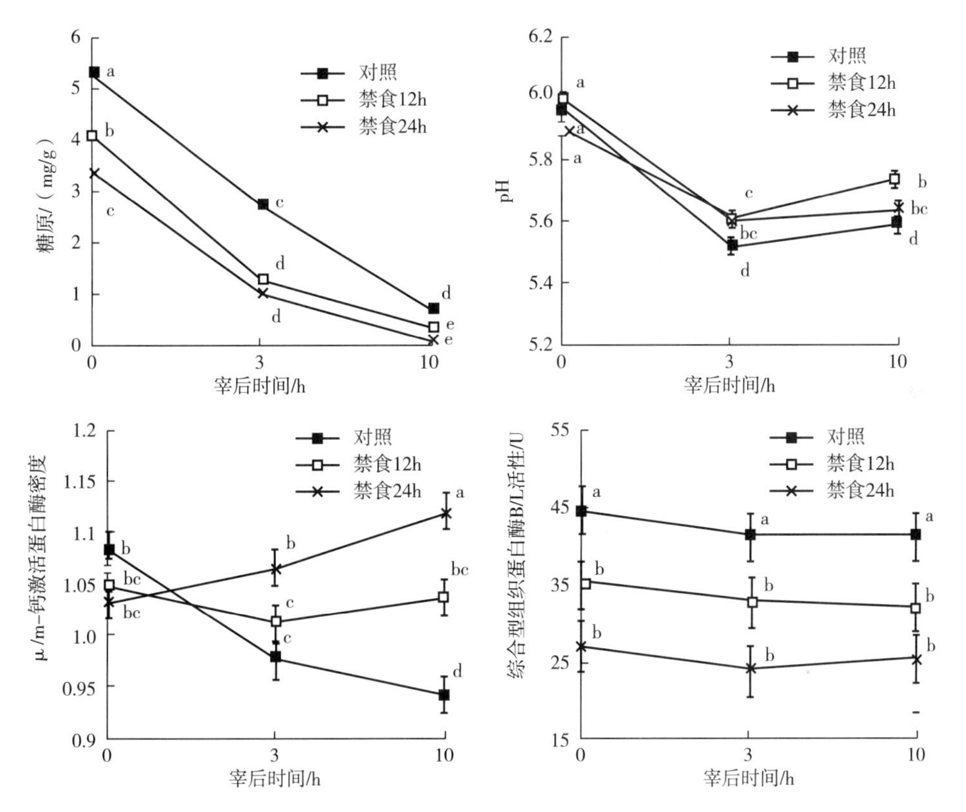

图 4.21 禁食 12h 或 24h 对屠宰时、宰后 3h 和宰后 10h 鸡胸中肌糖原含量、pH、钙激活蛋白酶密度和游离组织蛋白酶活性的影响

（资料来源：Wang, S., Li, C., Xu., X., Zhou, G., 2013. Effect of fasting on energy metabolism and tenderizing enzymes in chicken breast muscle early postmortem. Meat Science 93, 865-872.）

人们致力于改变肉中某些特定成分的含量以提高肉的营养价值（Reig 等，2015）。主要措施包括增加 n-3 多不饱和脂肪酸含量（Hoz 等，2003）、单不饱和脂肪酸或者改变 n-6/n-3 脂肪酸的比值。鱼油、亚麻籽油、亚麻籽、葵花籽油、橄榄油和橡子油中单不饱和脂肪酸含量较高。不同种类动物对这类饲料的响应规律是不一样（图 4.9），但饱和度几乎不变。内源合成的脂肪酸可能受一些特定的调节剂（铜、维生素 A、共轭亚油酸等）的调控，主要是改变 δ-9 去饱和酶的活性。

氧化对肉和肉制品的不利影响也是研究热点。维生素 E 可能通过提升细胞膜的完整度来减少氧化和酸败，稳定肉色，减少汁液渗出（Asghar 等，1991；Isabel 等，2003）。最近的研究表明维生素 E 可以保护宰后钙激活蛋白酶活性，减少水分损失（Huff-Lonergan 等，2005）。饲料中补充有机硒具有相似的效果（Calvo 等，2016；图 4.22）。许多天然抗氧化剂能减缓脂质和蛋白质氧化（Jiang 和 Xiong，2016）。

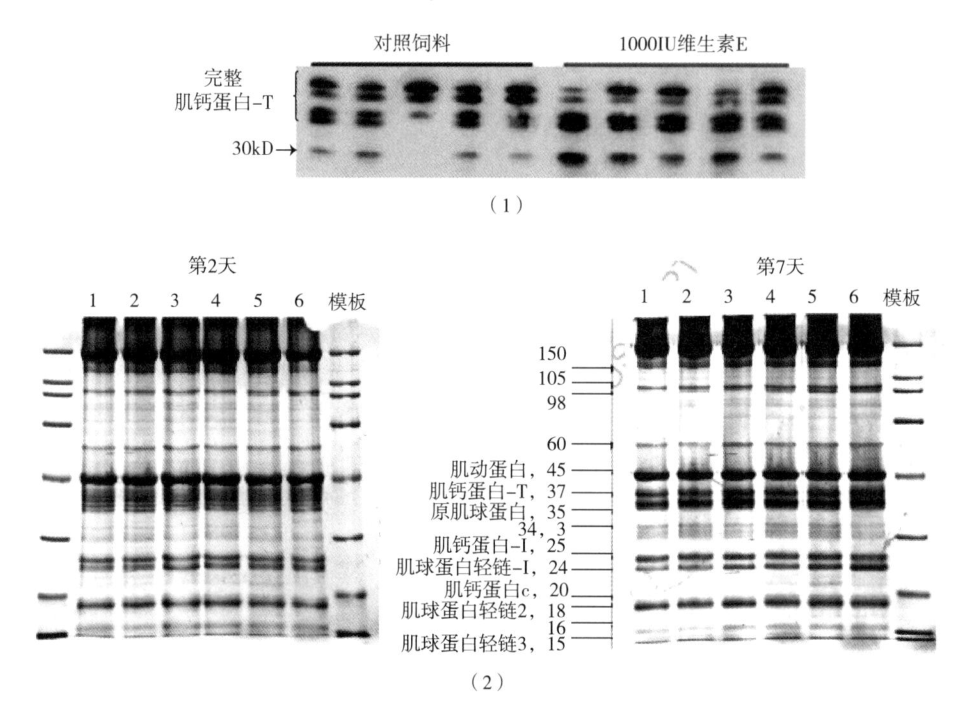

图 4.22 （1）宰后成熟 2d 的阉割牛肌原纤维蛋白肌钙蛋白-T 免疫印迹图（对照组和喂饲富含 α 生育酚饲料组），30kD 条带密度增加（肌钙蛋白-T 的降解产物）表明蛋白降解。（2）宰后 7d 猪肌原纤维蛋白及降解产物的电泳图（对照组——第 1 泳道）、富含亚硒酸钠组（第 2～3 泳道）、有机硒（第 5～6 泳道）或过量维生素 E 组

（资料来源：Huff-Lonergan，E.，Lonergan，S.，2005. Mechanisms of water-holding capacity of meat：the role of postmortem biochemical and structural changes. Meat Science 71，194-204 and Calvo，L.，Toldrá，F.，Aristoy，M. C.，Lopez-Bote，C. J.，Rey，A. I.，2016. Effect of dietary organic selenium on muscle proteolytic activity and water-holding capacity in pork. Meat Science 121，1-11.）

猪肉中的铁含量和其他微量元素（硒、镁和锌）一样有着很大的关系。在氧化型肌肉中铁含量比糖酵解型肌肉更高（Reig 等，2013）。肉中硒含量可通过添加亚硒酸钠或富硒酵母来增加（Calvo 等，2016）。

肌内脂肪富集也备受关注。主要措施包括减少饲料中饱和脂肪酸、赖氨酸、蛋白质水平（Pires 等，2016），补充亮氨酸（Hyun 等，2003）、共轭亚油酸（Cordero 等，2010）或降低饲料维生素 A（Ayuso 等，2015）等。

通过基因和营养调控来减少猪胴体的脂肪含量，导致脂肪组织柔软度增加，黏结度下降，皮下脂肪分层。这种负面效应主要是因为脂肪细胞缩小，脂肪中亚油酸与硬脂酸的比值增大所致（Wood，1984）。由于亚油酸和酸的含量增加，脂肪变软和更透明（Maw 等，2003）。摄入过多的不饱和脂肪酸会导致猪肉中不饱和肌内脂肪的沉积，但对反刍动物没有影响，除非饲料已被处理以防止瘤胃微生物的氢化作用。甚至在反刍动物中，当饲料未得到足够的保护时，摄入不同饲料能影响一些脂肪中脂肪酸形态的变化。营养水平影响脂肪组成和脂肪合成酶的活力（Daza 等，2007）。

4.3.7 动物间的差异

影响肌肉组成的内在因素中了解最少的部分，是动物间的差异。同一性别的同窝幼畜的肌内脂肪、水分以及总氮的含量以及肌浆蛋白、肌原纤维蛋白和结缔组织蛋白含量存在很大差异。这种差异可能来自发育早期的变化（见第 2 章）。初生重受到特别的关注，有证据表明，现代生产体系中来自同一母猪的仔猪初生重的差异很大。充分认识孕期影响胎儿生长发育的因素对提高同窝仔猪体重、生猪指标和品质特征的一致性具有重要意义（Campos 等，2012）。蛋白质限制对怀孕早期胎儿生长的有害影响主要体现在胎盘和子宫内膜的血管生成和生长的变化，这会导致胎盘内胎儿血流量、从母体到胎儿的营养供给减少，最终使胎儿发育迟缓。

宫内发育迟缓是牲畜生产中面临的一个突出问题。它会对新生儿存活率、产后生长速度、饲料利用效率、组织构成（包括蛋白质、脂肪和矿物质）、肉的品质、后代长期的健康和成年个体的发病有着不利影响。遗传的、表观遗传的和环境的因素（含营养）与母体成熟度都会影响胎盘大小和功能、胎盘血管的生长、子宫胎盘的血流量、母体营养供应、内分泌环境以及心肌细胞、成熟脂肪细胞和其他细胞的胚胎发育。越来越多的证据表明精氨酸衍生分子（一氧化氮和多胺）对调节这些关键的生理生化过程起着重要作用（Wu 等，2013）。毫无疑问隐性基因可能是同一品种动物的肌肉组成差异的重要原因。双肌牛中含有一种不寻常的肌球蛋白（Picard 等，2002）。

动物之间存在的宰后糖原酵解和 pH 下降速率差异很大（图 4.23）。有一些证据表明较慢的速率可能与葡萄糖磷酸变位酶以去磷酸形式存在有关。肌肉组成的差异受很多无法解释的因素影响，这些因素是将来研究的课题。

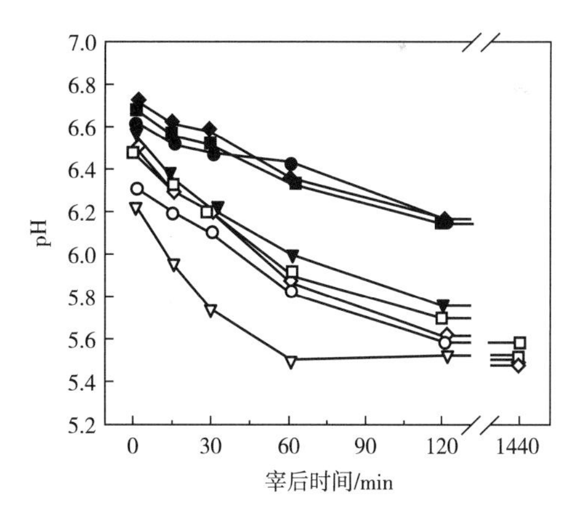

图 4.23 不同基因型猪背最长肌的宰后 pH 下降的差异［宰前二氧化碳击晕或电击晕（黑色填充）或适当运动（白色填充）］

（资料来源：Lindahl，et al.，2006. Meat Science，613-623.）

4.4 结论与展望

肉类科学是基于最初对在宰后肌肉中出现的代谢特征和复杂机理的深刻认知形成的。这凝聚着 R. A. Lawrie 的毕生精力，并被所有版本的《肉类科学》所涵盖，其中就包括基础科学和应用科学。生理、生化和其他分支科学的进展为我们更好地认识肌肉生化过程及其调控机制提供了重要支撑。任何肉类有关的技术方法都要以这些复杂的机理为基础。动物生产技术越来越注重肉品品质特征，其中就包括越来越重要的营养方面。养殖业需要重建社会发展和农村发展的良好关系，因此要格外关注动物与环境的关系、传统生产系统的品质属性。优化包括福利在内的宰前技术也越来越受到社会关注。总之，我们仍需要对肌肉生化进行更深入的研究。

参考文献

Aiello, S. E., Moses, M. A., Steigerwald, M. A., 2016. The Merck Veterinary Manual. Merck Publishing Group, Merck and Co., Inc., Rahway, NJ, 07065.

Alasnier, C., Remignon, H., Gandemer, G., 1996. Lipid characteristics associated with oxidative and glycolytic fibres in rabbit muscles. Meat Science 43, 213-224.

Allen, E., Cassen, R., Bray, R., 1967. Comparative lipid composition of 3 porcine muscles. Journal of Animal Science 26, 36.

Alonso, M., Lomako, J., Lomako, W., Whelan, W., 1995. A new look at the biogenesis of glycogen. FASEB Journal 9, 1126-1137.

Apple, J. K., 2007. Effects of nutritional modifications on the water-holding capacity of fresh pork: a review. Journal of Animal Breeding and Genetics 124, 43-58.

Asghar, A., Gray, J. I., Booren, A. M., Gomaa, E. A., Abouzied, M. M., Miller, E. R., Buckley, D. J., 1991. Effects of supranutritional dietary vitamin-e levels on subcellular deposition of alphatocopherol in the muscle and on pork quality. Journal of the Science of Food and Agriculture 57, 31-41.

Ayuso, M., Ovilo, C., Rodriguez-Bertos, A., Rey, A. I., Daza, A., Fenandez, A., GonzalezBulnes, A., Lopez-Bote, C. J., Isabel, B., 2015. Dietary vitamin A restriction affects adipocyte differentiation and fatty acid composition of intramuscular fat in Iberian pigs. Meat Science 108, 9-16.

Bach, L., 1948. Conversion of red muscle to pale muscle. Proceedings of the Society for Experimental Biology and Medicine 67, 268-269.

Bailey, A. J., Light, N. D., 1989. Connective Tissue in Meat and Meat Products. Elsevier Science Publishers Ltd., London, 355 pp.

Bailey, K., 1954. The proteins, Part B, vol. II. In: Neurath, H., Bailey, K. (Eds.), Academic Press, New York, p. 951.

Bate-Smith, E., 1948. Observations on the pH and related properties of meat. Journal of the Society of Chemical Industry-London 67, 83-90.

Bayol, S., Jones, D., Goldspink, G., Stickland, N., 2004. The influence of undernutrition during gestation on skeletal muscle cellularity and on the expression of genes that control muscle growth. British Journal of Nutrition 91, 331-339.

Bendall, J. R., 1973. The Structure and Function of Muscle, vol. 12. In: Bourne, G. H. (Ed.), Academic Press, New York, p. 244.

Bendall, J., Wismer-Pedersen, J., 1962. Some properties of fibrillar proteins of normal and watery pork muscle. Journal of Food Science 27, 144.

Bendixen, E., 2005. The use of proteomics in meat science. Meat Science 71, 138-149.

Berardo, A., Claeys, E., Vossen, E., Leroy, F., De Smet, S., 2015. Protein oxidation affects proteolysis in a meat model system. Meat Science 106, 78-84.

Bertram, H. C., Schafer, A., Rosenvold, K., Andersen, H. J., 2004. Physical changes of significance for early post mortem water distribution in porcine *M. Longissimus*. Meat Science 66, 915-924.

Bertram, H., Karlsson, A., Rasmussen, M., Pedersen, O., Donstrup, S., Andersen, H., 2001. Origin of multiexponential T (2) relaxation in muscle myowater. Journal of Agricultural and Food Chemistry 49, 3092-3100.

Bozzolo, G., Bouillier-Oudot, M., 1999. Fatty acids composition of layer fat from lamb's carcasses and its firmness and colour characteristics. Annales de Zootechnie 48, 47-58.

Brooks, C., 1971. Fatty acid composition of pork lipids as affected by basal diet, fat source and fatlevel. Journal of Animal Science 33, 1224.

Bryant, N., Govers, R., James, D., 2002. Regulated transport of the glucose transporter GLUT4. Nature Reviews Molecular Cell Biology 3, 267-277.

Calvo, L., Toldrá, F., Aristoy, M. C., Lopez-Bote, C. J., Rey, A. I., 2016. Effect of dietary organic selenium on muscle proteolytic activity and water-holding capacity in pork. Meat Science 121, 1-11.

Cambero, M., de la Hoz, L., Sanz, B., Ordonez, J., 1991. Lipid and fatty-acid composition of rabbitmeat. 1. Apolar fraction. Meat Science 29, 153-166.

Cameron, N., Enser, M., 1991. Fatty-acid composition of lipid in *Longissimus dorsi* muscle of Duroc and British Landrace pigs and its relationship with eating quality. Meat Science 29, 295-307.

Campos, P. H. R. F., Silva, B. A. N., Donzele, J. L., Oliveira, R. F. M., Knol, E. F., 2012. Effects of sow nutrition during gestation on within-litter birth weight variation: a review. Animal 6, 797-806.

Castellana, M., Wilson, M. Z., Xu, Y. F., Joshi, P., Cristea, I. M., Ileana, M., Rabinowitz, J. D., Gitai, Z., Wingreen, N. S., 2014. Enzyme clustering accelerates processing of intermediates through metabolic channeling. Nature Biotechnology 32, 1011.

Cava, R., Ruiz, J., Lopez-Bote, C., Martin, L., Garcia, C., Ventanas, J., Antequera, T., 1997. Influence of finishing diet on fatty acid profiles of intramuscular lipids, triglycerides and phospholipids in muscles of the Iberian pig. Meat Science 45, 263-270.

Cheah, A., Cheah, K., Lahucky, R., Kovac, L., Kramer, H., McPhee, C., 1994. Identification of halothane genotypes by calcium accumulation and their meat quality using live pigs. Meat Science 38, 375-384.

Chwalibog, A., Thorbek, G., 1995. Quantitative partition of protein carbohydrate and fat pools in growing pigs. Archives of Animal Nutrition-Archiv Fur Tierernahrung 48 (1-2), 53-61.

Claeys, E., De Smet, S., Demeyer, D., Geers, R., Buys, N., 2001. Effect of rate of pH decline on muscle enzyme activities in two pig lines. Meat Science 57, 257-263.

Cole, H., Perry, S., 1975. Phosphorylation of troponin-i from cardiac-muscle. Biochemical Journal 149, 525-533.

Cong, J., Goll, D., Peterson, A., Kapprell, H., 1989. The role of autolysis in activity of the Ca^{2+}-Dependent proteinases (mu-calpain and m-calpain). Journal of Biological Chemistry 264, 10096-10103.

Cordero, G., Isabel, B., Menoyo, D., Daza, A., Morales, J., Pineiro, C., Lopez-Bote, C. J., 2010. Dietary CLA alters intramuscular fat and fatty acid composition of pig skeletal muscle andsubcutaneous adipose tissue. Meat Science 85, 235-239.

D' Souza, D. N. , Warner, R. D. , Leury, B. J. , Dunshea, F. R. , 1998. The effect of dietary magnesium aspartate supplementation on pork quality. Journal of Animal Science 76, 104-109.

Daza, A. , Rey, A. I. , Menoyo, D. , Bautista, J. M. , Olivares, A. , Lopez-Bote, C. J. , 2007. Eirtect of level of feed restriction during growth and/or fattening on fatty acid composition and lipogenic enzyme activity in heavy pigs. Animal Feed Science and Technology 138, 61-74.

Daza, A. , Rey, A. I. , Olivares, A. , Cordero, G. , Toldrá, F. , Lopez-Bote, C. J. , 2009. Physical activity-induced alterations on tissue lipid composition and lipid metabolism in fattening pigs. Meat Science 81, 641-646.

Demirel, G. , Wachira, A. M. , Sinclair, L. A. , Wilkinson, R. G. , Wood, J. D. , Enser, M. , 2004. Effects of dietary n-3 polyunsaturated fatty acids, breed and dietary vitamin E on the fatty acids of lamb muscle, liver and adipose tissue. British Journal of Nutrition 91, 551-565.

Dhoot, G. , Perry, S. , 1981. Effect of thyroidectomy on the distribution of the fast and slow forms of troponin-i in rat soleus muscle. FEBS Letters 133, 225-229.

Duguez, S. , Le Bihan, M. , Gouttefangeas, D. , Feasson, L. , Freyssenet, D. , 2003. Myogenic and nonmyogenic cells differentially express proteinases, Hsc/Hsp70, and BAG-1 during skeletal muscle regeneration. American Journal of Physiology-Endocrinology and Metabolism 285, E206-E215.

Duran-Montge, P. , Realini, C. E. , Barroeta, A. C. , Lizardo, R. G. , Esteve-Garcia, E. , 2010. De novof atty acid synthesis and balance of fatty acids of pigs fed different fat sources. Livestock Science 132, 157-164.

Enser, M. , Hallett, K. , Hewett, B. , Fursey, G. , Wood, J. , Harrington, G. , 1998. Fatty acid content and composition of UK beef and lamb muscle in relation to production system and implications for human nutrition. Meat Science 49, 329-341.

Essen-Gustavsson, B. , Lindholm, A. , 1984. Fiber types and metabolic characteristics in muscles of wild boars, normal and halothane sensitive Swedish Landrace pigs. Comparative Biochemistry and Physiology A-Physiology 78, 67-71.

Faucitano, F. , Huff, P. , Teuscher, F. , Gariepy, C. , Wenger, J. , 2005. Application of computerized image analysis to measure pork marbling characteristics. Meat Science 69, 537-543.

Frearson, N. , Perry, S. , 1975. Phosphorylation of light-chain components of myosin from cardiac and red skeletal-muscles. Biochemical Journal 151, 99.

Gandemer, G. , 2002. Lipids in muscles and adipose tissues, changes during processing and sensory properties of meat products. Meat Science 62, 309-321.

Geesink, G. , Koohmaraie, M. , 1999. Postmortem proteolysis and calpain/calpastatin activity in callipyge and normal lamb biceps femoris during extended postmortem storage. Journal of Animal Science 77, 1490-1501.

Goll, D. , Thompson, V. , Li, H. , Wei, W. , Cong, J. , 2003. The calpain system. Physiological Reviews 83, 731-801.

Goll, D. , Thompson, V. , Taylor, R. , Christiansen, J. , 1992. Role of the calpain system in muscle growth. Biochimie 74, 225-237.

Greaser, M. , Wang, S. M. , Lemanski, L. F. , 1981. Proceedings 34th annual reciprocal. Meat Conference 34, 12.

Haas, M. , Bratzler, L. , 1965. Determination of myoglobin oxygenation rates in pork beef and lamb by Munsell and reflectance colorimetry. Journal of Food Science 30, 64.

Hannula, T. , Puolanne, E. , 2004. The effect of cooling rate on beef tenderness: the significance of pH at 7℃. Meat Science 67, 403-408.

Harper, G. , Pethick, D. , 2004. How might marbling begin? Australian Journal of Experimental Agriculture 44, 653-662.

Hattori, A. , Takahashi, K. , 1988. Localization ofparatropomyosin in skeletal-muscle myofibrils and its translocation during postmortem storage of muscles. Journal of Biochemistry 103, 809-814.

Hocquette, J., Ortigues-Marty, I., Pethick, D., Herpin, P., Fernandez, X., 1998. Nutritional and hormonal regulation of energy metabolism in skeletal muscles of meat-producing animals. Livestock Production Science 56, 115-143.

Hocquette, J. F., Grondet, F., Baeza, E., Médale, F., Jurie, C., Pethick, D. W., 2010. Intramuscular fat content in meat-producing animals: development, genetic and nutritional control, and identification of putative markers. Animal 4, 303-319.

Holt, J., Lowey, S., 1972. Light chains of myosin from chicken breast muscle. Federation Proceedings 31, A866.

Honikel, K., Roncales, P., Hamm, R., 1983. The influence of temperature on shortening and rigor onset in beef muscle. Meat Science 8, 221-241.

Horowits, R., Kempner, E., Bisher, M., Podolsky, R., 1986. A physiological-role for titin and nebulin in skeletal-muscle. Nature 323, 160-164.

Hotchkiss, R. S., Nicholson, D. W., 2006. Apoptosis and caspases regulate death and inflammation in sepsis. Nature Reviews Immunology 6, 813-822.

Hoz, L., Lopez-Bote, C. J., Cambero, M. I., D' Arrigo, M., Pin, C., Santos, C., Ordonez, J. A., 2003. Effect of dietary linseed oil and alpha-tocopherol on pork tenderloin (*Psoas major*) muscle. Meat Science 65, 1039-1044.

Huff-Lonergan, E., Lonergan, S., 2005. Mechanisms of water-holding capacity of meat: the role of postmortem biochemical and structural changes. Meat Science 71, 194-204.

Hunt, M. C., Hedrick, H. B., 1977. Chemical, physical and sensory characteristics of bovine muscle from 4 quality groups. Journal of Food Science 42, 716-720.

Hughes, J. M., Kearney, G., Warner, R. D., 2014. Improving beef meat colour scores at carcass grading. Animal Production Science 54, 422-429.

Hwang, Y. H., Kim, G. D., Jeong, J. Y., Hur, S. J., Joo, S. T., 2010. The relationship between muscle fiber characteristics and meat quality traits of highly marbled Hanwoo (Korean native cattle) steers. Meat Science 86, 456-461.

Hyun, Y., Ellis, M., McKeith, F., Baker, D., 2003. Effect of dietary leucine level on growth performance, and carcass and meat quality in finishing pigs. Canadian Journal of Animal Science83, 315-318.

Immonen, K., Kauffman, R. G., Schaefer, D. M., Puolanne, E., 2000. Glycogen concentrations in bovine *Longissimus dorsi* muscle. Meat Science 54, 163-167.

Innis, S., Dyer, R., 1997. Dietary triacylglycerols with palmitic acid (16:0) in the 2-position increase 16:0 in the 2-position of plasma and chylomicron triacylglycerols, but reduce phospholipid arachidonic and docosahexaenoic acids, and alter cholesteryl ester metabolism in formula-fed piglets. Journal of Nutrition 127, 1311-1319.

Isabel, B., López-Bote, C., de la Hoz, L., Timón, M., García, C., Ruiz, J., 2003. Effects of feeding elevated concentrations of monounsaturated fatty acids and vitamin E to swine on characteristics of dry cured ham. Meat Science 64, 475-482.

James, A. P., Bames, P. D., Palmer, T. N., Fournier, P. A., 2008. Proglycogen and macroglycogen: artifacts of glycogen extraction? Metabolism-Clinical and Experimental 57, 535-543.

Jeacocke, R., 1984. The kinetics of rigor onset in beef muscle-fibers. Meat Science 11, 237-251.

Ji, J., Takahashi, K., 2006. Changes in concentration of sarcoplasmic free calcium during postmortem ageing of meat. Meat Science 73, 395-403.

Jiang, J., Xiong, Y. L. L., 2016. Natural antioxidants as food and feed additives to promote health benefits and quality of meat products: a review. Meat Science 120, 107-117.

Joo, S. T., Kauffman, R. G., Kim, B. C., Park, G. B., 1999. The relationship of sarcoplasmic and myofibrillar protein solubility to colour and water-holding capacity in porcine longissimus muscle. Meat Science 52, 291-297.

Jovanovic, S., Ruzica, T., Mila, S., Sarac, M., 2005. Porcine stress syndrome (PSS) and ryanodiner eceptor 1 (RYR1) gene mutation in European wild pig (*Sus scrofa ferus*). Acta Veterinaria-Beograd 55, 251-255.

Kamihiro, S., Stergiadis, S., Leifert, C., Eyre, M. D., Butler, G., 2015. Meat quality and health implications of organic and conventional beef production. Meat Science 100, 306-318.

Kauffmann, R. G., Cassens, R. G., Scherer, A., Meeker, D. L., 1993. Variations in pork quality: history, definition, extent, resolution. Swine Health and Production 3, 28-34.

Kim, Y. H. B., Warner, R. D., Rosenvold, K., 2014. Influence of high pre-rigor temperature and fast pH fall on muscle proteins and meat quality: a review. Animal Production Science 54, 375-395.

King, D., Behrends, J., Jenschke, B., Rhoades, R., Smith, S., 2004. Positional distribution of fatty acids in triacylglycerols from subcutaneous adipose tissue of pigs fed diets enriched with conjugated linoleic acid, corn oil, or beef tallow. Meat Science 67, 675-681.

Koohmaraie, M., Kent, M., Shackelford, S., Veiseth, E., Wheeler, T., 2002. Meat tenderness and muscle growth: is there any relationship? Meat Science 62, 345-352.

Kowalska, D., Gugolek, A., Bielanski, P., 2011. Effect of stress on rabbit meat quality. Annals Animal Science 11, 465-475.

Kristensen, L., Purslow, P., 2001. The effect of ageing on the water-holding capacity of pork: role of cytoskeletal proteins. Meat Science 58, 17-23.

Kyla-Puhju, M., Ruusunen, M., Puolanne, E., 2005. Activity of porcine muscle glycogen debranching enzyme in relation to pH and temperature. Meat Science 69, 143-149.

Lacourt, A., Tarrant, P., 1985. Glycogen depletion patterns in myofibers of cattle during stress. Meat Science 15, 85-100.

Lauridsen, C., Nielsen, J., Henckel, P., Sorensen, M., 1999. Antioxidative and oxidative status in muscles of pigs fed rapeseed oil, vitamin E, and copper. Journal of Animal Science 77, 105-115.

Lawrie, R., Gatherum, D., 1962. Studies on muscles of meat animals. 2. Differences in ultimate pH and pigmentation of *Longissimus dorsi* muscles from 2 breeds of pigs. Journal of Agricultural Science 58, 97.

Lawrie, R., Penny, I., Scopes, R., Voyle, C., 1963. Sarcoplasmic proteins in pale, exudative pig muscles. Nature 200, 673.

Lawson, M., 2004. The role of integrin degradation in post-mortem drip loss in pork. Meat Science 68, 559-566.

Ledward, D., 1971. Metmyoglobin formation in beef muscles as influenced by water content and anatomical location. Journal of Food Science 36, 138.

Lee, Y., Choi, Y., 1999. PSE (pale, soft, exudative) pork: the causes and solutions-review. Asian-Australasian Journal of Animal Sciences 12, 244-252.

Lepetit, J., Sale, P., Favier, R., Dalle, R., 2002. Electrical impedance and tenderisation in bovinemeat. Meat Science 60, 51-62.

Li, C., Zhou, G., Xu, X., Lundstrom, K., Karlsson, A., Lametsch, R., 2015. Phosphoproteome analysis of sarcoplasmic and myofibrillar proteins in bovine *Longissimus* muscle in response to postmortem electrical stimulation. Food Chemistry 175, 197-202.

Light, N., Champion, A., Voyle, C., Bailey, A., 1985. The role of epimysial, perimysial and endomysial collagen in determining texture in 6 bovine buscles. Meat Science 13, 137-149.

Liu, Y., et al., 2016. Effect of suspension method on meat quality and ultra-structure of Chinese Yellow Cattle under 12-18℃ pre-rigor temperature controlled chilling. Meat Science 115, 45-49.

Lonergan, E. H., Zhang, W., Lonergan, S. M., 2010. Biochemistry of postmortem muscle-lessons on mechanisms of meat tenderization. Meat Science 86, 184-195.

Lopez-Bote, C., Isabel, B., Rey, A. I., 1999. Efecto de la nutrición y del manejo sobre la calidad de la grasa del cerdo. XV Curso FEDNA. www. fundacionfedna. org/publicaciones.

Lopez-Bote, C., Isabel, B., Daza, A., 2002. Partial replacement of poly- with monounsaturated fatty acids and vitamin E supplementation in pig diets: effect on fatty acid composition of subcutaneous and intramuscular fat and on fat and lean firmness. Animal Science 75, 349-358.

Lopez-Bote, C., Rey, A., Isabel, B., Sanz, R., 1997. Dietary fat reduces odd-numbered and branched-chain fatty acids in depot lipids of rabbits. Journal of the Science of Food and Agriculture 73, 517-524.

Lopez-Bote, C., Warriss, P., Brown, S., 1989. The use of muscle protein solubility measurements to assess pig lean meat quality. Meat Science 26, 167-175.

Lundberg, P., Vogel, H., Ruderus, H., 1986. C-13 and proton NMR-studies of postmortem metabolism in bovine muscles. Meat Science 18, 133-160.

Lundstom, K., Malmfors, G., 1985. Variation in light-scattering and water-holding capacity along the porcine *Longissimus dorsi* muscle. Meat Science 15, 203-214.

Malila, Y., et al., 2013. Differential gene expression between normal and pale, soft, and exudative Turkey meat. Poultry Science 92, 1621-1633.

Mani, R., Kay, C., 1978. Isolation and characterization of 165 000 dalton protein component of m-line of rabbit skeletal-muscle and its interaction with creatine-kinase. Biochimica et Biophysica Acta 533, 248-256.

Marsh, B., 1954. Rigor mortis in beef. Journal of the Science of Food and Agriculture 5, 70-75.

Maruyama, K., Kunitomo, S., Kimura, S., Ohashi, K., 1977. I-protein, a new regulatory proteinfrom vertebrate skeletal-muscle. 3. Function. Journal of Biochemistry 81, 243-247.

Maruyama, K., Kuroda, M., Nonomura, Y., 1985. Association of chicken pectoralis-muscle phosphorylase with the Z-line and the M-line of myofibrils-comparison with amorphin, the amorphous component of the Z-line. Biochimica et Biophysica Acta 829, 229-237.

Matthews, J. O., Guzik, A. C., Lemieux, F. M., Southern, L. L., Bidner, T. D., 2005. Effects of chromium propionate on growth, carcass traits, and pork quality of growing-finishing pigs. Journal of Animal Science 83, 858-862.

Maw, S., Fowler, V., Hamilton, M., Petchey, A., 2003. Physical characteristics of pig fat and their relation to fatty acid composition. Meat Science 63 (2), 185-190.

McCorninck, R., 1994. The flexibility of the collagen compartment of muscle. Meat Science 36, 79-91.

Melody, J. L., Lonergan, S. M., Rowe, L. J., Huiatt, T. W., Mayes, M. S., Huff-Lonergan, E., 2004. Early postmortem biochemical factors influence tenderness and water-holding capacity of three porcine muscles. Journal of Animal Science 82, 1195-1205.

Mitchaothai, J., Everts, H., Yuangklang, C., Wittayakun, S., Vasupen, K., Wongsuthavas, S., Srenanul, P., Hovenier, R., Beynen, A. C., 2008. Digestion and deposition of individual fatty acids in growing-finishing pigs fed diets containing either beef tallow or sunflower oil. Journal of Animal Physiology and Animal Nutrition 92, 502-510.

Miyahara, M., Kishi, K., Noda, H., 1980. F-protein, a myofibrillar protein interacting with myosin. Journal of Biochemistry 87, 1341-1345.

Monahan, F., Gray, J. I., Asghar, A., Haug, A., Strasburg, Buckley, D. J., Morrissey, P. A., 1994. Influence of diet on lipid oxidation and membrane-structure in porcine muscle microsomes. Journal of Agricultural and Food Chemistry 42, 59-63.

Morgan, M., Perry, S., Ottaway, J., 1976. Myosin light-chain phosphatase. Biochemical Journal 157, 687.

Morita, S., Cassens, R. G., Briskey, E. J., Kauffman, R. G., Kastenschmidt, L. L., 1970. Localization of myoglobin in pig muscle. Journal of Food Science 35,111-112.

Nandi,D. ,Tahiliani,P. ,Kumar,A. ,Chandu,D. ,2006. The ubiquitin-proteasome system. Journal of Biosciences 31,137-155.

Nakamura,Y. ,Iwamoto,H. ,Ono,Y. ,Shiba,N. ,Nishimura,S. ,Tabata,S. ,2003. Relationship among collagen amount, distribution and architecture in the M-longissimus thoracis and M-pectoralis profundus from pigs. Meat Science 64,43-50.

Nielsen,T. S. , Vendelbo, M. H. , Mikkel, H. , Jessen, N. , Pedersen, S. B. , Jorgensen, J. O. , Lund, S. , Moller,N. ,2011. Fasting,but not exercise,increases adipose triglyceride lipase (ATGL) protein and reduces G(0)/G(1) switch gene 2 (G0S2) protein and mRNA content in human adipose tissue. Journal of Clinical Endocrinology and Metabolism 96,E1293-E1297.

Nishimura,T. ,2015. Role of extracellular matrix in development of skeletal muscle and postmortem aging of meat. Meat Science 109,48-55.

Nishimura,T. ,Fang,S. ,Wakamatsu,J. ,Takahashi,K. ,2009. Relationships between physical and structural properties of intramuscular connective tissue and toughness of rawpork. Animal Science Journal 80, 85-90.

Noci,F. ,O'Kiely,P. ,Monahan,F. ,Stanton,C. ,Moloney,A. ,2005. Conjugated linoleic acid concentration in M-longissimus-dorsi from heifers offered sunflower oil-based concentrates and conserved forages. Meat Science 69,509-518.

Offer,G. ,Trinick,J. ,1983. On the mechanism of water holding in meat. The swelling and shrinking myofibrils. Meat Science 8,245-281.

Olsson,A. ,Pessin,J. ,1996. Structure,function,and regulation of the mammalian facilitative glucose transporter gene family. Annual Review of Nutrition 16,235-256.

Olsson,U. , Hertzman, C. , Tornberg, E. , 1994. The influence of low-temperature, type of muscle and electrical-stimulation on the course of rigor-mortis, aging and tenderness of beef muscles. Meat Science 37, 115-131.

Otsuka,Y. ,Goll,D. ,1987. Purification of the Ca-(2+)-Dependent proteinase-inhibitor from bovine cardiac-muscle and its interaction with the millimolar Ca-(2+)-Dependent proteinase. Journal of Biological Chemistry 262,5839-5851.

Ouali,A. ,Talmant,A. ,1990. Calpains and calpastatin distribution in bovine,porcine and ovine skeletal-muscles. Meat Science 28,331-348.

Ozawa,S. ,Mitsuhashi,T. ,Mitsumoto,M. ,Matsumoto,S. ,Itoh,N. ,Itagaki,K. ,2000. The characteristics of muscle fiber types of *Longissimus thoracis* muscle and their influences on the quantity and quality of meat from Japanese Black steers. Meat Science 54,65-70.

Park,Y. , Pariza, M. W. , 2009. Bioactivities and potential mechanisms of action for conjugated fatty acids. Food Science and Biotechnology 18,586-593.

Pearce,K. L. ,Rosenvold,K. ,Andersen,H. J. ,Hopkins,D. L. ,2011. Water distribution and mobility in meat during the conversion of muscle to meat and ageing and the impacts on fresh meat quality attributes-a review. Meat Science 89,111-124.

Petersen,J. S. ,Henckel,P. ,Maribo,H. ,Oksbjerg,N. ,Sorensen,M. T. ,1997. Muscle metabolic traits, post mortem pH-decline and meat quality in pigs subjected to regular physical training and spontaneous activity. Meat Science 46,259-275.

Petracci,M. , Mudalal, S. , Soglia, F. , Cavani, C. , 2015. Meat quality in fast-growing broiler chickens. Worlds Poultry Science Journal 71,363-373.

Picard,B. ,Lefaucheur,L. ,Berri,C. ,Duclos,M. ,2002. Muscle fibre ontogenesis in farm animal species. Reproduction Nutrition Development 42,415-431.

Pires, V. M. R. , Madeira, M. S. , Dowle, A. A. , Thomas, J. , Almeida, A. M. , Prates, J. A. M. , 2016. Increased intramuscular fat induced by reduced dietary protein in finishing pigs: effects on the *Longissimus lumborum* muscle proteome. Molecular Biosystems 12,2447-2457.

Pösö,A. R. ,Puolanne,E. ,2005. Carbohydrate metabolism in meat animals. A review. Meat Science 70, 423-434.

Rees,M. ,Trout,G. ,Warner,R. ,2002. Effect of calcium infusion on tenderness and ageing rate of pork *M. Longissimus thoracis et lumborum* after accelerated boning. Meat Science 61,169-179.

Rees,M. P. ,Trout,G. R. ,Warner,R. D. ,2003. The influence of the rate of pH decline on the rate ofageing for pork. II. Interaction with chilling temperature. Meat Science 65,805-818.

Reig,M. ,Aristoy,M. ,Toldrá,F. ,2013. Variability in the contents of pork meat nutrients and how it may affect food composition databases. Food Chemistry 140,478-482.

Reig,M. ,Aristoy,M. ,Toldrá,F. ,2015. Sources of variability in the analysis of meat nutrient coenzyme Q(10) for food composition databases. Food Control 48,151-154.

Reis,A. ,Spickett,C. M. ,2012. Chemistry of phospholipid oxidation. Biochimica et Biophysica Acta-Biomembranes 1818,2374-2387.

Rivera-Ferre,M. ,Aguilera,J. ,Nieto,R. ,2005. Muscle fractional protein synthesis is higher in Iberian than in landrace growing pigs fed adequate or lysine-deficient diets. Journal of Nutrition 135,469-478.

Rosenvold,K. ,Andersen,H. ,2003. Factors of significance,for pork quality -a review. Meat Science 64, 219-237.

Rosenvold,K. ,Petersen,J. S. ,Laerke,H. N. ,Jensen,S. K. ,Therkildsen,M. ,Karlsson,A. H. ,Moller, H. S. ,Andersen,H. J. ,2001. Muscle glycogen stores and meat quality as affected by strategic finishing feeding of slaughter pigs. Journal of Animal Science 79,382-391.

Rowe,R. ,1986. Elastin in bovine *Semitendinosus* and *Longissimus dorsi* muscles. Meat Science 17, 293-312.

Rowe,R. W. D. ,1974. Collagen fibre arrangement in intramuscular connective tissue. Changes associated with muscle shortening and their possible relevance to raw meat toughness measurements. International Journal of Food Science and Technology 9,501-508.

Ruusunen,M. ,Puolanne,E. ,2004. Histochemical properties of fibre types in muscles of wild and domestic pigs and the effect of growth rate on muscle fibre properties. Meat Science 67,533-539.

Rybarczyk,A. ,Pietruszka,A. ,Karamucki,T. ,Matysiak,B. ,2012. The impacts of different carcass chilling techniques on the quality of pork. Fleischwirtschaft 92,92-94.

Ryu,Y. C. ,Choi,Y. M. ,Lee,S. H. ,Shin,H. G. ,Choe,J. H. ,Kim,J. M. ,Hong,K. C. ,Kim,B. C. , 2008. Comparing the histochemical characteristics and meat quality traits of different pig breeds. Meat Science 80,363-369.

Savary,P. ,Desnuelle,P. ,1959. Etude Des Chaines Internes Dans Quelques Triglycerides Mixtes Naturels. Biochimica et Biophysica Acta 31,26-33.

Schiaffino,S. ,Reggiani,C. ,1996. Molecular diversity of myofibrillar proteins: gene regulation and functional significance. Physiological Reviews 76,371-423.

Segura,J. ,Cambero,M. I. ,Camara,L. ,Loriente,C. ,Mateos,G. G. ,Lopez-Bote,C. J. ,2015a. Effect of sex,dietary glycerol or dietary fat during late fattening,on fatty acid composition and positional distribution of fatty acids within the triglyceride in pigs. Animal 9,1904-1911.

Segura,J. ,Escudero,R. ,Romero de Avila,M. D. ,Cambero,M. I. ,Lopez-Bote,C. J. ,2015b. Effect of fatty acid composition and positional distribution within the triglyceride on selected physical properties of dry-cured ham subcutaneous fat. Meat Science 103,90-95.

Shen,Y. B. ,Coffey,M. T. ,Kim,S. W. ,2015. Effects of short term supplementation of L-tryptoph-an and reducing large neutral amino acid along with L-tryptophan supplementation on growth and stress response in pigs. Animal Feed Science and Technology 207,245-252.

Talmant,A. ,Monin,G. ,Briand,M. ,Dadet,M. ,Briand,Y. ,1986. Activities of metabolic and contractile enzymes in 18 bovine muscles. Meat Science 18,23-40.

Thompson,J. M. ,Hopkins,D. L. ,D'Souza,D. N. ,Walker,P. J. ,Baud,S. R. ,Pethick,D. W. ,2005. The impact of processing on sensory and objective measurements of sheep meat eating quality. Australian Journal of Experimental Agriculture 45,561-573.

Toldrá,F. ,Reig,M. ,2015. Biochemistry of muscle and fat. In: Toldrá,F. ,Hui,Y. H. ,Astiasarán,I. ,Sebranek,J. G. ,Talon,R. (Eds.),Handbook of Fermented Meat and Poultry,second ed. Wiley-Blackwell,Chichester,West Sussex,UK,pp. 49-54.

Toldrá,F. ,Rico,E. ,Flores,J. ,1993. Cathepsin-B,cathepsin-D,cathepsin-H and cathepsin-L activities in the processing of dry-cured ham. Journal of the Science of Food and Agriculture 62,157-161.

Tompa,P. ,Buzder-Lantos,P. ,Tantos,A. ,Farkas,A. ,Szilagyi,A. ,Banoczi,Z. ,Hudecz,F. ,Friedrich,P. ,2004. On the sequential determinants of calpain cleavage. Journal of Biological Chemistry 279, 20775-20785.

Trinick,J. ,Cooper,J. ,1982. Amp deaminase -its binding and location within rabbit psoas myofibrils. Journal of Muscle Research and Cell Motility 3,486-487.

Wang,S. ,Li,C. ,Xu,X. ,Zhou,G. ,2013. Effect of fasting on energy metabolism and tenderizing enzymes in chicken breast muscle early postmortem. Meat Science 93,865-872.

Warner,R. D. ,Dunshea,F. R. ,Gutzke,D. ,Lau,J. ,Kearney,G. ,2014. Factors influencing the incidence of high rigor temperature in beef carcasses in Australia. Animal Production Science 54,363-374.

Warner,R. ,Kauffman,R. ,Russell,R. ,1993. Quality attributes of major porcine muscles - a comparison with the *Longissimus lumborum*. Meat Science 33,359-372.

Warren,H. E. ,Scollan,N. D. ,Enser,M. ,Hughes,S. I. ,Richardson,R. I. ,Wood,J. D. ,2008. Effects of breed and a concentrate or grass silage diet on beef quality in cattle of 3 ages. I. Animal performance,carcass quality and muscle fatty acid composition. Meat Science 78,256-269.

Warriss,P. D. ,1990. The handling of cattle pre-slaughter and its effect on carcass and meat quality. Applied Animal Behaviour Science 28,171-186.

Webster,J. ,Gee,A. ,Porter,M. ,Philpott,J. ,Thompson,J. ,Ferguson,D. ,Warner,R. ,Trout,G. ,Watson,R. ,Shaw,F. ,Scott,J. ,Chappell,G. ,Strong,J. ,1999. Meat standards Australia. In: Grading for Eating Quality. Development of the Meat Standards Australia Grading System,vol. 1. Meat and Livestock,Sydney,Australia.

Wood,J. D. ,Richardson,R. I. ,Nute,G. R. ,Fisher,A. V. ,Campo,M. M. ,Kasapidou,E. ,Sheard,P. R. ,Enser,M. ,2003. Effect of fatty acids on meat quality: a review. Meat Science 66,21-32.

Wood,J. D. ,1984. Fat deposition and the quality of fat tissue in meat animals. In: Wiseman,J. (Ed.),Fats in Animal Nutrition. Butterworths,London,pp. 407-435.

Wood,J. D. ,Enser,M. ,Fisher,A. V. ,Nute,G. R. ,Sheard,P. R. ,Richardson,R. I. ,Hughes,S. I. ,Whittington,F. M. ,2008. Fat deposition, fatty acid composition and meat quality: a review. Meat Science 78, 343-358.

Wu,G. ,Bazer,F. W. ,Satterfield,M. C. ,Li,X. ,Wang,X. ,Johnson,G. A. ,Burghardt,R. C. ,Dai,Z. ,Wang,J. ,Wu,Z. ,2013. Impacts of arginine nutrition on embryonic and fetal development in mammals. Amino Acids 45,241-256.

Young,J. ,Bertram,H. ,Rosenvold,K. ,Lindahl,G. ,Oksbjerg,N. ,2005. Dietary creatine monohydrate affects quality attributes of Duroc but not Landrace pork. Meat Science 70,717-725.

Young,O. ,Bass,J. ,1984. Effect of castration on bovine muscle composition. Meat Science 11,139-156.

Zhao, J. X., Liu, X. D., Li, K., Liu, W. Z., Ren, Y. S., Zhang, J. X., 2016. Different dietary energy intake affects skeletal muscle development through an Akt-dependent pathway in Dorper×Small Thin-Tailed crossbred ewe lambs. Domestic Animal Endocrinology 57, 63-70.

Zhou, G., Yang, A., Tume, R., 1993. A relationship between bovine fat color and fatty-acid composition. Meat Science 35, 205-212.

5 肌肉向可食肉的转化

Sulaiman K. Matarneh[1], Eric M. England[2], Tracy L. Scheffler[3], David E. Gerrard[1]
[1]*Virginia Polytechnic Institute and State University, Blacksburg, VA, United States*;
[2]*The Ohio State University, Columbus, OH, United States*;
[3]*University of Florida, Gainesville, FL, United States*

5.1 引言

宰后肌肉中发生一系列的能量代谢、生化变化和物理变化，使肌肉转化为可食肉。由于动物体内各种平衡机制被打破，这种变化在宰后短期内便会开始。动物被放血后会出现缺氧，骨骼肌持续合成和消耗三磷酸腺苷（ATP）来维持细胞的平衡状态。一旦肌肉中氧气耗尽，细胞利用糖原和高能磷酸盐进行无氧代谢，继续产生 ATP。而在无氧代谢条件下 ATP 产生效率显著低于有氧代谢。此时 ATP 消耗量大于生成量，导致了宰后僵直的发生。随着宰后代谢反应的进行，肌肉逐渐丧失了产生 ATP 的能力，所有的 ATP 分子将被消耗殆尽。没有 ATP 的存在，肌球蛋白将不可逆的与肌动蛋白结合，导致宰后僵直，肌肉失去兴奋性和伸展性。宰后僵直完成时间为宰后 1~12h，与动物品种、肌纤维类型、屠宰前后条件有关。在宰后贮存（成熟）期间，细胞骨架蛋白的降解破坏了细胞结构的完整性，导致了肌肉张力的丧失（宰后僵直被解除）。

在宰后缺氧条件下，肌肉另一显著变化是酸化。宰后糖酵解和 ATP 水解的终产物乳酸在肌肉内积累，导致肌肉的 pH 从活体组织的 7.2 下降至 5.6 左右。宰后代谢的速率和程度显著影响肉品品质。宰后肌肉能量代谢过快、过慢或不充分，会影响 pH 下降速率及极限 pH，对肉品颜色、质构和保水性产生不利影响（图 5.1）。环境条件、宰前管理和宰后处理都会影响宰后 pH 下降速率。因此，了解影响宰后肌肉能量代谢速率和程度的相关因素，有助于宰后肉品品质的改善。

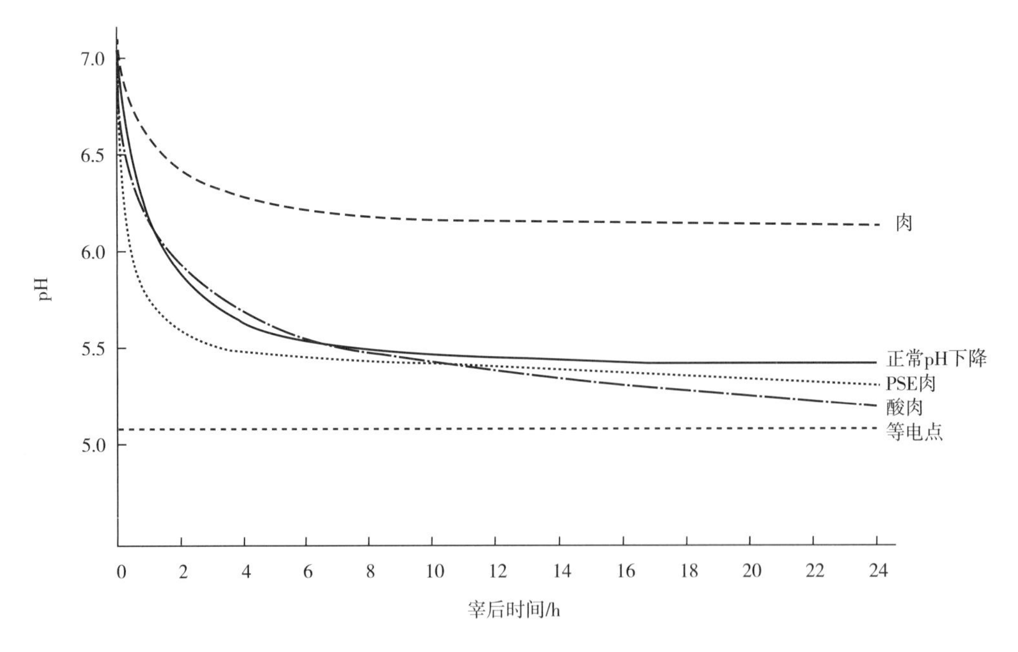

图 5.1 宰后 pH 下降速率和程度对肉品品质的影响

5.2 宰后能量代谢

5.2.1 三磷酸腺苷稳态

骨骼肌是一个活力很强的组织，通过能量代谢的自我调节，适应各种环境的变化。在静息状态下，骨骼肌对能量的需求很低，但在剧烈运动时，骨骼肌的能量需求会迅速提高100倍。核苷酸辅酶ATP是其能量传递的载体。由ATP中的高能磷酸键水解释放的能量被用于完成细胞功能（反应式5.1），包括肌肉收缩、离子交换、细胞信号传导以及生物大分子合成。为保证这些功能，肌肉组织必须在细胞面临挑战和各种环境情况时，保证ATP的稳态。然而，骨骼肌只储存了有限数量的ATP（每克肌肉组织5~8μmol），仅可以满足几秒钟高强度运动的能量需求。因此，需要通过不断分解糖类，脂质等储能物质来产生ATP。

$$ATP+H_2O \xrightarrow{\text{ATP 酶}} ADP+P_i+H^+ + \text{能量} \tag{5.1}$$

在肌肉转化为可食肉的过程中，很多类似的细胞功能不断运行，包括合成、水解以及在组织死亡过程中都会消耗ATP。肌肉主要有三种ATP产生途径：高能磷酸根系统、糖酵解以及氧化磷酸化。了解每种途径在宰后新陈代谢中的作用，有助于理解肌肉转化为可食肉的过程。

5.2.2 高能磷酸根系统

在宰后早期，肌肉通过高能磷酸化合物——磷酸肌酸（PCr）保持ATP含量的稳定。磷酸肌酸可作为一种能量中间物，在较高能量需求的情况下，起到缓冲ATP浓度的作用。肌酸激酶（CK）催化无机磷酸盐（P_i）从磷酸肌酸到二磷酸腺苷（ADP）的可逆转移，形成ATP和肌酸。在静息条件下，反应偏向于磷酸肌酸的形成，在高ATP需求时，磷酸肌酸被降解，释放的自由能被用来将ADP转变为ATP。肌肉中存储的磷酸肌酸依旧是有限的（每克肌肉组织约25μmol），也只能在宰后短时维持ATP浓度。高能磷酸根系统中包含三种酶：肌酸激酶、单磷酸腺苷脱氨酶（AMPD）、腺苷酸激酶（AK）（图5.2）。

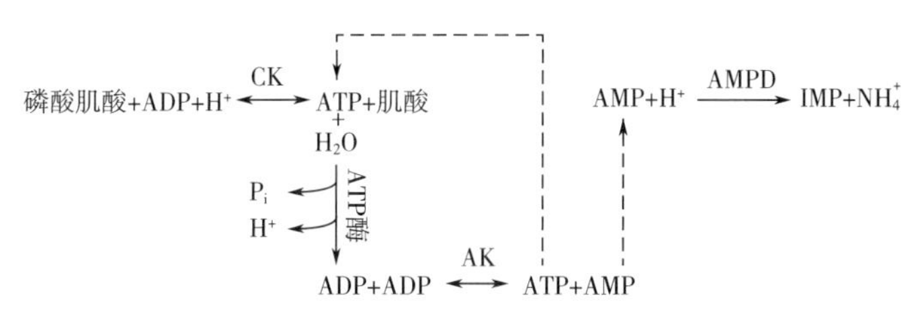

图5.2 高能磷酸根系统在ATP和H^+生产过程中的作用

当大部分磷酸肌酸被降解时，ATP的水解速度快于合成速度，导致ADP的大量积累。单磷酸腺苷激酶被激活，将每两个ADP合成为一个ATP以及一个单磷酸腺苷（AMP），以缓解ATP含量的下降。随后，AMP在腺苷酸脱氨酶的作用下，被不可逆地合成为次黄嘌呤核苷酸（IMP），并积累于肌肉中。腺苷酸脱氨酶反应有助于推动肌酸激酶反应向 ATP 合成的方向进行。然而，IMP 不能参与合成 ATP，AMP 的脱氨作用导致了腺嘌呤核苷酸总量（ATP、ADP、AMP）的下降。

整个高能磷酸根系统中，H^+的净产生量为 0。ATP 水解产生的 H^+被肌酸激酶反应和单磷酸腺苷脱氨酶反应消耗（图 5.2）。而高能磷酸根系统的代谢产物（AMP、ADP、P_i）作为糖酵解途径中限速酶的激活剂。在体外试验中，England 等（2015）发现通过降低 AMPD 活性增加 AMP 浓度，可以提高糖酵解速率和程度。同时，改变宰前肌肉中肌酸含量（磷酸肌酸+肌氨酸），可能会导致极限 pH 较高，影响肉品品质（Scheffler 等，2013a）。

5.2.3 糖原分解和糖酵解

高能磷酸根系统维持宰后 ATP 稳态的能力受到屠宰时体内磷酸肌酸和腺苷酸含量的限制。当每克肌肉组织中磷酸肌酸含量低于 4μmol 时，肌糖原通过糖原分解代谢，糖酵解成为生成 ATP 的主要途径（Bendall，1973）。

糖原是骨骼肌中碳水化合物的主要存在形式，占肌肉重量的 1%~2%。它是由 α-1,4-糖苷键线性连接在一起的葡萄糖残基的高分支聚合物。在每 8~12 个残基处，都有一个由 α-1,6-糖苷键组成的分支。分支增加了糖原的溶解度和非还原终末葡萄糖残留量（C-4 上有一个游离的 OH 基团），从而增加了参与糖原降解的酶可作用的位点数量。糖原以颗粒（10~40nm）的形式存在于肌纤维的肌浆中，肌浆中也含有糖原分解所需的酶。

糖原完全降解需要糖原磷酸化酶（GP）和糖原脱支酶（GDE）联合作用。糖原磷酸化酶持续催化糖原链非还原末端的 α-1,4 糖苷键的磷酸分解。无机磷酸盐将末端葡萄糖残基和邻近葡萄糖之间的糖苷键分开，产生葡萄糖-1-磷酸，从而使糖原链缩短一个葡萄糖（反应式 5.2）。由于糖原磷酸化酶不能切割分支点处的 α-1，6-糖苷键，反应在距其 4 个葡萄糖残基处终止，需要其他酶的参与。糖原脱支酶有两个与众不同的催化活性：转移酶和 α-1,6-糖苷酶。转移酶活性将支链末端的三个葡萄糖残基转移至临近支链，使得 α-1,6 糖苷键暴露。α-1,6-糖苷酶发挥活性将剩余的一个葡萄糖残基水解为游离葡萄糖。葡萄糖-1-磷酸被葡萄糖磷酸变位酶（PGM）转化为葡萄糖-6-磷酸（反应式 5.3）。游离葡萄糖会被己糖激酶转化为葡萄糖-6-磷酸（反应式 5.4），或积累于宰后肌肉中。

$$\text{糖原}_n+P_i \xrightarrow{GP} \text{糖原}_{n-1}+\text{葡萄糖-1-磷酸} \tag{5.2}$$

$$\text{葡萄糖-1-磷酸} \xrightarrow{PGM} \text{葡萄糖-6-磷酸} \tag{5.3}$$

$$\text{葡萄糖}+ATP \xrightarrow{\text{己糖激酶}} \text{葡萄糖-6-磷酸}+ADP+H^+ \tag{5.4}$$

糖原分解得到的葡萄糖-6-磷酸，除了储存在肌肉中，还可以直接进入糖酵解途径：包括 10 个反应步骤，全部发生在肌浆中（图 5.3）。六碳的葡萄糖分子裂解为两分子丙酮酸，同时得到三分子 ATP、两分子烟酰胺腺嘌呤二核苷酸还原态（NADH）、一分子 H^+以及两分子水（反应式 5.5）。

$$糖原_n+3ADP+3P_i+2NAD^+\longrightarrow糖原_{n-1}+2\,丙酮酸+3ATP+2NADH+H^++2H_2O \quad (5.5)$$

在缺氧条件下，丙酮酸被乳酸脱氢酶（LDH）转化为乳酸（反应 5.6）。该反应对 3-磷酸甘油醛脱氢酶反应所需的 NAD^+再生至关重要，从而保证允许糖酵解在厌氧条件下继续进行。由于宰后缺乏循环机制，乳酸在肌肉中积累。但是乳酸并不是宰后 pH 下降的原因。乳酸脱氢酶反应作为一个缓冲系统，在利用一分子丙酮酸合成乳酸时，消耗一分子 H^+（反应式 5.6）。因此，当糖酵解与乳酸形成相结合时，每激活一个葡萄糖片段，净减少 1H^+（反应式 5.7）。相反，ATP 的水解产生的 H^+在肌肉死后宰后积聚，并降低了 pH（反应式 5.1）。Honikel 和 Hamm（1974）指出，宰后产生的 H^+，90%来自糖酵解产生的 ATP，而其他 10%来自屠宰时肌肉中积累的 ATP。当糖酵解与乳酸形成和 ATP 水解相结合时，净产生两个乳酸和两个 H^+（反应式 5.8）。由于糖酵解以 1∶1 的比例产生 H^+和乳酸，故当将宰后肌肉 pH 与同时测量的乳酸值绘制成图时，往往会出现负线性关系，因此乳酸是判断宰后肌肉代谢程度的良好指标。

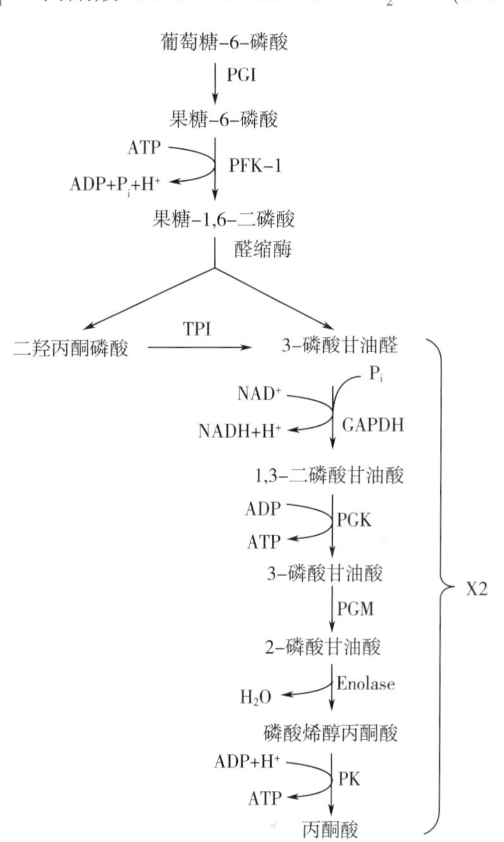

GAPDH：3-磷酸甘油醛脱氢酶；PFK-1：磷酸果糖激酶-1；PGI：磷酸葡萄糖激酶；PGK：磷酸甘油酸激酶；PGM：磷酸甘油酸变位酶；PK：丙酮酸激酶；TPI：磷酸甘油醛异构酶

图 5.3 糖酵解途径

$$丙酮酸+NADH+H^+\xrightarrow{LDH}乳酸+NAD^+ \quad (5.6)$$

$$糖原_n+3ADP+3P_i+H^+\longrightarrow糖原_{n-1}+2\,乳酸+3ATP+2H_2O \quad (5.7)$$

$$糖原_n\longrightarrow糖原_{n-1}+2\,乳酸+2H^+ \quad (5.8)$$

糖酵解途径有三个关键的限速酶：糖原磷酸化酶、磷酸果糖激酶-1 和丙酮酸激酶。变构调节剂的浓度、反馈调节机制（最终产物调节）和共价修饰（磷酸化或去磷酸化）已被证明可以调节上述酶的活性。这些机制使糖酵解途径能够通过调节酶活性适应能量需求的变化。因此，了解糖酵解通路机制对于研究宰后糖酵解以及最终食用肉品质非常重要。

糖原磷酸化酶是肌糖原分解的关键酶，以不活跃的 b（去磷酸化）和更活跃的 a（磷酸化）两种可逆的形式存在。磷酸化酶 b 由 AMP、IMP 和高能磷酸根激活，被 ATP 和葡萄糖-6-磷酸抑制。在 AMP 作用下，磷酸化酶 b 的构象发生了改变，增强了酶-底物结合亲和力（降低了 K_m）。磷酸化酶激酶将磷酸化酶 b 中的 Ser14 残基磷酸化，将其转化为完全活跃不依赖 AMP 的磷酸化酶 a。

磷酸果糖激酶-1 是糖酵解关键性的调节酶，是能量代谢中最为关键的酶之一。该酶促进果糖-6-磷酸转化为果糖-1，6-二磷酸，并消耗 1 分子 ATP。磷酸果糖激酶-1 的活性受变构调节因子、pH 和低聚物结构的调控。磷酸果糖激酶-1 的变构受到 AMP、ADP、果糖-2,6-二磷酸等配体的促进，但受 ATP、磷酸肌酸、柠檬酸等的抑制。磷酸果糖激酶-1 以二聚体、四聚体以及多聚体等形式存在。二聚体为低活性，四聚体以及多聚体表现出高活性。低 pH 和高浓度的变构抑制剂有利于二聚体的形成，而高 pH 和高浓度的变构激活剂稳定了四聚体形式。

最后一种限制性酶是丙酮酸激酶，不可逆地催化磷酸烯醇式丙酮酸转化为丙酮酸。该反应伴随着 ATP 的合成，并解释了每一个糖分子在糖酵解过程中如何产生两个 ATP 分子。丙酮酸激酶由 AMP 和上游中间体果糖-1,6-二磷酸异位激活，由 ATP 和乙酰辅酶 a 抑制。

5.2.4 线粒体的角色和功能

线粒体通常被认为是细胞的动力站，因为绝大部分细胞内的 ATP 是通过线粒体氧化磷酸化生成的。线粒体由内膜和外膜构成，因此产生了两个独立的线粒体间隔，外膜和内膜之间是膜间隙和基质，基质由高度卷曲的内膜束缚。外膜高度孔隙化，能够透过大部分离子以及小分子。相反，内膜几乎不能通过任何离子和分子，除非通过膜转运蛋白介导。基质是进行三羧酸循环的地点，通过乙酰辅酶 A 氧化释放出来的能量，存储于乙酰辅酶 NADH 和黄素腺嘌呤二核苷酸（$FADH_2$）。嵌于线粒体内膜，是电子传递链的组成部分。在细胞呼吸过程中，电子从 NADH 和 $FADH_2$ 释放到电子传递链，最后转移到 O_2 生成 H_2O。电子通过电子传递链从基质传到膜间隙，并与 H^+泵耦合。这些质子在内膜上形成电化学势梯度（质子动力）。质子通过 F_1F_0 ATP 合酶沿电化学梯度回流到基质中，推动 ATP 的合成。

放血后，肌肉中氧气供应终止，阻碍线粒体通过氧化磷酸化产生 ATP。因此，线粒体通常被认为与肌肉变成食用肉的过程无关。然而，宰后线粒体不会立即“死亡”，线粒体功能和结构的完整性会维持几个小时（Tang 等，2005a）。因此，线粒体可能通过改变生化进程和能量影响宰后肌肉内能量代谢。此外，线粒体也参与细胞内 Ca^{2+}平衡，细胞凋亡（程序性细胞死亡）和肉色稳定性。

由于血液循环停止，氧气供应终止，骨骼肌利用与肌红蛋白结合的氧气来产生能量。因为氧化磷酸化产生的 ATP 是厌氧糖酵解的 10 倍（30∶3），即使宰后短期的有氧反应也将显著改变 ATP 水平。Pösö 等（2005）估计，利用肌肉中储存的氧气，宰后每克肌肉产生

0.4~6μmol 的 ATP，这与动物的年龄、种类和肌纤维类型有关。在体外模拟宰后代谢体系中，添加线粒体会降低 ATP 含量下降速率（Scheffler 等，2015）。宰后维持腺嘌呤核苷酸时间越长，可增加糖酵解速率（Greaser，1986），不同肌肉之间线粒体氧化能力差异可能影响宰后厌氧代谢的进程和程度。今后仍需进一步研究线粒体在宰后能量代谢中的作用。

在宰后缺氧条件下，ATP 耗竭会降低内质网通过 Ca^{2+} ATP 酶泵摄取 Ca^{2+} 的能力，导致胞质内 Ca^{2+} 过量。作为一个 Ca^{2+} 的缓冲系统，线粒体能捕获大量的 Ca^{2+}，维持胞质 Ca^{2+} 平衡。线粒体中 Ca^{2+} 含量高会增加活性氧（ROS）的生成，引起氧化应激。高浓度的活性氧和 Ca^{2+} 刺激导致线粒体通透性转换孔（mPTP）打开。细胞色素 c 等诱导凋亡的蛋白被释放到细胞质中，并激活下游的细胞凋亡酶，导致细胞死亡。另外，mPTP 的打开与内部线粒体膜电位的缺失有关。为避免质子泵的崩溃，F_1F_0 ATP 合酶切换角色，将 H^+ 泵过内膜与 ATP 水解结合（St-Pierre 等，2000）。这个过程的能量需求来自糖酵解产生 ATP，进而加剧细胞能量供应不足。ATP 驱动 ATP 合酶质子泵活力，提高 ATP 的水解速率及宰后代谢，从而对肉类品质产生不利影响。

5.3 控制宰后的新陈代谢速率的因素

在肌肉转化为可食肉的过程中，pH 下降的速度反映了宰后的新陈代谢速率。通常，肌肉 pH 在宰后 8h 内从 7.2 降到 5.8，24h 时极限 pH 为 5.6。宰后 pH 下降的速度受多种因素的影响，包括物种、遗传、肌纤维类型、宰前应激和宰后处理条件。一般来说，宰后 pH 下降的速率，禽肉>猪肉>牛肉>羊肉。Scopes（1974）认为，ATP 被肌肉 ATP 酶水解的速率决定宰后能量代谢率。ATP 酶的活性，通过限速酶机制控制糖酵解途径。几个存在肌肉中的酶系统，如肌球蛋白 ATP 酶，肌浆 Ca^{2+}ATP 酶、Na^+/K^+ ATP 酶、线粒体 ATP 酶，通过水解 ATP 维持细胞功能。因为肌球蛋白是肌肉中最丰富的蛋白质，肌球蛋白 ATP 酶是宰后主要的 ATP 水解酶（Hamm 等，1973）。38℃时，每克肌肉中，ATP 酶的 ATP 分解速度约为 0.5μmol/min（Scopes，1973）。当温度从 38℃下降到 15℃，ATP 分解量随之降低，但是 ATP 的含量在 0℃左右再次上升（Newbold 等，1967；Bendall，1973）。在较低的温度下，Ca^{2+} 从肌浆网释放增多，从而增加了细胞质 Ca^{2+} 的浓度。

随着细胞质 Ca^{2+} 上升，ATP 水解的速度急剧增加。在细胞质 Ca^2+浓度高时，肌钙蛋白-原肌球蛋白复合体不再抑制肌肉的收缩，肌球蛋白与邻近肌动蛋白活性位点相互连接。当 Ca^{2+} 水平从 pCa^7 增加到 pCa^6 以上，半腱肌肌纤维的 ATP 酶活性约增加 10 倍（Bowker 等，2004）。此外，为转移 Ca^{2+} 回到肌质网，Ca^{2+} ATP 酶催化 ATP 分解，进一步提高了 ATP 的水解速度。高浓度的肌质 Ca^{2+} 还可以通过结合其钙调素亚基激活磷酸化酶激酶，增加后期糖酵解的速度。活化的磷酸化酶激酶随后磷酸化并激活糖原磷酸化酶。因此，在宰后能量代谢中，Ca^{2+}非常重要。对胴体进行电刺激可以导致Ca^{2+}从肌浆网大量释放，加速宰后的能量代谢。电刺激已经广泛应用于红肉（主要是牛肉和羊肉），加速 ATP 消耗和早期僵直进程。这个过程可以减少冷收缩的发生，并且改善肉的嫩度、颜色和感官品质（Nazli 等，2010；Cetin 等，2012）。

5.4 控制宰后能量代谢的因素

宰后酸化程度是决定肉品质的关键因素，因为它影响肉色、质地、保水能力和货架期。大多数肉类的正常极限 pH 范围在 5.5～5.7，在这个范围内的肉类拥有最理想的品质。pH 为 6.0 或更高时，肉色会很深，保质期短。pH 低于 5.4 时，肉色较浅，保水能力差，蛋白质提取能力低、加工率低。因此，极限 pH 被广泛认为是鲜肉品质的一个指标。肉的极限 pH 是多因素共同作用的结果（图 5.4），单个因素对极限 pH 的贡献都不超过 50%（Van Laack 等，2001b）。因此，了解影响极限 pH 的相关因素，有助于控制肉品品质。

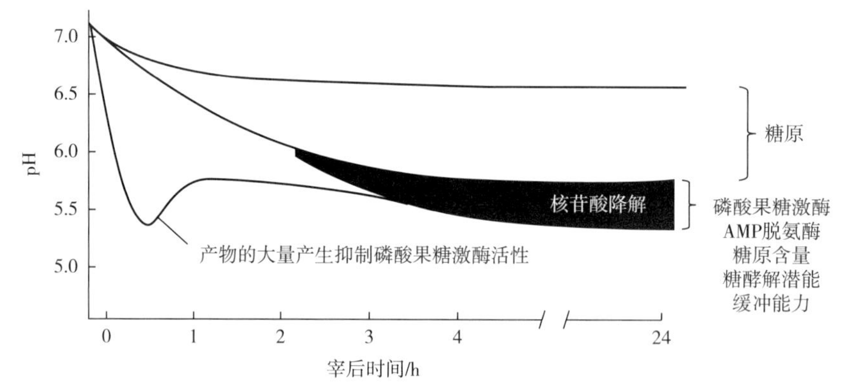

图 5.4 控制宰后代谢程度相关因素的工作模型

宰后代谢过程中糖原酵解导致 pH 下降。因此，宰后能量代谢的程度与屠宰时肌糖原含量有关。理论上，只要有足够的糖原存在，肌肉 pH 应该继续下降。但事实并非如此。对于某些物种，尽管肌肉中有糖原存在，宰后糖酵解也不再继续。糖原含量与极限 pH 为曲线关系，而不是线性关系。极限 pH 随着糖原的增加而降低，最终达到一个稳定水平。Henckel 等（2002）发现当糖原含量介于 0～53μmol/g 肌肉，pH 下降的程度是由糖原含量决定的。糖原增加到 53μmol/g 肌肉以上之后，与 pH 的下降无关。Van Laack 等（2001b）发现，肌糖原含量的差异对极限 pH 影响不到 40%。

在残留糖原和糖酵解中间产物存在的情况下，宰后能量代谢停止，表明其他生化机制同样影响极限 pH。有人提出两种假设，pH 介导的一个或多个糖酵解酶失活以及/或腺嘌呤核苷酸通过高能磷酸根系统损失（Kastenschmidt 等，1968；Bendall，1973）。England（2014）等指出磷酸果糖激酶-1 在 pH5.9 左右开始失去活性，在 pH5.5 时完全失去活性，而其他酶包括糖原磷酸化酶和丙酮酸激酶在 pH5.5 时依旧保持功能。这些作者认为磷酸果糖激酶-1 可能依赖底物发挥作用。从本质上讲，如果磷酸果糖激酶-1 保持活性，糖原可以转化为乳酸和 H^+。随着 pH 的下降，此反应能力也在下降，最终宰后糖酵解停止。然而，磷酸果糖激酶-1 的失活理论并不能解释为什么有些极限 pH>5.9 的肌肉，有糖原存在的条件下，糖酵解依然终止。相反，AMP 脱氨酶将腺苷核苷酸完全转化为 IMP 来阻止糖酵解（England 等，2016）。无氧糖酵解和高能磷酸根系统协同作用，以维持宰后细胞 ATP 稳态。糖酵解通过将 ADP 再生为 ATP 来保存腺嘌呤核苷酸，而高能磷酸根系统负责消耗腺嘌呤核苷酸（见 5.2.2 节）。氧化型（红色）肌肉中糖酵解酶含量和活性都较低（低糖酵解能力），因此宰后糖酵解的速度比糖酵解型（白色）肌肉慢。氧化型肌肉糖酵解速度无法满足高能磷酸根系统，导致核苷酸消耗殆尽和能量代谢停止，此时可能仍有糖原存在。AMP 脱氨酶的活性会影响上述两种宰后能量代谢终止机制。较低的 AMP 脱氨酶活性增加 AMP 浓度，进而激活糖原分解和糖酵解的限速酶。从而增加了通过磷酸果糖激酶-1 的通量，降低了 pH。降低 AMP 脱氨酶活性可以延缓腺嘌呤核苷酸的消耗，从而增强宰后能量代谢（England 等，2015）。

在肌肉转化为可食肉的过程中，肌肉酸化是宰后产生的总 H^+减去肌肉中缓冲系统的存储和中和的净结果（见第 4 章）。近 50%的肌肉缓冲能力取决于肌原纤维蛋白，而磷酸盐化合物、组氨酸（含有二肽、肌肽、鹅肌肽）和乳酸贡献另 50%（Honikel 等，1974）。骨骼肌的缓冲能力与肌肉的类型有关，为 40~60μmol H^+/（pH·g）。通常，白肌的缓冲能力比红肌强。这可能是由于高含量的无机磷酸盐和肌肽。Van Laack（2001a）等提出了缓冲能力可以解释相似乳酸水平肌肉之间极限 pH 的差异。尽管如此，缓冲能力似乎不是极限 pH 的主要决定因素（Puolanne 等，2000）。

综上所述，当肌内糖原含量≤53μmol/g，宰后能量代谢的程度取决于肌糖原含量。如果糖原>53μmol/g，磷酸果糖激酶-1 使最终 pH 保持在 pH5.6 左右。然而在某些氧化型肌肉中，当磷酸果糖激酶-1 可能仍在工作时，能量代谢就已经终止。尽管大多数人认为糖原耗尽阻止 pH 下降，我们的数据表明糖原含量无法单独解释 pH 下降的全部原因。腺嘌呤核苷酸的消耗阻止糖酵解（England 等，2016）。缓冲能力和 AMP 脱氨酶的活性有助于解释来自具有相似基因背景的动物在肌肉极限 pH（pH 5.4~5.8）差异的原因（图 5.4）。

5.5 异常的宰后能量代谢

5.5.1 肉色苍白、质地松软和汁液渗出肉（PSE 肉）

PSE 肉是指肉色苍白、质地松软、保水能力差的肉。这种肉主要是由于胴体温度仍较高时，能量代谢过快造成的。PSE 肉的 pH 在宰后 1h 内下降到极限 pH 附近。低 pH 和高温的联合作用导致肌肉中许多肌浆蛋白和肌原纤维蛋白的变性。但是，PSE 肉中的 pH 快速下降不一定会导致极限 pH 较低。

在动物选育过程中，体型大、产肉多是猪和家禽选育的方向，这种选育导致了肌纤维向糖酵解型转变。大量的糖酵解更易产生 PSE 肉。PSE 发生率高达 40%，已成为全球肉类行业面临的最大挑战之一，特别是猪肉和家禽（Petracci 等，2009）。

PSE 的发生主要与遗传因素和宰前应激有关，包括环境应激、运输不当以及混群等。环境刺激会激活交感神经系统，进而促使肾上腺素分泌。一旦释放，肾上腺素与骨骼肌上的 β-肾上腺素能受体结合，触发信号级联，刺激糖原分解以维持机体高糖水平。β-肾上腺素能受体激活 cAMP 依赖的蛋白激酶 A，它的磷酸化进一步激活磷酸化酶激酶。磷酸化酶激酶将活性较低的 b 型糖原磷酸化酶磷酸化为活性较高的 a 型，增强糖原降解。此外，蛋白激酶 A 磷酸化，激活 1 型雷诺定受体 RYR1（Ca^{2+} 释放通道），导致 Ca^{2+} 从肌浆网快速释放进入胞液，增加肌肉 ATP 酶的活性而加速糖酵解（见第 5.3 节）。

对猪而言，PSE 肉通常与猪应激综合征（PSS）有关，后者类似于人类恶性高热。患有猪应激综合征的猪缺乏适应环境刺激的能力，这种刺激会导致肌肉严重收缩、体温迅速升高、心搏骤停和死亡（Ball 等，1993）。猪应激综合征是由氟烷基因突变（HAL 或 HAL-1843）引起的，它是 RYR1 基因（氟烷基因）中的一个碱基取代（C1843-T）。该突变导致蛋白水平 615 位点精氨酸在被半胱氨酸取代。氟烷气体被用来作为筛选方法，以确定动物是否容易产生猪应激综合征。HAL 敏感猪对刺激高度敏感，易刺激 RYR1 通道的开放，导致 Ca^{2+} 过多释放到胞浆中。

家禽中也存在于 PSE 猪肉类似的情况，可能也与遗传有关。迄今为止证据有限。Oda 等（2009）发现 PSE 鸡胸肉中的 β-RYR 基因表达低于正常肉。这一发现表明，β-RYR 的差异表达与鸡 PSE 相关。在家禽中，PSE 与宰前应激有关，特别是热应激，可导致宰后能量代谢加速。胴体宰后不适当的冷却也会导致促进 PSE 肉的产生。在优化冷却条件的同时，尽量减少处理和运输过程中的刺激，可以减少家禽中 PSE 肉的发生率。

5.5.2 酸肉

在猪肉中还存在一种情况，由于 $AMPK_{\gamma 3}^{R200}$ 基因突变［Napole（RN^-）突变］，导致极限 pH 异常低（酸肉，pH<5.4）。$AMPK_{\gamma 3}^{R200}$ 是 PRKAG3 基因中的一个点突变，它编码了 AMP 活化蛋白激酶（AMPK）的 γ3 调控亚基，导致 200 残基处精氨酸被谷氨酰胺取代。这种突变在汉普夏猪上最为明显，在肌肉组织中 AMPK 持续保持活性。在糖酵解型肌肉中，基因突变导致糖原含量翻倍，线粒体氧化能力增强。

$AMPK_{\gamma 3}^{R200}$ 猪宰后 pH 的下降过程具有正常的特征，但持续下降的时间较长。极限 pH 接近于等电点（pI），即肌肉蛋白侧基的正电荷和负电荷大约相等的 pH（pH5.1~5.2），降低了肌肉的保水能力。与 $AMPK_{\gamma 3}^{R200}$ 突变相关的极限 pH 较低，会对肉类的保水能力、蛋白质含量和功能以及加工率产生不利影响。$AMPK_{\gamma 3}^{R200}$ 突变猪异常低的极限 pH 通常与肌肉中糖原含量高有关。$AMPK_{\gamma 3}^{R200}$ 猪肉在宰后 24h 内积累的乳酸水平与野生型猪相似。Scheffler 等（2013b）认为，糖原含量对宰后 pH 下降的程度没有直接影响。最近，我们发现糖酵解增强加上宰后缓冲能力降低导致 $AMPK_{\gamma 3}^{R200}$ 猪的极限 pH 较低（Matarneh 等，2015）。Scheffler 等（2011）提出了在 $AMPK_{\gamma 3}^{R200}$ 突变猪中，其他代谢特性（如线粒体、PCr 和糖酵解酶的含量及活性）均影响极限 pH。$AMPK_{\gamma 3}^{R200}$ 猪糖原降解增强和净乳酸积累表明，这些因素可能通过激活糖原分解和糖酵解作用。England 等（2015）发现 $AMPK_{\gamma 3}^{R200}$ 猪体内 AMP 脱氨酶的活性和含量低，导致宰后 AMP 水平较高。目前，通过选育 RN^- 和 HAL 基因突变猪的比例已大幅下降，RN^- 和 HAL 对猪肉品质的影响已显著降低。但这两种突变对宰后 pH 下降的速率和程度的影响仍具有研究价值。

5.5.3 切面干燥、质地坚硬、颜色深肉（DFD 肉）

DFD 肉主要见于牛肉、羊肉和猪肉。DFD 肉的特点是颜色深、质地坚硬、表面干燥。主要是由于宰前应激导致肌糖原缺乏造成的。糖原不足会导致宰后能量代谢提前终止，从而限制 pH 的下降（极限 pH>6.0）。肉色与极限 pH 直接相关，随着 pH 从 5.8 增加到 7.0，颜色逐渐变暗。高极限 pH 降低肉肌红蛋白的损失和变性，增加了光的吸收，使肉色看起来更深。pH 高的肉也表现出较高的保水能力，因为 pH 远离 p*I*，增加了可用于结合水的蛋白质侧基上的负电荷。虽然 DFD 的高保水能力使其成为肉制品加工中使用的优质原料，但零售难度大，易受微生物污染，因此 DFD 尤其受到牛肉行业的关注。

长时间暴露于宰前应激，会导致糖原降解，以满足应激下的能量需求，使动物在屠宰前不能恢复肌糖原储备。肌糖原的恢复补充是一个缓慢过程，尤其是反刍动物。由于反刍动物胃肠道吸收的葡萄糖非常少，导致血糖水平相对较低，更易发生 DFD。McVeigh 等（1982）报道了牛背最长肌糖原恢复率，在肾上腺素诱导的糖原耗竭后，禁食、喂干草和很少喂食的动物糖原恢复率分别为每天 1.5、6.1、7.6μmol/g。牛精饲料中的能量密度会影响肌糖原的含量，这一点通过对比谷饲牛和草饲牛得到了证实。与谷饲牛相比，草饲牛更易产生黑切肉。一般来说，以高能量饮食（按浓度计算）喂养牛会增加丙酸的产生，丙酸是肝糖异生的主要前体，反过来又会增加肌肉中糖原沉积的能力（Daly 等，1999）。

5.6 宰前应激

当动物在屠宰前受到应激时，肉品品质通常会受到影响。应激的时间点和持续时间都影响肉品品质。宰前的急性（短期）应激或慢性（长期）应激对肉品品质的不利影响都源于应激激素（如肾上腺素）的释放。这些激素一旦释放，就会引发一系列生化反应，以满足应对刺激的能量需求。具体来说，肾上腺素通过一系列生化反应使糖原磷酸化酶转化为活性形式（b 型转变为 a 型）。糖原磷酸化酶消耗肌肉中的糖原储存来产生 ATP。在急性应激情况下，糖原磷酸化酶的激活会加速宰后糖酵解过程，进而导致 pH 下降。剧烈的刺激往往产生 PSE 肉，最常见于非反刍动物。屠宰前的慢性应激也会激活糖原代谢酶。主要的区别在于宰前消耗储存的肌糖原，导致极限 pH 高。许多宰前处理措施都是为了降低或消除刺激对动物的影响。

5.6.1 运输和待宰

大多数情况下，动物养殖和动物屠宰不在同一个地方，需要通过运输将动物从饲养地转移到屠宰场。在此过程中，动物混群、高温或低温、潮湿环境、通风不佳以及人为操作，都会对动物造成刺激（Schwartzkopf-Genswein 等，2012），这些刺激影响动物福利和肉品品质。此外，在运输过程中，动物可能会经历擦伤、体重减少甚至死亡。因此需重点研究如何减少屠宰前运输带来的应激。

为了缓解与运输相关的应激，动物在运输后通常会有一段休息时间，使动物从运输应激中恢复过来。在此期间，肌肉能够代谢掉应激过程中产生的 H^+ 和通过激活肝糖原补充消耗的糖原。

5.6.2 禁食

宰前静养过程中，动物可以饮水但不能喂食。禁食有两个原因：首先，禁食控制胃肠内容物，防止肠道破裂造成微生物污染胴体。其次，禁食会降低肌肉中的糖原含量。这个似乎与前面讨论的防止 DFD 肉的措施矛盾。但在猪和家禽中，肌肉中糖原的含量往往高于正常 pH 下降所需的量。此外，在这些物种中，运输或其他刺激后，肝脏能够迅速补充糖原，使之恢复到正常水平。因此，为减轻宰前急性应激的影响，可以降低糖原水平以限制 pH 下降程度。现有研究表明，禁食不得超过 24h 对品质有利，额外的禁食不会带来进一步的好处（Wittmann 等，1994）。

5.6.3 击晕

宰杀包括两个步骤：击晕和放血（血液从循环系统释放）。击晕是为了使动物在不停止心脏跳动的情况下对疼痛失去知觉，以便完全放血。击晕后应立即放血，否则会导致动物恢复意识。击晕的方法因物种而异。物理方法，如固定螺栓或非穿透性震荡休克，用于如牛等较大的动物，而电击晕或 CO_2 致昏用于猪和家禽。虽然这一机制尚不清楚，但最近的证据表明，击晕方法的不同可能会影响肉品品质。例如，与电击晕相比，CO_2 致昏减少了猪肉的滴水损失（Channon 等，2000、2002）。这可能是由于电流导致肌肉收缩和加速 pH

下降。击晕后，这些动物被放血，这是导致动物死亡的原因。放血应该在昏迷后迅速进行，以防止毛细血管爆裂引起肉中出血斑点。

5.7 肉品品质的形成

肌肉的固有因素和屠宰过程中的外在条件，都会影响鲜肉品质：持水力、肉色和质构。这些鲜肉的品质特征会影响新鲜度和消费者喜好，进而影响购买决策。此外，品质特性影响鲜肉的深加工。

5.7.1 持水力

水大约占肌肉质量的 75%。在这些水中，大约 85%位于肌原纤维蛋白网络或粗细丝之间，剩余的水分分布在肌原纤维之间，肌肉细胞之间和肌束间（Offer 和 Trinick，1983）。由于它的偶极性，水被带电的基团所吸引。结合水与带电成分（如蛋白质上的活性基团）密切相关，不易被物理力去除。不易流动水被吸引到结合水层，在宰后受到物理和生化变化的影响最大。自由水在肉中被弱的毛细管力松散地保持着，它的流动不受组织的阻碍。在僵直前的肉中不容易观察到自由水，但可影响不易流动水的因素也会影响自由水。

肌原纤维的结构变化影响肌肉向可食肉转化过程中水分的运动和结合。在生理 pH 下，蛋白质总体上带负电荷，屠宰后肌肉 pH 下降至接近 p*I*（净电荷 = 0）。正电荷和负电荷之间的吸引减少了蛋白质与水结合的位置。另外，随着净电荷的减少，同极性电荷也减少。这降低了结构之间的静电排斥，导致肌丝更紧密地堆积在一起，减少了水存在的空间。这种“净电荷”效应主要影响肉的持水能力。

此外，ATP 含量减少导致肌球蛋白头部与肌动蛋白永久结合。肌动球蛋白的形成导致肌节缩短和肌原纤维晶格的收缩。因此，肌丝之间的水分空间就更小，而液体会移动到肌原纤维外的空间。如果在僵直的过程中，细胞骨架是完整的，这种收缩会传递到肌肉细胞，进而导致肌肉细胞体积减小，肌纤维和肌束之间形成间隙。事实上，宰后肌细胞横截面积可能会减少（Offer 等，1992）。最终，肌细胞的收缩导致水分从细胞之间的间隙排出，进入肌束的间隙。肌束间的空隙是主要的“滴水通道”，使水从肉中排出。维持细胞完整性的细胞骨架蛋白的降解，以及细胞膜通透性的改变，促进细胞外的水重新进入肌细胞（Kristensen 等，2001）。此外，肌原纤维内结构蛋白的水解使细胞内水分重新分配和肌原纤维间隙的肿胀，导致保水能力提高（Melody 等，2004）。

宰后能量代谢和 pH 下降的程度与保水能力密切相关（见第 14 章）。如果宰后代谢受限，且肉的 pH 保持在较高水平，则蛋白质的特性更类似于活肌肉，因此保水能力较高。相反，如果极限 pH 较低，如 RN^- 肌肉的 pH 接近于肌肉蛋白的 p*I*，降低了水结合能力。相比之下，在肌肉温度仍很高的情况下，pH 迅速下降会导致蛋白质变性和溶解性降低。这种功能上的破坏降低了保水能力，如 PSE 肉的滴水损失大。

5.7.2 肉色

肌红蛋白是肉中的主要色素。在充分放血的肌肉中，肌红蛋白占总色素的 80%～90%，而其他蛋白质，如血红蛋白和细胞色素 c 起的作用相对较小（见第 11 章）。肌红蛋白在肌肉中的含量受多种因素的影响，包括物种、年龄、性别和肌肉种类等。如牛肉和羊肉比家禽的肌红蛋白含量更多，猪肉则处于二者之间。肌红蛋白的生理作用是结合氧气并将其传递到线粒体中，因此，肌红蛋白的含量与肌纤维的代谢能力和功能呈正相关。肌红蛋白含量在线粒体丰富的氧化型纤维中更高，因此，高氧化型纤维比例的肌肉会显得颜色更深。例如，鸡大腿肌肉中含有更多的氧化型纤维，肉“色深”，而氧化程度较低、糖酵解程度较高的鸡胸肉是“白”肉。

肌红蛋白是一种水溶性蛋白质，由 8 个 α 螺旋和一个非蛋白的亚铁血红素基团组成。亚铁血红素辅基位于疏水腔内，包含一个位于中心的铁原子。此铁参与了六个化学键：四个与血红素环的吡咯基团结合，一种是与蛋白质的组氨酸残基结合，一种是与各种配体可逆结合。铁的化学键和在最后一个位点结合的配体对决定肉的颜色起着关键作用。例如，在肉的内部或真空包装的肉，铁会还原，没有配体束缚，这种形式被称为脱氧肌红蛋白，颜色是深紫红色或紫红色。一旦肉暴露在氧气中或被切开，颜色就会变成鲜红色或粉红色。这种相对稳定的氧合肌红蛋白是当铁处于还原状态，由双原子氧气（O_2）与配体位点结合的造成的。相比之下，氧化态的铁不能结合配体。高铁肌红蛋白的形成会导致一种不受欢迎的棕色。

肌肉内固有的酶系统有助于氧化还原肌红蛋白，从而影响肉色及其稳定性。线粒体在宰后仍然完整，可以继续代谢消耗氧气（Cheah，1971；Tang 等，2005），与肌红蛋白相竞争。线粒体呼吸链会减少氧分压（p_{O_2}），导致氧转移到线粒体，形成脱氧肌红蛋白，肉色变深。此外，线粒体可以通过将电子链从细胞色素转移到高铁肌红蛋白来促进其还原（Arihara 等，1995；Tang 等，2005b）。琥珀酸盐等代谢物可以还原保护氧合肌红蛋白的稳定性（Tang 等，2005b）。然而，线粒体代谢产生的自由基可以促进高铁肌红蛋白的形成。抗氧化酶和伴侣蛋白含量越高，肉色稳定性越好（Joseph 等，2012）。

宰后 pH 下降的速度和程度影响肉色变化，并与肉中水分的保持和分布有关。例如，在 PSE 肉中，自由水含量高，光反射率高。在 PSE 肉中肌浆蛋白沉淀到肌原纤维蛋白中，也导致了肉色苍白（Joo 等，1999）。相比之下，DFD 肉中有较高比例的细胞内水分。这提高了组织对光的吸收，并导致肉色较深。

5.7.3 质构

鲜肉的质构特性与切面的结构、一致性和外观有关。PSE 肉和 DFD 肉的质地相差较大，可能与宰后 pH 下降和水结合密切相关。在极端的情况下，PSE 肉看起来非常柔软和湿润，肌肉分离，质地粗糙。相比之下，DFD 肉具有稳固的结构，可以保持其形状，其高的水结合能力使切割表面具有黏性。

宰后处理，以及脂肪和结缔组织等内在因素，都会影响质构特征（见第 12 章）。在僵直时，永久性的肌动球蛋白交联会降低肌肉的伸展性，增加硬度。此外，冷却会使肌肉内部和肌肉之间的脂肪凝固，增强肌肉的硬度。最后，蛋白降解（成熟）也降低了肉的硬度。结缔组织的数量和强度影响着鲜肉的质构，是影响嫩度和适口性的重要因素。结缔组织的主要成分是胶原蛋白，胶原蛋白的交联随着动物年龄的增长而增加，并增加了机械强度和粗糙的纹理。在动物体内，运动强度大的肌肉中结缔组织的含量高，这些肌肉的纹理更粗糙，也更坚韧。相反，背部的肌肉，如腰大肌，含有相对较少的结缔组织，并且有良好的纹理。考虑到结缔组织存在于整个肌肉中，肌束的厚度和交联以及肌肉束的大小，是结缔组织影响质构和口感的最主要原因。大理石花纹（或肌内脂肪）的大量沉积可能导致结缔组织结构的弱化和嫩度的改善。

5.8 宰后处理与肉品品质——温度

宰后肌肉温度变化会影响能量代谢和肉品品质。一般而言，早期降低肌肉温度以减缓代谢酶活性和限制代谢速率可以保护蛋白质功能，降低温度对限制或抑制微生物的生长也很重要（见第 7 章）。然而，胴体冷却过快会对品质产生负面影响。极端温度会激活肌动球蛋白 ATP 酶，导致剧烈收缩，使肌肉变得坚硬。

解冻僵直和冷收缩是在僵直前肌肉温度较低的情况下发生。当肌肉在进入僵直之前被冻结，然后解冻时，就会发生解冻僵直。解冻破坏肌浆网，ATP 存在的情况下 Ca^{2+}的突然释放，加速肌动球蛋白 ATP 酶活性，导致最终缩短 60%~80%。冷收缩类似于解冻僵直，但不太严重，当肌肉在僵硬开始前冷却到小于 14℃时发生（Locker 等，1963）。低温促使 Ca^{2+}从肌浆网释放，在寒冷的温度下，肌浆网 Ca^{2+}ATP 酶不能有效固定和回收 Ca^{2+}。在 ATP 存在的情况下，细胞质 Ca^{2+}浓度增加会导致肌肉收缩。

有几个因素与冷收缩的特性有关。与白肌肉相比，红肌肉更容易受到冷收缩的影响，这在一定程度上与红肌肉肌浆网发育不够发达有关。牛和羊等在僵直前有较长延迟时间，风险更大。此外，皮下脂肪较少的胴体更有可能在僵直之前达到较低的温度。防止冷收缩的一种方法是在宰后早期对胴体实施电刺激。电刺激会加速糖酵解和 ATP 利用，使得僵直在更高的温度下进行。

保持肌肉在高温（高达50℃）下也会导致剧烈的收缩。热僵直机理更类似于宰后PSE肌肉机理。较高的温度会加速能量代谢和ATP消耗，导致胴体温度仍较高的情况下开始僵直。这种结合通过促进蛋白质变性和降低溶解度来降低蛋白质功能。在高温下收缩的程度（30%~40%）通常小于冷收缩（约50%）。

肌肉收缩很重要，因为它影响熟肉的嫩度和适口性。在较短的肌节长度，粗丝和细丝有更大的重叠，需要更多的力量来切割肉。极端收缩可能导致I带完全丢失。由于I带中含有较多的水分，这也与冷收缩肌肉的高滴水损失有关。而无论温度如何，僵直时肌肉都会收缩，而僵直通常发生在胴体上。因此，肌肉缩短的程度取决于温度、肌肉的方向和骨骼的附着。温度对肌肉的影响可能会因位置和胴体悬挂方式（如跟腱吊挂法）的不同而有所不同。使胴体在15~20℃开始僵直的冷却方式，是预防极度收缩和其后嫩度问题的最佳方法。

5.9 成熟和蛋白质水解

动物被屠宰后，经历了僵直和成熟阶段，转变为可食肉。通常成熟发生在低温（4℃）下，在成熟过程中，一些化学反应会改变肉的滋味、质构和香气。成熟的主要目的是使肉变嫩。随着成熟时间延长，肉的嫩度会提高。成熟时间长短因品种而异，主要取决于对肉的嫩度的需求，应避免脂质氧化而产生异味。与猪肉和禽肉相比，牛肉和羊肉通常成熟时间更长。因此，我们对宰后嫩化的理解很大程度上来自牛肉和羊肉的研究。

蛋白质水解过程导致宰后嫩化。蛋白质水解是将蛋白质分解成多肽或氨基酸等小分子。通常，这个过程是由蛋白酶完成的。导致肉类成熟的蛋白酶是天然存在的，且在活的肌肉中也起作用（见第4章）。然而，目前还不完全清楚是什么蛋白酶导致了嫩度的改变。在宰后蛋白水解中起重要作用的酶必须满足三个要求（Goll等，1983；Koohmaraie，1994）：①位于骨骼肌细胞内；②能够接触到肌原纤维蛋白和/或肌节蛋白；③可以降解宰后会发生水解的相应蛋白。从这些要求来看，多个蛋白酶系统可能有助于宰后的蛋白水解。包括溶酶体组织蛋白酶系统、钙蛋白酶系统、细胞凋亡酶系统和蛋白酶体。但多数人认为溶酶体系统在宰后蛋白水解中几乎没有作用。其他三个蛋白酶系统都与宰后蛋白水解有关。

5.9.1 钙蛋白酶系统

钙激活的半胱氨酸蛋白酶或钙蛋白酶系统被认为是主要负责宰后嫩化的蛋白酶。肌肉中至少发现了三种亚型：钙蛋白酶-1（μ-钙蛋白酶）、钙蛋白酶-2（m-钙蛋白酶）和钙蛋白酶-3。除了与肌原纤维结构中的肌联蛋白有关外，我们对钙蛋白酶-3知之甚少。另外两种钙蛋白酶是根据发挥活性所需的钙离子浓度来命名的。μ-钙蛋白酶需要微摩尔（μmol/L）级的钙离子，而 m-钙蛋白酶需要毫摩尔（mmol/L）级的钙离子。由于钙离子在宰后不会增加到毫摩尔级浓度，大多数研究人员认为 μ-钙蛋白酶是宰后发挥最主要作用的钙蛋白酶。然而，新的研究表明 m-钙蛋白酶可能在猪的宰后嫩化过程中发挥作用（Pomponio 等，2008，2010；Pomponio Ertbjerg，2012）。

μ-钙蛋白酶是由相对分子质量 80 和 28 两个亚基组成的二聚体。这种蛋白酶针对特定肌原纤维蛋白和特定肌节蛋白的特定氨基酸序列（裂解位点）。这些蛋白质包括肌联蛋白、伴肌动蛋白、肌钙蛋白 T、原肌球蛋白、肌间线蛋白、踝蛋白、黏着斑蛋白和细丝蛋白。此外，μ-钙蛋白酶可能对肌肉中最丰富的两种蛋白——肌动蛋白和肌球蛋白有微弱的作用。μ-钙蛋白酶不能将蛋白质降解为游离氨基酸。

μ-钙蛋白酶的自溶，使相对分子质量 80 亚基降解到 76，28 亚基降解到 18。两种形式的蛋白酶都表现出蛋白水解活性，但自溶降低了活性发挥所需的钙离子浓度（Huff Lonergan 等，2010）。μ-钙蛋白酶所需的钙离子来自肌浆网。此外，μ-钙蛋白酶的活性与 pH 和温度有关。因此，pH 下降的速率和胴体冷却都影响 μ-钙蛋白酶的活性。例如，当宰后肌肉 pH 下降时，肌浆网失去了再吸收 Ca^{2+} 能力。因此，肌浆中的钙离子浓度增加，μ-钙蛋白酶活性增加。

钙蛋白酶系统还包含另一种蛋白质——钙蛋白酶抑制蛋白。钙蛋白酶抑制蛋白是限制 μ-钙蛋白酶和 m-钙蛋白酶活性的一种特殊抑制剂。这种抑制剂限制了 μ-钙蛋白酶改善宰后嫩度的能力。因此，随着钙蛋白酶抑制蛋白的增加，肉的嫩度趋于下降。特定品种的牛表现出高水平的钙蛋白酶抑制蛋白。例如，印度瘤牛（如婆罗门牛）肉质比欧洲牛（如安格斯牛）嫩度差，这是因为印度瘤牛肌肉中钙蛋白酶抑制蛋白活性高（Whipple 等，1990；Ferguson 等，2000）。此外，饲喂生长促进剂（如 β-激动剂），增加肌肉中的钙蛋白酶抑制蛋白水平，会降低嫩度（Koohmaraie 等，1991；Geesink 等，1993）。在大多数情况下，μ-钙蛋白酶被认为是导致宰后蛋白质降解的主要蛋白酶。然而，最近的证据表明细胞凋亡酶和蛋白酶体都可能参与肉的嫩化过程。

5.9.2 蛋白酶体和细胞凋亡酶系统

蛋白酶体是一种能将肌浆蛋白和肌原纤维蛋白降解为氨基酸的多酶体系。在模拟宰后温度、pH、离子强度条件下，蛋白酶体能够降解肌肉蛋白。然而，与 μ-钙蛋白酶相比，蛋白酶体在宰后嫩化中的作用是有限的（Huff Lonergan 等，2010）。

细胞凋亡酶是一类参与程序性细胞死亡（凋亡）的蛋白酶家族。虽然细胞凋亡酶在宰后蛋白水解中的确切作用尚不清楚，但目前的研究表明，细胞凋亡酶可能通过降解钙蛋白酶抑制蛋白而使钙蛋白酶可以维持活性（Kemp 等，2012）。

5.10 结论

肌肉转化为可食肉是一个复杂的过程，涉及能量变化、化学变化和物理变化。pH 下降是宰后最明显的变化。这是因为 pH 的下降影响鲜肉品质和微生物腐败。宰后肌肉 pH 下降的速度和程度对肉品品质有很大的影响。宰后能量代谢速率主要受肌肉 ATP 酶活性的调控，而底物糖原和腺嘌呤核苷酸、糖酵解酶的含量和活性以及缓冲能力是决定宰后能量代谢程度的因素。PSE 肉、DFD 肉和酸肉等都是宰后能量代谢异常导致的。适当的管理，以减少动物的宰前应激和优化宰后处理，可以有效地降低异质肉的发生率。

随着宰后僵直的进行，肌肉从高度活力和可伸展的组织转变为僵硬状态，这是宰后发生的主要物理变化。在成熟过程中，细胞骨架蛋白发生降解可以改善肉的嫩度和风味。μ-钙蛋白酶是宰后蛋白降解的主要蛋白酶，而 m-钙蛋白酶、蛋白酶体和细胞凋亡酶的作用尚不清楚。

参考文献

Arihara, K., Cassens, R. G., Greaser, M. L., Luchansky, J. B., Mozdziak, P. E., 1995. Localization of metmyoglobin-reducing enzyme (NADH-cytochrome b5 reductase) system components in bovine skeletal muscle. Meat Science 39, 205-213.

Ball, S. P., Johnson, K. J., 1993. The genetics of malignant hyperthermia. Journal of Medical Genetics 30, 89-93.

Bendall, J., 1973. Postmortem changes in muscle. In: Bourne, G. H. (Ed.), Structure and Function of Muscle, vol. 2. Acad. Press, New York, pp. 234-309.

Bowker, B. C., Grant, A. L., Swartz, D. R., Gerrard, D. E., 2004. Myosin heavy chain isoforms influence myofibrillar ATPase activity under simulated postmortem pH, calcium, and temperature conditions. Meat Science 67, 139-147.

Cetin, O., Bingol, E. B., Colak, H., Hampikyan, H., 2012. Effects of electrical stimulation on meat quality of lamb and goat meat. The Scientific World Journal 2012.

Channon, H., Payne, A., Warner, R., 2000. Halothane genotype, pre-slaughter handling and stunning method all influence pork quality. Meat Science 56, 291-299.

Channon, H. A., Payne, A. M., Warner, R. D., 2002. Comparison of CO_2 stunning with manual electrical stunning (50 Hz) of pigs on carcass and meat quality. Meat Science 60, 63-68.

Cheah, K. S., Cheah, A. M., 1971. Post-mortem changes in structure and function of ox muscle mitochondria. 1. Electron microscopic and polarographic investigations. Journal of Bioenergetics and Biomembranes 2, 85-92.

Daly, C. C., Young, O. A., Graafhuis, A. E., Moorhead, S. M., Easton, H. S., 1999. Some effects of diet on beef meat and fat attributes. New Zealand Journal of Agricultural Research 42, 279-287.

England, E. M., Matarneh, S. K., Oliver, E. M., Apaoblaza, A., Scheffler, T. L., Shi, H., Gerrard, D. E., 2016. Excess glycogen does not resolve high ultimate pH of oxidative muscle. Meat Science 114, 95-102.

England, E. M., Matarneh, S. K., Scheffler, T. L., Wachet, C., Gerrard, D. E., 2014. pH inactivation of phosphofructokinase arrests postmortem glycolysis. Meat Science 98,850-857.

England,E. M. ,Matarneh,S. K. ,Scheffler,T. L. ,Wachet,C. ,Gerrard,D. E. ,2015. Altered AMP deaminase activity may extend postmortem glycolysis. Meat Science 102,8-14.

Ferguson,D. M. ,Jiang,S. -T. ,Hearnshaw,H. ,Rymill,S. R. ,Thompson,J. M. ,2000. Effect of electrical stimulation on protease activity and tenderness of M. longissimus from cattle with different proportions of Bos indicus content. Meat Science 55,265-272.

Geesink,G. H. ,Smulders,F. J. ,van Laack,H. L. ,van der Kolk,J. H. ,Wensing,T. ,Breukink,H. J. , 1993. Effects on meat quality of the use of clenbuterol in veal calves. Journal of Animal Science 71,1161-1170.

Goll,D. E. ,Otsuka,Y. ,Nagainis,P. A. ,Shannon,J. D. ,Sathe,S. K. ,Muguruma,M. ,1983. Role of the muscle proteinases in maintanance of muscle integrity and mass. Journal of Food Biochemistry 7,137-177.

Greaser,M. L. ,1986. Conversion of muscle to meat. Muscle as Food 37-102.

Hamm,R. ,Dalrymple,R. ,Honikel,K. ,1973. On the post-mortem breakdown of glycogen and ATP in skeletal muscle. In: Proceedings of the 19th European Meeting of Meat Research Workers,Paris,pp. 73-86.

Henckel,P. ,Karlsson,A. ,Jensen,M. T. ,Oksbjerg,N. ,Petersen,J. S. ,2002. Metabolic conditions in Porcine longissimus muscle immediately pre-slaughter and its influence on peri- and post mortem energy metabolism. Meat Science 62,145-155.

Honikel,K. ,Hamm,R. ,1974. Uber die Ursachen der Abnahme des pH-Wertes im Fleisch nach dem Schlachten. Fleischwirtschaft 54,557-560.

Huff Lonergan,E. ,Zhang,W. ,Lonergan,S. M. ,2010. Biochemistry of postmortem muscle-lessons on mechanisms of meat tenderization. Meat Science 86,184-195.

Joo,S. ,Kauffman,R. ,Kim,B. ,Park,G. ,1999. The relationship of sarcoplasmic and myofibrillar protein solubility to colour and water-holding capacity in porcine longissimus muscle. Meat Science 52,291-297.

Joseph,P. ,Suman,S. P. ,Rentfrow,G. ,Li,S. ,Beach,C. M. ,2012. Proteomics of muscle-specific beef color stability. Journal of Agricultural and Food Chemistry 60,3196-3203.

Kastenschmidt,L. L. ,Hoekstar,W. G. ,Briskey,E. J. ,1968. Glycolytic intermediates and co-factors in "fast-" and "slow-glycolyzing" muscles of the pig. Journal of Food Science 33,151-158.

Kemp,C. M. ,Parr,T. ,2012. Advances in apoptotic mediated proteolysis in meat tenderization. Meat Science 92,252-259.

Koohmaraie,M. ,Shackelford,S. D. ,1991. Effect of calcium chloride infusion on the tenderness of lambs fed a beta-adrenergic agonist. Journal of Animal Science 69,2463-2471.

Koohmaraie,M. ,1994. Muscle proteinases and meat aging. Meat Science 36,93-104.

Kristensen,L. ,Purslow,P. P. ,2001. The effect of ageing on the water-holding capacity of pork: role of cytoskeletal proteins. Meat Science 58,17-23.

Van Laack,R. ,Kauffman,R. ,Greaser,M. ,2001a. Determinants of ultimate pH of meat. In: Proc. 47th Int. Congr. Meat Sci. Technol. ,pp. 22-26. Krakow,Poland.

Van Laack,R. ,Yang,J. ,Spencer,E. ,2001b. Determinants of ultimate pH of pork. In: 2001 IFT Annual Meeting-New Orleans,Louisiana.

Locker,R. H. ,Hagyard,C. J. ,1963. A cold shortening effect in beef muscles. Journal of the Science of Food and Agriculture 14,787-793.

Matarneh,S. K. ,England,E. M. ,Scheffler,T. L. ,Oliver,E. M. ,Gerrard,D. E. ,2015. Net lactate accumulation and low buffering capacity explain low ultimate pH in the longissimus lumborum of AMPKγ3(R200Q) mutant pigs. Meat Science 110,189-195.

McVeigh,J. M. ,Tarrant,P. V. ,1982. Glycogen content and repletion rates in beef muscle,effect of feeding and fasting. Journal of Nutrition 112,1306-1314.

Melody,J. L. ,Lonergan,S. M. ,Rowe,L. J. ,Huiatt,T. W. ,Mayes,M. S. ,Huff-Lonergan,E. ,2004. Early postmortem biochemical factors influence tenderness and water-holding capacity of three porcine muscles. Journal of Animal Science 82,1195-1205.

Nazli,B.,Cetin,O.,Bingol,E. B.,Kahraman,T.,Ergun,O.,2010. Effects of high voltage electrical stimulation on meat quality of beef carcasses. Journal of Animal and Veterinary Advances 9,556-560.

Newbold,R. P.,Scopes,R. K.,1967. Post-mortem glycolysis in ox skeletal muscle. Effect of temperature on the concentrations of glycolytic intermediates and cofactors. Biochemical Journal 105,127-136.

Oda,S. H. I.,Nepomuceno,A. L.,Ledur,M. C.,de Oliveira,M. C. N.,Marin,S. R. R.,Ida,E. I.,Shimokomaki,M.,2009. Quantitative differential expression of alpha and beta ryanodine receptor genes in PSE (Pale,Soft,Exudative) meat from two chicken lines: broiler and layer. Brazilian Archives of Biology and Technology 52,1519-1525.

Offer,G.,Cousins,T.,1992. The mechanism of drip production: formation of two compartments of extracellular space in muscle Post mortem. Journal of the Science of Food and Agriculture 58,107-116.

Offer,G.,Trinick,J.,1983. On the mechanism of water holding in meat: the swelling and shrinking of myofibrils. Meat Science 8,245-281.

Petracci,M.,Bianchi,M.,Cavani,C.,2009. The European perspective on pale,soft,exudative conditions in poultry. Poultry Science 88,1518-1523.

Pomponio,L.,Ertbjerg,P.,Karlsson,A. H.,Costa,L. N.,Lametsch,R.,2010. Influence of early pH decline on calpain activity in porcine muscle. Meat Science 85,110-114.

Pomponio,L.,Ertbjerg,P.,2012. The effect of temperature on the activity of μ- and m-calpain and calpastatin during post-mortem storage of porcine longissimus muscle. Meat Science 91,50-55.

Pomponio,L.,Lametsch,R.,Karlsson,A. H.,Costa,L. N.,Grossi,A.,Ertbjerg,P.,2008. Evidence for post-mortem m-calpain autolysis in porcine muscle. Meat Science 80,761-764.

Pösö,A. R.,Puolanne,E.,2005. Carbohydrate metabolism in meat animals. Meat Science 70,423-434.

Puolanne,E.,Kivikari,R.,2000. Determination of the buffering capacity of postrigor meat. Meat Science 56,7-13.

Scheffler,T. L.,Matarneh,S. K.,England,E. M.,Gerrard,D. E.,2015. Mitochondria influence postmortem metabolism and pH in an in vitro model. Meat Science 110,118-125.

Scheffler,T. L.,Park,S.,Gerrard,D. E.,2011. Lessons to learn about postmortem metabolism using the $AMPK\gamma3^{R200Q}$ mutation in the pig. Meat Science 89,244-250.

Scheffler,T. L.,Rosser,A. L.,Kasten,S. C.,Scheffler,J. M.,Gerrard,D. E.,2013a. Use of dietary supplementation with β-guanidinopropionic acid to alter the muscle phosphagen system,postmortem metabolism,and pork quality. Meat Science 95,264-271.

Scheffler,T. L.,Scheffler,J. M.,Kasten,S. C.,Sosnicki,A. A.,Gerrard,D. E.,2013b. High glycolytic potential does not predict low ultimate pH in pork. Meat Science 95,85-91.

Schwartzkopf-Genswein,K. S.,Faucitano,L.,Dadgar,S.,Shand,P.,Gonzalez,L. A.,Crowe,T. G.,2012. Road transport of cattle,swine and poultry in North America and its impact on animal welfare,carcass and meat quality: a review. Meat Science 92,227-243.

Scopes,R. K.,1973. Studies with a reconstituted muscle glycolytic system. The rate and extent of creatine phosphorylation by anaerobic glycolysis. Biochemical Journal 134,197-208.

Scopes,R. K.,1974. Studies with a reconstituted muscle glycolytic system. The rate and extent of glycolysis in simulated post-mortem conditions. Biochemical Journal 142,79-86.

St-Pierre,J.,Brand,M. D.,Boutilier,R. G.,2000. Mitochondria as ATP consumers: cellular treason in anoxia. The Proceedings of the National Academy of Sciences 97,8670-8674.

Tang,J.,Faustman,C.,Hoagland,T. A.,Mancini,R. A.,Seyfert,M.,Hunt,M. C.,2005a. Postmortem oxygen consumption by mitochondria and its effects on myoglobin form and stability. Journal of Agricultural and

Food Chemistry 53, 1223-1230.

Tang, J., Faustman, C., Mancini, R. A., Seyfert, M., Hunt, M. C., 2005b. Mitochondrial reduction of metmyoglobin: dependence on the electron transport chain. Journal of Agricultural and Food Chemistry 53, 5449-5455.

Whipple, G., Koohmaraie, M., Dikeman, M. E., Crouse, J. D., Hunt, M. C., Klemm, R. D., 1990. Evaluation of attributes that affect longissimus muscle tenderness in *Bos taurus* and *Bos indicus* cattle. Journal of Animal Science 68, 2716-2728.

Wittmann, W., Ecolan, P., Levasseur, P., Fernandez, X., 1994. Fasting-induced glycogen depletion in different fibre types of red and white pig muscles—relationship with ultimate pH. Journal of the Science of Food and Agriculture 66, 257-266.

6 肉品微生物及腐败

Monique Zagorec[1], Marie-Christine Champomier-Vergès[2]
[1]*UMR*1014 *SECALIM*, *INRA*, *Oniris*, *Nantes*, *France*;
[2]*UMR*1319, *MICALIS*, *INRA*, *Université Paris-Saclay*, *Jouy-en-Josas*, *France*

6.1 引言

6.1.1 肉品微生物

市场上供人类消费的肉制品种类繁多，包括禽类（主要有鸡、火鸡、鸭等）以及哺乳类（主要有猪、牛、羊）。动物经屠宰后，胴体以及大块分割肉被作为原料加工成为各种产品。因此，由于动物的种类、加工方式不同，肉中的微生物群落组成极其复杂。生鲜肉是微生物生长的良好基质，因为肉中含有丰富的营养物质（氨基酸、维生素、辅酶因子等），具有与微生物生长相适宜的 pH 及水分活度。鲜肉中微生物的数量在初始污染之后会迅速增加。然而肉的种类及加工方式差异导致肉制品理化性质不同，从而通过多种途径影响微生物群落动态平衡及初始菌数量。储存条件，如温度、气调包装等也会影响肉制品保质期内的微生物生长。肉类也可能不适于微生物的生长。本书中其他章节（见第 7~10 章）提到了许多处理方法和贮藏方法，有助于降低肉品贮藏期间微生物的生长风险（Champomier-Vergès 等，2015）。

6.1.2 微生物代谢及其影响

在加工和贮藏过程中，肉中的微生物之间存在相互作用（生物相互作用），微生物与肉基质之间也存在相互作用（非生物相互作用）（Zhang 等，2015）。如前所述，肉中含有丰富的营养物质可供微生物生长并表达一系列代谢功能（Remenant 等，2015）。众多可以在肉中生长的微生物中，只有一小部分可以通过其代谢活动引起产品腐败。微生物通过代谢作用可以消耗某些代谢物而生成新的代谢物。其中最好的一个例子就是乳酸菌（LAB），它们通过摄取肉中的碳源产生乳酸。由于肉制品的种类以及其中的微生物组成存在差异，乳酸可能产生有益作用也可能产生有害作用（Pothakos 等，2015a）。它可以通过引起蛋白沉淀来影响肉的品质，也可以通过乳酸的酸性性质降低产品的 pH 从而发挥抗菌作用，与此同时也会产生酸味，导致鲜肉及肉制品发生腐败变质。另一方面，它也是发酵香肠制作过程中的重要环节之一。因此，肉中的微生物腐败作用是一个非常复杂的过程，这不仅取决于微生物的本身，同时也取决于其生物与非生物因素间的相互作用。目前，已知某些微生物代谢通路产生的致腐分子，可能会影响肉及肉制品的色泽、质构、气味以及滋味。在许多情况下，即便产品状态已经出现缺陷，并且可以确定与某些微生物及腐败相关，但引起腐败的作用机制却仍然不清楚。特别是不良气味，可能是由于各种挥发性化合物的存在及其共同作用造成的（见第 13 章）。Casaburi 等（2014）报道了一些可以引起鲜肉腐败的优势细菌。他们也鉴定了在肉制品中的挥发性物质，并用这些物质来评判肉制品腐败变质的程度。他们还报道了由不同细菌产生的可以导致肉类腐败的物质。气味缺陷确实与微生物代谢产生的分子有关。尽管这些数据与其他作者报道的数据有一定关联（Nychas 等，2008；

Saraiva 等，2015），但是化合物的合成途径以及许多导致气味缺陷的挥发性化合物还是未知的。此外，微生物腐败可能是由多种微生物协同或级联代谢的结果。

6.2 与腐败相关的肉品微生物污染的来源及动态变化

在健康的动物中，肌肉是无菌的，而皮肤、羽毛、皮毛、消化道和尿道中则存在微生物。因此，动物体内和表面的微生物有可能污染胴体及切面，特别是在取出内脏和剥皮的过程中污染风险更高。此外，空气、设备表面以及水都有微生物，可能导致屠宰和后续加工环节造成肉品污染。微生物也可以通过人、器具和设备的交叉污染转移到分割肉和加工肉中。这就是肉制品中能检测到来自土壤、水体以及动物中的微生物的原因。在肉制品如即食制品加工过程中，由于操作环节的交叉污染和所用配料的污染，导致终产品存在较大的微生物污染风险。近期已经有报道指出这种污染对食品微生物区系动态变化的影响不容忽视（Pothakhos 等，2015b）。研究表明，一种称作冷明串珠菌（*Leuconostoc gelidum*）的腐败乳酸菌来源于配料，它可以在即食肉制品中较其他微生物生长繁殖更快，即使在配料中的起始数量非常低，也可在肉制品保质期末期成为优势菌。近年来有人研究了不同肉制品中的微生物群落组成及其在贮藏加工过程中的动态变化，发现肉品污染来源各不相同，加工和储藏条件对腐败微生物的生长影响很大（De Filippis 等，2013；Benson 等，2014；Chaillou 等，2015；Hultman 等，2015）。

有研究采用 16S rRNA 高通量测序方法分析了牛排加工和贮藏过程中微生物的变化，分析样品来自整个生产链条，包括肉品加工环境（如操作工人的手、切割用的刀、砧板以及冷库的墙壁）、牛排以及用于生产牛排的胴体和分割肉（De Filippis 等，2013）。他们分析了新鲜牛排（0d）以及在 4℃的有氧环境下贮藏 7d 后的牛排中微生物的组成情况。结果发现新鲜牛排（0d）中的微生物区系组成与用于生产这些牛排的胴体、分割肉以及屠宰环境中的微生物区系组成极为相似，这表明初始污染的重要性。在贮藏期结束时，微生物的多样性急剧下降，选择性增多的是与肉品腐败相关的好氧嗜冷菌，如热死环丝菌及假单胞菌。这项研究证实了热死环丝菌来自加工厂早期受到污染的分割肉（Nychas 等，2008；Gribble 等，2013）。

另一项研究分析了猪肉生香肠在 4℃贮藏 80d 过程中微生物群落结构的变化（Benson 等，2014）。和牛排一样，开始时微生物群落结构比较复杂，随后其多样性降低。而微生物的数量由 0d 的 10^2CFU/g 增加到贮藏 15d 时的 10^6CFU/g，并在 30d 时达到 10^8CFU/g，这个数量一直持续到贮藏期结束。焦磷酸测序数据显示在贮藏期间，微生物群落发生了几次连续的波动，一些优势菌取代了另外一些优势菌，贮藏期结束时只有少数几个优势菌。此外，单乳杆菌（*Lactobacillus graminis*）是最终的优势菌，其产生的乳酸和二醋酸盐对猪肉香肠产生明显的抗菌作用，这种微生物主要来源于制作香肠的香料。说明加工肉制品可能受到配料的污染。

Chaillou 等（2015）使用 16s RNA 高通量测序分析了 4 种肉制品（牛肉糜、小牛肉、鸡肉香肠、培根丁）在新鲜和腐败变质状态下的微生物区系的组成。发现在新鲜产品中的微生物组成与动物皮肤和肠道中的微生物组成相似。丰度较高的微生物主要来自环境中，特别是水体中。污染这四种肉制品的细菌有着丰富的多样性，在部分样本中甚至检测出了 200 多个不同的操作分类单元（OTUs）。大部分 OTUs 都属于食品中已知的微生物物种。在腐败变质的产品中，微生物多样性明显下降，虽然 OTUs 的种类变少，但是每种 OTUs 的丰度都很高。虽然整体来说腐败产品的细菌数量较新鲜产品增加了约 4lg（CFU/g），OTUs 的种类却从 200 多个下降到 10~40 个。这表明，贮藏条件和肉类加工过程对污染细菌施加了选择性压力，最终形成了产品贮藏期间的细菌群落结构（Chaillou 等，2015）。这一点在嗜冷微生物中尤为明显，它们可以抵御低温贮藏环境，甚至还能在低温下生长。因此，对于任何肉制品，原料的初始污染以及随后的处理及贮藏条件都是肉中微生物群落动态变化的重要因素，都可能对腐败产生重要影响。

也有人研究了真空包装的熟香肠中细菌污染的来源和类型（Hultman 等，2015）。样品取自原料肉处理区域的表面、制作香肠区域的表面、香肠乳化剂以及储存过程中的香肠。研究方法包括细菌的分离鉴定和 16S rRNA 基因测序。结果表明，环境中丰富的微生物多样性在原料肉及随后的加工过程中有所降低，而加工步骤的选择性压力最终导致厚壁菌门（主要是明串珠菌属）成为了优势菌。

综上，肉类污染源于动物、屠宰场和生产环境，以及肉制品加工中的各种配料。在最初的污染菌中，那些最能适应肉类基质和最能抵抗贮藏条件的细菌成为肉品微生物的优势菌。Pothakos 等（2015b）报道，在这些微生物群落中，多重相互作用将会导致一些微生物群体取代另外一些微生物群体（排斥现象），但是有些微生物群体也可以在同一时间呈现相同的生长行为（共生现象）。

6.3 肉品微生物腐败的机理

气味、颜色或质地缺陷是由不同分子造成的，产生这些分子的途径都比较复杂。某些代谢途径，如能量产生或合成的细菌生长所必需分子的途径，已在多年前被证实存在于腐败细菌中。以明串珠菌属的 *Leuconostoc gasicomitatum* 这个菌种为例，该菌是在许多肉制品中可以引起腐败变质的一种乳酸菌（Vihavainen 等，2007、2009；Johansson 等，2011）。对 *L. gasicomitatum* 的一个腐败菌株进行全基因组分析，发现其中存在编码多种致腐败化合物合成酶的基因（Johansson 等，2011）。这些作者提出，肉中微生物产生的乙酸盐会引起刺鼻的酸性异味，乙酸盐可能是由一种包含编码乙酸激酶（*ackA*1、*ackA*2）、柠檬酸裂解酶（*citCDEF*）和 *n*-乙酰氨基葡萄糖-6-磷酸脱乙酰酶（*nagA*）的基因引起的。气体（二氧化碳）是通过乙酰乳酸脱羧酶（由 alsD 编码）、草酰乙酸脱羧酶（*citM*）、2 个 6-磷酸葡萄糖酸脱氢酶（*gnd*1、*gnd*2）、丙酮酸脱氢酶（由 *pdhABCD* 操作子编码）和由 *poxB* 编码的丙酮酸氧化酶的作用生成的。研究证实，乙酰乳酸合酶（由 *alsS* 编码）对双乙酰形成也起重要作用，这可能是 *L. gasicomitatum* 引起黄油样异味形成的原因。最后，研究还发现操纵子编码的基因很可能参与胞外多糖的合成过程、右旋糖酐蔗糖酶基因（*dsrA*）可能导致发黏、绿变与过氧化氢生成有关（Vihavainen 等，2007），而这与丙酮酸氧化酶 PoxB 的活性有关联。进一步研究揭示了 *L. gasicomitatum* 导致腐败的机理（Jääskeläinen 等，2013、2015）。当 *L. gasicomitatum* 的呼吸作用被开启，也就是一种可以促进其生长的代谢过程，双乙酰和乙偶姻（可导致猪肉的黄油异味）的生成就会增多。这种化合物的生成情况同时也取决于肉中该菌赖以生存的碳源——如肌苷和核糖（Chaillou 等，2005；Rimaux 等，2011）。尽管现在已经可以获得许多细菌的基因组序列信息，但是在基因组水平上，却只有极少数腐败微生物被分离和研究，*L. gasicomitatum* 是目前唯一被深入研究的细菌。

如上所述，许多能够污染肉类的细菌都是来自动物和环境。环境中某些容易导致肉类腐败变质的共生菌株的基因组序列信息目前已经可以在数据库中获取（Remenant 等，2015）。有些乳酸菌是腐败菌，而另一些却具有发酵或者生物保护的功能，这些乳酸菌菌株的基因组序列可以在数据库中找到。通过对这些基因的认识，可以重构相关代谢通路，使它们的功能得以发挥。16S rRNA 高通量测序可以获得更多更准确的细菌种属信息以及相对丰度。采用这种方法，可以推测微生物中存在哪些基因，这些基因具有什么功能（Langille 等，2013）。因此，通过对肉中微生物多样性和丰度的分析，就可以推断发生腐败变质的可能机理。这种方法也被用来研究即食肉制品中细菌的代谢活动（Pothakos 等，2015b）。随着细菌基因组信息及宏基因组信息不断丰富，此方法具有广阔的应用前景。然而，该方法也存在一定的局限性，即只有那些数据库中已知的代谢通路可以通过这种方法进行分析。其中，能量生成、碳水化合物分解、氨基酸合成及分解等通路都是已经被广泛研究且熟知的，但是某些气味缺陷相关的挥发性化合物的合成途径还并不清楚。

此外，细菌基因组测序的激增也伴随着交互式数据库的迅速发展。如“京都基因与基因组百科全书”（KEGG）提供的资源（Kanehisa 等，2000；Kanehisa 等，2014）和一系列工具可以用来研究基因组学的相关数据，特别是从基因信息推断出来的代谢通路。比如，通过该工具我们可以将特定的代谢通路在 10 个不同的菌株之间进行比较。许多细菌的基因组序列信息（截至目前为 3541 个）都是可以从数据库获取到的，而且可以用许多不同的方式进行分析。图 6.1 展示了使用 KEGG 可以搜索到的信息中的一部分。我们选择同时研究三个菌株（*L. gasicomitatum*、*Leuconostoc carnosum* 和 *Lactococcus piscium*）的代谢活动，据推测这三个菌株都是肉中与腐败相关的细菌。其中，每个菌株在 KEGG 数据库中都有一个可

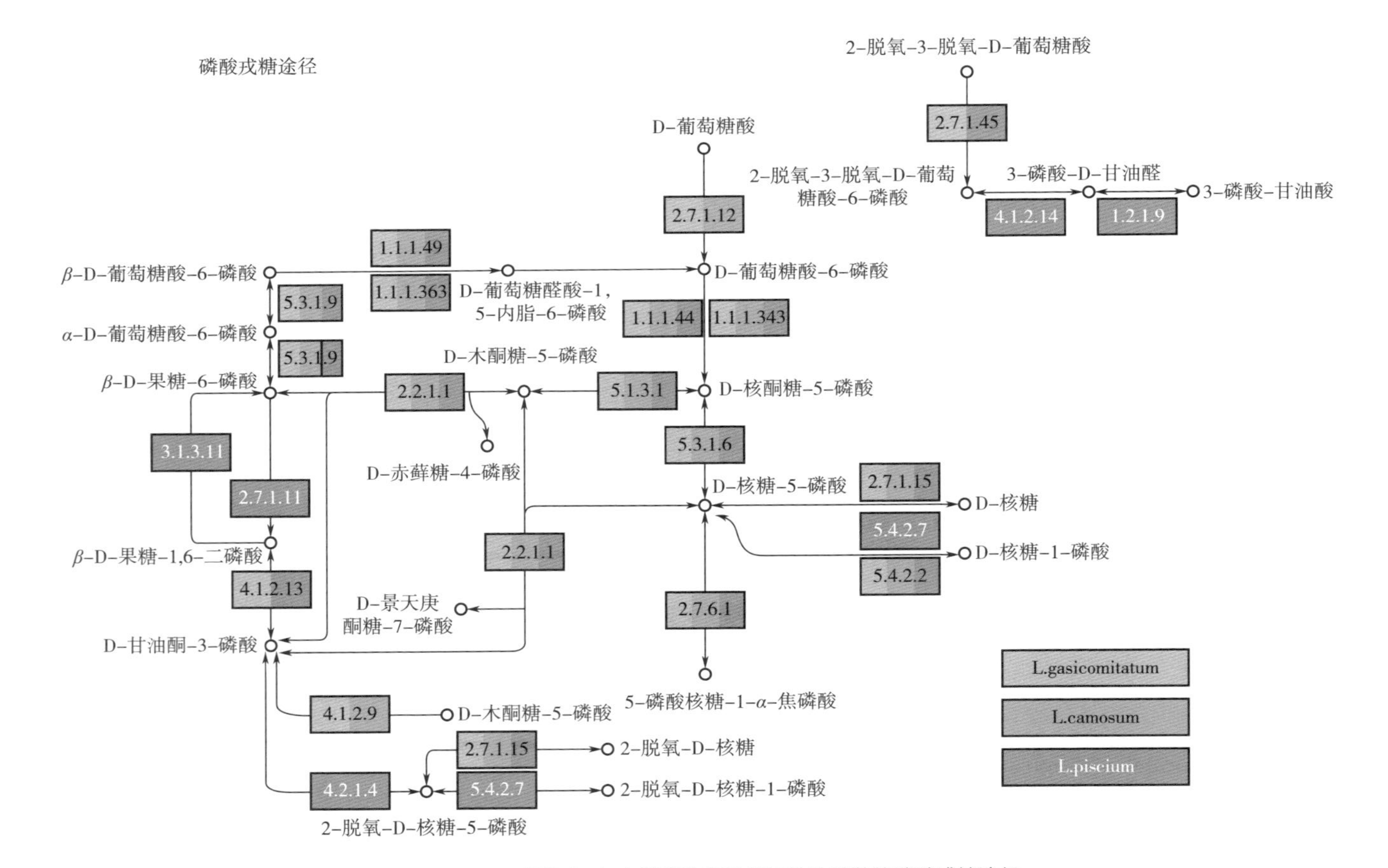

图6.1　与肉类腐败相关的三株乳酸菌的磷酸戊糖途径

注：出现在一株、两株或者三株细菌中的酶用酶学委员会编号标出，不同颜色表示特定的酶是否在3个不同的菌株中表达。

用的全基因组序列信息（Johansson 等，2011；Jung 等，2012；Andreevskaya 等，2015）。根据它们的基因序列可以推测出相应的代谢途径。从图 6.1 可以看出，这三种菌株都可以代谢戊糖进行生长，并且这三种菌株的部分代谢途径是相似的，但是在每一个菌株中也存在特异性的酶。细菌在肉中进行生长的代谢途径差异可以解释它们在适用能力上的差异，并且影响货架期间细菌组成的动态变化。

6.4 肉品腐败相关的主要微生物

尽管腐败微生物在肉类加工储存和零售过程中造成了相当大的经济损失，但目前对它们的研究远比致病菌及与加工用途相关的微生物要少。如上所述，有时很难将特定的腐败现象与一个或几个特定微生物之间建立直接联系。在过去的 5 年里，对肉中微生物群落动态变化的分析，特别是通过高通量测序方法进行的研究，改变了我们对肉类细菌生长和腐败变质的认识。这些方法可以促使我们找到微生物的组成情况与某些腐败特征之间的关联。例如，挥发性化合物的总体情况与微生物组成之间的关联。因此，无论如何我们都可以通过已有的方法对肉中主要的已知微生物有一个整体而清晰的认识，而这其中一部分微生物对肉的腐败变质有重要的影响。

6.4.1 酵母菌

酵母菌在微生物只占一小部分，它们通常被认为不是肉制品的主要腐败微生物，因此很少被分离鉴定。通常来说，它们的数量在 $10^2 \sim 10^7$CFU/g。现已报道过的酵母菌有假丝酵母（*Candida*）、隐球酵母（*Cryptococcus*）、红酵母（*Rhodotorula*）和德巴利氏酵母（*Debaryomyces*）。这些酵母菌可以在低温环境下生长，当数量达到 10^7CFU/g 时可以引起腐败。不同的肉制品中微生物种类有所不同。例如，Lowry 和 Gill（1984）在羊肉中发现解脂假丝酵母（*Candida lipolytica*）、涎沫假丝酵母（*Candida zeylanoides*）、清酒假丝酵母（*Candida sake*）和罗伦隐球酵母（*Cryptococcus laurentii*）。而从加工肉制品（培根、火腿、意大利香肠及肝酱制品）中，分离出 12 个不同的酵母菌种，其中涎沫假丝酵母、*Candida alimentaria* 和汉逊德巴利酵母（*Debaryomyces hansenii*）的数量最多（Nielsen 等，2008）。虽然这些酵母与肉的腐败无关，但通过以肉类模型作为基质来培养这些微生物，发现它们与感官品质的变化有关。因此，这些微生物很可能与腐败存在关联。

最近，有报道从肉类产品中分离出了几个新的酵母菌株，如从真空包装牛肉中分离的 *Kazachstania psychrophila*（Kabisch 等，2013），以及从猪肉中分离的 *Yarrowia porcina*（Nagy 等，2014）。

在一项大规模真空包装牛肉的微生物研究中，酵母培养基选择性分离出了 256 个不同的菌株。其中有 5 株属于卡扎克斯塔尼亚（*Kazachstania*）属的一个新的进化枝。进化枝是指在分类学上具有同源特征的一组生物，并且它们可以追溯到共同祖先。因此新的菌种被命名为 *K. psychrophila*，这个进化枝在系统发育上便可以区别于其他菌种（Kabisch 等，2013）。如果人为地用 *K. psychrophila* 污染真空包装牛肉，经过 16d 的贮藏，可以观察到有气泡产生，并且伴随产品褪色现象，此时，该菌的数量达到 10^7CFU/g（Kabisch 等，2016）。Nagy 等（2014）从匈牙利的肉品以及巴西的河床沉积物中分离鉴定得到 11 株酵母，他们发现这些菌株在分类学上属于新型亚罗酵母属（*Yarrowia*）进化枝，因此在种水平上将它们命名为 *Y. porcina* 和 *Yarrowia bubula*。种水平上属于 *Y. porcina* 的菌株有 7 个，它们全部分离自碎肉（猪肉中有 6 株，牛肉中有 1 株），最后一个菌株也存在于河床沉积物中；而种水平上属于第二个菌种 *Yarrowia bubula* 的共包括五个菌株，它们全部来自肉类。

截至目前，我们可以通过对肉品中微生物的 16S rRNA 进行高通量测序分析以获取其中细菌的物种信息及其相对含量，同样，今后也可以寻找到类似的方法来检测肉类腐败变质过程中酵母的组成情况。

6.4.2 细菌

受到肉品包装及贮藏条件（如低温、气调或真空）的影响，能够适应这种环境而继续生长的微生物主要为嗜冷及兼性厌氧菌。这就导致了肠杆菌科（Enterobacteriaceae）细菌，如不动杆菌属（*Acinetobacter*）、肠杆菌属（*Enterobacter*）、哈夫尼菌属（*Hafnia*）、变形杆菌属（*Proteus*）、沙雷氏菌属（*Serratia*）、气单胞菌属（*Aeromonas*）、产碱杆菌属（*Alcaligenes*）或普罗维登斯菌属（*Providencia*），以及假单胞菌科（Pseudomonadaceae）的微生物生长。一些厚壁菌门（Firmicutes）的微生物也可以在这种环境下生长，包括热死环丝菌属（*Brochothrix*）、肉毒梭菌属（*Carnobacterium*）、肠球菌属（*Enterococcus*）、明串珠菌属（*Leuconostoc*）、魏斯氏菌属（*Weissella*）、乳杆菌属（*Lactobacillus*）和乳球菌属（*Lactococcus*）等。

在这些不同种属的微生物当中，并不是所有的种属都是腐败菌，其中有一些菌具有双重作用，即在肉中及其他环境中的代谢情况不同。近年来，有综述深入汇总了从肉制品中分离出来的腐败菌与不同贮藏条件下发生腐败变质的关系（Nychas 等，2008；Doulgeraki 等，2012；Casaburi 等，2014）。以下介绍几种具有代表性的细菌。

6.4.2.1 假单胞菌

肉中主要的假单胞菌在种水平上包括隆德假单胞菌（*Pseudomonas lundensis*）、莓实假单胞菌（*Pseudomonas fragi*）和荧光假单胞菌（*Pseudomonas fluorescens*）（Nychas 等，2008）。这些来自环境（水、空气）的嗜冷菌是宰后胴体上的主要微生物。假单胞菌具有很强的蛋白水解能力和生物膜生成能力，在肉类贮藏过程中可快速生长（Liu 等，2015）。这些假单胞菌不仅可以在有氧条件下生长，还能在气调保鲜的碎牛肉中生长（Chaillou 等，2015）。

6.4.2.2 乳酸菌

乳酸菌是一个非常庞大的种群，含有 10 多个属，其中最大的一个为乳杆菌属（*Lactobacillus*），由 100 多个不同的种组成。这类微生物在肉品腐败变质过程中的作用一直存在争议（Pothakos 等，2015a）。据报道，肉类产品中有许多不同的乳酸菌种（Doulgeraki 等，2010；Lucquin 等，2012）。其中许多种被认为是对产品有益的，还有一些菌种被作为肉类制品的生物防腐剂（Jones 等，2010；Chaillou 等，2014）。一些乳杆菌株如清酒乳杆菌（*Lactobacillus sakei*）、弯曲乳杆菌（*Lactobacillus curvatus*）、*Lactobacillus algidus*、*Lactobacillus fuchuensis* 和寡发乳杆菌（*Lactobacillus oligofermentans*）与禽肉和鱼肉的腐败变质有关（Sakala 等，2002a；Lyhs 等，2008；Koort 等，2005）。肉毒梭菌属（*Carnobacterium*）对肉品腐败的影响也存在争议。

在乳球菌属（*Lactococcus*）中，*L. piscium* 是近 15 年来发现的唯一与肉品腐败相关的种，与黄油样异味的产生有关（Sakala 等，2002b）。最近有研究对该菌种的一个菌株（*L. piscium MKFS*47）全基因组分析，发现它具有某些碳水化合物发酵的潜能，但缺乏磷酸转酮酶通路，这一通路存在于另外 12 株乳球菌的基因组中。此外，其基因组中存在四种不同的丙酮酸利用途径，可产生许多腐败物质（乙酰/乙偶姻），进而导致黄油样异味的发生（Andreevskaya 等，2015）。

已有研究表明，明串珠菌属（*Leuconostoc*）中几个不同的菌种都可以导致肉品出现气味或者外观缺陷。其中 *L. gasicomitatum* 是腐败肉中最常见的一个菌种，基因组测序显示该菌含有生成腐败相关的代谢物的基因（Johansson 等，2011）。

6.4.2.3 热死环丝菌

环丝菌属（*Brochothrix*）在分类学上属于李斯特菌科（Listeriaceae），该菌属包括两个菌种，分别为热死环丝菌（*B. thermosphacta*）和 *Brochothrix campestris*。它们都是肉品腐败菌。这些物种可以在多种气体条件（空气、气调以及真空）下生长。几十年来，研究人员经常从各种各样的腐败肉品（如牛肉、猪肉、羊肉、禽肉或鱼肉）中分离出这些微生物（Gribble 等，2013；Gribble 等，2014）。尽管它们是普遍存在的腐败微生物，但是目前对于它们的基因组特性还未见报道，因此对其代谢特性也是知之甚少。

6.5 主要的腐败特征及其原因

6.5.1 肉色缺陷

肉色，特别是红肉的颜色是决定产品接受度的首要因素。并非所有的肉色缺陷都是微生物引起的，它们也可以由化学变化引起，特别是对肌红蛋白的化学修饰，可以改变产品的颜色却不改变肉的卫生品质。但也有一些菌株可特异性地改变肉色。

荧光假单胞菌（*P. fluorescens*）就是一个典型的例子，这些菌株可以大量生成不同的色素（蓝色、绿色、黄色）。众所周知，黄色素是一种铁载体，一种可以用来捕获及使用铁元素的分子（Cornelis，2010）。蓝色素可以导致“蓝色猪肉”或者“蓝色牛肉”的发生，类似在马里拉奶酪中观察到的现象（Andreani 等，2014）。最近通过对造成这一现象菌种的基因组分析，揭示了一个特定的系统发育簇的存在，包括分离出的所有色素产生及少数非色素产生菌株（Andreani 等，2014）。这些作者还在基因组及转录组水平上比较了产色素菌和产蓝色素菌的差异。他们发现产蓝色素菌株含有两个参与色氨酸生物合成途径的基因，这些基因 *trpABCDF* 可能参与色素生成（Andreani 等，2015）。除了假单胞菌造成的颜色变化外，也有一些研究发现乳酸菌可以通过使肌红蛋白变化，进而造成肉色变绿，如这些细菌生成的硫化氢或过氧化氢等都可以导致肉色变绿或变灰，然而具体机理尚不清楚。

6.5.2 质构缺陷

影响消费者对肉类产品选择度的第二个可见缺陷是外观发黏。已有研究证实有些微生物的腐败作用源于它们的产黏液能力。例如，清酒乳杆菌的一些菌株引起法兰克福香肠发生腐败变质就是一个典型的例子（Björkroth 等，1997）。也有报道在兔胴体和火鸡胸肉中发现黏液形成现象（Soultos 等，2009；Samelis 等，2000）。从代谢角度分析，这种产黏液的能力来自一些可以产生多糖的菌种，特别是某些乳酸菌（Notararigo 等，2013）。除了上述研究外之外，关于这种缺陷的报道还很少。然而，我们必须重视肉品微生物中具有这类能力的菌株，因为它们可以导致生物膜的产生，进而改变常驻细菌如致病菌之间的相互作用。

6.5.3 气味及滋味缺陷

如上所述，微生物的致腐能力取决于它们的生长情况，以及它们利用肉类基质产生某些代谢产物的能力。因此，腐败缺陷往往是多种微生物和分子之间相互作用的结果。以所有这些化合物为目标的整体分析有望解释各化合物的作用以及不同微生物的贡献。气味由一系列复杂的分子共同形成，它们可能令人愉快也可能令人不愉快。最近，Casaburi 等（2014）对腐败相关微生物可能产生的挥发性有机化合物进行了详细的综述（见第 13 章）。目前对于生鲜肉腐败味方面的研究还较为缺乏。常见的气味化合物包括醇类、醛类、酮类、酯类和硫类化合物。新鲜肉类的基本气味被定义为带有脂肪、奶酪、乳制品或鲜草特征的气味。而腐败的气味，通常被描述为白菜味、花香/柑橘味，令人不愉快。作者对腐败菌产生的醇类、醛类、酯类、酮类、硫化合物和脂肪酸进行了详细的汇总，并提出了“肉类腐败味轮盘”理论，强调了不同贮藏条件下气味动态变化的差异。

6.5.4 生物胺的生成

生物胺是氨基酸在酶的作用下通过脱羧反应生成的。分别由酪氨酸和组氨酸生成的酪胺和组胺是安全的物质，而其他生物胺则会导致食品的腐败变质。特别是腐胺和尸胺，当它们达到一定的浓度时就会导致肉的腐败变质，引起腐烂的气味。在不同肉制品的贮藏期间，这两种物质的产生与微生物的生长、包装所用气体组成等有关（Balamatsia 等，2006；Galgano 等，2009；Li 等，2014）。此外，在发酵香肠中，游离氨基酸的可利用性是细菌合成生物胺的限制因素（Latorre-Moratalla 等，2014）。因此，生物胺的产生依赖于那些可以表达氨基酸脱羧酶的细菌和能够促进这些微生物生长的贮藏条件，同时也会根据氨基酸的可利用情况发生变化。这就解释了某些不能产生生物胺的微生物发挥的间接作用，如通过自身代谢来促进生物胺的产生（Nowak 等，2011）。

6.5.5 气体的生成

低温贮藏条件下的真空包装肉制品容易被那些能在低温和缺氧条件下生长的细菌污染而发生腐败变质。采用真空包装方法，可以实现分割羊肉的长距离运输，保证了较长的货架期。但因细菌产气代谢导致的产品胀袋现象也时有发生。这类腐败变质现象中，由于二氧化碳的生成导致包装失去真空，同时由于某些微生物所产生气体成分的性质也可能导致产品出现异味。据报道，肠杆菌科（Enterobacteriaceae）（Brightwell 等，2007）以及一些梭菌属（*Clostridium* spp.），特别是 *Clostridium estertheticum* 和 *Clostridium gasigenes* 与腐败相关，它们可以在真空包装的肉制品中生长并产生二氧化碳（Mills 等，2014；Remenant 等，2015；Dousset 等，2016）。

6.6 展望

防止肉类发生腐败变质一直备受关注。为此，人们研发出了许多贮藏方法及包装设备。然而，直到近几年，腐败微生物才开始引起较多的关注。起初，人们认为只有当微生物达到一定数量的时候才会导致腐败变质的发生，但是后来的研究表明，造成腐败的并不仅仅由于微生物数量的增加，还取决于它们引起腐败变质的能力。而腐败变质产品中的微生物群落组成比我们的预期要更加多样化，物种间的相互作用对腐败变质的发生也是非常重要的。因此，未来的研究方向是将微生物群落的多样性及其在肉类产品中的代谢活性与产生的代谢物结合起来进行分析。随着基因组学（提供单个菌株的基因组信息）、元基因组学（用于描述微生物的多样性和相对丰度）和宏基因组/宏转录组学（用于探究微生物的功能基因以及其基因的表达）的发展，未来一定会有更多导致肉类腐败变质的复杂细菌被发现。集微生物学与化学于一体的代谢组学方法也将是不可或缺的手段之一。

参考文献

Andreani, N. A., Martino, M. E., Fasolato, L., Carraro, L., Montemurro, F., Mioni, R., Bordin, P., Cardazzo, B., 2014. Tracking the blue: a MLST approach to characterise the *Pseudomonas fluorescens* group. Food Microbiology 39, 116-126.

Andreani, N. A., Carraro, L., Martino, M. E., Fondi, M., Fasolato, L., Miotto, G., Magro, M., Vianello, F., Cardazzo, B., 2015. A genomic and transcriptomic approach to investigate the blue pigment phenotype in *Pseudomonas fluorescens*. International Journal of Food Microbiology 213, 88-98.

Andreevskaya, M., Johansson, P., Laine, P., Smolander, O. P., Sonck, M., Rahkila, R., Jääskeläinen, E., Paulin, L., Auvinen, P., Björkroth, J., 2015. Genome sequence and transcriptome analysis of meat-spoilage-associated lactic acid bacterium *Lactococcus piscium* MKFS47. Applied and Environmental Microbiology 81, 3800-3811.

Balamatsia, C. C., Paleologos, E. K., Kontominas, M. G., Savvaidis, I. N., 2006. Correlation between microbial flora, sensory changes and biogenic amines formation in fresh chicken meat stored aerobically or under modified atmosphere packaging at 4 degrees C: possible role of biogenic amines as spoilage indicators. Antonie Van Leeuwenhoek 89, 9-17.

Benson, A. K., David, J. R. D., Evans Gilbreth, S., Smith, G., Nietfeldt, J., Legge, R., Kim, J., Sinha, R., Duncan, C. E., Ma, J., Singh, I., 2014. Microbial successions are associated with changes in chemical profiles of a model refrigerated fresh pork sausage during an 80-day shelf-life study. Applied and Environmental Microbiology 80, 5178-5194.

Björkroth, J., Korkeala, H., 1997. Ropy slime-producing *Lactobacillus sake* strains possess a strong competitive ability against a commercial biopreservative. International Journal of Food Microbiology 38, 117-123.

Borch, E., Kant-Muemans, M. -L., Blixt, Y., 1996. Bacterial spoilage of meat products and cured meats. International Journal of Food Microbiology 33, 103-120.

Brightwell, G., Clemens, R., Urlich, S., Boerema, J., 2007. Possible involvement of psychrotolerant Enterobacteriaceae in blown pack spoilage of vacuum-packaged raw meats. International Journal of Food Microbiology 119, 334-339.

Casaburi, A., Piombino, P., Nychas, G. -J., Villani, F., Ercolini, D., 2014. Bacterial populations and the volatilome associated to meat spoilage. Food Microbiology 45, 83-102.

Chaillou, S., Champomier-Vergès, M. -C, Cornet, M., Crutz-Le Coq, A. -M., Dudez, A. -M., Martin, V., Beaufils, S., Darbon-Rongère, E., Bossy, R., Loux, V., Zagorec, M., 2005. The complete genome sequence of the meat-borne lactic acid bacterium *Lactobacillus sakei* 23K. Nature Biotechnology 23, 1527-1533.

Chaillou, S., Christieans, S., Rivollier, M., Lucquin, I., Champomier-Vergès, M. -C., Zagorec, M., 2014. Quantification and efficiency of *Lactobacillus sakei* strain mixtures used as protective cultures in ground beef. Meat Science 97, 332-338.

Chaillou, S., Chaulot-Talmon, A., Caekebeke, H., Cardinal, M., Christieans, S., Denis, C., Desmonts, M. H., Dousset, X., Feurer, C., Hamon, E., Joffraud, J. J., La Carbona, S., Leroi, F., Leroy, S., Lorre, S., Macé, S., Pilet, M. F., Prévost, H., Rivollier, M., Roux, D., Talon, R., Zagorec, M., Champomier-Vergès M.-C., 2015. Origin and ecological selection of core and food-specific bacterial communities associated with meat and seafood spoilage. The ISME Journal 9, 1105-1118.

Champomier- Vergès, M. -C., Zagorec, M., 2015. Spoilage microorganisms: risks and control. In: Toldrá, F. (Ed.), Handbook of Fermented Meat and Poultry, second ed. John Wiley & Sons, Ltd., pp. 385-388.

Cornelis, P., 2010. Iron uptake and metabolism in pseudomonads. Applied Microbiology and Biotechnology 86, 1637-1645.

De Filippis, F., La Storia, A., Villani, F., Ercolini, D., 2013. Exploring the sources of bacterial spoilers in beefsteaks by culture-independent high-throughput sequencing. PLoS One 8, e70222.

Doulgeraki, A. I., Paramithiotis, S., Kagkli, D. M., Nychas, G. J., 2010. Lactic acid bacteria population dynamics during minced beef storage under aerobic or modified atmosphere packaging conditions. Food Microbiology 27, 1028-1034.

Doulgeraki, A. I., Ercolini, D., Villani, F., Nychas, G. J., 2012. Spoilage microbiota associated to the storage of raw meat in different conditions. International Journal of Food Microbiology 157, 130-141.

Dousset, X., Jaffrès, E., Zagorec, M., 2016. Spoilage: bacterial spoilage. In: Caballero, B., Finglas, P., Toldrá, F. (Eds.), The Encyclopedia of Food and Health, vol. 5. Academic Press, Oxford, pp. 106-112.

Galgano, F., Favati, F., Bonadio, M., Lorusso, V., Romano, P., 2009. Role of biogenic amines as index of freshness in beef meat packed with different biopolymeric materials. Food Research International 42, 1147-1152.

Gribble, A., Brightwell, G., 2013. Spoilage characteristics of *Brochothrix thermosphacta* and *campestris* in chilled vacuum packaged lamb, and their detection and identification by real time PCR. Meat Science 94, 361-368.

Gribble, A., Mills, J., Brightwell, G., 2014. The spoilage characteristics of *Brochothrix thermosphacta* and two psychrotolerant *Enterobacteriaceae* in vacuum packed lamb and the comparison between high and low pH cuts. Meat Science 97, 83-92.

Hultman, J., Rahkila, R., Ali, J., Rousu, J., Björkroth, K. J., 2015. Meat processing plant microbiome and contamination patterns of cold-tolerant bacteria causing food safety and spoilage risks in the manufacture of vacuum-packaged cooked sausages. Applied and Environmental Microbiology 81, 7088-7097.

Jääskeläinen, E., Johansson, P., Kostiainen, O., Nieminen, T., Schmidt, G., Somervuo, P., Mohsina, M., Vanninen, P., Auvinen, P., Björkroth, J., 2013. Significance of heme-based respiration in meat spoilage caused by *Leuconostoc gasicomitatum*. Applied and Environmental Microbiology 79, 1078-1085.

Jääskeläinen, E., Vesterinen, S., Parshintsev, J., Johansson, P., Riekkola, M. L., Björkroth, J., 2015. Production of buttery-odor compounds and transcriptome response in *Leuconostoc gelidum* subsp. *gasicomitatum* LMG18811T during growth on various carbon sources. Applied and Environmental Microbiology 81, 1902-1908.

Johansson, P., Paulin, L., Säde, E., Salovuori, N., Alatalo, E. R., Björkroth, K. J., Auvinen, P., 2011. Genome sequence of a food spoilage lactic acid bacterium, *Leuconostoc gasicomitatum* LMG 18811T, in association with specific spoilage reactions. Applied and Environmental Microbiology 77, 4344-4351.

Jones, R. J., Wiklund, E., Zagorec, M., Tagg, J. R., 2010. Evaluation of stored lamb bio-preserved using a three-strain cocktail of *Lactobacillus sakei*. Meat Science 86, 955-959.

Jung, J. Y., Lee, S. H., Jeon, C. O., 2012. Complete genome sequence of *Leuconostoc carnosum* strain JB16, isolated from kimchi. Journal of Bacteriology 194, 6672-6673.

Kabisch, J., Höning, C., Böhnlein, C., Pichner, R., Gareis, M., Wenning, M., 2013. *Kazachstania psychrophila* sp. nov., a novel psychrophilic yeast isolated from vacuum-packed beef. Antonie Van Leeuwenhoek

104,925-931.

Kabisch, J., Erl-Höning, C., Wenning, M., Böhnlein, C., Gareis, M., Pichner, R., 2016. Spoilage of vacuum-packed beef by the yeast *Kazachstania psychrophila*. Food Microbiology 53, 15-23.

Kanehisa, M., Goto, S., 2000. KEGG: Kyoto Encyclopedia of Genes and Genomes. Nucleic Acids Research 28, 27-30.

Kanehisa, M., Goto, S., Sato, Y., Kawashima, M., Furumichi, M., Tanabe, M., 2014. Data, information, knowledge and principle: back to metabolism in KEGG. Nucleic Acids Research 42, D199-D205.

Koort, J., Murros, A., Coenye, T., Eerola, S., Vandamme, P., Sukura, A., Björkroth, J., 2005. *Lactobacillus oligofermentans* sp. nov., associated with spoilage of modified-atmosphere-packaged poultry products. Applied and Environmental Microbiology 71, 4400-4406.

Langille, M. G., Zaneveld, J., Caporaso, J. G., Mcdonald, D., Knights, D., Reyes, J. A., Clemente, J. C., Burkepile, D. E., Vega Thurber, R. L., Knight, R., Beiko, R. G., Huttenhower, C., 2013. Predictive functional profiling of microbial communities using 16S rRNA marker gene sequences. Nature Biotechnology 31, 814-821.

Latorre-Moratalla, M. L., Bover-Cid, S., Bosch-Fusté, J., Veciana-Nogués, M. T., Vidal-Carou, M. C., 2014. Amino acid availability as an influential factor on the biogenic amine formation in dry fermented sausages. Food Control 36, 76-81.

Li, M., Tian, L., Zhao, G., Zhang, Q., Gao, X., Huang, X., Sun, L., 2014. Formation of biogenic amines and growth of spoilage-related microorganisms in pork stored under different packaging conditions applying PCA. Meat Science 96, 843-848.

Liu, Y. J., Xie, J., Zhao, L. J., Qian, Y. F., Zhao, Y., Liu, X., 2015. Biofilm formation characteristics of *Pseudomonas lundensis* isolated from meat. Journal of Food Science 80, M2904-M2910.

Lowry, P. D., Gill, C. O., 1984. Temperature and water activity minima for growth of spoilage moulds from meat. Journal of Applied Bacteriology 56, 193-199.

Lucquin, I., Zagorec, M., Champomier- Vergès, M., Chaillou, S., 2012. Fingerprint of lactic acid bacteria population in beef carpaccio is influenced by storage process and seasonal changes. Food Microbiology 29, 187-196.

Lyhs, U., Björkroth, J. K., 2008. *Lactobacillus sakei/curvatus* is the prevailing lactic acid bacterium group in spoiled maatjes herring. Food Microbiology 25, 529-533.

Mills, J., Donnison, A., Brightwell, G., 2014. Factors affecting microbial spoilage and shelf-life of chilled vacuum-packed lamb transported to distant markets: a review. Meat Science 98, 71-80.

Nagy, E., Dlauchy, D., Medeiros, A. O., Péter, G., Rosa, C. A., 2014. *Yarrowia porcina* sp. nov. and *Yarrowia bubula* f. a. sp. nov., two yeast species from meat and river sediment. Antonie Van Leeuwenhoek 105, 697-707.

Nielsen, D. S., Jacobsen, T., Jespersen, L., Koch, A. G., Arneborg, N., 2008. Occurrence and growth of yeasts in processed meat products-implications for potential spoilage. Meat Science 80, 919-926.

Notararigo, S., Nácher - Vázquez, M., Ibarburu, I., Werning, M. L., De Palencia, P. F., Dueñas, M. T., Aznar, R., López, P., Prieto, A., 2013. Comparative analysis of production and purification of homo- and hetero-polysaccharides produced by lactic acid bacteria. Carbohydrate Polymers 93, 57-64.

Nowak, A., Czyzowska, A., 2011. *In vitro* synthesis of biogenic amines by *Brochothrix thermosphacta* isolates from meat and meat products and the influence of other microorganisms. Meat Science 88, 571-574.

Nychas, G. J., Skandamis, P. N., Tassou, C. C., Koutsoumanis, K. P., 2008. Meat spoilage during distribution. Meat Science 78, 77-89.

Peirson, M. D., Guan, T. Y., Holley, R. A., 2003. *Aerococci* and *carnobacteria* cause discoloration in cooked cured bologna. Food Microbiology 20, 149-158.

Pothakos, V., Devlieghere, F., Villani, F., Björkroth, J., Ercolini, D., 2015a. Lactic acid bacteria and their controversial role in fresh meat spoilage. Meat Science 109,66-74.

Pothakos, V., Stellato, G., Ercolini, D., Devlieghere, F., 2015b. Processing environment and ingredients are both sources of *Leuconostoc gelidum*, which emerges as a major spoiler in ready-to-eat meals. Applied and Environmental Microbiology 81,3529-3541.

Remenant, B., Jaffre's, E., Dousset, X., Pilet, M. -F., Zagorec, M., 2015. Bacterial spoilers of food: behavior, fitness and functional properties. Food Microbiology 45,45-53.

Rimaux, T., Vrancken, G., Vuylsteke, B., De Vuyst, L., Leroy, F., 2011. The pentose moiety of adenosine and inosine is an important energy source for the fermented-meat starter culture *Lactobacillus sakei* CTC 494. Applied and Environmental Microbiology 77,6539-6550.

Sakala, R. M., Kato, Y., Hayashidani, H., Murakami, M., Kaneuchi, C., Ogawa, M., 2002a. *Lactobacillus fuchuensis* sp. nov., isolated from vacuum-packaged refrigerated beef. International Journal of Systematic and Evolutionary Microbiology 52,1151-1154.

Sakala, R. M., Hayashidani, H., Kato, Y., Kaneuchi, C., Ogawa, M., 2002b. Isolation and characterization of *Lactococcus piscium* strains from vacuum-packaged refrigerated beef. Journal of Applied Microbiology 92,173-179.

Samelis, J., Kakouri, A., Rementzis, J., 2000. The spoilage microflora of cured, cooked Turkey breasts prepared commercially with or without smoking. International Journal of Food Microbiology 56,133-143.

Saraiva, C., Oliveira, I., Silva, J. A., Martins, C., Ventanas, J., García, C., 2015. Implementation of multivariate techniques for the selection of volatile compounds as indicators of sensory quality of raw beef. Journal of Food Science and Technology 52,3887-3898.

Soultos, N., Tzikas, Z., Christaki, E., Papageorgiou, K., Steris, V., 2009. The effect of dietary oregano essential oil on microbial growth of rabbit carcasses during refrigerated storage. Meat Science 81,474-478.

Vihavainen, E. J., Björkroth, K. J., 2007. Spoilage of value-added, high-oxygen modifiedatmosphere packaged raw beef steaks by *Leuconostoc gasicomitatum* and *Leuconostoc gelidum*. International Journal of Food Microbiology 119,340-345.

Vihavainen, E. J., Björkroth, K. J., 2009. Diversity of *Leuconostoc gasicomitatum* associated with meat spoilage. International Journal of Food Microbiology 136,32-36.

Zhang, P., Baranyi, J., Tamplin, M., 2015. Interstrain interactions between bacteria isolated from vacuum-packaged refrigerated beef. Applied and Environmental Microbiology 81,2753-2761.

7 肉的贮藏与保鲜：I. 热加工技术

Youling L. Xiong

University of Kentucky, Lexington, KY, United States

7.1 引言

贮藏是肉类批发、零售、家庭保藏中常用的方法，可以提高鲜肉的食用品质。我们的祖先常常会将来自捕猎或家养动物的肉类贮藏在低湿低温环境中，如天然洞穴，避免肉类腐败，但他们对其中的原理知之甚少。后来，人们建造了地窖用于贮藏食物（Rixson，2010）。冬季将池塘和湖泊的冰收集起来用于保持地窖内的低温环境（Leighton 等，1910）。直到 Louis Pasteur 发现微生物之后，食品加工者才开始发明专门针对食品腐败的保鲜技术。

微生物生长是决定鲜肉和加工肉制品货架期最主要的因素，肉品贮藏过程中发生的化学反应（如脂质氧化）也对肉的货架期有一定的影响，但不是主要因素。肉的稳定性取决于保鲜技术，包括热处理和非热处理技术。这些方法主要通过环境条件控制，来抑制微生物的生长。这些技术可以分为三大类：一是基于温度控制，二是基于水分控制，三是通过致死介质（如杀菌、抑菌、杀真菌和抑制真菌）控制。一种特定的保鲜方法也可以是几种抗菌技术的组合，形成了一种防止微生物繁殖的“栅栏”控制系统（Leistner，1995）。

通过改变温度，使其低于或高于微生物生长的最适范围来抑制微生物的生长，是最方便、最有效和“绿色”的肉类保鲜方法。肉类可以通过冷藏来阻止腐败微生物和潜在致病微生物的生长。另一方面，相对温和的热处理工艺，如巴氏灭菌，可以达到灭活大多数腐败微生物并破坏非孢子病原体，同时又不会导致肉的感官特性和营养价值严重损失的效果。高温灭菌可破坏所有营养细胞，包括病原菌，达到完全杀死微生物的效果。这样，熟肉制品在室温下能够长期贮藏（Holdsworth，1985）。常规热处理技术如热蒸汽、热水、烤、焙、煎以及湿热技术（煮、炖、焖等）都可以抑制微生物生长。还有一些新的热技术如欧姆加热、电介质加热和辐射热等在肉类加工中也具有良好的发展前景。

本章主要介绍肉类保鲜中热处理技术的原理及其应用。重点介绍鲜肉（牛肉、猪肉和羊肉）的保鲜问题，也会讨论冷藏和冻藏过程中物理的、化学的和生化的变化；其他相关内容在其他章节介绍，如第 5 章（肌肉向可食肉的转化）和第 12 章（肉的食用品质：Ⅰ. 嫩度）。

7.2 冷却

7.2.1 冷却加工

宰后，为了保持肉品品质和微生物安全，猪、牛、羊胴体需要快速冷却到 10℃以下。要实现快速冷却，冷库中需要强风速冷或者巨大的空气循环量（空气变换量为 60~100 次/h）。空气流速快会导致较大的质量损失，所以冷库内需要配备增湿装置。猪和羊的胴体冷却，一开始空气温度可低至-10℃，速度高至180m/min。对于牛胴体，空气流速为120m/min，空气温度为-1℃可能更为合适。当肉表面和空气之间的温度差变小时，就应降低空气速度以避免干耗。空气中携带过饱和的水蒸气并高速移动时，可以最大限度地减少热蒸发，同时提高散热的能力。尽管快速冷却具有明显的优势，但超快速冷却（-30℃，4m/s）可导致"冷收缩"和猪肉变硬（van der Wal 等，1995）。据报道，雾化喷淋冷却可增强猪胴体表面肌红蛋白的氧合作用而不会增加高铁肌红蛋白的含量（Feldhusen 等，1995）。Greer 和 Jones（1997）报道，与空气冷却相比，在宰后4~16h内，牛胴体用1℃的水雾化喷淋，胴体重量损失率显著降低，每小时减耗率为0.08g/100g，这对于一家大型肉类加工企业来说，是一项非常重要的降耗增效技术。

根据胴体的大小，胴体中心温度达到4~7℃可能需要24~48h。因此，重量大、皮下脂肪厚的牛胴体（谷饲型）的冷却速度明显要慢于重量轻的牛胴体（草饲瘦肉型牛）（图7.1）。然而，慢速冷却（也称为成熟）有利于改善牛肉的品质。这是因为宰后48h内，会发生许多生理生化反应，最终影响肉色、滴水损失等品质指标。胴体温度的缓慢降低将使肌肉中内源性蛋白酶有更多时间来降解肌原纤维，从而提高肉的嫩度（Goll 等，1983）。当肌肉比较薄时，往往容易发生冷收缩。如果这些肌肉的温度在宰后10h内保持在12℃以上，就可以避免冷收缩。原则上，这种做法是可行的，但是必须谨慎，因为如果冷却速度太慢并且胴体长时间保持高温，就可能增加PSE肉的发生率（Lesiow 和 Xiong，2013；Savell 等，2005）。

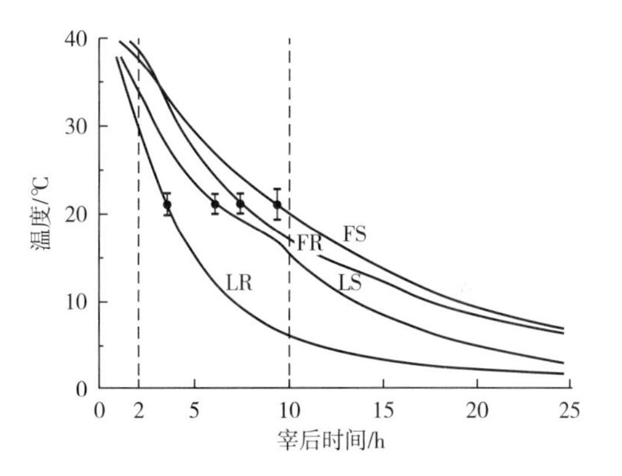

图7.1 牛背最长肌冷却过程中的冷却曲线

F、L—分别指肥胴体、瘦胴体；R、S—分别指快速冷却（2℃，风速90m/min）和慢速冷却（9℃，非强力）；垂直线—平均组温度达到20℃时的标准偏差

（资料来源：Lochner，J. V.，Kauffman，R. G.，Marsh，B. B.，1980. Early-postmortem cooling rate and beef tenderness. Meat Science 4，227-241.）

7.2.2 冷收缩及其预防

在肌肉僵直前，接受冷却处理会导致肌纤维超收缩，在ATP充足时，肌动蛋白和肌球蛋白相互作用形成肌动球蛋白，导致肌肉长度显著变短，肌肉变得僵硬，这种现象被称为"冷收缩"。冷收缩在热剔骨肉，特别是红肉中很常见。另外一个相关但不相似的情况是解冻僵直，即肌肉解冻时肌球蛋白和肌动蛋白的过度交联也会引发肌肉收缩。一般来说，如果肌肉的温度降至10~15℃时，仍处于僵直的早期（pH6.0~6.4），肌肉就有可能发生收缩，烹饪过程中肌肉就会僵硬（Locker 等，1963）。冷收缩的强度还与肌肉中“红肌”纤维的比例相关。Bendall（1975）证实“红”肌易发生冷收缩，而那些肌红蛋白较少的肌肉则不那么敏感。

目前，业内广泛认同的肌肉冷收缩理论是，在温度低于 15℃的条件下，肌肉内肌浆网（SR）释放钙的过程被激活，从而使收缩性肌动球蛋白 ATP 酶的活性大大增强（Newbold 等，1967）。此外，在低温下负责 SR 体系钙更新的 ATP 酶活性下降，这导致了细胞质中 Ca^{2+}的积累，引发级联反应，导致肌动球蛋白的形成。因为线粒体也参与钙的释放，所以红肌纤维比白肌纤维更容易发生冷收缩（Buege 等，1975）。

如果肌肉通过肌腱附着在骨骼上时，肌纤维收缩受到限制。因此，热剔骨工艺极易造成收缩，应该避免，除非在僵直之前用于肉制品加工。尽管肌肉附着在骨架上时可以物理限制肌原纤维收缩，极大地减少冷收缩，但对于肌肉薄的胴体（如草饲牛胴体），仍会发生冷收缩。相比之下，谷饲牛胴体具有较厚的皮下脂肪，可以起到隔热作用，防止肌肉快速冷却的作用，避免冷收缩。

目前已经开发了多种技术来防止肌肉冷收缩，如提高冷却温度、改变胴体吊挂方式、电刺激等。通过迅速将肌肉冷却至 15℃左右并将其保持在该温度，直至僵直发生，这样可以避免冷收缩。之后再尽可能快地降低温度，降低冷却干耗。在肌肉僵直早期温度降低到约 15℃时，虽然附着在骨骼上的肌肉，可以预防肌肉收缩，但也有些其他的肌肉可能会发生收缩。冷却温度控制需要严格的卫生操作，以防止微生物生长。

对于胴体吊挂方式，常规做法是跟腱吊挂。这种吊挂方式下，不是所有的肌肉都能被拉伸，某些肌肉更容易发生收缩。因此，改变胴体吊挂方式，可以减少肌肉收缩的发生。如牛和羊胴体盆骨吊挂可以防止收缩，改善肌肉嫩度，这些肌肉通常对冷刺激比较敏感（Ahnstrom 等，2012；Bouton 等，1974）。改进版的吊挂方式是切断第 12 肋骨和第 13 肋骨之间的胸椎，并切穿盆骨上的坐骨，然后悬挂胴体（Claus 等，1997）。后一种做法允许拉伸某些特定的肌肉来提高嫩度。这些吊挂方式可控制快速冷却过程中的冷收缩，但实际操作时不太方便。

几十年前，新西兰的肉类研究人员设计了一种更为流行的减少肌肉收缩的方法——电刺激。电刺激已经成为一种规模化的商业操作，是一种有效的缓解冷收缩、提高肉类嫩度的方法（Adeyemi 等，2014）。宰后立即对胴体实施低压（<100V）或高压（500~1000V）电刺激，这种刺激主要是通过神经通路来刺激胴体。低压电刺激在实际操作过程中更安全，但它的效果不如高压电刺激效果好（Bendall，1980）。最佳脉冲速率为每秒 15~25 个脉冲。电刺激的频率高时往往无效，因为它们落在有关肌肉响应的潜伏期内。最佳脉冲宽度为 20~40ms。宽度太短可能无法激活所有肌纤维。高压电刺激 1.5~2min，能够有效加速宰后糖酵解，而 100V 下电刺激需要更长时间（约 4min）。宰后 50min，牛胴体对电刺激的响应程度迅速下降，羊胴体下降更快。因此，应在宰后 30min 内实施电刺激。图 7.2 所示为电刺激

对肉的嫩度的改善作用。

电刺激可显著加速宰后糖原酵解的速度，并伴随 ATP 快速分解，促进 Ca^{2+} 释放，激活肌动球蛋白 ATP 酶活性。后者也同样增强了磷酸化酶活性，这也是加速宰后糖酵解速率的另一个因素（Newbold 等，1985）。脉冲电刺激是短暂的，当它停止时，ATP 仍然处于相对较高水平，同时肌肉温度仍较高。这时，肌质网可以容易地重新捕获 Ca^{2+}，从而抑制 ATP 酶活性。ATP 保持充足水平，又可以影响肌肉放松和使得肌节变长。由于葡萄糖和糖原的不断消耗，胴体温度仍较高，此时冷收缩一般不会发生，因为此时 ATP 的含量不足，无法满足肌纤维收缩的需要。如果不实施电刺激，低温会妨碍肌肉系统的 ATP-Ca^{2+} 泵的有效操作，ATP 降解不会得到有效抑制，就会导致冷收缩。同样，电刺激后肌肉也可以避免解冻收缩，主要是因为糖原的消耗使 ATP 生成量降低。

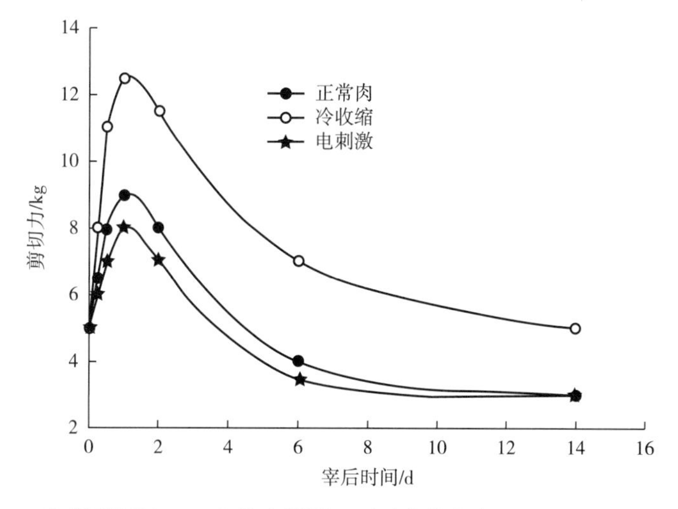

图 7.2 牛背最长肌在 2～4℃的冷藏期间强度变化曲线（Warner-Bratzler 剪切力）

注：正常肉组—谷物饲养；冷收缩组—草料饲养；电刺激组—草料饲养加电刺激。

除了抑制肌纤维冷收缩，电刺激在冷却肉中的嫩化作用还有其他机制。如电刺激是否直接破坏肌纤维。Marsh 等（1981）使用 2Hz 的电流电刺激，没有发现肌肉组织被破坏的证据，而 Takahashi 等（1987）表明，当电刺激频率为 50～60Hz 时，出现严重的肌肉收缩和肌节断裂。人们比较认可的观点是：电刺激激活内源性蛋白酶，进一步促进肉的嫩化。Dutson（1977）和 Savell 等（1977）认为，电刺激促进肌管系统释放 Ca^{2+}，增强钙蛋白酶的蛋白水解作用。有研究表明电刺激可增强 μ-钙蛋白酶的活性（Hwang 等，2003）。当胴体温度仍然很高（接近体温）时，电刺激加速 μ-钙蛋白酶的激活，进而促进肌肉的嫩化。随着 pH 进一步下降，溶酶体膜受损，这可能又进一步提高了游离组织蛋白酶的活性，肉的嫩度进一步提升。

除了避免肉质变硬，电刺激还可以改善肉的风味，增强分割肉的亮度值（Adeyemi 等，2014）。后一种效应主要是因为电刺激消耗肌肉中残存氧化通路的代谢物，或者因为胴体

pH 快速下降，使肌肉蛋白质更快地接近了等电点，从而“打开”肌红蛋白的结构并促进其发生氧合作用。理论上，宰后早期对胴体进行电刺激处理，可以加速糖酵解，导致肌肉温度较高时 pH 很低，进而引起 PSE 肉的发生。对于牛肉而言，这种现象很少见，其机制仍不清楚。

另外，电刺激特别适用于瘦胴体，如草饲牛胴体，因为它们易于冷收缩。对于不易冷收缩的谷物饲养和育肥牛胴体，电刺激并没有明显的优势。这就是美国肉牛屠宰厂不使用电刺激的原因，多数情况下美国的小母牛和阉牛在宰前都需要谷物饲料育肥。

7.2.3 冷藏过程中肉类嫩度变化

胴体或去骨分割肉在宰后冷藏过程中经历了成熟过程，肉的嫩度得到显著改善，主要是在肌肉内源性蛋白酶的作用下，肌原纤维降解，胶原蛋白溶解度增加。牛肉嫩度在宰后前 2d 内就有显著提高，但通常需要超过 2 周的时间才能达到消费者接受的嫩度，Warner-Bratzler 剪切力约为 3kg（Taylor 等，1995）。初步分切的大块分割肉通常是真空包装和盒装的，通过批发分销至零售店销售终端，因此肉在零售前已经过 2 周的成熟。于是，传统的牛羊胴体吊挂成熟已被分割包装成熟法所取代。

在宰后肉的嫩化过程中，至少有四组蛋白酶参与，主要包括钙激活蛋白酶、组织蛋白酶、细胞凋亡酶和蛋白酶体（Kemp 等，2010）。μ-钙激活蛋白酶和 m-钙激活蛋白酶是同分异构体，分别需要微摩尔（μmol/L）和毫摩尔（mmol/L）浓度的钙离子来保证最大活性（Edmunds 等，1991）。由于胞浆中的钙浓度在微摩尔级别，因此 μ-钙激活蛋白酶可以更好地发挥作用，降解肌原纤维蛋白质，对肉的嫩化起主要作用。钙激活蛋白酶还能够降解肌联蛋白、伴肌动蛋白、肌间线蛋白、原肌球蛋白、肌钙蛋白 T 和肌钙蛋白 C，但对肌球蛋白和肌动蛋白没有影响（Goll 等，1983）。这些蛋白质的降解导致 Z-盘受损。在宰后成熟过程中，钙激活蛋白酶可以像在活体中一样，催化蛋白水解变化，因此，钙激活蛋白酶在肉类嫩化中起到了主导作用（Koohmaraie 等，1986）。钙激活蛋白酶也会发生自溶作用，并受到内源性钙激活蛋白酶抑制剂的调节。此外，当肌肉处于僵直阶段时，pH 低至 5.5~5.6，此时钙激活蛋白酶的活性也受到限制。上述两个因素解释了为什么即使经历了漫长的成熟期，肉也很少变成糊状。

组织蛋白酶是一组酸性溶酶体蛋白水解酶，也参与肉的宰后嫩化。组织蛋白酶 B、组织蛋白酶 D、组织蛋白酶 E、组织蛋白酶 H 和组织蛋白酶 L 是已被广泛研究的五种组织蛋白酶（Ouali 等，1987）。组织蛋白酶不仅能降解钙激活蛋白酶水解的蛋白质，还能够水解肌球蛋白和肌动蛋白。但组织蛋白酶在宰后成熟中的作用仍存在争议。因为完整肌肉组织中，组织蛋白酶被限制在溶酶体内，不能像钙激活蛋白酶一样直接接触肌原纤维。此外，组织蛋白酶的最适 pH 非常低。组织蛋白酶对肌球蛋白和肌动蛋白具有高亲和力，肌动蛋白和肌球蛋白在正常宰后成熟过程中都没有发生降解（Asghar 等，1987）。因此，在长时间成熟过程中，溶酶体膜被破坏，释放出来的组织蛋白酶将扩散到肌原纤维的间隙中去，从而启动蛋白质降解（Moeller 等，1977）。

“多蛋白酶催化复合物”（MCP）是另一种可能参与宰后肌肉嫩化的酶系统。20S 蛋白酶体是酶复合物的核心，其在肉嫩化中的潜在作用得到了大量研究。根据 Robert 等（1999）的研究，牛蛋白酶体能降解肌原纤维蛋白，包括伴肌动蛋白、肌球蛋白、肌动蛋白和原肌球蛋白。20S 蛋白酶体的蛋白水解作用与肉的嫩度改善有一定相关性（Thomas 等，2004）。但是，20S 蛋白酶体对肌原纤维蛋白的降解方式与宰后肌肉中观察到的降解方式不相同，表明多蛋白酶催化复合物在肉的宰后成熟过程中不会起到主要作用。

有学者提出“程序性细胞死亡”对肉的嫩化也起到一定的作用（Herrera-Mendez 等，2006）。细胞凋亡酶参与了凋亡和清除死亡细胞，可以通过降解肌原纤维蛋白参与肌纤维破坏。根据细胞凋亡酶在细胞死亡通路上的位置分为启动子细胞凋亡酶（如细胞凋亡酶 8、细胞凋亡酶 9、细胞凋亡酶 10 和细胞凋亡酶 12）和效应细胞凋亡酶（如细胞凋亡酶 3、细胞凋亡酶 6 和细胞凋亡酶 7）（Earnshaw 等，1999）。细胞凋亡酶在宰后肌肉中仍保持活性，它们在肉类嫩化中的作用归因于能够使钙激活蛋白酶抑制剂失活，从而提高钙激活蛋白酶活力（Kemp 等，2012）。细胞凋亡酶在肉类成熟嫩化过程中的确切作用和生化机制尚未完全阐明。

7.2.4 冷却肉的氧化变化

在宰后成熟期间，肌纤维被水解为短肽、核苷酸、游离氨基酸和各种其他含氮化合物，肉的风味得到增强；另一方面，化学和生物化学反应，特别是脂质氧化和蛋白质氧化，则可能会导致风味恶化，因为在胴体和分割肉表面上会产生二级脂质氧化产物和硫化物（Martinaud 等，1997；Spanier 等，1997）。而真空包装肉中，氧化对肉类风味的影响很小。

肉中脂质变化可能是由于内源或外源性的化学作用或酶作用造成的。对于鲜肉而言，直接的化学变化并不会造成胴体的变质，但对于长期贮藏的分割肉而言，化学变化对肉品品质有明显影响。化学变化分为水解和氧化。脂肪水解酶催化三酰甘油水解成脂肪酸，此外，膜磷脂被分解成无机磷酸盐和不饱和脂肪酸。与牛奶中的脂肪酸（短链脂肪酸）相比，肉中水解出的脂肪酸相对稳定。但由于不饱和脂肪酸对自由基的敏感性强，其量越大，肌肉的氧化性越强，哈败味越重（Min 等，2005）。

非反刍动物肉（禽肉和猪肉）肌内脂肪的氧化速度往往高于反刍动物肉（牛肉和羊肉）。在缺少精饲的条件下，肌肉中肌内脂肪含量相对较低，猪腰背最长肌中脂肪含量比胸背最长肌低，牛腰背最长肌中的脂肪含量高于胸背最长肌；低营养水平的动物肉中脂肪含量低，动物饲料特别是反刍动物饲料中含有大量不饱和脂肪时，肉中脂肪含量低（Lawrie，1992；Love 等，1971；Rhee 等，1996）。

上述这些差异可能同时存在。猪肉发生酸败和变色就是很好的例子。猪腰大肌比背最长肌含有更高比例的多不饱和脂肪酸（PUFA）、磷脂和肌红蛋白（Owen 等，1975）。但在冻藏（如-10℃）条件下，猪背最长肌碎肉比腰大肌更易发生氧化酸败和生成高铁肌红蛋白。这可能与腰大肌具有更高的 pH 有关（Owen 等，1975）。在高 pH 条件下，细胞色素酶系统的活性显著增强，也增加了高铁肌红蛋白还原酶活性（Faustman 等，1990）。在腰大肌中细胞色素酶系统和高铁肌红蛋白还原酶的含量更高。因此，在猪腰大肌中较高 pH，可以减少氧化。牛腰大肌和背最长肌的极限 pH 通常处于正常水平，这增强了前者中较高比例的多不饱和脂肪酸（Rhee 等，1988）。要想准确预测某一分割肉的品质特性，必须综合考虑多个因素。

肌红蛋白氧化与脂肪氧化是相互促进的，血红素会促进脂肪氧化，不饱和脂肪酸也会加速肌红蛋白的氧化。当肉中肌红蛋白和脂肪放在一起时，它们相互反应，导致酸败和变色（Faustman 等，2010）。二级脂质氧化产物，如丙二醛和 4-羟基壬烯醛，可以与肌红蛋白中亲核性组氨酸残基结合，导致冷藏期间的肉色变化。Suman 等（2014）报道，牛肉肌红蛋白中活性醛基加合的组氨酸残基数量高于猪肉肌红蛋白。由氧化脂质诱导的高铁肌红蛋白形成对于牛肉颜色不稳定性比对猪肉更重要。烹饪过程中，血红素铁和非血红素铁均加速脂质氧化。应该指出的是，血红素和不饱和脂肪酸之间的相互作用机制尚不清晰。Kendrick 和 Watts（1969）推测，当脂质和血红素的比率很低时，血红素可以稳定过氧化物或自由基，发挥抗氧化作用。

7.2.5 超冷却工艺

超冷却是一种有前景的鲜肉保鲜技术。只有肉的表面一小部分水分被冻结，而大部分水保持超冷和未冻结状态，上述过程也被称为“局部冻结”（Magnussen 等，2008）。在超冷却期间，食品的温度通常降至冻结点以下 0.5~2.8℃（Duun 等，2007）。食品表面上形成的冰从内部吸收热量并最终达到平衡。这能够使产品在储存和配送期间保持温度稳定（Magnussen 等，2008）。超冷却为新鲜肉类提供了内源性冰冻储能，因此在运输或储存期间不需要在产品周围使用外部冰。超冷温度通过冷冻液或在没有冰的超冷却室中实现。在超冷温度下，微生物活性降至最低，酶活性也被抑制，使生物腐败降至最低。

超冷却也包括低于纯水冰点温度、而不形成冰晶的冷却。依靠渗透压，这种类型的超冷却可以使肌肉组织的冰点降至-0.7℃，从而避免冰晶对肌肉细胞的物理损伤。为了实现这种超冷却，必须精确控制热交换，与传统冷藏（温度波动±1℃）相比，需要非常小的温度波动（通常为±0.1℃）。

超冷却广泛用于海产品（Beaufort 等，2009；Olafsdottir 等，2006）。这项技术在鸡肉加工中也有应用。鸡胴体先在冷水中冷却，然后在冷空气中冷却（-15℃）30min。包装后，将它们再次放入冷库中达到所需的肉温，然后将胴体在-2~-1℃条件下贮存和配送。现在人们也越来越关注超冷却在牛肉、猪肉和其他肉的应用（Schubring，2009）。与传统 3.5℃的冷藏相比，-2.0℃的真空包装猪肉超冷却已被证明可以延长保质期（Duun 等，2008）。

超冷却猪肉在16周的贮藏期内都能保持良好的感官品质和较低数量的微生物，而常规冷藏样品仅能保藏14d。此外，超冷却样品的滴水损失低，比常规冷却变化更小。关于超冷却对肉类其他品质的影响还需要进一步研究。如已发现超冷却会促进溶酶体组织蛋白酶B和L的释放，导致鱼肌肉加速降解（Bahuaud等，2008）。此外，Duun等（2008）指出，鲑鱼和鳕鱼片在超冷却期间，肌原纤维蛋白比常规冷却更易变性。

7.2.6 气调包装冷藏

鲜肉在进入市场之前，需要将胴体分割成分割肉，并进行真空包装和盒装，之后被配送。盒装肉在2周内配送到零售商。在零售店或配送中心，大块分割肉被进一步切分成小块（切块和牛排），零售分割肉在泡沫聚苯乙烯托盘中，再用透气性聚氯乙烯（PVC）包裹，或用气调包装（见第10章）。气调包装（MAP），通常使用高浓度氧气（如75%~80% O_2）来使鲜红色氧合肌红蛋白稳定，和较高浓度的二氧化碳浓度（如20%~25% CO_2）来抑制假单胞菌和乳杆菌等耗氧微生物的生长（McMillin等，1999）。在冷藏期间，由于线粒体的呼吸作用，气调包装中氧分压将会有略微降低，而二氧化碳分压逐渐增加。但一般不需要在储存期间去调整气体组成，其变化相对较小。自20世纪80年代以来，气调包装技术已在欧美的零售分割肉销售中得到广泛应用。

与传统的PVC包装（21% O_2/78% N_2/0.04% CO_2）相比，气调包装的最大优点是微生物生长迟缓，保质期显著延长，PVC包装肉的保质期为4~5d，而气调包装肉的保质期为14~21d。虽然两种包装系统条件下肉的初始颜色和脂质氧化相似（Ordonez等，1977），但气调包装中的好氧细菌被抑制，肉表面的红色（a^*值）稳定性显著延长，这在牛肉（McMillin等，1999）、羊肉（Fernandes等，2014）和猪肉（Delles等，2014）销售过程中得到了验证。但气调包装也可能促进肌肉蛋白质氧化，滴水损失增加（Lund等，2007）。

7.3 冷冻

7.3.1 冷冻工艺

肉类冷冻保鲜技术可以追溯到19世纪末，当时第一批冷冻牛肉和羊肉从澳大利亚运抵英国。那时，从南半球，特别是新西兰和澳大利亚，将多余的肉类运到欧洲需要相当长时间的航运，冷冻是一种行之有效的保鲜方法（Critchell等，1912）。1960年，英国进口了超过50万t冷冻牛肉、小牛肉、羊肉和羔羊肉。今天，同一大洲国家之间的自由贸易（如欧盟和北美自由贸易协定）以及来自不同大陆的国家之间的自由贸易使得冷冻技术在跨境运输方面得到了越来越多的应用。

鼓风、静止空气或冷冻平板都可以实现冷冻。冷冻速度对肉解冻后的品质有重要影响。冷冻速率不仅取决于肉的大小及其传热性能（如比热和导热性），还取决于制冷温度和制冷方法。对于较小的肉块，所用包装材料的性质也会影响冷冻速度。在室温和冷冻条件下脂肪导电率都较低，但肉冷冻以后导电性却显著增加。这样的数据被用来准确计算冷却和冷冻的速率。

冷冻之前，胴体先在约1℃条件下冷却1~3d，并且初始冷藏可以有效地防止解冻僵直。短暂成熟的胴体切分成四分体或大块分割肉（批发用），随后将其放置在-10℃或更低温度的冻库中冷冻。电刺激后热分割肉有时不经过预冷直接放入强风冷冻机中冷冻，这种方式已在羊肉中进行了应用。在冷却、冷冻和冻藏过程中，都会发生由蒸发引起的重量损失。冷冻温度对重量损失有一定影响，如在-30℃下蒸发损失约为在-10℃时的20%（James，1999）。此外，在-10℃下贮藏时，会出现肉色变化，需要进行修整，造成浪费。聚乙烯包装肉在-10℃时的蒸发损失与裸装肉在-30℃的蒸发损失相当。当裸露的肉进行强风冷冻时，会发生冻结烧（冷冻肉表面发白或有琥珀色的斑块）。冻结烧是冰晶升华导致肉表面产生孔穴和光散射。发生这种情况往往是因为环境中的水蒸气压要远低于肉表面的水蒸气压。

7.3.2 冷冻对肌肉组织的影响

肉在冰点以下温度贮藏时，会抑制微生物生长，延长产品保质期，但冷冻保藏最大的缺点是解冻时会出现汁液渗出。渗出的汁液中包含蛋白质、肽、氨基酸、乳酸、嘌呤、B族维生素和各种盐等。冷冻也可能导致蛋白质变性、脂质和蛋白质氧化以及褪色等，这些都会直接或间接地造成解冻损失（Leygonie等，2012）。冷冻也会破坏肌纤维结构，在一定程度会改善肉的嫩度（Lagerstedt等，2008；Vieira等，2009）。冰晶会损伤肌纤维，导致内源性蛋白酶特别是溶酶体酶被释放，进而有助于改善肉的嫩度。但蛋白质变性会造成肌原纤维蛋白的聚集，持水能力下降，解冻后熟肉的硬度会增加。

解冻损失取决于两类因素，一是影响汁液从肉中渗出的程度，主要影响因素包括肉块的大小和形状（特别是切片表面与体积的比例）、分切方式（切片表面相对于肌纤维轴的方向）、大血管的含量、解冻室内的蒸发或凝结。这类因素对牛肉的影响比猪肉或羊肉更大，因为牛肉需要更多的切分。肌肉的极限pH对解冻损失也有很大影响，呈负相关。在宰后pH下降速度和极限pH相同的条件下，背最长肌的解冻损失通常高于腰大肌（图7.3）。不同类型肌肉对冷冻和解冻所造成损失的敏感性是不一样的。

第二类因素更为基础，与肌肉组织在冷冻工艺的特性以及肌肉蛋白质的持水能力有关，进而影响解冻损失。一般而言，当肉的温度降低到冰点以下时，肌肉中冻结水的总量迅速增加，之后冻结速度减缓，当温度达到-20℃时，98.2%的水会冻结（Moran，1930）。因为不是肌肉中的所有水都能被冻结，因此，潜热比预期要低。随着肌内脂肪含量的增加，不冻结水的比例也增加（Fleming，1969）。然而，除了冻结程度之外，肉温度下降的速率，尤其是肉温度通过0℃到-5℃区间所需的时间对解冻损失的影响也很大。到目前为止，最快的冷冻速度是1s。将单根肌纤维置于-150℃的异戊烷中就能实现最快速冷冻。在如此快速冻结下，位于肌球蛋白和肌动蛋白之间的水分冻结形成小的冰晶，这些冰晶非常小，用电子显微镜才能观察，对肌纤维的结构影响很小（Menz等，1961）。随着冻结时间延长，冰晶对肌肉结构的损伤也变大。

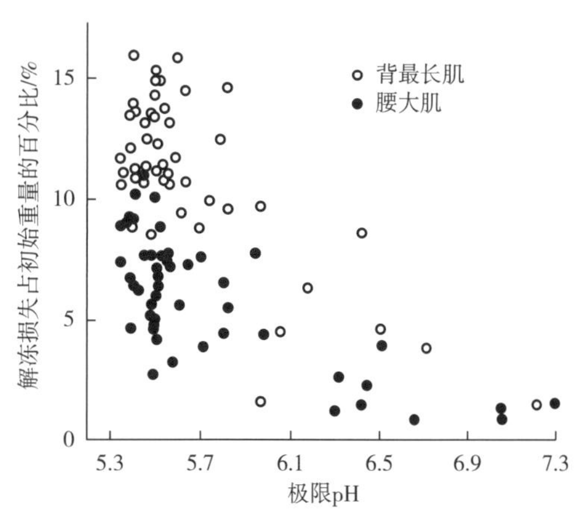

图7.3 牛背最长肌和腰大肌的极限pH与解冻损失之间的相关性（Lawrie，1959）

当冷冻时间从1s延长到5min时，肌纤维膜仍未受损，但肌纤维内肌原纤维会有相当大的扭曲（Menz等，1961）。随着冻结时间进一步延长（约超过5min时），冰晶形成从纤维内部开始并最终外延到纤维外部，这些冰晶对肌纤维的损伤或大或小，但不可避免。如果冻结过程中肌纤维膜没有受到损伤，解冻时几乎不会形成解冻损失，且与极限pH关系不大，因为由冰融化而来的水又被蛋白质完全重新吸收。值得注意的是，快速冻结所造成的解冻损失并不总是比慢速冻结的产品低。只有当冷冻速率促进细胞内而不是细胞外冰晶的形成时，才有这样的效果（Anon等，1980；Bevilacqua等，1979）。当然，解冻条件也会影响冻结对肉品品质的影响，通常认为解冻速率要越慢越好。但Gonzalez-Sanguinetti等（1985）发现解冻时间（从-5℃到-1℃的时间）缩短，牛肉的解冻损失变小，这是因为胞外的冰融化后，水又流回细胞内并被肌原纤维重新吸收。

牛肉冷冻温度（与冷冻速率相反）和冰晶形成之间的关系已被广泛研究。如Rahelic等（1985）研究发现，水在-33~11℃形成的冰晶仅存在于细胞间，而在-78℃及更低温度下，冰晶才会在细胞内形成。但也有研究显示，在-22℃时，细胞间和细胞内的水均会形成冰晶，此时肌肉结构受到的损伤最大（图7.4）。在此温度下，肌原纤维蛋白的溶解度最小

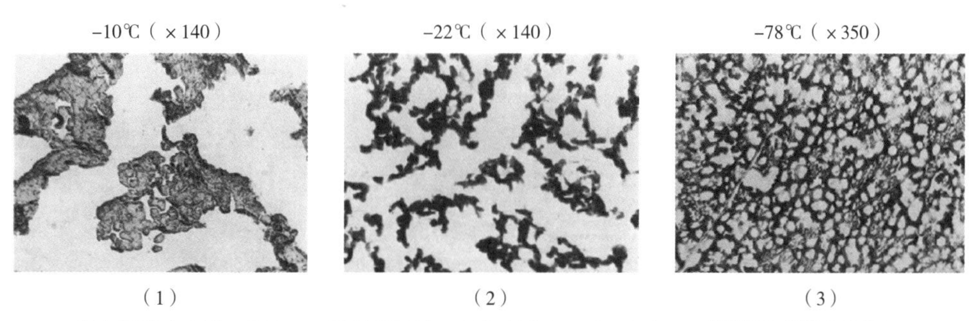

（1）慢速（-10℃，798min，细胞间冰晶）（2）中速（-22℃，226min，细胞间和细胞内冰晶）
（3）快速（-78℃，22min，细胞内冰晶）

图7.4 牛背最长肌中的冰晶形成受冷冻速率（冷冻时间）和冷冻温度的影响（Rahelic等，1985）

（Petrovic 等，1993）。在-22℃时，冰晶都是在I-带内，而不在A-带内，这可能是因为肌动蛋白丝的持水能力弱于肌球蛋白丝的持水能力（Rahelic 等，1985）。

由于分割肉切块比较大，商业上可行的冷冻速率都很慢，所以一般不能在细胞内形成冰晶，而是在细胞外形成冰晶，造成细胞外渗透压小于细胞内的渗透压。在细胞外冰晶形成过程中，胞外液中离子强度增加，导致细胞内的水分向胞外渗出。这部分水冻结在已有的冰晶上，冰晶生长变大，从而扭曲和破坏纤维（Love，1968）。此外，高离子强度引起肌肉蛋白质变性，使肌肉蛋白质持水和肌纤维再吸收水分能力下降。一旦解冻，所有的冷冻水都被除去，表现为解冻损失（Xiong，1997）。冷冻时间和温度影响蛋白质损伤。随着冷藏时间的延长，肌浆蛋白和肌原纤维蛋白的变性程度都增加。

除了冰晶造成物理破坏和溶质浓缩效应外，冻藏和解冻过程中肌肉蛋白质也容易被氧化，导致解冻损失和烹饪损失增加（Utrera 等，2014；Xia 等，2010）。冷冻肉中的蛋白质氧化先发生在未冷冻水部分，氧化物质可能被浓缩，蛋白质氧化与脂质氧化同时发生。但与蛋白质氧化不同，冻肉表面发生的脂质过氧化不需要水的参与。脂质过氧化产生的次级产物将在油/水界面处发生，并进一步引发蛋白质氧化，导致肌球蛋白的变性和肌原纤维的聚集（Xiong，2000）。事实上，冻肉中氧化状态会促进解冻过程中的脂质氧化，导致解冻肉的保质期缩短（Hansen 等，2004）。

7.4 加热

7.4.1 通用理论

热处理，包括巴氏杀菌，在历史上是保存肉和肉制品的最主要手段。但在现代社会中，除能源供应和制冷系统受限的地区外，热处理不再是最主要的保藏方法。在当今的食品工业中，热处理主要用于制造即食肉制品，热杀菌只是一个附加功能。因为经过巴氏杀菌的肉，通常加工温度低于80℃，还易受到微生物的污染，所以需要包装和冷藏；另一方面，高温灭菌（通常在121℃以上）处理的肉制品基本上不含病原体以及腐败生物，它们都具有非常长的保质期。只要产品的内容物紧密封装在容器中，如复合塑料袋或金属罐，产品可以在室温下稳定保藏。

肉类热处理保藏技术可追溯到19世纪初，Appert（1918）发现如果把肉放在密封容器中加热，存放很长时间后依然可以食用，但当时并不知道保鲜原理。这种保藏方法后来就发展成了罐头行业。肉和肉制品罐头加热有两种方式：一是巴氏杀菌，旨在抑制病原微生物的生长，对肉的损害程度最小；二是灭菌，几乎所有细菌都被杀死，但对肉品质的影响也较大。肉中存在一些可形成孢子的微生物，这些微生物比较耐热。为了破坏这些嗜热微生物的孢子，压力和高温是不可或缺的。亚硝酸盐有抑菌功能，也可抑制孢子的萌发。但高温处理通常会损害商品的感官特性。在罐头生产中，要获得“商业无菌”的效果，就需要足以杀死所有细菌细胞的热处理。为了避免可能存在的耐热孢子萌发，罐头产品也同样需要快速冷却，避免在高温下贮藏。

7.4.2 巴氏杀菌

巴氏杀菌加热过程中，包装好的生肉在控温、控湿的容器或热水浴中加热至中心温度70~80℃。耐高温包装袋由通过管状挤压形成的层压结构，常见材料包括尼龙、聚乙烯、聚丙烯和聚酯，组合不同，袋子结构不同。熟肉可以配送到零售店销售，产品可以在原始包装中，也可以去除原始包装重新包装到托盘或盒子中。巴氏杀菌肉也能制成罐头，一般是将肉罐头放在约80℃的水浴中加热几小时或蒸汽加热一定时间。为了减少蒸煮损失和汁液渗出形成胶冻，最好缩小加热介质温度和肉品温度之间的差距。在美国，所有罐装巴氏杀菌肉类必须经过亚硝酸盐处理才能符合联邦法规。而且必须标记“易腐败-冷藏”字样。因此，与所有其他类型的巴氏杀菌肉类一样，肉类罐头也需要冷藏以便于配送和贮藏。

巴氏杀菌已经很少用于大块加工肉的贮藏保鲜，而是与其他功能性成分混合在一起处理，在一定程度上改善口感，同时抑制微生物的生长。许多添加成分其实是多效剂（改善感官、增加产率、延长保质期等），如氯化钠、多聚磷酸盐和乳酸钠。在腌腊肉制品中，亚硝酸盐不仅发挥稳定肉色作用，还具有抗菌和抗氧化的活性（Cassens，1995）。巴氏杀菌的腌肉制品通常具有抗菌效果。Perigo等（1967）发现在巴氏杀菌过程中，亚硝酸盐与基质中的某些成分反应，产生一种对梭菌有很强抑制作用的物质。这就是无菌包装产品货架期长的原因。当盐和亚硝酸盐浓度恒定的条件下，巴氏杀菌处理对肉毒梭菌的抑制效果与肉的分割部位和来源有关（Gibson等，1982）。肉的种类对这种抑菌效果没有显著影响。巴氏杀菌温度并不能杀死所有微生物，因此应确保添加成分（如香料、调味料、盐、糖、奶粉、大豆分离蛋白等）是无菌的或近乎无菌的。另一方面，一些香料的精油也具有杀菌或抑菌特性，如丁香中的丁香酚具有抗菌作用，而芥菜籽中的异硫氰酸烯丙酯具有抗菌作用（Brewer，2011）。

由于病原体被热破坏，巴氏杀菌处理的肉和肉制品可以安全食用。这些肉通常被称为即食肉制品。但近年来报道了很多起即食肉制品的安全性问题，导致食肉制品的安全性审查越来越严格。问题的原因在于二次污染，如巴氏杀菌后肉类重新包装带来的微生物污染。食品工业界在开发栅栏技术（hurdle technologies）方面做出了巨大努力，以尽量减少这种二次污染和病原体的生长，主要集中在冷藏肉及肉制品中的单增李斯特菌（见第17章）。包装后巴氏杀菌（蒸汽或热水）和抑菌化合物组合使用，如二乙酸钠和乳酸，是控制即食肉制品中单增李斯特菌的最常用方法（Jiang等，2015）。事实证明，巴氏杀菌处理和天然抗菌添加剂的组合在延长熟肉制品保质期方面具有很好的效果。

7.4.3 灭菌

大多数罐头肉制品都是“商业”无菌的。也就是说，产品中所有微生物和绝大部分孢子被杀死。如果保持密封，理论上罐头在常温条件下的保质期是无限长的。但与现烹的肉制品或巴氏杀菌肉制品相比，“商业”无菌肉制品有强烈的“蒸煮味”，肉的物理结构改变明显。在罐头加工业发展早期，肉制品都是开放式水浴加热。在这种条件下，罐头的温度达不到100℃，需要较长时间才能达到商业无菌。通过添加氯化钙等可以增加水的沸点，可极大地减少处理时间。1874年，人们发明了一种可控高压蒸汽设备。1920—1930年，关于细菌孢子的耐热性和热量传导的理论日趋完善，通过制定时间-温度曲线来控制罐头加工，而不再依靠经验（Howard，1949）。

肉类pH通常是偏酸性的，因此一般被认为是低酸性食物。肉毒梭菌的生长在pH4.5时才受到限制。所以，所有肉类制品都具备肉毒梭菌生长的条件，需要足够强度的热处理来杀灭它。100℃时，杀灭肉毒梭菌需要10min。腌火腿罐头中有腌制成分，如亚硝酸盐，可以有效抑制肉毒梭菌的生长。为了杀死耐受的嗜热细菌，需要严格的热灭菌处理，但这会降低肉制品的营养价值和风味。因此，通过卫生条件改善，来避免初始污染，在某种程度上对控制这些微生物生长至关重要。

肉类罐头灭菌处理后，蛋白质发生热变性和聚集，组织形态变化很大。灭菌后的肉类罐头，质地可能是糊状的，食用品质明显变差。肉罐头的颜色与其他熟肉类似，因为高温使红色的肌红蛋白-Fe^{2+}氧化成为褐色的高铁肌红蛋白-Fe^{3+}。此外，肉制品（特别是猪肉）中含有大量的硫胺素（维生素B_1）和抗坏血酸（维生素C），当它们被热破坏后，肉类罐头的营养价值或多或少都会降低。在高温环境下长期贮存，会导致营养素损失更多。由于脂质和蛋白质的化学反应，超高温（121℃）和高压处理的肉制品具有特征性的“过热”味。虽然有这些缺陷，无菌肉制品的消化率较高。

到了20世纪80年代，人们又开发了一种既能商业无菌，又对肉类组分破坏程度最小的方法。该方法利用耐高温杀菌的柔性塑料袋（蒸煮袋）代替金属罐。它们由多层材料压制而成，能够同样达到密封的效果。典型的袋子是由12μm聚酯-12μm铝箔-12μm聚酯-70μm聚烯烃吹塑而成（Paine等，2012）。蒸煮袋具有以下几个优点：热处理时间往往明显短于金属或玻璃罐子（这可以最大限度地减少产品质量损失）；保质期与冷冻产品相当，同时无须冷链贮存和配送；容器、产品间的相互作用少；软包装杀菌所用的准备和前处理时间大大缩短（Paine等，2012）。

7.5 新型热处理技术

7.5.1 欧姆加热

近年来，出现了几种新的热加工技术，可以用于肉类（和其他食品）的杀菌，同时对肉类的营养和感官特性的破坏程度最小，如欧姆加热、电介质加热和辐射加热。在欧姆加热中，电流通过肉（具有高电阻）可以产生较高的温度（图 7.5）。该方法允许连续生产，无需热交换，并且在相对低的温度下就可以实施巴氏杀菌或灭菌。因此，显著降低了传统热处理产生的品质和营养的破坏。该加工技术可以很好地保留营养成分，并保持肉类的感官特性，产生较好的新鲜度和提高消费者满意度。已有报道表明，当牛肉的肌纤维与电流方向一致时电导率最大，并且添加氯化钠和磷酸盐，还能增加电导率，提高欧姆加热速率的同时，提高熟肉产品的质量（Kaur 等，2016）。

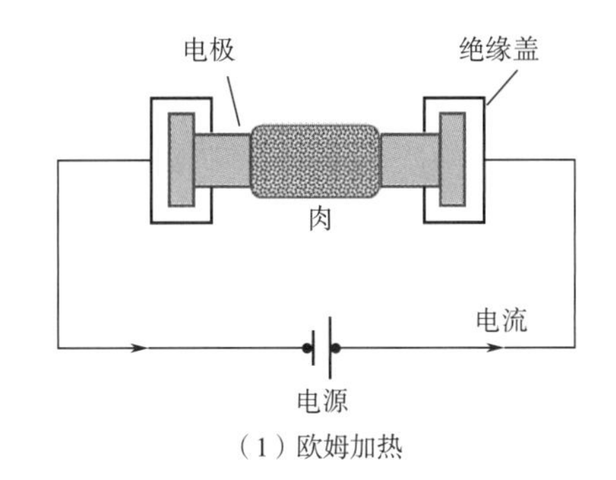

（1）欧姆加热

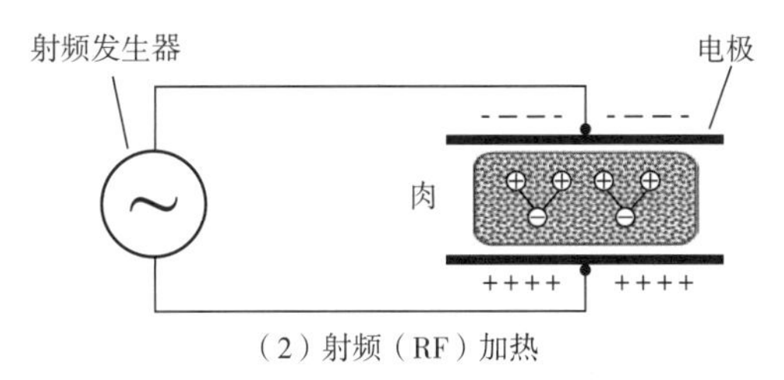

（2）射频（RF）加热

图 7.5 欧姆加热和射频（RF）加热示意图

7.5.2 电介质加热

在电介质加热中，高频交流电磁场的能量可以被转移到极性材料中去，如肌肉组织内部的水（偶极子）使得材料内部产生热能。电介质加热包括射频和微波加热。现代化的微波烤箱能够利用的波段，比射频加热器电场频率更高，波长也短。高频无线电波（1~100MHz）会引发肌肉内水分子（偶极子）的振荡，并通过摩擦产生热量。在甚至更高的频率（300MHz~300GHz）下，如微波加热，可以在几分钟而不是几小时内，就能达到杀灭微生物所需的温度，同时对产品造成的损害又最小。

电介质加热被认为是等容加热过程，通过消除温度梯度，实现更为有效的升温（快速加热速率）。但是，射频加热和微波加热之间还存在显著差异。微波加热效率很高，微波渗透能力、微波能转化为热量的效率很高。但这也可能会导致肌肉组织内部加热不均匀，如内部可能存在的某个冷点。中频射频比微波穿透率更高，比微波加热更加均匀，应用前景非常好。

Laycock 等（2003）使用射频处理肉制品，发现加热时间明显缩短（碎牛肉、肉糜和大块肉，所用时间分别为 5.83min、13.5min 和 13.25min，而采用水浴加热时间分别为151min、130min 和 109min），肉汁损失减少，持水能力和质地可接受程度更好。McKenna 等（2006）比较研究了猪腿肉和肩肉经过射频和蒸汽加热后的质量差异。与蒸汽加热相比，后腿肉经射频加热处理，所用时间更短，产率更高，但持水能力较差，硬度高。此外，射频加热后，大块肉的颜色要差一些，说明该技术在商业化之前还需要进一步的研究和优化。

7.5.3 辐射加热

与其他方法相比，该加热方法可能不适合肉类保鲜。肉的表面在接收了红外热能后，其温度会迅速上升。高温导致肉的表面像被“烤”了一样，产生褐变反应。辐射加热仅限用于厚薄均匀的肉片，或用于杀死大块肉表面的微生物。

7.6 未来展望

冻藏和冰点冷藏仍将是肉和肉制品保持质量和延长保质期的主要手段。为了提高处理的效率，结合采用天然抑菌剂作为栅栏因子，可以与热处理互补，具有良好的应用前景。但是，在使用化学添加剂的过程中，肉与肉制品工业必须注意化学安全。此外，随着“超冷却”技术的日渐成熟，以及消费者对新鲜食品日益增长的需求，将肉类放在冰点温度冷藏，同时又不会导致肌肉组织冻结的方法，会成为一种比较有吸引力方法，而且，最终会成为肉类保鲜的常用方法。

参考文献

Adeyemi, K. D., Sazili, A. Q., 2014. Efficacy of carcass electrical stimulation in meat quality enhancement: a review. Asian-Australian Journal of Animal Science 27, 447-456.

Ahnström, M. L., Hunt, M. C., Lundström, K., 2012. Effects of pelvic suspension of beef carcasses on quality and physical traits of five muscles from four gender-age groups. Meat Science 90, 528-535.

Añón, M. C., Calvelo, A., 1980. Freezing rate effects on the drip loss of frozen beef. Meat Science 4, 1-14.

Appert, N., 1918. The art of preserving animal and vegetable substances for many years. Minister of the interior, napoleon quay, Paris (translated into English by KG Britting, Glass Container Association of America, Chicago, August 1920).

Asghar, A., Bhatti, A. R., 1987. Endogenous proteolytic enzymes in skeletal muscle: their significance in muscle physiology and during postmortem aging events in carcasses. Advances in Food Research 31, 343-451.

Bahuaud, D., Mørkøre, T., Langsrud, Ø., Sinnes, K., Veiseth, E., Ofstad, R., Thomassen, M. S., 2008. Effects of −1.5 °C super-chilling on quality of Atlantic salmon (*Salmo salar*) pre-rigor fillets: cathepsin activity, muscle histology, texture and liquid leakage. Food Chemistry 111, 329-339.

Beaufort, A., Cardinal, M., Le-Bail, A., Midelet-Bourdin, G., 2009. The effects of superchilled storage at −2℃ on the microbiological and organoleptic properties of cold-smoked salmon before retail display. International Journal of Refrigeration 32, 1850-1857.

Bendall, J. R., 1975. Cold-contracture and ATP-turnover in the red and white musculature of the pig, postmortem. Journal of the Science of Food and Agriculture 26, 55-71.

Bendall, J. R., 1980. Electrical stimulation of carcasses of meat animals. In: Lawrie, R. A. (Ed.), Developments in Meat Science, vol. I. Applied Science, London, pp. 37-59.

Bevilacqua, A., Zaritzky, N. E., Calvelo, A., 1979. Histological measurements of ice in frozen beef. International Journal of Food Science & Technology 14, 237-251.

Bouton, P. E., Harris, P. V., Shorthose, W. R., Smith, M. G., 1974. Evaluation of methods affecting mutton tenderness. International Journal of Food Science and Technology 9, 31-41.

Brewer, M. S., 2011. Natural antioxidants: sources, compounds, mechanisms of action, and potential applications. Comprehensive Reviews in Food Science and Food Safety 10, 221-247.

Buege, D., Marsh, B., 1975. Mitochondrial calcium and postmortem muscle shortening. Biochemical and Biophysical Research Communications 65, 478-482.

Cassens, R. G., 1995. Use of sodium nitrite in cured meats today. Food Technology 49, 72-80, 115.

Claus, J. R., Wang, H., Marriott, N. G., 1997. Prerigor carcass muscle stretching effects on tenderness of grain-fed beef under commercial conditions. Journal of Food Science 62, 1231-1234.

Critchell, J. T., Raymond, J., 1912. A History of the Frozen Meat Trade, second ed. Constable & Co., Ltd., London.

Delles, R. M., Xiong, Y. L., 2014. The effect of protein oxidation on hydration and water-binding in pork packaged in an oxygen-enriched atmosphere. Meat Science 97, 181-188.

Dutson, T. R., 1977. Rigor onset before chilling. In: Proceedings 30th Annual Reciprocal Meat Conference. Auburn University, Auburn, AL, USA, pp. 79-86.

Duun, A. S., Rustad, T., 2007. Quality changes during superchilled storage of cod (*Gadus morhua*) fillets. Food Chemistry 105, 1067-1075.

Duun, A. S., Hemmingsen, A. K. T., Haugland, A., Rustad, T., 2008. Quality changes during superchilled storage of pork roast. LWT - Food Science & Technology 41, 2136-2143.

Earnshaw, W. C., Martins, L. M., Kaufmann, S. H., 1999. Mammalian caspases: structure, activation, substrates, and functions during apoptosis. Annual Review of Biochemistry 68, 383-424.

Edmunds, T., Nagainis, P. A., Sathe, S. K., Thompson, V. F., Goll, D. E., 1991. Comparison of the autolyzed and unautolyzed forms of μ and m-calpain from bovine skeletal muscle. Biochimica et Biophysica Acta 1077, 197-208.

Faustman, C., Cassens, R. G., 1990. The biochemical basis for discoloration in fresh meat: a review. Journal of Muscle Foods 1, 217-243.

Faustman, C., Sun, Q., Mancini, R., Suman, S. P., 2010. Myoglobin and lipid oxidation interactions: mechanistic bases and control. Meat Science 86, 86-94.

Feldhusen, F., Kirschner, T., Koch, R., Giese, W., Wenzel, S., 1995. Influence on meat color of spraychilling the surface of pig carcasses. Meat Science 40,245-251.

Fernandes, Rde P. , de Alvarenga Freire, M. T. , de Paula, E. S. M. , Kanashiro, A. L. S. , Catunda, F. A. P. ,Rosa,A. F. ,de Carvalho Balieiro,J. C. ,Trindade,M. A. ,2014. Stability of lamb loin stored under refrigeration and packed in different modified atmosphere packaging systems. Meat Science 96,554-561.

Fleming,A. K. ,1969. Calorimetric properties of lamb and other meats. International Journal of Food Science & Technology 4,199-215.

Gibson,A. M. ,Roberts,T. A. ,Robinson,A. ,1982. Factors controlling the growth of *Clostridium botulinum* types A and B in pasteurized cured meats. IV. The effect of pig breed,cut and batch of pork. International Journal of Food Science & Technology 17,471-482.

Goll,D. E. ,Otsuka,Y. ,Nagainis,P. A. ,Sgannon,J. D. ,Sathe,S. K. ,Muguruma,M. ,1983. Role of muscle proteinases in maintenance of muscle integrity and mass. Journal of Food Biochemistry 7,137-177.

Gonzalez-Sanguinetti,S. ,Añón,M. C. ,Cavelo,A. ,1985. Effect of thawing rate on the exudate production of frozen beef. Journal of Food Science 50,697-700.

Greer,G. G. ,Jones,S. D. M. ,1997. Quality and bacteriological consequences of beef carcass spraychilling: effects of spray duration and boxed beef storage temperature. Meat Science 45,61-73.

Hansen,E. ,Juncher,D. ,Henckel,P. ,Karlsson,A. ,Bertelsen,G. ,Skibsted,L. H. ,2004. Oxidative stability of chilled pork chops following long term frozen storage. Meat Science 68,479-484.

Herrera-Mendez,C. H. ,Becila,S. ,Boudjellal,A. ,Ouali,A. ,2006. Meat aging:reconsideration of the current concept. Trends in Food Science and Technology 17,394-405.

Holdsworth,S. D. , 1985. Optimisation of thermal processing - a review. Journal of Food Engineering 4,89-116.

Howard,A. J. ,1949. Canning Technology. J & A Churchill,London.

Hwang,I. H. ,Devine,C. E. ,Hopkins,D. L. ,2003. The biochemical and physical effects of electrical stimulation on beef and sheep meat tenderness. Meat Science 65,677-691.

James,S. J. ,1999. Food refrigeration and thermal processing at Langford,UK:32 years of research. Food and Byproducts Processing 77,261-280.

Jiang,J. ,Xiong,Y. L. ,2015. Technologies and mechanisms for safety control of ready-to-eat muscle foods: an updated review. Critical Reviews in Food Science and Nutrition 55,1886-1901.

Kaur,N. ,Singh,A. K. ,2016. Ohmic heating:concept and applications - a review. Critical Review in Food Science and Nutrition 56,2338-2351.

Kemp,C. M. ,Parr,T. ,2012. Advances in apoptotic mediated proteolysis in meat tenderization. Meat Science 92,252-259.

Kemp,C. M. , Sensky, P. L. , Bardsley, R. G. , Buttery, P. J. , Parr, T. , 2010. Tenderness - an enzymatic view. Meat Science 84,248-256.

Kendrick, J. L. , Watts, B. M. , 1969. Nicotinamide and nicotinic acid in color preservation of fresh meat. Journal of Food Science 34,292.

Koohmaraie,M. ,Schollmeyer,J. E. ,Dutson,T. R. ,1986. Effect of low-calcium-requiring calcium activated factor on myofibrils under varying pH and temperature conditions. Journal of Food Science 51,28-32,65.

Lagerstedt,A. ,Enfalt,L. ,Johansson,L. ,Lundstrom,K. ,2008. Effect of freezing on sensory quality,shear force and water loss in beef M. *longissimus dorsi*. Meat Science 80,457-461.

Lawrie,R. A. ,1959. Water-binding capacity and drip formation in meat. Journal of Refrigeration 2,87-89.

Lawrie,R. A. ,1992. Conversion of muscle into meat:biochemistry. Special Publication - Royal Society of Chemistry 106. 1,43.

Laycock,L. ,Piyasena,P. ,Mittal,G. S. ,2003. Radio frequency cooking of ground,comminuted and muscle meat products. Meat Science 65,959-965.

Leygonie, C., Britz, T. J., Hoffman, L. C., 2012. Impact of freezing and thawing on the quality of meat: review. Meat Science 91, 93-98.

Leighton, G. R., Douglas, L. M., 1910. The meat industry and meat inspection, vol. II. Educational Book Co., London.

Leistner, L., 1995. Principles and applications of hurdle technology. In: Gould, G. W. (Ed.), New Methods of Food Preservation. Blackie Academy Press, London, pp. 1-21.

Lesiow, T., Xiong, Y. L., 2013. A simple, reliable and reproductive method to obtain experimental pale, soft and exudative (PSE) pork. Meat Science 93, 489-494.

Lochner, J. V., Kauffman, R. G., Marsh, B. B., 1980. Early-postmortem cooling rate and beef tenderness. Meat Science 4, 227-241.

Locker, R. H., Hagyard, C. J., 1963. A cold shortening effect in beef muscles. Journal of the Science of Food and Agriculture 14, 787-793.

Love, J. D., Pearson, A. M., 1971. Lipid oxidation in meat and meat products-a review. Journal of the American Oil Chemists Society 48, 547-549.

Love, R. M., 1968. Ice formation in frozen muscle. In: Hawthorn, J., Rolfe, E. J. (Eds.), Low Temperature Biology of Foodstuffs. Pergamon Press, Oxford, pp. 105-124.

Lund, M. N., Lametsch, R., Hviid, M. S., Jensen, O. N., Skibsted, L. H., 2007. High-oxygen packaging atmosphere influences protein oxidation and tenderness of porcine *longissimus dorsi* during chill storage. Meat Science 77, 295-303.

Magnussen, O. M., Haugland, A., Hemmingsen, A. K. T., Johansen, S., Nordtvedt, T. S., 2008. Advances in superchilling of food - process characteristics and product quality. Trends in Food Science & Technology 19, 418-424.

Martinaud, A., Mercier, Y., Marinova, P., Tassy, C., Gatellier, P., Renerre, M., 1997. Comparison of oxidative processes on myofibrillar proteins from beef during maturation and by different model oxidation systems. Journal of Agricultural and Food Chemistry 45, 2481-2487.

Marsh, B. B., Lochner, J. V., Takahashi, G., Kragness, D. D., 1981. Effects of early post-mortem pH and temperature on beef tenderness. Meat Science 5, 479-483.

McKenna, B. M., Lyng, J., Brunton, N., Shirsat, N., 2006. Advances in radio frequency and ohmic heating of meats. Journal of Food Engineering 77, 215-229.

McMillin, K. W., Huang, Y., Ho, C. P., Smith, B. S., 1999. Quality and shelf-life of meat in caseready modified atmosphere packaging. In: Xiong, Y. L., Ho, C. T., Shahidi, F. (Eds.), Quality Attributes of Muscle Foods. Kluer Academic/Plenum Publishers, New York, pp. 73-93.

Menz, L. J., Luyet, B., 1961. An electron microscope study of the distribution of ice in single muscle fibers frozen rapidly. Biodynamica 8, 261-294.

Min, B., Ahn, D. U., 2005. Mechanism of lipid peroxidation in meat and meat products - a review. Food Science and Biotechnology 14, 152-163.

Moeller, P. W., Fields, P. A., Dutson, T. R., Landmann, W. A., Carpenter, Z. L., 1977. High temperature effects on lysosomal enzyme distribution and fragmentation of bovine muscle. Journal of Food Science 42, 510-512.

Moran, T., 1930. The frozen state in mammalian muscle. Proceedings of Royal Society of London, B 107, 182-187.

Newbold, R. P., Scopes, R. K., 1967. Post-mortem glycolysis in ox skeletal muscle. Effect of temperature on the concentrations of glycolytic intermediates and cofactors. Biochemical Journal 105, 127-136.

Newbold, R. P., Small, L. M., 1985. Electrical stimulation of post-mortem glycolysis in the *Semitendinosus muscle* of sheep. Meat science 12, 1-16.

Olafsdottir, G., Lauzon, H. L., Martinsdóttir, E., Oehlenschláuger, J., Kristbergsson, K., 2006. Evaluation of shelf life of superchilled cod (*Gadus morhua*) fillets and the influence of temperature fluctuations during storage on microbial and chemical quality indicators. Journal of Food Science 71, S97-S109.

Ordonez, J. A., Ledward, D. A., 1977. Lipid and myoglobin oxidation in pork stored in oxygen- and carbon dioxide-enriched atmospheres. Meat Science 1, 41-48.

Ouali, A., Garrel, N., Obled, A., Deval, C., Valin, C., Penny, I. F., 1987. Comparative action of cathepsins D, B, H, L and of a new lysosomal cysteine proteinase on rabbit myofibrils. Meat Science 19, 83-100.

Owen, J. E., Lawrie, R. A., Hardy, B., 1975. Effect of dietary variation, with respect to energy and crude protein levels, on the oxidative rancidity exhibited by frozen porcine muscles. Journal of the Science of Food and Agriculture 26, 31-41.

Paine, F. A., Paine, H. Y., 2012. A handbook of food packaging. Springer Science & Business Media, New York.

Perigo, J. A., Whiting, E., Bashford, T. E., 1967. Observations on the inhibition of vegetative cells of *Clostridium sporogenes* by nitrite which has been autoclaved in a laboratory medium, discussed in the context of sub-lethally processed cured meats. International Journal of Food Science & Technology 2, 377-397.

Petrović, L., Grujić, R., Petrović, M., 1993. Definition of the optimal freezing rate - 2. Investigation of the physico-chemical properties of beef *M. longissimus dorsi* frozen at different freezing rates. Meat Science 33, 319-331.

Rahelić, S., Puač, S., Gawwad, A. H., 1985. Structure of beef *longissimus dorsi* muscle frozen at various temperatures: Part 1 - histological changes in muscle frozen at −10, −22, −33, −78, −115 and −196℃. Meat Science 14, 63-72.

Rhee, K. S., Anderson, L. M., Sams, A. R., 1996. Lipid oxidation potential of beef, chicken and pork. Journal of Food Science 61, 8-12.

Rhee, K. S., Ziprin, Y. A., Ordonez, G., Bohac, C. E., 1988. Fatty acid profiles and lipid oxidation in beef steer muscles from different anatomical locations. Meat Science 23, 293-301.

Rixson, D., 2010. The history of meat trading. Nottingham University Press, Nottingham, England.

Robert, N., Briand, M., Taylor, R., Briand, Y., 1999. The effect of proteasome on myofibrillar structures in bovine skeletal muscle. Meat Science 51, 149-153.

Savell, J. W., Mueller, S. L., Baird, B. E., 2005. The chilling of carcasses. Meat Science 70, 449-459.

Savell, J. W., Smith, G. C., Dutson, T. R., Carpenter, Z. L., Suter, D. A., 1977. Effect of electrical stimulation on palatability of beef, lamb and goat meat. Journal of Food Science 42, 702-706.

Schubring, R., 2009. Superchilling' - an 'old' variant to prolong shelf life of fresh fish and meat requicked. Fleischwirtschaft 89, 104-113.

Spanier, A. M., Flores, M., McMillin, K. M., Bidner, T. D., 1997. The effect of post-mortem aging on meat flavor quality in Brangus beef. Correlation of treatments, sensory, instrumental and chemical descriptors. Food Chemistry 59, 531-538.

Suman, S. P., Rentfrow, G., Nair, M. N., Joseph, P., 2014. Proteomics of muscle- and species specificity in meat color stability. Journal of Animal Science 92, 875-882.

Takahashi, G., Wang, S. M., Lochner, J. V., Marsh, B. B., 1987. Effects of 2-Hz and 60-Hz electrical stimulation on the microstructure of beef. Meat Science 19, 65-76.

Taylor, R. G., Geesink, G. H., Thompson, V. F., Koohmaraie, M., Goll, D. E., 1995. Is Z-disk degradation responsible for postmortem tenderization. Journal of Animal Science 73, 1351-1367.

Thomas, A. R., Gondoza, H., Hoffman, L. C., Oosthuizen, V., Ryno, J., Naude, A., 2004. The roles of the proteasome, and cathepsins B, L, H and D, in ostrich meat tenderization. Meat Science 67, 113-120.

Utrera, M., Parra, V., Estévez, M., 2014. Protein oxidation during frozen storage and subsequent processing of different beef muscles. Meat Science 96,812-820.

Van der Wal, P. G. , Engel, B. , Van Beek, G. , Veerkamp, C. H. , 1995. Chilling pig carcasses: effects on temperature, weight loss and ultimate meat quality. Meat Science 40, 193-202.

Vieira, C. , Diaz, M. Y. , Martínez, B. , García-Cachán, M. D. , 2009. Effect of frozen storage conditions (temperature and length of storage) on microbial and sensory quality of rustic crossbred beef at different stages of aging. Meat Science 83, 398-404.

Xia, X. , Kong, B. , Xiong, Y. L. , Ren, Y. , 2010. Decreased gelling and emulsifying properties of myofibrillar protein from repeatedly frozen-thawed porcine longissimus muscle are due to protein denaturation and susceptibility to aggregation. Meat Science 85, 481-486.

Xiong, Y. L. , 1997. Protein denaturation and functionality losses. In: Erickson, M. C. , Hung, Y. C. (Eds.), Quality in Frozen Foods. Chapman & Hall, New York, pp. 111-140.

Xiong, Y. L. , 2000. Protein oxidation and implications for muscle food quality. In: Decker, E. A. , Faustman, C. L. , Lopez-Bote, C. J. (Eds.), Antioxidants in muscle foods. John Wiley & Sons, Inc. , New York, pp. 85-111 (Chapter 4).

8 肉的贮藏与保鲜：II．非热技术

Dong U. Ahn，Aubrey F. Mendonça，Xi Feng

Iowa State University，*Ames*，*IA*，*United States*

8.1 引言

本章介绍三种主要的非热肉类保鲜技术，这些技术可以通过杀灭或制造不适宜非病原微生物生长的环境来抑制其生长繁殖，从而提高肉类安全、贮藏和保鲜效果。辐照是最有效的消除病原微生物和提高肉类安全的非热技术，但该技术对肉制品品质产生一些负面影响。本章详述了辐照的历史、辐照过程、原理、作用方式、抗菌、化学和生物方面，其中包括辐照肉中的脂质氧化、颜色变化、异味产生、质构改变、感官评定和消费者接受度以及检测辐照肉的方法。

即食肉制品传统上是指通过高压处理（HPP）的一大类食品。在高压处理中，包括肉制品在内的包装食品会经受非常高的压力以杀死病原微生物和腐败微生物，同时可以保持感官特性和营养品质。根据压力大小，微生物受到损伤的程度也不同。高压处理杀灭肉类携带微生物的有效性受到肉制品特性的显著影响，如水分活度、蛋白质和脂肪含量。此外，压力大小对肉蛋白结构、脂质氧化和肉色都有显著的影响。因此，肉类加工企业在使用高压技术之前，应该充分了解肉制品的微生物和品质特性。

冷冻干燥是一个成本很高的加工工艺，并未得到广泛的应用。本章的冷冻干燥部分，只是介绍了肉的组织、物理和生物化学以及感官变化，并对该技术的优缺点和未来前景进行了简单的介绍。

8.2 电离辐照

8.2.1 食品辐照史

尽管在1905年已经提交了2项专利，且1921年使用X-射线杀灭了猪肉中的旋毛虫，但电离辐照在食品保鲜中的应用起始于1940年。1954—1964年，美国陆军军需部队（QGD）开展了辐照对各种肉类产品（碎牛肉、猪肉和培根等）品质的长期研究，发现辐照是一种安全、经济、可显著延长产品保质期的方法。20世纪70年代，美国食品与药物管理局（FDA）拒批了辐照火腿，并启动了一个关于辐照食品的国际项目。美国国家航空航天局（NASA）已采用辐照工艺对宇航员的肉类食品进行灭菌，并于1975年在Apollo-Soyuz试验项目（ASTP）上使用辐照肉。1980年，联合国粮农组织（FAO）、国际原子能机构（IAEA）和世界卫生组织（WHO）指出，“任何食品经剂量低于10kGy的辐照时都不存在毒理学危害且不会引起特殊的营养学变化，不需要对辐照食品进行毒理学检测”。最近，世界卫生组织宣布，超过10kGy的辐照食品也是安全而有营养的，并建议取消辐照剂量的限制。

美国在 1964 年就批准对马铃薯使用辐照处理来抑制发芽，马铃薯成为第一个允许使用辐照的食品。1985 年，肉类食品被批准使用辐照处理，主要用于控制猪肉中的旋毛虫，1990 年辐照技术被批准用于控制新鲜和冷冻禽肉中的微生物。20 世纪末至 21 世纪初，辐照技术才被批准用于冷鲜和冷冻红肉、蛋类、贝类和新鲜农产品，但这项技术尚未用于熟食或加工食品。美国食品辐照的批准日期、剂量和用途如表 8.1 所示。

表 8.1 美国批准的辐照食品

年份	商品	剂量/kGy	用途
1964,1965	马铃薯	0.05～0.15	抑制发芽
1983	香料和干调味料	<30	消毒和去污
1985	猪肉	0.3～1.0	控制旋毛虫
1985,1986	冻干的酶	<10	控制昆虫和微生物
1986	水果和蔬菜	<1	延迟成熟和消毒
1986	中药、香料和调味料	<30	控制微生物
1990	新鲜和冷冻的禽肉	<3.0	控制微生物
1995	冷冻和包装肉	>44	仅对 NASA 进行灭菌
1997,1999	冷鲜红肉	<4.5	控制微生物
	冷冻红肉	<7.5	
2000	鲜壳蛋	<3.0	控制肠炎沙门氏菌
2000	豆芽	<8.0	控制种子中的病原体
2005	新鲜或冷冻的软体动物和其他贝类	<5.5	控制弧菌和食源性病原体
2008	卷心莴苣和菠菜	<4.0	控制食源性病原体和延长货架期
2012	未加工的肉类，肉类副产物和特定肉类食品	<4.5	控制食源性病原体和延长货架期
2014	冷鲜或冷冻的原料、加工或部分加工的甲壳类动物	<6.0	控制食源性病原体和延长货架期

8.2.2 辐照过程

辐照所用的能量有三类：电磁辐照（γ 射线、X 射线）、带电粒子辐照（α 射线、β 射线、电子束、光子）和不带电粒子（中子）。在这些电离辐照中，只有来自线性加速器的高能电子，即高能电子与金属钨碰撞产生的 X 射线和放射源（如 Co^{60}）的 γ 射线才可用于食品处理（Brynjolfsson，1989）。“电离”辐照就是使从原子/分子中喷射出电子产生离子和自由基，作用于食品中。γ 射线和加速电子都可用于食品辐照，而电子束在过程控制、能量效率、辐照速度、准确度和消费者接受度等方面更具有优势。电子束的唯一缺点就是其穿透能力差。用于食品辐照的 X 射线的能量效率不足加速电子 30%（Olson，1998）。无论辐照源如何，目标材料中吸收的电离能量称为“辐照吸收剂量”。辐照剂量的单位（SI）为 Gy，相当于 1kg 材料吸收了 1J 的能量（1Gy = 1J/kg）。

用于食品辐照的电离辐照源的比较特性如表 8. 2 所示。在限量范围之内，产品吸收的总辐照剂量最为重要。然而，辐照有效性取决于辐照类型、辐照强度和目标微生物（Kwon，2010）。无论使用何种类型的辐照，食品辐照的国际标准都不允许大于 10MeV 的能量，否则可能会诱导食品中某些元素产生放射性。

表 8. 2 电离辐照源的特性

	γ 射线	电子束	X 射线
能量类型	电磁	带电粒子	电磁
能量/MeV	1. 17+1. 33	约 10	约 5
能源效率	低(约 30%)	高(约 85%)	低(约 10%)
穿透能力	深(60 ~ 80cm)	浅(8 ~ 10cm)	深
能源控制	连续	开关(on/off)	开关(on/off)

[资料来源：Kwon, J. H. , 2010. Safety and Understanding of Irradiated Food. Yoo, S. Y. , Lee, K. W. (Eds.). Korea Food Safety Research Institute, Seoul, Korea.]

电离辐照处理食品的优点包括：高效地杀灭细菌，引起的化学变化小，对产品厚度要求低，如食品可在包装容器（金属容器）内进行辐照。尽管辐照在控制病原体方面非常有效，但其会大量消耗肌肉中的抗氧化剂，诱导肉色变化，产生异味的挥发性物质，并对肉制品的感官特性造成不良影响。下面重点讨论辐照肉的化学反应、抗菌效果、对品质变化、感官特性及消费者接受度的影响。

8. 2. 3 作用方式

电离辐照时，可使暴露的介质产生离子和其他化学激发分子，但这只是一系列化学效应的第一步。伽马射线具有高能量并且不直接电离原子，但其将能量直接转移给二级电子，进一步与其他材料相互作用形成离子。当加速电子进入材料时，能量可以被材料中原子的电子吸收，进而增加其能级（激发）并从轨道中射出。被称作“康普顿电子”的喷射电子将其能量转移到二级电子并降低了康普顿电子的总能量。材料中的康普顿电子会进一步激发和电离（康普顿效应），直到没有足够的能量来使电子脱离轨道。高能电子的第一个目标是肉类等生物物质中的水分子。当食品中自由水含量高于结合水（干燥产品）或结晶水（冷冻产品）时，离子和自由基更加分散（Thakur 等，1994）。水中的羟自由基（HO）是一种强氧化剂。由于电子的分散和捕获是完全随机的，大分子化合物比小分子化合物更有可能受到自由基的攻击（Diehl，1995）。由水产生的其他自由基或氧化物质会引发一系列的化学反应和生物化学反应，进而影响肉的抗菌效果，以及肉的品质和感官特性。水通过电离辐照产生的放射性物质如下所示：

$$H_2O\ (辐射) \rightarrow \cdot OH\ (羟自由基) + \cdot H\ (氢自由基) + H_2 + H_2O_2$$
$$+ H_3O^+\ (水合质子) + e_{-eq}\ (水合电子)$$

8.2.4 杀菌作用

电离辐照通过电离激发或产生放射性物质，直接或间接攻击微生物的 DNA，使其遗传物质失去活性，进而达到杀菌效果（Smith 等，2004）。DNA 碱基对电离辐照具有高敏感性，辐照会导致 DNA 双螺旋的磷酸二酯键断裂。羟自由基对 DNA 分子具有很强的杀伤力，会导致 90%的 DNA 发生损伤，DNA 损伤会引起细胞复制能力的丧失，导致细菌的死亡。

辐照对分子的破坏程度与其分子质量成比例。大分子物质更易受辐照损伤。可以使肉毒梭菌数减少 10^{12}CFU 的辐照剂量，仅会引起 0.2%蛋白质、0.3%碳水化合物和 0.4%脂肪发生变化。在冷冻状态下进行辐照，各类组分变化将降低 75%。杀死大多数肉及肉制品中病原微生物和寄生虫需要的辐照剂量小于 10kGy，但要根除微生物（病毒除外）则需要大于 10kGy 的剂量。芽孢菌和病毒需要更高剂量的辐照才能被杀死。食源性病原菌和腐败菌的 D_{10} 值见表 8.3。

表 8.3　　食源性致病菌和腐败菌的 D_{10} 值

病菌	D_{10}/kGy	媒介	病菌	D_{10}/kGy	媒介
蜡状芽孢杆菌（植物性）	0.14～0.19	牛肉	金黄色葡萄球菌	0.42	鸡肉
空肠弯曲杆菌	0.18	牛肉	小肠结肠炎耶尔森氏菌	0.11	牛肉
旋毛虫	0.3～0.6	猪肉	肉毒梭菌（孢子）	3.56	鸡肉
大肠杆菌 O157:H7	0.25	牛肉	产气荚膜梭菌	0.58	肉
单增李斯特菌	0.42～0.55	鸡肉	生孢梭菌（孢子）	6.3	牛肉脂肪
	0.57～0.65	猪肉	苯丙酮酸莫拉菌	0.63～0.88	鸡肉
	0.51～0.59	牛肉	恶臭假单胞菌	0.08～0.11	鸡肉
沙门氏菌	0.48～0.70	肉	粪链球菌	0.65～0.7	鸡肉

细菌对辐照的敏感性受辐照剂量、肉类成分、物理条件、温度和微生物因素的影响。高剂量辐照可以有效降低微生物数量，但也会对肉的品质和感官特性产生不利的影响。将辐照与其他干预技术（如抗菌剂、加热、高流体静压等）结合使用可以提高杀菌效果。因此，使用低剂量的辐照，在保持感官特性的基础上改善肉品的微生物安全。因肉中的蛋白质和抗氧化剂（如肌肽和维生素 E）具有自由基清除活性，对微生物具有一定的保护作用（Diehl，1995）。水分含量和活度对辐照杀菌效力有极大的影响，因为羟自由基主要是由自由水分子产生的（Thakur 等，1994）。由于冰中羟自由基的形成远低于自由水，且冰阻碍了自由基向冷冻产品其他部分的迁移，所以干肉和冷冻肉需要比新鲜肉更高的辐照剂量（Taub 等，1979）。大量微生物的存在降低了一定剂量下辐照的杀菌效果，并且微生物对辐照的敏感性因其类型而异。与复杂的生命体相比，简单的生命形式表现出更强的抗辐照性：病毒比孢子抗辐照性强，而孢子又表现出比细菌细胞更强的抗辐照性。芽孢菌比非芽孢菌具有更强的抗辐照性，而革兰氏阳性菌比革兰氏阴性菌更能抵抗电离辐照。对数生长期的细菌对辐照的敏感性高于延迟期或稳定期的细菌。然而，

已适应胁迫或饥饿等特定环境的细菌比静息期的细菌具有更强的抗辐照性（Mendonca等，2004）。在1~5kGy辐照条件下，随着辐照剂量的增加，碎牛肉在4℃条件下的贮藏期可延长4~15d，导致革兰氏阴性杆菌向革兰氏阳性球菌的转变。尽管一般的嗜冷菌对巴氏杀菌剂量的辐照敏感，但有少数微生物耐受辐照，能够存活。这些微生物产生酸臭味物质导致肉腐败变质，而未经辐照的肉中，假单胞菌产生的是腐臭味。表8.4所示为低剂量辐照对肉制品贮藏的影响。

表8.4 辐照与未辐照肉制品的货架期

肉制品	剂量/kGy	未辐照/d	辐照/d
牛臀肉	2	8~11	28
牛肉汉堡	1.54	8~10	26~28
真空包装牛肉切片	2	NA	70
咸牛肉	4	14~21	35
整块或绞碎羊肉	2.5	7	28~35

（资料来源：Andrews, L. S., Ahmedna, M., Grodner, R. M., Liuzzo, J. A., Murano, P. S., Murano, E. A., Rao, R. M., Shane, S., Wilson, P. W., 1998. Food preservation using ionizing radiation. Reviews of Environmental Contamination and Toxicology 154, 1-53.）

8.2.5 化学和生物化学变化

肉类辐照的主要目的就是杀死病原微生物，提高肉类安全和储藏稳定性。然而，自由基与肉类成分的化学和生物化学反应会加速脂质氧化，产生特有气味，改变肉色，从而会显著影响消费者的接受度。消费者把棕色/灰色的、经过辐照的生牛肉当作是老牛肉或品质比较差的肉，把过热味与不良化学反应联系在一起。因此，了解肉在辐照中发生的化学和生化反应，进而开发抑制此类品质变化的方法，从而提高消费者接受度，才能为辐照技术在工业上的应用提供基础。

8.2.5.1 脂质氧化

肉中的多不饱和脂肪酸（PUFA）在有氧的条件下容易被氧化。辐照产生的羟自由基可引发和加速肉类的脂肪氧化。辐照诱发肉中脂质氧化与剂量有关，尤其是在有氧条件下（Ahn等，1998）。在无氧条件下，辐照对贮藏期间肉中脂质氧化的影响很小。在辐照后的贮藏期间，由水产生的过氧化氢会逐渐消失，而其他肉类成分会被氧化，尤其是在氧气存在的情况下。即使在有氧条件下，辐照对冷冻肉的脂质氧化几乎没有影响，因为可以参与产生放射性化合物的自由水的含量很少（Nam等，2002b）。脂质氧化会产生各种挥发性物质，包括来自脂肪酸的烃类、醇类、酮类和醛类。然而，醛类对加工肉中的氧化风味和酸败贡献性最大，己醛的含量与肉中的氧化程度高度相关。

8.2.5.2 异味产生

无论脂质氧化程度如何，所有经过辐照的肉类都会产生特有的、易于检测的辐照气味。辐照会产生与氧化气味明显不同的特殊气味，如“金属味”“硫化物味”“湿狗味”“血腥味和甜味”或“烤玉米味”（见第13章）。早期研究人员认为，由含硫化合物产生的甲硫醇和硫化氢、由脂肪产生的碳氢化合物和由脂质氧化产生的羰基是辐照气味的主要成分。进一步研究表明，硫化物（硫化氢、二氧化硫、巯基甲烷、二甲基硫醚、硫代乙酸甲酯、二甲基二硫醚和三甲基硫醚）是辐照异味的主要成分（Jo等，2000；Fan等，2002）。肉类辐照过程中，还会产生许多挥发性物质，如2-甲基丁醚、3-甲基丁醚、1-己烯、1-庚烯、1-辛烯、1-壬烯和辛-1-烯-3-酮，但与硫化物相比，这些挥发性物质对辐照气味的贡献很小。由于硫化物的阈值远低于其他挥发性化合物，因此，即使硫化物在非常低的水平时，依然有很强烈的刺激气味。挥发性成分和感官评定都表明，来自脂质氧化的挥发物对肉类辐照异味的贡献很小，这也验证了辐照产生的化合物和过热味的成分是不同的（Lee和Ahn，2003）。含硫样品的气味感知很大程度上取决于样品中硫化物的组成和含量。感官评定人员证实，“含硫氨基酸”的脂质体经辐照后产生与辐照肉相似的气味特征，这表明含硫氨基酸是辐照气味的主要成分（Ahn，2002；Ahn和Lee，2002）。

辐照肉中挥发性物质的来源和产生机制表明，大部分挥发性化合物是通过氨基酸侧链的降解生成的。然而，辐照肉中挥发性化合物不仅包括放射性降解的主要产物，而且也包括放射性物质的脱氨基、Strecker降解、脱氢、异构化、成环反应和脱羧反应的产物（Ahn等，2016a、2016b）。在氨基酸中，脂肪族侧链、脂肪族羟基和含硫氨基酸都极易受到放射性攻击。脂肪族氨基酸如异亮氨酸、亮氨酸和缬氨酸通过放射性脱氨基和脱羧作用产生支链醛如2-甲基丁醛、3-甲基丁醛和2-甲基丙醛，而丝氨酸通过放射性脱α-碳的氨基和脱羧作用产生乙烯-1-醇，然后Strecker降解形成乙醛（Ahn等，2016a）。来自含硫氨基酸的大部分挥发性化合物是侧链的直接放射性产物，但也涉及Strecker降解以及主要放射性产物的脱氨基、脱羧和氧化还原（图8.1）。半胱氨酸和蛋氨酸的硫挥发物会产生类似于辐照肉的气味特征，但蛋氨酸的硫挥发物的含量远远高于半胱氨酸的（Ahn等，2016b）。除蛋白质和氨基酸外，肉中的脂肪酸也会通过辐照产生挥发性物质。碳氢化合物是脂肪酸通过自由基反应形成的主要化合物。产生的碳氢化合物含量受辐照剂量、温度、氧气和肉类脂肪酸组成的影响（Miyahara等，2002）。随着辐照剂量的增加，脂肪酸的放射性降解随之增加，但多不饱和脂肪酸比单不饱和脂肪酸或饱和脂肪酸更易发生辐照分解。

食品基质中香味物质的挥发性取决于这些化合物的气-液分配。极性化合物如醛、酮和醇的释放受水的影响很大，但非极性碳氢化合物则不受影响。因此，挥发性化合物与食品成分（如碳水化合物、脂类和蛋白质）的相互作用以及食品的物理化学状态决定了蛋白质构象，从而影响食品中挥发性化合物的释放（Godshall，1997；Lubbers等，1998）。这表明从肉中释放的挥发性化合物的相对含量和组成可能与从水释放中的显著不同，从油乳液中

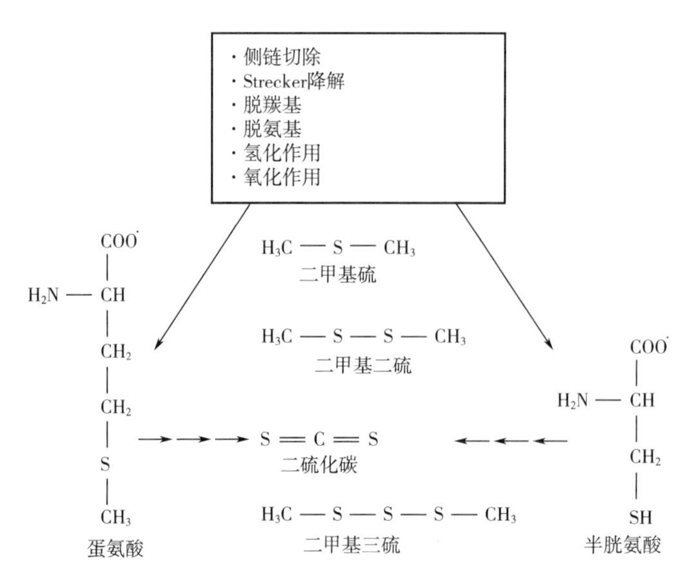

图 8.1 辐照作用下含硫氨基酸降解产生的挥发性物质

（资料来源：Ahn, D. U., Lee, E. J., Feng, X., Zhang, W., Lee, J. H., Jo, C., Nam, K. C., 2016b. Mechanisms of volatile production from sulfur-containing amino acids by irradiation. Radiation Physics and Chemistry 119, 80-84.）

释放的挥发性物质的量与脂肪含量呈负相关（Jo 和 Ahn，1999）。

8.2.5.3 肉色变化

肌红蛋白是肉中主要的色素蛋白，有三种存在形式，分别为高铁肌红蛋白、脱氧肌红蛋白和氧合肌红蛋白（见第 11 章）。由于血红素铁的状态不同，肉的颜色不同。当血红素铁处于还原状态时，气体化合物如氧气、一氧化碳、硫和一氧化氮才能形成血红素卟啉环的第六配体。在肌肉转化为肉的过程中，由于各种酶的作用，肌肉中的氧气都被耗尽。因此，肉块中间的肌红蛋白通常处于还原状态，与水分子较弱的结合或被珠蛋白远端的组氨酸所固定。这时色素蛋白质为脱氧肌红蛋白或还原肌红蛋白，肉呈紫色。当肉暴露在高氧条件下时，氧与血红素的第六配体结合，使肉呈现鲜红色。当氧分压降低时，脱氧肌红蛋白被氧化成高铁肌红蛋白。如果肉具有足够强的还原力，可以将高铁肌红蛋白转化为还原肌红蛋白并与氧结合，肉由褐色变成鲜红色。

辐照生肉的颜色变化与辐照剂量、动物物种、肌肉类型和包装类型有关。白肉（如鸡胸肉和猪背脊肉）在真空和有氧包装条件下辐照后会变成粉红色或红色，并且红色随着辐照剂量的增加而增加（Millar 等，1995）。感官评定人员更倾向于辐照过的生火鸡肉的红色，因为与未经辐照的相比，被辐照过的肉看起来更新鲜。但问题是在烹饪后白肉依然保持这种红色，使消费者难以接受。红肉颜色的变化与白肉不同，在有氧条件下辐照的生牛肉会产生令人难以接受的褐色。在真空包装条件下，辐照的牛肉颜色变化不完全相同：一些研究报道红色显著下降，产生褐变；另一些研究则发现红色增加。当预加工的鸡肉、火鸡和猪肉香肠经过辐照时，会产生令人不愉快的红色，并且内部红色增加程度比表面更明显，但是有氧包装的辐照熟肉由于色素的氧化导致其内部粉红色在贮藏后变成褐色或黄色（Nam 等，2002b、2003b）。在辐照生的和熟的白肉中形成的红色素为一氧化碳-肌红蛋白（CO-Mb）（Nam 等，2002a、2002b）。对于辐照白肉中粉红色的形成有三个必要的因素，包括 CO 的产生、还原条件的出现和 CO-Mb 的形成。Furuta 等（1982）发现肉经过辐照后产生了大量的 CO。在肉类成分中，甘氨酸、天冬酰胺、谷氨酰胺、丙酮酸、甘油醛、α-酮戊二酸和磷脂在辐照过程中可以转变为 CO，CO 生成量与化合物分子的结构密切相关（Lee 等，2004）。除了 CO 的生成外，肉中的血红素铁应该处于亚铁状态以形成 CO-Mb，因为 CO 只有在其还原状态才能与肌红蛋白结合。在有氧和真空包装下，辐照使生肉和熟肉中产生水合电子（e^-_{eq}），这种水合电子具有很强的还原特性（Swallow，1984）。随着 CO-Mb 的形成，红色强度大大增加。在真空贮藏期间，辐照会使红色素非常稳定；在有氧贮藏条件下，CO-Mb 会遭受氧的攻击。在熟肉中，未变性和变性的肌红蛋白都可以生成 CO-Mb。在有氧和真空包装的火鸡胸肉中，红度值与辐照剂量和 CO 气体生成量呈正相关（Nam 等，2003b）。

在有氧条件下，辐照牛肉的颜色变化机制与白肉有所不同：在无氧条件下，水合电子和氢自由基形成还原环境，红肉中血红素铁以二价形式存在，呈现红色（Satterlee 等，1971）。在此条件下，氧气与水合电子和氢自由基分别反应生成强氧化剂（超氧化物和过氧化氢自由基）（Giddings，1977）。因此，在有氧条件下辐照的红肉会生成高铁肌红蛋白（褐色）。这种肉中还生成了 CO-Mb，但仅占总肌红蛋白的一小部分。牛肉中肌红蛋白的含量是白肉的 10~100 倍。CO-Mb 的颜色强度比其他形式的肌红蛋白高，但 CO-Mb 对整个牛肉颜色的贡献远小于其对白肉的贡献。因此，经过有氧包装和辐照的红肉的颜色主要由高铁肌红蛋白决定。经过真空包装和辐照的红肉或在有氧包装中添加抗坏血酸的肉会产生一种还原环境，抑制碎牛肉变为褐色（Nam 等，2003a）。辐照肉有时会呈现绿色，主要是由于谷胱甘肽或含硫氨基酸分解产生的硫氢化物与肌红蛋白结合所致。硫醇特别容易受到自由基攻击产生硫化氢。在有氧条件下，辐照会导致牛肉呈现绿褐色；但在无氧条件下，牛肉不会出现变色现象。当真空包装的辐照牛肉在贮藏期间暴露于有氧条件时，颜色就转变为鲜红色且保持稳定（Nam 等，2004）。

8.2.5.4 质构变化

辐照会改变冷冻肉、原料肉、预加工肉和加工肉的质构，但变化很小（Zhu 等，2004）。辐照引起的质构变化主要是由于蛋白质变性和保水能力的降低（Kanatt 等，2015）（见第 12 章和第 14 章）。与未辐照的鸡胸肉相比，辐照过的肉具有更高的蒸煮损失和剪切力。辐照导致水分流失的机制可能是由于肌纤维膜结构完整性受损和肉蛋白质变性引起的。

辐照还能够引起肌节收缩和肌原纤维的断裂，但鸡胸肉的质构不受低剂量辐照（1.0kGy 和 1.8kGy）的影响（Lewis 等，2002）。

8.2.6 辐照肉的感官变化

由于辐照剂量、包装、照射条件和贮藏方式的不同，辐照肉会表现出各种不同的感官变化。而气味和风味可能受到不利影响，主要是因为氨基酸侧链的辐照裂解和脂质氧化产生含硫挥发物和醛类物质；CO-肌红蛋白、高铁肌红蛋白和亚硫代肌红蛋白的生成，会导致色泽的变化；保水能力下降和蛋白氧化会导致质构变化。冷冻肉或肉干经辐照后发生的化学变化较小，但需要更高的剂量才能实现相同的杀菌效果。DFD 肉在辐照时产生的含硫挥发物相对较少（Nam 等，2002a）。

在加工过程中添加抗氧化剂，可降低辐照过程中的肉品品质变化，主要是因为抗氧化剂与活性分子和自由基反应，从而阻止活性分子和自由基破坏肉中的有机大分子。包装、掩蔽剂、还原剂和包装内气味清除剂已被用于减少辐照产生的异味和肉色变化。添加抗氧化剂可有效减少辐照肉中脂质氧化和肉色变化。维生素 E 和酚类化合物通过提供氢原子或淬灭辐照中产生的自由基来阻断脂质的自动氧化（Nam 等，2003a）。碎牛肉中添加 500~1000mg/kg 的抗坏血酸，可以降低辐照产生的氧化还原电位（ORP），抗坏血酸在“长时间嫩化”的牛肉中的这种效果比“没有嫩化”的牛肉中更好。抗坏血酸降低的氧化还原电位使肌红蛋白保持在亚铁状态，从而稳定了辐照碎牛肉的颜色（Nam 等，2003a）。宰前饲料中添加抗氧化膳食可降低肉在贮藏期间的脂质氧化，但效果因肌肉类型而异。

包装对辐照肉的颜色和气味起着重要作用：在真空包装条件下，可以防止脂质氧化和肉色变化。然而，辐照产生的含硫挥发物在贮藏期间滞留在包装袋内并对辐照肉的可接受度产生不利影响。有氧和真空包装的适当组合有效地减少了在贮藏期间辐照火鸡胸肉中的异味和脂质氧化。Nam 等（2003c）发明了一种称为“双层包装”的包装方法，就是肉块首先单独包装在透氧袋中，然后将其放在较大的不透氧袋中真空包装贮藏。在食用前 1~2d 将外层真空袋去除。双重包装能够有效降低脂质氧化和含硫挥发物的含量。添加抗氧化剂和双重包装的组合在控制脂质氧化、异味产生和肉色变化方面比单独双重包装辐照肉更有效。双重包装和抗氧化剂组合应用对挥发物的有益效果在辐照熟肉中比生肉中更明显（Nam 等，2003b）。具有抗氧化剂且双重包装的辐照火鸡肉仅是辐照真空包装无抗氧化剂的 5%~7%，而且几乎完全抑制了辐照中醛的产生。双重包装和抗坏血酸的组合使用在保持碎牛肉的鲜红色方面也非常有效（Nam 等，2004）。

肉中添加抗菌剂如乳酸盐、乙酸盐、山梨酸盐和苯甲酸盐对辐照的杀菌效果具有协同作用，但这些物质对肉品品质的影响不完全一样。抗菌剂和辐照的联合使用可以提高肉制品的安全性，而不会对肉品品质产生显著影响。唯一除外的是，添加苯甲酸盐会显著增加辐照后即食火鸡和鸡胸肉卷挥发物中的苯含量（Zhu 等，2004）。

8.2.7 消费者对辐照肉的接受程度

消费者可以轻易地区分辐照和未经辐照肉之间的气味差异。然而，在有氧包装条件下贮藏3d后，消费者就无法再分辨辐照和未经辐照后生肉与熟肉之间的气味差异。之所以出现这种情况，是因为产生辐照异味的硫化合物具有高挥发性，因此在有氧透气包装的贮藏过程中挥发消失（Lee等，2004）。研究报道在消费者接受度测试中，抗氧化剂对辐照火鸡肉的异味强度没有显著影响，但却抑制了脂质氧化。因此，建议使用有氧包装和抗氧化剂相结合，以提高消费者对辐照禽肉的接受度。

调查表明（AMIF，1993），大部分消费者认为辐照食品会带来健康风险，并认为食品辐照具有中高度风险。与消费者接受辐照食品有关的另一个重要问题是品质变化。然而，辐照食品的接受度与消费者对食品辐照的认识密切相关（Lusk等，1999）。消费者越了解辐照的好处，对辐照食品的积极态度就越高，表明消费者受教育的重要性。一些研究发现，通过教育可以提高消费者对待辐照的积极态度，但辐照的正负面信息对消费者反应的影响是不同的：有利的辐照描述增加了消费者对辐照产品的接受度，而不利的描述则会降低消费者的接受度。当同时提供辐照的正负面描述时，无论负面信息的来源如何，负面描述都占据主导地位（Fox等，2002）。

8.2.8 检测

辐照食品的分析检测和辐照剂量的适当控制对于促进国际贸易和提高消费者信心和选择以及辐照食品的安全性至关重要。无论加工参数和贮藏条件如何，理想的检测方法都应确定产品是否经过辐照处理以及辐照的剂量大小，且方法应该简单、准确、易于操作、快速廉价。辐照食品的检测主要基于食品成分（如脂类、氨基酸和蛋白质）中挥发性和非挥发性化合物生成，以及DNA、碳水化合物和蛋白质的修饰、自由基的形成（Chauhan等，2009）。由于电离辐照的一个主要特征是目标中产生的化学变化很小，因此检测方法应该非常灵敏。如前所述，电离涉及自由基的产生，自由基通常是短暂的。如果肉制品中存在有骨骼等硬质材料，自由基存在的时间会长很多，可以通过电子自旋共振来检测自由基含量（Raffi等，1996）。来自DNA的放射性产物（如顺式-胸苷二醇）可采用灵敏度为10^{-15}mol的免疫学方法进行检测。二氢胸苷是在缺氧条件下由水自由基和胸苷的相互作用产生的。它是一种检测辐照处理的高度特异性指标。蛋白质中的苯丙氨酸通过辐照转化为邻-酪氨酸、间-酪氨酸和p-酪氨酸。由于只有p-酪氨酸是天然存在的，因此邻-酪氨酸和间-酪氨酸的含量可作为肉制品辐照的剂量标准（Delincee等，1989）。食品中甘油三酯经辐照产生2-烷基环丁酮，并可用作辐射标记物（Ndiaye等，1999）。辐照使氨基酸、脂质和磷脂分解产生一氧化碳，可以把一氧化碳作为辐照标记物（Lee等，2004）。一些碳氢化合物如C16：2、C17：1、C14：1和C15：0，以及二甲基二硫化物仅在受辐照的肉中检测到，表明这些化合物可用作辐照肉制品的潜在标记物

（Kwon 等，2012）。但是，这些方法都有优缺点。因此，没有一种方法可以满足所有要求，并且可以应用于所有食品中，因为食品的化学、物理和质量属性各不相同。合适的检测方法的选择通常取决于食物的类型使用的照射剂量以及所需的精确度和成本（表 8.5）。

表 8.5 不同包装和抗氧化剂组合处理的辐照火鸡胸肉的含硫挥发物和 TBARS 值

	非辐照		辐照			
				双包装①		
	真空包装	真空包装	有氧包装	无	S+E②	G+E③
硫化合物	总离子数×10⁴					
二甲基硫醚	1304[b]	1990[a]	140[d]	831[c]	676[c]	546[c]
二硫化碳	258[b]	306[a]	0[c]	0[c]	0[c]	0[c]
二甲基二硫醚	0[b]	22702[a]	0[b]	32[b]	0[b]	43[b]
二甲基三硫化物	0[b]	554[a]	0[b]	0[b]	0[b]	0[b]
肉	TBARS/（mg MDA/kg 肉）					
0d 原料肉	0.66[by]	0.84[ay]	0.91[ay]	0.83[ay]	0.42[dy]	0.55[c]
10d 原料肉	0.72[cy]	0.84[cy]	2.18[ax]	1.61[by]	0.53[cx]	0.53[c]
熟肉	1.12[dx]	1.67[cx]	2.37[ax]	2.09[bx]	0.54[ex]	0.64[e]

注：a~e 同行内的不同字母表示不同包装方式之间存在显著差异（$P<0.05$），$n=4$；x~y 同列中的不同字母表示不同时间之间存在显著差异（$P<0.05$）；①真空包装 7d，然后有氧包装 3d；②加入亚甲基二氧酚（100mg/kg）和 α-生育酚（100mg/kg）；③加入没食子酸（100mg/kg）和 α-生育酚（100mg/kg）。

［资料来源：Nam, K. C., Ahn, D. U., 2003. Use of double-packaging and antioxidant combinations to improve color, lipid oxidation, and volatiles of irradiated raw and cooked turkey breast patties. Poultry Science 82(5), 850-857.］

8.2.9 辐照技术在食品保鲜中的发展方向

食品辐照的科学研究和评价已有 70 年的历史，包括毒理学和微生物学评估以及卫生检测等，已在约 60 个国家获得批准使用，71 个商业辐照设施在世界范围内运行（Kume 等，2009）。因此，辐照可能在未来改善食品的安全性和保存方面起关键作用。然而，目前在食品中使用辐照的情况很少，除了某些食品，如草药、香料和出口的热带水果。到目前为止，大多数辐照研究都是用生肉进行的，因为不允许对含有添加剂、进一步加工或预煮的即食肉制品进行辐照。如何控制辐照对加工和预煮即食肉制品中的风味、颜色和滋味的影响，尚需要进一步研究。此外，辐照熟肉的滋气味变化机制、香料和添加剂对滋气味和抗菌效率的影响也值得进一步研究。

8.3 高压处理

8.3.1 食品高压加工的历史

H. Royer 于 1895 年首次提出高压可用于破坏食源性微生物来保藏食品，但直到 20 世纪 80 年代早期，该技术才在食品系统中被广泛研究（Rivalain 等，2010）。高压处理在食品领域的应用在 20 世纪 80 年代后期得到广泛研究，1990 年日本市场上出现第一个商业化高压处理的食品（果酱）。自那以后，各种高压处理的食品，如鳄梨酱、辣调味汁、海鲜、果汁和即食肉制品在美国上市。表 8.6 所示为一些食品公司及高压处理肉制品。

表 8.6　　使用高压加工技术处理肉制品的国际食品公司

国家	公司	肉制品	参考资料（网站）
美国	荷美尔食品	切片熟肉类、即食肉类	http://www. hormelfoods. com/
西班牙	Espuna	切片火腿和小吃	http://www. espuna. es
美国	卡夫食品*	热狗	http://www. kraft. com
罗马尼亚	克里斯蒂姆	发酵香肠	http://en. cristim. ro/cristim-group/about-us/innovation
荷兰	Zwaneberg	美式菲力、牛排塔塔尔	http://www. zwanenberg. nl/en/about-us/innovation
美国	嘉吉	汉堡	http://www. cargill. com/products/foodservice/beef/brands/(Fressure？)
希腊	克里特农场	切片熟肉	http://www. cretafarms. gr/en/proioda-creta-farms/creta-farms-combi/? Brand¼4
美国	PerdueFarms*	家禽条	https://www. perdue. com/products/
加拿大	Maple Lodge Farms	切片熟肉、即食肉类	http://www. pressureprotection. ca/
希腊	Ifantis	切片加工肉（熟香肠，火腿和意大利肠）	http://www. ifantis. gr/en/index. php/our-products/2uncategorised/59-freshpress
美国	泰森食品*	炉烤鸡肉	http://www. tyson. com/Home. aspx
英国	德里 24	肉类和奶酪零食产品	http://www. deli24. co. uk/Applications/Meats/
美国	哥伦布食品	熟肉和发酵肉	http://www. foodprocessingtechnology. com/projects/columbus-foods/
西班牙	Campofrio*	切片火腿、赛拉诺火腿、香肠	http://www. campofrio. es
加拿大	圣玛利亚食品	切片干腌肉	http://www. sharemastro. com

注：* 为未在网站上宣传使用高压处理。

8.3.2 高压处理

在高压处理中，食品承受 100~800MPa 的压力。压力容器应能承受非常高的压力，其使用寿命取决于其可以承受的安全操作的数量或压力循环。对于包装食品，应尽可能去除食品包装内的空气，以便压力容器尽可能多地放包装食品。去除空气也是确保施加的压力和所产生的压缩发挥作用。将食品包装入多孔容器中或直接装入压力容器中。将水或乙二醇和水的混合物添加到压力容器中以占据包装食品周围的所有空间并用作传递压力的流体。在压力处理期间，温度可以设定在0~100℃，并且在选定压力下的暴露时间可以在1ms~20min甚至大于20min的范围内。

施加到任何食品上的高压导致整个产品的压力瞬时传递，而与食品尺寸、形状和化学组成无关。用于巴氏杀菌食品的压力对共价键几乎没有影响，但高压与热等结合处理，可以加速微生物和酶的失活速率。在高压处理期间，由于压力作用，食品温度会升高。这种热力学效应被称为绝热加热。每增加100MPa压力，温度升高3℃。时间要求处理过的产品的压力从大气压增加对所需处理压力称为“压力上升时间”（Farkas等，2000）。决定压力的主要因素是目标压力、压力容器的体积和泵增压器的马力（Balasubramaniam等，2008）。

随着压力增大，产品体积减小。当达到目标压力时，高压处理不再需要增加能量。高压处理时，将样品放在设定压力下并保持一段时间，以达到杀死微生物的效果，然后再释放压力。压力保持或停留时间是指从增压结束到开始释放压力的时间。在释放压力时，食品会发生等体积的膨胀。因此，用于高压处理的食品的包装必须是柔性的，足以承受15%的体积减小并能完全恢复其原始状态，且其密封或阻隔性能不受影响（Farkas等，2000）。

8.3.3 杀菌作用

任何物理或化学的杀菌作用主要是通过处理来破坏微生物的细胞结构或功能，目标微生物的存活或生长对于细胞结构或功能至关重要。高压可能破坏微生物细胞中的结构和功能，与压力大小有关。50MPa压力处理即可抑制蛋白质合成，100MPa压力处理会导致蛋白质部分变性，200MPa压力处理会破坏细菌的细胞膜，300MPa压力会破坏酶和蛋白质的功能。当细胞质膜破裂，就会导致胞浆物质渗出，引起微生物的死亡（Abe，2007）。受压力大小的影响，压力处理会导致微生物细胞质膜的破坏、膜蛋白的变性、关键代谢酶的失活和核糖体的损伤。因此，很难确定压力处理刚开始施加压力时微生物的变化（Hsiao-Wen等，2014）。

细菌的细胞膜是压力处理作用的主要部位，当细胞膜受到损伤时，细胞液渗漏，引起细胞质成分和外液平衡丧失。经过高压作用的细菌，细胞体积增大、膜损伤或脱离、DNA和核糖体损伤、蛋白质变性和细胞内容物损失（Manas等，2004；Prieto-Calvo等，2014）。压力处理后，微生物的核糖体功能可能会恢复，但细胞活力仍下降，表明压力处理导致的细胞死亡还与其他因素有关（Alpas等，2003）。

8.3.4 杀菌作用和化学及生物化学变化

8.3.4.1 杀菌作用

作为食品保鲜技术，高压处理主要破坏食源性病原微生物、腐败微生物及灭活某些酶，但对食品感官和营养品质没有负面影响（Farkas 等，2000）。高压处理对食源性致病菌的作用效果，取决于压力大小和压力保持时间。微生物对高压处理的抵抗能力差异很大，受微生物类型和食物特性的影响。但是，细胞损伤程度取决于某些内在因素，如食品的 pH、水分活度、离子强度、抗生素和微生物数量等。所受的损伤在某些情况下可以恢复，但有时则不可恢复。当微生物受到的细胞损伤无法修复时就会出现死亡。

与单细胞生物相比，多细胞生物对高压处理的响应更加复杂。HPP 对微生物的致死作用更为明显，其效果受几个因素的影响，包括革兰氏阳性还是阴性、微生物生理状态和微生物种类。高压处理参数（压力温度和时间）对杀菌效果也很重要。对非芽孢细菌的杀灭作用，就是通过压力和温度的协同作用来实现的（Heinz 等，2010）。通常，大多数食源性细菌对高压和热（温度范围为 20~30℃）结合处理具有一定的耐受性，但在更低温度条件下，微生物的耐受性下降。应用高压结合高温（>50℃）处理，可以杀死耐压菌。

对肉制品进行高压处理可以改善微生物安全，对肉品品质没有负面影响，高压处理杀死肉中微生物的效率取决于肉制品的特性（表 8.7）。肉类是一种营养丰富的食品，这种富营养的环境会增加微生物对高压的抵抗能力（Tassou 等，2007）。非芽孢类细菌比酵母和霉菌更耐高压处理。大部分食源性的寄生虫很容易被 200~300MPa 的压力杀死。

表 8.7　通过各种压力、时间和温度组合的高压处理破坏选定的肉食营养细菌

微生物	肉及肉制品	压力处理	减少量/（lg CFU/g）	参考文献
空肠弯曲杆菌	猪肉泥	300MPa，10min，25℃	6	Shigehisa 等（1991）
空肠弯曲杆菌	鸡肉	200MPa，10min，25℃	2	Martinez-Rodriguez 和 Mackey（2005）
空肠弯曲杆菌	禽肉	375MPa，10min，25℃	6	Solomon 和 Hoover(2004)
弗氏柠檬酸杆菌	碎肉	280MPa，20min，20℃	5	Carlez 等（1993）
大肠杆菌 O157：H7	禽肉	600MPa，15min，20℃	3	Patterson 等（1995）
大肠杆菌 O157：H7	碎牛肉饼	400MPa，12min，20℃	2.45	Morales 等（2009）
金黄色葡萄球菌	干腌火腿	600MPa，31min，6℃	0.5	Jofre 等（2009）
肉葡萄球菌	熟火腿	500MPa，10min，40℃	1.29	Hugas 等（2002）
金黄色葡萄球菌	禽肉	600MPa，15min，20℃	3	Patterson 等（1995）

续表

微生物	肉及肉制品	压力处理	减少量/（lg CFU/g）	参考文献
绿色乳杆菌	火腿	500MPa，5min，20℃	4	Park 等（2001）
清酒乳杆菌	熟火腿	500MPa，10min，40℃	4	Hugas 等（2002）
小肠结肠炎耶尔森氏菌	猪肉泥	300MPa，10min，25℃	6	Shigehisa 等（1991）
单增李斯特菌	生鸡肉	375MPa，18min，15℃	2～5	Simpson 和 Gilmour（1997）
单增李斯特菌	土耳其胸肉	500MPa，1min，20℃	0.9	Chen（2007）
单增李斯特菌	禽肉	375MPa，15min，20℃	2	Patterson 等（1995）
单增李斯特菌	干发酵猪肉香肠	400MPa，17min，10℃	0.6	Jofre 等（2009）
单增李斯特菌	切熟火腿	500MPa，10min，25℃	5	Koseki 等（2007）
荧光假单胞菌	碎牛肉	200MPa，20min，20℃	5	Carlez 等（1993）
肠沙门氏菌	生剁碎的家禽	450MPa，5min，15℃	3	Kruk 等（2011）
沙门氏菌	生剁碎的家禽	450MPa，2min，20℃	3.3	Escriu 和 Mor-Mur（2009）
沙门氏菌	低酸发酵香肠	400MPa，10min，17℃	3	Jofre 等（2009）

8.3.4.2 受肉制品影响的微生物灭活特点

肉制品的特性，如水分活度（a_w）、蛋白质和脂肪含量会影响高压处理对肉品微生物的效果（见第6章和第17章）。低 a_w 增加了微生物对高压处理的抵抗力（Jofre 等，2009；Simonin 等，2012），但低 a_w 对高压处理肉制品贮藏过程中的微生物有抑制作用，这可能是处于亚致死状态的微生物在低 a_w 下逐渐丧失活力。降低食品中的 a_w 会增加微生物的耐压能力，用于降低 a_w 的溶质也可降低微生物耐压特性。在相同的 a_w 下，蔗糖溶液与氯化钠相比，单增李斯特菌对高压处理的耐受能力更强（Koseki 等，2007）。基于这一重要发现，在预测微生物对高压处理的耐受性时应谨慎行事，不能仅根据 a_w 而不考虑添加的水、溶质类型。食物成分如蛋白质、脂肪、矿物质和糖类会影响微生物对高压的抵抗力（Molina-Hoppner 等，2004）。但是主要营养素（蛋白质、碳水化合物和脂肪）对微生物耐受性的影响并不一致。

8.3.5 化学和生物化学变化

8.3.5.1 高压处理对肉蛋白质的影响

高压处理肉制品时，会改变蛋白质结构。从力学角度来看，压力导致蛋白质结构的展开，当压力释放后，蛋白质可以重新折叠。这种高压处理引起蛋白质的展开和重折叠现象可导致蛋白质静电作用的改变和蛋白质变性。虽然高压诱导的蛋白质变性是杀死微生物的重要方面，但肌肉蛋白质也会在压力作用下发生不可逆变化（Bajovic 等，2012）。

高压对肉蛋白质原有的化学键和相互作用有不同程度的影响。共价键的压缩性低，因此共价键不易受高压影响，但盐键和疏水作用力极易受高压破坏；而高压会增强氢键作用力。疏水相互作用对维持蛋白质四级结构至关重要，对压力敏感。在压力高于 200MPa 的压力下，蛋白质三级结构发生很大变化，而压力高于 700MPa 时，会改变蛋白质的二级结构（Rastogi 等，2007）。当压力达到 300MPa 时，肌肉蛋白质包括肌原纤维蛋白质几乎没有解折叠，但肌肉蛋白质会发生明显的变性、凝胶和结块。这表明高压处理可在肉类生产中具有广泛的应用前景，适度的压力处理可以改善凝胶结构和保水性（Sun 等，2010）。

高压处理对肉中肌动球蛋白有显著影响。这是因为 30MPa 压力处理就会增加 ATP 酶活性，导致肌原纤维结构发生变化；150MPa 以上压力处理会增加肌原纤维蛋白的可溶性（Nishiwaki 等，1996）。对僵直前的牛肉施加 300MPa 压力会导致肌丝断裂，Z-线消失。

8.3.5.2 高压处理对脂质氧化的影响

高压处理对疏水作用有很大影响，肉中脂质对高压处理最为敏感（Rivalain 等，2010）。实际上，压力每增加 100MPa，甘油三酯的熔化温度（T_m）就会升高 10℃。因此，在常温下以液体形式存在的脂肪，经高压处理就可能会变成固态。

300MPa 以下的压力处理不会对新鲜猪肉的脂质氧化产生影响，但当压力超过 300MPa 时就会加速猪肉、家禽和牛肉中的脂质氧化（Kruk 等，2011）。经过高压处理的肉在贮藏过程中脂质氧化反应更为严重（Orlien 等，2000）。但是，原料加工过程和自身品质的差异，也可能影响压力作用下的脂质氧化（Tuboly 等，2003）。压力对不同种类肉类中脂质氧化的影响程度不同。400MPa、30min 的压力处理会加速火鸡肉的脂质氧化，而 500MPa 的压力处理对鸡肉中脂质氧化没有影响，将压力增加到 800MPa（相当于 80℃ 加热）才导致鸡肉出现明显的氧化（Omana 等，2011）。高压处理也会促进即食肉制品的脂质氧化。与低温加热（50℃，30min）相比，高压处理的鸡腿肉在冷藏期间的氧化更为严重。高压处理显著增加了干腌火腿中硫代巴比妥值和醛类物质的含量，这种影响与加压时间没有关系（Cava 等，2009）。300MPa 以下的压力对脂质氧化影响不大，但压力升高时其对脂质氧化有显著影响。

8.3.5.3 高压处理对肉色的影响

高压处理对鲜肉颜色的影响与水分含量和水分活度有关（Ferrini 等，2012）（见第 11 章）。碎牛肉经受 200～500MPa 压力处理时，亮度值（L^* 值）显著增加，红度值（a^* 值）显著下降。这给肉类销售带来了严峻挑战，因为鲜红色的牛肉是消费者更乐意接受的产品。高压处理引起的牛肉颜色变化是由于蛋白质聚集和溶解度下降，进而导致蛋白质的结构和肉的表面特性的改变所造成的。当压力从 50MPa 增加到 350MPa 时，生牛肉的红度值（a^* 值）显著增加，主要是因为压力处理激活了肌肉中高铁肌红蛋白还原酶活性。

牛肉饼和猪肉香肠中，脂肪含量是影响压力引起肉色变化的重要因素。脂肪含量越高（20%～25%），压力处理后的亮度值（L^* 值）越高。尽管高压对鲜肉颜色的影响很明显，但煮制后肉色的差异很小（Mor-Mur 和 Yuste，2003）。高压处理对腌腊肉制品色泽的影响不如鲜肉明显。当压力超过 200MPa 时，干腌火腿的红度值下降（Cava 等，2009）。高压处理后，肉色差异非常明显，但经过 60d 和 90d 贮藏后，肉色差异不明显。压力处理对腌腊肉制品色泽稳定性的影响可能是亚硝基肌红蛋白不易被氧化（Pietrzak 等，2007）。

8.3.6 高压处理的应用前景

高压处理技术可以在不使用添加剂的条件下延长产品货架期，提升产品安全等。因为消费者对“清洁标签”食品的需求很大，高压处理的即食肉制品将会有很大市场容量。未来应加强不同压力对肉品品质的研究，进而更好地优化参数，使高压处理技术在安全健康肉制品的生产中有着更加广泛的应用。

8.4 冷冻干燥

干燥处理可去除肉中水分，阻止微生物的生长，也可以消除微生物的生长。冻干肉的理化特性与鲜肉不同，但这些差异在烹饪过程中会明显减少。在冷冻干燥中，冷冻样品受到三相点以下的压力作用产热引起冰的升华，变成蒸汽（图 8.2）。冷冻干燥过程可分为冷冻（凝固）、初级干燥（冰升华）和二次干燥（解冻未冻水）步骤。在第一步（冷冻），水

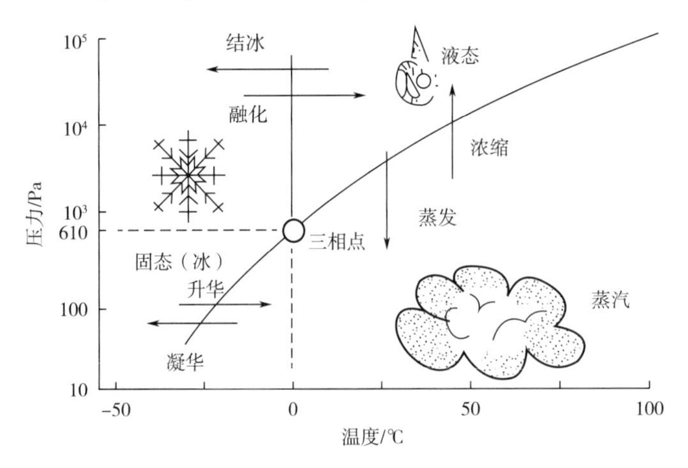

图 8.2 水三相点的状态 ［改编自 Nijhuis 等（2007）］

［资料来源：Nijhuis et al.，2007. Drying Technology 14（6），1429-1457.］

结成冰，残留的结合水得到浓缩。在第二步（初级干燥），冷冻样品经受三相点以下压力（温度0℃、压力610Pa）并加热使冰升华蒸汽（Rahman等，2007）。冰晶的升华使冷冻产品中出现多孔。在最后一步（二次干燥），通过提高干燥室内的温度，除去产品中剩余的未冷冻水（结合水）（Abdelwahed等，2006）。

许多年前就发现肉中的水分可以通过冷冻升华而不是液体蒸发的方式去除，但最初的使用效果并不满意。直到20世纪50年代，英国首次开发了一种大规模的冷冻干燥工艺。由于采用板式工艺，显著增强热交换并且在第二阶段期间提供热量以帮助干燥，因此该过程被称为加速冷冻干燥（AFD）。低操作温度和加速过程可以最小化盐的易位。而且，通过从组织的微小间隙直接升华冰而产生的蜂窝状纹理对肉蛋白质几乎没有损害。

8.4.1 组织学变化

肉中液态水的蒸发过程中，肉内部的盐离子向肉表面移动并引起肌肉变形。而在冷冻干燥过程中，水蒸气的升华直接来自冰核，任何变形都局限于核周围的区域（Babic等，2009）。如果平板温度低，冷冻干燥引起的组织学变化相对较小（图8.3）（Doty等，1953）。变形程度显然取决于冰核的大小和数量，而冰核的大小和数量又取决于冻结速率。冰晶核的尺寸越小，升华后留下的组织损伤越少，空气间隙越细。在足够快的冷冻速率下，冰晶只形成于肌动蛋白和肌球蛋白分子之间的间隙，肌肉结构变化非常小，甚至用电子显微镜也很难看到结构的改变（Menz等，1961）。

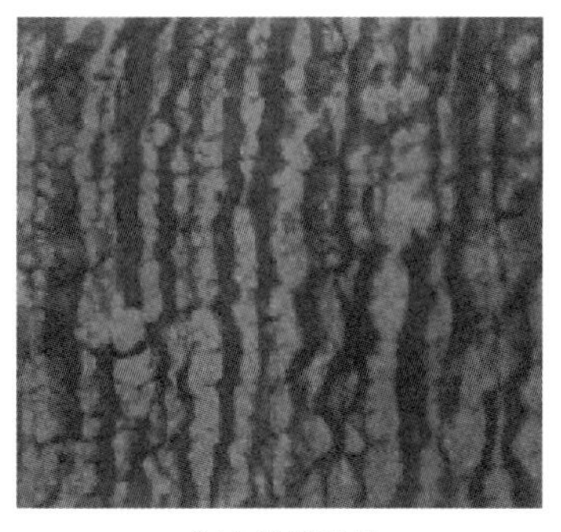

（1）冷冻干燥

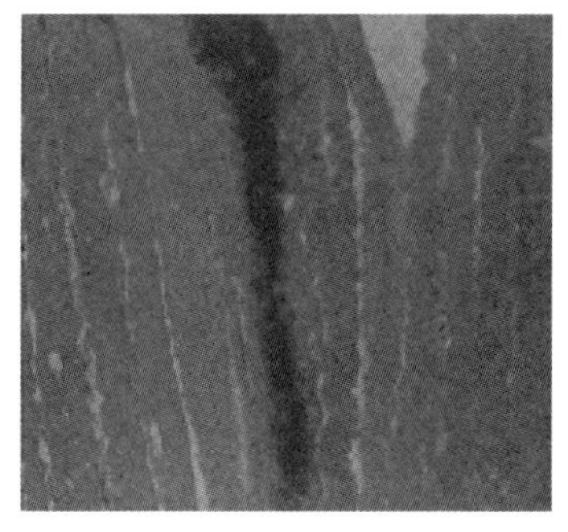

（2）复水

图8.3 冷冻干燥和复水股二头肌的纵切片（×75）

［资料来源：Doty，D. M.，Wang，H.，Auerbach，E.，1953. Dehydrated foods，chemical and histological properties of dehydrated meat. Journal of Agricultural and Food Chemistry 1（10），664-668.］

8.4.2 物理和生化变化

冷冻干燥肉经复水后，与鲜肉的品质差异很小。复水程度取决于肌肉的持水能力（WHC）（见第14章）。在商业快速冷冻条件下（平板温度为60~70℃），平板温度高，会导致肌浆蛋白和肌原纤维蛋白的部分变性，引起肉的持水能力有所下降。同时也降低了肌原纤维蛋白的溶解度，改变了肌动蛋白复合物，导致产品木质化。当平板温度为 20~30℃时，加速冷冻干燥过程不会对肌原纤维蛋白的溶解性产生太大影响。然而，即使在最佳操作条件下，也可能遇到木质化问题，而难以重构。与热空气干燥不同，在最佳条件下冷冻干燥，不会改变肌肉的等电点。冷冻干燥所导致的持水性下降不是由冷冻造成的，而是干燥最后阶段的平板温度。平板温度对重构后肉中水分含量影响不大，但它会影响不易流动水的含量。蛋白质在冷冻干燥条件下保存不变，复水后肉中肌动球蛋白 ATP 酶仍保持 80%的活性，肌纤维在添加 ATP 时仍能收缩。但在贮藏过程中由于肌质网膜的结构破坏，钙结合能力下降。

8.4.3 感官变化

当肉块厚度很薄时，冷冻干燥熟肉复水后 L^*、a^* 值和 b^* 值更接近于新鲜煮熟的肉。快速冷冻干燥肉保留了鲜肉的鲜红色，但嫩度和多汁性明显下降（Babic 等，2009）。用嫩化酶（如木瓜蛋白酶）的水溶液处理再复水冷冻干燥肉，有助于弥补冷冻干燥对嫩度的不利影响。在美国，市面上有防潮包装的冷冻干燥牛排，配蛋白水解酶粉，蛋白酶粉在复水时加入水中。从营养学的角度来看，冷冻干燥不会改变肉蛋白质的生物学价值，但在冷冻干燥过程中肉中约有 30%的硫胺素损失（Labuza 等，1972）。冷冻干燥不仅保持肉的美味和营养，而且具有很好的防腐效果，非常适合紧急情况和偏远的没有冷藏条件的地区。由于其质量轻、蛋白质含量高，在太空飞行中很有价值；由于成本高，冷冻干燥技术发展较慢。但肉类企业对该技术仍保持浓厚的兴趣，如澳大利亚为日本市场生产冻干牛肉。

8.4.4 冷冻干燥技术的发展前景

冷冻干燥工艺时间长，耗能高，这导致该技术在商业上应用的成本非常高。最近也出现了一些新的干燥技术，如微波干燥、介电干燥、微波增强冷冻干燥、离心流化床干燥、球干燥和超声干燥与冷冻干燥相结合，以提高干燥速率。基于待干燥产品的类型、成品的最终水分、产品的热敏感性和加工成本，可以针对特定工艺选择不同的组合。为了特殊效果，其他新型干燥技术也可与冷冻干燥相结合使用。

参考文献

Abdelwahed, W., Degobert, G., Stainmesse, S., Fessi, H., 2006. Freeze-drying of nanoparticles: formulation, process and storage considerations. Advanced Drug Delivery Reviews 58(15), 1688-1713.

Abe, F., 2007. Exploration of the effects of high hydrostatic pressure on microbial growth, physiology, and survival: perspectives from piezophysiology. Bioscience, Biotechnology and Biochemistry 71, 2347-2357.

Ahn, D. U., Lee, E. J., 2002. Production of off-odor volatiles from liposome-containing amino acid homopolymers by irradiation. Journal of Food Science 67(7), 2659-2665.

Ahn, D. U., Olson, D. G., Jo, C., Chen, X., Wu, C., Lee, J. I., 1998. Effect of muscle type, packaging, and irradiation on lipid oxidation, volatile production and color in raw pork patties. Meat Science 49, 27-39.

Ahn, D. U., Lee, E. J., Feng, X., Zhang, W., Lee, J. H., Jo, C., Nam, K. C., 2016a. Mechanisms of volatile production from non-sulfur amino acids by irradiation. Radiation Physics and Chemistry 119, 64-73.

Ahn, D. U., Lee, E. J., Feng, X., Zhang, W., Lee, J. H., Jo, C., Nam, K. C., 2016b. Mechanisms of volatile production from sulfur-containing amino acids by irradiation. Radiation Physics and Chemistry 119, 80-84.

Ahn, D. U., 2002. Production of volatiles from amino acid homopolymers by irradiation. Journal of Food Science 67(7), 2565-2570.

Alpas, H., Lee, J., Bozoglu, F., Kaletunc, G., 2003. Evaluation of high hydrostatic pressure sensitivity of *Staphylococcus aureus* and *Escherichia coli* O157 : H7 by differential scanning calorimetry. International Journal of Food Microbiology 87, 229-237.

AMIF (American Meat Institute Foundation), 1993. Consumer Awareness, Knowledge, and Acceptance of Food Irradiation. American Meat Institute Foundation, Washington, DC.

Andrews, L. S., Ahmedna, M., Grodner, R. M., Liuzzo, J. A., Murano, P. S., Murano, E. A., Rao, R. M., Shane, S., Wilson, P. W., 1998. Food preservation using ionizing radiation. Reviews of Environmental Contamination and Toxicology 154, 1-53.

Babić, J., Cantalejo, M. J., Arroqui, C., 2009. The effects of freeze-drying process parameters on Broiler chicken breast meat. LWT - Food Science and Technology 42(8), 1325-1334.

Bajovic, B., Boulmar, T., Heinz, V., 2012. Quality considerations with high pressure processing of fresh and value added meat products. Meat Science 92, 280-289.

Balasubramaniam, V. M., Farkas, D., Turek, E., 2008. Preserving foods through high pressure processing. Food Technology 62(11), 32-38.

Brynjolfsson, A., 1989. Future radiation sources and identification of irradiated foods. Food Technology 43 (7), 84-89, 97.

Carlez, A., Rosec, J. P., Richard, N., Cheftel, J. C., 1993. High pressure inactivation of *Citrobacter freundii*, *Pseudomonas fluorescens* and *Listeria innocua* in inoculated minced beef muscle. Lebensmittel-Wissenschaft und Technologie 26, 357-363.

Cava, R., Ladero, L., González, S., Carrasco, A., Ramırez, M. R., 2009. Effect of pressure and holding time on colour, protein and lipid oxidation of sliced dry-cured Iberian ham and loin during refrigerated storage. Innovative Food Science and Emerging Technologies 10(1), 76-81.

Chauhan, S. K., Kumar, R., Nadanasabapathy, S., Bawa, A. S., 2009. Detection methods for irradiated foods. Comprehensive Reviews in Food Science and Food Safety 8(1), 4-16.

Chen, H., 2007. Temperature-assisted pressure inactivation of *Listeria monocytogenes* in turkey breast meat. International Journal of Food Microbiology 117, 55-60.

Delincee, H., Ehlermann, D. A. E., 1989. Recent advances in the identification of irradiated food. Radiation Physics and Chemistry 34(6), 877-890.

Diehl, J. F., 1995. Safety of Irradiated Foods, second ed. Marcel Dekker Inc., New York, NY, pp. 283-289.

Doty, D. M., Wang, H., Auerbach, E., 1953. Dehydrated foods, chemical and histological properties of dehydrated meat. Journal of Agricultural and Food Chemistry 1(10), 664-668.

Escriu, R., Mor-Mur, M., 2009. Role of quantity and quality of fat in meat models inoculated with *Listeria innocua or Salmonella* Typhimurium treated by high pressure and refrigerated stored. Food Microbiology 26(8), 834-840.

Fan, X., Sommers, C. H., Thayer, D. W., Lehotay, S. J., 2002. Volatile sulfur compounds in irradiated precooked turkey breast analyzed with pulsed flame photometric detection. Journal of Agricultural and Food Chemistry 50(15), 4257-4261.

Farkas, D. F., Hoover, D. G., 2000. High-pressure processing. Journal of Food Science 65(s8), 47-64.

Ferrini, G., Comaposada, J., Arnau, J., Gou, P., 2012. Colour modification in a cured meat model dried by Quick-Dry-Slice process® and high pressure processed as a function of NaCl, KCl, K-lactate and water contents. Innovative Food Science and Emerging Technologies 13, 69-74.

Fox, J. A., Hayes, D. J., Shogren, J. F., 2002. Consumer preferences for food irradiation: how favorable and unfavorable descriptions affect preferences for irradiated pork in experimental auctions. Journal of Risk Uncertainty 24(1), 75-95.

Furuta, M., Dohmaru, T., Katayama, T., Toratoni, H., Takeda, A., 1982. Detection of irradiated frozen meat and poultry using carbon monoxide gas as a probe. Journal of Agricultural and Food Chemistry 40(7), 1099-1100.

Giddings, G. G., 1977. The basis of quality in muscle foods-the basis of color in muscle foods. Journal of Food Science 42(2), 288-294.

Godshall, M. A., 1997. How carbohydrate influence flavor. Food Technology 51, 63-67.

Heinz, V., Buckow, R., 2010. Food preservation by high pressure. Journal für Verbraucherschutz und Lebensmittelsicherheit 5(1), 73-81.

Hsiao-Wen, H., Lung, H. M., Yang, B. B., Wang, C. Y., 2014. Responses of microorganisms to high hydrostatic pressure processing. Food Control 40, 250-259.

Hugas, M., Garriga, M., Monfort, J. M., 2002. New mild technologies in meat processing: high pressure as a model technology. Meat Science 62(3), 359-371.

Jo, C., Ahn, D. U., 1999. Fat reduces volatiles production in oil emulsion system analyzed by purge-and-trap dynamic headspace/gas chromatography. Journal of Food Science 64(4), 641-643.

Jo, C., Ahn, D. U., 2000. Production of volatiles from irradiated oil emulsion systems prepared with amino acids and lipids. Journal of Food Science 65(4), 612-616.

Jofre, A., Aymerich, T., Garriga, M., 2009. Improvement of the food safety of low-acid fermented sausages by enterocins A and B and high pressure. Food Control 20(2), 179-184.

Kanatt, S. R., Chander, R., Sharma, A., 2015. Effect of radiation processing on the quality of chilled meat products. Meat Science 69, 269-275.

Koseki, S., Yamamoto, K., 2007. Water activity of bacterial suspension media unable to account for the barotolerance effect of solute concentration on the inactivation of *Listeria monocytogenes* by high hydrostatic pressure. International Journal of Food Microbiology 115, 43-47.

Koseki, S., Mizuno, Y., Yamamoto, K., 2007. Water activity of bacterial suspension media unable to account for the barotolerance effect of solute concentration on the inactivation of *Listeria monocytogenes* by high hydrostatic pressure. International Journal of Food Microbiology 115, 43-47.

Kruk, Z. A., Yun, H., Rutley, D. L., Lee, E. J., Kim, Y. J., Jo, C., 2011. The effect of high pressure on microbial population, meat quality and sensory characteristics of chicken breast fillet. Food Control 22, 6-12.

Kume, T., Furuta, M., Todoriki, S., Uenoyama, N., Kobayashi, Y., 2009. Status of food irradiation in the world. Radiation Physics and Chemistry 78, 222-226.

Kwon, J. H., Akram, K., Nam, K. C., Min, B. R., Lee, E. J., Ahn, D. U., 2012. Potential chemical markers for the identification of irradiated sausages. Journal of Food Science 77(9), C1000-C1004.

Kwon, J. H., 2010. In: Yoo, S. Y., Lee, K. W. (Eds.), Safety and Understanding of Irradiated Food. Korea Food Safety Research Institute, Seoul, Korea.

Labuza, T. P., Tannenbaum, S. R., 1972. Nutrient losses during drying and storage of dehydrated foods. CRC Critical Reviews in Food Technology 3(2),217-240.

Lee,E. J. ,Ahn,D. U. ,2003. Production of off-odor volatiles from fatty acids and oils by irradiation. Journal of Food Science 68(1),70-75.

Lee, E. J. , Ahn, D. U. , 2004. Sources and mechanisms of carbon monoxide production by irradiation. Journal of Food Science 69(6),c485-490.

Lewis,S. J. , Velasquez, A. , Cuppett, S. L. , McKee, S. R. , 2002. Effect of electron beam irradiation on poultry meat safety and quality. Poultry Science 81,896-903.

Lubbers,S. ,Landy,P. ,Voilley,A. ,1998. Retention and release of aroma compounds in foods containing proteins. Food Technology 52(68-74),208-214.

Lusk,J. L. ,Fox,J. A. ,McIlvain,C. L. ,1999. Consumer acceptance of irradiated meat. Food Technology 53,56-59.

Manas,P. ,Mackey,B. M. ,2004. Morphological and physiological changes induced by high hydrostatic pressure in exponential- and stationary-phase cells of *Escherichia coli*: relationship with cell death. Applied and Environmental Microbiology 70(3),1545-1554.

Martinez-Rodriguez, A. , Mackey, B. M. , 2005. Factors affecting the pressure resistance of some *Campylobacter* species. Letters of Applied Microbiology 41(4),321-326.

Mendonca, A. F. , Romero, M. G. , Lihono, M. A. , Nannapaneni, R. , Johnson, M. G. , 2004. Radiation resistance and virulence of *Listeria monocytogenes* following starvation in physiological saline. Journal of Food Protection 67,470-474.

Menz,L. ,Luyet,B. ,1961. An electron microscope study of the distribution of ice in single muscle fibres frozen rapidly. Biodynamica 8,261.

Millar,S. J. ,Moss,B. W. ,MacDougall,D. B. ,Stevenson,M. H. ,1995. The effect of ionizing radiation on the CIELAB color co-ordinates of chicken breast meat as measured by different instruments. International Journal of Food Science and Technology 30,663-674.

Miyahara, M. , Saito, A. , Kamimura, T. , Nagasawa, T. , Ito, H. , Toyoda, M. , 2002. Hydrocarbon productions in hexane solutions of fatty acid methyl esters irradiated with gamma rays. Journal of Health Science 48, 418-426.

Molina-Hoppner,A. ,Doster,W. ,Vogel,R. F. ,Ganzle,M. G. ,2004. Protective effect of sucrose and sodium chloride for *Lactococcus lactis* during sublethal and lethal high pressure treatments. Applied and Environmental Microbiology 70(4),2013-2020.

Morales,P. ,Calzada,J. ,Rodriguez,B. ,De Paz,M. ,Nunez,M. ,2009. Inactivation of *Salmonella enteritidis* in chicken breast fillets by single-cycle and multiple-cycle high-pressure treatments. Foodborne Pathogens and Diseases 6(5),577-581.

Mor-Mur,M. ,Yuste,J. ,2003. High pressure processing applied to cooked sausage manufacture: physical properties and sensory analysis. Meat Science 65(3),1187-1191.

Nam,K. C. ,Ahn,D. U. ,2002a. Carbon monoxide-heme pigment complexes are responsible for the pink color in irradiated raw turkey breast meat. Meat Science 60(1),25-33.

Nam, K. C. , Ahn, D. U. , 2002b. Mechanisms of pink color formation in irradiated precooked turkey breast. Journal of Food Science 67(2),600-607.

Nam,K. C. ,Ahn,D. U. ,2003a. Effects of ascorbic acid and antioxidants on the color of irradiated beef patties. Journal of Food Science 68(5),1686-1690.

Nam,K. C. ,Ahn,D. U. ,2003b. Combination of aerobic and vacuum packaging to control color,lipid oxidation and off-odor volatiles of irradiated raw turkey breast. Meat Science 63(3),389-395.

Nam,K. C. ,Ahn,D. U. ,2003c. Use of double-packaging and antioxidant combinations to improve color, lipid oxidation, and volatiles of irradiated raw and cooked turkey breast patties. Poultry Science 82(5),

850-857.

Nam, K. C., Du, M., Jo, C., Ahn, D. U., 2002a. Quality characteristics of vacuum-packaged, irradiated normal, PSE, and DFD pork. Innovative Food Science and Emerging Technology 3(1), 73-79.

Nam, K. C., Hur, S. J., Ismail, H., Ahn, D. U., 2002b. Lipid oxidation, volatiles, and color changes in irradiated raw turkey breast during frozen storage. Journal of Food Science 67(6), 2061-2066.

Nam, K. C., Min, B. R., Lee, S. C., Cordray, J., Ahn, D. U., 2004. Prevention of pinking, off-odor, and lipid oxidation in irradiated pork loin using double packaging. Journal of Food Science 69(3), FTC214-219.

Ndiaye, B., Jamet, G., Miesch, M., Hasselmann, C., Marchioni, E., 1999. 2-Alkylcyclobutanones as markers for irradiated foodstuffs Ⅱ. The CEN (European Committee for Standardization) method: field of application and limit of utilization. Radiation Physics and Chemistry 55(4), 437-445.

Nishiwaki, T., Ikeuchi, Y., Suzuki, A., 1996. Effects of high pressure treatment on Mg enhanced ATPase activity of rabbit myofibrils. Meat Science 43(2), 145-155.

Olson, D. G., 1998. Irradiation of food. Food Technology 52, 56-62.

Omana, D. A., Plastow, G., Betti, M., 2011. Effect of different ingredients on color and oxidative characteristics of high pressure processed chicken breast meat with special emphasis on use of beta-glucan as a partial salt replacer. Innovative Food Science and Emerging Technologies 12, 244-254.

Orlien, V., Hansen, E., Skibsted, L. H., 2000. Lipid oxidation in high-pressure-processed chicken breast muscle during chill storage: critical working pressure in relation to oxidation mechanism. European Food Research Technology 211(2), 99-104.

Park, S. W., Sohn, K. H., Shin, J. H., Lee, H. J., 2001. High-hydrostatic-pressure inactivation of *Lactobacillus viridescens* and its effects on ultrastructure of cells. International Journal of Food Science and Technology 36(7), 775-781.

Patterson, M. F., Quinn, M., Simpson, R. K., Gilmour, A., 1995. Sensitivity of vegetative pathogens to high hydrostatic pressure treatment in phosphate buffered saline and foods. Journal of Food Protection 58, 524-529.

Pietrzak, D., Fonberg-Broczek, M., Mucka, A., Windyga, B., 2007. Effects of high-pressure treatment on the quality of cooked pork ham prepared with different levels of curing ingredients. High Pressure Research 27(1), 27-31.

Prieto-Calvo, M., Prieto, M., López, M., Alvarez-Ordóñez, A., 2014. Effects of high hydrostatic pressure on *Escherichia coli* ultrastructure, membrane integrity and molecular composition as assessed by FTIR spectroscopy and microscopic imaging techniques. Molecules 19(12), 21310-21323.

Raffi, J., Stocker, P., 1996. Electron paramagnetic resonance detection of irradiated food stuffs. Applied Magnetic Resonance 10, 357-373.

Rahman, M. S., Rerera, C. O., 2007. Drying and food preservation. In: Rahman, M. S. (Ed.), Handbook of Food Preservation. CRC Press, Boca Raton.

Rastogi, N. K., Raghavarao, K. S., Balasubramanaiam, M. S., Niranjan, V. M., Knorr, K. D., 2007. Opportunities and challenges in high pressure processing of foods. Critical Reviews in Food Science and Nutrition 47, 69-112.

Rivalain, N., Roquain, J., Demazeau, G., 2010. Development of high hydrostatic pressure in biosciences: pressure effect on biological structures and potential applications in biotechnologies. Biotechnology Advances 28(6), 659-672.

Satterlee, L. D., Wilhelm, M. S., Barnhart, H. M., 1971. Low dose gamma irradiation of bovine metmyoglobin. Journal of Food Science 36(3), 549-551.

Shigehisa, T., Ohmori, T., Saito, A., Taji, S., Hayashi, R., 1991. Effects of high hydrostatic pressure on characteristics of pork slurries and inactivation of microorganisms associated with meat and meat products. International Journal of Food Microbiology 12(2-3), 207-215.

Simonin, H. , Duranton, F. , de Lamballerie, M. , 2012. New insights into the high pressure processing of meat and meat products. Comprehensive Reviews in Food Science and Food Safety 11, 285-306.

Simpson, R. K. , Gilmour, A. , 1997. The effect of high hydrostatic pressure on the activity of intracellular enzymes of *Listeria monocytogenes*. Letters in Applied Microbiology 25(1), 48-53.

Smith, J. S. , Pillai, S. , 2004. Irradiation and food safety. Food Technology 58, 48-55.

Solomon, E. B. , Hoover, D. G. , 2004. Inactivation of *Campylobacter jejuni* by high hydrostatic pressure. Letters in Applied Microbiology 38, 505-509.

Sun, X. D. , Holley, R. A. , 2010. High hydrostatic pressure effects on the texture of meat and meat products. Journal of Food Science 75(1), R17-R23.

Swallow, A. J. , 1984. Fundamental radiation chemistry of food components. In: Bailey, A. J. (Ed.), Recent Advances in the Chemistry of Meat. The Royal Society of Chemistry, Burlington House, London, UK, pp. 165-177.

Tassou, C. C. , Galiatsatou, P. , Samaras, F. J. , Mallidis, C. G. , 2007. Inactivation kinetics of a piezotolerant *Staphylococcus aureus* isolated from high-pressure-treated sliced ham by high pressure in buffer and in a ham model system: evaluation in selective and non-selective medium. Innovative Food Science and Emerging Technology 8(4), 478-484.

Taub, I. A. , Karielian, R. A. , Halliday, J. W. , Walker, J. E. , Angeline, P. , Merritt, C. , 1979. Factors affecting radiolytic effects of food. Radiation Physics and Chemistry 14, 639-653.

Thakur, B. R. , Singh, R. K. , 1994. Food irradiation: chemistry and applications. Food Review International 10, 437-473.

Tuboly, E. , Lebovics, V. K. , Gaál, Ö. , Mészáros, L. , Farkas, J. , 2003. Microbiological and lipid oxidation studies on mechanically deboned turkey meat treated by high hydrostatic pressure. Journal of Food Engineering 56(2-3), 241-244.

Zhu, M. J. , Mendonca, A. , Min, B. , Lee, E. J. , Nam, K. C. , Park, K. , Du, M. , Ismail, H. A. , Ahn, D. U. , 2004. Effects of electron beam irradiation and antimicrobials on the volatiles, color and texture of ready-to-eat turkey breast roll. Journal of Food Science 69(5), C382-C387.

9 肉的贮藏与保鲜：Ⅲ. 肉品加工

Fidel Toldrá

Instituto de Agroquímica y Tecnología de Alimentos (CSIC), Valencia, Spain

9.1 引言

几千年前人们就根据经验使用腌制和干燥技术来保存肉制品。目前可以查阅到的历史文献表明，公元2000多年前，使用楔形文字的苏美尔人就已经发明并记录了种类丰富的腌腊肉制品。早在公元前770年的周朝时期，中国东部和西南部已经有腌制肉制品出现（Chen等，2015），在欧洲的古罗马和希腊也有很多文献记载了干腌火腿和发酵香肠的生产历史（Toldrá，2002）。

干腌肉制品的生产与自然地理环境密切相关，干腌肉制品生产和消费主要分布于气温适宜、阳光充足的地区，从而有利于肉制品的干燥和成熟，如欧洲南部、非洲北部及地中海地区；而烟熏肉制品则主要分布于相对寒冷而湿润等不利于自然干燥的北方地区。

“腌肉”的概念涵盖了世界范围内的大量肉制品，但其具体含义因产品种类和产地而异。从传统定义来讲，“腌制”是指使用含有硝酸盐/亚硝酸盐、氯化钠的腌制剂，通过盐处理形成特殊的腌制粉/红色泽和风味的过程。根据腌制过程的不同，腌腊肉制品可分为（图9.1）：①干腌肉制品，将腌制剂涂抹于肉块表面；②湿腌肉制品，将腌制剂作为卤水注入肉中（Flores等，1993；Toldrá，2002）。干腌肉制品通常需要少则数星期、多则数年的加工过程。对于湿腌肉制品来说，通常用于熟化加工的前处理。这两种产品都可采用熏制加工。培根是腌肉制品中一个特殊的例子，它经过熏制或干燥加工而成，其加工时间相对较短。图9.1所示为几种典型的腌肉制品。

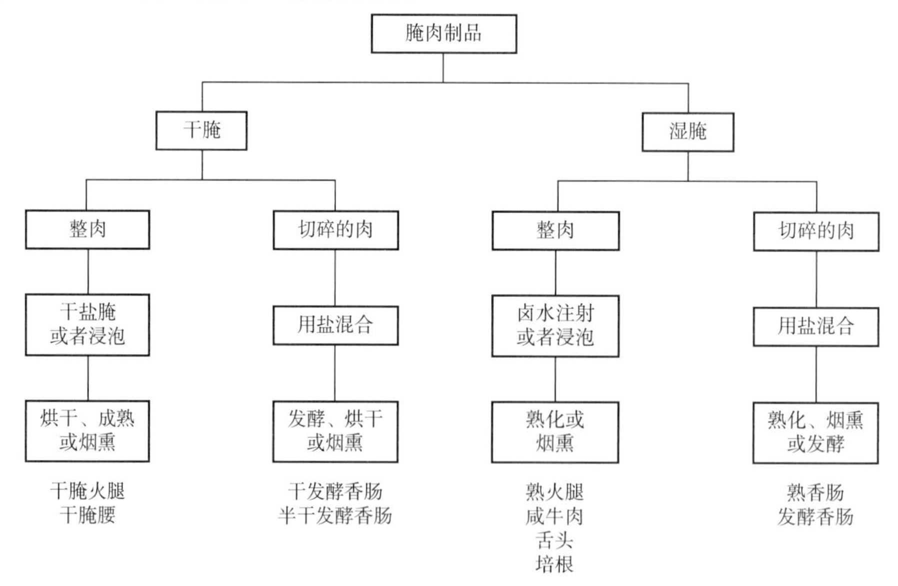

图9.1 腌肉制品的分类

［资料来源：Flores，J.，Toldrá，F.，1993. Curing：processes and applications. In：Macrae，R.，Robinson，R.，Sadle，M.，Fullerlove，G.（Eds.），Encyclopedia of Food Science，Food Technology and Nutrition，Academic Press，London，UK，pp. 1277-1282，with permission from Elsevier.］

本章介绍最常用的肉类加工技术，包括腌制、发酵、脱水和熏制以及各种肉类产品的生产工艺，如干腌火腿、发酵香肠和培根。

9.2 腌制

很早以前，人们通过在肉表面撒盐或将肉放入盐水中浸泡来实现肉品的保鲜。而如今，干腌和湿腌都很常用。为了加快腌制速率，可采用血管注射或多针头注射将腌制液注入肉块中。盐结晶的形状和大小可能影响其防腐性能，所以牛肉腌制过程中主要使用的是粗盐颗粒。木火熏制的早期主要目的是增强肉制品的防腐性能；而现在，熏制的主要目的是产生特殊的烟熏风味以满足消费者的需求。因腌制对肉制品保鲜具有良好的适用性，所以盐水浸泡、干盐腌制或罐式腌制等工艺一直流传至今。

肉制品在腌制过程中发生的各种变化可以赋予它独特的感官品质，混合腌制剂的使用不仅可以促进和稳定肉色，还可以抑制微生物生长并促进风味物质的生成（Sindelar 和 Milkowski，2012）。然而，近几十年来，腌制技术的发展更倾向于使用低浓度的腌制液，但低盐腌制的产品更容易发生腐败变质，因此，需要使用低温冷藏来保存。19 世纪末，科学家就发现肉类腌制用的卤水添加亚硝酸盐可以使产品产生具有吸引力的肉色，亚硝酸盐是由硝酸盐还原产生的一种着色剂（Cassens，1997）。

猪后腿肉是最难腌透的地方，通常需要 80d 的腌制时间。也正是这个原因，猪后腿肉的腌制方法多种多样。火腿的加工是将后腿从猪半胴体上分割下来并进行整只腌制。英国的约克郡、萨福克、坎伯兰、布拉德纳姆、贝尔法斯特等地均有火腿生产，且它们的加工工艺更加注重火腿品质的变化。很多国家都生产宜于生吃的干腌火腿，如西班牙的伊比利亚火腿和塞拉诺火腿，意大利帕尔马火腿，中国的金华火腿、宣威火腿以及北美火腿。在长期的腌制过程中，蛋白质和脂质降解产生的风味物质赋予了干腌火腿独特的感官品质（Toldrá，2002）。

9.2.1 盐腌

当肉块刚放置在腌制液中时，外部肌肉比内部肌肉更早地暴露于高盐溶液中，内部肌肉与腌制液之间需要一段时间才能达到盐分的平衡。肌肉组成与腌制液的浓度均会影响腌制液在肌肉中的分布，Knight 和 Parsons（1988）对这一过程进行了详细的组织学和生化研究。当肌原纤维暴露于 1mol/L 氯化钠中时，肌原纤维发生最大程度的膨胀，A 带蛋白（肌球蛋白）的溶出量最大。当氯化钠浓度提高到 5mol/L 时，肌肉的溶胀程度发生改变，蛋白质的可提取性也随之变化。Knight 等（1988）还发现，当肌原纤维（1mol/L 氯化钠浓度）接触到更高浓度的盐溶液时，高浓度的氯化钠会使肌球蛋白发生变性，所以蛋白质的可提取性比 5mol/L 氯化钠时更高，但提取的蛋白质种类较少。

腌制液的盐浓度和肌肉的微观结构是影响盐渗透的主要因素，但其他因素也会影响盐分的渗透。例如，温度升高会增加盐分渗透和扩散的速度，但也增加了微生物腐败的风险，所以高温加工需要严格控制生产的卫生条件。从动物宰杀到胴体完全冷却之前，腌制液中的盐分扩散速度较快，腌制后的颜色变化也更快，这不仅可以提高原料回收率，而且还可以减少蒸煮损失。由于肌肉组织结构受到冻融的影响，盐在冻存猪肉中的渗透量比新鲜肉大 20%，因此，使用冻存肉加工干腌火腿时，盐分扩散时间可减少 20%（Toldrá 等，2010）。

在培根和火腿加工中，磷酸盐（尤其是多聚磷酸盐）的使用可以提高肌肉的持水力。在某些情况下，肌肉持水力的提升与 pH 的升高密切相关；而焦磷酸可吸收 ATP，促进其与肌动球蛋白和钙离子相互结合。

9.2.2 硝酸盐和亚硝酸盐的化学性质

亚硝酸盐和硝酸盐以钠盐和钾盐的形式广泛用于腌肉制品中，亚硝酸盐泛指含有亚硝酸（HNO_2）和 NO_2^- 的盐类。在 pH 为 5.7 左右时，亚硝酸盐可溶于肌肉中的水分，且 99%以阴离子 NO_2^- 的形式存在。少量未解离的 HNO_2 与亚硝酸酐（N_2O_3）处于平衡状态，而亚硝酸酐常以 NO 和 NO_2 两种氧化物的平衡状态存在于肉制品中。NO 活性较强，可以与其他物质或肉类成分发生反应。当 NO 暴露在空气中时，被氧化为 NO_2，此反应体现了亚硝酸盐的抗氧化活性（Honikel，2010）。NO_2 可以形成亚硝酸盐，是肉制品中亚硝酸盐的重要来源。将抗坏血酸、抗坏血酸盐、异抗坏血酸盐以 500mg/kg 的添加量加入肉制品中会促进亚硝酸盐转化为 NO。抗坏血酸和异抗坏血酸盐可作为抗氧化剂来抑制氧化反应的发生，因此这不仅可以延缓 NO 氧化生成 NO_2，还可以减少 *N*-亚硝胺的生成（Pegg 等，2015）。

具体反应如下：

$$2HNO_2 \rightleftharpoons N_2O_3 + H_2O$$

$$N_2O_3 \rightleftharpoons NO + NO_2$$

$$NO + \frac{1}{2}O_2 \longrightarrow NO_2$$

$$2NO_2 + H_2O \longrightarrow HNO_2 + HNO_3$$

在氧气存在的条件下，总反应如下：

$$2HNO_2 + \frac{1}{2}O_2 \longrightarrow HNO_2 + HNO_3$$

与最初添加到产品中的亚硝酸盐相比，亚硝酸根的残留量要低得多，因而它的安全性更加难以控制。只有 10%~20%的亚硝酸盐可在加工完成后检测出来（Cassens，1997），而大部分的亚硝酸盐均在腌制过程中消失，与其发生反应的主要成分及比例分布为蛋白质20%~30%、肌红蛋白5%~15%、硝酸盐1%~10%、亚硝酸根5%~20%、氮气1%~5%、巯基5%~15%、脂质1%~5%（Sebranek等，1973）。氮气主要通过Van Slyke反应产生（Martin，2001）。虽然微生物或肌肉本身的酶系统可以影响亚硝酸根还原为NO的过程，但硝酸盐的还原主要受微生物影响，因此需要严格控制干腌火腿、培根和熟火腿中盐分的含量，以确保微生物参与的硝酸盐还原反应。

9.2.3 抗菌效果

在贮藏过程中，腌制肉的变质首先体现于肉色的改变，其次是脂肪氧化酸败的发生，最后是微生物的变化；由微生物引起的变质是预包装肉制品存储过程中遇到的重要难题。

单独存在的或与其他盐类结合的亚硝酸盐均可抑制好氧和厌氧微生物的生长。事实上，腌制肉制品中的亚硝酸根可显著抑制肉毒梭菌及其孢子的生长，而且也有助于控制（非抑制）病原微生物的生长，这些微生物包括单增李斯特菌、蜡状芽孢杆菌、金黄色葡萄球菌和产气荚膜梭菌（Alahakoon等，2015）。然而，亚硝酸盐在控制革兰氏阴性肠道病原微生物并没有效果。

亚硝酸根的特异性抗菌作用延长了腌制肉的保质期，但预包装肉制品中的微生物生长成为影响产品品质的严重隐患。在预处理过程中，肉制品的切面大量暴露于空气中，即使是在十分干净的环境下处理，也难以彻底避免微生物污染。虽然预包装过程明显降低了包装后产品的污染风险，但它同时也增加了肉制品在处理过程中受到污染的可能性。腌制肉制品中较高的盐含量及嗜盐微生物的存在均降低了加工过程中微生物生长的可能性，但微生物污染在熟制及半熟制肉制品的风险增加。微生物本身的性质和生长数量都会对产品的感官品质产生显著影响，尤其是病原菌类的污染源，它们将对肉制品的安全造成极大的威胁。

真空包装具有抑制脂肪氧化、防止肉色变化的效果，因而广泛使用于肉制品包装中。

9.2.4 抗氧化作用

盐分可以加速脂肪的氧化，因此腌制肉比新鲜肉更容易因脂肪的氧化酸败而变质。在温度适宜的情况下，猪肉中脂肪的氧化程度会加剧。使用氮气或真空包装会有效降低氧化反应的发生。同时，亚硝酸盐可以螯合非血红素铁从而起到抗氧化作用（Morrissey等，1985）。熏制过程中引入的酚类物质可以减少氧化酸败的发生。

9.2.5 肉色变化

尽管亚硝酸盐在肉制品中的作用存在较大的争议，但大量研究均证实了亚硝酸盐在肉制品发色中的重要作用。未经烹调的腌制肉呈现出的红色或粉红色主要是亚硝基肌红蛋白（一氧化氮肌红蛋白）的颜色。Haldane（1901）揭示了亚硝酸根与肌红蛋白反应生成亚硝基肌红蛋白的过程（见第 11 章）。尽管腌制过程较为复杂，但从体外反应可知，一氧化氮可以直接与肌红蛋白结合生成亚硝肌肌红蛋白。当亚硝酸盐与肌红蛋白的比值为 5∶1 时，亚硝基肌红蛋白的形成速率与亚硝酸盐的浓度成正比。当浓度大于这个比值时，亚硝酸盐对亚硝基肌红蛋白的生成具有抑制作用，所以在多数条件下，肌红蛋白并不能完全转化为亚硝基肌红蛋白。亚硝酸盐的护色机理如下：①亚硝酸将肌红蛋白氧化为高铁肌红蛋白；②在细胞色素氧化酶的作用下，亚硝酸盐将含铁细胞色素 e 氧化为亚硝基铁色素 e；③在 NADH-细胞色素 e 还原酶作用下，亚硝酸根转移到肌红蛋白上，形成亚硝基高铁肌红蛋白；④亚硝基高铁肌红蛋白在肌肉线粒体酶催化作用下还原为亚硝基肌红蛋白。在厌氧条件下，亚硝基高铁肌红蛋白也会自动还原为亚硝基肌红蛋白；但在有氧条件下，亚硝基高铁肌红蛋白降解后释放出肌红蛋白。亚硝酸盐还与非血红素蛋白中的色氨酸残基发生反应，从而将亚硝酸根转移到高铁血红蛋白上，形成亚硝基高铁肌红蛋白。如上所述，亚硝基高铁肌红蛋白又可以还原为亚硝基肌红蛋白。

在熟肉制品中，亚硝基肌红蛋白的珠蛋白容易因加热而变性，但一氧化氮卟啉环可保持完整结构，形成稳定的粉红色，即硝基血红素，这是一种五配位亚铁血红素，其中一氧化氮是第五个配体，不与蛋白质结合（Killday 等，1988）。

亚硝基肌红蛋白和硝基血红素比肌红蛋白更容易受光的影响。研究显示，光照条件下腌制肉类在 1h 内即发生褪色，而鲜肉在 3d 内会保持色泽稳定（Watts，1954）。尽管它们在紫外光辐射下均会发生氧化，但腌制肉类更易受可见光影响而发生褪色。由于可见光仅在氧气存在的条件下加速氧化的发生，因此真空包装或添加亚硝酸盐可以在一定程度上抑制氧化。有时，腊肉中的红色素会发生快速褪色的现象，这可能是形成了不稳定的一氧化氮-肌红蛋白复合物，而并非亚硝基肌红蛋白。在体外，一氧化氮-肌红蛋白复合物很容易被氧化成棕色肌红蛋白而导致肉制品变色。当在氧气存在的条件下，稳定的红色素也会发生快速的氧化。在 4mm 汞柱氧气压力下，肌红蛋白的氧化速率最快，而亚硝基肌红蛋白氧化速率随氧气压力的增大而变大。迄今为止，抗坏血酸是唯一广泛使用的抗氧化剂，它可以直接掺入腌制肉中，可喷涂到肉制品表面从而降低氧化的发生。

9.2.6 亚硝胺的形成

20 世纪 60 年代后期，研究者发现，亚硝酸盐在腌制过程中会产生具有致癌作用的亚硝胺（Lijinsky 等，1970）。在低 pH 和高温环境下，腌制肉中的二价胺与亚硝酸根反应形成 *N*-亚硝胺。伯胺容易被降解为酒精和氮，叔胺根本不能与亚硝酸盐反应，所以二价仲胺的存在是亚硝胺形成的必备条件（Pegg 等，2015）。在酸性条件下，亚硝酸根（NO_2^-）被还原为亚硝酸酐（N_2O_3），进而释放出 NO 和 NO_2。Fe^{3+} 等金属离子可与 NO 发生亲核取代反应，并进一步与未质子化的仲胺反应生成*N*-亚硝胺，具体过程如下（Pegg等，2015）：

$$2NO_2^- + 2H^+ \rightleftharpoons N_2O_3 + H_2O$$

$$N_2O_3 \rightleftharpoons NO + NO_2$$

$$NO + Fe^{3+} \longrightarrow NO^+ + Fe^{2+}$$

$$R_2NH + NO^+ \longrightarrow R_2N-N=O + H^+$$

亚硝胺的生成量受亚硝酸盐的含量、pH和温度（即油炸、烧烤、烘焙）等因素的影响（Herrmann等，2015a）。然而，肉制品中巯基化合物、酚类和单宁也会抑制亚硝基反应，因此添加抗坏血酸并不是抑制亚硝基反应的唯一因素（Pegg等，2000）。在实际生产中，一种常见做法是将抗坏血酸、抗坏血酸盐或异抗坏血酸盐按照500mg/kg的量加入腌制剂中，可以减少亚硝胺的形成。在此过程中，抗坏血酸被氧化为脱氢抗坏血酸盐，亚硝酸被还原为一氧化氮，这些措施均降低了腌制肉制品中亚硝酸盐的残留量。

亚硝胺分为挥发性和非挥发性两类。在挥发性亚硝胺中，*N*-亚硝基二甲基胺（NDMA）、*N*-亚硝基哌啶、*N*-亚硝基吡咯烷（NPYR）和*N*-亚硝基吗啡啉在肉制品中最为常见。油炸后的熏肉中大多可检出*N*-亚硝基吡咯烷和*N*-亚硝基二甲基烷，未经烹饪的生培根中几乎没有亚硝胺。最近的一项调查显示，来自丹麦（70种）和比利时（20种）的肉制品中均检测到了亚硝胺，且平均含量低于0.8mg/kg（Hermann等，2015b）。在比利时市场采集的101种发酵香肠中，50%的样品中检测到了*N*-亚硝胺，但总体来看，*N*-亚硝胺的总量低于5.5mg/kg（De Mey等，2014）。

非挥发性亚硝胺（NVNA）主要指的是*N*-亚硝胺酸，其含量明显高于挥发性亚硝胺（Crews，2010）。事实上，在分析丹麦和比利时市场的肉制品时，某些类型的火腿或香肠中含有较高含量的亚硝胺，单个非挥发性亚硝胺的平均水平接近118mg/kg（Hermann等，2014）。最常见的非挥发性亚硝胺是*N*-亚硝基噻唑烷-4-羧酸（NTCA）和*N*-亚硝基-2-甲基-噻唑-4-羧酸（Hermann等，2015b）。必须指出，NTCA和*N*-亚硝基脯氨酸与干燥或煎炸过程中的加热强度密切相关（Herrmann等，2015a）。

9.2.7 无亚硝酸盐腌制

鉴于人们普遍对亚硝酸盐的负面看法和亚硝胺形成的风险，越来越多的人提倡生产天然或带有清洁标签的肉制品，即不添加亚硝酸盐或硝酸盐。根据美国《联邦条例法典》第9章CFR 317.7和319.2，无亚硝酸盐添加的肉制品被命名为非腌制产品，目前已在美国生产。然而，有些产品是以含有高硝酸盐的海盐或蔬菜为原料生产的。例如，芹菜中可能含有高达1500~2700mg/kg的硝酸盐（Pegg等，2015）。某些微生物具有硝酸盐还原活性，它可以将硝酸盐还原为亚硝酸盐。腌制过程中微生物的作用及芹菜等浓缩蔬菜提取物的使用都成为亚硝酸盐的来源，因此腌制过程也是亚硝酸盐的生成过程（Sebranek等，2012）。欧盟提出，天然提取物需以添加剂的身份加入食品中，且必须明确标注。

有研究证实，高频加热、高压处理和添加抗生素（如细菌素、植物提取物和有机酸）等热处理及非热处理技术可以杀死单增李斯特菌和肉毒梭菌，因而可以用来取代亚硝酸盐在肉制品中的应用（Sebranek 等，2012）。此外，从发酵肉制品中分离出来的葡萄球菌 I20-1 可抑制食源性致病菌的生长，该菌株可产生一种类似细菌素的耐热抗菌化合物，能特异性结合金黄色葡萄球菌和肉毒梭菌及其孢子。然而，葡萄球菌 I20-1 仍然存在使用的安全性。有研究报道某些金黄色葡萄球菌对此菌株存在耐药性，且葡萄球菌 I20-1 本身也存在持久性差及生产不足的弊端（Sanchez Mainar 等，2016）。

在没有亚硝酸盐的作用下，传统腌制肉制品的发色和护色工艺较难实现。有研究表明，在不添加任何硝酸盐或亚硝酸盐的情况下，两株乳杆菌混合发酵能产生 NO，并促进香肠中颜色的生成（Moller 等，2003）。

9.3 发酵

几个世纪以来，肉类发酵都是依赖于天然微生物，加工过程受生产地点、原料、操作人员等因素的影响，所以难以实现产品质量的统一。Back-slopping 常用于生产发酵肉制品，即在待发酵的肉中加入少量具有良好感官性能的已经发酵过的肉，从而确保发酵出来的肉制品具有相对稳定的感官品质（Toldrá，2006 a）。在过去几十年，微生物发酵剂的使用逐步推广开来。

发酵肉制品中微生物区系分布的研究主要依托了 DNA 分子鉴定技术，其中，具有相关性的菌株有乳酸菌（LAB）中的清酒乳杆菌和弯曲乳杆菌，凝固酶阴性葡萄球菌（CNS）中的木糖链球菌和酵母菌中的汉逊德巴利酵母（Alessandria 等，2015）。乳酸菌是肉类发酵中最常见的微生物，欧洲香肠常用的是清酒乳杆菌和弯曲乳杆菌，其最适宜的发酵温度在 20~30℃；而美国香肠常用的是植物乳杆菌和乳酸片球菌，它们的适宜生长温度在 30~35℃（Toldrá，2006b）。链球菌的胞外肽酶和降脂活性有助于促进肉制品风味的发展。汉迅式酵母（D. hansenii）是发酵肉类中的主要酵母菌，其中香肠的表面多为纳地青霉和产黄青霉（Toldrá，2012）。

在传统发酵的基础上，发酵剂的成分逐渐明确。常用于肉类发酵的典型发酵剂见表 9.1。这些发酵剂大多耐受高盐、酸和低水分活性的环境。在温度适宜（欧洲为 18~25℃，美国为 35~40℃）、酶量充分的条件下发酵出来的产品才能具有最佳的感官品质。发酵剂必要的特征是缺乏脱羧酶和氧化酶，以避免胺的产生和氧化。目前大多数发酵香肠都是由单独乳酸菌或与葡萄球菌、酵母菌或霉菌组合而成的混合发酵剂发酵而成（Flores 等，2011）。常见的酶及其来源见表 9.2。

表 9.1 肉类发酵剂中的微生物组成

微生物	种属	物种
乳酸菌	乳杆菌属	清酒乳杆菌，弯曲乳杆菌，植物乳杆菌，鼠李糖乳杆菌
乳酸菌	片球菌属	戊糖片球菌，乳酸片球菌
凝固酶阴性葡萄球菌	葡萄球菌属	木糖葡萄球菌，肉葡萄球菌，金黄色葡萄球菌
酵母菌	德巴利酵母属	万寿菊
	念珠菌	烟念珠菌
霉菌	青霉菌	纳地青霉，产黄青霉

[资料来源:Hammes,W. P. ,Bantleou, A. ,Min,S. ,1990. Lactic acid bacteria in meat fermentation. FEMS Microbiology Reviews 87,165e174;Hammes,W. P. ,Knauf,H. J. ,1994. Starters in the processing of meat products. Meat Science 36, 155-168;Demeyer,D. I. ,Leory,F. ,Toldrá,F. ,2014. Fermentation. In:Jensen,W. ,Dikemann,M. (Eds.),Encyclopedia of Meat Sciences,second ed. ,vol. 2. Elsevier Science Ltd. ,London,UK,pp. 1-7; Cocconcelli,P. S. , Fontana,C. , 2015. Bacteria. In:Toldrá ,Hui,Y. H. ,Astiasarán,I. ,Sebranek,J. G. ,Talon,R. (Eds.),Handbook of Fermented Meat and Poultry, second ed. Blackwell Pub. ,Ames,Iowa,USA,pp. 117-128.]

表 9.2 肉制品发酵成熟过程中微生物及酶的作用

酶	微生物来源	生物化学作用
葡萄糖水解酶	乳酸菌	生成乳酸
肽链内切酶	乳酸菌	生成多肽
肽链端解酶	乳酸菌和凝固酶阴性葡萄球菌	生成游离氨基酸
硝酸还原酶	酵母菌和凝固酶阴性葡萄球菌	将硝酸盐还原为亚硝酸盐
脂酶	酵母菌和凝固酶阴性葡萄球菌	生成游离脂肪酸
过氧化氢酶	酵母菌和凝固酶阴性葡萄球菌	抗氧化
超氧化物歧化酶	酵母菌和霉菌	抗氧化
转氨酶	酵母菌和霉菌	转化氨基酸
脱氨（基）酶/脱酰胺酶	酵母菌和霉菌	消耗乳酸与生成氨

在发酵过程中，碳水化合物被乳酸菌转化为乳酸。图 9.2 所示为不同生化途径转化的原理图。L 型和 D 型对映体的比值分别取决于 L 型和 D 型乳酸脱氢酶以及乳酸消旋酶的作用（Demeyer 等，2014）。发酵过程中发酵剂的种类、碳水化合物的组成和含量以及发酵温度的变化均会影响乳酸的生成进而影响 pH 下降。水解的肌肉蛋白和胺类物质的生成可以抵消 pH 的下降，同时，在真菌生长的情况下，一些乳酸被消耗，因此产品的最终 pH 也有可能增加（Demeyer 等，2014）。

异型发酵途径可能产生乙酸、乙酰丙酮等次级产物（Demeyer 等，2002）。pH 下降可以一定程度上抑制有害病原微生物的生长，从而保证了产品品质。在微生物和肉中内源酶的作用下，蛋白质和脂肪也会发生降解，进而促进了肉制品的发酵。肌肉中的组织蛋白酶 D 和溶酶体脂肪酶均在酸性条件下具有较强的活性，但 pH 的下降也会影响其活性的发挥。当

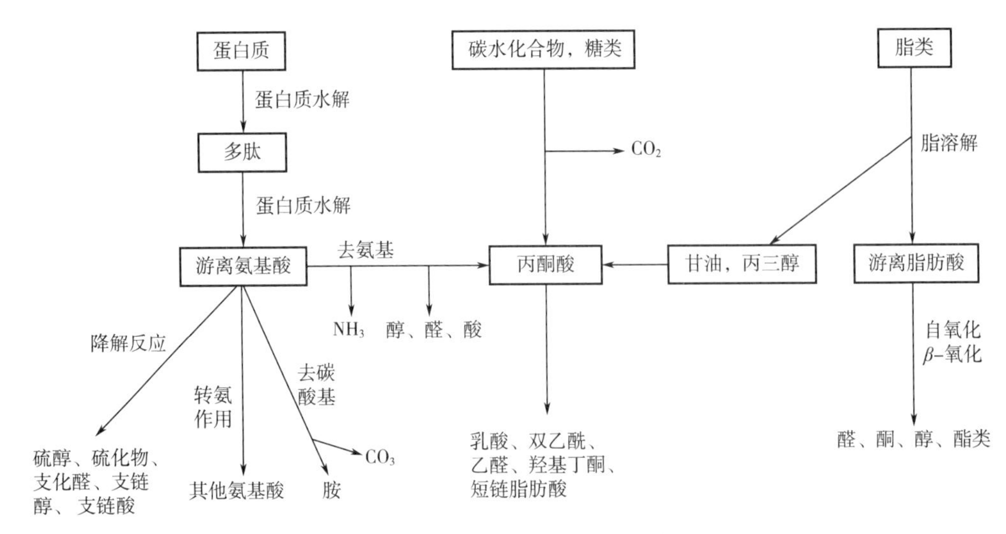

图 9.2　香肠加工过程中的物质代谢

［资料来源：Demeyer，D. I.，Leory，F.，Toldrá，F.，2014. Fermentation. In：Jensen，W.，Dikemann，M.（Eds.），Encyclopedia of Meat Sciences，second ed.，vol. 2. Elsevier Science Ltd.，London，UK，pp. 1-7.］

pH 低于 5.0 时，大多数与风味生成有关的酶活性都被部分或完全抑制（Toldrá，2012a）。除 pH 外，盐、硝酸盐和亚硝酸盐及碳水化合物的含量，发酵、干燥和成熟的温度，成熟时间的长短，水分活性的变化，香料和调味料等因素均会影响酶的活性（Leroy 等，2015）。

9.4　干燥

干燥处理不仅可以阻止肉制品中微生物的生长，而且还有杀灭微生物的作用。水分可以通过直接干燥、冷冻干燥或者增加渗透压的方法进行去除（见第 8 章）。通过这些处理过程，微生物的生长和繁殖得以抑制，但干燥处理对肉制品食用品质影响比较大。冷冻肉与冷却肉、腌制肉与新鲜肉之间虽然具有很大的区别，但烹饪过程使得这种差异并不那么明显。

北美印第安人和南美部分地区仍然使用比较原始的干燥方法保存肉制品，如将肉饼、肉条或牛肉块放置在阳光下晾晒，非洲南部的比目鱼也采用了同样的保存方式进行加工。这类产品与鲜肉有很大不同，而对大多数人来说，它们的食用品质普遍较低。嗜盐微生物的添加可以提高其保存效果。后来，烘干室的出现进一步革新了干燥技术，高大的门窗、流通的空气使干燥过程更加容易控制，干燥的程度可通过触摸检查和颜色变化来判断（Zukal 等，2010）。

其他类型的干燥常用于制备干腌火腿和发酵香肠等产品。在这些过程中，水分的损失可使产品的质量最高减少 34%。相对来说，肉制品内部的水分含量比外部高（Toldrá，

2006c），具体的水分流失过程如图 9.3 所示。

第二次世界大战期间，肉干制品已经进行了大规模商业化生产，烹调后其营养价值和口感的变化与鲜肉相比并没有很大的差距（Sharp，1953）。增加肉制品的表面体积比及加大热风的流通量可以加快肉制品中水分的散失。在加工之初，由于肉制品表面硬化太快而造成内部水分难以散失，所以产品的品质也难以达到统一。将肉块切片或切碎处理后，严格控制干燥条件使干燥温度一直维持在 70℃，可以使得产品的风味和质构趋于稳定（Sharp，1953）。尽管这类加工方式具有明显的技术优势，但它主要用于加工军备食粮而并未在普通大众食品中得到应用。

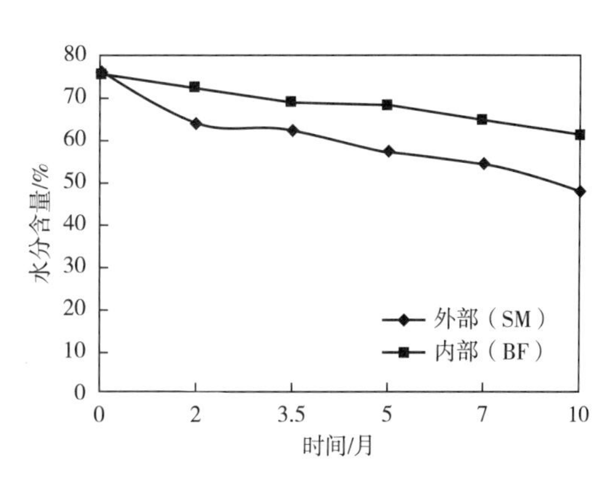

图 9.3 干腌火腿加工过程中半膜肌（SM）和股二头肌（BF）水分含量变化

（资料来源：Toldrá，F.，2006. The role of muscle enzymes in dry-cured meat products with different drying conditions. Trends in Food Science and Technology 17，164-168.）

目前，计算机系统与干燥室的结合实现了干燥过程的自动化，因而可以根据产品中的水分含量及其大小、形状和结构来控制温度、气流流量以及相对湿度来实时控制干燥过程（Grau 等，2015）。此外，先进的干燥技术也使得干燥过程摆脱了自然环境的干扰。

9.4.1 干燥过程中的物质变化

干肉制品复水后品质与鲜肉差不多。复水能力取决于肌肉的微观结构和肌肉蛋白的化学状态。肌纤维之间空间和肌纤维直径的减小是造成鲜肉和预煮肉制品干燥过程中水分流失的主要原因（Wang 等，1953）。预煮肉制品内部肌纤维收缩程度比鲜肉更大，因而水分流失也更加迅速。在肉干制品中，肌纤维的边缘有大量的钾盐积累。在热风干燥过程中，蛋白质不同程度的变性降低了肉制品持水能力。新鲜牛肉的干燥动力学研究发现温度、空气流速、湿度和产品厚度对干燥过程的影响。从干燥曲线可知，肉制品的干燥过程分为两个阶段，即第一阶段的缓慢干燥和第二阶段的快速干燥（Ahmat 等，2015）。通过了解肉制品中水分的分布可以进一步掌握脱水过程。高光谱图像技术，是一种快速有效的无损检测技术，通过捕获六个波段下的图像实现肉制品内部水分分布的实时监控（Wu 等，2013）。

温度等物理因素决定了热风干燥在肉糜干燥中的效果。热损伤使得肉制品的韧性增加，且伴有烧焦的气味。在空气温度 80℃、相对湿度 77%的条件下，肉制品可以经受 2h 干燥而不产生质量损失；但当含水量较低时，50℃ 的温度也会使产品发生一定程度的品质恶化。在整个干燥过程中，温度维持在 70℃ 左右可以使得产品维持良好的产品品质（Sharp，1953）。

脂肪含量较高会减缓初始干燥的速度，当脂肪含量占干物质重的35%以上或超过干物质重的40%时，肉干制品内部的海绵状结构将难以维持脂肪的存在从而造成脂肪的损失。另一方面，当脂肪含量低于干物质重的35%时，固定时间内的连续干燥仍然可以生产出品质优良的肉制品。瘦肉更适合于肉干制品的加工（Lawrie 等，2006）。

预煮程度对干燥具有重要影响。如果肉煮得过熟，肌肉中的结缔组织骨架就会变成明胶，干燥过程中易形成颗粒状，这种颗粒结构容易复水，但在减压干燥过程中易碎裂。对于未煮熟的肉来说，干燥速度和复水速度均比较缓慢，使得肉制品的质地更加干燥而脆弱。预煮过程中，多种可溶性成分均随着水分的溢出而流失，所以只有将这些可溶物重新加入肉制品中，才会使得肉制品保持如鲜肉一样的品质和营养价值。烹饪过程中产生的任何脂肪都可以根据期望的脂肪含量补充到肉制品中（Lawrie 等，2006）。

为了长期保藏，肉干制品需要密闭而防潮的真空包装袋中，防止氧化和复水（Sharp，1953）。在低温状态下，酶及化学因素对产品品质的影响均比较小。在15℃条件下，真空处理可以使肉干制品的风味保持12个月或更长时间；但在37℃条件下，肉制品则会发生非氧化变质。一般情况下，肉干制品的水分含量较低，细菌无法正常生长；但当水分含量高于10%时，青霉和曲霉则会在短短的几周内生长出来。

9.5 烟熏

烟，一般由硬木（含40%~60%纤维素、20%~30%半纤维素、20%~30%木质素）缓慢燃烧产生，它能够抑制微生物生长、延缓脂肪氧化并赋予腌肉独特的风味。在传统加工中，熏制主要是将肉置于燃烧的木材上，但具体的熏制过程并没有严格的限定。在熏制窑内，木材燃烧产生的烟雾颗粒通过静电沉积作用覆盖在肉制品表面，肉制品表面和内部水分对蒸汽的吸收加快了熏制过程并实现了产品品质的统一（Lawrie 等，2006）。如今，由计算机控制的烟雾室可以自动控制烟雾温度、空气及烟雾循环速率，并可以清除烟雾室内的废气成分（Sikorski 等，2010）。根据肉制品种类的不同，熏制技术可以分为以下几种类型（sikorski 等，2015）：①冷熏制，加工温度为12~25℃，通常需要几个小时到数天的加工，用于加工发酵香肠和猪肚；②中温熏制，加工温度为25~45℃，加工时间只需数小时，常用于加工烤香肠、熏香肠、猪背脂肪和火腿；③高温熏制，加工温度为45~90℃，加工时间长达12h，用于生产混合肉类。

烟雾的杀菌效果主要是各种酚类以及甲醛等羰基化合物的作用，但烟雾的成分比较复杂。木材种类和燃烧参数不同，烟雾中CO、CO_2、醇类、羰基化合物、羧酸、酯类、碳氢化合物、氮氧化合物和酚类的含量也不同。在240℃时，烟雾中的酚类物质含有愈创木酚、衍生物及其他成分，当温度达到400~600℃时，烟雾中愈创木酚和丁香酚及其各自衍生物的产率最高（Sikorski 等，2010）。

烟雾中还可能含有 60 多种多环芳烃（PAHs），其中 16 种具有致突变或致癌活性（见第 18 章）。苯并（a）芘（BaP）是多环芳烃中致癌因子的代表。烟雾潜在致癌性的主要成分是 PAH4，包含了 BaP、苯并（a）蒽、苯并（b）荧蒽和䓛四类物质（EFSA，2008）。欧盟第 835/2011 号条例规定，PAH4 的检测上限为 12ng/g，而 BaP 的检测上限为 2ng/g。

为了降低烟雾的致癌风险，人们尝试了许多方法，如用冷凝、分馏和提纯等方法除去烟雾中的致癌物。将烟雾进行液体馏分处理，可除去不溶于水的苯并芘，进而产生液体烟雾。液体烟雾已在世界范围内得到了广泛的使用。液体烟雾中可以添加特定酚类物质以呈现水果风味和芳香，此外，这类无烟熏制技术，还可以有效控制 PAH4 的含量（Sikorski 等，2015）。

熏制所产生的风味因烟雾的生产条件和肉本身的性质而异。因此，烟熏产品的风味在一定程度上取决于烟雾成分与肉中蛋白质之间的反应，如多酚与蛋白质巯基之间、羰基与氨基之间均可以发生反应。受木材的种类、熏制温度、储存条件影响，烟熏过程可赋予肉制品由浅黄色到深褐色等。

9.6 腌腊肉制品加工技术

近年来，干腌火腿等腌制类肉制品受到越来越多的关注。从蛋白质组学技术的分析可知，干腌火腿在成熟的过程发生了蛋白质的水解，生成了大量的肽类物质（Luccia 等，2005），其中一些肽有助于风味的形成，而有的具有其他的生物活性，如抗高血压、抗氧化、抗糖尿病或抗菌作用（Mora 等，2013）。生物活性肽的形成不仅赋予了火腿独特的风味，也增加了火腿的功能特性（Toldrá 等，2011）。

9.6.1 干腌火腿

干腌火腿已有几百年的生产历史，作为一种具有独特风味的腌腊肉制品，在欧洲地中海地区及中国等地都有生产。干腌火腿的独特加工工艺及产品品质对当地的经济、文化、美食和传统习俗都具有非常重要的影响（Toldrá，2016）。干腌火腿的加工主要包括腌制、干燥和成熟等工序，在这个加工过程中，火腿由此形成了强烈而有特色的质地和风味。现在比较流行的火腿有西班牙的 Jamon Iberico 火腿、Jamon Serrano 火腿，法国的 Jambon de Bayonne 火腿，意大利的 prosciutto di Parma 火腿、prosciutto San Daniele 火腿、prosciutto Toscano 火腿，比利时的 Jambon d' Ardenne 火腿。在欧盟，火腿的生产由几家知名大型企业控制，且具有严格的质量标准体系，从而保障了产地、原料及优良的产品品质（Parolari，1996）。在美国，火腿的生产及消费历史可追溯到 17 世纪，产地主要集中于北卡罗来纳州、田纳西州、密苏里州、肯塔基州和弗吉尼亚州（Hanson 等，2015）。在中国，火腿的生产和加工也有几百年的历史，其中比较有名的火腿有金华火腿（浙江）、宣威火腿（云南）和如皋火腿（江苏）（Zhou 等，2015）。在欧洲，其他类型的干腌肉类主要由猪的背腰肉或前腿肉，或者其他动物的肉来腌制而成（Toldrá，2014a）。

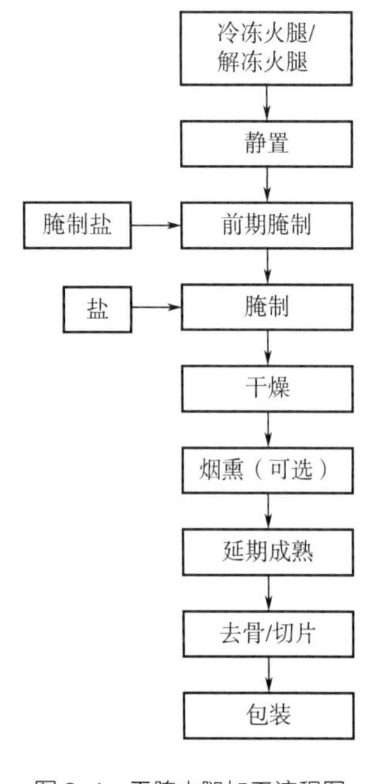

图 9.4　干腌火腿加工流程图

图 9.4 所示为以猪后腿肉为原料进行干腌火腿加工的工艺图。第一阶段是检查生火腿品质，包括测量 pH、称量、抹盐（氯化钠和硝酸钾的混合物）。第二阶段是腌制，按照火腿的不同重量进行上盐处理，使整只火腿表面都被盐包裹。在腌制的第 11~15 天，盐和其他腌制成分渗透到火腿内部并扩散。上盐完成后，将未渗入的盐分清除并挂晾处理，使盐分和腌制剂在 2~3 月内逐步扩散到火腿的各个部分，进而达到盐分的平衡。第三阶段是火腿的干燥/成熟阶段，可持续 9~12 个月，直到火腿失重达到 32%~34%。这期间，根据干燥时间的不同，干燥温度可控制在 16~25℃，相对湿度可保持在 65%~80%；一般来说，温度越低的条件下，加工时间也越长（Toldrá，2014b）。整个干燥过程由自动化干燥室控制，计算机系统可以实时监测干燥过程中的空气流速、温度和相对湿度变化。由于水分是从火腿的内部扩散到表面，然后蒸发到室内环境中，所以产品堆叠的厚度对干燥时间和最终产品内部的水分分布有很大影响。为了提高生产效率，水分的扩散速率和蒸发速率都需要进行严格的控制。当室内相对湿度低于正常值时，火腿表面蒸发过多会导致硬化的发生，由此火腿则呈现出干燥、坚硬的质地和较深的颜色（Toldrá，2006d）。火腿成熟的标志是达到 32~34%的失重，此时成熟的火腿已经可以在市场上出售，或者进行更长时间的干燥，从而赋予它更加丰富的风味。火腿可以整只（包括骨头、脚）出售，或者将其切片和分割后进行真空包装出售。

为了避免过度干燥，成熟时间较长的火腿需要在表面涂抹一层猪油，并放置在 10~15℃的温度下进行为期 18~36 个月的成熟。经过长期发酵后的火腿具有强烈而浓郁的风味，这与发酵过程中的酶促反应密不可分。北欧火腿和美国乡村火腿的加工时间相对较短（<3~4 个月），火腿加工期间可采用熏制来丰富火腿的风味（Toldrá，2002）。

内源性肌肉蛋白酶参与了火腿加工过程中的大部分生化反应（Toldrá，2012c）。蛋白质水解和脂类的降解产生的物质对火腿芳香的风味具有重要的作用。其中，蛋白质水解主要涉及了肌浆蛋白和肌原纤维蛋白的降解，并由此产了大量的肽和游离氨基酸（Toldrá，2006b）。参与蛋白质降解的酶主要包括组织蛋白酶 B、D、H 和 L，钙蛋白酶Ⅰ和Ⅱ，三肽酰肽酶Ⅰ和Ⅱ，二肽酰肽酶Ⅰ、Ⅱ、Ⅲ和Ⅳ，羧肽酶 A 和 B 以及丙氨酰、精氨酸、亮氨酸和蛋氨酸氨基肽酶等（Toldrá 等，2015）。将发酵成熟的火腿进行蛋白质组学分析发现，火腿中存在数以千计的多肽片段（Mora 等，2013），其中一些多肽具有降血压和抗氧化活性（Escudero 等，2012；Mora 等，2015）。脂类的降解主要是分解三酰甘油和磷脂，进而产生游离脂肪酸的过程。参与脂类降解的酶有肌肉中溶酶体酸性脂肪酶和酸性磷脂酶，以及位于脂肪组织中的中性脂肪酶（Toldrá 等，2015）。虽然猪的种类和年龄会影响脂肪酶的活性，但在整个发酵期间，脂肪酶的活性均比较稳定。肌肉中的游离脂肪酸在发酵第 10 个月时达到高峰，而脂肪组织中最高值出现于发酵第 6 个月（Toldrá，2012c）。含有双键的脂肪酸容易发生进一步的氧化，进而产生具有特殊香气的挥发性化合物。

一般来说，肌肉中内源酶的活性与猪的品种及年龄有关，在干腌过程中，肌肉内源酶均表现出良好的稳定性，但仍然有一部分酶的活性会被抑制（Toldrá 等，2015）。

9.6.2 发酵香肠

发酵香肠最早由古罗马人和希腊人生产。“香肠”和“腊肠”等词可能源于拉丁语“salsicia”和“saluman”。图 9.5 给出了香肠加工的流程图。香肠加工的原材料包括冷却猪肉和（或）牛肉及猪脂肪，这些肉和猪脂肪斩拌后一起放入绞肉机，然后向肉糜中加入盐、亚硝酸盐（硝酸盐）、碳水化合物、发酵剂、香料、抗坏血酸钠和其他成分。随后，将肉糜真空斩拌数分钟。最后，在真空条件下将肉糜灌入肠衣内。肠衣包括天然肠衣、胶原肠衣或合成肠衣。肠衣打结后，将香肠晾在架子上，置于自然环境（传统的香肠）或干燥室里。当微生物开始生长时，香肠即开始发酵。发酵期间，碳水化合物、蛋白质和脂类等均发生不同程度的降解，此外，香肠也会发生凝胶化及水分流失等物理变化。合理控制发酵过程中的温度、相对湿度和空气流通速度可以促进微生物生长，进而促进酶促反应的发生。

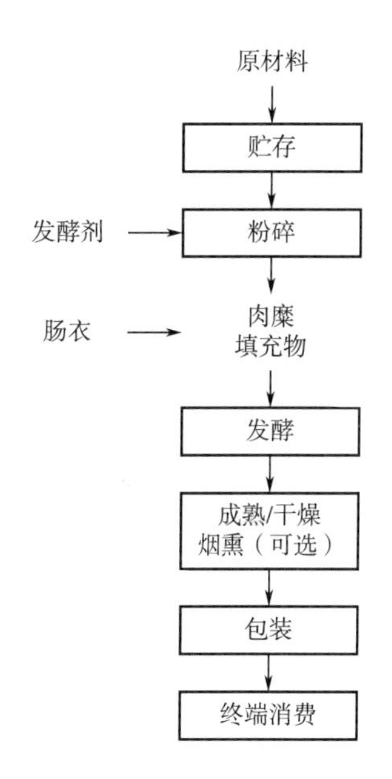

图 9.5 干发酵香肠加工工艺流程图

地理环境和气候是影响香肠发酵和干燥程度的重要因素。欧洲的发酵香肠可以生吃；而在美国，香肠的普遍做法是进行加热处理后再食用（Maddock，2015）。中式发酵香肠通常是半熟的，也是在加热后食用（Chen 等，2015）。美国香肠的发酵温度较高，而后进行温和的加热过程，此加热过程可视为一种巴氏杀菌的手段，目的不是干燥而是用来杀灭旋毛虫。植物乳杆菌和乳酸适宜生长在温和的环境下，是生产发酵香肠最常用的微生物种类。美国“夏季香肠”的发酵温度为 38℃，因而省去了干燥过程。

在欧洲，发酵技术多种多样。乳酸菌中清酒乳杆菌或弯曲乳杆菌均适宜于温和的发酵条件，因而是发酵剂的主要组分（Toldrá 等，2012a）。还有一种短期发酵香肠（3 周）在北欧等寒冷潮湿的国家比较流行，其发酵温度在 20℃ 左右。该香肠的保质期和安全性主要是通过酸性 pH（发酵 3d 后 pH<5.0）和烟熏处理来实现的（Demeyer 等，2002）。此外，地中海香肠的发酵是在较温和的温度（<24℃）下进行的，香肠中添加了大量的调味料，极少进行烟熏加工，发酵过后则是为期几个星期或几个月的干燥处理。该香肠的 pH 下降速率较慢，最终产品的 pH 也较高。较低的水分活度和干燥处理延长了产品的货架期（Demeyer 等，2014）。欧洲北部与地中海地区生产香肠的产品参数可参考表 9.3。受发酵微生物种类和发酵温度影响，不同香肠的发酵时间也不尽相同。此外，发酵时间的长短还受产品种类、直径、干燥程度、脂肪含量、所需风味特征和强度等因素影响，因此香肠成熟/干燥的时间可持续 7~90d 或者更长。干燥过程伴随着香肠中水分的散失，通常来说，半发酵香肠的重量减少约 20%，干发酵香肠的重量减少约 30%。肌肉内源酶和微生物中的酶促反应对香肠肉色、质地和风味的改变有重要作用。发酵和成熟过程中会发生强烈的蛋白质水解，导致了多肽的积累，肌肉和微生物中的肽酶进一步将多肽水解成小肽，在氨基肽酶的作用下最终产生游离氨基酸（Toldrá，1998）。游离氨基酸可以通过 Strecker 降解和美拉德反应生成挥发性化合物，因而促进了香肠中芳香风味的产生。酵母菌和霉菌中脱氨酶和脱氨基酶可以将氨基酸脱胺或脱氨成氨。另一方面，三酰甘油和磷脂的降解可生成大量的游离脂肪酸（0.5%~7%）（Toldrá 等，1998）。发酵时间较长的香肠中蛋白质水解和脂类降解的程度也更大。

葡萄球菌等产生的过氧化氢酶可以使肉制品中的过氧化物还原，从而有助于产品肉色和风味的稳定。在发酵时间较长的香肠中，微生物产生的硝酸还原酶在硝酸盐转化为亚硝酸盐过程中起到了重要作用。

表 9.3　比利时生产的北方香肠和地中海香肠的代谢物组成[①]

指标	北方香肠	地中海香肠
干重/%	57（4）	67*（3）
pH	4.8（1）	5.5*（2）
占比/%干重		
粗蛋白	31（7）	28*（9）
粗脂肪	61（7）	81（8）
氯化钠	5.3（12）	6.1（11）
占比/（mmol/100g）干重		
乳酸	21（12）	17*（17）
醋酸盐	1.0（14）	0.86（19）
糖	0.56（23）	0.40*（18）
占比/（mg 氮 / g 氮）		

续表

指标	北方香肠		地中海香肠	
肽 a-NH_2-N	30（13）		27*（16）	
游离 a-NH_2-N	23（10）		37*（13）	
氨基氮	3（22）		10*（18）	
占比/（μg 牛血清白蛋白当量②/mg 粗蛋白）				
肌球蛋白（200kD）	18（30）		25*（12）	
重链肌球蛋白（150kD）	24（21）		24（8）	
肌动蛋白（46kD）	35（14）		39（10）	
38kD 蛋白	15（7）		15（7）	
占比/（mg/g 总脂肪酸）				
游离脂肪酸	27（4）		37*（11）	
芳香化合物③	（A）	（B）	（A）	（B）
己醛	123	2836	227	11,568
3-甲基丁醛	44	856	32	941
3-甲基丁醇	355	580	315	1015
2-甲基丁醛	7	198	7	225
2-甲基丁醇	22	0	47	0
乙酸乙酯	221	0	82	625
丁二酮+3-羟基丁酮	3052	311	681	167

注：* 表示北方香肠和地中海香肠数据的组别之间存在显著差异（$P<0.05$）。

①25 次测定的平均值（5 组，每组 5 个香肠），括号内的数值是变异系数，即以平均值百分比表示的标准偏差。

②牛血清白蛋白当量采用十二烷基硫酸钠-聚丙酰胺电泳半定量获得。

③风味物质含量：（A）nmol/kg4-甲基-2-戊酮样品，采用顶空分析法获得；（B）ng/kg 样品，采用蒸汽蒸馏法获得。

[资料来源：Demeyer, D. I. , Leroy, F. , Toldrá, F. , 2014. Fermentation. In：Jensen, W. , Dikeman, M. （Eds. ）, Encyclopedia of Meat Sciences, second ed. , vol 2. Elsevier Science Ltd. , London, UK, pp. 1-7.]

9.6.3 熏煮火腿

美国的蒸煮火腿又名 Gammon，它是从猪的后腿中取出来的分割肉，可以通过熟制和熏制等方法来保存。熏煮火腿在世界范围内均广泛流传，熏煮火腿的销量几乎占到整个欧洲熟食市场的 26%，其中法国、西班牙和意大利的销量最大（Casiraghi 等，2007）。在当地，火腿的销售常常冠以生产地区或国家的名字，如意大利熏火腿、法国勃艮第火腿或法国兰斯火腿。图 9.6 所示为熏煮火腿加工的工艺流程图。

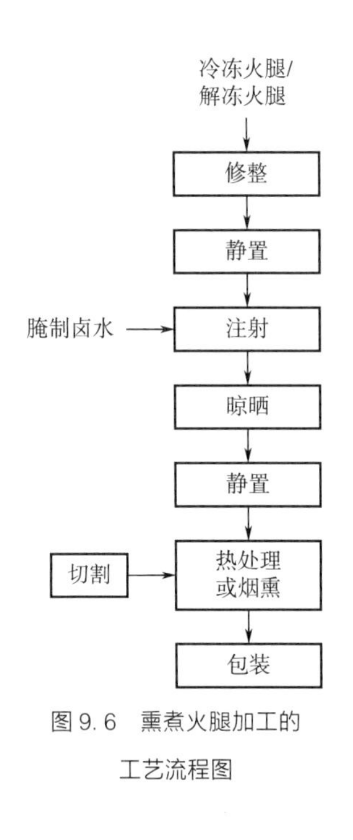

图 9.6　熏煮火腿加工的工艺流程图

火腿可以用冷鲜肉或先冷冻再解冻的分割肉加工。熏煮火腿加工过程中，卫生和肉的 pH 要严格控制，PSE 肉不适合加工熏煮火腿，因为这种肉持水能力差，蒸煮损失高，加工出的火腿发干（见第 14 章）。在加工过程中，卤水经针孔注射系统注入肌肉中，以溶解肌肉中的蛋白质及风味成分，进而提高产品品质。在卤水中加入亚硝酸钠或亚硝酸钾，可促进亚硝基血色素原的生成，使肉呈现鲜亮的色泽。卤水中也可以添加部分碳水化合物，如蔗糖、葡萄糖、玉米糖浆，用以形成香甜的风味。抗坏血酸钠或异抗坏血酸钠的添加可以使亚硝酸根还原为一氧化氮，从而促进亚硝酸盐降解并抑制亚硝胺的产生。品质较低的火腿中可通过在卤水中添加磷酸盐、多磷酸盐或焦磷酸盐，以提高肌肉的持水力，从而有助于将更多的注入水保留在火腿中（Toldrá 等，2007）。

旋转滚筒是火腿加工中常用的加工工具，适当的滚揉有助于促进盐分的渗入并可除去多余的气泡，进而缩短腌制的时间。在 0.6%盐浓度的条件下，使肉块堆叠并互相搓揉按摩，直到火腿表面发热，可以使盐溶性蛋白质游离到肉表面，并能增强肌纤维蛋白的持水力（Dolata 等，2004）。当滚揉时间超过 12h 时，火腿中蛋白与盐分的结合强度会下降。在过去的几十年，滚揉越来越多地应用于火腿的生产中。最近，一种新型的真空滚揉也用于火腿的加工，不仅减少了火腿的蒸煮损失和肌肉的脂肪含量，同时还提高了肌肉组织对卤水的结合力，因此可以生产出比传统方法卤水含量更高的火腿（Toldrá 等，2010）。

当腌制液在肌肉内部分配均匀后，火腿就可以装进金属模具或者用塑料袋进行包装，使火腿进一步成型。火腿的蒸煮时间和温度需要进行严格的控制，从而杀死病原和腐败微生物。蒸煮的条件是使火腿不同部位的肉在 72℃ 维持 2min，从而实现巴氏杀菌的效果。但火腿中心的实际温度可能在 68~75℃。加热过程中，热对流效应将加热介质转移到火腿表面，进而使火腿从表面到内部逐步升温。常用的蒸煮方式有三种，一是固定加热介质的温度，目前这种方法很少使用；二是连续加热直至火腿内部达到 68℃；三是分阶段加热（逐步升高温度，每步 25~30℃），后面两种方法目前常用。当蒸煮完成时，须迅速将火腿置于冷水中浸泡或淋浴，使之温度降低到 50℃ 以下。由于降温过程中有微生物污染的风险，因此，缩短降温的时间尤为重要（Toldrá 等，2016）。

熏煮火腿的最终品质受原料、注入盐水的成分和数量、滚揉速度、加热时间和温度的影响（Delahunty 等，1997）。有消费者认为，品质优良的火腿需含有较多的非胶原肌肉蛋白（Valkova 等，2007）。加热过程中酶促反应的发生也影响了火腿感官品质。火腿具有特征性的粉红色主要是亚硝基肌红蛋白的颜色。火腿加工中可引入熏制工艺，从而使火腿产生烟熏的风味。最终，熏煮火腿可切片包装或者整只真空包装后在市场上流通。

9.6.4 威尔特郡培根与现代培根加工

威尔特郡培根由一种古老而传统的腌制方法加工而成，首先是把猪腿在盐水中浸泡几天，从而提高产品的质量（Delahunty 等，1997）。胴体冷却后切除腰大肌、肩胛骨和髋骨等部位并进行原料的修整，修整后的肉块放入 3~7℃腌制房进行腌制。培根的腌制分四个阶段：①将卤水注入修整后的肉块中；②肉块边沿撒上干盐或置于卤水池中；③肉块移入成熟的腌制池（3~7℃）；④熏蒸。

卤水中含有 25%~30%的氯化钠、2.5%~4%的硝酸钾或硝酸钠或者 0.5%的糖。需要 18~25 次注射后，卤水在肉中的分布才会相对均匀。现如今，威尔特郡培根的加工采用机器自动注射代替了传统的手工注射。肩胛腔内填充入固体盐后将修整过的肉块放置在腌制罐中。卤水的注入量约为肉块总重的 5%。在腌制池中，肉块层层叠放，而后逐层将氯化钠和硝酸钾按 10∶1 的比例覆盖在肉的表面。肉块之间堆叠产生的压力会使肉压成扁条状，整个浸泡时间维持 4~5d。卤水中氯化钠含量为 20%~28%，硝酸钾含量为 3%~4%；腌制之前，卤水中需添加特定的耐盐微生物作为发酵剂，从而实现硝酸盐的还原。

从卤水池中取出后，将肉块在腌制房中堆放 7~14d 或更长时间。在此期间，肉块逐渐成熟，卤水中的氯化钠、硝酸盐和亚硝酸盐会更加均匀地分布在整个肉块中，进而可形成培根特有的色泽和风味。

采用这种方式生产的培根可以不用烟熏，但烟熏处理 2~3d 可以增加培根的风味，不仅延缓了培根表面的酸败，还可以抑制腐败微生物的生长。但是，如果烟熏温度过高，则会引起培根底部微生物的生长。

培根也可以用五花肉制作。切片腌制是一种新型的培根制作方法。首先将猪肉切成 2~8mm 厚的肉片，置于含有 8%~10%氯化钠和 0.02%亚硝酸钠的卤水中腌制 2~15min，而后经过几个小时的成熟即可成为最终的产品。相对于传统威尔特郡培根加工工艺（10~21d）来说，此类培根的生产周期比较短。在传统的威尔特郡培根加工中的卤水并不使用硝酸盐，而是添加大约 200mg/kg 的亚硝酸盐，从而避免肉制品中含有过量的硝酸盐（Lawrie 等，2006）。有研究发现，成熟时间超过 2 周后，培根会产生与传统的加工工艺比较类似的风味。

由于冷却的困难，所以热腌制处理不适用于威尔特郡培根加工，但在改良工艺中，使用干盐代替卤水浸泡成为一种新兴的成熟方式（Taylor 等，1980）。肉块的单独悬挂可以实现快速降温，且只需要 5d 左右就可以生产出风味优良的培根（Taylor 等，1982）。

现代培根生产常使用新鲜的卤水浸泡或袋装后腌制（Sheard，2010）。在浸泡腌制过程中，肉块注入卤水后增重约 10%。然后将这些肉块堆放在腌制池中，用卤水浸泡 3d 左右。尽管池内 pH 较高，但盐分的积累抑制了微生物生长，所以腌制过程极少产生污染。腌制完成后，肉块移出腌制池进行表面干燥处理，并使之形成典型的色泽和风味。袋装腌制是将肉块放置于不透水的袋子中，注入卤水，密封保存至少 2d，使内部盐分逐渐渗透并形成独特的风味和颜色，最终培根中盐分含量为 3%（Seard，2010）。大部分培根都是采用真空包装或气调包装出售的。一旦开封后，培根需冷藏保存且应在三四天内食用（Sheard，2010）。

通过比较三种氟烷基因型猪肉（NN、NN、Nn）的腌制肉制品差异，Fisher（2000）发现随着氟烷敏感性基因（即 nn）的增加，肉制品的蒸煮损失随之增加，培根产量则呈递减趋势。PSE 肉的净增产幅度为 3%，而普通猪肉的净增产幅度为 10%。然而，在用 PSE 猪肉腌制培根时，添加猪胶原蛋白可提高产品的持水力（Schling 等，2003）。

9.7 结论和未来趋势

根据原料和加工条件的不同，腌制肉制品的生产工艺也不尽相同。此外，受地区传统、气候和文化的影响，世界各地腌制肉制品的生产和消费也存在着很大差异。

减少亚硝酸盐的使用已成为腌制肉行业发展的主流趋势。目前，已有很多实验室在致力于亚硝胺的风险控制研究，并试图寻找其他替代品来实现相同的腌制效果。但从目前来看，传统腌制工艺中色泽的形成是一个巨大的挑战。

从可持续发展的角度来看，烘干的过程需要消耗大量的能源，因此肉类工业在减少能源使用方面还有很大的发展潜力。未来，寻找能耗成本低、干燥效率高、盐分含量少的加工工艺为实现肉制品加工的可持续发展提供新的思路。此外，肉类工业会产生大量的副产品，提高副产品的利用价值及实现副产品的再加工利用，将成为提高肉制品产值的重要方面。

参考文献

Ahmat, T., Barka, M., Aregba, A.-W., Bruneau, D., 2015. Convective drying kinetics of fresh beef: an experimental and modeling approach. Journal of Food Processing and Preservation 39, 2581-2595.

Alahakoon, A. U., Jayasena, D. D., Ramachandra, S., Jo, C., 2015. Alternatives to nitrite in processed meat: up to date. Trends in Food Science & Technology 45, 37-49.

Alessandria, V., Rantsiou, K., Dolci, P., Cocolin, L., 2015. Methodologies for the study of microbial ecology in fermented sausages. In: Toldrá, F., Hui, Y. H., Astiasarán, I., Sebranek, J. G., Talon, R. (Eds.), Handbook of Fermented Meat and Poultry, second ed. Blackwell Pub, Ames, Iowa, USA, pp. 177-188.

Casiraghi, E. , Alamprese, C. , Pompei, C. , 2007. Cooked ham classification on the basis of brine injection level and pork breeding country. LWT 40, 164-169.

Cassens, R. G. , 1997. Composition and safety of cured meats in the USA. Food Chemistry 59, 561-566.

Chen, M. -J. , Tu, R. -J. , Wang, S. -Y. , 2015. Asian products. In: Toldrá, F. , Hui, Y. H. , Astiasarán, I. , Sebranek, J. G. , Talon, R. (Eds.), Handbook of Fermented Meat and Poultry, second ed. Blackwell Pub, Ames, Iowa, USA, pp. 321-327.

Cocconcelli, P. S. , Fontana, C. , 2015. Bacteria. In: Toldrá, F. , Hui, Y. H. , Astiasarán, I. , Sebranek, J. G. , Talon, R. (Eds.), Handbook of Fermented Meat and Poultry, second ed. Blackwell Pub. , Ames, Iowa, USA, pp. 117-128.

Crews, C. , 2010. The determination of *N*-nitrosamines in food. Quality Assurance and Safety of Crops & Foods 2, 2-12.

De Mey, E. , De Klerck, K. , De Maere, H. , Dewulf, L. , Derdelinckx, G. , Peeters, M. C. , Fraeye, I. , Vander Heyden, Y. , Paelinck, H. , 2014. The occurrence of *N*-nitrosamines, residual nitrite and biogenic amines in commercial dry fermented sausages and evaluation of their occasional relation. Meat Science 96, 82-828.

Delahunty, C. M. , McCord, A. , O' Neill, E. E. , Morrissey, P. A. , 1997. Sensory characterisation of cooked hams by untrained consumers using free-choice profiling. Food Quality and Preference 8, 381-388.

Demeyer, D. , Stahnke, L. , 2002. Quality control of fermented meat products. In: Kerry, J. , Kerry, J. , Ledward, D. (Eds.), Meat Processing: Improving Quality. Woodhead Pub. Co. Cambridge, UK, pp. 359-393.

Demeyer, D. I. , Leory, F. , Toldrá, F. , 2014. Fermentation. In: Jensen, W. , Dikemann, M. (Eds.), Encyclopedia of Meat Sciences, second ed. , vol. 2. Elsevier Science Ltd. , London, UK, pp. 1-7.

Desmond, E. M. , Kenny, T. A. , Ward, P. , Sun, D. W. , 2000. Effect of rapid and conventional cooling methods on the quality of cooked ham joints. Meat Science 56, 271-277.

Dolata, W. , Pietrowska, E. , Wajdzik, J. , Tritt-Gox, J. , 2004. The use of the MRI technique in the evaluation of water distribution in tumbled porcine muscle. Meat Science 67, 25-31.

EFSA, 2008. Polycyclic aromatic hydrocarbons in food. Scientific opinion of the panel on contaminants in the food chain. The EFSA Journal 724, 1-114.

Escudero, E. , Aristoy, M. C. , Nishimura, H. , Arihara, K. , Toldrá, F. , 2012. Antihypertensive effect and antioxidant activity of peptide fractions extracted from dry-cured ham. Meat Science 91, 306-311.

European Commission, 2011. Regulation (EC) No 835/2011 of 19 August 2011 Amending Regulation (EC) No 1881/2006 as Regards Maximum Levels for Polycyclic Aromatic Hydrocarbons in Foodstuffs. L215/4-L215/8.

Fisher, P. , Mellet, F. D. , Hoffman, L. C. , 2000. Halothane genotype and pork quality. 2. Cured meat products of three halothane genotypes. Meat Science 54, 107-111.

Flores, J. , Toldrá, F. , 1993. Curing: processes and applications. In: Macrae, R. , Robinson, R. , Sadle, M. , Fullerlove, G. (Eds.), Encyclopedia of Food Science, Food Technology and Nutrition. Academic Press, London, UK, pp. 1277-1282.

Flores, M. , Toldrá, F. , 2011. Microbial enzymatic activities for improved fermented meats. Trends in Food Science & Technology 22, 81-90.

Grau, R. , Andrés, A. , Barat, J. M. , 2015. Principles of drying. In: Toldrá, F. , Hui, Y. H. , Astiasarán, I. , Sebranek, J. G. , Talon, R. (Eds.), Handbook of Fermented Meat and Poultry, second ed. Blackwell Pub, Ames, Iowa, USA, pp. 31-38.

Haldane, J. , 1901. The red colour of salted meat. The Journal of Hygiene 1, 115-122.

Hammes, W. P. , Knauf, H. J. , 1994. Starters in the processing of meat products. Meat Science 36, 155-168.

Hammes, W. P. , Bantleou, A. , Min, S. , 1990. Lactic acid bacteria in meat fermentation. FEMS Microbiology Reviews 87,165-174.

Hanson,D. J. ,Rentfrow,G. ,Schilling,M. W. ,Mikel,W. B. ,Stalder,K. J. ,Berry,N. L. ,2015. US products:dry-cured hams. In:Toldrá,F. ,Hui,Y. H. ,Astiasarán,I. ,Sebranek,J. G. ,Talon,R. (Eds.),Handbook of Fermented Meat and Poultry,second ed. Blackwell Pub,Ames,Iowa,USA,pp. 347-354.

Herrmann,S. S. ,Duedahl-Olesen,L. ,Granby,K. ,2014. Simultaneous determination of volatile and non-volatile nitrosamines in processed meat products by liquid chromatography tandem mass spectrometry using atmospheric pressure chemical ionisation and electrospray ionisation. Journal of Chromatography A 1330,20-29.

Herrmann,S. S. ,Granby,K. ,Duedahl-Olesen,L. ,2015a. Formation and mitigation of *N*-nitrosamines in nitrite preserved cooked sausages. Food Chemistry 174,516-526.

Herrmann,S. S. ,Duedahl-Olesen,L. ,Granby,K. ,2015b. Occurrence of volatile and non-volatile *N*-nitrosamines in processed meat products and the role of heat treatment. Food Control 48,163-169.

Honikel,K. O. ,2010. Curing. In:Toldrá,F. (Ed.),Handbook of Meat Processing. Wiley-Blackwell,Ames,Iowa,pp. 3125-3141.

Killday,K. B. ,Tempesta,M. S. ,Bailey,H. E. ,Metral,C. J. ,1988. Structural characterization of nitrosylhemochromogen of cooked cured meat:implications in the meat-curing reaction. Journal of. Agricultural and Food Chemistry 36,909-914.

Knight,P. J. ,Parsons,N. ,1988. Action of NaCl and polyphosphates in meat processing:responses of myofibrils to concentrated salt solutions. Meat Science 24,275-300.

Lawrie,R. A. ,Ledward,D. A. ,2006. Lawriés Meat Science,seventh ed. Woodhead Pub. Ltd. ,Cambridge,UK,pp. 235-263.

Leroy,F. ,Goudman,T. ,De Vuyst,L. ,2015. The influence of processing parameters on starter culture performance. In:Toldrá,F. ,Hui,Y. H. ,Astiasarán,I. ,Sebranek,J. G. ,Talon,R. (Eds.),Handbook of Fermented Meat and Poultry,second ed. Wiley-Blackwell,Ames,Iowa,USA,pp. 169-175.

Lijinsky,W. ,Epstein,S. S. ,1970. Nitrosamines as environmental carcinogens. Nature,London 225,21-24.

Luccia,A. Di,Picariello,G. ,Cacace,G. ,Scaloni,A. ,Faccia,M. ,Luizzi,V. ,Alvita,G. ,2005. Proteomic analysis of water soluble and myofibrillar protein changes occurring in dry-cured hams. Meat Science 69,479-491.

Maddock,R. ,2015. US products-dry sausage. In:Toldrá,F. ,Hui,Y. H. ,Astiasarán,I. ,Sebranek,J. G. ,Talon,R. (Eds.),Handbook of Fermented Meat and Poultry,second ed. Blackwell Pub,Ames,Iowa,USA,pp. 295-299.

Martin,M. ,2001. Meat curing technology. In:Hui,Y. H. ,Nip,W. K. ,Rogers,R. W. ,Young,O. A. (Eds.),Meat Science and Applications. Marcel-Dekker Inc. ,New York,pp. 491-508.

Moller,J. K. S. ,Jensen,J. S. ,Skibsted,L. H. ,Knöchel,S. ,2003. Microbial formation of nitrite-cured pigment,nitrosylmyoglobin,from metmyoglobin in model systems and smoked fermented sausages by *Lactobacillus fermentum* strains and a commercial starter culture. European Food Research and Technology 216,463-469.

Mora,L. ,Fraser,P. D. ,Toldrá,F. ,2013. Proteolysis follow-up in dry-cured meat products through proteomics approaches. Food Research International 54,1292-1297.

Mora,L. ,Escudero,E. ,Arihara,K. ,Toldrá,F. ,2015. Antihypertensive effect of peptides naturally generated during Iberian dry-cured ham processing. Food Research International 78,71-78.

Morrisey,P. A. ,Tichvayana,J. Z. ,1985. The antioxidant activities of nitrite and nitrosylmyoglobin in cooked meats. Meat Science 14,175-190.

Parolari,G. ,1996. Review:achievements,needs and perspectives in dry-cured ham technology:the example of Parma ham. Food Science and Technology International 2,69-78.

Pegg,R. B. ,Honikel,K. O. ,2015. Principles of curing. In:Toldrá,F. ,Hui,Y. H. ,Astiasarán,I. ,Sebranek,J. G. ,Talon,R. (Eds.),Handbook of Fermented Meat and Poultry,second ed. Blackwell Pub,Ames,

Iowa,USA,pp. 19-30. Processing,(F. Toldrá,Ed.) Ames,Iowa:Wiley-Blackwell,pp. 351-36.

Pegg,R. B. ,Shahidi,F. ,2000. Nitrite Curing of Meat. Food & Nutrition Press,Trumbull,CT,pp. 175-201.

Sánchez Mainar,M. ,Xhaferi,R. ,Samapundo,S. ,Devlieghere,F. ,Leroy,F. ,2016. Opportunities and limitations for the production of safe fermented meats without nitrate and nitrite using an antibacterial *Staphylococcus sciuri* starter culture. Food Control 69,267-274.

Schilling,M. W. ,Mink,L. E. ,Gochenur,P. S. ,Marriott,N. G. ,Alvarado,C. Z. ,2003. Utilization of pork collagen for functionality improvement of boneless cured ham manufactured from pale, soft, and exudative pork. Meat Science 65,547-553.

Sebranck,J. G. ,Cassens,R. G. ,Hockstra,W. G. ,1973. Partial recovery of nitrite nitrogen by kjeldahl procedure in meat products. Journal of Food Science 38,1805-1806.

Sebranck,J. G. ,Jackson-Davis,A. L. ,Myers,K. L. ,Lavieri,N. A. ,2012. Beyond celery and starter culture:advances in natural/organic curing processes in the United States. Meat Science 92,267-273.

Sharp,J. G. ,1953. Spec. Rept. Fd. Invest. Bd. ,Lond. ,No. 57.

Sheard,P. R. ,2010. Bacon. In:Toldrá,F. (Ed.),Handbook of Meat Processing. Wiley-Blackwell,Ames, Iowa,pp. 327-336.

Silorski,Z. E. ,Kolakowski,E. ,2010. Smoking. In:Toldrá,F. (Ed.),Handbook of Meat Processing. Wiley-Blackwell,Ames,Iowa,pp. 231-245.

Sikorski,Z. E. ,Sinkiewicz,I. ,2015. Principles of smoking. In:Toldrá,F. ,Hui,Y. H. ,Astiasarán,I. ,Sebranek,J. G. ,Talon,R. (Eds.),Handbook of Fermented Meat and Poultry,second ed. Blackwell Pub,Ames, Iowa,USA,pp. 39-45.

Sindelar,J. J. ,Milkowski,A. L. ,2012. Human safety controversies surrounding nitrate and nitrite in the diet. Nitric Oxide 26,259-266.

Taylor,A. A. ,Shaw,B. G. ,Jolley,P. D. ,1980. A modern dry-salting process for Wiltshire bacon. Journal of Food Technology 15,301-310.

Taylor,A. A. ,Shaw,B. G. ,Jolley,P. D. ,1982. Hot curing Wiltshire bacon. Journal of Food Technology 17,339-348.

Toldrá,F. ,Aristoy,M. C. ,2010. Dry-cured ham. In:Toldrá,F. (Ed.),Handbook of Meat Processing. Wiley-Blackwell,Ames,Iowa,pp. 351-362.

Toldrá,F. ,Flores,M. ,1998. The role of muscle proteases and lipases in flavor development during the processing of dry-cured ham. Critical Reviews Food Science & Nutrition 38,331-352.

Toldrá,F. ,Reig,M. ,2007. Ham. In:Hui,Y. H. ,Chandan,R. ,Clark,S. ,Cross,N. ,Dobbs,J. ,Hurst, W. J. ,Nollet,L. M. L. ,Shimoni,E. ,Sinha,N. ,Smith,E. B. ,Surapat,S. ,Titchenal,A. ,Toldrá,F. (Eds.), Handbook of Food Product Manufacturing,vol. 2. John Wiley Interscience of NY,USA,pp. 231-247.

Toldrá,F. ,Reig,M. ,2011. Innovations for healthier processed meats. Trends in Food Science & Technology 22,517-522.

Toldrá,F. ,Reig,M. ,2015. Biochemistry of muscle and fat. In:Toldrá,F. ,Hui,Y. H. ,Astiasarán,I. ,Sebranek,J. G. ,Talon,R. (Eds.),Handbook of Fermented Meat and Poultry,second ed. Blackwell Pub,Ames, Iowa,USA,pp. 49-54.

Toldrá,F. ,Reig,M. ,2016. Ham:cooked ham. In:Caballero,B. ,Finglas,P. M. ,Toldrá,F. (Eds.),Encyclopedia of Food and Health,vol. 3. Academic Press,Oxford,UK,pp. 303-306.

Toldrá,F. ,Mora,L. ,Flores,M. ,2010. Cooked ham. In:Toldrá,F. (Ed.),Handbook of Meat Processing. Wiley-Blackwell,Ames,Iowa,pp. 301-311.

Toldrá,F. ,1998. Proteolysis and lipolysis in flavour development of dry-cured meat products. Meat Science 49,S101-S1108.

Toldrá,F. ,2002. Dry-Cured Meat Products. Food & Nutrition Press,Trumbull,Ct.

Toldrá, F., 2006a. Biochemical proteolysis basis for improved processing of dry-cured meats. In: Nollet, L. M. L., Toldrá, F. (Eds.), Advanced Technologies for Meat Processing. CrC Press, Boca Raton, Fl, pp. 329-351.

Toldrá, F., 2006b. Dry-cured ham. In: Hui, Y. H., Castell-Perez, E., Cunha, L. M., GuerreroLegarrets, I., Liang, H. H., Lo, Y. M., Marshall, D. L., Nip, W. K., Shahidi, F., Sherkat, F., Winger, R. J., Yam, K. L. (Eds.), Handbook of Food Science, Technology and Engineering, vol. 4. CRC Press, Boca Raton, FL, pp. 164-171-164-211.

Toldrá, F., 2006c. The role of muscle enzymes in dry-cured meat products with different drying conditions. Trends in Food Science and Technology 17, 164-168.

Toldrá, F., 2006d. Meat fermentation. In: Hui, Y. H., Castell-Perez, E., Cunha, L. M., Guerrero-Legarreta, I., Liang, H. H., Lo, Y. M., Marshall, D. L., Nip, W. K., Shahidi, F., Sherkat, F., Winger, R. J., Yam, K. L. (Eds.), Handbook of Food Science, Technology and Engineering, vol. 4. CRC Press, Boca Raton, FL, pp. 181-1-181-12.

Toldrá, F., 2012a. Biochemistry of fermented meat. In: Simpson, B. K., Nollet, L. M. L., Toldrá, F., Benjakul, S., Paliyath, G., Hui, Y. H. (Eds.), Food Biochemistry & Food Processing. Blackwell Publishing, Ames, IO, pp. 331-343.

Toldrá, F., 2012b. Biochemistry of processing meat and poultry. In: Simpson, B. K., Nollet, L. M. L., Toldrá, F., Benjakul, S., Paliyath, G., Hui, Y. H. (Eds.), Food Biochemistry & Food Processing. Blackwell Publishing, Ames, IO, pp. 303-316.

Toldrá, F., 2012c. Dry-cured ham. In: Hui, Y. H., Ozgül, E., Chadan, R. C., Cocolin, L., Drosinos, E. H., Goddick, L., Rodríguez, A., Toldrá, F. (Eds.), Handbook of Animal-Based Fermented Foods and Beverages, second ed. CRC Press, Boca Raton, FL, USA, pp. 549e-564.

Toldrá, F., 2014a. Ethnic meat products: Mediterranean. In: Jensen, W., Dikemann, M. (Eds.), Encyclopedia of Meat Sciences, second ed., vol. 1. Elsevier Science Ltd., London, pp. 550-552.

Toldrá, F., 2014b. Curing: (b) dry. In: Jensen, W., Dikemann, M. (Eds.), Encyclopedia of Meat Sciences, second ed., vol. 1. Elsevier Science Ltd., London, pp. 425-429.

Toldrá, F., 2016. Ham: dry-cured ham. In: Caballero, B., Finglas, P. M., Toldrá, F. (Eds.), Encyclopedia of Food and Health, vol. 3. Academic Press, Oxford, UK, pp. 307-310.

Válková, V., Saláková, A., Buchtová, H., Tremlová, B., 2007. Chemical, instrumental and sensory characteristics of cooked pork ham. Meat Science 77, 608-615.

Wang, H., Andrews, F., Rasch, E., Doty, D. M., Kraybill, H. R., 1953. A histological and histochemical study of beef dehydration. Food Research 18, 351-358.

Watts, B. M., 1954. Oxidative rancidity and discoloration in meat. Advances in Food Research 5, 1-52.

Wu, D., Wang, S., Wang, N., Nie, P., He, Y., Sun, D.-W., Yao, J., 2013. Application of time series hyperspectral imaging (TS-HSI) for determining water distribution within beef and spectral kinetic analysis during dehydration. Food and Bioprocess Technology 6, 2943-2958.

Zhou, G.-H., Zhao, G.-M., 2015. Asian products. In: Toldrá, F., Hui, Y. H., Astiasarán, I., Sebranek, J. G., Talon, R. (Eds.), Handbook of Fermented Meat and Poultry, second ed. Blackwell Pub, Ames, Iowa, USA, pp. 377-381.

Zukal, E., Incze, K., 2010. Drying. In: Toldrá, F. (Ed.), Handbook of Meat Processing. Wiley- Blackwell, Ames, Iowa, pp. 219-229.

10 肉的贮藏与保鲜：Ⅳ. 贮藏与包装

Joe P. Kerry，Andrey A. Tyuftin
University College Cork，Cork City，Ireland

10.1 引言

鲜肉易腐烂，主要是其水分活度（water activity，a_w）高，富含细菌、酵母菌和霉菌生长所需营养素（Jay 等，2005）。用于抑制微生物破坏作用的传统干预方法有冷却、冷冻、干燥、盐渍、腌制、烟熏、化学防腐剂、辐照等（见第 7～9 章）。而采用适当的包装材料和方法，可延长贮藏期，最大限度地增强它们的保鲜效果，这是现代食品零售的需求。特别是使用气调包装（modified atmosphere packaging，MAP）、真空包装（vacuum packaging，VP）和活性包装能严格控制微生物腐败和氧化驱动的化学腐败，延长肉制品的保质期。

冷鲜食品的腐败涉及许多复杂的过程，会带来化学、物理、生化和生物变化（见第 6 章）。这些变化经常相互影响，因此，一个属性的变化可以影响所有其他属性（Walker，1992）。鲜肉冷却的主要目的是减弱微生物相关的酶活性。事实上，随着温度的降低，微生物的滞后期延长，生长速率加快（Walker，1992）。有文献记载，微生物利用新鲜肉类中的底物有三类，即氮源物质（蛋白质、氨基酸等）、糖酵解途径中起作用的化合物（包括乳酸、葡萄糖和糖原）和代谢产物（如乳酸和丙酮酸盐）（Nychas 等，2008）。实施干预措施前，了解肉类腐败的化学变化是很重要的。

乳酸菌、假单胞菌、腐败希瓦氏菌和热死环丝菌是鲜肉储存于低温、真空、气调包装或有氧，或低、高 pH 条件下生长的主要腐败菌（Garcia-Lopez 等，1998）。假单胞菌在有氧条件下生长旺盛，而乳酸菌、梭菌、芽孢杆菌、腐败希瓦氏菌和热死环丝菌更宜在无氧条件下生长（见第 6 章）。

值得注意的是腐败的类型与最初存在于肉上的微生物菌群直接相关，并且是由肉制品所处环境条件造成的（Nychas 等，1998）。

本章简要介绍鲜肉保鲜方法，包括新的冷却方法和包装方法。该鲜肉保鲜方法主要是通过微生物手段来减少肉与肉制品的腐败。

10.2 微生物对鲜肉品质的影响

鲜肉品质是消费者决定购买该产品的最重要因素。由于消费者喜好不同，鲜肉品质难以定义。鲜肉品质与宰前动物应激、肌肉结构、化学环境、加工、产品处理、宰后肌肉组织变化、微生物数量和类型等有关（Joo 等，2013；Lee 等，2010）。

鲜肉品质包括持水性、营养、肉色、嫩度、风味、腐败等。消费者对品质的感知很大程度上取决于人对外观、气味、口感和质地的感知（Joo 等，2013）。

对于鲜肉而言，尤其是红肉，肉色是最重要的品质特性，因为它是唯一基于感官的品质属性，可供消费者在购买时使用，以判断产品品质。肉的颜色取决于肌肉中肌红蛋白的含量，而肌红蛋白的含量受饮食、运动、环境因素和遗传因素等的影响。颜色稳定性取决于氧合肌红蛋白的氧化速率（Faustman 等，2010）。鲜肉中多不饱和脂肪酸的氧化也直接影响牛肉的颜色、气味和质地（Kanne，1994）。

对于鲜肉而言，嫩度是食用时最重要的因素。肉的嫩度与肌纤维和肉中发生的蛋白质水解、脂质氧化的程度直接相关（Lee 等，2010）。

在鲜肉的微生物腐败过程中，肉表面的微生物会产生新的物质（Jay 等，2005）。腐坏微生物以乳酸、葡萄糖、氨基酸、水溶性蛋白质和尿素为能量生长（Nychas 等，2008），同时产生有气味的化合物，如氨、H_2S、胺和吲哚（见第 6 章）。需要强调的是，乳酸菌分解葡萄糖产生的有机酸是肉类储存过程中产生异味的主要原因（Jay 等，2005；Nychas 等，1998）。

10.3 鲜肉保鲜的常用技术

10.3.1 冷却

鲜肉必须贮藏在微生物最适生长温度以下（见第 7 章）。当肉品低温保藏时，微生物活性受到抑制，但不会被破坏，一旦恢复最适生长温度，微生物就会快速生长（Berk，2013；Beaufort 等，2009）。

许多因素会影响冷却过程中散热速率。包装形状和大小、冷库内空气温度和风速、产品本身的属性（含水量、重量/密度、初始温度、比热容和潜热含量）等因素都会影响冷却速度（Hea，1992）。

10.3.2 微冻

牛肉冷却过程中冷却速度非常关键，过快或过慢都可能导致肉品品质不佳。微冻或超快速冷却（very fast chilling，VFC）使肌质网中的钙大量释放到肌浆中（Jaime 等，2012）。有研究表明，宰后早期在高 pH 下，钙离子的释放会激活钙激活酶，提升嫩化效果，降低冷收缩。Honikel（1998）证实，与 14d 后常规冷却的牛肉嫩度相比，快速冷却 7d 的牛肉嫩度就达到可以接受的水平。

产品微冻是指将食品冷却到其冰点以下 1~2℃（Magnussen 等，2008）。微冻有许多相互矛盾的定义，如 Beaufort 等（2009）认为微冻是食物刚好冷却至低于初始冷冻温度，而 Ando 等（2004）把微冻定义为食物冷却至低于 0℃，但不产生冰晶的温度区域的过程。微冻将低温影响和水到冰的转化进行结合，使产品不易受到自然变质过程的影响（Kaale 等，2011）。

微冻会抑制或停止大多数微生物的生长，从而延长鲜肉保质期，保质期是其他冷却方法的1.4~4倍（Magnussen等，2008）。在微冻过程中，肉表面形成冰，从产品内部吸收热量直到平衡，形成内部冰库，这样在储存或运输过程中，无需额外添加冰来降温或保温（Dunn等，2007）。

微冻对产品品质的影响很大程度上取决于产品种类、加工、储存和所使用的肌肉类型。为了快速冷却牛肉，可采用热剔骨法将牛肉从胴体中分割出，并将其降至适合的尺寸，以便快速降温（Taylor等，1998）。微冻技术在食品品质方面表现出很多优势（Hansen等，2009），在水产品上尤为突出。例如，Carlson（1969）发现当温度从-1℃降到-3℃时，鱼的货架期可以从21d延长到35d。Hansen等（2009）证明微冻减慢了鲑鱼片生化品质的下降，并且与冷冻储存产品相比，微冻产品的蛋白质变性和结构损伤较少。因此，快速冷却技术在控制食品微生物腐败方面特别有用。

10.3.3 化学防腐

几千年前，人类就学会将天然存在的有机、无机物质添加到食品中，以使其食用更安全，食用时间更长，使收集、捕获或收获的最初原材料增值。最初的食品添加剂在形式上是粗糙的，使用的是根、树皮、叶子、茎、磨碎的矿物粉末和粗提取的盐。随着时间的流逝和贸易路线在全球范围内开放，防腐剂具有天然着色或调味食品的能力，在食品使用中的形式更加完善，更加精细。由于各种各样的原因，香草和香料在食物使用中变得非常流行，至今仍然存在。几个世纪以来，它们用作防腐剂，促进了地方特色菜肴的发展。在过去的200年里，人们花了大量的精力去了解这些材料是如何保存食物的。研究发现已有成千上万的物质具有防腐效果，其中一些物质具有生物效应，是通过控制微生物生长来控制食物腐败的，而其他物质不具有生物效应，主要控制食品的物理化学腐败（特别是氧化反应）。随着技术的进步，我们可以更清楚地认识具有防腐功能的物质结构和化学性质，并最大限度地提取纯化这些物质。所以工业上应用的有可能是纯化的提取物，也有可能是生物合成的防腐剂。例如，迷迭香提取物，既可以是极性的也可以是非极性的，可以调制成各种颜色和风味强度，可作为抗氧化剂，也可作为抗菌剂，或者两者兼用。精油、植物化学提取物、乳酸、壳聚糖、乳酸链球菌素和溶菌酶等天然化合物都可用于肉品保鲜，并可延长其保质期（Zhou等，2010）。在零售和商业层面上，这一举措是为了避免使用合成防腐剂，而去使用那些更易被消费者接受的防腐剂。

化学防腐往往需要与某些包装方法结合，实现产品品质保持和保质期延长的目的。Kahraman等（2015）研究了迷迭香（*Rosmarinus officinalis L.*）、精油（essential oil，REO）和气调包装对鸡胸肉中某些致病菌（鼠伤寒沙门氏菌和单增李斯特菌）的存活率和7d冷藏期肉品品质的影响。在鸡胸肉中添加0.2%的精油能改善肉品颜色，降低脂质氧化，减少微生物数量。表10.1列出了部分用于肉制品的天然防腐剂。更多信息可参阅其他综述（Lucera 等，2012；Tiwari 等，2009）。此外，天然防腐剂可以单独使用，也可以与其他新型保鲜技术结合使用，从而替代传统方法（Tiwari 等，2009）。

表 10.1 用于肉制品的天然防腐剂（Lucera 等，2012）

产品及存储条件	天然化合物	主要结果
新鲜牛肉馅饼，气调包装	百里香酚（250、500、750mg/kg）	气调包装条件下货架期约 7d，百里香酚浓度越高，产品品质越高
碎牛肉与大豆蛋白混匀，4℃储存	鼠尾草精油（0.1%、0.3% 和 0.5%）	0.5%精油控制主要微生物的生长
肉丸，10℃储存	0.2%蔓越莓、迷迭香和独活草提取物	迷迭香提取物是最有效的，产品货架期为 13.3d
香肠，真空包装，4℃储存	乳酸钠（0%、0.6%、1.2%，1.8%）替代亚硝酸盐	乳酸钠能抑制微生物生长，延长货架期，比亚硝酸盐的抗菌效果更好
新香肠	牛至和马郁兰精油	牛至和马郁兰精油有抑菌作用
鸡翅，4℃储存	用二氧化氯、乳酸和富马酸浸渍处理 10min	单独用乳酸处理样品对大肠杆菌和嗜温性细菌的杀菌效果最好
新鲜鸡肉，气调包装，4℃储存	乳酸链球菌素、乙二胺四乙酸单独或结合处理	采用 500IU/g 乳酸链球菌素和 50mmol/L 乙二胺四乙酸处理，鸡肉能更好保存，甚至能超过 24d
新鲜牛肉	有机酸（柠檬酸、乳酸、乙酸、酒石酸）	有机酸能显著延长保质期
新鲜鸡肉肠，4℃储存	迷迭香或香椿（500、1000、1500mg/kg）	香椿和迷迭香能改善肉品品质
火鸡腊肠，4℃储存	涂上含有尼萨普林和 Guardian 的明胶	尼萨普林薄膜和 Guardian 薄膜均能有效抑制单增李斯特菌
肉块	牛至精油与乙酸结合使用	精油与有机酸的结合抑制微生物生长和金黄色葡萄球菌等致病菌增殖

在肉制品加工中使用防腐剂，须经法律批准。Suppakul 等（2003）从法律角度对各种食品添加剂的使用情况进行了综述，他们指出，虽然合成食品添加剂和防腐剂适用于食品保存，但欧盟（EU）认为，天然来源防腐剂存在的健康风险较低，具有更大的商业前景（表 10.2）。

10.3.4 电离辐照

自从最初发现放射性核素能够通过高能粒子和 X 射线引起 DNA 损伤以来，研究发现电离辐照在保持食品质量、延长保质期方面具有应用前景（见第 8 章）。X 射线和粒子的穿透能力很强，可破坏包装食品表面的微生物（Lawrie 等，2006）。这种穿透能力会减少微生物数量，因此比热处理更有效（Aymerich 等，2008）。辐照剂量对食品成分和品质的影响已得到广泛研究。Graham 等（1998）表明，正确应用辐射剂量，肉制品中最敏感的营养素——硫胺素则不会被破坏。在英国，食品条例（1990）标明了允许的最大辐照剂量（如家禽 7kGy），所有辐照食品都必须在标签中标明。辐照技术已被 50 个国家接受（Aymerich 等，2008；Zhou 等，2010）。^{137}Cs 和 ^{60}Co 等放射性核素被批准用于食品辐照（Zhou 等，2010）。然而，消费者特别是欧盟普遍反对辐照食品。

表 10.2 欧盟法律批准的食品添加剂（Suppakul 等，2003）

添加剂	欧盟立法机关颁发的代号
乙酸	E260
苯甲酸	E210
丁基羟基苯甲醚	E320
香芹酚	
乙二胺四乙酸	
柠檬酸	E330
乙醇	E1510
乳酸	E270
月桂酸	
苯甲酸钠	E211
山梨酸	E200

10.3.5 其他肉与肉制品保鲜技术

近年来，消费者对生鲜肉与预调理食品的区别越来越模糊。生鲜肉以生酱、卤汁、爆炒或用草药和香料调味等方式处理。这些冷藏产品需要经过热加工后才能食用，确切地说，热处理是区分生肉、加工肉和预调肉的主要工艺。

前面已介绍了常规的保鲜技术，过去二十年，还出现了一些新的保鲜技术，如高压处理、超声波和等离子体处理等，可延长生肉或鲜肉制品的保质期，本章不再赘述。

无论采用何种保鲜技术来延长产品的保质期，必须配以合适的包装。因此，可以明确地说，为了延长保质期，包装是最重要的。

10.3.6 用于鲜肉和肉制品的包装技术

鲜肉和肉制品通常使用特定的包装材料（通常是层压或共挤出的聚合物薄膜和/或托盘）和方法进行包装。通过抽真空来去除气体或通过充入混合气体（气调包装）或允许气体随时间缓慢渗透通过包装材料（外包装）来创建包装系统。

以下部分更详细地介绍这些方法。

10.3.7 真空包装

真空包装是从包装环境中除去气体（尤其是氧气）的过程，从而产生缺氧环境，抑制腐败菌的生长，延长产品的保质期。通常将肉类产品包装在一个透气性差的热收缩塑料袋中，抽真空后热封以确保产品密封。肉品真空包装的一个实例如图 10.1 所示。产品表面与包装材料的紧密接触是确保真空包装有效的关键（Gill 等，1991）。真空包装肉保留了宰后肌肉的暗紫色，代表脱氧肌红蛋白的颜色。由于消费者不喜欢这种肉色，认为真空包装是不好的，但真空包装零售分割肉已被广泛接受。

由于真空包装的产品在热封过程中暴露在高温下，可能会激活嗜冷和耐寒孢子，从而导致早期发生涨袋腐败（Bell 等，2001）。由于梭菌等细菌严格厌氧，真空包装为其生长和腐败提供了理想的环境。使用真空包装的真正好处是制造缺氧环境，抑制假单胞菌等肉品好氧腐败菌的生长，大大延长产品保质期。真空包装的红肉通常会在数周内腐败变质，一般是由热死环丝菌或乳酸菌引起的。对于远距离运输肉类，应该重视这类问题（Adam 等，2013）。

10.3.8 热收缩包装

热收缩包装是真空包装的一种形式，它的优点在于它比真空包装更快，并且通常使用低成本薄膜。这种包装方法在肉制品尤其长保质期的产品没有广泛应用，更适用于肉类运输。热收缩包装将肉品紧密地包裹在一起，降低包装角被传送带夹住的可能性，提高包装材料的阻隔性能，改善外观，减少了产品的滴水损失。热收缩包装的例子如图 10.2 所示。

图 10.1 牛肉真空包装的实例

正如真空包装的热封可能会导致涨袋，有人认为热缩处理可能会激活产品中芽孢杆菌的生长，引发涨袋现象。有研究将芽孢杆菌接种到鲜肉中，之后真空包装和热缩处理，与未经热缩处理的肉品相比，涨袋现象发生得更早（Bell 等，2001）。Moschonas 等（2011）研究了短时热收缩处理和冷藏温度对涨袋起始时间的影响，用 5 种产气梭菌的 10^3CFU/cm^2 孢子悬浮液接种于牛排，并真空包装和不同程度的热处理，分别是 50℃加热 15s、70℃加热 10s、90℃加热 3s 以及未进行热处理。然后分别在-1.5℃、1℃或 4℃条件下贮藏，每天检查涨袋现象。结果表明，包装处理和贮藏温度对涨袋起始时间均有显著影响。避免高温热缩处理（90℃/3s 或 70℃/10s），采用低温贮藏（-1.5℃），可以有

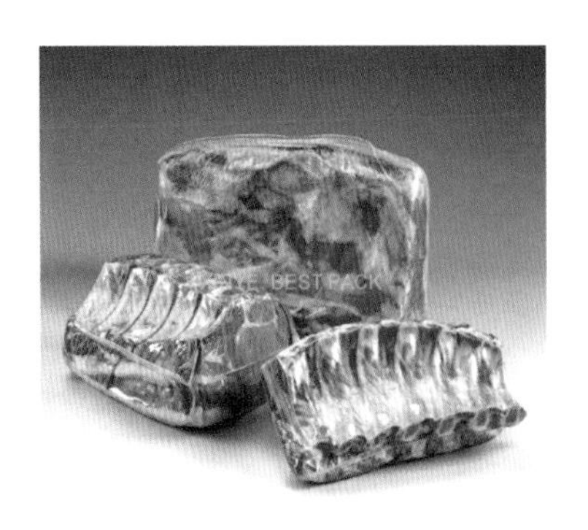

图 10.2 热收缩包装牛排实例

效降低真空包装肉的涨袋风险。

Bell 等（2011）研究了真空包装热收缩的热缩处理是否影响涨袋的发生。他们将梭菌 NCIMB 12511 和其他 5 种耐冷梭菌分离株接种于牛外脊包装袋。一些包装袋加热收缩，分别在-1.5℃、1℃或 4℃储存，而其他包装袋则不进行热处理。研究结果表明，包装后热收缩处理加速了涨袋的发生。

10.3.9 真空贴体包装

在真空包装应用中，包装内会出现空隙和皱褶，引起肉的汁液渗出，容易引起微生物的生长，对肉品保鲜带来不利影响。真空贴体包装（vacuum skin packaging，VSP）是将肉块放在由聚苯乙烯或聚丙烯制作成的高阻隔托盘中，然后将真空密封阻隔膜加热收缩，以符合产品的形状（Belcher，2006）。

使用真空贴体包装能减少空隙和褶皱，最大程度地抑制细菌生长，并延长产品保质期。与标准真空包装相比，真空贴体包装中氧气含量降低，最大限度地减慢氧化反应，并抑制好氧微生物的生长。真空贴体包装中产品上部的盖膜被加热，使在产品周围的薄膜紧紧收缩（Vázquez 等，2004）。与真空包装和热收缩包装一样，热封操作和热收缩过程可能产生足够的热量，促进厌氧微生物腐败和孢子萌发（图 10.3）。

图 10.3 真空贴体包装（真空过程中肉放在托盘上，覆盖一层贴体膜）

Lagerstedt 等（2011）研究了真空贴体包装与真空包装、高氧（80%）气调包装对牛肉品质特性的影响。首先将牛分割肉真空包装，成熟 7d，再切成小块，分别冷冻、贴体包装、真空包装储存或气调包装，再储存 7d 或 17d。结果表明，与气调包装样品相比，真空贴体包装的样品贮藏损失更低，感官评分更高。

10.3.10 气调包装

肉类气调包装一直是最可靠的零售包装方法之一，用于延长汉堡、里脊排、香肠、碎肉和牛排等产品的保质期（图 10.4），是一种受消费者喜爱的包装方式。无论是碎肉产品还是块肉产品，气调包装都是这些产品包装的选择，因为它允许产品呈现各种外观，防止肉品挤压。近年来，气调包装受到真空贴体包装的挑战。

气调包装通过改变包装内的气体组成来保存食物。气体组分与大气不同，需要根据包装产品的实际情况来控制。可用于食品保鲜的气体主要包括二氧化碳（CO_2）、氧气（O_2）和氮气（N_2），因为这些气体具有一些特性。

图 10.4 碎肉气调包装

使用 CO_2 是因为它具有选择性的抑菌特性，可抑制或延缓好氧腐败菌（如假单胞菌）的生长，这种细菌对 CO_2 比较敏感，即使低浓度也能抑制其生长（Hintlian 等，1987；Cooksey，2014；Vermeulen，2013）。但对于肉品和其他大多数食品的气调包装而言，CO_2 浓度约为 20%（Stiles，1990）。值得注意的是，CO_2 不能抑制所有微生物的生长。如乳酸菌在有 CO_2 和低氧的环境下能很好地生长。CO_2 会被包装的食品部分吸收，其吸收程度主要取决于包装产品中脂肪和水分含量以及贮藏温度（Jakobsen 等，2000、2004）。一般来说，产品的脂肪和水分含量越高，保存温度越低，产品吸收的 CO_2 越多。肉品吸收 CO_2 过多，会导致水分流失，质地变差和肉色改变。O_2 用于保持肉的鲜红色泽，但会促发氧化反应，导致脂质氧化、蛋白质氧化、微生物生长和维生素降解。N_2 是一种惰性气体，它的主要功能是置换氧气，并平衡包装的 CO_2 水平，防止包装破裂。在实际应用中，也有用其他气体的。例如，一氧化碳用来保持肉的红色，氩气用来取代肉品包装袋中的 N_2（Day，1992；Hunt 等，2008）。

10.4 用于鲜肉与肉制品的包装材料

10.4.1 阻隔材料

自 20 世纪中叶以来，商业食品包装材料和包装形式发生了巨大变化。包装材料、包装形式的发展以及冷却技术的改进和配送链的巨大发展，极大延长了产品保质期，使得肉类等新鲜食品可以配送到更远的地方。在塑料包装之前，肉类等产品主要采用罐头包装，以满足远距离配送的需要。

塑料的发展给食品工业、零售业和消费者带来了许多好处。塑料重量轻，外观清晰，易于处理，坚韧、坚固，不透水或气，能够着色和印刷，可热封成形，从而产生了术语——热塑性塑料，目前仍用于这些材料。后来人们发现，在层压结构或共挤出工艺中，将不同的塑料组合在一起，包装的效果比单一材料的塑料效果更好。

目前肉类工业中最常用的塑料是聚乙烯、聚丙烯、醋酸乙烯酯、聚氯乙烯、聚偏二氯乙烯（polyvinylidene chloride，PVDC）、聚酰胺（polyamide，PA）、聚对苯二甲酸乙二醇酯、聚苯乙烯、乙烯-乙烯醇（ethylene vinyl alcohol，EVOH）和聚乙烯醇。这些塑料通常用于薄膜或托盘的层压结构，如果将薄膜和托盘组合在一起使用时，必须考虑两者的兼容性，确保产品能够严格密封。

鲜肉包装时，会产生独特的生态系统。环境条件会对肉品特性产生影响，特别是气体环境和温度。肉品微生物主要存在于产品表面，会受到所处环境的影响。通常，如果是高氧包装，温度过高，会加快微生物生长繁殖和产品腐败；此外，还会发生生化和化学变化，造成产品的品质劣变。因此，必须控制贮藏温度，确保所使用的包装材料阻气性高，防止氧气从包装外进入包装中。

肉品包装材料的阻隔性能可以表示为渗透性或透过率。氧气透过率（Oxygen transmission rate，OTR）是指在标准温度、压力下一天内穿透 $1m^2$ 薄膜的氧气的体积［$mL/(m^2 \cdot 24h)$］。同样，水蒸气透过率（water vapor transmission rate，WVTR）是指在标准温度、压力下一天内穿透 $1m^2$ 薄膜的水蒸气的质量［$g/(m^2 \cdot 24h)$］。

10.4.2 薄膜气体阻隔性评估

薄膜的阻隔性能评估有几种标准测试方法。测定包装材料 O_2 透过率的最有用标准是 ASTM D 3985，它采用了特殊的 O_2 传感器。标准化最有用的设备之一是 MOCON Ox-Tran module（MOCON 公司，美国）［图 10.5（1）］。薄膜样品安装在两个单元之间，其中存在两种气体。一侧，提供含有 2%H_2 的 N_2 混合气体。另一侧，提供单一的高纯氧源［图 10.5（2）］。O_2 流入的一侧加压，从而迫使 O_2 通过薄膜或包装材料。为了对 O_2 进行评估，O_2 被定向引入传感器，从另一侧流出［图 10.5（2）］。氧气进入镍镉阳极，与阴极材料反应生成氢氧化镉，传感器可以检测到电信号，从而可以显示氧气透过率。

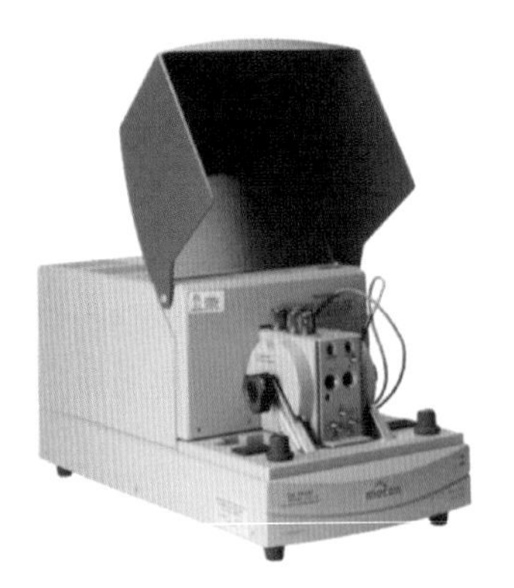

（1）MOCON Ox-Tran module

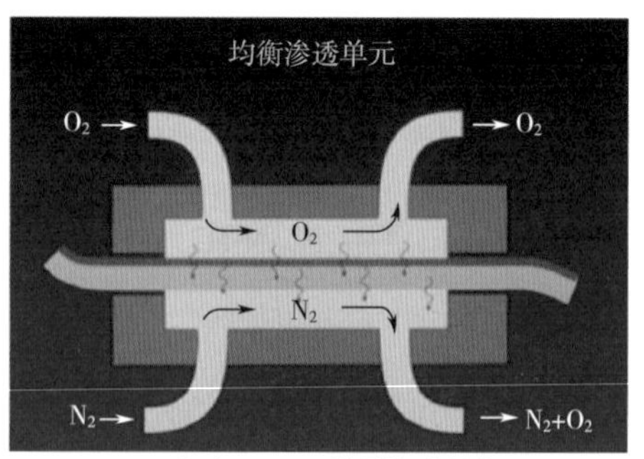

（2）MOCON单元渗透理论

图 10.5 包装材料 O_2 透过率测定设备和原理

水蒸气透过率测量也采用了同样的原理，但用水蒸气代替 O_2，并且只使用纯 N_2 气体作为载气（WVTR——Current MOCON PERMATRAN-W 方法的 ASTM——F1249 标准）。

聚合物材料的阻隔性能受到材料所处环境的影响，并受到温度、相对湿度、材料类型和材料厚度等因素的影响。不同包装材料的氧气透过率、水蒸气透过率以及肉品包装所需的最佳 O_2 阻隔值如图 10.6 所示。

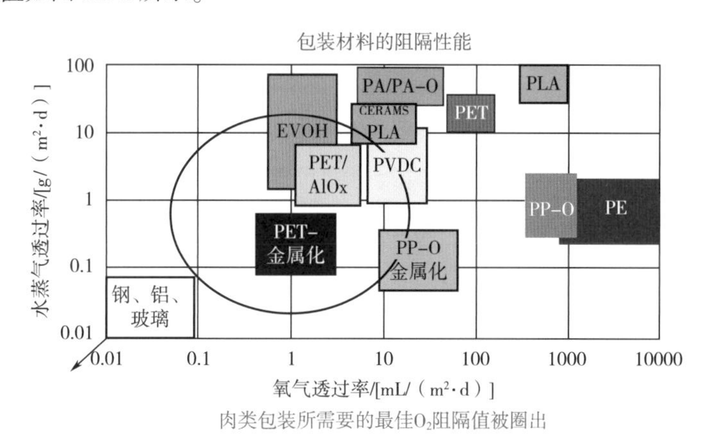

图 10.6 不同包装材料的氧气透过率（OTR）和水蒸气透过率（WVTR）

EVOH—乙烯-乙烯醇 PA—聚酰胺 PET—聚对苯二甲酸乙二醇酯 PLA—聚乳酸 PP-O—取向聚丙烯 PVDC—聚偏二氯乙烯

聚酰胺是肉品工业中广泛使用的聚合物。它用于肉品包装的众多原因之一是它的氧气阻隔性能高［标准温度压力下，氧气透过率为 10~50mL/（m^2·d）］。聚酰胺与聚烯烃具有合适的聚合性或层压性，能确保包装密封性，在肉类包装中的应用十分广泛，如阻隔托盘、真空贴体包装或气调包装盖膜。用于肉品包装的不同塑料材料的阻隔性能如表 10.3 所示。

表 10.3 畜禽肉主要包装树脂的性质（基于 1mL 薄膜的数据）（Kenneth，2008）

包装树脂	水蒸气透过率/［g/（m²·d）］	氧气透过率/［mL/（m²·d）］	撕裂强度/（g/mL）	透光性/%	热封温度/℃	备注
聚氯乙烯	1.5~5	8~25	400~700	90	135~170	防潮，耐化学品
聚偏氯乙烯	0.5~1	2~4	10~19	90	120~150	阻隔水蒸气，硬度高，耐磨
聚丙烯	5~12	2000~4500	340	80	93~150	清晰、易加工
高密度聚乙烯	7~10	1600~2000	200~350	—	135~155	用于结构
低密度聚乙烯	10~20	6500~8500	150~900	65	120~177	盖膜：高强度，低成本的密封胶
乙烯-乙烯醇	1000	0.5	400~600	90	177~205	阻隔氧气
聚酰胺	300~400	50~75	15~30	88	120~177	耐热、耐磨，清晰，易加热成形，可印刷
聚对苯二甲酸乙二醇酯	15~20	100~150	20~100	88	135~177	耐磨、耐化学腐蚀

薄膜的性能取决于所用材料和类型。当配送冷链较长时，标准温度压力下，聚酰胺的氧气透过率为 50mL/（m^2·d），阻隔性能中等，无法长时间保存肉品。这种情况可以通过聚合物在制造点的取向（控制拉伸）来改善（聚酰胺转变为取向聚酰胺）。这一过程改善了许多与聚合物相关的物理性能，尤其是阻隔性能。如果这还无法充分改善渗透情况，可以在聚酰胺层和聚烯烃层之间加入或层压另一种聚合物，如乙烯-乙烯醇共聚物［标准温度压力下，氧气透过率低于 5mL/（m^2·d）时取决于使用的薄膜厚度］。乙烯-乙烯醇由聚乙烯组分和可溶于水的阻气组分组成，聚乙烯组分具有热塑性、疏水性，在浇铸和吹塑挤出过程中具有非常好的加工性能（图 10.7）。

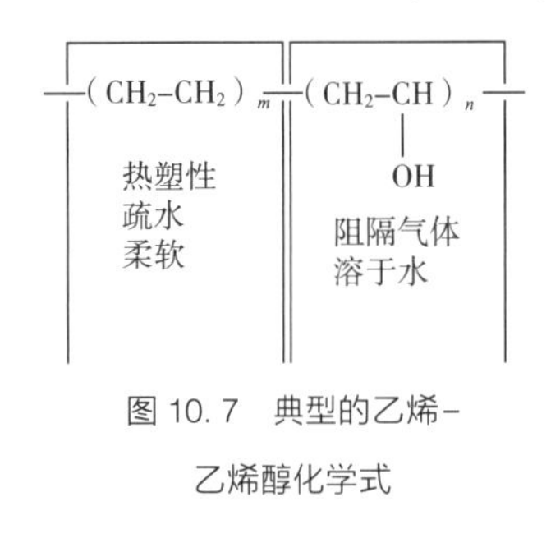

图 10.7　典型的乙烯-乙烯醇化学式

由于乙烯-乙烯醇共聚物存在 OH 基团，该聚合物可以在高湿度条件下与水快速相互作用。这是上文所述的乙烯-乙烯醇共聚物层必须夹在聚酰胺和聚烯烃之间的原因。为了延长鲜肉保质期，在共挤出工艺中可在塑料托盘或柔性薄膜中添加乙烯-乙烯醇。根据乙烯-乙烯醇供应商 Kuraray 的介绍，在 2℃、气调包装条件下，肉糜放在聚对苯二甲酸乙二醇酯（PET）/乙烯-乙烯醇（EVOH）/聚乙烯（PE）（302μm）（高阻隔结构）托盘中，并覆盖高阻隔盖膜［聚丙烯（PP）/聚氨基甲酸酯/聚乙烯（PE）/乙烯-乙烯醇（EVOH）/聚乙烯（PE）］（58μm），可以贮藏 1 周。

乙烯-乙烯醇易加工，可作为真空包装的热收缩阻隔包装材料。热收缩聚乙烯（PE）/乙烯-乙烯醇（EVOH）（EVAL，Kuraray 品牌）/聚乙烯（PE）横截面与聚偏二氯乙烯（PVDC）薄膜横截面的比较如图 10.8 所示。

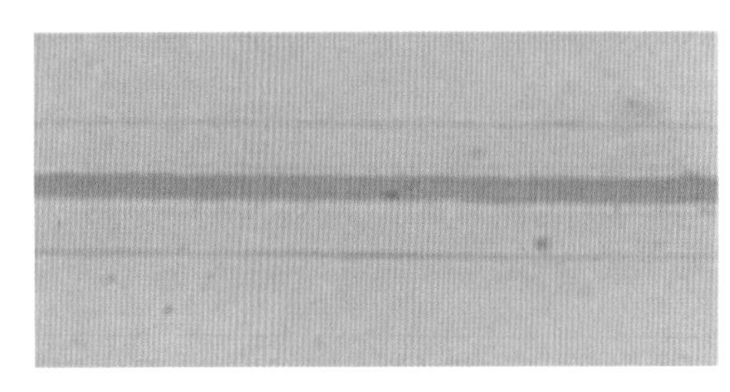

（1）EVAL品牌的乙烯-乙烯醇膜　　（2）PVDC膜

图 10.8　加热收缩后的乙烯-乙烯醇（1）和聚偏二氯乙烯（2）多层结构薄膜的横截面

如图 10.8 所示，与聚偏二氯乙烯薄膜相比，乙烯-乙烯醇（EVAL，Kuraray 品牌）的收缩张力略低，这意味着薄膜可以紧紧贴附在鲜肉制品上，而不会过度挤压产品，使多余肉汁流入包装边缘。

10.4.3　阻隔包装中的纳米技术：纳米涂层和纳米填料

如上所述，乙烯-乙烯醇是一种良好的气体阻隔材料；然而，OH 基团的存在使其在高湿度环境下容易受潮，使其失去气体阻隔性。然而，最近日本 Gohsei 公司采用纳米技术解决了这个问题。

纳米技术是材料、设备或结构的制造、表征或操作过程，尺度为 1~100nm（Duncan，2011）。尽管具有相同的成分，纳米颗粒、大分子和其他纳米级物质与非纳米材料的化学和物理性质显著不同（Duncan，2011）。目前包装工业中有许多纳米技术，如纳米层共挤出工艺、纳米涂层和纳米颗粒添加到薄膜或涂料中。纳米技术可用于包装材料，以产生新的特性或增强现有的特性。

在食品包装工业中最常用的纳米颗粒是纳米黏土，以蒙脱石（MMT）的形式使用（Pereira de Abreu，2010），如图 10.9（1）所示。

蒙脱石黏土由纳米级硅酸铝镁片组成。它们的厚度为 1nm，直径为 100~500nm（Arora 等，2010）。当它们从聚合物上剥落时，会形成迷宫结构，产生障碍并减弱气体分子穿过包装材料的穿透能力，从而提高这些材料的阻隔性能［图 10.9（2）］。曲折的路径增加了通过包装的平均气体扩散长度，从而延长食品保质期（Duncan，2011）。

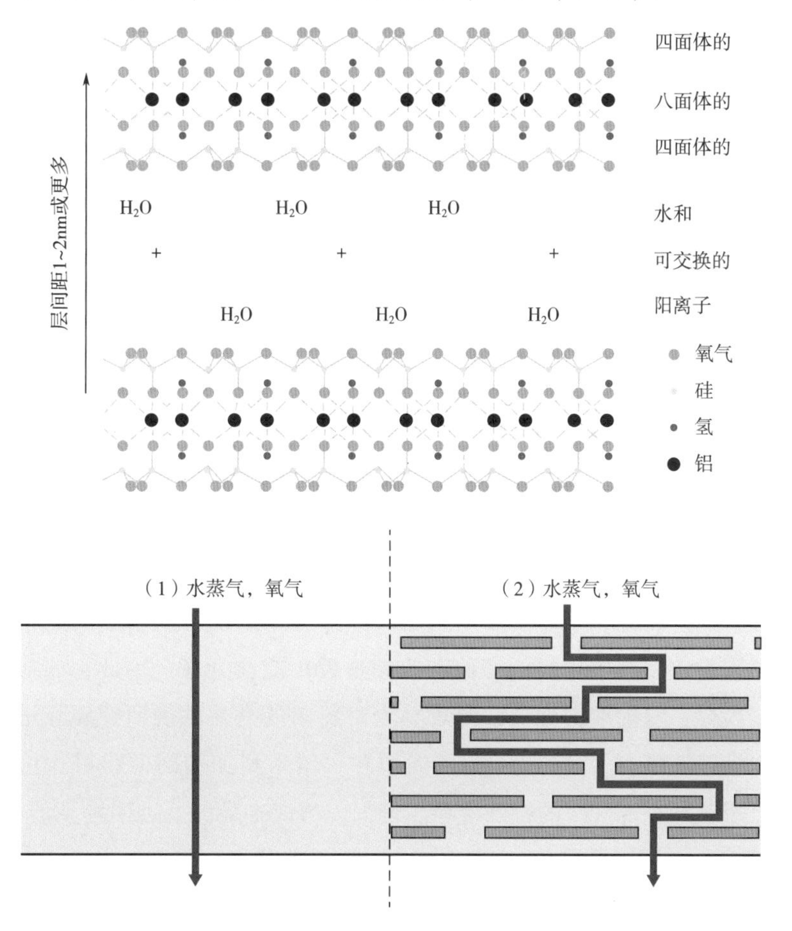

图 10.9　蒙脱石黏土的结构（上）：（1）没有纳米黏土，O_2 和水蒸气通过薄膜的路径；（2）右边聚合物中加入剥落的纳米黏土，形成迷宫结构，O_2 和水蒸气通过薄膜的路径（资料来源：Arora and Padua，2010；Duncan，2011.）

乙烯-乙烯醇共聚物中添加 MMTs 复合材料可改善其氧气阻隔性。与常规乙烯-乙烯醇相比，Sornol NC7003（Gohsei，日本）乙烯-乙烯醇中加入氧阻隔 MMTs，能明显改善阻隔性能，尤其是鲜肉制品存放在高湿度环境下。纳米黏土可以添加到类似聚合物聚酰胺中，从而增强阻隔性能。PA-6 与含有 MMTs 的 PA-6（纳米-PA 6）的氧气阻隔性能比较如图 10.10 所示。聚合物中加入 MMTs 可使氧气阻隔性能提高多达 62%，并证明该方法可成功用于军用肉品。

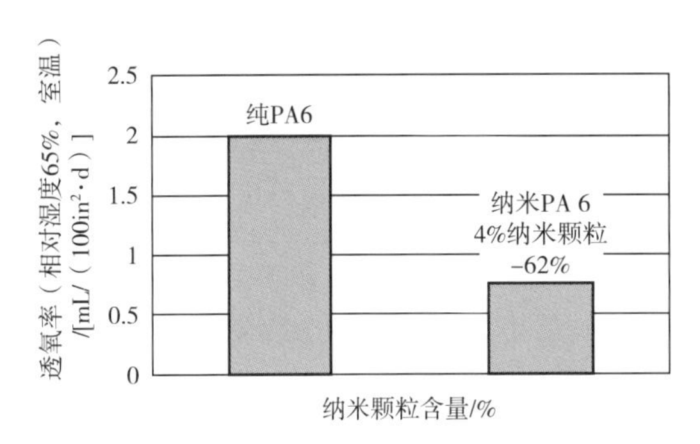

图 10.10 聚酰胺（PA）-6 与含有 MMTs（Nanor，美国） PA-6（nano-PA 6）氧气透过率比较

注：$1in^2=6.4516cm^2$。

另一种具有成本效益的纳米技术方法，如纳米涂层，能够通过用铝或二氧化硅涂覆常规包装材料（Alcan 涂层技术，Amcor）来提高其阻隔性能。应用材料公司（美国）开发了将氧化涂层 AlO_x 或 SiO_x 涂覆到聚对苯二甲酸乙二醇酯，双向拉伸聚丙烯（BOPP），取向聚丙烯和取向聚乳酸材料上的在线工艺和设备。

涂有纳米氧化物的薄膜对气体和水蒸气的阻隔性很高。例如，使用 AlO_x 纳米涂层后，标准温度压力下，普通聚对苯二甲酸乙二醇酯的氧气透过率能从 110mL/（m^2·24h）降低到 2mL/（m^2·24h）。此外，使用特殊的阻隔涂料后，标准温度压力下，薄膜的氧气透过率只有 0.01mL/（m^2·24h），该材料的阻隔性能可与金属箔相媲美，但又具有新鲜食品应用的重要特性——透明性。氧化物涂层是环保的，涂层材料可以回收利用。含有取向聚烯烃的层压纳米涂层可用于：产品可见的覆盖膜，蒸馏或真空包装的袋子以及气调包装盖膜。在市场上销售涂有纳米涂层 AlO_x 的聚对苯二甲酸乙二醇酯薄膜公司有 Amcor（美国）的 Ceramis、Torayfilms（日本）的 Barrialox、Ultimetfilms（英国）的 CeramAlO_x、Danaflex Nano（俄罗斯）的 NANALOX。

涂有 AlO_x- 或 SiO_x-涂层的聚对苯二甲酸乙二醇酯比聚酰胺薄膜便宜，阻隔性能更高，但抗裂性较低。因此，聚对苯二甲酸乙二醇酯纳米涂层薄膜用于肉品真空贴体包装是有问题的，因为肉品周围材料的弯曲和收缩过程可能会开裂。因此，评估氧化物涂层在双轴取向聚丙烯、双轴取向聚酰胺等聚合物材料中的有效性的研究正在进行，双轴取向聚酰胺对肉品工业更有意义。乙烯-乙烯醇和含纳米添加剂的薄膜可作为该问题的解决办法，也可用于含有 MMTs 的特殊涂料。例如，与成本最低、透明性高的 O_2 阻隔材料乙烯-乙烯醇相比，Inmat 的商品 Nanolok PT ADV-7 降低了材料和工艺的成本。它的涂层厚度范围为 0.5~0.8μm，比 10~20μm 的乙烯-乙烯醇的 O_2 阻隔性好，比含有聚偏二氯乙烯涂层的聚对苯二甲酸乙二醇酯的 O_2、湿气阻隔性好。这些透明涂层可用于商业轧辊涂层设备，同时提供性能良好、价格昂贵的真空和等离子沉积涂层（Inmat，美国）。

适用于肉类的不同包装结构如表 10.4 所示。

表 10.4　　用于鲜肉的不同包装材料结构

包装类型	结构	优势	不足之处
真空	PE/PA	价格低廉，抗穿刺性好	保质期短
	PE/EVOH/PE/PA	价格中等，阻隔性高	
	PE/EVOH 纳米黏土/PE/PA	阻隔性超高，保质期长，抗穿刺性好	价格昂贵
	PE/PA 纳米黏土	阻隔性高，抗穿刺性好	价格昂贵
	PETAlO$_x$，SiO$_x$/PE	阻隔性高，比 PE/PA 价格便宜，可持续	对划痕敏感
气调包装	盖膜		
	PE/PA	成本低，抗穿刺性好	保质期短
	PE/EVOH/PE/PA	阻隔性高	
	PE/EVOH 纳米黏土/PE/PA	阻隔性超高，延长保质期	价格昂贵
	PETAlO$_x$，SiO$_x$/PE	成本低，阻隔性高，比 PE/PA 成本低	抗穿刺性差
	托盘结构		
	PET/EVOH/PE		
	PE/tie/PA/EVOH/PA/tie/PE		
	PA/EVOH/tie/PE		
贴体包装	托盘结构：苯乙烯或 PP 真空 收缩膜：PP/EVOH/PP	价格低廉	阻隔性低
真空热收缩	PE/EVOH/PE	收缩后阻隔性更高，收缩张力更低	价格更加昂贵
	PVDC	无需与 PE 共挤出就可可使用	阻隔性低，影响环境
	乙烯醋酸乙烯酯/PVDC	抗穿刺性强	不环保

注：EVOH—乙烯-乙烯醇；PA—聚酰胺；PE—聚乙烯；PET—聚对苯二甲酸乙二醇酯；PP—聚丙烯；PVDC—聚偏二氯乙烯。

10.4.4 抗菌包装

为了使包装薄膜具有抗菌性，在包装薄膜中使用抗菌剂，从而延长保质期，提高食品安全性（Cruz-Romero，2013）。迄今为止，研究人员和公司开发了许多种类的抗菌膜。抗菌剂可通过使用易接触、可直接用于食品表面的生物活性涂料直接掺入包装膜中，可以通过袋子或标签贴在包装上，可以通过使用天然抗菌聚合物或具有成膜特性的涂层直接涂在包装表面（Coma，2008）。例如，市售抗菌剂 Sonacoat（MONDI）已用作火腿包装的活性涂层。它可以印刷在纸板、纸张、聚对苯二甲酸乙二醇酯薄膜上，并且具有抗真菌和抗细菌性能。

抗菌包装是智能包装的一种形式；所使用的材料通过非迁移、固定化直接接触肉类或通过抗生素缓慢迁移到肉表面（直接接触）或通过将抗菌剂释放到包装环境（间接接触）显示抗菌效果。抗菌剂可以通过使用小袋、标签、涂料等引入肉类包装系统。许多公司为包装行业生产抗菌添加剂，包括通过挤压工艺将其加入到塑料包装材料中。Biomaster（Addmaster）和POLYBATCH（A. Schulman）是抗菌剂或抗菌母粒，能主动干扰细胞功能，抑制细菌生长。MCX 122，009（RTP 公司）是一种25%的银基母料，用于制造聚乙烯和聚丙烯薄膜，还有许多其他产品可在市场上买到。Appendini 等（2002）、Suppakul 等（2003）、Quintavalla 等（2002）、Singh 等（2016）对抗菌包装进行了综述，这些综述为肉品行业使用抗菌活性包装材料提供了参考。许多包装中使用的抗菌剂如表 10. 5 所示。

表 10. 5 用于智能包装中的抗菌化合物

种类	举例	种类	举例
醇	乙醇	有机酸	苯甲酸、柠檬酸
细菌素	Bavarcin、乳酸菌素 Lacticin、Nicin	有机酸盐	山梨酸钾、辛酸钠
螯合剂	柠檬酸、乙二胺四乙酸、Lactoferin、多磷酸盐	天然提取物	苦橙提取物
酶	葡萄糖氧化酶、乳过氧化物酶	多糖	壳聚糖、溶菌酶
脂肪酸	月桂酸	金属氧化物	ZnO、TiO、CuO
天然酚类	儿茶素	银基化合物	$AgSiO_2$、Ag 胶体、Ag 纳米粒子

自古以来，银一直用于减少饮用水中的细菌，也可用于延长牛奶的保质期。含有银离子和银纳米颗粒的纳米黏土和沸石，目前用作包装材料的添加剂，可在薄膜挤出过程中作为母粒或胶体溶液加入。用于包装的银添加剂商品包括 AgION、Apacider、Bactekiller、Bactiblock、Biomaster、IonPure、IrgaGuard、Novaron、Surfacine 和 Zeomic。

在生物可降解材料方面，目前正在研究的是第三代可食用包装和涂料。最近，Clarke 等（2017）开发了含有抗菌剂的食用涂料，以增强鲜牛肉保质期的稳定性。这些作者将苦橙提取物或辛酸钠添加到涂有等离子体处理的 PE/PA 层压涂层的食用牛肉明胶薄膜中，这些涂层表现出强烈的抗菌活性，因此与贮藏在 4℃ 的对照样品相比，处理组使真空包装牛肉的保质期延长至 14d 以上。平板覆盖试验中，支链淀粉制成的透明薄膜，短梗霉菌产生的食用材料以及添加银、氧化锌纳米颗粒、牛至精油均对金黄色葡萄球菌、单增李斯特菌、大肠杆菌 O157：H7 和鼠伤寒沙门氏菌等有较好的抑制作用（Morsy 等，2014）。这种薄膜外形美观，可作为畜禽肉的抗菌包装。Cagri 等（2004）和 Sánchez-Ortega 等（2014）对用于肉和肉制品保鲜的抗菌食用薄膜和涂层进行了综述。用于不同肉制品的聚合物抗菌剂如表 10. 6 所示。

抗菌包装可以通过直接抗菌作用或通过改善阻隔薄膜性能来延长肉品保质期，如减弱包装材料的氧气渗透，进而抑制微生物对氧气的利用。抗菌包装材料应综合考虑法律许可、市场需求、包装材料和系统、经济收益以及发展前景等。

表 10.6 肉和肉制品中抗菌膜和涂层的应用

产品	涂层材料	抗菌化合物	目标微生物	接种技术	条件	结果
牛肉片	牛奶蛋白质薄膜	牛至精油(OR)1.0%(质量体积比)，甘椒精油(PI)1.0%(质量体积比)或1% OR－PI(1：1)	大肠杆菌O157：H7或假单胞菌(10^3CFU/cm^2)	样品涂抹在肉表面，放在盘子里，在两侧盖上相应的薄膜	4℃条件下，肉辐射灭菌后，再在培养皿中接种样品，密封，存放7d	OR薄膜是最有效的，能减少0.95lg单位假单胞菌和1.12lg单位大肠杆菌O157：H7
牛里脊条(Clarke等，2017)	牛肉胶	苦橙提取物(Aurant FV)，辛酸钠(SO)	微生物总活菌数、乳酸菌、嗜冷菌、所有厌氧菌	没有接种	4℃，肉覆盖涂有明胶涂层(含抗素)的PE/PA，存放42d	Aurant FV薄膜可延长保质期7d，SO薄膜可延长保质期14d
无菌牛肉片或碎牛肉	棕榈酰化海藻酸盐薄膜、活性海藻酸钠微球	将乳酸链球菌素(N)共价固定到活性海藻酸钠微球(AAB)(0~1000IU/mL)或将碎牛肉与0~1000IU/mL乳酸链球菌素混合	金黄色葡萄球菌(10^4CFU/g)	使用无菌勺接种并置于无菌平板中	4℃下，用固定化的乳酸链球菌素膜覆盖或与乳酸链球菌素溶液混合，存放14d	14d后，薄膜(500IU/CFU/g或1000IU/mL)覆盖的样品分别减少0.91，1.86lg(CFU/cm^2)；与乳酸链球菌素溶液(500或1000IU/g)混合的碎牛肉分别减少了2.2、2.81lg CFU/g样品；盖有固定化的乳酸链球菌素膜(500IU/g或1000IU/g)的分别减少了1.77lg(CFU/g)，1.93lg CFU/g
猪背脊肉	石花菜角质层明胶(GCG)薄膜	葡萄柚籽提取物(GFSE，0.08%质量体积比)或绿茶提取物(GTE，2.80%质量体积比)	大肠杆菌O157：H7(NCTC12079)和单核细胞增生李斯特氏菌(KCTC 3710)(10^5CFU/g)。	用无菌玻璃棒涂抹，沥干10min	4℃下，样品直接与薄膜接触包装，并储存在无菌聚苯乙烯托盘中，存放10d	与对照组相比，石花菜角质层明胶薄膜(分别含葡萄籽提取物和绿茶提取物)包装的样品中，大肠杆菌O157：H7和单增李斯特菌分别减少了1lg CFU/g和2lg(CFU/g)

续表

产品	涂层材料	抗菌化合物	目标微生物	接种技术	条件	结果
新鲜的牛肉馅饼	大豆蛋白薄膜	牛至(OR)、百里香(TH)或牛至-百里香(OR-TH)精油(5%)	大肠杆菌O157：H7、金黄色葡萄球菌、铜绿假单胞菌和植物乳杆菌	没有接种	4℃条件下，薄膜用于馅饼的上下表面和真空包装于塑料袋，存放12d	涂有百里香和牛至薄膜的样品中，假单胞菌分别减少1.13lg、1.27lg（CFU/g）。牛至，牛至-百里香精油，百里香分别能使大肠杆菌减少1.6、1.9、2.0lg（CFU/g）
牛肉馅饼	玉米蛋白薄膜	溶菌酶(LY)(43mg/g)和乙二胺四乙酸二钠(Na_2 EDTA，19mg/g)	嗜温微生物(TVC)和大肠杆菌(TCC)	没有接种	4℃条件下，薄膜的两面都用塑料膜和铝箔包裹，存放7d	存放5d、7d后，涂有溶菌酶和Na_2 EDTA膜的馅饼中的嗜温微生物均明显少于对照组，但7d后大肠杆菌数量与对照组无明显差异
猪肉汉堡	高分子量壳聚糖(1%质量体积比)、醋酸(1%质量体积比)、乳酸(1%质量体积比)薄膜	向日葵油(1%)	嗜温细菌，大肠杆菌	没有接种	4℃条件下，在汉堡包的两面都涂上薄膜，然后置于聚对苯二甲酸乙二醇酯中，存放8d	嗜温微生物减少了0.5~1lg，大肠杆菌减少了1lg（CFU/g）
培根	红藻(RA)薄膜	1%质量体积比葡萄籽萃取物(GFSE)	大肠杆菌O157：H7(10^6CFU/g)和单增李斯特菌(10^7CFU/g)	用无菌玻璃棒分别涂于培根表面，静置30min	4℃条件下，包装存放15d	与对照组相比，大肠杆菌O157：H7减少了0.45lg（CFU/g），单增李斯特菌减少了0.76lg（CFU/g）

10.5 结论

许多传统的肉品保鲜技术一直沿用至今，结合一些新技术如电离辐射和等离子体处理的应用，使肉品保质期得到了极大的延长。而包装技术发展历史相对较短，但也发展迅速，从传统的食品包装聚合物和层压结构的化学改性到纳米技术在肉品包装中的应用。这些包装技术的应用为肉品企业开拓新市场提供了机遇，但在肉类运输和贮藏、运输时间和产品保质期、气候和环境、冷链不间断、目标市场、产品市场价值和产品定价等方面也有很多挑战。

在欧洲，肉类产业的发展受到新的保鲜技术（特别是新型包装材料和系统）的应用。和其他食品工业一样，肉类工业从欧盟立法层面得到关于使用智能包装、材料和系统的明确指导，并鼓励采用欧盟内部开发的智能包装技术来提高创新能力，欧盟肉类工业才能获得外部市场机会，因为许多国家比欧洲市场更容易接受这些技术。

参考文献

Adam, K. H., Flint, S. H., Brightwell, G., 2013. Reduction of spoilage of chilled vacuum-packed lamb by psychrotolerantcltustridia. Meat Science 93, 310-315.

Ando, M., Nakamura, H., Harada, R., Yamane, A., 2004. Effect of superchilling storage on maintenance of freshness of kuruma prawn. Journal of Food Science and Technology Research10, 25-31.

Appendini, P., Hotchkiss, J. H., 2002. Review of antimicrobial food packaging. Innovative Food Sciences & Emerging Technologies 3, 113-126.

Arora, A., Padua, G. W., 2010. Review: nanocomposites in food packaging. Journal of Food Science 75 (1), 43-49.

Aymerich, T., Picouet, P. A., Monfort, J. M., 2008. Decontamination technologies for meat products. Meat Science 78, 114-129.

Beaufort, A., Cardinal, M., Le-Bail, A., Midelet-Bourdin, G., 2009. The effects of superchilled storage at −2℃ on the microbiological and organoleptic properties of cold-smoked salmon before retail display. Internal Journal of Refrigeration 32, 1850-1857.

Belcher, J. N., 2006. Industrial packaging developments for the global meat market. Meat Science 74, 143-148.

Bell, R. G., Moorhead, S. M., Broda, D. M., 2001. Influence of heat shrink temperatures on the onset of clostridia "blown pack" spoilage of vacuum packed chilled meat. Microbiology and Food Safety 4, 241-275.

Berk, Z., 2013. Refrigeration: Chilling and Freezing. Chapter in Food Process Engineering and Technology, second ed., p. 720.

Cagri, A., Ustunol, Z., Ryser, E. T., 2004. Antimicrobial edible films and coatings. Journal of Food Protection 67(4), 833-848.

Carlson, C. J., 1969. Freezing and Irradiation of Fish. Fishing News Books Ltd., pp. 101-103.

Clarke, D., Tyuftin, A. A., Cruz-Romero, M. C., Bolton, D., Fanning, S., Pankaj, S. K., Bueno-Ferrer, C., Cullen, P. J., Kerry, J. P., 2017. Surface attachment of active antimicrobial coat-ings onto conventional plasticbased laminates and performance assessment of these materials on the storage life of vacuum packaged beef subprimals. Food Microbiology 62,196-201.

Coma,V. ,2008. Bioactive packaging technologies for extended shelf life of meat-based products. Meat Science 78,90-103.

Cooksey,K. ,2014. Modified Atmosphere Packaging of Meat,Poultry and Fish Innovations in Food Packaging,pp. 475-493. Chapter 19.

Cruz-Romero,M. C. ,Murphy,T. ,Morris,M. ,Cummins,E. ,Kerry,J. P. ,2013. Antimicrobial ac-tivity of chitosan,organic acids and nano-sized solubilisates for potential use in smart antimicrobially-active packaging for potential food applications. Food Control 34,393-397.

Day,B. P. F. ,1992. Chilled food for packaging. In: Dennis,C. ,Stringer,M. (Eds.),Chilled Foods a Comprehensive Guide. EllisHorward Limited,Market Cross House,Cooper Street. Chichester,West Sussex,England,pp. 147-161.

Duncan,T. V. ,2011. Applications of nanotechnology in food packaging and food safety: barrier materials, antimicrobial and sensors. Journal of Colloid and Interface Science 363,1-24.

Dunn,A. S. ,Rustard,T. ,2007. Quality changes during superchilled storage of cod (*Gadus morhua*) fillets. Food Chemistry 105,1067-1107.

Faustman,C. ,Sun,Q. ,Mancini,R. ,Suman,S. P. ,2010. Myoglobin and lipid oxidation interactions: mechanism bases and control. Meat Science 86,86-94.

Garcia-Lopez,M. L. ,Prieto,M. ,Otero,A. ,1998. The physiological attributes of Gram- negative bacteria associated with spoilage of meat and meat products. In: Board,R. G. ,Davies,A. R. (Eds.),The Microbiology of Meat and Poultry,London,Blackie Academic and Professional,28,pp. 1-34.

Gill,C. O. ,Molin,G. ,1991. Modified atmosphere and vacuum packaging. Food Preservation 172-199.

Graham,W. D. ,Stevenson,M. H. ,Stewart,E. M. ,1998. Effect of irradiation dose and irradiation temperature on the thiamin content of raw and cooked chicken breast meat. Journal of the Science of Food & Agriculture 78,559-564.

Hansen,A. A. ,Mørkøre,T. ,Rudi,K. ,Langsrud,Ø. ,Eie,T. ,2009. The combined effect of superchilling and modified atmosphere packaging using CO_2 emitter on quality during chilled storage of pre-rigor salmon fillets (*Salmo salar*). Journal of the Science of Food and Agriculture 89,1625-1633.

Heap,R. D. ,1992. Refrigeration of chilled foods in C. In: Dennis,M. ,Stringer (Eds.),Chilled Foods a Comprehensive Guide. EllisHorward Limited,Market Cross House,Cooper Street. Chichester,West Sussex,England,pp. 60-76.

Hintlian,C. B. ,Hotckiss,J. H. ,1987. Comparative growth of spoilage and pathogenic organisms on modified atmosphere-packaged cooked beef. Journal of Food Protection 50,218-223.

Honikel,K. O. ,1998. Very fast chilling of beef. Peri-Mortem and the Chilling Process 1,153-157.

Hunt,M. C. ,Mancini,R. A. ,Hachmeister,K. A. ,Kropf,D. H. ,Merriman,M. ,de Lduca,G. ,Milliken,G. ,2008. Carbon monoxide in modified atmosphere packaging affects color,shelf life,and microorganisms of beef steaks and ground beef. Journal of Food Science 69(1),45-52.

Jaime,I. ,Beltrán,J. A. ,Roncalés,P. ,2012. Rapid chilling of light lamb carcasses results in meat as tender as that obtained using conventional conditioning practices. Articlein Sciences des Aliments 13,89-96.

Jakobsen,M. ,Bertelsen,G. ,2004. Predicting the amount of carbon dioxide absorbed in meat. Meat Science 68,603-610.

Jakobsen,M. ,Bertelsen,G. ,2000. Colour stability and lipid oxidation of fresh beef. Development of a response surface model for predicting the effects of temperature,storage time,and modified atmosphere composition. Meat Science 54,49-57.

Jay,J. M. ,Loessner,M. J. ,Golden,D. A. ,2005. Fresh meats and poultry. Modern Food Microbi-ology 7,

63-91.

Joo, S. T., Kim, G. D., Hwang, Y. H., Ryu, Y. C., 2013. Control of fresh meat quality through manipulation of muscle fiber characteristics. Meat Science 95(4), 828-836.

Kaale, L. D., Eikevik, T. M., Rustard, T., Kolsaker, K., 2011. Superchilling of food: a review. Journal of Food Engineering 107, 141-146.

Kahraman, T., Issa, G., Bingol, E. B., Kahraman, B. B., Dumen, E., 2015. Effect of rosemary essential oil and modified-atmosphere packaging (MAP) on meat quality and survival of pathogens in poultry fillets. Brazilian Journal of Microbiology 46(2), 591-599.

Kanner, J., 1994. Oxidative processes in meat and meat products: quality implications. Meat Science 36, 169-189.

Kenneth, W. M., 2008. Review. Where is MAP going? A review and future potential of modified atmosphere packaging for meat. Meat Science 80, 43-65.

Lagerstedt, Ahnstörm, M. L., Lundstorm, K., 2011. Vacuum skin pack of beef e a consumer friendly alternative. Meat Science 88, 391-396.

Lawrie, R. A., Ledward, D. A., 2006. Lawrie' s Meat Science. Woodhead Publishing Limited, Cambridge England. Seventh English.

Lee, S. H., Joo, S. T., Ryu, Y. C., 2010. Skeletal muscle fiber type and myofibrillar proteins in relation to meat quality. Meat Science 86, 166-170.

Lucera, A., Costa, C., Conte, A., Nobile, D. M. A., 2012. Food applications of natural antimicrobial compounds. Frontiers in Microbiology 3, 287.

Magnussen, O. M., Haugland, A., Hemmingen, A. K. T., Johanse, S., Nordtvedt, T. S., 2008. Ada-vances in superchilling of food- process characteristics and product quality. Trends in Food Science and Technology 19, 418-424.

Morsy, M. K., Khalaf, H. H., Sharoba, A. M., El-Tanahi, H. H., Cutter, C. N., 2014. Incorporation of essential oils and nanoparticles inpullulan films to control foodborne pathogens on meat and poultry products. Journal of Food Science, M: Food Microbiology & Safety 79, M675-M684.

Moschonas, G., Bolton, D. J., Sheridan, J. J., McDowell, D. A., 2011. The effect of heat shrink treatment and storage temperature on the time of onset of "blown pack" spoilage. Meat Science 87(2), 115-118.

Nychas, G. -J. E., Drosinos, E. H., Board, R. G., 1998. Chemical changes in stored meat. The Microbiology of Meat and Poultry 288-326.

Nychas, G. -J. E., Skandamis, P. N., Tassou, C. C., Koutsoumanis, K. P., 2008. Meat spoilage during distribution. Meat Science 78, 77-89.

Pereira de Abreu, D. A., Paseiro Losada, P., Angulo, I., Cruz, J. M., 2010. Development of new polyolefin films with nanoclays for application in food packaging. European Polymer Journal 43, 2229-2243.

Quintavalla, S., Vicini, L., 2002. Antimicrobial food packaging in meat industry. Meat Science 62(3), 373-380.

Sánchez-Ortega, I., García-Almendárez, B. E., Santos-López, E. M., Amaro-Reyes, A., Barboza-Corona, J. E., Regalado, C., 2014. Antimicrobial edible films and coatings for meat and meat products preservation. Review article. TheScientific World Journal 2014, 18.

Singh, S., Lee, H. M., Park, L., Shin, Y., Lee, Y. S., 2016. Antimicrobial seafood packaging: a review. Journal of Food Science and Technology 53(6), 2505-2518.

Stiles, M. E., 1990. Modified atmosphere packaging of meat, poultry and their products. Modified Atmosphere Packaging of Food 118-147.

Suppakul, P., Miltz, J., Sonneveld, K., Bigger, S. W., 2003. Active packaging technologies with an emphasis on antimicrobial packaging and its applications. Journal of Food Science 68, 408-420.

Taylor, A. A. , Richardson, R. I. , Fisher, A. V. , 1998. Using electric stimulation to induce maximum pH fall in beef carcass soon after slaughter. In: Very Fast Chilling in Beef, 3. Eating Quality. University of Bristol Press, Bristol, UK, pp. 71-80.

Tiwari, B. K. , Valdramidis, V. P. , O' Donnell, C. P. , Muthukumarappan, K. , Bourke, P. , Cullen, P. J. , 2009. Application of natural antimicrobials for food preservation. Journal of Agricultural and Food Chemistry 57 (14), 5987-6000.

Vázquez, B. I. , Carreira, L. , Franco, C. , Fente, C. , Cepada, A. , Velázquez, J. B. , 2004. Shelf life extension of beef retail cuts subjected to an advanced vacuum skin packaging system. Eu-ropean Food Research and Technology 218, 118-122.

Vermeulen, A. , Ragaert, P. , Rajkovic, A. , Samapundo, S. , Lopez-Galvez, F. , Devlieghere, F. , 2013. New research on modified atmosphere packaging and pathogen behaviour. In: Advances in Microbial Food Safety, 1, pp. 340-354.

Walker, S. J. , 1992. Chilled foods microbiology. In: Dennis, C. , Stringer, M. (Eds.), Chilled Foods: A Comprehensive Guide, England, p. 187.

Zhou, G. H. , Xu, X. L. , Liu, Y. , 2010. Preservation technologies for fresh meat - a review. Meat Science 86 (1), 119-128.

相关网页

http://www. appliedmaterials. com.

http://www. ultimetfilms. com/products/alox-coated/.

http://www. eval. eu/en/home. aspx.

http://www. inmat. com/.

http://www. mocon. com/.

http://www. nanobiomatters. com/wordpress/wp-content/uploads/2012/03/press-release. pdf.

http://www. nanocor. com/tech_papers/antec-nanocor-tie%20lan-5-07. pdf.

http://www. nippon-gohsei. com/soarnol.

http://www. torayfilms. eu/toray-article/nouveaux-films-pet-haute-barriere-alox/? lang=en.

https://www. amcor. com/about_us/faq/alcan_packaging.

https://www. astm. org/Standards/D3985. htm.

https://www. astm. org/Standards/F1249. htm.

11 肉的食用品质：Ⅰ. 肉色

Cameron Faustman[1], Surendranath P. Suman[2]

① *University of Connecticut, Storrs, CT, United States*;

② *University of Kentucky, Lexington, KY, United States*

11.1 引言

食物的感官特性对于衡量其是否可食用非常重要，肉的外观对消费者评价肉的品质十分重要。肉的外观是物理和化学因素共同决定的。肉表面的水分含量会影响光的反射以及人能感知到的光泽或亮度。肌红蛋白是含血红素的大分子，对肉色起决定性作用，它的化学性质是本章内容的重点。血红蛋白和细胞色素也含血红素，与颜色有关，但它们在肉中含量很低，对肉色贡献不大。

肌红蛋白的含量及其化学稳定性影响肉色。本章将介绍影响肌红蛋白含量及其稳定性的各种宰前和宰后的环境和生理因素，以及这些因素如何影响人们对肉色的感知。

11.2 肌红蛋白含量

肌纤维是构成肌肉的基本结构单元；它们是多核细胞，主要由收缩蛋白——肌原纤维蛋白组成。这些蛋白质需要 ATP 才能进行收缩，ATP 可以通过需氧和/或厌氧方式产生（见第 3 章）。动物体内的肌肉各自具有其特定功能，并且根据肌纤维的能量代谢方式不同，肌纤维的功能也有显著的差异。快肌纤维主要依靠糖酵解产生 ATP，而慢肌纤维的能量则通过有氧途径获得。肌红蛋白是肌肉中的含铁蛋白质，其功能是储存和输送有氧代谢所需的氧气。因此，以慢肌纤维为主的肌肉含有更高浓度的肌红蛋白，也被称为“红肌”，以快肌纤维为主的肌肉肌红蛋白含量低，也被称为“白肌”。

肌红蛋白的含量反映了肌肉对体内氧气储存/递送的需求，这是动物选择压力和基础生物学的一个功能（见第 5 章）。肌红蛋白含量因肌肉类型、物种、动物年龄、饮食和/或环境变化而存在很大差异（表 11.1）。如蓝鲸为了在水下捕捉食物而储存大量的氧气，其肌肉中的肌红蛋白含量远高于陆生动物。野生禽类的肌肉中通常含有比驯养禽类更高浓度的肌红蛋白（Pages 等，1983；表 11.1）。猪肉中肌红蛋白含量低，通常被认为是白肉；而牛肉中肌红蛋白含量高，通常被认为是红肉（Lawrie，1966）。不同品种猪的相同类型肌肉中的肌红蛋白含量也会存在差异（Newcom 等，2004）。肌肉中肌红蛋白含量随着动物的年龄增加而增加（Kagen 等，1968；Nishida 等，1985，表 11.1）。而香肠生产者为了使产品颜色深一些而选择老年动物的肉。

同一动物不同肌肉中肌红蛋白的含量可能有很大差异（表 11.1）。鸡胸肉中肌红蛋白含量很低，而腿肉中肌红蛋白含量相对较高（Nishida 等，1985）（表 11.1）。McKenna 等（2005）报道了 19 种不同牛肌肉中肌红蛋白含量，其中 4 个商业价值最高的肌肉见表 11.1。另外，同一物种的特定肌肉，肌红蛋白含量受动物遗传影响。例如，牛背最长肌中肌红蛋白含量受品种的影响很大（King 等，2011），利木赞牛肌肉中肌红蛋白含量低于安格斯牛肉和西门塔尔牛肉。

表 11.1　　不同动物肌肉中肌红蛋白的含量

文献	物种	年龄	肌肉	含量
Lawrie(1966)	兔子	未知	未知	0.20%
	绵羊	未知	未知	0.25%
	猪	未知	未知	0.06%
	牛	未知	未知	0.50%
	蓝鲸	未知	未知	0.91%
Pagas 等(1983)	家鸡	未知	胸大肌	1.0mg/g
	海鸥	未知	胸大肌	5.5mg/g
Kagen 等(1968)	鸭子	出壳 2d	胸肌	0.3mg/g
		出壳 8d	胸肌	0.2mg/g
		成年	胸肌	2.2mg/g
Nishida 等(1985)	鸡	0d(未出壳)	腿肌	2.7mg/100g
		4d	腿肌	4.0mg/100g
		6 周	腿肌	32.7mg/100g
		12 周	腿肌	86.1mg/100g
		24 周	腿部肌肉	142.0mg/100g
Nishida 等(1985)	家鸡	未知	胸部(胸大肌)	0mg/100g
			腿(半膜肌)	65.5mg/100g
McKenna 等(2005)	肉牛	未知	半膜肌	3.60^{a}mg/g
			腰大肌	4.10^{b}mg/g
			最长肌	4.62^{c}mg/g
			股二头肌	5.41^{d}mg/g

注：带有 a~d 不同上标的值之间差异显著($P<0.05$)。

饲料也会影响肌肉中肌红蛋白含量，在小牛肉中更明显（表 11.2）。传统饲养模式下，犊牛饲喂 4 个月的母乳，铁的摄入量有限，肌红蛋白含量低，因此犊牛肉为白肌。当饲料中补充铁元素时，动物可获得更高浓度的铁，肌肉中沉积的肌红蛋白也更多。Mac Dougall 等（1973）研究了膳食中铁含量（基础饲料，10、40、100mg Fe/g 干物质饲料）对几种商业价值高的肌肉中肌红蛋白的影响。背最长肌和股二头肌的结果见表 11.2。从结果可以看出，饲料中铁含量与肌肉中肌红蛋白含量呈正相关。在有些市场，人们试图采用饲料中不限制铁元素含量来生产肌红蛋白含量的小牛肉（Faustman 等，1992）。Agboola 等（1988）报道，在牛犊的牛奶替代品中加入磷酸二氢钠和 α-生育酚，会导致肌红蛋白含量（1.53mg/g）低于对照动物（1.86mg/g）。

表 11.2　　　　肉牛饲料中铁元素添加对肉中肌红蛋白含量的影响

肌肉	处理(动物的数量)	铁补充剂/(mg/g 物质)	肌红蛋白含量/(mg/g 湿重)
背最长肌	基础膳食	10	0.71
	$FeSO_4$	40	0.64
	$FeSO_4$	100	1.45
股二头肌	基础膳食	10	1.07
	$FeSO_4$	40	0.99
	$FeSO_4$	100	1.83

（资料来源：Macdougall, D. B., Bremner, I., Dalgarno, A. C., 1973. Effect of dietary iron on the colour and pigment concentration of veal. Journal of the Science of Food and Agriculture 24, 1255-1263.）

11.3 肌红蛋白结构

肌红蛋白的结构中有两个主要成分，即脱辅基蛋白和血红素。与其他蛋白质类似，肌红蛋白的脱辅基蛋白由一级、二级和三级结构构成。肉用动物（家畜和家禽）的肌红蛋白通常含有 153 个氨基酸（即一级结构），其序列在不同物种中高度保守（图 11.1）。肌红蛋白的二级结构特征为含有很多 α-螺旋结构，该特征赋予蛋白质显著的稳定性。肌红蛋白中的一级和二级折叠结构构成了球状三级结构。外界施加的物理化学作用（包括热、酸或高压等）时，会破坏肌红蛋白的三级结构，导致蛋白质的变性和颜色变化。在热加工过程中肌红蛋白会发生这种变化。肌红蛋白不会在单一温度下急剧变性，但在一定温度范围内变化时会改变其三级结构。消费者经常使用这种颜色变化来评估肉的熟度变化，生肉为鲜红色，全熟为棕色。

肉/肌肉中的红色主要与肌红蛋白中的血红素有关。在活体动物中，血红素结合氧气并促进肌红蛋白在肌肉中储存和运输氧气的作用。在宰后肌肉中，血红素化学特性活跃，肌红蛋白会继续与氧结合。血红素是一种含铁的原卟啉环结构（图 11.2），位于肌红蛋白的三级结构内（图 11.3）。铁可以以还原的二价态的亚铁离子或氧化的三价态铁离子状态存在。肌红蛋白只能在亚铁状态下结合氧；这两种氧化还原状态之间的变化至关重要，因为它们伴随着鲜肉的颜色变化。

血红素的功能特性取决于铁原子的氧化还原特性。血红素铁具有六个配位键，允许其在周围环境中相互作用，其中 4 个配位键通过原卟啉氮原子存在于血红素的平面结构内（图 11.2）。第五个配位键通过非共价方式将血红素分子锚定在脱辅基蛋白上。第六个配位键可用于结合配体。在肉中，这些配体包括氧气、水、一氧化氮或一氧化碳。最终结合的配体类型取决于血红素铁的氧化还原状态和肌红蛋白分子附近的给定配体的相对丰度。如在肉类中，肌红蛋白的血红素铁只能以亚铁状态结合氧气，血红素铁氧化为三价铁将导致

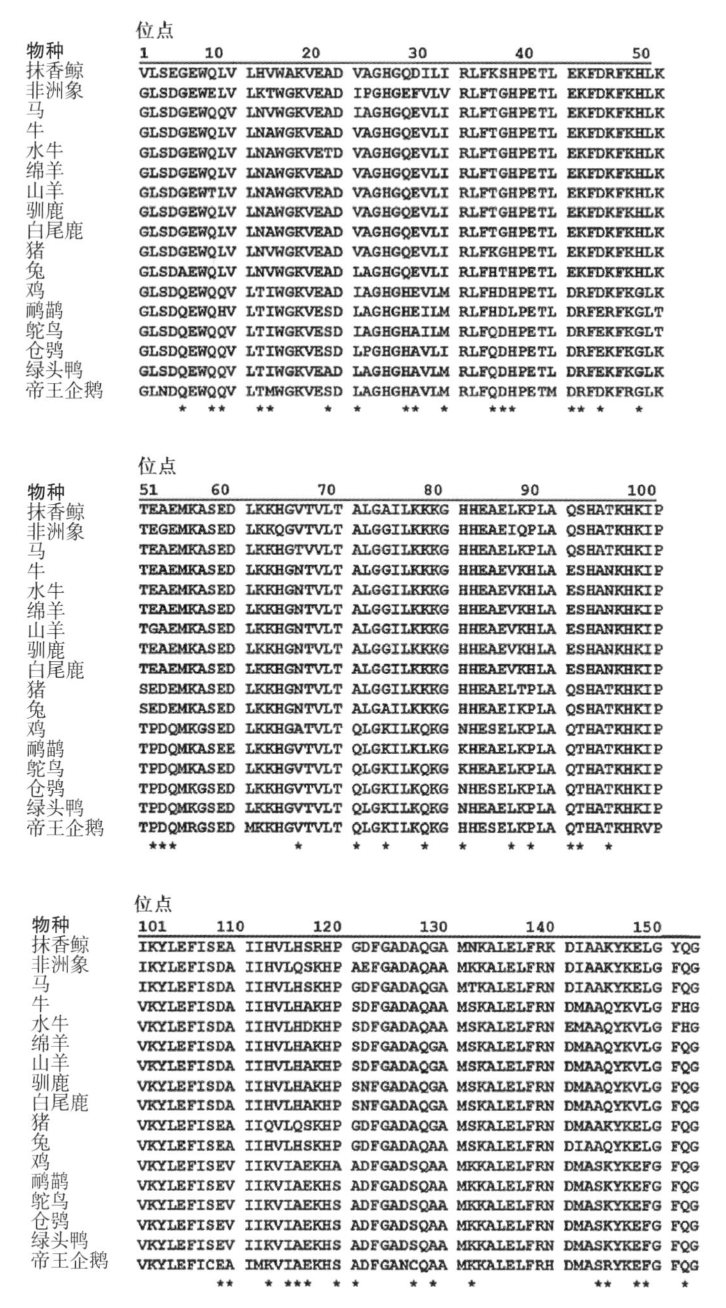

图 11.1　不同物种的肌红蛋白的一级结构

注：* 表明禽类和哺乳动物肌红蛋白之间的差异。

其与水的结合。某些配体比其他配体结合得更加紧密，一氧化碳会比氧更紧密地结合到配体上。在活体动物中，这会带来严重的健康问题，导致一氧化碳中毒（血液中的血红蛋白也是一种血红素蛋白，当一氧化碳与血红素基团结合时，它能够阻止血红蛋白向身体组织输送氧气）。肉类工业在不同的包装技术中应用了肌红蛋白和配体之间相互作用的原理［如有氧包装、气调包装（MAP）、真空包装］以努力保持新鲜肉类的理想色泽（Eilert，2005；

McMillin，2008）。

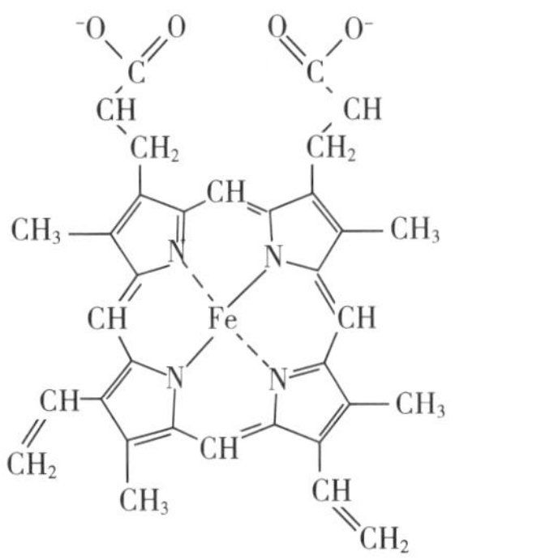

图 11.2　肌红蛋白血红素基团的结构平面图

注：铁可以以二价铁（2+）或三价铁（3+）的状态存在。

［资料来源：Suman，S. P.，Joseph，P.，2014. Chemical and physical characteristics of meat：color and pigment. In：Dikeman，M.，Devine，C.（Eds），Encyclopedia of Meat Sciences，second ed.，vol. 3，Elsevier，Oxford，United Kingdom.（Chapter 84），pp. 244－251.］

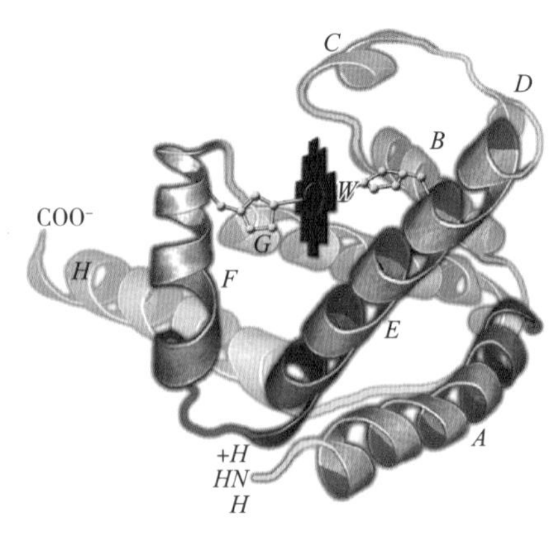

图 11.3　血红素附着在球蛋白上组成肌红蛋白分子

注：A～H 表示珠蛋白部分的八个螺旋区段，血红素基团位于疏水性裂缝中，其中只有小配体如氧气和一氧化碳可以随时进入。由于疏水环境，水（W）进入血红素基团的机会有限。

［资料来源：Suman，S. P.，Joseph，P.，2014. Chemical and physical characteristics of meat：color and pigment. In：Dikeman，M.，Devine，C.（Eds），Encyclopedia of Meat Sciences，second ed.，vol. 3，Elsevier，Oxford，United Kingdom.（Chapter 84），pp. 244-251.］

11.4　鲜肉颜色

11.4.1　肌红蛋白的氧化还原

在鲜肉内部，肌红蛋白通常以含铁的非氧化形式存在，这被称为脱氧肌红蛋白（deoxyMb），呈紫红色。当肉被切开并暴露在空气中时，大气中的氧气会结合血红素铁，形成鲜红色的氧合肌红蛋白（oxyMb）；这个过程被称为“氧合”。血红素铁最终氧化成三价铁将导致氧解离，随后通过血红素铁结合水形成棕色高铁肌红蛋白（metMb）。

一氧化碳可与肌红蛋白结合形成一氧化碳肌红蛋白（COMb），产生与 oxyMb 几乎相同的红色。一氧化碳气调包装在鱼肉中已有应用（Kristinsson 等，2006），在使用液化气进行烹调加工过程中，燃气中存留的少量一氧化碳也可能与猪肉中的肌红蛋白反应，使肉呈现明显的红色（Cornforth 等，1998）。包装鲜肉中肌红蛋白氧化还原形式的相互转化如图 11.4 所示。

需要注意的是，在肉中可能会发生肌红蛋白可从三价铁转化为二价铁状态，称为高铁肌红蛋白的还原（Bekhit 等，2005）。高铁肌红蛋白的还原与肌浆中还原剂的含量有关，因此，在肉类展示过程中，早期稳定的颜色是氧化、还原动态平衡的结果。当这类还原剂消

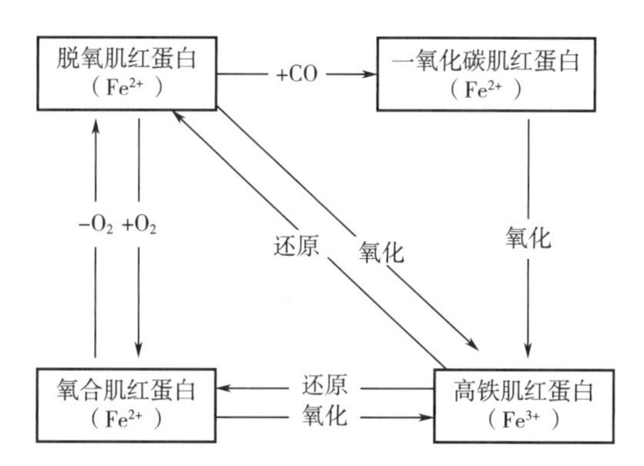

图 11. 4　包装鲜肉中肌红蛋白氧化还原形式的转换

［资料来源：Suman，S. P.，Joseph，P.，2014. Chemical and physical characteristics of meat：color and pigment. In：Dikeman，M.，Devine，C.（Eds），Encyclopedia of Meat Sciences，second ed.，vol. 3，Elsevier，Oxford，United Kingdom.（Chapter 84），pp. 244-251.］

耗完了，氧化超过还原，就会发生肉色的褐变。表 11. 3 所示为可能影响鲜肉颜色的不同肌红蛋白氧化还原/配体。

表 11. 3　　鲜肉中主要色素成分的化学性质

色素	来源物种	颜色	形成过程	血红素铁的氧化状态	脱辅基蛋白的状态	最大吸收值/nm			参考文献
						Soret	α	β	
脱氧肌红蛋白	马	紫红色	氧合肌红蛋白的脱氧；高铁肌红蛋白还原	Fe^{2+}	天然	439	555	不详	Broumand 等(1958)
氧合肌红蛋白	马	鲜红色	脱氧肌红蛋白的氧合作用	Fe^{2+}	天然	420	582	544	Bowen(1949)
高铁肌红蛋白	马	褐色	氧合肌红蛋白和脱氧肌红蛋白的氧化	Fe^{3+}	天然	409	630	500	Bowen(1949)
一氧化碳肌红蛋白	马	鲜红色	一氧化碳与脱氧肌红蛋白的结合	Fe^{2+}	天然	不详	581	543	Suman 等(2006)
氰基-高铁肌红蛋白	猪	褐色	向肌红蛋白中加入氰化物	Fe^{3+}	天然	不详	不详	540	Warriss(1979)
细胞色素 c	马	红色	不详	Fe^{2+}	天然	415	550	521	Girard 等(1990)
亚硫酸肌红蛋白	不详	绿色	硫化氢与肌红蛋白的反应	Fe^{2+}	天然	420	617	不详	Nicol 等(1970)

续表

色素	来源物种	颜色	形成过程	血红素铁的氧化状态	脱辅基蛋白的状态	最大吸收值/nm			参考文献
						Soret	α	β	
高铁硫酸盐肌红蛋白	不详	红色	亚硫酸肌红蛋白的氧化	Fe^{3+}	天然	405	715	595	Nicholls(1961)
酸性含铁肌红蛋白过氧化物	不详	绿色	在酸性条件下(pH4.5)，过氧化氢与甲基红蛋白反应	Fe^{3+}	天然	不详	不详	589	Fox 等(1974)
含铁肌红蛋白过氧化物	不详	红色	在碱性条件下过氧化氢与甲基红蛋白的反应(pH8)	Fe^{3+}	天然	不详	不详	547	Fox 等(1974)
铁胆固醇肌红蛋白	不详	绿色	环开放时肌红蛋白中血红素的不可逆氧化	Fe^{3+}	天然	不详	635	不详	Nicol 等(1970)

[资料来源：Suman，S. P.，Joseph，P.，2014. Chemical and physical characteristics of meat：color and pigment. In：Dikeman，M.，Devine，C.（Eds），Encyclopedia of Meat Sciences，second ed.，vol. 3，Elsevier，Oxford，United Kingdom.（Chapter 84），pp. 244-251.]

11.4.2 影响肌红蛋白氧化还原稳定性的内在因素

如前所述，肌肉由不同的代谢类型纤维组成，这些肌肉纤维的生物化学过程会继续影响宰后肌纤维中的化学/生物化学进程。在宰后僵直前和僵直早期，以氧化型纤维为主的分割肉中存在明显的线粒体氧消耗。线粒体中活性氧消耗降低了肉中相对氧分压（pO_2），并且肌红蛋白氧化还原状态与氧分压之间存在着紧密联系（图 11.5）。当氧分压在 0kPa 或者

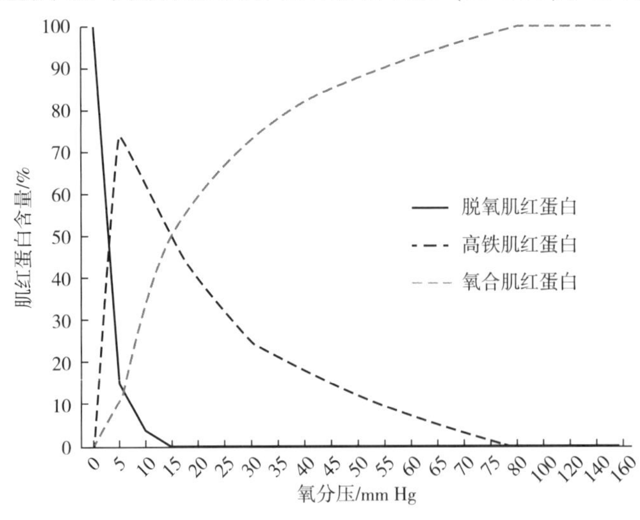

图 11.5 氧分压与肌红蛋白氧化还原状态的关系

（资料来源：Forrest，Aberle，Hedrick，Judge，Merkel，1975. Principles of Meat Science. ISBN：0-7167-0743-8.）

高于133kPa时，肌红蛋白主要以亚铁形式（脱氧肌红蛋白和氧合肌红蛋白）；当氧分压为0.533kPa时，以高铁肌红蛋白为主。从包装的角度来看，应将肉放在缺氧或氧气饱和的包装条件下贮藏，以避免低氧分压诱导肌红蛋白氧化为高铁肌红蛋白。

当垂直切割（即垂直于牛排的原始切割表面）新鲜切片和发色后的牛排时，可以直接观察到氧分压效应。切割垂直面的侧面轮廓将在顶部显示氧化的氧合肌红蛋白层，在其下方具有薄的褐色高铁肌红蛋白层，并且在其下方具有较厚的紫红色脱氧肌红蛋白层。这是由于从牛排表面发生的氧扩散（垂直切割之前）和由于氧渗透作用所得到的氧分压梯度，并且容易可视化。

脂质氧化是甘油三酯或膜磷脂中的不饱和脂肪酸被氧气攻击氧化的过程。这导致脂肪酸分解成较小的分子，对风味和/或气味造成不良影响，并可诱导肌红蛋白氧化，引起变色（Faustman等，2010）。当不饱和脂肪酸、催化剂（如铁或铜离子）和氧的浓度很高时，脂质氧化程度高。肌红蛋白与脂质氧化过程有关。尽管在不同的条件下，二价铁和三价铁的肌红蛋白都被证明是促氧化的，在过氧化物特别是过氧化氢存在条件下，三价铁到四价铁（Fe^{4+}）的肌红蛋白被激活，是导致脂质氧化的强诱发剂（Baron等，2002）。

线粒体功能在宰后肌肉中能维持长达60d，除了影响氧分压外，线粒体也影响高铁肌红蛋白的还原，这一过程对维持鲜肉颜色稳定性具有重要作用（Egbert等，1986）。肌肉向可食肉转变过程中伴随着三羧酸循环产物的积累（见第5章）。这些产物包括乳酸、琥珀酸、苹果酸、丙酮酸，都是骨骼肌内源性的，可与线粒体和酶系统的反应，产生NADH，促进高铁肌红蛋白的还原，进而维持新鲜肉色泽的稳定。

宰后肌肉的pH低于活体动物肌肉的pH。这是动物死后发生糖酵解产生乳酸的结果。肌红蛋白的氧化还原稳定性在生理pH下最稳定，随着pH的下降而降低。不同肌肉的极限pH可能存在一定差异（Hunt等，1977），一般正常肉的极限pH为5.6。当僵直后肉的极限pH显著高于正常值时，就会出现黑切肉。在这种情况下，肌红蛋白的氧化还原稳定性可能受到影响。从肉的保鲜角度看，肉的酸化将降低肌红蛋白的氧化还原稳定性。低pH导致亚铁肌红蛋白更快地氧化成高铁肌红蛋白，同时导致肉的持水能力下降，水聚集到肉的表面，光的反射作用增强，导致肉的外观更加苍白。

温度是一种强的外源因素，可能会与pH相互作用从而影响肌红蛋白的稳定性。在正常的屠宰条件下，pH在宰后一定时间内从生理值（7.2~7.4）一直下降到极限pH。对于牛和猪肉而言，这一过程持续时间为24h和12h。在相同的时间段内，胴体肌肉的温度从37℃降至4℃（因为胴体冷却需在冷库中完成）。在肌肉温度相对升高的情况下，pH会更快地下降，对于给定的宰后时间点（僵直前），将呈现相对于标准的高温和低pH条件。这影响肌红蛋白的构象稳定性以及其氧化还原稳定性。对于有应激综合征的生猪而言，宰后肌肉中极易发生这种现象，导致肉色苍白。快速冷却可减缓宰后尸僵期间的生化反应（即宰后糖酵解），导致pH下降速率较慢，对肉蛋白的损伤较小。

11.4.3 影响肉肌红蛋白氧化还原稳定性的外在因素

肌红蛋白的反应受温度的影响很大。在较高的货柜销售和贮藏温度下，亚铁肌红蛋白会更快地氧化成高铁肌红蛋白。肉的温度越低，肌红蛋白氧化越慢。

一般认为，亚铁肌红蛋白转化为高铁肌红蛋白就是一个氧化过程，并且脂质氧化会增强肌红蛋白的氧化。抗氧化剂可以提高肌红蛋白氧化还原稳定性。综合内源性和外源性抗氧化剂对肉色的影响，发现还原剂（如抗坏血酸）和植物性酚类物质可以延缓脂质和肌红蛋白的氧化（Faustman 等，2010）。酚类抗氧化剂尤其是 α-生育酚（维生素 E）在牛肉中表现出良好的护色效果。肌肉中 α-生育酚浓度与高铁肌红蛋白（metMb）形成之间存在负相关，当抗氧化剂浓度超过阈值，多余的 α-生育酚不会发挥作用（Faustman 等，1989）。该阈值也被证明适用于脂质氧化。值得注意的是，通过饲料给牛补充 α-生育酚比宰后牛肉中添加 α-生育酚对颜色稳定效果好（Mitsumoto 等，1993）。许多研究表明，饲料中 α-生育酚的积极作用足以使鲜牛肉保质期延长 1～3d。饲喂酒糟会对牛肉的颜色和氧化稳定性产生负面影响（Kinman 等，2011；Leupp 等，2009；Mello 等，2012；Roeber 等，2005），每天每只动物补充 250IU 或 500IU 维生素 E，可以最大限度地减少酒糟对肉色稳定性的影响。细菌污染对于新鲜的、未加工肉类来说是不可避免的。在有氧条件下展销或贮藏的肉类，细菌可能会增强肌红蛋白的氧化，当细菌总数达到 10^8CFU/cm^2 时，肉就发生腐败（见第 6 章）。细菌与肌红蛋白竞争氧气来降低氧化还原稳定性，当细菌数量达到很高时，细菌将局部氧分压降低，增强高铁肌红蛋白的形成（参见前述关于氧分压的内容）。随着细菌腐败的发生，会伴随着不可逆的红色形成，这被认为是由细菌代谢物与肌红蛋白的结合引起的。

鲜肉和腌制肉在零售情况下通常展示在白炽灯光或荧光下，光催化氧化反应，促进高铁肌红蛋白的形成（Renerre 等，1993）。虽然鲜肉和腌制肉在光照下都会褪色，但可见光对腌制肉色的影响比鲜肉更明显。白炽灯和荧光灯同样会引起腌制肉表面的褪色。紫外线会增强褪色，但也可能通过部分脱辅基蛋白变性诱导鲜肉的褐变。冷冻条件下，光照仍会诱导肉的变色。

众所周知，照明类型会影响消费者对鲜肉颜色的感知（Calkins 等，1986），对于鲜肉展销，一般建议使用色温为 2900～3750K 的照明系统。发光二极管（LED）近年来开始被用于食品展示区域中。对比研究表明，与荧光照明相比，LED 照明下的鲜肉红色保留时间更长（Boyle，2015）。肉类包装中气体/配体的存在是否会显著影响肉的颜色稳定性（见第 10 章），实际上，这是鲜肉包装的基本原则。虽然富含氧气的包装系统增强了新鲜肉类贮藏过程中鲜红色的稳定性，但几天后仍会出现褪色现象。在一氧化碳气调包装条件下，鲜肉的鲜红色可保持 2 周以上。真空包装完全排除氧气、一氧化碳或其他气体，可以显著延长鲜肉的保存期限。但由于含有大量的脱氧肌红蛋白，肉呈现紫红色，不受消费者喜欢（图 11.4）。

高静水压，即利用液体作为压力传送介质使压力达到100MPa以上，被用作改善食品微生物安全性的非热处理方法。使用100～800MPa高压可杀死微生物，延长肉类食品的保质期（Cheftel等，1997；Simonin等，2012）。虽然这种技术在杀死致病微生物方面很有效，但会改变肉的颜色（Cheftel等，1997；Simonin等，2012；Ma等，2013）。鲜肉在高压下变色归因于脱辅基蛋白变性、血红素释放和氧化形成高铁肌红蛋白（Carlez等，1995）。超高压环境下会导致鲜肉（Cheftel等，1997；Jung等，2003；Bak等，2012）以及腌制肉的颜色发生不良改变（Andres等，2006；Cava等，2009）。干腌肉类的颜色稳定性受高压影响小于生鲜肉，这可能是由于亚硝酰肌红蛋白色素能够抵抗氧化（Pietrzak等，2007）。

11.5 亚硝酸盐腌制熟肉以及盐渍生肉的颜色

腌制是指用盐来保藏肉的过程。最常用的盐是氯化钠，但有时也用其他盐。大部分肉类腌制都会添加亚硝酸钠，偶尔也使用亚硝酸钾。一般认为亚硝酸钠的使用是无意的发现，之前认为亚硝酸盐是食盐中的污染物，但人们发现它具有很多好处，后来进一步开发利用亚硝酸盐。

亚硝酸钠有助于熟腌肉的保藏（见第9章）。它对预防食源性疾病，尤其是肉毒梭菌中毒至关重要。亚硝酸盐还可与肉中肌红蛋白反应生成亚硝基肌红蛋白，使熟火腿和培根呈现粉红色，此外还可防止熟肉贮藏过程中不良风味的产生。亚硝酸盐可以直接作为添加剂使用，或通过添加其他成分（如含有硝酸盐的植物提取物、不纯的矿物盐），在肉类加工过程中硝酸盐被转化为亚硝酸盐。

在腌制肉类加工过程中发生的亚硝酸钠（及其中间体）的化学过程很复杂。本章只对主要化学变化进行简单介绍。一般在烹饪之前通过干擦或盐水腌制等操作向肉中添加亚硝酸盐。亚硝酸根与钠离子解离，在肉制品中转化为一氧化氮。在烹饪过程中，热诱导肌红蛋白变性，导致血红素暴露，一氧化氮在第六和第五配体位置与血红素铁结合形成二亚硝酰基铁氰化物，呈现粉红色。表11.4详述了各种腌制肉类色素的化学性质。

表11.4 腌制肉中主要色素的化学性质

色素	来源与物种	颜色	形成过程	血红素铁的氧化状态	球蛋白的状态	最大吸收波长/nm	参考文献
亚硝酰高铁肌红蛋白	猪肉	棕色	一氧化氮与高铁肌红蛋白的反应	Fe^{3+}	天然	不详	Killday等(1988)

续表

色素	来源与物种	颜色	形成过程	血红素铁的氧化状态	球蛋白的状态	最大吸收波长/nm	参考文献
亚硝酰肌红蛋白	猪肉	红色	亚硝酰高铁肌红蛋白的还原	Fe^{2+}	天然	不详	Killday 等(1988)
亚硝酰基血红素	煮熟的腌制猪肉	粉色	亚硝基肌红蛋白的热诱导变性	Fe^{2+}	变性	540	Hornsey(1956)
硝基高铁肌红蛋白	没有煮过的腌制肉	绿色	添加过量的亚硝酸盐	Fe^{3+}	天然	不详	Fox(1987)

［资料来源：Suman, S. P. , Joseph, P. , 2014. Chemical and physical characteristics of meat: color and pigment. In: Dikeman, M. , Devine, C. (Eds), Encyclopedia of Meat Sciences, second ed. , vol. 3, Elsevier, Oxford, United Kingdom. (Chapter 84), pp. ］

如前所述，肌红蛋白的脱辅基蛋白稳定血红素并提供部分抗氧化保护。脱辅基蛋白三级结构的丧失使血红素易于产生更大的氧化易感性。血红素铁被认为通过光氧化过程催化自由基的形成，因此在光照下腌制肉通常是真空包装的，目的是最大限度地减少氧气参与引起褪色的氧化反应。

在南欧国家，人们采用非亚硝酸盐腌制的生干肉制品。通常情况下，铁原子被紧紧地束缚在血红素基团中，但在一些长时间腌制成熟的干腌肉制品中，它可能被置换。在干腌火腿中，延长盐腌过程会导致铁从肌红蛋白的血红素基团被锌置换，产生红色的锌原卟啉IX（Wakamatsu 等，2004）。

11.6 熟肉的颜色

煮制导致热诱导的肌红蛋白变性并使血红素暴露于外部环境（King 等，2006）。高铁肌红蛋白中的脱辅基蛋白变性导致产生棕色铁色素原（也称为变性珠蛋白血色素），这使熟肉呈现褐色的色素。需要注意的是，熟肉表面的褐色也可能来自美拉德反应，与以肌红蛋白为基础的色素无关。

亚铁肌红蛋白中脱辅基蛋白的变性产生粉红色/红色铁血色素原（也称为变性珠蛋白血红素），易被氧化成棕色的铁蓝色素。相反，热诱导的一氧化碳肌红蛋白变性形成粉红色的变性珠蛋白一氧化碳血红素。熟肉中色素的化学成分详见表 11.5。

许多因素都会影响肌红蛋白的热稳定性和熟肉颜色的形成（King 等，2006；Suman 等，2016）。热稳定性取决于蛋白质的氧化还原状态；一氧化碳肌红蛋白和脱氧肌红蛋白比高铁肌红蛋白和氧合肌红蛋白有更高的热稳定性（Sepe 等，2005；Hunt 等，1999）。因此，将肉类储存在高氧气调包装中，散装和/或有氧包装中通常会损害肌红蛋白的热稳定性，并会增强肌红蛋白在煮制中变性形成棕色。在真空和一氧化碳气调包装中贮藏可提高肌红蛋白的热稳定性，并有助于熟肉保持红色。畜禽肉肌红蛋白的热诱导变性的速率和程度随着温度的增加而增加（Joseph 等，2010）。许多研究报道，在高温下加热产生的熟肉红色比在低温下加热产生的熟肉颜色要浅。与正常 pH 的肉相比，高 pH（特别是 6.2 以上）为肌红蛋白提供了防止变性的保护作用（Trout，1989）。相反，低 pH 条件可以促进血红素基团的暴露，通过酸诱导三级结构的解折叠甚至部分螺旋结构的丧失，导致肌红蛋白在一系列煮制温度下变性敏感性提高（Janky 等，1973）。对于同一物种而言，肉的 pH 是肌肉特有的特性；牛腰大肌的 pH 高于背最长肌（Seyfert 等，2006；Joseph 等，2012）；羊胴体也呈现一样的规律（Tschirhart-Hoelscher 等，2006）。当在相同条件下煮制至相同的温度时，由腰大肌（pH 约 5.7）制作的牛肉饼比由最长肌（pH5.45）制作的肉饼颜色更深（Suman 等，2004）。对大块牛肌肉分切时发现，在相同的煮制温度下，腰大肌内部红色比背最长肌肉中颜色深（Suman 等，2009）。

表 11.5 熟肉中主要色素的化学性质

色素	来源和物种	颜色	形成过程	血红素铁的氧化状态	球蛋白的性质	最小反射值/nm			参考文献
						Soret	α	β	
变性珠蛋白血红素	熟猪肉或牛肉	粉红色	热诱导的肌红蛋白变性；减少珠蛋白血红蛋白	Fe^{2+}	变性	424	530	558	Tappel（1957）和 Ghorpade 和 Cornforth (1993)
变性珠蛋白高铁血色素	熟猪肉	棕褐色或灰色	热诱导的高铁肌红蛋白变性；珠蛋白血红素的氧化	Fe^{3+}	变性	405	495	545	Tarladgis (1962)
烟酰胺血红素	火鸡	粉红色	烟酰胺与珠蛋白在还原条件下的反应	Fe^{2+}	变性态	420	529	558	Tappel（1957）和 Cornforth 等(1986)
变性珠蛋白一氧化碳血色素	熟牛肉	粉红色	热诱导的羧基肌红蛋白变性	Fe^{2+}	变性	不详	542	571	Tappel（1957）和 John 等(2004)

［资料来源：Suman, S. P., Joseph, P., 2014. Chemical and physical characteristics of meat: color and pigment. In: Dikeman, M., Devine, C. (Eds), Encyclopedia of Meat Sciences, second ed., vol. 3, Elsevier, Oxford, United Kingdom. (Chapter 84), pp. 244-251 with the permission of Elsevier Limited, Oxford, United Kingdom.］

11.7 异常肉色

除了常见的正常鲜肉色和熟肉色外，在肉和肉制品的生产过程中还会出现异常颜色（或颜色缺陷）。这些缺陷肉色是由于肉本身因素造成的，另一些则是由于腐败或未煮熟造成的，这可能造成潜在的食品安全风险。

11.7.1 鲜肉的颜色缺陷

肌红蛋白与化学物质、光以及肌肉中的其他元素之间的物理化学和生物化学作用会导致鲜肉颜色/外观的异常。

热环：这种现象发生在背最长肌切面的周围，表现为暗环；通常在胴体分级期间能够观察到。牛胴体比其他牲畜更显著，特别是在皮下脂肪层薄的大胴体中。一般认为脂肪覆盖越少则绝缘能力越差，冷却速度越快越容易出现热环现象。

发绿：通常，鲜肉中发生绿变是由于形成硫化氢或过氧化氢；这两种化合物是由细菌产生并与肌红蛋白反应。产巯基的细菌如 *Pseudomonas mephitica* 可以在肉类中产生硫化氢，而乳酸菌在有氧条件下产生过氧化氢。肌红蛋白中硫化氢与亚铁血红素反应形成绿色的亚硫酸肌红蛋白。另一方面，酸性亚铁氰化物过氧化物（也称为过氧氢化物肌红蛋白）是在酸性条件下由过氧化氢诱导的肌红蛋白氧化形成的。

彩虹色：这是一种物理现象，主要是在生的、干燥的或熟的肉表面上可以看到的彩虹色（Mancini，2007）。彩虹色与肌红蛋白氧化还原无关，但可能被误解为腐败或变质。在熟肉表面，与彩虹色相关的颜色是绿色、红色、橙色和黄色。一般认为骨骼肌的横纹结构和纤维性质导致的光的衍射从而产生彩虹色。这种颜色问题与肌肉微观结构有关。因此，只能在整个分割肉块的表面上看到彩虹色，而在碎肉中则看不到彩虹色。

黑切肉：也称为 DFD 肉，指具有异常暗紫红色的瘦肉。DFD 肉是由于宰前动物糖原耗竭导致死后肌肉异常高的 pH（甚至高达 pH6.8）所引起的品质问题（见第 5 章）。高 pH 条件导致鲜肉具有更高的持水能力；由于肌肉水分都保留在细胞内部，没有渗透到表面，使得光的反射作用弱，导致肌肉看起来发暗。由于细胞内水分含量高，肌肉也会显得坚硬。高 pH 还可保护肌红蛋白免于变性，增强有氧细胞的新陈代谢，并有助于维持血红素铁的稳定。

PSE 肉：这是一种质量缺陷，主要原因在于屠宰和僵直期间 pH 下降异常快（见第 5 章）。胴体温度下降速率和 pH 下降速率影响僵直速率。高温条件下僵直速率更快；宰前应激和宰后早期冷却处理不当都可能导致 PSE 肉的产生，主要是因为宰前应激和冷却处理不当会导致乳酸快速累积和肌肉僵直。宰后快速僵直是指胴体温度没有冷却到正常水平，pH 已下降至很低的水平。这种高温/低 pH（相对于正常肉）条件导致蛋白质部分变性，使肉质变得柔软和汁液渗出。变性的蛋白质的持水能力比正常肉蛋白低，渗出的水分容易反射光，产生苍白的外观（Hughes 等，2014），导致产品的可接受度下降。此外，肌红蛋白（和其他肌浆蛋白）部分变性或吸附在肌原纤维蛋白上，进一步促成苍白的外观（Kauffman 等，1987；Liu 等，2015）。PSE 肉不仅存在色泽问题，还存在感官、持水能力等功能特性差的问题。PSE 肉主要发生于猪肉和禽肉，但在牛肉中也存在类 PSE 肉现象（Aalhus 等，1998；Warner 等，2014）。在双肌牛半膜肌肉的内部区域就存在类 PSE 肉现象（Sammel 等，2002a），这可能是由于肉块大、冷却速率不均匀（Sammel 等，2002b）和糖酵解速率不同所致（Nair 等，2016）。

11.7.2 熟肉中的颜色缺陷

从消费者角度看，暗褐色是熟肉和食品安全的重要指标。其他颜色，特别是粉红色，通常被认为肉未煮熟。因此，有必要了解这些不正常颜色的原因。

牛肉的过早褐变：过早褐变发生于牛肉熟制过程，是由于肌红蛋白在 71℃ 以下温度发生变性。根据美国农业部的推荐，71℃ 是破坏食源性病原微生物的关键温度。在牛肉熟制过程中，如果牛肉过早褐变，给消费者造成一个错觉，就会造成潜在的食品安全风险。肌红蛋白的热稳定性取决于其氧化还原状态和结合的配体，一氧化碳肌红蛋白和脱氧肌红蛋白比氧合肌红蛋白和高铁肌红蛋白具有更高的热稳定性。因此，熟肉颜色取决于熟制前生肉中肌红蛋白的存在形式。从这个方面来看，适合牛肉（如碎牛肉）氧化的因素会使肉易于过早褐变。相比之下，真空包装、一氧化碳气调包装和抗氧化剂可以减少过早褐变的发生。

禽肉的粉红色缺陷：这种缺陷主要发生于完全煮熟、未经腌制的鸡肉和火鸡肉，其中完全煮熟鸡肉内部呈现粉红色。这种肉本身是安全的，但消费者不接受。家禽肌红蛋白具有独特的生物化学特性，与红肉中肌红蛋白相比具有更大的分子质量，使得热稳定性更高，导致熟制过程中肌红蛋白变性不完全。此外，肌红蛋白与气体分子（CO、NO、NO_2）的相互作用是导致该现象产生的原因。使用非脂肪成分如脱脂奶粉、柠檬酸钠、氯化钙和三聚磷酸钠可以最大限度地减少粉红色的发生（Sammel 等，2003；Sammel 等，2007）。这种效应的确切机制尚不清楚。

牛肉中的持久粉色：消费者一般不接受持久性粉红色的熟牛肉。主要是因为牛肉 pH 过高（pH>6.0）、燃气中燃烧产物（CO、NO）的作用所致。高 pH 可以最大限度地降低肌红蛋白的变性。草饲牛和宰前应激都会导致宰后肌肉 pH 高于 5.9，从而导致持续的粉红色。乳酸的掺入增加了肌红蛋白的变性，可以减轻牛肉持续粉红色。

11.8 肉色评价

肉色评价至关重要（American Meat Science Association，2012）。肉色可以通过定量各种

形式肌红蛋白来评价，进而研究不同因素对肉色的影响。物理变化造成的肉色差异（如表面水分含量不同，导致光反射不同），可以采用三色测量法（Loughrey，2001）和人的感官评定来分析。

鲜肉颜色测量主要分析总肌红蛋白含量以及三种主要肌红蛋白的相对比例（即脱氧肌红蛋白、氧合肌红蛋白、高铁肌球蛋白；Faustman 等，2001；Krzywicki，1979，1982；Mancini 等，2003）。对于肉块而言，通常使用配有漫射积分球的分光光度计来测定肉块表面的反射光强度。对于碎肉表面的颜色测定，可以相同的方法。但更常见的是将碎肉在合适的缓冲液中匀浆均质，之后用分光光度计测定水溶液中脱氧肌红蛋白、氧合肌红蛋白和高铁肌红蛋白的光吸收。在相同浓度下，三种形态的肌红蛋白在 525nm 处光吸收强度相同，该波长被称为总肌红蛋白的等吸光点。因此，通过在特定波长处测定样品的光吸收，并将测定的吸光值与 525nm 处的吸光值比较，来计算肉中脱氧肌红蛋白、氧合肌红蛋白和高铁肌红蛋白相对含量（Tang 等，2004）。

根据脱氧肌红蛋白、氧合肌红蛋白和高铁肌红蛋白的相对含量，也可以评估肉表面变色和褐变情况。2004 年，美国批准在鲜肉的气调包装系统中使用 CO，一氧化碳肌红蛋白与肉色和变色也有关；有人用褐变指数来估计肉提取物中褐变或氧化程度，主要考虑到肉中氧合肌红蛋白和一氧化碳肌红蛋白的存在（Suman 等，2006）。腌制熟肉和未腌制熟肉的颜色可以采用上述方法进行测量。腌制肉通常采用真空包装，如果隔着包装膜进行测量，则需要用标准化的彩色印版覆盖在同一薄膜中进行校正。肉中色素的浓度可以通过分析肉制品血红素提取物来获得（Cornforth，2001）。血红素分子是疏水性的，通常使用丙酮提取血红素复合物。

三色比色法主要利用光反射率来客观分析肉色信息，其与人感官评定的色泽之间存在一定的关联（American Meat Science Association，2012）。该技术无法对肌红蛋白进行绝对定量，但可以对不同的肌红蛋白进行相对定量。它可以单独使用，也可以与感官评定结合使用。

近年还开发出多种评价肉表面颜色和次表面肌红蛋白相对含量的新型无损检测技术。近红外组织血氧测定法可用来评估次表面肌红蛋白种类和含量（Mohan 等，2010）。此外，无损反射光谱法可用于分析牛排和碎牛肉中的肌红蛋白的氧化还原状态（Khatri 等，2012；Bjelanovic 等，2013）。

11.9 小结

肉的颜色是消费者评定肉品品质的重要指标，并直接影响他们的购买决策。虽然肉类是一种极好的营养来源，但如果它的外观不符合消费者的预期，它就不会被购买或消费。

肌红蛋白在肉色中的作用已经被广泛地研究，其化学/生物化学性质在储存和销售过程继续存在。宰后骨骼肌不是无生命的组织，而是发生着复杂变化，影响零售期间以及熟制后肉的外观。宰前和宰后的处理方式影响肌肉中肌红蛋白的含量和稳定性。了解肌红蛋白的化学性质，对于优化饲养和加工工艺以保持肉的可接受性，具有重要意义。

参考文献

Aalhus, J. L., Best, D. R., Murray, A. C., Jones, S. D. M., 1998. A comparison of the quality char acteristics of pale, soft and exudative beef and pork. Journal of Muscle Foods 9, 267-280.

Agboola, H., Parrett, N., Plimpton, R., Ockerman, H., Cahill, V., Conrad, H., 1988. The effects of a high monosodium phosphate and alpha tocopherol supplemented milk replacer diet on veal muscle color and composition. Journal of Animal Science 66, 1676-1685.

American Meat Science Association, 2012. AMSA Meat Color Measurement Guidelines. American Meat Science Association, Champaign, Illinois.

Andres, A. I., Adamsen, C. E., Møller, J. K. S., Ruiz, J., Skibsted, L. H., 2006. High-pressure treatment of dry-cured & Iberian ham. Effect on colour and oxidative stability during chill storage packed in modified atmosphere. European Food Research and Technology 222, 486-491.

Bak, K. H., Lindahl, G., Karlsson, A. H., Orlien, V., 2012. Effect of high pressure, temperature, and storage on the color of porcine longissimus dorsi. Meat Science 92, 374-381.

Baron, C. P., Andersen, H. J., 2002. Myoglobin-induced lipid oxidation. A review. Journal of Agricultural and Food Chemistry 50, 3887-3897.

Bekhit, A. E. D., Simmons, N., Faustman, C., 2005. Metmyoglobin reducing activity. Meat Science 71, 407-439.

Bjelanovic, M., Sorheim, O., Slinde, E., Puolanne, E., Isaksson, T., Egelandsdal, B., 2013. Determination of the myoglobin states in ground beef using non-invasive reflectance spec trometry and multivariate regression analysis. Meat Science 95, 451-457.

Bowen, W. J., 1949. The absorption spectra and extinction coefficients of myoglobin. The Journal of Biological Chemistry 179, 235-245.

Boyle, E., 2015. Alternatives in retail display lighting. In: Proceedings of AMSA Reciprocal Meat Conference, Lincoln, Nebraska.

Broumand, H., Ball, C. O., Stier, E. F., 1958. Factors affecting the quality of prepackaged meat II. E. Determining the proportions of heme derivatives in fresh meat. Food Technology 12, 65-77.

Calkins, C. R., Goll, S. J., Mandigo, R. W., 1986. Retail display lighting type and fresh pork color. Journal of Food Science 51, 1141-1143.

Carlez, A., Veciana-Nogues, T., Cheftel, J. C., 1995. Changes in colour and myoglobin of minced beef meat due to high pressure processing. LWT-Food Science and Technology 28, 528-538.

Cava, R., Ladero, L., Gonzalez, S., Carrasco, A., Ramirez, M. R., 2009. Effect of pressure and holding time on colour, protein and lipid oxidation of sliced dry-cured Iberian ham and loin during refrigerated storage. Innovative Food Science & Emerging Technologies 10, 76-81.

Cheftel, J. C., Culioli, J., 1997. Effects of high pressure on meat: a review. Meat Science 46, 211-236.

Cornforth, D., 2001. Ch. F3 Unit F3. 2. Spectrophotometric and reflectance measurements of pigments of cooked and cured meats. In: Wrolstad, R. E., Acree, T. E., Decker, E. A., Plenner, M. H., Reid, D. S.,

Schwartz, S. J. , Shoemaker, C. F. , Smith, D. , Sporns, P. (Eds.), Current Protocols in Food Analytical Chemistry. Wiley and Sons, Inc. , New York, NY.

Cornforth, D. P. , Rabovitser, J. K. , Ahuja, S. , Wagner, J. C. , Hanson, R. , Cummings, B. , Chudnovsky, Y. , 1998. Carbon monoxide, nitric oxide, and nitrogen dioxide levels in gas ovens related to surface pinking of cooked beef and turkey. Journal of Agricultural and Food Chemistry 46, 255-261.

Cornforth, D. P. , Vahabzadeh, F. , Carpenter, C. E. , Bartholomew, D. T. , 1986. Role of reduced hemochromes in pink color defect of cooked turkey rolls. Journal of Food Science 51, 1132-1135.

Egbert, W. R. , Cornforth, D. P. , 1986. Factors influencing color of dark cutting beef muscle. Journal of Food Science 51, 57-59.

Eilert, S. J. , 2005. New packaging technologies for the 21st century. Meat Science 71, 122-127.

Faustman, C. , Phillips, A. , 2001. Ch. F3 Unit F3. 3. Measurement of discoloration in fresh meat. In: Wrolstad, R. E. , Acree, T. E. , Decker, E. A. , Plenner, M. H. , Reid, D. S. , Schwartz, S. J. , Shoemaker, C. F. , Smith, D. , Sporns, P. (Eds.), Current Protocols in Food Analytical Chemistry. Wiley and Sons, Inc, New York, NY.

Faustman, C. , Cassens, R. G. , Schaefer, D. M. , Buege, D. R. , Williams, S. N. , Sheller, K. K. , 1989. Improvement of pigment and lipid stability in Holstein steer beef by dietary supplementation of vitamin E. Journal of Food Science 54, 858-862.

Faustman, C. , Sun, Q. , Mancini, R. , Suman, S. P. , 2010. Myoglobin and lipid oxidation interactions: mechanistic bases and control. Meat Science 86, 86-94.

Faustman, C. , Yin, M. C. , Nadeau, D. B. , 1992. Color stability, lipid stability, and nutrient composition of red and white veal. Journal of Food Science 57, 302-304.

Fox, J. B. , 1987. The pigments of meat. In: Price, J. F. , Schweigert, B. S. (Eds.), The Science of Meat and Meat Products, third ed. Food and Nutrition Press, Westport, CT, USA, pp. 193-216.

Fox, J. B. , Nicholas, R. A. , Ackerman, S. A. , Swift, C. E. , 1974. A multiple wavelength analysis of the reaction between hydrogen peroxide and metmyoglobin. Biochemistry 13, 5178-5186.

Ghorpade, V. M. , Cornforth, D. P. , 1993. Spectra of pigments responsible for pink color in pork roasts cooked to 65 or 82℃. Journal of Food Science 58, 51-52.

Girard, B. , Vanderstoep, J. , Richards, J. F. , 1990. Characterization of the residual pink color in cooked turkey breast and pork loin. Journal of Food Science 55, 1249-1254.

Hornsey, H. C. , 1956. The color of cooked cured pork. I. Estimation of the nitric oxide-heme pigments. Journal of the Science of Food and Agriculture 7, 534-540.

Hughes, J. M. , Oiseth, S. K. , Purslow, P. P. , Warner, R. D. , 2014. A structural approach to under standing the interactions between colour, water-holding capacity and tenderness. Meat Science 98, 520-532.

Hunt, M. C. , Hedrick, H. B. , 1977. Chemical, physical and sensory characteristics of bovine muscle from four quality groups. Journal of Food Science 42, 716-720.

Hunt, M. C. , Sorheim, O. , Slinde, E. , 1999. Color and heat denaturation of myoglobin forms in ground beef. Journal of Food Science 64, 847-851.

Janky, D. M. , Froning, G. W. , 1973. The effect of pH and certain additives on heat denaturation of turkey meat myoglobin. Poultry Science 52, 152-159.

John, L. , Cornforth, D. P. , Carpenter, C. E. , Sorheim, O. , Pettee, B. C. , Whittier, D. R. , 2004. Comparison of color and thiobarbituric acid values of cooked hamburger patties after storage of fresh beef chubs in modified atmospheres. Journal of Food Science 69, 608-614.

Joseph, P. , Suman, S. P. , Li, S. , Beach, C. M. , Claus, J. R. , 2010. Mass spectrometric characterization and thermostability of turkey myoglobin. LWT-Food Science and Technology 43, 273-278.

Joseph, P. , Suman, S. P. , Rentfrow, G. , Li, S. , Beach, C. M. , 2012. Proteomics of muscle-specific beef color stability. Journal of Agricultural and Food Chemistry 60, 3196-3203.

Jung, S., Ghoul, M., De Lamballerie-Anton, M., 2003. Influence of high pressure on the color and microbial quality of beef meat. LWT-Food Science and Technology 36, 625-631.

Kagen, L. J., Linder, S., 1968. Immunological studies of duck myoglobin. Proceedings of the Society for Experimental Biology and Medicine 128, 438-441.

Kauffman, R. G., Marsh, B. B., 1987. Quality characteristics of muscle as food. In: Price, J. F., Schweigert, B. S. (Eds.), The Science of Meat and Meat Products, third ed. Food and Nutrition Press, Inc., Westport, CT, pp. 356-357.

Khatri, M., Phung, V. T., Isaksson, T., Sorheim, O., Slinde, E., Egelandsdal, B., 2012. New pro cedure for improving precision and accuracy of instrumental color measurements of beef. Meat Science 91, 223-231.

Killday, K. B., Tempesta, M. S., Bailey, M. E., Metral, C. J., 1988. Structural characterization of nitrosylhemochromogen of cooked cured meat: implications in the curing reaction. Journal of Agricultural and Food Chemistry 36, 909-914.

King, D. A., Shackelford, S. D., Wheeler, T. L., 2011. Relative contributions of animal and muscle effects to variation in beef lean color stability. Journal of Animal Science 89, 1434-1451.

King, N. J., Whyte, R., 2006. Does it look cooked? A review of factors that influence cooked meat color. Journal of Food Science 71, R31-R40.

Kinman, L. A., Hilton, G. G., Richards, C. J., Morgan, J. B., Krehbiel, C. R., Hicks, R. B., Dillwith, J. W., Vanoverbeke, D. L., 2011. Impact of feeding various amounts of wet and dry distillers grains to yearling steers on palatability, fatty acid profile, and retail case life of longissimus muscle. Journal of Animal Science 89, 179-184.

Kristinsson, H. G., Ludlow, N., Balaban, M., Otwell, W. S., Welt, B. A., 2006. Muscle quality of yellowfin tuna (*Thunnus albacares*) steaks after treatment with carbon monoxide gases and filtered wood smoke. Journal of Aquatic Food Product Technology 15, 49-67.

Krzywicki, K., 1979. Assessment of relative content of myoglobin, oxymyoglobin and metmyo globin at the surface of beef. Meat Science 3, 1-10.

Krzywicki, K., 1982. The determination of haem pigments in meat. Meat Science 7, 29-36.

Lawrie, R. A., 1966. Meat Science. Pergamon Press, London.

Leupp, J. L., Lardy, G. P., Bauer, M. L., Karges, K. K., Gibson, M. L., Caton, J. S., Maddock, R., 2009. Effects of distillers dried grains with solubles on growing and finishing steer intake, perfor-mance, carcass characteristics, and steak color and sensory attributes. Journal of Animal Science 87, 4118-4124.

Liu, J., Puolanne, E., Ertbjerg, P., 2015. A new hypothesis explaining the influence of sarcoplasmic proteins on the water-holding of myofibrils. In: Proceedings, 61st International Congress of Meat Science & Technology, France.

Loughrey, K., 2001. Ch. F5 Unit F5. 1. Overview of color analysis. In: Wrolstad, R. E., Acree, T. E., Decker, E. A., Plenner, M. H., Reid, D. S., Schwartz, S. J., Shoemaker, C. F., Smith, D., Sporns, P. (Eds.), Current Protocols in Food Analytical Chemistry. Wiley and Sons, Inc., New York, NY.

Ma, H., Ledward, D. A., 2013. High pressure processing of fresh meatdis it worth it? Meat Science 95, 897-903.

MacDougall, D. B., Bremner, I., Dalgarno, A. C., 1973. Effect of dietary iron on the colour and pigment concentration of veal. Journal of the Science of Food and Agriculture 24, 1255-1263.

Mancini, R. A., 2007. Iridescence: a rainbow of colors, causes and concerns. In: Beef Facts: Product Enhancement, pp. 1-4.

Mancini, R. A., Hunt, M. C., Kropf, D. H., 2003. Reflectance at 610 nanometers estimates oxy- myoglobin content on the surface of ground beef. Meat Science 64, 157-162.

McKenna, D., Mies, P., Baird, B., Pfeiffer, K., Ellebracht, J., Savell, J., 2005. Biochemical and physical factors affecting discoloration characteristics of 19 bovine muscles. Meat Science 70,665-682.

McMillin,K. W. ,2008. Where is MAP going? A review and future potential of modified atmo- sphere packaging for meat. Meat Science 80,43-65.

Mello,A. S. ,Calkins, C. R. ,Jenschke, B. E. ,Carr, T. P. ,Dugan, M. E. R. ,Erickson, G. E. ,2012. Beef quality of calf-fed steers finished on varying levels of corn-based wet distillers grains plus solubles. Journal of Animal Science 90,4625-4633.

Mitsumoto,M. ,Arnold,R. N. ,Schaefer,D. M. ,Cassens,R. G. ,1993. Dietary versus postmortem supplementation of vitamin E on pigment and lipid stability in ground beef. Journal of Animal Science 71,1812-1816.

Mohan,A. ,Hunt, M. C. ,Barstow, T. J. ,Houser, T. A. ,Hueber, D. M. ,2010. Near-infrared oximetry of three post-rigor skeletal muscles for following myoglobin redox forms. Food Chemistry 123,456-464.

Nair,M. N. ,Suman,S. P. ,Chatli,M. K. ,Li,S. ,Joseph,P. ,Beach,C. M. ,Rentfrow,G. ,2016. Pro- teome basis for intramuscular variation in color stability of beef semimembranosus. Meat Science 113,9-16.

Newcom,D. W. ,Parrish,F. C. ,Wiegand,B. R. ,Goodwin,R. N. ,Stadler,K. J. ,Baas,T. J. ,2004. Breed differences and genetic parameters of myoglobin concentration in porcine longissimus muscle. Journal of Animal Science 82,2264-2268.

Nicholls,P. ,1961. The formation and properties of sulphmyoglobin and sulphcatalase. Biochemistry Journal 81,374-383.

Nicol,D. J. ,Shaw,M. K. ,Ledward,D. A. ,1970. Hydrogen sulfide production by bacteria and sulfmyoglobin formation in prepacked chilled beef. Applied Microbiology 19,937-939.

Nishida,J. ,Nishida,T. ,1985. Relationship between the concentration of myoglobin and parval- bumin in various types of muscle tissues from chickens. British Poultry Science 26,105-115.

Pages,T. ,Planas,J. ,1983. Muscle myoglobin and flying habits in birds. Comparative Biochemistry and Physiology A:Physiology 74,289-294.

Pietrzak,D. ,Fonberg-Broczek,M. ,Mucka,A. ,Windyga,B. ,2007. Effects of high-pressure treatment on the quality of cooked pork ham prepared with different levels of curing in- gredients. High Pressure Research 27,27-31.

Renerre,M. ,Labadie,J. ,1993. Fresh red meat packaging and meat quality. In:Proceedings of the 39th International Congress of Meat Science and Technology,Calgary,pp. 361-387.

Roeber,D. L. ,Gill,R. K. ,Dicostanzo,A. ,2005. Meat quality responses to feeding distiller's grains to finishing Holstein steers. Journal of Animal Science 83,2455-2460.

Sammel,L. M. ,Claus,J. R. ,2003. Citric acid and sodium citrate effects on reducing pink color defect of cooked intact turkey breasts and ground turkey rolls. Journal of Food Science 68,874-878.

Sammel,L. M. ,Claus,J. R. ,Greaser,M. L. ,Lucey,J. A. ,2007. Identifying constituents of whey protein concentrates that reduce the pink color defect in cooked ground turkey. Meat Science 77,529-539.

Sammel,L. M. ,Hunt,M. C. ,Kropf,D. H. ,Hachmeister,K. A. ,Johnson,D. E. ,2002a. Comparison of assays for metmyoglobin reducing ability in beef inside and outside semimembranosus muscle. Journal of Food Science 67,978-984.

Sammel, L. M. , Hunt, M. C. , Kropf, D. H. , Hachmeister, K. A. , Kastner, C. L. , Johnson, D. E. , 2002b. Influence of chemical characteristics of beef inside and outside semimembranosus on color traits. Journal of Food Science 67,1323-1330.

Sepe,H. A. ,Faustman,C. ,Lee,S. ,Tang,J. ,Suman,S. P. ,Venkitanarayanan,K. S. ,2005. Effects of reducing agents on premature browning in ground beef. Food Chemistry 93,571-576.

Seyfert,M. ,Mancini,R. A. ,Hunt,M. C. ,Tang,J. ,Faustman,C. ,Garcia,M. ,2006. Color stability,reducing activity,and cytochrome c oxidase activity of five bovine muscles. Journal of Agricultural and Food Chemistry 54,8919-8925.

Simonin, H., Duranton, F., De Lamballerie, M., 2012. New insights into the high-pressure pro- cessing of meat and meat products. Comprehensive Reviews in Food Science and Food Safety 11, 285-306.

Suman, S. P., Joseph, P., 2014. Chemical and physical characteristics of meat: color and pigment. In: Dikeman, M., Devine, C. (Eds.), Encyclopedia of Meat Sciences, second ed., vol. 3. Elsevier, Oxford, United Kingdom, pp. 244-251 (Chapter 84).

Suman, S. P., Faustman, C., Lee, S., Tang, J., Sepe, H. A., Vasudevan, P., Annamalai, T., Manojkumar, M., Marek, P., Decesare, M., Venkitanarayanan, K. S., 2004. Effect of muscle source on premature browning in ground beef. Meat Science 68, 457-461.

Suman, S. P., Mancini, R. A., Faustman, C., 2006. Lipid-oxidation-induced carboxymyoglobin oxidation. Journal of Agricultural and Food chemistry 54, 9248-9253.

Suman, S. P., Mancini, R. A., Ramanathan, R., Konda, M. R., 2009. Effect of lactate-enhancement, modified atmosphere packaging, and muscle source on the internal cooked colour of beef steaks. Meat Science 81, 664-670.

Suman, S. P., Nair, M. N., Joseph, P., Hunt, M. C., 2016. Factors influencing internal color of cooked meats. Meat Science 120, 133-144.

Tang, J., Faustman, C., Hoagland, T. A., 2004. Krzywicki revisited: equations for spectrophoto- metric determination of myoglobin redox forms in aqueous meat extracts. Journal of Food Science 69, C717-C720.

Tappel, A. L., 1957. Reflectance spectral studies of the hematin pigments of cooked beef. Journal of Food Science 22, 404-407.

Tarladgis, B. G., 1962. Interpretation of the spectra of meat pigments. I. Cooked meats. Journal of the Science of Food and Agriculture 13, 481-484.

Trout, G. R., 1989. Variation in myoglobin denaturation and color of cooked beef, pork, and turkey meat as influenced by pH, sodium chloride, sodium tripolyphosphate, and cooking tempera ture. Journal of Food Science 54, 536-540.

Tschirhart-Hoelscher, T. E., Baird, B. E., King, D. A., Mckenna, D. R., Savell, J. W., 2006. Physical, chemical, and histological characteristics of 18 lamb muscles. Meat Science 73, 48-54.

Wakamatsu, J., Okui, J., Ikeda, Y., Nishimura, T., Hattori, A., 2004. A Zn-porphyrin complex contributes to bright red color in Parma ham. Meat Science 67, 95-100.

Warner, R. D., Dunshea, F. R., Gutzke, D., Lau, J., Kearney, G., 2014. Factors influencing the incidence of high rigor temperature in beef carcasses in Australia. Animal Production Science 54, 363-374.

Warriss, P. D., 1979. The extraction of haem pigments from fresh meat. Journal of Food Technology 14, 75-80.

12 肉的食用品质：Ⅱ. 嫩度

David L. Hopkins

Centre for Red Meat and Sheep Development, Cowra, NSW, Australia

12.1 引言

12.1.1 定义和度量指标

嫩化是指提高肉嫩度的过程，只能在僵直后的肉进行测量分析。嫩度的主观评价包括消费者型和专家型两种，得分越高表示肉越嫩；结缔组织和肌内脂肪含量影响嫩度的主管评分。嫩度的客观评价是剪切力法，剪切力值越小越好（Hopkins 等，2006）。嫩度是最重要的食用品质指标，受生产方式和加工因素的影响（Young 等，2005）。

嫩度的感官评价将在第 15 章讨论。通常来说，嫩度的客观评价既便宜、省时，又可避免主观分析存在的偏差（Shorthose 等，1991）。熟肉嫩度的客观测定可采用不同的仪器来实现，详见 Purchas（2014）。测定剪切力值时，将肉样制成标准大小，之后用特定的剪切装置进行剪切（Purchas，2014）。此外，也可采用咬合装置的剪切仪如 MIRINZ 嫩度计进行分析（Hopkins 等，2013），还可使用压缩装置来测定肉的剪切力。为了提高剪切力和压缩力测定的准确性，Holman 等（2015）研究了剪切力测定的变异系数，并提出最佳技术重复数。结缔组织的状态可以通过测量附着力值（Bouton 等，1975）来确定，但这个方法不常用。

影响肉嫩度的主要因素有三个：①由胶原蛋白含量决定的背景硬度；②成熟过程中的嫩化率；③肌肉僵直收缩程度（Hopkins 等，2009）。在宰后贮藏过程中，发生了嫩度下降和嫩化两个变化（Hopkins 等，2001）。限制僵直期的肌肉收缩，可将变硬进程降低到最小（Hopkins 等，2001）。肉的嫩度受到生产环节如基因型、年龄、性别和宰前管理等的影响，也受到宰后加工因素的影响。此外，熟化方法也影响肉的最终嫩度。

12.1.2 肌肉类型对嫩度的影响

不同肌肉的嫩度存在明显的差异（表 12.1），主要与不同肌肉的生化特性有关（见第 4 章）。此外，同一块肌肉内部也表现出嫩度差异。一项关于牛股二头肌、半腱肌、半膜肌和内收肌的研究表明，肌肉内的嫩度差异超过了肌肉之间的差异（Reuter 等，2002），且股二头肌的差异最大。在研究其他因素如性别对肉嫩度的影响时，肌肉内部的差异增加了研究的复杂性。

表 12.1 不同牛肌肉剪切力 单位：N

肌肉	12 月龄	24 月龄	36 月龄
半腱肌	50.0	61.8	68.9
股二头肌	50.0	58.8	68.0

续表

肌肉	12 月龄	24 月龄	36 月龄
内收肌	44.8	51.7	58.6
半膜肌	54.3	58.7	63.0
臀中肌	45.6	48.6	51.7
腰背最长肌	46.8	49.6	52.5
腰大肌	33.9	35.4	36.9

（资料来源：Shorthose, W. R., Harris, P. V., 1990. Effect of animal age on the tenderness of selected beef muscles. Journal of Food Science 55, 1-8, 14.）

根据肌肉内部嫩度的差异，可以将嫩度差的部位切除用于肉制品（Denoyelle 等，2003）。澳大利亚肉类标准分级系统（MSA）充分考虑了肌肉部位之间的嫩度差异，该分级系统是基于统计分析而建立的牛肉食用品质预测模型（Thompson，2002），解剖部位用肌肉食用品质的测定替代。因此，不同动物同一肌肉在嫩度等品质指标存在显著差异，在模型中输入范围值即可预测出分割肉的食用品质。不同肌肉的功能不同，食用品质也存在很大差异，基于此，美国制定出新的分割方案（Jones 等，2005）。

12.1.3 宰前因素对肉嫩度的影响

在不考虑宰后变化的影响下，许多宰前因素影响肉的嫩度。这些因素包括遗传（本章仅介绍基因型的影响）、动物年龄和性别、从农场到屠宰场的运输。

12.1.3.1 基因型影响

动物基因对许多性状都有影响，不同基因型或不同品种的基因表达存在一定差异。基因型包括杂交动物，它们具有不同品系的特征性状。本章不详细说明具体的基因影响（见第 2 章）。

一些研究表明，纯种和杂交绵羊客观测定的嫩度之间没有差异（Hopkins 等，2007a），而真实存在的其他指标差异无法用 pH、肌节长度、胴体重量或脂肪含量等解释（Purchas 等，2002）。

Safari 等（2001）比较研究了 Merino 羊与 Merino 杂交羊（Texel×Merino 或 Poll Dorset×Merino）之间的嫩度差异，发现父系品种对羊肉的嫩度没有影响。但 Hopkins 等（2005）指出，相比于 Leicester×Merino 杂交羊，Merino 羊肉的感官评分较低，消费者还感知到不同品质羊肉嫩度的差异。Merinos 羊肉感官评分较低，可能与其宰后 pH 下降慢有关。Pannier 等（2014）比较研究了 Terminal 公羊、母系公羊和 Merino 公羊的背最长肌和半膜肌肉的嫩度时发现，Terminal 公羊的感官嫩度评分较低（相当于 100 分差 5 分），而母系公羊和 Merino 公羊感官嫩度得分相近。这一差异可能反映了 Pannier 等（2014）对 Terminal 公羊的育种估计值，Terminal 公羊瘦肉率高、肌内脂肪含量低，这可能是嫩度差的原因（Hopkins 等，2007b）。品种效应也存在于牛肉中，影响大小取决于分割肉（表 12.2）。

表 12.2 品种对牛肉剪切力的影响[ab]

品种	7~8 肋	9~10 肋	品种	7~8 肋	9~10 肋
1	56.8	59.8	4	74.5	74.5
2	59.8	60.8	5	92.1	71.5
3	72.5	66.6			

注：[a] 值越大嫩度越差；[b] 每组 6 个重复。

（资料来源：Bryce-Jones, K., Houston, T. W., Harries, J. M., 1963. Journal of the Science of Food and Agriculture 14, 637.）

Bos indicus 基因对牛肉的嫩度的影响最显著，含该基因 Nellore 阉公牛背最长肌嫩度低、剪切力值高，其他品种之间差异不显著（见表 12.3）（Wheeler 等，1996）。MSA 分级方案中充分考虑 *B. indicus* 对牛肉食用品质（包括嫩度）的影响（Thompson，2002），*B. indicus* 对牛肉口感的影响在许多年前就有研究报道。

双肌牛如比利时蓝牛的肌肉纹理粗糙，但该品种牛肉的剪切力值并不高，主要是因为肉中单位面积肌内结缔组织少（Albrecht 等，2006）。尽管品种之间结缔组织总含量没有显著差异，但胶原蛋白的化学性质对牛肉嫩度的影响更大（见第 3 章和第 4 章）。通过感官评价或剪切力值法测定的嫩度具有可遗传性（Wheeler 等，1996），但压缩法测定的嫩度主要衡量结缔组织的特性，不具有可遗传性（Thompson 等，2006）。

品种对猪肉嫩度也有一定的影响，但不同研究之间没有一致性（Sosnicki，2015），各品种猪没有一个特定指标。尽管 Duroc 品系受肌内脂肪的影响，但市场更喜欢该品种的整体食用品质（Sosnicki，2015）。

表 12.3 在固定胴体重（324kg）或脂肪厚度（12mm）条件下公畜品种对牛背最长肌剪切力和嫩度（感官评分）的影响

父系品种	胴体质量		脂肪厚度	
	剪切力/N	感官嫩度评分	剪切力/N	感官嫩度评分
海福特牛	54.9	4.7	58.0	4.7
夏洛来牛	59.9	4.4	54.8	4.4
短角牛	57.8	4.7	57.9	4.7
盖洛威牛	57.2	4.8	57.3	4.8
尼罗牛	70.2	4.0	70.7	4.0
皮的蒙特斯牛	52.5	5.0	45.5	5.1
最小显著差数	5.9	0.31	6.2	0.33

[资料来源：Wheeler, T. L., Cundiff, L. V., Koch, R. M., Crouse, J. D., 1996. Characterization of biological types of cattle (Cycle IV): carcass traits and longissimus palatability. Journal of Animal Science 74, 1023-1035.]

12.1.3.2 年龄影响

一般来说，随着年龄的增长，肉的嫩度下降。如表 12.1 所示，18 月龄以上牛肉嫩度下降幅度比 18 月龄以下的牛肉下降低少（这与肌肉类型有关），其中 40 月龄和 90 月龄牛肉嫩度的差异很小（Tuma 等，1962）。Jeremiah 等（1971）研究了不同日龄（74～665d）公羊和母羊后腿五种肌肉的剪切力和嫩度的变化，发现动物年龄与嫩度的降低呈正相关，相关系数为-0.46，对半膜肌而言，动物年龄与剪切力之间的相关系数为 0.33。Hopkins 等（2007a）报道，14～20 月龄羊半膜肌的剪切力比 8～14 月龄羊高。这一结果与 Young 等（1993）的研究结果一致。后者还发现，随着动物年龄的增长，胶原溶解度降低，剪切力值增加。胶原蛋白溶解度的降低是由于胶原蛋白分子之间的交联增加所致。Bouton 等（1978）研究合并四个后腿肌肉的剪切力数据，研究年龄对羊肉剪切力的影响，进一步证实剪切力随着动物年龄的增长而增大。当肉在 80℃煮熟后，年龄之间嫩度差异较小，但在 60℃煮熟后，嫩度的差异很明显。

随着动物年龄的增长，牛肉中盐溶性和酸溶性的胶原蛋白比例下降，这种差异已经被凝胶电泳所证实，分子内和分子间的交联程度增加（Carmichael 等，1967）。Young 等（1993）发现随着动物年龄的增长，肌内结缔组织内胶原蛋白发生变化，表现为胶原蛋白溶解度下降（可还原交联变成不可还原交联），而胶原蛋白含量保持相对恒定（表 12.4）。

表 12.4 年龄对股二头肌胶原蛋白含量和可溶性的影响

指标	屠宰年龄/d				
	42	70	274	365	标准偏差
胶原蛋白可溶性/%	51.7[a]	45.5[b]	27.9[c]	27.7[c]	3.66
胶原蛋白含量/（g/100g 湿重）	1.13[a]	1.08[ab]	0.92[b]	1.03[ab]	0.09

注：同行中平均数肩标不同字母表示差异显著。

（资料来源：Young, O. A., Hogg, B. W., Mortimer, B. J., Waller, J. E., 1993. New Zealand Journal of Agricultural Research 36, 143.）

Young 和 Braggins（1993）研究了胶原蛋白含量和溶解度对羊肉嫩度的影响，认为胶原蛋白含量是决定肉品质量的主要因素，而胶原蛋白溶解度与剪切力值密切相关。

采用紫外光探头对 12、17、24 月龄牛肉进行原位观察，发现在 12～17 月龄，随着肌肉中肌束膜增加，荧光峰值增加；17～24 月龄，荧光峰值减小，表明肌束膜被肌肉组织分开，但随着肌层增厚，荧光峰变宽（Swatland，1994）。

Bouton 等（1978）指出，年龄和嫩度之间的关系不仅反映肌肉和结缔组织随时间的变化，也反映了胴体的体积和肥瘦程度。这些因素影响胴体冷却过程中的冷收缩。对猪而言，年龄对猪肉品质的影响相对较小，在一项研究中发现，生猪屠宰体重为 116kg、124kg、133kg 时，背最长肌剪切力没有明显的差异（Latorre 等，2004）。

12.1.3.3 性别影响

Channon 等（1993）研究了性别与年龄对羊肉品质的影响，结果表明，8 月龄时，隐睾羊和阉割羊的半膜肌或背最长肌的剪切力都没有差异；但大于 8 月龄时，隐睾羊肉剪切力值比阉割羊肉高。Johnson 等（2005）也发现，与 8 月龄或更小的母羊相比，公羊的半膜肌的剪切力值更高。Hopkins 等（2007a）通过基因型分析发现，基因的微小差异导致了 4~22 月龄的公羊比同月龄的母羊背最长肌的肉质更差。

Field（1971）综述指出，阉割公牛肉比公牛肉嫩。但后来的研究表明，性别和肌肉类型存在交互作用（表 12.5），12 月龄屠宰的公牛背最长肌比阉割公牛的肉质硬，但专家型感官品尝没有发现两者之间的差异，其他部位肉的剪切力测定也没有发现性别之间的差异。Belew 等（2003）详细地综述了肌肉类型之间嫩度的差异。

表 12.5 年龄和性别对牛肉剪切力的影响 单位：N

肌肉类型	阉割牛			公牛
	3 月龄	7 月龄	12 月龄	12 月龄
腰背最长肌	84.3	91.1	89.2	98.0
臀中肌	62.7	64.7	68.6	71.5
半腱肌	59.8	61.7	61.7	59.8
腰大肌	39.2	38.2	37.2	38.2

（资料来源：Rodriguez, J., Unruh, J., Villarreal, M., Murillo, O., Rojas, S., Camacho, J., Jaeger, J., Reinhardt, C., 2014. Meat Science 96, 13-40.）

对于猪肉而言，阉割猪肉与小母猪的剪切力相似（Leach 等，1996；Latorre 等，2004），同样感官品尝的嫩度也没有差异（Leach 等，1996）。Channon 等（2004）发现，宰后成熟 2d 的公猪背最长肌比母猪肉的剪切力值高，但如果成熟至 7d，两者之间无显著差异，这表明公猪背最长肌中肌原纤维蛋白的降解速度更慢。

12.1.3.4 宰前运输的影响

牲畜从农场被运到屠宰场，需要经历禁食、活畜交易、屠宰场等环节。有些动物直接从农场运到屠宰场，避免了活畜交易环节。所有动物静养时间取决于屠宰动物的数量和顺序。

动物遭受应激时，体内的新陈代谢会发生改变，改变程度取决于应激的类型（Ferguson 等，2008）。这可能会导致肌糖原显著减少（Warriss，1990），如果糖原水平下降到 45~57mmol/kg 时动物被屠宰，肌肉 pH 不会降到正常水平（Tarrant，1989）。特别肌肉极限 pH 在 6.0 以上时，这将导致肉的硬度增加（Purchas 等，1999）。对猪而言，使用电棒，高密度圈养都会影响猪肉的 pH，加快肌糖原酵解（Brandt 等，2015），可能会导致蛋白质变性和嫩度下降。Jacob 等（2005）报道，当羊宰前静养 48h 后，羊肉的食用品质（特别是嫩度）变化最小。Toohey 等（2006）研究表明，静养时间和电刺激对成年羊肉的品质具有显著影响，未使用电刺激静养 2d 的羊肉比静养 1d 的羊肉肉质硬，使用电刺激后，两组的剪切力值无明显差异。总的来说，宰前因素造成牛肉 pH 高，进而影响牛肉的嫩度。

12.1.4 宰后因素

对于某一肌肉而言，结缔组织的含量和类型相同，嫩度的差异可能来自宰后变化，尤其是宰后糖酵解。

12.1.4.1 宰后糖酵解

动物死后，肌肉组织中肌原纤维处于连续的收缩或松弛交换状态下，糖酵解促进糖原水平下降和 ATP 耗尽，肌原纤维进入收缩状态。这一过程伴随着肌肉 pH 的下降，但不是所有肌肉同时进行收缩。Jeacocke（1984）用单根纤维研究发现，当 ATP 耗尽时，肌纤维开始收缩，每根肌纤维收缩进程不完全一致，主要取决于肌纤维中初始糖原含量。当每个肌纤维进入尸僵后，肌肉的收缩程度与宰后肌肉温度有关。僵直（rigor）是指单个肌纤维 ATP 耗尽，而宰后僵直（rigor mortis）是指宰后所有肌纤维进入僵直状态后肌肉组织变硬的过程，此时被认为宰后嫩化的起点（Devine 等，1995）。肌纤维的僵直可采用等张拉力和肌肉缩短程度来评价（Hertzman 等，1993），其中肌肉张力随着温度的升高而增加（Hertzman 等，1993）。当温度高于 10~15℃时，肌肉组织的张力稳定增加和肌纤维持续收缩。这是由于单个肌纤维耗尽能量储备发生僵直和收缩（Jeacocke，1984），共同导致肌肉张力增加。肌肉变硬是由于 ATP 耗竭，肌动蛋白和肌球蛋白形成不可逆交联，导致肌纤维进入完全僵直状态。随着越来越多的肌纤维进入僵直状态，当肌肉 pH 降至 6.0 时，肌肉僵硬程度显著增加。通过工艺控制，可以使大部分肌纤维不发生明显的收缩，尤其是防止冷收缩。因此，僵直发生时间对肉的嫩度有显著影响。

宰后僵直过程中，肌肉收缩程度与温度降至 15℃ 的速率有很大关系（Locker 等，1963）。如果将热分割的肌肉放在 12℃以下，肌肉会发生明显收缩，在 2℃时冷收缩程度和 40℃时热收缩程度相当，这就是熟制时嫩度下降的原因（见第 7 章）。当温度降至 12℃以下时，肌肉冷收缩持续至僵直完成。这是因为肌肉温度下降时，肌质网中的钙离子释放到肌浆中，激活肌动球蛋白 ATP 酶。肌浆中钙离子增加是由于肌质网回收钙离子能力丧失（Jaime 等，1992），此外线粒体中钙离子也被释放到肌浆中。当 ATP 浓度高（>3.5mmol/L）时，在缺氧和低温条件（低于 15℃）下，ATP 驱动的钙泵消失（Honikel 等，1978）。当离体的肌肉暴露于较低温度时，肌肉发生冷收缩。在僵直完成前肌肉收缩由 20%增加到 40%时，熟制后肉的硬度随着肌肉收缩程度增加而增加；当肌肉收缩程度增加至 60%时，肌肉硬度下降（Marsh 等，1966）。肌肉收缩程度达到 40%时，意味着肌动蛋白和肌球蛋白之间形成大量交联，肉的硬度增加。电子显微镜分析表明，在有些肌肉中，肌球蛋白丝的末端扣住Z-线。当肌肉收缩程度超过40%时，熟制后肉的硬度下降，这主要是由于肌肉组织结构破坏或断裂（Marsh等，1966）。实际上电子显微技术证明，这种现象可能是由于肌肉超收缩导致肌节和Z-盘断裂（Voyle，1969）。后来的研究表明（Marsh等，1974），当肌肉收缩程度超过50%时，肌纤维中会形成很多的超收缩暗带，结果与Voyle（1969）报道的一致。这些是超收缩区域，在它们之间是断裂的肌原纤维，这足以解释肉的硬度为什么会下降。高压处理（100MPa）也会导致肌肉收缩，但却起到嫩化作用（McFarlane，1973），宰后电刺激也具有类似效果（Hwang等，2003）。

与“冷收缩”相反的是“热收缩”，僵直发生在高温和低pH条件，这种现象在牛肉中已有报道（Warner等，2013）。其定义为肌肉在pH低于6，温度为35℃或更高时发生收缩。实际上，糖酵解速率过快会导致牛肉汁液渗出，类似于PSE猪肉，特别是在后腿肌肉，限制了嫩化的潜力。这可以通过热剔骨和超速冷却来避免（Jacob等，2014），但这不适用于所有情况。Jacob等（2014）提出了其他可能的方法，如沉浸式冷却、血管冲洗或脂肪剔除等。pH下降过快，会导致肌浆蛋白变性，并沉淀在肌原纤维上；而肌原纤维蛋白也可能发生一定程度的变性。有研究表明，肌肉中不溶性肌原纤维蛋白与总蛋白的比例直接与肉的硬度相关（Hegarty等，1963）。

为了避免冷收缩，可以采用电刺激技术。电刺激是指将电流通入刚宰后的胴体中，电流通入导致肌肉收缩增加、糖酵解速度加快、pH快速下降（ΔpH的变化范围从35℃时的0.6个pH单位到15℃条件下的0.018单位）（Hwang等，2003）。近年来，澳大利亚使用新的电刺激技术，主要采用的是短方脉冲中压电流，克服了高压的安全性问题（Devine等，2014）。

除了宰后糖酵解的速率，糖酵解程度对猪肉、牛肉和羊肉的嫩度有影响（Lewis等，1962；Bouton等，1973a；Watanabe等，1996）。这种影响已在牛肉（Purchas等，1999）和羊肉（Devine等，1993）中得到充分证实。极限pH在5.8~6.2时，肉的嫩度最差。当极限pH从5.5增加到6.0时，嫩度下降；而当极限pH高于6时，嫩度再次增加（图12.1）。

Watanabe等（1996）发现，在极限pH范围内，titin和nebulin的降解程度最小，因此，极限pH对嫩度的影响是通过其对蛋白水解酶的作用来实现的。但Purchas等（1999）基于对未成熟和成熟牛肉关系的研究，认为肌节长度和蛋白水解不能完全解释这种曲线关系。

用来度量肌原纤维和结缔组织对肌肉硬度贡献的指标——剪切力和黏附力随着极限pH的升高而降低（Bouton等，1973b）。在pH为6.8时，肉变得过嫩，呈凝胶黏稠状。嫩度与pH之间的关系因肌肉种类而异。如在股二头肌中，嫩度和pH呈曲线关系，而在半膜肌中，两者呈直线关系（Bouton等，1971），但在两种肌肉中，当pH高于6.0时，嫩度都会提高。如果僵直前的肉被加热足够快，使宰后糖酵解的酶快速失活，这将使肉处于很高的pH，如果pH为7时，肌肉的嫩度会增加（Bouton等1971），其嫩化程度远远大于因分割造成的收缩（在熟制过程中，僵直前肌肉会发生严重收缩）。僵直前熟制的肉的相对嫩度与 pH 直接相关（Miles 等，1970）。在高 pH 时，肉的嫩度好，主要是由于肌肉蛋白质的含水量高，持水能力强（见第 5 章和第 14 章），肌纤维发生溶胀。这可以部分解释僵直前熟肉的嫩度。除了肌原纤维的收缩和结缔组织的性质和排布外，肌纤维内外的水分分布和变化也可对肉的嫩度产生一定的影响（Currie 等，1980）。在肌肉蛋白的等电点两侧增加 2 个 pH 单位，肉的持水能力都将增加。高 pH，至少在生理 pH 范围内，可以提高肉的嫩度。现已证明 pH 在等电点酸性侧也可增加肉的嫩度（Gault，1985）。当然，如此极端的 pH，在鲜肉中时不会出现的，但在腌制过程中通过添加酸类物质改变 pH。

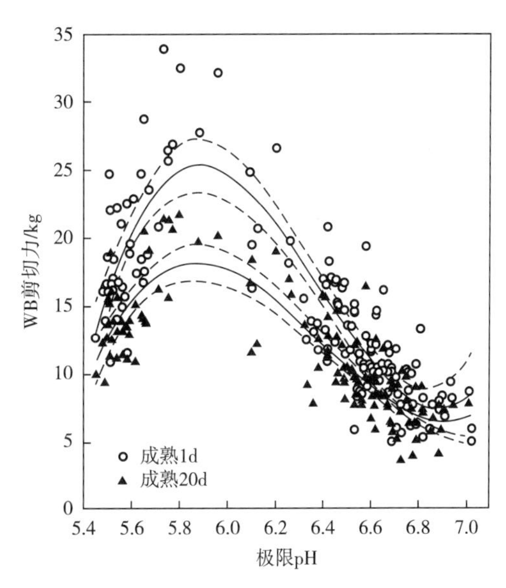

图 12.1 牛背最长肌成熟 1d 或 20d 的剪切力与极限 pH 之间的关系

注：WB 指 Warner-Bratzler 剪切仪。

（资料来源：Purchas，R. W.，Yan，X.，Hartley，D. G.，1999. Meat Science 51，135；reproduced by kind permission of Professor Roger Purchas and Elsevier Science Ltd.）

12.1.4.2 肌肉拉伸

自 Locker（1960）发现肌节缩短与嫩度之间的关系后，很多用来延长肌节长度，改善肉嫩度的新方法被研发出来。在这些方法中，肌肉拉伸是最古老的方法，该方法是将胴体通过枕骨或盆骨吊挂劈半后的胴体。这种吊挂方式会增加后腿肌肉和腰部肌肉的张力（Hopkins，2014），防止肌节收缩，从而减少了肌动蛋白和肌球蛋白之间的重叠。这种技术对背最长肌、后腿肌肉（股外侧肌和半膜肌）有显著的影响（表 12.6），但增加了腰大肌的硬度。如果以后腿肌肉的肌节拉伸为基准进行校正，背最长肌的肌节长度增加更多（Hopkins 等，2000），从而进一步降低肉的硬度。这种现象可部分归因于对 I-带的断裂。

嫩度改善如此重要，一些分割肉需要延长成熟时间。此外，背最长肌不同位置间嫩度的差异也减小。最近，这项技术得到了商业化的应用，肉类加工商开发出可以处理和贮存被拉伸胴体的方法，如胴体宰后僵直完成时，重新采用跟腱吊挂，简化了胴体移动和剔骨操作。Fisher 等（2000）发现，盆骨吊挂猪胴体可显著提高猪肉的嫩度，提高制备火腿时半膜肌和臀股二头肌对腌制液的吸收和产品得率，而对股二头肌的品质没有不利影响。在美国已开发出一种“切割嫩化”技术（Claus 等，1997）。这种技术是将骨骼和结缔组织切断，以便在僵直开始前，使胴体的重量能够拉伸特定的肌肉（Wang 等，1994），而胴体仍采用跟腱吊挂。这种技术仅改变腰部肌肉的嫩度，适用性不强。与拉伸嫩化相比，切割嫩化不需要额外的冷库，不需要专门训练去骨技师，但在加工线上更难实施。

表 12.6　跟腱或盆骨吊挂对宰后 2 ~3d 牛肉剪切力的影响　单位：N

吊挂方法	跟腱吊挂	盆骨吊挂	吊挂方法	跟腱吊挂	盆骨吊挂
腰背最长肌	107.9	55.9	股二头肌	63.7	65.7
股外侧肌	86.3	53.0	冈上肌	62.3	58.8
半膜肌	82.4	50.0	半腱肌	59.8	58.8
臀中肌	78.5	39.2	腰大肌	35.3	49.0

（资料来源：Bouton，P. E.，Fisher，A. L.，Harris，P. V.，Baxter，R. I.，1973c. Journal of Food Technology，8，39.）

如果僵直前将肌肉从胴体上分割下来，采取特殊方法如包裹，可防止冷收缩的发生（Devine 等，2002）。这是一种比较经济的方法，既可以提高加工速度，又可改善肉的硬度。这个理念主要是模仿胴体提供的骨骼约束，防止热剔骨肌肉的收缩。Hildru 等（2000）研究表明，包裹的热骨牛背最长肌经 2d 和 9d 的成熟，嫩度显著改善，但他们也发现，该方法对半膜肌的嫩度没有明显改善作用，可能是因为半膜肌肉块大，形状不规整，包裹无法限制半膜肌收缩。这种方法需要结合冷却，同时要防止冷收缩。近年来已开发出几种不同的方法。

Pi-Vac 弹性包装系统于 2001 年首次获得专利，它是一种在弹性包装材料预处理机中紧密包装热骨骼肌肉的方法，以防止肉的收缩和僵直。该系统使用高度灵活的包装套筒，通过吹气使包装袋膨胀，将肉放入其中。之后再真空，使包装缩回正常尺寸，并对肉施加纵向力，防止肌肉收缩。同时将所有的氧气从包装中排出。这类产品被命名为 TenderBound。这项技术可以有三种不同的尺寸，在欧洲已经商业化。关于 Pi-Vac 弹性包装系统的性能，相关研究报道不多；但在一项热剔骨牛肉（*m. longissimus*）研究中发现，与未限制的肌肉相比，在宰后 90min 的热剔骨牛肉采用 Pi-Vac 弹性包装后，不仅肌节长度更长，嫩度明显改善（O'Sullivan 等，2003），而且肉嫩度的变异性缩小，使肉的嫩度更加一致。Pi-Vac 系统的替代方法是 2010 年获得专利的智能拉伸（SmartStretch）技术，该技术使用一个柔性橡胶套管，四周是充气囊，放在一个气密室里，Taylor 等（2011）对该技术进行了详细的介绍。

目前已对智能拉伸开展了大量的应用研究，结果好坏参半。在羊肉中，应用该技术后，半膜肌长度增加 24%，0d 时剪切力值下降 46%；5d 时剪切力下降 38%，这与肌节长度的显著增加相一致（Toohey 等，2012a）。将整个羊后腿进行智能拉伸包装后，腿长增加了 14%，0d 时半膜肌的剪切力近下降 16%，股二头肌的剪切力仅下降 18.4%；而在 5d 时，剪切力无显著差异（Toohey 等，2012b）。智能拉伸包装对老牛背最长肌或半膜肌的改善作用效果不明显；该包装对有 2 颗恒齿小牛的臀中肌（热剔骨）在宰后 0d 时的肌节长度和嫩度具有明显改善作用（Taylor 等，2012），随着成熟时间的延长，这种改善效果消失。

通过减少肌动蛋白和肌动蛋白的重叠来防止肌肉收缩，进而改善肉的嫩度，但由肌肉收缩引起的硬度增加并不仅仅是肌动蛋白和肌球蛋白交联所致（Voyle，1969）。Bouton 等（1973b）证实，在正常极限 pH 下，肉的剪切力与肌原纤维收缩程度有关，他们还发现肌肉收缩使肉的黏着性（反映肌内结缔组织的状态）显著增加，表明胶原蛋白可能对肉的嫩度有一定的贡献。Rowe（1974）发现肌束膜会因肌节的横向收缩而变化，当肌肉收缩时，胶原蛋白的松散结构变为排列有序的晶格结构。

12.1.4.3 成熟

肉的成熟是指将肌肉在冷藏温度下贮藏一定时间，肉的嫩度得到显著改善的过程，成熟时间与肉的剪切力之间呈指数关系（图 12.2）。嫩化是指肉的嫩度得到改善的过程，只能在僵直后进行评价。嫩度的评价方式是消费者对肉的主观评价，得分越高，嫩度越好，结缔组织和肌内脂肪含量影响肉的嫩度。嫩度的客观评价是剪切力法，剪切力值越小，肉的嫩度越好。虽然一个世纪之前就有人提出嫩化是由于酶的作用造成的，但相关机制直到近些年才比较清楚，通常有几种学说。参与宰后肌肉嫩化最主要的酶是钙激活蛋白酶（Hopkins 等，2009）。肌肉中含有各种蛋白水解酶（见第 5 章），这些酶在较高温度下活性更强，所以高温下肉的嫩化作用比低温下的快。但是随着贮藏温度从 40℃ 升到 60℃，肉的嫩化效率逐渐降低，在 75℃ 下完全停止（Davey 等，1976）。在收缩的肌肉中，即使肉没有变嫩，但蛋白质水解依然在发生着（Locker 等，1984），说明蛋白质水解与肌节长度对嫩度的影响存在交互作用，肉的嫩度不是由单个因素决定的（Starkey 等，2016）。

成熟过程中嫩度的改善程度与肌肉类型有关（Stolowski 等，2006）。对于有些肌肉，如牛股二头肌在成熟过程中剪切力变化很小（Stolowski 等，2006），而牛背最长肌在成熟 42d 过程中剪切力下降超过 20%，而羊背最长肌成熟 30d 时，剪切力值下降更多（Pearce 等，2009）。成熟对肉的嫩度的影响还与物种有关，羊驼背最长肌宰后成熟从 5d 至 10d 时剪切力下降 8%（Smith 等，2015），而羊背最长肌经相同处理后剪切力值下降 33%（Pearce 等，2009）。Monin 等（1991）已对肌肉之间的宰后成熟速率和程度差异进行了系统综述（见第 5 章）。一般来说，结缔组织在宰后成熟过程中没有变化，但在长时间成熟过程中，肌内结缔组织也发生了一些结构上的变化（Nishimura 等，1995）。Nishimura 等（1998）研究了肌内结缔组织机械强度的变化，发现宰后成熟 10d 牛肉肌内结缔组织的机械强度明显

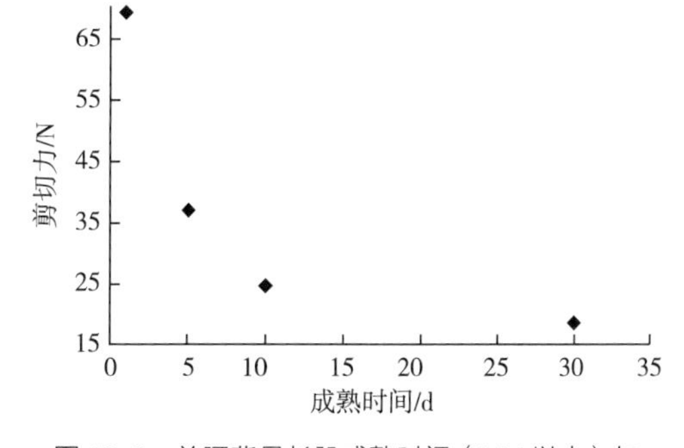

图 12.2　羊腰背最长肌成熟时间（30d 以内）与剪切力之间的关系

（资料来源：Pearce，K. L.，Hopkins，D. L.，Jacob，R. H.，Williams，A.，Pethick，D. W.，Phillips，J. K.，2009. Meat Science 81，188.）

下降。

肌原纤维蛋白降解与肌束膜胶原蛋白的可提取性增加密切相关，但它们如何改善肌肉的嫩度尚不清楚。

12.1.4.4 化学嫩化

某些植物、真菌和细菌产生无毒的蛋白水解酶可以作为商业的肉嫩化剂。最初将这些酶抹在肉的表面，效果并不理想，因为肉的表面嫩化过度，呈糊状且有异味，而肉的内部没有得到嫩化。人们尝试多种方法将溶液分散到肉中，其中盐水注射效果最佳（Toohey 等，2011）。Han 等（2009）使用灌注法将猕猴桃提取物注入胴体，促进肌肉嫩化，虽然不同于活体注射，但这个方法有点不切实际。

有许多植物来源的酶能够降解肉蛋白，如木瓜蛋白酶、菠萝蛋白酶、无花果蛋白酶和猕猴桃蛋白酶，以及细菌或真菌蛋白水解酶。Bekhit 等（2014）已对这些酶的作用进行了综述，这里不再赘述。使用这些酶的难点在于控制它们的用量，如木瓜蛋白酶极易导致肉类产生糊状结构，这些酶对胶原蛋白和肌原纤维蛋白都有降解作用，目前研究的热点主要是确定这些酶的最适温度和 pH 以及鉴定出哪些蛋白能被水解（Ha 等，2013）。如 Ha 等（2013）研究发现细菌蛋白酶 G 和真菌 31K 蛋白酶水解胶原蛋白的能力相似，但真菌 60K 蛋白酶的活性较低，且对Ⅰ型胶原蛋白具有高的特异性。相反蛋白酶 G 以非特异性方式水解大多数肌原纤维蛋白，木瓜蛋白酶可降解肌联蛋白、伴肌动蛋白、肌动蛋白和肌球蛋白，这是该酶对牛肉蛋白的水解能力比生姜蛋白酶强的原因，且对结缔组织蛋白的水解作用更强（Ha 等，2012）。以猕猴桃蛋白酶为基础，现有许多商品化的植物源蛋白酶产品，将来有可能开发复合酶实现特定的嫩化效果。

僵直前注射高浓度离子，有可能会导致肌肉中肌膜破裂，释放内源性蛋白酶。离子注射嫩化方式仍存在一些问题，因为僵直前注射 Ca^{2+} 可能会导致肌肉收缩（见第 5 章）。向肉中注射氯化钙溶液，可以显著改善肉的嫩度，主要是因为激活了钙激活蛋白酶（Whipple 等，1994），在宰后 24h 注射氯化钙也有效果（Boleman 等，1995）。Hopkins 等（2014）综述了离子注射对肉品品质的影响。Farouk 等（1992）研究发现可通过血管向羊胴体注射胴体重量 10% 的氯化钙，改变糖酵解的速度和肌肉收缩。进一步研究发现（Farouk 等，1994），注射含麦芽糖、甘油、右旋糖和三聚磷酸钾或钠的溶液，肌肉在宰后早期（3h）温度降低了 2℃，pH 下降速度加快。注射组的糖酵解在 6h 内完成，而未注射组需要 12~24h 完成，因此可避免快速冷却条件下的冷收缩。

部分有机酸如乙酸、柠檬酸和乳酸也用于肉的嫩化。浸泡是一种常用方式，需要较长时间促进有机酸向肌肉中渗透，有研究表明注射效果更好。这些酸会导致肉的 pH 下降，从而有利于组织蛋白酶发挥作用，降解肌球蛋白等，通常情况下肌球蛋白不会发生降解。pH 下降会导致肌内结缔组织溶胀，降低结缔组织蛋白的变性温度。因此，有机酸处理可减少肉的嫩度（表 12.7）。

注射的化学物质对肉品品质的影响，取决于处理时间（即肉的 pH 和温度）、化学物质的浓度（激活或改进）以及注射方式（影响化学物质在肉中的分布）。

表 12.7 乳酸处理对牛胸深肌的感官品质（1＝最老、10＝最嫩）的影响

	乳酸处理（宰后 1h）	乳酸处理（宰后 24h）	对照	成熟时间/d
第一口易咀嚼性	6.7[a]	7.4[a]	4.3[b]	2
咀嚼性	6.0[a]	6.3[a]	5.3[a]	2
第一口易咀嚼性	6.0[a]	6.4[a]	4.2[b]	14
咀嚼性	5.7[a]	6.1[a]	4.4[b]	14

注：a、b 表示差异显著（$P<0.05$）。

（资料来源：Berge, P., Ertbjerg, P., Larsen, L. M., Astruc, T., Vignon, X., Møller, A. J., 2001. Meat Science 57, 347.）

12.2 嫩度的测定

如前所述，肉的嫩度可采用专家型感官评定或消费者型感官评定。专家型感官评定的方法有一套完整的评估标准和方法。当样品的品质差异比较小时，可采用专家型感官评定方法（American Meat Science Association，2016），但结果不能反映消费者的需求。澳大利亚红肉产业制定的 MSA 标准主要是基于消费者的感官评定来制定的，用来改善牛肉（Polkinghorne 等，2008）和羊肉（Russell 等，2005）的食用品质。这个标准系统是基于 9 个国家 10 万多名消费者的近 70 万次感官评定试验结果而获得的（Anonymous，2016），成为世界上最大的食用品质数据库。MSA 标准系统旨在解决从牧场到餐桌的各环节如何影响肉的食用品质，主要基于消费者的感官评定，其中嫩度是一个重要指标。

这种方法存在较大的误差需要解决，因为感官品尝人员没有经过专门培训，他们都是根据自己的直观感觉来评分。年龄、性别、家中成人数量和肉的熟度等都会影响结果（Thompson 等，2005b），熟制方法对肉的感官评定结果也有影响（Thompson 等 2005a）。这种方法已经应用于其他种类肉如羊驼肉的嫩度评价（Smith 等，2015）。

嫩度的客观测定方法见 Purchas（2014）综述（见本章引言部分）。用鲜肉来测定肉的嫩度是最好的（AMSA，2016），但在有些情况下是做不到的，所以常用冻肉来进行剪切力的测定。在解冻过程中，肉会发生不同程度的成熟，成熟速率与解冻速度有关，这种方法已经应用于大量样本的测试（Hopkins 等，2015）。即使不同实验室应用相同的方法，但实验结果也存在差异（Hopkins 等，2010）。最近的研究强调了该方法的操作程序规范的重要性，应该要进行标准化（Holman 等，2016）。他们对动物和食品科学同行评审期刊上发表的 734 篇文章进行了系统梳理，这些文章测定的是未加工和未分割的哺乳动物肉的剪切力，

梳理结果表明，研究背最长肌剪切力的文章最多，占55.2%，其次是半膜肌，占6.4%；使用Instron嫩度计的文章占31.2%，使用Warnere-Bratzler剪切仪的文章占68.8%（Holman等，2016）。用圆形取样器的为主，其次是方形取样；但圆形取样器不适合羊肉的测定，因为羊肉太小，所以采用方形更适合（Hopkins等，2015）。另一种为牛肉嫩度开发的扁平刀片剪切法与Warnere-Bratzler剪切刀片有所不同，它与感官品尝的嫩度得分相关性更高（Shackelford等，1999）。这种相关性对于分析剪切力与消费者接受度的内在联系非常重要。目前已建立了羊肉（Hopkins等，2006）和牛肉（Aalhus等，2004）的阈值。

12.3 结论与展望

随着动物生产与遗传育种技术的发展，肉的嫩度得到很大改善。未来改善肉嫩度主要是采用宰后处理技术，如电刺激、拉伸包装和嫩化酶注射等。当前必须充分认识肌肉的内在差异，在此基础上通过生物学方法改善肉的嫩度。

参考文献

Aalhus,J. L. ,Jeremiah,L. E. ,Dugan,M. E. R. ,Larsen,I. L. ,Gibson,L. L. ,2004. Establishment of consumer thresholds for beef quality attributes. Canadian Journal of Animal Science 84,631-638.

Albrecht,E. ,Teuscher,F. ,Ender,K. ,Wegner,J. ,2006. Growth- and breed-related changes of muscle bundle structure in cattle. Journal of Animal Science 84,2959-2964.

AMSA,2016. Research Guidelines for Cookery,Sensory Evaluation,and Instrumental Tenderness Measurements of Meat. Champaign,Illinois,USA.

Anonymous, 2016. Meat Standards Australia. http://www. mla. com. au/Marketing-beef-and-lamb/Meat-Standards-Australia.

Bekhit,A. A. ,Hopkins,D. L. ,Geesink,G. ,Bekhit,A. A. ,Franks,P. ,2014. Exogenous proteases for meat tenderization. Critical Reviews in Food Science and Nutrition 54,1012-1031.

Belew,J. B. ,Brooks,J. C. ,McKenna,D. R. ,Savell,J. W. ,2003. Warner-Bratzler shear evaluations of 40 bovine muscles. Meat Science 64,507-512.

Berge,P. ,Ertbjerg,P. ,Larsen,L. M. ,Astruc,T. ,Vignon,X. ,Mølle,A. J. ,2001. Tenderization of beef by lactic acid injected at different times post mortem. Meat Science 57,347-357.

Boleman,S. J. ,Boleman,S. L. ,Bidner,T. D. ,McMillin,K. W. ,Monlezun,C. J. ,1995. Effects of postmortem time of calcium chloride injection on beef tenderness and drip,cooking,and total loss. Meat Science 39,35-41.

Bouton,P. E. ,Harris,P. V. ,Shorthose,W. R. ,1971. Effect of ultimate pH upon the water-holding capacity and tenderness of mutton. Journal of Food Science 36,435-439.

Bouton,P. E. ,Carroll,F. D. ,Fisher,A. L. ,Harris,P. V. ,Shorthose,W. R. ,1973a. Effect of altering ultimate pH on bovine muscle tenderness. Journal of Food Science 38,816-820.

Bouton, P. E. , CarrolL, F. D. , Harris, P. V. , Shorthose, W. R. , 1973b. Influence of pH and fiber contraction state upon factors affecting the tenderness of bovine muscle. Journal of Food Science 38, 404-407.

Bouton, P. E. , Fisher, A. L. , Harris, P. V. , Baxter, R. I. , 1973c. A comparison of the effects of some post-slaughter treatments on the tenderness of beef. Journal of Food Technology 8, 39-49.

Bouton, P. E. , Ford, A. L. , Harris, P. V. , Ratcliff, D. , 1975. Interrelationships between descriptive texture profile sensory panel and descriptive attribute sensory panel evaluations of beef *Longissimus* and *Semitendinosus* muscles. Journal of Texture Studies 6, 315-332.

Bouton, P. E. , Harris, P. V. , Ratcliff, D. , Roberts, D. W. , 1978. Shear force measurements on cooked meat from sheep of various ages. Journal of Food Science 43, 1038e-1039.

Brandt, P. , Aaslyng, M. D. , 2015. Welfare measurements of finishing pigs on the day of slaughter: a review. Meat Science 103, 13-23.

Bryce-Jones, K. , Houston, T. W. , Harries, J. M. , 1963. Studies in beef quality. I. The influence of sire on the quality and composition of beef. Journal of the Science of Food and Agriculture 14, 637-645.

Carmichael, D. J. , Lawrie, R. A. , 1967. Bovine collagen. I. Changes in collagen solubility with animal age. Journal of Food Technology 2, 299-311.

Channon, H. A. , Kerr, M. G. , Walker, P. J. , 2004. Effect of Duroc content, sex and ageing period on meat and eating quality attributes of pork loin. Meat Science 66, 881-888.

Channon, H. A. , Thatcher, L. P. , Copper, K. L. , 1993. Proceedings Australian Meat Industry Research Conference, Session 3A, p. 1, Gold Coast, Queensland, Australia.

Claus, J. R. , Wang, H. , Marriott, N. G. , 1997. Prerigor carcass muscle stretching effects on tenderness of grain-fed beef under commercial conditions. Journal of Food Science 62, 1231-1234.

Currie, R. W. , Wolfe, F. H. , 1980. Rigor related changes in mechanical properties (tensile and adhesive) and extracellular space in beef muscle. Meat Science 4, 123-143.

Davey, C. L. , Gilbert, K. V. , 1976. The temperature coefficient of beef ageing. Journal of the Science of Food and Agriculture 27, 244.

Denoyelle, C. , Lebihan, E. , 2003. Meat Science 66, 241-250.

Devine, C. E. , Graafhuis, A. E. , 1995. The basal tenderness of unaged lamb. Meat Science 39, 285-291.

Devine, C. E. , Graafhuis, A. E. , Muir, P. D. , Chrystall, B. B. , 1993. The effect of growth rate and ultimate pH on meat quality of lambs. Meat Science 35, 63-77.

Devine, C. E. , Payne, S. R. , Wells, R. W. , 2002. Effect of muscle restraint on sheep meat tenderness with rigor mortis at 18℃. Meat Science 60, 155-159.

Devine, C. E. , Hopkins, D. L. , Hwang, I. H. , Ferguson, D. M. , Richards, I. , 2014. Electrical stimulation. In: Devine, C. , Dikeman, M. (Eds.), Encyclopedia of Meat Sciences, vol. 1. Elsevier, Oxford, pp. 486-496.

Farouk, M. M. , Price, J. F. , 1994. The effect of post-exsanguination infusion on the composition, exudation, color and post-mortem metabolic changes in lamb. Meat Science 38, 477-496.

Farouk, M. M. , Price, J. F. , Salih, A. M. , 1992. Post-exsanguination infusion of ovine carcasses: effect on tenderness indicators and muscle microstructure. Journal of Food Science 57, 1311-1315.

Ferguson, D. M. , Warner, R. D. , 2008. Have we underestimated the impact of pre-slaughter stress on meat quality in ruminants? Meat Science 80, 12-19.

Field, R. A. , 1971. Effect of castration on meat quality and quantity. Journal of Animal Science 32, 849-858.

Fisher, A. V. , Pouros, A. , Wood, J. D. , Young-Boong, K. , Sheard, P. R. , 2000. Effect of pelvic suspension on three major leg muscles in the pig carcass and implications for ham manufacture. Meat Science 54, 127-132.

Gault, N. F. S. , 1985. The relationship between water-holding capacity and cooked meat tenderness in some beef muscles as influenced by acidic conditions below the ultimate pH. Meat Science 15, 15-30.

Ha, M., Alaa El-Din, B., Carne, A., Hopkins, D. L., 2012. Characterisation of commercial papain, bromelain, actinidin and zingibain protease preparations and their activities toward meat proteins. Food Chemistry 134, 95-105.

Ha, M., Alaa El-Din, B., Carne, A., Hopkins, D. L., 2013. Comparison of the proteolytic activities of new commercially available bacterial and fungal proteases toward meat proteins. Journal of Food Science 78, C170-C177.

Han, J., Morton, J. D., Bekhit, A. E. D., Sedcole, J. R., 2009. Pre-rigor infusion with kiwifruit juice improves lamb tenderness. Meat Science 82, 324-330.

Hegarty, G. R., Bratzler, L. J., Pearson, A. M., 1963. The relationship of some intracellular protein characteristics to beef muscle tenderness. Journal of Food Science 28, 525-530.

Hertzman, C., Olsson, U., Tornberg, E., 1993. The influence of high temperature, type of muscle and electrical stimulation on the course of rigor, ageing and tenderness of beef muscle. Meat Science 35, 119-141.

Hildrum, K. I., Anderson, T., Nilsen, B. J., Wahlgren, M., 2000. In: Proceedings of 46th International Congress of Meat Science and Technology, p. 444 (Buenos Aires, Argentina).

Holman, B. W. B., Alvarenga, T. I. R. C., van de Ven, R. J., Hopkins, D. L., 2015. A comparison of technical replicate (cuts) effect on lamb Warner-Bratzler shear force measurement precision. Meat Science 105, 93-95.

Holman, B. W. B., Fowler, S. M., Hopkins, D. L., 2016. Are shear force methods adequately reported? Meat Science 119, 1-6.

Honikel, K. O., Hamm, R., 1978. Influence of cooling and freezing of minced pre-rigor muscle on the breakdown of ATP and glycogen. Meat Science 2, 181-188.

Hopkins, D. L., 2014. Tenderizing mechanisms: mechanical. In: Devine, C., Dikeman, M. (Eds.), Encyclopedia of Meat Sciences, vol. 3. Elsevier, Oxford, pp. 443-451.

Hopkins, D. L., Bekhit, A. A., 2014. Tenderizing mechanisms: chemical. In: Devine, C., Dikeman, M. (Eds.), Encyclopedia of Meat Sciences, vol. 3. Elsevier, Oxford, pp. 431-437.

Hopkins, D. L., Geesink, G., 2009. Protein degradation post mortem and tenderisation. In: Du, M., McCormick, R. J. (Eds.), Applied Muscle Biology and Meat Science. CRC Press, Taylor & Francis Group, USA, pp. 149-173.

Hopkins, D. L., Thompson, J. M., 2001. The relationship between tenderness, proteolysis, muscle contraction and dissociation of actomyosin. Meat Science 57, 1-12.

Hopkins, D. L., Garlick, P. R., Thompson, J. M., 2000. The effect on the sarcomere structure of super tenderstretching. Asian-Australasian Journal of Animal vScience 13 (Suppl.), 233.

Hopkins, D. L., Walker, P. J., Thompson, J. M., Pethick, D. W., 2005. Effect of sheep type on meat and eating quality of sheep meat. Australian Journal of Experimental Agriculture 45, 499-507.

Hopkins, D. L., Hegarty, R. S., Walker, P. J., Pethick, D. W., 2006. Relationship between animal age, intramuscular fat, cooking loss, pH, shear force and eating quality of aged meat from sheep. Australian Journal of Experimental Agriculture 46, 878-884.

Hopkins, D. L., Stanley, D. F., Martin, L. C., Toohey, E. S., Gilmour, A. R., 2007a. Genotype and age effects on sheep meat production. 3. Meat quality. Australian Journal of Experimental Agriculture 47, 1155-1164.

Hopkins, D. L., Stanley, D. F., Toohey, E. S., Gardner, G. E., Pethick, D. W., van de Ven, R., 2007b. Sire and growth path effects on sheep meat production. 2. Meat and eating quality. Australian Journal of Experimental Agriculture 47, 1219-1228.

Hopkins, D. L., Toohey, E. S., Warner, R. D., Kerr, M. J., van de Ven, R., 2010. Measuring the shear force of lamb meat cooked from frozen samples: comparison of two laboratories. Animal Production Science 50, 382-385.

Hopkins, D. L., Lamb, T. A., Kerr, M. J., van de Ven, R., 2013. The interrelationship between sensory tenderness and shear force measured by the G2 Tenderometer and a Lloyd texture analyser fitted with a Warnere-Bratzler head. Meat Science 93, 838-842.

Hopkins, D. L., van de Ven, R. J., Holman, B. W. B., 2015. Modelling lamb carcase pH and temperature decline parameters: relationship to shear force and abattoir variation. Meat Science 100, 85-90.

Hwang, I. H., Devine, C. E., Hopkins, D. L., 2003. Review: the biochemical and physical effects of electrical stimulation on beef and sheep tenderness. Meat Science 65, 677-691.

Jacob, R. H., Hopkins, D. L., 2014. Techniques to reduce the temperature of beef muscle early in the post mortem-period-a review. Animal Production Science 54, 482-493.

Jacob, R. H., Walker, P. J., Skerritt, J. W., Davidson, R. H., Hopkins, D. L., Thompson, J. M., Pethick, D. W., Walker, P. J., 2005. The effect of lairage time on consumer sensory scores of the *M. longissimus thoracis et lumborum* from lambs and lactating sheep. Australian Journal of Experimental Agriculture 45, 535-542.

Jaime, I., Beltrán, J. A., Ceña, P. P., López-Lorenzo, P., Roncalés, P., 1992. Tenderisation of lamb meat: effect of rapid postmortem temperature drop on muscle conditioning and aging. Meat Science 32, 357-366.

Jeacocke, R. E., 1984. The kinetics of rigor onset in beef muscle fibres. Meat Science 11, 237-251.

Jeremiah, L. E., Smith, A. C., Carpenter, Z. L., 1971. Palatability of individual muscles from ovine leg steaks as related to chronological age and marbling. Journal of Food Science 35, 45-47.

Johnson, P. L., Purchas, R. W., McEwan, J. C., Blair, H. T., 2005. Carcass composition and meat quality differences between pasture-reared ewe and ram lambs. Meat Science 71, 383-391.

Jones, S. J., Calkins, C. R., Johnson, D. D., Gwartney, B. L., 2005. Bovine Mycology. University of Nebraska, Lincoln, NE. http://bovine. unl. edu.

Latorre, M. A., Lazaro, R., Valencia, D. G., Medel, P., Mateos, G. G., 2004. The effects of gender and slaughter weight on the growth performance, carcass traits, and meat quality characteristics of heavy pigs. Journal of Animal Science 82, 526-533.

Leach, L. M., Ellis, M., Sutton, D. S., McKeith, F. K., Wilson, E. R., 1996. The growth performance, carcass characteristics, and meat quality of halothane carrier and negative pigs. Journal of Animal Science 74, 934-943.

Lewis Jr., P. K., Brown, C. J., Heck, M. C., 1962. Effect of stress on certain pork carcass characteristics and eating quality. Journal of Animal Science 21, 196-199.

Locker, R. H., 1960. Degree of muscular contraction as a factor in the tenderness of beef. Food Research 25, 304-307.

Locker, R. H., Hagyard, C. J., 1963. A cold shortening effect in beef muscles. Journal of the Science of Food and Agriculture 14, 787-793.

Locker, R. H., Wild, D. J. C., 1984. "Ageing" of cold shortened meat depends on the criterion. Meat Science 10, 235-238.

Marsh, B. B., Leet, N. G., 1966. Studies in meat tenderness. Ⅲ. The effects of cold shortening on tenderness. Journal of Food Science 31, 450-459.

Marsh, B. B., Leet, N. G., Dickson, M. R., 1974. The ultrastructure and tenderness of highly cold-shortened muscle. Journal of Food Technology 9, 141-147.

McFarlane, J. J., 1973. Pre-rigor pressurization of muscles: effects on pH, shear value and taste panel assessment. Journal of Food Technology 38, 294-298.

Miles, C. L., Lawrie, R. A., 1970. Relation between pH and tenderness in cooked muscle. Journal of Food Technology 5, 325-330.

Monin, G., Ouali, A., 1991. Muscle differentiation and meat quality. In: Lawrie, R. A. (Ed.), Developments in Meat Sciencee-5. Elsevier Applied Science, London, pp. 89-113.

Nishimura, T., Hattori, A., Takahashi, K., 1995. Structural weakening of intramuscular connective tissue during conditioning of beef. Meat Science 39, 127-133.

Nishimura, T., Hattori, A., Takahashi, K., 1998. Changes in mechanical strength of intramuscular connective tissue during postmortem aging of beef. Journal of Animal Science 76, 528-532.

O' Sullivan, A., Korzeniowska, M., White, A., Troy, D. J., 2003. In: Proceedings of 49th International Congress of Meat Science and Technology, p. 513. Campinas, Brazil.

Pannier, L., Gardner, G. E., Pearce, K. L., McDonagh, M., Ball, A. J., Jacob, R. H., Pethick, D. W., 2014. Associations of sire estimated breeding values and objective meat quality measurements with sensory scores in Australian lamb. Meat Science 96, 1076-1087.

Pearce, K. L., Hopkins, D. L., Jacob, R. H., Williams, A., Pethick, D. W., Phillips, J. K., 2009. Alternating frequency to increase the stimulation response from medium voltage electrical stimulation and the effects on meat traits. Meat Science 81, 188-195.

Polkinghorne, R., Thompson, J. M., Watson, R., Gee, A., Porter, M., 2008. Evolution of the Meat Standards Australia (MSA) beef grading system. Australian Journal of Experimental Agriculture 48, 1351-1359.

Purchas, R. W., 2014. Tenderness measurement. In: Devine, C., Dikeman, M. (Eds.), Encyclopedia of Meat Sciences, vol. 3. Elsevier, Oxford, pp. 452-459.

Purchas, R. W., Yan, X., Hartley, D. G., 1999. The influence of a period of ageing on the relationship between ultimate pH and shear values of beef *M. longissimus thoracis*. Meat Science 51, 135-141.

Purchas, R. W., Sobrinho, A. G. S., Garrick, D. J., Lowe, K. I., 2002. Effects of age at slaughter and sire genotype on fatness, muscularity, and the quality of meat from ram lambs born to Romney ewes. New Zealand Journal of Agricultural Research 45, 77-86.

Reuter, B. J., Wulf, D. M., Maddock, R. J., 2002. Mapping intramuscular tenderness variation in four major muscles of the beef round. Journal of Animal Science 80, 2594-2599.

Rodriguez, J., Unruh, J., Villarreal, M., Murillo, O., Rojas, S., Camacho, J., Jaeger, J., Reinhardt, C., 2014. Carcass and meat quality characteristics of Brahman cross bulls and steers finished on tropical pastures in Costa Rica. Meat Science 96, 1340-1344.

Rowe, R. W. D., 1974. Collagen fiber arrangement in intramuscular connective tissue. Changes associated with muscle shortening and their possible relevance to raw meat toughness measurements. Journal of Food Technology 9, 501-509.

Russell, B. C., McAlister, G., Ross, I. S., Pethick, D. W., 2005. Lamb and sheep meat eating quality -industry and scientific issues and the need for integrated research. Australian Journal of Experimental Agriculture 45, 465-467.

Safari, E., Fogarty, N. M., Ferrier, G. R., Hopkins, D. L., Gilmour, A., 2001. Diverse lamb genotypes-3. Eating quality and the relationship between its objective measurement and sensory assessment. Meat Science 57, 153-159.

Shackelford, S. D., Wheeler, T. L., Koohmaraie, M., 1999. Evaluation of slice shear force as an objective method of assessing beef longissimus tenderness. Journal of Animal Science 77, 2693-2699.

Shorthose, W. R., Harris, P. V., 1991. Effects of growth and composition on meat quality. Advances in Meat Science 7, 515-555.

Smith, M. A., Bush, R. D., van de Ven, R. J., Hopkins, D. L., 2015. The combined effects of grain supplementation and tenderstretching on alpaca (*Vicugna pacos*) meat quality. Meat Science 111, 38-60.

Sosnicki, A., 2015. Pork quality. In: Przybylski, W., Hopkins, D. (Eds.), Meat Quality: Genetic and Environmental Factors. CRC Press, Taylor & Francis Group, USA, p. 365.

Starkey, C. P., Geesink, G. H., Collins, D., Oddy, V. H., Hopkins, D. L., 2016. Do sarcomere length, collagen content, pH, intramuscular fat and desmin degradation explain variation in the tenderness of three ovine muscles? Meat Science 113,51-58.

Stolowski,G. D. , Baird, B. E. , Miller, R. K. , Savell, J. W. , Sams, A. R. , Taylor, J. F. , Sanders, J. O. , Smith,S. B. ,2006. Factors influencing the variation in tenderness of seven major beef muscles from three Angus and Brahman breed crosses. Meat Science 73,475.

Swatland,H. J. , 1994. Structure and Development of Meat Animals and Poultry. Technomic, Lancaster, Philadelphia.

Tarrant, P. V. , 1989. Animal behaviour and environment in the dark-cutting condition in beef-a review. Irish Journal of Food Science and Technology 13,1-21.

Taylor,J. M. ,Hopkins,D. L. ,2011. Patents for stretching and shaping meats. Recent Patents on Food,Nutrition,and Agriculture 3,91-101.

Taylor,J. ,Toohey,E. S. ,van de Ven,R. ,Hopkins,D. L. ,2012. SmartStretch™ technology. Ⅳ. The impact on the meat quality of hot-boned beef rostbiff (*m. gluteus medius*). Meat Science 91,527-532.

Thompson,J. M. ,2002. Managing meat tenderness. Meat Science 62,295-308.

Thompson, J. M. , Gee, A. , Hopkins, D. L. , Pethick, D. W. , Baud, S. R. , O' Halloran, W. J. , 2005a. Development of a sensory protocol for testing palatability of sheep meats. Australian Journal of Experimental Agriculture 45,469-476.

Thompson,J. M. ,Pleasants,A. B. ,Pethick,D. W. ,2005b. The effect of demographic factors on consumer sensory scores. Australian Journal of Experimental Agriculture 45,477-482.

Thompson,J. M. ,Perry,D. ,Daly,B. ,Gardner,G. E. ,Johnston,D. J. ,Pethick,D. W. ,2006. Genetic and environmental effects on the muscle structure response post-mortem. Meat Science 74,59-65.

Toohey,E. S. ,Hopkins,D. L. ,2006. Effects of lairage time and electrical stimulation on sheep meat quality. Australian Journal of Experimental Agriculture 46,863-867.

Toohey,E. S. ,Kerr,M. J. ,van de Ven,R. ,Hopkins,D. L. ,2011. The effect of a kiwi fruit based solution on meat traits in beef *m. semimembranosus* (topside). Meat Science 88,468-471.

Toohey,E. S. ,van de Ven,R. ,Thompson,J. M. ,Geesink,G. H. ,Hopkins,D. L. ,2012a. SmartStretch™ Technology. Ⅰ. Improving the tenderness of sheep topsides (*M. semimembranosus*) using a meat stretching device. Meat Science 91,142-147.

Toohey,E. S. ,van de Ven,R. ,Thompson,J. M. ,Geesink,G. H. ,Hopkins,D. L. ,2012b. SmartStretch™ Technology. Ⅱ. Improving the tenderness of leg meat from sheep using a meat stretching device. Meat Science 91,125-130.

Tuma,H. L. ,Henrickson,R. L. ,Stephens,D. F. ,Moore,R. ,1962. Influence of marbling and animal age on factors associated with beef quality. Journal of Animal Science 21,848-885.

Voyle,C. A. ,1969. Some observations on the histology of cold-shortened muscle. Journal of Food Technology 4,275-281.

Wang,H. ,Claus,J. R. ,Marriott,N. G. ,1994. Selected skeletal alterations to improve tenderness of beef round muscles. Journal of Muscle Foods 5,137-147.

Warner,R. D. ,Dunshea,F. R. ,Gutkze,D. ,Lau,J. ,Kearney,G. A. ,2013. Factors influencing the incidence of high rigor temperature in beef carcasses in Australia. Animal Production Science 54,363-374.

Warriss,P. D. ,1990. The handling of cattle pre-slaughter and its effects on carcass and meat quality. Applied Animal Behaviour Science 28,171-186.

Watanabe,A. ,Devine,C. E. ,1996. The effect of meat ultimate pH on rate of tintin and nebulin degradation. Meat Science 42,407-413.

Watanabe,A. ,Daly,C. C. ,Devine,C. E. ,1996. The effects of the ultimate pH of meat on tenderness changes during ageing. Meat Science 42,67-78.

Wheeler,T. L. ,Cundiff,L. V. ,Koch,R. M. ,Crouse,J. D. ,1996. Characterization of biological types of cattle (Cycle Ⅳ):carcass traits and longissimus palatability. Journal of Animal Science 74,1023-1035.

Whipple,G.,Koohmaraie,M.,Arbona,J. R.,1994. Calcium chloride in vitro effects on isolated myofibrillar proteins. Meat Science 38,133-139.

Young,O. A.,Braggins,T. J.,1993. Tenderness of ovine *Semimembranosus*: is collagen concentration or solubility the critical factor? Meat Science 35,213-222.

Young,O. A.,Hogg,B. W.,Mortimer,B. J.,Waller,J. E.,1993. Collagen in two muscles of sheep. New Zealand Journal of Agricultural Research 36,143-150.

Young,O. A.,Hopkins,D. L.,Pethick,D. W.,2005. Critical control points for meat quality in the Australian sheep meat supply chain. Australian Journal of Experimental Agriculture 45,593-601.

13 肉的食用品质：Ⅲ. 风味

Mónica Flores

Instituto de AgroquÍmica y TecnologÍa de Alimentos (CSIC), Valencia, Spain

13.1 香味和滋味物质

风味是一种由嗅觉、味觉和三叉神经感觉形成的综合感觉，是指食物在口腔中被品尝时的多层面感觉（Delwiche，2004）。许多感觉受风味、滋味、气味、颜色、质地、声音、刺激和温度的影响，但滋味和气味的组合是独特的。人们普遍接受的五种基本滋味是苦、酸、甜、咸和鲜。其中鲜味，作为第五种滋味，主要由谷氨酸产生，赋予食物美味，而且一些物质如5′-核糖核苷酸的存在能够起到增强鲜味的作用（Beauchamp，2009）。在哺乳动物中，已鉴定出苦味、甜味和鲜味的受体，对于进一步认识味觉是如何形成的具有重要的推动作用（Liman 等，2014）。酸味和咸味被认为是矿物质刺激产生的味道，如有机酸产生酸味，钠产生咸味，但它们的受体机理尚不明确（Liman 等，2014）。已知的苦味、甜味和鲜味受体存在于许多类型细胞中，并不限于味觉器官中。受体通过这种方式形成感觉。除了五种滋味外，味觉系统如何识别化合物如脂肪的存在，如何区分脂肪对口腔和气味受体的影响等方面也受到广泛关注（Dransfield，2008）。

一般认为，肉中令人愉快的滋味和香味主要是在熟制过程中产生的。根据肉的生化特性，生肉是没有味道的，略带甜味、酸味或苦味。肉的成分影响人的风味感知，因为它含有产生基本滋味的分子，在熟制过程中还会产生风味物质（Mottram，1998）。肽和氨基酸、游离脂肪酸、核苷酸都对滋味有影响，在熟制和肉类加工过程中这些物质作为风味前体物质。此外，硫胺素（维生素 B_1）、糖原、糖和有机酸的热降解会影响肉的风味。

几种 L-氨基酸（丝氨酸、谷氨酰胺、甘氨酸、苏氨酸、丙氨酸、缬氨酸、蛋氨酸、赖氨酸、脯氨酸、半胱氨酸）呈甜味，另有几种氨基酸（苏氨酸、天冬氨酸、谷氨酸、天冬酰胺）呈酸味；疏水性氨基酸（酪氨酸、缬氨酸、蛋氨酸、色氨酸、苯丙氨酸、异亮氨酸、亮氨酸、组氨酸、精氨酸、赖氨酸、脯氨酸、半胱氨酸）呈苦味（Solms，1969；Kawai 等，2012）。大量研究表明，谷氨酸对鲜味有重要的贡献（Behrens 等，2011）。不仅是 L-谷氨酸，它的单钠盐、L-天冬氨酸、琥珀酸、酒石酸和5′-核糖核苷酸也产生鲜味，还有几种焦谷氨酸肽也被认为是鲜味分子。

13.2 挥发性化合物生成反应

熟肉的风味主要受到前体如蛋白质和脂肪的影响，但在熟制过程中形成的挥发性化合物才是肉类香气中所不可缺少的重要物质（Mottram，1998）。

不同种类肉中存在数千种挥发性物质，其中已从牛肉（Resconi 等，2012；Vasta 等，2011）、羊肉（Vasta 等，2006；Resconi 等，2013；Watkins 等，2013）中鉴定出大量的挥发性风味物质。对于猪肉和猪肉制品的风味，也有些研究报道（Elmore 等，2001；Meinert

等，2007；Thomas 等，2013，2014，2015；Benet 等，2016；Flores 和 Olivares，2014）。

肉品加工中风味的形成主要涉及脂质降解（氧化反应）、美拉德反应、Strecker 降解、硫胺素降解和碳水化合物降解等反应（图 13.1）。采用氨基酸、碳水化合物和脂肪的单独或混合体系的热反应研究证实了上述反应的存在（Campo 等，2003；Vermeulen 等，2005）。

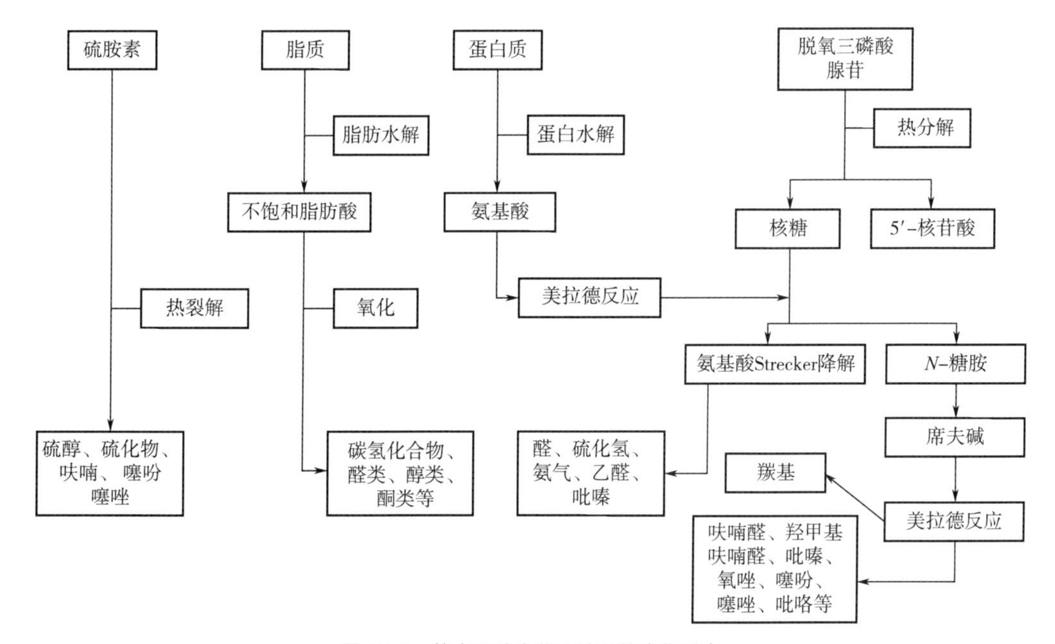

图 13.1 熟肉风味变化所涉及的生化反应

13.2.1 脂质降解（氧化反应）

脂肪或脂溶性前体与不同肉风味差异有关，其含量对肉类风味都有贡献。不同种类肉中肌内脂肪存在很大差异（第 4 章）。加工中不饱和脂肪酸发生氧化反应，产生了大量的挥发性化合物，如醛、酮、醇、脂肪烃、酸和酯（Mottram，1998）。在加热作用下，不饱和脂肪酸氧化产生肉的香味；肉类贮藏期间发生脂质氧化产生令人厌恶的气味或腌腊肉制品的特殊风味（Toldrá 等，2007）。多不饱和脂肪酸的快速氧化会影响肉的保质期（Wood 等，2004）。磷脂中多不饱和脂肪酸比甘油三酯含量高，更易氧化，对肉类风味有重要影响。

Elmore 等（1999）发现是磷脂而不是甘油三酯对熟肉风味起重要贡献。去除肌内甘油三酯对挥发风味物质的组成影响不大，但去除磷脂会导致醛类物质含量极大降低，此外，吡嗪含量也明显下降，表明在熟肉中，脂质参与美拉德反应并抑制吡嗪的生成。在模拟条件下，Campo 等（2003）研究了添加或不添加半胱氨酸和核糖条件下，油酸、亚油酸和 α-亚麻酸对熟肉气味形成的影响。当反应体系中存在亚麻酸时，会产生“鱼腥味”，当体系中有亚铁离子存在时，“鱼腥”味会加重。

研究者已在烤牛肉（Rochat 等，2005）、水煮猪肉（Elmore 等，2001）、山羊肉（Madruga 等，2009）和绵羊肉（Bueno 等，2011；Watkins 等，2013）中鉴定出许多羰基化合物，但与杂环化合物相比，羰基化合物的气味阈值高，对肉香味的贡献相对较小，但可能是不同肉制品特定气味如酸败味、青草味、柑橘味、油炸味和脂肪味的标志物，这与这些化合物的化学结构有关（表 13.1）。虽然脂质对肉的风味形成具有重要作用，但脂肪摄入可能对人体健康造成危害，鉴于这方面的考虑，肉类生产者倾向于饲养瘦肉型的肉用动物。

13.2.2 美拉德反应和 Strecker 降解

食品热加工过程中，还原糖和氨基化合物发生美拉德反应，产生了大量的挥发性化合物。高温和低湿有利于美拉德反应，第一阶段反应生成呋喃酮、糠醛、二羰基化合物和其他物质；初级产物再与胺类、氨基酸、硫化氢、硫醇和氨反应，生成杂环类化合物（吡嗪、噁唑、噻吩和噻唑）。这些杂环类化合物的气味阈值低，对肉的香味具有重要贡献（Mottram，1998；Toldrá 等，2007）。美拉德反应中间产物二羰基化合物与氨基酸发生 Strecker 降解反应，使氨基酸进行脱氨或脱羧反应，产生碳原子数量低于原始氨基酸的醛和 α-氨基酮。有几种氨基酸发生 Streaker 降解反应生成的化合物是不同熟肉香气成分的主要贡献者（表 13.2）。含硫氨基酸的降解产生活性中间产物（硫化氢、氨和乙醛），进一步反应产生含硫化合物。美拉德反应和 Strecker 反应产物的香味可描述为烤肉味、烤面包味、焦糖味、油炸味、土豆味和肉味（表 13.1）。蛋氨酸的 Strecker 降解产生甲硫醛，进一步反应可形成硫化氢、甲硫醇、二甲基硫醚、二甲基二硫醚和二甲基三硫化物等，是肉香味的主要贡献者（表 13.1）。

表 13.1　　不同种类（牛肉、猪肉、羊肉）熟肉中的特征香气成分

化合物	香气	肉类
硫化物		
2-糠基 2-甲基-3-呋喃基二硫化物	肉味、烤肉味、焦味	熟牛肉(Farmer 等，1991)
双(2-甲基-3-呋喃基)二硫化物	肉味、烤肉味、焦味	熟牛肉(Farmer 等，1991)
甲硫醛	烤面包味、焦味、熟的蔬菜味、土豆味	烤牛肉(Cerny 等，1992)，箱烤牛肉(Rochat 等，2007)，山羊肉味(Madruga 等，2009)，羊肉(Watkins 等，2013)
2-乙酰基-2-噻唑啉	烤面包味、焦味、土味、焦糖味、肉味、爆米花味	烤牛肉(Cerny 等，1992)，箱烤牛肉(Rochat 等，2007)，烤羊肉(Bueno 等，2011)
2-糠基硫醇	水煮肉味	牛肉、猪肉和羊肉(Kerscher 等，1998)

续表

化合物	香气	肉类
2-甲基-3-呋喃硫醇	水煮肉味	牛肉、猪肉、羊肉(Kerscher 等，1998)，烤牛肉(Rochat 等，2007)
2-巯基-3-戊酮	大蒜味、炸洋葱味	牛肉、猪肉、羊肉(Kerscher 等，1998)
3-（甲基）噻吩	葱味、橡胶味	箱烤牛肉(Rochat 等，2007)
二甲基三硫化物	硫黄味	箱烤牛肉(Rochat 等，2007)，山羊肉(Madruga 等，2009)，羊肉(Watkins 等，2013)
2-甲基-3-巯基-1-丙醇	牛肉汤味、肉味	箱烤牛肉(Rochat 等，2007)
2-甲基-3-[(2-甲基丁基)硫代呋喃	肉味	箱烤牛肉(Rochat 等，2007)
2-苯基和 3-苯基噻吩	肉味、橡皮味	箱烤牛肉(Rochat 等，2007)
4-异丙基-苯硫酚	蘑菇味、葱味	箱烤牛肉(Rochat 等，2007)
含氮化合物		
2-乙基-3，5-二甲基吡嗪	烤面包味、焦味、土味和焦糖味	烤牛肉(Cerny 等，1992)
2，3-二乙基-5-甲基吡嗪	烤面包味、焦味、土味和焦糖味	烤牛肉(Cerny 等，1992)，羊肉(Watkins 等，2013)
2，5-二甲基吡嗪	牛肉汤味、油炸味	烤羊肉 (Bueno 等，2011)
羰基化合物		
线性醛(C3~C11)	焦糖味、辛辣味、烟熏味、鱼腥味、青草味、柑橘味、海味、脂肪酸败味、花香味	箱烤牛肉(Rochat 等，2005)，羊肉(Watkins 等，2013)
2-烯醛(C6~C10)	花香味、脂肪酸败味	箱烤牛肉(Rochat 等,2005)，羊肉(Watkins 等，2013)，烤羊肉(Bueno 等，2011)
12-甲基十三醛	酸败味、肉味	山羊肉(Madruga 等，2009)
(*E*，*E*)-2，4-癸二烯醛	酸败味、肉味	山羊肉(Madruga 等，2009)，羊肉(Watkins 等，2013)，烤羊肉(Bueno 等，2011)
杂环化合物		
呋喃酮	焦糖味	烤牛肉（Cerny 等，1992），羊肉（Watkins 等，2013）
2-乙酰-1-吡咯啉	爆米花味、烧烤味	羊肉（Watkins 等，2013）
其他化合物		
愈创木酚	烧烤味，焦味	烤牛肉（Cernyhe 等,1992）
4-甲基-苯酚（*P*-甲酚）	动物味	羊肉（Watkins 等，2013）
4-乙基辛酸	羊肉味	羊肉（Watkins 等，2013）

13.2.3 碳水化合物降解反应

肉中碳水化合物的热降解对肉的风味也有重要作用。分别在180℃和220℃时发生脱水反应，戊糖形成糠醛，己糖形成羟甲基糠醛。焦糖化所需温度高于通常肉类熟制温度，但只有烤肉时肉的表面能达到这个温度（Mottram，1998）。所以，糖和氨基酸之间的美拉德反应是肉熟制过程中香气生成的主要来源。

13.2.4 硫胺素降解

除氨基酸、碳水化合物和脂肪外，硫胺素也是肉类香气的重要前体物质。硫胺素降解会产生呋喃、噻吩、噻唑和脂肪族硫化合物（Vermeulen等，2005）。硫胺素的热降解受许多因素的影响，包括温度、时间、pH、基质组成等。有实验模拟研究了硫杂环化合物的产生。熏煮火腿加工过程中，硫胺素的热降解产生至少三种关键的香味物质，包括2-甲基-呋喃硫醇、2-甲基-3-甲基二硫代呋喃和双（2-甲基-3-呋喃基）二硫化物（Thomas等，2015）。这三种化合物的产生与硫胺素含量和熏煮火腿香气强度有关。

13.2.5 核糖核苷酸的降解

在酶的作用下，宰后肌肉三磷酸腺苷发生去磷酸化和脱氨作用，单磷酸肌苷和5′-核糖核苷酸，核糖进一步反应生成风味化合物（Toldrá等，2007）。核糖将参与美拉德反应，而5′-核糖核苷酸本身就是鲜味化合物。许多硫化合物都是不同的核糖和半胱氨酸在不同条件下的反应所形成的。肉中核糖、游离糖、磷酸盐和5′-单磷酸盐肌苷的相对含量会影响肉风味的形成（Mottram等，2002年）。

表13.2 GC-O法检测不同种类熟肉中醛类物质

氨基酸	醛类	气味阈值/(mg/kg)①	气味描述②	猪肉参考	牛肉参考	羊肉参考
亮氨酸	3-甲基丁醛	0.009	乙醚、桃子味、脂肪味	Thoma等(2013)，Ramírez等(2004)	Rochat等(2005),Guth等(1994),Resconi等(2012),Vasta等(2011)	Vasta等（2007），Resconi等(2010)
异亮氨酸	2-甲基丁醛	0.003	霉味、巧克力味、坚果味	Ramírez等(2004)	Rochat等(2005)，Guth等（1994），Resconi等(2012)	Vasta等(2007)，Resconi等(2010)

续表

氨基酸	醛类	气味阈值/(mg/kg)①	气味描述②	猪肉参考	牛肉参考	羊肉参考
缬氨酸	2-甲基丙醛	0.04	新鲜味、花香味、辛辣味	Thoma 等(2013)	Rochat 等(2005), Guth 等(1994), Resconi 等(2012)	Vasta 等(2007); Resconi 等(2010)
苯丙氨酸	苯乙醛	0.004	蜂蜜味、花香味、玫瑰味、甜味	Ramirez 等(2004)	Rochat 等(2005), Guth 等(1994), Vasta 等(2011)	Vasta 等(2007)
丙氨酸	乙醛	0.025	辛辣味、水果味	Thoma 等(2013)	Rochat 等(2005), Guth 等(1994)	Vasta 等(2007)
苏氨酸	丙醛	0.14	土味、酒精味、威士忌味、可可味坚果味	—	—	—
蛋氨酸	3-甲硫代丙醛	0.0018	霉味、土豆味、番茄味、土味、蔬菜味	Thoma 等(2013); Ramírez 等(2004)	Rochat 等(2005), Guth 等(1994), Resconi 等(2012)	Vasta 等(2007)

注：①气味阈值（水中）来自 Van Gemert L 和 Nettenbreijer A. Compilations of odor threshold values in air and water,Boelens Aroma Chemical Information Services(BACIS),BACIS,Zeist(2004)；②气味描述 http://www. thegoodscentscompany. com/.

13.3 肉类挥发性香味物质的鉴定方法

13.3.1 挥发性化合物的提取

对肉中的挥发性化合物进行分离和鉴定，有助于阐明哪些组分对肉的香味有贡献（图13.2）。香味物质的组成与使用的技术有很大关系，通过香味轮廓分析鉴别出能够代表样品特征的风味物质（Flores 等，2014）。最常用的肉品风味提取技术有溶剂提取和蒸馏、热解附和超临界萃取等，将风味物质从肉基质和肉样的顶空中提取气味物质。这种技术方法可以得到完整的风味，但缺点是加热会产生新物质、化合物的分解和高挥发性化合物的损失。因此，在过去的几年中，使用低温真空蒸馏来改进溶剂萃取和蒸馏萃取技术以减少干扰

（d' Acampora Zellner 等，2008）。

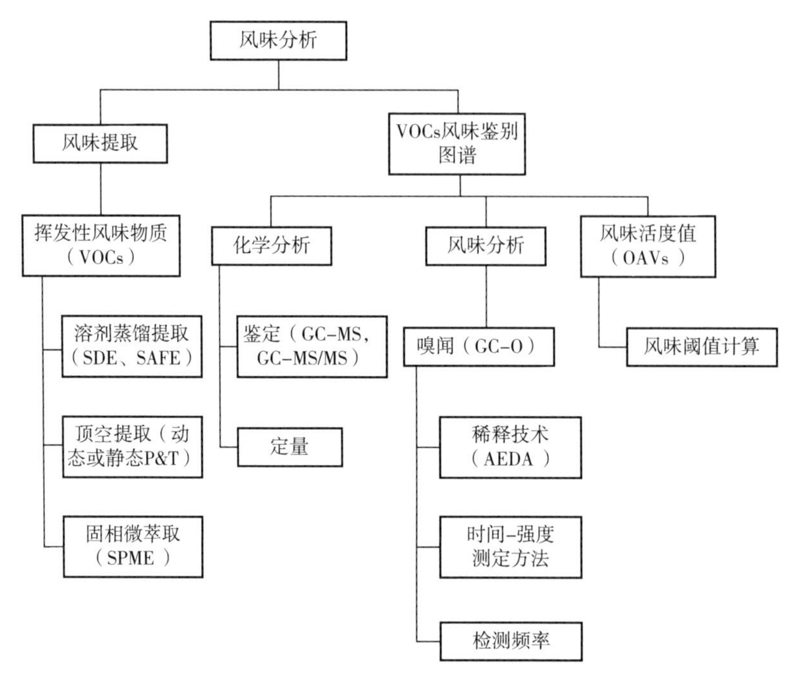

图 13.2　用于分离和鉴定挥发性香气化合物的分离和鉴定技术

注：AEDA—香气提取稀释分析；GC—气相色谱；GC-MS-气相色谱质谱；GC-O-气相色谱嗅觉测定法；P&T—吹扫和捕集；SAFE—溶剂辅助风味蒸发；SDE—溶剂蒸馏萃取；SPME—固相微萃取；VOCs—挥发性有机化合物。

顶空技术很常用，主要方法是将样品放在密闭的小瓶中，通过针形取样器对食物周围的空气进行取样。其主要优点是简单、无溶剂加入，避免加热带来的干扰。但顶空中挥发性物质的浓度受到化合物的挥发性和食品基质组成的影响，因此，应在基质和顶空之间达到平衡时再进行挥发性物质的分析。另外，由于静态顶空技术的灵敏度低，动态顶空技术表现出很好的优势和发展前景，该技术主要采用不同的捕获材料来浓缩挥发性化合物，比色谱分析更加灵敏。因此，气味轮廓取决于所用材料的吸收能力。该动态分析技术被称为吹扫捕集（P&T），惰性气体被吹入样品，并被 Tenax（碳纤维）、石墨化炭黑（carbopack）等材料捕获。固相微萃取技术也被广泛应用，该技术使用带有不同涂层的熔融石英纤维从顶部空间中提取香气物质。吹扫捕集与固相微萃取技术都取决于使用的材料和提取条件（T^a 和时间），其挥发性气味轮廓不能代表所分析的肉类样品。

如表 13.1 和表 13.3 所示，现有肉品风味研究中，风味物质的提取方法主要为溶剂萃取法、蒸馏法和吹扫捕集法，固相微萃取最近才被应用。通常建议将溶剂萃取与顶空分析相结合，避免高挥发性化合物的损失，并以这种方式，获得全肉香气特征（d' Acampora Zellner 等，2008）。

13.3.2 香气化合物的鉴定

由于食物基质的复杂性，分析肉类中有效的香气成分非常困难。阐明气味的第一步是选择具有强烈香气的化合物。为此，引入了风味活度值（OAV）概念，即化合物浓度与其风味阈值的比值。但是，这些风味活度值很难获得，因为它需要计算每种化合物的阈值，并且复合阈值的计算应在类似食物的介质中进行（Grosch，1993）。另一方面，使用嗅闻法筛选从气相色谱仪洗脱的化合物（嗅闻法 GC-O），通过嗅闻小组成员在出口位置对香气进行筛选，作为风味分析的感官工具（Delahunty 等，2006）。在 GC-O 中，色谱柱的末端被分成不同的检测器：MS、FID 和嗅觉端口，来自所有检测器的信号集合起来代表气味图谱。图谱中包含着数百种挥发性化合物及其对香气的贡献。嗅觉分析是一种感官评估，受评定人员的状态和嗅闻方法的影响。嗅闻方法主要有稀释法、频率检测和直接强度技术等（Delahunty 等，2006）。通过这些技术得到一个包含香气描述、强度和保留时间的香气图谱。在稀释技术中［AEDA（香气提取物稀释分析）］，根据嗅闻端口能否识别的最低浓度对食品提取物进行稀释。在时间强度方法中，评定人员在嗅闻口对每种成分进行感知确定其香气的持续时间。最后在频率检测技术中，根据香气成分能被检测的评定人员人数来确定其强度。表 13.1 和表 13.3 所示为稀释技术（AEDA）鉴定出的肉中香味物质。

表 13.3 烹调过程对肉类挥发物的影响

熟制	化合物	气味	检测技术
牛肉			
炖牛肉（在200℃水中炖 4h)	12-甲基十三醛	牛油味、炖牛肉的香气	溶剂萃取和蒸馏-GC-MS，GCO-AEDA(Guth 等，1993,1994,1995)
炖牛肉（在200℃水中炖 4h)	甲硫醇、乙酸、乙醛	炖牛肉汁味	溶剂萃取和蒸馏-GC-MS，GCO-AEDA (Guth 等,1994)
炖牛肉（在200℃ 水中炖 4h)，水煮牛肉	4-羟基-2,5-二甲基-3(2*H*)-呋喃(呋喃醇)	炖牛肉汁味	溶剂萃取和蒸馏- GC-MS,GCO-AEDA(Guth 等,1994;Kerscher 等,1997)
水煮牛肉	2-糠基硫醇、2-甲基-3-呋喃甲醇、3-巯基-2-戊酮、1-辛烯-3-酮、(*E*)-2-壬烯醛	煮牛肉味	溶剂萃取和蒸馏-GC-MS，GCO-AEDA (Kerscher 等,1997)
猪肉			
熏煮火腿(有或无亚硝酸盐)	亚硝酸盐腌制火腿中己醛含量低；而不含亚硝酸盐火腿中己醛含量高	青草味	动态顶空萃取,GC-MS-O(Thomas 等，2013)
熏煮火腿(含亚硝酸盐)(69℃ 煮制 2h)	2-甲基-3-呋喃醇、2-甲基-3-(甲基二硫基)呋喃、双(2-甲基-3-呋喃基)二硫化物	熟火腿味	SPME - GCxGCMSTof, GC - O (Thomas 等，2014、2015)

续表

熟制	化合物	气味	检测技术
熏煮火腿(含亚硝酸盐)	己醛、1-辛烯-3-酮、2，6-二甲基吡嗪、2-甲基-3-(甲基二硫基)呋喃、糠基硫醇、3-甲硫基丙醛、苯甲醛、(*E,E*)-癸二烯醛、愈创木酚、2-乙酰基噻唑啉	脂肪酸败味、肉汤味、烤面包味、肉味、火腿味、土豆味、杏仁味、肉汤	同时蒸馏萃取 GC-MS-O(Benet 等，2016)
使用不同脂肪(橄榄油/黄油和猪油)炸猪肉	橄榄油：戊醛、己醛、(*Z*)-2-庚烯醛、苯甲醛、(*E*)-2-辛烯醛 黄油：2-庚酮、2-壬酮、2-十一烷酮、十三烷酮、十七烷酮 猪油：2-甲基丁醛、甲硫醛、二甲基二硫醚		SPME-GC-MS (Ramirez 等，2004)
用亚硝酸盐和香料烤制和腌制的迷你猪肉	3-甲基丁醛、戊醛、3-羟基-2-丁酮、(*E*)-2-戊烯醛、己醛、2，5-二甲基、苯甲醛、2-乙酰基噻唑	恶心味、辣味、酸味、黄油味、草本味、烤面包味、花香味、肉味	SPME-GC-MS、溶剂蒸馏萃取-GC-MS、GC-O(Xie 等，2008)

注：AEDA—香气提取物稀释分析；GC—气相色谱分析；GC-MS—气相色谱质谱联用；GCO—气相色谱嗅觉测量法；HS—顶空；MSTof—飞行时间质谱测定。

为了理解在食品在生产或消费中的风味变化，人们开发出很多实时监测食物中挥发性化合物的释放的技术，被称为“直接质谱技术”。第一项技术是 20 世纪 90 年代开发的 APCI-MS，用于研究风味释放，也称为“鼻空间”分析，咀嚼后的食物气味被收集并通过气相色谱质谱分析。后来，又开发出其他的技术，如使用不同的电离过程的 PTR-MS（质子转移反应质谱法）和 SIFT-MS（选择离子流管质谱法），用于食品风味研究（Biasioli 等，2011）。这些技术被用于研究生肉和肉制品中挥发性化合物的释放（Flores 等，2013）。

13.3.3 不同种类动物肉中的香气成分

生肉的香气很少，其香味主要在熟制过程中产生。鉴定出具有独特肉味的化合物是一项艰巨的任务，人们普遍认为肉的风味是多重反应产生的混合物。

无论是水溶性还是脂溶性风味前体物，加热对风味物质的形成都很重要。20 世纪以来，已从牛肉和猪肉中鉴定出许多挥发性化合物（Macleod，1998；Elmore 等，2004；Elmore 等，2001）。使用嗅闻技术和 Grosch（1993）开发的香气提取物稀释分析筛选程序，可以得到关键的芳香化合物。然后，基于检测到化合物的最后稀释度（香味稀释因子）对芳香化合物进行评级。在此技术改进的基础上，研发出许多其他嗅觉分析技术。此外，这些技术对芳香化合物选择是基于很高的感官意义上的。二十世纪九十年代以来，这些技术开始应用于肉类风味的研究，鉴定出不同肉类中潜在香味物质（表 13.1）。

脂质氧化产生的羰基化合物如线性醛、2-烯醛和 2,4-二烯醛，对烤牛肉、山羊肉和羊肉的青草味和柑橘味具有重要贡献，但随着碳链的延长，主要产生脂肪味（表 13.1）。酮类物质可能产生蘑菇味（1-辛烯-3-醇）和黄油味（2,3-丁二酮）。杂环化合物被认为是肉的特征风味化合物。牛肉和羊肉中的 2-乙酰基-噻唑啉具有肉味和烤土豆味，甲硫醛具有煮熟的蔬菜味，牛肉中 2-糠基-2-甲基-3-呋喃基二硫化物、双（2-甲基-3-呋喃基）二硫化物、3-（甲基）噻吩、2-甲基-3［（2-甲基丁基）硫代］呋喃、2-苯基噻吩、3-苯基噻吩、4-异丙基-苯硫酚、4-（甲硫基）苯硫酚、呋喃酮醇）具有肉味，绵羊肉、羊肉和牛肉中的 2-乙酰基-1-吡咯啉、2-乙基-3,5-二甲基吡嗪、2,3-二乙基-5-甲基吡嗪具有烤坚果香味。此外，绵羊肉中 4-甲基苯酚具有动物气味，4-乙基辛酸具有膻味（表 13.1）。

熟肉中的肉味与含硫杂环化合物（如噻唑、噻吩等）有关，并且是在高温的烘焙加工产生（Rochat 等，2007）。Kerscher 等（1998）发现 2-甲基-3-呋喃醇、2-糠基硫醇、2-巯基-3-戊酮和 3-巯基-2-戊酮是熟肉中的风味物质，2-甲基-3-呋喃醇是熟牛肉、熟猪肉、熟羊肉，水煮牛肉和腌制熟猪火腿中的重要风味物质（表 13.3），但它很容易被氧化。除硫胺素降解外（Resconi 等，2013），牛肉中 2-甲基-3-呋喃醇的形成与硫化氢和戊糖和/或葡萄糖降解有关（Parker 等，2006）。此外，含有 2-呋喃基甲基的其他硫醇和二硫化物对熟肉的肉味和烤香味具有一定的贡献（Mottram，1998）。

此外，牛肉中 4-羟基-2,5-二甲基-3（2*H*）-呋喃醇主要来自美拉德反应（Cerny 等，1992）。烤香味与吡嗪、噻唑和噁唑等杂环化合物有关（Mottram，1998）。吡嗪的形成可能来自二羰基化合物与氨基酸 Strecker 降解产物 α-氨基酮的缩合。高温烘烤加热促进噻唑和吡嗪的生成。许多因素如 pH 会影响吡嗪的产生，因为吡嗪是氨基酸在较高 pH 下加热形成的（Meynier 等，1995）。

与上述化合物相比，脂质氧化产生的羰基化合物，如线性醛、2-烯醛和 2,4-二烯醛和酮对香气的贡献较小（表 13.1），主要是因为这些物质的风味阈值高。但这些羰基化合物进一步参与美拉德反应（Mottram，1998）。来自脂质氧化的醛参与反应生成 2-烷基噻唑、烷基噻吩和烷基吡啶，这些物质是熟肉中的关键风味物质（表 13.1 中的 2-乙酰基-2-噻唑啉、3-甲基-噻吩）。Elmore 等（2000）发现当（*E*，*E*）-2,4-癸二烯醛和硫化氢混合加热时产生 2-烷基-(2*H*)-庚糖。

加热过程中的脂质氧化产生肉类香气物质，其中磷脂对肉类风味的贡献大。反刍动物肌肉、脂肪和磷脂中多不饱和脂肪酸中的双键易被氧化（Wood 等，2004）。多不饱和脂肪酸氧化产生大量具有香味的羰基化合物，如烯醛、2-烯醛和 2,4-癸二烯醛。Elmore 等（1999）发现在炖煮牛腩的香气提取物中这些化合物含量随着多不饱和脂肪酸增加而提高。

12-甲基十三烷醛和（E,E）-2,4-癸二烯醛是山羊肉和炖牛肉中的主要气味成分（表13.1和表13.3）。将油酸、亚油酸或亚麻酸分别与半胱氨酸和核糖一起加热，发现肉味存在明显差异。但亚麻酸的存在会有“鱼腥味”（Campo等，2003）。因此，脂肪是导致不同种类风味差异的关键，但从瘦牛肉中去除磷脂时，会导致风味出现明显的差异。因此，磷脂而不是甘油三酯对牛肉的香味有重要贡献（Macleod，1998）。

13.4 宰前宰后因素对香味物质的影响

影响肉品风味的因素很多，宰前因素有年龄、品种、性别、营养状况、应激水平、脂肪含量、分布和组成（见第2章），而宰后因素包括屠宰过程、胴体处理、成熟、熟制和贮藏（见第4章和第10章）。

13.4.1 品种、性别和年龄

肉的风味受内在和外在因素的影响。不同种类肉间的风味差异如前所述。同一物种不同品种之间也存在显著差异（Elmore等，2004；Watkins等，2013）。Elmore等（2000）发现索艾羊肉中的吡嗪类和含硫化合物比萨福克羊肉高很多。相反，Elmore等（2004）研究发现日粮/饲粮对牛肉香气成分的影响大于品种的影响。

动物年龄的增加影响肉质的风味强度，比如小牛肉的风味较淡而成年牛肉风味较强。在羊肉风味术语中，“mutton”味对应于年龄较大羊肉，而“Pastoral”味对于牧饲羊肉（Watkins等，2013）。

18月龄内，牛肉风味强度随年龄的增加而增加，之后保持稳定。这是因为风味物质的前体物质随着年龄增长呈现明显变化。随着年龄增长，肌内脂肪含量明显增加，饱和脂肪酸含量和脂溶性风味前体物质也增加。随着猪背最长肌内脂肪占比的增加，单不饱和脂肪酸的比例也随之增加，而多不饱和脂肪含量下降，影响肉的风味（Cameron等，1991）。此外，脂肪虽是重要的风味前体物质，但脂肪含量过高未必会增强肉的风味。

不同种类的肌肉的生化组成存在明显差异，经熟制后不同肌肉存在不同的风味。腰大肌（里脊）的风味较淡，而横膈肌的风味较浓。牛背最长肌的风味比半腱肌强。对不同牛分割肉的风味强度进行排序，发现不同分割肉之间存在显著差异，但这种差异相对较小（Calkins等，2007）。

极限pH也影响肉的风味。如前所述，美拉德反应受pH的影响，极限pH高有利于吡嗪的形成。但肌肉pH范围较窄（5.5~6），且高pH的肉具有较低的风味强度。这可能是因为氨基酸降解产生硫化合物的能力不同（Calkins等，2007）。极限pH高的肉持水能力高，在熟制过程中水溶性蛋白质损失少。

宰后成熟对肉的风味也可能产生一定的影响。在此期间，肉变得更嫩，其风味也有所增强（Ruiz de Huidobro 等，2003）。研究表明，在猪肉成熟过程中，氨基酸和肽含量显著增加，但成熟受极限 pH 的影响（Moya 等，2001）。成熟过程中游离脂肪酸的变化影响到肉的风味。此外，ATP（三磷酸腺苷）逐步降解为 ADP（二磷酸腺苷）、AMP（一磷酸腺苷）、核糖、次黄嘌呤、磷酸盐和氨，这些物质对肉的滋味具有重要贡献（Flores 等，1999）。在牛肉成熟过程中，最显著的变化是核糖、蛋氨酸和半胱氨酸含量增加，且游离氨基酸的增加比糖多（Koutsidis 等，2008a）。所有这些化合物均能参与美拉德反应，产生吡嗪和 Strecker 醛，进而影响风味。然而，这些水溶性前体的生成可能会受到动物饲料的影响，草饲动物肌肉中游离氨基酸浓度要高于精饲动物（Koutsidi 等，2008b）。

上述内在因素引起肉风味发生可预期的、消费者乐意接受的变化，但这种变化的接受度有时也会受文化和习惯的影响。Watkins 等（2013）报道消费者对羊肉喜好的世界差异。

13.4.2 养殖和饲料

影响肉类风味的外在因素中，饲料是最重要的。人们关注的不是饲料摄入量本身，而是由于饲料中的某些成分可能导致肉中产生令人不愉快的气味特征。来自草饲动物和精饲动物的肉熟制后风味明显不一样。饲草中含有能诱导特殊风味的成分（Watkins 等，2013）（表 13.4）。

表 13.4 饲养方式对肉和脂肪风味的影响

饲养方式	提取方法	风味物质	饲料的影响
牛肉			
牧饲、牧饲+谷饲、浓缩料	DHS-SPE(动态顶空固相萃取)	烤制：1-辛烯-3-酮、(*E*)-2-辛烯醛、甲硫醛、己醛	浓缩料：甲硫丙醛高 牧饲：(*E*, *E*)-2,4-庚二烯醛含量高(Resconi 等，2012)
牧饲、青贮料、浓缩料	SPME-GC-MS	肉在 70℃条件下煮 10 min，VOCS 提取 30min	浓缩料：粪臭素、3-十一酮、对异丙基苯甲醇、2-甲基-1-丁醇 Germacrene D：草饲肉的标志物(Vasta 等，2011)
羊脂肪			
牧饲与谷饲	动态顶空萃取(P&T-Tenax)	羊肉味：4-甲基辛酸和 4-甲基壬酸	牧饲指标：2,3-辛二酮，3-甲基吲哚(粪臭素)(Young 等，1997)
牧饲	动态顶空萃取(P&T-Tenax)		β -石竹烯(Priolo 等，2004)

续表

饲养方式	提取方法	风味物质	饲料的影响
羊肉			
牧饲与精饲	P&T	烤肉味：庚-2-酮，辛-1-烯-3-酮	牧饲：低脂衍生的不饱和醛，酮和 Strecker 醛(Resconi 等，2010)
牧饲与精饲	动态顶空萃取(P&T-Tenax)		精饲：高 2-酮，烷烃； 牧饲：没有萜类化合物和 2,3-辛二酮(Vasta 等，2007)

牧饲羊肉中含有很多异味物质，特别是在每一年的特定时间段、植物生长的特定阶段和特定的土壤环境。宰前饲喂 1～2 周中性饲料可以解决羊肉异味问题（Watkins 等，2013）。不同的橄榄饲料对羊肉风味的影响很重要。

Watkins 等（2013）分析了羊肉风味物质，筛选出 15 种有差异的风味物质，其中有一种物质 4-乙基辛酸具有膻味。这种物质在牛肉没有检测到，说明是羊肉中特异性的脂肪酸。但牧饲羊肉中酪氨酸降解产生的 4-甲基苯酚的含量显著上升。

综合不同的风味物质提取方法、熟制方法和分析方法，几项研究显示饲养方式对羊肉风味的影响。结果发现 2,3-辛二酮和 3-甲基吲哚（Young 等，1997）和β-石竹烯（Priolo 等，2004）可作为牧饲的标志物。但也有些牧饲羊肉研究中没有检测到这些物质，可能是由于脂质降解产生的不饱和醛、酮和 Strecker 醛的含量低。

Sanudo 等（2000）在一项国际调查研究中发现，西班牙消费者喜欢精料饲养、n-6 多不饱和脂肪酸含量高的羊肉的风味，而英国消费者喜欢牧草饲养、n-3 多不饱和脂肪酸含量高、风味浓郁的羊肉，消费者的喜好与以往的经验和消费习惯有很大关系。

在精饲料喂养的牛肉中甲硫醛含量高，而饲草喂养的牛肉中（E，E）-2,4-癸二烯醛含量高（Resconi 等，2012），其他成分也能区别饲养方式，如粪臭素、3-十一酮、对异丙基苯甲酸、2-甲基丁酮主要来自精饲料，而大根香叶内酯主要来牧草（Vasta 等，2011）。

在反刍动物中，这些物质来源于不饱和脂肪酸（Wood 等，2004）。虽然精饲料和牧草的不饱和脂肪酸含量相似，但牧草中 n-3 多不饱和脂肪酸含量高，而谷物饲料中 n-6 多不饱和脂肪酸含量高。在牧饲牛肉中脂肪氧化低，可能是其中的抗氧化物质（维生素 E）含量高，对肉色和控制脂质氧化有利。

Elmore 等（2000）通过饲料补充亚麻籽油（增加 α-亚麻酸含量）和鱼油（增加 DHA 和 EPA 含量）来改变羊肉中 n-3 多不饱和脂肪酸的含量。显著增加了羊肉中芳香族香味物质，这些物质主要来自多不饱和脂肪酸的自动氧化。但最新研究表明，试图通过增加肉中n-3 多不饱和脂肪酸来提升肉的营养价值可能也会存在增加异味的风险。这是因为 n-3 多不饱和脂肪酸的降解产物比 n-6 多不饱和脂肪酸的降解产物反应活性更高，能与美拉德反应产物作用降低具有肉香味的物质的含量（噻吩和呋喃）（Elmore 等，

2002）。高含量的n-3多不饱和脂肪酸能激发自由基氧化反应，增加降解产物的含量，改变熟肉的风味。

13.4.3 熟制

熟制时间和温度影响肉的香气和滋味。风味前体物质如蛋白质分解得到的游离氨基酸，脂肪分解产生的游离脂肪酸，这些前体物质通过热反应生成肉香气化合物。不同熟制条件会导致风味前体物质含量的差异，如熟肉中游离脂肪酸的含量低于生肉，除微波加热外，熟制温度不够高而不能促进化学反应。

水溶性风味前体物质的产生主要取决于宰后处理、成熟、性别和品种等因素，如前所述，宰后成熟会增加水溶性风味前体物的含量，但熟制温度更重要。150℃的煎炸温度会促进猪肉中脂肪反应产生的挥发性化合物，而250℃会促进美拉德反应产物的生成（Meinert等，2007）。有人尝试各种方法增加肉中风味前体物质，当肌糖原含量高时，通过禁食产生单糖，但消费者在感官上难以接受。

不同熟制方法会影响牛肉的香气成分。烤牛肉有助于产生硫化物和羰基化合物（表13.1和表13.3），而炖牛肉产生12-甲基十三醛、甲硫醇、乙酸、乙醛和呋喃酮（4-羟基-2,5-二甲基-3（2*H*）-呋喃酮）（Guth等，1993、1994、1995）。最近在火腿风味研究中，无亚硝酸盐火腿中已醛含量高，影响了对含硫化合物感知（Thomas等，2013、2014、2015）。在猪肉熟制过程中使用橄榄油、黄油或猪油时，肉的风味物质也不尽相同。使用橄榄油时产生线性醛和2-烯类化合物，使用黄油产生2-酮类化合物，使用猪油时产生甲硫基丙醛、二甲基二硫醚和2-甲基丁醛类化合物（表13.3）。

13.5 异味

13.5.1 过热味

熟肉中的异味又称“过热味”（WOF），主要由于脂质的氧化所致。具体地说，是血红素和非血红素铁催化的磷脂氧化（表13.5）。在冷藏条件下，熟肉的酸败速度比生肉更快。任何破坏肌肉膜的操作，如切碎或乳化，均会加重酸败，但可通过使用抗氧化剂，如亚硝酸盐、磷酸盐和天然存在的草本植物和香料（如迷迭香）来进行阻断。造成“过热味”的化合物主要与正己醛和反式-4-环氧-5（*E*）-2-癸醛有关（Kerler等，1996），其他醛类产生纸板味（表13.5）。

将天然植物提取物（葡萄籽和松树皮提取物）应用于熟碎牛肉中，以避免“过热味”的产生。它们在冷藏过程中起到很高的抗氧化效果，但由于其对感官品质的影响，添加量被限制在0.02%以内（Ahn等，2002）。

通过微生物作用或其他方式产生的游离脂肪酸，会加速氧化酸败，在-10℃长期存放也会产生。肌内脂肪易氧化酸败（Wood等，2004）。不同种类肉产生的异味不同，主要是由于脂解作用产生的脂肪酸和氧化酸败产生的羰基化合物的不同。肉中磷脂是最不稳定的组分，可能会加速风味恶化（Campo等，2003）。但磷脂而非甘油三酯通过美拉德反应产生典型的肉香味（Mottram，1998）。

在牛肉中，通常用牛肉味、牛油味来描述异味，主要与亚油酸降解产生的2-辛烯醛和2,4-癸二烯醛（Stelzleni等，2010）。但是，其他异味如青草味和鱼腥味等与磷脂无关。

13.5.2 辐照味

美国允许在生鲜红肉、冷冻肉、新鲜和冷冻肉使用辐射来杀死病原微生物（Brewer，2009）（表13.5）（见第8章）。但是，鲜肉的辐照会导致臭鸡蛋味、血腥味、腥味、焦味和硫黄味等异味。辐照导致的异味受肉的种类、辐照温度、氧气暴露、包装和抗氧化剂等因素影响（Ahn等，2013）。不同情况下产生的挥发性化合物不同，包装影响醛类的含量，而硫化合物如二甲基三硫化物是异味产生的主要物质。有几种技术可以防止异味的形成，如低温控制自由基的产生、真空包装以排除氧气、使用惰性气体和添加抗氧化剂（Brewer，2009）。

13.5.3 公猪味

猪肉被熟制时会产生令人不快的气味，即公猪味，这种气味在公母猪肉中都有存在（Bonneau，1998）。雄烯酮和甲基吲哚（粪臭素）是导致公猪味的关键物质，在脂肪组织中积累，产生尿味或粪便味。此外，雄甾醇、吲哚、4-苯基-3-丁烯-2-酮、酚类化合物或醛类和短链脂肪酸等也会导致公猪味（表13.5）。雄烯酮是在公猪睾丸中合成的类固醇，因此公猪味与性成熟有关，其含量取决于年龄、体重和基因型。另外，粪臭素（3-甲基吲哚）是通过肠道微生物降解L-色氨酸产生并被肝脏降解，因此其产生取决于环境因素。很多方法可以降低粪臭素含量，如饲料中使用菊粉和马铃薯淀粉等碳水化合物，以及酶或吸附剂材料。现在使用免疫去势的方法来降低雄烯酮含量。使用异普克疫苗，还可产生一些其他效果，如降低滴水损失、改善肉色等，降低黑切肉的发生率（Bonneau等，2010）。

消费者对公猪异味的感知在很大程度上取决于公猪化合物的成分，因为99%的消费者对粪臭素敏感，而大量消费者对雄烯酮敏感。大约44%的男性对公猪味不敏感，但只有8%的女性对公猪味不敏感。

由7个欧洲国家组成的国际合作组对粪臭素和雄烯酮对公猪味的影响进行了评估，该研究基于4000头公猪和400头母猪的数据。大多数消费者都不喜欢公猪肉的气味。粪臭素含量高是产生公猪味的主要原因，而粪臭素和雄烯酮都会导致不愉快的气味，但存在地域差异。英国消费者普遍对公猪和母猪气味感到满意，而来自丹麦和荷兰消费者强烈反对公猪味，法国、德国、西班牙和瑞典的消费者不喜欢公猪味。在短期内减少粪臭素含量会在一定程度上提升消费者的满意度，但同时降低粪臭素和雄烯酮的含量对控制公猪味更为重要（Bonneau 等，2010）。

表 13.5 肉中难闻的挥发性成分

异味及化合物的描述	前体物	来源
过热味(WOF)：纸板和金属气		
组分(AEDA)：己醛、1−辛烯−3−酮、(*E*)和(*Z*)−2辛烯醛、(*Z*)−2−壬烯醛、(*E*，*E*)−2,4−壬二烯醛、反式−4,5−环氧−2−癸烯醛	不饱和脂肪酸氧化	贮藏的熟牛肉(Konopka 等, 1991; Konopka 等，1995)
损失的物质：4−羟基−2,5−二甲基−3（2*H*）−呋喃酮、3−羟基−4,5−二甲基−2（5*H*）−呋喃酮 增加的物质：正己醛、反式−4,5−环氧−(*E*)−2−癸烯醛	纸板味和金属味	冷藏牛肉饼(Kerler 等,1996)
辐照味：辛辣味、酸败味、脂肪味、霉味、臭鸡蛋味、血腥味、肝脏味		
戊醛、己醛、*E*−2−庚烯醛、辛醛、(*Z*)−2−octenal、(*E*,*Z*)−癸二烯醛	不饱和脂肪酸氧化	辐照(Brewer,2009)
含硫化合物：二甲基二硫醚、二甲基三硫化物、甲硫醇、硫化氢	含硫氨基酸的降解	辐照(Brewer,2009)
公猪味：尿味、粪便味		
5a−雄甾−16−烯−3−酮(尿味)、粪臭素(3−甲基吲哚)(粪便味)	激素和色氨酸	雄烯酮是一种睾丸类固醇；粪臭素是一种色氨酸降解产物（Bonneau,1998）
短链脂肪酸 酚类化合物(4−苯基−3−丁烯−2−酮)		来自肠道消化的脂质氧化过程(Fischer 等，2014)(Rius 和 Garcia−Regueiro, 2001)
2−氨基苯乙酮	粪臭素代谢物	公猪(Fischer 等，2014)
异味：发酵味、酸败味、硫黄味、霉味		
支链醇(3−甲基−1−丁醇)、直链醛(己醛，壬醛)、硫化物(二甲基二硫醚)、1−辛烯−3−醇	微生物代谢物和肉类成分降解物	肉在空气和真空包装下的微生物腐败(Casaburi 等，2015)

最近西班牙对公猪味情况进行了调查，发现猪胴体中雄烯酮和粪臭素含量高于阈值（雄甾烯酮为 0.5~1.0mg/g 脂肪，粪臭素为 0.20~0.25mg/g）的占 10.2%，即每年约有 160 万个猪胴体中公猪味超标（BorrisSer−Pairo 等，2016）。因此，有必要根据膻味对胴体进行分类。

去势导致雄烯酮水平下降和细胞色素 P4502EI 的酶活力增加，增强粪臭素在肝脏中的分解。由于动物年龄和体重都与公猪味无关，可以使用简单的办法来检测粪臭素，即使用电烙铁将脂肪样品加热至 375℃，闻其气味即可。

13.5.4 微生物产生的气味

肉类表面耗氧微生物产生的气味并非像厌氧微生物代谢产物那样让人反感，耗氧微生物导致肉品发酸而不是腐败。这些微生物分泌脂肪酶，降解脂肪酸产生令人不愉快的挥发性物质。异味的化学组成与耗氧微生物的类型有关，而微生物组成与贮藏温度、产品性质（新鲜、烟熏和重组）等有关。高温和厌氧条件会导致微生物分解蛋白质产生腐臭味的物质，在深层肌肉中，由于冷却速度慢，适宜淋巴结中的微生物生长，导致靠近骨骼部位的肌肉出现异味。

贮藏和包装条件影响微生物的组成和肉的腐败（Casaburi 等，2015）（见第 6 章和第 10 章）。肉类贮藏期间产生的挥发性有机化合物达到一定浓度时会影响肉的气味。在有氧冷藏条件下，挥发性的醇、酮、酯、酸和硫化合物含量会增加。莓实假单胞菌、热杀索丝菌、腐败希瓦菌、莫拉克斯氏菌和肉食杆菌主要产生酯类化合物，而肠杆菌、假单胞菌、热死环丝菌和肉食杆菌产生醛类和酸类物质。在真空贮藏条件下肉中也存在这些醛类、酸类和酯类化合物，主要是肠杆菌科（主要是沙雷氏菌）、肉食杆菌、莓实假单胞菌和梭状芽孢杆菌所致；真空包装肉中存在的硫化物主要是由变形斑沙雷菌、液化沙雷氏菌、莓实假单胞菌、肉食杆菌、哈夫尼亚菌、弯曲杆菌、清酒乳杆菌、海藻梭菌、腐化梭菌和产气荚膜梭菌等所致。总之，肉的腐败取决于贮藏条件，所涉及的细菌主要是莓实假单胞菌、热杀索丝菌、肠杆菌科、肉食杆菌、其他乳酸菌（LAB）和梭菌。Casaburi 等（2015）开发了一种芳香轮，代表肉类贮藏过程中挥发性物质变化的规律（图 13.3）。芳香轮显示在常规透气包装贮藏的早期阶段，酯和脂肪酸生成产生果香味和乳香味，但在真空条件下未检测到这些物质。

13.6 肉制品的风味

在腌腊肉制品、肉糜制品、香肠加工过程中，添加的香料、调味料（谷氨酸钠）和糖，有助于增强肉的香气和滋味（Toldrá 等，2007）。这些产品主要采用传统方法制作，从原材料到加工工艺都会影响肉制品的风味。从加工工艺角度，肉制品可分为湿腌和干腌两大类。由于肉制品的主要组分是肉，其风味的差异取决于肉类成分、风味前体物质及加工过程中的动态变化（Toldrá 等，2004）。

湿腌产品的可接受性取决于其在温和熟制条件下产生的风味。人们普遍认为，腌制熟

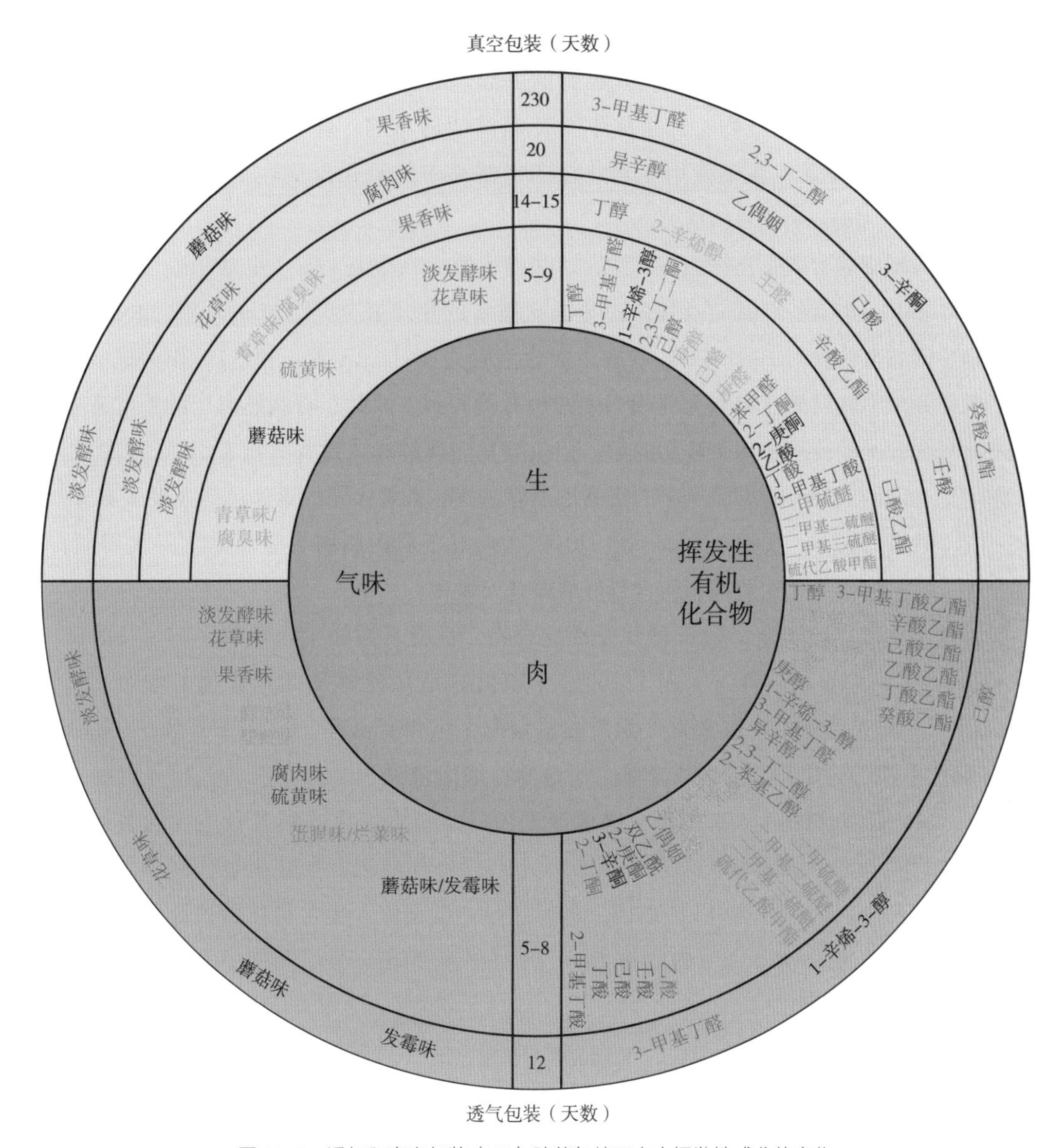

图 13.3　透气和真空包装（VP）贮藏条件下肉中挥发性成分的变化

［资料来源：Casaburi，A.，Piombino，P.，Nychas，G. J.，Villani，F.，Ercolini，D.，2015. Bacterial populations and the volatilome associated to meat spoilage. Food Microbiology，45（PA），83-102（permission solicited）.］

肉的风味主要是由亚硝酸盐通过抑制脂质氧化（羰基化合物减少）引起的（见第9章）。腌制会增加游离氨基酸的含量，在熟制过程中进一步增强，且转化为各种挥发性化合物，促进风味形成。

在湿腌肉制品中已发现了数百种挥发性化合物。在熟火腿、法兰克福香肠和培根产品中的风味物质主要有醛类、烷烃类、酮类、酯类、萜烯类、硫化物、呋喃类和吡嗪类等。通过对未腌制和腌制的熏煮火腿香气成分的比较，发现腌制会抑制己醛的形成，也会影响硫化物的产生（Thomas 等，2013、2014、2015）（表 13.6）。用亚硝腌制的熏煮火腿中己醛相关的风味非常弱，而没有亚硝时风味强度高。己醛对熏煮火腿香气起着重要作用，己醛会掩盖熏煮火腿的香味。2-甲基-3-（甲基二硫代）呋喃是熏煮火腿的关键风味化合物，其生成不受亚硝酸盐的影响。腌肉味的形成与亚硝酸盐的添加没有因果关系。在不使用亚硝酸盐的肉制品中，氧化反应生成的醛类掩盖了硫化物的香气（Thomas 等，2013）。

熏煮火腿中的含硫化合物如2-甲基-3-呋喃甲醇、2-甲基-3-（甲基二硫代）呋喃和双（2-甲基-3-呋喃基）二硫化物的产生与硫胺素的热降解有关（Thomas 等，2014）。熏煮火腿中硫胺素含量与2-甲基-3-呋喃甲醇含量有关（Thomas 等，2015）。作为这些硫化物的前体物的半胱氨酸在熏煮火腿模型中并没有检测到。因此，腌制熟肉中的香气主要来自脂质氧化、美拉德反应和硫胺素降解，但硫胺素热降解对关键香味没有贡献。肌内脂肪和多不饱和脂肪酸对熏煮火腿风味的贡献也不容忽视。熏煮火腿的整体风味主要来自 2-甲基-3-（甲基二硫代）呋喃（Benet 等，2016），但对于肌内脂肪含量高的熏煮火腿而言，美拉德反应产物含量要比肌内脂肪含量低的熏煮火腿高。

干腌肉制品中已鉴定出数百种挥发性化合物，且受不同加工条件的影响。其关键香味化合物被描述为干腌肉味（表 13.6）。干腌肉味是几种挥发性化合物的综合。早在1997 年，干腌火腿中的关键挥发性物质被鉴定出，主要有己醛、3-甲基丁醛、1-戊烯-3-醇和二甲基二硫化物，对应青草味、干酪味、烤面包味和令人不快的气味（Flores 等，1997）。来自氨基酸降解和脂质氧化来的醛类，以及脂质氧化的酮类是主要的香气贡献者。但是酯类化合物对干腌肉制品的贡献很小，仅一种酯化合物被报道，且与加工条件有很大关系（Toldrá 等，1998），如意大利帕尔马中酯类化合物含量比西班牙伊比利亚或塞拉诺火腿高。硫化物（如甲硫醇和 2-甲基-3-呋喃甲醇）是干腌制品香气的重要贡献者（Carrapiso 等，2002）。

表 13.6 肉制品中气味物鉴定

化合物	气味描述	提取技术和 GC-O
熟火腿		
乙硫醇	硫黄味	动态顶空(Tenax)
己醛	果香味	GC-O-时间强度(Thomas 等，2013、2014)
异戊酸	酸败味	
1-辛烯-3-酮	奶酪味	
辛醇	蘑菇味	
2-壬酮	橙子味	
2-癸烯醛	奶油味	
3-甲硫基丙醛	青草味	
2-甲基-3-(甲基二硫基)呋喃	土豆味、熏煮火腿味	
2-甲基-3-呋喃硫醇	熏煮火腿味	

续表

化合物	气味描述	提取技术和 GC-O
双(2-甲基-3-呋喃基)二硫化物	烤肉味	
2-甲基-噻吩	洋葱味	
己醛	酸败味	SDE(同时蒸馏萃取)
2，6-二甲基吡嗪	烤面包味	GC-O 检测频率(Benet 等，2016)
糠基硫醇	咖啡味、肉味	
2-甲基-3-甲硫咪	火腿味、牛肉味	
呋喃	土豆味、金属味	
3-甲硫基丙醛	杏仁味、甜味	
苯甲醛	肉汤味	
E,E -2，4 癸二烯醛	肉味、烤面包味	
2-乙酰二氢噻唑		
干腌火腿		
3-甲基丁醛	奶酪味	吹扫捕集(Tenax)(Flores 等，1997)
己醛	青草味	
2，3-丁二酮	黄油味	
2-甲基丙酸甲酯	水果味	
醋酸	醋味	
甲基吡嗪	坚果味	
2，6-二甲基吡嗪	烤面包味	
甲硫醇	臭鸡蛋味	吹扫和捕集(Tenax/二氧化硅凝胶/炭)
3-甲基丁醛	杏仁味	(Carrapiso 等，2002)
1-戊烯-3-酮	水果腐烂味	
己醛	橡子味	
2-甲基-3-呋喃硫醇	腌火腿味、坚果味	
干发酵香肠		
苯并噻唑	潮湿味	SAFE-GC-MS
吡咯	咖啡味	GC-O-AEDA(Corral 等，2016)
2-乙酰-1-吡咯啉	炸玉米味	
2-乙酰吡咯	烤面包味	
2，3-二氢噻吩	核桃味	
2，6-二甲基吡嗪	烤面包味	
甲硫醛	熟土豆味	
3-甲基丁醛	酸败味、干火腿味	SPME-GC-MS GC-O 检测频率（Marco 等，
1-戊醇	烤肉味	2007）
2-己烯醛	咸肉味、干火腿味	
庚醛	柑橘味、干火腿味	

续表

化合物	气味描述	提取技术和 GC-O
2-庚醇	猪肉味	
甲硫醛	塑料味	
2，4-庚二烯醛（*E*，*E*）	猪肉味	
2-辛醇	酸败味	
庚酸	熟肉味	

注：AEDA—香气提取稀释分析；GC-O—气相色谱嗅觉测定法；MS—质谱；SAFE—溶剂辅助风味蒸发；SPME—固相微萃取。

相比之下，发酵干香肠风味的形成除了上述机制外，还有其他的途径。硫胺素或氨基酸降解被微生物分解取代（Flores 等，2014）。与香肠风味形成有关的微生物反应主要是碳水化合物发酵、氨基酸降解、脂质β-氧化和葡萄球菌酯酶作用。乳酸菌发酵碳水化合物产生乳酸，使得肉蛋白凝固；但同时其他细菌和酵母菌产生许多挥发性化合物，如二乙酰、乙醛、乙偶姻、乙醇和有机酸（甲酸、乙酸、丙酸和丁酸）（表 13.6）。在上面化学反应中，美拉德反应和 Strecker 反应受加工参数（温度、pH 等）影响，如低温适合于干发酵香肠。无论如何，香肠中水分活度低和长时间干燥有助于风味物质及其前体物（游离氨基酸和二羰基化合物）的形成。因此，氨基酸的微生物降解是芳香化合物的重要来源，不同的微生物参与其中。凝固酶阴性葡萄球菌、乳酸菌和酵母（汉逊德巴利酵母）降解氨基酸，产生具有香味浓郁的挥发性化合物（Flores 等，2015）。在微生物作用下，氨基酸发生转氨和脱羧作用生成支链醛、醇和/或酸。

除了肉制品形成的香气外，香料和熏制也会产生香味物质。香料本身是挥发性化合物的重要来源，产生特定的风味，香料的使用取决于消费习惯（Toldrá 等，2007）。肉制品中最常用的香料有黑胡椒、辣椒粉、大蒜、洋葱、芥末、肉豆蔻和牛至等。这些香料中含萜烯烃和硫化物，使肉制品具有水果味、草本松香味和辛辣味等，来自大蒜的硫化物产生令人不快风味（Flores 等，2014）。另一方面，烟熏会形成苯酚和甲氧基苯酚化合物上，产生令人满意的风味。

肉制品的气味和滋味的增强和控制取得了非常大的进步。通过向重组肉制品中添加可控制微生物或芳香化合物，可以增强肉的风味。但肉制品中芳香化合物的来源和形成途径尚未完全明确，并且有必要选择适当的条件改善肉制品风味。

13.7 结论和展望

肉类风味已被研究多年，但由于肉类基质的复杂性，还存在很多挑战。在过去数年中，肉类香气化合物的定性和定量分析取得了重要进展。成千上万种挥发性化合物被鉴定出来，使用嗅闻和质谱联用技术有助于增加对主要肉类气味的认识。其中，含硫化合物对肉类香气具有重要的贡献，但其他芳香化合物的自身贡献或协同作用也不容小觑。此外，许多因素影响风味的产生，同时应该考虑这些因素对提高熟肉和加工肉的品质的影响。对肉品风味的认识有助于新产品开发。风味的感官认知也很重要，但肉类基质对风味影响，以及在线监测风味释放以及对消费者态度的影响等也应被研究。这些将有助于理解风味感知的复杂性。最后，现实生活中消费者对食品中天然香料成分的需求，促使风味科学家研究寻找风味前体物质或利用生物技术工艺来生产天然肉类香料。

参考文献

Ahn, D. U., Kim, I. S., Lee, E. J., 2013. Irradiation and additive combinations on the pathogen reduction and quality of poultry meat. Poultry Science 92(2), 534-545.

Ahn, J., Grün, I. U., Fernando, L. N., 2002. Antioxidant properties of natural plant extracts containing polyphenolic compounds in cooked ground beef. Journal of Food Science 67(4), 1364-1369.

Beauchamp, G. K., 2009. Sensory and receptor responses to umami: an overview of pioneering work. American Journal of Clinical Nutrition 90(3), 723S-727S.

Behrens, M., Meyerhof, W., Hellfritsch, C., Hofmann, T., 2011. Sweet and umami taste: natural products, their chemosensory targets, and beyond. Angewandte Chemie - International Edition 50(10), 2220-2242.

Benet, I., Guàrdia, M. D., Ibañez, C., Solà, J., Arnau, J., Roura, E., 2016. Low intramuscular fat (but high in PUFA) content in cooked cured pork ham decreased Maillard reaction volatiles and pleasing aroma attributes. Food Chemistry 196, 76-82.

Biasioli, F., Gasperi, F., Yeretzian, C., Märk, T. D., 2011. PTR-MS monitoring of VOCs and BVOCs in food science and technology. TrAC - Trends in Analytical Chemistry 30(7), 968-977.

Bonneau, M., 1998. Use of entire males for pig meat in the European Union. Meat Science 49(Suppl. 1), S257-S272.

Bonneau, M., Lebret, B., 2010. Production systems and influence on eating quality of pork. Meat Science 84(2), 293-300.

Borrisser-Pairó, F., Panella-Riera, N., Zammerini, D., Olivares, A., Garrido, M. D., Martínez, B., Gil, M., García-Regueiro, J. A., Oliver, M. A., 2016. Prevalence of boar taint in commercial pigs from Spanish farms. Meat Science 111, 177-182.

Brewer, M. S., 2009. Irradiation effects on meat flavor: a review. Meat Science 81(1), 1-14.

Bueno, M., Resconi, V. C., Campo, M. M., Cacho, J., Ferreira, V., Escudero, A., 2011. Gas chromatographic-olfactometric characterisation of headspace and mouthspace key aroma compounds in fresh and frozen lamb meat. Food Chemistry 129(4), 1909-1918.

Calkins, C. R., Hodgen, J. M., 2007. A fresh look at meat flavor. Meat Science 77(1), 63-80.

Cameron, N. D., Enser, M. B., 1991. Fatty acid composition of lipid in *Longissimus dorsi* muscle of Duroc and British Landrace pigs and its relationship with eating quality. Meat Science 29(4), 295-307.

Campo, M. M., Nute, G. R., Wood, J. D., Elmore, S. J., Mottram, D. S., Enser, M., 2003. Modelling the effect of fatty acids in odour development of cooked meat in vitro: Part I - sensory perception. Meat Science 63(3), 367-375.

Carrapiso, A. I., Jurado, Á., Timón, M. L., García, C., 2002. Odor-active compounds of Iberian hams with different aroma characteristics. Journal of Agricultural and Food Chemistry 50(22),6453-6458.

Casaburi,A.,Piombino,P.,Nychas,G. J.,Villant F.,Ercolini,D.,2015. Bacterial populations and the volatilome associated to ment spoilage Food Microbiology 45(PA),83-102.

Cerny,C.,Grosch,W.,1992. Evaluation of potent odorants in roasted beef by aroma extract dilution analysis. Zeitschrift für Lebensmittel-Untersuchung und - Forschung 194(4),322-325.

Corral,S.,Leitner,E.,Siegmund,B.,Flores,M.,2016. Determination of sulfur and nitrogen compounds during the processing of dry fermented sausages and their relation to amino acid generation. Food Chemistry 190, 657-664.

d'Acampora Zellner,B.,Dugo,P.,Dugo,G.,Mondello,L.,2008. Gas chromatography-olfactometry in food flavour analysis. Journal of Chromatography A 1186(1-2),123-143.

Delahunty,C. M.,Eyres,G.,Dufour,J. P.,2006. Gas chromatography-olfactometry. Journal of Separation Science 29(14),2107-2125.

Delwiche,J.,2004. The impact of perceptual interactions on perceived flavor. Food Quality and Preference 15(2),137-146.

Dransfield,E.,2008. The taste of fat. Meat Science 80(1),37-42.

Elmore,J. S.,Mottram,D. S.,2000. Formation of 2-alkyl-(2*H*)-thiapyrans and 2-alkylthiophenes in cooked beef and lamb. Journal of Agricultural and Food Chemistry 48(6),2420-2424.

Elmore,J. S.,Campo,M. M.,Enser,M.,Mottram,D. S.,2002. Effect of lipid composition on meatlike model systems containing cysteine, ribose, and polyunsaturated fatty acids. Journal of Agricultural and Food Chemistry 50(5),1126-1132.

Elmore,J. S.,Mottram,D. S.,Hierro,E.,2001. Two-fibre solid-phase microextraction combined with gas chromatography-mass spectrometry for the analysis of volatile aroma compounds in cooked pork. Journal of Chromatography A 905(1-2),233-240.

Elmore,J. S.,Mottram,D. S.,Enser,M.,Wood,J. D.,1999. Effect of the polyunsaturated fatty acid composition of beef muscle on the profile of aroma volatiles. Journal of Agricultural and Food Chemistry 47(4), 1619-1625.

Elmore,J. S.,Mottram,D. S.,Enser,M.,Wood,J. D.,2000. The effects of diet and breed on the volatile compounds of cooked lamb. Meat Science 55(2),149-159.

Elmore,J. S.,Warren,H. E.,Mottram,D. S.,Scollan,N. D.,Enser,M.,Richardson,R. I.,Wood,J. D., 2004. A comparison of the aroma volatiles and fatty acid compositions of grilled beef muscle from Aberdeen Angus and Holstein-Friesian steers fed diets based on silage or concentrates. Meat Science 68(1),27-33.

Farmer,L. J.,Patterson,R. L. S.,1991. Compounds contributing to meat flavour. Food Chemistry 40(2), 201-205.

Fischer,J.,Haas,T.,Leppert,J.,Schulze Lammers,P.,Horner,G.,Wüst,M.,Boeker,P.,2014. Fast and solvent-free quantitation of boar taint odorants in pig fat by stable isotope dilution analysis-dynamic headspace-thermal desorption-gas chromatography/time-of-flight mass spectrometry. Food Chemistry 158,345-350.

Flores,M.,Olivares,A.,2014. Flavor. In: Handbook of Fermented Meat and Poultry, second ed., pp. 217-225.

Flores,M.,Armero,E.,Aristoy,M. C.,Toldrá,F.,1999. Sensory characteristics of cooked pork loin as affected by nucleotide content and post-mortem meat quality. Meat Science 51(1),53-59.

Flores,M.,Corral,S.,Cano-García,L.,Salvador,A.,Belloch,C.,2015. Yeast strains as potential aroma enhancers in dry fermented sausages. International Journal of Food Microbiology 212,16-24.

Flores,M.,Grimm,C. C.,Toldrá,F.,Spanier,A. M.,1997. Correlations of sensory and volatile compounds of Spanish "Serrano" dry-cured ham as a function of two processing times. Journal of Agricultural and Food Chemistry 45(6),2178-2186.

Flores, M. , Olivares, A. , Dryahina, K. , Španěl, P. , 2013. Real time detection of aroma compounds in meat and meat products by SIFT-MS and comparison to conventional techniques(SPMEGC-MS). Current Analytical Chemistry 9(4), 622-630.

Grosch, W. , 1993. Detection of potent odorants in foods by aroma extract dilution analysis. Trends in Food Science and Technology 4(3), 68-73.

Guth, H. , Grosch, W. , 1993. 12-Methyltridecanal, a species-specific odorant of stewed beef. LWT-Food Science and Technology 26(2), 171-177.

Guth, H. , Grosch, W. , 1994. Identification of the character impact odorants of stewed beef juice by instrumental analyses and sensory studies. Journal of Agricultural and Food Chemistry 42(12), 2862-2866.

Guth, H. , Grosch, W. , 1995. Dependence of the 12-methyltridecanal concentration in beef on the age of the animal. Zeitschrift für Lebensmittel-Untersuchung und -Forschung 201(1), 25-26.

Kawai, M. , Sekine-Hayakawa, Y. , Okiyama, A. , Ninomiya, Y. , 2012. Gustatory sensation of l- and d-amino acids in humans. Amino Acids 43, 2349-2358.

Kerler, J. , Grosch, W. , 1996. Odorants contributing to warmed-over flavor(WOF) of refrigerated cooked beef. Journal of Food Science 61(6), 1271-1274+1284.

Kerscher, R. , Grosch, W. , 1998. Quantification of 2-methyl-3-furanthiol, 2-furfurylthiol, 3-mercapto-2-pentanone, and 2-mercapto-3-pentanone in heated meat. Journal of Agriculture and Food Chemistry 1998(46), 1954-1958.

Kerscher, R. , Grosch, W. , 1997. Comparative evaluation of potent odorants of boiled beef by aroma extract dilution and concentration analysis. European Food Research and Technology 204(1), 3-6.

Konopka, U. C. , Grosch, W. , 1991. Potent odorants causing the warmed-over flavour in boiled beef. Zeitschrift für Lebensmittel-Untersuchung und -Forschung 193(2), 123-125.

Konopka, U. C. , Guth, H. , Grosch, W. , 1995. Potent odorants formed by lipid peroxidation as indicators of the warmed-over flavour(WOF) of cooked meat. Zeitschrift für Lebensmittel-Untersuchung und - Forschung 201 (4), 339-343.

Koutsidis, G. , Elmore, J. S. , Oruna-Concha, M. J. , Campo, M. M. , Wood, J. D. , Mottram, D. S. , 2008a. Water-soluble precursors of beef flavour. Part II: effect of post-mortem conditioning. Meat Science 79 (2), 270-277.

Koutsidis, G. , Elmore, J. S. , Oruna-Concha, M. J. , Campo, M. M. , Wood, J. D. , Mottram, D. S. , 2008b. Water-soluble precursors of beef flavour: I. Effect of diet and breed. Meat Science 79(1), 124-130.

Liman, E. R. , Zhang, Y. V. , Montell, C. , 2014. Peripheral coding of taste. Neuron 81(5), 984-1000.

Macleod, G. , 1998. The flavor of beef. In: Shahidi, F. (Ed.), Flavor of Meat, Meat Products and Seafoods, second ed. Blackie Academic & Professional, Chapman & Hall, London, UK, pp. 27-60.

Madruga, M. S. , Stephen Elmore, J. , Dodson, A. T. , Mottram, D. S. , 2009. Volatile flavour profile of goat meat extracted by three widely used techniques. Food Chemistry 115(3), 1081-1087.

Marco, A. , Navarro, J. L. , Flores, M. , 2007. Quantitation of selected odor-active constituents in dry fermented sausages prepared with different curing salts. Journal of Agricultural and Food Chemistry 55(8), 3058-3065.

Meinert, L. , Andersen, L. T. , Bredie, W. L. P. , Bjergegaard, C. , Aaslyng, M. D. , 2007. Chemical and sensory characterisation of pan-fried pork flavour: interactions between raw meat quality, ageing and frying temperature. Meat Science 75(2), 229-242.

Meynier, A. , Mottram, D. S. , 1995. The effect of pH on the formation of volatile compounds in meat-related model systems. Food Chemistry 52(4), 361-366.

Mottram, D. S. , 1998. Flavour formation in meat and meat products: a review. Food Chemistry 62(4), 415-424.

Mottram, D. S. , Nobrega, I. C. C. , 2002. Formation of sulfur aroma compounds in reaction mixtures containing cysteine and three different forms of ribose. Journal of Agricultural and Food Chemistry 50 (14), 4080-4086.

Moya, V. J., Flores, M., Aristoy, M. C., Toldrá, F., 2001. Pork meat quality affects peptide and amino acid profiles during the ageing process. Meat Science 58(2), 197-206.

Parker, J. K., Arkoudi, A., Mottram, D. S., Dodson, A. T., 2006. Aroma formation in beef muscle and beef liver. In: Developments in Food Science, vol. 43. Elsevier, Amsterdam, The Netherlands, pp. 335-338.

Priolo, A., Cornu, A., Prache, S., Krogmann, M., Kondjoyan, N., Micol, D., Berdagué, J. L., 2004. Fat volatiles tracers of grass feeding in sheep. Meat Science 66(2), 475-481.

Ramírez, M. R., Estévez, M., Morcuende, D., Cava, R., 2004. Effect of the type of frying culinary fat on volatile compounds isolated in fried pork loin chops by using SPME-GC-MS. Journal of Agricultural and Food Chemistry 52(25), 7637-7643.

Resconi, C. V., del Mar Campo, M., Montossi, F., Ferreira, V., Sañudo, C., Escudero, A., 2012. Gas chromatographic-olfactometric aroma profile and quantitative analysis of volatile carbonyls of grilled beef from different finishing feed systems. Journal of Food Science 77(6), S240-S246.

Resconi, V. C., Campo, M. M., Montossi, F., Ferreira, V., Sañudo, C., Escudero, A., 2010. Relationship between odour-active compounds and flavour perception in meat from lambs fed different diets. Meat Science 85 (4), 700-706.

Resconi, V. C., Escudero, A., Campo, M. M., 2013. The development of aromas in ruminant meat. Molecules 18(6), 6748-6781.

Rius, M. A., García-Regueiro, J. A., 2001. Skatole and indole concentrations in *Longissimus dorsi* and fat samples of pigs. Meat Science 59(3), 285-291.

Rochat, S., Chaintreau, A., 2005. Carbonyl odorants contributing to the in-oven roast beef top note. Journal of Agricultural and Food Chemistry 53(24), 9578-9585.

Rochat, S., Laumer, J. Y. D. S., Chaintreau, A., 2007. Analysis of sulfur compounds from the in-oven roast beef aroma by comprehensive two-dimensional gas chromatography. Journal of Chromatography A 1147 (1), 85-94.

Ruiz de Huidobro, F., Miguel, E., Onega, E., Blázquez, B., 2003. Changes in meat quality characteristics of bovine meat during the first 6 days post mortem. Meat Science 65(4), 1439-1446.

Sañudo, C., Alfonso, M., Sánchez, A., Delfa, R., Teixeira, A., 2000. Carcass and meat quality in light lambs from different fat classes in the EU carcass classification system. Meat Science 56(1), 89-94.

Solms, J., 1969. Taste of amino acids, peptides, and proteins. Journal of Agriculture and Food Chemistry 17, 686-688.

Stelzleni, A. M., Johnson, D. D., 2010. Benchmarking sensory off-flavor score, off-flavor descriptor and fatty acid profiles for muscles from commercially available beef and dairy cull cow carcasses. Livestock Science 131 (1), 31-38.

Thomas, C., Mercier, F., Tournayre, P., Martin, J. L., Berdagué, J. L., 2013. Effect of nitrite on the odourant volatile fraction of cooked ham. Food Chemistry 139(1-4), 432-438.

Thomas, C., Mercier, F., Tournayre, P., Martin, J. L., Berdagué, J. L., 2014. Identification and origin of odorous sulfur compounds in cooked ham. Food Chemistry 155, 207-213.

Thomas, C., Mercier, F., Tournayre, P., Martin, J. L., Berdagué, J. L., 2015. Effect of added thiamine on the key odorant compounds and aroma of cooked ham. Food Chemistry 173, 790-795.

Toldrá, F., Flores, M., 2004. Analysis of meat quality factors. In: Nollet, L. M. L. (Ed.), Handbook of Food Analysis, second ed. Marcel Dekker, Inc., New York, NY, pp. 1961-1977.

Toldrá, F., Flores, M., 1998. The role of muscle proteases and lipases in flavor development during the processing of dry-cured ham. Critical Reviews in Food Science and Nutrition 38(4), 331-352.

Toldrá, F. , Flores, M. , 2007. Processed pork meat flavors. In: Hui, Y. H. , Chandan, R. , Clark, S. , Cross, N. , Dobbs, J. , Hurst, W. J. , Nollet, L. M. L. , Shimoni, E. , Sinha, N. , Smith, E. B. , Surapat, S. , Titchenal, A. , Toldrá, F. (Eds.), Handbook of Food Products Manufacturing, vol. 2. Wiley Interscience, Hoboken, NJ, USA, pp. 281-301.

Vasta, V. , Priolo, A. , 2006. Ruminant fat volatiles as affected by diet. A review. Meat Science 73(2), 218-228.

Vasta, V. , Luciano, G. , Dimauro, C. , Röhrle, F. , Priolo, A. , Monahan, F. J. , Moloney, A. P. , 2011. The volatile profile of *longissimus dorsi* muscle of heifers fed pasture, pasture silage or cereal concentrate: implication for dietary discrimination. Meat Science 87(3), 282-289.

Vasta, V. , Ratel, J. , Engel, E. , 2007. Mass spectrometry analysis of volatile compounds in raw meat for the authentication of the feeding background of farm animals. Journal of Agricultural and Food Chemistry 55(12), 4630-4639.

Vermeulen, C. , Gijs, L. , Collin, S. , 2005. Sensorial contribution and formation pathways of thiols in foods: a review. Food Reviews International 21(1), 69-137.

Watkins, P. J. , Frank, D. , Singh, T. K. , Young, O. A. , Warner, R. D. , 2013. Sheepmeat flavor and the effect of different feeding systems: a review. Journal of Agricultural and Food Chemistry 61(15), 3561-3579.

Wood, J. D. , Richardson, R. I. , Nute, G. R. , Fisher, A. V. , Campo, M. M. , Kasapidou, E. , Sheard, P. R. , Enser, M. , 2004. Effects of fatty acids on meat quality: a review. Meat Science 66(1), 21-32.

Xie, J. , Sun, B. , Zheng, F. , Wang, S. , 2008. Volatile flavor constituents in roasted pork of Mini-pig. Food Chemistry 109(3), 506-514.

Young, O. A. , Berdagué, J. L. , Viallon, C. , Rousset-Akrim, S. , Theriez, M. , 1997. Fat-borne volatiles and sheepmeat odour. Meat Science 45(2), 183-200.

14 肉的食用品质：Ⅳ．保水性和多汁性

Robyn D. Warner

Melbourne University, Parkville, VIC, Australia

14.1 引言

鲜肉的持水能力决定了鲜肉的外观和消费者购买意愿。持水能力还决定了肉在运输、储存、加工和熟制过程中的水分损失。肉的多汁性在一定程度上是由持水能力所决定，也是一种重要的品质，它不仅有助于提高肉的食用品质，而且在质构方面发挥作用。多汁性是肉类独特的主观特性。

肌肉在僵直阶段时的水分含量为75%，肉类经过注水或加工、熟制后，其水合能力与滋味、嫩度、色泽和多汁性密切相关。持水能力差时，熟制得率低，肉表现为“干燥”（缺乏汁液），所以这些也可以用来间接测量持水能力。持水能力差导致了肉和肉制品的滴水损失和包装损失高，胴体和分割肉质量损失严重，加工肉类的品质和得率低（Aaslyng，2002；Woelfel等，2002）。水对塑造肌肉结构，改善肉品品质也具有重要意义。在加热和熟制过程中，由于水分从肌肉结构中流失，蛋白质变得不再那么柔韧，而是更加僵硬。随着加热时间延长，一些蛋白质（如肌浆蛋白和胶原蛋白）发生凝胶作用，可以保留水分。

14.2 保水性和多汁性的定义

保水性是指肉和肉制品在切片、绞碎、压缩和运输、储存、加工及熟制过程中结合水的能力（Pearce等，2011；Hamm，1986）。肉中释放出的水被称为滴水损失、包装损失、渗出损失或者蒸煮损失，这些指标与肉的保水性成反比（Warner，2014）。加热过程中肉制品损失的水分通常被称为蒸煮损失，这与持水能力密切相关。这些指标都彼此相关，但并不是所有指标都紧密相关，如蒸煮损失可能具有完全不同的影响因素，不能从滴水损失、包装损失、渗出损失等来推断。根据上述的定义，持水能力（WHC）既指肉保持固有水分的能力，也指肉类加工中添加的水。有时也用水结合能力来表示（WBC）。在同时使用这两个术语的情况下，通常持水能力指的是生肉保持固有水的潜在能力，而水结合能力是指肉类在热处理过程中保持水分的能力（Pospiech等，2011）。

肌肉中水分含量75%、蛋白质含量20%、脂类含量5%、碳水化合物含量1%、维生素和矿物质含量1%（Offer等，1988）（见第20章）。水分和脂肪含量呈反比关系，脂肪含量越高，水分含量越低。此外，肌细胞中85%是肌原纤维，大部分水与肌原纤维相关。肉中约1%的水与蛋白质紧密结合，被归为结合水（Huff-Lonergan等，2005）。这种水的流动性低，耐冷冻和加热（Fennema，1985）。尽管结合水与周围的水分子发生了持续的交换（Pearce等，2011），但结合水含量在宰后肌肉中几乎没有变化（Huff-Lonergan等，2005）。肉中的另一类水被称为不易流动水（Fennema，1985），水通过空间效应来保持（Huff-Lonergan等，2005）。这类水不易离开结构，但可以通过干燥除去，也在宰后僵直、蛋白质降解或者变性等导致肌肉发生物理变化的情况下有所损失。这部分水约占总水分的 85%（Pearce 等，2011）。自由水是在条件允许的情况下不受阻碍地从结构中流出的水，与带电基团无关（Pearce 等，2011）。它存在于肌浆中，并由肌原纤维外部和肌原纤维内部的毛细管力保持。人们发现持水能力主要与肌原纤维外部分水分的变化有关，肌肉收缩会造成肌肉水分的损失。肌原纤维外部的水和一小部分肌原纤维内部的水很容易流动，如在僵直过程中肌原纤维和细胞的收缩，但这类水在僵直前或者很极端的 pH 肉中不能自由流动（Pearce 等，2011）。表 14.1 所示为肌肉转化为肉的过程中这些水分含量的变化。在表 14.1 中，与蛋白质结合的水与上述所描述的相同，并且水从肌原纤维内部和外部的空间流失，随后出现在肌原纤维外部空间，在这空间内，水从肉中自由流出，即滴水损失（Honikel，2009）。

表 14.1　　活体动物肌肉（pH7）和肉（pH5.3～5.8）中的水分分布

	水分/%	
	肌肉	肉
蛋白质结合水	1	1
肌原纤维内部	80	75
肌原纤维外部	15	10
细胞外水	5	15

［资料来源：Honikel, K. O., 2009. Moisture and water-holding capacity. In Nollet, L. M. L., Toldrá, F.（Eds.）, Handbook of Muscle Foods Analysis, CRC Press, Boca Raton, Florida.］

通过毛细管作用保持在肉内的水与固定在海绵或其他多孔材料中的水有类似的机制。固定水的力的大小与孔径成反比（表 14.2）。为从肉中除去水，必须施加外部压力，该压力大于毛细管产生的压力（Trout，1988）（表 14.2）。在肉的微观结构中由毛细管作用保持的水主要在肌原纤维的粗丝和细丝之间的孔隙中，其在 A 带中的半径为 0.02μm，在 I 带中的半径为 0.05μm。一些水也被肌原纤维之间的孔隙中的毛细管作用所保持，其直径约为 0.5μm。因此，为了从肉中除去水，施加的力从 200psi 逐渐升至 2000psi 以上（表 14.2）。在肉制品中，微观结构是完全不同的，粉碎、加热、盐和/或磷酸盐会破坏肌肉结构，导致蛋白质发生重排并聚集成三维蛋白质晶格，孔的直径为 0.1～1.0μm（Trout，1988），这样的水仅需要较少的力即可去除。

表 14.2　　毛细管半径对小孔隙中产生的静水压力的影响

毛细管半径/μm	静水压力/cm 水	静水压力/psi	毛细管半径/μm	静水压力/cm 水	静水压力/psi
100	15	0.2	0.1	1.5×10^4	2.0×10^2
10	150	2.0	0.01	1.5×10^5	2.0×10^3
1	1.5×10^3	2.0×10^1	0.001	1.5×10^6	2.0×10^4

注：压力单位以 cm 水和 psi 表示。计算温度为 25℃，假设接触角为 0℃。

（资料来源：Trout, G., 1988. Techniques for measuring water-binding capacity in muscle foods: a review of methodology. Meat Science 23, 235-252.）

多汁性是一种感官特性，由消费者或专家型感官品尝决定。与其他质构指标测定（如嫩度）不同，多汁性仍然是肉的独特主观指标。在消费者感官评定系统中，多汁性占消费者对肉类总体可接受度权重的 10%（Watson 等，2008）。肉的多汁性被定义为在口腔中咀嚼肉时的水分和润滑的感觉。多汁性可包括两个方面，一是初始咀嚼期间的湿润感，由肉汁液的快速释放产生，与肉中水分含量有关；二是持续咀嚼时的多汁感，与肉中脂肪含量有关，是脂肪对唾液流动的刺激作用的结果（Winger 等，1994）。

14.3 结构对鲜肉保水性的影响

在活体动物中，水通过肌膜（细胞膜）保持在细胞中，并由各种膜泵维持。屠宰后，三磷酸腺苷（ATP）降解，pH 下降，肌原纤维收缩，水从肌原纤维间隙中移至肌浆，并保持在细胞内，水和矿物质通过肌膜进入胞外间隙。活体肌肉 pH 为 7，肌原纤维占据肌细胞的大部分空间（见第 5 章）。宰后肌原纤维发生横向和纵向收缩，细胞内肌浆空间增加，且随着时间的推移，水移动到细胞外（Hughes 等，2014）。在 pH 为 7 的肌肉中，95%以上的水在细胞内；宰后一段时间，大约 15%的水在细胞外（表 14.1），形成汁液流失。

肉在储存、熟制、冷冻和解冻过程中的重量损失与水分离开肌肉网络结构有关。肉中水分渗出的多少取决于细胞膜的渗透性及间隙的大小，其中大部分水由毛细管力保持。从结构角度看，肉中水分损失主要受以下因素的影响：①肌原纤维的纵向和横向收缩，改变了纤维间的间距；②细胞膜结构的破坏，使水更易于渗出；③细胞内骨架的完整性，影响整个细胞的收缩；④允许汁液积聚和流动的空隙的形成（Hughes 等，2014）；⑤肌浆蛋白和肌原纤维蛋白之间的网络的形成，该网络能够捕获水（Liu 等，2016）。

在活体动物中，肌细胞之间的间隙非常小。当 pH 下降到 5.5 时，肌肉发生宰后僵直，肌细胞之间的间隙增加（Heffron 等，1974），形成了滴水通道。这些通道主要沿着肌纤维方向将液体传导到肉表面（Offer 等，1989）。滴水损失高的肌肉通常在宰后早期就形成滴水通道，并且胞外间隙大（Hughes 等，2014）。肌细胞膜使细胞内和细胞外之间形成屏障。因此，当膜的渗透性增加时，汁液可以更自由地流动到细胞外间隙。膜渗透性高肌肉滴水损失和汁液渗出损失更大（Hughes 等，2014）。肌原纤维通过细胞骨架相互连接并和肌膜相连，细胞骨架由相连的纤维蛋白网络组成。这些蛋白质在宰后被不同程度地降解，肌原纤维和细胞膜之间的连接消失，导致肌原纤维收缩不再能够带动整个细胞中的收缩，从而影响肌肉细胞结构的水分损失（Straadt 等，2007）。

肌浆蛋白发生降解发生在干腌火腿腌制过程以及猪肉和牛肉的成熟过程中（Stoeva 等，2000；Olmo 等，2013；Lametsch 等，2003）。牛肉的滴水损失与渗出汁液中蛋白质浓度相关（den Hertog-Meischke 等，1997），肌浆蛋白对鲜肉保水性有积极作用（Wilson 等，1999；

Monin 等，1985；Liu 等，2016)，可能是由于肌浆蛋白与肌原纤维蛋白之间形成了网络连接，使水被束缚。

因此，肌肉结构的水分损失与所施加的力（肌原纤维和细胞的收缩）、膜渗透性、细胞骨架蛋白的降解、滴水通道的形成以及蛋白质之间的网络形成有关。粗丝间距在 32~57nm 变化可引起体积的显著变化，收缩力将水从肌原纤维结构中挤出。肌节长度、肌球蛋白和肌浆蛋白变性、pH、离子强度和渗透压可引起细丝和粗丝间的间距变化。

14.4 影响鲜肉持水能力的因素

下面将讨论遗传、宰前应激、宰后因素对鲜肉持水能力的影响。宰后糖酵解和 pH 下降（见第 4 章和第 5 章）是持水能力的基本决定因素。宰后肌肉代谢受遗传（见第 2 章和第 3 章）的影响，是动物肌肉的代谢组学和蛋白质组学的变化的潜在机制，这些变化与肉的品质和持水能力有关。

14.4.1 宰后 pH 下降与 PSE/DFD 肉之间的关系

宰后 pH 下降速率和程度与肌糖原酵解有关（见第 4 章和第 5 章），影响鲜肉、加工肉制品和熟肉制品的持水能力的关键因素。在正常肉中，宰后 pH 从 7.0 下降到 5.5，肌丝网格收缩，引起水分渗出，导致肉中滴水损失、汁液渗出或包装损失。这与结构变化有关，pH 的变化引起蛋白质上的化学电荷的变化。在宰后僵直过程中，当肌肉 pH 接近 5.4 或更低时，肌原纤维蛋白的净电荷减少，肌丝相互靠近，导致肌原纤维横向收缩（图 14.1）。因此，当肌肉 pH 从 7 下降到 5.5 时总会有一定持水能力的下降（图 14.2）。高极限 pH 的肉（即黑切肉或 DFD 肉）没有发生肌原纤维收缩。相反，极限 pH 低的肉（PSE）发生肌原纤维过度收缩，且蛋白质发生变性，pH 从 7.0 降到 5.0，肌肉持水能力下降（图 14.2）。肌原纤维蛋白的等电点为 pH 5.0~5.2。当极限 pH 接近肌肉蛋白质的等电点时，肌肉的持水能力最差。

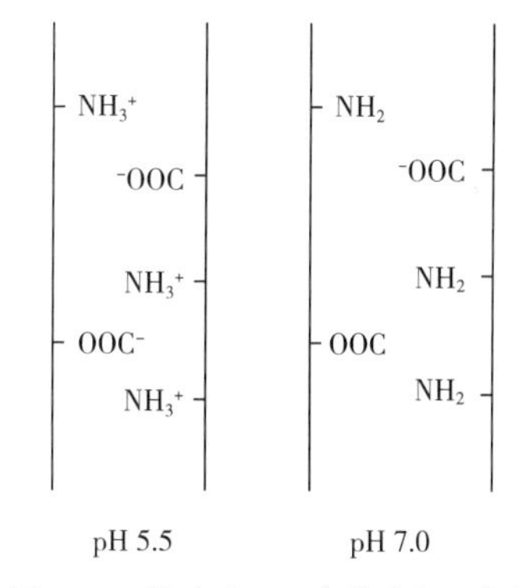

图 14.1 肌肉（pH 7）转化为可食肉（pH 5.5）蛋白质收缩示意图

注：由于侧链（$—NH_2 \rightarrow —NH_3^+$）正电荷的增加，肉类蛋白质的等电点接近 5.0~5.2（图 14.2）。由于侧链的负电荷的吸引，结构收缩，水分子在两者之间留下的空隙变小。

［资料来源：Honikel, K. O., 2009. Moisture and water-holding capacity. In: Nollet, L. M. L., Toldrα, F. (Eds.), Handbook of Muscle Foods Analysis, CRC Press, Boca Raton, Florida.］

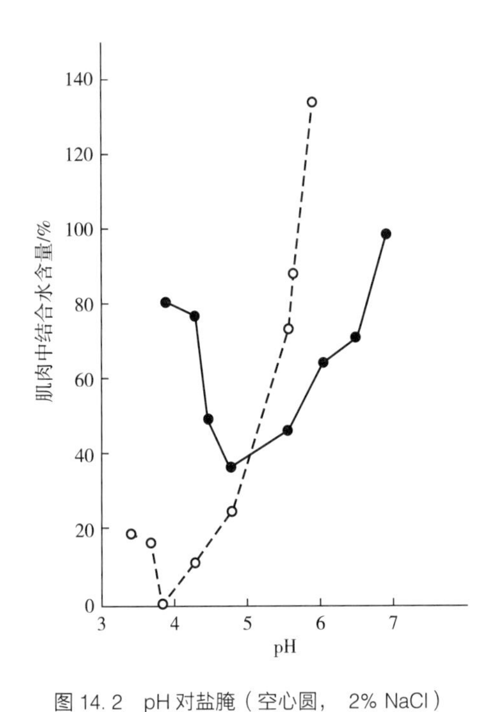

图 14.2 pH 对盐腌（空心圆， 2% NaCl）和非盐腌（实心圆）碎牛肉（添加50%水，滤纸压缩法）保水性的影响

［资料来源：Hamm，R.，1986. Functional properties of the myofibrillar system and their measurements. In：Bechtel，P.J.（Ed.），Muscle as Food，Academic Press，New York.］

当肌肉 pH 下降到比较低的水平（5.2~5.3）时，肉的持水能力差，汁液流失多，在携带 RN 基因汉普郡猪种的肉中很常见。反之，宰后肌肉 pH 下降很少，极限 pH 高的肉（称为 DFD 肉或黑切肉），汁液损失很少。黑切肉（牛肉、羊肉）或 DFD 肉（猪肉）是指极限 pH 高于 5.8 的肉，与正常 pH 肉相比，这种肉的滴水损失更少。黑切肉是由于宰前应激导致肌糖原低引起的，已在第 5 章讨论。

在容易发生 PSE 的肌肉中，屠宰后不久，高温（35~42℃）和低 pH 导致肌球蛋白变性和膜的破裂。当肌球蛋白头部变性时，它从 19nm 收缩到 17nm，低 pH 不仅引起收缩，还会引起肌原纤维网格的收缩（Offer 和 Knight，1988）。在 PSE 肉中，肌原纤维过度的横向收缩导致肉中水分损失。PSE 猪肉通常是由宰前应激、遗传应激敏感性（*Halothane* 基因）和一些击晕工艺所引起的（Channon 等，2000）（见第 5 章）。在 PSE 肉中，低 pH、变性肌球蛋白和膜破损导致严重的滴水损失（Hughes 等，2014）。滴水损失的增加主要发生在宰后前 2d。滴水损失在牛肉和羊肉中比较低，但在高温僵直时会有所增加（Warner 等，2014a、2014b）。

14.4.2 僵直、冷收缩和热收缩

肌肉僵直过程中形成肌动球蛋白，肌节缩短。如果肌肉僵直前 pH 高于 6.2，温度低于 12℃，会导致膜功能丧失，肌浆网释放钙离子，导致肌节收缩。如果肌肉温度高于 30℃，pH 快速下降，也会导致肌节收缩。第 4 章中已详细地讨论肌肉收缩对保水性的影响。当肌肉发生僵直收缩、冷收缩或热收缩时，肌原纤维纵向缩短，水分迁移到细胞内间隙中。这种水分迁移可以通过肌肉拉伸来避免。

拉伸的肌肉肌节更长，持水能力强，滴水损失、包装损失和蒸煮损失低。图 14.3 和图 14.4 表明，猪腰大肌和羊臀中肌中肌节越长，持水能力越高。图 14.4 还表明，当肌球蛋白因僵直前高温和低 pH 而变性时，羊肉的保水性明显下降。

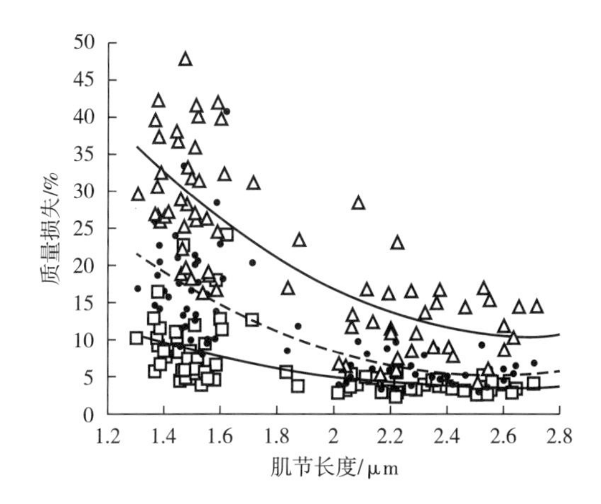

图 14.3 猪腰大肌的滴水损失随肌节长度和宰后时间的变化

注：48h（空心方块、虚线）、72h（实心圆、虚线）和144h（空三角、实线）的重量损失与肌节长度的关系。

（资料来源：Hughes，J. M.，Oiseth，S. K.，Purslow，P. P.，Warner，R. D.，2014. A structural approach to understanding the interactions between color，water holding capacity and tenderness. Meat Science 98，520-532.）

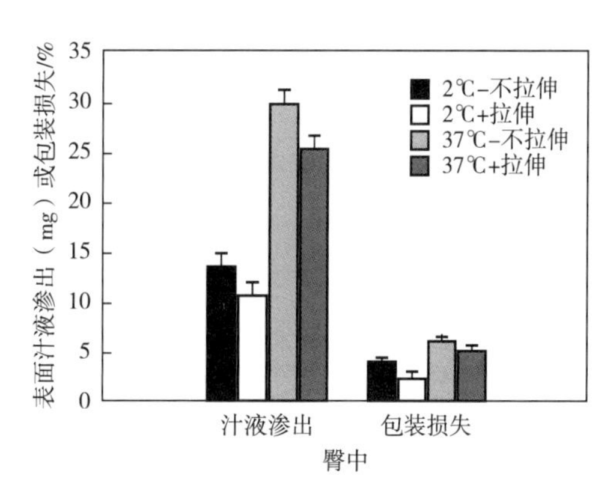

图 14.4 僵直前拉伸热分割羊臀中肌的肉表面汁液渗出（mg）和包装损失（%）

注：未拉伸和拉伸肌肉的肌节长度分别为1.95μm和2.8μm；标准误差为0.17。僵直前的温度分别为2℃和37℃，通过测定肌原纤维蛋白ATP酶活性来反映肌球蛋白变性，分别为0.122和0.091μmol/min/mg蛋白；标准误差为0.010）。结果表明，热分割羊臀中肌具有较长肌节长度（伸展），保水性更高，肌球蛋白变性，肌原纤维蛋白ATP酶活性下降。

（资料来源：Warner，R. D.，Kerr，M.，Kim，Y. H. B.，Geesink，G.，2014b. Pre－rigor carcass stretching counteracts the negative effects of high rigor temperature on tenderness and water-holding capacity using lamb muscles as a model. Animal Production Science 54，494-503.）

14.4.3 电刺激

对牛和羊胴体施以电刺激，可加速宰后糖酵解，缩短僵直时间，防止冷缩（见第4章和第5章）。使用200~400mA电流刺激猪胴体导致猪肉贮藏期间的滴水损失和汁液流失的增加，因此不推荐用于猪胴体。一般来说，电刺激对牛肉或羊肉的持水能力有不利影响，这是因为大多数研究以牛羊的背最长肌和腰大肌为研究对象。牛后腿肌肉由于肉块大，冷却缓慢，可能会出现肉色苍白、汁液渗出现象（Tarrant等，1977）。den Hertog-Meischke等（1997）指出，电刺激不影响胸背最长肌的持水能力，但会导致半膜肌的滴水损失增加，肌原纤维的持水能力低。在牛后腿肌肉中，如内收肌、半膜肌、股二头肌和半腱肌，肉块内部肌原纤维持水能力差，滴水损失高。如果肌肉pH下降非常快的条件下使用电刺激，或者过度使用电刺激，都会导致牛羊肉的持水能力下降（Warner 等，2014a）。因此，对牛胴体的电刺激可能加剧 PSE 牛肉的发生率，特别是后腿肌肉。出于这个原因，输入牛胴体的总电流，包括固定器（击晕后）和拉皮机，以及其他场合的电流输入，都应引起重视。屠宰场总电流输入的增加会提高僵直温度，增加分级时牛背脊肉的汁液渗出（Warner 等，2014a）。

14.4.4 宰后成熟期间持水能力的变化

最初认为宰后成熟期间肉的 pH 升高，会提高肉的持水能力。根据 Kristensen 等（2001）的假设，成熟期间，纽蛋白和肌间线蛋白的缓慢水解以及踝蛋白的快速水解，消除了肌纤维收缩和肌原纤维收缩之间的联系。消除从细胞内排出水的收缩力，增加了保持水分的能力。因此，在成熟期间，肌纤维和肌原纤维发生“膨胀”。但在真空袋中成熟/贮藏期间肉类渗出和蒸煮损失增加（Cottrell 等，2008；Shanks 等，2002；Straadt 等，2007；Warner 等，2005、2007、2014b）。成熟过程中持水能力下降是由蛋白水解引起的，产生的蛋白质片段在储存和熟制过程中更容易与水一起从细胞中损失（Purslow 等，2016）。

14.4.5 贮藏期间的分割、包装和贮藏温度的影响

零售前的集中分割操作会造成鲜肉的汁液损失。当大的分割肉被切成较小的肉块时，肌肉结构中的水能够以汁液形式流出，并且切割后更大的表面积将导致更多的水分流失。处理步骤越多以及压力变化越大，滴水损失越大，因为每种处理都可以向肌肉施加压力，导致肌肉结构变化。

包装过程会给肉块施加压力，加之热收缩处理，会增加水分损失（见第 10 章）。肉包装中渗出的汁液通常为消费者所厌恶。这就是为什么要在包装内添加衬垫，用来吸收在贮藏和展示期间渗出的汁液。包装中渗出液体的多少主要取决于表面积与体积比，表面积减小时汁液渗出减少。此外，纵向而非横向切割肌纤维会产生较少的汁液渗出（McMillin，2008）。

在真空包装期间施加的负压导致液体从肉中渗出，导致袋中的渗出物和排出物的增加（Gariepy 等，1986）。在 0℃下真空贮藏 5～7d，牛肉、猪肉和羊肉中汁液渗出率为肉重的 2%～6%。如果样品来自宰前应激或电击晕的动物，或者来自氟烷基因型猪，或暴露于高温（Warner 等，2007；Channon 等，2000；Warner 等，2014b），则质量损失会更高。与贮藏 1 周相比，真空包装肉贮藏 3 周或更长时间可造成两倍或三倍的质量损失（Warner 等，2007）。贮藏期间温度升高或波动，都会增加滴水损失。Hertog-Meischke 等（1998）发现，与 0℃相比，肉在 3℃下贮藏时滴水损失增加，其中半膜肌比背最长肌更明显。当储存温度从 0℃升高到 10℃时，滴水损失增加，贮藏温度在 5～10℃，滴水损失增加得更快（O’Keeffe 等，1981）。

与真空包装相比，气调包装（MAP）通常可以减少包装中的滴水损失或汁液流失（McMillin，2008；Taylor 等，1990），最有可能的是在包装过程中没有施加压力。但气调包装肉的保质期小于 10d（McMillin，2008）。

14.4.6 解冻僵直

解冻僵直是指僵直前冻结的肉在解冻时发生收缩的现象，其特点是收缩程度大，滴水损失高达 30%（Pearson 等，1989）。由于过度的僵硬、滴水损失高，对肉类工业具有重要影响。因此，肉在僵直前状态下不会被冷冻。解冻僵直是由于大量释放 Ca^{2+} 导致肌浆网饱和，Ca^{2+}溢出到细胞外空隙，引起肌肉收缩（Pearson 等，1989）。当 ATP 浓度仍然很高（约 40%）时解冻僵直便开始发生，类似于冷收缩。Dransfield（1996）提出，解冻僵直不是由肌节长度和肌肉缩短引起的，而是由于钙蛋白酶活性变化引起的。通过电刺激胴体来加快僵直是一种减少解冻僵直发生的有效方法。

14.4.7 冷冻和解冻

冷冻和解冻会影响肉的汁液渗出、解冻损失和滴水损失（见第 7 章）。肉的冻藏时间延长 12~20min，解冻时汁液渗出显著增加（Anon 等，1980；Ngapo 等，1999）。这种现象与冰晶带的冰晶大小和分布有关。然而，已经发现延长冷冻贮藏可能会加重冷冻速率的影响，这是因为长期冻藏期间冰晶重结晶成更大晶体（Ngapo 等，1999）。

就解冻而言，解冻速率与汁液渗出相关。解冻时间越短（如小于 50min），汁液渗出越少（Ngapo 等，1999；Gonzalez-Sanguinetti 等，1985）。这是因为细胞外间隙中冰的融化导致水分活性增加，水向胞内渗透，引起纤维重吸收水。冷藏解冻 28h 产生滴水损失大，而水解冻可减少滴水损失（Ambrosiadis 等，1994）。

14.5 肉熟制过程中持水能力的变化

如图 14.5 所示，在熟制中肉的持水能力发生变化，结构、蛋白质变性和高压处理（HPP）的影响将在下面讨论。在不同温度条件下肌肉蛋白质发生变性，导致横向和纵向收缩，因此在熟制过程中产生水分损失。理解肌肉结构、功能、蛋白质变性和熟制条件之间的相互作用，对于新技术、新产品的研发具有重要推动作用。

14.5.1 蒸煮温度与水分损失的关系

在熟制过程中，肌肉蛋白质变性，导致其持水能力下降和蛋白质网络收缩。蛋白网络收缩产生一种机械力，使纤维之间的水发生移动（van der Sman，2007）。在压力作用下，过量的肌细胞内水被挤压到肉的表面，通常被称为蒸煮损失（van der Sman，2007）。因此，熟制过程中流出的汁液与加热温度和时间有关（Martens 等，1982）。水分损失决定了熟制得率。由于蛋白质的变性，肌原纤维结构的刚性增加，这与熟制期间的水分损失有关。当熟制温度在 45℃ 至 75℃ 甚至 80℃ 之间时，蒸煮损失随温度升高逐渐增加；但温度高于 80℃，蒸煮损失下降（图 14.5 和图 14.6）（Tornberg，2005；Bouton 等，1972）。在 50～65℃，蒸煮损失的增速最快（van der Sman，2007），肌细胞体积相应地发生最大变化（图 14.7）（Hughes 等，2014）。大块肉和肉糜的蒸煮损失在 45℃ 至 80℃ 条件下变化趋势是相似的，在 65℃ 条件下，大块肉的蒸煮损失比碎牛肉高（图 14.6）（Tornberg，2005），这是因为在 65℃ 时，胶原蛋白会发生变性，胶原蛋白和肌纤维之间存在协同收缩效应（Tornberg，2005）。另外，65℃ 下肉中水的状态也发生很大变化（Micklander 等，2002）。

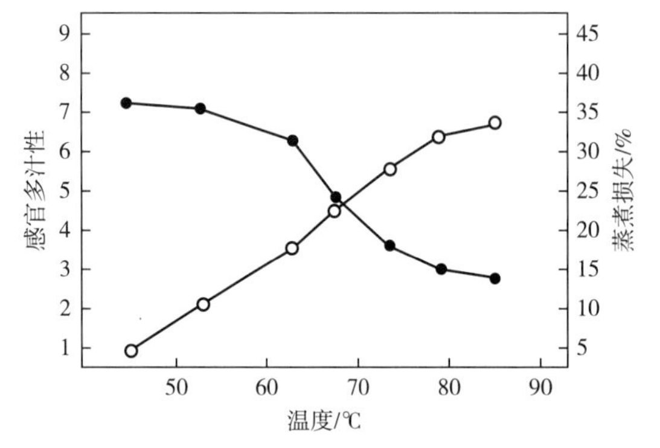

图 14.5 1cm 厚的牛半膜肌切块的多汁性和蒸煮损失与加热温度的函数

注：样品以 1.2℃/min 加热到规定温度，在此温度下保持 5min 或 20min（两次保持时间的平均值所示）。每个点是六只动物和两个保持时间的平均值。空心圆是蒸煮损失百分比（平均误差，平均值标准差为 1.01），实心圆为感官多汁性（平均值标准差为 0.16）。

（资料来源：Martens，H.，Stabursvik，E.，Martens，M.，1982. Texture and color changes in meat during cooking related to thermal denaturation of muscle proteins. Journal of Texture Studies 13，291-309.）

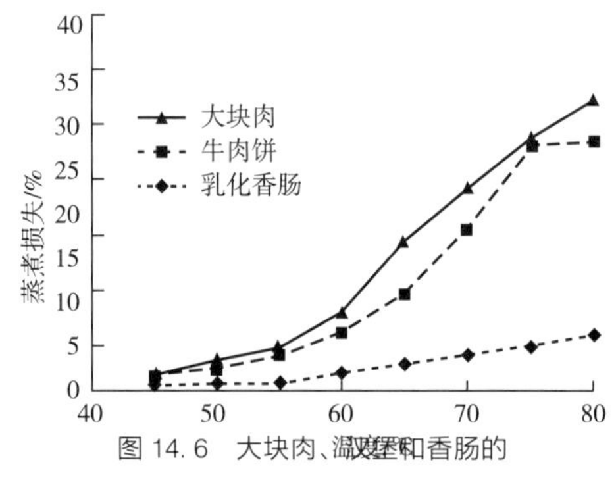

图 14.6 大块肉、汉堡和香肠的蒸煮损失（%）随煮制温度的变化

注：所用的都为股二头肌。除 65℃ 时蒸煮损失存在差异外（$P<0.05$），在各温度点，大块肉与汉堡的蒸煮损失均无显著差异（$P>0.05$）。除 45℃、50℃ 差异不显著（$P>0.05$）外，香肠与牛肉饼/大块肉的蒸煮损失均有显著差异（$P<0.05$）。

（资料来源：Tornberg，E.，2005. Effects of heat on meat proteins-Implications on structure and quality of meat products. Meat Science 70，493-508.）

如图 14.5 和图 14.6 所示，熟制过程中水分损失的拐点发生在 70～80℃。傅里叶变换红外光谱（FT-IR）结果表明肌肉组织在 70℃ 时有个明显的化学转变（Kirschner 等，2004），核磁共振（NMR）光谱也表明肉在 76℃ 时水的状态发生转变（Micklander 等，2002）。

14.5.2 与蛋白质变性有关的水分损失

熟制过程中损失的水分大部分来自蛋白质变性和肌肉收缩排出的汁液，这与熟制温度有关（Kondjoyan 等，2013）。胶原蛋白收缩会导致肉类在熟制过程中收缩和水分迁移（Bouhrara 等，2011、2012），但在熟制过程中胶原蛋白对肌肉收缩和汁液流失的作用还存在争议（Purslow 等，2016）。如上所述，大部分水保持在肌原纤维中，并且核磁共振和熟制实验研究都表明，在碎牛肉熟制过程中，水分损失与大块肉的水分损失相似（图 14.6）。切碎虽然破坏了结缔组织结构，但两者的水分损失没有差异，说明胶原蛋白可能在蒸煮损失的形成中不起作用（Bertram 等，2004；Tornberg，2005）。

肌肉在不同温度下发生横向和纵向收缩的程度不同（Tornberg，2005），表明在熟制过程中不是一种蛋白质发生了收缩和水分迁移。图 14.7 所示，当肌纤维片段从 25℃ 加热到 75℃时，肌纤维发生了明显的横向和纵向收缩。图 14.8 所示，加热过程中水的损失直接与肉块体积的缩小相关。

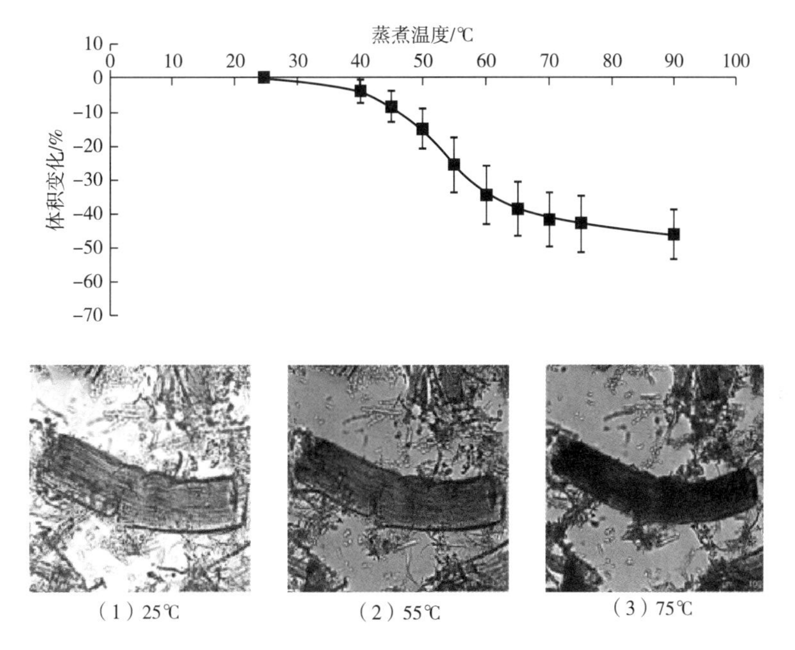

图 14.7 宰后成熟 14d 牛半腱肌的肌纤维碎片体积（不同温度，n=35~50）和光学显微镜图片随蒸煮温度的变化

注：每个点代表一个平均值，误差线代表标准偏差。

（资料来源：Hughes，J. M.，Oiseth，S. K.，Purslow，P. P.，Warner，R. D.，2014. A structural approach to understanding the interactions between color，water-holding capacity and tenderness. Meat Science 98，520-532.）

在 40~60℃的温度范围内，如果细胞骨架完整，肌原纤维和肌细胞发生横向收缩。肌球蛋白在这个温度范围内变性（Bertazzon 等，1990），肌原纤维收缩主要与肌球蛋白变性有关，其他蛋白质（如肌间线蛋白）可能也起一定的作用（Hughes 等，2014）。肌动蛋白在

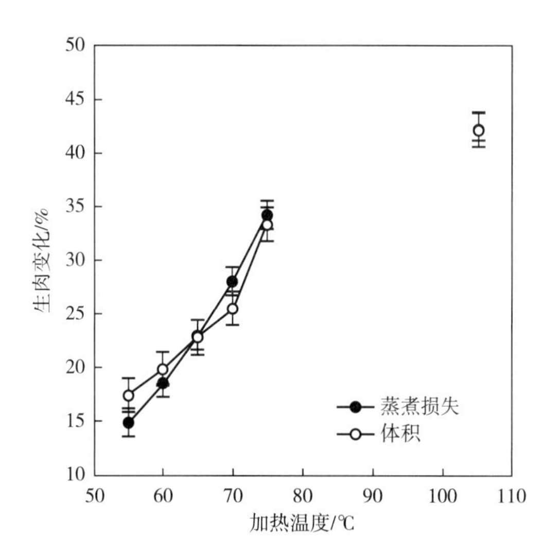

图 14.8 牛半腱肌加热过程中肉块蒸煮损失（生肉重量的变化，%）及其体积变化（生肉体积的变化，%）与加热温度之间的关系

（资料来源：Purslow，P. P.，Oiseth，S. K.，Hughes，J. M.，Warner，R. D.，2016. The structural basis of cooking loss in beef：variations with temperature and aging. Food Research International 89，739-748.）

70~80℃范围内变性（Bertazzon 等，1990），主要引起肌纤维发生纵向收缩。肌联蛋白的变性温度为 75~78℃，因此肌联蛋白变性对熟制过程中肌肉收缩的贡献不可忽视（Hughes 等，2014）。

14.5.3 宰后成熟对蒸煮损失的影响

在宰后成熟过程中，肌纤维发生溶胀，肉的持水能力增强，但这并没有带来较低的蒸煮损失（Straadt 等，2007）。在熟制时，经过成熟的肉发生明显的肌纤维收缩，肌原纤维中水分含量低（蒸煮后测量）（Straadt 等，2007）。一般来说，熟制过程中经过 3~6d 成熟的肉，其蒸煮损失高于未经成熟的肉（图 14.9）（Shanks 等，2002；Warner 等，2005，2007；Straadt 等，2007）。如图 14.10 所示，经过成熟的肉的蒸煮损失在 60~75℃明显增加（Purslow 等，2016）。如果羊胴体按照传统工艺冷却，成熟 7d 的羊半膜肌和臀中肌的蒸煮损失比宰后 1d 的蒸煮损失高 3%~5%（Warner 等，2014b）。相反，如果肌肉在高温下僵直，肌球蛋白就会变性，无论成熟多长时间，蒸煮损失都很高（Warner 等，2014b）。与未经成熟的肉相比，经过成熟的肉的蒸煮损失增加与肌肉僵直温度和肌节长度有关（Warner 等，2014b）。经过成熟的肉中蛋白质结构被弱化，在熟制过程中似乎不能保留或捕获水（Wu 等，2006），可能是由于肌原纤维和细胞骨架蛋白的降解（Wu 等，2006）。

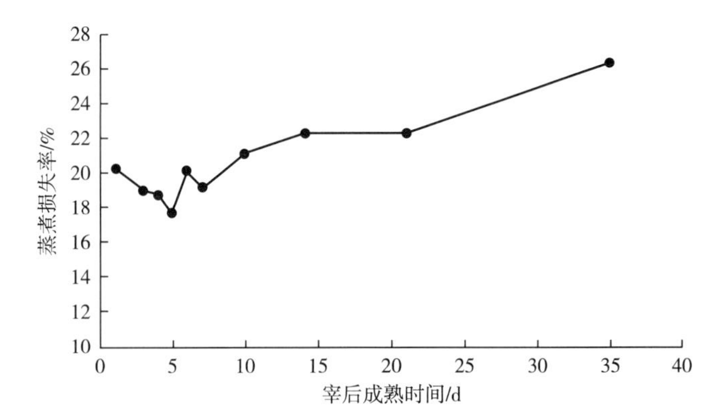

图 14.9　宰后成熟不同时间牛背最长肌的蒸煮损失（每个时间点 n=20）

注：原文中使用均方根表示误差。

（资料来源：Shanks，B. C.，Wulf，D. M.，Maddock，R. J.，2002. Technical note：the effect of freezing on Warner-Bratzler shear force values of beef longissimus steaks across several postmortem aging periods. Journal of Animal Science 80，2122-2125.）

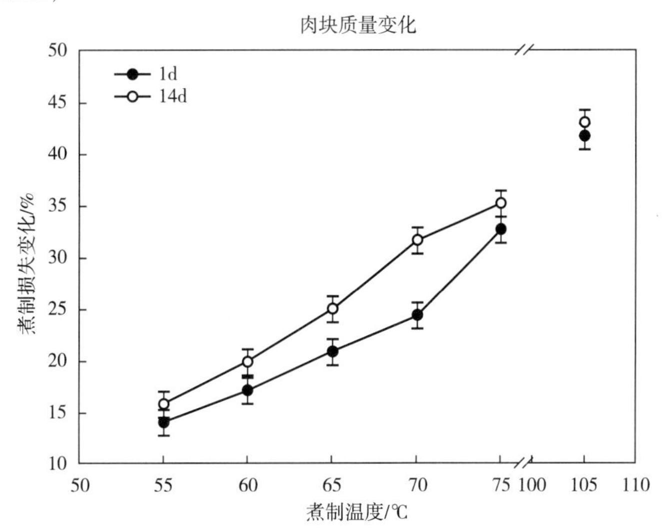

图 14.10　蒸煮温度（55～105℃）和成熟时间（1d 与 14d）
对牛半腱肌蒸煮损失（生肉百分含量的变化）的影响

（资料来源：Purslow，P. P.，Oiseth，S. K.，Hughes，J. M.，Warner，R. D.，2016. The structural basis of cooking loss in beef：variations with temperature and aging. Food Research International，89，739-748.）

14.5.4　肌浆蛋白的影响

在熟制过程中，水从肌肉结构中流失，如果蛋白质很大，它们更可能被保留在肌肉结构中。研究表明，肌浆蛋白对鲜肉的持水能力有积极作用（Wilson 等，1999；Monin 等，1985；Liu 等，2016）。肌浆蛋白对蒸煮损失起决定性作用。Purslow 等（2016）认为，宰后成熟期间肌浆蛋白质的降解，在熟制过程中更容易和水一起从肌肉结构中溢出。前期研究也表明，在肌肉中肌浆蛋白相互之间或与肌原纤维蛋白之间连接形成网格结构，将水束缚肌肉中（Liu 等，2016）。

当加热温度低于 50℃时，肌浆蛋白质表现出低溶解度和高黏度（Chen 等，2015），蒸煮损失要比 50℃以上温度下加热时的蒸煮损失高（Vilgis，2015）。Vilgis（2015）将此归因于肌球蛋白结构的变化，而 Chen 等（2015）将其归因于肌浆蛋白的聚集。在温度高于 60℃时，肌浆蛋白可以展开，重新溶解并稳定形成网络，从而提高持水能力（Chen 等，2015）。

14.5.5 高压处理的影响

高压处理是一种通过液体传送器将 100MPa 以上的压力静态地施加到产品上的加工方法（见第 8 章）。将较高温度（>25℃）和较高压力（>100MPa）结合处理新鲜的、僵直后的肉可以提高蒸煮得率，降低蒸煮损失（Sikes 等，2014），效果与施加的温度和压力有关（Sikes 等，2016）。这可能是因为压力使肉蛋白质展开，水分分布发生变化。高温引起蛋白质的聚集和不可逆变性，当压力消除后，变性的蛋白质不会恢复到天然状态，一些水仍然被束缚在肌肉结构中。热压结合处理前，对肉进行预热处理，会导致水分损失，再进行热压处理时不会改善蒸煮得率/持水能力（Anita Sikes，未发表的结果）。相对于未经压力处理的肉，低温高压表现出相似或增加的蒸煮损失（Hong 等，2005；Jung 等，2000）。

与未经压力处理的肉相比，对僵直前的肌肉进行压力处理可降低蒸煮损失，提高熟肉或生肉中的水分含量（Macfarlane，1973；Kennick 等，1980；Kennick 等，1981；Riffero 等，1983）。高压处理僵直前的肉，可降低滴水损失和包装损失（Souza 等，2011、2012）。持水能力增加的机制是高压处理可使糖酵解停滞，肉的极限 pH 提高。

因此，对僵直前或僵直后的肉施加高压处理，可以提高肉的持水能力。

14.6 多汁性的影响因素及其与持水能力的交互作用

加热导致蒸煮损失增加，多汁性下降（图 14.5）。直观上理解，多汁性应该与鲜肉的持水能力呈正相关，但实际的研究结果表明，感官上的多汁性与肉的持水能力之间并没有相关性（Winger 和 Hagyard，1994）。蒸煮损失与多汁性之间的相关性较高，但与肉类熟制温度没有关系（Bejerholm 等，2004），如图 14.5 所示。

感官研究表明，不同肌肉之间的多汁性（在前两个咀嚼周期中的水释放）和感知的水分含量（几次咀嚼周期后肉的湿度/干燥的感官评定）不同。Aaslyng 等（2003）发现，在猪背最长肌中，多汁性受蒸煮损失（r^2=0.46~0.52）的影响，但这与熟制方法和样品的初始 pH 不同而有差异。熟肉嫩度的感官评定与多汁性并不是唯一相关的，但一般来说两者之间存在正相关，而客观测定的剪切力与感官指标之间的相关性较小。

如图 14.11 所示，初始（3 次咀嚼后）和持续（10 次咀嚼后）多汁性随肌内脂肪（IMF）含量的增加而增加。肌内脂肪含量高的肉类具有较高的嫩度、风味和多汁性，这是消费者对高肌内脂肪肉有所偏好的原因。大理石花纹丰富（肌内脂肪含量高）的牛肉（如 Hanwoo 和 Wagyu 牛肉）价格更高。

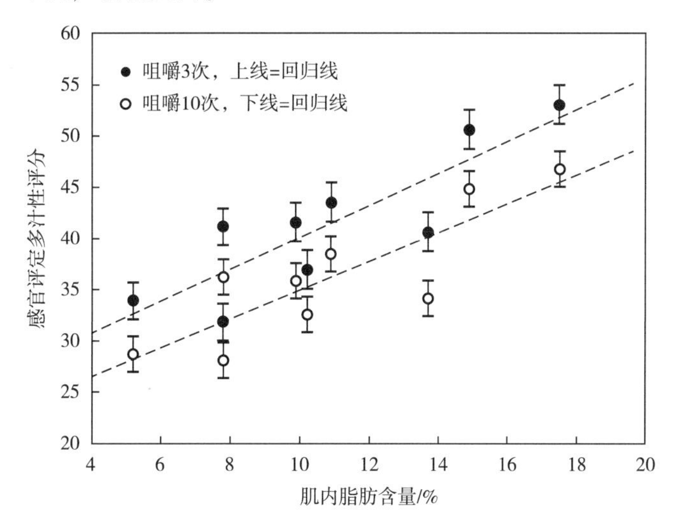

图 14.11　牛肉最长肌肌内脂肪含量对专家型感官品尝得分（3 次或 10 次咀嚼）的影响

（资料来源：Frank，D.，Ball，A. J.，Hughes，J. M.，Krishnamurthy，R.，Piyasiri，U.，Stark，J. L.，Watkins，P. E.，Warner，R.，2016. Sensory and objective flavor characteristics of Australian marbled beef：the influence of intramuscular fat，feed and breed. Journal of Agricultural and Food Chemistry，64，4299-4311.）

多汁性受到僵直前肌肉代谢的影响。在高温下经历僵直的牛背最长肌和臀中肌的多汁性得分低（Warner 等，2014c）。

14.7　影响肉制品持水能力的因素

14.7.1　肉糜的持水能力

一方面，香肠和碎肉更容易渗出汁液（即使蛋白质的持水能力本质上很高），主要是因为肉的结构被破坏，消除了肌肉结构对水分的保持能力。另一方面，可以通过人为方式增强这些产品的持水能力。水本身就是一种添加剂。水与肉的比例影响混合物的持水能力。采用离心法（Sherman，1961）测量持水能力时，当水肉比为 2∶1 时持水能力最大（表 14.3）。

表 14.3 水肉比对猪肉持水能力的影响

水肉比	在 0℃时水分保留量/%	水肉比	在 0℃时水分保留量/%
不添加水	-4.0	3∶1	5.0
1∶2	-1.0	4∶1	-5.0
1∶1	-1.5	5∶1	-5.0
3∶2	0.5	6∶1	-6.0
2∶1	9.5		

（资料来源：Sherman P. 1961. The water binding capacity of fresh pork. Food Technology 1, 79-87.）

14.7.2 盐

在肉制品配方中会添加各种盐（特别是氯化钠），主要目的是改善产品的功能特性，如提高热凝胶特性、持水能力（图 14.2）和脂肪保留，改善肉的风味，减少蒸煮损失，抑制贮藏期间的微生物生长（Desmond，2006）。乳化型香肠产品的物理稳定性和功能特性取决于盐溶性肌原纤维蛋白的提取程度。添加 NaCl 和/或其他盐，可显著提高蛋白质的溶解度。这些溶解的蛋白质与脂质形成乳化体系，在加热条件下，蛋白质变性聚集，形成凝胶，并将水分固定在凝胶网格中（Gordon 等，1992）。

NaCl 是中性盐，在肌肉中主要起渗透作用。当膜的完整性被破坏后，盐可渗透到肌纤维中。具有正常 pH（5.3~5.7）的肉位于肌肉蛋白质等电点的碱性侧，因此蛋白质带正电荷（图 14.1）。NaCl 的加入导致 Cl^- 与这些带正电荷的蛋白质侧链结合，减少正电荷，破坏盐键，导致纤丝分离，产生更大的水合作用。这些阴离子的结合将等电点转移到较低的 pH（图 14.2）。肌原纤维结合的离子越多，蛋白质水合作用越强（Hamm，1986）。1960 年，Hamm 首次报道阴离子可使蛋白质等电点向酸性侧移动，使肉的持水能力增强（Hamm，1986）（图 14.2）。据推测，结缔组织蛋白的持水能力也会被盐离子增强。Offer 等（1983）发现，在强盐溶液中肌原纤维蛋白的吸水能力增强，主要是因为带负电荷的成分彼此排斥，粗细纤维格子膨胀，这些变化与 Z-线质量体积比、M-线处纤维排列以及肌球蛋白分子头部与相邻肌动蛋白之间的排列有关。氯化钠和焦磷酸都发挥这两种作用（Greene，1981）。

添加 2%NaCl 可增加肌肉的膨胀。图 14.12 所示为在牛肉匀浆中 NaCl 浓度从 0.4%增加到 3%（质量体积比）时的效果。随着 NaCl 浓度的增加，蒸煮得率增加，表明盐在肉制品中保持水分的重要性。在 pH 为 6 时，NaCl 对蒸煮得率的影响大于 pH5.5。

盐会改变肌原纤维蛋白的静电、水合和水化结构效应，导致溶解性（“盐溶”）或不溶解性（“盐析”）增强。由于 NaCl 的浓度在 0.3~1.0mol/L 时引起肌原纤维蛋白的盐溶效应，主要是 Cl^- 与纤维结合，增加纤维之间的静电斥力，使纤维格子扩展（Offer 等，1983）。当盐浓度大于 1.0mol/L 时，溶解度开始降低，这很可能是由于“盐析”现象造成的。因为蛋白质由亲水变为疏水，导致蛋白质聚集，溶解性下降（Chen 等，2015）。肌纤维在高渗溶液中膨胀的倾向最初受到肌内膜的抑制，但随着宰后时间的延长，膨胀程度增加。Wilding 等（1986）认为这是肌内膜结构的弱化所致；但 Knight 等（1989）发现这是无肌内膜的肌纤维数量增加所致。将剔除肌内膜的肌纤维放入高渗介质中，其膨胀程度比没有去除肌内膜的肌纤维高很多。这证明 Stanley（1983）提出的观点，即在宰后成熟过程中肌纤维与肌内膜之间的联系减弱。在没有肌内膜的条件下，采用盐很容易提取肌纤维中肌球蛋白。肌肉中含有几种类型的肌纤维，不同类型肌纤维中的肌原纤维对高渗处理的反应是不同的（Offer 等，1983），该特征可解释肉在腌制过程中的差异性。

14. 7. 3 僵直前腌制过程中盐和碳酸氢盐的应用

添加 NaCl 和颗粒减小可加快 ATP 分解和糖酵解，但在肉糜中添加 NaCl，可使僵直前肉的持水能力保持几天。僵直前腌制可提高肉在冷藏期间的持水能力。这种“热”腌制肉增强了香肠的持水能力和脂肪结合特性（Pearsont 等，1989）。僵直前腌制肉类可以提高肌原纤维蛋白的溶解度和持水能力，主要是通过抑制僵直，防止肌动球蛋白形成和 pH 下降。在 ATP 耗尽和 pH 下降之前，肉类仍处于未僵直状态，迅速和彻底地混合盐是很重要的。随着盐浓度的增加，保水性增加到约 1. 8%（Pearson 等，1989）。

在猪肉僵直前后，将 0. 2~0. 4mol/L 碳酸氢钠注射到猪肉能减少水分损失，防止 PSE，提高极限 pH，改善多汁性（Kauffman 等，1998）。改善持水能力的机理是提高极限 pH。

14. 7. 4 离子与离子强度

各种离子对蛋白质的影响强度及结合水的能力详见 Hofmeister 离子序。稳定能力最强的阴离子是 PO_4^{3-}，其次是 $SO_4^{2-}>CH_3COO^->Cl^->Br^->NO_3^->I^-$。而阳离子的排序为 $(CH_3)_4N^+>NH_4^+>K^+>Na^+>Mg^{2+}>Ca^{2+}$。Hofmeister 离子序与离子在肉中结合水的能力有关（Posipikes 等，2011）。此外，各种离子增加持水能力的机制不完全相同，离子分为如下几类：①离子序高的盐离子，会导致蛋白质天然结构不稳定；②中亲离子，会稳定蛋白质结构；③强离子序的阳离子，如 K^+ 和 NH_4^+；④弱离子序的阴离子，如氨基酸的羧基，可稳定生物系统，并增加肉的持水能力（Puolanne 等，2010）。

离子强度对肉制品来说非常重要，因为它影响肌原纤维蛋白的溶解度、保水性，以及食品的其他物理化学和功能特性，如乳化、起泡、凝胶特性和黏度。肌原纤维蛋白在 0. 2~0. 6mol/L 范围内更易溶解（Chen 等，2015；Trout 等，1987），其变化取决于 pH，受所用磷酸盐的影响。只有 50%的肌原纤维蛋白溶于离子强度<0. 2mol/L 的溶液（Chen 等，2015）。高离子强度溶液比低离子强度溶液可以更完全分解肌动球蛋白复合物，导致肌动蛋白和肌球蛋白的物质的量比更高。要充分开发肉食品的功能特性，应采用高离子强度（0. 47~0. 68mol/L，2%~3%盐）（Chen 等，2015）。

比较离子强度>1. 0、不加水时加入 5%NaCl、加入 60%水时再加入 8%NaCl 三种情况时，发现在高离子强度下，盐具有脱水作用，持水能力会有所降低（Hamm，1986）。当离子强度为0.8~1.0时，肌肉组织的持水能力最强；而离子强度>1.0时，就会发生肌原纤维蛋白的“盐析”现象。因此，在肉制品的腌制过程中，为了确保持水能力最佳，离子强度和盐浓度不应超过盐析作用的临界值。Knight等（1988）在观察肌原纤维在浓盐溶液中的溶胀作用时，将“盐析”效应归因于肌球蛋白分子尾部旋转运动的空间阻力引起的熵膨胀压力。在约6%NaCl中这种溶胀最大。这些作者把高盐浓度下的脱水效应归因于肌球蛋白的沉淀，引起蛋白聚集并导致收缩。

14.7.5 磷酸盐

降低肉制品中钠含量已成为行业发展的趋势，这将会促进磷酸盐的广泛使用来提高肉的持水能力。磷酸盐和多聚磷酸盐经常添加到肉糜中以增强肉的持水能力。多聚磷酸四钠（TPP）是提高肉的持水能力最有效的多聚磷酸盐（表14.4）。三聚磷酸钠（STP）次之，且pH变化很大，1%（质量体积比）TPP、STP、六偏磷酸钠和焦磷酸钠溶液的相对pH分别为10.5、9.8、7.0和4.2。三聚磷酸盐的使用效果取决于其被酶分解为二磷酸（Hamm，1986）。Bendall（1954）认为，这些磷酸盐的作用主要是调节离子强度和pH。焦磷酸盐（在1%NaCl存在下）在提高持水能力方面的作用主要是促进肌动球蛋白解离成肌动蛋白和肌球蛋白，肌球蛋白形成凝胶，将水束缚住。

当添加焦磷酸盐和食盐时（图14.12），牛肉匀浆的蒸煮得率明显提高。Offer等（1983）发现，焦磷酸盐显著降低了肌原纤维发生最大溶胀所需的盐浓度。在没有焦磷酸盐的情况下，只有A-带中间的蛋白质被提取，但焦磷酸盐存在的条件下，所有A-带蛋白都被溶解。Knight等（1988）研究表明，当肌原纤维被放在网格之间而不是盖玻片上时，肌节中间的组分不能被NaCl提取出来，这些组分是肌联蛋白和伴肌动蛋白（见第3章）。用NaCl提取A-带蛋白和Z-线蛋白时，如果盐浓度过高，降低提取效率，可能是因为肌球蛋白被盐析。

14.7.6 腌渍

腌渍有不同的含义，取决于它是否适合家庭、餐馆或工业生产。在本章中，腌渍是指在熟制之前向肉类产品中添加液体，包括功能性成分、香料和调味料，这些液体可以增加风味，改善嫩度，提高持水能力、多汁性和产率。

传统肉品腌渍液中常用的醋和香料具有保鲜效果，通过调节pH至5.0以下，使肌肉蛋白远离其等电点，肉的持水能力增加。降低肉的pH（酸化加工）通常使用乳酸、抗坏血酸、柠檬酸或酒石酸（Pospiech等，2011）。Rao等（1989）研究了0.01~0.25mol/L的醋酸溶液对不同的牛肉持水能力的影响。在所研究的六类肌肉中，pH从5.1下降到4.0时，肉的持水能力显著增加。在pH 4~4.3范围内，背最长肌的膨胀率显著高于其他肌肉。在

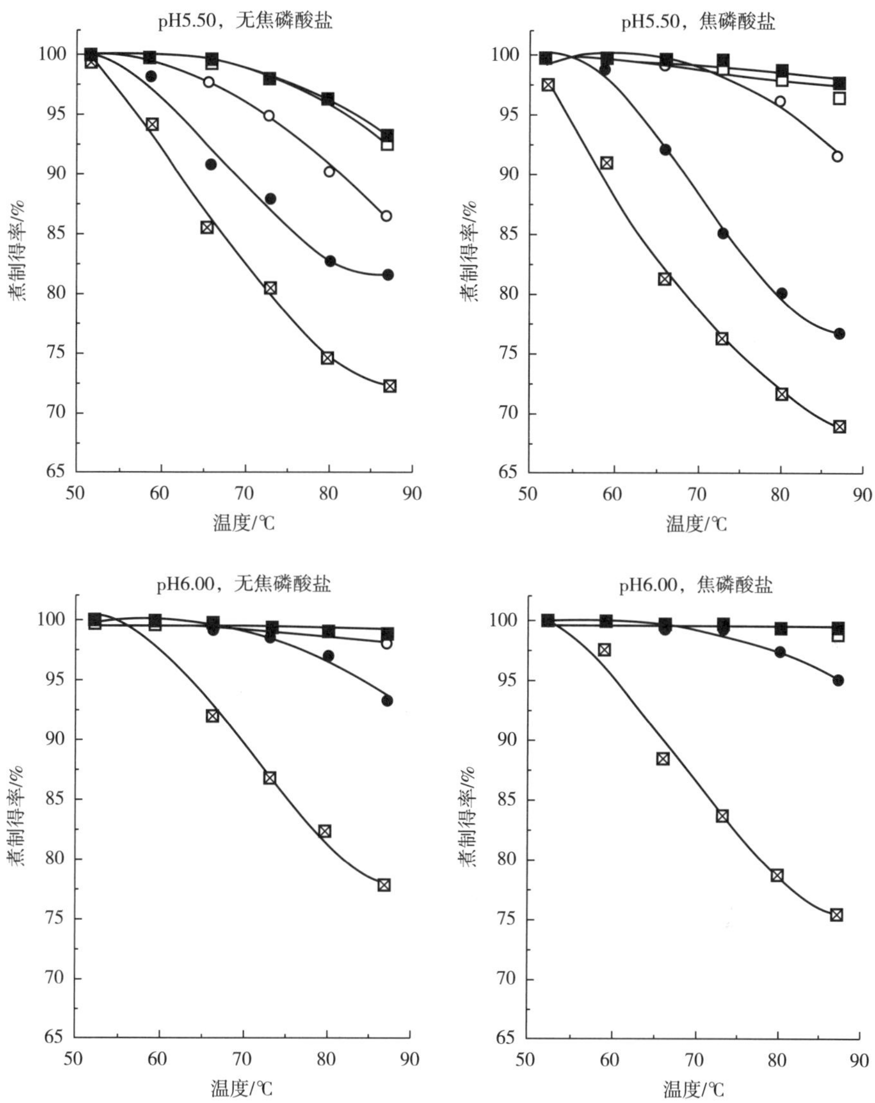

图 14. 12　煮制温度、pH（5. 5 或 6. 0）、焦磷酸盐（0，0. 31%）和离子强度（圆圈中三角形 0. 12、实心圆 0. 22、空心圆 0. 32、空心方块 0. 42、实心方块 0. 52；离子强度通过 NaCl 由 0. 41%调节 3. 04%）对蒸煮产量的影响

注：处理之间的最小显著差数为 1. 5%。

（资料来源：Trout，G.，Schmidt，G. R.，1987. The effect of cooking temperature on the functional properties of beef proteins：The role of ionic strength，pH and pyroposhate. Meat Science 20，129-147.）

pH 4. 4～5. 1，所有肌肉都发生横向和纵向溶胀。当浸泡液的 pH 接近 4. 0 时，白肌纤维发生溶胀，而红肌纤维发生收缩。肌纤维的溶胀和结缔组织的溶胀共同决定了肌肉在 pH4. 0～4. 5 的总溶胀。

在腌渍过程中，不同肌肉的溶胀（以及保持/吸收水分）程度不同，反映了腌制过程中肌肉总蛋白质含量、结缔组织比例和腌制液酸度的变化。当 pH 接近 4. 2～4. 3 时，以肌纤维溶胀为主，结缔组织（肌内膜和肌束膜）溶胀为辅。相反，当腌料 pH 接近 3.9~4.0 时，结缔组织（肌内膜和肌束膜）和网状蛋白的溶胀明显增强，特别是对结缔组织含量高的肌肉（如冈上肌）这种效应更加明显（Gault，1991）。酸性腌料能溶解胶原蛋白，如在 1.5% 醋酸中浸泡牛胸颌肌（胶原蛋白含量高），导致结缔组织溶胀，肉的持水能力和嫩化增强，但对背最长肌（胶原蛋白含量低）几乎没有影响（Whiting，1989）。

在滚揉腌制时，也可使用磷酸盐和食盐。滚揉是用来增强腌制液在肉中的扩散和分布均匀性。食盐和磷酸盐配比以及磷酸盐的化学组成将决定肉的腌渍效果。Xiong 等（1999）表明，在添加和不添加 8% 食盐条件下，向鸡胸肉添加 3.2% 的焦磷酸钠要比低浓度的焦磷酸钠或其他磷酸盐所获得煮制得率高（表 14.4）。

表 14.4　鸡胸肉液体百分率的变化（每吸收 100g 保留的量），滚揉腌制 30min，盐浓度（0% 与 8% 食盐）、磷酸盐浓度（低与高）及磷酸盐类型（PP、 TP、 HMP）

不加食盐							添加 8% 食盐						
对照	PP[1]		TP		HMP		对照	PP[1]		TP		HMP	
	低	高	低	高	低	高		低	高	低	高	低	高
腌制液保留量/（g/100g 肌肉）													
4.6	29.0	35.1	29.8	25.0	16.4	15.5	26.3	37.8	41.5	34.5	29.1	28.4	27.9
保留率/%													
24.1	67.4	80.0	79.9	71.6	67.8	59.4	81.7	85.7	78.9	76.8	73.1	76.8	67.7
煮制得率/%													
77.3	106.0	112.0	103.9	100.4	88.7	90.0	93.5	114.9	119.4	111.9	108.3	95.3	97.5

注：1PP，焦磷酸钠；TP，三聚磷酸钠；HMP，六偏磷酸钠。 2 低=1.6%，高=3.2% 磷酸盐。

［资料来源：Brewer，M. S.，2014. Chemical and physical characteristics of meat water-holding capacity. In：Dikeman，M.，Devine，C.（Eds.），Encyclopedia of Meat Sciences，Second Ed.，Academic Press，Oxford.］

14.7.7　氨基酸和其他添加剂

一些氨基酸显示出独特的水结合能力，特别是天冬氨酸和谷氨酸。这些氨基酸可以结合 4~7 个水分子，肌球蛋白分子中天冬氨酸和谷氨酸含量高，因此其持水能力高（Pospiech 等，2011）。在加工过程中，向肉中添加这些氨基酸可增强持水能力。

胶凝剂或增稠剂，如大豆、琼脂、果胶、淀粉、角叉菜胶、菊粉等，有时可用来减少肉制品的水分损失。其他有助于水结合的化合物，包括血浆、蛋清和乳蛋白，也可以考虑添加到肉制品中，增强肉的持水能力（Pospiech 等，2011）。还有许多天然和人工合成的化合物也可用来增加肉制品中的持水能力；有些是肉类工业所熟知的，还有些有待开发。

14.7.8　高压处理

在香肠和乳化型肉制品加工中，通过提取盐溶性蛋白质增强碎肉的结合，是必不可少的步骤。超高压已被用来改善肌肉蛋白质功能特性的一种手段，因为它可增加某些肌原纤维蛋白的溶解度（Macfarlane，1974；Macfarlane 等，1976），热变性还可增加肉饼中肉粒之间的结合（Mafarlane 等，1984）。在牛肉饼中，如果不加盐，煮制损失率可达35%，但如果添加 2%盐，煮制损失率可降到 10%。如果盐含量降到 0.6%~0.8%，同时施以 200MPa 压力，煮制损失率可降到 10%以下（图 14.13）（Sikes 等，2014）。采用超高压技术可以减少盐用量，保持较高的持水能力，对生产更健康的食品具有重要意义。

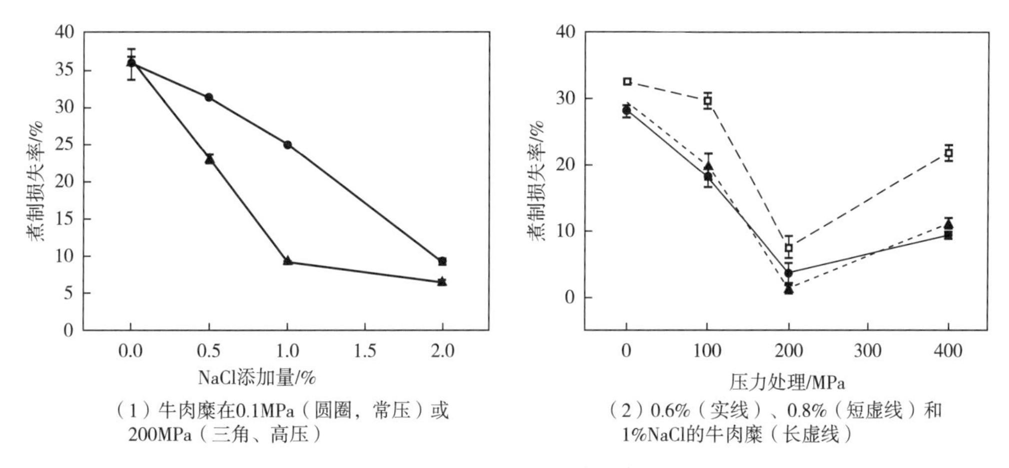

图 14.13 不同 NaCl 添加量对压力处理牛肉糜的蒸煮损失的影响

（资料来源：Sikes，A. L.，Tobin，A. B.，Tume，R. K.，2009. Use of high pressure to reduce cook loss and improve texture of low-salt beef sausage batters. Innovative Food Science & Emerging Technologies 10，405-412.）

14.8 持水能力和多汁性的测定方法

持水能力的测定主要是通过对肉样施加一定的压力，测量释放的水含量。该力可以是自然的，如重力作用；也可以是外加的力，如离心、压缩或者毛细管作用力。下面讨论的方法是用来测量肌肉结构中的“自由”水。肌肉中的“不易移动”或“结合”水可通过烘干法测得，烘干法测定的是“总含水量”，而不是持水能力。有些方法不再使用，在此不做赘述，这里仅讨论尚在使用的方法（Kauffman 等，1986a；Trout，1988）。

14.8.1 不施加外力条件下测定持水能力

质量法（滴水损失）：是指将肉块放在一定的条件下，测量自由滴水、袋子滴水或肉块滴水时的质量损失。其中，最常用的方法是将标准尺寸和质量的肉块（30~100g）悬挂在袋中，在 1~4℃吊挂 1~2d，确保肉不接触袋的内壁（Honikel，1998）（图 14.14）。此方法的替代方法是将肉块放置在托盘中，使得所有的滴水都被收集，滴水不会与肉有物理接触，包括 EZ-DripLoss 方法（丹麦肉类研究所用来描述它们的术语）。“快速滴水损失”测定法，参见 http：//www. dt. dk/yROOT/MENATA/5882AEZY - DRIPPLOSUBIORDECTION. PDF (Christensen，2003)。每种方法都需要在测定开始和结束时称量肉的质量，滴水损失表示为样品在规定时间内的质量损失（百分比），肉的表面积会影响结果。这种方法由于其简单而被广泛使用。

图 14. 14　滴水损失测定方法示意（将肉样品悬浮在充气袋中，并在 2～4℃贮藏 1～2d）

（资料来源：Robert Kauffman，University of Wisconsin-Madison.）

包装损失：包装损失是指在僵直后贮藏期间水从肉中的损失量，包括贮藏在托盘货架（外包或气调包装）(Warner，2014)，和放在真空袋中的成熟肉。测定汁液渗出，主要是测定在规定的时间内肉的质量损失。将肉放入袋或托盘之前称量，然后打开包装再次称量，两次肉质量之差就是包装损失。这种方法常用真空包装肉和零售托盘包装肉的测定。当袋子或托盘中有渗出物时，意味着产品在劣变。

渗出物的主观评价：渗出物的视觉评分已用于评估牛和猪胴体的表面肌肉的持水能力 (Kaufman 等，1986b；Warner 等，2014a)。评分可以是简单的“是”或“否”，或者从 0% 到 100%的分数，类似于下面部分讨论的快速滤纸法。

14. 8. 2　应用外力测定持水能力

压力法或压缩法：是最早用来测量肉的持水能力的方法，采用砝码、压缩机或 Instron 万能测试仪将肉样中的水分除去（Trout，1988）。将圆柱形肉样（通常为 0. 5～30g）放置在滤纸上，之后施加一定的压力，在施压过程中，水分被挤出并被滤纸吸收，挤出水分的多少与样品中的“松散”水含量有关。挤压出的水量可通过间接测量滤纸上汁液环的面积，或者直接称量滤纸质量来计算。这种方法不再被广泛使用，因为结果差异大，且高度依赖肉的质地。

高速离心：将 1～20g 的样品放入离心管中，6000～40000g 进行离心（Trout，1988），根据离心前后肉样质量的变化来计算肉的持水能力。这种方法比大多数方法去除更多的水，这是因为离心力太大。但由于肉具有弹性，一旦离心力被去除，一些水就被重新吸收。与压榨法相似，测定结果受到肉的质地的影响，这种方法也不常用。

低速离心：将3~15g样品放入离心管中，100~10000g离心15~30min（甚至更长），并测量样品的质量损失或渗出液的质量（Kristensen等，2001）。这种方法优于高速离心，因为使用特别设计的离心管，中间带有穿孔的圆盘（如MoBiTec公司的Mobicols）。这个圆盘允许水分向下旋转到底部，同时将组织留在顶部，从而防止液体的重新吸收。这种方法的问题是肉样会堵塞膜中的孔隙。这可以通过使用超级胶水来将肉样粘到管盖的底部来解决（Kristensen等，2001）。这种方法已经变得非常流行，因为它与滴水损失测量有很好的相关性，操作相对简单，并且可以定期（如每次15min）离心样品来跟踪持水能力的变化。

快速滤纸法：将具有毛细管作用力的滤纸覆盖于肉的表面，这种方法非常快捷。具体操作：将滤纸放置在刚切割的肉的表面，在规定的时间后切割（如10min），将滤纸取下，然后对滤纸进行湿润评分（0%~100%湿润）或称量滤纸（图14.15）。图14.16和图14.17所示为滤纸分数、湿度分数和僵直温度的关系。

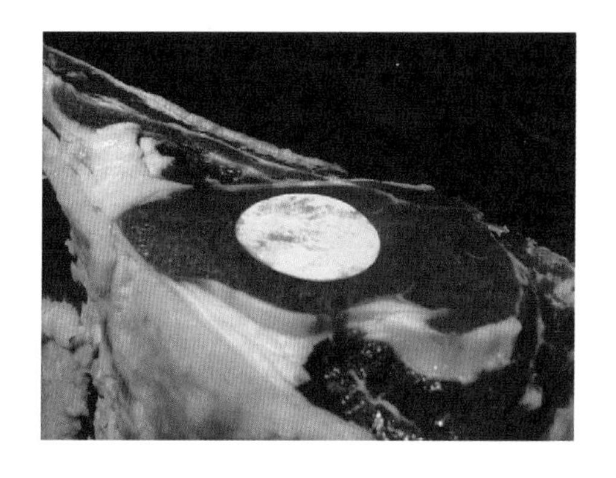

图14.15 滤纸法快速测定牛肉表面渗出损失

（资料来源：Athula Naththarampatha，Department of Primary Industries，Victoria，Australia）

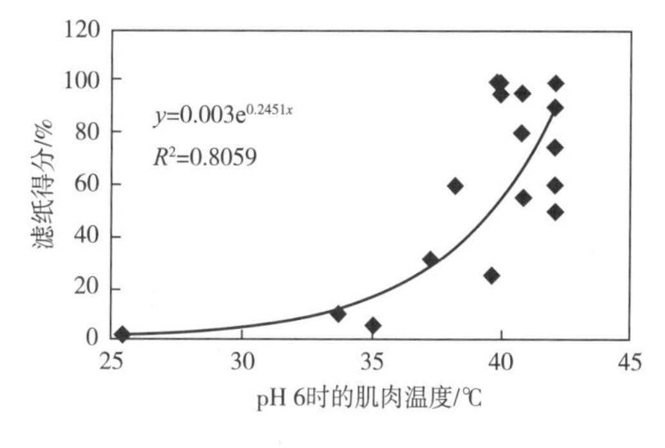

图14.16 牛背脊肉在pH6时温度与滤纸得分之间的关系

［资料来源：Warner，R.，2014. Measurement of meat quality | Measurements of water-holding capacity and color：objective and subjective. In：Devine，C.，Dikeman，M.（Eds.），Encyclopedia of Meat Sciences，second ed. Academic Press，Oxford.］

加热法（煮制损失）：煮制损失率被定义为蒸煮造成的质量损失，表示为煮前质量的百分比（Honikel，1998）。一种常见的方法是将蒸煮损失测定和肉的剪切力测定同时进行。因此，在熟制前称量肉样质量，在熟制后，从袋子取出经过冷却的样品，用吸收纸吸湿以去除水分，并重新称量肉块质量，计算获得煮制损失率。煮制损失率与宰后成熟、煮制温度和条件密切相关，是肉的一个很不明确的特性。在所有的持水能力测定中，煮制损失率与多汁性具有最高的相关性，而多汁性本身就是一个复杂和不明确的性状。

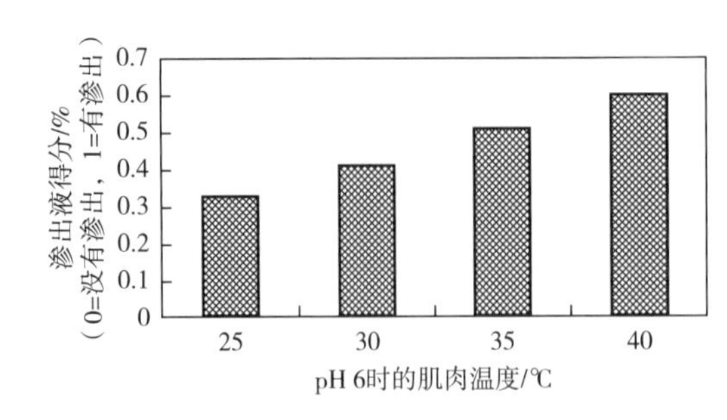

图 14.17 pH6 时温度对汁液渗出得分的影响

（资料来源：Warner, R. D., Dunshea, F. R., Gutzke, D., Lau, J., Kearney, G., 2014a. Factors influencing the incidence of high rigor temperature in beef carcasses in Australia. Animal Production Science 54, 363-374.）

蒸煮得率适用于小样本分析，在实际生产中也有应用，但规模较小。将代表性的肉样（250~800g）在食品绞碎机中均质，装入特定容器，加热到预定的内部温度，冷却，然后称量，计算蒸煮得率（Trout，1988）。蒸煮得率是通过测量水的损失量或在烹调过程中样品质量的减少来计算的。一个比较好的熟制容器是罐头，因为它们完全防止蒸发损失。其他类似容器有肠衣、离心管和可密封铝盘。然而，在所有情况下，产品必须在冷却后立即从容器中取出，以防止在熟制过程中损失的水重新吸收。

这些方法中最重要的特点是它们需要用到不同的仪器设备（Trout，1988）。此外，当食盐浓度、磷酸盐浓度、pH 和均质温度等发生变化时，这些方法测定的结果能反映大规模生产条件下蒸煮得率的变化趋势（Whiting，1984）。这些方法的潜在应用是用来预测不同条件下肉的加工潜能。

14.8.3 持水能力的间接测定方法

基于蛋白质的方法：蛋白质溶解度已经被用作保水性的间接指标，特别是评价 PSE 肉的低持水能力（Penny，1969）。肌浆蛋白和肌原纤维蛋白溶解度的测定包括在低离子强度和高离子强度缓冲液中匀浆 1~2g 肉，分别测定肌浆和总蛋白的溶解度，然后 1500*g*、4℃离心 20min，测量离心后上清液中的蛋白质浓度。肌原纤维蛋白的溶解度是通过总蛋白溶解度减去肌浆蛋白的溶解度来计算的。通过测量肌原纤维或肌球蛋白 ATP 酶活性来测量肌球蛋白变性程度（Greaser 等，1969），也是评价低持水能力的间接指标，因为当肌球蛋白变性时，肌原纤维晶格收缩，持水能力较低（Offer 等，1983）。

低场核磁共振：由于上述许多方法涉及压力和肌肉结构的损伤，低场核磁共振已用于测量自由水而不是持水能力（Bertram 等，2001）。低场 NMR 横向松弛（称为 T2）是测定肉中游离水的一种有效的无损替代方法。该技术显示了 30~45ms（称为 T21）和 100~180ms（T22）的组分，分别代表在僵直期间发生水分的迁移。

14.8.4 多汁性测定方法

唯一可靠和一致的多汁性测量是通过使用消费者或专家型感官评定方法来实现的（Winger 等，1994），如第 15 章所述。

14.9 结论与展望

肉品的持水能力决定肉和肉制品的视觉可接受性、质量损失、蒸煮得率以及感官特性。肌肉结构和肌肉蛋白的变化在包装、贮藏和加工过程中影响鲜肉、加工肉和熟肉的保水性。宰后糖酵解和代谢对肉的持水能力有很大影响，并受到遗传、宰前应激和宰后干预（如电刺激和超高压）的影响。在鲜肉和熟肉加工中，决定肌肉结构失水的主要因素：①在肌原纤维结构中发生的收缩和溶胀，以及帮助水分流动或保持的力；②参与凝胶形成的蛋白和不溶性蛋白的解折叠、凝胶形成和聚集。

为了减少肉的水分流失，必须注意动物和原料。宰后处理应确保在肌肉中发生适度的pH下降，并注意转运、包装和贮藏条件，确保肉的持水能力最佳。用食盐、磷酸盐或超高压对肌肉进行预处理，导致糖酵解停止，极限pH升高，从而提高肌肉的持水能力。僵直前加工不仅具有能耗优势，而且工序简单，适合于现代肉类加工厂。

PSE肉中水分损失大，常见于猪胴体。对于牛羊肉而言，如果宰后对胴体施以过量的电刺激，或者对pH下降已经很快的胴体（如来自谷饲动物）施以电刺激，会导致pH下降过快，产生PSE肉（特别是后腿肉）。消费者对多汁性的感知受肌肉僵直前代谢和PSE肉的影响。因此，执行食用品质保证计划以确保宰后肌肉能量代谢处于合适水平，包括电流输入的总量。

宰后肌肉代谢的变化是许多遗传效应的结果，也是动物肌肉代谢组学和蛋白质组谱差异的关键原因。蛋白质组学、代谢组学和基因组学与肉品品质和持水能力之间联系的研究，常常忽略了宰后肌肉代谢的重要性。组学专家与动物学专家、肉品专家和食品专家之间的合作对于进一步明确这种机制具有重要意义。

真空包装肉贮藏1周期间，质量损失2%~6%，但宰前动物应激严重或宰后肌肉暴露于PSE条件时，质量损失会更高。真空包装肉贮藏时间延长至3周或更长时，质量损失会增加两至三倍。科研工作者和企业人员应当合作来解决如何降低包装损失，这样不仅会减少浪费，还可以提高视觉和感官质量。

肌肉蛋白质在不同温度下发生变性，导致横向和纵向收缩，鲜肉和肉制品在熟制过程中会出现水分损失。进一步了解肌肉结构、功能、蛋白质变性和熟制条件之间的相互作用，将有助于开发新的方法，如低温慢煮技术来加工持水能力高的肉制品。

肌肉中可能含有几种类型的纤维，这些纤维对高渗处理的响应不同，这对控制肉在腌制过程中的差异非常重要。许多天然的和人工合成的化合物可以用来增加肉制品中的水结合能力；一些是众所周知的，还有一些有待开发。通过超高压和其他可能的新兴技术，降低盐分并提高肉的持水能力是肉类工业能够生产更健康食品的重要考虑因素。将来，为了理解热、食盐、磷酸盐、pH 和其他成分在熟肉和加工肉制品持水能力的作用，需要对来自不同种类和不同肌肉的肉进行生物物理和生物化学研究。未来的消费者对新颖、健康和创新的肉类产品具有更多的期待，提高产品持水能力和多汁性具有重要意义。

参考文献

Aaslyng, M. D., 2002. Quality indicators for raw meat. In: Kerry, J. P., Kerry, J. F., Ledward, D. (Eds.), Meat Processing. Woodhead Publishing Ltd., Cambridge, UK, pp. 157-174.

Aaslyng, M. D., Bejerholm, C., Ertbjerg, P., Bertram, H. C., Andersen, H. J., 2003. Cooking loss and juiciness of pork in relation to raw meat quality and cooking procedure. Food Quality and Preference 14, 277-288.

Ambrosiadis, I., Theodorakakos, N., Georgakis, S., Lekas, S., 1994. Influence of thawing methods on the quality of frozen meat and the drip loss. Fleischwirtschaft 74.

Añón, M. C., Calvelo, A., 1980. Freezing rate effects on the drip loss of frozen beef. Meat Science 4, 1-14.

Bejerholm, C., Aaslyng, M. D., 2004. The influence of cooking technique and core temperature on results of a sensory analysis of pork depending on the raw meat quality. Food Quality and Preference 15, 19-30.

Bertazzon, A., Tsong, T. Y., 1990. Effects of ions and pH on the thermal stability of thin and thick filaments of skeletal muscle: high-sensitivity differential scanning calorimetric study. Biochemistry 29, 6447-6452.

Bertram, H. C., Karlsson, A. H., Rasmussen, M., Pedersen, O. D., Donstrup, S., Andersen, H. J., 2001. Origin of multiexponential T2 relaxation in muscle myowater. Journal of Agricultural and Food Chemistry 49, 3092-3100.

Bertram, H. C., Kristensen, M., Andersen, H. J., 2004. Functionality of myofibrillar proteins as affected by pH, ionic strength and heat treatment-a low-field NMR study. Meat Science 68, 249-256.

Bouhrara, M., Clerjon, S., Damez, J. L., Chevarin, C., Portanguen, S. P., Kondjoyan, A., Bonny, J. M., 2011. Dynamic MRI and thermal simulation to interpret deformation and water transfer in meat during heating. Journal of Agricultural and Food Chemistry 59, 1229-1235.

Bouhrara, M., Clerjon, S., Damez, J. L., Kondjoyan, A., Bonny, J. M., 2012. In Situ imaging highlights local structural changes during heating: the case of meat. Journal of Agricultural and Food Chemistry 60, 4678-4687.

Brewer, M. S., 2014. Chemical and physical characteristics of meat | water-holding capacity. In: Dikeman, M., Devine, C. (Eds.), Encyclopedia of Meat Sciences, second ed. Academic Press, Oxford.

Bouton, P. E., Harris, P. V., 1972. The effect of cooking temperature and time on some mechanical properties of meat. Journal of Food Science 37, 140-144.

Channon, H. A., Payne, A., Warner, R. D., 2000. Halothane genotype, pre-slaughter handling and stunning method all influence pork quality. Meat Science 56, 291-299.

Chen, X., Tume, R. K., Xu, X., Zhou, G., 2015. Solubilization of myofibrillar proteins in water or low ionic strength media: classical techniques, basic principles and novel functionalities. Critical Reviews in Food Science and Nutrition. http://dx. doi. org/10. 1080/10408398. 2015. 1110111 (in press).

Christensen, L. B., 2003. Drip loss sampling in porcine *m. longissimus dorsi*. Meat Science 63, 469-477.

Cottrell, J. J., Dunshea, F. R., Mcdonagh, M. B., Warner, R. D., 2008. Infusion of the nitric oxide synthase inhibitor L-NAME increases post-mortem glycolysis and improves tenderness in ovine muscles. Meat Science 80, 511-521.

Den Hertog-Meischke, M. J. A., Smulders, F. J. M., Van Logtestijn, J. G., Van Knapen, F., 1997. The effect of electrical stimulation on the water-holding capacity and protein denaturation of two bovine muscles. Journal of Animal Science 75,118-124.

Desmond,E. ,2006. Reducing salt: a challenge for the meat industry. Meat Science 74,188-196.

Dransfield,E. ,1996. Calpains from thaw rigor muscle. Meat Science 43,311-320.

Fennema,O. ,1985. Water and Ice. Marcel Dekker Inc. ,New York.

Frank,D. ,Ball,A. J. ,Hughes,J. M. ,Krishnamurthy,R. ,Piyasiri,U. ,Stark,J. L. ,Watkins,P. E. ,Warner,R. ,2016. Sensory and objective flavor characteristics of Australian marbled beef: the influence of intramuscular fat,feed and breed. Journal of Agricultural and Food Chemistry 64,4299-4311.

Gariepy,C. ,Amiot,J. ,Simard,R. E. ,Boudreau,A. ,Raymond,D. P. ,1986. Effect of vacuumpacking and storage in nitrogen and carbon dioxide atmospheres on the quality of fresh rabbit meat. Journal of Food Quality 9, 289-309.

Gault,N. F. S. ,1991. Marinaded meat. In: Lawrie,R. (Ed.),Developments in Meat Science. Elsevier Applied Science,London.

Gonzalez-Sanguinetti,S. ,Añon,M. C. ,Calvelo,A. ,1985. Effect of thawing rate on the exudate production of frozen beef. Journal of Food Science 50,697-700.

Gordon,A. ,Barbut,S. ,1992. Effect of chloride salts on protein extraction and interfacial protein film formation in meat batters. Journal of Science in Food and Agriculture 58,227-238.

Greaser,M. L. ,Cassens,R. G. ,Briskey,E. J. ,Hoekstra,W. G. ,1969. Post mortem changes in subcellular fractions from normal and pale,soft exudative porcine muscle. 1. calcium accumulation and adenosine triphosphatase activities. Journal of Food Science 34,120-124.

Greene,L. E. ,1981. Comparison of the binding of heavy meromyosin and myosin subfragment 1 to F-actin. Biochemistry 20,2120-2126.

Hamm,R. ,1986. Functional properties of the myofibrillar system and their measurements. In: Bechtel, P. J. (Ed.),Muscle as Food. Academic Press,New York.

Heffron,J. J. A. ,Hegarty,P. V. J. ,1974. Evidence for a relationship between ATP hydrolysis and changes in extracellular space and fibre diameter during rigor development in skeletal muscle. Comparative,Biochemistry 49a,43-56.

Hertog-Meischke,M. J. A. ,Smulders,F. J. M. ,Van Logtestijn,J. G. ,1998. The effect of storage temperature on drip loss from fresh beef. Journal of the Science of Food and Agriculture 78,522-526.

Hong,G. -P. ,Park,S. -H. ,Kim,J. -Y. ,L,S. -K. ,Min,S. -G. ,2005. Effects of time-dependent high pressure treatment on physico-chemical properties of pork. Food Science and Biotechnology 14,808-812.

Honikel,K. O. ,1998. Reference methods for the assessment of physical characteristics of meat. Meat Science 49,447-457.

Honikel,K. O. ,2009. Moisture and water-holding capacity. In: Nollet,L. M. L. ,Toldrá,F. (Eds.),Handbook of Muscle Foods Analysis. CRC Press,Boca Raton,Florida.

Huff-Lonergan,E. J. ,Lonergan,S. M. ,2005. Mechanisms of water-holding capacity of meat: the role of postmortem biochemical and structural changes. Meat Science 71,194-204.

Hughes,J. M. ,Oiseth,S. K. ,Purslow,P. P. ,Warner,R. D. ,2014. A structural approach to understanding the interactions between colour,water-holding capacity and tenderness. Meat Science 98,520-532.

Jung,S. ,Ghoul,M. ,De Lamballerie-Anton,M. ,2000. Changes in lysosomal enzyme activities and shear values of high pressure treated meat during ageing. Meat Science 56,239-246.

Kauffman,R. G. ,Eikelenboom,G. ,Van Der Wal,P. G. ,1986a. A comparison of methods to estimate water-holding capacity in post-rigor porcine muscle. Meat Science 18,307-322.

Kauffman,R. G. ,Eikelenboom,G. ,van Der Wal,P. G. ,Merkus,G. ,Zaar,M. ,1986b. The use of filter paper to estimate drip loss of porcine musculature. Meat Science 18,191-200.

Kauffman, R. G., van Laack, R. L., Russell, R. L., Pospiech, E., et al., 1998. Can pale, soft, exudative pork be prevented by postmortem sodium bicarbonate injection? Journal of Animal Science 76, 3010-3015.

Kennick, W. H., Elgasim, E. A., 1981. Tenderization of meat by pre-rigor pressurization. Reciprocal Meat Conference 34, 68-72.

Kennick, W. H., Elgasim, E. A., Holmes, Z. A., Meyer, P. F., 1980. The effect of pressurisation of pre-rigor muscle on post-rigor meat characteristics. Meat Science 4, 33-40.

Kirschner, C., Ofstad, R., Skarpeid, H. J., Host, V., Kohler, A., 2004. Monitoring of denaturation processes in aged beef loin by Fourier transform infrared microspectroscopy. Journal of Agricultural and Food Chemistry 52, 3920-3929.

Knight, P., Elsey, J., 1989. The role of the endomysium in the salt-induced swelling of muscle fibers. Meat Science 26, 209-232.

Knight, P., Parsons, N., 1988. Action of NaCl and polyphosphates in meat processing: responses of myofibrils to concentrated salt solutions. Meat Science 24, 275-300.

Kondjoyan, A., Oillic, S., Portanguen, S., Gros, J. B., 2013. Combined heat transfer and kinetic models to predict cooking loss during heat treatment of beef meat. Meat Science 95, 336-344.

Kristensen, L., Purslow, P. P., 2001. The effect of ageing on the water-holding capacity of pork: role of cytoskeletal proteins. Meat Science 58, 17-23.

Lametsch, R., Karlsson, A., Rosenvold, K., Andersen, H. J., Roepstorff, P., Bendixen, E., 2003. Postmortem proteome changes of porcine muscle related to tenderness. Journal of Agricultural and Food Chemistry 51, 6992-6997.

Liu, J., Arner, A., Puolanne, E., Ertbjerg, P., 2016. On the water-holding of myofibrils: effect of sarcoplasmic protein denaturation. Meat Science 119, 32-40.

Macfarlane, J. J., 1973. Pre-rigor pressurization of muscle: effects on ph, shear value and taste panel assessment. Journal of Food Science 38, 294-298.

Macfarlane, J. J., 1974. Pressure-induced solubilization of meat proteins in saline solution. Journal of Food Science 39, 542-547.

Macfarlane, J. J., McKenzie, I. J., 1976. Pressure-induced solubilization of myofibrillar proteins. Journal of Food Science 41, 1442-1446.

Macfarlane, J. J., McKenzie, I. J., Turner, R. H., Jones, P. N., 1984. Binding of comminuted meat: effect of high pressure. Meat Science 10, 307-320.

Martens, H., Stabursvik, E., Martens, M., 1982. Texture and colour changes in meat during cooking related to thermal denaturation of muscle proteins. Journal of Texture Studies 13, 291-309.

McMillin, K. W., 2008. Where is MAP going? A review and future potential of modified atmosphere packaging for meat. Meat Science 80, 43-65.

Micklander, E., Peshlov, B., Purslow, P. P., Engelsen, S. B., 2002. NMR-cooking: monitoring the changes in meat during cooking by low-field 1H-NMR. Trends in Food Science & Technology 13, 341-346.

Monin, G., Laborde, D., 1985. Water holding capacity of pig muscle proteins: interaction between the myofibrillar proteins and sarcoplasmic compounds. Science Des Aliments 5, 341-345.

Ngapo, T. M., Babare, I. H., Reynolds, J., Mawson, R. F., 1999. Freezing and thawing rate effects on drip loss from samples of pork. Meat Science 53, 149-158.

O'Keeffe, M., Hood, D. E., 1981. Anoxic storage of fresh beef. 2: colour stability and weight loss. Meat Science 5, 267-281.

Offer, G., Knight, P., 1983. The structural basis of water-holding in meat. Part 2: drip losses. In: Lawrie, R. A. (Ed.), Developments in Meat Science-4. Elsevier Science, London.

Offer, G., Knight, P., 1988. The structural basis of water-holding in meat. Part 1: general principles and water uptake in processing. In: Lawrie, R. A. (Ed.), Developments in Meat Science-4. Elsevier Science, London.

Offer, G., Knight, P., Jeacocke, R. E., Almond, R., Cousins, T., Elsey, J., Parsons, N., Sharp, A., Starr, R., Purslow, P. P., 1989. The structural basis of the water-holding, appearance and toughness of meat and meat products. Food Microstructure 8, 151-170.

Offer, G., Trinick, J., 1983. On the mechanism of water holding in meat: the swelling and shrinking of myofibrils. Meat Science 8, 245-281.

Olmo, A., Calzada, J., Gaya, P., Nuñez, M., 2013. Proteolysis, texture, and sensory characteristics of Serrano hams from Duroc and large white pigs during dry-curing. Journal of Food Science 78, c416-c424.

Pearce, K. L., Rosenvold, K., Andersen, H. J., Hopkins, D. L., 2011. Water distribution and mobility in meat during the conversion of muscle to meat and ageing and the impacts on fresh meat quality attributes-a review. Meat Science 89, 111-124.

Pearson, A. M., Young, R. B., 1989. Muscle and Meat Biochemistry. Academic Press, Inc., New York.

Penny, I. F., 1969. Protein denaturation and water-holding capacity in pork muscle. International Journal of Food Science and Technology 4 (3), 269-273.

Pospiech, E., Montowska, M., 2011. Technologies to improve water-holding capacity of meat. In: Joo, S. T. (Ed.), Control of Meat Quality. Research Signposts, Kerala, India.

Puolanne, E., Halonen, M., 2010. Theoretical aspects of water-holding in meat. Meat Science 86, 151-165.

Purslow, P. P., Oiseth, S. K., Hughes, J. M., Warner, R. D., 2016. The structural basis of cooking loss in beef: variations with temperature and ageing. Food Research International 89, 739-748.

Rao, M. V., Gault, N. F. S., Kennedy, S., 1989. Variations in water-holding capacity due to changes in the fibre diameter, sarcomere length and connective tissue morphology of some beef muscles under acidic conditions below the ultimate pH. Meat Science 26, 19-37.

Riffero, L. M., Holmes, Z. A., 1983. Characteristics of pre-rigor pressurized versus conventionally processed beef cooked by microwaves and by broiling. Journal of Food Science 48, 346-350.

Shanks, B. C., Wulf, D. M., Maddock, R. J., 2002. Technical note: the effect of freezing on Warner-Bratzler shear force values of beef longissimus steaks across several postmortem aging periods. Journal of Animal Science 80, 2122-2125.

Sherman, P., 1961. The water binding capacity of fresh pork. Food Technology 1, 79-87.

Sikes, A. L., Tobin, A. B., Tume, R. K., 2009. Use of high pressure to reduce cook loss and improve texture of low-salt beef sausage batters. Innovative Food Science & Emerging Technologies 10, 405-412.

Sikes, A. L., Tume, R. K., 2014. Effect of processing temperature on tenderness, colour and yield of beef steaks subjected to high-hydrostatic pressure. Meat Science 97, 244-248.

Sikes, A. L., Warner, R. D., 2016. Application of high hydrostatic pressure for meat tenderisation. In: Knoerzer, K., Juliano, P., Smithers, G. (Eds.), Innovative Food Processing Technologies. Woodhead Publishing, Sydney. Innovative Food Processing Technologies.

Souza, C. M., Boler, D. D., Clark, D. L., Kutzler, L. W., Holmer, S. F., Summerfield, J. W., Cannon, J. E., Smit, N. R., Mckeith, F. K., Killefer, J., 2011. The effects of high pressure processing on pork quality, palatability, and further processed products. Meat Science 87, 419-427.

Souza, C. M., Boler, D. D., Clark, D. L., Kutzler, L. W., Holmer, S. F., Summerfield, J. W., Cannon, J. E., Smit, N. R., Mckeith, F. K., Killefer, J., 2012. Varying the temperature of the liquid used for high-pressure processing of prerigor pork: effects on fresh pork quality, myofibrillar protein solubility, and Frankfurter textural properties. Journal of Food Science 77, S54-S61.

Stanley, D. W., 1983. A review of the muscle cell cytoskeleton and its possible relation to meat texture and sarcolemma emptying. Food Structure 2, 1-11.

Stoeva, S., Byrne, C. E., Mullen, A. M., Troy, D. J., Voelter, W., 2000. Isolation and identification of proteolytic fragments from TCA soluble extracts of bovine *M. longissimus dorsi*. Food Chemistry 69, 365-370.

Straadt, I. K., Rasmussen, M., Andersen, H. J., Bertram, H. C., 2007. Aging-induced changes in microstructure and water distribution in fresh and cooked pork in relation to water-holding capacity and cooking loss-a combined confocal laser scanning microscopy (CLSM) and lowfield nuclear magnetic resonance relaxation study. Meat Science 75, 687-695.

Tarrant, P. V., Mothersill, C., 1977. Glycolysis and associated changes in beef carcasses. Journal of Science in Food and Agriculture 28, 739-749.

Taylor, A. A., Down, N. F., Shaw, B. G., 1990. A comparison of modified atmosphere and vacuum skin packing for the storage of red meats. International Journal of Food Science & Technology 25, 98-109.

Tornberg, E., 2005. Effects of heat on meat proteins-Implications on structure and quality of meat products. Meat Science 70, 493-508.

Trout, G., Schmidt, G. R., 1987. The effect of cooking temperature on the functional properties of beef proteins: the role of ionic strength, ph and pyrophosphate. Meat Science 20, 129-147.

Trout, G. R., 1988. Techniques for measuring water-binding capacity in muscle foods-a review of methodology. Meat Science 23, 235-252.

van der Sman, R. G. M., 2007. Moisture transport during cooking of meat: an analysis based on Flory-Rehner theory. Meat Science 76, 730-738.

Vilgis, T. A., 2015. Soft matter food physics-the physics of food and cooking. Reports on Progress in Physics. DOI: 10.1088/0034-4885/7812/124602.

Warner, R., 2014. Measurement of meat quality | measurements of water-holding capacity and color: objective and subjective. In: Devine, C., Dikeman, M. (Eds.), Encyclopedia of Meat Sciences, second ed. Academic Press, Oxford.

Warner, R. D., Dunshea, F. R., Gutzke, D., Lau, J., Kearney, G., 2014a. Factors influencing the incidence of high rigor temperature in beef carcasses in Australia. Animal Production Science 54, 363-374.

Warner, R. D., Ferguson, D. M., Cottrell, J. J., Knee, B. W., 2007. Acute stress induced by the preslaughter use of electric prodders causes tougher beef meat. Australian Journal of Experimental Agriculture 47, 782-788.

Warner, R. D., Ferguson, D. M., Mcdonagh, M. B., Channon, H. A., Cottrell, J. J., Dunshea, F. R., 2005. Acute exercise stress and electrical stimulation influence the consumer perception of sheep meat eating quality and objective quality traits. Australian Journal of Experimental Agriculture 45, 553-560.

Warner, R. D., Kerr, M., Kim, Y. H. B., Geesink, G., 2014b. Pre-rigor carcass stretching counteracts the negative effects of high rigor temperature on tenderness and water-holding capacity using lamb muscles as a model. Animal Production Science 54, 494-503.

Warner, R. D., Thompson, J. M., Polkinghorne, R., Gutzke, D., Kearney, G. A., 2014c. A consumer sensory study of the influence of rigor temperature on eating quality and ageing potential of beef striploin and rump. Animal Production Science 54, 396-406.

Watson, R., Gee, A., Polkinghorne, R., Porter, M., 2008. Consumer assessment of eating quality-development of protocols for Meat Standards Australia (MSA) testing. Australian Journal of Experimental Agriculture 48 (11), 1360-1367.

Whiting, R. C., 1984. Stability and gel strength of Frankfurter batters made with reduced NaCl. Journal of Food Science 49, 1350-1354.

Whiting, R. C., 1989. Contributions of collagen to the properties of comminuted and restructured meat products. In: 42nd Reciprocal Meat Conference. Guelph, Canada, pp. 149-155.

Wilding, P., Hedges, N., Lillford, P. J., 1986. Salt-Induced swelling of meat: the effect of storage time, pH, ion-type and concentration. Meat Science 18, 55-75.

Wilson, G. G., van Laack, R. L. J. M., 1999. Sarcoplasmic proteins influence water-holding capacity of pork myofibrils. Journal of the Science of Food and Agriculture 79, 1939-1942.

Winger, R. J., Hagyard, C. J., 1994. Juiciness-its importance and some contributing factors. In: Pearson, A. M., Dutson, T. R. (Eds.), Advances in Meat Research, Quality Attributes and Their Measurement in Meat, Poultry and Fish Products, vol. 9. Chapman and Hall, New York.

Woelfel, R. L., Owens, C. M., Hirschler, E. M., Martinez-Dawson, R., Sams, A. R., 2002. The characterization and incidence of pale, soft, and exudative broiler meat in a commercial processing plant. Poultry Science 81 (4), 579-584.

Wu, Z., Bertram, H. C., Kohler, A., Cker, U., Ofstad, R., Andersen, H. J., 2006. Influence of aging and salting on protein secondary structures and water distribution in uncooked and cooked pork. A combined FT-IR microspectroscopy and 1H NMR relaxometry study. Journal of Agricultural and Food Chemistry 54, 8589-8597.

Xiong, Y., Kupski, D., 1999. Time-dependent marinade absorption and retention, cooking yield, and palatability of chicken filets marinated in various phosphate solutions. Poultry Science 78, 1053-1059.

15 肉的食用品质：V. 肉的感官评定

Rhonda K. Miller

Texas A&M University, College Station, TX, United States

15.1 引言

感官评定已发展成为一个专门的学科，通过训练有素的感官评定人员对肉的色、香、味、形等方面进行评判分析。肉的感官评定用于研究肉的品质、货架期、消费者的喜好。肉的感官属性是消费者选择肉类时的重要指标，当清楚感官属性和消费者喜好的相互关系时，将有利于肉类产业提高或控制肉类的感官指标，从而提升消费者的满意度。

现有许多肉类感官评定的技术和工具，它们各有优点和缺点，能够从不同的角度提供相应的信息，对于肉类研究者来说，如何选择一个感官评定方法是一个巨大挑战。运用感官技术来评价肉品需要特定的产品知识、特定的产品、特定的环境和特定的评定系统。对于肉类的感官评定，这些要求比感官评定的操作更重要。美国肉类协会（AMSA）出版了肉及肉制品烹饪和感官评定指南，为肉的感官评定提供了参考（AMSA，2015）。还有美国材料测试协会感官评定分委员会 E18（ASTM，1968、1981、1992、1996、2004、2005、2006、2008a、2008b、2009、2010a、2010b、2011a、2011b、2012）和美国食品科学院（IFT，1995）提供的感官评定资料，以及其他感官评定书籍（Meilgaard 等，2016；Lawless 等，2010），介绍了不同的感官评定方法，为肉的感官评定提供了基础知识体系。

本章主要介绍肉类感官评定的相关问题，提供感官评定的相关工具和文献。

15.2 为何肉类的感官评定是独特的

在 20 世纪初，肉品科学领域就讨论如何使用感官评定来认识肉的食用品质属性。Watkins（1936）提出需要研究消费者选择牛肉的偏好、消费者偏好的差异及影响消费者偏好的因素。肉品科学家已意识到肉的食用品质与消费者的接受程度和消费者的需求息息相关。Watkins（1936）没有给出感官评定参数，但展示了胴体脂肪，尤其是大理石花纹和肉的适口性之间的关系。Scott（1939）研究了消费者具备肉类知识对其挑选肉类重要性，他发现肉的嫩度和风味对消费者的选择起到很重要的作用，并且嫩度是影响消费者接受度的首要因素，风味排第二。这些学者对于他们的假设都没有提供数据或者相关研究结果，但他们的研究表明肉的适口性或者肉的食用品质与消费者的接受程度有关，并且肉的嫩度和风味对于肉的适口性来讲是非常重要的。

肉品科学研究表明，大块肉的食用品质是指肉的嫩度、多汁性和风味，因为这些因素影响消费者的选择。目前，肉品科学的感官评定主要是通过训练有素的感官评定人员对上述三个指标（嫩度、多汁性和风味）的评定，AMSA（1978、1995）称之为肉的描述性感官评定。大多数肉类感官评定研究都采用这些方法，其中，多汁性评定包括初始的、持续的或整体的多汁性，嫩度评定包括肌纤维的嫩度、结缔组织的含量和整体的嫩度，风味评定是指整体风味的强度。20 世纪 90 年代开始，一些研究人员给予风味评定更多的内容，包括肉的种类（猪肉汤味、牛肉汤味、羊肉汤味）或特定的风味属性（如脂肪味、血腥味、青草味、硬纸板味、油漆味、鱼腥味、金属味）。AMSA（1995）对肉类特殊风味的描述进行了规范，也可参见 Johnson 等（1986）。风味评价已发展到运用定义的术语或现有的词汇来衡量风味的特定属性。词汇表中对风味的属性进行定义，并标注其参考文献。现有大块肉的词汇包括牛肉词汇表（Adhikariet 等，2011）和猪肉词汇表（Chu，2015）。AMSA（2015）、Meilgaard 等（2016）以及 Lawless 等（2010）介绍了词汇表的使用，包括如何运用词汇表训练感官评定人员，如何描述数据。

肉的描述性感官评定的指标已从嫩度和风味扩展到更多属性和特定的参照，消费者的感官评定也得到相应的发展。20 世纪 80 年代之前，学术期刊上很少发表研究消费者对肉类的反应的文章，消费者调查被肉类企业的市场人员所运用，但是肉品科学家们却并不重视消费者调查研究，因为这种方法重现性较差。如今，消费者感官评定现已被肉类研究者广泛使用。感官科学的发展使肉类科技工作者可以更好地将消费者喜好数据与描述的感官数据结合起来。

随着肉类感官科学和研究手段的发展，肉品科学家们可以更好地研究宰前和宰后因素对肉的食用品质的影响。肉的感官评定独特之处在于需要了解肉的指标方法，不同来源和部位肉的物理组成，也需要对所用的感官评定方法有全面的了解。

15.3 如何定义感官属性

在进行肉的感官评定时，需要用到人的视觉、嗅觉、味觉、触觉和听觉这 5 种感官。这 5 种感官信息被收集并通过神经系统传输到大脑，大脑会对其产生印象并做出反应。由于每个人的经验、接受培训程度以及沟通技巧的不同，有些人能够掌握感官评定的技巧，而有些人则不能很好地掌握。这五种感官之间存在交互效应。一个消费者在吃一块全熟的肉时，他看到的是淡红色的肉块，但他对肉的味道没有任何概念，无法做出是否喜好的判定。肉品不会具有所有消费者所描述的感官属性，在缺乏应有概念的条件下，他们或许无法独立地评判肉的风味。这为感官评定带来了挑战。在进行肉类感官评定之前，应了解感官是如何被感知的，了解每种感觉的感知机理以及感官之间的相互作用是非常重要的。关于感官如何被感知，请参考 Meilgaard 等（2016）、Lawless 等（2010），或者人体解剖学和生理学教科书。

视觉包括颜色及肉的外观，如生肉或熟肉的包装、产品大小、肥瘦或者其他外观（见第 11 章）。视觉的感知器官是眼睛，被认为是知觉的第一个组成部分。美国有句格言“用眼睛吃饭”，说明肉类的视觉感官为人类提供了重要信息，这些信息可能会影响人们对其他感官的判断。

过去认为声音是一个不重要的感官因素，因为吃肉时通常不产生声音。吃食物时产生的声音通常被当作质构属性，如吃苹果时发出的声音表示苹果的脆度。在有些产品中，声音是应该被考虑的感官属性。当咀嚼木质化鸡胸肉时，会有一种噼啪作响的声音。通过声音的大小可以判断木质化肉的缺陷程度。

气味是通过鼻窦腔底部的嗅球感知的。挥发性化合物是通过空气流到鼻子里，在鼻子中它们被加热并在鼻腔得到过滤。当挥发性化合物接触到大脑嗅球时，如果有受体识别这种化合物，它们就会被感知到。一些挥发性化合物没有被感知，被定义为非挥发性芳香化合物。挥发性芳香化合物是由嗅球感知的，但每一种化合物的感知阈值是不同的，阈值是指感觉器官检测到某种化合物所需的浓度，许多挥发性芳香化合物的阈值已被公布。不同人的嗅球上受体数量或类型是不同的。有些人有强烈的嗅觉，因为这些人嗅球上有更多的受体。许多因素会影响人们感知挥发性芳香化合物的能力。一些疾病和药物会干扰嗅觉，而有些化合物，如含硫化合物，会掩盖其他芳香化合物的识别。任何影响鼻腔和嗅球的成分如黏液或灰尘类的环境污染物也会影响人类检测香味的能力。在感官科学中，挥发性芳香化合物通常被称为气味。

风味是由嗅球检测出来的，但在口腔中咀嚼肉类产生的挥发性芳香化合物除外。挥发性芳香化合物包括食物中气味物质或在咀嚼和吞咽过程中释放的新化合物，这些挥发性芳香化合物通过喉咙后部与嗅球接触，也可能在吞咽后产生，通常被称为后味。从口腔中衍生出的挥发性芳香化合物被称为后味芳香化合物，后味芳香化合物是由专业感官品尝人员吞咽食物后产生的。

酸、甜、苦、咸是基本的滋味，由舌头上的味蕾感知。当水溶性化合物刺激味蕾受体时会产生各种味觉，过去用舌头味觉分布图来描述基本滋味，但四种基本滋味受体分布于舌头的各个部位，只不过受体分布强度不同而已。不同人的舌头上的基本味觉感受器的数量是不同的，他们对基本滋味的敏锐度也不同。环境和健康状况可以极大地影响人识别基本味道的能力。近年来，由谷氨酸钠或谷氨酸产生的鲜味，已被认定为第五种基本滋味。近年的感官文献上也指出，食品中的脂肪可以提供基本滋味。但现在脂肪还不是一种基本的滋味，而是被认定为一种口感和芳香味。肉的基本滋味有甜味、咸味、酸味、苦味和鲜味。

触觉在肉的感官评定中有两种方式。触觉包括触感和动感。触感通过皮肤上的压力、轻/重触、疼痛和温度的受体来感应。肉的触感的表征方式有：当提起一块肉时，能感知到肉有多重；咬肉时的多汁性；咀嚼肉时的涩味或金属味；当触摸肉时，颗粒大小、方向、数量、温度等。触感包括咀嚼前肉的属性，咀嚼过程中肉的属性，以及咬切时的口感（见第 12 章）。动感表现为一种抵抗力，是肌肉紧张和松弛所感知到的深层压力。咀嚼时用嫩度或韧度来表征动感。另一种常被忽视的表征肉的嫩度的动感指标是感官品尝前切肉的感觉。感官品尝人员无法知道切肉时所用的力的大小。如果让感官品尝人员先切肉，再品尝，他们可能会获得更多的产品感官信息。对于肉制品而言，硬度和弹性是表征动感的关键指标。与触觉相关的属性被定义为质构和口感或其他感觉。嫩度是表征肉的质构的最经典属性，其他与大块肉和加工肉的质地有关的属性也很重要，应当考虑。

在肉的感官评定中五种感官属性都有涉及。作为肉品科学家，我们应该知道哪些感官属性是重要的，以及不同产品的感官属性有何区别。一份专家型和消费者型感官评定的指标如表 15. 1 所示。

表 15. 1 用来评定牛肉和猪肉的基本滋味、香味、口感和质构描述

属性	定义	参照
风味（F）和气味（A）芳香族化合物		
杏	水果香味（杏子味）	晒干杏脯=7. 5F
芦笋	淡棕色，煮熟的芦笋会有淡淡的泥土芳香味	芦笋水=6. 5 (F)；7. 5 (A)
动物毛发	当羊毛浸润时所感知到的气味	己酸=12. 0
稗草	辛辣味、酸味、干草剂	白胡椒水=4. 0 (F)；4. 5 (A)
		猫味=6. 0 (A)
牛肉	牛肉味	牛肉汤=5. 0
		80%瘦牛肉=7. 0
		牛腩=11. 0
甜菜	很重的泥土味	1 份甜菜汁和 2 份甜菜水=4. 0F
血腥味	熟肉中血腥味，与金属味密切相关	USDA 优选牛排=5. 5
		牛腩=6. 0
公猪味	公猪味，骚味	吸入 0. 1g 3-甲基吲哚,=13. 0 (A);
		雄烯酮=15. 0 (A)
烤肉味	烤牛肉味道	炖牛肉=8. 0
		80%瘦牛肉=10. 0
奶油味	甜的、像牛奶的、与天然黄油相关的芳香	无盐黄油=7. 0 (F)
焦味	牛肉过度烤制的刺鼻味	阿尔夫红小麦泡=5. 0
硬纸板味	与轻微脂肪和油氧化味	干纸板=5. 0 (F),3. 0 (A)
		湿纸板=7. 0 (F), 6. 0 (A)
化工厂味	与软管、锅、塑料包装和用石油制作产品的气味	三明治袋=13. 0
		溶于水中的高乐氏（clorox）杀菌剂味=6. 5
巧克力味	与可可豆、可可粉和巧克力棒相关的芳香化合物。 焦糖味、甜味、灰尘味、苦味	可可粉水溶液=3. 0
		巧克力=8. 5 (F)
牛奶味	甜味、焦糖味、热牛奶香味	婴儿瑞士奶酪=2. 5
		全脂牛奶=4. 5
小茴香味	与小茴香相关的芳香化合物味道，干、辛辣、木质、略有花香味	孜然粉=7. 0 (F); 10. 0 (A)

续表

属性	定义	参照
奶制品味	奶油、牛奶、酸奶油或脱脂乳的香味	脱脂牛奶（2%）=8.0
油腻味	动物脂肪熟制后的香味	烟熏牛肉=7.0 红烧牛肉=12.0
花香味	甜味、淡淡的香水味	与水 1:1 稀释的白葡萄汁=5.0 (F) 香叶醇=7.5 (A)
绿色植物味	与绿色植物/蔬菜有关的略带刺激性的芳香味，如欧芹、菠菜、豌豆荚、青草味等	丙二醇（5000mg/kg）= 6.5 (A) 鲜香菜水=9.0
绿干草味	干草、干欧芹和茶叶有关的香味	干欧芹在嗅闻器中味道=5.0 (A) 干欧芹在 30mL 水中味道=6
热油味	油高温加热时的香味	威森（Wesson）油，微波 3min=7.0 (F&A) 乐事薯片=4.0 (A)
皮革味	霉味，旧皮革味	2,3,4-三甲氧基苯甲醛=3.0 (A)
肝脏味	煮熟的内脏/肝脏的味道	牛肝=7.5；肝香肠=10.0
药味	创可贴、酒精和碘酒等气味	创可贴=6.0 (A)
金属味	铁、铜、银汤匙等微氧化金属的味道	0.10%的氯化钾溶液=1.5 USDA 优选外脊牛排=4.0
霉味/土腥味	霉味、甜味、腐烂蔬菜味	切片蘑菇=3.0 (F); 3.0 (A) 1000mg/kg 丙烯二甲基环己醇=9.0 (A)
坚果味	甜味、油腻味、轻微霉味、黄油味、泥土味、涩味、苦味	钻石核桃仁，粉碎 1min=6.5 (F)
甜味	甜味和甜香味混合物	麦片=1.5（F） 烟熏牛肉=3.0 乙基麦芽酚 99%=4.5 (A)
油漆味	油漆味、芳烃味	Wesson 油放置在玻璃容器内的 100℃烤箱中放 14d=8 (F); 10 (A)
焦油味	原油及精炼油味	凡士林=3.0 (A)
猪肉味	猪肉味	175℃无骨猪排=7.0 (F), 5.0 (A) 71℃80/20 的绞肉=6.0 (F); 5.0 (A)
酸败味	脂肪和油脂氧化产物，具有硬纸板味、油漆味和鱼腥味	微波植物油（高温 3min）=7.0 微波植物油（高温 5min）=9.0
过期食品味	冰箱中剩余食物的气味	将碎牛肉加热至 165℃，在室温下储存在玻璃容器内=4.5 (F); 5.5 (A)
炭烤味	肉汁和脂肪滴混合气味，具有酸味、煳味等	天然山胡桃调料溶于水中=9.0 (A)
烟熏味	燃烧木头时产生的干燥、灰尘等气味	天然山胡桃调料溶于水=7.5 (A)
肥皂味	无味的洗手皂味	肥皂溶于 100mL 水中=6.5 (A)
酸味	含酸物质的气味	脱脂乳=5.0
酸牛奶味	与发酵乳制品的酸味	瑞士奶酪=7.0

续表

属性	定义	参照
腐烂味	一种食品腐烂产生的难闻气味	丙二醇二甲基二硫醚=12.0 (A)
醋味	醋的气味	1.1g 醋溶于 200g 水=6.0 (F);4.0 (A)
过热味	熟肉制品重新加热时产生的气味	80%瘦牛肉（再加热）=6.0
基本滋味		
苦味	咖啡因溶液的基本味觉	0.01%咖啡因溶液=2.0 0.02% 咖啡因溶液=3.5
酸味	柠檬酸溶液的基本味觉	0.015%柠檬酸溶液=1.50 0.50%柠檬酸溶液=3.5
甜味	蔗糖溶液的基本味觉	2.0%蔗糖溶液=2.0
鲜味	咸味，有点肉汤味。 谷氨酸盐、氨基酸盐和核苷酸分子的味道	0.035%风味增强剂溶液=7.5
咸味	氯化钠的基本味觉	0.15%氯化钠溶液=1.5 0.25%氯化钠溶液=3.5
口感		
涩味	舌头或口腔其他皮肤表面的化学感觉因子，被描述为单宁或明矾产生的皱/干的感觉	1 袋立顿茶溶于 1 杯水 3min=6.0 (F) 3 袋立顿茶溶于 1 杯水 3min=12.0 (F)
块肉的质构属性		
多汁性	在咀嚼过程中从产品中释放出来的可感知的汁液量	胡萝卜=8.5;蘑菇=10.0; 黄瓜=12.0; 苹果=13.5; 西瓜=15.0; 优选牛排 58℃=11.0; 优选牛排 80℃=9.0
肌纤维	咀嚼时肌纤维碎裂的容易程度	良好级牛排 70℃=9.0 良好级烤里脊 70℃=14.0
结缔组织	在咀嚼肌纤维时，不易被破坏的组分	牛腱子肉 70℃=7.0 良好级里脊 70℃=14.0
综合评分	结缔组织数在 6 或 6 以下时，平均肌纤维嫩度和结缔组织嫩度	结缔组织的数量是 12~15 时，肉的嫩度就等于肌纤维的嫩度; 结缔组织数量少于 12 时，肉的嫩度是结缔组织数量和肌纤维嫩度的平均值。
碎肉制品的质构特性（Meilgaard 等, 2016)		
黏弹性	在一段时间后，样品恢复到原来形状的程度	棉花糖=9.5
多汁性	从样品中释放的汁液量	苹果美味=10.0
硬度	咬断样品所需的力	硬糖=14.5
咀嚼性	样品变形程度	口香糖=12.5
密度	截面的紧实度	麦乳精球=6.0

注：定义、参考标准的强度 1=没有;16=极其强烈。 强度定义参见 Adhikari 等(2011)和 Chu (2015)。

［资料来源：Laird, H. L., 2015. Millennial's Perception of Beef Flavor (MS thesis). Texas A&M University, College Station.］

属性及其定义见表 15.1。由于生肉来源、添加的非肉类成分、加工过程、包装和储存、烹饪以及肉类的食用方式不同，大块肉和碎肉制品可能具有不同的感官属性。此外，人的五种感官的灵敏度和敏锐度各不相同；而且即便敏锐度相似，但在大脑中处理信息的方式也可能不尽相同。要进行有效的感官测试，关键是要了解所涉及的感官，肉类是如何制作和食用的，以及产品中哪些是重要的感官属性。

15.4 肉类感官的控制

人类吃肉时会动用五种感官，认识人类通过感官获取什么样的信息很重要。有些信息可能是不想要的，而另一些信息可能非常关键。如在熟制过程中，通过将热电偶插入到每个产品的几何中心来判定肉的熟度，防止过熟。在熟制过程中，有些因素如肉的 pH 会影响肌红蛋白的热变性以及肉色变化，此时需要我们做出决定，是允许人们看到肌红蛋白变性程度的差异，还是尽力避免。这一问题没有正确或错误的答案，它取决于测试的假设情况和目标。如果肉的视觉外观被红灯掩盖，感官评价的是肉的固有特性。如果评定专家可以在不遮蔽视觉外观的情况下看到肉，这将很可能影响到他们对风味、多汁性和嫩度的感知，且这种影响在评定专家之间很可能是不一样的。对于喜欢低熟度肉的评价专家来说，当他们看到自己喜欢熟度的肉时，他们会给出更高的评分；但对于喜欢高熟度肉的评价专家来说，会给出更低的评分。这些心理因素可能在研究中很重要，或者排除它们的影响也很重要。肉品科学家们应根据肉类消费的客观认知，确定哪些因素可以控制，哪些因素不可控制，并了解各类因素对感官结果的潜在影响。

感官控制包括产品控制、环境控制和评定人员控制。这些控制可以影响人类的感知。在选定产品、环境和评定人员的控制要求后，就需要对这些控制的评定程序进行定义，并在感官评定过程中严格遵循。表 15.2 所示为大块牛排、切片牛排或胸肉的感官评定程序的示例。虽然这些程序可能不够详尽，但它提供了一个在感官评定时需要考虑的控制要求，但评价方法可能存在差异。要进行高质量的感官评定，需要对产品和资源进行深入的了解，以便可以对参照进行更充分的讨论。

表 15.2 大块肉或大排感官评定的准备流程示例

（包括对照样品、环境要求及评定人员要求等）

控制	过程
产品	贮存温度和贮存时间
	包装材料和气体组成
	标准化烹饪方法，包括烹饪器具的温度，初始产品温度，翻转条件
	烹饪温度监测装置和在产品内进行温度监测的位置

续表

控制	过程
产品	烹饪、处理和切割器具，专用盒子，以消除交叉污染
	一致托盘、样品大小和温度，餐具
	对样品进行编码，以便于确定样品和处理
环境	无异味区域，制样和品尝区的温度和湿度应一致
	表面、墙壁和天花板的颜色应为中性
	噪声低
	接触面不吸收气味或不将气味传递到制样或品尝区
	样品品尝区与样品制备区应分开
	品尝区照明一致
	品尝区空间充足、舒服
	评样传递区不得透露样品信息；样品制备区的噪声或气味不得外传
评定人员	不得进入样品制备区
	经过充分的培训，对产品有持续的评估
	产品切换时应使用漱口剂，清洁口腔
	样品间隔时间应充足，减少感官疲劳
	品尝时间
	使用三位数编码，不透露示例的信息
	随机化抽样顺序，以减少处理之间的顺序偏差

15.4.1 产品控制

产品控制包括可能影响肉类产品的视觉、声音、气味、香味、基本口味或质地的因素。肉需要熟制后才能食用，因此必须要有标准的熟制规程。对于某些研究来说，熟制方法有很多，需要逐一制定方案。受热面的温度与变化应该要界定（见第7章）。使用热电偶等温度监测设备监测熟制过程中温度变化，可以确保温度的一致性，不至于对肉的感官性状产生影响。熟制前肉块内部温度是一个可能被忽视的重要方面。如果是冻肉，需要进行解冻，而解冻过程中所需要的额外热量可能会影响熟制时间和产品的感官特性。因此，应尽可能确保肉在熟制前后的温度变化保持一致。熟制后的时间、品尝前的呈递时间都需要标准化。如果从加热设备中取出一块牛排，在5min内食用，而不是在48.9℃条件下放置30min后再提供给品尝人员，同样的牛排可能具有不同的感官特性。肉类和感官科学家应该考虑、检查和规定相关条件，确保肉品的感官特性不受这些因素影响。例如，将猪排分别煮制到内部温度62.8、68.3、73.9、79.4℃，之后放到玻璃碗中，用玻璃盖盖上，再放到48.9℃的烤箱中加热5~20min，之后分切呈递给专家型评定人员和普通消费者，不影响风味、嫩度和多汁性。如果保持温度较高，猪排会有更多的氧化味道，更干更硬。这些参数应通过预实验来确定。应监测品尝时的环境温度，确保在合理范围内。有人使用预热的玻璃容器、酸奶制作保温器、预热的石子或加热装置来呈递样品。分切和呈递的时间应该保持一致，评定时间应考虑在内。目的在于降低不必要的误差，确保肉类样品在相同的温度下以相同的感官属性呈递给感官评定专家。

尽管每个研究的实验条件可能不一样，但每个实验项目都应该考虑产品控制并切合实际。如在四个地点进行大型烤牛肉和牛排消费者感官实验，需要统一熟制程序，包括设备（1 个 136kg 不锈钢电动食品烤架和 20 个瓦罐）被运送到各个地点。所有的牛排和烤肉熟制时都用热电偶来监控温度和时间。煮熟的样品放在白色托盘上，并覆以铝箔，运至各地点。将牛排和烤肉放入 48.9℃的烤箱中，将烤箱的门打开，同时进行温度监测，确保评估期间样品温度变化不超过 1.1℃。将肉样从保温的烤箱中取出，4min 内完成分切后放入蛋奶酥杯中，之后再放入烤箱中保温 20min。消费者感官评定人员的最佳肉类温度为 48.9℃。一些感官专家可能不赞成这种食用温度，如 ASTM（1996）建议感官评价肉类，尤其是鸡肉时，食用温度应该是 73.9℃。在有些研究中，因为实验设计原因，73.9℃食用是不现实的，肉类样品被加热到内部温度为 62.8℃，接下来的问题是，在 62.8℃食用是否合适。为了明确消费者吃肉时肉的温度，我们开展了一项小型研究，向消费者提供牛排和切块以及温度计，监测熟制后和食用前的肉块中心温度。此外，还确定了熟制方法和从熟制结束到吃牛排和切块的时间。这些数据用于确定产品控制方案。当地点发生变化时，应该确保感官评定的条件一致，温度和时间应根据研究目的进行调整。因此，如果发现了存在感官评定地点的影响，可能是由于评价人员不同造成的，而与准备方法无关。AMSA（2015）提供了更完整的产品控制方案。

在每一项研究中都需要考虑为感官评定人员提供的产品数量。对于专家型评定人员，每个实验单元可提供 2~3 个 1.27cm 见方的样品。样品大小应足够一次咀嚼，提供样品的数量应足够两到三次品尝，足够评估所有样品感官属性。所有评定人员应经过充分的培训，确保他们能够有效地使用样本。对于消费者来说，样品的数量和呈递方式可能会因研究目的不同而有所差异。样品大小等可以和上述相同，但消费者不太喜欢小的肉粒，而是更喜欢块状样品，消费者在切肉的过程中可以获得样品感官信息。尽管没有标准化的样品呈递方法，但是应该考虑肉样是以肉粒还是肉块方式呈递给消费者。当不止一人对一份牛排、切块、牛腩、烤肉和火腿进行感官评定时，应考虑有多少样品可供选择，以及抽样对实验设计的影响。例如，开展一个大型的猪肉消费者评定实验，将一个猪背脊肉中切成四块，猪背脊肉代表一个实验单位。从四个城市招募消费者，每个城市获得一个猪背脊肉分切成四个切块，分别熟制（中心温度 62.8、68.3、73.9、79.4℃）。同一城市有四名消费者同时对每一猪肉切块进行评价，消费者之间的差异是最大的。最佳做法是给每个消费者提供一半的猪切块，由他们自己分切样品和感官评定，但是没有足够的肉让四个消费者对四个温度终点的肉进行评估。因此，最终采取的方案是给每个消费者提供两个来自相同切块、

1.25cm 见方的肉粒。研究人员认为他们可能已经丢失了一些信息，但他们的主要目标是了解背脊肉品质特征与消费者接受的熟制终点温度之间的关系。当研究中向感官评定人员呈递的样品量和大小确定之后，一致性和按照规范的程序操作是成功的感官评定的关键。

肉品科学家和感官科学家也考虑贮藏条件的标准化问题，包括包装材料、包装类型、贮藏时长、温度及其波动。包装材料可能会影响风味，可能或不会被关注。例如，将牛背脊肉贮藏在常用的包装材料中，可能会增加塑料风味。需要考虑的是这种影响是否某一个特定研究的关注点。如果消费者在购买牛肉时就具有某种气味，那应该保证所有操作环节都保持这种气味。但可以确定的是塑料味会损坏或掩盖肉的固有风味，因此，牛肉应该储存在一个没有塑料味的材料中。最重要的是包装和贮藏条件如何影响产品的感官属性，如何消除影响或控制条件，使所有产品处于相同的条件。

15.4.2 环境控制

无论是专家型还是消费者型的感官评定人员，感官评定的环境都会影响评定结果。为了消除或控制可能影响感官判断的环境因素，应使感官响应是一个有效的样品感官特性，不受环境条件的影响。AMSA（2015）、Meilgaard 等（2016）、ASTM（2010b）、Lawless 等（2010）、ASTM（2008b）和 ASTM（1996）对环境控制都有比较详细的描述。主要的环境控制包括标准化的照明、温度、气味和标准化的设施，确保所有的评定人员坐在各地的小隔断中。照明应该是标准化的，采用普通类型的照明，除非是为了测试需要而掩盖样品的颜色（见第 11 章）。使用照度计对评定区域的光照强度进行测定，确保评定人员所在区域的照明一致。对于肉类，红光可以用来掩盖视觉外观的差异，这样肉色就不会影响感官判断。专家型感官评定人员应在红光下进行评定，并了解多长时间会出现感官疲劳，不至于影响感官判断。对消费者来说，红光并不是正常情况，应该给他们些时间去适应红光，控制感官活动的时间。基本原则是，在红光下消费者评定 20~40min 是不会疲劳的，但个体之间存在差异。如果感官评定在不同地方进行，照明应该要标准化。

专家型评定人员就座的位置会影响感官判断。所以常用隔断方式来减少相互干扰，相关信息见 Meilgaard 等（2016）、Lawless 等（2010）和 ASTM（2008b）。感官隔断应是中性色、无气味、无噪声，有标准化的温度、湿度，感官室内环境应该处于负压状态；有足够的空间放置样品、漱口水、电脑和水槽以及一致的照明。评定位置需要与样品准备室分开，需要一个传递窗，消除或减少来自其他区域特别是样品准备室的气味。如果专家型评定人员所坐位置是房间，上述参数也很重要。推荐使用可转动的圆桌子，以便共享样品。评定人员之间不得相互交流样品信息。对于消费者型的感官评定人员，无论是坐在隔断或房间里，也应该按照相同的程序和方法进行评定。消费者可集中在一个房间里，但专家型评定人员不得面对面而坐。整个评定过程，应该有主持人在场，确保所有评定人员没有交谈或交流，确保独立评判。

15.4.3 专家控制

针对消费者型感官评定人员和专家型感官评定人员的要求有相似之处，但专家型评定人员需接受专门的培训，他们获得的培训信息直接或间接地影响他们的感官判断。我们的目标是只对产品的感官属性进行判定。有很多因素会影响感官判断，如适应、兴奋、抑郁等生理因素，期望误差、习惯误差、刺激误差、逻辑误差、光环效应、样本呈现顺序、相互暗示、缺乏动机、反复无常、胆怯等心理因素，身体状况不佳等。这些因素会影响专家型评定人员的偏见，增加误差。AMSA（2015）、Meilgaard 等（2016）、Lawless 等（2010）和 ASTM（1981）介绍了如何控制这些因素。对肉类科学家应该做到，规范呈递样品的器皿和样本大小，随机呈递样品，两次品尝之间使用漱口水，规范样品呈递时间，使用三位数字编码，控制每一次评定实验的时间避免感官和精神上的疲劳；控制每天品尝的次数以及每次的时长，严格控制评定人员之间的交流，保证参加评定人员的身体应是健康的，每天提供一个热身活动来帮助评定人员保持状态稳定，注意评定人员的态度和舒适度，并监控小组成员的表现以确定再培训需求。尽管这些很麻烦，有些也是产品控制和环境控制的要素，但只有确保评定人员舒适、态度积极、愿意工作、没有外界影响或偏见，才能确保感官判断正确。

对于专家型感官评定人员来说，他们接受训练范围和数量会影响感官评定数据的可靠性。AMSA（2015）、Meilgaard 等（2016）、Lawless 等（2010）、ASTM（1981）提供了详细的培训方法。成功的专家训练关键在于：明确研究的目的，如应包括评定哪些属性，采用什么评定方法，感官评定人员的筛选，确定评定的天数，要根据这些信息确定培训天数，培训计划应包括培训目的和活动安排。表 15.3 所示为已开展过肉品风味评定小组如何接受一项新研究的培训。对于每一项感官研究，感官训练是不可少的。例如，一位有 25 年从业经验的牛肉风味和质构评定专家，在开展一项新的感官项目时，也需要进行 6~10d 的感官训练。在训练期间，应该给评定专家提供有代表性的样品，如感官属性最好和最差的样品。如果接受培训较少的专家，需要额外和高强度的培训。在开始一项研究之前，应该对感官评定小组进行核实。AMSA（2015）和 Meilgaard 等（2016）提供了评定小组验证的方法。

表 15.3 描述属性感觉评价专家培训示例

节次	建议训练约 2h
1	向感官评定专家介绍设施设备，解释项目及其对公司或机构的重要性；解释感官信息是如何通过视觉、嗅觉、触觉、听觉和基本味觉获得的；解释基本程序，如专家的要求，使用漱口水，递送程序和规则，如何使用感官隔断，照明选择等;并回答问题。 引入通用尺度（Meilgaard 等，2016）或基本尺度来理解如何使用尺度

续表

节次	建议训练约 2h
2	努力理解尺度，扩展不同属性的训练和体验。 展示甜、咸、苦、酸的通用量表和基本量表（Meilgaard 等，2016）。聚焦每个量表并进行讨论。必要的时候让他们重做。在两次评定之间使用漱口水。给他们提供一个只有三位数编码的参照样品。让每个评定人员报出编码，问他们都发现了什么。让他们重新品尝参照样品，并描述感官属性。再给他们第二个未知样品，让他们重新评价参照样品和未知样品的感官属性的异同。例如，使用 0、2、5、10 和 15 作为参照样品，给他们提供一个中间浓度为 8 的未知样品。让每个评定人员都报出编码，问他们发现了什么。再让他们重新品尝该参照样品，描述参照样品的感官属性。讨论之后，告诉他们感官属性的强度级别。让他们重新评估未知和参照样品，据此确定某一个感官属性的量纲值。按照同样方法进行第二种基本口味的训练
3	加强对基本口味的尺度理解，从基本口味溶液中加入未知样品，开始口味强度的训练。 给出第二节中使用的两种基本口味溶液。让评定人员品尝其中一组溶液，使用漱口水清洁口腔。给出一个标有三位数编码的未知样品（刚刚品尝过的一种溶液），并让他们对属性进行排序。让每个评定人员都报出编码，问他们发现了什么。让他们重新品尝该参照样品并描述感官属性。交流讨论之后，告诉他们属性的强度级别。让他们重新品尝未知和参照样品的感官属性。再给他们提供一个新的未知样品，这个样品不同第二阶段的未知样品，并进行品尝和属性描述，这个未知样品的品尝安排在两个参照样品的品尝之间。继续让他们报出编码，讨论，重新品尝参照样品，告诉他们属性的强度。之后再提供第二种基本口味的参照样品，给出一个与其中一个参照样品相同的未知样品，然后给出一个强度介于两者之间的未知样品。确定第二种基本口味的尺度。积极强化训练评定小组成员
4	加强对基本口味的尺度训练，增加未知样品的使用数量。 重复第三节的训练，将未知样品的浓度按比例调整。引入第四种基本口味，重复前面的训练方法，直到评定人员都能够正确识别风味强度，并进行正确区分。提供一种含有基本口味的食品（食品基本口味见 Meilgaard 等, 2016），并让评定人员对不同的基本口味打分。与评定人员一起对含有多种口味的食品进行评定。这能够训练评定人员对某一感官属性的识别能力，使他们能够从复杂的食品体系中识别出某一感官属性
5	重复第四节的训练，更换口味强度不同的产品，让评定人员对一种基本口味进行打分排序。评定人员可使用参照样品来比对评定实际样品的基本口味强度。两次样品评定之间都应使用漱口水，每次训练结束应进行讨论。当评定人员很熟练时，让他们对一个产品中的多个基本口味进行识别和评定。通过反复训练和参照样品的比对，直到两者吻合为止
6	重复第五节的训练，更换产品，在产品中增加另外三个基本口味进行评定。当评定人员熟练时，让他们对产品中的四种基本口味打分并排序。这可能会增加 6 次评定活动，直到评定人员能够一致地评定出食品中的四种基本口味，并知道如何使用参照样品
7	引入第一个肉类风味属性。选择易于识别感官属性的产品，如牛肉、猪肉或鸡肉。 重复介绍属性、给出定义和提供参照样品。给出一个未知样品，并要求评定人员对指定属性进行评分，并进行讨论交流；再让评定人员重新评定参照样品，直至达成共识。告诉他们产品中的属性级别，再让他们重新认识属性及等级

续表

节次	建议训练约 2h
8	按照上述程序继续添加新属性。让评定人员同时识别多个属性，通过对未知样品的评定，使评定人员获得对多个属性进行评级的能力，直到所有属性都被引入。这将需要多次训练才能实现。AMSA（2015）提供了用于培训的产品示例
9	当评定人员掌握了不同感官属性的尺度后，让他们待在隔断的空间中，在短时间内对未知样品进行评定打分。增加训练次数。这样使他们熟悉感官评定室的环境和评定程序，增强他们对感官属性的识别能力和评分能力
10	按照 AMSA（2015）的要求，要进行 3d 以上的验证研究

15.5 感官评定方法

在开展感官评定时，需要用到不同的器具或方法。这里介绍主要的感官评定方法以及每种感官评定方法可以回答的问题类型。AMSA（2015）提供了一个决策树，可根据不同目的确定采用何种感官评定方法。

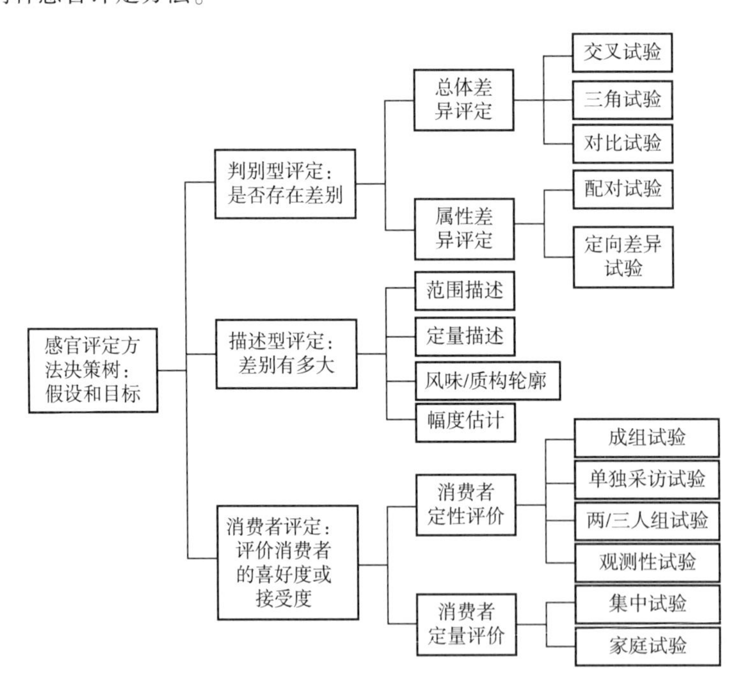

图 15.1 三种不同感官过程的感官评定方法决策树

图 15.1 所示为一个简化的决策树，它可以被感官和肉类科学家用来理解现有的三个感官评定方法。首先，需要明确感官评定的主要目的，以便选择合适的评定方法。例如，开发了一种低脂肪的新产品，感官评定的第一个目的是比较低脂产品与普通产品有什么不同。

采用判别型感官评定就可以解决这个问题，但判别分析无法描述存在哪些差异以及每个属性中存在多少差异。描述型感官评定可帮助肉类科学家了解产品色泽、气味、滋味和质地等属性上有哪些不同，还可以确定低脂产品和普通产品在每一个感官属性上有多大差异。这些信息可用于低脂产品配方的再设计。肉类科学家可能会问这样一个问题："这些差异对消费者重要吗?"。如果描述型感官评定的目的是优化配方，那么判别型感官评定或描述型感官评定需要重复多次，直到我们期待的特定感官属性出现明显的差异为止。为了回答"消费者喜欢什么，或发现什么是可以接受的"的问题时，可采用消费者型感官评定。肉类和感官科学家会持续开展这种分析，直到产品达到可接受或能够上市的水平。需要注意的是，产品之间可能存在特定属性的差异，我们应该接受这种差异，并做出积极的产品营销决策。通过感官评定，肉类科学家、感官科学家和专业营销人员可以做出明智的决策。

15.5.1 判别型感官评定

判别型感官评定的目的是了解两个或更多的产品是否不同。通常用消费者型感官评定人员来开展这样的测试，以便结果可用来分析消费者的敏感性。专家型感官评定人员也可用于此类分析，他们将比普通消费者更敏感地识别出差异。对专业的感官评定人员来说，应该清楚如何使用感官评定的结果。以上述的低脂和普通肉类产品为例，低脂产品的第一次迭代可能会使用专家型感官评定来测试其与普通产品有什么区别。产品开发人员应用这些评定结果来调整低脂产品配方，使其更接近普通产品。这些测试很容易操作，通常由内部培训的专家来实施，在测试当天就可以得到结果。在产品经过深度开发后，可采用消费者来进行判别型感官评定，以了解消费者是否能识别出差异。判别型感官评定可分为总体差异评定和属性差异评定。总体差异评定用于确定是否存在差异，差异可能来自何种属性。属性差异评定提供了关于两种产品的特定属性是否相同，并允许研究人员专注于感兴趣的属性。判别型感官评定通常容易进行，统计分析更直接、定义更明确，为了便于设计，在预定的表中规定评定人员的数量。Lawless 等（2010）、Meilgaard 等（2016）对判别型感官评定有详细描述，并提供了结果分析的统计表。在进行判别型感官评定之前，无论采用何种方法，都需要确定统计分析用的 α 和 β，以便确定判别型感官评定结果的可靠性。α 是本来没有差异但错判为有差异的概率，β 是本来有差异错判为没有差异的概率。大多数肉类科学家使用统计方法时聚焦 α，但对于判别型感官评定而言，控制 β 比控制 α 更重要。P_d 或 P_{max} 用于计算能够发现差异的概率，与推断总体的结果有关。在进行测试前，确定 α 和 β 的水平，根据 P_d 或 P_{max} 确定合适的感官评定人员的数量，以确保结论正确。

最常见的三种判别型感官评定方法是三角试验、交叉试验和配对比较试验。配对比较试验可用于总体差异评定，但最常用的是属性差异评定。ASTM 感官分析小组委员会 E18、AMSA 感官指南和主要感官教科书对这些评定方法有详细说明。

用三角试验来确定两个产品之间的总体差异。感官评定人员同时对三个样品进行评定，他们会被告知两个样品是相同的，另一个是不同的。共有六种呈递样品的方案，分别是 *ABB*、*BAB*、*BBA*、*AAB*、*ABA* 和 *BAA*。这六种呈递方式应该是随机的，这样每个样品都有机会成为不同的样品。评定人员会被要求猜测哪个样品不同，正确概率为 33%。图 15.2 所示为一个三角试验的例子。严格控制产品、环境和评定人员的差异，保证只有样品的感官属性是唯一差异。样品应该用三位数的随机数来标识，样品评定间隙用漱口水。在感官评定过程中，应告知评定人员按照要求进行纸质或投票机投票。评定人员可能被要求解释如何选出不一样的样品。虽然开放式的回答不能提供统计分析上的差异，但它可以提供差异的内在原因。评定人员会收到三个样品，需要进行预试，以确保测试过程中不存在适应和疲劳问题。同一评定人员参与三角试验的数量是有限的，因为每个测试都有三个样品。

交叉试验仍然是三个样品，但评定人员被要求以不同的方式确定差异，结果正确率是 50%。在测试中使用了两个样品，其中一个样品是参照。按照随机的顺序，评定人员会评定两个样品，鉴别出测试样品与参照样品是否相同。产品 A 和 B 的交叉试验可能有 4 个方案，以 A 为参照，样品以 AB 或 BA 呈递；以 B 为参照，样品以 AB 或 BA 呈递。在交叉试验中也会出现适应和疲劳问题。

三角试验表

说明：从左到右品尝样品。两个是相同的；确定哪个是不同的。请在样品之间喝一小口水和咬一口饼干来清洁你的味蕾。如果没有明显的区别，你必须猜测。

三组样品　　请写出不同的样品　　备注：为什么不一样

459 731 976

___ ___ ___　　____________________　____________________

- -

交叉试验表

说明：从左至右品尝样品。左边的样品是参照。确定两个样本中的哪一个与参照相同，在其对应的空格中打“×”。如果两个未知样品之间没有明显差异，您必须猜测。尽可能详细地说明为什么样例不同。

1参考　　代码345　　代码834

☐　　☐　　☐

评论：____

- -

配对比较试验：单尾

说明：请咬一口饼干。现在，请喝一口水。你现在可以品尝肉了。从左到右品尝这两个样品。有人给你提供了刀和叉来切割样品。你想吃多少就吃多少。品尝完样品后，请不要回去重做。确定两个样本是否不同，并在下面标记您的响应。

________是的　　______没有

（注意：有些样本是由两个相同的样本组成。）

备注：请提供您想让我们知道的样品的任何信息。

- -

配对比较试验：两尾

说明：请咬一口饼干。现在，请喝一口水。你现在可以品尝肉了。从左到右品尝这两个样品。有人给你提供了刀和叉来切割样品。你想吃多少就吃多少。品尝完样品后，请不要回去重做。在比较软的样品上做标记。

_______345　　_____834

（注意：有些样品是由两个相同的样品组成。）

备注：请提供您想让我们知道的样品的任何信息。

图 15.2　三角、交叉和配对比较试验示例

对两个样品进行感官评定时应该用随机三位数编码来标识，并提供漱口水。应向感官评定人员充分传达如何进行测试的信息，包括口头测试或选票测试，或两者兼而有之。图

15.2 给出了交叉试验的例子。评定环境中应该有一个评定管理员，以确保评定人员理解并按照定义进行评定。应该考虑产品、评定人员和环境的控制、限定和应用。

配对比较试验是最常用的差异分析，可以是单尾检验或两尾检验。两尾检验也被双向差异检验。在参考资料中有些关于这种检验方法的不同表述，这些方法有助于确定增强测试能力或解决感觉疲劳或适应问题。对于肉制品，使用配对比较试验的挑战在于是使用单尾检验还是两尾检验。这两种测试方法如图 15.2 所示。对于这两种类型的测试，向评定人员展示两个样本 A 和 B，用随机的三位数编码标识，并确定两个样本是否相同，这些测试有 50%的正确率。配对比较的试验有 AA、AB、BB 和 BA。这些测试样品应该以随机顺序呈递，应根据疲劳和适应的预实验确定评定人员可完成的测试样品数量。

AMSA（2015）所描述的差异程度检验不仅是判别型感官评定，可以判定样本是否不同，也可以判定样本在特定属性或整体属性上是否存在差异。新的判别型感官评定方法被不断地开发出来，将可以判别两个或多个产品是否存在差异。判别型感官评定的选择应考虑评定方法的优缺点、产品本身、专家的适应性和感觉疲劳，以及感官评定的目的。

15.5.2 描述型感官评定

描述型感官评定是通过训练有素的感官评定人员来描述和量化产品之间的感官属性差异。这些方法依赖于统计分析来确定差异，也因评定人员接受培训的数量而异。描述型感官评定用来识别被测试产品的属性，并为感官或肉类科学家提供判断这些属性是否存在差异的能力。肉制品的描述型感官评定一般有三大类：风味/质构轮廓法、范围描述法和定量描述法。

感官评定人员的培训是描述型感官评定的一个组成部分，根据方法的不同，培训的范围可能会有所不同。AMSA（2015）、ASTM STP758（1981）和 Meilgaard 等（2016）对如何选择和培训描述型感官评定人员提供了指导。感官评定人员应该对评定的属性具有正常的灵敏度，能够遵循指示并作出判断。通过预筛选问卷来评估潜在评定人员的健康状况、时间安排和是否感兴趣。在筛选面试中被认为可以接受的人员应安排进一步测试。如果评定人员不积极，有迟到或不接电话的现象，可能他们对筛选过程没有积极的态度和兴趣，无论筛选测试的结果如何，这些人员都不应该进入下一步培训。筛选测试应该包括逻辑测试和判断测试，以确定评定人员遵循指示的能力，以及评判他们辨别感兴趣属性的能力。Meilgaard 等（2016）提供了逻辑测试。嗅探测试有助于确定潜在的专家是否能够识别或描述香味。选取具有不同风味的精油，取滤纸，切成条状，蘸上精油，放在一个小的玻璃容器（如一个凹盖的玻璃蛋奶沙司盘或婴儿食品罐）中。评定人员被要求嗅闻样品并写下他们识别的气味。匹配测试、排序测试或三角测试可用于判别感官评定人员能否辨别感官属性的差异。AMSA（2015）介绍了如何对肉类和家禽产品进行分析。

挑选好感官评定人员之后，培训就开始了。培训的目的是让评定人员熟悉测试程序，提高他们识别感官属性的能力，提高他们对感官属性的敏感性和记忆。培训的数量取决于评定人员的类型和产品本身，可能需要6~12个月。关键是评定人员能一致地识别属性，对每个属性给出相似的评定尺度。一般的评定人员应接受200h以内的培训，而专家型评定人员应接受200h以上的培训。表15.3所示为评定人员的训练建议。

描述型感官评定的最大挑战是要测量什么，使用什么尺度。每种方法都有相似之处，但评定人员识别不同属性能力的培训时间不同。一般来说，肉类和感官科学家能够使用公开发表的词汇，也可以开发出产品特定的词汇。开发产品特定的词汇表，关键是定义词汇表中的每个属性，并提供每个属性标尺的参照物。对于大块肉，现已开发出牛肉词汇表（Johnson等，1986；Adhikari等，2011）和猪肉词汇表（Chu，2015）。AMSA（2015）对这些词汇都进行了描述；Meilgaard等（2016）和ASTM（2011a）介绍了如何在感官评定中使用这些词汇表。表15.1提供了这些词汇表中的组成。对于评定人员进行重复的描述型感官评定培训，都需要合适的属性标尺和参照物。

15.5.2.1 风味质构轮廓分析法

风味轮廓分析法最初是用来评估食品差异的一种定量方法。在这种方法中，选定4~6名具有判别产品风味差异能力的专家型评定人员。每个专家评价产品并识别产品的香气、风味和后味属性，对每个属性的强度进行排序，称为特征值（采用7分制）。每位评定人员提供个人得分，评定小组组长负责对每个属性进行讨论，得到了一致的强度。可以引入参照物来标识风味强度。如果获得重复数够多，则可以分析数据，但不能确定评定成员的影响。风味轮廓分析方法可能会受到占主导地位的小组成员或小组负责人的不当影响，小的差异可能无法确定，因为7分制的评价方法可能无法提供足够的差异信息。

质构轮廓分析法由风味轮廓分析衍生而来，用这种方法可以对产品的质构特性进行评价，包括产品的几何特性、力学特性、水分和脂肪有关的属性。几何属性是指咀嚼前、咀嚼期间和咀嚼后样品的形状、大小和方向的变化。力学特性是指在施加压力或咀嚼时改变肉样的属性。水分和脂肪属性是指在咀嚼过程中或咀嚼后的口感。虽然过程类似，但对质构轮廓方法进行了一些修改，制定了更明确的属性、标度参照和评价程序等（ASTM，1992）。此外，在这种方法中可以使用专家得分，而不需要对数据进行复杂的统计分析。

15.5.2.2 肉类描述性属性感官评定

1978年，肉类科学家通过美国肉类协会发表了第一篇感官分析方法的文章（AMSA，1978），介绍了如何评价肉类食用品质属性。这些属性包括多汁性、结缔组织含量、肌纤维嫩度和总体嫩度，1995年的修订版本中增加了总体风味强度（AMSA，1995）。然而，总体风味这个属性无法统一参照和标尺，无法重复应用。风味已是食用品质的一个重要组成部分，物种特有的风味词汇也得到了发展（Johnson等，1986；Adhikari等，2011；Chu，

2015)，其中每个风味属性都可以被参照和标尺。词汇表是动态的，任何新鉴别的属性都可以添加到词汇中。由于属性与产品和研究有关，因此可以根据研究目的使用产品中标识的其他属性或组成部分。关键是定义属性并使用参照进行标尺。如果一个属性只在研究中表达，而没有包含在词汇中，那么感官差异的重要特性可能会被忽略。因此，在所有的感官评定中都应该包含“其他”的属性，以便评定人员有机会描述没有列出的风味或质构属性。表 15.1 列出了 16 分制表的肉类描述性属性，但传统上这些属性是用 8 分制量表评定的(AMSA，2015)。图 15.3 和图 15.4 所示为一个 8 分制量表和 16 分制量表的例子。只要定义了量表，并且对评定人员进行了足够的培训，两种量表都是可以接受的。16 分制量表提供了更多的分值。如果评定人员使用 16 分制量表来评估风味属性，那么其他属性也可使用该量表。

						风味描述							
样品	多汁性	肌纤维嫩度	结缔组织含量	总体嫩度	风味强度	牛肉味	牛脂肪味	血腥味	肝脏味	青草味	苏打水味	金属味	异味
341	____	____	____	____	____	____	____	____	____	____	____	____	____
860	____	____	____	____	____	____	____	____	____	____	____	____	____
112	____	____	____	____	____	____	____	____	____	____	____	____	____
938	____	____	____	____	____	____	____	____	____	____	____	____	____

感官属性描述

多汁性	肌纤维和总体嫩度	结缔组织含量	风味强度	异味描述词
8 特别多汁	8 特别嫩	8 无	8 特别强	A 酸味
7 非常多汁	7 非常嫩	7 几乎无	7 非常强	BR 烤焦味
6 比较多汁	6 比较嫩	6 微量	6 比较强	C 纸板味
5 有点多汁	5 有点嫩	5 少量	5 有点强	CW 奶牛味
4 有点干	4 有点老	4 中等	4 有点淡	F 鱼腥味
3 比较干	3 比较老	3 有点多	3 比较淡	SW 甜味
2 非常干	2 非常老	2 比较多	2 非常淡	SO 酸味
1 特别干	1 特别老	1 很多	1 特别淡	SD 酸败味
				N 坚果味
				P 腐烂味
				X 其他（请说明）

图 15.3　使用 8 分制表的肉类描述性属性示例

加工肉和肉糜的质地属性与大块肉不同。表 15.1 所示为牛肉和猪肉制品的一些质构属性，图 15.4 所示为用于牛肉糜风味和质构属性评价的示例。Meilgaard 等（2016）也使用口腔加工质构属性来定义和度量产品的属性。在这张牛肉糜的评分表中包含的风味和质地属性并不排除其他属性，而是列出了本研究中重要的评价属性。对于加工肉制品，可以在评价表上列出对一个项目来说非常重要的风味、香味、基本口味、口感和质地属性。

样品编号	________	________
风味表述词		
牛肉味	________	________
猪肉味	________	________
烤焦味	________	________
血腥味	________	________
脂肪味	________	________
金属味	________	________
纸板味	________	________
油漆味	________	________
鱼腥味	________	________
肝脏味	________	________
腐败味	________	________
鲜味	________	________
有点甜味	________	________
酸牛奶味	________	________
甜味	________	________
酸味	________	________
咸味	________	________
苦味	________	________
后味	________	________
其他	________	________
肉的描述性属性		
多汁性	________	________
肌纤维嫩度	________	________
结缔组织含量	________	________
总体嫩度	________	________

0*1*2*3*4*5*6*7*8*9*10*11*12*13*14*15

弱 | 中等 | 强

其他风味属性

芦笋味	杏仁味	谷仓味	甘蔗味	奶油味	焦煳味
化工味	可口味	煮牛奶味	孜然味	奶制品味	花香味
绿干草味	热油味	冰箱腐臭味	酸败味	过热味	

多汁性	**肌纤维嫩度和总体嫩度**	**结缔组织含量**
15 特别多汁	15 特别嫩	15 无
13 非常多汁	13 非常嫩	13 几乎无
11 比较多汁	11 比较嫩	11 微量
9 有点多汁	9 有点嫩	9 少量
7 有点干	7 有点老	7 中等
5 比较干	5 比较老	5 有点多
3 非常干	3 非常老	3 比较多
1 特别干	1 特别老	1 很多

图 15.4 牛肉和猪肉描述性风味和质构属性评定表

15.5.2.3 范围描述属性分析

范围描述属性分析程序由 Gail Civille 开发，旨在提供一种统一的方法来描述香气、风味和质地的强度（Meilgaard 等，2016）。产品的感官属性可以通过开发或使用现有的词汇表来表示，这些词汇表定义了每个术语，并为标尺提供了参照。现有肉制品相关的词汇表，包括大块牛肉风味词汇表（Adhikari 等，2011）、猪肉风味词汇表（Chu，2015）、牛肉过热味词汇表（Johnson 等，1986）。表 15.1 列出了许多属性。Munoz 等（1988）介绍了通用标尺的使用方法，以及如何开发和利用词汇表。16 分制量表或线尺度被用来评价每个属性的强度。可以使用现有的词汇表，并添加特定产品的属性。例如，在一项关于猪肉风味的研究中，宰前动物摄食了橡果，但在猪排中可能检测不到足够的坚果味，这就需要添加一个新属性。ASTM（2011a）提供关于属性的描述和建议。AMSA（2015）提供了目前的大块肉词汇表，并介绍了如何使用词汇表。加工肉的词汇表更具体。经过培训的评定人员可以使用现有词汇，也可开发产品中新的属性。组长是该方法的关键要素。他们提供词汇表和设计训练方案来帮助评定人员理解每个属性，如何使用参照，以及如何度量。非常重要的一点是，评定人员既可能被提供项目内的产品，也可能被提供项目范围之外的类似产品。一旦评定人员经过培训并掌握经验，他们可以识别词汇表中没有的产品的特定属性。评定表格设计应基于评定人员接触到与研究相关的产品。在评定组长的协助下，评定人员可以识别出属性。评定组长提出属性的潜在参照，评定人员和组长就属性的定义和参照及其强度达成一致。通过对每个属性的参照进行广泛培训，直到评定人员能够在各个产品中一致地识别和度量每个属性。图 15.5 所示为碎牛肉的风味和质构属性评定表格。

另一种使用相同原理的范围描述分析是短视描述分析。在这种方法中，关键属性可以由评定小组来评定，但不是产品的全部属性。Munoz 等（1992）介绍了如何使用这个方法。这种方法所需的小组评定时间更短，使专家有能力评定更多的产品。该方法遵循所有原则，即定义每个属性、提供用于标尺的参照以及协助完成识别属性。

15.5.2.4 定量描述属性分析

该方法由 Tragon 公司开发，又称为 Tragon QDA 方法，可提供更强大的感官数据统计分析。Stone 等（2004）介绍了这个方法的应用。用定义好的方法和术语开展前述的训练。评定人员可以更自由地对产品的属性进行评分和识别。通常这种方法使用一个专家库，这样当产品发生变化时，如大块牛排变成了禽肉香肠，需要的评定人员就不一样，但他们已经过类似的训练。评定人员的评定结果通常不会被讨论，组长只是给小组成员提供各种便利，不会对小组成员的评定结果产生干扰。数据展示在雷达图上（蜘蛛网图），每个属性用条线表示（评定结束后通常不进行总体讨论）。图 15.6 所示为风味的差异。

不管采用哪种方法，描述性分析都提供了描述产品差异及差异大小的工具。这些方法由经过培训的评定人员来完成，涉及不同级别的培训和评定组长的交流。

样品编号	741	206	567
风味描述词			
牛肉味	____	____	____
牛脂味	____	____	____
血腥味	____	____	____
奶牛味	____	____	____
纸板味	____	____	____
油漆味	____	____	____
鱼腥味	____	____	____
肝脏味	____	____	____
酸味	____	____	____
焦煳味	____	____	____
高粱味	____	____	____
其他（请说明）	____	____	____
	____	____	____
感觉			
金属味	____	____	____
辛辣味	____	____	____
基本味			
咸味	____	____	____
酸味	____	____	____
苦味	____	____	____
甜味	____	____	____
后味			
辛辣味	____	____	____
油腻味	____	____	____
苦味	____	____	____
焦煳味	____	____	____
酸味	____	____	____
甜味	____	____	____
其他（请说明）	____	____	____
	____	____	____
	____	____	____
	____	____	____
后感觉			
嘴唇灼烧感	____	____	____
金属味	____	____	____
质构			
黏弹性	____	____	____
硬度	____	____	____
沙粒度	____	____	____

图 15.5　牛肉糜的风味和质构描述性属性评定表示例

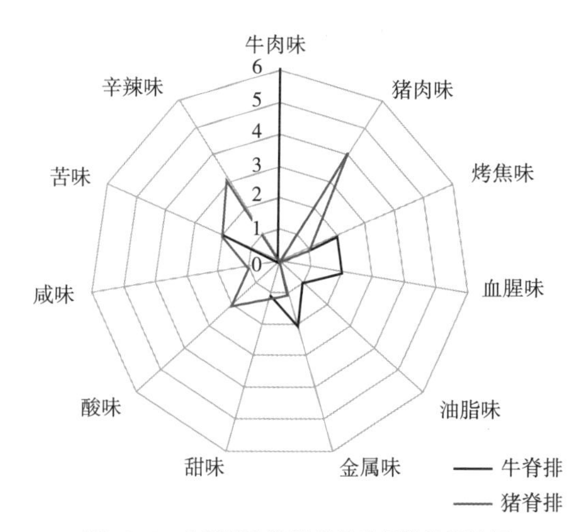

图 15.6　牛脊排和猪脊排风味属性的雷达图

15.5.3　消费者型感官评定

消费者型感官评定是判别消费者对食品偏好或接受程度的方法，也被定义为喜好度。消费者型感官评定的方法包括定性和定量方法。尽管定性方法也有一定的价值，但它毕竟不能定量，因此本文不做过多介绍，要想了解更多有关定性方法的内容，请参阅 Meilgaard 等（2016）的研究。肉类科学家最常使用的定量型消费者感官评定方法是集中试验（CLTs）和家庭试验（HUSs）。这两种方法都提供了很强的消费者评定结果，但是测试方法的不同导致结果难以解释。在 AMSA（2015）和 Meilgaard 等（2016）中可以找到更完整的消费者型感官评定方法的介绍。

消费者（也称为受访者）的选择，是进行强有力的消费者感官评定的关键。进行一项有效的消费者感官评定，在一个地点至少需要 50 名消费者，80~100 名消费者更理想。消费者型感官评定数据比判别型感官评定和描述型感官评定的数据变异更大，因此需要更多的调查对象。应该明确消费者招募的参数，包括产品的食用频次、消费者年龄、地理位置、性别、种族、收入、产品购买决策制定者和产品特定问题。产品食用频次通常是选择消费者最重要的因素。例如，Glascock（2014）使用每周吃牛肉 3 次或以上的消费者来了解影响牛肉食用者对牛肉风味感知的因素。而 Luckemeyer（2015）选择了每周吃 1~2 次牛肉的消费者，或者是不吃牛肉的消费者，来了解影响消费者对牛肉风味感知的因素。Laird（2015）选取年龄和牛肉食用频次不同的消费者，了解千禧一代和非千禧一代是如何受到不同牛肉风味的影响。虽然这三项研究发现了类似的趋势，但由于研究中使用的消费者群体和研究目标不同，结果略有差异。应该收集人口学资料（性别、年龄、收入、食用频次和其他），以确定消费者人口统计数据对研究结果的影响。

消费者招募有许多方法。随机抽取不同的人群，一般不得对特定群体的选择带有偏见。为了测试不常吃牛肉的人群，Luckemeyer（2015）选择了美国堪萨斯州奥拉西市、宾夕法尼亚大学校园和俄勒冈州波特兰市的消费者。这些地点分别位于美国东部、西部和中西部牛肉消费区域。每个地点都随机选择了整个城市的消费者，要么使用现有的消费者数据库，要么随机抽样，要么通过电子邮件招募。为了获得 80 名消费者，每个地点联系了 2 万多名消费者。Luckemeyer（2015）本可以在得克萨斯农工大学的学生中进行这项研究，那里学生收入低，牛肉吃得相对较少。然而，如果消费者只从一个学生群体中挑选，数据只会从得克萨斯农工大学的学生中获得，而无法推断美国各地的不常吃牛肉的消费者。一旦决定了在何处招募消费者和研究的要求，就需要开展消费者问卷调查。Meilgaard 等（2016）提供了消费者问卷调查的内容。问卷设计的关键在于选择研究好相关指标，如年龄、性别、产品食用频次等。

15.5.3.1 集中试验

消费者集中评定应选择消费者方便参加的地点。评定时间通常 1h，但如果消费者知道时间要求，在样品评定之间有足够的时间间隔和足够的休息时间，就可以参加更长时间的感官评定。测试地点应易于达到，有足够的停车位置，提供如前所述的环境控制，使消费者感到舒适。可以使用感官评定隔断，也可以是一个大房间，有足够的桌椅。重要的是要有个协调人员，协助感官评定小组顺利进行评定并回答他们的任何问题。评定人员不得相互交流，并遵守程序。在样品呈递给消费者前，应确保产品和环境控制到位。消费者不应该知道研究样本的信息。在集中感官评定试验中，消费者处于一个模拟环境中，结果可能与家庭测试不同，因为处理、烹饪的效果不同，任何家庭成员的意见都不会影响消费者的感官判断。

15.5.3.2 家庭试验

家庭试验是消费者在自己家里评定样品。样品以标准包装材料提供，并有独特的编码标识。提供了产品评定表和说明，消费者通常会邮寄填好的评定表。可选择所有样品或部分或单一样品进行评定。在家庭测试时，消费者准备产品，规定消费者如何处理，烹饪和使用什么食谱的信息。此外，评定的环节包括产品预处理、烹饪、呈递和食用几个部分。家庭观念最可能影响有多个家庭成员的人的感官认知。来自家庭测试研究的数据变异最大，也是最真实的评定。但前提是消费者按照指示要求完成研究。

15.5.3.3 评定表的设计和标尺的使用

不管消费者的测试方法是什么，构建一个能够充分提供消费者感官输入的评定表是成功的关键。标准的消费者感官评定表如图 15.7 和图 15.8 所示。设计一个好的评定表在消费者测试中很重要，因为评定表是消费者用来记录他们感官反应的重要工具。评定表应包括人员信息和指令。图 15.7 给出了人口统计表的示例，使用这种表格来招募消费者。评定

请圈出每个适当的选项。

1.请注明你的性别。

男　　女

2.下列哪项最能描述你的年龄？

20岁或更年轻　　46 ~ 55岁

21 ~ 25岁　　56 ~ 65岁

26 ~ 35岁　　66岁及以上

36 ~ 45岁

3.请指定你的种族。

非裔美国人　　拉丁裔和西班牙裔学生

亚洲/太平洋岛民　　印第安人

高加索人（非西班牙裔）　　其他

4.下列哪项最能描述你的家庭收入？

25000美元以下　　75000 ~ 99999美元

25001 ~ 49999美元　　100000美元或更多

50000 ~ 74999美元

5.你家里有多少人（包括你自己）？

1　2　3　4　5　6以上

6.请注明你的就业状况。

未就业　　兼职　　全职

7.你一周总共消费了多少次以下的蛋白质来源？

牛肉　0　1~2　3~4　5~6　7以上

猪肉　0　1~2　3~4　5~6　7以上

羊肉　0　1~2　3~4　5~6　7以上

鸡　0　1~2　3~4　5~6　7以上

鱼　0　1~2　3~4　5~6　7以上

大豆的基础产品　0　1~2　3~4　5~6　7以上

图 15.7　将肉类产品纳入消费者感官调查的人员统计和消费者态度问题示例

表应该易于阅读、易于操作，结构和样式一致，但不要太多，方便消费者对不同产品可以使用同一表格。Meilgaard 等（2016）对这些问题进行了广泛的讨论，并设计了评定表。图 15.8 中的评定表包含了消费者感官评定中最常用的问题和标尺。针对特定的产品，可在评定多个产品后要求消费者选择他们喜欢的产品。如果要求消费者选择偏好的产品超过四种，则最后一种产品的选择可能会存在很大偏差。

图 15.8 所示的评定表使用了 9 分制的喜好问题和标尺（问题 1 ~ 4）、一个 5 分制问题和标尺（问题 5）和一个 9 分制强度标尺（问题 6）。线条比例尺也可以使用类似的标记。线尺度可以是递增式的或递减式的，因为消费者不喜欢使用分类标尺。此外，消费者可能不会察觉到图 15.8 所示的类别量表在方框之间强度一致性的变化。可以用图 15.8 所示的

1.你对这个肉样总体的喜好程度如何？

□ □ □ □ □ □ □ □ □

特别不喜欢 既不喜欢，也不讨厌 特别喜欢

2.你对这个肉样总体风味的喜好程度如何？

□ □ □ □ □ □ □ □ □

特别不喜欢 既不喜欢，也不讨厌 特别喜欢

3.你对这个肉样多汁性的喜好程度如何？

□ □ □ □ □ □ □ □ □

特别不喜欢 既不喜欢，也不讨厌 特别喜欢

4.你对这个肉样嫩度的喜好程度如何？

□ □ □ □ □ □ □ □ □

特别不喜欢 既不喜欢，也不讨厌 特别喜欢

5.你对这个肉样嫩度的意见？

□ □ □ □ □

太老 刚刚好 太嫩

6.你对这个肉样嫩度的感受如何？

□ □ □ □ □ □ □ □ □

特别嫩 特别老

图 15.8 消费者对肉类产品的评定表示例

方框替换数字，以减少影响。重要的是选择一个数值表并在评定表中统一使用它。通过纳入 JAR 问题，可以进行偏好分析，详见 AMSA（2015）。

消费者型感官评定可以更好地了解消费者对肉类产品的认识。要获得可靠的消费者感官评定结果，需要仔细考虑消费者的选择、评定表设计和感官评定方法。20 世纪 90 年代，肉类科学家开始在科学文献中使用更多的消费者评定方法，并加深了对影响消费者认知的不同因素之间关系的理解。这些研究结果为产业界、政府和学术界提供了有价值的指导，帮助他们解决如何提高消费者满意度的问题。

15.6 新兴的或未充分利用的感官技术

感官研究的最新趋势之一是了解情绪和感官反应之间的关系。当大脑接收到嗅球发出的香气和气味信号时，就会产生情绪反应。此外，其他感官特征如视觉、触觉、味觉和听觉，也与情绪反应有关。例如，如果你有与薄荷有关的负面体验或疾病，你可能无法忍受薄荷口味的产品。在肉类腐败过程中，由微生物作用产生的硫化物产生的腐臭气味对肉的风味有负面影响。很多时候，即使存在其他的气味特征，也不会被察觉。肉也会带来积极

的情绪。烤肉或熏烟的气味经常会刺激唾液分泌，产生饥饿感。监测大脑信号可以知晓正面或负面的感知属性。

感官科学家通常使用多元统计技术来帮助理解感觉关系。在前面提到的许多感官技术中，特别是描述型感官评定方法中，感官评定人员都接受过培训，取一个多变量的初始感觉反应，将反应分解为单变量反应。肉类科学家分析了单变量反应，并确定是否存在差异。虽然这些信息单个来看是没有意义的，但使用多元技术有助于理解变量之间的关系，在某些情况下，还可以判定出什么因素是肉类产品的正面属性的主要驱动因素。Meilgaard 等（2016）和 AMSA（2015）介绍了这个技术。主成分分析和偏最小二乘回归法是易于理解的工具，可以用来显示这些关系。这两种方法的数据都以二维图的形式呈现，在两个轴上显示相互关系。图 15.9 所示为 Laird（2015）的偏最小二次方回归二维图，选择四个城市的千禧一代和非千禧一代消费者家庭评价烤牛肉、背脊牛排、猪腰脊排和鸡胸肉。评定专家经过描述性属性分析培训后，对产品的风味和质构进行评定。通过聚类分析可以发现与消费者总体喜好密切相关的属性。熟肉的外观与总体喜好密切相关，如果消费者喜欢熟肉的外观，他们也会喜欢这个产品。肉的品类与专家型评定属性和消费者评定属性之间也存在相关性。例如，烤牛肉与猪肝味、纸板味、酸味、腐败味、过热味密切相关。而猪排与猪肉味和坚果味密切相关，鸡肉与鸡肉味、烤焦味和嫩度密切相关。与消费者喜欢或不喜欢相联系的积极和消极的描述性味道也可以被解释。酸味、金属味、血腥味/浆味、过热味、猪肝味、纸板味、腐败味是消极的消费者属性，烤肉味、咸味、鲜味、甜味、多汁和柔嫩是积极的消费者属性。这些技术可为进一步认识感官方法和消费者喜好之间的关系提供方法。

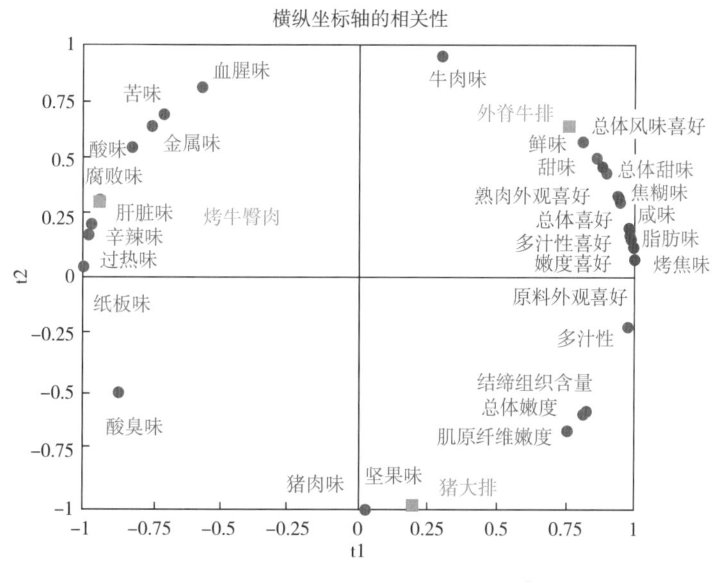

图 15.9 肉品感官评定偏最小二次方回归（R^2=0.97）

注：蓝色是消费者感官评定属性，绿色是肉的品类，红色是专家描述型感官属性。

15.7 结论

肉的感官评定方法多样且复杂，每个方法都有评定要求，会影响结果的解读和有效性。明确研究目标，选择合适的感官评定方法是成功的必要条件。新的感官方法正在出现或未得到充分利用，为肉类科学家开展更深入的感官特性研究提供思路。

参考文献

Adhikari, K. , Chambers IV, E. , Miller, R. , Vazquez - Araujo, L. , Bhumiratana, N. , Philips, C. , 2011. Development of a lexicon for beef flavor in intact muscle. Journal of Sensory Studies 26,413-420.

AMSA,1978. Research Guidelines for Cookery,Sensory Evaluation and Instrumental Measurements of Fresh Meat,first ed. National Livestock and Meat Board and American Meat Science Association,Chicago,IL.

AMSA,1995. Research Guidelines for Cookery,Sensory Evaluation and Instrumental Measurements of Fresh Meat,second ed. American Meat Science Association,Champaign,IL.

AMSA,2015. Research Guidelines for Cookery,Sensory Evaluation and Instrumental Measurements of Fresh Meat. American Meat Science Association,Champaign,IL. meatscience. org/ sensory.

ASTM,1968. Manual on Sensory Testing Methods. STP434. Committee E18. ASTM International,West Conshohocken,PA.

ASTM,1981. Guidelines for the Selection and Training of Sensory Panel Members. STP758. ASTM International,West Conshohocken,PA.

ASTM,1992. In：Hootman, R. C. (Ed.), Manual on Descriptive Analysis Testing for Sensory Evaluation. MNL13-eb. ASTM International,West Conshohocken,PA.

ASTM,1996. In：Chambers,E. ,Wolf,M. B. (Eds.),Sensory Testing Methods. MNL26,second ed. ASTM International,West Conshohocken,PA.

ASTM,2004. Standard Test Method for Sensory Analysis—Triangle Test. E1885-04. ASTM International, West Conshohocken,PA.

ASTM,2005. Standard Practice for User Requirements for Livestock. Meat,and Poultry Evaluation Devices or Systems. F2341,West Conshohocken,PA.

ASTM,2006. Standard Test Method for Livestock. Meat,and Poultry Evaluation Devices. F2343,West Conshohocken,PA.

ASTM,2008a. Standard Test Method for Sensory Analysis—Duo-Trio Test. E2610-08. ASTM International, West Conshohocken,PA.

ASTM,2008b. Physical Requirement Guidelines for Sensory Testing Laboratories. MNL60, second ed. ASTM International,West Conshohocken,PA.

ASTM,2009. In：Rothman,L. ,Parker,M. (Eds.),Just-About-Right (JAR) Scales：Design,Usage,Benefits,and Risks. MNL63. ASTM International,West Conshohocken,PA.

ASTM,2010a. Standard Practice for Force Verification of Testing Machines. E4. ASTM Inter national,West Conshohocken,PA.

ASTM, 2010b. Standard Guide for Serving Protocol for Sensory Evaluation of Foods and Beverages. E1871. ASTM International,West Conshohocken,PA.

ASTM,2011a. Lexicon for Sensory Evaluation：Aroma,Flavor,Texture and Appearance. DS72. ASTM International, West Conshohocken, PA.

ASTM, 2011b. Standard Guide for Sensory Evaluation of Projects by Children. E2299-11. ASTM International, West Conshohocken, PA.

ASTM, 2012. Standard Guide for Sensory Claim Substantiation. E1958-07e1. ASTM International, West Conshohocken, PA.

Chu, S. K., 2015. Development of an Intact Muscle Pork Flavor Lexicon (MS thesis). Texas A&M University, College Station.

Glascock, R. A., 2014. Beef Flavor Attributes and Consumer Perception (Master's thesis). Texas A&M University, College Station.

IFT, 1995. Guidelines for the preparation and review of papers reporting sensory evaluation data. Sensory Evaluation Division. Journal of Food Science 60, 211.

Johnson, P. B., Civille, G. V., 1986. A standardization lexicon of meat WOF descriptors. Journal of Sensory Studies 1, 99-104.

Laird, H. L., 2015. Millennial's Perception of Beef Flavor (MS thesis). Texas A&M University, College Station.

Lawless, H. T., Heymann, H., 2010. Sensory Evaluation of Food: Principles and Practices, second ed. Springer Science Business Media, New York, NY.

Luckemeyer, T., 2015. Beef Flavor Attributes and Consumer Perception on Light Beef Eaters (MS thesis). Texas A&M University, College Station.

Meilgaard, M., Civille, G. V., Carr, B. T., 2016. Sensory Evaluation Techniques, fifth ed. CRC Press, Inc., Boca Raton, FL.

Muñoz, A. M., Civille, G. V., 1998. Universal, product and attribute scaling and the development of common lexicons in descriptive analysis. Journal of Sensory Studies 13 (1), 57-75.

Muñoz, A. M., Civille, G. V., Carr, B. T., 1992. Sensory Evaluation in Quality Control. Van Nostrand Reinhold, New York, NY.

Scott, A. L., 1939. How much fat do consumers want in beef? Journal of Animal Science 1939, 103-107.

Stone, H., Sidel, J. L., 2004. Sensory Evaluation Practices, third ed. Elsevier Academic Press, San Diego, CA.

Watkins, R. M., 1936. Finish in beef cattle from the standpoint of the consumer. Jounal of Animal Science 1936, 67-70.

16 动物及其肉的表型：低功率超声波、近红外光谱、拉曼光谱和高光谱成像的应用

Donato Andueza[1,2], Benoît-Pierre Mourot[1,2,3],
Jean-François Hocquette[1,2], Jacques Mourot[4,5]
[1]*INRA*, *UMR*1213 *Herbivores*, *Saint-Genès-Champanelle*, *France*;
[2]*Clermont Université*, *VetAgro Sup*, *UMR*1213 *Herbivores*, *Clermont-Ferrand*, *France*;
[3]*Valorex*, *Combourtillé*, *France*;
[4]*INRA*, *UMR* 1348 *PEGASE*, *St-Gilles*, *France*;
[5]*Agrocampus Ouest*, *UMR*1348 *PEGASE*, *Rennes*, *France*

16.1 引言

欧洲法布尔技术平台在其“可持续肉用动物育种和繁殖，2025 年的愿景”中声明，将未来农用动物描述为“健壮、适应性强和健康”和“生产安全、健康的食品”（2006）。

与此同时，动物生产也面临着新的挑战：第一，消费者和大众更加关注畜牧业生产对环境产生的负面影响（如产生硝酸盐、磷酸盐和温室气体）；第二，消费者更关心饲料对人类健康的影响以及动物福利问题；第三，农村生活方式的变化减少了可参与畜牧业生产的劳动力。

因此，动物生产必须考虑动物养殖对环境的影响（Scollan 等，2011）、动物福利和人类健康。其基本理念是让动物在开阔的自然条件和生产系统中生长，享受高水平的动物福利，饲养出健壮的动物。

所谓的健壮是指具有较高的产肉潜能，对环境干扰的敏感性低（Sanvant 等，2010；Mormede 等，2011）。因此，生产潜力最大化，环境影响最小化和良好的适应性特性，对于优化生产、满足更高的动物福利要求至关重要。除了饲料转化率和适应性，畜产品品质是未来动物设计的第三类特征。食品安全是动物源产品最重要的品质特征，感官品质和加工特性也非常重要。人们对食品营养与健康的需求越来越强烈，如对特定的脂肪酸（FA）成分的要求。

精准测量相应的动物特征（包括产品质量）（Mormede 等，2011），为模拟家畜的生物学功能，开发性能预测方法提供了基础。具体来说，为了预测畜产品的质量，有必要用可靠、易于使用、快速、便宜、无损的方法测量相关指标。Damez 等（2008、2013）评价了大多数与肌肉结构相关，用于评价肉品品质的生物物理方法。生物物理方法是基于直接测量肉类成分的性质，或者通过测量生物物理特性与肉类成分之间的关系来间接计算肉类成分。其中最重要的是机械方法和电磁或光学方法：①开发快速检测和定量生物或化学污染物的方法；②开发无损、低成本的肉品成分和功能测定方法（如光学或成像技术、无损物理技术），取代传统产品成分和功能特性的分析；③挖掘肉品品质的生物标记物（Le Bihan-Duval 等，2014）。本章阐述了超声波技术、近红外反射光谱技术、高光谱成像技术和拉曼光谱技术在快速检测肉及肉制品品质中的应用。

16.2 主要技术原理

16.2.1 超声波技术

最适合对肉质进行表型分析的机械方法是超声波，特别是频率高于 100kHz、强度低于 $1W \cdot cm^2$ 的低能量超声（低功率、低强度）。超声波不会引起产品结构和物理化学性质的改变，可用于加工、储存过程中各种食品材料的无损分析和监测，保证产品的质量和安全性。这种方法是基于分析超声波在介质中传播时的声学参数，来描述传播介质的特性。Awad等（2012）介绍了超声波的原理和适用性。一种材料的超声波性能与其物理性能有关，超声波的特性包括声阻抗、速度和衰减系数。超声波仪由一个或多个传感器、一个信号发生器和一个显示系统组成，该设备具有脉冲回波或谐振特性。一般来说，超声波参数可以精确测量，超声波装置已成功应用于肉的表征；如果出现故障，可能是温度控制和传感器不足导致的。

16.2.2 光谱技术

光谱技术可用来研究光如何与物质相互作用。光谱有不同的类型，这里我们关注的是近红外光谱（NIRS）和拉曼光谱（RS）。近红外（NIR）波长的范围为780~2500nm。Bertrand（2002）和Yang等（2011）介绍了近红外光谱和拉曼光谱的原理。

红外光谱技术是根据不同物质在特定波长（近红外范围）的吸光度与物质的物理化学特性之间的联系。在电磁光谱中，这段（780~2500nm）位于可见光范围（400~780nm）和中远红外光谱范围（2500~25000nm）之间。近红外光谱照射一种物质时，振动频率与入射辐射相同时，产生光吸收，并改变了有机分子的化学键的振动状态。当辐射穿透物质时，吸收的相对辐射量取决于样品的化学成分和物理性质。物质的光谱特性可以通过扩散发生改变，这与波长和吸收有关。图16.1显示的是背最长肌的近红外光谱。近红外光谱技术已被证明是估算肉及肉制品化学成分、加工性能和感官特性最有效的方法（Prieto等，2009）。大量的研究成果和实践证明，近红外光谱在肉类品质检测中发挥着越来越重要的作用。自2000年以来，许多综述性文章介绍了近红外光谱在肉类品质检测中的应用（Prevolnik等，2004；Prieto等，2009；Weeranantanaphan等，2011；Andueza等，2015）。

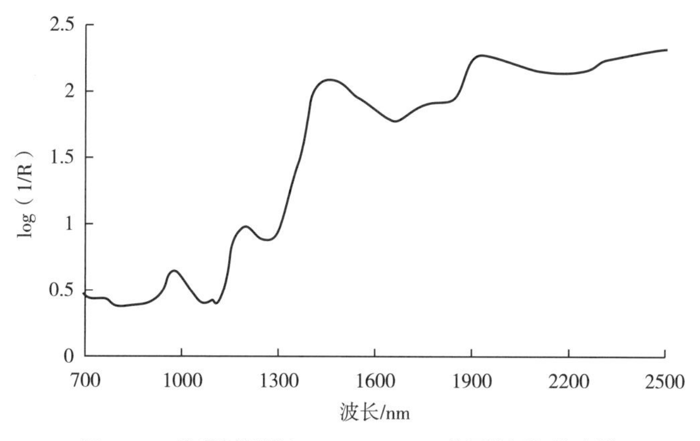

图16.1 牛背最长肌在700~2500nm范围的近红外光谱

最近，科学家们开始关注近红外技术的在线应用，即在生产链的上游，快速地测定肉的质量。新仪器的开发和光纤的应用使得光传输的灵活性大大提高，这使得近红外光谱技术能够在线预测肉类的品质特性。这一新发展的先驱者是Schwarze（1996）和Issakson等

(1996)，他们在20世纪90年代就已经使用这种技术来估计肉类加工过程中脂肪、水分和蛋白质含量。尽管近年来有关近红外光谱的论文数量有所增长，但专门研究肉类的论文所占比例仍较小。将该技术应用于肉类时的主要困难：在线测量的是胴体或大块肉，很难获得代表肉类的光谱。因为肉类是一种由不同组织（脂肪、肌肉和结缔组织）组成的异质材料。此外，肌纤维成束排列，增加了光谱中光扩散效应的振幅，从而增加了误差。在样品制备过程对近红外光谱测定结果的精度有很大影响（Cozzolino等，2002；De Marchi等，2007）。与参照方法相比，以大块肉测定的近红外结果比用碎肉或冻干肉测定的结果更可靠(De Marchi等，2007)。

近红外光谱的预测能力在一定程度上依赖于肉中目标物质的可变性，变化范围越广，预测越准确。Ripoll等（2008）发现化学分析结果和近红外光谱扫描结果之间存在差异，说明近红外光谱的预测准确性有待提高。例如，蛋白质的化学测定采用定氮法，而近红外光谱则检测蛋白质分子中存在的所有键。

近年来开发的多光谱和高光谱成像技术，可以提供物质的光谱和空间信息（Kamruzzatnan等，2015）。高光谱成像系统以三维图形式展示空间信息，此外还可以从图像的像素中获取被测物体的信息（图16.2）。利用多变量统计方法，可以对肉品质量参数进行预测。

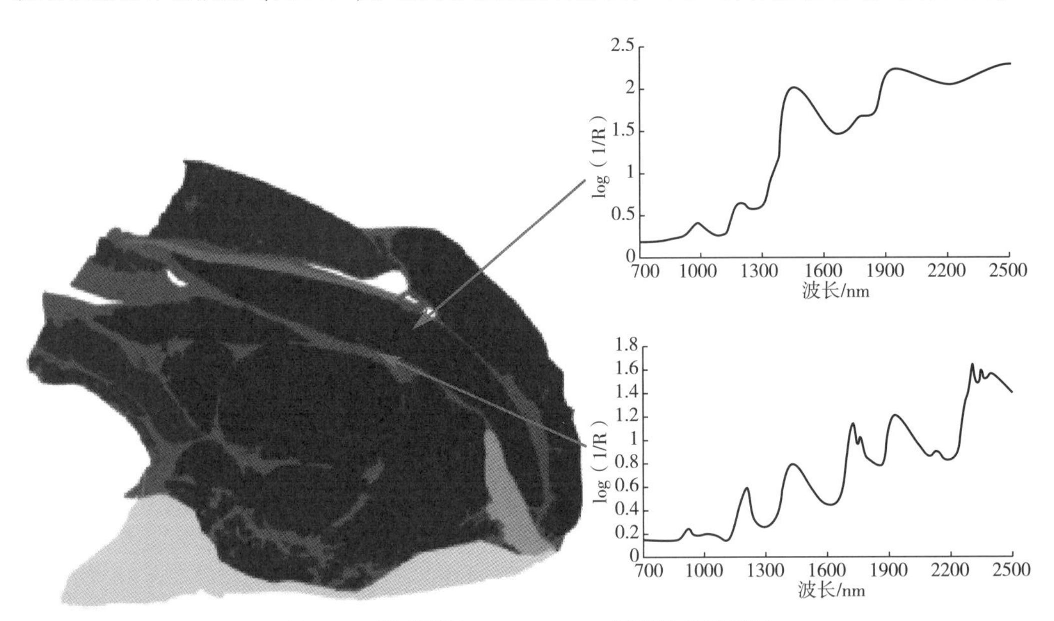

图16.2 背最长肌在700~2500nm范围的近红外光谱

拉曼光谱测量的是光的非弹性散射，可以得到物质的化学组成和分子结构的信息。在拉曼光谱中，当一个分子受到激光的单色光辐射时，产生激发态，然后通过光子的发射回到一个较低能态。这种光子散射的频率比激光低。光子散射和激光之间的差称作拉曼位移。每个波长的散射光强度称为拉曼光谱。拉曼光谱提供了肉类化学成分的信息，类似于红外光谱，可用来预测肉类品质参数。然而，与近红外光谱不同的是，水不会干扰拉曼分析，因为水的信号很弱。

拉曼光谱仪由光源、光学系统、波长选择器和检测器组成。它最近被用于肉类品质的在线预测。图 16.3 所示为猪脂肪组织的拉曼光谱。

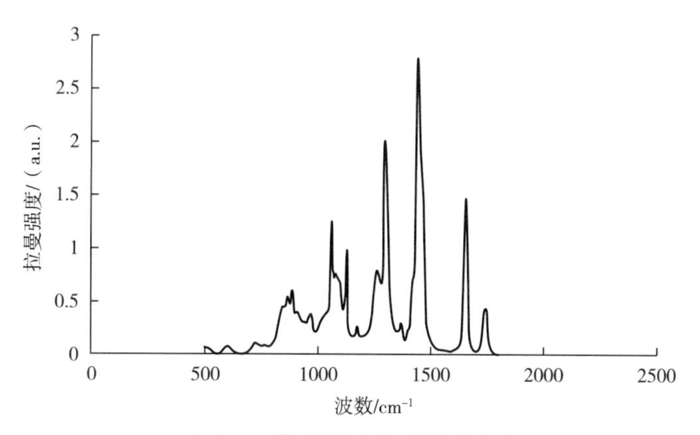

图 16.3 猪脂肪组织的拉曼光谱图像

16.3 新技术在肉类品质评价中的应用

16.3.1 肉品化学成分的预测

肉是由水、蛋白质、脂肪和矿物质组成的。每一种成分为人类提供能量和营养（见第 20 章）。这些成分对产品感官品质、卫生品质和营养品质有决定性的影响（Weeranantanaphan 等，2011）。

研究人员利用近红外光谱预测肉的化学成分，包括牛肉（Ripoll 等，2008）、羊肉（CozzoLino 等，2002）、猪肉（Zamora-Rojas 等，2013）、禽肉（Berzaghi 等，2005）和兔肉（Masoero 等，2004）。

蛋白质是肉的主要营养成分。利用近红外光谱对肉中蛋白质含量的预测结果变化较大，R^2 在 0.30~0.90，但大多数研究给出的 R^2 值在 0.60~0.80，鸡肉中 R^2 可达到 0.90 以上（Cozzolino 等，2002；Berzaghi 等，2005；De Marchi 等，2007）。

用近红外光谱技术预测肉中水分或干物质含量，模型准确性差异很大，R^2 从 0.07（Cozzoliuo 等，2002）到 0.96（De Marchi 等，2007），大多数研究给出的 R^2 大于 0.90。

脂肪含量对肉类的感官品质有重要影响。应用近红外光谱预测脂肪含量的 R^2 在 0.19~1.0，大多数研究中 $R^2>0.90$。

用近红外光谱技术预测肉的化学成分的准确性主要取决于肉类特性、制备方法和样品呈现方式等。

Issakson 等（1996）和 Togersen 等（1999）首次使用近红外光谱在线预测鲜肉糜中化学

成分，Togersen 等（2003）使用近红外光谱来预测半冻肉糜的化学成分。他们通过交叉验证发现，不同研究之间，在线和离线预测的结果不具有可比性。但他们也指出，将肉糜斩拌至 4~8mm 时，使用近红外光谱可较准确地在线预测脂肪、水分和蛋白质含量。将肉斩拌至 13mm 时，测定蛋白含量的结果也可接受。但肉糜直径达到 19mm，测量结果就不够准确。Gonzalez-Martin 等（2002a）用光纤探针比较了猪背脊肉糜和块状肉中脂肪和蛋白质含量，虽然块肉中得到的结果比肉糜结果差，但在肌肉脂肪和蛋白质含量外部验证的 R^2 值依然很高，分别达到 0.95 和 0.76。他们认为他们的结果可用于屠宰线上预测蛋白质和脂肪含量。而 Boschetti 等（2013）和 Balage 等（2015）发现，用近红外光谱预测猪胴体的化学成分，准确性较差。Balage 等（2015）使用的是一种测量波长较窄（400~1700nm）的仪器，而 Boschetti 等（2013）使用的是一种可以记录近红外信号的仪器（1100~2500nm）。

Mage 等（2013）利用在线近红外光谱仪测定修整的碎肉中脂肪含量，并将碎肉分成三个等级，他们发现实测值与预测值存在偏差，但仍具有线上应用的前景。

利用在线高光谱成像可预测肉的化学成分（水分、脂肪和蛋白质），R^2 值超过 0.85（Kamruzzaman 等，2012；Barbin 等，2012；E1Masiy 等，2013；Talons 等，2013；Kamruzzaman 等，2016）。Talons 等（2013）用高光谱成像技术预测熟火腿中脂肪含量，模型的 $R^2=0.32$。

利用超声波技术可预测胴体和肉中的化学成分，特别是脂肪含量。Ninoles 等（2011）研究了超声波在 0℃和 20℃条件下的传播速度，用来预测猪肉中脂肪含量，其 R^2 值分别为 0.77 和 0.65。Lakshmanan 等（2012）也得到类似的结果。Hopkins（1990）采用超声波结合其他方法，预测胴体中脂肪含量。这些作者通过超声波信号和活重来预测脂肪含量，预测模型的 $R^2=0.62$。Abouelkaram 等（2000）发现超声波信号与样品中脂肪含量和干物质含量高度相关（分别为 0.97 和 0.91）。Simal 等（2003）用超声波预测蛋白质和其他物质的含量，$R^2=0.97$。

Morlein 等（2005）和 de Prados 等（2015）使用超声波测定脂肪含量，并对肌肉或肉样进行分级，预测准确率分别为 80%和 88.5%。

16.3.2 肉类营养成分预测

16.3.2.1 脂肪酸含量预测

当前消费者对食品的营养品质越来越敏感。因此，用理想的不饱和脂肪酸和不理想的饱和脂肪酸（SFAs）来描述肌肉脂肪酸组成，可能对消费者更具有潜在的吸引力（见第 20 章和第 21 章）。最近有研究应用近红外光谱来检测畜产品中脂肪酸，特别是官方质量计划所涉及的产品（Weeranantanaphan 等，2011）。

有几项研究报道了应用近红外光谱技术预测牛肉（De Marchi 等，2007；Sierra 等，2008，Prieto 等，2011）、羊肉（Guy 等，2011）、猪肉（Garcia-Olmo 等，2000）和禽肉（Berzaghi

等，2005）中脂肪酸的组成。他们发现近红外光谱可以准确预测各个饱和脂肪酸和单不饱和脂肪酸的含量，以及总饱和脂肪酸和总单不饱和脂肪酸含量。但预测牛肉中多不饱和脂肪酸的准确性较低，R^2 值低于 0.60，预测鸡肉和羊肉（Berzaghi 等，2005；Guy 等，2011）和猪肉（Garcia-Ohno 等，2000；Gonzalez-Martin 等，2005）中多不饱和脂肪酸的准确性要高些。Sierra 等（2008）认为预测牛肉多不饱和脂肪酸含量的准确性低的原因在于：①脂肪酸的化学结构，它们都具有相同近红外波长的 CH_2 基团；②样品中多不饱和脂肪酸的含量比较接近，这降低了校准模型的精度。单胃动物中多不饱和脂肪酸含量的变异性比牛大。反刍动物体内多不饱和脂肪酸含量的一部分在瘤胃中被氢化，从而缩小了肌肉组织多不饱和脂肪酸含量的差异。饲养条件的多样性，导致羔羊的脂肪酸组成比牛肉有更大的差异，这可能解释了前者比后者获得更好的预测结果。Mourot 等（2014）发现用牛肉和羊肉样本组成的数据库对多不饱和脂肪酸进行预测的准确性比使用仅含牛肉的数据库模型更高。

近年来，近红外光谱技术被用来预测胴体脂肪酸组成，如测定完整肌肉表面、胴体表面或活体测定（Prieto 等，2011；Perez-Maria 等，2009）。在胴体上检测脂肪酸组成的准确率明显低于肉糜（除亚油酸外），所有脂肪酸预测准确性 $R^2<0.70$（Prieto 等，2011），主要是由于完整肌肉的物理异质性所致。然而，Perez-Maria 等（2009）指出，近红外光谱技术可在线预测活猪和胴体的脂肪酸组成。

尽管大部分研究都表明近红外光谱能够正确预测脂肪酸（饱和脂肪酸和多不饱和脂肪酸）含量，但预测模型的准确性差别很大。除了前面提到的样品制备缺乏同质性，以及对相同的测定使用不同的参考方法之外，不同类型的仪器也可部分地解释这种差异。Zamora-Rojas 等（2013）比较了两种仪器预测伊比利亚猪某些脂肪酸（C18：0、C18：1、*n*-6 C18：2 和 C16：0）含量的差异。一台固定仪器记录了 780~2208nm 的光谱，另一台便携式仪器记录了 1600~2208nm 的光谱。在完整的脂肪组织里，用固定仪器对硬脂酸、油酸、亚油酸、棕榈酸含量预测得到的 R^2 值分别为 0.92、0.84、0.94 和 0.85，用便携式仪器测量同样样品中的硬脂酸、油酸、亚油酸和棕榈酸含量，得到的 R^2 值分别为 0.83、0.81、0.81 和 0.78。这些结果可为开发适合工业条件的仪器提供帮助。

Mourot 等（个人交流）在一项研究中比较了 7 种仪器在测定非绞碎猪脂肪组织中脂肪酸组成的准确性，结果比预测动物不饱和脂肪酸和多不饱和脂肪酸的准确性差。这可能与动物饲料有关，猪饲料中组成要比其他研究（伊比利亚猪）中的变化小。但用近红外预测 *n*-6 多不饱和脂肪酸和总多不饱和脂肪酸 R^2 值分别为 0.80 和 1.0。富含多不饱和脂肪酸的动物饲料导致组织中脂肪酸含量差异更大（Mairesse 等，2012），所以能更好地预测结果。

用来标定的肌肉可能会影响结果的准确性。Mourot 等（2015）比较了用三种肌肉（胸背最长肌 LT、腹直肌 RA 和半腱肌 ST）建立的基于近红外技术的脂肪酸预测模型，发现用胸背最长肌得到的模型比用腹直肌和半腱肌得到的模型更精确。这是由于不同肌肉群中脂肪酸含量不同。在腹直肌和半腱肌中，纤维光谱是纵向记录的，而在胸背最长肌中是横向记录的。Prieto 等（2006）认为，光色散随纤维方向的不同而不同。Mohan 等（2010）由此得出结论，在两个波段下，要获得可重复的红外吸光度来测定肌红蛋白状态，必须控制纤维的方向。

16. 3. 2. 2 其他营养物质的预测

一些研究试图通过近红外光谱来预测胆固醇含量，但得出的结果相互矛盾。Bajwa 等（2009）使用可见范围的近红外光谱预测完整牛肉中的胆固醇含量，得到的 R^2 为 0. 80；而 Berzaghi 等（2005）应用相同技术测定鸡肉中胆固醇含量，R^2 只有 0. 34。

虽然矿物质本身不吸收近红外光线，Gonzalez-Martin 等（2002b）和 Viljoen 等（2007）成功地使用近红外光谱来预测羊肉和猪肉中的某些矿物质含量。矿物质与吸收近红外光的有机分子存在紧密联系（Andres 等，2008），使之成为可能。用来预测羊肉中铁、钠、钾、磷、镁和锌含量的模型的 R^2 值在 0. 74~0. 79（Viljoen 等，2007）和用来预测猪肉中的铁、锌、钙、钠和钾 R^2 值在 0. 64~0. 84（Gonzalez-Martin 等，2002b）。Gou 等（2013）用高光谱成像技术在线估测火腿切片中盐的含量，预测模型的准确性 R^2 达到 0. 91。

我们尝试用近红外光谱和超声波来预测的其他组分含量，如胶原蛋白或羟脯氨酸，这可能与肉类的韧性有关（Prieto 等，2006）。但 Abonelkaram 等（2000）发现样品中胶原含量与超声波无相关性。Prieto 等（2006）用近红外光谱预测牛肉中胶原蛋白含量的模型 R^2 为 0. 47；Gonzalez-Martin 等（2009）用近红外光谱预测猪肉香肠中胶原蛋白含量的模型 R^2 为 0. 64；Downey 和 Hildrum（2004）发现实测的胶原蛋白含量与近红外光谱预测的胶原蛋白含量之间没有明显的相关性，可能是因为肌肉中纤维蛋白与胶原蛋白具有相同的近红外光吸收。Gonzalez-Martin 等（2009）发现近红外光谱模型的 R^2 值与总体变异之间存在紧密联系。在 INRA Theix 进行的初步研究中，Listrat 等（2014）用近红外光谱预测牛肉中总胶原蛋白含量，模型 R^2 为 0. 88。因此，可以用这种方法测定肉中胶原蛋白含量。

16. 3. 3 肉类加工特性及感官特性预测

16. 3. 3. 1 加工特性

有研究表明，牛肉、羊肉、猪肉或禽肉的 pH 与近红外光谱特性之间无密切关系（Prieto 等，2008；De Marchi，2013；De Marchi 等，2013）（R^2 = 0. 07~0. 62）。有关拉曼光谱与肌肉 pH 之间关系的研究较少（Fowler 等，2015；Scheier 等，2014，2015；Nache 等，2015），预测模型 R^2 为 0. 48~0. 97。pH 的测定主要受肌肉结构和组织中肌原纤维的影响（Lebret 等，2015）。

样品形式可能会影响结果（Prieto 等，2009）。与用于预测肉的化学和营养组成所获得的结果相反，通过仪器测定碎肉破坏肌肉结构，与完整肌肉相比，其光散射性质发生改变，使得预测不太准确。另一个降低准确性的因素是 pH 的变化很小（Berzaghi 等，2005）。但是，Savenije 等（2006）发现，近红外光谱可能是测定 pH 的好方法，因为参考方法（pH 计）在常规使用条件下是缓慢且不准确的。得到 Cozzolino 等（2002）、Andres 等（2008）证实，他们获得模型的 R^2 值分别为 0.81 和 0.97。Liao 等（2010，2012）用近红外光谱在线测量肉的 pH，预测模型的 R^2 值为 0.82 和 0.91，但残差低于 2。因此，近红外光谱可用来测定新鲜猪肉块的 pH。

颜色是肉的感官特性之一（见第 11 章），是消费者买肉时关注的指标。它通常由 L^*、a^* 和 b^*（CIE，1978；Lebret 等，2015）决定，可以用近红外光谱来测定，但相关研究结果互相矛盾。尽管测量方法是相同的，但应用条件的不同（测定时间、样品形式等）导致结果存在一定的差异。Liu 等（2003）、Leroy 等（2004）、Prieto 等（2008、2009）和 De Marchi 等（2013）报道的 R^2 均大于 0.78，这些作者用近红外光谱测定参照样品。样品的制备方法也会对测定结果产生影响。通常在完整肌肉上的测定结果比加工肉的测定结果好。但是，Prieto 等（2008）用近红外光谱测定肉糜的 L^* 和 b^*，预测模型的 R^2 分别为 0.87 和 0.90。绞碎过程中使肌肉结构严重变性，但这不应影响肉色指标。Cecchinato 等（2011）采用与 Prieto 等（2008）相同的方法。测定碎肉的颜色，发现预测模型的准确性较低（R^2 值为 0.64 和 0.44）。拉曼光谱也可用于测定猪半膜肌肉色，最佳结果是 L^*（R^2=0.33~0.64）（Fowler 等，2015；Scheier 等，2014）和 b^*（R^2= 0.73）（Scheier 等，2014）。

用 800~2500nm 红外波段来预测 L^* 和 b^*。Leroy 等（2004 年）和 Prieto 等（2008）研究得到 R^2 值为 0.75 和 0.90。Murray 等（1987）发现测定结果与肌内脂肪中 C—H 键的数量有关。此外，400~700nm 波段的光谱对成功预测 a^* 是非常关键的，Liu 等（2003）报告的 R^2 大于 0.86。这主要是因为 a^* 值与肉中水分含量、肌红蛋白及其衍生物含量有关，肌红蛋白在可见光区（405~1100nm）具有明显的吸收（Prieto 等，2009）。

肉的持水能力是也是重要的肉类品质属性（见第 14 章），它影响熟肉制品的加工得率和肉的感官品质（Lebret 等，2015）。大多数研究结果表明近红外光谱不能很好地预测肉的持水能力（R^2=0.001~0.58）（Prieto 等，2008）。Prieto 等（2009）结果表明，肉样的异质性影响近红外光谱测定结果的准确性，用近红外光谱来预测持水能力的模型 R^2 值非常低。

16.3.3.2 感官特征

对消费者最重要的肉的感官特征是外观、质地、嫩度、多汁性和风味（Lebret 等，2015）。所有这些特征都源于化学组成不同，结构特征和加工特性（脂质含量、胶原蛋白含量、肌纤维类型、pH 等）不同（见第 15 章）。研究表明，近红外光谱可以准确预测肉类的感官品质（Venel 等，2001；Prieto 等，2009），但 R^2 值在 0.10~0.58。Liu 等（2003）认为影响预测准确性的几个因素：在感官分析中使用的标尺太窄，导致感官特征的预测精确度和准确性低；用于近红外光谱测定的样品和用于感官品尝的样品不同；同一肌肉异质性大。

Ripoll 等（2008）用近红外光谱预测不同品种和年龄的牛肉嫩度的校准模型的 R^2 值为 0.98。但总体来说，用近红外光谱不能可靠地预测肉类感官品质。

通过近红外光谱数据和剪切力数据建立的肉嫩度预测模型准确性不一样（$R^2=0.01\sim0.74$）（Andres 等，2008；Cecchinato 等，2011；De Marchi 等，2013）。Liao 等（2010）报告 R^2 校准值为 0.72，但验证值仅为 0.27。Hoving-Bolink 等（2005）用近红外光谱在线预测猪胴体中的剪切力，R^2 为 0.35。Rust 等（2008）用近红外光谱技术在线预测背最长肌的嫩度，发现 70%的被认证为“嫩”的腰背最长肌可以被近红外光谱准确预测。

应用拉曼光谱预测剪切力的准确性差异很大（$R^2=0.06\sim0.86$）（Bauer 等，2016；Beattie 等，2004；Fowler 等，2014；Pedersen 等，2003）。Leroy 等（2004）认为这种差异可能是由于参照样品的异质性所致。Prieto 等（2008）发现相同样品上测定近红外光谱和剪切力之间存在显著差异，近红外光谱与剪切力之间的相关性差。Liu 等（2003）和 De Marchi 等（2007）报道，肌肉的异质性有助于解释剪切力测定的变异性，因为近红外光谱分析的肉样与剪切力测量的肉样不同。De Marchi 等（2013）采用肉糜来分析，R^2 值没有明显改善，反而降低模型的准确性。

超声波可用来预测肉类的质地。Llull 等（2002）报道了超声波传播速度与肉的韧性和压缩力有关，R^2 值为 0.95。Monin（1998）发现，当用于活体动物和胴体测定时，超声波可以很好地预测肉质。总之，超声和光谱测定法目前都不适用于预测肉类感官品质，主要是由于没有可重复和可靠的参照（不能同时用来进行感官分析和剪切力测定）。

16.4 结论

根据定义，评估肉用动物的健壮程度需要在相同的环境条件下同时对相同动物进行表型分析，以便能够测量生产水平、生产效率、健康状况、福利水平等，以及不同的品质特性（食用品质、营养成分和生化组分）以及加工特性。动物对环境变化的性能响应（以及对其稳健性的评估）也需要经常重复测量特定性状，因此高通量表型具有重要价值（Friggens 等，2010）。

动物健壮程度和畜产品质量的评估在遗传选择中也很重要，遗传选择必须生产符合动物源食品需求的肉用动物：环境影响小，健康价值高，同时改善动物福利。遗传选择已进入基因组学时代，引出了基因组选择的概念（Meuwissen 等，2016）。自基因组学出现以来，表型分析已经成为实施基因组选择来提高动物的效率和生产高品质产品的限制因素。一个主要目标是在动物基因型与其表型之间建立更精细的功能关系。目前可以用机器人来完成相对低成本、标准化的基因分型：表型分析也可以采用相同的方法，以确保测量的可重复性，这是有效遗传选育的先决条件。

未来的趋势是需要标准化、可重复的测量肉用动物及其产品的表型。这种需求带来了高通量表型的概念，即“一种快速、可重复和自动化的测量表型的方法，可产生大量数据”（Hocquette等，2012）。在这种情况下，用于确定肉质的无损检测方法对工业操作者具有吸引力。在肉质方面，超声波、近红外光谱和拉曼光谱是快速、灵活和准确的方法，为产品质量的预测提供了巨大的潜力，已成功应用于大量农产品。近年来，这些方法在肉质预测方面进行了广泛的研究，但是由于数据信息量不够大，预测的准确性还不尽如人意。对于近红外光谱，结果差异很大，对于肉制品的品质预测并不完全令人满意。肌肉组织的复杂性和异质性是主要限制因素。

致谢

在此向提供拉曼光谱图像的 Michiyo Motoyama 表示感谢。

参考文献

Abouelkaram, S. , Suchorski, K. , Buquet, B. , Berge, P. , Culioli, J. , Delachartre, P. , Basset, O. , 2000. Effects of muscle texture on ultrasonic measurements. Food Chemistry 69,447-455.

Andrés,S. ,Silva,A. ,Soares-Pereira,A. L. ,Martins,C. ,Bruno-Soares,A. M. ,Murray,I. ,2008. The use of visible and near infrared reflectance spectroscopy to predict beef *M. longissimus thoracis et lumborum* quality attributes. Meat Science 78,217-224.

Andueza,D. ,Mourot,B. P. ,Aït-Kaddour,A. ,Prache,S. ,Mourot,J. ,2015. Utilisation de la spectroscopie dans le proche infrarouge et de la spectroscopie de fluorescence pour estimer la qualité et la traçabilité de la viande. In: Picard,B. ,Lebret,B. (Eds.),Numéro spécial,Le muscle et la viande,28. INRA Productions Animales,pp. 197-208.

Awad,T. S. ,Moharram,H. A. ,Shaltout,O. E. ,Asker,D. ,Youssef,M. M. ,2012. Applications of ultrasound in analysis,processing and quality control of food: a review. Food Research International 48,410-427.

Bajwa,S. G. ,Kandaswamy,J. ,Apple,J. K. ,2009. Spectroscopic evaluation of the nutrient value of ground beef patties. Journal of Food Engineering 92,454-460.

Balage,J. M. ,da Luz e Silva,S. ,Gomide,C. A. ,Bonin,M. N. ,Figueira,A. C. ,2015. Predicting pork quality using VIS/NIR spectroscopy. Meat Science 108,37-43.

Barbin,D. F. ,ElMasry,G. ,Sun,D. -W. ,Allen,P. ,2012. Non-destructive determination of chemical composition in intact and minced pork using near-infrared hyperspectral imaging. Food Chemistry 138,1162-1171.

Bauer,A. ,Scheier,R. ,Eberle,T. ,Schmidt,H. ,2016. Assessment of tenderness of aged bovine gluteus medius muscles using Raman spectroscopy. Meat Science 115,27-33.

Beattie,R. J. ,Bell,S. J. ,Farmer,L. J. ,Moss,B. W. ,Patterson,D. ,2004. Preliminary investigation of the application of Raman spectroscopy to the prediction of the sensory quality of beef silverside. Meat Science 66, 903-913.

Bertrand,D. ,2002. La spectroscopie proche infrarouge et ses applications dans les industries de l' alimentation animale. INRA Productions Animales 15,209-219.

Berzaghi,P. ,Dalla Zotte,A. ,Jansson,L. M. ,Andrighetto,I. ,2005. Near-infrared reflectance spectroscopy as a method to predict chemical composition of breast meat and discriminate between different n-3 feeding sources. Poultry Science 84,128-136.

Boschetti, L., Ottavian, M., Facco, P., Barolo, M., Serva, L., Balzan, S., Novelli, E., 2013. A correlative study on data from pork carcass and processed meat (Bauemspeck) for automatic estimation of chemical parameters by means of near infrared spectroscopy. Meat Science 95,621-628.

Cecchinato, A., De Marchi, M., Penasa, M., Albera, A., Bittante, G., 2011. Near-infrared reflectance spectroscopy predictions as indicator traits in breeding programs for enhanced beef quality. Journal of Animal Science 89,2687-2695.

CIE, 1978. International Commission on Illumination, Recommendations on Uniform Colour Spaces, Colour Difference Equations, Psychometric Color Terms. CIE Publication, Paris, France.

Cozzolino, D., Murray, I., 2002. Effect of sample presentation and animal muscle species on the analysis of meat by near infrared reflectance spectroscopy. Journal of Near Infrared Spectroscopy 44,37-44.

Damez, J. L., Clerjon, S., 2008. Meat quality assessment using biophysical methods related to meat structure. Meat Science 80,132-149.

Damez, J. L., Clerjon, S., 2013. Quantifying and predicting meat and meat products quality attributes using electromagnetic waves: an overview. Meat Science 95,879-896.

De Marchi, M., Berzaghi, P., Boukha, A., Mirisola, M., Gallo, L., 2007. Use of near infrared spectroscopy for assessment of beef quality traits. Italian Journal of Animal Science 6,421-423.

De Marchi, M., Penasa, M., Cecchinato, A., Bittante, G., 2013. The relevance of different near infrared technologies and sample treatments for predicting meat quality traits in commercial beef cuts. Meat Science 93, 329-335.

De Marchi, M., 2013. On-line prediction of beef quality traits using near infrared spectroscopy. Meat Science 94,455-460.

de Prados, M., Fulladosa, E., Gou, P., Muñoz, I., Garcia-Perez, J. V., Benedito, J., 2015. Nondestructive determination of fat content in green hams using ultrasound and X-rays. Meat Science 104,37-43.

Downey, G., Hildrum, K. I., 2004. Analysis of meat. In: Roberts, C. A., Workman Jr., J., Reeves Ⅲ, J. B. (Eds.), Near Infrared Spectroscopy in Agriculture Agronomy. American Society of Agronomy Inc., Crop Science Society of America Inc., Soil Science Society of America Inc., Madison, USA, pp. 599-632.

ElMasry, G., Sun, D. -W., Allen, P., 2013. Chemical-free assessment and mapping of major constituents in beef using hyperspectral imaging. Journal of Food Engineering 117,235-246.

FABRE, 2006. Sustainable Farn Animal Breeding and Reproduction-A Vision for 2025 Available from: hutp://www. euroqualityfiles. net/vision_pdf/vision_fabre. pdf.

Fowler, S. M., Schmidt, H., van de Ven, R. Wynn, P. Hopkins, D. L., 2014. Raman spectroscopy compared against traditional predictors of shear force in lamb *m. longissimus lumborum*. Meat Scicnce 98. 652-656.

Fowler, S. M., Schmidt. H., van de Ven. R, Wynn, P. Hopkins, D. L., 2015. Predicting meat qualitytraits of ovine *m. semimembranosus*, both fresh and following freezing and thawing. using a hand held Raman spectroscopic device. Meat Science 108,138-144.

Friggens. N. Sauvant, D., Martin, O., 2010. Towards operational definitions of robustness that rely on biology: nutrition. INRA Productions Animales 23,43-52.

García-Olmo, J. De Pedro, E., Garrido Varo, A., Jimenez, A., Salas, J., Santolalla, M., 2000. Fatty acids analysis of Iberian pig fat by near infrared spectroscopy (NIRS). CIHEAM-Options Méditerranéennes. Série A 41,191-195.

González Martín. I., González Pérez. C., Hernández Méndez, J., Alvarez García, N., Hernández Andaluz, J. L., 2002a. On-line non-destructive determinations of proteins and infiltrated fat in Iberian pork loin by near infrared spectrometry with a remote reflectance fibre optic probe Analytica Chimica Acta 453,281-288.

González-Martín, I., González Pérez, C., Hernández Méndez. J., Alvarez García, N., 2002b. Mineral analysis (Fe, Zn, Ca, Na, K) of fresh Iberian pork loin by near infrared reflectance spectrometry. Dctermination of Fe, Na and K with a remote fibre-optic reflectance probe. Analytica Chimica Acta 468, 293-301.

González-Martín, I., González Pérez. C., Hernández Méndez. J., Alvarez García. N., Hernández Andaluz. J. L., 2005. On-line non destructive determination of proteins and infiltrated fat in Iberian pork loin by near infrared spectrometry with a remote refiectance fibre optic probe. Analytica Chimica Acta 453, 281-288.

González-Martín, I., Bermejo. C. F., Hierro, J. M. H., González, C. I. S., 2009. Determination of hydroxyproline in cured pork sausages and dry cured beef products by NIRS technology employing a fibre-optic probe. Food Control 20, 752-755.

Gou. P., Santos Garcés, E., Hoy, M., Wold, J. P., Liland, K. H., Fulladosa, E., 2013. Feasibility of NIR interactance hyperspectral imaging for on-line measurement of crude composition on vacuum packed dry-cured ham slices. Meat Science 95, 250-255.

Guy, F., Prache, S., Thomas, A., Bauchart, D., Andueza, D., 2011. Prediction of lamb meat fatty acid composition using near-infrared reflectance spectroscopy (NIRS). Food Chemistry 127, 1280-1286.

Hocquette, J. F., Capel, C., David, V., Guéméné, D., Bidanel, J., Ponsart, C., Gastinel. P. L., Le Bail, P. Y., Monget, P., Mormède. P., Barbezant, M., Guillou, F., Peyraud, J. L., 2012. Objectives and applications of phenotyping network set-up for livestock. Animal Science Joumal 83, 517-528.

Hopkins, D. L., 1990. The use of ultrasounds to predict fatness in lambs. Meat Science 27, 275-281.

Hoving-Bolink, A. H., Vedder, H. W., Merks, J. W. M., de Kicin, W. J. H., Reimert, H. G. M., Frankhuizen. R., van den Brock. W. H. A. M., Lambooij, E. E., 2005. Perspective of NIRS measurements early post mortem for prediction of pork quality. Meat Science 69, 417-423.

Issakson, T., Nilsen, B. N., Togersen, G., Hammond, R. P., Hildrum, K. I., 1996. On-fine, peoximate analysis of ground beef directly at a meat grinder outiet. Meat Science 46, 245-253.

Kamruzzaman, M., EIMasry, G., Sun, D. -W., Allen, P., 2012. Non-destructive predictioe and visualization of chemical composition in lamb meat using NIR hyperspectral imaging and multivariate regression. Innovative Food Science & Emerging Technologies 16, 218-226.

Kamruzzaman, M., Makino, Y., Oshita, S., 2015. Non-invasive analytical technology for the detection of contamination, adulteration and authenticity of meat, pouitry and flsh: a review. Analytica Chimica Acta 853, 19-29.

Kamruzzaman, M., Makino, Y., Oshita, S., 2016. Parsimonious model development for real-time monitoring of moisture in red meat using hyperspectral imaging. Food Chemistry 196, 1084-1091.

Lakshmanan. S., Koch, T., Brand, S., Mannicke, N., Wicke, M., Morlein, D., Raum, K., 2012. Prediction of the intramuscular fat content in loin muscle of pig carcasses by quantitative timeresolved ultrasound. Meat Science 80, 216−225.

Le Bihan-Duval, E., Talon, R., Brochard, M., Gautron, J., Lefevre, F., Larzul, C., Baeza, E., Hocquette, J. F., 2014. Phenotyping of animal product quality: challenges and innovations. INRA Productions Animales 27, 223-234.

Lebret, B., Picard, B., 2015. Les principales composantes de la qualité des carcasses et des viandes dans les différentes espèces animales. INRA Productions Animales 28, 93-98.

Leroy, B., Lambotte, S., Dotreppe, O., Lecocq, H., Istasse, L., Clinquart, A., 2004. Prediction of technological and organoleptic properties of beef *Longissimus thoracis* from near infrared reflectance and transmission spectra. Meat Science 66, 45-54.

Liao, Y. T., Fan, Y. X., Cheng, F., 2010. On-line prediction of fresh pork quality using visible/nearinfrared reflectance spectroscopy. Meat Science 86, 901-907.

Liao, Y., Fan, Y., Cheng, F., 2012. On-line prediction of pH values in fresh pork using visible/nearinfrared reflectance spectroscopy with wavelet de-noising and variable selection methods Meat Science 109,668-675.

Listrat, A. , Durand,D. ,Micol,D. ,Andueza, D. ,2014. Utilisation de la spectroscopie dans le proche infra-rouge pour predire la composition du tissu conjonetif de la viande bovine. Resultais preliminaires. Viandes & Produits Carnés,hors série 155-156.

Liu,Y. ,Lyon,B. G. ,Windham,W. R. ,Realini,C. E. ,Pringle,T. D. D. ,Duckett,S. ,2003. Prediction of color, texture, and sensory characteristics of beef steaks by visible and near infrared reflectance spectroscopy. A feasibility study. Meat Science 65,1107–1115.

Llull,P. ,Simal,S. ,Benedito, J. ,Rossello, C. ,2002. Evaluation of textural properties of a meatbased product (sobrassada) using ultrasonic techniques. Jounal of Food Engineering 53,279-285.

Mage,I. ,Wold,J. P. ,Bjerke,F. ,Segtman,V. ,2013. On-line sorting of meat trimmings into targeted fat categories. Journal of Food Engineering 115,306-313.

Mairesse,G. ,Douzenel,P. ,Mourot,J. ,Vautier,A. ,Le Page,R. ,Goujon,J. M. ,Poffo,L. ,Sire, O. , Chesneau,G. ,2012. La spectroscopie proche infrarouge: outil d' analyse rapide sur carcasse de la teneur en acides gras polyinsaturés n-3 des gras de bardière du porc charcutier. In: 44e Journées de la Recherche Porcine,Paris,France,IFIP,INRA,pp. 211-212.

Masoero, G. , Bergoglio, G. ,Brugiapaglia, A. , Destefanis,G. ,Chicco,R. ,2004. FT-NIR spectroscopy of fresh and treated muscle tissue in young female rabbits. In: 8th World Rabbit Congress, Puebla, Mexico, pp. 1409-1415.

Meuwissen, T. , Hayes, B. , Mike Goddard,M. ,2016. Genomic selection: a paradigm shift in animal breeding. Animal Frontiers 6,6-14.

Mohan, A. ,Hunt,M. C. , Barstow, T. J. , Houser,T. A. ,Bopp,C. ,Hueber,D. M. , 2010. Effects of fibre orientation, myoglobin, redox form, and post mortem storage on NIR tissue oximeter measurements of beef *longissimus* muscle. Meat Science 84,79-85.

Monin,G. ,1998. Recent methods for predicting quality of whole meat. Meat Science 49,S231-S243.

Mörlein,D. ,Rosner,F. ,Brand,S. ,Jenderka,K. -V. ,Wicke,M. ,2005. Non-destructive estimation of the intramuscular fat content of the longissimus muscle of pigs by means of spectral analysis of ultrasound echo signals. Meat Science 69,187-199.

Mormède,P. ,Foury,A. ,Terenina,E. ,Knap,P. ,2011. Breeding for robustness:the role of cortisol. Animal 5,651-657.

Mourot,B. ,P. ,Gruffat,D. ,Durand,D. ,Chesneau,G. ,Prache,S. ,Mairesse,G. ,Andueza,D. ,2014. New approach to improve the calibration of main fatty acids by near-infrared reflectance spectroscopy in ruminant meat. Animal Production Science 54,1848-1852.

Mourot,B. P. ,Gruffat,D. ,Durand,D. ,Chesneau,G. ,Mairesse,G. ,Andueza,D. ,2015. Breeds and muscle types modulatc performance of Near Infrared Reflectance Spectroscopy to predict the fatty acid composition of bovine meat. Meat Science 99,104-112.

Murray,I. ,Williams,P. C. ,1987. Chemical principles of near-infrared technology. In: Williams,P. C. , Norris,K. (Eds.),Near-Infrared Technology in the Agricultural and Food Industries. American Association of Cereal Chemists,St. Paul,USA,pp. 17-34.

Nache,M. ,Scheier,R. ,Schmidt,H. ,Hitzmann,B. ,2015. Non-invasive lactate-and pH-monitoring in porcine meat using Raman spectroscopy and chemometrics. Chemometrics and Intelligent Laboratory Systems 142, 197-205.

Niñoles,L. ,Mulet,A. ,Ventanas,S. ,Benedito,J. ,2011. Ultrasonic characterisation of *B. femoris* from Iberian pigs of different genetics and feeding systems. Meat Science 89,174-180.

Pedersen,D. K. ,Morel,S. ,Andersen,H. J. ,Engelsen,S. B. ,2003. Early prediction of water-holding capacity in meat by multivariate vibrational spectroscopy. Meat Science 65,581-592.

Pérez-Marín, D., De Pedro Sanz, E., Guerrero Ginel, J. E., Garrido Varo, A., 2009. A feasibility study on the use of near-infrared spectroscopy for prediction of the fatty acid profile in live Iberian pigs and carcasses. Meat Science 83, 627-633.

Prevolnik, M., Candek Potokar, M., Škorjanc, D., 2004. Ability of NIR spectroscopy to predict meat chemical composition and quality: a review. Czechoslovak Journal of Animal Science 49, 500-510.

Prieto, N., Andrés. S., Giráldez, F. J., Mantecón, A. R., Lavín, P., 2006. Potential use of near infrared reflectance spectroscopy (NIRS) for the estimation of chemical composition of oxen meat samples. Meat Science 74, 487-496.

Prieto, N., Andrés, S., Giráldez, F. J., Mantecón, A. R., Lavín, P., 2008. Ability of near infrared reflectance spectroscopy (NIRS) to estimate physical parameters of adult steers (oxen) and young cattle meat samples. Meat Science 79, 692-699.

Prieto, N., Roche, R., Lavín, P., Batten, G., Andrés, S., 2009. Application of near infrared reflectance spectroscopy to predict meat and meat products quality: a review. Meat Science 83, 175-183.

Prieto, N., Ross, D. W., Navajas, E. A., Richardson, R. I., Hyslop, J. J., Simm, G., Roehe, R., 2011. On line prediction of fatty acid profiles in crossbred Limousin and Aberdeen Angus beef cattle using near infrared reflectance spectroscopy. Animal 5, 155-165.

Ripoll, G., Albertí, P., Panea, B., Olleta, J. L., Sañudo, C., 2008. Near infrared reflectance spectroscopy for predicting chemical, instrumental and sensory quality of beef. Meat Science 80, 697-702.

Rust, S. R., Price, D. M., Subbiah, J., Kranzler, G., Hilton, G. G., Vanoverbeke, D. L., Morgan, J. B., 2008. Predicting beef tenderness using near-infrared spectroscopy. Journal of Animal Science 86, 211-219.

Sauvant, D., Martin, O., 2010. Robustesse, rusticité, flexibilité, plasticité... les nouveaux critères de qualité des animaux et des systèmes d'élevage: définitions systémique et biologique des différents concepts. In: Sauvant, D., Perez, J. M. (Eds.). Robustesse, rusticité, flexibilité, plasticité, résilience... les nouveaux critères de qualité des animaux et des systèmes d'élevage, 23. Dossier INRA Productions Animales pp. 5-10.

Savenije, B., Geesink, G. H, Van der Palen, J. P. G., Hemke, G., 2006. Prediction of pork quality using visible/near infrared reflectance spectroscopy. Meat Science 73, 2693-2699.

Scheier, R., Bauer, A., Schmidt, H., 2014. Early postmortem prediction of meat quality traits of porcine *Semimembranosus* muscles using a portable Raman system. Food Bioprocess Technology 7, 2732-2741.

Scheier, R., Scheeder, M., Schmidt, H., 2015. Prediction of pork quality at the slaughter line using a portable Raman device. Meat Science 103, 96-103.

Schwarze. H., 29-30 October 1996. Continuous fat analysis in the meat industry. Report no. 96-10-1. In: Third European Symposium on Near Infrared (NIR) Spectroscopy, pp. 43-49. Kolding, Denmark.

Scollan, N. D., Greenwood, PL., Newbold, C. J., Yáñez Ruiz, D. R., Shingfield, K. J., Wallace, RJ., Hocquette. J. F., 2011. Future research priorities for animal production in a changing world. Animal Production Science 51, 1-5.

Sierra, V., Aldai, N., Castro, P., Osoro, K., Coto-Montes, A., Oliván, M., 2008. Prediction of the fatty acid composition of beef by near infrared transmittance spectroscopy Meat Science 78, 248-255.

Simal. S., Benedito, J., Clemente, G., Fenenia, A, Rosello, C., 2003. Ultrasonic determination of the composition of a meat-based product. Jounal of Food Engineering 58, 253-257.

Talens. P., Mora. L, Morsy, N., Barbin, D. F., ElMasry, G., Sun, D. -W., 2013. Prediction of water and protein contents and quality classification of Spanish cooked ham using NIR hyperspectral imaging. Journal of Food Engineering 117, 272-280.

Togersen. G., Issakson. T., Nilsen, B. N., Bakker, E. A., Hildrum, K. I., 1999. On-line NIR analysis of fat, water and protein in industrial scale ground meat batches. Meat Science 51, 97-102.

Togersen, G., Amessen, J. F., Issakson, T., Nilsen, B. N., Hildrum, K. I., 2003. On-line prediction of chemical composition of semi-frozen ground beef by non-invasive NIR spectroscopy. Meat Science 63,515-523.

Venel,C. ,Mullen,M. ,Downey. G. ,Troy,D. J. ,2001. Prediction of tenderness and other quality attributes of beef by near infrared reflectance spectroscopy between 750 and 1100 nm. Journal of Near Infrared Spectroscopy 9,185-198.

Viljoen,M. , Hoffman, L. C. , Brand, T. S. , 2007. Prediction of the chemical composition of mutton with near infrared reflectance spectroscopy. Small Ruminant Research 69,88-94.

Weeranantanaphan,J. , Downey. G. , Allen, P. , Sun. D. , 2011. A review of near infrared spectroscopy in muscle food analysis:2005-2010. Jounal of Near Infrared Spectroscopy 19,61-104.

Yang. D. ,Ying. Y. ,2011. Applications of Raman spectroscopy in agricultural products and food analysis:a review. Applied Speetroscopy Reviews 46,539-560.

Zamora-Rojas, E. , Garrido Varo. A. , De Pedro Sanz, E, Guerrero Ginel, J. E. , Perez Marin, D. , 2013. Prediction of fatty acids content in pig adipose tissue by near infrared spectroscopy:at line versus in situ analysis. Meat Science 95,503-511.

17 肉类安全：Ⅰ．食源性致病菌及其他生物性因素

Alexandra Lianou，Efstathios Z. Panagou，George-John E. Nychas

Agricultural University of Athens，Athens，Greece

17.1 引言

肉和肉制品的安全被认为是由一系列与微生物或其他（生物或非生物）相关因素引起的安全问题，也一直是人们关注的主要社会问题之一。近年来，肉类食品存在潜在安全风险，包括：动物生产、产品加工和配送方式的变化；国际贸易的增加；全球肉类消费的增加；消费需求和消费模式的变化（如对加工食品的偏好）；更高的消费者感染风险；消费者兴趣、意识和监督能力的增加（Sofos，2008）。

尽管各种非生物方面的担忧一直存在，而且预计将继续与肉类安全有关，如食品添加剂、化学残留物和转基因生物，但在食源性疾病和产品召回方面，致病微生物通常是最严重的肉类安全问题（Sofos，2008）。新鲜的禽肉中主要安全隐患是肠道致病菌，如肠出血性大肠杆菌（EHEC）和肠沙门氏菌，其主要宿主是食源性动物（Rhoades 等，2009）。即食（RTE）禽畜肉制品加工后处理过程中会污染单增李斯特菌，并在贮藏过程中长期存活（USFDA/USDA-FSIS，2003）。其他细菌如空肠弯曲杆菌、产气荚膜梭菌和小肠结肠炎耶尔森菌也可能带来肉类安全问题，而病毒、寄生虫和其他生物学因素如朊病毒也应予以重视。

本章介绍了与肉类安全有关的食源性病原体的主要特征、流行病学和传播途径，特别强调了致病性细菌。此外，还讨论了肉类安全面临的其他生物学问题以及当前出现的新挑战。

17.2 与肉及肉制品有关的食源性疾病

食品安全干预具有重要价值，但将食源性疾病归因于特定的食品并非易事，主要是受到方法限制和可用数据缺乏的阻碍。为了找到食源性疾病的食物来源，人们使用了各种方法包括疫情数据分析、病例对照研究、微生物亚型和病源追踪方法，当疫情数据缺乏、稀少或高度不确定时，采取专家判断方式（Batz 等，2005）。尽管关于疾病暴发调查的报告被认为是最全面的数据来确定导致疾病的食物，但真正的病原体可能被忽视。这种局限性可以通过病例对照研究提供的信息来解决，这些信息对于评估散发性疾病的食源性归因具有重要价值。由于所有的数据来源并不充足，食源性疾病准确和可靠地归因于特定的食物，需要有特定的计划（Batz 等，2005）。

2014 年，欧盟（EU）共报告了 5251 起食源性和水源性事故，但只有 592 起事故与食品有关，导致 12770 人出现病状，其中 1476 人住院（11.6%）和 15 人死亡（0.12%）。最常见的病原体是病毒和沙门氏菌，沙门氏菌的致死率较高。蛋和蛋制品是沙门氏菌最重要传播媒介，混合食品、甲壳类动物、贝类、软体动物及其产品、蔬菜和果汁也是沙门氏菌的传播媒介。有数据表明，“牛肉及其制品”“鸡肉及其制品”“猪肉及其制品”“其他或混合肉类及其制品”引起食源性疾病的概率分别为 2.2%、6.3%、6.6%和 4.9%（EFSA-ECDC，2015）。

据估计，美国每年由食源性病原体引起的病例多达900多万（Scallan等，2011）。根据1998—2008年暴发的相关疾病数据（4589起涉及食物媒介和单一病原体的疾病暴发），共有36种病原体造成了120321人生病（Painter等，2013）。诺如病毒（NoV）也是引起疾病暴发的重要病原体，但大多数病毒性疾病都归因于叶菜、果仁和乳制品。大多数细菌性疾病来源于乳制品（18%）、禽肉（18%）和牛肉（13%）。畜禽肉（牛肉、野味、猪肉和禽肉）引起疾病的发生率为22%，死亡率为29%。禽肉感染引起的死亡率（19%）比其他食品高，其中大部分死亡率都与单增李斯特菌和沙门氏菌有关（Painter等，2013）。

在不同国家，特定食源性疾病的归因可能存在很大差异，这与社会和文化差异有关。与欧盟相比，美国畜禽肉与食源性疾病的相关性更高。在过去十年中，欧盟和美国发生的与肉和肉制品有关的食源性疾病典型例子见表17.1。

表17.1 近年来与肉类和肉类产品有关的食源性疾病病例的特征性暴发

年份	国家	致病菌	食品来源[①]	参考文献/来源
2005	美国	诺如病毒	包装熟食肉	Malek等（2009）
2006	奥地利	肉毒梭菌	烧烤猪肉	Meusburger等（2006）
2007	美国	大肠埃希氏菌O157：H7	牛肉馅饼	CDC[②]
2008	瑞士	鼠伤寒沙门氏菌	肉制品	Schmid等（2008）
2008	美国	大肠埃希氏菌O157：H7	牛肉	CDC[②]
2009	荷兰	鼠伤寒沙门氏菌噬菌体132型	生牛肉或未熟透的牛肉制品	Whelan等（2010）
2009	美国	大肠埃希氏菌O157：H7	牛肉	CDC[②]
2010	法国	鼠伤寒沙门氏菌4、5、12：i：	牛肉	Raguenaud等（2012）
2010	美国	大肠埃希氏菌O157：H7	牛肉	CDC[②]
2011—2013	欧盟(多国暴发)	斯坦利沙门氏菌	火鸡肉	Kinross等（2014）
2011	美国	海得尔堡沙门氏菌	火鸡肉糜	CDC[②]
2012	美国	肠炎沙门氏菌	牛肉糜	CDC[②]
2013	美国	鼠伤寒沙门氏菌	牛肉糜	CDC[②]
2014	美国	海得尔堡沙门氏菌	鸡肉	CDC[②]
2015	美国	多重耐药性沙门氏菌Ⅰ4、5，12：i：-和婴儿沙门氏菌	猪肉	CDC[②]

注：①表示此类食品为主要的传播媒介；
②美国卫生部疾病控制和预防中心。

17.3 细菌和细菌毒素

17.3.1 弯曲杆菌

弯曲杆菌，属于弧菌属，最初发现与动物疾病（牛和羊的自发流产）相关，在20世纪

70年代发现其也是人类疾病的病原体。弯曲杆菌属是弯曲杆菌科的一种成员，由14个种组成，其中空肠弯曲杆菌（*Campylobacter jejuni*）、结肠弯曲杆菌（*Campylobacter coli*）、海鸥弯曲杆菌（*Campylobacter lari*）和乌普萨拉弯曲杆菌（*Campylobacter upsaliensis*）对人类具有致病性（Blackburn等，2009）。虽然空肠弯曲杆菌和结肠弯曲杆菌在临床上难以区分，但空肠弯曲杆菌被认为是引起人类食源性疾病最重要的一种致病菌，占弯曲杆菌病例的80%～90%（Jay，2000）。

弯曲杆菌是革兰氏阴性、不产孢子菌，呈弯曲或螺旋状，菌体一端或两端存在单个极性鞭毛，可提供快速往复运动（称为“螺旋状运动”）。虽然在有氧或无氧条件下能够生长，但弯曲杆菌通常是微需氧的（需要少量氧气，即3%～6%），在21%氧气下生长受到抑制。除了耐热弯曲杆菌属（即*C. jejuni*、*C. coli*、*C. lari*、*C. upsaliensis*）在42℃生长，大多数弯曲杆菌的最佳生长温度范围为30～37℃（Cox等，2010）。这类细菌通常对酸性环境、干燥和冷冻敏感，而它们的90%递减时间（*D*值）在55℃范围内为1～6.6min，这取决于加热的介质（Blackburn等，2009）。在亚致死条件下，假定某些物种，包括空肠弯曲杆菌和结肠弯曲杆菌，能够进入一种存活但不能生长的（VBNC）状态，其中细菌虽然具有代谢和呼吸活性，但不能用常规培养技术进行复苏（Rollins等，1986）。VBNC状态在人类感染和疾病方面的重要性仍有待研究（Richardson等，2007）。因此，在研究这些致病菌的致病性和调查动物和人弯曲杆菌病的流行病学时，一定要考虑到VBNC的存在。

上述四种弯曲杆菌属存在于家养和野生温血动物的胃肠道中，动物粪便被认为是环境和食物的主要污染来源（Blackburn等，2009）。事实上，空肠弯曲杆菌和结肠弯曲杆菌在所有重要的食源性动物，包括牛、猪和家禽的粪便样品中都有较高的检出率，而禽肉中更高（Haruna等，2013）。空肠弯曲杆菌主要存在于牛、肉鸡和火鸡中，而结肠弯曲杆菌更常见于猪中（Blackburnt等，2009）。虽然弯曲杆菌的污染可贯穿整个食品生产链，但屠宰时的胴体污染被认为是弯曲杆菌污染肉类的重要途径之一（Ivanova等，2014）。

尽管弯曲杆菌病的流行病学尚不清楚，但弯曲杆菌已被公认为全世界细菌性食源性疾病的主要原因，其发病率和流行率在过去十年中在发达国家和发展中国家几乎都有所增加（Kaakoush等，2015）。根据欧洲食品安全局（EFSA）和欧洲疾病预防和控制中心（ECDC）的数据，自2005年以来，在欧洲弯曲杆菌一直是最常报道的胃肠道病原体：在2014年的报道中共有236851例确诊病例（确诊率为每10万人中有71.0例），同时也观察到2008—2014年间呈现显著上升的趋势（EFSA-ECDC，2015）。根据记录，2014年美国弯曲杆菌病发病率为每10万人13.45例，与2006—2008年相比增加了13%（CDC，2015）。除了欧洲、北美和澳大利亚的感染率增加令人担忧之外，来自非洲、亚洲和中东的流行病学数据表明，弯曲杆菌病在这些地区也是普遍存在的，特别是在儿童身上（Kaakoush等，2015）。鉴于其相对敏感的性质，弯曲杆菌与人类疾病高度相关，除了它们在肉用动物中的普遍流行外，还归因于它们的毒力因素以及弯曲杆菌分离株的遗传多样性（Blackburn等，2009；Zhong

等，2016)。已鉴定的空肠弯曲杆菌中重要毒力因子包括运动性、易位性、趋化性和毒素产生，后者与肠毒素或细胞毒素的合成有关。

人类弯曲杆菌病通常表现为急性、自限性小肠结肠炎，它通常伴有发烧、头痛、肌痛和不适，而其他常见的症状包括腹痛、痉挛和腹泻（炎症或非炎症）。受感染的剂量相对较低（即几百个致病菌），受感染后潜伏周期通常为24~72h（有时为7d），感染的程度虽然很严重，但死亡率很低（Blackburn 等，2009）。罕见的并发症包括反应性关节炎和败血症（Hannu 等，2002），而空肠弯曲杆菌感染也与 Guillaine-Barre 综合征有关，一种致命性的自身免疫性周围神经病变（Winer，2001）。大多数报道的弯曲杆菌病例是散发性的，食源性感染与食用生的、未煮熟的或烹饪后再污染的动物源性食品有关（Blackburn 等，2009）。肉鸡被认为是人类感染弯曲杆菌病最重要的来源（EFSA-ECDC，2015；Kaakoush 等，2015）。2014年，在欧盟（18个成员国）的肉鸡屠宰、加工和零售中取样调查发现弯曲杆菌的总体污染率高达38.4%（EFSA-ECDC，2015）。其他危险因素包括接触动物和国际旅行（Kaakoush 等，2015），而在国内环境中的交叉污染是导致大量散发性弯曲杆菌病暴发的主要因素（Bloomfield 等，2012）。

17.3.2 梭菌属

梭菌属包括革兰氏阳性菌、杆状、内生芽孢厌氧菌。虽然大多数梭状芽孢杆菌是腐生菌，但有四种被鉴定为人类病原体，即产气荚膜梭菌、肉毒梭菌、艰难梭菌和破伤风梭菌。其中，产气荚膜梭菌和肉毒梭菌是公认的食源性致病菌，而艰难梭菌已被鉴定为具有重要食源性传播潜力的新兴人类病原体。根据2014年欧盟13个成员国的报告显示，共有160起食源性疾病暴发，其中产气荚膜梭菌124起、肉毒梭菌9起、未特指的梭菌27起（EFSA-ECDC，2015）。

20世纪40年代，在对与食用鸡肉有关的疾病调查中，首次证实了产气荚膜梭菌与食物中毒有关（McClung，1945）。根据它们形成某些毒素的能力，已经确认了五种类型的产气荚膜梭菌（A型至E型），其中A型、C型和D型对人类致病，B型、C型、D型、E型和A型可能影响动物。然而，引起食源性疾病的菌株主要属于A型，偶尔也会有C型，能够产生肠毒素，与外毒素不同，成为食物中毒的致病因素（Jay，2000；Juneja 等，2010）。产气荚膜梭菌A型菌株主要涉及食源性毒素感染（或毒素介导的感染），该菌在肠道内产生孢子，产生不耐热的肠毒素引起的。食物中毒通常是由于摄入高浓度（$>10^6$）的可培养的产气荚膜梭菌，在加热不均匀的食物中通常会遇到这种情况。事实上，与这种生物相关的食源性疾病暴发通常与在家庭、零售和食品服务环境中处理和准备食物的不当行为有关（Juneja 等，2010）。产气荚膜梭菌广泛分布在环境中，存在于土壤、灰尘以及动物和人类的胃肠道中。虽然是一种嗜温性细菌，最适生长温度为37~45℃，但该菌也可以在15~50℃范围内生长，尽管厌氧性很强，但也很耐氧（Jay，2000；Juneja 等，2010）。就其在食品中的发病率而言，产气荚膜梭菌经常在肉及肉制品（牛肉、小牛肉、羊肉、猪肉和鸡肉制品）中发现：粪便污染的胴体，来自其他成分如香料的污染，或后处理污染（EFSA-ECDC, 2015；Juneja 等，2010）。产气荚膜梭菌的感染往往与肉类消费有关。食物中毒的一个重要危险因素是冷却和复热的食物；当施加的热处理不足以破坏该菌的耐热内生孢子时，冷却和复热就会促进它们的萌发和生长（Jay，2000）。产气荚膜梭菌引起食源性疾病的症状包括急性腹痛和腹泻，而病原体肠毒素也被认为在婴儿猝死综合征中起一定作用（Lindsay 等，1993）。

肉毒梭菌引起的食源性疾病，被称为肉毒素中毒，该菌在食物中生长并产生高毒性、可溶的外毒素，引起一种罕见但严重的神经麻痹性中毒。肉毒梭菌在生理学和遗传学上具有很强的多样性，可分为四类细菌群（Ⅰ~Ⅳ），已鉴定出七种不同血清型神经毒素（A~G），包括：Ⅰ组（蛋白水解类，产生神经毒素 A、B 和 F）、Ⅱ类（非蛋白水解类，产生神经毒素 B、E 和 F）、Ⅲ类（神经毒素 C 和 D）和Ⅳ类（产生神经毒素 G）。热不稳定蛋白是肉毒梭菌毒素最有效的活性成分，可以冷冻保存。神经毒素 A、B、E、F 与人类的肉毒素中毒相关（Peck，2010）。在十八九世纪的中欧，肉毒梭菌中毒首次被确认是与食用血肠制品有关，其特征是肌肉麻痹、呼吸困难和死亡率高。20 世纪暴发的疫情通常是与商业化和手工作坊式罐头加工有关。此后，出现了大量的肉毒素中毒事件，其中大部分与食用家庭制作或工厂化加工不充分的食品有关。与肉毒梭菌（蛋白水解和非蛋白水解）引起的食源性疾病相关的肉及肉制品包括肉卷、猪肉香肠、腌火腿和复热鸡肉。更具体地说，非蛋白水解类的肉毒梭菌被认为是在低温加热冷藏食品（例如，烹调冷藏食品、低温慢煮食品和即食食品）中主要的微生物安全危害（Peck，2010）。肉毒素中毒的死亡率在 30%~65%，可能在摄入含有神经毒素的食物 12 h 后发作，包括恶心、呕吐、疲劳、头晕、头痛、皮肤和口腔干燥、便秘、肌肉麻痹、眼花，最后是呼吸衰竭和死亡（Jay，2000）。蛋白水解类的肉毒梭菌能够感染婴儿胃肠道并进行繁殖，可导致婴儿中毒。与成人中毒（摄入已合成的神经毒素）的情况不同，婴儿中毒是摄入了具有活性的孢子，毒素是在易感婴儿胃肠道中生成的（即 12 个月以下的婴儿缺乏成熟的肠道菌群来防止肉毒梭菌的生长繁殖）（Jay，2000；Peck，2010）。婴儿肉毒梭菌中毒主要与蜂蜜的摄入量有关（Aureli 等，2002），被认为是导致婴儿猝死综合征的潜在因素（Fox 等，2005）。

艰难梭菌最近已被确定为人类病原菌之一（Dawson 等，2009）。该菌可能存在于健康的成人和婴儿的胃肠道中，通常由正常的肠道微生物群控制（Warren 等，2011）。然而，当保护性肠道菌群被某些抗生素破坏时，原生的或摄取的艰难梭菌孢子萌发，在胃肠道中迅速繁殖，并产生毒素（Dawson 等，2009；Warren 等，2011）。这种微生物的致病菌株产生两种截然不同的毒素：毒素 A，肠毒素；毒素 B，细胞毒素。艰难梭菌在肠道内的繁殖和产生毒素会导致急性炎症反应，造成肠道上皮细胞的严重损害（Dawson 等，2009）。流行病学研究表明，艰难梭菌经历了一些非常重要的变化，被称为“不断进化的病原体”；这些变化包括高毒性菌株的出现，导致严重的疾病暴发和较高的死亡率，涉及低风险人群和获得性免疫疾病的发作（Gould 等，2010）。艰难梭菌感染的症状可从轻度腹泻到危及生命的伪膜性肠炎，高危人群不局限于抗菌治疗的患者，其他治疗方法都可能改变肠道菌群的平衡（如抗酸/质子泵抑制剂和非甾体抗炎药），以及免疫受损的人和老年人（Dawson 等，2009）。这种微生物可以从不同的环境中筛选获得，包括土壤、海水、淡水以及食源性动物，动物在通过食物链向人类传播这种病原体方面发挥重要作用（Gould 等，2010）。事实上，有报告指出，食用动物可以成为艰难梭菌的宿主（Dawson 等，2009；Thitaram 等，2011），从动物和人类分离出来的分离物也有明显的重叠（Zudaric 等，2008）。特别是在肉类中。该菌可存在于肌肉组织中，或者在屠宰过程中通过粪便污染或在后续肉制品加工过程中污染（Thitaram 等，2011）。

上述梭状芽孢杆菌的主要特征和由它们引起的食源性疾病见表 17.2。

表 17.2 梭菌属与食源性疾病相关的主要致病型特征

梭菌种属	毒素	疾病类型	疾病特征
产气荚膜梭菌 A 型	热不稳定肠毒素	毒素中毒	急性腹痛和腹泻，肠毒素是潜在的婴儿猝死综合征的病因
肉毒梭菌	神经毒素		恶心、呕吐、疲劳、头晕、头
Ⅰ类（蛋白水解肉毒梭菌）	毒素 A、毒素 B、毒素 F		痛、皮肤和口腔干燥、便秘、
Ⅱ类（非蛋白水解肉毒梭菌）	毒素 B、毒素 E、毒素 F	①中毒	肌肉麻痹、双重视觉、呼吸衰
Ⅲ类	毒素 C、毒素 D	②毒物中毒	竭、死亡
Ⅳ类	毒素 G	（婴儿肉毒中毒）	
艰难梭菌	肠毒素（毒素 A） 细胞毒素（毒素 B）	毒物中毒	从轻度腹泻到危及生命的假膜性结肠炎不同

［资料来源：Dawson, L. F., Valiente, E., Wren, B. W., 2009. *Clostridium difficile* -A continually evolving and problematic pathogen. Infection, Genetics and Evolution 9, 1410-1417; Juneja, V. K., Novak, J. S., Labre, R. J., 2010. *Clostridium perfringens*. In: Juneja, V. K., Sofos, J. N. (Eds), Pathogens and Toxins in Foods: Challenges and Interventions. ASM Press, Washington, pp. 53-70; Peck, M. W., 2010. Clostridium botulinum. In: Juneja, V. K., Sofos, J. N. (Eds), Pathogens and Toxins in Foods: Challenges and Interventions. ASM Press, Washington, pp. 31-52.］

17.3.3 肠出血性大肠杆菌

大肠杆菌是肠杆菌科的一种，为革兰氏阴性菌、非孢子杆状，包括致病性和非致病菌株，后者构成大多数脊椎动物胃肠道中大部分的兼性微菌群（Nataro 等，1998）。关于致病性大肠杆菌，有六种与食源性疾病相关的病理类型（表 17.3）：①产白细胞毒素大肠杆菌，也称为志贺毒素大肠杆菌（STEC），包括肠出血性大肠杆菌（EHEC）；②致肠病性大肠杆菌；③产肠毒素大肠杆菌；④肠聚集性大肠杆菌；⑤肠侵袭性大肠杆菌；⑥弥漫性黏附大肠杆菌。在主要感染胃肠道的不同大肠杆菌群中，肠出血性大肠杆菌，特别是 O157 血清型，已经被公认为是全球食源性疾病暴发和死亡的病因（Viazis 等，2011）。1982 年，大肠杆菌 O157：H7 首次被证实与食源性流行疾病有关，该疾病与食用未熟透的汉堡包有关，并定义了一种新的食源性人畜共患病（Riley 等，1983）。从那以后，有超过 200 种不同的大肠杆菌被证明能产生志贺毒素，其中超过 100 种的志贺毒素大肠杆菌与人类疾病有关。

表 17.3　大肠杆菌与食源性疾病相关的主要致病型特征

大肠杆菌致病型	黏附部位（介体）	疾病症状	急性临床表现
VTEC（或STEC）	大肠（内膜）	腹泻、腹痛、呕吐、头痛、发烧	出血性结肠炎（血性腹泻）、溶血性尿毒症综合征（肾衰竭、血小板减少、癫痫发作、昏迷、死亡）、血栓性血小板减少性紫癜（中枢神经系统疾病，消化道出血，脑内血凝块，死亡）
EPEC	小肠（内膜）	腹泻（水样或血腥）发热、恶心、呕吐、腹痛	严重腹泻、慢性腹泻、营养不良
ETEC	小肠（菌毛定植因素）	水泻、低热、腹部绞痛、不适、恶心	霍乱样腹泻
EAEC	小肠与大肠（菌毛黏附素）	腹泻（水样或血腥）、呕吐	儿童持续性腹泻、严重脱水
EIEC	大肠（不清楚）	水泻、寒颤、发烧、头痛、肌肉疼痛、腹部绞痛	腹泻（痢疾）
DAEC	胃肠道和泌尿道区域（菌毛和非毛状黏附素）	腹泻	小儿急性腹泻

注：DAEC—弥漫性黏附性大肠杆菌；EAEC—肠聚集性大肠杆菌；EIEC—肠侵袭性大肠杆菌；EPEC—肠致病性大肠杆菌；ETEC—产肠毒素大肠杆菌；STEC—产志贺毒素大肠杆菌；VTEC—产白细胞原核大肠杆菌。

（资料来源：Beauchamp, C. S., Sofos, J. N., 2010. Diarrheagenic *Escherichia coli*. In: Juneja, V. K., Sofos, J. N. Eds, Pathogens and Toxins in Foods: Challenges and Interventions. ASM Press, Washington, pp. 71-94; Bell, C., Kyriakides, A., 2009. Pathogenic *Escherichia coli*. In: Blackburn, C. de W., McClure, P. J. Eds, Foodborne Pathogens: Hazards, Risk Analysis and Control, second ed. Woodhead Publishing Ltd., Cambridge, UK, pp. 581-626.）

所有的腹泻性大肠杆菌都是嗜温生物，能够在 7~45℃ 条件下生长，在 35~42℃ 达到最佳生长温度。在最适温度条件下，病原体能够在 pH4~10 和高达 8% 的 NaCl 条件下生长。此外，大肠杆菌 O157：H7 能够耐受营养饥饿以及酸、热和渗透胁迫，其特性允许其在各种食品环境中持久存在（Beauchamp 等，2010）。

志贺毒素（也称为类志贺毒素或肠毒素），与痢疾志贺菌所产生的毒素相类似，构成志贺毒素大肠杆菌的主要致病因子，包括大肠杆菌 O157：H7，是人类出血性结肠炎（血性腹泻）和溶血性尿毒综合征（HUS）的主要原因（Viazis 等，2011），是一种严重且潜在致命的临床病症。在大多数婴幼儿（5 岁以下）患者中，表现为急性肾功能衰竭、贫血和血小板减少症，而严重感染可导致癫痫、中风、肠疝和/或慢性肾功能衰竭（Beauchamp 等，

2010)。除了大肠杆菌 O157：H7，志贺毒素大肠杆菌 O157：H^-（含 H^-表示非活性）菌株也被认为是严重人类疾病的潜在因子，这个菌株不能发酵碳水化合物，但能发酵山梨醇。从感染这个菌株的患者体内检测到更加致命的毒素，说明这些微生物具有高毒性（Nielsen 等，2011）。

动物粪便是这些大肠杆菌的主要来源，研究人员可以从牧场、牲畜设施、水源、堆肥、污水处理物以及城乡土壤中分离得到这些细菌（Beauchamp 等，2010）。由于它们在环境中广泛存在，大肠杆菌可以很容易地进入食物供应链，动物排泄物是动物皮、水和处理设备的污染源。肉用动物的胴体在去皮或去内脏过程中，可能受到动物粪便或胃肠道内容物的污染，作为鲜肉和肉制品的二次污染源（Rhoades 等，2009）。在零售和家庭制作环节也可能进一步污染。

食源性肠出血性大肠杆菌感染的暴发与食用生的、未熟的和即食的牛肉制品有关（Riley 等，1983；Tilden 等，1996）。事实上，志贺毒素大肠杆菌存在于生鲜牛肉制品以及各种发酵肉制品中（Rhoades 等，2009；Skandamis 等，2015）。2014 年，欧盟志贺毒素大肠杆菌感染为每 10 万人中有 1.56 例，O157（占已知血清组的 46.3%）是最常见的血清型（EFSA-ECDC，2015）。在其他国家，越来越多的食源性疾病暴发与非 O157 志贺毒素大肠杆菌菌株有关（CDC，2015；EFSA-EC DC，2015；Rhoades 等，2009；Scallan 等，2011）。根据美国食源性感染的发病率和趋势，2014 年 O157 和非 O157 志贺毒素大肠杆菌的发病率分别为 0.92 例和 1.43 例/10 万人（CDC，2015）。虽然非 O157 志贺毒素大肠杆菌有 100 多个血清型，但是只有 6 个与人类疾病相关：O26、O45、O103、O111、O121 和 O145（Koutsoumanis 等，2014）。牛被认为是临床上重要的非 O157 志贺毒素大肠杆菌的宿主，而与这些微生物引起的疾病相关的肉制品是牛肉糜和发酵香肠（Mathusa 等，2010）。由于上述六个非 O157 型志贺毒素大肠杆菌血清型对公众健康影响大，美国农业部食品安全和检验局最近宣布，如果在生牛肉中检测到上述六个血清型，就判为不合格肉（USDA-FSIS，2011）。

17.3.4 单增李斯特菌

虽然在李斯特菌属中有六种菌株已被鉴定，但是对于动物和人类来说，主要的致病菌株是单增李斯特菌。该菌株最初被认为是一种动物病原体，感染不同种类的野生和家养动物，包括牛、羊和山羊。除了兽医学的重要性，在 20 世纪 20 年代末，单增李斯特菌也被认为是一种重要的人类病原体（Gray 等，1966），直到 20 世纪 80 年代它的食源性传播才首次被证实（Schlech 等，1983）。李斯特菌为革兰氏阳性、无芽孢的杆菌，在 20~25℃时由少量的鞭毛提供具有特征性的翻滚运动，广泛分布于自然环境中（Farber 等，1991；Gray 等，1966）。腐烂的植物、土壤、动物粪便、污水、水和动物饲料，特别是青贮饲料，已被广泛认为是该病原菌的自然栖息地（Gray 等，1966）。

单增李斯特菌可在各种环境条件下增殖，它可通过多种途径传播到动物食品，使非常重要的食源性病原体。单增李斯特菌可在1~45℃的温度下生长，30~37℃为最适生长温度。该微生物除了具有耐冷性外，还具有在较大的pH范围（4.4~9.6）中生长的能力，尽管在pH 7.0处观察到最佳生长，但它可以在pH低至3.5的条件下存活。此外，与大多数食源性病原体不同，单增李斯特菌可在水分活度值0.900~0.920的条件下生长，这取决于所用的保湿剂（Jay，2000）。

流行病学和调研数据表明，单增李斯特菌已被畜禽加工业广泛关注，主要是在后处理（如剥皮、切片和重新包装）过程中污染食品（Lianou等，2007；Reij等，2004）。事实上，这种病原体已经从大量的即食性肉类产品中分离出来，包括法兰克福香肠、熟食肉和发酵肉制品（Lianou等，2007；Skandamis等，2015），其中一些产品还与散发和/或流行性的单增李斯特菌有关（Schuchat等，1992）。此外，由于单增李斯特菌能够黏附在食品加工设施上，因此能够在食品加工设备和/或这些设施内的其他场所上保持持续性的污染（Lunden等，2002），而这些设施又可以作为致病菌宿主成为产品交叉污染的潜在来源。单增李斯特菌的普遍耐寒性使其成为食品工业和食品安全控制部门的主要问题，而后者在不同的国家已经建立了不同的方法［Nørrung，2000；Regulation（EC）No. 2073/2005］。然而，一般认为单增李斯特菌的最大风险是由即食性产品造成的，即食性产品在致死性处理后暴露于环境中，并且有助于病原体在产品货架期内快速生长［Regulation（EC）No. 2073/2005；USFDA / USDA -FSIS，2003］。

根据2008—2014年数据表明，单增李斯特菌病在欧盟呈现增长的趋势。2014年，27个欧盟成员国报告了2161例确诊的单增李斯特菌病例，每10万人就有0.52例被确诊（EFSA-ECDC，2015）。2014年，美国的感染病例为0.24例/10万人，占当年报告疫情总数的11%（CDC，2015）。尽管作为一种罕见的疾病，单增李斯特菌病仍具有严重的临床表现，致死率高达20%~30%（Rocourt，1996）。从食用被该病原体污染的食物，到表现出单增李斯特菌病症状，时间间隔（潜伏期）为1~90 d不等（McLauchlin，1997）。虽然关于其感染剂量有相当大的不确定性，但从单增李斯特菌病流行和散发病例相关的食品中，检测到高含量的病原菌，表明引起临床感染所需的最低剂量很高（Vazquez-Boland等，2001）。更具体地说，摄取低于100CFU/g的病原菌对健康个体具有安全风险（Nørrung，2000）。尽管如此，考虑到广泛的种内变异，以及食物基质、单增李斯特菌的毒性和宿主易感性等参数之间的潜在相互作用，至少在敏感个体中，不排除低剂量也会引起感染（Chen等，2006）。

单增李斯特菌病通常表现为中枢神经系统疾病，如败血症或流感，其确切的临床特征是不确定的。孕妇被认为是单增李斯特菌感染的高危人群之一，因为它对胎儿有严重的影响，尽管对于怀孕的女性来说，这通常是一种自我限制的感染。非怀孕的成年人可能经历以败血症、脑膜炎或脑膜脑炎为特征的威胁生命的侵袭性疾病，高危人群包括癌症患者、器官移植接受者、接受免疫抑制治疗的人以及老年人（Rocourt，1996）。除了作为人类单增李斯特菌病最常见的侵袭性疾病外，在其他健康人群中暴发的发热性胃肠炎表明，单增李斯特菌也可引起典型的食源性胃肠炎。据报道，这种单增李斯特菌感染的潜伏期从6h~10d不等，而且感染剂量也很高。尽管侵入性和非侵入性感染之间的确切关系还有待确定，但人们一直认为，在一般人群中，食源性单增李斯特菌病临床表现为发热性胃肠炎。因此，建议在常规的粪便培养检测不能鉴定其他病原体时，不应忽视单增李斯特菌作为胃肠炎的潜在病原体（Ooi 等，2005）。

17.3.5 肠道沙门氏菌

沙门氏菌是革兰氏阴性菌，是肠杆菌科的典型成员，在显微镜下或在普通非选择性营养培养基上培养时，与大肠杆菌无法区分（Adams 等，2008）。近年来，沙门氏菌的分类和命名法已经发生了重大的变化，但目前有两个基因型，即肠道沙门氏菌（*Salmonella enterica*）和邦戈里沙门氏菌（*Salmonella bongori*），每个基因型都含有多个血清型，肠道沙门氏菌是该菌属的主要类型（Tindall 等，2005）。肠道沙门氏菌分为六个亚种，包括2500多种血清型，这些血清型中的大多数和几乎所有的重要医学菌株都属于亚种Ⅰ（即肠道沙门氏菌亚种）（Velge 等，2005）。属于这个亚种的菌株（为了简化起见，称为“肠道沙门氏菌”），在人类和温血动物中造成99%的沙门氏菌感染，并且通常通过摄取受污染的食物或水传播；另一方面，其他五个亚种以及邦戈里沙门氏菌的菌株通常从冷血动物和环境中分离出来，很少从人类中分离获得（Uzzau 等，2000）。

沙门氏菌属是一种兼性厌氧菌，通常是利用周生鞭毛进行运动（Adams 等，2008）。肠道沙门氏菌可以在5~45℃的温度范围内进行生长，这取决于菌株和生长基质，而其最佳生长温度通常为35~40℃。虽然其最适的pH为6.5~7.5，但是当使用盐酸和柠檬酸作为酸化剂时，在pH低至4.05时仍可观察到肠道沙门氏菌的生长。此外，在水活度值低于0.940时，该菌不能生长，而盐浓度超过9%则有杀菌作用（Jay，2000）。

沙门氏菌主要存在于动物的胃肠道中（如鸟类、爬行动物、农用动物），由于粪便的直接污染或者昆虫、动物和人类的排泄物污染导致该菌广泛存在于各种环境领域（包括水、废弃物、动物饲料、农业和水产养殖环境和食品）（Jay，2000）。虽然动物无症状携带说明它们在环境中最常见，但沙门氏菌仍是公认的人畜共患疾病，具有重大的公共卫生和经济意义。根据宿主类型，肠道沙门氏菌血清型通常分为①“受宿主限制型”，当其生存环境几乎仅限于某一宿主，如人类（伤寒血清型、甲型副伤寒A和甲型副伤寒B）、绵羊（流产型）或家禽（鸡伤寒沙门氏菌）；②“宿主适应型”，可生存于多个宿主（如都柏林和霍乱弧菌血清型）；③“无限制型”，广泛存在于不同宿主（如肠炎沙门氏菌和鼠伤寒沙门氏菌血清型）（Uzzau 等，2000）。关于肠道沙门氏菌的食源性来源，由于其与食用动物（如家禽、牛和猪）密切相关，病原体通常与这些动物和其他农用动物有关（EFSA-ECDC，2015；Rhoades 等，2009）。

沙门氏菌病发现于100多年前，在许多国家仍然是食源性感染的主要原因（CDC，

2015；EFSA-ECDC，2015；Scallan 等，2011）。人类沙门氏菌病的临床表现在很大程度上取决于感染的肠道沙门氏菌血清型。如果是“受宿主限制”血清型中，与动物宿主相关的沙门氏菌在人类中引起轻微症状，而伤寒血清型、甲型副伤寒 A 和甲型副伤寒 B 则在人类中引起严重的全身性疾病，如伤寒或肠热病（Velge 等，2005）。如果感染的是无限制沙门氏菌血清型，如肠炎型和鼠伤寒型，通常与自我限制的胃肠道感染有关，称为非伤寒型沙门氏菌病，但会导致易感个体出现严重的临床反应（Velge 等，2005）。在 20 世纪下半叶，肠炎型沙门氏菌和多重耐药性鼠伤寒型沙门氏菌与人类食源性感染相关，标志着非伤寒沙门氏菌在病流行病学中发生了重大变化（Velge 等，2005），这两种血清型继而成为了人类食源性感染最常见的血清型（CDC，2015；EFSA-ECDC，2015）。然而，流行病学和监测数据表明，在过去的十年中，沙门氏菌病感染的趋势发生了相当大的变化。例如，2014 年美国婴儿肠道沙门氏菌血清型和 *S. Javiana* 血清型的感染率（分别增长 162%和 131%）明显高于 2006—2008 年（CDC，2015）。此外，稀有血清型沙门氏菌的出现以及与人类疾病的潜在关联已经引起了科学界的关注。以 4、5、12：i：-血清型为例，这些都与人类沙门氏菌病的暴发有关，并从各种动物和食物中分离出来，还有 Cerro、Othmarschen、London、Napoli 和 Weltevreden 血清型（Koutsoumanis 等，2014）。考虑到这些新出现的血清型与动物病理学和/或动物源性食品的关联，其中一些血清型与公认的具有公共卫生意义的血清型抗原性和遗传相关，因此密切监测其在肉及肉制品中的污染率是十分必要的。

17.3.6 小肠结肠炎耶尔森氏菌

肠杆菌科至少有 12 个属，耶尔森氏菌属是其中的一个种，其中有 3 种被认为是人类致病菌，包括小肠结肠炎耶尔森氏菌、假结核耶尔森氏菌和鼠疫耶尔森氏菌（Sprague 等，2005）。由耶尔森氏菌属引起的食源性疾病（又称耶尔森氏菌病）主要指小肠结肠炎耶尔森氏菌和假结核耶尔森氏菌，但前者与大多数人类疾病有关。耶尔森氏菌是革兰氏阴性、无芽孢的杆状或球杆菌，兼性厌氧并能够在冷藏温度下生长。虽然它的最佳生长温度大约是 30℃，但是小肠结肠炎耶尔森氏菌能在 0℃条件下维持生长。耶尔森氏菌通常对酸性 pH 条件敏感，表现出中等的耐盐性（Fredriksson-Ahomaa 等，2010）。一般来讲，动物被认为是致病性耶尔森氏菌的主要宿主，屠宰后的猪是小肠结肠炎耶尔森氏菌的唯一最重要的来源。更具体地说，血清型为 O：3 的小肠结肠炎耶尔森氏菌分布在世界各地，是从病原体中分离得到最常见的血清型（EFSA -ECDC，2015；Fredriksson-Ahomaa 等，2010）。在较少的范围内也发现其他的肉用动物（牛、绵羊和山羊）是该菌的宿主（EFSA-ECDC，2015；Fredriksson-Ahomaa 等，2010）。由于猪极易携带小肠结肠炎耶尔森氏菌，因此猪肉及其制品是耶尔森氏菌向人类传播的潜在媒介。流行病学上认为食用生的或未煮熟的猪肉与感染小肠结肠炎耶尔森氏菌有关，但从食品样本中很少分离得到这种致病菌。

绝大多数人类疾病的研究报告显示，耶尔森氏菌病是散发性的，这种疾病的暴发比较罕见。2014 年，耶尔森氏菌病是欧盟第三大人畜共患病（仅次于弯曲杆菌病和沙门氏菌病），检出率为每 10 万人 1.92 例（EFSA-ECDC，2015）。尽管如此，从 2008 年到 2014 年，在欧盟和美国都发现人类耶尔森氏菌病呈现显著下降的趋势（CDC，2015；EFSA-ECDC，2015）。虽然耶尔森氏菌病可在人体中引起各种症状，但主要取决于感染者的年龄，最常见的症状包括发热、腹痛和腹泻。此外，虽然大多数健康个体的感染存在局部性和自限性，但反应性关节炎和皮疹等并发症偶尔也可能会发生。在一些病例中，特别是在儿童中，小肠结肠炎耶尔森氏菌感染的主要症状是发烧和右侧腹痛，可能会与阑尾炎混淆（Fredriksson-Ahomaa 等，2010）。

17.4 病毒

尽管食源性特殊病毒因子已得到确认，但在卫生标准较高的国家，人群免疫力下降已促使人们普遍认识到食源性病毒感染问题（Koopmans 等，2004）。在引起人类疾病的各种病毒中，甲型肝炎病毒（HAV）和引起胃肠炎的诺如病毒已被认定为最重要食源性病毒。上述两种病毒都具有高度传染性，并与多起疫情暴发和大量人群受感染有关（EFSA-ECDC，2015）。虽然从理论上讲，食物从农场到餐桌的过程中任何一个环节都有可能被病毒污染，但主要还是发生在食品供应链的末端，大多数有记录的食源性病毒暴发都与被感染的食品工作人员（有或没有症状）手工处理食品有关（Koopmans 等，2004）。在这种背景下熟食肉是最可能受病毒病原体污染的，这也与流行病学数据相符（Papafragkou 等，2006）。

17.4.1 肝炎病毒

肝炎病毒通过胃肠道的粪-口途径直接在人与人之间传播，或通过摄入被粪便污染的水或食物进行间接传播，并在肝脏中复制引起疾病。病毒性肝炎一般为急性感染，其主要症状包括发热、黄疸、恶心、呕吐、浅色大便、深色尿液、腹痛、肝压痛、肝酶升高以及偶尔腹泻和发烧。尽管如此，被感染的个体对未来的感染会产生终生免疫（Mattison 等，2009）。甲型肝炎病毒和戊型肝炎病毒（HEV）都被认为是重要的病毒性病原体，具有显著的食源性传播潜力。

在发展中国家，甲型肝炎病毒感染是地方性的，而在许多发达国家，HAV 感染成为日益严重的公共卫生问题（Koopmans 等，2004；Mattison 等，2009）。由于甲型肝炎病毒感染的潜伏期很长（病毒释放可能在症状出现前的 10~14d 开始），病毒的传播可能是广泛的，同时，对其食源性来源的识别可能会造成负担（Koopmans 等，2004）。然而，在这种可能的接触范围内，甲型肝炎的食源性暴发主要与食用贝类和农产品有关（Mattison 等，2009），而与肉和肉制品无关。

另一方面，已经确定食用天然感染的野生和家养动物的生肉或未煮熟的肉是 HEV 向人类传播的最重要途径之一（Pavio 等，2015）。戊型肝炎病毒是一种小而无包膜的 RNA 病毒，属于戊型肝炎病毒科，包括四种不同的（即 1~4）人类致病基因型（Mattison 等，2009）。在发展中国家，戊型肝炎病毒通过水源传播和散发感染，导致急性临床肝炎；最近关于人畜共患病食源性戊型肝炎病毒感染的报告结果显示，在发达国家也出现类似问题（Khuroo，2016；Koutsoumanis 等，2014）。家猪、野猪和鹿是戊型肝炎病毒的主要宿主，最常见的血清型是 3 和 4 型（Khuroo 等，2016），而在这些动物中传播的病毒株已被证实与人类感染病例中鉴定的病毒株有遗传关系（Pavio 等，2015）。戊型肝炎病毒存在于动物源性食品中，可通过猪肝、猪肉和肉制品如香肠等传播（Berto 等，2012；Szabo 等，2015）；即便是相同类型的产品作为传播媒介，对食源性戊型肝炎病毒的传染可能也不尽相同（Szabo 等，2015）。在一项德国零售香肠 HEV 的调查研究中发现，20%的生香肠和 22%的肝香肠中检测到了该病毒；检测到的 HEV 具有高度的遗传多样性，属于基因型 3 的不同亚型（Szabo 等，2015）。尽管戊型肝炎被认为是一种自限性急性感染，但该病的严重程度可能有所不同，并且在敏感人群中可能出现严重的临床表现（如长期凝血病和胆汁淤积症）。经常有报道称，慢性戊型肝炎病毒感染可导致器官移植者出现肝硬化和终末期肝病。此外，感染戊型肝炎病毒会导致孕妇，尤其是在妊娠第三个月发生肝炎甚至死亡（Khuroo 等，2016；Mattison 等，2009）。

17.4.2 诺如病毒

引起胃肠炎的病毒已被公认为是全球最常见的食源性疾病原因之一，在许多发达国家中，诺如病毒名列第一。事实上，在 2000—2008 年根据直接和间接获得的数据显示，美国 58%的食源性疾病是由诺如病毒引起的（Scallan 等，2011）。该病毒具有杯状科诺如病毒属的遗传和抗原多样性，形成了一个由五个基因型（Ⅰ~Ⅴ）组成的系统发育分支（Jaykus 和 Escudero-Abarca，2010）。尽管诺如病毒基因型Ⅰ型和Ⅱ型都与人类疾病有关，但基因型Ⅱ型病毒往往更为普遍，某些新出现的病毒株（基因型Ⅱ.4 的诺如病毒变体）与全球性胃肠炎的暴发有关（Bull 等，2006）。除了存在于人类的排泄物中，诺如病毒也可以通过受感染个体的呕吐物传播，而这些病毒的传播途径可以是直接的（在个体之间）或间接的（通过食用受污染的食物或水或与呕吐物接触）（Jaykus Escudero-Abarka，2010）。将诺如病毒的感染归结为食源性传播有些牵强，但甲壳类动物、贝类和软体动物类食品与诺如病毒疾病的暴发存在密切联系（EFSA-ECDC，2015；Papafragkou 等，2006）。然而，经过后处理加工的肉制品，如熟食火腿，作为诺如病毒食源性疾病传播的潜在媒介应该受到重视（Papafragkou 等，2006）。根据 2014 年欧洲食品安全局的报告，在欧盟发生的诺如病毒疫情中，有 3.9%是通过肉类食品传播的（EFSA-ECDC，2015）。由诺如病毒引起的急性病毒性肠胃炎的特点是恶心、呕吐、腹泻和腹痛，偶尔也会出现头痛和低烧。潜伏期为 12~48h，而感染的最长持续时间为48～72h。虽然出现严重症状或住院并不常见，但在某些情况下，可能需要输液治疗，特别是敏感个体，如儿童、老人或免疫缺陷患者（Jaykus 和 Escudero-Abarka，2010）。

17.4.3 其他病毒

除了上述病毒外，禽流感病毒和冠状病毒也有可能成为肉类安全问题。禽类被认为是甲型流感病毒的主要宿主，其中H1、H2、H3、N1和N2亚型的病毒在人群中已被发现，而H5、H7和H9亚型的病毒与散发性的人类感染有关（Mattison等，2009）。人类感染禽流感病毒主要通过直接接触受感染的禽类或受污染的禽产品。最近引起全世界公共卫生当局注意的禽流感病毒亚型是高致病性H5N1病毒。这种病毒在上呼吸道进行复制，可能引起强烈的炎症反应，导致死亡率超过60%（De Jong等，2006）。由于已从受感染家禽的各个部位（如血液、骨头和肉类）中培养获得H5N1病毒，因此不能排除生吃或未煮熟的家禽产品作为潜在的感染源（Mattison等，2009）。类似地，一种特别致命的冠状病毒，被称为“严重急性呼吸综合征冠状病毒（SARS）”，也有可能通过粪-口途径和食品传播给人类。事实上，这种于2003年出现并感染了8000多例病人引起呼吸系统疾病的病毒株已经从胃肠道和粪便以及污水中分离获得（Mattison等，2009）。

17.5 寄生虫

在过去的十年中，食源性寄生虫感染由于较高的发病率或检测率被认为是在全球范围内新兴的食源性疾病（Dorny等，2009；Koutsoumanis等，2014）。人类接触食源性寄生虫的可能性增加与一些因素有关，如气候变化、诊断工具的改进、国际旅行的增加、饮食习惯的改变、食品供应全球化和食品生产系统的变化、人口增长，特别是敏感人群的增加（Dorny等，2009）。在已知的食源性寄生虫中，与肉和肉制品中最相关的寄生虫是弓形虫和旋毛虫。

弓形虫是欧洲和美国最重要的寄生虫病原体之一，为人畜共患的球虫原生动物（Vaillant等，2005）。由弓形虫引起的疾病，称为弓形虫病，与沙门氏菌病和弯曲杆菌病具有类似现象，由于这种疾病被报道的次数较少，但实际上可能会更多（Dorny等，2009）。在弓形虫的三个基因型（Ⅰ、Ⅱ和Ⅲ）中，大多数人类弓形虫病例与基因型Ⅱ有关（Smith等，2009）。人类弓形虫病是由于摄入了受环境和猫粪中存在的孢子卵囊污染的食品而感染（Dorny等，2009）。此外，弓形虫可以通过食用生肉或未煮熟的肉类传染给人类，因为已从包括猪、鸡、绵羊、山羊和马在内的许多食用动物中分离出活的寄生虫（Dorny等，2009；Smith等，2009）。事实上，食源性弓形虫病的暴发经常与食用生的或稀有的肉类和生的肝脏有关（Smith 等，2009）。虽然弓形虫病在健康个体中可能是无症状或者是非特异性临床症状，但是该疾病在孕妇中是最严重的，孕妇可以将感染传递给胎儿以及免疫受损者（如艾滋病患者、器官和骨髓移植受者、接受化疗的恶性肿瘤患者）（Dorny 等，2009；Smith 等，2009）。

旋毛虫是广泛分布的人畜共患病原体，因其与人类感染肉源性疾病有关而被熟知。人类旋毛虫病是通过食入旋毛虫属线虫的幼虫而感染的，旋毛虫属的线虫包囊存在于家畜或野生动物的肌肉组织中，而家猪被认为是世界范围内最重要的感染源。虽然传统上认为动物和人类的大多数感染都是旋毛虫属，但目前在旋毛虫属中发现了 8 个物种和 4 个基因型（Dorny 等，2009）。人类的临床特征：①肠期，其主要症状是腹泻、恶心、呕吐、发烧和腹痛；②随后的肠外（组织）期，通常伴有严重的肌肉疼痛、发热和嗜酸性粒细胞增多（Dorny 等，2009）。

除上述寄生虫外，绦虫属的带绦虫也是重要的人畜共患病原虫，通过食物特别是肉类传播给人类。更具体地说，牛带绦虫（主要宿主：牛）、亚洲带绦虫（主要宿主：猪）和猪带绦虫（主要宿主：猪）都能够感染人类，而后者的感染主要是与食用生肉或未煮熟的肉类、肝脏或脏器有关（Dorny 等，2009）。隐孢子虫属的球虫广泛地寄生在脊椎动物宿主中（如哺乳动物、啮齿动物、鸟类和爬行动物），其卵囊是污染环境的重要因素，被认为是食源性寄生虫病的潜在媒介（Smith 等，2009）。饮食习惯（在亚洲国家）、交通旅游是导致吸虫类、绦虫类、线虫类等寄生虫病流行的重要原因，五齿藓类也可能是食源性寄生虫的传播媒介。这些寄生虫存在于爬行动物、两栖动物和蜗牛中，人类通过食用了这些动物的生肉或未煮熟的肉而被感染（Dorny 等，2009；Koutsoumanis 等，2014）。

17.6 朊病毒

朊病毒是由蛋白质组成、缺乏遗传物质的传染性颗粒，和细菌、病毒、真菌和寄生虫一样，也是重要的感染因子，对人类和动物健康的影响受到广泛关注。朊病毒病，也称为“传染性海绵状脑病（TSE）”，是渐进性、致命的神经组织退化疾病，与宿主细胞编码的朊蛋白（PrP^{C}）错误折叠和聚集有关，发生在包括人类在内的各种哺乳动物中（Imran 等，2011）。朊病毒蛋白由正常形式（PrP^{C}）向病理形式（PrP^{TSE}）的构象转变是导致疾病的关键。目前认为传染性海绵性脑病是异常的朊病毒导致的（Momcilovic，2010）。尽管在朊病毒病的发病机理方面取得了重大进展，但仍有很多问题未得到解答。

动物的传染性海绵性脑病包括绵羊和山羊瘙痒病、鹿和麋鹿慢性消瘦病、猫海绵状脑病、水貂传染性海绵状脑病和牛海绵状脑病。人类的传染性海绵性脑病包括库鲁病、克雅氏病、变种克雅氏病（vCJD）、格斯特拉斯雷氏综合征和致命的家族性失眠症（Imran 等，

2011）。在上述动物的TSE病中，牛海绵状脑病是已知的唯一可以通过食物传播给人类的。EFSA和ECDC在动物和人类流行病学或分子水平研究表明，牛海绵状脑病是传染性海绵性脑病中唯一被证明的人畜共患病（EFSA-ECDC，2011）。英国于1986年首次报道了牛海绵状脑病，在世界范围内已有28万多头牛感染死亡，这与牛采食受朊病毒污染的饲料有关。随后，变种克雅氏病（vCJD）于1996年首次被检测，与牛海绵状脑病的流行有关，主要是由于食用了被污染的牛肉和肉制品所致（Lee等，2013）。

除了获得性感染外，人类朊病毒病也可以自发或遗传性出现（即遗传性疾病）（Imran等，2011）。尽管尚未完全了解该机制，但神经损伤被认为是朊病毒病临床表现的核心。此外，尽管大脑被认为是朊病毒侵袭的主要靶点，但在大多数传染性海绵性脑病中，朊病毒的复制却在脑外位置如二级淋巴器官和慢性炎症部位（Imran和Mahmood，2011）。最近大量的研究集中在确定已公认的人类朊病毒病的表型异质性，并将其与分子/遗传特征相关联，最终比较评估这一分类以及动物传播研究中确定的相应生物学特性（Head等，2012）。最近，Head等（2012）和Lee等（2013）发表了关于人类朊病毒病及朊病毒作用的分子机制的研究结果。

17.7 肉类安全管理现状和面临的新挑战

尽管微生物，尤其是细菌性病原体对公共卫生和经济来说是最重要的肉类安全问题（即召回受污染的产品），但以上讨论的所有生物学问题都需要由食品行业和公共卫生当局适当控制。在这种肉类安全控制方案的框架下，需要有效地应对各种挑战，最近的许多社会变化妨碍了我们明确识别新的挑战。

关于细菌性病原体，细菌多重耐药性（MDR）是目前微生物控制所面临的一项重要挑战。在畜牧业生产中，过量使用抗生素使密集生产单元中的细菌产生长期、高强度的选择性应激，导致食用动物体内中出现了细菌多重耐药性菌株，这些菌株随后直接或间接的通过食物供应链传染给人类。因此，在过去的30年里，细菌多重耐药性菌株的出现和增加，越来越令人担忧，特别是弯曲杆菌和肠杆菌对一些用于临床治疗人类和兽医学细菌感染的传统重要抗生素表现出耐药性（Hur等，2012；Zhong等，2016）。最近的一项调查表明，从零售食品中分离出的空肠弯曲杆菌对多种抗生素有耐药性（Zhong等，2016）。这一发现表明，在未来几年全球健康面临的主要问题可能是弯曲杆菌病。除了有效的监管、合理的抗生素管理和诊断方法的改进是评估和监测耐抗生素菌株的重要措施外（Hur等，2012），还需要采取更多措施来解决这一重要的食品安全问题。今后的研究将阐明耐抗生素菌株的遗传决定因素以及多重耐药菌株的生态学、流行病学进化特征，有望更好地应对耐抗生素菌株的出现，从而使改进的控制措施得以发挥作用。

正如本章所讨论的各种食源性病原体，对“新的”“正在出现的”或“正在进化的”病原微生物进行鉴定和有效控制无疑是肉类安全所面临的一个非常重要的挑战。除了上述的抗生素耐药性之外，这些微生物还可能表现出毒性增加、感染剂量降低和/或对相关食物的应激抗性增强，导致控制难度增大。事实上，尽管公共卫生当局已经做出了相当大的努力来应对新出现的食源性致病菌对公共卫生的影响，但是关于其毒性及其对压力的反应（如在环境、食品和食品加工过程中遇到的）的可用信息非常有限。一般来说，通过实施健全有效的监测计划，以及开发和利用新的分子技术来研究食源性致病菌，有望成功应对病原体出现的新挑战（Koutsoumanis 等，2014；Sofos，2008）。

基于一系列完善的危害分析和关键控制点（HACCP）系统的实施可以在任何环境（制造、零售或食品服务）中有效地控制食源性病原体。尽管如此，在适当的食品处理程序培训和消费者教育的基础上，完全普遍地实施 HACCP 是对肉类安全问题的一个重要挑战（Lianou 等，2007；Sofos，2008）。尽管更具挑战性，但将这种全面的食品安全系统扩展到生产水平（即零售和食品服务）之外，对于那些主要作为后处理污染物引入食品中（即在制备期间和食品工人的额外处理）的特殊食源性病原体也具有重大意义。这些食源性致病菌包括单增李斯特菌和产气荚膜梭菌以及病毒。当然，鉴于病毒是细胞内的病原体，在加工配送或储存食物期间，病毒数量预计不会增加，人们已经认识到，关于防止病毒污染的重点应当放在达到良好的卫生习惯、健全规范的制造技术和实施 HACCP 方案。此外，开发简便、高效、重复性强的食源性病毒检测方法并对其在不同食品中的存活率进行评估，已成为未来研究的热点（Koopmans 等，2004）。

关于寄生虫，有人认为控制寄生虫的主要挑战是食源性寄生虫感染的复杂性；所涉及的各种相互关联的生物、经济、社会和文化因素，取决于大量高质量数据以及各部门和学科之间的系统协作（Broglia 等，2011）。

由于过去 20 年西方国家实施了严密的监测和筛查程序，尽管牛海绵状脑病的发病率持续下降，但牛海绵状脑病仍将会是一个令人关切的领域和根除的目标（Lee 等，2013；Sofos，2008）。

关于其他当前或未来所要面临的主要的肉类安全挑战，Sofo（2008）已进行了综述，包括动物识别和可追溯性问题，有机和天然产品的安全性和质量，改进和发展实验室和现场使用的病原体快速检测方法，国家和国际层面的监管和检查协调问题，确定公共卫生机构和动物卫生之间人畜共患病的责任问题，建立基于风险评估的食品安全目标。

17.8 结语和展望

肉类安全是人们当前和未来关注的最重要的社会问题之一，食品行业和公共卫生当局需要成功应对各种挑战才能减少食源性疾病的暴发。然而，要实现这一目标，必须开发和采纳贯穿从农场到餐桌的整个食品供应链的综合控制方法。细菌性病原体（包括新出现或进化的致病菌）构成了最严重的肉类安全问题，新的分子技术（包括检测和鉴定）的发展和强有力的监测措施的实施是未来研究领域和策略制定的主要方向。

参考文献

Adams, M. R. , Moss, M. O. , 2008. Bacterial agents of foodborne illness. In: Food Microbiology, third ed. RSC Publishing, Cambridge, pp. 182-268.

Aureli, P. , Franciosa, G. , Fenicia, L. , 2002. Infant botulism and honey in Europe: a commentary. The Pediatric Infectious Disease Journal 21, 866-888.

Batz, M. B. , Doyle, M. P. , Morris Jr. , G. , Painter, J. , Singh, R. , Tauxe, R. V. , Taylor, M. R. , Lo Fo Wong, D. M. A. , Food Attribution Working Group, 2005. Attributing illness to food. Emerging Infectious Diseases 11, 993-999.

Beauchamp, C. S. , Sofos, J. N. , 2010. Diarrheagenic *Escherichia coli*. In: Juneja, V. K. , Sofos, J. N. (Eds.), Pathogens and Toxins in Foods: Challenges and Interventions. ASM Press, Washington, pp. 71-94.

Bell, C. , Kyriakides, A. , 2009. Pathogenic *Escherichia coli*. In: Blackburn, C. de W. , McClure, P. J. (Eds.), Foodborne Pathogens: Hazards, Risk Analysis and Control, second ed. Woodhead Publishing Ltd. , Cambridge, UK, pp. 581-626.

Berto, A. , Martelli, F. , Grierson, S. , Banks, M. , 2012. Hepatitis E virus in pork food chain, United Kingdom, 2009-2010. Emerging Infectious Diseases 18, 1358-1360.

Blackburn, C. de W. , McClure, P. J. , 2009. *Campylobacter* and *Arcobacter*. In: Blackburn, C. de W. , McClure, P. J. (Eds.), Foodborne Pathogens: Hazards, Risk Analysis and Control, second ed. Woodhead Publishing Ltd. , Cambridge, UK, pp. 718-762.

Bloomfield, S. F. , Exner, M. , Carlo Signorelli, C. , Nath, K. J. , Scott, E. A. , 2012. The Chain of Infection Transmission in the Home and Everyday Life Settings, and the Role of Hygiene in Reducing the Risk of Infection. Available at: http://www. ifh-homehygiene. org/Integrated CRD. nsf/IFH_Topic_Infection_Transmission? OpenForm.

Broglia, A. , Kapel, C. , 2011. Changing dietary habits in a changing world: emerging drivers for the transmission of foodborne parasitic zoonoses. Veterinary Parasitology 182, 2-13.

Bull, R. A. , Tu, E. T. V. , McIver, C. J. , Rawlinson, W. D. , Shite, P. A. , 2006. Emergence of a new norovirus genotype II. 4 variant associated with global outbreaks of gastroenteritis. Journal of Clinical Microbiology 44, 327-333.

CDC (Centers for Disease Control and Prevention), 2015. Preliminary incidence and trends of infection with pathogens transmitted commonly through food-foodborne Diseases Active Surveillance Network, 10 U. S. Sites, 2006-2014. Morbidity and Mortality Weekly Report 64, 495-499.

Chen, Y. , Ross, Y. W. , Gray, M. J. , Wiedmann, M. , Whiting, R. C. , Scott, V. N. , 2006. Attributing risk to *Listeria monocytogenes* subgroups: dose response in relation to genetic lineages. Journal of Food Protection 69, 335-344.

Cox, N. A. , Richardson, J. , Musgrove, M. T. , 2010. *Campylobacter jejuni* and other campylobacters. In: Juneja, V. K. , Sofos, J. N. (Eds.), Pathogens and Toxins in Foods: Challenges and Interventions. ASM Press, Washington, pp. 20-30.

Dawson, L. F., Valiente, E., Wren, B. W., 2009. *Clostridium difficile*-A continually evolving and problematic pathogen. Infection, Genetics and Evolution 9, 1410-1417.

De Jong, M. D., Simmons, C. P., Thanh, T. T., Hien, V. M., Snith, G. J., Chau, T. N., Hoang, D. M., Chau, N. V., Khanh, T. H., Dong, V. C., Qui, P. T., Cam, B. V., Ha Do, Q., Guan, Y., Peiris, J. S., Chinh, N. T., Hien, T. T., Farrar, J., 2006. Fatal outcome of human influenza A (H5N1) is associated with high viral load and hypercytokinemia. Nature Medicine 12, 1203-1207.

Dorny, P., Praet, N., Deckers, N., Gabriel, S., 2009. Emerging food-borne parasites. Veterinary Parasitology 163, 196-206.

EFSA-ECDC (European Food Safety Authority-European Centre for Disease Prevention and Control), 2011. Joint Scientific Opinion on any possible epidemiological or molecular association between TSEs in animals and humans. EFSA Journal 9, 1945, 111 pp.

EFSA-ECDC (European Food Safety Authority-European Centre for Disease Prevention and Control), 2015. The European Union summary report on trends and sources of zoonoses, zoonotic agents, and food-borne outbreaks in 2014. EFSA Journal 13, 4329, 191 pp.

Farber, J. M., Peterkin, P. I., 1991. *Listeria monocytogenes*, a food-borne pathogen. Microbiological Reviews 55, 476-511.

Fox, C. K., Keet, C. A., Strober, J., 2005. Recent advances in infant botulism. Pediatric Neurology 32, 149-154.

Fredriksson-Ahomaa, M., Lindström, M., Korkeala, H., 2010. *Yersinia enterocolitica* and *Yersinia pseudotuberculosis*. In: Juneja, V. K., Sofos, J. N. (Eds.), Pathogens and Toxins in Foods: Challenges and Interventions. ASM Press, Washington, pp. 164-180.

Gould, L. H., Limbago, B., 2010. *Clostridium difficile* in food and domestic animals: a new foodborne pathogen? Clinical Infectious Diseases 51, 577-582.

Gray, M. L., Killinger, A. H., 1966. *Listeria monocytogenes* and listeric infections. Bacteriolical Reviews 30, 309-382.

Hannu, T., Mattila, L., Rautelin, H., Pelkonen, P., Lahdenne, P., Siitonen, A., Leirisalo-Repo, M., 2002. *Campylobacter*-triggered reactive arthritis: a population-based study. Rheumatology 41, 312-318.

Haruna, M., Sasaki, Y., Murakami, M., Mori, T., Asai, T., Ito, K., Yamada, Y., 2013. Prevalence and antimicrobial resistance of *Campylobacter* isolates from beef cattle and pigs in Japan. Journal of Veterinary Medical Science 75, 625-628.

Head, M. W., Ironside, J. W., 2012. Review: Creutzfeldt-Jakob disease: prion protein type, disease phenotype and agent strain. Neuropathology and Applied Neurobiology 38, 296-310.

Hur, J., Jawale, C., Lee, J. H., 2012. Antimicrobial resistance of *Salmonella* isolated from food animals: a review. Food Research International 45, 819-830.

Imran, M., Mahmood, S., 2011. An overview of human prion diseases. Virology Journal 8, 559.

Ivanova, M., Singh, R., Dharmasena, M., Gong, C., Krastanov, A., Jiang, X., 2014. Rapid identification of *Campylobacter jejuni* from poultry carcasses and slaughtering environment samples by real-time PCR. Poultry Science 93, 1587-1597.

Jay, J. M., 2000. Foodborne gastroenteritis caused by *Salmonella* and *Shigella*. In: Heldman, D. R. Ed.), Modern Food Microbiology, sixth ed. Aspen Publishers Inc., Gaithersburg, Maryland, pp. 511-530.

Jaykus, L.-A., Escudero-Abarca, B., 2010. Human pathogenic viruses in food. In: Juneja, V. K., Sofos, J. N. (Eds.), Pathogens and Toxins in Foods: Challenges and Interventions. ASM Press, Washington, pp. 218-232.

Johnson, K. E., Thorpe, C. M., Sears, C. L., 2006. The emerging clinical importance of non-O157 Shiga toxin-producing *Escherichia coli*. Clinical Infectious Diseases 43, 1587-1595.

Juneja, V. K., Novak, J. S., Labre, R. J., 2010. Clostridium perfringens. In: Juneja, V. K., Sofos, J. N. (Eds.), Pathogens and Toxins in Foods: Challenges and Interventions. ASM Press, Washington, pp. 53-70.

Kaakoush, N. O., Castaño-Rodríguez, N., Mitchell, H. M., Man, S. M., 2015. Global epidemiology of *Campylobacter* infection. Clinical Microbiology Reviews 28, 687-720.

Khuroo, M. S., Khuroo, M. S., 2016. Hepatitis E: an emerging global disease-from discovery towards control and cure. Journal of Viral Hepititis 23, 68-79.

Kinross, P., van Alphen, L., MartinezUrtaza, J., Struelens, M., Takkinen, J., Coulombier, D., Maäkelä, P., Bertrand, S., Mattheus, W., Schmid, D., Kanitz, E., Rucker, V., Krisztalovics, K., Pászti, J., Szögyényi, Z., Lancz, Z., Rabsch, W., Pfefferkorn, B., Hiller, P., Mooijman, K., Gossner, C., 2014. Multidisciplinary investigation of a multicountry outbreak of *Salmonella* Stanley infections associated with Turkey meat in the European Union, August 2011 to January 2013. Euro Surveillance 19 pii: 20801.

Koopmans, M., Duizer, E., 2004. Foodborne viruses: an emerging problem. International Journal of Food Microbiology 90, 23-41.

Koutsoumanis, K. P., Lianou, A., Sofos, J. N., 2014. Food safety: emerging pathogens. In: Van Alfen, N. K. (Ed.), Encyclopedia of Agriculture and Food Systems, second ed., vol. 3. Academic Press, Elsevier Inc., London, UK, pp. 250-272.

Lee, J., Kim, S. Y., Hwang, K. J., Ju, Y. R., Woo, H. -J., 2013. Prion diseases as transmissible zoonotic diseases. Osong Public Health and Research Perspectives 3, 57-66.

Lianou, A., Sofos, J. N., 2007. A review of the incidence and transmission of *Listeria monocytogenes* in ready-to-eat products in retail and food service environments. Journal of Food Protection 70, 2172-2198.

Lindsay, J. A., Mach, A. S., Wilkinson, M. A., Martin, L. M., Wallace, F. M., Keller, A. M., Wojciechowski, L. M., 1993. *Clostridium perfringens* type A cytotoxic enterotoxin(s) as triggers for death in the sudden infant death syndrome: development of a toxico-infection hypothesis. Current Microbiology 27, 51-59.

Lundén, J. M., Autio, T. J., Korkeala, H. J., 2002. Transfer of persistent *Listeria monocytogenes* contamination between food-processing plants associated with a dicing machine. Journal of Food Protection 65, 1129-1133.

Malek, M., Barzilay, E., Kramer, A., Camp, B., Jaykus, L. -A., Escudero-Abarca, B., Derrick, G., White, P., Gerba, C., Higgins, C., Vinje, J., Glass, R., Lynch, M., Widdowson, M. -A., 2009. Outbreak of norovirus infection among river rafters associated with packaged delicatessen meat, Grand Canyon, 2005. Clinical Infectious Diseases 48, 31-37.

Mathusa, E. C., Chen, Y., Enache, E., Hontz, L., 2010. Non-O157 Shiga toxin-producing *Escherichia coli* in foods. Journal of Food Protection 73, 1721-1736.

Mattison, K., Bidawid, S., Farber, J., 2009. Hepatitis viruses and emerging viruses. In: Blackburn, C. de W., McClure, P. J. (Eds.), Foodborne Pathogens: Hazards, Risk Analysis and Control, second ed. Woodhead Publishing Ltd., Cambridge, UK, pp. 891-929.

McClung, L., 1945. Human food poisoning due to growth of *Clostridium perfringens* (*C. welchii*) in freshly cooked chicken: Preliminary note. Journal of Bacteriology 50, 229-231.

McLauchlin, J., 1997. The pathogenicity of *Listeria monocytogenes*: a public health perspective. Reviews in Medical Microbiology 8, 1-14.

Meusburger, S., Reichert, S., Heibl, S., Nagl, M., Karner, F., Schachinger, I., Allerberger, F., 2006. Outbreak of foodborne botulism linked to barbecue, Austria, 2006. Euro Surveillance 11 dii: 3097.

Momcilovic, D., 2010. Prions and prion diseases. In: Juneja, V. K., Sofos, J. N. (Eds.), Pathogens and Toxins in Foods: Challenges and Interventions. ASM Press, Washington, pp. 343-356.

Nataro, J. P., Kaper, J. B., 1998. Diarrheagenic *Escherichia coli*. Clinical Microbiology Reviews 11, 142-201.

Nielsen, S., Frank, C., Fruth, A., Spode, A., Prager, R., Graff, A., Plenge-Boning, A., Loos, S., Lutgehetmann, M., Kemper, M. J., Muller-Wiefel, D. E., Werber, D., 2011. Desperately seeking diarrhoea: outbreak of haemolytic uraemic syndrome caused by emerging sorbitol-fermenting Shiga toxin-producing *Escherichia coli* O157:H$^-$, Germany, 2009. Zoonoses and Public Health 58, 567-572.

Nørrung, B., 2000. Microbiological criteria for *Listeria monocytogenes* in foods under special consideration of risk assessment approaches. International Journal of Food Microbiology 62, 217-221.

Ooi, S. T., Lorber, B., 2005. Gastroenteritis due to *Listeria monocytogenes*. Clinical Infectious Diseases 40, 1327-1332.

Painter, J. A., Hoekstra, R. M., Ayers, T., Tauxe, R. V., Braden, C. R., Angulo, F. J., Griffin, P. M., 2013. Attribution of foodborne illnesses, hospitalizations, and deaths to food commodities by using outbreak data, United States, 1998-2008. Emerging Infectious Diseases 19, 407-415.

Papafragkou, E., D'Souza, D. H., Jaykus, L., 2006. Foodborne viruses: prevention and control. In: Goyal, S. M. (Ed.), Viruses in Foods. Springer Science+ Business Media, LLC, New York, NY, pp. 289-330.

Pavio, N., Meng, X.-J., Doceul, V., 2015. Zoonotic origin of hepatitis E. Current Opinion in Virology 10, 34-41.

Peck, M. W., 2010. Clostridium botulinum. In: Juneja, V. K., Sofos, J. N. (Eds.), Pathogens and Toxins in Foods: Challenges and Interventions. ASM Press, Washington, pp. 31-52.

Prusiner, S. B., 1997. Prion diseases and the BSE crisis. Science 278, 245-251.

Raguenaud, M. E., Le Hello, S., Salah, S., Weill, F. X., Brisabois, A., Delmas, G., Germonneau, P., 2012. Epidemiological and microbiological investigation of a large outbreak of monophasic *Salmonella* Typhimurium 4,5,12:i:- in schools associated with imported beef in Poitiers, France, October 2010. Euro Surveillance 17 pii: 20289.

Regulation (EC) No. 2073/2005/EC of November 15, 2005 on the microbiological criteria for foodstuffs. Official Journal of the European Communities L338, 1-25.

Reij, M. W., Den Aantrekker, E. D., ILSI Europe Risk Analysis in Microbiology Task Force, 2004. Recontamination as a source of pathogens in processed foods. International Journal of Food Microbiology 91, 1-11.

Rhoades, J. R., Duffy, G., Koutsoumanis, K., 2009. Prevalence and concentration of verotoxigenic *Escherichia coli*, *Salmonella* and *Listeria monocytogenes* in the beef production chain: a review. Food Microbiology 26, 357-376.

Richardson, L. J., Cox, N. A., Buhr, R. J., Hiett, K. L., Bailey, J. S., Harrison, M. A., 2007. Recovery of viable non-culturable dry stressed *Campylobacter jejuni* from inoculated samples utilizing a chick bioassay. Zoonoses Public Health 54 (S1), 119.

Riley, L. W., Remis, R. S., Helgerson, S. D., McGee, H. B., Wells, J. G., Davis, B. R., Hebert, R. J., Olcott, E. S., Johnson, L. M., Hargrett, N. T., Blake, P. A., Cohen, M. L., 1983. Hemorrhagic colitis associated with a rare *Escherichia coli* serotype. New England Journal of Medicine 308, 681-685.

Rocourt, J., 1996. Risk factors for listeriosis. Food Control 7, 195-202.

Rollins, D. M., Colwell, R. R., 1986. Viable but non-culturable stage of *Campylobacter jejuni* and its role in survival in the natural aquatic environment. Applied and Environmental Microbiology 52, 531-538.

Scallan, E., Hoekstra, R. M., Angulo, F. J., Tauxe, R. V., Widdowson, M.-A., Roy, S. L., Jones, J. L., Griffin, P. M., 2011. Foodborne illness acquired in the United States-Major pathogens. Emerging Infectious Diseases 17, 7-15.

Schlech III, W. F., Lavigne, P. M., Bortolussi, R. A., Allen, A. C., Haldane, E. V., Wort, A. J., Hightower, A. W., Johnson, S. E., King, S. H., Nicholls, E. S., Broome, C. V., 1983. Epidemic listeriosis-evidence for transmission by food. New England Journal of Medicine 308, 203-206.

Schmid, H., Hachler, H., Stephan, R., Baumgartner, A., Boubaker, K., 2008. Outbreak of *Salmonella en-*

terica serovar Typhimurium in Switzerland, May-June 2008, implications for production and control of meat preparations. Eurosurveillance 13, 1-4.

Schuchat, A., Deaver, K. A., Wenger, J. D., Plikaytis, B. D., Mascola, L., Pinner, R. W., Reingold, A. L., Broome, C. V., Study Group, 1992. Role of foods in sporadic listeriosis I. Case-control study of dietary risk factors. JAMA 267, 2041-2045.

Skandamis, P., Nychas, G.-J. E., 2015. Pathogens: risks and control. In: Toldrá, F. (Ed.), Handbook of Fermented Meat and Poultry, second ed. John Wiley & Sons Ltd., Chichester, UK, pp. 389-412.

Smith, H., Evans, R., 2009. Parasites: *Cryptosporidium*, *Giardia*, *Cyclospora*, *Entamoeba histolytica*, *Toxoplasma gondii* and pathogenic free-living amoebae (*Acanthamoeba* spp. and *Naegleria fowleri*) as foodborne pathogens. In: Blackburn, C. de W., McClure, P. J. (Eds.), Foodborne Pathogens: Hazards, Risk Analysis and Control, second ed. Woodhead Publishing Ltd., Cambridge, UK, pp. 930-1008.

Sofos, J. N., 2008. Challenges to meat safety in the 21st century. Meat Science 78, 3-13.

Sprague, L. D., Neubauer, H., 2005. *Yersinia aleksiciae* sp. nov. International Journal of Systematic and Evolutionary Microbiology 55, 831-835.

Szabo, K., Trojnar, E., Anheyer-Behmenburg, H., Binder, A., Schotte, U., Ellerbroek, L., Klein, G., Johne, R., 2015. Detection of hepatitis E virus RNA in raw sausages and liver sausages from retail in Germany using an optimized method. International Journal of Food Microbiology 215, 149-156.

Thitaram, S. N., Frank, J. F., Lyon, S. A., Siragusa, G. R., Bailey, J. S., Lombard, J. E., Haley, C. A., Wagner, B. A., Dargatz, D. A., Fedorka-Cray, P. J., 2011. *Clostridium difficile* from healthy food animals: optimized isolation and prevalence. Journal of Food Protection 74, 130-133.

Tilden, J., Young, W., McNamara, A. M., Custer, C., Boesel, B., Lambert-Fair, M. A., Majkowski, J., Vugia, D., Werner, S. B., Hollingsworth, J., Morris Jr., J. G., 1996. A new route of transmission for *Escherichia coli* O157:H7: infection from dry fermented salami. Public Health Briefs 86, 1142 - 1145.

Tindall, B. J., Grimont, P. A. D., Garrity, G. M., Euzéby, J. P., 2005. Nomenclature and taxonomy ofthe genus *Salmonella*. International Journal of Systematic and Evolutionary Microbiology 55, 521-524.

USDA-FSIS (United States Department of Agriculture-Food Safety and Inspection Service), 2011. Shiga toxin-producing *Escherichia coli* in certain raw beef products. Federal Register 76, 58157- 58165.

USFDA/USDA-FSIS (U. S. Food and Drug Administration/U. S. Department of Agriculture-Food Safety and Inspection Service), 2003. Quantitative Assessment of the Relative Risk to Public Health from Foodborne *Listeria Monocytogenes* Among Selected Categories of Ready-to-eat Foods. Available at. http://www.fsis.usda.gov/Science/Risk_Assessments/index.asp.

Uzzau, S., Brown, D. J., Wallis, T., Rubino, S., Leori, G., Bernard, S., Casadesús, J., Platt, D. J., Olsen, J. E., 2000. Host adapted serotypes of *Salmonella enterica*. Epidemiology and Infection125, 229-255.

Vaillant, V., de Vask, H., Baron, E., Ancelle, T., Delmon, M.-C., Duour, B., Pouillot, R., Le Strat, Y., Wanbreck, P., Desenclos, J. C., 2005. Foodborne infections in France. Foodborne Pathogens and Disease 2, 221-232.

Vazquez-Boland, J. A., Kuhn, M., Berche, P., Chakraborty, T., Domínguez-Bernal, G., Goebel, W., González-Zorn, B., Wehland, J., Kreft, J., 2001. *Listeria* pathogenesis and molecular virulence determinants. Clinical Microbiology Reviews 14, 584-640.

Velge, P., Cloeckaert, A., Barrow, P., 2005. Emergence of *Salmonella* epidemics: the problems related to *Salmonella enterica* serotype Enteritidis and multiple antibiotic resistance in other major serotypes. Veterinary Research 36, 267-288.

Viazis, S., Diez-Gonzalez, F., 2011. Enterohemorrhagic *Escherichia coli*: the twentieth century's emerging foodborne pathogen: a review. Advances in Agronomy 111, 1-50.

Warren, C. A., Guerrant, R. L., 2011. Pathogenic *C. difficile* is here (and everywhere) to stay. Lancet 377, 8-9.

Whelan, J., Noel, H., Friesema, I., Hofhuis, A., de Jager, C. M., Heck, M., Heuvelink, A., van Pelt, W., 2010. National outbreak of *Salmonella* Typhimurium (Dutch) phage-type 132 in The Netherlands, October to December 2009. Euro Surveillance 15 pii: 19705.

Winer, J. B., 2001. Guillain-Barre syndrome. Molecular Pathology 54, 381-385.

Zhong, X., Wu, Q., Zhang, J., Shen, S., 2016. Prevalence, genetic diversity and antimicrobial susceptibility of *Campylobacter jejuni* isolated from retail food in China. Food Control 62, 10-15.

Zudaric, V., Zemljijc, M., Janezic, S., Kocuvan, A., Rupnik, M., 2008. High diversity of *Clostridium difficile* genotypes isolated from a single poultry farm producing replacement laying hens. Anaerobe 14, 325-327.

18 肉类安全：II. 残留物与污染物

Marilena E. Dasenaki, Nikolaos S. Thomaidis

University of Athens, Athens, Greece

18.1 引言

食品安全指的是所有可能对消费者健康产生急性或慢性危害的物质。近年来暴发的许多食源性疾病引起了媒体的广泛关注，也使消费者更加关心食品安全，可见食品安全和食品质量同样重要。食品污染物是无意中被添加到食品中的任何有害物质，可能是来自天然的化学物质（如生物毒素）、环境污染物［如多氯联苯（PCBs）、二噁英、重金属］，或在食品加工过程中形成的，如丙烯酰胺、多环芳烃（PAHs）等。食品中的兽药和农药残留也是食品安全体系中的一个主要问题（Lawley 等，2008）。

肉是指来自肉用动物的可食部分。事实上这个定义仅限于几十种哺乳动物；除了肌肉组织，肉也包括肝脏、肾脏、大脑等其他可食用组织。欧盟消费的大部分肉类来源于羊肉、牛肉和猪肉，兔肉（不论家兔还是野兔）通常都被划分到禽肉中。肉和肉制品具有重要的营养价值，是重要的蛋白质来源，富含必需氨基酸、B 族维生素以及一些必需的矿物质和微量元素（特别是铁）。在过去四十多年中，全球肉类生产和消费量增长了两倍，而在过去十多年中增长了 20%。国际农业知识与科学技术促进会（IAASTD）评估认为，由于中国和其他新兴经济体中不断增长的中产阶级，将更加适应北美地区和欧洲的所谓西方饮食结构，肉类生产和消费量将呈现持续增长趋势。因此，肉类的安全问题受到科学家、监管机构、风险管理者、国家和地方政府以及全球消费者的关注，该问题的解决成为当务之急。

肉与肉制品中可能存在的上述污染物和残留物需要采用快速、高通量、有效及可靠的分析方法进行分析鉴定，以确保消费者的安全和产品质量。本章将对肉类中可能存在的化学污染物和残留物、风险评估和分析策略进行较为全面的概述。

18.2 化学污染物和残留物

18.2.1 兽药残留

近几十年来，兽药被大量用于肉用动物生产中，用来预防或治疗细菌性疾病，避免由应激诱导的动物死亡以及作为集约化饲养动物的生长促进剂等。但如果使用不当、未考虑停药期以及交叉污染等，就可能导致兽药在动物组织中的残留。兽药残留可能会对公众健康产生不利影响，主要表现在敏感人群或个体的过敏反应，或摄入亚治疗剂量的兽药后，微生物产生耐药性（Schwarz 和 Chaslus-Dancla，2001）。

为了有效控制兽药残留，不同法律机构制定了最大残留限量（MRLs）及肉用动物样本中兽药残留监控计划。欧盟发布的关于药理学活性物质的第 37/2010 号法规（EU Regulation No 37/2010）建立了动物源食品中的 MRLs（European Commission，2010）。而在欧盟委员会第 124/2009 条例［Commission Regulation（EC）No 124/2009］中规定了食品中抗球虫药及抑菌剂的最大限量（MLs）（European Commission，2009）。而美国和加拿大则将最大限量分别公布在官方网站上。

18.2.1.1 **抗菌药物**

抗菌药是兽药中最重要的管控药物。根据作用机制、化学结构以及抗菌谱或来源进行分类，主要有氨基糖苷类、酰胺醇类、β-内酰胺类（头孢类和青霉素类）、大环内酯类、林可酰胺类、硝基呋喃类、喹诺酮类、磺胺类、四环素类和其他抗菌药物。

（1）氨基糖苷类　氨基糖苷类抗菌药是从链霉菌属和小单孢菌属细菌中分离的广谱抗菌药物，两个或多个氨基糖苷通过糖苷键与氨基环醇组分连接是其结构特征（McGlinchey 等，2008）。氨基糖苷类抗菌药广泛用于牛、猪和家禽疾病的治疗和预防，使用不当时，可能导致其在动物组织内的残留，潜在危害主要为耳毒性、神经毒性以及肾毒性（Mastovska，2011）。欧盟已对肌肉中的 8 种氨基糖苷类药物设定了最大限量，范围从庆大霉素的 50mg/kg 到安普霉素的 1000mg/kg。氨基糖苷类药物在肾脏中的最大限量最高（安普霉素最高 20mg/kg）。

（2）酰胺醇类　酰胺醇类（氯霉素、氟苯尼考和甲砜霉素）是具有苯丙烷结构的广谱抗生素。它们对多种革兰氏阳性菌和革兰氏阴性菌有效（Mastovska，2011）。氯霉素由于其良好的药效和相对便宜的价格，在兽医临床上有着广泛的应用。然而其对人类具有血液毒性，并可能引起骨髓发育不良和再生障碍性贫血等严重的副作用（Samsonova 等，2012）。因此这类抗生素在欧盟、美国和加拿大被禁止用于肉用动物。目前在肉用动物的治疗上，甲砜霉素和氟苯尼考被用作氯霉素的替代物。在肌肉、脂肪、肝脏和肾脏中甲砜霉素的最大限量为 50mg/kg，而氟苯尼考的最大限量范围在 100mg/kg（禽肉中）至 3000mg/kg（小牛、绵羊、山羊的肝脏中）。

（3）β-内酰胺类　β-内酰胺类是使用最广泛，且至今仍然是最重要的一类抗生素，包括青霉素类和头孢类两个亚类。β-内酰胺环和可变侧链是其基本结构，也是化学和药理学性质差异的主要原因。β-内酰胺类在兽医领域中被广泛用作生长促进剂、化学治疗剂和（或）预防剂，导致食品中的大量残留。而该类药物残留对健康的严重危害主要是导致微生物的抗药性（Lara 等，2012）。

肉中青霉素类的最大限量范围从猪和家禽中苯氧基甲基青霉素（青霉素 V）的 50mg/kg 到牛和猪肾中的克拉维酸 400mg/kg 不等。对于头孢类的最大限量限定为头孢氨苄（肌肉中 200μg/kg；肾脏中 1000μg/kg），头孢噻呋（肌肉中 1000μg/kg；肾脏中 6000μg/kg），头孢匹林（肌肉中 50μg/kg；肾脏中 100μg/kg）和头孢喹肟（肌肉中 50μg/kg；肾脏中 200μg/kg）。

（4）大环内酯类和林可酰胺类　大环内酯类的特征在于一个含有 14、15 或 16 个原子的大环内酯环通过糖苷键与糖连接。林可酰胺类（包括林可霉素、克林霉素和吡利霉素）

则是具有氨基酸侧链的氨基糖苷。根据欧盟第37/2010号法规（EU Regulation No 37/2010），林可酰胺的最大限量为50~1500μg/kg（分别以脂肪和肾脏中的林可霉素计），大环内酯类在肉中的最大限量范围从20μg/kg（牛脂中的加米霉素）到3000μg/kg（牛、猪肝脏和肾脏中的托拉霉素）不等。

（5）硝基呋喃类　硝基呋喃类是结构中含有一个特征性的五元硝基呋喃环的合成抗菌化合物，用于治疗由原生动物及部分革兰氏阳性菌或革兰氏阴性菌引起的传染病，且没有耐药性的问题。但由于担心致癌性及对人类健康的潜在危害，欧盟于1995年完全禁止在畜牧生产领域使用硝基呋喃类药物（Vass等，2008）。

（6）喹诺酮类　喹诺酮类是基于4-氧代-1，4-二氢喹诺酮骨架的合成抗菌剂，其对多种牲畜疾病有很好的治疗效果。第一代喹诺酮类药物，如萘啶和恶喹酸主要针对革兰氏阴性菌用于尿路感染的治疗。第二代喹诺酮类药物是氟喹诺酮类（包括恩诺沙星、达氟沙星、环丙沙星），因其6号位的氟原子和7号位的哌啶结构，从而扩大了对假单胞菌属及部分革兰氏阳性菌的抗菌谱，例如金黄色葡萄球菌（Cheng等，2013）。

喹诺酮类也是非常重要的人类抗菌药物，但它们在肉用动物中的大量使用导致全球范围内的耐药性。在欧盟，7种喹诺酮类药物（达氟沙星、二氟沙星、恩诺沙星、氟甲喹、马波沙星、恶喹酸和沙氟沙星）被批准可以用于肉用动物，畜肉中的MRLs为50μg/kg（脂肪中的达氟沙星、马波沙星和恶喹酸）至1500μg/kg（牛、绵羊、山羊和猪肾脏中的氟甲喹）；禽肉中，沙氟沙星的MRLs在皮肤和脂肪中最低（10μg/kg），而二氟沙星在鸡肝脏中的最大限量最高（1900μg/kg）。

（7）磺胺类　磺胺类药物是最古老的抗菌药物之一，从20世纪中叶开始用于人类和动物疾病的治疗。这类药物是对氨基苯磺酸的衍生物，主要用于预防和治疗由革兰氏阳性菌、革兰氏阴性菌及一些原生动物（如疟疾病原体、弓形虫等）引起的感染。

磺胺类药物的长期使用已导致大量抗磺胺类细菌菌株的产生。此外，通过饮食系统性地摄入磺胺类药物可能引起过敏反应、抑制酶活性、改变肠道菌群及促进病原体的持续形成等问题。有证据表明，部分磺胺类药物特别是磺胺二甲基嘧啶具有血液毒性和致癌性（Dmitrienko等，2014）。

欧盟37/2010号法规（EU Regulation No 37/2010）中规定，所有肉中（组织、脂肪和内脏）磺胺类药物的总残留量不超过100μg/kg。

（8）四环素类　四环素是一类具有一个取代基团的2-萘甲酰胺结构的广谱抗生素，由于其价格便宜、效果好的特点，被广泛应用于兽医领域，也可作为牛和家禽的生长促进剂。然而由于耐药性问题，其有效性已显著降低（Önal，2011）。四环素类在肉中的MRLs从动物组织中的100μg/kg到肾脏中的600μg/kg不等。

（9）其他抗菌药　除前述的几大类抗生素之外还有几个小类抗生素也应用于肉用动物中，如二氨基嘧啶类、截短侧耳素类、抗菌肽类、喹噁啉类和氨苯砜。二氨基嘧啶类是一类在嘧啶环上具有两个氨基的有机化合物。甲氧苄氨嘧啶对于阻断细菌中叶酸的合成具有比磺胺类药物更好的效果（Nelson 和 Rosowsky，2001）。二氨基嘧啶类药物巴喹普林的最大限量在牛脂肪和肝脏中分别为 10μg/kg 和 300μg/kg。

截短侧耳素及其衍生物是通过抑制微生物中蛋白质合成的一类抗菌药物。这类抗生素包括瑞他莫林、伐奈莫林和硫姆林。阿佛帕星、黏菌素、杆菌肽、依罗霉素、多黏菌素和维及霉素是多肽类抗生素。多肽类抗生素通常是含有与天然蛋白质所含的 L-氨基酸相反的 D-氨基酸的较大肽分子的多组分混合物。这些抗菌肽可以干扰革兰氏阳性菌与革兰氏阴性菌细胞壁和肽聚糖的合成（Dasenaki 等，2015）。欧盟仅规定了杆菌肽和黏菌素的 MRLs 为 150μg/kg（肾脏中的黏菌素为 200μg/kg）。

卡巴多司和奥喹多司都是喹喔啉-1,4-二氧化物的合成抗菌剂，因其为光敏化合物，在分析中需要特殊的处理避免分解。代谢研究表明，卡巴多司迅速转化为其单氧和脱氧代谢物，而喹喔啉-2-碳酸被认为是可作为标记的主要最终代谢产物。卡巴多斯及其脱氧代谢物都是致癌化合物（Kesiunaite 等，2008），自 1998 年以来欧盟禁止在动物饲料中使用（European Commission，1998）。

氨苯砜（二氨基二苯砜）根据其化学结构不能包含在任何抗菌药物中，其作用机理可能与具有磺酰胺基团有关。它被用来治疗麻风分枝杆菌感染（麻风病）和耶氏肺孢子虫的辅助治疗（Dasenaki 等，2015）。但氨苯砜禁止在欧盟使用。

18.2.1.2 驱虫药

扁形虫（绦虫和吸虫）和蛔虫（线虫），可以感染人类、牲畜和农作物，影响食物的生产。驱虫药（又名杀寄生虫剂、抗寄生虫药和杀线虫剂）则是用于治疗此类寄生虫感染的药物。

基于相似的化学结构和作用机制可以将驱虫药分为三类：苯并咪唑类、烟碱受体激动剂类和大环内酯类（阿维菌素和米尔贝霉素）。其中苯并咪唑类由一个与咪唑环融合的苯环结构构成，通过选择性地结合与强力亲和蠕虫微管蛋白的 β-亚基来发挥其作用。烟碱受体激动剂类（如左旋咪唑、四氢嘧啶）的目标位点是一个药理学上不同的线虫的烟碱乙酰胆碱受体通道。大环内酯类（如伊维菌素、莫昔克丁）是从链霉菌中分离的一类复杂的化合物，其作为无脊椎动物特异性抑制性氯离子通道的由谷氨酸激活的激动剂。左旋咪唑、伊维菌素和苯并咪唑类的几种化合物（阿苯达唑、坎苯达唑、芬苯达唑、奥芬达唑以及噻苯达唑）是驱虫药中最常用的主要成分（Romero-Gonzalez 等，2014）。

由于广泛存在的驱虫药抗药性，因此提倡使用具有新型作用机制的驱虫药。一类新开发的氨基乙腈衍生物驱虫药具有良好的耐受性和对哺乳动物低毒性的特点（Romero-Gonzalez 等，2014）。

欧盟目前已规定了二十五种苯并咪唑类和大环内酯类驱虫药的残留量，在肉用动物中的最大限量从 10μg/kg（牛、绵羊、猪和家禽肌肉、脂肪、肝脏和肾脏中的左旋咪唑，以及牛肝组织中的氯苯碘柳胺）至 5000μg/kg（绵羊肾脏中的氯生太尔）。

18.2.1.3 β-激动剂

β-激动剂是合成的苯乙醇胺类化合物，最初被用于人类哮喘和早产的治疗。然而，这些化合物也被误用作牲畜的营养再分配剂，它们可以将动物脂肪转化为肌肉（Shishani 等，2003）。由于有充分证据表明其不利于人体健康，包括欧盟和中国在内的许多国家禁止使用 β-激动剂作为生长促进剂（European Commission，1996）。

18.2.1.4 抗球虫药

抗球虫药是通过抑制繁殖和延缓宿主细胞中寄生虫生长的抗原虫剂。通常在饲料中添加合法剂量并遵守规定卫生要求的方式应用于家禽。球虫病也发生于猪、小牛以及羔羊等其他肉用动物中，即便仅引起肠壁的轻微损伤也会导致牲畜生长缓慢以及饲料转化率的降低，从而降低经济效益。抗球虫药可分为两大类：聚醚离子载体抗生素（包括莫能菌素、拉沙里菌素、马杜拉霉素、甲基盐霉素、沙利霉素和塞杜霉素）和非聚醚离子载体抗生素。聚醚离子载体抗生素可以通过几种链霉菌属和放线菌属的菌株发酵产生。其兼具抗球虫和抗菌活性，并且还可作为生长促进剂以及梭菌病的原药（Anadón 等，2014）。

欧盟委员会法规［Commission Regulation（EC）No 124/2009］中规定了肉中的抗球虫药的最大限量范围为 2μg/kg（莫能菌素、沙利霉素、塞杜霉素和曼杜拉霉素）至 100μg/kg（肝脏、肾脏中的尼卡巴嗪）。而在欧盟第 37/2010 号法规（EU Regulation No 37/2010）中，还确定了一些抗球虫药物的最大限量，范围从 2μg/kg（牛肉中莫能菌素）至 7000μg/kg（绵羊、山羊的脂肪中的莫奈太尔）。而在委员会实施条例［Commission Implementing Regulation（EU）No 86/2012］中规定了拉沙洛西在牛肉中的最大限量，其中肌肉含量为 10μg/kg，脂肪和肾脏含量为 20μg/kg，肝脏含量为 100μg/kg（European Commission，2012）。

18.2.1.5 非甾体抗炎药

自 20 世纪 70 年代以来，非甾体抗炎药（NSAID）因具有退烧、镇痛和抗炎（如用于治疗乳牛的乳腺炎）的功效，在育种中的应用逐渐增加。但非甾体抗炎药具有潜在的毒性并可能引起过敏、肝中毒、造血及肾脏系统问题等不良副作用（Thompson，2005）。因此欧盟对此类药物的使用进行了严格管制，规定肉类中最大限量从 1μg/kg（牛、猪脂肪中的双氯芬酸）到 1000μg/kg（牛、马的肉、肝脏、肾脏中的卡洛芬）。

18.2.1.6 激素

（1）合成代谢类固醇　合成代谢类固醇是人工合成的睾酮衍生物，具有增强的合成代谢活性和降低雄激素活性的作用。目前在畜牧业中因其具有治疗非再生性贫血、刺激牲畜食欲、促进生长的作用而应用广泛。但毒理学/流行病学研究表明其对人体健康有害（见第21章），在公共卫生方面存在风险。因此欧盟自1986年起禁止以育肥为目的使用合成代谢类固醇药物（Kaklamanos等，2009）。

（2）皮质类固醇　内源性皮质类固醇（如皮质醇）由肾上腺皮质产生，对包括葡萄糖代谢和蛋白质代谢在内的多种代谢活动具有重要作用。几种外源性皮质类固醇已被允许应用于人类及牲畜疾病的治疗。它们作为肉用动物的抗炎药及生长促进剂应用广泛。欧盟于1996年禁止其应用于肉用动物的育肥（Draiscia等，2001）。欧盟已对此类药物的最大限量进行了限定，在牛、山羊、猪和马肉中，倍他米松、地塞米松、甲基强的松龙和泼尼松龙必须在较低的水平（百万分之一）（European Commission，2010）。

（3）甲状腺抑制剂　欧盟于1981年起禁止将甲状腺抑制剂用于育肥目的（理事会决议81/602/EC）。甲状腺抑制剂是口服的活性药物，会扰乱甲状腺的正常代谢。若以育肥为目的将甲状腺抑制剂用于养殖，其结果是通过抑制甲状腺激素的形成增加胃肠道的充盈感，并提高动物体内的保水性导致体重上升。一方面生产出的肉质较差，另一方面由于这是以肉的价格出售水，故存在商业欺诈问题（Vanden Bussche等，2009）。此外，异源的甲状腺抑制剂是具有致畸和致癌性的化合物，对人类健康存在隐患。

18.2.1.7　镇静剂

镇静剂通常被用在麻醉前对动物进行镇静，之后运往市场。众所周知，动物由紧张情绪带来的应激反应会导致肉质变差，特别是猪在运输途中易产生应激反应。部分镇静剂也具有镇痛作用（如α2-激动剂），但这是例外，因为镇静剂的目标不是镇痛。它们分为两类：强镇静剂和弱镇静剂。强镇静剂包括吩噻嗪类（乙酰丙嗪、丙嗪和氯丙嗪）、丁酰苯类（阿扎哌隆、氟哌啶醇）和α2-激动剂类（甲苯噻嗪、地托咪定、美托咪定、右美托咪定等）；弱镇静剂则是苯二氮类药物（地西泮、咪达唑仑、唑拉西泮）。绝大多数镇静剂都能在动物体内迅速代谢，所有残留物都富集在肝脏与肾脏中（Rankin，2002）。欧盟禁止将氯丙嗪用于肉用动物（EU Regulation No 37/2010）。

18.2.2　持久性有机污染物

无论有意、无意中产生并释放到环境中的持久性有机污染物（POPs）都是合成化学物质，包括农药与工业生产中产生的及工业生产、燃烧过程中无意产生的副产物。由于降解需要几十年甚至几个世纪，因此持久性有机污染物长期地存在于环境中，而且通过在食物链中的转移会在生物体内产生生物累积和生物放大效应（世界卫生组织，2010）。

持久性有机污染物水溶性差，脂溶性强，因此累积于生物体脂肪组织中。目前已知长期暴露在高浓度的持久性有机污染物环境中会对人体及动物健康产生不良影响，包括癌症、神经系统损伤、生殖疾病或免疫系统损伤。但人们更加关心长期暴露在低浓度的持久性有机污染物环境中对疾病发病增加的可能性，包括乳腺癌及其他癌症发病率的增加、学习和行为障碍以及其他神经发育问题、精子质量与数量下降等生殖问题（世界卫生组织，2010）。

18. 2. 2. 1 杀虫剂

集约化农业生产中，在农作物采前与采后需要进行病虫害防治，所使用的各种合成化学品一般统称杀虫剂。除草剂与杀虫剂在采前使用，鼠药用于农作物贮存阶段，杀菌剂则用在任何阶段。当在养殖地区应用杀虫剂或对牲畜自身进行杀虫时，其他牲畜可能通过食用受到杀虫剂污染的饲料和水从而被污染。因此人将主要通过摄入含有杀虫剂残留的动物源食品的方式暴露在此类化学品中。虽然目前人类长期接触杀虫剂导致的慢性影响尚未确定，但越来越多的证据表明长期接触具有致癌性和遗传毒性以及干扰内分泌的作用（Le-Doux，2011）。

为避免对公众健康产生任何不利影响，任何食品中的杀虫剂残留量均以最大限量或可接受度来控制。这些限制基于良好的农业实践，旨在确保食品中的杀虫剂残留量尽可能小。欧盟通过法规［Regulation（EC）No 396/2005］规定了所有杀虫剂的最大限量，并公布于网站上，可以通过搜索工具输入杀虫剂的名称、活性物质或食品名称在数据库中进行搜索（EU Pesticide Database，2016）。数据库中，肉制品包括动物组织、内脏、肝脏、肾脏以及动物脂肪。若检测到杀虫剂残留超标需要立即采取行动，但对于肉品来说很少出现，因为杀虫剂会被迅速代谢而不是在动物体内积累（Kim，2012）。

但有机氯杀虫剂（OCPs）相对稳定，无法在短时间内被代谢掉，并且由于它们具有强亲脂性而易在动物的脂肪组织中累积。根据《斯德哥尔摩公约》（Stockholm Convention，2001），在全球范围内消除部分有机氯杀虫剂（包括爱耳德林、氯丹、狄氏剂、异狄氏剂、七氯、滴滴涕、六氯苯、灭蚁灵、毒杀芬、α-六氯环已烷、β-六氯环已烷、γ-六氯环已烷、五氯苯酚、十氯酮以及硫丹）。但也有研究表明，肉制品不是有机氯杀虫剂的摄入的主要来源（Brambilla 等，2009）。

在广泛使用有机氯杀虫剂多年后，一类在环境中持久性较低的有机磷农药（OPPs）逐渐替代有机氯杀虫剂。部分有机磷农药可能在食物链中积累并保留在肉类中，但有机磷农药是更加亲水，在环境中更易降解，在动物体内也更易被代谢掉（Kim，2012）。

18. 2. 2. 2 二噁英类与多氯联苯

二噁英类指的是两大类具有不同氯原子数量和/或位置的卤代芳烃：多氯二苯并对二噁英类（PCDDs）与多氯二苯并呋喃类（PCDFs）。二噁英类共有 210 个取代异构体（同系物），包括 75 种 PCDDs 与 135 种 PCDFs，其中有 17 个在 2、3、7、8 位被氯取代的化合物具有毒理学意义。多氯联苯（PCBs）是通过联苯直接氯化产生的氯化芳烃，共有 209 种同系物，其中 20 种被报道具有毒理学作用。部分多氯联苯具有与二噁英类相似的毒理学特性，因此也被称为“类二噁英多氯联苯（dl-PCBs）”（Lawley 等，2008）。有 6 种非二噁英类同系物（PCB 28、52、101、138、153 和 180），其总和用作食品与环境样品中多氯联苯含量的指标。

PCDDs 与 PCDFs 从未通过工业进行生产，也没有任何商业应用。它们主要形成于加热或燃烧过程中，生成量视反应的物理与化学条件而定。某些工业过程（如冶金工业、化学品的生产）、自然过程（如火山爆发、森林火灾），甚至化学工厂的事故也是二噁英的另一来源（Andree 等，2010）。相反，自 20 世纪 30 年代初以来，多氯联苯作为电气设备中的冷却与绝缘流体已通过工业生产并应用于制造业。尽管自 20 世纪 70 年代以来它们的制造和使用已被禁止，但一些多氯联苯仍然在旧的封闭式电气设备或密封材料中使用（Lawley 等，2008）。

二噁英和多氯联苯都是持久性环境污染物，普遍存在于环境、土壤、沉积物和空气中。它们会通过各种途径进入食物链，如动物接触受到污染的饲料、空气、水时，土壤或空气传播是饲料厂污染的主要来源。二噁英类与多氯联苯几乎不溶于水，往往积聚在动物和鱼类的脂肪组织中。一些研究指出，人体暴露于高浓度的这类污染物中可能导致生殖和发育问题，增加心脏病、糖尿病和癌症的风险（Kim，2012）。

食源性的二噁英类及类二噁英多氯联苯（dl-PCBs）摄入占人类总暴露量的 90%以上。动物源性食品影响显著，乳制品贡献率约 40%，肉及肉制品贡献约 30%（均为人体总暴露量占比），相比之下鱼和鱼制品尽管受到污染较多，但消费量较小，故影响有限（Kim，2012）。通过二噁英类毒性当量（TEQ）的方法，欧盟已限定肉类中二噁英总量的最大限量，范围从猪肉脂肪的 1. 0pg/g 到牛、羊肉脂肪的 2. 5pg/g 及其他陆生动物脂肪和肝脏产品的 4. 5pg/g。考虑到不同同系物毒性的相似性，使用毒性当量（TEQ）这一概念。二噁英类与类二噁英多氯联苯的总最大限量范围从猪肉中 1. 25pg PCDD/F-PCB-TEQ/g 脂肪，到肝脏中 10pg PCDD/F-PCB-TEQ/g 脂肪，其中所有肉类产品的六种多氯联苯总和的最大限量为 40ng/g 脂肪（European Commission，2011a）。多年来已有不少研究报道了肉及肉制品中多氯二苯并对二噁英/呋喃（PCDD/Fs）与多氯联苯的含量。从 1999 至 2008 年期间，欧盟进行了一项研究，分析了来自 19 个成员国的 7000 多份食品样本。根据这项研究表明，肉和肉制品中 PCDD/Fs 的平均浓度为反刍动物中 2. 61pg TEQs/g 脂肪、猪肉 0. 47pg TEQs/g 脂肪以及肝脏制品 3. 34pg TEQs/g 脂肪（Schrenk 和 Chopra，2012）。

2009 年，德国进行了一项研究，分析包括猪肉、禽肉、牛肉、绵羊肉、生火腿、各类香肠在内的 300 多种德国代表性的肉及肉制品中 PCDD/Fs、类二噁英多氯联苯和指标性多氯联苯含量，结果表明家禽与猪肉中含有低浓度的类二噁英多氯联苯（低于作用浓度 6 倍以上），牛肉中浓度较高（约 1pg TEQs/g 脂肪）。但在犊牛肉中浓度较低，表明这些化合物的摄取和沉积与年龄有关。PCDD/Fs-TEQ 的平均含量为 0.09pg/g 脂肪（猪肉）、0.11pg/g 脂肪（家禽）、0.19pg/g 脂肪（羊肉）及 0.24pg/g 脂肪（牛肉），均显著低于其最大限量。牛、羊肉中较高的 PCDD/Fs 可能是由于德国肉用动物不同屠宰月龄：猪（约 6 个月）、家禽（约 3 个月）、羊（约 6 个月）和牛（约 20 个月）。此外，肉类中 6 种指标性多氯联苯的总含量从猪肉（1.41μg/kg 脂肪）、禽肉（1.73μg/kg 脂肪）到牛肉（5.33μg/kg 脂肪），均低于所规定的最大限量（Andree 等，2010）。

最近，西班牙加泰罗尼亚地区研究并发布了食品中 PCDD/Fs、多氯联苯在内的多种环境污染物浓度人类摄入量分析及变化趋势（Domingo 等，2016）。

18.2.2.3 多环芳烃和其他环境污染物

多环芳烃（PAHs）是一类含有两个或多个稠合芳香环，稳定的亲脂性的有机化学污染物。鉴于其致突变与致癌作用，世界各地的卫生部门与环境管理部门都给予高度关注。多环芳烃产生于有机材料的不完全燃烧或热解过程，也是许多工业生产过程中常见的副产物，包括食品的加工和制备，尤其是烟熏加工中（Lawley 等，2008）。

烟熏是肉与肉制品最古老的保藏技术之一（见第 9 章）。熏烟的形成温度对多环芳烃含量起决定作用，熏烟中的多环芳烃含量在 400~1000℃ 温度范围内随温度的升高而直线增加。除多环芳烃的生成量以外，温度也会影响多环芳烃的结构以及种类（Simko，2009）。多环芳烃主要被吸附在表面，仅通过渗透的形式在烟熏肉制品内部少量存在，且不同肉制品表面对多环芳烃的吸附能力也不尽相同（Andree 等，2010）。

共有约 660 种不同的多环芳烃化合物，最出名的当属具有强烈致癌性的苯并（a）芘（BaP）。其含量已成为烟熏食品中总多环芳烃含量的一个指标。欧盟规定自 2014 年 9 月 1 日起烟熏肉和肉制品中苯并芘的最大限量为 2.0μg/kg（European Commission，2011b）。

肉和肉制品中可能存在的其他环境污染物是多溴联苯醚（PBDEs）、多氟化烷基化物（PFASs）和多氯化萘（PCNs）。多溴联苯醚于 20 世纪 60 年代上市，世界部分地区至今仍用作阻燃剂。多氟化烷基化物广泛存在于工业生产的环境中，如工业聚合物、防水剂、织物防污涂料、消防泡沫等。多氯化萘则是用作电介质、润滑剂与增塑剂的工业化学品。通过饮食摄入可能是人体接触这些持久和积累的化学物质的主要途径。但肉和肉制品对这些环境污染物的摄入没有显著的贡献，倒是鱼贝类是造成环境污染物富集的主要来源（Domingo 等，2016）。

18.2.3 重金属

重金属是指所有即使在低浓度下也具有毒性的密度相对较高的金属元素。尽管有许多元素被归类为重金属，但考虑到生物毒性和在食品中的含量，最受关注的元素是砷（As）、镉（Cd）、铅（Pb）和汞（Hg）。尽管这些重金属的功能不清楚，但它们能通过生物富集作用转移到人体内，即使浓度很低，也会致毒与致癌（Lawley 等，2008）。由于自然与人为因素，重金属持续不断地释放到环境中，进入食物链，使食品成为人体摄入此类有毒金属物质的主要来源。人为因素中，采矿、能源开采、灌溉、施肥、农药的使用、工业排放与汽车尾气都是有毒金属物质的来源。食品污染在制造、加工和储存过程中都可能发生（Lawley 等，2008）。研究表明心血管、肾脏、焦虑症、骨骼疾病以及致癌、致突变和致畸作用与长期接触有重金属污染的食物有关（Kim，2012）。毒性元素，特别是砷和汞，主要存在于海产品中。除了在严重污染地区饲养的畜禽外，人类通过食用肉与肉制品接触这些金属相对较少。铅、镉主要积聚在内脏（肝脏和肾脏），而肌肉中含量普遍较低（Kurnaz 等，2011）。

欧盟已颁布法规［Commission Regulation（EC）No 1881/2006］规定肉类与内脏中铅与镉的最大限量。铅的最大限量从畜禽肉中的 0.1mg/kg 至内脏中的 0.5mg/kg；镉的最大限量分别为：猪牛羊与禽肉 0.05mg/kg，马肉 0.2mg/kg，肝脏 0.5mg/kg，肾脏 1mg/kg。在 2010 年第 73 届粮农组织/世界卫生组织（FAO/WHO）大会上，食品添加剂专家委员会根据最近一些流行病学研究的结果重新评估了镉和铅的摄入量。委员会鉴于镉较长的半衰期，确定了每月 25μg/kg 体重的临时可耐受摄入量。而对于铅，由于已证实其能降低儿童的智商及提高成人的收缩压，认为先前的暂定每周可耐受摄入量（PTWI）μg/kg 体重的标准已不再合适。由于相关 PTWI 标准并不能保护健康，故被撤销（JECFA，2010）。

一些关于肉与肉制品中铅与镉含量的研究表明，铅少量存在于动物组织中（通常介于 10~200μg/kg），内脏中含量较高（甚至高于 1mg/kg）。而肉用动物制品的镉含量取决于其在饲料中的水平，在猪、牛、羊、兔及家禽中的含量通常低于 0.01mg/kg。然而生物富集效应使镉在肝脏中的含量最高达到 3mg/kg，远高于肾脏中的 0.2mg/kg（Hartwig 等，2012）。肉与肉制品中重金属的浓度取决于物种、养殖地区与动物的年龄（Andree 等，2010）。

18.2.4 霉菌毒素

霉菌毒素是由真菌产生的有毒次生代谢物，对人和动物具有多种强效药理和毒性作用，是植物在田间及贮藏期间通过发酵作用产生的，被视作果蔬、谷物、杂粮、坚果及饲料中的天然污染物。霉菌毒素对人和动物具有致癌性（黄曲霉毒素 B1、M1）、肝毒性（黄曲霉毒素）、免疫毒性（单端孢霉烯类、伏马菌素）、肾毒性［赭曲霉毒素 A（OTA）］或雌激素效应（ZON）（Bailly 等，2009）。

对于消费者而言，霉菌毒素的主要来源是谷物和谷物制品。肉制品中的霉菌毒素可能来自动物饲料中的残留、肉表层产毒霉菌的生长以及香辛料等（Abd-Elghany 等，2015）。此外，这些化合物具有的极强稳定性使它们能够抵抗典型的烹饪或灭菌过程，进而使受霉菌毒素污染的动物源性食品成为消费者潜在的健康危害（Bailly 等，2009）。

对公众健康与农业效益影响最大的霉菌毒素是黄曲霉毒素和赭曲霉毒素 A（见第 21

章）。在四种天然黄曲霉毒素（B1、B2、G1 和 G2）中，黄曲霉毒素 B1 及其 Ⅰ 阶段代谢产物黄曲霉毒素 M1 都具有高度致癌性。黄曲霉毒素 B1 在肝脏中代谢强烈，是导致动物体内检测到部分小分子天然物质的原因。在肌肉中只发现低浓度的黄曲霉毒素 B1，即使将动物接触黄曲霉毒素 B1，肝脏和肾脏总是含有比肌肉更多的毒素和代谢物（Abd-Elghany 等，2015；Zhao 等，2015）。有研究还表明，即使黄曲霉毒素浓度低于 10μg/kg，肉品加工条件也可能导致黄曲霉毒素的合成，特别在气候炎热的国家（Bailly 等，2009）。

由于动物源产品对人体总赭曲霉毒素 A 暴露量的贡献估计不超过赭曲霉毒素 A 总摄入量的 3%，因此动物产品中的赭曲霉毒素 A 通常并不被认为是一个主要的公共卫生问题而受到关注（Duarte 等，2012）。这点同样适用于雌激素效应、单端孢霉烯和伏马菌素，鉴于它们的代谢途径和代谢动力学特性，它们在肉类食品的残留污染物中并不产生重大危害（Bailly 等，2009）。

18.3 风险评估

化学品风险评估是一个以公共健康保护为目标的科学过程，旨在评估在没有任何可预见的风险情况下，消费者（一般人群或敏感群体，如儿童或老年人）可能接触到多少污染物。它为监管决策和法律制定提供科学依据，旨在确保、维护和改善人体接触化学品时的安全性。风险评估由欧洲食品安全局、联合国粮农组织、世界卫生组织等权威的科学专家委员会独立进行（Benford，2012）。

健康风险评估通常分为四个步骤，分别回答如下问题：①危害识别——可能出现什么问题？②危害特征描述——后果是什么？③原因分析——它怎样发生的？④风险估计——可能出现哪些不利影响？（Brambilla 等，2009）。

危害识别涉及毒理学测试（化学污染物的单次暴露量与重复暴露量），以确定生命周期不同阶段的潜在危害并确定不利影响。危害特征描述与危害识别密切相关，并描述由于接触化学污染物对人体可能产生的不良健康影响。理想情况下，危害特征描述包括剂量效应关系和不良后果发生的可能性。以图形的形式表示为随着剂量增加相关生物反应增加的剂量效应数据，其对量化不良健康影响至关重要。剂量效应曲线对于确定无活性剂量（无可察觉的有害效应浓度）非常必要，这便是该物质根据确定的处理条件检测不到可见不良影响的最大剂量（Lozano 等，2012）。

对于既不具有遗传毒性也不致癌的化学品，卫生部门建议以可以承受或接受的最大剂量进行表示，如每日允许摄入量（ADI）、参考剂量（尤其是农药）、每日可耐受最大摄入量以及可能在体内累积的污染物暂定每周可耐受摄入量。在计算最大残留限量时，需要考虑每日允许摄入量值、食物的理论摄入量以及特定肉用动物的可食用组织中化合物残留消耗模式（Dasenaki 等，2015）。

对食品中化学物质的暴露量评估需要食品中该类化学物质的来源以及不同人群摄入量的数据。污染物和残留物来源的数据可通过监测计划、针对性调查或总膳食研究方法获得。饮食中农药与兽药的暴露量评估，既可以在批准使用药物之前（预监管），也可以在药物供应多年之后（后监管）。在预监管评估中，化学物质浓度数据由制造商处获得，而在后监管评估中，该浓度数据从市售食品中获得。暴露量评估中使用的消费数据必须包括但不仅限于一般人群，还必须包括敏感人群和预期暴露量与一般人群不同的群体。最后，危害特征描述包括将暴露量结果与基于健康的指导值进行比较（Benford，2012）。

18.4 分析方法

为确保食品安全，上述可能存在的污染物需要建立稳定、快速、有效、灵敏且经济有效的分析方法。大量污染物需要监测导致近年来多组分同步分析方法的需求日益增长，但这是相当大的挑战。由于化学基团差异导致不同类别污染物理化性质的巨大差异，给同时提取、净化以及分析这些污染物带来了困难。本章节范围仅限于介绍用于肉及肉制品中污染物与残留物多组分、多类别同步分析方法，以及通用的样品制备流程和利用液相色谱、气相色谱（LC、GC）与质谱联用技术（MS）。这主要包括使用溶剂萃取（SE）、固相萃取（SPE）以及 QuEChERS 法（快速、简便、廉价、有效、稳定、安全）等基础方法。

18.4.1 样品制备技术

18.4.1.1 提取技术

目前已开发出许多从肉样中提取分析物质的技术，在提取前通常先要将肉样绞碎，便于从基质中提取目标物质。提取使用溶剂或流体以及一个可行的途径，如溶剂萃取、加压液体萃取（PLE）、微波辅助萃取（MAE）、超声波辅助萃取（UAE）、QuEChERS 等，这又受到溶解度、溶剂在样品中的渗透（质量传递）以及和基质效应的影响（Ridgway 等，2012）。

在肉和肉制品中污染物和残留物的高通量测定时，通常选用溶剂萃取方法。溶剂的选择不仅取决于目标分析物，也取决于基质，旨在使目标化合物提取最大化及基质提取最小化以防止过度的基质效应（Dasenaki 等，2015）。最常用的溶剂是乙腈、甲醇和乙酸乙酯，以及与含有铵盐、钠盐、有机酸等的水溶液，这些水相中的化学物质具有辅助提取，避免乳化的作用。然而溶剂萃取仅具有有限的选择性，这导致在仪器分析之前需要进一步净化或进行组分的富集与浓缩。对于多组分同步分析方法来说，通常要为获得多数化合物最佳提取效果折中选择溶剂（Ridgway 等，2012）。表 18.1 所示为溶剂萃取在肉及肉制品中兽药和农药残留分析中的应用。

加压液体萃取和微波辅助萃取是食品分析中使用最广泛的提取技术。加压液体萃取使用高压和高温来快速有效地从固体基质中提取分析物。根据分析物的极性，加压液体萃取中使用的溶剂可以是非极性的，如二氯甲烷、己烷、乙酸乙酯，或极性的水。相较于使用大量有机溶剂作为提取剂，以水为提取溶剂提供了一个相对环境友好的替代方案。由于氢键随着温度的升高（在一定压力下）而减弱导致水极性降低的独特性质，使提取更具有选择性。加压液体萃取已被用于测定肉类基质中的兽药、杀虫剂和其他 POPs（Bjorklund 等，2006；Blasco 等，2011；Garrido Frenich 等，2006）。

与传统方法相比，微波辅助萃取方法的提取时间与溶剂消耗量大幅降低，也是一种极具吸引力的萃取方法。它使用微波能量加热溶剂并与样品接触，使分析物从样品基质扩散到溶剂中。尽管微波辅助萃取在环境分析（土壤、沉积物等）中是一种常规且完善的提取方法，但其在肉类产品化学污染物的提取中应用较少（Hermo 等，2005；LeDoux，2011；Purcaro 等，2009）。虽然加压液体萃取和微波辅助萃取几年前已成为非常有应用前景的技术，但它们的使用仍然有限，因为这两种方法的回收率与溶剂萃取法差不多，但仪器成本高（Campo 等，2015）。UAE 是借助水浴或及其他装置（如探头、超声发生器或微孔板），通过施加超声辐射的方式从固体样品中提取分析物。该技术相对便宜，因为不需要专门的设备并且可以同时提取多个样品。它在食品分析中已有一些应用（Tadeo 等，2010）。

需要特别提出的是 QuEChERS 提取法。QuEChERS 法实际上是溶剂萃取法的一种变体，它已成为各种食品基质（包括肉与肉制品）中各类残留物的常用提取方法。主要步骤包括：用有机溶剂（乙腈、缓冲或非缓冲溶液）萃取残留物，用高盐水相进行分离，在一些情况下接着使用 SPE（d-SPE）进行分散。最初该方法是为农药残留分析而开发的，但目前其应用领域不断扩展到其他类型的污染物（表 18.1）。简单、快速、灵活和低溶剂消耗是 QuEChERS 法的优点，同时它对不同基质中不同污染物的广泛适用性使其成为理想的通用样品制备技术（Campo 等，2015）。

基质固相分散（MSPD）法作为溶剂萃取法的替代方案，可用于从肉品基质中提取化学污染物。在基质固相分散法中，将样品与分散基质（如 C18 键合的二氧化硅）混合，然后用少量溶剂洗涤和洗脱。具有多孔结构的固体分散相使溶剂能够渗透到分散基质中并提取分析物的同时还可以保留不需要的基质组分，如脂肪。基质固相分散法的最大优势在于将均质、破碎、提取和净化步骤整合到一个简单的过程中，尤其适用于动物组织样品。由于动物组织样品中脂肪含量较高，会影响提取前的干燥步骤（Ridgway 等，2012）。

18.4.1.2 样品纯化技术

当使用通用提取方法时，样品提取物中含有大量共萃取基质。有效的纯化方法可以最

表 18.1 肉与肉制品中兽药与杀虫剂残留多组分分析应用（2011—2016 年）

化合物	样品基质	样品制备技术	固定相	流动相	检测与鉴定	参考文献
抗菌药(16)(4 个亚类)	牛肉	乙腈提取，d-SPE 结合 PSA(QuEChERS)，并与 PLE 比较	XTerra MS C_{18}柱(100mm×2.1mm, 3.5μm)	A：10mM 甲酸铵水溶液；B：10mM 甲酸铵甲醇	LC-ESI-MS/MS(+)	Blasco 等(2011)
抗菌药(34)(6 个亚类)	猪肉	乙腈提取，低温下快速分层	Zorbax Eclipse XDB C_{18}柱(150mm×4.6mm, 5μm)	A：含 0.1%甲酸的乙腈-水溶液(5∶95，体积比)；B：含 0.1%甲酸的乙腈-水溶液(95∶5，体积比)	LC-ESI-MS/MS(+)	Lopes 等(2011)
抗菌药(53)(8 个亚类)	牛肉、猪肉	EDTA-McIlvaine 缓冲液提取	AQUA C_{18} 柱(150mm×2.1mm, 3μm)	A：含 0.2%的甲酸-水溶液；B：含 0.2%的甲酸-乙腈溶液	LC-ESI-MS/MS(+)	Bohm 等(2011)
抗菌药(38)(3 个亚类)激素(7)、驱虫药(23)、β-激动剂(14)、药物(19)和染料(4)	肉及其他产品	酸化乙腈提取，SPE 净化	Zorbax Eclipse XDB C_{18} 柱(100mm×3.0mm, 1.8μm)	A：含 0.1%甲酸的 5mM 甲酸铵水溶液；B：含 0.1%甲酸的乙腈	UHPLC-QT-OFMS(+)	Deng 等(2011)
抗菌药(60)(6 个亚类)	肌肉组织	乙腈或酸化乙腈提取，SPE 净化	RP_{18} Purospher column(125mm×3mm, 5μm)	A：含 0.5%甲酸的 1mM HFBA 水溶液；B：含 0.5%甲酸的甲醇-乙腈(50∶50，体积比)	LC-ESI Orbitrap MS (+)和(-)	Hurtaud-Pessel 等 (2011)
抗菌药(16)(6 个子类)、驱虫药(5)、抑球虫剂(4)、杀虫剂(35)、霉菌毒素(2)、别的污染物(58)	肉、肝脏及其他食品	酸化乙腈 QuEChERS 提取法	Hypersil Gold AQ(50mm×2.1mm, 1.9μm)	A：0.1%（体积比）甲酸水溶液；B：0.1%(体积比)甲酸乙腈	LC-ESI Orbitrap MS (+)	Filigenzi 等(2011)
抗菌药(76)(6 个子类)、驱虫药(18)、抑球虫剂(2)、镇静剂(7)、染料(2)	牛肾脏	乙腈-水(4∶1，体积比)提取，正己烷分层	Prodigy ODS-3(150mm×3mm, 5μm)	A：0.1%(体积比)甲酸水溶液；B：0.1%(体积比)甲酸乙腈	LC-ESI-MS/MS(+)	Schneider 等(2012)
11 种肽	肉与其他食品	改进 QuEChERS	Zorbax Eclipse XDB C_{18}(2.1mm×150mm, 3.5μm)	A：含 0.1%甲酸的 5mM 甲酸铵水溶液；B：含 0.1%甲酸的 5mM 甲酸铵-甲醇	LC-ESI-MS/MS(+)	Anagnostopoulos 等(2013)

续表

化合物	样品基质	样品制备技术	固定相	流动相	检测与鉴定	参考文献
25 种苯基酰胺类农药	牛肉、牛肝、鸡肉及其他食品	乙腈-正己烷(1∶2，体积比)提取，SPE 净化	DB-1701 MS (30m×0.25mm I.D., 0.25μm film thickness)	/	GC-MS	Li 等 (2013)
47 种肽	肉及其他食品	改进 QuEChERS	VF-5 ms (30m×0.25mm; I.D., 0.25μm 膜厚)	/	GC-(EI)-MS-MS	Anagnostopoulos 等(2014)
超过 350 种肽与兽药	鸡肉、猪肉、牛肉	乙腈-水(3∶1，体积比)提取	Hypersil Gold aQ C_{18}(2.1mm×100mm, 1.7μm)	A：含 0.1%甲酸的 4mM 甲酸铵水溶液； B：4mM 甲酸铵溶于含 0.1%(体积比)甲酸的甲醇	UHPLC-Orbitrap-MS (+)和(-)	Gomez-Perez 等 (2014)
抗菌药(7)(5 个子类)、驱虫药(29)、β-激动剂(1)、抑球虫剂(13)、NSAIDs(1)、镇静剂(3)、荷尔蒙(5)、其他兽药(6)	肉与其他食品	乙腈提取，冷冻，d-SPE 净化	Acquity CSH C_{18} (2.1mm×150mm, 1.7μm), Acquity BEH HILIC (2.1mm×100mm, 1.7μm)	RP：A：甲醇-乙腈(3∶1，体积比)； B：0.5mM 甲酸铵与 0.5mM 甲酸的水溶液 HILIC：A：乙腈； B：0.5mM 甲酸铵与 0.5mM 甲酸的水溶液	LC-ESI-MS/MS(+)和(-)	Chung 等(2015)
33 种有机氯农药	脂肪及高含水量食品	MSPD-Gel 层析，色谱-SPE 净化	Zebron ZB-MR-2 (30m×0.25mm I.D., 0.20μm film thickness)	/	GC-MS	Chung 等(2015)
111 种肽	猪肌肉组织、牛脂肪组织及其他食品	乙腈-水(1∶1) QuEChERS 提取，SPE 净化	HP-5MS (15m 和 30m×0.25mm I.D., 0.25μm 膜厚) 及 Acquity UPLC BEH C_{18} (100mm×2.1mm, 1.7μm)	A：含 26.5mM 甲酸的 0.49mol/L 甲醇-水溶液； B：26.5mM 甲酸-甲醇	GC-MS/MS、GC-MS(NCI) 及 LC-MS/MS	Lichtmannegger 等 (2015)
128 种肽及兽药	猪、鸡、牛的肌肉组织及肝脏	改进 QuEChERS	Thermo hypersil C_{18}(2.1mm×150mm, 5mm)	A：12.5mM 甲酸铵溶液(pH4.0)； B：2.5mM 甲酸铵溶于乙腈-甲醇(50∶50,体积比)	LC-ESI-MS/MS(+)和(-)	Wei 等 (2015)

大限度地减少基质效应，提高灵敏度，实现更一致与可重现的结果，并延长色谱柱的使用寿命。

SPE 是用于测定食品中痕量污染物的最常用技术之一，主要作为溶剂萃取后的额外纯化或预浓缩步骤。该方法涉及分析物在固相吸附萃取剂与样品基质（液相）的分配。样品基质可以通过非极性溶剂或水溶液进行提取，并基于两相不同的吸附、尺寸、电荷或极性的相对亲和力实现分离（Ridgway 等，2012）。SPE 使用的填充材料，可以是反相十八烷基二氧化硅（C18）、亲水亲脂平衡相、离子交换剂（包括阴离子型和阳离子型、强离子交换与弱离子交换）、石墨炭黑、弗罗里硅土、聚苯乙烯-二乙烯基苯材料和碳纳米管，以及选择性 SPE 柱（分子印迹聚合物柱或免疫亲和柱），它们可以提供独特的选择性，进而分离目标化合物（Campo 等，2015）。SPE 已在肉品中残留物和污染物分析中广泛应用，尤其是肉与肉制品中农药和兽药的多组分分析中的应用（表 18.1）。

d-SPE 则是另一种类型的 SPE 法，它是典型的 QuEChERS 法的一部分，它涉及将吸附剂材料伯仲胺（PSA、碳或 C18）添加到粗提取物中，然后震荡与离心分离上清液。用于 d-SPE 的吸附剂很关键；PSA 可有效保留食品中存在的脂肪酸和其他有机酸，而 C18 可去除亲脂性化合物。因此，对于油脂含量较高的肉和肉制品，C18 或 PSA/C18 组合的填料更为有效（Dasenaki 等，2015）。

18.4.2 仪器分析

质谱（MS）偶联分离技术（LC 与 GC）具有突出的特异性、灵敏度、高通量分析能力和易于自动化的特点。因此，LC/GC-MS 是迄今为止食品安全与质量方面最佳分析技术，尤其在检测食品中超痕量的残留物和污染物是必不可少的。

气相色谱质谱联用技术（GC-MS）通常用于检测 PCBs、PBDEs、PAHs 以及与食品加工有关的污染物，而液相色谱质谱联用技术（LC-MS）则主要用于兽药和药物化合物、真菌毒素和 PFAS。食品中的农药残留既可以使用 GC-MS 也可以使用 LC-MS（Campo 和 Picó，2015）。

气相色谱已有 60 多年的历史，特别适用于挥发性、半挥发性和热稳定性化合物的分析。对于非挥发性化合物，则可以通过衍生化将其转化为挥发性物质进行分析。电子碰撞电离是最常见的气相色谱与 MS 的结合形式，而化学电离则较为少见。二维气相色谱（two dimensional GC×GC）也受到特别关注，由于其能显著提高物质的分离度（第一个色谱柱洗脱的峰可以在第二个色谱柱上进一步分离）。相比于传统的 GC 方法，Fast-GC-MS 和低压气相色谱由于使用相对较小的色谱柱分离速度更快（Zhao，2014）。LC-MS 由于其高分析灵敏度和特异性以及广泛的应用领域成为一种重要的分析仪器，应用范围从测定食品污染物等小分子到蛋白质等大分子，再到热不稳定化合物与极性化合物的分析。高压气体电离串联质谱与液相色谱和超高效液相色谱（UPLC）的结合是目前食品中残留物分析中最常用的技术，高压气体化学电离和电喷雾电离是最常用两种形式。自20世纪90年代以来，关于食品中化学污染物和残留物的研究呈指数增长，主要源于LC-MS的技术突破以及日益广泛的应用领域。

不同类型的质谱分析仪，例如四极杆、离子阱以及飞行时间（TOF）、轨道离子阱（Orbitrap）等高分辨率质谱仪（HRMS），均可与分离技术串联应用。不同类型质谱仪的组合应用包括三重四极杆（QqQ）、四重线性离子阱（LTQ）、四极杆TOF、四极杆轨道器和线性四极杆轨道器（LTQ-Orbitrap）。目前，应用最广泛的是QqQ与LC、GC联用技术，主要用于肉与肉制品中残留物与污染物的定性与定量（表18.1）。QqQ最大的优势在于其高灵敏度、选择性和特异性、宽线性范围和出色的精确度（Campo等，2015）。然而，它们在目标分析中受到限制，对同时检测的分析物的数量有一定要求。

在过去几年中，人们越来越倾向于使用HRMS技术进行污染物的筛选分析。HRMS技术的主要特点是能进行结构鉴定和确认，并且具有在未使用标准品的前提下识别未知分子的潜力。其还可以提供回顾性分析，即使在数据记录数年后也可以对“新”污染物进行研究。表18.1所示为使用HRMS技术分析肉与肉制品中兽药和农药的多残留分析方法。

18.5 发展趋势和展望

2015年10月，世界卫生组织国际癌症研究机构（IARC）根据充分的结肠直肠癌证据将加工肉制品归为“致癌物”（1类），并将红肉归为“很可能致癌物”（2A类）。国际癌症研究机构工作组审议了800多项关于数十种癌症与不同国家多样化饮食结构人群红肉及加工肉制品消费量关系的研究报告，其中最有力的证据来自20多年来进行的规模浩大的前瞻性研究。除结肠直肠癌外，还有越来越多的证据表明肉与肉制品可能与胃癌和胰腺癌有关，但与结肠直肠癌相比这些关系似乎不太明确。

世界卫生组织国际癌症研究机构的评估报告引发了对肉类和癌症风险之间关系进行深入研究的迫切需求。进一步研究必须分别收集和报告未加工肉与加工肉制品的数据、所使用烹饪方法的数据，并充分控制诸如水果、蔬菜、膳食纤维以及脂肪的摄入量、体重、体力活动水平在内的因素差异。

为满足不断提高的多组分分析能力需求，提取、分离和检测技术仍然有待发展。使用更少提取溶剂与样品量的小型化样品提取方法以及允许在线提取的自动化提取技术，已于近年来取得进展。就色谱分离而言，将亲水相互作用液相色谱技术应用于正交分离，使用诸如单片式色谱柱、核心融合或核壳一体柱等创新的固定相，以及多维色谱技术是未来的发展前景。随着高分辨率质谱的引入和检测方法选择性的提高，使开发宽范围、多类别、多残留物的检测与分析方法，以及用于识别肉与肉制品中未知污染物的非目标和分析方法成为可能。

最后，代谢组学已成为在食品科学中分析原料与最终产品质量、加工技术和安全性的重要工具。高级化学计量学工具可以帮助将从复杂样品中获得的详细数据集转换为有用的信息。

参考文献

Abd-Elghany, S. M., Sallam, K. I., 2015. Rapid determination of total aflatoxins and ochratoxins A in meat products by immuno-affinity fluorimetry. Food Chemistry 179, 253-256. http://dx. doi. org/10. 1016/j. foodchem. 2015. 01. 140.

Anadón, A., Martínez-Larrañaga, M. R., 2014. Veterinary drugs residues: coccidiostats. In: Motarjemi, Y. (Ed.), Encyclopedia of Food Safety: Foods, Materials, Technologies and Risks, vol. 3. Elsevier Inc., pp. 63-75.

Anagnostopoulos, C., Bourmpopoulou, A., Miliadis, G., 2013. Development and validation of a dispersive solid phase extraction liquid chromatography mass spectrometry method with electrospray ionization for the determination of multiclass pesticides and metabolites in meat and milk. Analytical Letters 46 (16), 2526-2541.

Anagnostopoulos, C., Liapis, K., Haroutounian, S. A., Miliadis, G. E., 2014. Development of an easy multiresidue method for fat-soluble pesticides in animal products using gas chromatography-tandem mass spectrometry. Food Analytical Methods 7 (1), 205-216.

Andree, S., Jira, W., Schwind, K. H., Wagner, H., Schwagele, F., 2010. Chemical safety of meat and meat products. Meat Science 86 (1), 38-48.

Bailly, J. D., Guerre, P., 2009. Mycotoxins in meat and processed meat products. In: Toldrá, F. (Ed.), Safety of Meat and Processed Meat, Food Microbiology and Food Safety. Springer, pp. 83-109.

Benford, D. J., 2012. Risk assessment of chemical contaminants and residues in food. In: Schrenk, D. (Ed.), Chemical Contaminants and Residues in Food. Woodhead Publishing, UK.

Bjorklund, E., Sporring, S., Wiberg, K., Haglund, P., Holst, C., 2006. New strategies for extraction and clean-up of persistent organic pollutants from food and feed samples using selective pressurized liquid extraction. TRAC Trends in Analytical Chemistry 25 (4), 318-325.

Blasco, C., Masia, A., 2011. Comparison of the effectiveness of recent extraction procedures for antibiotic residues in bovine muscle tissues. Journal of AOAC International 94 (3), 991-1003.

Bohm, D. A., Stachel, C. S., Gowik, P., 2011. Validated determination of eight antibiotic substance groups in cattle and pig muscle by HPLC/MS/MS. Journal of AOAC International 94 (2), 407-418.

Brambilla, G., Iamiceli, A., di Domenico, A., 2009. Priority environmental chemical contaminants in meat. In: Toldrá, F. (Ed.), Safety of Meat and Processed Meat, Food Microbiology and Food Safety. Springer, pp. 391-424.

Campo, J., Picó, Y., 2015. Emerging contaminants. In: Picó, Y. (Ed.), Comprehensive Analytical Chemistry, Advanced Mass Spectrometry for Food Safety and Quality, vol. 68. Elsevier Inc., pp. 515-578.

Cheng, G., Hao, H., Dai, M., Liu, Z., Yuan, Z., 2013. Antibacterial action of quinolones: from target to network. European Journal of Medicinal Chemistry 66, 555-562.

Chung, S. W. C., Chen, B. L. S., 2015. Development of a multiresidue method for the analysis of 33 organochlorine pesticide residues in fatty and high water content foods. Chromatographia 78 (7-8), 565-577.

Chung, S. W. C., Lam, C. -H., 2015. Development of a 15-class multiresidue method for analyzing 78 hydrophilic and hydrophobic veterinary drugs in milk, egg and meat by liquid chromatography-tandem mass spectrometry. Analytical Methods 7(16),6764-6776.

Dasenaki,M.,Bletsou,A.,Thomaidis,N.,2015. Antibacterials. In: Nollet,L. M. L.,Toldra,F. (Eds.), Handbook of Food Analysis,third ed.,vol. II. CRC Press,Boca Raton,FL,pp. 53-85.

Deng,X.-J.,Yang,H.-Q.,Li,J.-Z.,Song,Y.,Guo,D.-H.,Luo,Y.,Bo,T.,2011. Multiclass residues screening of 105 veterinary drugs in meat,milk,and egg using ultra high performance liquid chromatography tandem quadrupole time-of-flight mass spectrometry. Journal of Liquid Chromatography & Related Technologies 34 (19),2286-2303.

Dmitrienko,S. G.,Kochuk,E. V.,Apyari,V. V.,Tolmacheva,V. V.,Zolotov,Y. A.,2014. Recent advances in sample preparation techniques and methods of sulfonamides detection-a review. Analytica Chimica Acta 850,6-25.

Domingo,J. L.,Nadal,M.,2016. Carcinogenicity of consumption of red and processed meat: what about environmental contaminants? Environmental Research 145,109-115.

Draiscia,R.,Marchiafava,C.,Palleschi,L.,Cammarata,P.,Cavalli,S.,2001. Accelerated solvent extraction and liquid chromatography-tandem mass spectrometry quantitation of corticosteroid residues in bovine liver. Journal of Chromatography B 753,217-223.

Duarte,S. C.,Lino,C. M.,Pena,A.,2012. Food safety implications of ochratoxin A in animalderived food products. Veterinary Journal 192 (3),286-292. http://dx. doi. org/10. 1016/j. tvjl. 2011. 11. 002.

EU Pesticide Database, 2016. http://ec. europa. eu/food/plant/pesticides/eu-pesticides-database/ public/? event=homepage&language=EN.

European Commission,1996. Council Directive 96/22/EC,concerning the prohibition on the use in stockfarming of certain substances having a hormonal or thyrostatic action and of betaagonists. Official Journal of the European Union L125,3-9.

European Commission,1998. Commission Regulation (EC) No 2788/98 amending Council Directive 70/524/EEC concerning additives in feedingstuffs as regards the withdrawal of authorisation for certain growth promoters. Official Journal of the European Union L347,31-32.

European Commission,2006. Commission Regulation (EC) No 1881/2006 setting maximum levels for certain contaminants in foodstuffs. Official Journal of the European Union L364,5-24.

European Commission,2009. Commission Regulation (EC) No 124/2009,setting maximum levels for the presence of coccidiostats or histomonostats in food resulting from the unavoidable carry-over of these substances in non-target feed. Official Journal of the European Union L40,7-11.

European Commission,2010. Commission Regulation (EU) 37/2010,on pharmacologically active substances and their classification regarding maximum residue limits in foodstuffs of animal origin. Official Journal of the European Union L15,1-72.

European Commission,2011a. Commission Regulation (EU) No 1259/2011,amending Regulation (EC) No 1881/2006 as regards maximum levels for dioxins,dioxin-like PCBs and non dioxin-like PCBs in foodstuffs. Official Journal of the European Union L320,18-23.

European Commission,2011b. Commission Regulation (EU) No 835/2011,amending Regulation (EC) No 1881/2006 as regards maximum levels for polycyclic aromatic hydrocarbons in foodstuffs. Official Journal of the European Union L215,4-8.

European Commission,2012. Commission implementing Regulation (EU) No 86/2012 amending the Annex to Regulation (EU) No 37/2010 on pharmacologically active substances and their classification regarding maximum residue limits in foodstuffs of animal origin,as regards the substance lasalocid. Official Journal of the European Union L30,6-7.

Filigenzi,M. S.,Ehrke,N.,Aston,L. S.,Poppenga,R. H.,2011. Evaluation of a rapid screening method for chemical contaminants of concern in four food-related matrices using QuEChERS extraction,UHPLC and high resolution mass spectrometry. Food Additives & Contaminants. Part A, Chemistry, Analysis, Control, Exposure & Risk Assessment 28 (10), 1324-1339.

Garrido Frenich, A., Martínez Vidal, J. L., Cruz Sicilia, A. D., González Rodríguez, M. J., Plaza Bolaños, P., 2006. Multiresidue analysis of organochlorine and organophosphorus pesticides in muscle of chicken, pork and lamb by gas chromatography-triple quadrupole mass spectrometry. Analytica Chimica Acta 558 (1-2), 42-52.

Geis-Asteggiante, L., Lehotay, S. J., Lightfield, A. R., Dutko, T., Ng, C., Bluhm, L., 2012. Ruggedness testing and validation of a practical analytical method for >100 veterinary drug residues in bovine muscle by ultrahigh performance liquid chromatography-tandem mass spectrometry. Journal of Chromatography A 1258, 43-54.

Gomez-Perez, M. L., Romero-Gonzalez, R., Plaza-Bolanos, P., Genin, E., Martinez Vidal, J. L., Garrido Frenich, A., 2014. Wide-scope analysis of pesticide and veterinary drug residues in meat matrices by high resolution MS: detection and identification using Exactive-Orbitrap. Journal of Mass Spectrometry 49 (1), 27-36.

Han, L., Sapozhnikova, Y., Lehotay, S. J., 2016. Method validation for 243 pesticides and environmental contaminants in meats and poultry by tandem mass spectrometry coupled to low-pressure gas chromatography and ultrahigh-performance liquid chromatography. Food Control 66, 270-282.

Hartwig, A., Jahnke, G., 2012. Toxic metals and metalloids in foods. In: Schrenk, D. (Ed.), Chemical Contaminants and Residues in Food. Woodhead Publishing, UK.

Hermo, M. P., Barrón, D., Barbosa, J., 2005. Determination of residues of quinolones in pig muscle. Analytica Chimica Acta 539 (1-2), 77-82.

Hurtaud-Pessel, D., Jagadeshwar-Reddy, T., Verdon, E., 2011. Development of a new screening method for the detection of antibiotic residues in muscle tissues using liquid chromatography and high resolution mass spectrometry with a LC-LTQ-Orbitrap instrument. Food Additives & Contaminants. Part A, Chemistry, Analysis, Control, Exposure & Risk Assessment 28 (10), 1340-1351.

Joint FAO/WHO Expert Committee on Food Additives (JECFA), Seventy-Third Meeting, 8-17 June 2010, Geneva, Switzerland, p. 12. Summary and Conclusion. JECFA/73/SC.

Kaklamanos, G., Theodoridis, G., Dabalis, T., 2009. Determination of anabolic steroids in bovine urine by liquid chromatography-tandem mass spectrometry. Journal of Chromatography. B, Analytical Technologies in the Biomedical and Life Sciences 877 (23), 2330-2336.

Kaufmann, A., Butcher, P., Maden, K., Walker, S., Widmer, M., 2011. Development of an improved high resolution mass spectrometry based multi-residue method for veterinary drugs in various food matrices. Analytica Chimica Acta 700 (1-2), 86-94.

Kesiunaite, G., Naujalis, E., Padarauskas, A., 2008. Matrix solid-phase dispersion extraction of carbadox and olaquindox in feed followed by hydrophilic interaction ultra-high-pressure liquid chromatographic analysis. Journal of Chromatography A 1209 (1-2), 83-87.

Kim, M., 2012. Chemical contamination of red meat. In: Schrenk, D. (Ed.), Chemical Contaminants and Residues in Food. Woodhead Publishing, UK.

Kurnaz, E., Filazi, A., 2011. Determination of metal levels in the muscle tissue and livers of chickens. Fresenius Environmental Bulletin 20 (11), 2896-2900.

Lara, F. J., del Olmo-Iruela, M., Cruces-Blanco, C., Quesada-Molina, C., García-Campaña, A. M., 2012. Advances in the determination of β-lactam antibiotics by liquid chromatography. TRAC Trends in Analytical Chemistry 38, 52-66.

Lawley, R., Curtis, R., David, J., 2008. The Food Safety Hazard Guidebook. The Royal Society of Chemistry, Cambridge, UK.

LeDoux, M., 2011. Analytical methods applied to the determination of pesticide residues in foods of animal origin. A review of the past two decades. Journal of Chromatography A 1218 (8), 1021-1036.

Li, Y., Wang, M., Yan, H., Fu, S., Dai, H., 2013. Simultaneous determination of multiresidual phenyl acetanilide pesticides in different food commodities by solid-phase cleanup and gas chromatography-mass spectrometry. Journal of Separation Science 36 (6), 1061-1069.

Lichtmannegger, K., Fischer, R., Steemann, F. X., Unterluggauer, H., Masselter, S., 2015. Alternative QuEChERS-based modular approach for pesticide residue analysis in food of animal origin. Analytical and Bioanalytical Chemistry 407 (13), 3727-3742.

Lopes, R. P., Augusti, D. V., Oliveira, A. G., Oliveira, F. A., Vargas, E. A., Augusti, R., 2011. Development and validation of a methodology to qualitatively screening veterinary drugs in porcine muscle via an innovative extraction/clean-up procedure and LC-MS/MS analysis. Food Additives & Contaminants. Part A, Chemistry, Analysis, Control, Exposure & Risk Assessment 28 (12), 1667-1676.

Lozano, M. C., Trujillo, M., 2012. Chemical residues in animal food products: an issue of public health. In: Maddock, J. (Ed.), Public Health - Methodology, Environmental and Systems Issues. Intech, Croatia, pp. 163-188.

Mastovska, K., 2011. Multiresidue analysis of antibiotics in food of animal origin using liquid chromatography-mass spectrometry. In: Zweigenbaum, J. (Ed.), Mass Spectrometry in Food Safety: Methods and Protocols, vol. 747. Springer Verlag, New York, pp. 267-307.

McGlinchey, T. A., Rafter, P. A., Regan, F., McMahon, G. P., 2008. A review of analytical methods for the determination of aminoglycoside and macrolide residues in food matrices. Analytica Chimica Acta 624 (1), 1-15.

Nelson, R. G., Rosowsky, A., 2001. Dicyclic and tricyclic diaminopyrimidine derivatives as potent inhibitors of *Cryptosporidium parvum* dihydrofolate reductase: structure-activity and structure-selectivity correlations. Antimicrobial Agents and Chemotherapy 45 (12), 3293-3303.

Önal, A., 2011. Overview on liquid chromatographic analysis of tetracycline residues in food matrices. Food Chemistry 127 (1), 197-203.

Purcaro, G., Moret, S., Conte, L. S., 2009. Optimisation of microwave assisted extraction (MAE) for polycyclic aromatic hydrocarbon (PAH) determination in smoked meat. Meat Science 81(1), 275-280.

Rankin, D. C., 2002. Tranquillizers. In: Greene, S. A. (Ed.), Veterinary Anesthesia and Pain Management Secrets. Hanley & Belfus, Inc., Philadelphia, USA.

Ridgway, K., Smith, R. M., Lalljie, S. P. D., 2012. Sample preparation for food contaminant analysis. In: Pawliszyn, J. (Ed.), Comprehensive Sampling and Sample Preparation, Extraction Techniques and Applications: Biological/Medical and Environmental/Forensics, vol. 3. Elsevier Inc., pp. 819-833.

Romero-González, R., Garrido Frenich, A., Martínez Vidal, J. L., 2014. Veterinary drugs residues: anthelmintics. In: Motarjemi, Y. (Ed.), Encyclopedia of Food Safety: Foods, Materials, Technologies and Risks, vol. 3. Elsevier Inc., pp. 45-54.

Samsonova, J. V., Cannavan, A., Elliott, C. T., 2012. A critical review of screening methods for the detection of chloramphenicol, thiamphenicol, and florfenicol residues in foodstuffs. Critical Reviews in Analytical Chemistry 42 (1), 50-78.

Schneider, M. J., Lehotay, S. J., Lightfield, A. R., 2012. Evaluation of a multi-class, multi-residue liquid chromatography-tandem mass spectrometry method for analysis of 120 veterinary drugs in bovine kidney. Drug Testing and Analysis 4 (4), 91-102.

Schrenk, D., Chopra, M., 2012. Dioxins and polychlorinated biphenyls in foods. In: Schrenk, D. (Ed.), Chemical Contaminants and Residues in Food. Woodhead Publishing, UK.

Schwarz, S., Chaslus-Dancla, E., 2001. Use of antimicrobials in veterinary medicine and mechanisms of resistance. Veterinary Research 32, 201-225.

Shishani, E., Chai, S. C., Jamokha, S., Aznar, G., Hoffman, M. K., 2003. Determination of ractopamine in animal tissues by liquid chromatography-fluorescence and liquid chromatography/tandem mass spectrometry. Analytica Chimica Acta 483 (1-2), 137-145.

Šimko, P., 2009. Polycyclic aromatic hydrocarbons in smoked meats. In: Toldrá, F. (Ed.), Safety of Meat and Processed Meat, Food Microbiology and Food Safety. Springer, pp. 343-363.

Stockholm Convention, 2001. The Stockholm Convention on Persistent Organic Pollutants. http://chm.pops.int/Home/tabid/2121/Default.aspx.

Tadeo, J. L., Sánchez-Brunete, C., Albero, B., García-Valcárcel, A. I., 2010. Application of ultrasound-assisted extraction to the determination of contaminants in food and soil samples. Journal of Chromatography A 1217 (16), 2415-2440.

Thompson, L., 2005. Anti-inflammatory agents. In: Khan, C. (Ed.), The Merck Veterinary Manual, ninth ed. Merck & Co. Inc., New Jersey.

Vanden Bussche, J., Noppe, H., Verheyden, K., Wille, K., Pinel, G., Le Bizec, B., De Brabander, H. F., 2009. Analysis of thyreostats: a history of 35 years. Analytica Chimica Acta 637 (1-2), 2-12.

Vass, M., Hruska, K., Franek, M., 2008. Nitrofuran antibiotics: a review on the application, prohibition and residual analysis. Veterinarni Medicina 53 (9), 469-500.

Wei, H., Tao, Y., Chen, D., Xie, S., Pan, Y., Liu, Z., Yuan, Z., 2015. Development and validation of a multi-residue screening method for veterinary drugs, their metabolites and pesticides in meat using liquid chromatography-tandem mass spectrometry. Food Additives & Contaminants. Part A, Chemistry, Analysis, Control, Exposure & Risk Assessment 32 (5), 686-701.

World Health Organization, 2010. Persistent Organic Pollutants: Impact on Child Health. http://apps.who.int/iris/bitstream/10665/44525/1/9789241501101_eng.pdf.

Yamaguchi, T., Okihashi, M., Harada, K., Uchida, K., Konishi, Y., Kajimura, K., Yamamoto, Y., 2015. Rapid and easy multiresidue method for the analysis of antibiotics in meats by ultrahigh-performance liquid chromatography-tandem mass spectrometry. Journal of Agricultural and Food Chemistry 63 (21), 5133-5140.

Zhao, Z., Liu, N., Yang, L., Deng, Y., Wang, J., Song, S., Hou, J., 2015. Multi-mycotoxin analysis of animal feed and animal-derived food using LC-MS/MS system with timed and highly selective reaction monitoring. Analytical and Bioanalytical Chemistry 407 (24), 7359-7368. http://dx.doi.org/10.1007/s00216-015-8898-5.

Zhao, R., 2014. Recent developments in gas chromatography-mass spectrometry for the detection of food chemical hazards. In: Wang, S. (Ed.), Food Chemical Hazard Detection: Development and Application of New Technologies. John Wiley & Sons, Ltd., pp. 3-51.

19 肉的真实性和可追溯性

Luca Fontanesi

University of Bologna, Bologna, Italy

19.1 引言

在过去的几十年中，肉类消费大幅增加，导致供不应求。由于全球化食品市场的驱动，使消费者无法直接了解肉类生产情况；工业化的生产过程改变了食品原料的状态，通过多步的生产环节获得最终产品。因此，供应商和生产链必须调整其生产过程来满足消费者的需求，并遵守一些国家和地区的与规范市场和保护消费者权利相关的政策法规。除此之外，生产链和生产商已开发出与传统产品和一些特定产品相关的新营销方式。这些差异化产品的战略一般基于质量保证、特色品种、特定地理来源以及特定加工方式。已经创建的特定的标签和品牌能够依据这些规范带来额外的经济价值。欧盟制定的三个质量标识［特定来源保护（PDO）、地理标志保护（PGI）和特定传统保证（TSG）］，旨在保护来源和传统生产的真实性。在这样的情况下，通过添加肉类替代物，添加大量的配料或者使用比标签上标注的更加便宜的肉和肉制品等方式，使肉类市场的欺诈风险增加。经济利益是欺诈者进行欺诈行为的主要驱动因素。进而导致了许多生产链的经济损失和欺诈消费者事件的发生。由于产品原料和安全问题没有保障，欺诈行为也可能给消费者的健康带来危害，还可能引发宗教和个人行为问题。

因此，开发和应用新的分析方法是确保肉及肉制品的真实性和可溯源性的根本。这些方法的目的是监控生产链和肉及肉制品市场。检测方法的应用旨在打击故意或者偶然添加替代物，使用错误的标签以及其他一些欺诈行为。

真实性和可溯源性意义相近，但在保证食品质量和安全方面存在不同之处（Fontanesi，2009）。真实性验证可以定义为建立或者确认肉及肉制品是否真实的行为，即证明申明的物体是否是真实的或申明的属性是否正确的。真实性验证包括确认产品的身份、来源、成分或者确认产品是值得信任的（Fontanesi，2009）。根据欧盟第178/2002条例的规定，可追溯性是指追踪或跟踪一种食品、饲料、食品生产动物或者食材在生产和销售的全过程的能力（European Union，2002）。对于肉和肉制品，真实性通常被称为独立于空间和时间背景的一般质量属性；可追溯性的目的是能够确保跟踪产品各个阶段来源的可能性，主要是为了安全和监测问题。

本章概述了最新的可用于肉及肉制品真实性和可追溯性的方法，并探讨了该领域未来发展的新趋势。分析方法主要根据肉的内在因素、外在因素或者特性，检测产品的成分和特性（如生物学特征、分子或化学成分、物理化学特性）。内在因素是由动物的生理学特性而决定的肉的来源。内在因素与动物的生物学有关，不被外部因素或非直接因素所改变。在一些欺诈行为中，欺诈者用植物性成分替代动物性成分（Belloque等，2002）。从待检的肉及肉制品的内在属性可确定动物的物种和品种（基于这些特征，间接地、部分地确定动物的来源）。外在属性是由外部因素衍生而来的，对肉的生物学属性和动物不可改变的属性进行改变产生新的属性。外在属性可包括两个方面：由环境因素和肉的生物学特性（如饲养、暴露在稳定的外部环境）相互作用产生肉及肉制品的特点或要素；贮藏过程中产生的化合物和特性（物理和化学特性）。例如，外部因素可确定或者推断出地理来源（不依靠物种或者品种）、饲养方式（如有机产品）、处理和加工方式以及一些其他信息如添加剂和水（本章不包括后一种欺诈行为）。图 19.1 概述了内在和外在属性，以及类及肉制品的属性与相关的认证。

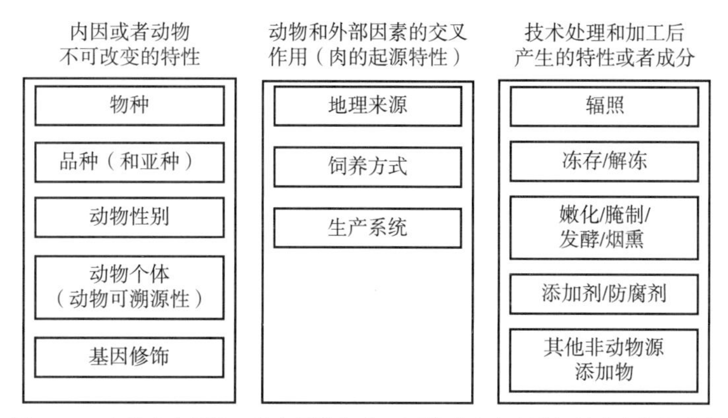

图 19.1 肉的内在属性、外在属性和交互属性（本章中详细讨论底色部分）

用于真实性验证的分析方法都是基于分析和检测肉及肉制品中存在的生物化学或无机成分（由内在和外在因素造成的），这些方法可以回答真实性认证问题。表 19.1 总结了不同用途的肉类成分或属性的信息在肉的真实性和可追溯性的研究中应用情况。

表 19.1 肉类成分和属性在肉及肉制品真实性和可溯源性的定义

程度化合物①	DNA	RNA	蛋白质②	脂质③	代谢产物④	稳定同位素	微量元素	其他⑤
内在特性								
物种	+++	–	+++	++	+	–	–	++
品种	+++	–	–	–	–	–	–	–
个体动物	+++	–	–	–	–	–	–	–
动物性别	+++	–	–	–	+	–	–	–
转基因动物	+++	–	–	–	–	–	–	–
外在特性								
地域来源	+	–	–	++	–	++	++	–
饲养方法	–	–	–	++	++	++	++	–
有机生产	–	–	–	++	++	++	++	+
辐照	–	–	–	–	+++	–	–	+++
冻结解冻肉	+	（+）	–	–	–	–	–	+++

注：①没有考虑加工技术（成熟、腌制、发酵和烟熏）和非动物产品的掺假；②包含多肽；③包含脂肪酸；④包含外源性物质；⑤简单或复杂的物理化学特性或未定义的成分（使用已有的分析方法无法明确的）；⑥+++，高信息量的成分和已建立的方法;++，可以提供的有效的成分或属性，提出了有用的信息，提出了一些方法，但获得信息并不完整; +，低的信息量，提出了方法，但是使用的方法是有限的或者可能有问题;（+），可能有用，但尚未对细节进行评估; –，没有用处或没有可行的方法。

19.2 肉的内在属性

这些属性直接来自它们的成分（动物或植物来源的替代品），对肉的真实性很重要。从生物学的角度来看，我们可以从不同水平对动物个体的品种、性别以及最终的基因改造动物进行识别。

19.2.1 物种来源的鉴定

肉类产品的替代物和错贴标签是最常见的欺诈行为。例如，①在马来西亚销售的牛肉和禽类产品中，约有78%样本是有问题的（Chuah 等，2016）；②在南非抽取的肉样中，有68%的产品含有在产品标签上没有标明的物种（Cawthorn 等，2013）；③在意大利的鸡肉、猪肉和牛肉制品中有57%错误标签（Di Pinto 等，2015）；④在美国市场销售的肉糜中有6%~35%的错误标签（Kane 和 Hellberg，2016）；⑤从美国在线零售商那里收集的野生动物肉类产品有18.5%的错误标签样本（Quinto 等，2016）。

对肉类产品物种来源的正确识别除了经济方面，还有其他一些影响。特别是消费一些肉类物种可能违反宗教规则、个人习惯或特定的国家和国际规则（见第1章）。有些国家立法禁止生产和使用马肉供人类食用；有些国家立法将《濒危物种国际贸易公约》进行整合，建立濒危动物保护的法律（CITES，1973）。对于那些对肉过敏的人而言，出现健康问题的风险较高（Restani 等，2009）。如果肉制品中含有植物源替代物，过敏的风险会更高（Belloque 等，2002）。近期的马肉丑闻（Food Safety Authority of Ireland，2013）和清真肉标识（Lubis 等，2016）促进了一系列的肉制品中猪肉和马肉成分检测方法的建立。

肉及肉制品物种鉴别可通过检测从肉类中分离出来的生物分子来完成。蛋白质或多肽、DNA、脂肪和代谢物成分（特别是脂肪酸图谱）可提供有用的物种信息。还可以从肉的化学成分和结构中获得其他物种特有的信息。这些方法可以获得定性信息（提供在样本中是否存在一个物种）或定量信息（与样本中一个或多个物种所组成的物质的百分比或数量）。不同的方法在定性定量分析方面有特定的技术要求，有时为了确定肉制品中是否存在特定的肉类或植物成分时，需要进行最低检测限（LOD）的规定。

19.2.1.1 蛋白质和肽类分析

对物种特异性蛋白的检测在熟肉和加工肉制品中比较困难，因为蛋白质经过处理已经变性或降解。这个问题可以通过分析多肽序列来解决。依据蛋白质进行物种鉴别的方法有免疫方法［如酶联免疫吸附测定法（ELISA）］、电泳技术、色谱和光谱技术。几种分析方法的组合可以在生物衍生系统中对蛋白质进行大规模分析（如肉类），蛋白质组学在肉类物种识别的应用具有很大潜力。

（1）免疫学方法　ELISA 是第一个商业化的肉类产品鉴别方法。因为简单易行，ELISA 仍是肉类掺假中最常见物种鉴别技术（Whittaker 等，1983；Giovannacci 等，2004；Asensio 等，2008）。ELISA 是基于抗原抗体的相互作用，其中包括一种催化生物化学反应的酶，检测抗原的存在与否。ELISA 方法包括直接检测、间接检测、捕获或三明治检测三种方法。直接检测的敏感性不如其他两种方法。对于肉的物种检测，主要采用间接和三明治检测方法（Asensio 等，2008）。因为物种的鉴定通常是煮熟的或者高度加工的产品，考虑到这些处理方式造成蛋白质结构上的变化，抗体（单克隆或多克隆）选用的是针对变性的肉类蛋白质或耐热蛋白（Berger 等，1988；Kim 等，2005）。

一些 ELISA 试剂盒已经能够商业化生产并作为由国家监管和控制机构进行预筛选而采用的简单检测方式。美国农业部（USDA）的食品安全检测服务，公共卫生和科学办公室使用 ELISA-TEK 熟肉品种试剂盒（ELISA Technologies，美国佛罗里达州的盖恩斯维尔）在肉类和家禽产品中进行动物物种鉴定检查服务（USDA，2015）。这款试剂盒能够对牛肉、猪肉、家禽、绵羊、马和鹿等物种进行检测，都是基于耐热、物种特异，与肌肉相关的糖蛋白的抗体，在罐头、熟食和加工食品中最低检测限为 1%（ELISA Technologies，2016）。同一生产商的其他商用试剂盒的设计是为了测试未煮熟的材料以确定牛肉、猪肉、羊、家禽和马的存在情况，（独立的或联合的试剂盒）使用的物种特异性的血清白蛋白的抗体，其最低检测限小于 1%。

由英国泰普尼尔生物系统公司（Tepnel BioSystems Ltd.）开发的 ELISA 试剂盒可检验熟肉中的掺假情况，包括牛肉、猪肉、禽肉、马肉和绵羊肉等，最低检出限为<1%到<2%不等。该公司还生产动物物种快速筛查免疫试剂盒及其他类似产品，这些试剂盒可用来识别来自几种动物的产品（牛、猪、家禽、马、袋鼠、绵羊、山羊、兔子、水牛、鸡和火鸡；每个物种都有一个独立的试剂盒），并可以从原材料中进行快速地比色识别检测，最低检出限为 1%。这个产品被美国农业部用作初步筛查（USDA，2015）。

ELISA 方法也被应用在肉类产品中的植物源成分，通常是大豆的检测（Koppelman 等，2004）。其他厂家也生产用来检测大豆的 ELISA 试剂盒。

免疫吸附方法有相当高的跨物种反应或低特异性，特别是多克隆的抗体，对相近物种的辨别能力差，高度加工的产品也可能因为蛋白质变性或降解而难以鉴别。

（2）电泳技术　用蛋白质分析进行物种识别还有一些其他的技术和方法，特别是电泳技术。通过在电场的不同介质上分离提取的蛋白质，可以获得对物种识别有用的信息。电泳技术可以通过如下因素分类：对于分离中使用的介质的类型；分离的维度。第一种方法是一维分离，使用淀粉凝胶，或者聚丙烯酰胺和琼脂凝胶。聚丙烯酰胺凝胶电泳（PAGE）可以使用或不使用变性剂，如十二烷基硫酸钠（SDS-PAGE），或者是在等电聚焦中以凝胶或毛细管电泳为基础的电解质载体。这些方法依赖于不同种类的肌原纤维和肌浆蛋白在电泳中的移动不同。用凝胶电泳分离的蛋白质条带可以通过染色来显示，如考马斯亮蓝染色

（不太敏感）或银染。电泳结果的比较可以使用肌肉组织中所有提取的蛋白质或只有单个蛋白质成分。例如，肌红蛋白是一种不依赖染料的物种特异性蛋白质，其电泳图谱是最早用于鉴定肉的物种来源的凝胶电泳方法之一（Hoyem，1970）。混合肌肉蛋白的 SDS-PAGE 电泳显示了肌钙蛋白Ⅰ、烯醇酶 3、L-乳酸脱氢酶，丙糖磷酸异构酶、原肌凝蛋白 1 和碳酸酐酶 3 是特异性标记蛋白，能够从禽肉中鉴别出哺乳动物肉。因为哺乳动物肉和禽肉中这些蛋白在凝胶中的移动速度不同（Kim 等，2017）。但一维电泳有明显缺陷，对相近物种之间的鉴别能力差，因此它们没有被用于常规检测。

Ashoor 等（1988）首次应用色谱技术来进行肉类物种鉴别。在这项研究中，未煮熟的牛肉、猪肉、小牛肉、羊肉、鸡肉、火鸡和鸭肉通过液相色谱法被鉴定出来，获得了定性和定量的色谱信息。Chou 等（2007）发表了一种基于高效液相色谱（HPLC）与电化学的方法，根据特定的电化学图谱，从而对 15 种动物源食品进行区分。这种方法在混合和热处理的肉类样品中受到潜在的图谱重叠和峰值强度变化的限制。目前没有这种方法的最低检出限的报道。其他研究（Giaretta 等，2013；Di Giuseppe 等，2015）已经报告了使用阴离子超高液相的方法，将肌红蛋白作为特殊的标记来检测生牛肉汉堡中的猪肉或马肉成分（检出限分别为 5%或 0.1%，质量比）。

（3）蛋白质组学方法　蛋白质组学技术可以实现对物种特异性蛋白标记物的检测。该方法包括去除最丰富的干扰蛋白，或者它们利用含量丰富的蛋白质，选择性浓缩和部分纯化肌肉靶蛋白。在用二维凝胶电泳（2-DE）或液相（gel-free 方法）之前，应进行蛋白质和/或肽分离（Ortea 等，2016）。

二维凝胶电泳中依据分子量和等电点分离蛋白质或多肽，根据电泳迁移已经确定了许多物种特异性蛋白（Sentandreu 等，2010；Montowska 等，2013）。例如，用二维电泳显示了牛、猪、火鸡、鸭和鹅骨骼肌肌球蛋白轻链（MLC）的移动性差别很小，在成熟过程中这些蛋白质也会发生水解（Montowska 等，2011、2012）。但同时采用快肌肌球蛋白轻链（MLC 1、MLC 2、MLC 3）来鉴别物种是有可能的（Montowska 等，2012）。

近年来使用 LC、HPLC 或其他预分离方法与质谱联用技术进行多肽分析。用液相傅里叶变换质谱的方法，从牛肉、猪肉和马肉中鉴别出各种蛋白质中物种特异性肽（Von Bargen 等，2013、2014）。多重反应检测方法逐渐被应用于检测牛肉中的猪肉和马肉掺假，其最低检出限小于 1%（Von Bargen 等，2014）。通过 MRM-MS 检测肌红蛋白肽来确定四种（牛、猪、马、羊）中的来源（Watson 等，2015）。Sarah 等（2016）用 LC-四极飞行时间质谱仪和 MRM 方法，从牛肉、羊肉和鸡肉的加工制品中区分猪肉的特异性多肽标记。

大多数用于肉类物种识别的蛋白质组学方法是特异性的，即基于特定的质谱方法，从被检测样本中分离鉴定已知的标记肽。对可疑产品的物种来源需要事先了解。当这些信息不可知时，应采用非特异性的基于鸟枪法的蛋白质组学方法来分析全蛋白质。但肽识别受到质谱方法和物种的数据库中提供的蛋白质信息限制。Claydon 等（2015）采用纳流/高分辨率质谱的鸟枪法蛋白质组学方法，用热稳定肽鉴别出混合在牛肉中的马肉成分（0.5%，质量比）。

另一种非特异性质谱方法是基于频谱匹配的从下至上对比图谱库的蛋白质组学方法（Ohana 等，2016）。这种方法有几个优点，比较和识别是基于匹配或不匹配的多肽。它能非常有效地针对物种蛋白的多态性，是一种开放的分析，不需要任何物种基因组信息（从基因组信息中推断出的蛋白质组）。基于种系相似性，图谱库不仅可以用于识别，还可以用于分类物种信息。用矩阵辅助激光解离/电离飞行时间质谱法（MALDI-TOF-MS）获得的蛋白质质谱，将经过不同熟制的猪肉、牛肉、马肉、羊肉、鸡肉和火鸡的质谱数据进行聚类分析，从而有效区分不同物种的肉（Flaudrops 等，2015）。这项技术可以用于快速筛查，但不适合识别痕量或特征描述复杂的混合肉物种鉴别。

尽管蛋白质组学方法在肉类物种的鉴别方面具有一定的潜力，但大多数方法都存在一次可鉴别的物种数量少，方法敏感度较低，对从业人员的专业技术要求高，设备昂贵等问题。尽管这些方法在发现标志蛋白方面潜力很高，但目前都无法作为物种识别的常规检测方法。

19.2.1.2 DNA 分析

不同物种的 DNA 是不同的，对 DNA 的分析可以很容易地获得有用的信息来确定产品中肉的来源。DNA 比蛋白质或代谢物对物理处理（如熟制）、长期储存或加工具有更高的稳定性。但在深度加工的产品中也存在 DNA 降解，对分析产生潜在影响。几乎所有动物细胞都有 DNA，肉中也同样存在。因此，肉、动物组织或获取的样本中都可以独立地获得相同的信息。由此，DNA 分析被认为是食品认证、法医鉴定和系统学中物种识别的黄金标准。对肉类物种识别有用的信息可以从核基因组的 DNA 或者线粒体基因组 DNA（mtDNA）中获得。哺乳动物核基因组的大小为 30 亿个核苷酸，鸟类为 10 亿个核苷酸。mtDNA 要小得多（在所有的肉类中约 16.5kb），但通常在每个细胞中有更多的拷贝。肌肉细胞可以包含成千上万个线粒体，因此有成千上万个线粒体 DNA。植物来源的 DNA 可以检测细胞核 DNA（nDNA）、mtDNA 或叶绿体 DNA。

现有大量基于 DNA 的物种识别方法，其分类可以根据使用的技术或者方法、提供定性或定量信息的可能性，以及在分析中使用的特定 DNA。不同方法的特异性、灵敏度和最低检出限有所差别，都可能获得加工肉制品的信息，在混合样本中检测到多个物种信息，同时成本降低，分析时间较短。

所有基于 DNA 分析的方法第一步都是 DNA 提取，可以使用专门为食品或组织 DNA 提取而开发的商业试剂盒和实验流程。DNA 提取之后是直接或间接地确定不同物种之间的 DNA 序列差异。

表 19.2 所示为不同 DNA 分析方法在肉类物种鉴别方面的特征、优点和缺点。

表 19.2　　以 DNA 为基础的肉类物种识别方法的特征概述

方法①	目标 DNA②	单个物种③	多个物种④	未知物种⑤	特异性⑥	降解 DNA⑦	LOD⑧	定性⑨	定量⑩	执行⑪
DNA 探针杂交	nDNA	+++	+	−	++	++	+	++	+	(+)
PCR-RAPD	nDNA	+++	−	−	+	+	+	++	−	+
AP-PCR	nDNA	+++	−	−	++	+	+	++	−	++
物种特异性 PCR	nDNA/mtDNA	+++	−	−	+++	++	++	+++	−	+++
CP-M-PCR	mtDNA	+++	++	−	+++	++	++	+++	−	+++
PCR-RFLP	mtDNA	+++	+	−	++	++	++	+++	−	+++
PCR-SSCP	mtDNA	+++	+	−	++	++	+	++	−	+
PCR 溶解曲线分析	mtDNA	+++	+	−	++	++	++	++	−	+
PCR+桑格测序	mtDNA	+++	−	−	+++	++	++	+++	−	++
PCR+NGS	mtDNA	+++	+++	+++	+++	+++	++	+++	+	++
PCR+基因芯片	mtDNA	+++	+++	++	+++	++	++	+++	−	++
PCR+生物传感器	mtDNA	+++	++	−	++	++	+++	+++	−	++
qPCR（DNA 插入染料）	mtDNA	+++	+	−	+++	+++	+++	+++	+++	++
qPCR(荧光标记核苷酸)	mtDNA	+++	++	−	++	+++	+++	+++	+++	++
数字液滴 PCR	nDNA (mtDNA)	+++	+	−	+++	+++	+++	+++	+++	++
LAMP	mtDNA	+++	+	−	+++	+++	+++	++	−	+
ALL-DNA-seq	nDNA mtDNA	++	+++	+++	++	+++	++	+++	+	+

注：①在文本中描述方法定义。没有讨论 PCR-单链构象多态性（SSCP）和 PCR-熔融分析，因为它们在肉的物种鉴定中只被少数人用过；②在检测中使用的特定 DNA。nDNA＝细胞核 DNA; mtDNA＝线粒体 DNA。包括最常用的目标 DNA。大多数方法中使用的是 mtDNA，nDNA 用于检测（LOD 较差）；③鉴定目标的物种可能是构成肉类产品的唯一物种或者混合在其他物种肉中；④在同一时间发现超过一个物种的可能性；⑤可同时发现多个物种，包括意想不到的物种，因此这种方法是非物种特异性的；⑥可在不受其他近物种干扰的情况下探测目标物种；⑦考虑了从降解的 DNA 中获得可靠结果。它主要与目标 DNA 有关，与扩增长度有关；⑧最低检出限；⑨它可以提供一个物种的定性评估（存在与否）；⑩它可以提供一个物种存在的定量分析；⑪它评估了实际的可能性、简单性和需要特定的专业知识和工具来实现设计的分析。“（+）”，这种方法已经被弃用。“+++”，方法提供了良好的结果，或者它是有效的，或者可以很容易地实现。“++”，该方法有一定的局限性，但它是有效的。“+”，方法有很大的局限性或者很难实现。“−”，不能被实现或者是无用的。AP-PCR，任意启动 PCR（聚合酶链式反应）；CP-M-PCR，通用引物多重 PCR；LAMP, 环状介导等温扩增；mtDNA，线粒体 DNA；nDNA,细胞核 DNA；NGS,下一代测序；PCR-RAPD, 聚合酶链式反应-随机放大多态 DNA; PCR-RFLP, 聚合酶

链反应-限制性片段长度多态性；PCR-SSCP,聚合酶链反应单链构象多态性；qPCR,定量 PCR。

第一个用来鉴别肉类物种的 DNA 方法是由标记的物种特异性核 DNA 杂交的探针（由基因组 DNA 片段、总基因组 DNA、卫星 DNA，PCR 产生的片段或者合成的寡核苷酸组成），这些方法都很费力，而且它们依赖于特定的杂交条件（在不同的实验室中很难标准化）以及物种特异性探针的使用。这些方法完全被应用，DNA 杂交在应用中得到了进一步的改进，开发出基因芯片和微阵列。

PCR 技术为大多数的肉类物种鉴别提供了方便。PCR 是一种体外酶技术，能够放大一个或多个 DNA 片段（目标 DNA），在两个区域（片段的边界）之间嵌入目标 DNA，由互补寡核苷酸（正向和反向）构成反应的引物。一个经典的 PCR 反应需要模板 DNA（需要放大的 DNA），正向和反向引物，四种用于 DNA 构建的脱氧核苷酸（dNTPs），一个热稳定聚合酶（*Taq* DNA 聚合酶），对反应环境进行优化的盐和缓冲液。

通过温度循环（包括模板 DNA 变性、引物退火和聚合酶活性反应），以指数方式扩增目标 DNA，最终获得数百万份拷贝用于可视化分析。扩增片段的检测可以通过如下方式：第一，根据它们的大小或顺序分离扩增片段（通过带有与 DNA 相互作用的染料进行琼脂糖或者 PAGE 凝胶电泳，通过毛细管电泳和荧光 DNA 标签，或其他分离方法）；第二，直接评估在无凝胶系统中的 PCR 产物（将染料掺入双链中）；第三，通过下一代测序（NGS）方法或数字 PCR（dPCR）分析。PCR 方法可以是定性的（终点 PCR）、半定量的或定量的，根据不同时间和方法收集扩增片段的信息。

nDNA 和 mtDNA 都是肉类物种识别 PCR 扩增的目标。目标 nDNA 可以是单一的复制 DNA 区域、单一复制 DNA 区域的家族（即一类密切相关的基因）、核基因组的重复区域（短的核苷酸序列 SINE；长的核苷酸序列 LINE）或未定义的多个区域。与多个拷贝核区域或有大量拷贝的 mtDNA 相比，单拷贝 DNA 区域的 LOD 更高（需要更多的来自目标物种的模板）。因此，多拷贝的细胞核区域和 mtDNA 更适合用来检测有降解或深度加工的产品。大多数 PCR 方法都是扩增 mtDNA 区域，主要有几个原因：目标 mtDNA 区域（或基因）在许多物种的整个线粒体基因组中的序列可以公开获取；在 mtDNA 的短 DNA 区域包含有足够的序列，区分不同物种间扩增片段的差异。另一方面，有些区域在物种间是高度保守的，可以用于设计通用引物，不同物种不需要改变引物来扩增许多目标区域。所研究的肉类产品中发现未知物种时，这种分析方法会非常有用。从另一方面来说，如果肉类产品掺假多个物种，用该方法检测则会出现问题。通用引物扩增片段实际上是由不同的片段群体组成，最终导致很难用经典的后 PCR 序列鉴别分析。只有当原始的扩增子来自一个物种时才有效。

后 PCR 技术被应用于识别来自不同肉类的扩增后的碎片。PCR 和后 PCR 分析步骤实际上是两个集成的过程，只有第一步设计正确，第二步检测才会正确。特别是扩增子的分离和电泳可视化是一种最简单的方法，这是其他分析方法的基础。

（1）聚合酶链反应指纹分析　第一个基于 PCR 方法的物种识别技术是随机扩增多态 DNA（RAPD）。在 PCR 反应中使用短的随机引物，退火温度较低，产生许多扩增片段，再通过凝胶电泳分离产生种属特异的指纹（Koh 等，1998；Martinez 等，1998）。这个方法可以很好地区分序列信息有限的样品，且仅限于实验室内部分析（没有经过其他实验室验证），因为实验室间的 RAPD 模式的重复性通常是很差的。在这种情况下可能需要肉的参考样品。Saez 等（2004）对随机 DNA 扩增方法进行了改进，使用更长的退火引物以增加可重复性。这些方法不适合检测混合样本中单一物种，因为所有提取的 DNA（独立于其物种来源）都可以成为随机引物的模板，产生条带，从而改变物种特异性指纹。由于这些缺陷，导致这些方法没有在肉类物种识别中进行推广应用。

（2）聚合酶链反应物种特异性扩增和片段分析　一些实验方法中都包括基于物种特异性引物的 PCR 步骤。在这些方法中，只有肉样中的 DNA 能被这些引物特异性识别时，才会发生特异性扩增。如果在凝胶上有一个特定的片段，结果是阳性的。如果没有任何扩增片段，结果是阴性的。在使用是否有物种特异性扩增片段的方法中，阴性结果也可能是 PCR 的失败。因此，一个特定片段的多重扩增（在 PCR 中添加另一对引物）可作为测试样品的内部质量控制。特定扩增子应该与目标特定片段的大小不同，可以通过凝胶或毛细管电泳分离。多重聚合酶链反应，在相同的反应中采用多个物种特异性的引物来检测待测样品，在混合样品检测中具有很好的效果（Xue 等，2017）。不同物种肉的扩增片段大小不同，在单一电泳中可以区分开。类似的多重 PCR 方法也被应用，给每个物种设计一个通用引物（位于 mtDNA 保守区域）和一个物种特异性的反向引物，通过扩增获得不同大小的扩增片段（Matsunaga 等，1999），这种方法被称为共引物-多重聚合酶链反应（Hanapi 等，2015）。在加工肉制品中，长片段比短片段扩增效率低，主要有两个原因：一是因竞争 PCR 而导致较长片段的扩增效率低；二是 DNA 降解得到的是短片段，经过 PCR 扩增，使物种鉴别更加可信。

此外，还开发了终点 PCR 方法和其他基于 DNA 的方法，用于识别肉制品中的植物 DNA，包括转基因大豆（Ulca 等，2014）。

（3）聚合酶链反应限制片段长度多态性　对 PCR 扩增片段进行后 PCR 分析，可在扩增区域发现物种特异性的差异。例如，可采用限制性内切酶切断回文结构，再通过电泳将被酶切产物进行分离，这种方法称为 PCR-限制性片段长度多态性（RFLP）分析，是一种有效区分不同物种的方法（Meyer 等，1994）。可能需要几种限制性内切酶的组合来区分密切相关的物种或者需要同时识别多个物种。现已开发出限制性内切酶消化模式的预测软件，来简化物种识别。然而，该方法对混合物种样本的识别不够灵敏。

（4）聚合酶链反应和测序　使用物种特异性的引物或通用的引物，通过 PCR 反应生成的扩增片段可以通过桑格测序获得直接序列信息（Bartlett 等，1992）。获得序列后，在公共数据库中使用序列比对工具与其他相同目标的 mtDNA 区域相比对（如 BLASTN 和 FASTA），程序将查询序列数据库并计算匹配的具有统计意义的序列（在 BLASTN 中是相同核苷酸的百分比和 E-值），进而确定物种来源。

Sanger 测序是 DNA 编码方法的基础，它是通过扩增标准的 mtDNA 序列得到的。DNA 编码是对动物中依赖于 650bp 长线粒体细胞色素 c 氧化酶亚基 I 基因（COI、COX 1 或 CO1）中存在的序列差异形成的一种快速分类鉴定方法（Staats 等，2016）。该方法依据的是一个参考数据库的序列比较，该数据库包含了国际生命条码项目（www. ibol. org）产生的大量物种同一基因序列，都收录在“生命条码数据系统”（Savolainen 等，2005）中。例如，DNA 编码已被用于测试美国商业市场上的各种肉制品（Kane 等，2016；Quinto 等，2016）。DNA 编码原则为物种识别提供了一种标准化的方法，对不寻常物种的检测也是有用的。当 DNA 被降解时，即在高度加工肉制品中，完成 COI 基因的扩增会存在问题。此外，与所有其他基于 Sanger 测序的方法类似，如果产品中存在多个物种，则不能应用此方法，因为生成的杂合片段会产生重叠的、不可读的序列。在这些情况下，只有经过 DNA 克隆和测序才能得到有意义的信息，但由于成本高、过程慢，这种方法不适用于肉品的常规鉴定。

使用 NGS 可以解决这个问题。NGS 的高通量彻底改变了 DNA 分析的方式，将 DNA 测序和定量结合在一起（Van Dijk 等，2014）。NGS 实验中的序列分析不存在上述 PCR 方法的各种限制。通过适当的生物信息学工具可获得数据分析，为非政府组织提供了巨大的灵活性（Pabinger 等，2014）。NGS 平台，可用于生成用于物种鉴定的序列数据，包括 Illumina、Roche 454 焦磷酸测序、离子 Torrent 和 Oxford Nanopore 技术。新的测序技术有助于提升 NGS 在肉种鉴定的效率，即便之前没有任何关于肉样可预期的物种信息。Tillmar 等（2013）使用罗氏 454GS 初级仪器，利用从不同哺乳动物中构建的 DNA 混合物通用引物，对线粒体 16S rRNA 基因的一个短片段进行测序。该系统可以区分约 300 个物种，并能够识别混合物中存在多个物种，混合样品中的检测成分仅占 DNA 的 1%。Bertolini 等（2015b）以 12S 和 16S rRNA 线粒体 DNA 基因不同通用引物进行扩增，获得 PCR 产物并进行测序，评价了 Ion Torrent 基因组测序仪对不同肉种（猪、马、牛、羊、兔、鸡、火鸡、野鸡、鸭、鹅和鸽子）以及人和大鼠 DNA 鉴定的可靠性。Ion Torrent 基因组测序平台基于半导体测序技术，能够检测芯片测序过程中发生 pH 的微小变化（Rothberg 等，2011）。与其他 NGS 技术相比，Ion Torrent 基因组测序平台的运行速度更快，成本更低。这种 NGS 平台的其他优点是可以在同一芯片上对多个样本进行基因片段检测，芯片的通量可大可小。测序数据采用几种比对算法，将读取数据匹配到相应的物种。误差率低于物种间的序列差异，不妨碍物种的正确识别。同一样本重复分析（通过从同一 PCR 产物构建不同的文库来模拟）每种读取数的相关系数在哺乳动物中高（0. 97），而在禽类中较低（0. 70），这是因为通用引物是针对哺乳动物的共有序列设计的。采用该方法可以检测出低浓度的猪和马 DNA（与其他物种 DNA 按 1∶50 混合）。用不同通用 PCR 引物扩增得到的产物进行测序，可克服潜在的扩增问题。

（5）聚合酶链反应及芯片分析　其他 PCR 分析方法可以通过宏阵列或微阵列分析来区分扩增产物的种类，这些平台可以同时识别许多不同物种的存在。然而，他们只能识别芯片设计中包括的物种。许多文章介绍了用于肉类物种鉴定的宏阵列和微阵列系统的生产和使用方法。Peter 等（2004）设计了一个寡核苷酸芯片，用于对 24 种动物线粒体细胞色素 B 基因的 PCR 产物进行杂交分析。这个芯片可同时识别四种不同的物种。Teletchea 等（2008）介绍了含有 77 种不同脊椎动物线粒体细胞色素 B 寡核苷酸的微阵列，其中 71 个可以通过扩增产物的杂交识别。第一个商业上可用的微阵列能够鉴别 30 个动物物种，其所用的 mtDNA 基因与 BioMerieux（食品专家-ID 系统）和 Affymetrix 平台相同（Chisholm 等，2008）。但这个微阵列并没有商业化。由 Chipron GmbH 公司（德国柏林）开发的基于宏阵列平台的肉类物种鉴别工具可同时识别食品样品中的 32 个肉类物种。该系统的基础是利用通用引物扩增 16S rRNA mtDNA 基因片段，然后在低密度寡核苷酸探针阵列［肉类低成本密度（LCD）阵列］上杂交。Iwobi 等（2011）使用该系统检测生肉或加工肉制品混合样品中多个物种，其灵敏度小于 1%（质量比），Cotton 等（2016）研究了第二代 LCD 阵列的灵敏度，其灵敏度小于 1%（质量比）。

意大利格瑞纳生物国际公司生产的肉类物种鉴定系统，是以横向流动 DNA 芯片为基础，能够同时识别食品中的八个动物物种（CarnoRapid Test，之前的商品名为 CarnoCheck），取决于物种和样本组成（Stuber 等，2008；Iwobi 等，2011），LOD 值从 0.1%到 1%（质量比）。在检测之前，使用未报告的引物对特定物种的 mtDNA 细胞色素 B 基因进行 PCR 扩增。

Wang 等（2015）研发出基于颜色变化的光学薄膜生物传感芯片，在不需要任何昂贵仪器的情况下，可进行肉类物种的鉴别。该生物传感芯片可同时检测 PCR 生成的 mtDNA 产物，同时区分 8 种肉类（鹿、兔、鸭、鸡、牛肉、马、羊和猪肉），实际检测限为 0.001%。

（6）实时聚合酶链反应　上述方法基于终点 PCR，都是定性方法或半定量方法。不是所有的肉类物种识别实时 PCR 方法都是定量方法，因为检测仍然是基于终点 PCR 评估（Dooley 等，2004）。如果实时 PCR 是定量的，则可定义为定量实时 PCR 或定量 PCR（qPCR）。在实时 PCR 中，使用具有集成激发光源的专用热循环器“实时”监测扩增过程，该热循环仪具有集成的激发光源，可以捕获和显示反应过程中产生的荧光，可由扩增产物的乘积导出。所产生的荧光数据可用于获得目标物种的定量分析。产生荧光的方法有两种（Navarro 等，2015），一是使用双链 DNA 插入染料，如 SYBR Green Ⅰ 或 EvaGreen；二是携带荧光标记的寡核苷酸。根据聚合酶链反应中使用的荧光分子的类型可分为三类：第一类为作为引物的探针，如 Scorpions 或 LUX；第二类为在延伸阶段（Taqman 和 *Taq*Man-mgb 或小凹槽）释放荧光的水解探针，以及在扩增反应（分子信标）与 DNA 结合时产生荧光信号的杂交探针；第三类为核酸类似物（肽核酸，迄今尚未用于肉类物种鉴定）。从总体上看，所有实时定量 PCR 方法的 LOD 值均低于其他基于终点 PCR 的肉品物种鉴别方法。另一方面，存在发现轻微或意外污染的风险，而在大多数情况下，这些污染与肉类样本的真实性无关。

定量实时 PCR 方法中最常用的染料是 SYBR Green Ⅰ，当它与双链 DNA 结合时产生荧光。这意味在每个 PCR 周期的延伸阶段，荧光的强度与 PCR 过程中产生的双链 DNA 数量成正比。由于非特异性产物也会与染料结合，影响靶标片段的定量。为了验证扩增反应的特异性，需要在 PCR 循环结束时进行熔融曲线分析。EvaGreen 是第三代双链 DNA 结合染料，与 SYBR Green Ⅰ相比，对 PCR 的抑制作用较小，因此可用于高浓度样品并可以提高分析的灵敏度（Navarro 等，2015）。采用染料标记寡核苷酸比使用荧光标记价格更为便宜。

这里介绍相关的几项研究。López-Andreo 等（2006）在实时定量 PCR 检测中使用 SYBR Green Ⅰ，利用熔融曲线法对食品中牛、猪、马和袋鼠 DNA 进行了定性和定量分析。利用物种特异性引物和纯化 DNA 的梯度稀释法，从 mtDNA 区（从 ND6 的 3′端和细胞色素 B 基因的 5′端）扩增得到的阈值循环（*Ct*）数据中得到定量值。Fajardo 等（2008）也用同样的染料，用实时定量 PCR 技术定量检测肉混合物中的马鹿、黇鹿和狍肉，以 12S rRNA 线粒体基因为靶片段，以三对特异引物和 nDNA 内源对照，在核糖体 18S 的保守区设计了一对引物。为验证 PCR 抑制剂产生的 DNA 扩增和 DNA 降解过程中存在的潜在问题，对照 nDNA 进行了扩增。将三种鹿肉与猪肉混合，每种肉的质量分数为 0.1%～25%（质量比）。Soares 等（2013）采用一种 SYBR Green Ⅰ实时定量 PCR 方法，mtDNA 细胞色素 b 短片段扩增和 Fajardo 等（2008 年）相同的 nDNA 控制，定性和定量检测禽肉和加工肉制品中的猪肉含量。在禽肉中添加已知数量的猪肉（0.1%～25%，质量比）来进行校正。在另一项使用 SYBR Green Ⅰ实时定量 PCR 鉴定清真食品中猪肉的研究中，12S rRNA 线粒体基因为靶标，nDNA 中 MSTN 基因片段为参照（Laube 等，2003）。

在一些物种实时定量 PCR 研究中，EvaGreen 已被广泛应用。例如，Santos 等（2012）建立了一种在混合肉制品中鉴定棕色野兔肉的方法。Amaral 等（2017）报道了一项用于识别猪肉的测定方法，目的 DNA 位于 mtDNA 区域。用这种 qPCR 方法，结果显示，市场上大多数肉类产品含有未标明的猪肉成分（占样本的 54%），在 40%的清真食品中检测到猪肉。

在实时 PCR 检测中使用 *Taq*Man 水解探针进行肉的物种鉴别和定量。与使用染料相比，该方法的特异性更高，因为它除了包括扩增所需的两个引物外，还包括一个与扩增片段的靶区结合的探针，该探针在其 5′端含有一个荧光团，在其 3′端含有一个猝灭剂。当猝灭剂和荧光团靠近时就不产生荧光。在 PCR 过程中，*Taq* DNA 聚合酶的 5′-外切酶活性会使探针降解。这样，猝灭试剂就不能阻止荧光团发射荧光，荧光强度为目标扩增子的数量。因此，不需要 PCR 后的熔融分析来确定正确的目标扩增的特异性。不同的荧光团可以在同一反应中使用（每一种都附着在不同的探针上），从而有可能同时产生多个物种的信号（每个物种产生一种颜色）。

有研究提出了 *Taq*Man 定量实时 PCR 方法进行物种鉴定，其中大多数是针对欧洲马肉欺诈后的清真认证猪肉和马肉。Rodriguez 等（2005）介绍了一种用于牛肉混合物中猪肉的 *Taq*Man 实时定量 PCR 检测方法，该方法基于对两对引物的线粒体 12S rRNA 基因片段进行扩增（一个用于扩增猪 mtDNA，另一个用于扩增对照 DNA 片段）。定量是基于对首次检测猪肉特异性和哺乳类扩增的循环数（*Ct*）的比较，并结合了已知猪肉含量的参考标准。Kesmen 等（2009）报道了另一种 *Taq*Man 实时定量 PCR 方法，通过扩增几个 mtDNA 区域来检测和定量猪肉、驴肉和马肉。

有少数研究报道了其他荧光标记的寡核苷酸在实时 PCR 方法中的应用。Sawyer 等（2003）介绍了利用 Scorpion 引物和 SYBR Green Ⅰ联合定量检测混合样品中 mtDNA 16 SrRNA 牛特异性扩增的方法。Ballin 等（2012）报道了使用 LUX 引物-探针的方法，在扩增核重复序列的基础上，对鸡 DNA 和猪 DNA 混合物中的鸡 DNA 进行相对定量测定。Yusop 等（2012）使用猪特异性分子信标探针和扩增细胞色素 B 基因短片段的引物，建立肉制品中猪肉的实时定量 PCR 检测方法。

从上述例子中可以看出，定量实时 PCR 检测应解决几个问题，以获得肉混合物中不同物种肉含量的绝对定量（Ballin 等，2009）。考虑到线粒体基因组的数量在不同组织之间可能有很大差异，一个方法是使用 mtDNA 作为目标 DNA 进行定量测定。一方面，mtDNA 的使用可能比单拷贝 nDNA 的 LOD 低，但由于核数目与肌肉质量之间存在着良好的线性关系，因此可以获得更可靠的定量结果（Trenkle 等，1978）。多重 nDNA 组分（重复序列）可能有助于提高靶 DNA 拷贝数的敏感性，但序列异质性可能会阻碍高特异性检测方法的设计。这些问题在一定程度上也与定量有关：如果只考虑哺乳动物或鸟类基因组，因为这两组脊椎动物的基因组大小不同，可以采用基因组/基因组进行量化。如果以 mtDNA 为目标，则采用拷贝数/拷贝数进行量化；如果肉制品中目标 DNA 没有偏差，可采用重量/重量（质量比）进行量化。DNA 提取方法或样品间 DNA 提取效率的差异，以及样本和对照肉中 DNA 降解程度的不同，也可能是造成定量测定偏差的原因。

（7）数字聚合酶链式反应　用 dPCR 技术可以解决实时 PCR 定量肉品物种鉴别方法的缺陷。这种方法与实时 PCR 相比有下列优点：可以通过终点 PCR 获得目标扩增 DNA 的绝对定量，而不需要任何外部参考或标准曲线；对 PCR 效率变化的鲁棒性（Hindson 等，2013）。液滴数字聚合酶链反应（ddPCR）是一种基于水油乳化液滴系统，将模板 DNA 分离成单个纳米级反应室的方法。在液滴中的 PCR 扩增子可以与基于 *Taq*Man 探针的检测相结合，生成扩增信号，再采用流式细胞仪分析每个液滴来计数扩增信号。基于正向液滴数与总液滴数之比的泊松统计可以确定分析样本中的目标 DNA 浓度（Hindson 等，2011）。使用 ddPCR 技术，在非目标 DNA 背景中以极低浓度出现的模板 DNA 可以精确地量化（Morisset 等，2013）。因此，在实时 PCR 中分析单个拷贝 nDNA 所获得的低 LOD 不再是 ddPCR 的主要问题。Floren 等（2015）采用快速聚合酶链反应（ddPCR）对加工肉制品中的牛、马和猪进行精确定量，其目标是核凝血因子Ⅱ（F2）基因，在 14 个不同物种中具有很高的特异性。不同肉制品的检出限分别为 0.01%和 0.001%。在另一项研究中，Cai 等（2014）用快速聚合酶链反应（ddPCR）检测猪肉和鸡肉中的两个核基因（猪的 β 肌动蛋白基因或 ACTB 基因和鸡的生长因子 β-3 基因或 *TGFB3* 基因）。获得了生肉重量与 DNA 重量的关系，DNA 重量与 DNA 拷贝数之间的关系，从而提出了基于 DNA 拷贝数的生肉重量计算公式。

（8）非聚合酶链反应系统　PCR 技术以其灵活、重现性高、灵敏度高和效率高等优点，自其发展以来一直占据着 DNA 分析领域的主导地位。经典的 PCR 实验分为三个阶段：DNA 提取、PCR 扩增、PCR 后分析，这两个后期阶段可以在实时 PCR 中结合。然而，扩增步骤需要时间，且需要专用仪器，限制了 PCR 技术在快速检测领域（如现场检测）的应用。另一种 DNA 扩增方法，称为循环介导等温扩增（LAMP），在等温条件下快速扩增 DNA，具有较高的特异性和效率（Notomi 等，2000）。该方法使用特定的 DNA 聚合酶和一组四个特别设计的引物，识别目标 DNA 上总共六个不同的序列，以确保高特异性。在等温条件下，典型的 LAMP 反应持续 30~60min，温度为 60~65℃。等温特性意味着可以用简单的加热控制温度进行扩增，而不是按循环步骤改变温度的热循环器。

LAMP 分析在肉品鉴定中已有报道，与新的系统或设计结合可以快速分析扩增产物（Li 和 Fan，2016；Roy 等，2016）。特别是采用 LAMP 和免疫层析分析相结合的方法快速鉴别（<1h）肉类品种，用于检测肉混合物中的牛肉，LOD 为 0.1%（Li 和 Fan，2016）。这些系统对动物产品种类的快速、简便鉴定具有广泛的应用前景。

NGS 可以应用于非靶向深度测序，食品样品中的所有 DNA 都是按照元组学的概念进行测序（全食品-Seq）。PCR 不包括目的 DNA 的预扩增或选择（但可能存在于 NGS 文库中）。测序数据的生物信息学分析是识别被研究食品的生物信息的唯一途径。Ripp 等（2014）应用 Illumina 测序平台鉴别香肠中的哺乳动物和禽类 DNA。生物信息方法是一种基于序列读取计数的方法，精确性可达到 1%。这种非靶标 NGS 方法需要强大的计算机和生物信息技术，它不仅可以提供有关物种的信息，而且还可以分析肉品微生物的宏基因组数据。

19.2.1.3　脂肪、代谢物和其他化学或物理化学组分或特性的分析

其他方法的基础是分析肉类成分（或组分）和化学/物理结构，这些成分和物质结构可能需有足够的不同，可以建立有意义的方法来区分原产地物种。然而，在大多数情况下，同一物种的样本之间存在一定程度的差异，这些差异可能与其他因素相关（例如，品种、动物年龄、性别、肌肉类型、饲养方式、加工方法等）。由于这些因素和仪器问题，可能会在结果和参考数据集的分类方面存在问题，应当使用适当的统计和数据分析方法（即化学计量学）来进行比较评价和物种鉴定。这些分析方法包括核磁共振（NMR）、光谱法［即可见光、红外（VIR）、紫外、近红外（NIR）和中红外（MIR）光谱，拉曼光谱（Raman），傅里叶变换红外光谱（FTIR）］、质谱法（MS）、代谢组学、电子鼻和组织化学分析等。

其他一些肉类成分可能为物种鉴定提供有用的信息。例如，甘油三酯或代谢物可用于确定肉制品的种类。此处介绍几种基于这些成分的肉类物种鉴定方法。Jakes 等（2015）提出了一种简单的马肉和牛肉的区分方法，将样品进行氯仿提取，之后用 60 MHz 1H NMR 谱图获得甘油三酯特征，根据峰面积积分进行主成分分析（PCA）。结果表明，解冻样品对物种鉴别没有不利影响。这种核磁共振方法是由 Oxford 仪器公司（名为 Pulsar）提出的，用于区分牛肉、猪肉和马肉，而不能用于混合样品。

Trivedi 等（2016）采用 GC-MS 和超高压液相色谱-质谱（UHPLC-MS）（用于脂亲性代谢物的分析），鉴定不同等级的生牛肉和猪肉。可以获得牛肉和猪肉样品的代谢组学图谱，但混合样品的代谢组学图谱有部分重叠。

Zhou 等（2016）利用激光消融电喷雾电离质谱技术对五种鲜肉样品（鸡肉、鸭肉、猪肉、牛肉和羊肉）的代谢组学特征进行鉴定。采用主成分分析和偏最小二乘判别分析原始数据，获得特征性物质（包括磷脂酰胆碱、磷脂酰乙醇胺和三酰甘油的峰数）来区分这五个物种。

所有这些方法都有着相同的缺点：①所分析生物分子的稳定性有限，方法只适用于生鲜肉的分析；②缺乏物种特异性的生物标志物，因此只适用于单个样品的定性定量检测。这些缺点限制了这些方法的应用。

其他研究评估了光谱技术用于物种鉴定的可行性，采用 VIR、UVE、NIR 和 MIR、Raman 和 FTIR 光谱分析猪肉、牛肉、马肉、鸡肉、羔羊肉和骆驼肉的光谱特征，进一步进行物种鉴别（Cozzolino 和 Murray，2004；Mamani Linares 等，2012；Aalpeste 等，2016）。这些方法的优点是样品制备简单、对样品的损坏程度低、快速方便、设备便于携带，非常适合工厂化操作。在使用前，需要构建光谱数据库和辨别模型。如果样本差异较大、构建模型的样本数量不足，可能会降低鉴别方法的准确性。对于混合样品，光谱鉴别法的错误率较高，方法的灵敏度较低，介于 5%~10%质量比之间。因此，采用光谱法进行筛查样品，对于可以样品还需要其他方法进行结果的确证。Kamruzzaman 等（2013）采用基于光谱和图像分析的近红外高光谱成像技术对两种肉糜类混合物进行定性定量分析，具有较好的可靠性。

电子鼻可用于鉴别挥发性化合物，挖掘肉样的特征。电子鼻通常由一系列传感器组成，模拟嗅觉在复杂样本中识别气味（Peris 和 Escuder-Gilabert，2016）。电子鼻已用于快速鉴别肉及肉制品中猪肉成分（Tian 等，2013），但该方法还没有得到广泛应用。

19.2.2 亚种或种的鉴定

从较低水平来鉴定肉类的来源，以确保消费者了解某一特定亚种、品种或产地的识别与产品的质量关系（Fontanesi，2009）。一些产品可能来自某一品种（注册或未注册）、混合品种或特有品种动物。一些产品还获得了 PDO 或 PGI 原产地认证。另一些产品可能驯养动物的野生近亲（被视为亚种，如野猪肉），这些产品大多是农业经济的基本组成部分。就申报原产地而言，这些肉类产品的售价通常高于普通产品。这些产品的附加值有助于提高当地农民的经济收入，其生产力通常低于高度选育的品种，这为可持续地保护动物遗传资源创造了可能性（Fontanesi，2009）。由于附加值高，驱使欺诈行为的产生。肉的替代品通常来自同一物种，主要是来自不同的品种或价值较低的动物。确定肉的原产地可以在某些方面解答其地理来源的问题，众所周知，有些品种仅在特定地理条件或国家生产。

为此类产品鉴定而开发的方法主要是基于 DNA 分析的 PCR 技术，能够直接检测出生物标志物（DNA markers）。根据亚种、品种或品系的不同，不同动物群体间的遗传距离有差异。

牲畜品种的构成源于动物的长期选择过程，从相应的野生亲缘关系的史前驯化开始。然后，关于育种选择，农民更倾向于具有相似形态特征的近亲群体（详见第 2 章）。这些人为繁殖导致少数表型（例如，毛色、身高、角等）固化，使驯养动物与野生型祖先区分开来，并在驯化物种内产生了不同的品种。驯化影响了动物基因组中选择标记，通常由一个或几个主要基因和群体中许多其他位点的修饰等位基因频率决定，这些基因对所选性状的影响很小，或者因为基因漂移在这些群体中起作用。最近，特定的育种过程和目标导致品种内的分化，形成新的品系，其遗传分化能力可能低于原有品种。此外，由于亚种、品种或品系没有被生物生殖障碍所分隔开，基因组的分离不完全，将使肉类认证中的 DNA 标记的鉴定更加复杂（Fontanesi，2009）。

DNA 标记物可以通过观察主效基因的突变来鉴别，这些主效基因影响重要表型性状，可用来区分品种。

根据两种动物的不同肌肉质量可以很容易地区分肉牛和乳牛品种。牛肌肉生长抑制剂（*MSTN*）基因的几种突变与肌肉肥大有关（McPherron 等，1997）。不同的肉牛品种在同一基因上携带不同种类的突变，然而，却具有类似的双肌表型。皮埃蒙特牛是意大利起源的肉牛品种，在 *MSTN* 基因中有一个特定的基因突变（Kambadur 等，1997）。几乎这个品种的所有动物都是这个突变等位基因的纯合子，因此有可能建立一个简单的基于 PCR 的基因分型测试，以鉴定该品种动物所产肉类（Pozzi 等，2009）。

一些基因突变（如黑素皮质素 1 受体，*MC1R*；前黑色素体蛋白，*PMEL* 或 *SILV*；v-kit Hardy-Zuckerman 4 猫肉瘤病毒癌基因同源物，*KIT*），会影响不同物种的毛色，有助于鉴别或排除肉的品种。例如，在牛和猪中，黑色素（产生黑毛色的真黑素和产生红毛色的麻黄素）的相对丰度受到 *MC1R* 基因上不同等位基因的调节（Klungland 等，1995；Kijas 等，1998）。因此，具有红色（或褐色）毛色的品种通常含隐性 *MC1R* 等位基因，而具有黑色毛色的动物通常至少携带一个显性 *MC1R* 等位基因。*MC1R* 多态性已被用于区分不同品种的肉牛，间接地从它们的 DNA 推断动物的毛色。Hanwoo 肉牛是一种具有红/棕色毛色的韩国本地牛品种，具有隐性 *MC1R* 等位基因（*e*）（Sasazaki 等，2005）。用 PCR-RFLP 方法分析 *MC1R* 基因多态性，可以将其肉与携带其他等位基因的品种区分开，特别是来自携带显性

黑 E^D *MC1R* 等位基因（即黑白色 Holstein Friesian）的牛生产的牛肉，其肉和胴体品质性状较差（Chung 等，2000）。*PMEL* 基因中 DNA 标志物被用来鉴别法国 Charolais 品种（Oulmouden 等，2005），这种多态性与稀薄的毛色相联系，也是该品种的特征性状。

通过对 *MC1R* 和 *KIT* 基因多态性的分析，可以对不同品种的猪肉进行鉴别（Kijas 等，1998；Carrion 等，2003）。杜洛克品种（红色/棕色毛色）含固定隐性的 *MC1R* 等位基因（等位基因 *e*）。许多地方的黑色品种在这个基因上都有高频率的显性黑色等位基因（E^{D1} 或 E^{D2}；D' Alessandro 等，2007）。其他商品猪品种和杂交系的白毛色是由 *KIT* 基因的拷贝数变化决定的，这种变异可以通过扩增这个突变的隐性基因来确定（Giuffra 等，2002；Fontanesi 等，2010）。在少数猪品种中存在的带状毛色表型是由 *KIT* 基因上的另一个等位基因衍生出来的（Giuffra 等，1999）。Fontanesi 等（2016）在此基因中发现标记带状等位基因的多态性，因此可以用简单的 PCR-RFLP 分析识别出意大利托斯卡纳（Cinta Senese）品种猪肉，并将其与其他商业杂种或品种的肉区分开。

野猪肉可被鉴定为 *Sus scrofa* 种属（与家猪同种，但是不同亚种），是 *MC1R* 基因的野生型等位基因 E^+的纯合子（Kijas 等，1998）。在欧洲野猪种群中，家猪等位基因的引入降低了这一 DNA 标记的鉴别能力。因此，Fontanesi 等（2014）建议将 *MC1R* 标记和 *NR6A1* 基因中的单核苷酸多态性（SNP）结合使用，认为这是脊椎骨数量增加的突变的决定因素。家猪比野猪有更多的脊椎骨，这种驯养型等位基因通常是纯合子，与脊椎骨数量的增加有关，而野猪通常是野生型等位基因的纯合子，其脊椎骨数量较低（Mikawa 等，2007）。因此，在野猪驯化过程中选择特征的基因，使用一些 DNA 标记，提高了 DNA 鉴定野猪肉的能力（Fontanesi 等，2014）。

大量的 DNA 标记被用于个体样品的育种估计，将动物分配给其品种的概率方法。在早期研究中使用多标记物、微卫星（Blott 等，1999）和扩增片段长度多态性（NeGrice 等，2007），目前可定制（Pant 等，2012）或获得商业化的 SNPs 芯片，主要用于牛的鉴定（Wilkinson 等，2011）。

最常用的牛商业 SNP 芯片（Illumina Bovine50 珠芯片），包括大约 50000 个 SNPs，可以产生大量信息，尽管大多数是多余的，可能会使分个体品种所需的统计过程复杂化。因此，很多研究使用商业化的高密度 SNP 芯片（由 Illumina 和 Affymetrix 生产）来获得大量标记，并从中找出信息最丰富的 SNPs，以简化数据分析和处理，并在定制时降低成本（Bertolini 等，2015a）。所有这些方法需要预先建立等位基因数据库，在随后的分配中考虑标记的基因型频率，以便尽可能多的品种和群体。因此，将肉类个体样品与品种匹配：从待测样本中获取 DNA 标记的基因分型；将个体基因分型数据与标记预先构成的参考数据库进行比较，以便以一定概率将样本分配给数据库中已有数据的某一品种。猪也可以应用多位点标记的方法，在这一过程中，需要鉴定两个品种的杂交动物，并估计这两个品种对最终产品的贡献程度。根据西班牙的规定，干腌伊比利亚火腿的原料应来自伊比利亚品种的猪，也可来自杜洛克和伊比利亚猪杂交的后代，这些火腿中杜洛克基因组最多为50%。Garcia 等（2006）使用25个微卫星估计伊比利亚干腌火腿样品遗传成分，Alves 等（2012）从芯片中的96个SNPs中获得不同的概率和满意的结果。

多标志物方法的缺点是它不能被用于分辨由几个/许多动物的混合物构成的产品品种起源，因为在一些肉及肉制品中，基因分型结果是不可靠的。如果只有一个（或极少数）培育品种的标志物，预期的品种中所有动物可能具有相同的基因型，那么这个问题就不那么重要了。

19.2.3 动物个体鉴定：肉类溯源

肉类生产的动物个体鉴定有助于解决肉类溯源问题。肉类溯源是指在食物链内的各个步骤，从农场到零售商维持对动物或动物产品识别的能力（McKean，2001）。肉类溯源是保障消费者和动物健康的需要，出现疯牛病后，全欧洲牛肉消费大幅减少，还出现了许多其他危机，损害了消费者对动物源食品的信心（Dalvit 等，2007）。

在肉类工业中使用的追溯系统主要是纸质档案，也有用条形码的电子信息存储和转移，有时也使用公共数据库（Shackell，2008）。在动物生产、屠宰、肉的加工和配送等全产业过程中都涉及信息的转移。尽管根据若干国家或国际法规（仅考虑生产链的一部分或所有步骤）实施了不同物种的标准肉类可追溯技术，但DNA是肉类生产链的所有环节中唯一不可修改的标识符，可实现从农场到餐桌的全程追溯。由于每个动物的基因组与所有其他动物不完全相同（除了双胞胎和克隆），因此理论上基于DNA分析的个体追溯将为动物及其产品的完整可追溯性提供所有信息。如果可以追踪到动物，则可以间接地追踪到与这种动物有关的所有信息，包括品种、性别、地理来源、养殖方式和饲料（有关性别，另见19.2.4节）。因此，许多研究建议使用DNA标记物，这种标记能够获知物种内部的多样性，其物种内部和不同品种之间的个体差异水平将能够将两个动物区分开。个体差异分析是基于匹配概率，即两个动物的所有DNA标记都相同的概率。匹配概率越低，说明识别出两个具有相同基因型动物的概率越低，说明这种标记方法越有价值。匹配概率是每个DNA标记的累积概率，并且派生自芯片中包含的标记数。在参考群体中具有平衡等位频率的标记数量很高（最终每个标记在总体中两个以上等位基因），因此可达到非常低的匹配概率，与总体中存在的实际头数相差甚远（Weir，1996）。第一个个体可追溯性的芯片是基于微卫星标记，只要分析其中几个（通常为5~12），就可以获得低匹配概率，因为它们通常是高度多态的（即每个微卫星有许多等位基因）。有研究介绍了用于牛肉个体追溯的微卫星芯片，在某些情况下，这也适合父母代溯源分析（Peelman 等，1998）。这些方法也适用于其他肉用动物，如猪、绵羊、山羊、马和家禽，并在少数特定情况下用于动物个体识别。高通量SNP基因分型平台的应用，为二等位SNP芯片的设计提供了基础，这种芯片中含有足够数量的标记，以确保二等位SNP芯片与多等位基因微卫星的匹配概率具有相当的低匹配率，但分析的通量更高，同时提高实验室结果的可比性（Heaton 等，2002）。目前，有商品化的或个性化定制的 SNP 芯片，可用 Illumina 或 Affymetrix 分型平台进行分析（Nicolazzi 等，2015）。

如果肉制品来自一种动物，个体追溯是有效的。如果用来自多个动物的肉制作一个产品（如香肠、汉堡包），则应采用其他解决方案。例如，用于牛肉饼制作的肉来自多个动物，则可以通过物理分离这些产品来追溯，将 DNA 分析问题转变为个体鉴别问题，通过适当的统计方法来追踪一批动物（Vetharaniam 等，2009）。

在生产链的不同环节实施基于 DNA 分析的个体追溯，不仅成本高，而且在物流环节也会非常复杂难以实现（不仅考虑到基因分型成本，而且考虑到创建和管理数据库、取样和生物储存所需的费用，Fontanesi，2009）。生产过程的附加成本应能从追踪肉类获得的附加值得到补偿，这也应与动物的价值和消费者是否愿意支付更多费用有关。该系统可用于验证其他追溯系统，或在质量保证计划中实施，实际上，无需对所有动物都进行分析，而只是挑选随机一定数量的动物及其产品来验证生产工艺的正确性。

个体追溯主要是利用动物 DNA 从其父母代获得遗传的方式。如果公畜和母畜都进行基因型测定（使用微卫星或 SNP 芯片），则有可能利用在子代的基因分型数据推断公畜或母畜或父母代的遗传信息（Hill 等，2008）。这种方法将降低成本，因为只需对公畜（和母畜）进行基因型鉴定，只有在开展待宰动物溯源时，才需要进行子代的基因型鉴定。这种简化的方法可以被视为一种动态的批次追溯，只需要在农场引入的新公畜或母畜时才需要进行新的基因分型。基因分型成本的降低和基因分型通量的增加，可能导致个体追溯的应用比目前在商业生产链中使用的系统更加频繁。

19.2.4 性别鉴定

了解产肉动物的性别在有些情况下非常重要。在牛肉生产中，阉割牛胴体和分割肉特性比母牛的好，因此，阉割公牛肉的价值更高。在采取干预购买和出口退税等措施时，强化了肉类生产者的市场地位，一般来说，公牛肉获得更高的补贴（Zeleny 等，2002）。在印度的部分省，母牛不允许被屠宰，因为在宗教中，母牛是神圣的。对猪而言，屠宰未阉割公猪会增加肉中公猪味的风险，因此公猪肉不适合人类食用。在有些国家或地区，母猪肉更受青睐，因为母猪胴体和肉的品质比阉割公猪肉好。在有些情况下，需要用强有力的方法对肉类进行性别鉴定，以避免欺诈行为。性别鉴定也可用于公母畜加工链的快速样品识别（Fontanesi，2009）。

在哺乳动物中，公母畜的性染色体（母畜 XX 和公畜 XY）可以区分开。因此，利用 PCR 技术开发性别测定方法，以识别 DNA 中的这些差异。通过 PCR 扩增在公畜的 Y 染色体基因组 DNA 中的特殊序列，即可鉴别出公畜（Rao 等，1995）。其他基于片段扩增的方法可以直接从 X 染色体（母畜）或 X 染色体和 Y 染色体（公畜）中获取信息。例如，用一对独特的引物扩增 *ZFX* 和 *ZFY* 基因（分别位于 X 染色体和 Y 染色体上），之后用 RFLP 或其他方法来识别序列的差异。这种方法已用于许多物种的性别鉴定（Aasen 等，1990）。在许多哺乳动物中，使用最常用、方便的性别测定方法是利用 X 染色体和 Y 染色体上存在的片段长度差异，*AMELX* 和 *MELY*。已采用这些方法来鉴别牛肉和猪肉的性别鉴定（Ennis 等，1994；Fontanesi 等，2008b）。一些微卫星芯片不仅可用于亲子鉴定，而且可用于动物的个体识别，还含有用于 *AMEX/AMELY* 扩增，再对获得的片段进行毛细管电泳，从而实现对动物进行性别鉴定。此外，前述的 SNP 芯片，尤其是 X 染色体上有数千个 SNPs，可以直接识别动物性别。公畜可能有同源基因型，几乎所有的标记都在这个染色体上。

也有研究用性激素的水平来进行牛的性别鉴定，但这种方法不适合肉的性别鉴定（Ballin，2010）。

在猪肉中，公猪味是成年公猪肉中特有的不良气味，是一种品质缺陷。这主要是由于雄烯酮和粪臭素含量过高所致。因此可以通过测定猪肉的感官风味来鉴别未阉割公猪肉。也可从对猪组织中的雄烯酮和粪臭素含量进行测定，再进行性别鉴定（Haugen 等，2012）。

19.2.5 转基因动物的鉴定

尽管转基因动物是否可用于人类消费存在潜在争议，但由于转基因动物的供应量有限，而且对它们的使用有限制，它们并没有引起很多关注。目前，只有 AquAdvantage 三文鱼（通过基因编辑技术，促进生长激素基因表达，提高生长效率）已经由食品和药物管理局正式批准进入美国市场（FDA，2015）。然而，必须建立检测方法，用来进行肉类市场的监管。

现有三类转基因动物：①最初为人类消费设计的转基因动物，这些动物是为满足农业需求而产生的，直接作用于基因改善生产特性、产品的品质特性、抗病性或减少环境影响；②用作生产药用活性分子或者用作动物模型的生物反应器的转基因动物；③用作伴侣动物的转基因动物（Lievens 等，2015）。

基于 DNA 的检测方法，用来检测编辑的基因序列或其结构插入转基因动物的基因组，理论上可以很容易地识别转基因动物肉。但也存在几个问题：①并非所有转基因动物都可获得确切的修饰序列或所需的序列信息；②动物基因组中转基因的多重整合可能使设计简单的方法变得无法使用；③基因编辑不能改变所有体细胞，因此并非所有体细胞都含有基因修饰的特征（Lievens 等，2015）。

19.3 肉的外在属性

通过动物代谢与环境（外部）因素之间的相互作用或肉的宰后处理而得出的其他特性或成分，可用来推断动物的不同来源，反过来也可用来推断肉或其他用于肉品保鲜的物质。

19.3.1 地理来源、饲养和生产方式

在许多情况下，对肉和肉制品的地理来源和饲养方式进行强制和自愿标识，以满足消费者的需求。此外，传统的区域性产品，如PDO、PGI和TSG产品，都是由特定的生产方式和地域限制来定义的。对动物产品（包括肉类）中的稳定同位素比值（SIR）和微量元素进行测量，以确定其地理来源和动物饲养方式（Franke等，2005；Vinci等，2013；Camin等，2016）。使用PCA、判别分析或其他统计方法来分析数据。生物有机材料的主要元素组成（即$^{2}H/^{1}H$；$^{13}C/^{12}C$；$^{15}N/^{14}N$；$^{18}O/^{16}O$；$^{34}S/^{32}S$）的同位素比值提供与动物及其产品的产地、气候条件、土壤和地质以及生产系统的特征（Kelly等，2005；Camin等，2016）。具体地，肉中的H和O同位素比值与饮用水及动物饲料中水的比值有关（肉中$^{13}C/^{12}C$比值与不同光合途径下C3或C4的植物来源有关；可通过参与CO_2固定的羧化酶的不同同位素鉴别能力得出；玉米是具有较高^{13}C含量的C4植物）。肉中$^{15}N/^{14}N$和$^{34}S/^{32}S$比值大小主要与动物的饲料有关，动物饲料又受生产区域的不同因素影响。SIRS通常用连续流动同位素比值质谱仪（具有在线的样品制备、更小的样品尺寸、更快和更容易的分析、更高的性价比和与其他制备技术相结合的能力）和双输入同位素比值质谱仪（具有离线性但更精确的测量结果；Danezis等，2016）来确定。

不同区域的微量元素可用于地理标志产品的认证，主要是由于土壤和地质因素，硒和其他几种元素一直是肉牛最常用评估指标（Hintze等，2002）。SIR和微量元素的结合在很大程度上被用于不同物种肉类地理来源的判别（Kelly等，2005；Heaton等，2008）。

一般来说，利用SIR和微量元素对肉样进行更合理的地理归类，可以将其与来自遥远地理区域的产品进行比较，但如果生产区域地理位置相近，则往往不能正确的区分。由于整个方法依赖于从不同来源样本数据集的可用性，因此建立大型参考数据库以提高分配统计方法的可靠性非常重要。为了降低取样的成本，Liu等（2013）建议分析牛尾毛，简化从不同地区收集生物材料的工作，发现从这些标本中检测到的SIR与同一动物肉的信息高度相关性。

地理来源可以间接地从动物的饲料配方中获得信息，这些信息可以通过在谷类饲料成分（如“玉米饲料”）中$^{13}C/^{12}C$和$^{15}N/^{14}N$比值推断出来（Heaton等，2008；Vinci等，2013；Camin等，2016）。通过对肉类中$^{13}C/^{12}C$和$^{15}N/^{14}N$比值进行回顾性评估动物饲养方式被认为是对耕作方式的监测方法（Schmidt等，2005；Monahan等，2012），如禽肉被标记为谷物饲养可满足特定零售市场的需求或有机生产体系的需要（Rhodes等，2010；Zhao等，2016）。

其他生物标记物也被用来推断动物的饲养方式，区分有机生产体系下饲养的动物肉和传统模式下饲养的动物肉。不同饲养模式下，饲料中的组分经过或不经过生物转化，沉积在动物组织中，使肉具有明显的特征。例如，肉中脂肪酸组成（用不同方法测定，推荐用气相色谱法测量）、类胡萝卜素含量（叶黄素和胡萝卜素，如β-胡萝卜素和叶黄素）和α-

生育酚异构体组成与不同生产模式有关。一般多不饱和脂肪酸与饱和脂肪酸的比例高，表明肉牛以草食为主，精料或干草用量少（French 等，2000）。用官方检测方法对散养（吃草或橡子）的伊比利亚猪加工的腌制火腿的皮下脂肪中不饱和脂肪酸的含量，常规集约化饲养的猪的脂肪含量要高（BOE，2004）。给肉牛饲喂含合成维生素 E 在内的浓缩添加剂可提高肉中维生素 E（α-生育酚）异构体含量（Monahan 等，2012）。

有机肉的认证方法主要基于有机饲养与常规饲养的动物获得的产品差异（Srednicka-Tober 等，2016）。Capuano 等（2013）综述了有机产品的检测方法和生物标志物，检测内容包括 SIR、微量元素、脂肪酸组成、异物类物质、α-生育酚以及四环素抗生素（Kelly 等，2006），使用不同的检测方法或不同组合，结合化学计量学方法分析多变量的多维数据集。有机生产系统、环境和品种的差异会导致有机肉和普通肉的鉴别变得复杂（Srednicka-Tober 等，2016）。

19.3.2 处理和加工方法

在肉品加工中使用不同的处理和加工方法。根据一些国家或国际法规的要求，有些处理应在产品标签中进行标识，另一些则是生产过程的一部分，可能需要评估它们是否处理恰当。这些处理改变了肉的物理化学特性，可以用来验证评估。腌制和烟熏工艺可用于延长保存时间，添加剂也可以达到相同的目的或提高适口性或掩盖异味。加工和原料中微生物污染可能会产生明显的特征，可用 NGS 方法进行分析。识别与这些生产条件有关的标记的方法需要进一步研究或开发。下面介绍用于检测经过不同处理（辐照、冷冻和解冻）肉的方法。

19.3.2.1 辐照肉

通过使肉类暴露于电离辐射来改善保存和降低病原体传播风险的过程（见第 8 章），这种处理在不同国家都有规定（Ehlermann，2016）。目前，欧盟已批准鲜肉、禽肉和蛙腿可以进行辐照。含脂肪食品的辐照可产生 2-烷基环丁酮和挥发性碳氢化合物。此外，辐射处理产生的自由基在固体和干生物成分（如骨骼）中是稳定的，可用于鉴别辐照过的肉和骨骼。欧洲标准化委员会根据这些辐照引起的变化进行更改，制定官方的检测方法，这些方法已被食品法典委员会采纳为一般方法（European Union，2016）。烃类分析以气相色谱法为基础，气相色谱分离得到 2-烷基环丁酮，通过电子自旋共振（ESR）信号分析电子自旋共振（ESR）信号，利用 ESR 光谱分析羟基磷灰石（骨骼的组分之一）。

19.3.2.2 冷冻/解冻肉

冻藏是一种常见的肉类贮藏方法，可降低宰后酶活性，抑制微生物增殖，延长保质期（见第 7 章）。因此，冷冻肉类在国际或海外运输中很常见，而欺诈行为可以通过把解冻过的肉当作新鲜肉出售。因此，辨别这种欺诈行为的方法需要能够区分鲜肉和冷冻/解冻肉（Ballin 等，2008）或新鲜/冷冻和冷冻/解冻肉的不同，因为冷却通常用于保持新鲜。用经典的方法测定线粒体酶（β-羟酰基-CoA 脱氢酶，HADH）的活性，该酶在冻结和解冻过程中线粒体膜受损后，会释放在肉汁中（Gottesmann 等，1983）。催化反应为乙酰辅酶 A、NADH、H^+ β-羟基丁酰基辅酶 A、NAD。用紫外分光度计跟踪 NADH 的下降速率测定酶活性，这与几个时间点测定的 340nm 提取液的吸光度成正比。在同一样品切分成两份，一份冻结后再解冻，另一份作为对照，分别测定 HADH 活性：从对照样品中挤压出胞内液体；从冷冻后解冻的样品中挤压出胞内液体，再进行 HADH 活性测定。两个样品 HADH 活性的比值可以作为样品是否经过冷冻。该方法的关键在于对 99%置信区间的比率界限值进行验证，以表明肉样已被冻结。如果比例接近 1，很可能肉已经预先冷冻过，然后解冻。然而，界限值因品种而异，已经成为跨实验室验证的难点，禽肉检测也存在类似情况（European Union，2013）。为了提高 HADH 法的精度和成本效率，提出了一种新的数学方法，避免添加冻融步骤，不需要在第 0 分钟和第 3 分钟进行两次吸光度测定，Boeregter-Eenling 等（2017）建议在酶分析期间使用连续吸收数据，以加强鉴别，并大大减少待分析样品的数量。HADH 法不能应用于新鲜肉，因为这种处理可能导致线粒体损伤，如果肉样没有在-12℃以下温度冷冻，该方法准确性差。此外，还探讨一些其他酶的活性，以区分不同种类的新鲜肉和解冻肉（Toldrá 等，1991）。

冷冻和解冻产生许多其他微观结构的更改和肉类成分的改变，无法通过视觉评估进行精确地区分，而一些分析方法可以反映这些差异。NIR 被用来区分冷冻/解冻的牛肉、猪肉和羊肉（Evans 等，1998）。近年来，光谱技术在不同的构象中得到了广泛的应用。例如，NIR 和 VIS/NIR 高光谱成像系统已被用于区分新鲜的猪肌肉和冷冻/解冻的猪肌肉，准确率达到 90%～100%（Douglas 等，2013）。

Gorska-Horczyczak 等（2016）以电子鼻为基础，在有监督人工神经网络的支持下，用电子鼻可以将新鲜猪肉与冷冻/解冻猪肉区分开，准确性达到 80%～90%的正确率。Chen 等（2016）建议使用阻抗测量来区分新鲜和冷冻鸡胸肌肉，主要取决于冻融循环次数和数据分析方法，预测精度为 85%～100%。

其他检测冷冻/解冻肉的方法（即 PCR、光镜、电子显微镜、气味、颜色和嫩度评价；Ballin 等，2008）没有任何实际应用。RNA 降解水平可能提供新的分析解决办法，以评估宰后时间及包括冷冻和解冻在内的肉类的宰后处理水平（Fontanesi 等，2008a）。

19.4 结语和展望

欺诈行为给许多食品行业造成了巨大的经济损失，增加了消费者的安全风险，同时也带来其他问题。保证肉类和肉制品真实性正成为生产链进行产品设计和商业化之前就应考虑的最重要先决条件之一。对产品进行认证的有效工具和方法，在一定程度上会使欺诈者望而却步。要识别欺诈行为，最根本的是要建立精确、简单和廉价的分析方法，确保评估的真实性。动物固有的不可改变的生物学特性（即物种、品种、个体特性和性别）可以提供解决某些认证和可追溯问题，主要是使用 DNA，也可使用蛋白质和其他肉类成分。一般来说，这些生物标志物具有很高的分辨能力，能够识别待测肉类产品的差异。然而，考虑到先前的假设和概率方法，需要对问题的复杂性进行评估。其他方法或肉类来源可以区分非特定产品，提供一个不明确和并非完全不同的标签，来定性或定量检测。在开展认证时(即地理来源、饲养方式、有机)，应考虑到各种信息来源、标记方法的可靠性。

随着基因组学、蛋白质组学、化学计量学、分析化学和生物化学等领域的发展，为肉类真实性鉴别提供了新的分析解决方案。这些方法处于研究和试点应用阶段，还需要进一步完善，以发挥其在肉制品认证方面的潜力。在实时 PCR 方法有新的发展，这些方法不需要任何实验室分析，可以实地给出初步答案，在必要的情况下，还需要更复杂和准确的评价。为了解决应用中存在的问题，对方法进行标准化是非常必要的，但来自不同动物、分割肉、准备方法和加工条件的肉制品的异质性可能会使标准化更加复杂。此外，需要根据肉品异质性和许多小众产品的特殊性要求确定特殊程序和方法。

参考文献

Aasen, E., Medrano, J. F., 1990. Amplification of the ZFY and ZFX genes for sex identification in human, cattle, sheep and goats. Biotechnology 8, 1279-1281.

Alamprese, C., Amigo, J. M., Casiraghi, E., Engelsen, S. B., 2016. Identification and quantification of Turkey meat adulteration in fresh, frozen-thawed and cooked minced beef by FT-NIR spectroscopy and chemometrics. Meat Science 121, 175-181.

Alves, E., Fernández, A. I., García-Cortés, L. A., López, Á., Benítez, R., Rodríguez, C., Silió, L., 2012. Is it possible the breed origin traceability of Iberian pigs? In: De Pedro, E. J., Cabezas, A. B. (Eds.), 7th International Symposium on the Mediterranean Pig, CIHEAM Options Méditerranéennes: Série A. Séminaires Méditerranéens, 101, pp. 565-571.

Amaral, J. S., Santos, G., Oliveira, M. B. P. P., Mafra, I., 2017. Quantitative detection of pork meat by EvaGreen real-time PCR to assess the authenticity of processed meat products. Food Control 72 (A), 53-61.

Asensio, L., González, I., García, T., Rosario Martín, R., 2008. Determination of food authenticity by enzyme-linked immunosorbent assay (ELISA). Food Control 19 (1), 1-8.

Ashoor, S. H., Monte, W. C., Stiles, P. G., 1988. Liquid chromatographic identification of meats. Journal of the Association of Official Analytical Chemists 71 (2), 397-403.

Ballin, N. Z. , Lametsch, R. , 2008. Analytical methods for authentication of fresh vs. thawed meat a review. Meat Science 80 (2), 151-158.

Ballin, N. Z. , Vogensen, F. K. , Karlsson, A. H. , 2009. Species determination - can we detect and quantify meat adulteration? Meat Science 83 (2), 165-174.

Ballin, N. Z. , 2010. Authentication of meat and meat products. Meat Science 86 (3), 577-587.

Ballin, N. Z. , Vogensen, F. K. , Karlsson, A. H. , 2012. PCR amplification of repetitive sequences as a possible approach in relative species quantification. Meat Science 90 (2), 438-443.

Bartlett, S. E. , Davidson, W. S. , 1992. FINS (forensically informative nucleotide sequences) a procedure for identifying the animal origin of biological specimens. Biotechniques 12, 408-411.

Belloque, J. , Garcia, M. C. , Torre, M. , Marina, M. L. , 2002. Analysis of soybean proteins in meat products: a review. Critical Reviews in Food Science and Nutrition 42 (5), 507-532.

Berger, R. G. , Mageau, R. P. , Schwab, B. , Johnston, R. W. , 1988. Detection of poultry and pork in cooked and canned meat foods by enzyme-linked immunosorbent assays. Journal of the Association of Official Analytical Chemists 71, 406-409.

Bertolini, F. , Galimberti, G. , Caló, D. , Schiavo, G. , Matassino, D. , Fontanesi, L. , 2015a. Combined use of principal component analysis and random forests identify population-informative single nucleotide polymorphisms: application in cattle breeds. Journal of Animal Breeding and Genetics 132 (5), 346-356.

Bertolini, F. , Ghionda, M. C. , D' alessandro, E. , Geraci, C. , Chiofalo, V. , Fontanesi, L. , 2015b. A next generation semiconductor based sequencing approach for the identification of meat species in DNA mixtures. PLoS One 10 (4), e0121701.

Blott, S. C. , Williams, J. L. , Haley, C. S. , 1999. Discriminating among cattle breeds using genetic markers. Heredity 82, 613-619.

BOE, 2004. Orden PRE/3844/2004, de 18 de noviembre, por la que se establecen los métodos oficiales de toma de muestras en canales de cerdos ibéricos y el método de análisis para la determinación de la composición de ácidos grasos de los lípidos totales del tejido adiposo subcutáneo de cerdos ibéricos. [Online] Available from: https://www.boe.es/diario_boe/txt.php? id = BOE-A-2004-19865.

Boerrigter-Eenling, R. , Alewijn, M. , Weesepoel, Y. , Van Ruth, S. , 2017. New approaches towards discrimination of fresh/chilled and frozen/thawed chicken breasts by HADH activity determination: customized slope fitting and chemometrics. Meat Science 126, 43-49.

Cai, Y. , Li, X. , Lv, R. , Yang, J. , Li, J. , He, Y. , Pan, L. , 2014. Quantitative analysis of pork and chicken products by droplet digital PCR. BioMed Research International 2014, 810209.

Camin, F. , Bontempo, L. , Perini, M. , Piasentier, E. , 2016. Stable isotope ratio analysis for assessing the authenticity of food of animal origin. Comprehensive Reviews in Food Science and Food Safety 15 (5), 868-877.

Capuano, E. , Boerrigter-Eenling, R. , Veer, G. , Ruth, S. M. , 2013. Analytical authentication of organic products: an overview of markers. Journal of the Science of Food and Agriculture 93(1), 12-28.

Carrión, D. , Day, A. , Evans, G. , Mitsuhashi, T. , Archibald, A. , Haley, C. , Andersson, L. , Plastow, G. , 2003. The use of MC1R and KIT genotypes for breed characterisation. Archivos de Zootecnia 52, 237-244.

Cawthorn, D. M. , Steinman, H. A. , Hoffman, L. C. , 2013. A high incidence of species substitution and mislabelling detected in meat products sold in South Africa. Food Control 32 (2), 440-449.

Chen, T. H. , Zhu, Y. P. , Wang, P. , Han, M. Y. , Wei, R. , Xu, X. L. , Zhou, G. H. , 2016. The use of the impedance measurements to distinguish between fresh and frozen-thawed chicken breast muscle. Meat Science 116, 151-157.

Chikuni, K. , Ozutsumi, K. , Koishikawa, T. , Kato, S. , 1990. Species identification of cooked meats by DNA hybridization assay. Meat Science 27, 119-128.

Chisholm, J. , Conyers, C. M. , Hird, H. , 2008. Species identification in food products using the bioMerieux

FoodExpert-ID® system. European Food Research and Technology 228 (1),39-45.

Chou,C. -C. ,Lin,S. -P. ,Lee,K. -M. ,Hsu,C. -T. ,Vickrory,T. W. ,Zen,J. -M. ,2007. Fast differentiation of meats from fifteen animal species by liquid chromatography with electrochemical detection using copper nanoparticle plated electrodes. Journal of Chromatography B 846 (1-2),230-239.

Chuah, L. -O. , He, X. B. , Effarizah, M. E. , Syahariza, Z. A. , Shamila-Syuhada, A. K. , Rusul, G. , 2016. Mislabelling of beef and poultry products sold in Malaysia. Food Control 62,157-164.

Chung,E. R. ,Kim,W. T. ,Kim,Y. S. ,Han,S. K. ,2000. Identification of Hanwoo meat using PCRRFLP marker of MC1R gene associated with bovine coat color. Korean Journal of Animal Science 42 (4),379-390.

CITES,1973. The Convention on International Trade in Endangered Species of Wild Fauna and Flora. [Online] Available from: https://www. cites. org/sites/default/files/eng/disc/CITESConvention-EN. pdf.

Claydon,A. J. ,Grundy,H. H. ,Charlton,A. J. ,Romero,M. R. ,2015. Identification of novel peptides for horse meat speciation in highly processed foodstuffs. Food Additives and Contaminants-Part A Chemistry,Analysis,Control,Exposure and Risk Assessment 32 (10),1718-1729.

Cottenet,G. ,Sonnard,V. ,Blancpain,C. ,Ho,H. Z. ,Leong,H. L. ,Chuah,P. F. ,2016. A DNA macroarray to simultaneously identify 32 meat species in food samples. Food Control 67,135-143.

Cozzolino,D. ,Murray,I. ,2004. Identification of animal meat muscles by visible and near infrared reflectance spectroscopy. LWT-Food Science and Technology 37 (4),447-452.

D' Alessandro, E. , Fontanesi, L. , Liotta, L. , Davoli, R. , Chiofalo, V. , Russo, V. , 2007. Analysis of the *MC1R* gene in the Nero Siciliano pig breed and usefulness of this locus for breed traceability. Veterinary Research Communications 31 (1),389-392.

Dalvit,C. ,De Marchi,M. ,Cassandro,M. ,2007. Genetic traceability of livestock products: a review. Meat Science 77 (4),437-449.

Danezis,G. P. ,Tsagkaris,A. S. ,Camin,F. ,Brusic,V. ,Georgiou,C. A. ,2016. Food authentication: techniques,trends & emerging approaches. TrAC Trends in Analytical Chemistry 85,123-132.

Di Giuseppe, A. M. , Giarretta, N. , Lippert, M. , Severino, V. , Di Maro, A. , 2015. An improved UPLC method for the detection of undeclared horse meat addition by using myoglobin as molecular marker. Food Chemistry 169,241-245.

Di Pinto, A. , Bottaro, M. , Bonerba, E. , Bozzo, G. , Ceci, E. , Marchetti, P. , Mottola, A. , Tantillo, G. , 2015. Occurrence of mislabeling in meat products using DNA-based assay. Journal of Food Science and Technology 52 (4),2479-2484.

Dooley,J. J. ,Paine,K. E. ,Garrett,S. D. ,Brown,H. M. ,2004. Detection of meat species using TaqMan real-time PCR assays. Meat Science 68 (3),431-438.

Douglas,F. ,Barbin,D. F. ,Sun,D. W. ,Su,C. ,2013. NIR hyperspectral imaging as nondestructive evaluation tool for the recognition of fresh and frozen-thawed porcine *longissimus dorsi* muscles. Innovative Food Science & Emerging Technologies 18,226-236.

Ehlermann,D. A. ,2016. Particular applications of food irradiation: meat,fish and others. Radiation Physics and Chemistry 129,53-57.

ELISA Technologies,2016. ELISA-TEK® Cooked Meat Speciation Kit. [Online] Available from: http://www. elisa-tek. com/wp-content/uploads/2016/03/ELISA-Cooked-Data-Sheet. pdf.

Ennis, S. , Gallagher, T. F. , 1994. A PCR-based sex-determination assay in cattle based on the bovine amelogenin locus. Animal Genetics 25,425-427.

European Union,February 02,2002. Regulation (EC) No 178/2002 of the European Parliament and of the Council of 28 January 2002 laying down the general principles and requirements of food law,establishing the European Food Safety Authority and laying down procedures in matters of food safety. Official Journal L031, 0001-0024.

European Union,2013. External Study: "Inter-laboratory Validation of a Method for Detecting Previously Frozen Poultrymeat by Determination of HADH Activity". [Online] Available from: http://ec. europa. eu/agriculture/external-studies/previously-frozen-poultry_en.

European Union,2016. Food Irradiation,Legislation: Foods & Food Ingredients Authorised for Irradiation in the EU; Analytical Methods. [Online] Available from: https://ec. europa. eu/food/safety/biosafety/irradiation/legislation_en.

Evans,S. D. ,Nott,K. ,Kshirsagar,A. A. ,Hall,L. D. ,1998. The effect of freezing and thawing on the magnetic resonance imaging parameters of water in beef,lamb and pork meat. International Journal of Food Science & Technology 33 (3),317-328.

Fajardo,V. ,González,I. ,Martín,I. ,Rojas,M. ,Hernández,P. E. ,García,T. ,Martín,R. ,2008. Real time PCR for detection and quantification of red deer (*Cervus elaphus*),fallow deer (*Dama dama*),and roe deer (*Capreolus capreolus*) in meat mixtures. Meat Science 79 (2),289-298.

Flaudrops,C. ,Armstrong,N. ,Raoult,D. ,Chabrière,E. ,2015. Determination of the animal origin of meat and gelatin by MALDI-TOF-MS. Journal of Food Composition and Analysis 41,104-112.

Floren,C. ,Wiedemann,I. ,Brenig,B. ,Schütz,E. ,Beck,J. ,2015. Species identification and quantification in meat and meat products using droplet digital PCR (ddPCR). Food Chemistry 173,1054-1058.

Fontanesi,L. ,Colombo,M. ,Beretti,F. ,Russo,V. ,2008a. Evaluation of post mortem stability of porcine skeletal muscle RNA. Meat Science 80 (4),1345-1351.

Fontanesi,L. ,Scotti,E. ,Russo,V. ,2008b. Differences of the porcine amelogenin X and Y chromosome genes (*AMELX* and *AMELY*) and their application for sex determination in pigs. Molecular Reproduction and Development 75,1662-1668.

Fontanesi,L. ,2009. Genetic authentication and traceability of food products of animal origin: new developments and perspectives. Italian Journal of Animal Science 8 (Suppl. 2),9-18.

Fontanesi,L. ,D'alessandro,E. ,Scotti,E. ,Liotta,L. ,Crovetti,A. ,Chiofalo,V. ,Russo,V. ,2010. Genetic heterogeneity and selection signature at the KIT gene in pigs showing different coat colours and patterns. Animal Genetics 41,478-492.

Fontanesi,L. ,Ribani,A. ,Scotti,E. ,Utzeri,V. J. ,Veličković,N. ,Dall'olio,S. ,2014. Differentiation of meat from European wild boars and domestic pigs using polymorphisms in the *MC1R* and *NR6A1* genes. Meat Science 98,781-784.

Fontanesi,L. ,Scotti,E. ,Gallo,M. ,Costa,L. N. ,Dall'olio,S. ,2016. Authentication of "monobreed" pork products: identification of a coat colour gene marker in Cinta Senese pigs useful to this purpose. Livestock Science 184,71-77.

Food and Drug Administration, 2015. AquAdvantage Salmon Approval Letter and Appendix. [Online] Available from: http://www. fda. gov/AnimalVeterinary/DevelopmentApprovalProcess/GeneticEngineering/GeneticallyEngineeredAnimals/ucm466214. htm.

Food Safety Authority of Ireland,2013. FSAI Survey Finds Horse DNA in Some Beef Burger Products. [Online] Available from: https://www. fsai. ie/news_centre/press_releases/horseDNA15012013. html.

Franke,B. M. ,Gremaud,G. ,Hadorn,R. ,Kreuzer,M. ,2005. Geographic origin of meat-elements of an analytical approach to its authentication. European Food Research and Technology 221 (3-4),493-503.

French,P. ,Stanton,C. ,Lawless,F. ,O'riordan,E. G. ,Monahan,F. J. ,Caffrey,P. J. ,Moloney,A. P. ,2000. Fatty acid composition,including conjugated linoleic acid,of intramuscular fat from steers offered grazed grass,grass silage,or concentrate-based diets. Journal of Animal Science 78 (11),2849-2855.

García,D. ,Martínez,A. ,Dunner,S. ,Vega-Pla,J. L. ,Fernández,C. ,Delgado,J. V. ,Cañón,J. ,2006. Estimation of the genetic admixture composition of Iberian dry-cured ham samples using DNA multilocus genotypes. Meat Science 72,560-566.

Giaretta, N. , Di Giuseppe, A. M. , Lippert, M. , Parente, A. , Di Maro, A. , 2013. Myoglobin as marker in meat adulteration: a UPLC method for determining the presence of pork meat in raw beef burger. Food Chemistry 141 (3), 1814-1820.

Giovannacci, I. , Guizard, C. , Carlier, M. , Duval, V. , Martin, J. -L. , Demeulemester, C. , 2004. Species identification of meat products by ELISA. International Journal of Food Science & Technology 39, 863-867.

Giuffra, E. , Evans, G. , Törnsten, A. , Wales, R. , Day, A. , Looft, H. , Plastow, G. , Andersson, L. , 1999. The *Belt* mutation in pigs is an allele at the Dominant white (I/KIT) locus. Mammalian Genome 10, 1132-1136.

Giuffra, E. , Törnsten, A. , Marklund, S. , Bongcam-Rudloff, E. , Chardon, P. , Kijas, J. M. , Anderson, S. I. , Archibald, A. L. , Andersson, L. , 2002. A large duplication associated with dominant white color in pigs originated by homologous recombination between LINE elements flanking KIT. Mammalian Genome 13, 569-577.

Górska-Horczyczak, E. , Horczyczak, M. , Guzek, D. , Wojtasik-Kalinowska, I. , Wierzbicka, A. , 2016. Chromatographic fingerprints supported by artificial neural network for differentiation of fresh and frozen pork. Food Control 73, 237-244.

Gottesmann, P. , Hamm, R. , 1983. New biochemical methods of differentiating between fresh meat and thawed, frozen meat. Fleischwirtsch 63 (2), 219-221.

Hanapi, U. K. , Desa, M. N. M. , Ismail, A. , Mustafa, S. , 2015. A higher sensitivity and efficiency of common primer multiplex PCR assay in identification of meat origin using NADH dehydrogenase subunit 4 gene. Journal of Food Science and Technology 52 (7), 4166-4175.

Haugen, J. E. , Brunius, C. , Zamaratskaia, G. , 2012. Review of analytical methods to measure boar taint compounds in porcine adipose tissue: the need for harmonised methods. Meat Science 90 (1), 9-19.

Heaton, K. , Kelly, S. D. , Hoogewerff, J. , Woolfe, M. , 2008. Verifying the geographical origin of beef: the application of multi-element isotope and trace element analysis. Food Chemistry 107 (1), 506-515.

Heaton, M. P. , Harhay, G. P. , Bennett, G. L. , Stone, R. T. , Grosse, W. M. , Casas, E. , Keele, J. W. , Smith, T. P. , Chitko-Mckown, C. G. , Laegreid, W. W. , 2002. Selection and use of SNP markers for animal identification and paternity analysis in U. S. beef cattle. Mammalian Genome 13 (5), 272-281.

Hill, W. G. , Salisbury, B. A. , Webb, A. J. , 2008. Parentage identification using single nucleotide polymorphism genotypes: application to product tracing. Journal of Animal Science 86, 2508-2517.

Hindson, B. J. , Ness, K. D. , Masquelier, D. A. , Belgrader, P. , Heredia, N. J. , Makarewicz, A. J. , Bright, I. J. , Lucero, M. Y. , Hiddessen, A. L. , Legler, T. C. , Kitano, T. K. , Hodel, M. R. , Petersen, J. F. , Wyatt, P. W. , Steenblock, E. R. , Shah, P. H. , Bousse, L. J. , Troup, C. B. , Mellen, J. C. , Wittmann, D. K. , Erndt, N. G. , Cauley, T. H. , Koehler, R. T. , So, A. P. , Dube, S. , Rose, K. A. , Montesclaros, L. , Wang, S. , Stumbo, D. P. , Hodges, S. P. , Romine, S. , Milanovich, F. P. , White, H. E. , Regan, J. F. , Karlin-Neumann, G. A. , Hindson, C. M. , Saxonov, S. , Colston, B. W. , 2011. High-throughput droplet digital PCR system for absolute quantitation of DNA copy number. Analytical Chemistry 83 (22), 8604-8610.

Hindson, C. M. , Chevillet, J. R. , Briggs, H. A. , Gallichotte, E. N. , Ruf, I. K. , Hindson, B. J. , Vessella, R. L. , Tewari, M. , 2013. Absolute quantification by droplet digital PCR versus analog realtime PCR. Nature Methods 10 (10), 1003-1005.

Hintze, K. J. , Lardy, G. P. , Marchello, M. J. , Finley, J. W. , July 03, 2002. Selenium accumulation in beef: effect of dietary selenium and geographical area of animal origin. Journal of Agricultural and Food Chemistry 50 (14), 3938-3942.

Hoyem, T. , Thorson, B. , 1970. Myoglobin electrophoretic patterns in identification of meat from different animal species. Journal of Agricultural and Food Chemistry 18 (4), 737-739.

Iwobi, A. Z. , Huber, I. , Hauner, G. , Miller, A. , Busch, U. , 2011. Biochip technology for the detection of animal species in meat products. Food Analytical Methods 4 (3), 389-398.

Jakes, W., Gerdova, A., Defernez, M., Watson, A. D., Mccallum, C., Limer, E., Colquhoun, I. J., Williamson, D. C., Kemsley, E. K., 2015. Authentication of beef versus horse meat using 60 MHz 1 H NMR spectroscopy. Food Chemistry 175, 1-9.

Kambadur, R., Sharma, M., Smith, T. P., Bass, J. J., 1997. Mutations in myostatin (GDF8) in double-muscled Belgian Blue and Piedmontese cattle. Genome Research 7 (9), 910-915.

Kamruzzaman, M., Suna, D. W., Elmasrya, G., Allenb, P., 2013. Fast detection and visualization of minced lamb meat adulteration using NIR hyperspectral imaging and multivariate image analysis. Talanta 103, 130-136.

Kane, D. E., Hellberg, R. S., 2016. Identification of species in ground meat products sold on the US commercial market using DNA-based methods. Food Control 59, 158-163.

Kelly, M., Tarbin, J. A., Ashwin, H., Sharman, M., 2006. Verification of compliance with organic meat production standards by detection of permitted and non-permitted uses of veterinary medicine (tetracycline antibiotics). Journal of Agricultural and Food Chemistry 54, 1523-1529.

Kelly, S., Heaton, K., Hoogewerff, J., 2005. Tracing the geographical origin of food: the application of multi-element and multi-isotope analysis. Trends in Food Science & Technology 16 (12), 555-567.

Kesmen, Z., Gulluce, A., Sahin, F., Yetim, H., 2009. Identification of meat species by TaqManbased real-time PCR assay. Meat Science 82 (4), 444-449.

Kijas, J. M., Wales, R., Törnsten, A., Chardon, P., Moller, M., Andersson, L., 1998. Melanocortin receptor 1 (*MC1R*) mutations and coat color in pigs. Genetics 150, 1177-1185.

Kim, G. D., Seo, J. K., Yum, H. W., Jeong, J. Y., Yang, H. S., 2017. Protein markers for discrimination of meat species in raw beef, pork and poultry and their mixtures. Food Chemistry 217, 163-170.

Kim, S. H., Huang, T. S., Seymour, T. A., Wei, C. I., Kempf, S. C., Bridgman, C. R., Momcilovic, D., Clemens, R. A., An, H., 2005. Development of immunoassay for detection of meat and bone meal in animal feed. Journal of Food Protection 68, 1860-1865.

Klungland, H., Våge, D. I., Gomez-Raya, L., Adalsteinsson, S., Lien, E., 1995. The role of melanocyte-stimulating hormone (MSH) receptor in bovine coat color determination. Mammalian Genome 6, 636-639.

Koh, M. C., Lim, C. H., Chua, S. B., Chew, S. T., Phang, S. T. W., 1998. Random amplified polymorphic DNA (RAPD) fingerprints for identification of red meat species. Meat Science 48, 275-285.

Koppelman, C. M. M., Lakemond, R., Vlooswijk, R., Hefle, S. L., 2004. Detection of soybean proteins in processed foods: literature overview and new experimental work. Journal of AOAC International 87, 1398-1407.

Laube, I., Spiegelberg, A., Butschke, A., Zagon, J., Schauzu, M., Kroh, L., Broll, H., 2003. Methods for the detection of beef and pork in foods using real-time polymerase chain reaction. International Journal of Food Science and Technology 38, 111-118.

Li, Y. J., Fan, J. Y., 2016. Rapid visual identification of bovine meat by loop mediated isothermal amplification combined with immunochromatographic strip. BioChip Journal. http://dx. doi. org/10. 1007/s13206-016-1102-y.

Lievens, A., Petrillo, M., Querci, M., Patak, A., 2015. Genetically modified animals: options and issues for traceability and enforcement. Trends in Food Science & Technology 44 (2), 159-176.

Liu, X. L., Guo, B. L., Wei, Y. M., Shi, J. L., Sun, S. M., 2013. Stable isotope analysis of cattle tail hair: a potential tool for verifying the geographical origin of beef. Food Chemistry 140, 135-140.

López-Andreo, M., Garrido-Pertierra, A., Puyet, A., 2006. Evaluation of post-polymerase chain reaction melting temperature analysis for meat species identification in mixed DNA samples. Journal of Agricultural and Food Chemistry 54 (21), 7973-7978.

Lubis, H. N., Mohd-Naim, N. F., Alizul, N. N., Ahmed, M. U., 2016. From market to food plate: current trusted technology and innovations in halal food analysis. Trends in Food Science & Technology 58, 55-68.

Mamani-Linares, L. W., Gallo, C., Alomar, D., 2012. Identification of cattle, llama and horse meat by near infrared reflectance or transflectance spectroscopy. Meat Science 90 (2),378-385.

Martinez,I. ,Yman,M. I. ,1998. Species identification in meat products by RAPD analysis. Food Research International 31 (6),459-466.

Matsunaga, T. , Chikuni, K. , Tanabe, R. , Muroya, S. , Shibata, K. , Yamada, J. , Shinmura, Y. , 1999. A quick and simple method for the identification of meat species and meat products by PCR assay. Meat Science 51 (2),143-148.

McKean,J. D. ,2001. The importance of traceability for public health and consumer protection. OIE Revue Scientifique et Technique 20,363-371.

McPherron, A. C. , Lee, S. J. , 1997. Double muscling in cattle due to mutations in the myostatin gene. Proceedings of the National Academy of Sciences of the United States of America 94 (23),12457-12461.

Meyer,R. , Höfelein, C. , Lüthy, J. , Candrian, U. , 1994. Polymerase chain reaction-restriction fragment length polymorphism analysis: a simple method for species identification in food. Journal of AOAC International 78 (6),1542-1551.

Mikawa,S. ,Morozumi,T. ,Shimanuki,S. I. ,Hayashi,T. ,Uenishi,H. ,Domukai,M. ,Okumura,N. ,Awata,T. ,2007. Fine mapping of a swine quantitative trait locus for number of vertebrae and analysis of an orphan nuclear receptor,germ cell nuclear factor (NR6A1). Genome Research 17,586-593.

Monahan, F. J. , Moloney, A. P. , Osorio, M. T. , Röhrle, F. T. , Schmidt, O. , Brennan, L. , 2012. Authentication of grass-fed beef using bovine muscle,hair or urine. Trends in Food Science & Technology 28 (2),69-76.

Montowska,M. ,Pospiech,E. ,2011. Differences in two-dimensional gel electrophoresis patterns of skeletal muscle myosin light chain isoforms between *Bos taurus*,*Sus scrofa* and selected poultry species. Journal of the Science of Food and Agriculture 91,2449-2456.

Montowska,M. ,Pospiech,E. ,2012. Myosin light chain isoforms retain their species-specific electrophoretic mobility after processing,which enables differentiation between six species: 2-DE analysis of minced meat and meat products made from beef,pork and poultry. Proteomics 12,2879-2889.

Montowska,M. ,Pospiech,E. ,2013. Species-specific expression of various proteins in meat tissue: proteomic analysis of raw and cooked meat and meat products made from beef,pork and selected poultry species. Food Chemistry 136 (3e4),1461-1469.

Morisset,D. ,Štebih,D. ,Milavec,M. ,Gruden,K. ,Žel,J. ,2013. Quantitative analysis of food and feed samples with droplet digital PCR. PLoS One. 8 (5),e62583.

Navarro, E. , Serrano-Heras, G. , Castaño, M. J. , Solera, J. , 2015. Real-time PCR detection chemistry. Clinica Chimica Acta 439,231-250.

Negrini,R. ,Milanesi,E. ,Colli,L. ,Pellecchia,M. ,Nicoloso,L. ,Crepaldi,P. ,Lenstra,J. A. ,Ajmone-Marsan,P. ,2007. Breed assignment of Italian cattle using biallelic AFLP® markers. Animal Genetics 38 (2), 147-153.

Nicolazzi,E. L. ,Caprera,A. ,Nazzicari,N. ,Cozzi,P. ,Strozzi,F. ,Lawley,C. ,Pirani,A. ,Soans,C. , Brew,F. ,Jorjani,H. ,Evans,G. ,Simpson,B. ,Tosser-Klopp,G. ,Brauning,R. ,Williams,J. L. ,Stella,A. , 2015. SNPchiMp v. 3: integrating and standardizing single nucleotide polymorphism data for livestock species. BMC Genomics 16 (283),1-6.

Notomi, T. , Okayama, H. , Masubuchi, H. , Yonekawa, T. , Watanabe, K. , Amino, N. , Hase, T. , 2000. Loop-mediated isothermal amplification of DNA. Nucleic Acids Research 28 (12),e63.

Ohana, D. , Dalebout, H. , Marissen, R. J. , Wulff, T. , Bergquist, J. , Deelder, A. M. , Palmblad, M. , 2016. Identification of meat products by shotgun spectral matching. Food Chemistry 203,28-34.

Ortea,I. ,O'connor,G. ,Maquet,A. ,2016. Review on proteomics for food authentication. Journal of Proteomics 147,212-225.

Oulmouden, A. , Julien, R. , Laforet, J. M. , Leveziel, H. , 2005. Use of Silver Gene for Authentication of the Racial Origin of Animal Populations, and of the Derivative Products Thereof. Patent Publication: WO2005/019473.

Pabinger, S. , Dander, A. , Fischer, M. , Snajder, R. , Sperk, M. , Efremova, M. , Krabichler, B. , Speicher, M. R. , Zschocke, J. , Trajanoski, Z. , 2014. A survey of tools for variant analysis of next-generation genome sequencing data. Briefings in Bioinformatics 15, 256-278.

Pant, S. D. , Schenkel, F. S. , Verschoor, C. P. , Karrow, N. A. , 2012. Use of breed-specific single nucleotide polymorphisms to discriminate between Holstein and Jersey dairy cattle breeds. Animal Biotechnology 23 (1), 1-10.

Peelman, L. J. , Mortiaux, F. , Van Zeveren, A. , Dansercoer, A. , Mommens, G. , Coopman, F. , Bouquet, Y. , Burny, A. , Renaville, R. , Portetelle, D. , 1998. Evaluation of the genetic variability of 23 bovine microsatellite markers in four Belgian cattle breeds. Animal Genetics 29 (3), 161-167.

Peris, M. , Escuder-Gilabert, L. , 2016. Electronic noses and tongues to assess food authenticity and adulteration. Trends in Food Science & Technology 58, 40-54.

Peter, C. , Brünen-Nieweler, C. , Cammann, K. , Börchers, T. , 2004. Differentiation of animal species in food by oligonucleotide microarray hybridization. European Food Research and Technology 219 (3), 286-293.

Pozzi, A. , Bongioni, G. , Galli, A. , 2009. Comparison of three PCR-based methods to detect a Piedmontese cattle point mutation in the Myostatin gene. Animal 3 (06), 773-778.

Quinto, C. A. , Tinoco, R. , Hellberg, R. S. , 2016. DNA barcoding reveals mislabeling of game meat species on the US commercial market. Food Control 59, 386-392.

Rao, K. A. , Rao, V. K. , Kowale, B. N. , Totey, S. M. , 1995. Sex-specific identification of raw meat from cattle, buffalo, sheep and goat. Meat Science 39 (1), 123-126.

Restani, P. , Ballabio, C. , Tripodi, S. , Fiocchi, A. , 2009. Meat allergy. Current Opinion in Allergy and Clinical Immunology 9 (3), 265-269.

Rhodes, C. N. , Lofthouse, J. H. , Hird, S. , Rose, P. , Reece, P. , Christy, J. , Macarthur, R. , Brereton, P. A. , 2010. The use of stable carbon isotopes to authenticate claims that poultry have been corn-fed. Food Chemistry 118 (4), 927-932.

Ripp, F. , Krombholz, C. F. , Liu, Y. , Eber, M. , Schäfer, A. , Schmidt, B. , Rene Köppel, R. , Hankeln, T. , 2014. All-Food-Seq (AFS): a quantifiable screen for species in biological samples by deep DNA sequencing. BMC Genomics 15 (1), 1.

Rodríguez, M. A. , García, T. , González, I. , Hernández, P. E. , Martín, R. , 2005. TaqMan real-time PCR for the detection and quantitation of pork in meat mixtures. Meat Science 70 (1), 113-120.

Rothberg, J. M. , Hinz, W. , Rearick, T. M. , Schultz, J. , Mileski, W. , Davey, M. , Leamon, J. H. , Johnson, K. , Milgrew, M. J. , Edwards, M. , Hoon, J. , Simons, J. F. , Marran, D. , Myers, J. W. , Davidson, J. F. , Branting, A. , Nobile, J. R. , Puc, B. P. , Light, D. , Clark, T. A. , Huber, M. , Branciforte, J. T. , Stone, I. B. , Cawley, S. E. , Lyons, M. , Fu, Y. , Homer, N. , Sedova, M. , Miao, X. , Reed, B. , Sabina, J. , Feierstein, E. , Schorn, M. , Alanjary, M. , Dimalanta, E. , Dressman, D. , Kasinskas, R. , Sokolsky, T. , Fidanza, J. A. , Namsaraev, E. , Mckernan, K. J. , Williams, A. , Roth, G. T. , Bustillo, J. , 2011. An integrated semiconductor device enabling nonoptical genome sequencing. Nature 475 (7356), 348-352.

Roy, S. , Wei, S. X. , Ying, J. L. , Safavieh, M. , Ahmed, M. U. , 2016. A novel, sensitive and label-free loop-mediated isothermal amplification detection method for nucleic acids using luminophore dyes. Biosensors and Bioelectronics 15 (86), 346-352.

Sarah, S. A. , Faradalila, W. N. , Salwani, M. S. , Amin, I. , Karsani, S. A. , Sazili, A. Q. , 2016. LCQTOF-MS identification of porcine-specific peptide in heat treated pork identifies candidate markers for meat species determination. Food Chemistry 199, 157-164.

Saez, R., Sanz, Y., Toldrá, F., 2004. PCR-based fingerprinting techniques for rapid detection of animal species in meat products. Meat Science 66 (3), 659-665.

Santos, C. G., Melo, V. S., Amaral, J. S., Estevinho, L., Oliveira, M. B. P. P., Mafra, I., 2012. Identification of hare meat by a species-specific marker of mitochondrial origin. Meat Science 90, 836-841.

Sasazaki, S., Usui, M., Mannen, H., Hiura, C., Tsuji, S., 2005. Allele frequencies of the extension locus encoding the melanocortin-1 receptor in Japanese and Korean cattle. Animal Science Journal 76 (2), 129-132.

Savolainen, V., Cowan, R. S., Vogler, A. P., Roderick, G. K., Lane, R., 2005. Towards writing the encyclopedia of life: an introduction to DNA barcoding. Philosophical Transactions of the Royal Society B: Biological Sciences 360 (1462), 1805-1811.

Sawyer, J., Wood, C., Shanahan, D., Gout, S., Mcdowell, D., 2003. Real-time PCR for quantitative meat species testing. Food Control 14 (8), 579-583.

Schmidt, O., Quilter, J. M., Bahar, B., Moloney, A. P., Scrimgeour, C. M., Begley, I. S., Monahan, F. J., 2005. Inferring the origin and dietary history of beef from C, N and S stable isotope ratio analysis. Food Chemistry 91 (3), 545-549.

Sentandreu, M. A., Fraser, P. D., Halket, J., Patel, R., Bramley, P. M., 2010. A proteomic based approach for detection of chicken in meat mixes. Journal of Proteome Research 9, 3374-3383.

Shackell, G. H., 2008. Traceability in the meat industry-the farm to plate continuum. International Journal of Food Science & Technology 43 (12), 2134-2142.

Soares, S., Amaral, J. S., Oliveira, M. B. P., Mafra, I., 2013. A SYBR Green real-time PCR assay to detect and quantify pork meat in processed poultry meat products. Meat Science 94 (1), 115-120.

Średnicka-Tober, D., Barański, M., Seal, C., Sanderson, R., Benbrook, C., Steinshamn, H., Gromadzka-Ostrowska, J., Rembiałkowska, E., Skwarło-Sońta, K., Eyre, M., Cozzi, G., Krogh Larsen, M., Jordon, T., Niggli, U., Sakowski, T., Calder, P. C., Burdge, G. C., Sotiraki, S., Stefanakis, A., Yolcu, H., Stergiadis, S., Chatzidimitriou, E., Butler, G., Stewart, G., Leifert, C., 2016. Composition differences between organic and conventional meat: a systematic literature review and meta-analysis. British Journal of Nutrition 115 (6), 994-1011.

Staats, M., Arulandhu, A. J., Gravendeel, B., Holst-Jensen, A., Scholtens, I., Peelen, T., Prins, T. W., Kok, E., 2016. Advances in DNA metabarcoding for food and wildlife forensic species identification. Analytical and Bioanalytical Chemistry 408 (17), 4615-4630.

Stüber, E., Sperner, B., Fredriksson-Ahomaa, M., Stolle, A., 2008. Comparison of three commercial test kits for species identification in scalding sausages. Archiv für Lebensmittelhygiene 59, 84-91.

Teletchea, F., Bernillon, J., Duffraisse, M., Laudet, V., Hänni, C., 2008. Molecular identification of vertebrate species by oligonucleotide microarray in food and forensic samples. Journal of Applied Ecology 45 (3), 967-975.

Tian, X., Wang, J., Cui, S., 2013. Analysis of pork adulteration in minced mutton using electronic nose of metal oxide sensors. Journal of Food Engineering 119 (4), 744-749.

Tillmar, A. O., Dell' amico, B., Welander, J., Holmlund, G., 2013. A universal method for species identification of mammals utilizing next generation sequencing for the analysis of DNA mixtures. PLoS One 8 (12), e83761.

Toldrá, F., Torrero, Y., Flores, J., 1991. Simple test for differentiation between fresh pork and frozen/thawed pork. Meat Science 29 (2), 177-181.

Trenkle, A., Dewitt, D., Topel, D., 1978. Influence of age, nutrition and genotype on carcass traits and cellular development of the M. longissimus of cattle. Journal of Animal Science 46, 1597-1603.

Trivedi, D. K., Hollywood, K. A., Rattray, N. J., Ward, H., Trivedi, D. K., Greenwood, J., Ellis, D. I., Goodacre, R., 2016. Meat, the metabolites: an integrated metabolite profiling and lipidomics approach for the detection of the adulteration of beef with pork. Analyst 141 (7), 2155-2164.

Ulca, P. , Balta, H. , Senyuva, H. Z. , 2014. A survey of the use of soy in processed Turkish meat products and detection of genetic modification. Food Additives & Contaminants: Part B 7 (4), 261-266.

USDA, 2015. United States Department of Agriculture Food Safety and Inspection Service, Office of Public Health and Science. Identification of Animal Species in Meat and Poultry Products. Laboratory Guidebook. Notice of Change. MLG 17. 02. [Online] Available from: https://www. fsis. usda. gov/wps/wcm/connect/da29aed5-acc4-4715-9b84-443f46961a05/Mlg17. 02. pdf? MOD=AJPERES.

Van Dijk, E. L. , Auger, H. , Jaszczyszyn, Y. , Thermes, C. , 2014. Ten years of next-generation sequencing technology. Trends in Genetics 30, 418-426.

Vetharaniam, I. , Shackell, G. H. , Upsdell, M. , 2009. A statistical approach to identifying the batch of origin of mixed-meat products using DNA profiles. Journal of Food Protection 72 (9), 1948-1957.

Vinci, G. , Preti, R. , Tieri, A. , Vieri, S. , 2013. Authenticity and quality of animal origin food investigated by stable-isotope ratio analysis. Journal of the Science of Food and Agriculture 93 (3), 439-448.

VonBargen, C. , Dojahn, J. , Waidelich, D. , Humpf, H. U. , Brockmeyer, J. , 2013. New sensitive high-performance liquid chromatography-tandem mass spectrometry method for the detection of horse and pork in halal beef. Journal of Agricultural and Food Chemistry 61 (49), 11986-11994.

VonBargen, C. , Brockmeyer, J. , Humpf, H. U. , 2014. Meat authentication: a new HPLC-MS/MS based method for the fast and sensitive detection of horse and pork in highly processed food. Journal of Agricultural and Food Chemistry 62 (39), 9428-9435.

Wang, W. , Zhu, Y. , Chen, Y. , Xu, X. , Zhou, G. , 2015. Rapid visual detection of eight meat species using optical thin-film biosensor chips. Journal of AOAC International 98 (2), 410-414.

Watson, A. D. , Gunning, Y. , Rigby, N. M. , Philo, M. , Kemsley, E. K. , 2015. Meat authentication via multiple reaction monitoring mass spectrometry of myoglobin peptides. Analytical Chemistry 87 (20), 10315-10322.

Weir, B. S. , 1996. Genetic Data Analysis II. Methods for Discrete Population Genetic Data, second ed. Sinauer Associates, Inc. , Sunderland, MA.

Whittaker, R. G. , Spencer, T. L. , Copland, J. W. , 1983. An enzyme-linked immunosorbent assay for species identification of raw meat. Journal of the Science of Food and Agriculture 34 (10), 1143-1148.

Wilkinson, S. , Wiener, P. , Archibald, A. L. , Law, A. , Schnabel, R. D. , Mckay, S. D. , Taylor, J. F. , Ogden, R. , 2011. Evaluation of approaches for identifying population informative markers from high density SNP chips. BMC Genetics 12 (45), 1-14.

Xue, C. , Wang, P. , Zhao, J. , Xu, A. , Guan, F. , 2017. Development and validation of a universal primer pair for the simultaneous detection of eight animal species. Food Chemistry 221, 790-796.

Yusop, M. H. M. , Mustafa, S. , Man, Y. B. C. , Omar, A. R. , Mokhtar, N. F. K. , 2012. Detection of raw pork targeting porcine-specific mitochondrial cytochrome B gene by molecular beacon probe real-time polymerase chain reaction. Food Analytical Methods 5 (3), 422-429.

Zeleny, R. , Bernreuther, A. , Schimmel, H. , Pauwels, J. , 2002. Evaluation of PCR-based beef sexing methods. Journal of Agricultural and Food Chemistry 50, 4169-4175.

Zhao, Y. , Yang, S. , Wang, D. , 2016. Stable carbon and nitrogen isotopes as a potential tool to differentiate pork from organic and conventional systems. Journal of the Science of Food and Agriculture 96, 3950-3955.

Zhou, W. , Xia, L. , Huang, C. , Yang, J. , Shen, C. , Jiang, H. , Chu, Y. , 2016. Rapid analysis and identification of meat species by laser-ablation electrospray mass spectrometry (LAESI-MS). Rapid Communications in Mass Spectrometry 30 (1), 116-121.

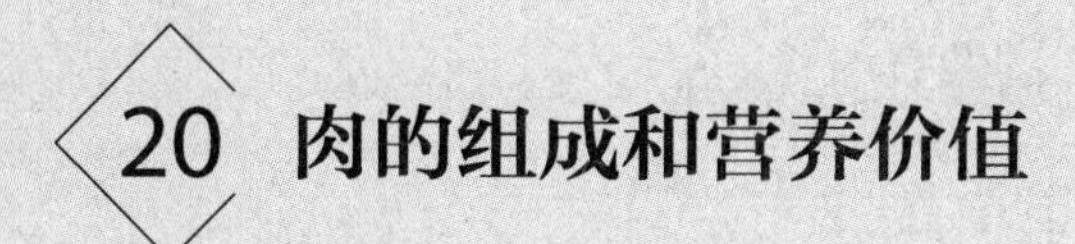

20 肉的组成和营养价值

Jeffrey D. Wood

University of Bristol, Bristol, United Kingdom

20.1 引言

肉类是人类膳食的重要组成（Klurfeld，2015）。肉中含有蛋白质、维生素、矿物质和脂肪酸，当其与蔬菜、水果和碳水化合物一起食用时，达到营养均衡的效果。然而，肉类并非日常膳食中所必需的，一些素食主义者可以通过合理搭配膳食以实现膳食营养均衡。此外，肉中含有大量饱和脂肪酸而饱受争议。

由于肉类的食用方式和来源多种多样，肉类的分类方式也各不相同。鲜肉和加工肉制品是最常见的一种区分方式。Linseisen 等（2002）对此的定义为加工肉制品是指经过腌制、烟熏、卤制和热加工等处理的产品；鲜肉是指没有经过任何加工处理的肉。红肉和白肉也是区分肉类的一种方法，红肉主要指牛羊猪肉，而白肉主要指禽肉（Linseisen 等，2002）。

20.2 肉类消费模式

肉类消费可以采用不同的方式进行估测（Wyness 等，2011）。例如，通过一个国家肉类生产量、进口量和出口量来计算，但这种统计方式只能反映一种趋势，不是精确地计算肉类消费量。通过精确记录 24h 饮食方法，欧洲癌症和营养的前瞻性调查机构（EPIC）统计 10 个欧洲国家的肉制品消费情况。Linseisen 等（2002）研究表明，不同国家的肉类消费模式差异很大。西班牙男性人均每天肉类消费量 170g，而希腊只有 79g。法国女性人均每天肉类消费量 104g，而希腊只有 47g。在美国以同样的方式统计 2001—2002 年国民肉类消费量，发现其肉类摄入量显著高于欧洲，平均男性每天摄入 198g 以及女性每天摄入 120g（Bowman 等，2011）。

EPIC 统计发现肉制品消费种类也是差异巨大。例如，德国男性人均加工肉的消费量为 83g/d，占总肉类消费量的 54%。而意大利男性人均加工肉的消费量为 33.5g/d，占总肉类消费量的 24%。肉的种类也不一样，德国的猪肉消费量最高（35g/d）；意大利的牛肉消费最高（38g/d），西班牙的羊肉和禽肉消费量最高（10g/d 和 31g/d）。

近五十年来，全球肉类消费量稳步提升，尤其一些国家增速惊人。肉类消费量的变化与国民可支配收入密切相关（Sans 和 Combris，2015）。以中国和巴西为例，随着经济的快速增长，肉类消费量迅速上升，逐步替代饮食中的植物蛋白。这些作者发现西班牙肉类消费量迅速上升，逐渐偏离原来的地中海饮食模式。

另一方面，一些发达国家的肉类消费有小幅的降低，尤其是英国（Wyness 等，2011）和美国（Wang 等，2010）。Wang 等（2010）通过统计发现，在 1988—2004 年期间，红肉人均肉类消费量降低了 5.5g/d，禽肉消费降低了 1.7g/d。

肉制品消费趋势反映了不同国家营养和膳食的变化，同样反映了肉及肉制品在维持健康和各种疾病的病因方面起着重要作用（Kouvari 等，2016）。

20.3 肉的组成

肉的营养价值在于其含有蛋白质、脂肪、脂肪酸、矿物质和维生素。目前有大量的数据库用于统计不同分割肉中所含有的营养成分比例。本章引用的实验数据源于英国食品标准协会。数据的精确性仅局限于实验所用的样本。尤其是脂肪含量，因为其受影响的因素较多，包括体重、品种和饲养条件等。

20.3.1 宏量营养素

肉中宏量营养素包括水分、脂肪和蛋白质。在牛羊猪瘦肉中宏量营养素的比例如表20.1所示。表中也列出了白肉（鸡肉）和红肉（火鸡肉）的组成。牛羊的肝脏被认为是高营养组织。胆固醇之所以列出，是因为它经常被认定为重要营养素之一。但现在人们认识到，食品中的胆固醇含量与血液胆固醇水平无关（Rose，1990）。胆固醇是在肝脏中合成的，因此动物肝脏中胆固醇含量高（详见第22章）。

表20.1 红肉、鸡肉和火鸡肉（FSA，2002）及牛羊肝脏（Purchas 等，2014）中水分、蛋白质、脂肪、能量和胆固醇含量（以100g原料计）

含量	牛肉①	羊肉②	猪肉②	鸡肉③	火鸡肉③	肝脏④	
						牛	羊
水分/g	71.9	70.6	74.0	75.1	75.3	70.4	70.8
蛋白质/g	22.5	20.2	21.8	22.3	22.6	20.5	20.7
脂肪/g	4.3	8.0	4.0	2.1	1.6	4.1	4.9
能量/kJ	542	639	519	457	443	494	529
胆固醇/mg	58	74	63	90	70	254	386

注：①10种不同分割肉的平均值；②8种不同分割肉的平均值；③白肉和红肉混在一起；④9种牛肝脏和10种羊肝脏的平均值。

肉中水分含量高达70%~75%。羊肉中水分含量最低（表20.1），其原因是肉中脂肪含量偏高。动物组织中水分和脂肪的比例之间总是存在着密切的反比关系。

表20.1中列出的动物肉中蛋白质含量在20%~22%之间。根据欧盟标签法的规定，属于高蛋白食物（EC，2006），因为在食物中可提供20%的能量。全球数据显示，在日常膳食中肉类蛋白质占总摄入蛋白质的40%（Wyness 等，2011）。肉蛋白具有很高的生物活性，因为其氨基酸组成与人的肌肉相似。它富含八种人体不能合成的必需氨基酸。Purchas 等（2014）研究发现，新西兰100g牛羊肉中可提供人体日常所需的80%~110%的氨基酸推荐

摄入量。但一些支链氨基酸（如异亮氨酸、亮氨酸和缬氨酸）含量较低（牛肉52%～64%；羊肉59%～67%）。

脂肪是肉中差异最大的营养素，受前述的动物生产因素的影响。红肉中脂肪含量高于鸡肉（表20.1），绵羊肉中脂肪含量高达8%（Enser等，1996；Purchas等，2014）。根据欧盟（EC）标准，低脂食品中脂肪含量低于3g/100g（EC，2006）。根据此标准，鸡肉和火鸡肉是低脂食品。在一项研究中发现，10个欧洲国家的男女从肉中摄入脂肪占总摄入脂肪的比例分别为20.6%和16.7%（Linseisen等，2002）。

在屠宰过程中脂肪被修整剔除，使得瘦肉中脂肪含量显著降低。在上市销售前，牛羊猪背脊肉中的脂肪含量分别为15.6、30.2和21.1g/100g，而经过修整后脂肪含量只有2.8、4.9和2.2g/100g（Enser等，1996）。肌肉中的脂肪只能用溶剂萃取来测量，这种“化学”脂肪被称为油脂（lipid）。在欧洲的研究中，肌内脂肪含量为1%～4%。在美国育肥牛肉中的脂肪含量较高，而日本和牛肉中脂肪含量可达30%（Corbin等，2015）。在过去20年里，英国和其他国家的肉类脂肪含量下降，这是由于育种和饲养方式的改变。与蛋白质（17kJ/g）相比，脂肪具有很高能量（37kJ/g），因此沉积大量脂肪的动物需要消耗更多的饲料，饲料转化率（饲料消耗/体重增加）增加。另一方面，在许多国家鼓励农民减少肉类动物脂肪的沉积，瘦肉的价格要高一些。消费者也不喜欢从肉类中摄入大量的脂肪，所以他们更希望在屠宰过程中剔除动物胴体中过多的脂肪（Leeds等，1997）。脂肪和能量含量和摄入之间有很高的相关性（Wyness等，2011）。

20.3.2 维生素

不同国家的卫生机构都制定了营养素的推荐摄入量（包括维生素）。EC第90/496号指令列出了“推荐摄入量”（RDA、EC，2008）。如果食物含有至少15%的RDA，它可以标记为营养的“来源”。如果它包含两倍的含量，它可以标记为“丰富的来源”（EC，2006）。其他国家机构如美国的医学研究所（1998）、澳大利亚和新西兰的国家保健和医学研究理事会（NHMRC，2006）和英国卫生部（1991）也有类似的推荐摄入量。这些机构对适当或建议的摄入量的定义略有不同。欧盟（2008）提出的RDA以粮农组织/世卫组织提出的建议为基础，反映了整个欧洲的意见。它们足以满足成年人的需要，每个营养素只有一个值，而不是范围，这些值会随着年龄和性别而变化。

将EC定义应用于表20.2所列各种肉类中的维生素浓度，表明猪瘦肉是维生素B_1的“丰富来源”；所有的肉都是维生素B_3的“丰富来源”；羊肉是维生素B_5的“来源”；牛肉、猪肉和火鸡是维生素B_6的“丰富来源”；牛肉、羊肉、猪肉和火鸡肉是维生素B_{12}的“丰富来源”。牛肉（小牛）和鸡肝是所有B族维生素的“丰富来源”，火鸡是维生素B_9的“来源”。肝脏是所有维生素主要的储存器官，具有最高的浓度。

B族维生素是人体中必需的辅助因子或其前体，存在于参与新陈代谢的酶系统中。肉类和其他动物源性食物是维生素 B_{12} 的唯一天然来源，这是合成神经递质和DNA所必需的，是参与脂肪酸和氨基酸代谢的酶的辅助因子（Gille等，2015）。维生素 B_{12} 由肠道微生物合成，储存在肌肉和肝脏中，钴需要从饮食中获得。Purchas等（2014）估计，100g牛肉和羊肉可提供澳大利亚和新西兰男性RDA维生素 B_{12} 的63%和74%（NHMRC，2006）。在其他国家，肉类对维生素 B_{12} 摄入量的贡献低于这一水平，英国为34%（Henderson等，2003b），丹麦为35%（丹麦食品和兽医研究所，2005）。肉类提供超过三分之一每日摄入量的维生素 B_3。

其他维生素如维生素A、维生素C、维生素D和维生素E在肉中含量不高，但在肝脏中含量很高。（详见第22章）。肉中维生素D是那些很少暴露在紫外线下的人的重要来源（Wyness等，2011）。对大多数人来说，在阳光下维生素D由皮肤中激活7-脱氢胆固醇产生。维生素E是人体中一种重要的抗氧化剂，尤其能抵御不饱和脂肪酸氧化产生的自由基。为了防止肉用动物在生产过程中和屠宰后肌肉中脂肪酸氧化，建议补充3~4mg/kg的维生素E（Arnold等，1993），其浓度大于表20.2中给出的值。许多国家建议补充高维生素E（“超营养”）膳食，以实现这些目标值。在美国NHANES对营养摄入的调查中，93%的人被归类为维生素E摄入量不足，高于任何其他营养素（Moshfegh等，2005）。

表20.2 红肉、鸡肉和火鸡肉及牛羊肝脏中的维生素含量（以100g原料计）（FSA，2002）

维生素种类	牛肉①	羊肉①	猪肉①	鸡肉①	火鸡肉①	肝脏②	
						牛	鸡
维生素 B_1/mg	0.10	0.09	0.98	0.14	0.07	0.61	0.63
维生素 B_2/mg	0.21	0.20	0.24	0.18	0.22	2.89	2.72
维生素 B_3/mg	5.0	5.4	6.9	7.8	8.0	13.6	12.9
维生素 B_5/mg	0.75	0.92	1.46	1.16	0.70	4.10	5.90
维生素 B_6/mg	0.53	0.30	0.54	0.38	0.61	0.89	0.55
维生素 B_7/μg	1	2	2	2	2	50	216
维生素 B_9/μg	19	6	3	19	17	110	1350
维生素 B_{12}/μg	2	2	1	tr	2	58	45
维生素A/μg	tr	6	tr	11	tr	25200	10500
维生素C/mg	0	0	0	0	0	19	23
维生素D/μg	0.5	0.4	0.5	0.1	0.3	0.3	tr③
维生素E/mg	0.13	0.09	0.05	0.15	0.01	0.50	0.34

注：①与表20.1来源相同；②牛和鸡肝脏经过玉米油炸；③tr为痕量。

20.3.3 矿物质

表20.3所示为不同肉类和肝脏中主要矿物质的含量。EC定义“来源”和“丰富来源”

的比例分别占 RDA 的 15%和 30%。

生肉并不是膳食中钠的重要来源，尽管膳食调查显示肉类和肉制品对钠摄入量有显著贡献。例如，在英国饮食和营养调查（Henderson 等，2003b）发现，日常饮食中摄入的钠 26%来自肉和肉制品，食盐在肉制品加工中被广泛用作防腐剂和风味增强剂。表 20. 3 数据显示，生培根中钠含量高达 1140mg/100g，相比之下生猪肉中的钠含量仅为 63mg/100g。过多的食盐摄入诱发高血压和心血管疾病（CVD），很多国家肉类工业一直致力于降低加工肉制品中盐分含量（Matthews 等，2005）。

肉类含有丰富的钾元素，肉类提供英国的日常饮食中 16% 的钾（Henderson 等，2003b），然而，在英国只有 94%的男性和 75%的女性满足钾推荐摄入量。同样肉中富含钙和镁元素。

此外，牛肉和肝脏中富含铁元素，以血红素的形式存在。在日常营养中肉中铁元素的作用更重要。人体中 60%~70%的铁是以血红素形式存在，血液中的血红蛋白和肌肉中的肌红蛋白都有较高的铁含量。血红素铁的生物活性比非血红素铁更高。Gibson 等（2003）研究发现，血红素铁的吸收率为 23. 5%，而非血红素铁的吸收率仅为 4. 1%。这项研究还表明，肉类可以促进了人体对其他食物中非血红素铁的吸收。在英国，男性每日摄入的铁是推荐营养摄入量（RNI）的 161%，然而真正平均吸收量却低于 RNI，育龄妇女吸收量仅为 67%（Henderson 等，2003b）。丹麦也报告年轻妇女铁摄入量不足（丹麦食品和兽医研究所，2005），但美国 NHANES 在 2001—2002 年的调查显示大多数妇女的铁摄入量是足够的（Moshfegh 等，2005）。

瘦肉中的铜含量很低，牛肝中铜含量很高（表 20. 3）。动物体内铜的含量受组织、饮食和动物年龄等因素影响。与其他营养素一样，肝脏是铜元素主要的富集部位。牛肉和羊肉中富含锌，牛肝中锌含量高（表 20. 3）。锌是体内碳酸酐酶、乳酸脱氢酶等的辅助因子。在英国，肉和肉制品占每日摄入锌含量的 34%，因此在肉类消费低的人群中会缺乏锌、铁等元素，尤其是年轻女性和素食者（Wyness 等，2011）。在美国，锌缺乏症已被确定为年轻女性和老年人的潜在问题（Moshfegh 等，2005）。在等量铁元素条件下，摄入肉类可以提高其他食物中锌的吸收。在瘦肉中硒水平很高，是人体摄入硒元素的重要来源，在丹麦，肉类可提供硒摄入量的 21%（丹麦食品和兽医研究所，2005）。硒是谷胱甘肽过氧化物酶的组成部分，是机体抗氧化防御系统的一部分，是肉中少有的几种受饲料调控的矿物元素（Rooke 等，2010）。

20. 3. 4 脂肪酸

过去 20 年来，人们对肉类脂肪酸组成高度关注（Wood 等，2003），这是因为脂肪酸的摄入与一些疾病的发病率有关。现已在动物实验中证实，可以通过改变脂肪酸组成，以降低疾病风险。脂肪酸在肉类品质方面（保质期、质地、风味）的作用也被广泛研究。

表 20.3 红肉、鸡肉和火鸡肉及牛羊肝脏中的矿物元素含量（以 100g 原料计）（FSA，2002）

矿物元素含量	牛肉[①]	羊肉[①]	猪肉[①]	鸡肉[①]	火鸡肉[①]	肝脏[②]	
						牛	鸡
钠/mg	63	70	63	77	68	70	79
钾/mg	350	330	380	380	340	350	300
钙/mg	5	12	7	6	5	8	9
镁/mg	22	22	24	26	25	24	23
磷/mg	200	190	190	160	220	380	350
铁/mg	2.7	1.4	0.7	0.7	0.6	12.2	11.3
铜/mg	0.03	0.08	0.05	0.03	0.05	23.86	0.52
锌/mg	4.1	3.3	2.1	1.2	1.9	15.9	3.8
硒/μg	7	4	13	13	13	27	NA[③]

注：①与表 20.1 来源相同；②牛和鸡肝脏经过玉米油炸；③NA 为未检出。

20.3.4.1 肉中脂肪酸的组成

肉中脂肪酸主要分布在脂肪组织、肌内脂肪（大理石花纹）以及细胞膜中。脂肪组织含有三酰甘油；每三个脂肪酸被酯化为三酰甘油，这些分子没有净电荷，被称为中性脂（NL）。在细胞膜中，脂肪酸分布在磷脂（PL）中。磷脂是一种极性脂，有净电荷，是所有细胞膜中主要组成成分，其中的脂肪酸有三种类型：饱和脂肪酸、单不饱和脂肪酸和多不饱和脂肪酸。不饱和脂肪酸根据双键在碳链中的位置标记，从甲基末端开始，第一个双键的位置分别为 n-3、n-6、n-7 和 n-9。双键通常是顺式的，这意味着它们指向同一个方向，但在反刍动物中，不饱和脂肪酸含有反式双键，具有较高的熔点。反式脂肪酸是瘤胃微生物生物氢化而成的。同样的过程发生在具有共轭型顺式和反式双键的脂肪酸。这类化合物包括共轭亚油酸（CLA），其主要异构体为 18：2 顺-9、反-11 和 18：2 反-10、顺-12。前者约占总异构体的 80%，而且在瘤胃中由 18：1 反-11 合成（Scollan 等，2014）。有证据表明，饮食中共轭亚油酸有益于健康（Dilzer 等，2012）。此外，在反刍动物中，瘤胃代谢产生的支链脂肪酸是由氨基酸转化而成。

中性脂和磷脂的脂肪酸组成有所不同。一般来说，中性脂中饱和脂肪酸（SFA）和单不饱和脂肪酸（MUFA）含量更高，在体内合成，通常存在于脂肪组织。磷脂具有较高含量的多不饱和脂肪酸（PUFA），大部分来源于饲料。无论在瘦肉还是脂肪中，磷脂的含量远小于中性脂的含量。因此，肌肉中总脂肪酸组成（中性脂+磷脂）显著低于脂肪中的含量（De Smet 等，2004；Wood 等，2008）。这就是为什么提出脂肪酸组成比例的同时也要关注总脂肪含量。

表 20.4 所示为牛肉、绵羊肉、猪肉和鸡肉中的脂肪酸组成（%）及其含量（mg/100g）。

牛肉、绵羊肉和猪肉中脂肪酸组成数据源于 Enser 等（1996），鸡肉的数据来自 Betti 等（2009）。脂肪酸（总脂肪）组成易受到很多因素尤其是饲料的影响。因此，表中的结果只是一个例子。脂肪酸数据以 mg/100g 表示，即以标准分量的肉（通常取 100g）来表示其营养价值。

表 20.4　牛肉、羊肉、猪肉及鸡胸肉中脂肪酸的组成（以 100g 原料计）（Enser 等，1996；Betti 等，2009）

脂肪酸种类	牛肉		羊肉		猪肉		鸡肉	
	%	mg	%	mg	%	mg	%	mg
12：0	0.08	2.92	0.31	13.8	0.12	2.61	ND	ND
14：0	2.66	103	3.30	155	1.33	30.0	0.37	6.5
16：0	25.0	962	22.2	1101	23.2	526	17.4	306
16：1 顺	4.54	175	2.20	109	2.71	62.0	2.68	47.1
18：0	13.4	507	18.1	898	12.2	278	5.42	95.2
18：1 *n*-9	36.1	1395	32.5	1625	32.8	759	39.0	686
18：1 反	2.75	104	4.67	231	ND	ND	ND	ND
18：1 *n*-7	2.33	91.6	1.45	71.7	3.99	92.3	3.52	61.8
18：2 *n*-6	2.42	89.0	2.70	125	14.2	302	24.5	430
18：3 *n*-3	0.70	26.0	1.37	65.8	0.95	20.6	4.18	73.5
20：2 *n*-6	ND	ND	ND	ND	0.42	9.05	0.20	3.60
20：3 *n*-6	0.21	7.49	0.05	2.41	0.34	7.21	0.07	1.30
20：3 *n*-3	0.01	0.34	ND	ND	0.12	2.72	ND	ND
20：4 *n*-6	0.63	22.3	0.64	29.0	2.21	46.0	1.30	22.8
20：4 *n*-3	0.08	3.03	ND	ND	0.01	0.19	ND	ND
20：5 *n*-3	0.28	9.95	0.45	21.0	0.31	6.51	0.20	3.60
22：4 *n*-6	0.04	1.57	ND	ND	0.23	4.97	ND	ND
22：5 *n*-3	0.45	16.1	0.52	24.2	0.62	12.9	0.56	9.80
22：6 *n*-3	0.05	1.63	0.15	7.20	0.39	8.33	0.28	5.01
总脂肪酸		3835		4934		2255		1756
P：S①		0.15		0.09		0.38		1.23
n-6：*n*-3②		3.42		1.90		14.7		5.86

注：①18：2 *n*-6+18：3 *n*-3/12：0+14：0+16：0+18：0；②18：2 *n*-6/18：3 *n*-3；ND 为未检出。

由表 20.4 可见，与猪肉和鸡肉相比，牛羊肉中饱和脂肪酸百分比较高，而多不饱和脂肪酸百分比较低。这种差异是由于瘤胃微生物的生物反应造成的。对于猪和鸡等单胃动物而言，饲料中植物油富含多不饱和脂肪酸，尤其是 18：2 *n*-6（亚油酸），饲料中亚油酸可以直接通过胃并在小肠中被吸收，而在牛羊等反刍动物的瘤胃中只有一小部分亚油酸保留，大部分被瘤胃微生物生物转化。和饱和脂肪酸不同，人体不能自身合成亚油酸，而且它在新陈代谢中很重要。因此，单不饱和脂肪酸被称为必需脂肪酸。另一种必需脂肪酸是 18∶3 n-3（α-亚麻酸，ALA），它也存在于植物油中但在比亚油酸低。这种脂肪酸广泛存在于亚麻籽中以及植物和草的叶子。虽然 α-亚麻酸也会在瘤胃中被氢化，但由于牛羊吃的草很多，牛肉和羊肉中 α-亚麻酸的相对含量较高。

在动物体内亚油酸和 α-亚麻酸可以转化为长链（C20~22）多不饱和脂肪酸。肝脏中 δ-5 和 δ-6 去饱和酶和延长酶是亚油酸和 α-亚麻酸的碳链延长和形成双键的关键所在（Sinclair 和 O'Dea，1990）。其中最佳底物是 α-亚麻酸，但通常亚油酸含量更高。这意味着亚油酸和 α-亚麻酸都能合成 20∶4 n-6（花生四烯酸，AA）。牛羊肉中 α-亚麻酸对形成长链 n-3 多不饱和脂肪酸包括 20∶5 n-3（二十碳五烯酸，EPA）和 22∶6 n-3（二十二碳六烯酸，DHA）至关重要。有学者指出，亚油酸和 α-亚麻酸合成长链脂肪酸的效率很低（Scollan 等，2014）。在所有肉中，EPA 和 DHA 之间的中间体，22∶5 n-3（二十二碳五烯酸）含量很高，但这种脂肪酸的代谢作用的重要性尚不清楚。

尽管 18∶1 反-10 在动物饲料中浓度很高，但肉中 18∶1 反式脂肪酸主要为 18∶1 反-11。表 20.4 中未列出非单不饱和脂肪酸反式脂肪酸，主要是 18∶2 顺-9，反-11（共轭亚油酸），因饲料因素使得不同研究结果之间差异较大。共轭亚油酸在牛羊肉中性脂脂肪酸中占 0.1%~1.0%（Warren 等，2008a；Cooper 等，2004）。在一项新西兰草饲牛羊肉研究中，18∶2 顺-9，反-11 共轭亚油酸在羊肉中的含量高于牛肉（分别占羊肉和牛肉总量的 1.64%和 0.61%）（Purchas 等，2015）。

表 20.5 显示了背膘或皮下脂肪中脂肪酸组成。这些数据仅适用于牛羊猪肉样品而不适用于鸡肉（Betti 等，2009）。大多数脂肪酸在肌肉和脂肪组织中具有相似的百分比，两种组织中中性脂含量都很高。物种差异主要表现在：相对鸡脂肪而言，反刍动物的脂肪组织中亚油酸和 α-亚麻酸含量要低，而猪脂肪组织中含有长链多不饱和脂肪酸（Givens 等，2006）。但羊脂肪组织中存在长链多不饱和脂肪酸（Cooper 等，2004）。羊脂肪组织中 18∶1 反式脂肪酸和共轭亚油酸含量高于牛脂肪，表 20.5 中未列出。脂肪组织中含有大量脂肪酸，当脂肪与肉混合被摄入时，可能会造成脂肪酸摄入过量。

表 20.5 牛、羊、猪背膘中脂肪酸组成（%）和含量（mg/100g）（Enser 等，1996）

脂肪酸种类	牛		羊		猪	
	%	mg/100g	%	mg/100g	%	mg/100g
12∶0	0.10	70	0.37	246	0.15	97
14∶0	3.72	2620	4.11	2848	1.57	1023
16∶0	26.1	18271	21.9	15532	23.9	15607
16∶1 顺式	6.22	4341	2.40	1695	2.42	1565
18∶0	12.2	8536	22.6	15957	12.8	8354
18∶1 n-9	35.3	24631	28.7	20329	35.8	23550

续表

脂肪酸种类	牛		羊		猪	
	%	mg/100g	%	mg/100g	%	mg/100g
18：1 反式	3.31	2331	6.18	4321	ND	ND
18：1 *n*−7	1.60	1120	0.98	691	3.31	2162
18：2 *n*−6	1.10	773	1.31	917	14.3	9260
18：3 *n*−3	0.48	336	0.97	670	1.43	925
20：2 *n*−6	ND	ND	ND	ND	0.56	361
20：3 *n*−6	ND	ND	ND	ND	0.08	53.0
20：3 *n*−3	ND	ND	ND	ND	0.18	118
20：4 *n*−6	ND	ND	ND	ND	0.18	114
20：4 *n*−3	ND	ND	ND	ND	ND	ND
20：5 *n*−3	ND	ND	ND	ND	ND	ND
22：4 *n*−6	ND	ND	ND	ND	0.06	37.5
22：5 *n*−3	ND	ND	ND	ND	0.22	142
22：6 *n*−3	ND	ND	ND	ND	0.16	101
总脂肪酸		69972		70572		65340
P：S*		0.04		0.05		0.47
n−6：*n*−3*		2.30		1.37		10.0

注：ND 为未检出；* 同表 20.4 的注解。

20.3.4.2 脂肪酸的营养和建议摄入量

自 20 世纪 70 年代以来，大量摄入饱和脂肪酸是不利于身体健康的。因为饱和脂肪酸可以提高低密度脂蛋白胆固醇并且具有促炎作用，增加冠心病（CHD）和心血管疾病（CVD）的风险（Rose，1990；Calder，2015）。不同类型脂肪酸导致上述后果的顺序是 18：0<16：0<12：0<14：0。在英国，肉类和奶制品是饱和脂肪酸的主要来源（分别为 22%和 24%）（Henderson 等，2003a）。以及世界各地的卫生当局同时建议人们将饱和脂肪酸的摄入量减少到摄入能量的 10%左右，也建议他们多吃不饱和脂肪酸含量高的食物，减少饱和脂肪酸高的食物（如肉类）。这个建议损害了肉的形象，但同时也是鼓励动物和肉类科学家寻求改变其脂肪酸组成的方法。

虽然医学仍然建议减少饱和脂肪酸的摄入量，最近的一些论文质疑饱和脂肪酸对健康指标有直接影响的证据。例如，De Souza 等（2015）通过临床研究得出结论：饱和脂肪与全因死亡率、冠心病、心血管疾病、缺血性卒中或Ⅱ型糖尿病有关，但证据是各异的，并且方法上具有局限性。

一些研究显示单不饱和脂肪酸对心血管疾病的保护作用，但最近卫生当局的建议不要为这些脂肪酸设定参考摄入量（EFSA，2010）。

对于 n-6 和 n-3 多不饱和脂肪酸在人类饮食中的作用和建议摄入量是不同的。尤其亚油酸会降低低密度脂蛋白胆固醇（Calder，2015）。亚油酸和花生四烯酸是类二十烷酸的前体，参与调节血小板聚集、血管收缩和炎症。卫生当局建议亚油酸摄入量占日常摄入食物能量的 4%~5%（EFSA，2010；FNB，2005）。目前，英国建议亚油酸摄入量占日常摄入能量的 5%，相当于 11g/d（Henderson 等，2003a）。瘦肉中亚油酸含量低，但脂肪组织中含量较高。参照表 20.4 和 20.5，100g 猪肉含有 302mg 亚油酸，但 100g 由 90%瘦肉和 10%脂肪组成的肉制品中含有 1.2g 亚油酸。

α-亚麻酸是主要的 n-3 多不饱和脂肪酸，也具有降低胆固醇的作用。它的营养作用主要是 EPA 和 DHA 的前体物，同时有越来越多的证据表明 α-亚麻酸本身具有健康益处（Lunn 和 Theobald，2006）。干预研究表明 EPA 有益于降低心血管疾病，控制血小板聚集。相比花生四烯酸，由 EPA 产生类二十烷酸的聚集性和促炎性作用较小，所以血栓形成状态降低，心血管疾病风险降低（Simopoulos，2002）。另一个重要的长链 n-3 PUFA，DHA 是视觉和大脑发育所必需的（Calder，2015）。EPA 和 DHA 是参与调节基因表达的转录因子，能控制血液凝固、炎症和免疫功能。

EFSA 为 α-亚麻酸设定了“足够摄入量”，摄入标准为占总能量的 0.5%（2010），相当于 1g/d、EPA 和 DHA 的 250mg/d。在美国，α-亚麻酸的摄入量为食物能量的 0.6%，相当于 1.6gα-亚麻酸和 160mg EPA+DHA（FNB，2005）。牛羊猪脂肪和瘦肉中脂肪酸的比例见表 20.4 和 20.5。这些脂肪酸在所列组织中含量较低，可通过饲料营养加以调控。

人们对反刍动物中天然存在的共轭亚油酸非常感兴趣，因为有证据表明它可以减少体内脂肪和心血管疾病的发生率（Dilzer 和 Park，2012）。但是，有效剂量为 3g/d，这个剂量要求摄入大量的瘦肉才能满足。但是 EFSA（2010）表示共轭亚油酸保健的证据目前还难以令人信服。

与维生素和矿物质一样，欧盟规定 100g 食物样品中含 15%的脂肪酸被认为是脂肪酸的“来源”（EC，2006）。因此，肉必须含有 40mg/100g 才能作为 EPA+DHA 的“来源”。含有 23mg EPA+DHA 符合澳大利亚标签法规（Fsanz，2012；Ponnampalam 等，2014a）。

表 20.4 和表 20.5 所示为早期论文中肉类脂肪酸组成、多不饱和脂肪酸：饱和脂肪酸比率（P：S）和 n-6：n-3 比率（Enser 等，1996、1998）物种之间存在显著差异，为动物科学家尝试改变肉中脂肪酸组成提供了方向。虽然脂肪酸比例可能会产生误导，但 P：S>0.4，而 n-6：n-3>4.0（Department of Health，1991）仍可说明一些问题，相对于猪肉和鸡肉，牛羊肉中饱和脂肪酸和多不饱和脂肪酸不平衡。

Sinclair 等（1990）和 Simopoulos（2002）已经综述了食物中 n-6 与 n-3 多不饱和脂肪酸的比例的重要性。他们认为早期人类脂肪酸中 n-6 与 n-3 之比（1~4）要比现代人（约 12）低得多。过多摄入谷物和植物油，导致类二十烷酸的大量生成，进而促进血栓形成，诱发心血管疾病。

20.3.4.3 肉中脂肪酸组成的调控

当前人们聚焦如何减少饱和脂肪酸含量，增加多不饱和脂肪酸含量，并降低肉中 *n*-6：*n*-3 比例。同时尝试提高反刍动物肉中共轭亚油酸含量。改变动物饲料中脂肪酸的来源，来调控肉中脂肪酸组成，是一种优选方案，在加工阶段也可以操作（见第 2 章）。

牛肉中脂肪含量低，但多不饱和脂肪酸相对含量高，因为磷脂占总脂肪酸的比例高。Enser 等（1998）研究表明，小公牛背最长肌中亚油酸为 8.3%，而零售牛肉中亚油酸含量为 2.4%（见表 20.4，总脂肪含量分别为 2066mg/100g 和 3835mg/100g）。与零售样本中的 0.15 相比，小公牛肉中 P：S 比率为 0.22，因此调整饲养方式是可行的。

亚麻籽已被广泛用于提高牛肉和脂肪组织中 α-亚麻酸的含量。在肌肉中，这可以使 EPA 含量小幅增加，而 DHA 增加更加明显（Scollan 等，2001）。草饲也可以增加 α-亚麻酸含量，因为叶子糖脂中 α-亚麻酸含量很高，同时草饲似乎在提高 DHA 水平方面更为有效。有研究显示，青贮饲料很难显著增加牛肉中 α-亚麻酸，EPA 和 DHA 的含量（Scollan 等，2014）。Warren 等（2008a）报道，在草饲 6 个月和 24 个月后，牛肉中亚油酸和 α-亚麻酸含量类似。在 14 个月、19 个月和 24 个月时分别测定背最长肌中脂肪酸组成，结果显示饲喂浓缩饲料的动物肉中亚油酸及其长链产物比青贮饲料多。尽管如此，在饲喂青贮饲料 24 个月时 Holstein-Friesians 牛肉中 EPA+DHA 的值为 38.4mg/100g。这是相关研究中，含量最高的（Scollan 等，2014），并满足牛肉是 EPA+DHA 的“来源”的标准。但 EPA+DHA 含量高的同时，饱和脂肪酸含量也很高（2053mg/100g，40%总脂肪酸含量为 5100mg/100g）。

对饲料中的脂质进行保护，避免瘤胃微生物的生物氢化，可以通过饲料调整增加肉中亚油酸和 α-亚麻酸的含量。最成功的技术是使用甲醛处理饲料，甲醛与蛋白质反应形成交联，将脂肪酸包裹起来，免于生物氢化（Scott 等，1993）。Scollan 等（2003）用这种方式处理含大豆和亚麻籽的饲料喂牛。尽管沉积的亚油酸和 α-亚麻酸量大幅增加，但没有增加长链 *n*-6 或 *n*-3 多不饱和脂肪酸的合成，可能是因为磷脂中亚油酸和 α-亚麻酸饱和。这项研究发现通过饲喂受保护的亚麻籽和大豆来减少肌肉中饱和脂肪酸的含量，可能是因为多不饱和脂肪酸对合成酶的抑制作用（Enser，1984）。因此，较高的多不饱和脂肪酸和较低的饱和脂肪酸都有助于 P：S 比例增加（从对照组的 0.1 增加到 0.27）。

为了有效地提高牛肉中的 EPA 和 DHA 水平，可在饲料中添加鱼油，添加游离的脂肪酸或采取保护处理的脂肪酸。Richardson（2004）研究发现，使用受保护的鱼油，EPA+DHA 含量从 17mg/100g 增加到 30mg/100g。藻类是另一种长链 *n*-3 脂肪酸的来源。

增加长链多不饱和脂肪酸含量时会存在脂肪酸氧化的问题，这会导致产生一系列的不愉快气味，包括醛和酮的产生。在包装和销售过程中，这些挥发性脂质氧化产物会大大增加，导致熟肉风味的恶化。通常在饲料中添加维生素 E 约 500mg/kg 来抑制这种氧化（Arnold 等，1993）。添加这一剂量的维生素 E 可有效避免亚麻籽中脂肪酸的氧化（Juarez 等，2012）。但在饲料中添加量为 345mg/kg 时并不能解决鱼油中高浓度长链 *n*-3 多不饱和脂肪酸的氧化问题（Vatansever 等，2000）。在后者研究中，脂质氧化严重的肉在销售过程中会出现不愉快气味，此外还会诱导肌红蛋白氧化导致红色快速下降。

草饲牛肉中含有高浓度的维生素 E，保护脂肪酸免受氧化。与普通饲料喂养的牛肉相比，其保质期更长。Warren 等（2008a、2008b）研究发现草饲牛肉风味比精料饲喂的牛肉更好。

虽然瘤胃微生物的生物转化会抑制长链 n-3 多不饱和脂肪酸的合成，羊肉中长链 n-3 PUFA 含量比牛肉更高（表 20.4）。Ponnampalam 等（2014a）发现绵羊肉是 EPA+DHA 的"来源"（23mg/100g），通过在饲料中补充藻类，可以提高羊肉中 EPA+DHA 的含量。Hopkins 等（2014）发现通过喂食含有 2%"DHA-Gold"藻类 6 周可以将 EPA+DHA 含量提高到 140mg/100g。Cooper 等（2004）报道通过喂食鱼油和藻类可以将 EPA+DHA 含量提高到 179mg/100g。Cooper 等（2004）报道饲喂鱼油/藻类可以在羊肉中产生高浓度的长链 n-3 多不饱和脂肪酸并具有良好的感官评分（Nute 等，2007）。饲喂富含鱼油/藻类和维生素 E 的饲料（1.6mg/kg），肉品中维生素 E 含量最低，可能是因为部分维生素 E 用于保护不饱和脂肪酸。后来的研究表明，维生素 E 是羊肉中的有效抗氧化剂（Ponnampalam 等，2014b），饲料中维生素 E 的含量达到 4mg/kg 时，可以有效保护 n-3 脂肪酸免受氧化。Kasapidou 等（2012）发现，如果饲料中不添加维生素 E，肌肉中维生素 E 含量会很低。

相比于牛羊肉，猪肉和脂肪中含有更高的多不饱和脂肪酸。特别是亚油酸的含量很高（表 20.4 和表 20.5），因为猪日粮中含有丰富的谷物和蛋白质，其中亚油酸占主导地位。亚麻籽也被用来降低猪肉中 n-6∶n-3 的比例，但研究表明，产生 EPA 和 DHA 的量通常达不到前面讨论的目标（23~40mg/100g EPA+DHA）（Enser 等，2000；Kouba 等，2003）。增加饲料中 α-亚麻酸的量是没有帮助的，因为它导致 PL 的饱和而不是合成 EPA 和 DHA（Ahn 等，1996）。鱼油可以添加到猪饲料中，但超过 1%时，煮熟的猪肉会产生不可接受的气味，即使加入 250mg/kg 维生素 E 也是如此（Leskanich 等，1997）。Vossen 等（2016）在生长后期饲喂含 1.8%鱼油，使得猪腰脊肉中 EPA+DHA 含量达到 40~50mg/100g。饲料中添加 175mg/kg 和 400mg/kg 的维生素 E，都可以保护肌肉和皮下脂肪中脂肪酸的氧化。在干发酵香肠，即使添加高浓度的维生素 E，脂质氧化也高于对照组。香肠由 70%瘦肉和 30%脂肪组成，含 500~570mg/100g EPA+DHA，表明脂肪是猪肉中长链脂肪酸的重要来源。Faustman 等（2010）综述中指出，相比于牛羊肉，猪肉的脂质氧化能力较低，但长链 n-3 脂肪酸氧化问题较为严重，添加维生素 E 也无法避免脂质氧化。

Givens 等（2006）表明，禽肉也是常见的肉类，且含有较高浓度的多不饱和脂肪酸，是长链 n-3 多不饱和脂肪酸的重要来源（在英国，72%来自肉类，11%来自所有食物）。增加肉中长链 n-3 多不饱和脂肪酸是提高国民健康的理想措施。与猪肉一样，可以通过改变饲料，强化膳食中 PUFA 含量。饲料中添加藻类，可使肌肉中 DHA 浓度升至 154mg/kg（Rymer 等，2010）。感官评定专家能够区分对照和含有 DHA 更高的禽肉。但是，他们无法区分用150mg/kg或200mg/kg维生素E强化的高DHA肉样和对照样品，说明维生素E保护脂肪酸免受氧化。

20.4 煮制对肉中营养成分的影响

虽然营养素通常以新鲜重量来表达，但在食用前需要熟制，可能会导致营养素的损失。表20.6中的结果取自FSA数据库，显示烧烤、微波和炉烤对羊排营养物质的影响（g或mg/100g）。对于所有的熟制方法，水分含量都下降，而其他成分包括蛋白质、脂肪、矿物质和维生素都增加。与其他方法相比，烧烤引起的变化较小，几乎没有营养素损失。Purchas等（2014）表明除了水分损失，牛羊肉（羊肉）在生肉和熟肉中大多数营养素的含量不变。只是维生素B_1、钠和钾在熟制后浓度下降。所有脂肪酸浓度在熟制后都有增加。其他学者也发现熟制后，脂肪酸没有损失，包括易氧化的长链n-3多不饱和脂肪酸（Flakemore等，2017）。但Alfaia等（2010）发现，牛背最长肌切块经过煮沸、微波和烤制后多不饱和脂肪酸含量显著降低，表明熟制导致多不饱和脂肪酸氧化。低脂肪意味着高比例的磷脂脂肪酸特别容易氧化。总的来说，熟制后营养成分几乎没有变化。

表20.6 不同熟制方法对羊腰脊肉营养成分的影响（100g瘦肉和脂肪混合物）（FSA，2002）

成分	生肉	烧烤	微波	炉烤
水分/g	59.3	50.5	45.3	43.8
蛋白质/g	17.6	26.5	27.5	29.1
脂肪/g	23.0	22.1	26.9	26.9
钠/mg	63	81	74	85
钾/mg	280	370	310	370
铁/mg	1.3	1.9	1.8	2.1
锌/mg	2.0	3.1	3.3	4.6
硒/μg	3	4	4	4
烟酸/mg	5.0	7.3	5.5	6.0
吡哆醇/mg	0.23	0.44	0.27	0.29
钴胺素/μg	1	3	3	3
维生素E/mg	0.07	0.09	0.14	0.11
饱和脂肪酸/g	10.8	10.5	12.8	12.8
单不饱和脂肪酸/mg	8.8	8.4	10.2	10.2
多不饱和脂肪酸/mg	1.2	1.3	1.5	1.5

20.5 结论和展望

肉类消费在全球范围内不断增加，肉类作为蛋白质、维生素 B_{12} 等维生素、铁、锌等矿物质的重要来源。肉能提供能量和必需脂肪酸，改变动物饲料中组分可能导致多不饱和脂肪酸和饱和脂肪酸之间以及 n-6 和 n-3 多不饱和脂肪酸之间的不平衡。饲料中添加长链 n-3 多不饱和脂肪酸，可以使肉中多不饱和脂肪酸的含量显著上升。食用鸡肉和猪肉可有效地促进膳食中营养素的均衡，但在瘤胃中会发生氢化，可以通过保护机制避免生物转化。青草和藻类饲料可增强长链多不饱和脂肪酸的合成。在所有物种中，维生素 E 都可有效地阻止脂质中多不饱和脂肪酸的氧化。n-3 多不饱和脂肪酸含量高的肉类现已在许多国家销售，但对于反刍动物肉，要获得含量高的 n-3 多不饱和脂肪酸还有许多限制。另一个制约因素是成本，所以未来应聚焦低成本的生产体系。不同物种的重点将有所不同。

除了饲料调整外，人们对利用遗传技术改善植物、动物和瘤胃细菌中的脂肪酸组成。

通过动物饲料包埋脂肪酸和抗氧化剂来改善肉中脂肪酸比例一直是首选，但在加工阶段利用新技术实现既增加又保护脂肪酸将成为新的趋势。

参考文献

Ahn, D. U., Lutz, S., Sim, J. S., 1996. Effects of dietary α-linolenic acid on the fatty acid composition, storage stability and sensory characteristics of pork loin. Meat Science 43, 291-299.

Alfaia, C. M. M., Alves, S. P., Lopes, A. F., Fernandes, M. J. E., Costa, A. S. H., Fontes, C. M. G. A., Castro, M. L. F., Bessa, R. J. B., Prates, J. A. M., 2010. Effect of cooking method on fatty acids, conjugated isomers of linoleic acid and nutritional quality of beef intramuscular fat. Meat Science 84, 769-777.

Arnold, R. N., Scheller, K. K., Arp, S. C., Williams, S. N., Schaefer, D. M., 1993. Dietary α-tocopheryl acetate enhances beef quality in holstein and beef breed steers. Journal of Food Science 58, 28-33.

Betti, M., Perez, T. I., Zuidhof, M. J., Renema, R. A., 2009. *Omega*-3 enriched broiler meat: 3. Fatty acid distribution between triacylglycerol and phospholipid classes. Poultry Science 88, 1740-1754.

Bowman, S. A., Martin, C., Friday, J. E., Clemens, J., Moshfegh, A. J., Hodan, B. H., 2011. Retail Food Commodity Intakes. Mean Amounts of Retail Commodities per Individual, 2001-2002. USDA ARS and Economics Research Service.

Calder, P. C., 2015. Functional roles of fatty acids and their effects on human health. Journal of Parenteral and Enteral Nutrition 39, 18S-32S.

Cooper, S. L., Sinclair, L. A., Wilkinson, R. G., Hallett, K. G., Enser, M., Wood, J. D., 2004. Manipulation of the n-3 polyunsaturated acid content of muscle and adipose tissue in lambs. Journal of Animal Science 82, 1461-1470.

Corbin, C. H., O'Quinn, T. G., Garmyn, A. J., Legako, J. F., Hunt, M. R., Dinh, T. T. N., Rathmann, R. J., Brooks, J. C., Miller, M. F., 2015. Sensory evaluation of tender beef strip loin steaks of varying marbling levels and quality treatments. Meat Science 100, 24-31.

Danish Institute for Food and Veterinary Research, 2005. Dietary Habits in Denmark 2000-2002. Main Results. Danish Institute for Food and Veterinary Research, Soborg, Denmark.

DeSmet, S., Raes, K., Demeyer, D., 2004. Meat fatty acid composition as affected by genetic factors. Animal Research 53, 81-88.

De Souza, R. J., Mente, A., Maroleanu, A., Cozma, A. I., Ha, V., Kishibe, T., Uleryk, E., Budylowski, P., Schunemann, H., Beyene, J., Anand, S., 2015. Intake of saturated and trans unsaturated fatty acids and risk of all cause mortality, cardiovascular disease and type 2 diabetes: systematic review and meta-analysis of observational studies. British Medical Journal 351, h3978.

Department of Health (UK), 1991. Report on Health and Social Subjects No 41. Dietary Reference Values for Food Energy and Nutrients for the United Kingdom. The Stationery Office, London.

Dilzer, A., Park, Y., 2012. Implication of conjugated linoleic acid (CLA) in human health. Critical Reviews in Food Science and Nutrition 52, 488-513.

EC, 2006. Regulation (EC) No 1924/2006 of the European Parliament and of the Council of 20 December 2006 on nutrition and health claims made on foods. Official Journal of the European Union. L404/9-L404/25.

EC, 2008. Commission Directive 2008/100/EC of 28 October, 2008 Amending Council Directive 90/496/EEC on Nutrition Labelling for Foodstuffs as Regards Recommended Daily Allowances, Energy Conversion Factors and Definitions.

EFSA (European Food Safety Authority), 2010. Scientific opinion: dietary reference values for fats, including saturated fatty acids, polyunsaturated fatty acids, monounsaturated fatty acids, trans fatty acids and cholesterol. The EFSA Journal 1461, 1-107.

Enser, M., 1984. The chemistry, biochemistry and nutritional importance of animal fats. In: Wiseman, J. (Ed.), Fats in Animal Nutrition. Butterworths, London, pp. 23-51.

Enser, M., Hallett, K., Hewett, B., Fursey, G. A. J., Wood, J. D., 1996. Fatty acid content and composition of English beef, lamb and pork at retail. Meat Science 42, 443-456.

Enser, M., Hallett, K. G., Hewett, B., Fursey, G. A. J., Wood, J. D., Harrington, G., 1998. Fatty acid content and composition of UK beef and lamb muscle in relation to production system and implications for human nutrition. Meat Science 49, 329-341.

Enser, M., Richardson, R. I., Wood, J. D., Gill, B. P., Sheard, P. R., 2000. Feeding linseed to increase the n-3 PUFA of pork: fatty acid composition of muscle, adipose tissue, liver and sausages. Meat Science 55, 201-212.

Faustman, C., Sun, Q., Mancini, R., Suman, S. P., 2010. Myoglobin and lipid oxidation interactions: mechanistic bases and control. Meat Science 86, 86-94.

Flakemore, A. R., Malau-Aduli, B. S., Nichols, , P. D., Malau-Aduli, A. E. O., 2017. Omega-3 fatty acids, nutrient retention values and sensory meat eating quality in cooked and raw Australian lamb. Meat Science 123, 79-87.

FNB (Food and Nutrition Board), 2005. Dietary Reference Intakes for Energy, Carbohydrate, Fiber, Fat, Fatty Acids, Cholesterol, Protein and Amino Acids. The National Academies Press, Washington, DC, USA.

FSA (Food Standards Agency), 2002. McCance and Widdowson's the Composition of Foods. Royal Society of Chemistry, Cambridge, UK.

Fsanz, 2012. Nutrition information labelling user guide to standard 1. 2. 8. Nutrition Information Requirements. http://www.foodstandards.gov.au.

Gibson, S., Ashwell, M., 2003. The association between red and processed meat consumption and iron intakes and status among British adults. Public Health Nutrition 6, 341-350.

Gille, D., Schmid, A., 2015. Vitamin B_{12} in meat and dairy products. Nutrition Reviews 73, 106-115.

Givens, D. I., Kliem, K. E., Gibbs, R. A., 2006. The role of meat as a source of n-3 polyunsaturated fatty acids in the human diet. Meat Science 74, 209-218.

Henderson, L. , Gregory, J. , Irving, K. , Swan, G. , 2003a. The national diet and nutrition survey: adults aged 19-64 years. In: Energy, Protein, Carbohydrate, Fat and Alcohol Intake, vol. 2. The Stationery Office, London.

Henderson, L. , Irving, K. , Gregory, J. , Bates, C. J. , Prentice, A. , Perks, J. , Swan, G. , Farron, M. , 2003b. The national diet and nutrition survey: adults aged 19-64 years. In: Vitamin and Mineral Intake and Urinary Analytes, vol. 3. The Stationery Office, London.

Hopkins, D. L. , Clayton, E. H. , Lamb, T. A. , van de Ven, R. J. , Refshauge, G. , Kerr, M. J. , Bailes, K. , Lewandowski, P. , Ponnampalam, E. N. , 2014. The impact of supplementing lambs with algae on growth, meat traits and oxidative status. Meat Science 98, 135-141.

Institute of Medicine (US), 1998. Dietary Reference Intakes for Thiamin, Riboflavin, Niacin, Vitamin B6, Folate, Vitamin B12, Pantothenic Acid, Biotin and Choline. National Academies Press, Washington, DC.

Juarez, M. A. , Dugan, M. E. R. , Aldai, N. , Basarub, J. A. , Baron, V. S. , McAllister, T. A. , Aalhus, J. A. , 2012. Beef quality attributes as affected by increasing the intramuscular level of vitamin E and omega-3 fatty acids. Meat Science 90, 764-769.

Kasapidou, E. , Wood, J. D. , Richardson, R. I, Sinclair, L. A. , Wilkinson, R. G. , Enser, M. , 2012. Effect of vitamin E supplementation and liet on fatty acid composition and on meat colour and lipid oxidation of leg lamb steaks displayed in modified atmosphere packs. Meat Science 90, 908-916.

Klurfeld, D. M. , 2015. Research gaps in evaluating the relationship of meat and health. Meat Science 109, 86-95.

Kouba, M. , Enser, M. , Whittington, F. M. , Nute, G. R. , Wood, J. D. , 2003. Effect of a high-linolenic acid diet on lipogenic enzyme activities, fatty acid composition and meat quality in the growing pig. Journal of Animal Science 81, 1967-1979.

Kouvari, M. , Tyrovolas, S. , Panagiotakos, B. , 2016. Red meat consumption and healthy ageing: a review. Maturitas 84, 17-24.

Leeds, A. , Randle, A. , Matthews, K. , 1997. A study into the practice of trimming fat from meat at the table and the development of new study methods. Journal of Human Nutrition and Dietetics 10, 245-251.

Leskanich, C. O. , Matthews, K. R. , Warkup, C. C. , Noble, R. C. , Hazzledine, M. , 1997. The effect of dietary oil containing n-3 fatty acids on the fatty acids, physiochemical and organoleptic characteristics of pig meat and fat. Journal of Animal Science 75, 673-683.

Linseisen, J. , Kesse, E. , Slimani, M. , Bueno-Mesquita, H. B. , Ocke, M. C. , Skeie, G. , Kumle, M. , Dorronsoro Iraeta, M. , Morote Gomez, P. , Janzon, L. , Stattin, P. , Welch, A. A. , Spencer, E. A. , Overvad, K. , Tjonneland, A. , Clavel-Chapelon, F. , Miller, A. B. , Klipstein-Grobusch, K. , Lagiou, P. , Kalapothaki, V. , Masala, G. , Giurdanella, M. C. , Norat, T. , Riboli, E. , 2002. Meat consumption in the European Prospective Investigation into Cancer and Nutrition (EPIC) cohorts: results from 24-hour dietary recalls. Public Health Nutrition 5, 1243-1258.

Lunn, J. , Theobald, H. E. , 2006. The health effects of dietary unsaturated fatty acids. Nutrition Bulletin 31, 178-224.

Matthews, K. , Strong, M. , 2005. Salt-its role in meat products and the industry's action plan to reduce it. Nutrition Bulletin 30, 55-61.

Moshfegh, A. , Goldman, J. , Cleveland, L. , 2005. What We Eat in America. National Health and Nutrition Examination Survey 2001e2002. Usual Nutrient Intakes from Food Compared to Dietary Reference Intakes. USDA ARS.

NHMRC (National Health and Medical Research Council), Ministry of Health, 2006. Nutrient Reference Values for Australia and New Zealand. Available online: https://www.nrv.gov.au/home.

Nute, G. R. , Richardson, R. I. , Wood, J. D. , Hughes, S. I. , Wilkinson, R. G. , Cooper, S. L. , Sinclair, L. A. , 2007. Effect of dietary oil source on the flavour and the colour and lipid stability of lamb meat. Meat Science 77,547-555.

Ponnampalam, E. N., Butler, K. L., Jacob, R. H., Pethick, D. W., Ball, A. J., Edwards, J. E., Geesink, G., Hopkins, D. L., 2014a. Health-beneficial long chain omega-3 fatty acid levels in Australian lamb managed under extensive finishing systems. Meat Science 96, 1104-1110.

Ponnampalam, E. N., Norngs, S., Burnett, V. F., Dunshea, F. R., Jacobs, J. L., Hopkins, D. L., 2014b. The synergism of biochemical components controlling lipid oxidation in lamb muscle. Lipids 49, 757-766.

Purchas, R. W., Wilkinson, B. H. P., Carruthers, F., Jackson, F., 2014. A comparison of the nutrient content of uncooked and cooked lean from New Zealand beef and lamb. Journal of Food Composition and Analysis 35, 75-82.

Purchas, R. W., Wilkinson, B. H. P., Carruthers, F., Jackson, F., 2015. A comparison of the trans fatty acid content of uncooked and cooked lean meat, edible offal and adipose tissue from New Zealand beef and lamb. Journal of Food Composition and Analysis 41, 151-156.

Richardson, R. I., Hallett, K. G., Ball, R., Robinson, A. M., Nute, G. R., Enser, M., Wood, J. D., Scollan, N. D., 2004. Effect of free and ruminally protected fish oils on fatty acid composition, sensory and oxidative characteristics of beef loin muscle. Proceedings of the International Congress of Meat Science and Technology 2 (43).

Rooke, J. A., Flockhart, J. F., Sparks, N. H., 2010. The potential for increasing the concentrations of micronutrients relevant to human nutrition in meat, milk and eggs. Journal of Agricultural Science 148, 603-614.

Rose, G., 1990. Dietary fat and human health. In: Wood, J. D., Fisher, A. V. (Eds.), Reducing Fat in Meat Animals. Elsevier Applied Science, London, pp. 48-65.

Rymer, C., Givens, D. I., 2010. Effects of vitamin E and fish oil inclusion in broiler diets on meat fatty acid composition and on the flavour of a composite sample of breast meat. Journal of the Science of Food and Agriculture 90, 1628-1633.

Sans, P., Combris, P., 2015. World meat consumption patterns: an overview of the last 50 years (1961-2011). Meat Science 109, 106-111.

Scollan, N. D., Choi, N. J., Kurt, E., Fisher, A. V., Enser, M., Wood, J. D., 2001. Manipulating the fatty acid composition of muscle and adipose tissue in beef cattle. British Journal of Nutrition 85, 115-124.

Scollan, N. D., Enser, M., Gulati, S. K., Richardson, R. I., Wood, J. D., 2003. Effects of including a ruminally protected lipid supplement in the diet on the fatty acid composition of beef muscle. British Journal of Nutrition 90, 709-716.

Scollan, N. D., Dannenberger, D., Nuernberg, K., Richardson, R. I., MacKintosh, S., Hocquette, J.-F., Moloney, A., 2014. Enhancing the nutritional and health value of beef lipids and their relationship with meat quality. Meat Science 97, 384-394.

Scott, T. W., Ashes, J. R., 1993. Dietary lipids for ruminants: protection, utilisation and effects on remodelling of skeletal muscle phospholipids. Australian Journal of Agricultural Research 44, 495-508.

Simopoulos, A. P., 2002. The importance of the ratio of omega-6/omega-3 essential fatty acids. Biomedicine & Pharmacotherapy 56, 365-379.

Sinclair, A. J., O'Dea, K., 1990. Fats in human diets throughout history: is the Western diet out of step? In: Wood, J. D., Fisher, A. V. (Eds.), Reducing Fat in Meat Animals. Elsevier Applied Science, London, pp. 1-47.

Vatansever, L., Kurt, E., Enser, M., Nute, G. R., Scollan, N. D., Wood, J. D., Richardson, R. I., 2000. Shelf life and eating quality of beef from cattle of different breeds given diets differing in n-3 polyunsaturated fatty acid composition. Animal Science 71, 471-482.

Vossen, E., Claeys, E., Raes, K., van Millem, D., De Smet, S., 2016. Supra-nutritional levels of α-tocopherol maintain the oxidative stability of n-3 long chain fatty acid enriched subcutaneous fat and frozen loin but not dry fermented sausage. Journal of the Science of Food and Agriculture. http://dx. doi. org/10. 1002/jsfa 7668.

Wang, Y. , Beydoun, M. A. , Caballero, B. , Gary, T. L. , Lawrence, R. , 2010. Trends and correlates in meat consumption patterns in the US adult population. Public Health Nutrition 13, 1333-1345.

Warren, H. E. , Scollan, N. D. , Enser, M. , Richardson, R. I. , Hughes, S. I. , Wood, J. D. , 2008a. Effects of breed and a concentrate or grass silage diet on beef quality in cattle of 3 ages. I. Animal performance, carcass quality and muscle fatty acid composition. Meat Science 78, 256-269.

Warren, H. E. , Scollan, N. D. , Nute, G. R. , Hughes, S. I. , Wood, J. D. , Richardson, R. I. , 2008b. Effects of breed and a concentrate or grass silage diet on beef quality in cattle of 3 ages: II. Meat stability and flavour. Meat Science 78, 270-278.

Wood, J. D. , Richardson, R. I. , Nute, G. R. , Fisher, A. V. , Campo, M. M. , Kasapidou, E. , Sheard, P. R. , Enser, M. , 2003. Effects of fatty acids on meat quality; a review. Meat Science 66, 21-32.

Wood, J. D. , Enser, M. , Fisher, A. V. , Nute, G. R. , Sheard, P. R. , Richardson, R. I. , Hughes, S. I. , Whittington, F. M. , 2008. Fat deposition, fatty acid composition and meat quality: a review. Meat Science 78, 343-358.

Wyness, L. , Weichselbaum, E. , O' Connor, A. , Williams, E. B. , Benelam, B. , Riley, H. , Stanner, S. , 2011. Red meat in the diet: an update. Nutrition Bulletin 36, 34-77.

21 肉品和健康

Kerri B. Gehring

Texas A&M University, College Station, TX, United States;

International HACCP Alliance, College Station, TX, United States

21.1 引言：肉中的营养素

考古学（洞穴壁画）研究发现，人类吃杂食的习惯已经有 4 万多年。先人捕猎和采集的食物包括野味、浆果、根、多叶植被和谷物。随着时间的推移，农业生产和食品加工行业推动了饮食的发展，肉类的获取方式从野外打猎到专门为食用而驯养动物和鸟类。品种选育、饲养方法和加工对肉及肉制品品质有很大的影响。而肉品在饮食中的角色以及对人类健康和疾病的影响使其得到持续关注和争议。肉类生产者、加工者和研究人员更加专注于满足消费者对肉及肉制品品质和营养的需求，构建健康均衡的饮食模式。

21.1.1 肉中的宏量营养素

碳水化合物、蛋白质和脂类是食物中三大重要的营养素，肉类是蛋白质和脂类的重要来源。蛋白质是由氨基酸组成，并且在机体中用来合成肌肉、修复组织、产生酶和激素，促进骨骼、软骨、血液、抗体、角蛋白和皮肤等的生长或更新。通常根据氨基酸种类的完整性进行蛋白质分类。禽畜肉、牛奶、鸡蛋和鱼类中含有组氨酸、异亮氨酸、亮氨酸、赖氨酸、蛋氨酸、苯丙氨酸、苏氨酸、色氨酸和缬氨酸等九种必需氨基酸，通常被称为完全蛋白质。根据 Bender（1992）的研究，肉中富含优质蛋白质，与植物性食物相比，肉蛋白质的消化率高。生肉中蛋白质含量为 20~22g/100g，而煮熟的红肉中蛋白质含量为 26~35g/100g；其蛋白质消化率约为 95%，且含有所有必需氨基酸（详见第 20 章）。蛋白质的消化率是指蛋白酶和肽酶将蛋白质水解成小肽和游离氨基酸的程度，而膳食蛋白质的生物利用率更复杂，是指蛋白质和氨基酸的消化吸收和代谢等。Beach 等（1943）比较了牛腱子肉、羊腿肉、猪背脊肉、小牛肉、蛙腿肉、烤鸡肉、鲑鱼、鳕鱼和虾肉中氨基酸组成，发现不同肉中蛋白质的氨基酸组成相似，蛋白质的营养价值差不多，不存在物种和肌肉类型的差异。但 Wu 等（2016）比较了蛋白质和多肽水解后的游离氨基酸组成，发现不同部位肉如后腿肉、背脊肉和肩肉的营养价值存在一定的差异。

脂肪对健康的影响是肉类消费最受关注的问题。脂肪是一种重要的高能量宏量营养素，1g 脂肪可提供 37.7kJ 的能量。脂肪除了提供能量外，也是细胞膜的重要结构成分，还可提供必需脂肪酸，促进脂溶性维生素 A、维生素 D、维生素 E 和维生素 K 的吸收和运输。肉中脂肪含量因物种、品种、饲养方式、性别、动物年龄、个体、分割肉而有很大差别。除含量不同外，肉中脂肪类型也有差异（详见第 4 章）。大多数食物来源的脂肪中主要成分是甘油三酯，其中脂肪酸组成是关键。根据碳原子之间的双键数，脂肪酸被分为饱和脂肪酸、单不饱和脂肪酸和多不饱和脂肪酸。饱和脂肪酸、单不饱和脂肪酸和多不饱和脂肪酸的比例和它们在甘油分子上的位置影响脂肪在食物中的物理特性。在室温下，以不饱和脂肪酸为主要成分的脂肪是液体，而以饱和脂肪酸为主要成分的脂肪是固体。饱和脂肪酸主要存在于红肉、禽肉、乳制品、椰子油和棕榈油中。肉中脂肪酸组成与其他食物一样，都是由饱和脂肪酸、单不饱和脂肪酸和多不饱和脂肪酸组成。研究表明，脂肪酸对机体健康的影响是不同的，因此，在研究肉类与健康之间的关系时，了解总脂肪含量和实际脂肪酸组成非常重要。

21.1.2 肉中的微量营养素

除了蛋白质和脂肪外，肉中还有许多有益于儿童健康成长的微量营养素，在成年人的健康中也发挥重要的生理作用。肉是硫胺素（维生素 B_1）、核黄素（维生素 B_2）、烟酸（维生素 B_3）、生物素、维生素 B_6、维生素 B_{12}、叶酸和泛酸的重要来源，也是锌、铁、铜、锰、磷、钾和硒等矿物元素的重要来源（见第 20 章）。对于一些微量营养素，肉是唯一的天然膳食来源，或者说它可能比其他食物或合成来源具有更高的生物利用率。

维生素 B_{12} 是机体合成健康红细胞的必需营养素，也是神经和大脑功能所必需的营养素。维生素 B_{12} 缺乏可能导致贫血、疲劳、头晕、记忆力减退或混乱。维生素 B_{12} 仅存在于动物源性食品中，因此，不吃肉或吃肉少的人需要服用维生素 B_{12} 补充剂，以防止维生素 B_{12} 缺乏。Henderson（2003）报道，肉和肉制品提供约 30%的维生素 B_{12}、21%的硫胺素和 15%的核黄素。

缺铁影响婴儿、青少年和年轻女性的健康，会导致贫血，使机体疲惫和虚弱。肉来源的血红素铁比植物来源的非血红素铁具有更高的生物利用率，有研究表明，肉中血红素铁可以增加其他来源铁的吸收，但确切的机制尚不完全清楚。这种增强效应被称为“肉效应”（Layrisse 等，1968；Martinez-Torres 等，1971）。Baech 等（2003）发现，添加少量猪肉会增加植酸盐高、维生素 C 低的食品中非血红素铁的吸收。Cook 等（1976）研究证明了肉类的铁比其他动物源食品如鸡蛋、牛奶和奶酪中的铁更容易吸收。肉类尤其是肝脏也提供大量易吸收的 25-羟胆钙化醇，它是维生素 D 的代谢物（Groff 等，1995），因为维生素 D 是骨骼发育和增加肌肉力量所必需的营养素，所以 25-羟胆钙化醇也是另一种有益于健康的营养补充剂。肉中含有大量的锌，用于肌肉的合成，可提高免疫功能的功效，增加瘦肉摄入量可以提高铁和锌的利用率（Johnson 等，1992）。肉中还含有微量营养素硒，它可以作为抗氧化剂，有助于提高免疫力，促进碘转化为甲状腺素。总而言之，肉类提供了重要的蛋白质来源和许多易于吸收的微量营养素。

21.2 肉类膳食与营养健康

在发达国家与发展中国家之间及不同经济水平个体之间，肉类摄入量差异很大。一个国家或个人的经济向好时，食物消费会增加。肉类是高质量蛋白质的来源，它可提供血红素铁、维生素 B_{12} 和许多其他重要的矿物质和维生素，这使其成为高价值的食物（见第 20

章）。经济收入低的人以植物性膳食为主，即使摄入少量的肉类，也会提供重要补充，确保必需营养素充足，以支持生长和发育，维持生理功能。瘦肉通常被认为对均衡膳食具有重要作用；但肉类摄入，尤其是高脂肪肉类摄入对机体健康的影响仍存在很多争议。

21.2.1 肉类摄入和心血管疾病

肉类摄入与人类心血管疾病（许多发达国家的主要死因）风险之间的关系，多年来一直备受争议。心血管疾病包括影响心脏和循环系统的所有疾病，如中风和冠心病。有许多因素都可能会导致心血管疾病，如遗传易感性、吸烟、血脂异常、高血压、肥胖、糖尿病、缺乏体力活动和过量饮酒（Rosamond 等，2007；Lichtenstein 等，2006）。为了维持正常的血脂水平，许多膳食指南建议减少总脂肪、饱和脂肪酸、反式脂肪酸和胆固醇的摄入量。Eckel 等（2014）强调整体健康饮食模式的重要性，并建议限制食用饱和脂肪酸、反式脂肪酸、钠、红肉、甜食和含糖饮料，当食用红肉时，应选择瘦的分割肉。

膳食脂肪摄入会提高心血管疾病的风险，因为它会影响血液中的胆固醇水平。除硬脂酸外，饱和脂肪酸和反式脂肪酸的摄入与低密度脂蛋白（LDL）的增加有关，这增加了心血管疾病的患病率。饱和脂肪酸摄入会升高血小板数量，增加血液凝结的风险，但多不饱和脂肪酸具有相反的作用，可降低凝血。因此，有关降低心血管疾病风险饮食建议通常包括将饱和脂肪酸的摄入限制在总热量摄入的10%或更少。

血浆胆固醇包括三种脂蛋白：低密度脂蛋白、极低密度脂蛋白（VLDL）和高密度脂蛋白（HDL）。高密度脂蛋白通常被归为“好的”胆固醇，而低密度脂蛋白被归类为“坏的”胆固醇。低密度脂蛋白含量高、高密度脂蛋白含量低时，会增加心脏病和动脉粥样硬化的风险，相反则会降低冠心病的风险。胆固醇的推荐摄入量为每天200mg或更少。

由于物种之间以及物种内不同分割肉的营养成分有差异，营养指南建议瘦肉可以纳入均衡的膳食中，以降低心血管风险。在牛肉中，硬脂酸约占总饱和脂肪酸含量的三分之一，但其对血液胆固醇水平的影响和其他饱和脂肪酸明显不同。Hunter 等（2010）进行了综合分析，就硬脂酸对血脂蛋白的影响进行了系统的论述，并得出以下结论：

①与其他饱和脂肪酸相比，硬脂酸可以降低低密度脂蛋白水平，相对提高高密度脂蛋白水平，提高高密度脂蛋白在总胆固醇中所占的比例；

②与不饱和脂肪酸相比，硬脂酸会增加低密度脂蛋白水平，降低高密度脂蛋白水平，进而降低高密度脂蛋白在总胆固醇中所占的比例；

③当硬脂酸替代反式脂肪酸时，对低密度脂蛋白胆固醇水平有降低趋势或几乎无影响，对高密度脂蛋白胆固醇水平增加趋势或几乎无影响，并且总胆固醇与高密度脂蛋白胆固醇的比率降低。

研究表明，反式脂肪酸的摄入可增加低密度脂蛋白并降低高密度脂蛋白水平，从而增加患心血管疾病的风险。在20世纪90年代，研究记录了反式脂肪酸的不利影响及相关预防措施，包括在营养标签上标注反式脂肪酸，以使消费者意识到食用反式脂肪酸的风险。虽然含有部分氢化油的加工食品是反式脂肪酸的主要来源，但在一些反刍动物中，通过生物氢化也会形成少量反式脂肪酸，存在于天然的牛羊肉中（详见第20章和第22章）。其中包括异油酸以及天然存在的共轭亚油酸（CLA）、顺-9，反-11 CLA的异构体等。Kritchevsky等（2004）研究发现，反刍动物中共轭亚油酸等反式脂肪酸可能不会增加心血管疾病的风险。Mozaffarian等（2006）和Huth（2007）也报道反刍动物肉和奶中的反式脂肪与增加患心脏病的风险无关。

兔子、小鼠和仓鼠实验（Belury，2002；Bhattacharya等，2006）表明共轭亚油酸可以通过降低总胆固醇和减少动脉粥样硬化来降低患心血管疾病的风险。其他研究（Arbones-Mainar等，2006）发现共轭亚油酸促进了小鼠动脉粥样硬化。在人体研究中也报道了各种不同的结果（Toomey等，2006；Arbones-Mainar等，2006）。Gebauer等（2011）得出结论，流行病学研究一般表明反刍动物反式脂肪酸与冠心病之间没有关联或成反比，但临床研究结果尚不清楚。因此，需要进一步的研究以更好地了解心脏病与肉类反式脂肪之间的复杂关系。

心脏病和肉类摄入之间的关系是很复杂的，虽然一些研究发现红肉中脂肪和饱和脂肪含量高，建议消费者不要摄入红肉，但其他研究表明瘦肉的摄入不会增加心血管疾病的风险。Stanner（2005）报道，高半胱氨酸水平升高是会导致心血管疾病发生的危险因素，这可能与B族维生素（包括维生素B_{12}、维生素B_6和叶酸）在血液中的含量较低有关。瘦肉中富含这些微量营养素，有助于降低心血管疾病的风险。得舒饮食（DASH）模式研究表明，摄入限量的牛肉（28g/d）有助于降低高血压和心血管疾病的风险（Sack等，2001）。瘦牛肉饮食（BOLD）模式临床研究结果与DASH饮食类似，不同之处在于，该饮食将牛肉摄入量增加到113g/d，作为每天蛋白质的主要来源。瘦牛肉饮食模式增强版（BOLD-PLUS）研究将蛋白质和瘦牛肉摄入量增加到153g/d（Roussel等，2012）。5周后，BOLD和BOLD-PLUS饮食中的临床研究参与者的总胆固醇和低密度脂蛋白胆固醇均与DASH饮食中相似，从而证明瘦牛肉的适量摄入有益于心脏健康。

患心血管疾病的原因很多，包括遗传、年龄、性别、吸烟、高血压、压力、肥胖、糖尿病、环境、饮酒和饮食等。因此，降低心血管疾病的风险应采取的措施包括运动，保持健康的体重，控制血压，控制血糖，戒烟，限制饮酒以及正确的饮食选择。有关减少心血管疾病的基本饮食建议侧重于平衡热量摄入，限制总脂肪、饱和脂肪酸、反式脂肪酸和胆固醇摄入。然而，这并不意味着应该从个人饮食中完全消除肉类的摄入。瘦肉是营养的重要来源，可以包含在平衡、健康的饮食中。

21.2.2 肉类摄入和癌症

另一个争议较多的领域是肉类摄入和癌症之间的关系。大多数癌症的具体病因尚未确定，但是，遗传、环境影响、吸烟、饮酒和不合理的饮食等都可能导致癌症已成为共识，如吸烟是导致肺癌的原因。常见的癌症有乳腺癌、前列腺癌、肺癌和结直肠癌。虽然饮食和癌症之间的确切关系尚未完全了解，但人们普遍认为这种关系足以成为一个公共卫生问题（Willett，2006）。一些研究（Doll 和 Peto，1981；Willett，2006）表明，35%～70%的癌症死亡可能归因于饮食的影响。国际癌症研究机构（IARC）工作组得出的结论是，人类对红肉消费的致癌性证据有限，于是将红肉的摄入分类为“可能对人类有致癌性”。同时他们表示，人类有足够的证据证明摄入加工肉类具有致癌性，将其归类为“对人类致癌”（Boucard 等，2015）。虽然营养流行病学研究表明，脂肪摄入可能导致某些癌症而高纤维饮食可能降低患某些癌症的风险，但个别食物的作用仍未完全了解。因此，研究饮食与癌症之间的关系是比较困难的，因为我们很少单独食用某一种食物，我们摄入的食物是复杂而多样的；而且其他因素如遗传易感性、环境、体重、保健和生活方式等的影响也会使得饮食与癌症之间的关系研究较为困难。因此，围绕肉类摄入和特定癌症关系的问题仍存在许多争议。

21.2.2.1 肉类摄入和结直肠癌

结直肠癌是男性中第三大常见癌症，女性中的第二大常见癌症，据报道它是癌症死亡的第四大常见病因。结直肠癌在发达国家的比例较高，然而也有人推测在发展中国家患病率较低可能是由于医疗保健有限所以未能诊断出。数据表明，环境因素如饮食和运动，以及年龄均与结直肠癌的发生有关。然而，大多数结直肠癌病例的具体发病原因尚不清楚。

由于结肠本身有对食物的吸收作用，在食物残渣进入直肠之前可以储存废物，有多项科学研究中对膳食摄入的作用进行了报道，结果众说纷纭。一些流行病学研究报告指出，大量摄入大蒜和膳食纤维可以降低结直肠癌的风险，并且在食用富含蔬菜的人群中很少会发现结直肠癌病例。然而肉类摄入和结直肠癌相关的结果则不一致。虽然国际癌症研究机构工作组确定结直肠癌（Bouvard 等，2015）与红肉摄入有一致的关联，但 Alexander（2016）回顾了之前发表的前瞻性研究，得出结论，认为两者关系不明确。可能的联系就是男性的红肉摄入量要比女性高很多。

肉类、家禽和鱼类的加工过程中可能会产生多环芳烃，腌制肉类的过程中可能会产生 *N*-亚硝基化合物，因此，人们对杂环胺及其形成非常关注（见第 18 章）。这些化合物以及肉中脂肪和饱和脂肪酸与结直肠癌的关系尚无定论。许多病理及对照研究表明，肉类摄入与结直肠癌之间存在联系。但是 Alexander 等（2015）对文献进行了系统的定量评估，得出结论：“关于红肉摄入和结直肠癌的流行的关系可以描述为：较弱的关联度、不一致性，无法排除其他饮食和生活方式的影响，缺乏明确的剂量效应，以及时效证据不足”。

21.2.2.2 肉类摄入和乳腺癌

乳腺癌在女性和男性中均可能发生，主要表现在乳房中形成各种形状的组织。多种因素和患乳腺癌的风险有关，如家族史、遗传基因突变、激素暴露、体脂过高以及缺乏运动锻炼等。与肉类摄入和乳腺癌发病率相关的数据显示，肉类消费量高的国家相比消费量少或没有肉类的国家，乳腺癌的发病率高得多，这表明吃肉可能是一个潜在的影响因素。但是 Lowe 等（2009）得出结论，红肉和加工肉类的摄入量与乳腺癌风险增加没有相关性。但也有一些流行病学研究表明，吃肉可能会增加因摄入脂肪以及烹饪过程中形成的化学物质或激素含量而导致乳腺癌患病的风险（Ganmaa 等，2005；Zheng 等，1998），其他研究尚未明确肉类摄入与乳腺癌之间的关系（Missmer 等，2002；Alexander 等，2010）。因此，关于降低乳腺癌风险的饮食指南大都侧重于限制饮酒，保持健康的体重，多吃蔬菜和水果，限制红肉和加工肉、饱和脂肪和反式脂肪的摄入。

21.3 肉类摄入建议

根据联合国粮农组织（FAO）的报告，发展中国家肉类消费量已经上升了 5%～6%（Bruinsma，2003），畜产品的人均消费量从每年 25kg 增加到 45kg，这对营养摄入有着积极影响。不幸的是，许多发展中国家的蛋白质摄入量并没有上升。1997—1999 年，发展中国家的人均肉类消费量为 36.4kg，肉类消费仍旧属于奢侈消费，而此时发达国家的人均肉类消费量则是 88.2kg。在 2015 年，发展中国家的人均消费量上升至 41.3kg，发达国家上升至 95.7kg，预计到 2030 年，发展中国家与发达国家的人均肉类消费量将分别上升至 43.5kg 与 100.1kg。然而，其他机构预测发达国家中的人均肉类消费量将会下降，原因是素食主义者人数的增加。与此同时，该研究还关注了国民收入水平与脂肪摄入对肉类消费水平的影响。从历史的角度来看，高收入群体消耗的脂肪主要来源于牛奶与肉制品，而低收入群体消耗的脂肪摄入有限，主要的食物为蔬菜与谷物。发展中国家的脂肪摄入量（较为廉价的植物油）有所上升，而高收入国家的肉类消费量下降，但由于植物油的消耗，总的脂肪消耗量并没有变化。

在满足了能量需求之后，大部分发达国家的居民每日摄入了超出其需求的蛋白质。然而，在不发达国家的儿童或者由于疾病、极端情况或是不规律饮食引起的能量或营养摄入不足中，蛋白质缺乏较为普遍。缺乏蛋白质摄入的儿童可能出现发育不良、水肿或皮肤病变，而缺乏蛋白质摄入的成人则会出现水肿、肌肉萎缩或脱发等症状。

蛋白质的需求基于两个因素：对总氮的需求和对必需氨基酸的需求，并且个体的能量平衡同样会影响膳食蛋白与总氮的平衡。由于能量需求与蛋白质需求之间的联系，对于两者的具体建议也基于许多因素，包括能量需求、蛋白质转化、体重、运动。生长状况随着年龄与其他因素而变化，对于成年人来说，单位体重的蛋白质需求量为 0.75～0.8g/kg 体重，能够基本满足所有健康人群的蛋白质需求，由于疾病或是健身产生的多余的蛋白质需求，则需要精确计算。根据美国食品与药物管理局（FDA）的估计，男性的蛋白质需求量为55g/d（WHO，1985；Pedersen等，2013），女性则为45g/d，2000kCal的饮食则需要50g蛋白质。Pedersen等（2013）对2000—2011年间发表的文献进行了系统评价，对健康成年人蛋白质摄入量的影响进行了分类，并确定了氮平衡研究的可能证据，估算出人体蛋白需要量为每天0.66g/kg体重。

21.4 功能性肉类食品

生活方式的改变，包括饮食的改善可以减少某些疾病如冠心病、Ⅱ型糖尿病和某些癌症的发生，使健康状况好转。消费者对食物摄入与健康之间联系的认知和意识逐渐增强，从而引发了他们对食品特定功能的需求。消费者希望食品能够改善健康并满足特定的生理功能。功能性食品的概念最初起源于20世纪80年代中期的日本，当时关注的是已知有改善人体机能的特定功能性食品添加剂。后来，功能性食品范围继续扩大，全球销售额年增长约10%，市场价值为290亿美元。功能性食品有多个定义，其中最经常被引用的是Goldberg（1994）给出的定义：

①一种从自然界获取的食物（非胶囊、片剂或粉末）；

②可以而且应该作为日常饮食的一部分；

③摄入后具有特定的功能，用于调节特定的生理过程，如：增强机体抵抗力；预防特定疾病；促进机体康复；改善身体和精神状况；延缓衰老过程。

虽然大多数有益健康的成分存在于植物或人造食物中，但动物中也存在一些对人体健康有益的成分。例如，鱼肉中ω-3脂肪酸有助于降低心血管死亡率的风险，而乳制品则是特定的钙来源，有助于预防骨质疏松。肉类除了提供对人体有用的营养物质外，也被认为是一种功能性食物，也就是说，它可以提供额外的生理效益，超出了消费者的基本营养需求，有可能减轻或预防疾病（Jimenez-Colmenero等，2001）。

肉类含有改善生理功能的成分，已被归类为功能性食品（Hasler等，2004；Ferguson，2010）。瘦肉被认为是很好的蛋白质来源，而红肉提供的蛋白质已经被证明有减轻体重，降低血压等功能（McAfee等，2010）。肉类中发现的特定氨基酸也可提供额外的生理功能，因此被视为肉类的功能成分。牛磺酸已被报道对眼部健康和心脏病有积极作用（Purchas等，2006）；谷氨酰胺能够辅助代谢并抑制一些潜在的疾病（Neu等，1996）；其他一些氨基酸可以辅助神经系统的正常功能（Gaull，1990）。牛肉、猪肉、羊肉中含量最丰富的两种抗氧化剂肌肽和鹅肌肽能够协助伤口愈合，修复疲劳，并预防一些与压力有关的疾病（Arihara，2006；Arihara等，2008）。一些研究表明，肉碱可能有助于提高心脏功能，预防缺血性心脏病（Lango等，2001；Ferrari等，2004）。也有研究表明，左旋肉碱可能会增加动脉粥样硬化的风险（Murphy 等，2013）。

另一种受到关注的化合物是共轭亚油酸，它存在于羊肉和牛肉中，有抗癌和预防动脉粥样硬化的功效，能改善心血管健康，促进体重减轻（Rainer 等，2004；Park，2009）。反刍动物脂肪中共轭亚油酸的含量高，牛肉中含量为 1.2~10.0mg/g，羊肉中含量为 4.3~19.0mg/g（Schmid 等，2006）。肉和肉制品的摄入在西方人膳食中提供了 95~440 mg 的共轭亚油酸，关于这一摄入水平对实际的健康影响还有争论（Baublits 等，2007）。

除了天然存在的生物活性化合物，如左旋肉碱、肌酸和牛磺酸，人工改良也可以提高肉类的功能。可以通过遗传筛选，优化饲养配方和营养补充来改变最终肉类成分的中蛋白质、脂肪、脂肪酸以及营养素组成。除了通过生产改变成分外，肉类加工过程中也可以通过修整来减少肉中脂肪含量，还可以采取其他措施实现低脂肪含量、特定的脂肪酸组成、低胆固醇、低钠等功能。也可以将其他功能成分，如水果、种子和坚果添加到肉制品中。目前市售产品中，如骨汤，通过提供磷、氨基葡萄糖、钙和镁来改善消费者的皮肤、关节、胃肠道、肺部和血液功能。

总的来说，越来越多的研究表明，肉及肉制品对个人预防或治疗健康问题有直接影响，肉类的功能性会被进一步挖掘和认识。

21.5 毒素和残留物相关问题

硝酸盐常被用于肉类的防腐保鲜，硝酸盐会被嗜盐微生物还原成亚硝酸盐，从而对肉制品的护色和风味都起到了积极作用，同时还抑制了肉毒梭菌生长，降低了肉毒素带来的风险。因为亚硝酸盐能氧化血红蛋白和维生素 A（Roberts 等，1963），对机体产生毒副作用。所以肉制品中亚硝酸盐残留量就被限制在 500 ppm 以内。亚硝酸盐对于婴儿的影响非常严重，在婴儿发育的前三个月，体内酶系统发育不完全，无法将被亚硝酸盐氧化的高铁肌红蛋白还原成正常的价态（National Research Council，1981）。

考虑到亚硝酸盐可以与亚胺反应产生致癌的亚硝胺，如二甲基亚硝胺（Lijinsky 等，1970），科学家建议进一步控制亚硝酸盐残留量至 200mg/kg 甚至更少，并试图在肉制品中不添加亚硝酸盐。完全不添加亚硝酸盐是不太容易实现的，除非能找到其他方法可以抑制肉毒梭菌。在生猪肉中最常见的亚胺化合物有哌啶、乙胺、吡咯烷和二胺（Bellatti 等，1982）。在腌腊猪肉成熟过程中，二甲胺含量会从 0.1mg/L 上升到 3mg/L。

对比研究北欧和南欧的香肠中胺类物质含量，发现南欧香肠中酪胺和苯乙胺含量较高，可能是由于变异库克菌和肉葡萄球菌产生的脱羧酶作用所致（Ansorena 等，2002）。

人体摄入的亚硝酸盐中大约 65%存在于唾液中，想从饮食中消除其前体硝酸盐几乎不可能（Greenberg，1975）。骨骼肌（包括其他组织）可以利用一氧化氮合成酶产生一氧化氮（Brannan 等，2002）。有人提出，硝酸盐和其衍生出的亚硝酸盐，可以通过抑制病原体来增强机体对胃肠炎的抵抗力（Dykhuisen 等，1996）。尽管如此，世界卫生组织（WHO，1977）建议饮用水中硝酸盐含量应不超过 11mg/L。蔬菜中硝酸盐的含量比腌肉高 10 倍，但抗坏血酸含量相对较高能抑制亚硝基化（Walters，1983）。此外，在亚硝酸盐含量很低的烟熏制品中亚胺类物质更少（Walters，1973）。对火腿的随机调查显示，在加工过程中二甲基亚硝胺浓度高（Fiddler 等，1971），但检测到的实际含量不到 1mg/L（Patterson 等，1974）。

值得一提的是，在 97% 健康人群的血液中存在二甲基亚硝胺（Laknitz 等，1980）。在那些胃酸分泌不足的人群中，肠道中相对碱性的条件为硝酸盐还原菌提供了生长环境，使亚硝酸盐浓度大大提高，从而成为致癌物（Newberrie，1979）。也有人提出，亚硝酸盐是人类肠道中天然产物，是在幼年时期发展起来的一种能力，以此来抵抗环境中无所不在的肉毒梭菌孢子（Tannenbaum 等，1978）。而这种能力的缺失通常被认为是一些婴儿猝死的原因。

肉制品烟熏时，多环芳烃（包括致癌物质，如苯并芘）可能会聚集到产品表面（见第 9 章和第 18 章）。木材燃烧时的温度若超过 500℃ 时，产生的烟雾中会含有这些致癌物（Potthast，1975），但只有当烧烤时脂肪落到热炭表面上才会产生大量致癌物。

激素被广泛用来促进动物的生长，其中雌己酚是一种致癌物（Gass 等，1964）。因此，在一些国家禁止使用合成雌激素。但在肉中仍能检测到这些激素残留。早期的研究表明，如果按照标准使用激素，牛肉或猪肉中不会检测到激素残留（Perry 等，1955；Braude，1950）。放射免疫测定法使我们能够进行非常精确地评估激素残留问题。动物使用激素后睾酮水平明显下降（Hoffman 等，1976）。1985 年，欧洲议会提议在确定其安全性之前，禁止使用某些有激素功效的物质来刺激动物生长，同时允许使用雌酚-17、孕酮、睾酮、去甲雄三烯醇酮和泽兰诺。英国上议院（1985—1986 年）的一个委员会特别指出，全面禁止使用激素促进生长将减少消费者可获得的瘦肉数量。1996 年，欧洲联盟规定，禁止在畜牧业中使用激素兴奋剂。

当动物吃了被污染的饲料时，肉就成为各种霉菌毒素的载体。同时他们也可能出现在诸如发酵香肠等肉制品中。在发酵肉制品成熟后期，一些特定的霉菌可以在肉表面生长，但是一些毒素也会随之累积。例如赭曲霉菌（一种青霉菌）可产生的赭曲霉菌毒素，如果动物食用发霉的饲料，会导致动物发病，产生胴体缺陷（Krogh，1977）。黄曲霉毒素也由赭曲霉菌产生，对人体是致癌物。但赭曲霉菌毒素对人体的影响还不得而知。

虽然发酵肉制品迄今为止都被证明是安全的，但是越来越多的证据表明，其有可能导致肠炎，这些肠炎涉及沙门氏菌和致细胞毒性大肠杆菌等微生物的生长（Moore，2004）。由于骨骼倾向于聚集有毒重金属，如铅、钡、铅、锶，增加机械回收肉使用可能带来的危险。然而，绝大多数的证据都表明，这些元素在肉制品中的含量不足以对健康产生影响

(Newman, 1980、1981)。

在农业生产中使用农药，特别是那些持久性的农药，如有机氯农药，可能会沉积在牧饲动物的组织中，因此，需要对肉类中农药残留进行检测。Madarena 等（1980）评估肉中 14 种有机氯农药残留，包括六氯化苯（BHC）异构体、二氯二苯基三氯乙烷（DDT）和环二烯。牛肉、猪肉、兔肉和马肉中总有机氯残留量分别为 10、80、110、160μg/kg。

21.6 结论

饮食与健康之间的关系非常复杂，因为有太多的混杂因素。研究人员将继续寻找影响特定疾病的饮食因素。然而，我们仍然缺乏足够的知识来完全区分所有因素，如遗传易感性、环境影响、生活方式以及膳食摄入量。关于饮食与健康之间关系的许多饮食建议或结论是基于营养流行病学研究，该研究通过审查饮食模式和疾病状况来确定摄入量与疾病之间是否存在关系。

然而，用于评估膳食摄入量的方法存在明显的局限性，因为有可能方法不正确，也无法证明实际因果关系。研究人员将继续研究单个成分的影响，如脂肪酸或特定氨基酸的类型以及总体膳食摄入量，研究结果将为膳食指南和建议的更新完善提供支持。虽然可能缺乏对某些饮食和健康关系的绝对证据，但人们普遍认为饮食会影响健康，并支持 Hippocrates 的观点："让食物成为你的药物，而不是将药物变成你的食物"。

参考文献

Alexander, D. D. , Morimoto, L. M. , Mink, P. J. , Cushing, C. A. , 2010. A review and meta-analysis of red and processed meat consumption and breast cancer. Nutrition Research Reviews 23, 349-365.

Alexander, D. D. , 2016. Red Meat and Processed Meat Consumption and Cancer. National Cattlemen's Beef Association and The National Pork Board.

Alexander, D. D. , Weed, D. L. , Miller, P. E. , Mohamed, M. A. , 2015. Red meat and colorectal cancer: a quantitative update on the state of the epidemiologic science. Journal of American College of Nutrition 34, 521-543.

Ansorena, D. , Mentel, M. C. , Rokka, M. , Talon, R. , Eerola, S. , Rizzo, A. , Raemaekers, M. , Demeyer, D. , 2002. Analysis of biogenic amines in northern and southern European sausages and role of flora in amine production. Meat Science 61, 141-147.

Arbones-Mainar, J. M. , Navarro, M. A. , Guzman, M. A. , Arnal, C. , Surra, J. C. , Acin, S. , Carnicer, R. , Osada, J. , Roche, H. M. , 2006. Selective effect of conjugated linoleic acid isomers on atherosclerotic lesion development in apolipoprotein E knockout mice. Atherosclerosis 189, 318-327.

Arihara, K. , 2006. Strategies for designing novel functional meat products. Meat Science 74, 219-229.

Arihara, K. , Ohata, M. , 2008. Bioactive compounds in meat. In: Toldrá, F. (Ed.), Meat Biotechnology. Springer Science + Business Media LLC, New York, pp. 231-249.

Baech, S. B., Hansen, M., Bukhave, K., Jensen, M., Sorensen, S., Kristensen, L., Purslow, P. P., Skibsted, L. H., Sandstrom, B., 2003. American Journal of Clinical Nutrition 77, 173-179.

Baublits, R. T., Pohlman, F. W., Brown, A. H., Johnson, Z. B., Proctor, A., Sawyer, J., Dias-Morse, P., Galloway, D. L., 2007. Injection of conjugated linoleic acid into beef strip loins. Meat Science75, 84-93.

Beach, E. F., Munks, B., Robinson, A., 1943. The amino acid composition of animal tissue protein. Journal of Biological Chemistry 148, 431-439.

Bellatti, M., Parolari, G., 1982. Aliphatic secondary amines in meat and fish products and their analysis by high pressure liquid chromatography. Meat Science 7, 59-65.

Belury, M. A., 2002. Dietary conjugated linoleic acid in health: physiological effects and mechanisms of action. Annual Reviews in Nutrition 22, 505-531.

Bender, A., 1992. Food and Agriculture Organization of the United Nations, Rome.

Bhattacharya, A., Banu, J., Rahman, M., Causey, J., Fernandes, G., 2006. Biological effects of conjugated linoleic acids in health and disease. Journal of Nutritional Biochemistry 17, 789-810.

Bouvard, V., Loomis, D., Guyton, K. Z., Grosse, Y., El Ghissassi, F., Benbrahim-Tallaa, L., Guha, N., Mattock, H., Straif, K., 2015. Carcinogenicity of consumption of red and processedmeat. The Lancet 16, 1599-1600.

Brannan, R. G., Decker, E. A., 2002. Nitric oxide synthase activity in muscle foods. Meat Science 62, 229-235.

Braude, R., 1950. Studies in the vitamin C metabolism of the pig. British Journal of Nutrition 4, 186-199.

Bruinsma, J. (Ed.), 2003. World Agriculture: Towards 2015/2030. An FAO Perspective. Food and Agriculture Organization of the United Nations/London, Earthscan, Rome.

Cook, J. D., Monsen, E. R., 1976. Food iron absorption in human subjects. III. Comparison of the effect of animal proteins on nonheme iron absorption. American Journal of Clinical Nutrition 29, 859-867.

Doll, R., Peto, R., 1981. The causes of cancer: quantitative estimates of avoidable risks of cancer in the United States today. Journal of National Cancer Institute 66, 1191-1308.

Dykhuisen, R. S., Frazer, R., Duncan, C., Smith, C. C., Golden, M., Benjamin, N., Seifert, C., 1996. Antimicrobial effect of acidified nitrite on gut pathogens: importance of dietary nitrate in host defense. Antimicrobial Agents Chemotherapy 40, 1422-1425.

Eckel, R. H., Jakicie, J. M., Ard, J. D., Hubbard, V. S., deJesus, J. M., Lee, I., Lichtenstein, A. H., Loria, C. M., Millen, B. E., Miller, N., Nonas, C. A., Sacks, F. M., Smith, S. C., Svetkey, L. P., Wadden, T. W., Yanovski, S. Z., 2014. 2013 AHA/ACC guideline on lifestyle management to reduce cardiovascular risk: a report of the American College of Cardiology/American Heart Association Task Force on Practice Guidelines. Circulation 12, S76-S99.

Ferguson, L. R., 2010. Meat and cancer. Meat Science 84, 308-313.

Ferrari, R., Merli, E., Cicchitelli, G., Mele, D., Fucili, A., Ceconi, C., 2004. Therapeutic effects of L-carnitine and propionyl-L-carnitine on cardiovascular diseases: a review. Annals of the NewYork Academy of Sciences 1033, 79-91. http://dx. doi. org/10. 1196/annals. 1320. 007.

Fiddler, W., Doerr, R. C., Ertel, J. R., Wasserman, A. E., 1971. Gas-liquid chromatographic determination of *N*-nitrosodimethylamine in ham. Journal of the Association of Official Analytical Chemists 54, 1160-1163.

Ganmaa, D., Sato, A., 2005. The possible role of female sex hormones in milk from pregnant cows in the development of breast, ovarian and corpus uteri cancers. Medical Hypotheses 65, 1028-1037.

Gass, G. H., Coats, D., Graham, D., 1964. Carcinogenic dose-response curve to oral diethylstilbestrol. Journal of National Cancer Institute 33, 971-977.

Gaull, G. E., 1990. Taurine in pediatric nutrition: review and update. Pediatrics 83, 433-442.

Gebauer, S. K., Chardigny, J., Jakobsen, M. U., Lamarche, B., Lock, A. L., Proctor, S. D., Baer, D. J., 2011. Effects of ruminant trans fatty acids on cardiovascular disease and cancer: a comprehensive review of epidemiological, clinical, and mechanistic studies. Advances in Nutrition 2, 332-354.

Goldberg, I. (Ed.), 1994. Functional Foods: Designer Foods, Pharmafoods, Nutraceuticals. Chapman and Hall, London, pp. 3-16.

Greenberg, R. A., 1975. In: Proc. Meat Ind. Res. Conf. A. M. I. F., Chicago, p. 71.

Groff, J., Gropper, S., Junt, S., 1995. Advanced Nutrition and Human Metabolism. West Publishing Co., Minneapolis/St. Paul, MN.

Hasler, C. M., Bloch, A. S., Thomson, C. A., Enrione, E., Manning, C., 2004. Position of the American Dietetic Association: functional foods. Journal of American Dietetic Association 104, 814-826.

Henderson, L., Irving, K., Gregory, J., 2003. The National Diet and Nutrition Survey: adults aged 19-64 years. In: Krebs, H., Bleras, J. (Eds.), Vitamin and Mineral Intake and Urinary Analytes, vol. 3. The Stationery Office, London.

Hoffman, B., Kung, H., 1976. In: Coulston, F., Korte, F. (Eds.), Anabolic Agents in Animal Production. Thieme, Stuttgart, p. 181.

Hunter, J. E., Zhang, J., Kris-Etherton, P. M., 2010. Cardiovascular disease risk of dietary stearic acid compared with trans, other saturated, and unsaturated fatty acids: a systematic review. American Journal of Clinical Nutrition 91, 46-63.

Huth, P. J., 2007. Do ruminant trans fatty acids impact coronary heart disease risk? Lipid Technology 19, 59-62.

Jiménez-Colmenero, F., Carballo, J., Cofrades, S., 2001. Healthier meat and meat products: their role as functional foods. Meat Science 59, 5-13.

Johnson, J. M., Walker, P. M., 1992. Zinc and iron utilization in young women consuming a beefbased diet. Journal of the American Dietetic Association 92, 1474-1478.

Kritchevsky, D., Tepper, S. A., Wright, S., Czarnecki, S. K., Wilson, T. A., Nicolosi, R. J., 2004. Conjugated linoleic acid isomer effects in atherosclerosis: growth and regression of lesions. Lipids 39, 611-616.

Krogh, P., 1977. Ochratoxin A residues in tissues of slaughter pigs with nephropathy. Nordisk Veterinaermedicin 29, 402-405.

Laknitz, L., Simenhoff, M. L., Dunn, S. R., Fiddler, W., 1980. Food and Cosmetic Toxicology 18, 77.

Lango, R., Smolenski, R. T., Narkiewicz, M., Suchorzewska, J., Lysiak-Szydlowska, W., 2001. Cardiovascular Research 51, 21-29.

Layrisse, M., Martinez-Torres, C., Roche, M., 1968. American Journal of Clinical Nutrition 21, 1175-1183.

Lichtenstein, A. H., Appel, L. J., Brands, M., Carnethon, M., Daniels, S., Franch, H. A., Franklin, B., Kris-Etherton, P., Harris, W. S., Howard, B., Karanja, N., Lefevre, M., Rudel, L., Sacks, F., Van-Horn, L., Winston, M., Wylie-Rosett, J., 2006. Circulation 114, 82-96.

Lijinsky, W., Epstein, S. S., 1970. Nitrosamines as environmental carcinogens. Nature 225, 21-23.

Lowe, K. L., Alexander, D. D., Morimoto, L. M., 2009. Experimental Biology, New Orleans, LA. Madarena, G., Dazzi, G., Campanini, G., Macci, E., 1980. Organochlorine pesticide residues in meat of various species. Meat Science 4, 157-166.

Martinez-Torres, C., Layrisse, M., 1971. Iron absorption from veal muscle. American Journal of Clinical Nutrition 24, 531-540.

McAfee, A. J., McSorley, E. M., Cuskelly, G. J., Moss, B. W., Wallace, J. M. W., Bonham, M. P., Fearon, A. M., 2010. Red meat consumption: an overview of the risks and benefits. Meat Science 84, 1-13.

Missmer, S. A., Smith-Warner, S. A., Spiegelman, D., Yaun, S. S., Adami, H. O., Beeson, W. L., van den

Brandt, P. A., Fraser, G. E., Freudenheim, J. L., Goldbohm, R. A., Graham, S., Kushi, L. H., Miller, A. B., Potter, J. D., Rohan, T. E., Speizer, F. E., Toniolo, P., Willett, W. C., Wolk, A., Zeleniuch-Jacquotte, A., Hunter, D. J., 2002. Meat and dairy food consumption and breast cancer: a pooled analysis of cohort studies. International Journal of Epidemiology 31, 78-85.

Moore, J., 2004. Gastrointestinal outbreaks associated with fermented meats. Meat Science 67, 565-568.

Mozaffarian, D., Katan, M. B., Ascherio, A., Stampfer, M. J., Willett, W. C., 2006. Trans fatty acids and cardiovascular disease. New England Journal of Medicine 354, 1601-1613.

Murphy, A. J., Bijl, N., Yvan-Charvet, L., Welch, C. B., Bhagwat, N., Reheman, A., Wang, Y., Shaw, J. A., Levine, R. L., Ni, H., Tall, A. R., Wang, N., 2013. Cholesterol efflux in megakaryocyte progenitors suppresses platelet production and thrombocytosis. Nature Medicine 19, 586-594.

National Research Council, 1981. The Health Effects of Nitrate, Nitrite and N-Nitroso Compounds. National Academy of Press, Washington, p. 51.

Neu, J., Shenoy, V., Chakrabarti, R., 1996. Glutamine nutrition and metabolism: where do we go from here? FASEB Journal 10, 829-837.

Newberrie, P. M., 1979. Science 204, 1079.

Newman, P. B., 1980-81. The separation of meat from bone-a review of the mechanics and the problems. Meat Science 5, 171-200.

Park, Y., 2009. Conjugated linoleic acid (CLA): good or bad trans fat? Journal of Food Composition and Analysis 22SI, S4-12.

Patterson, R. L. S., Mottram, D. S., 1974. The occurrence of volatile amines in uncured and cured pork meat and their possible role in nitrosamine formation in bacon. Journal of Science of Food and Agriculture 25, 1419-1425.

Pedersen, A. N., Kondrup, J., Børsheim, E., 2013. Health effects of protein intake in healthy adults: a systematic literature review. Food & Nutrition Research 57. http://dx.doi.org/10.3402/fnr.v57i0.21245 (Web. 15 Mar. 2017).

Perry, T. W., Beeson, W. M., Andrews, F. N., Stots, M., 1955. The effect of oral administration of hormones on growth rate and deposition in the carcass of fattening steers. Journal of Animal Science 14, 329-335.

Potthast, K., 1975. Probleme beim Rauchem von Fleisch und Fleischerzeugnissen. Fleischwirtschaft 55, 1492.

Purchas, R. W., Busboom, J. R., Wilkinson, G. H. P., 2006. Changes in the forms of iron and in concentrations of taurine, carnosine, coenzyme Q(10), and creatine in beef longissimus muscle with cooking and simulated stomach and duodenal digestion. Meat Science 74, 443-449.

Rainer, L., Heiss, C. J., 2004. The dietary enrichment with CLA isomers caused a reduction in the Δ9-desaturase capacity. Journal of American Dietetic Association 104, 963-968.

Roberts, W. K., Sell, J. L., 1963. Vitamin A destruction by nitrite in vitro and in vivo. Journal of Animal Science 22, 1081-1085.

Rosamond, W., Flegal, K., Friday, G., Furie, K., Go, A., Greenlund, K., Haase, N., Ho, M., Howard, V., Kissela, B., Kittner, S., Lloyd-Jones, D., McDermott, M., Meigs, J., Moy, C., Nichols, G., O'Donnell, C. J., Roger, V., Rumsfeld, J., Sorlie, P., Steinberger, J., Thom, T., Wassertheil-Smoller, S., Hong, Y., 2007. American Heart Association Statistics Committee and Stroke Statistics Subcommittee. Circulation 115, e69-e171.

Roussell, M. A., Hill, A. M., Gaugler, T. L., West, S. G., Heuvel, J. P., Alaupovic, P., Gillies, P. J., Kris-Etherton, P. M., 2012. Beef in an optimal lean diet study: effects on lipids, lipoproteins, and apolipoproteins. American Journal of Clinical Nutrition 95, 9-16.

Sacks, F. M., Svetkey, L. P., Vollmer, W. M., Appel, L. J., Bray, G. A., Harsha, D., Obarzanek, E., Conlin, P. R., Miller, E. R., Simons-Morton, D. G., Karanja, N., Lin, P. H., 2001. Effects on blood pressure of reduced dietary sodium and the Dietary Approaches to Stop Hypertension (DASH) diet. DASH-Sodium Collaborative Research Group. The New England Journal of Medicine 344, 3-10.

Schmid, A., Collomb, M., Sieber, R., Bee, G., 2006. Conjugated linoleic acid in meat and meat products: a review. Meat Science 73, 29-41.

Stanner, S. (Ed.), 2005. British Nutrition Task Force Report on Cardiovascular Disease: Diet, Nutrition and Emerging Risk Factors. Blackwell Science, Oxford.

Tannenbaum, S. R., Fett, D., Young, V. R., Lane, P. D., Bruce, W. R., 1978. Nitrite and nitrate are formed by endogenous synthesis in the human intestine. Science 200, 1488.

Toomey, S., Harhen, B., Roche, H. M., Fitzgerald, D., Belton, O., 2006. Profound resolution of early atherosclerosis with conjugated linoleic acid. Atherosclerosis 187, 40-49.

Walters, A. H., 1973. Nitrate in water, soil, plants and animals. International Journal of Environmental Studies 5, 105.

Walters, C. L., 1983. Nitrate, nitrite and N-nitrosamines. British Nutrition Foundation Nutrition Bulletin 8, 164-169.

Waltham, M. S., 1998. Roadmaps to Market: Commercializing Functional Foods and Nutraceuticals. Decision Resources, Inc., p. 5.

WHO, 1977. Health Hazards from Drinking Water. WHO Regulatory Office Europe, London (icp/ppe/005).

WHO, 1985. Energy and Protein Requirements. WHO, Geneva.

Willett, W. C., 2006. Diet and Nutrition. In: Schottenfeld, D., Fraumeni, J. F. (Eds.), Cancer Epidemiology and Prevention, third ed. Oxford University Press, New York, pp. 405-421.

Wu, G., Cross, H. R., Gehring, K. B., Savell, J. W., Arnold, A. N., McNeill, S. H., 2016. Composition of free and peptide-bound amino acids in beef chuck, loin, and round cuts. Journal of Animal Science 94, 2603-2613.

Zheng, W., Gustafson, D. R., Moore, D., Hong, C. P., Anderson, K. E., Kushi, L. H., Sellers, T. A., Folsom, A. R., Sinha, R., Cerhan, J. R., 1998. Well-done meat intake and the risk of breast cancer. Journal National Cancer Institute 90, 1724-1729.

22 可食性副产物

Herbert W. Ockerman[1], Lopa Basu[2], Fidel Toldrá[3]

[1]*Ohio State University, Columbus, OH, United States*;

[2]*University of Kentucky, Lexington, KY, United States*;

[3]*Instituto de Agroquímica y Tecnología de Alimentos (CSIC), Valencia, Spain*

22.1 引言

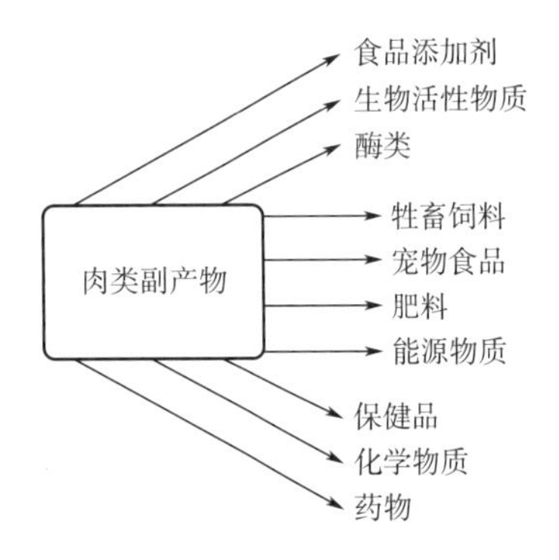

图 22.1 动物副产物的主要用途

（资料来源：Toldrá, F., Mora, L., Reig, M., 2016. New insights into meat by-products utilization. Meat Science 120, 54-59）

动物副产品是指在屠宰及分割后除去胴体的部分，根据他们在食物中的应用分为可食用部分和不可食用部分。可食用动物副产物指能够被消费者当作食品进行消费的产品（Ockerman 和 Hansen, 1988）。对于可食用部分的划分根据地域和文化的差异有所不同，在一些国家可食用的产品在其他国家或者地区可能属于不可食用部分。图 22.1 中列出了主要的动物副产物的应用，其中本章只讨论可食用动物副产物。在正确的清洁、处理和加工条件下，大部分非胴体材料是可食用的。通常动物副产物具有营养价值高、价格便宜的特点。在低收入国家，副产品消费量比较大，动物副产物的进口是这些国家的重要贸易活动。但在发达国家，副产品加工成本高、商业价值低和消费市场有限，使得副产物的生产成为屠宰场的负担。因此，如果不能使这些副产物得到充分的应用，它们将造成巨大的环境污染问题。幸运的是，在许多国家和地区，副产物被加工成美味的食物（Toldrá 等, 2016）。

通常来说，动物副产物重量占动物活重的 30%（Ockerman 等, 2014）。如表 22.1 所示，不同种类动物的副产物占比差别比较大，其中血液以及内脏占牛活重的 12%，羊活重的 14%，猪活重的 14%（包括猪皮）（Ockerman 等, 2000）。

相对于肌肉，动物副产物中糖原含量高，处理时间长，更容易被微生物污染。因此，根据卫生条例要求，可食用副产物应当在屠宰后立即进行修整、清洗、预冷和速冻处理，并且尽快进行熟制（Ockerman 等, 2014）。本章介绍了最常见的可食用动物副产物，并且简要介绍了产品类别、加工方法及主要用途。

表 22.1　　牛、猪和羊的可食用副产物得率　　单位：%（以体重计）

副产物	牛	猪	羊
胴体+可食用产品	62~64	75~80	
血液	2.4~6	2~6	4~9
脑	0.08~0.12	0.08~0.1	0.26
皮	3.0	2.2	
可食用脂肪（屠宰时修整得到）	1~7	1.3~3.5	13~16
蹄	1.9~2.1	1.5~2.2	2.0
头		5.2	6.7
头和脖肉	0.32~0.4	0.54~0.6	
心	0.3~0.5	0.15~0.35	0.3~1.1

续表

副产物	牛	猪	羊
肠		1.8	3.3
下颚		2.7	
肾	0.07～0.24	0.2～0.4	0.3～0.6
肝	1.0～4.5	1.1～2.4	0.9～2.2
肺	0.4～0.8	0.4～0.85	0.7～2.2
胰	0.06	0.1	0.2
工业用动物油	2～11	12～16	9
脾	0.1～0.27	0.1～0.16	0.1～0.4
碎肉	0.48	0.21	
尾	0.1～0.25	0.1	
舌	0.25～0.5	0.3～0.4	
百叶（胃）	0.75	0.6～0.7	2.9～4.6

[资料来源：Gerrard，F.，Mallion，F. J.，1977. The Complete Book of Meat. Virtue Press，London，UK；Ockerman，H. W.，Hansen，C. L.，1988. Animal By-product Processing. Ellis Horwood，Chichester，UK；Ockerman，H. W.，Hansen，C. L.，2000. Animal By-product Processing and Utilization. Technomic，Lancaster，PA；Romans，J. R.，Costello，W. J.，Jones，K. W.，Carlson，C. W.，Ziegler，P. T.，1985. The Meat We Eat，twelfth ed. Interstate Printers & Publishers，Danville，IL，USA；and Ockerman，H. W.，Basu，L.，2014. By-products. In：Devine，C.，Dikeman，M.（Eds.），Encyclopedia of Meat Sciences，second ed. Oxford，Elsevier，UK，pp. 104-112.]

22.2 主要的可食用副产物

红脏包括肝、心、肾，白脏包括肠和胃，此外还有血液以及边角料。由于不同的风俗、信仰、适口性（包括风味和嫩度）以及声誉，肉类副产物通常限制于以下几种：肝、心、肾、舌、胰、脑（考虑到疯牛病风险，反刍动物的脑不可食用）、胃、肠。表 22.2 中列出了这些副产物的平均重量。

表 22.2 市售动物中主要可食用副产物的平均质量 单位：kg/只动物

副产物	牛	小牛	猪	羊
肝	5.0	1.5	1.4	1.4
心	1.4	0.23	0.23	0.11
舌	1.7	0.7	0.3	0.2
肾	0.5	0.34	0.11	0.06
脑	0.47	0.12	0.12	0.13

[资料来源：Ockerman，H. W.，Basu，L.，2014. By-products. In：Devine，C.，Dikeman，M.（Eds.），Encyclopedia of Meat Sciences，second ed. Oxford，Elsevier，UK，pp. 104-112.]

肝是世界范围内最常见的副产物。肝脏中富含维生素 A、维生素 C、维生素 D、B 族维生素以及铁、锌、铜等（Marti 等，2011）。实际上，肝脏通常作为维生素 B_{12}、维生素 A 和铁的补充剂。肝脏能够被真空包装，从而延长其保质期，也可以进行冷冻贮藏，但是可能造成其质地变软。肝脏是生产肝酱和肝肠的主要原料。肝脏的其他用途包括切片、各种熟制技术或者切碎后加入其他菜肴、面包以及香肠制品。

心相对于肌肉来源，具有较低的乳化能力和保水性（Verma 等，2008）。心脏能够被切丁、炖煮，或绞碎后加入其他肉制品中增加风味和色泽，或者加入午餐肉中增加蛋白质和色泽。心脏中的孔洞也可以塞入调味品或欧芹并进行烤制（Ockerman 等，2014）。

舌质地坚硬，需要长时间的湿热加工。煮制后的舌头通常被切成薄片，可以冷食或者热食，通常配以菜或甜酱或者酸酱、辣根、芥末、辣酱或者其他调味品。舌也可以加入炖菜或者沙拉中，或作为午餐肉的原料，或经盐卤、烟熏、密封罐装，或者加工成胶冻制品。也可以加工成罐头食品，主要包括腌制、水煮、绞碎、加入明胶、调味、填料或者塞入模具、冷却等步骤。

肾能够作为砂锅、炖锅或者馅饼的原材料。牛肾可采用水煮或者炖煮加工。羊肾和小牛肾相对于牛肾更嫩，可用于烤制或者加入培根中，进行串烤。

胸胰腺通常从牛犊、羊和青年牛中获取，它包含两个器官和三种组织，一个处于颈部区域，在脖子到气管附近，称作胸腺；另一个是处于胸腔的胰脏。胸胰腺可与鸡蛋一起熘炒、酱卤、切成碎屑、油炸，也可用于沙拉，或涂抹黄油后烤制。

自疯牛病暴发后，脑受欢迎的程度大为降低。由于小牛大脑属于“极度危险区域”，因此欧盟在屠宰过程中直接作为废弃物焚毁。脑口感细嫩，通常切成薄片，浸入黄油或面粉后油炸。也可以烤制、熘炒、炖，或剁碎后与鸡蛋一起熘炒。

百叶是动物的胃。通常将胃洗干净，切成一定大小，在盐水中进行腌制，或在低盐的醋液中卤煮。可将百叶在清水中预煮或煮熟，再进行醋渍、酱卤或罐制。

猪大肠和胃主要是在屠宰场收集和清洗。通常将其用酱料烹制，在美国这类产品称“chitlings”，在欧洲称“chitterlings”。牛、猪、羊的大肠经清洗、腌制后可作为肠衣，用于香肠和其他肉制品的加工（Nollet 等，2011）。

猪油是指猪的脂肪组织，从牛和羊中获得的脂肪称为牛脂和羊脂，被广泛用于食品和食品配料的加工（Baiano，2014）。

血液是畜禽屠宰过程中获得的第一个副产品，主要来自猪和牛。从健康动物中得到的血液通常是无菌的，应在卫生条件下收集，并做抗凝处理。血液中包括 80.9%水、17.3%蛋白、0.23%脂肪、0.07%碳水化合物和 0.62%矿物质（Duarte 等，1999）。血液中的蛋白主要是血红蛋白，是含量最丰富的含铁蛋白质（Ofori 等，2012）。

血液可以和其他肉品原料混合，灌入肠衣后水煮、冷却、烟熏后再次冷却得到血肠。血液在香肠中的用量不超过 2%，过高将影响颜色和风味。而有些产品，如黑布丁和血肠等中含有大量的血液，色泽发黑（Nollet 等，2011）。

血液中的细胞和血浆可通过离心进行分离（Ofori 等，2011）。其中细胞组分包含红细胞、白细胞、血小板，可以被用于香肠中的增色剂。由于血浆蛋白对感官有负面的影响，其实际的用途是被严格限制的（Ofori 等，2011）。有研究表明，来源于羊、猪、牛和鹿的红细胞组分具有很高的抗氧化活性。血浆蛋白在食品中有广泛的应用（Bah 等，2016）。因此，血浆蛋白如免疫球蛋白、纤维蛋白以及血清蛋白都有很好的凝胶和乳化特性，同时其他的血浆蛋白也能有助于蛋白交联，提高保水性，蛋白补充以及起泡特性（Del 等，2008）。由于其具有良好的保水性以及热凝胶形成特性，血浆蛋白常用于乳化肉制品中的保水保油剂（Ofori 等，2012）。

血浆中还含有凝血酶，是一种丝氨酸蛋白酶，能够用于重组肉制品加工中的结合剂。凝血酶具有很高的水解酶活性，能够将肌纤维蛋白转化为不溶性纤维蛋白，通过聚集形成三维网络纤维凝块（Lennon 等，2010）。

其他副产物如猪颊肉、牛尾、猪尾以及猪蹄等，经清洗、拌料和熬煮后，可增加汤的风味。也可像培根一样进行腌制。通常将睾丸切成薄片，用面粉或者面包屑包裹后油炸。脾脏可以被油炸，作为馅饼的酱料，或者作为调味品，或者用于血肠。

22.3 可食用副产物的营养价值

可食用副产物通常与肌肉组织的组成和感官特性不同。在许多国家，血液、肝、肺、心、肾、脑、脾、百叶等动物副产物都可食（表 22.3），它们具有很高的营养价值，富含矿物质、维生素等微量元素（表 22.4 和表 22.5）。由于微量元素的含量受到动物种类、遗传、年龄、性别、饲料以及品种的影响，因此表 22.4 和表 22.5 中列出的数值只是近似值（Honikel，2011）。可食副产物中铁的含量比肌肉高，而脾、肝、舌和心中锌的含量更高。肝和肾中硒的含量十分丰富，肝、脑和脾中磷含量很高。通常来说，可食副产物中 B 族维生素含量高，肝中含量更高；肝和肾中维生素 A 的含量高（Garcıa-Latas 等，2011）。充分认识可食用副产物的营养价值，对于促进这些产品的消费具有重要价值。

表 22.3 牛、猪和羊的主要器官的营养成分表（以 100g 原料计）

器官	物种	能量/kCal	蛋白质/g	脂肪/g	碳水化合物/g
肝	牛	130	21	3	5
	猪	140	22	4.5	3
	羊	150	21	5	5

续表

器官	物种	能量/kCal	蛋白质/g	脂肪/g	碳水化合物/g
心	牛	115	17	5	0.5
	猪	115	17	5	0.5
	羊	120	17	5.5	0.5
肾	牛	100	16	4	1
	猪	90	16	3	1
	羊	95	17	3	1
脑	牛	120	10.5	8.5	<1
	猪	125	10.5	9	<1
	羊	120	10.5	8	<1
舌	牛	185	16.5	13	0.5
	猪	180	16	13	0.5
脾	牛	110	18	3.5	1
	猪	105	18	2.5	—
	羊	95	17	3	—
血	牛	70	16.5	0.4	0.1
	猪	70	17	0.4	0.1

[资料来源：Honikel, K. O. , 2011. Composition and calories. In: Nollet, L. M. L. , Toldrá, F. (Eds.), Handbook of Analysis of Edible Animal By-products. CRC Press, Boca Raton, FL, USA, pp. 105-121. 和 Ockerman, H. W. , Basu, L. , 2014. By-products. In: Devine, C. , Dikeman, M. (Eds.), Encyclopedia of Meat Sciences, second ed. Oxford, Elsevier, UK, pp. 104-112.]

表 22.4　牛、猪和羊等副产物中的矿物质组成（以 100g 原料计）

器官	物种	Ca/mg	P/mg	Fe/mg	Na/mg	K/mg	Mg/mg	Se/μg	Zn/mg
肝	牛	7	356	6.7	110	300	35	15	4
	猪	8	363	20	80	295	30	46	7.5
	羊	7.5	250	8.5	85	300	20	55	4.5
心	牛	5	210	4.5	90	250	17	15	1.5
	猪	4.5	165	4.1	67	200	17	—	6.5
	羊	5	210	3.5	140	280	20	2	2
肾	牛	10.5	219	6.5	178	230	20	115	2
	猪	9.5	240	6.0	160	240	20	190	2.5
	羊	8	250	5	150	270	15	—	—

续表

器官	物种	Ca/mg	P/mg	Fe/mg	Na/mg	K/mg	Mg/mg	Se/μg	Zn/mg
脑	牛	10	312	2.3	125	219	15	—	1
	猪	10	312	2.5	125	219	15	1.5	1.5
	羊	10	270	2	110	300	12	—	1.5
舌	牛	7	175	2.5	75	220	18	2	3
	猪	11	190	4.5	115	255	18	12	2.6
脾	牛	6	360	44	80	320	20	30	4
	猪	6	370	21	85	320	17	35	7
	羊	6	—	42	85	360	20	—	3
血	牛	7	50	50	330	43	3	15	0.5
	猪	7	75	40	210	170	9	8	0.3

[资料来源：Ockerman, H. W., Hansen, C. L., 2000. Animal By-product Processing and Utilization. Technomic, Lancaster, PA and Honikel, K. O., 2011. Composition and calories. In: Nollet, L. M. L., Toldrá, F. (Eds.), Handbook of Analysis of Edible Animal By-products. CRC Press, Boca Raton, FL, USA, pp. 105-121.]

如表22.6所示，可食用副产物中饱和脂肪酸含量很高，*n*-3多不饱和脂肪酸（PUFAs）含量较低（Prates等，2011；Alfaia等，2017）。不同的副产物中脂肪酸的含量差别很大。主要的脂肪酸有棕榈酸（C16：0）、硬脂酸（C18：0）、油酸（C18：1）、亚油酸（C18：2）以及花生四烯酸（C20：4）。脑中含有大量的*n*-3多不饱和脂肪酸（Alfaia等，2017）。反刍动物的肉和可食用副产物中共轭亚油酸的含量高，与肠道微生物发酵有关（见第20章）。共轭亚油酸指的是一类结构和位置不同的亚油酸同分异构体，具有抗癌、提升免疫力、改善脂质代谢等功能，备受社会关注（Schmid等，2006）。这类同分异构体中很重要的一类为瘤胃酸（顺9，反11-CLA），它是通过肠道微生物在体内生物氧化饲料中的亚油酸获得的，同时也可能是异油酸通过去饱和过程生成的（Nuernberg等，2005）。当摄入的外源瘤胃酸含量增加，其内源合成水平就会降低（Palmquist等，2004）。在羊肉中共轭亚油酸的含量能够达到4.3~19.0mg/g，在牛肉中能够达到1.2~10.0mg/g。动物种类不同，肌肉类别不同，亚油酸的含量也有所区别（Prates等，2009）。肝中亚油酸的含量最高，其次是舌、心以及肾（Florek等，2012）。另外，由于胆固醇是细胞膜和神经元中的主要组分，也是器官和腺体的活性代谢产物，可食用副产物中胆固醇的含量通常比肌肉高（表22.7）（Bragagnolo，2011）。考虑到高胆固醇可能带来的健康问题，这类可食用副产物的摄入应有所限制。可食用副产物中必需氨基酸含量较高，尤其是赖氨酸含量最为丰富，达到72~82mg/g蛋白，亮氨酸达到80~90mg/g蛋白，缬氨酸达到52~62mg/g蛋白（Aristoy等，2011）。

表 22.5　　牛、猪和羊等副产物中的维生素组成（以 100g 原料计）

器官	物种	维生素 B_1/mg	维生素 B_2/mg	维生素 B_3/mg	维生素 B_5/mg	维生素 B_6/mg	维生素 B_{12}/μg	维生素 A/μg	维生素 C/mg	维生素 D/μg	维生素 E/mg
肝	牛	0.3	3.5	20	7.5	1.0	100	21000	30	1.7	0.7
	猪	0.3	3.0	21	7.0	0.7	40	20000	25	5.0	0.7
	羊	0.35	3.0	14	8.0	0.4	85	50000	35	0.6	0.4
心	牛	0.2	0.45	35	2.5	0.3	10	6	2	1.0	0.2
	猪	0.6	0.45	10	2.5	0.45	2.5	5	3	0.7	0.2
	羊	0.4	0.99	6	2.6	0.4	10	—	5	—	—
肾	牛	0.4	2.0	9.5	3.5	0.45	30	800	15	1	0.2
	猪	0.35	1.7	13.5	3.0	0.6	10	150	12	1	0.2
	羊	0.6	2.2	7.5	4.2	0.22	52	316	11	—	—
脑	牛	0.15	0.25	4.5	2.5	0.3	12	—	15	—	—
	猪	0.15	0.30	4.0	1.0	1.0	11	—	15	—	—
	羊	0.13	0.30	3.9	0.9	0.3	11	—	14	—	—
舌	牛	0.1	0.4	6.5	2	0.15	5.0	—	5.0	tr	0.1
	猪	0.3	0.4	8.0	2	0.35	3.5	9	3.5	0.6	0.5
	羊	0.1	0.4	4.6	—	0.18	7.2	0	6	—	—
脾	牛	0.15	0.3	8	1.2	0.12	5.5	—	45	—	—
	猪	0.15	0.3	6	1.0	0.05	3.5	—	30	—	—
	羊	0.05	0.3	8	—	0.11	5.3	0	23	—	—
血	牛	0.1	0.1	3.5	—	0.01	0.6	30	—	0.1	0.4
	猪	0.1	0.1	3.5	—	0.01	0.6	25	—	0.1	0.4

［资料来源：Ockerman，H. W.，Hansen，C. L.，2000. Animal By-product Processing and Utilization. Technomic，Lancaster，PA；Honikel，K. O.，2011. Composition and calories. In：Nollet，L. M. L.，Toldrá，F.（Eds.），Handbook of Analysis of Edible Animal By-products. CRC Press，Boca Raton，FL，USA，pp. 105e121 和 Kim，Y. N.，2011. Vitamins. In：Nollet，L. M. L.，Toldrá，F.（Eds.），Handbook of Analysis of Edible Animal By-products. CRC Press，USA，pp. 161-182.］

表 22.6　　牛、猪和羊等副产物中的脂肪酸组成（以 100g 原料计）

脂肪酸	肝		心		肾		脑		脾	
	牛	猪	牛	猪	牛	猪	牛	猪	牛	猪
C10：0	—	—	0.1	0.3	0.1	0.1	—	—	—	—
C12：0	0.2	0.2	0.1	0.3	0.2	0.1～0.3	—	—	0.3	0.4
C13：0	—	0.1	—	—	—	—	—	—	—	—
C13：1	—	—	—	—	—	—	—	—	—	—
C14：R	—	—	0.2	—	0.1	0.1	0.2	—	—	0.1
C14：0	0.8～1	0.5～1.7	0.2～2	0.2～2	2.0	0.5～1.7	0.4～1	0.3～0.8	1～2	1～2
C14：1	0.1～0.3	0.2	0.2	0.2～0.3	0.1～0.34	0.1	0.1～0.2	—	—	—
C15：R	0.5	—	0.2	—	0.7	—	0.2	—	—	—
C15：0	0.7	0.1～0.2	0.3	0.1	0.8	0.1	2	0.1	0.4	0.1
C15：1	2	—	0.3	—	0.4	0.4	—	1	0.7	—
C16：R	—	0.7	0.6	0.3	—	—	0.2	—	—	—
C16：0	12～15	12～16	12～16	14～20	14～22	18～21	12～16	12～16	18～24	18～22
C16：1	1～4	0.4～2.8	2～4	0.2～3	1～4	0.5～3.8	1～2	0.8～2.3	3	2～4
C16：2	—	—	—	—	—	—	0.8	—	0.8	—
C17：0	1	0.4～0.7	0.9	0.2～0.5	0.9	0.3～0.7	0.7	0.3	2	2
C17：1	3.7	0.4～0.7	2.3	0.1～0.2	0.9	0.1～0.3	2.8	0.1	1.0	2.3
C18：0	15～25	17～27	14～21	12～14	15～25	13～19	10～22	18～23	13～15	13～20
C18：1	12～19	13～34	19～29	12～27	18～29	17～40	16～30	21～28	23～31	23～29
C18：2	9～10	12～16	7～16	23～35	5～12	7～17	0.2～0.6	0.6～2	7	7～8
C18：3	3.2	0.3～1.2	2	0.4～2.4	0.3～2	0.2～0.4	0.1～0.16	2.3	2	2
C19：0	0.3	0.7	0.6	2	2	0.6	0.6	1	1	3

续表

脂肪酸	肝		心		肾		脑		脾	
	牛	猪	牛	猪	牛	猪	牛	猪	牛	猪
C20：0	0.1	0.1	0.1~0.2	0.1	0.3~0.6	0.1~0.2	0.2~0.3	0.2~0.3	2	1
C20：1	0.1~0.3	0.2~0.3	0.1~0.3	0.2~0.6	0.3~0.6	0.4~0.8	0.2~0.3	1.2~1.8	—	1
C20：2	0.2	0.2~0.4	0.1~0.3	0.6~0.9	0.4~0.7	0.7~0.9	0.1	0~1	—	2
C20：3	0.1	0.7	0.1	1	0.3	0.1	0.1~0.2	0.1	—	—
C20：4	6~12	3~17	4~14	8~20	11~16	3~19	5~8	9~11	5.2	2.4
C20：5	0.3~0.5	0.1~0.5	0.3~0.7	0.3~0.5	0.3~0.6	0.2~0.6	—	0.1	—	0.4
C22：0	0.6~1.7	—	0.8~1.7	0.7	0.6~1.7	0.4	0.5~0.6	0.6	—	2
C22：4	1.7~3.4	0.3~1.4	0.4~0.7	0.9~1.3	0.6~0.9	0.9~1.8	4.6~5.2	4.2~5.3	1	—
饱和脂肪酸	37.3~52.0	32.1~46.0	30.0~46.0	26.6~40.9	31.5~56.5	32.0~43.8	23.3~48.4	41.0~46.1	33.3~46.8	33.3~50.6
不饱和脂肪酸	48.0~62.7	61.7~54.0	54.0~70.0	59.1~73.4	43.5~68.5	56.2~68.0	51.6~76.7	53.9~59.0	53.2~66.7	49.4~66.7

［资料来源：USDA，2016. USDA Food Composition Databases. https://ndb. nal. usda. gov/ndb/search/list；Prates，J. A. M.，Alfaia，C.，Alves，S.，Bessa，R.，2011. Fatty acids. In：Nollet，L. M. L.，Toldrá，F.（Eds.），Handbook of Analysis of Edible Animal By-products. CRC Press，Boca Raton，FL，USA，pp. 137e159 和 Florek，M.，Litwinczuk，Z.，Skałecki，P.，Kedzierska-Matysek，M.，Grodzicki，T.，2012. Chemical composition and inherent properties of offal from calves maintained under two production systems. Meat Science 90，402-409.］

表 22.7　　牛、猪和羊等副产物中的胆固醇含量（以 100g 原料计）

器官	物种	原料	器官	物种	原料
肝	牛	91 ~ 140	脑	牛	1456 ~ 3010
	猪	90 ~ 150		猪	2195 ~ 2550
	羊	371 ~ 471		羊	1352
心	牛	192 ~ 338	舌	牛	78 ~ 171
	猪	214 ~ 354		猪	87 ~ 116
	羊	129 ~ 140		羊	132 ~ 180
肾	牛	100 ~ 517			
	猪	310 ~ 700			
	羊	315 ~ 338			

[资料来源：Bragagnolo, N. , 2011. Analysis of cholesterol in edible animal byproducts. In: Nollet, L. M. L. , Toldrá, F. (Eds.), Handbook of Analysis of Edible Animal By-products. CRC Press, Boca Raton, FL, USA, pp. 43-63.]

22.4　用可食用副产物制备的肉制品

22.4.1　肌肉提取物

肌肉提取物可通过压榨或者冷水浸提可食用副产物得到，但最常用的是制作肉罐头时，将煮制获得的汤汁进行浓缩，即可得到浸提物。将骨头或者肉煮沸，汤汁与洗肉水混合，经过多次煮制后，除去汤汁中的脂肪，再过滤去除颗粒和悬浮的固形物，再次煮沸使得蛋白凝结，重新过滤，真空浓缩后重新加热。浸提物也可以加工成固体形式，作为许多液体提取物、块状牛肉膏汤、肉汤、茶汤以及汤羹的基底（Ockerman 等，2014）。

22.4.2　碎肉

肉类加工，如剔骨、肝、猪颊肉、舌等修整过程中产生大量碎肉。这些碎肉能够被收集后用于香肠和其他乳化类肉制品加工。

22.4.3　膏汤

膏汤是采用熟的或者生的小牛肉、羊肉、猪肉或者破碎的牛骨熬煮而成，一般需要冷藏或者冻藏。这是增加肉制品的营养及风味的经济方法，但是不同物种来源的骨汤风味差异很大，甚至具有很强的物种特征风味，如羊骨汤一般只用在羊肉产品当中。它们也能够用于汤羹、蔬菜类菜肴、酱汁或者肉汁（Ockerman 等，2014）。

22.4.4　动物明胶

明胶是用胶原蛋白含量高的组织，如皮、耳等加工而成。动物胶原蛋白先与非胶原蛋白成分分离，然后用热水提取后，采用酸或者碱水解。在这个过程中，胶原蛋白的结构被破坏，形成温水可溶解的胶原蛋白，通常称为明胶（Karim 等，2008）。温度越高，时间越长，则明胶的得率越高。明胶富含甘氨酸、脯氨酸、赖氨酸，但是缺乏色氨酸和蛋氨酸。虽然明胶的营养价值不高，但其具有很好的凝胶形成能力，目前已得到广泛的应用；同时明胶还能用于形成乳液、澄清和稳定饮料或者作为保护性的包覆材料（Gomez-Guillen 等，2011）。因此，明胶广泛应用于甜点、糖果、烘焙制品、冻状肉制品、冰淇淋、乳制品等产品。

22.4.5 肉馅

肉馅是将牛或者羊的心、肺或者肝绞碎，并添加燕麦制成的。将其调味后灌入羊胃中进行熟制，即可得到成品。

22.4.6 机械分离肉

这类产品有许多不同的名称。“物种名+机械分离肉”是最常见的叫法。其他叫法包括机械回收肉和机械去骨肉，但是这两种称谓均不能给出物种信息。考虑到机械分离肉中也含有少量脊髓，为了保护消费者免受疯牛病的风险，机械分离牛肉在 2004 年被美国食品安全检验局（Food Safety 和 Inspection Service，简称 FSIS）认定为不可直接食用，或者作为热狗及其他加工肉制品的原料。英国在 2001 年也进行了立法。在欧盟的法规 853/2004 条例中，允许将这类机械分离肉用作食品加工原料，但也有相关的法律要求，必须明确产品的定义、可用于加工的原材料以及加工技术。

机械分离肉呈肉糜状，采用高压或者离心方式，使肉和骨头通过孔板，将肉中的软组织和钙盐与骨头和结缔组织分离。机械分离肉产品中包含少量的碎骨、结缔组织、神经末梢以及血管（Pearl，2014）。在美国，机械分离肉得到了广泛的应用。通过水解酶处理，其实用范围更广（Piazza 等，2014）。机械分离猪肉广泛地使用于肉糜制品，尤其是香肠、火腿以及预制菜肴。机械分离肉的含量须在配料表中声明。

22.5 用可食用副产物生产增值产品

从肉类副产物中可分离得到一些生物大分子，用作功能性添加剂、功能食品的佐剂（Baiano，2014）。这也是提升副产物附加值，生产健康产品的创新方法（Toldrá 等，2011）。比如，具有功能特性的蛋白水解物（Chernukha 等，2015），或者商业蛋白酶水解生产生物活性肽，能够抑制血管紧张素 Ⅰ 转化酶的活性（Mora 等，2014；Martínez-Alvarez 等，2015），阻止 Ⅰ 型血管紧张素转化为 Ⅱ 型血管紧张素，降低动脉收缩和血压升高。生物活性肽在人体内不同组织器官中具有不同的生物活性。除了降胆固醇作用外，抗氧化和抗血栓肽也有很多报道，它们能够调节心血管系统，以及在胃肠道和免疫系统中发挥结合矿物质和免疫调节作用（Toldrá 等，2012）。一般通过商业酶如木瓜蛋白酶、菠萝蛋白酶、嗜热菌蛋白酶、链霉蛋白酶或者蛋白酶 K 等水解血液和胶原蛋白等副产物来生产生物活性肽（Toldrá 等，2016）。因此，在体外具有抑制血管紧张素转化酶活性的生物活性肽，在体内具有抗高血压活性，为降血压的功能性食品或药物的开发提供了思路。

22.6 结论和发展趋势

可食用副产物的种类十分丰富，大部分都能够被人类直接食用，但在不同国家，由于文化差异、烹调习惯差异等，其可接受度有所不同。在某一个国家不能被接受的副产物在其他国家可能受到广泛欢迎。尽可能将可食用副产物利用起来，减少浪费，实现肉类工业的可持续性发展。肉类工业通过技术创新提升动物可食用副产物的附加值，使得其价值远远超过常规的动物皮及内脏收益。提升低值或者不受欢迎的可食用副产物的价值的策略之一是增加它们的附加值。这能够保证肉类企业获得更好的收益，并减少处理这些副产物的支出。因此，可以通过政策激励来促进副产物水解加工，生产具有生理功能的活性肽（抗高血压、抗氧化、抗糖尿病、抗菌），将其应用到食品和药物工业。

参考文献

Alfaia, C. M., Alves, S. P., Pestana, J. M., Madeira, M. S., Santos-Silva, J., Bessa, R. J. B., Toldrá, F., Prates, J. A. M., 2017. Fatty acid composition and conjugated linoleic acid isomers of edible by-products from bovines feeding high or low silage diets (in press). Food Science & Technology International.

Aristoy, M. C., Toldrá, F., 2011. Essential amino acids. In: Nollet, L. M. L., Toldrá, F. (Eds.), Handbook of Analysis of Edible Animal By-products. CRC Press, Boca Raton, FL, USA, pp. 123-135.

Bah, C. S. F., El-Din, A., Bekhit, A., Carne, A., McConnell, M. A., 2016. Composition and biological activities of slaughterhouse blood from red deer, sheep, pig and cattle. Journal of the Science of Food & Agriculture 96, 79-89.

Baiano, A., 2014. Recovery of biomolecules from food wastes-a review. Molecules 19, 14821-14842.

Bragagnolo, N., 2011. Analysis of cholesterol in edible animal by-products. In: Nollet, L. M. L., Toldrá, F. (Eds.), Handbook of Analysis of Edible Animal By-products. CRC Press, Boca Raton, FL, USA, pp. 43-63.

Chernukha, I. M., Fedulovaa, L. V., Kotenkovaa, E. A., 2015. Meat by-product is a source of tissue specific bioactive proteins and peptides against cardio-vascular diseases. Procedia Food Science 5, 50-53.

Del, P. H., Rendueles, M., Díaz, M., 2008. Effect of processing on functional properties of animal blood plasma. Meat Science 78, 522-528.

Duarte, R. T., Carvalho Simoes, M. C., Sgarbieri, V. C., 1999. Bovine blood components: fractionation, composition, and nutritive value. Journal of Agricultural & Food Chemistry 47, 231-236.

Florek, M. , Litwinczuk, Z. , Skałecki, P. , Kedzierska-Matysek, M. , Grodzicki, T. , 2012. Chemical composition and inherent properties of offal from calves maintained under two production systems. Meat Science 90, 402-409.

García-Llatas, G. , Alegría, A. , Barbera, R. , Farré, R. , 2011. Minerals and trace elements. In: Nollet, L. M. L. , Toldrá, F. (Eds.), Handbook of Analysis of Edible Animal By-products. CRC Press, USA, pp. 183-203.

Gerrard, F. , Mallion, F. J. , 1977. The Complete Book of Meat. Virtue Press, London, UK.

Gomez-Guillen, M. C. , Gimenez, B. , Lopez-Caballero, M. E. , Montero, M. P. , 2011. Functional and bioactive properties of collagen and gelatin from alternative sources: a review. Food Hydrocolloids 25, 1813-1827.

Honikel, K. O. , 2011. Composition and calories. In: Nollet, L. M. L. , Toldrá, F. (Eds.), Handbook of Analysis of Edible Animal By-products. CRC Press, Boca Raton, FL, USA, pp. 105-121.

Karim, A. A. , Bhat, R. , 2008. Gelatin alternatives for the food industry: recent developments, challenges and prospects. Trends in Food Science & Technology 19, 644-656.

Kim, Y. N. , 2011. Vitamins. In: Nollet, L. M. L. , Toldrá, F. (Eds.), Handbook of Analysis of Edible Animal By-products. CRC Press, USA, pp. 161-182.

Lennon, A. M. , McDonald, K. , Moon, S. S. , Ward, P. , Kenny, T. A. , 2010. Performance of cold-set binding agents in re-formed beef steaks. Meat Science 85, 620-624.

Marti, D. L. , Johnson, R. J. , Mathews Jr. , K. H. , 2011. Where's the (Not) Meat? Byproducts from Beef and Pork Production. www. ers. usda. gov/media/147867.

Martínez-Alvarez, O. , Chamorro, S. , Brenes, A. , 2015. Protein hydrolysates from animal processing by-products as a source of bioactive molecules with interest in animal feeding: a review. Food Research International 73, 204-212.

Mora, L. , Reig, M. , Toldrá, F. , 2014. Bioactive peptides generated from meat industry by-products. Food Research International 2014 (65), 344-349.

Nollet, L. M. L. , Toldrá, F. , 2011. Introductiond-offal meat: definitions, regions, cultures and generalities. In: Nollet, L. M. L. , Toldrá, F. (Eds.), Handbook of Analysis of Edible Animal By-products. CRC Press, USA, pp. 3-11.

Nuernberg, K. , Dannenberger, D. , Nuernberg, G. , Ender, K. , Voigt, J. , Scollan, N. D. , Wood, J. D. , Nute, G. R. , Richardson, R. I. , 2005. Effect of a grass-based and a concentrate feeding system on meat quality characteristics and fatty acid composition of longissimus muscle in different cattle breeds. Livestock Production Science 94, 137-147.

Ockerman, H. W. , Hansen, C. L. , 1988. Animal By-product Processing. Ellis Horwood, Chichester, UK.

Ockerman, H. W. , Hansen, C. L. , 2000. Animal By-product Processing and Utilization. Technomic, Lancaster, PA.

Ockerman, H. W. , Basu, L. , 2014. By-products. In: Devine, C. , Dikeman, M. (Eds.), Encyclopedia of Meat Sciences, second ed. Elsevier, Oxford, UK, pp. 104-112.

Ofori, J. A. , Hsieh, Y. H. P. , 2011. Blood-derived products for human consumption. Revelation and Science 1, 14-21.

Ofori, J. A. , Hsieh, Y. H. P. , 2012. The use of blood and derived products as food additives. In: El-Samragy, Y. (Ed.), Food Additives, Intechopen. http://dx. doi. org/10. 5772/32374 (Chapter 13). http://www. intechopen. com/books/food-additive/the-use-of-blood-and-derived-products- as-food-additives.

Palmquist, D. L. , St-Pierre, S. , McClure, K. E. , 2004. Tissue fatty acid profiles can be used to quantify endogenous rumenic acid synthesis in lambs. Journal of Nutrition 134, 2407-2414.

Pearl, G. G. , 2014. Inedible by-products. In: Devine, C. , Dikeman, M. (Eds.), Encyclopedia of Meat Sciences, second ed. Elsevier, Oxford, UK, pp. 112-125.

Piazza, G. J. , García, R. A. , 2014. Proteolysis of meat and bone meal to increase utilisation. Animal Production Science 54, 200-206.

Prates, J. A. M. , Bessa, R. , 2009. Trans and *n*-3 fatty acids. In: Nollet, L. M. L. , Toldrá, F. (Eds.), Handbook of Muscle Foods Analysis. CRC Press, Boca Raton, FL, USA, pp. 399-417.

Prates, J. A. M. , Alfaia, C. , Alves, S. , Bessa, R. , 2011. Fatty acids. In: Nollet, L. M. L. , Toldrá, F. (Eds.), Handbook of Analysis of Edible Animal By-products. CRC Press, Boca Raton, FL, USA, pp. 137-159.

Romans, J. R, Costello, W. J. , Jones, K. W. , Carlson, C. W. , Ziegler, P. T. , 1985. The Meat We Eat, twelfth ed. Interstate Printers & Publishers, Danvillc, IL, USA.

Schmid, A. , Collomb, M. , Sieber, R. , Bee, G. , 2006. Conjugated linoleic acid in meat and meat products: a review. Meat Science 73, 29-41.

Toldrá, F. , Aristoy, M. C. , Mora, L. , Reig, M. , 2012. Innovations in value-addition of edible meat by-products. Meat Science 92, 290-296.

Toldrá, F. , Reig, M. , 2011. Innovations for healthier processed meats. Trends in Food Science & Technology 22, 517-522.

Toldrá, F. , Mora, L. , Reig, M. , 2016. New insights into meat by-products utilization. Meat Science 120, 54-59.

USDA, 2016. USDA Food Composition Databases. https://ndb. nal. usda. gov/ndb/search/list.

Verma, A. K. , Lakshmanan, V. , Das, A. K. , Mendiratta, S. K. , Arijaneyulu, A. S. R. , 2008. Physicochemical and functional quality of buffalo head meat and heart meat. American Journal of Food Technology 3, 134-140.